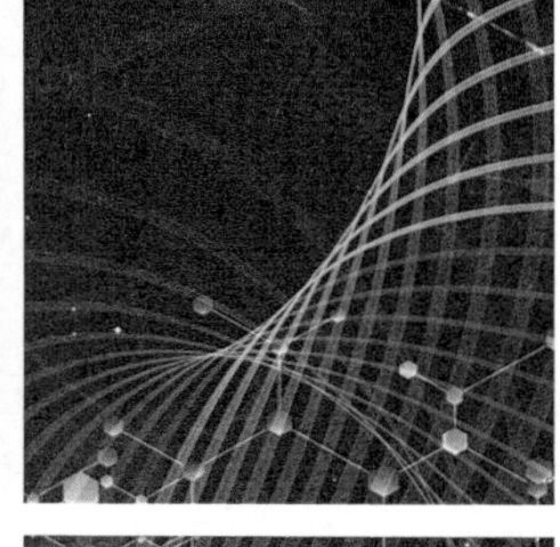
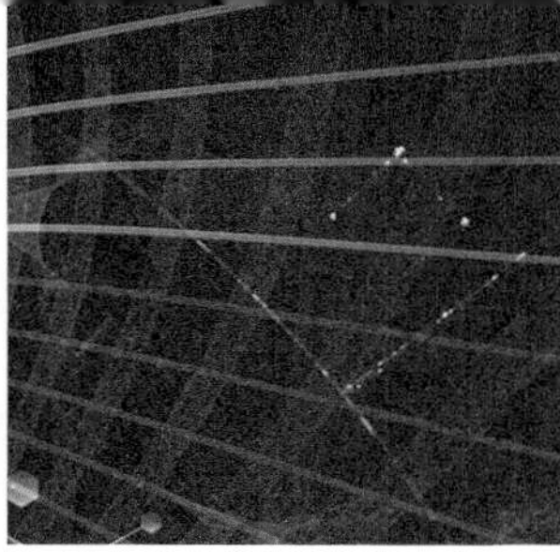

软件测试丛书

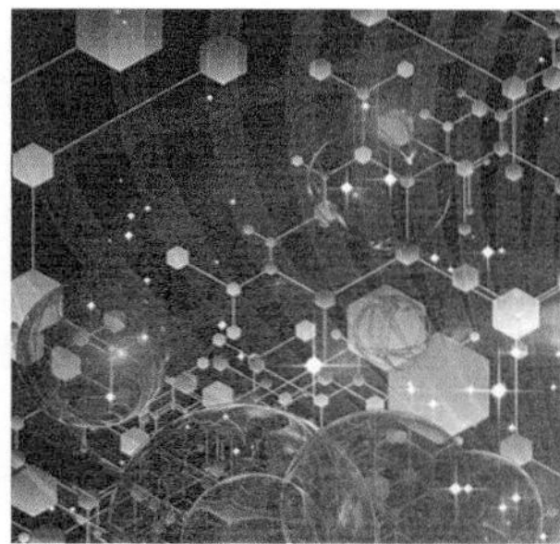

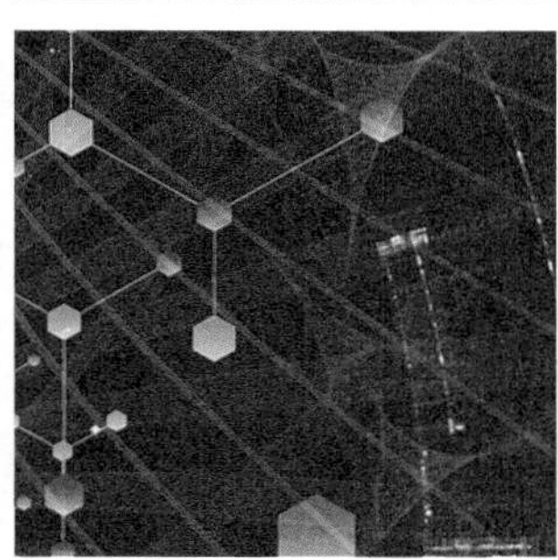

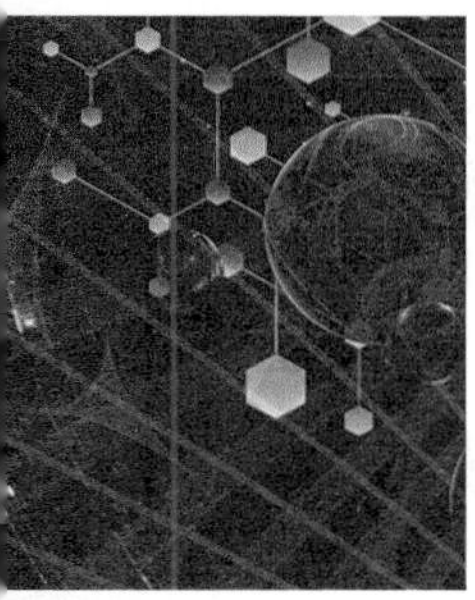

软件性能测试与LoadRunner实战教程

（第2版）

于涌　编著

人 民 邮 电 出 版 社
北 京

图书在版编目（CIP）数据

软件性能测试与LoadRunner实战教程 / 于涌编著
. -- 2版. -- 北京 : 人民邮电出版社, 2019.9(2021.6重印)
ISBN 978-7-115-51541-4

Ⅰ. ①软… Ⅱ. ①于… Ⅲ. ①性能试验－软件工具
Ⅳ. ①TP311.561

中国版本图书馆CIP数据核字(2019)第126895号

内 容 提 要

本书从测试项目实战需求出发，讲述了软件测试的分类以及测试的流程等，还重点讲述了性能测试技术和 LoadRunner 11.0 与 12.60 工具应用的实战知识。书中将实践中经常遇到的问题进行总结汇总成几十个解决方案，详细的项目案例，完整的性能测试方案、计划、用例设计、性能总结及相关交付文档，为读者做好实际项目提供参考和方向引导，同时为了满足培训机构及初学者的需要，本书的各个章节都配有练习题或实际面试题。

本书适合测试初学者、测试人员、测试经理以及开发人员学习，也适合作为大中专院校相关专业师生的学习用书，以及培训机构的教材。

◆ 编　　著　于　涌
　责任编辑　张　涛
　责任印制　焦志炜

◆ 人民邮电出版社出版发行　　北京市丰台区成寿寺路 11 号
　邮编　100164　　电子邮件　315@ptpress.com.cn
　网址　http://www.ptpress.com.cn
　固安县铭成印刷有限公司印刷

◆ 开本：787×1092　1/16
　印张：35.5
　字数：869 千字　　　　　　2019 年 9 月第 2 版
　印数：15 101－15 900 册　　2021 年 6 月河北第 5 次印刷

定价：108.00 元

读者服务热线：(010) 81055410　印装质量热线：(010) 81055316
反盗版热线：(010) 81055315
广告经营许可证：京东市监广登字20170147号

前　　言

随着计算机行业的蓬勃发展和用户要求的不断提高，现行应用软件的功能已经变得越来越强大，系统也越来越复杂。软件用户关注的内容不再仅仅是功能实现的正确性，系统的性能表现也同样是用户关注的重点，而性能测试是测试系统性能的主要手段，因此它是软件测试的重中之重。另外，性能测试通常和应用程序、操作系统、数据库服务器、中间件服务器、网络设备等有关，如何能够快速、有效地定位并解决性能问题，无疑是性能测试人员面临的一个重要任务。为了帮助测试人员快速掌握软件测试基础、性能测试技术及性能测试工具的实战应用，作者精心编写了本书。

关于本书

作者编写的《软件性能测试与 LoadRunner 实战教程》《精通软件性能测试与 LoadRunner 实战》和《精通软件性能测试与 LoadRunner 最佳实战》3 部作品面市后，受到广大软件测试从业者及很多高校和培训机构的关注与好评，在此向一直以来支持作者的机构和读者表示衷心的感谢。目前 LoadRunner 新版本为 LoadRunner 12.60，而市场上应用的主流版本为 LoadRunner 11.0，故本书以 LoadRunner 11.0 版本作为主要讲解内容，同时考虑到仍有很多读者对 LoadRunner 新版本感兴趣，本书也专门用一章来详细讲述在 LoadRunner 12.60 版本中出现的一些新技术、新的解决方案。采纳了读者对该书上一版提出的一些好的建议，本次修订增加了章节练习、面试题以及综合性的考题等内容；并对上一版读者提出的所有问题进行了修改、完善。本书在结构和内容上都非常系统化、完整化，实用性非常强，希望通过作者的努力，本书能帮助开阔读者在性能测试方面的视野，提升实战水平。

内容介绍

本书为从事软件测试、性能测试及 LoadRunner 工具应用的读者答疑解惑，并结合案例讲解性能测试中的实战技术。

第 1 章介绍软件测试的现状以及发展前景、软件测试相关概念、软件生命周期、软件测试的定义与分类、软件开发与软件测试的关系、性能指标及相关计算公式等内容。

第 2 章介绍性能测试的基本过程，以及“性能测试需求分析”“性能测试计划”“性能测试用例”“测试脚本编写”“测试场景设计”“测试场景运行”“场景运行监控”“运行结果分析”“系统性能调优”“性能测试总结”的内容与注意事项。

第 3 章详细介绍了工具及其样例程序的安装过程，重点介绍了工具的运行机制及组成部分，同时结合生动的生活场景深入浅出地讲解工具中集合点、事务、检查点、思考时间等重要概念。

第 4 章深度解析 LoadRunner 11.0 相关功能应用，对 LoadRunner 11.0 工具的 VuGen、Controller、Analysis 应用的相关功能和设置的含义及应用方法等内容进行了深入讲解。

第 5 章以一个 Web 样例程序作为实例，将工具的 VuGen 、Controller、Analysis 三者有机地结合起来，把集合点、事务、检查点、参数化等技术的应用集中在此实例得以体现。介绍了一个小的性能测试案例的需求提出、需求分析、脚本编写和完善、数据准备、场景设计、监控、执行、分析的完整过程。

第 6 章介绍了 LoadRunner 脚本语言和 C 语言开发、LoadRunner 关联问题、关联技术应用、动态链接库函数调用、特殊函数应用的注意事项、自定义函数应用等。这部分是软件测试脚本开发的基础，建议读者认真阅读。

第 7 章结合 LoadRunner 新版本 LoadRunner 12.60，介绍了 Vugen 功能改进与实用操作、同步录制和异步录制，以及如何在 Controller 中实现对 JMeter 脚本的支持、应用 Vugen 开发 Selenium 脚本等实用方法。

第 8 章结合作者工作经验、学员以及网上论坛经常提出的问题，总结了关于工具设置、工具使用、结果分析等问题的解决方案，旨在举一反三，帮助读者克服实际工作中的难题。

强大的 LoadRunner 不仅在性能测试方面表现卓越，也是接口测试利器。第 9 章详细讲解了接口测试的执行过程（包括接口测试需求、接口测试功能性用例设计、测试用例脚本实现、接口性能测试用例设计、接口性能测试脚本实现、性能测试场景执行和性能测试执行结果分析与总结）。

第 10 章详细介绍了外包性能测试项目及项目性能测试的实施过程，以及“性能测试计划”“性能测试用例”“测试脚本编写”“测试场景设计”“测试场景运行”“场景运行监控”“运行结果分析”“系统性能调优”“性能测试总结”等，并介绍了文档的编写和实施过程中各环节的注意事项。

第 11 章提供软件性能测试综合模拟试题、LoadRunner 性能测试的英文面试题、常考的智力面试题和找测试工作的策略等内容。

本书阅读建议

本书图文结合，通俗易懂，赠送的学习资料中（www.ptpress.com.cn 网站下载）提供了样例程序、脚本代码、各章的 PPT，以及一些测试模板文件（具体包括测试计划、测试总结、测试日志、功能测试和性能测试用例等模板）。希望读者在阅读本书的同时，能够边看边实践，深入理解脚本，这样可以提高学习效率，尽快将本书介绍的知识应用于项目的性能测试中。

本书行文约定

本书遵循如下行文约定。

符号和术语	含　义	示　例
>	表示按此层次结构，主要应用于菜单项	如菜单项【Edit】>【Find】
“”	表示键入双引号中的文字或引用的系统界面中的术语/表达	如在“Update value on”列表中选择一个数据更新方式
【】	表示屏幕对象名（菜单名或按钮）	如菜单项【Edit】>【Find】 单击【OK】按钮
【重点提示】	知识点总结内容	1. 事务必须成对出现，即一个事务有事务开始，必然也有事务结束 2. ……

谁适合阅读本书

- 从事性能测试工作的初级、中级和高级测试人员。
- 希望了解性能测试工具 LoadRunner 的初级、中级、高级测试人员，项目主管和项目经理。
- 希望解决 LoadRunner 应用过程中遇到问题的性能测试设计、执行、分析等相关人员。
- 测试组长、测试经理、质量保证工程师、软件过程改进人员。

本书作者

于涌，具有近 20 年软件开发和软件测试方面的工作经验。先后担任程序员、高级程序员、测试分析师、高级测试经理、测试总监等职位。拥有多年的软件开发、软件测试项目实践和教学经验。尤其擅长自动化测试、工具应用、单元测试等方面的工作。曾为多个软件公司提供软件测试知识、软件性能测试、性能测试工具 LoadRunner、功能测试工具 QTP、WinRunner、JMeter 等内容的培训工作。

网上答疑

如果读者在阅读本书过程中发现有什么错误，欢迎与作者联系，以便作者及时纠正。本书的勘误、更新、答疑信息都可以从作者的博客——测试者家园（http:// tester2test.blog.51cto.com）上获得，答疑 QQ 群：50788246。如果您在阅读本书过程中，发现错误或者疑问，也可以和本书编辑联系，联系邮箱为 zhangtao@ptpress.com.cn。

致谢

本书内容建立在前人研究成果的基础上。因此，在本书完成之际，我对那些为本书提供帮助的读者和朋友表示衷心的感谢。目前已经有很多高校使用作者之前写作的图书作为性能测试课程的教材，这令我非常骄傲和自豪。本书配有各章节的 PPT 课件和章节练习、综合练习等丰富内容，适合作为高校及培训机构性能测试相关课程的教材。我衷心希望通过高校老师和我的共同努力，不断增强学生的综合能力，使得理论学习和实际工作应用齐头并进，让毕业生尽快融入测试工作并成为企业的中坚力量。

在本书编写过程中，很多测试同行为本书的编写提供了很多宝贵建议，我的学员和网友提供了很多写作素材和资料，在此表示感谢。同时参加编写的还有于跃、张书铭、岳玉清、于来河等。

作者

资源与支持

本书由异步社区出品，社区（https://www.epubit.com/）为您提供相关资源和后续服务。

配套资源

本书提供如下资源：

- 本书源代码；
- 书中彩图文件。

要获得以上配套资源，请在异步社区本书页面中点击 配套资源 ，跳转到下载界面，按提示进行操作即可。注意：为保证购书读者的权益，该操作会给出相关提示，要求输入提取码进行验证。

如果您是教师，希望获得教学配套资源，请在社区本书页面中直接联系本书的责任编辑。

提交勘误

作者和编辑尽最大努力来确保书中内容的准确性，但难免会存在疏漏。欢迎您将发现的问题反馈给我们，帮助我们提升图书的质量。

当您发现错误时，请登录异步社区，按书名搜索，进入本书页面，点击“提交勘误”，输入勘误信息，点击“提交”按钮即可。本书的作者和编辑会对您提交的勘误进行审核，确认并接受后，您将获赠异步社区的 100 积分。积分可用于在异步社区兑换优惠券、样书或奖品。

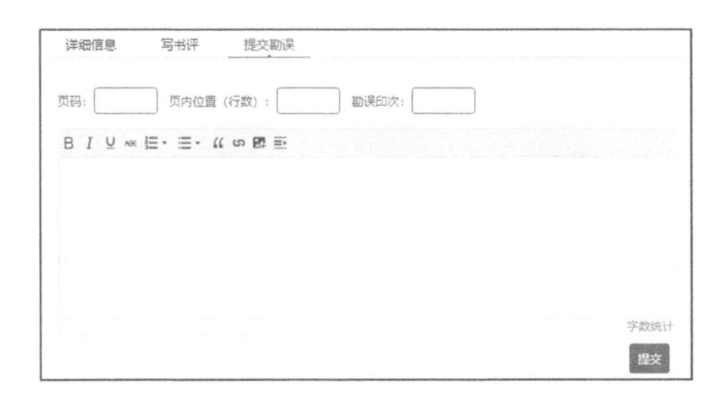

扫码关注本书

扫描下方二维码，您将会在异步社区微信服务号中看到本书信息及相关的服务提示。

与我们联系

我们的联系邮箱是 contact@epubit.com.cn。

如果您对本书有任何疑问或建议，请您发邮件给我们，并请在邮件标题中注明本书书名，以便我们更高效地做出反馈。

如果您有兴趣出版图书、录制教学视频，或者参与图书翻译、技术审校等工作，可以发邮件给我们；有意出版图书的作者也可以到异步社区在线提交投稿（直接访问 www.epubit.com/selfpublish/submission 即可）。

如果您是学校、培训机构或企业，想批量购买本书或异步社区出版的其他图书，也可以发邮件给我们。

如果您在网上发现有针对异步社区出品图书的各种形式的盗版行为，包括对图书全部或部分内容的非授权传播，请您将怀疑有侵权行为的链接发邮件给我们。您的这一举动是对作者权益的保护，也是我们持续为您提供有价值的内容的动力之源。

关于异步社区和异步图书

“异步社区”是人民邮电出版社旗下 IT 专业图书社区，致力于出版精品 IT 技术图书和相关学习产品，为作译者提供优质出版服务。异步社区创办于 2015 年 8 月，提供大量精品 IT 技术图书和电子书，以及高品质技术文章和视频课程。更多详情请访问异步社区官网 https://www.epubit.com。

“异步图书”是由异步社区编辑团队策划出版的精品 IT 专业图书的品牌，依托于人民邮电出版社近 30 年的计算机图书出版积累和专业编辑团队，相关图书在封面上印有异步图书的 LOGO。异步图书的出版领域包括软件开发、大数据、AI、测试、前端、网络技术等。

异步社区

微信服务号

目　　录

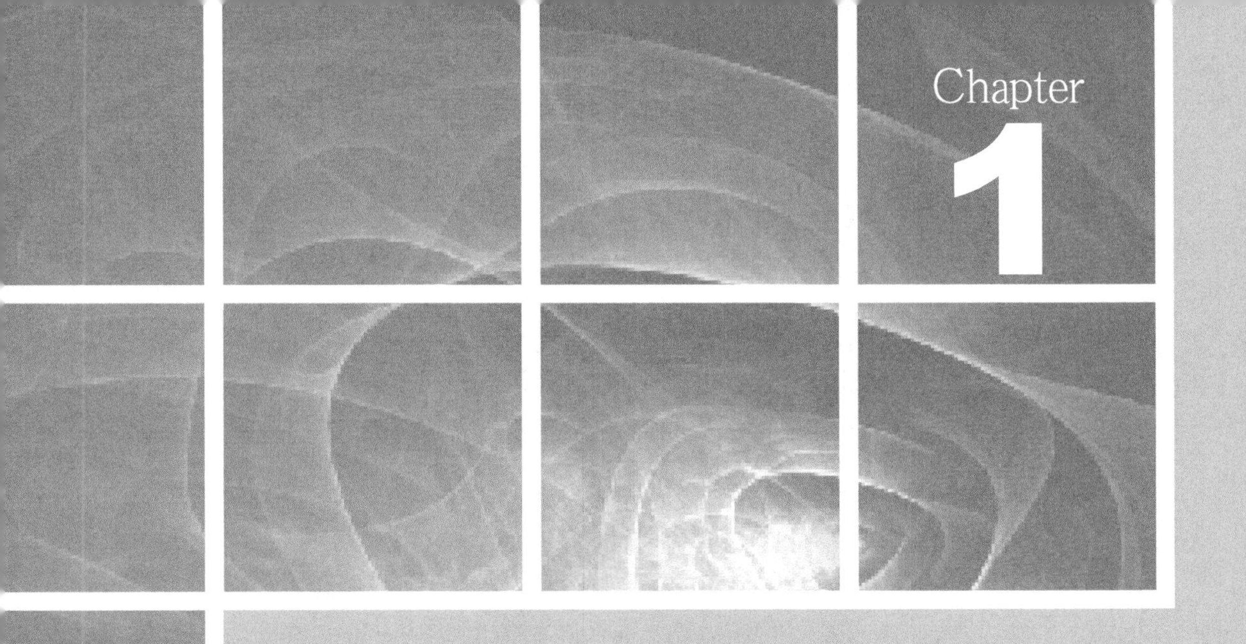

第 1 章 性能测试基础及性能指标概述

1.1 典型的性能测试场景

随着互联网的蓬勃发展，软件的性能测试已经越来越受到软件开发商、用户的重视。一个软件前期用户较少，随着用户的逐步增长，以及宣传力度的加强，软件的用户可能会成几倍、几十倍，甚至几百倍数量级增长，如果不经过性能测试，通常软件系统在该情况下可能会崩溃，所以性能测试是非常重要的。那么通常在什么情况下需要引入性能测试呢？

下面是需要进行性能测试的一些场景。

- 用户提出性能测试需求。例如，首页响应时间在3秒内，主要的业务操作时间小于10秒，支持300用户在线操作等相关语言描述。
- 某个产品要发布了，需要对全市的用户进行集中培训。通常在进行培训时，老师讲解完成一个业务以后，被培训用户会按照老师讲解的实例同步操作前面讲过的业务操作。这样存在用户并发的问题，在培训之前需要考虑被培训用户的人数，在场景设计中酌情设置并发用户数量。
- 同一系统可以采用Java和.Net两种中的一种。同样的系统用不同的语言、框架实现效果也会有所不同。为了使系统的性能更好，在系统实现前期，可以考虑设计一个小的Demo，设计同样的场景，实际考察不同语言、不同框架之间的性能差异，然后选择性能好的语言、框架开发软件产品。
- 编码完成，总觉得某部分存在性能问题，但又说不清楚到底是什么地方存在性能瓶颈。一个优秀软件系统需要开发、测试以及数据管理员、系统管理员等角色协同工作才能完成。开发人员遇到性能问题以后会提出需求，性能测试人员需要设计相应的场景，分析系统瓶颈，定位出问题以后，将分析后的测试结果和意见反馈给开发等相关人员，然后开发等相关人员做相应调整，再次进行同环境、同场景的测试，直到使系统能够达到预期的目标为止。
- 一个门户网站能够支持多少用户并发操作（注册、写博客、看照片、看新闻等）。门户网站应该是经得起考验的。门户网站栏目众多，在进行性能测试时，应该考虑实际用户应用的场景，将用户注册、写博客、看照片、看新闻等用户操作设计成相应的场景。根据预期的用户量设计相应用户的并发量，同时一个好的网站随着用户数的逐渐增长以及推广的深入，访问量可能会成几何倍数增长。考虑门户网站这些方面的特点，在进行性能测试时也需要考虑可靠性测试、失败测试和安全性测试等。

1.2 不同群体眼中的性能测试

1.2.1 系统用户群体眼中的性能测试

软件系统从早期的单机系统、客户端/服务器系统到现在被广泛应用的分布式系统，在满足用户强大功能需求的同时，在其系统的架构和实现等方面也变得更加复杂。系统功能越来越庞大，系统实现越来越复杂，系统用户越来越多，但是系统用户对系统的要求却变得越来越高，通常系统用户在软件性能最关注的两个方面是耗费成本和处理能力。耗费成本：系统的运行环境，即软件、硬件配置要求不是很高，购买成本较低，间接其实意味着系统在运行时使用较少的 CPU、内存、网络等资源。处理能力：系统的业务处理能力，包括单位时间内处理的业务数量、每个业务处理的时间、能支持多少用户同时做业务、系统能否长时间稳定提供服务等，这也就是后续将会介绍性能指标方面的一些内容，这些内容也是最直接和最真实的系统用户感受。

系统用户只关注软件系统的性能表现和整个系统耗费的软件、硬件成本，而不关注软件、硬件系统的部署和内部实现的问题。这里需要指出的是，随着 Ajax（异步 JavaScript 和 XML）等技术的广泛应用，其客户端展现的数据有可能会出现少部分数据返回之后就立刻将数据呈现在用户面前，这样无疑会带给用户良好的性能感受，但是从中也会发现有时看到的响应时间在一定程度上有一些的主观色彩。

1.2.2 软件开发群体眼中的性能测试

作为软件开发群体，他们是系统产品的缔造者，如果把软件系统看成一个孩子的话，那么软件开发群体无疑就是这个“孩子”的“父母”，每个孩子的父母无疑都希望自己的孩子既聪明、漂亮，又健康。作为软件来讲，“健康”体现在系统能够持续稳定的运行；“聪明”体现在系统的性能表现良好，业务响应速度准确、快速；“漂亮”则体现在系统的功能强大，易用性、兼容性等方面突出，这样的“孩子”相信一定会人见人爱。结合性能测试方面来看，业务操作正常、系统响应快速、稳定运行是开发人员最关注的内容。要想设计出一款好的软件系统并不容易，它不仅需要好的架构师从架构设计方面具有良好的规划和选择，还要具有丰富经验的设计人员在应用程序和数据库的结构设计、算法实现等方面都充分考虑整个系统的执行效率和可扩展性，避免设计和实现过程中产生错误和漏洞。通常，采用哪种架构和技术，其性能也就注定了只能在一定的范围内变动，如果选择失误，则软件系统必将在性能方面有缺陷。此外，数据库的设计、存储过程、SQL 语句等的执行效率、程序代码、算法的执行效率等也直接影响到系统的性能表现，丰富的工作经验也会对系统性能稳定性和执行效率有较大的帮助。

软件开发群体更注重系统的框架设计、程序设计、数据库设计、代码和 SQL 语句等的执行效率，这也是系统良好性能的根本所在。

1.2.3 系统维护群体眼中的性能测试

系统维护人员更注重应用服务器、数据库服务器等软硬件的配置及网络硬件设备配置、拓扑结构等方面的内容，通过更换、调整软硬件及网络结构的配置能否使得系统性能更好。网络的拓扑结构及网络通信传输介质、方式等会影响到网络部分的性能，负载均衡无疑也是改善性能的一种很重要的方式。像具有内存、CPU、高速硬盘等硬件设备的服务器，无疑会给系统带来一定范围的性能提升。此外，操作系统、数据库、中间件等软件的版本和对应设置也是很重要的内容。在作者经历的一些项目中，除了处理网络结构、硬件设备差异等原因引起的性能测试问题外，有相当数量的重要原因就是因为操作系统、数据库、中间件等的配置不合理而引起的性能问题。例如，由于数据库网络连接数和操作系统终端连接数设置得过小等原因，引起的性能瓶颈。关于常见的性能指标、相关指标的含义和阈值等内容和性能测试过程涉及的一些专业术语，将在后续章节进行介绍，这里不赘述。

1.3 功能测试与性能测试的关系

很难说是功能测试重要，还是性能测试重要，一款优秀的软件产品，无疑是在功能上正确实现了用户需要的业务功能，且操作方便、交互界面良好，在性能方面表现为及时、快速地响应了所有用户的业务操作请求，所以经过严格的功能测试和性能测试是一款成功软件产品的重要环节。功能测试和性能测试密不可分的，没有实现正确业务功能的软件产品做性能测试是没有意义的，一款软件产品即使业务功能实现了，但是业务处理能力低下，也必将被淘汰。

经常会听到很多人问一个问题：是先做功能测试，还是先做性能测试呢？其实这个问题很简单，这要看做性能测试的目标是什么。如果要测试的是一款软件产品，通常情况下，是在每个大版本的功能测试完成后，进行性能测试。因为只有保证正确实现了用户要求的功能后，做性能测试才会有意义。功能实现不正确，就意味着后续势必要重新进行代码或数据等方面的修改，每一次代码、数据等方面的变更都有可能对系统性能造成影响，所以必须了解每个大版本完成后，相关的功能和性能表现是否符合预期。但是，在有些情况下，性能测试工作必须提前，如同一系统可以采用 Java 和.Net 两种构架，决定用哪个。同样的系统用不同的语言、框架实现效果也会有所不同。为了系统的性能更好，在系统实现前期，可以考虑设计一个小的 Demo，满足系统的关键性功能即可，界面和功能不需要做得完美，设计同样的场景，实际考察不同语言、不同框架之间的性能差异，然后选择性能好的语言、框架开发软件产品。在上述情况下，既可缩短选型的时间，又保证有效地了解后续产品的性能情况。

综上所述，功能测试和性能测试是相辅相成的，对于一款优秀的软件产品来讲，它们是不可缺少的两个重要测试环节，但根据不同目标的性能测试情况，要因地制宜，结合实际需求，选择合适的时间点进行，减少不必要的人力、物力浪费，实现利益最大化。

1.4 性能测试的概念及其分类

1.4.1 性能测试

系统的性能是一个很大的概念，覆盖面非常广泛，软件系统的性能包括执行效率、资源占用、系统稳定性、安全性、兼容性、可靠性、可扩展性等。性能测试是为描述测试对象与性能相关的特征并对其进行评价而实施和执行的一类测试。性能测试主要通过自动化的测试工具模拟多种正常、峰值以及异常负载条件来对系统的各项性能指标进行测试。通常把性能测试、负载测试、压力测试等统称为性能测试。

1.4.2 负载测试

负载测试是通过逐步增加系统负载，测试系统性能的变化，并最终确定在满足系统性能指标的前提下，系统所能够承受的最大负载量的测试。简而言之，负载测试是通过逐步加压的方式来确定系统的处理能力和能够承受的各项阈值。例如，通过逐步加压得到“响应时间不超过 10 秒”“服务器平均 CPU 利用率低于 85%”等指标的阈值。

1.4.3　压力测试

压力测试是通过逐步增加系统负载，测试系统性能的变化，并最终确定在什么负载条件下系统性能处于失效状态来获得系统能提供的最大服务级别的测试。

1.4.4　配置测试

配置测试主要是通过对被测试软件的软硬件配置的测试，找到系统各项资源的最优分配原则。配置测试能充分利用有限的软硬件资源，发挥系统的最佳处理能力，同时可以将其与其他性能测试类型联合应用，从而为系统调优提供重要依据。

1.4.5　并发测试

并发测试是测试多个用户同时访问同一个应用、同一个模块或者数据记录时是否存在死锁或者其他性能问题，所以几乎所有的性能测试都会涉及一些并发测试。因为并发测试对时间的要求比较苛刻，通常并发用户的模拟都是借助于工具，采用多线程或多进程方式来模拟多个虚拟用户的并发性操作。在后续介绍 LoadRunner 工具时，有一个集合点的概念，它就是用来模拟并发的，可以在 VuGen 中设置集合点，在 Controller 中设置其对应的策略来模拟用例设计的场景。

1.4.6　容量测试

容量测试是在一定的软件、硬件条件下，在数据库中构造不同数量级的记录数量，通过运行一种或多种业务场景，在一定虚拟用户数量的情况下，获取不同数量级别的性能指标，从而得到数据库能够处理的最大会话能力、最大容量等。系统可处理同时在线的最大用户数，通常和数据库有关。

1.4.7　可靠性测试

可靠性测试是通过给系统加载一定的业务压力（如 CPU 资源在 70%～90%的使用率）的情况下，运行一段时间，检查系统是否稳定。因为运行时间较长，所以通常可以测试出系统是否有内存泄露等问题。

在实际的性能测试过程中，也许用户经常会碰到要求 7 × 24 小时，稳定运行的系统性能测试需求，对于这种稳定性要求较高的系统，可靠性测试尤为重要，但通常一次可靠性测试不可能执行 1 年时间，因此在多数情况下，可靠性测试是执行一段时间，如 24 小时、3 × 24 小时或 7 × 24 小时来模拟长时间运行，通过长时间运行的相关监控和结果来判断能否满足需求，平均故障间隔时间（MTBF）是衡量可靠性的一项重要指标。

1.4.8 失败测试

对于有冗余备份和负载均衡的系统，通过失败测试来检验如果系统局部发生故障，用户能否继续使用系统，用户受到多大的影响，如几台机器做均衡负载，一台或几台机器垮掉后系统能够承受的压力。

1.5 性能指标及相关计算公式

性能测试中有很多非常重要的概念，如吞吐量、最大并发用户数、最大在线用户数等。有很多读者也非常关心，如何针对自身的系统确定当前系统，在什么情况下可以满足系统吞吐量、并发用户数等指标要求。下面针对这些概念进行介绍。

1.5.1 吞吐量计算公式

吞吐量（throughput）是指单位时间内处理的客户端请求数量，直接体现软件系统的性能承载能力。通常情况下，吞吐量用“请求数/秒”或“页面数/秒”来衡量。从业务角度来看，吞吐量也可以用“业务数/小时”“业务数/天”“访问人数/天”和“页面访问量/天”来衡量。从网络角度来看，还可以用“字节数/小时”和“字节数/天”等来衡量网络的流量。

吞吐量是大型门户网站以及各种电子商务网站衡量自身负载能力的一个很重要的指标，一般吞吐量越大，系统单位时间内处理的数据越多，系统的负载能力就越强。

吞吐量是衡量服务器承受能力的重要指标。在容量测试中，吞吐量是重点关注的指标，因为它能够说明系统的负载能力，而且在性能调试过程中，吞吐量也具有非常重要的价值。例如，Empirix 公司在报告中声称，在他们所发现的性能问题中，有 80%是因为吞吐的限制而引起性能问题。

显而易见，吞吐量指标在性能测试中占有重要地位。那么吞吐量会受到哪些因素影响，该指标和虚拟用户数、用户请求数等指标有何关系呢？吞吐量和很多因素有关，如服务器的硬件配置、网络的拓扑结构、网络传输介质、软件的技术架构等。此外，吞吐量和并发用户数之间存在一定的联系。通常在没有遇到性能瓶颈时，吞吐量可以采用下面的公式计算。

$$F = \frac{N_{\mathrm{PU}} \times R}{T}$$

这里，F 表示吞吐量；N_{PU} 表示并发虚拟用户（concurrency virtual user）数，R 表示每个 VU（Virtual User）发出的请求数量，T 表示性能测试所用的时间。但如果遇到了性能瓶颈，则吞吐量和 VU 数量之间就不再符合给出公式的关系。

1.5.2 并发数量计算公式

并发（concurrency）最简单的描述是指多个同时发生的业务操作。例如，100 个用户同时单击登录页面的“登录”按钮操作。通常，应用系统会随着用户同时应用某个具体的模块，而导致资源争用的问题，例如，50 个用户同时执行统计分析操作，由于统计业务涉及很多数据提取和科学计算问题，所以这时内存和 CPU 很有可能会出现瓶颈。并发性测试描述的是多个客户端同时向服务器发出请求，考察服务器端承受能力的一种性能测试方式。

有很多用户在进行性能测试过程中，对“系统用户数”“在线用户数”“并发用户数”的概念不是很清楚，这里举一个例子来对这几个概念进行说明。假设一个综合性的网站，用户只有注册后登录系统才能够享有新闻、论坛、博客、免费信箱等服务内容。通过数据库统计可以知道，系统的用户数量为 4000，4000 即“系统用户数”。通过操作日志可以知道，系统最高峰时有 500 个用户同时在线，关于在线用户有很多第三方插件可以进行统计读者可以自行搜索相关插件。这 500 个用户的需求肯定是不尽相同的，有的人喜欢看新闻，有的人喜欢写博客、收发邮件等。假设这 500 个用户中有 70%在论坛看邮件、帖子、新闻以及他人的博客（有一点需要提醒大家的是，“看”这个操作是不会对服务器端造成压力的）；有 10%在写邮件和发布帖子（用户仅在发送或者提交写的邮件或者发布新帖时，才会对系统服务器端造成压力）；有 10%的用户什么都没有做；有 10%的用户不停地从一个页面跳到另一个页面。在这种场景下，通常我们说有 10%的用户真正对服务器构成了压力（即 10%不停地在网页间跳转的用户），极端情况下，可以把写邮件和发布帖子的另外 10%的用户加上（此时假设这些用户不间断地发送邮件或发布帖子），也就是说此时有 20%的用户对服务器造成压力。从上面的例子可以看出，服务器承受的压力不仅取决于业务并发用户数，还取决于用户的业务场景。

那么如何获得在性能测试过程中大家都很关心的并发用户数呢？下面给出《软件性能测试过程详解与案例剖析》一书中的一些用于估算并发用户数的公式。

$$C = \frac{nL}{T} \tag{1}$$

$$C^{\mu} = C + 3\sqrt{C} \tag{2}$$

在式（1）中，C 是平均的并发用户数；n 是 login session 的数量；L 是 login session 的平均长度；T 是考察的时间段长度。

式（2）给出了并发用户数峰值的计算公式，其中，C^{μ} 是指并发用户数的峰值，C 就是式（1）中得到的平均的并发用户数。该公式是假设用户的 login session 产生符合泊松分布而估算得到的。

下面通过一个实例介绍公式的应用。假设有一个 OA 系统，该系统有 3000 个用户，平均每天大约有 400 个用户要访问该系统，对于一个典型用户来说，一天之内用户从登录到退出系统的平均时间为 4 小时，在一天的时间内，用户只在 8 小时内使用该系统。则根据式（1）和式（2），可以得到 $C = 400 \times 4/8 = 200$，$C^{\mu} = 200 + 3 \times \sqrt{200} = 242$。

除了上述方法以外，还有一种应用更为广泛的估算方法，当然这种方法的精度较差，这种公式的计算是由平时经验的积累得到，相应经验公式为：$C = n/10$ 和 $C^{\mu} = r \times C$。通常，用访问系统用户最大数量的 10%作为平均的并发用户数，并发用户数的最大数量可以通过并发数乘以一个调整因子 r 得到，r 的取值在不同的行业可能会有所不同，通常 r 的取值为 2～3。系统用户最大数量可以通过系统操作日志或者系统全局变量分析得到，在没有系统日志等技术时，也可以根据同类型的网站分析或者估算得到（这种方法存在一定的偏差，用户应该酌情选择）。现在很多网站都提供非常好的网站访问量统计，如 http://www.51.la 统计网站，用户可以申请一个账户，然后只要把该网站提供的代码嵌入网站，就可以通过访问该网站来查看每天的访问量、每月的访问量等信息。r（调整因子）不是一朝一夕就可以确定的，通常需要根据多次性能测试的数据，才能够得出比较准确的取值。因此，用户在平时进行并发测试过程中，一定要注意数据的积累，针对本行业的特点，确定一个比较合理的 r 值。如果能知道平均每个用户发出的请求数量（假设为 u），则系统接受的总请求数就可以通过 $u \times C$ 估算出来，这个值也就是平时所说的吞吐量。

1.5.3 思考时间计算公式

思考时间（think time）就是在录制脚本过程中，每个请求之间的时间间隔，即操作过程中停顿的时间。在实际应用系统时，不会一个接一个不停地发送请求，通常在发出一个请求以后，都会停顿一定的时间来发送下一个请求。

为了真实描述用户操作的实际场景，在录制脚本的过程中，通常 LoadRunner 也会录制这些思考时间，在脚本中，lr_think_time()函数就是实现前面所说的思考时间，它实现了在两个请求之间的停顿。

在实际的性能测试过程中，作为一名性能测试人员，可能非常关心怎样设置思考时间才能最符合实际情况。其实，思考时间与迭代次数、并发用户数以及吞吐量存在一定的关系。

如 $F=\dfrac{N_{\mathrm{PU}}\times R}{T}$ 说明吞吐量是 VU，数量是 N_{VU}、每个用户发出请求数 R 和时间 T 的函数，而其中的 R 又可以用时间 T 和用户的思考时间 T_{s} 计算得出，$R=\dfrac{T}{T_s}$，由此可得，吞吐量与 N_{VU} 成正比，与 T_{s} 成反比。

那么，究竟如何选择合适的思考时间呢？下面给出计算思考时间的一般步骤。

（1）计算出系统的并发用户数。

（2）统计出系统平均的吞吐量。

（3）统计出平均每个用户发出的请求数量。

（4）计算出思考时间。

为了使性能测试的场景更加符合真实的情况，可以考虑在公式 $R=\dfrac{T}{T_{\mathrm{s}}}$ 的基础上再乘以一个比例因子，或者指定一个动态随机变化的范围来仿真实际情况。

经常会在网络上看到有很多做性能测试是否引入思考时间的争论。作者认为思考时间是为了模拟真实的操作应运而生的，所以如果要模拟真实场景的性能测试，建议还是应用思考时间。但是，如果要考察一个系统能够处理的压力——极限处理能力，则可以将思考时间删除或者注释掉，从而达到最大限度地发送请求，考察系统极限处理能力的目的。

1.5.4 响应时间

响应时间是指用户从客户端发起一个请求开始，到客户端接收到从服务器端返回结果的响应结束，结果信息展现在客户端整个过程所耗费的时间。

在图 1-1 中可以看到，页面的响应时间=网络传输时间+Web 应用服务器处理延迟时间+

数据库服务器处理延迟时间，这个响应时间可以分解为“网络传输时间”（$N1+N2+N3+N4$）和“应用延迟时间”（$A1+A2+A3$），而“应用延迟时间”又可以分解为“数据库处理延迟时间”（$A2$）和“Web 应用服务器处理延迟时间”（$A1+A3$）。之所以要对响应时间进行这些分解，主要目的是更好定位性能瓶颈的所在。这里需要说明的是，上述响应时间考虑的主要是服务器处理响应时间，从严格意义上讲，响应时间还应该包括客户端处理部分的响应时间。例如，在服务器处理完请求后，通过网络传送给客户端，客户端还需要进行页面渲染、脚本执行、数据展现等方面的工作，这部分内容的处理时间则为花费在客户端的处理延迟时间。关于浏览器客户端的性能测试方面有很多工具，如 HttpWatch、FireBug、YSlow 等，关心这些工具使用的读者可以参看作者的另一本书《精通软件性能测试与 loadrunner 最佳实战》。如果将这部分时间也考虑进去的话，响应时间=网络传输时间+Web 应用服务器处理延迟时间+数据库服务器处理延迟时间+客户端处理延迟时间。

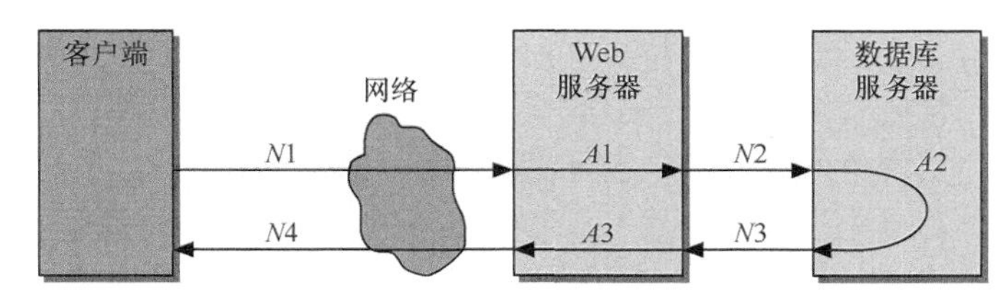

图 1-1 Web 应用的页面响应时间分解

在进行性能测试时，响应时间是考察的一个重要指标，结合 LoadRunner 工具的使用，如果要考察某一个业务或一系列业务的响应时间，则需要定义事务，关于事务的概念将在第 3 章讲解，事务的应用示例将在第 4 章进行讲解。

通常我们最关心的是平均响应时间，它是指系统稳定运行时间段内，同一业务的平均响应时间。在不特殊说明的情况下，一般而言，响应时间是指平均响应时间。当然，如果分析结果需要，也可以考察最小和最大的响应时间信息。

在通常情况下，平均响应时间指标值应根据不同的行业、业务分别设定标准。一般情况下，复杂业务响应时间、简单业务响应时间、特殊业务响应时间均指定明确的标准值，以对后续结果进行比对，达到标准值即为通过，否则为不通过。

1.5.5 点击数

点击数是衡量 Web 服务器处理能力的一个重要指标。它的统计是根据客户端向 Web 服务器发了多少次 HTTP 请求计算的。这里需要说明的是，点击数不是通常一般人认为的访问一个页面就是 1 次点击，点击数是该页面包含的元素（如图片、链接、框架等）向 Web 服务器发出的请求次数。通常也用每秒点击次数（hits per second）指标来衡量 Web 服务器的处理能力。

1.5.6 性能计数器

性能计数器（counter）是描述相关服务器（如数据库服务器、应用服务器等）或操作系统、中间件等性能的一些数据指标。例如，对于 Windows 系统来说，内存数（memory in usage）、进程时间（total process time）等都是常见的计数器。

计数器在性能测试中发挥着“监控和分析”的关键作用，尤其是在分析系统的可扩展性、进行性能瓶颈的定位时，对计数器取值的分析非常关键。但必须说明的是，单一的性能计数器只能体现系统性能的某一个方面，对性能测试结果的分析必须基于多个不同的计数器。

1.5.7 资源利用率

也许用户在做性能测试时，经常会看到或听到“系统要求在200用户并发访问时稳定运行，CPU利用率不超过75%，可用内存不低于50%，磁盘利用率不超过70%”等这样的描述信息，那么“75%”“50%”和“70%” 就是资源利用率。资源利用率是指系统各种资源的使用情况，一般用“资源的使用量/总的资源可用量 × 100%”形成资源利用率的数据。

在性能测试中，常用资源利用率与其他图表相结合，如虚拟用户数、响应时间图表来分析定位系统的瓶颈。其符合木桶原理，盛水的木桶是由许多块木板箍成的，盛水量也是由这些木板共同决定的。若其中一块木板很短，则此木桶的盛水量就被短板所限制。这块短板就成了这个木桶盛水量的“限制因素”（或称“短板效应”）。若要使此木桶盛水量增加，只能换掉短板或将短板加长。人们把这一规律总结为“木桶原理”或“木桶定律”，又称“短板理论”。例如，系统CPU的使用率达到了接近100%，而内存、磁盘、网络等其他资源的利用率都比较低，从木桶原理可以得出CPU就是一块“短板”，很有可能就是系统的一个性能瓶颈，为改善系统性能，可以尝试更换更高性能的CPU。

通常，系统资源的利用率结合不同行业系统的需求也有所不同。例如，银行行业对系统的稳定性要求比较严格，结合CPU利用率来讲，其要求不高于60%，而其他行业的系统要求不是很严格，CPU利用率不高，80%即可，当然依据行业和系统需求的不同，这些阈值可能会有所不同。在做性能测试时，应以实际需求为准。

1.5.8 网络吞吐量

网络吞吐量是指在网络工作正常的情况下，单位时间内通过网络的数据数量。通常，该指标用于衡量系统对于网络设备或链路传输能力的需求。当网络吞吐量指标接近网络设备或链路最大传输能力时，需要考虑升级网络设备，以提升网络处理吞吐量。

1.5.9 错误率

错误率是指系统在负载情况下，失败交易的概率。错误率=（失败交易数/交易总数）× 100%。不同系统对错误率的要求不同，但一般不超出千分之五。

稳定性较好的系统，其错误率应该由超时引起，即为超时率。

1.5.10 系统稳定性

系统稳定性是在进行性能测试时，用户经常提出的一项重要指标，特别是涉及人身安全、金钱等方面的重要系统，基于系统本身的重要性，通常要求非常高，要求 365 × 24 小时无故障运行，通常系统稳定性关注的内容是稳定运行时间，该指标表示系统在标准压力（系统的预期日常压力）情况下，能够稳定运行的时间。

因为稳定性测试运行时间长，通常至少连续运行 24 小时以上，所以平时手工测试或短时间性能测试发现不了的问题，可以在该类型的性能测试过程中发现，如内存泄露等问题。

1.6　本章小结

本章首先介绍典型的性能测试场景，让初学者对性能测试的实际应用场景有了基本的认识；然后从不同用户群的角度阐述了他们眼中的性能测试，进一步加强对性能测试内容的理解；接下来，针对功能测试和性能测试的关系进行了阐述。

其中，1.4 节和 1.5 节为本章重点章节，1.4 节介绍了性能测试的 8 大类，1.5 节介绍了性能测试过程中涉及的重要性能指标及其部分相关指标的计算公式。

1.7　本章习题及经典面试试题

一、章节习题

1. 简述性能测试的 8 大类，并对这 8 大类进行描述。

2. 简述以下性能指标。

（1）响应时间

（2）吞吐量

（3）并发用户数量

（4）点击数

（5）性能计数器

（6）系统稳定性

3. 根据性能指标的计算公式，补充相关公式元素的含义。

（1）已知吞吐量可以采用公式 $F=\frac{N_{PU}\times R}{T}$ 计算，其中，F 表示吞吐量；N_{PU} 表示________________，R 表示________________，T 表示________________。

（2）在公式 $C=\frac{nL}{T}$ 中，C 是平均的并发用户数；n 是________________；L 是________________；T 是________________。

（3）在公式 $C^{\mu}=C+3\sqrt{C}$ 中，C^{μ} 是并发用户数的峰值，C 是________________。

4. 假设一个 OA 系统有 5000 个用户，平均每天大约有 800 个用户要访问该系统，对于一个典型用户来说，一天之内用户从登录到退出系统的平均时间为 4 小时，用户只在一天的 8 小时内使用该系统，则平均的并发用户数和并发用户数峰值各为多少？

二、经典面试试题

1. 简述至少 2 个典型的性能测试场景。

2. 简述功能测试与性能测试的关系。

1.8　本章习题及经典面试试题答案

一、章节习题

1. 简述性能测试的 8 大类，并对这 8 大类进行描述。

答：性能测试的 8 大类包括：性能测试、负载测试、压力测试、配置测试、并发测试、容量测试、可靠性测试、失败测试。

性能测试：性能测试是为描述测试对象与性能相关的特征并对其进行评价而实施和执行的一类测试。它主要通过自动化的测试工具模拟多种正常、峰值以及异常负载条件来对系统的各项性能指标进行测试。通常把性能测试、负载测试、压力测试等统称为性能测试。

负载测试：是通过逐步增加系统负载，测试系统性能的变化，并最终确定在满足系统性能指标的情况下，系统所能够承受的最大负载量的测试。简而言之，负载测试是通过逐步加压的方式来确定系统的处理能力和能够承受的各项阈值。

压力测试：是通过逐步增加系统负载，测试系统性能的变化，并最终确定在什么负载条件下系统性能处于失效状态，并获得系统能提供的最大服务级别的测试。压力测试是逐步增加负载，使系统某些资源达到饱和甚至失效。

配置测试：主要是通过对被测试软件的软硬件配置进行测试，找到系统各项资源的最优分配原则。配置测试能充分利用有限的软硬件资源，发挥系统的最佳处理能力，同时可以将其与其他性能测试类型联合应用，从而为系统调优提供重要依据。

并发测试：测试多个用户同时访问同一个应用、同一个模块或者数据记录时是否存在死锁或者其他性能问题，几乎所有的性能测试都会涉及一些并发测试。

容量测试：在一定的软、硬件条件下，在数据库中构造不同数量级的记录数量，通过运行一种或多种业务场景在一定虚拟用户数量的情况下，获取不同数量级别的性能指标，从而得到数据库能够处理的最大会话能力、最大容量等。系统可处理同时在线的最大用户数，通常和数据库有关。

可靠性测试：通过给系统加载一定的业务压力（如 CPU 资源在 70%～90%的使用率）的情况下，运行一段时间，检查系统是否稳定。因为运行时间较长，通常可以测试出系统是否有内存泄露等问题。

失败测试：对于有冗余备份和负载均衡的系统，通过失败测试来检验如果系统局部发生故障，用户能否继续使用系统，用户受到多大的影响，如几台机器做均衡负载，一台或几台机器垮掉后系统能够承受的压力。

2. 简述以下性能指标。

（1）响应时间

答：响应时间是指用户从客户端发起一个请求开始，到客户端接收到从服务器端返回结果的响应结束，结果信息展现在客户端整个过程所耗费的时间。响应时间=网络传输时间+Web 应用服务器处理延迟时间+数据库服务器处理延迟时间+客户端处理延迟时间。在进行性能测试时，响应时间是考察的一个重要指标，结合 LoadRunner 工具的使用来讲，如果要考察某一个业务或一系列业务的响应时间，则需要定义事务，在不特殊说明的情况下，一般而言，响应时间是指平均响应时间。

（2）吞吐量

答：是指单位时间内处理的客户端请求数量，直接体现软件系统的性能承载能力。通常情况下，吞吐量用“请求数/秒”或“页面数/秒”来衡量。从业务角度来看，吞吐量也可以用“业务数/小时”“业务数/天”“访问人数/天”“页面访问量/天”来衡量。从网络角度来看，还可以用“字节数/小时”“字节数/天”等来衡量网络的流量。吞吐量是大型门户网站以及各种电子商务网站衡量自身负载能力的一个很重要的指标，一般吞吐量越大，系统单位时间内处理的数据越多，系统的负载能力也就越强。

（3）并发用户数量

答：它最简单的描述就是指多个同时发生的业务操作。例如，100 个用户同时单击登录页面的“登录”按钮操作。通常，应用系统会随着用户同时应用某个具体的模块，而导致资源的争用问题。例如，50 个用户同时执行统计分析的操作，由于统计业务涉及很多数据提取和科学计算问题，所以这时很有可能内存和 CPU 会出现瓶颈。并发性测试描述的是多个客户端同时向服务器发出请求，考察服务器端承受能力的一种性能测试方式。

（4）点击数

答：点击数是衡量 Web 服务器处理能力的一个重要指标。它的统计根据客户端向 Web 服务器发了多少次 HTTP 请求计算的。这里需要说明的是，点击数不是通常一般人认为的访问一个页面就是 1 次点击，点击数是该页面包含的元素（如图片、链接、框架等）向 Web 服务器发出的请求次数。通常也用每秒点击次数（hits per second）指标来衡量 Web 服务器的处理能力。

（5）性能计数器

答：性能计数器（counter）是描述相关服务器（如数据库服务器、应用服务器等）或操作系统、中间件等性能的一些数据指标。例如，对 Windows 系统来说，使用内存数（memory in usage）、进程时间（total process time）等都是常见的计数器。计数器在性能测试中发挥着“监控和分析”的关键作用，尤其是在分析系统的可扩展性、进行性能瓶颈的定位时，对计数器取值的分析非常关键。但必须说明的是，单一的性能计数器只能体现系统性能的某一个方面，对性能测试结果的分析必须基于多个不同的计数器。

（6）系统稳定性

答：系统稳定性是在进行性能测试时，用户经常提出的一项重要指标，特别是涉及人身安全、财产等方面的重要系统，基于系统本身的重要性，通常要求非常高，要求 365 × 24 小时无故障运行，通常系统稳定性关注的内容是稳定运行时间，该指标表示系统在标准压力（系统的预期日常压力）情况下，能够稳定运行的时间。因为稳定性测试运行时间长，通常至少连续运行 24 小时以上，所以平时手工测试或短时间性能测试发现不了的问题，可以在该类型的性能测试过程中发现，如内存泄露等问题。

3. 根据性能指标的计算公式，补充相关公式元素的含义。

（1）已知吞吐量可以采用公式 $F=\frac{N_{PU}\times R}{T}$ 计算，其中，F 表示吞吐量；N_{PU} 表示并发虚拟用户数，R 表示每个 VU 发出的请求数量，T 表示性能测试所用的时间。

（2）在公式$C=\frac{nL}{T}$中，C是平均的并发用户数；n是login session的数量；L是login session的平均长度；T是考察的时间段长度。

（3）在公式$C^{\mu}=C+3\sqrt{C}$中，C^{μ}是并发用户数的峰值，C是平均的并发用户数。

4. 假设一个OA系统有5000个用户，平均每天大约有800个用户要访问该系统，对于一个典型用户来说，一天之内用户从登录到退出系统的平均时间为4小时，用户只在一天的8小时内使用该系统，则平均的并发用户数和并发用户数峰值各为多少？

答：依据前面章节的公式$C=\frac{nL}{T}$和$C^{\mu}=C+3\sqrt{C}$，平均并发用户数=800×4/8=400，并发用户峰值=400+3×20=460。

二、经典面试试题

1. 简述至少2个典型的性能测试场景。

答：对于有经验的测试人员可以结合自己以前做过的一些实际项目进行描述，可以深入一些，也可以结合本书中的例子进行简单描述例如：

- 以前我们做了一个进销存管理系统，当时可以采用两种构架：Java和.Net，我们想采取一个性能表现更优的架构。为了系统能够有更好的性能，在系统实现前期，我们设计了一个小的Demo系统，设计同样的场景，实际考察不同语言、不同框架之间的性能差异，然后选择性能好的来进行系统开发。
- 2013年，我们开发了一个门户网站，我们想知道该系统能够支持多少用户并发操作（注册、写博客、看照片、收发邮件等）。一个门户网站应该是经得起考验的。门户网站栏目众多，我们在进行性能测试时，应该考虑实际用户应用的场景，将注册用户、写博客、看照片、看新闻等用户操作设计成相应的场景。根据预期的用户量设计相应用户的并发量，同时一个好的网站随着用户的逐渐增长以及推广的深入，访问量可能会成几何倍增长。考虑门户网站这些方面的特点，在进行性能测试时也需要考虑可靠性测试、失败测试以及安全性测试等。
- 我们在做一个保险系统时，系统针对业务的变化，将汽车定损单据由一张单据拆分成两张来进行处理。为考察系统业务处理能力的变化，我们针对该接口做了性能测试，在不同数量级数据、用户数等情况下，分别对TPS（每秒事务数）、响应时间、服务器资源占用情况等指标进行了同场景的性能测试。

当然，上述内容仅仅是举例，面试人员应该根据自己的学习和工作情况，举一反三，将问题描述得越清晰透彻，就会取得越好的效果。

2. 简述功能测试与性能测试的关系。

答：功能测试和性能测试是相辅相成的，对于一款优秀的软件产品来讲，它们是不可缺少的2个重要测试环节，但依据不同目标的性能测试情况，测试时要因地制宜，结合实际需求，选择合适的时间点进行，减少不必要的人力、物力浪费，实现利益最大化。

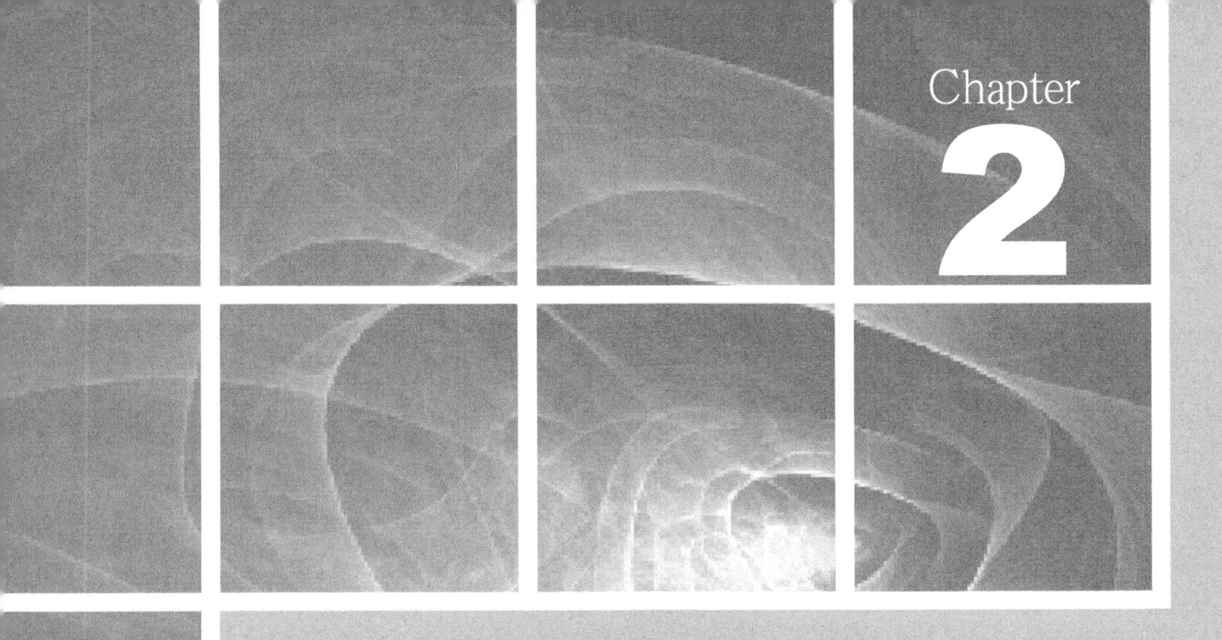

第 2 章

性能测试过程概述

2.1 性能测试的基本过程

有的公司招聘性能测试人员时，经常会问一个问题“您能否简单地介绍一下性能测试的过程？”多数应聘者的回答差强人意，原因是很多人不是十分清楚性能测试，以至于回答问题的思路混乱。其实，大家在应聘性能测试职位时，必须清楚这个职位具体是做哪些工作的，并按照工作的流程把每一个环节都表述清楚。下面笔者结合自己多年的工作经验介绍，性能测试的过程。

典型的性能测试过程如图 2-1 所示。

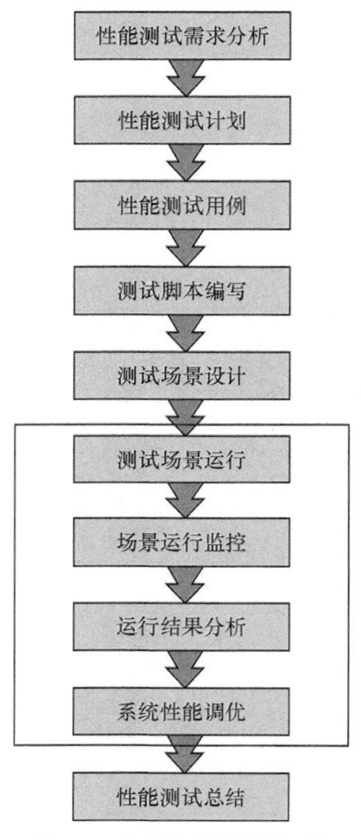

图 2-1 典型的性能测试过程

注意

方框区域为可能存在多次进行的操作部分。

下面对性能测试过程的每个部分进行详细介绍。当测试人员拿到“用户需求规格说明书”以后，文档中会包含功能、性能以及其他方面的要求，性能测试人员最关心的内容就是性能测试相关部分的内容描述。

2.2 性能测试需求分析

性能测试的目的是明确客户的真正需求，这是性能测试最关键的部分。很多客户对性能测试不了解，测试人员可能会因为客户提出的“我们需要贵单位对所有的功能都进行性能测试”“系统用户登录响应时间小于 3 秒”“系统支持 10 万用户并发访问”等要求所困扰。不知道读者是不是看出了上面几个要求存在的问题，下面让我们逐一来分析这几句话。

1. 我们需要贵单位对所有的功能都进行性能测试

从客户的角度来看，肯定都是希望所有的系统应用都有好的系统性能表现，那么是不是所有的功能都要经过性能测试呢？答案当然是否定的，因为通常性能测试周期较长。首先，全部功能模块都进行性能测试需要非常长的时间；其次，根据 80-20 原则，通常系统用户经常使用的功能模块大概占用系统整个功能模块数目的 20%，像“参数设置”等类似的功能模块，通常仅需要在应用系统时由管理员进行一次性设置，针对这类设置进行性能测试也是没有任何意义的。通常，性能测试是由客户提出需求内容，性能测试人员针对客户的需求进行系统和专业的分析后，提出相应的性能测试计划、解决方案、性能测试用例等与用户共同分析确定最终的性能测试计划、解决方案、性能测试用例等，性能测试的最终测试内容通常也是结合客户真实的应用场景，客户应用最多、使用最频繁的功能。所以说，“对所有的功能都进行性能测试”是不切实际，也是不科学的做法，作为性能测试人员必须清楚这一点。

2. 系统用户登录响应时间小于 3 秒

从表面看这句话似乎没有什么问题，仔细看看是不是看出点什么门道呢？其实这句话更像一个功能测试的需求，因为其没有指明是在多少用户访问时，系统的响应时间小于 3 秒。作为性能测试人员必须清楚客户的真实需求，消除不明确的因素。

3. 系统支持 10 万用户并发访问

从表面看这句话似乎也没有什么问题。在进行性能测试时，系统的可扩展性是需要考虑的一个重要内容。例如，一个门户网站，刚开始投入市场时，只有几百个用户，随着广告、推荐等系统宣传力度的加大，在做系统性能测试时，需要对未来两三年内系统的应用用户有初步预期，使系统在两三年后仍然能够提供良好的性能体验。但是，如果系统每天只有几十个用户，在未来的 5～10 年内，也不过几百个用户，那么还需要进行 10 万级用户并发访问的性能测试吗？作者的建议是把这种情况向客户表达清楚，在满足当前和未来用户应用系统性能要求的前提下进行测试，能够节省客户的投入，无疑客户会觉得你更加专业，也真正从客户的角度出发，相信一定会取得更好的效果。如果系统用户量很大，考虑到可扩展性需求，确实需要进行 10 万级用户这种情况的性能测试，我们也需要清楚 10 万级用户的典型应用场景，以及不同操作人员的比例，这样的性能测试才会更有意义。

2.3 性能测试计划

性能测试计划是性能测试的重要环节。在对客户提出的需求经过认真分析后，性能测试管理人员需要编写的第一份文档就是性能测试计划。性能测试计划非常重要，需要阐述产品、项目的背景，明确前期的测试性能需求，并落实到文档中。指出性能测试可参考的一些文档，并将这些文档的作者、编写时间、获取途径逐一列出，形成一个表格，这些文档包括：用户需求规格说明书、会议纪要（内部讨论、与客户讨论等最终确定的性能测试内容）等性能测试相关需求内容文档。性能测试也是依赖于系统正式上线的软、硬件环境的，因此包括网络的拓扑结构、操作系统、应用服务器、数据库等软件的版本信息、数据库服务器、应用服务器等具体硬件配置，如 CPU、内存、硬盘、网卡、网络环境等信息也应该描述。系统性能测试的环境要尽量和客户上线的环境条件相似，在软、硬件环境相差巨大的情况下，对于真正评估系统上线后的性能有一定偏差，有时甚至更坏。为了能够得到需要的性能测试结果，性能测试人员需要认真评估要在本次性能测试中应用的工具，该工具能否对需求中描述的相关指标进行监控，并得到相关的数据信息。性能测试结果数据信息是否有良好的表现形式，并且可以方便地输出？项目组性能测试人员是否会使用该工具？工具是否简单易用等。当然在条件允许的情况下，把复杂的性能测试交给第三方专业测试机构也是一个不错的选择。人力资源和进度的控制，需要性能测试管理人员认真考虑。很多失败的案例告诉我们，由于项目前期研发周期过长，项目开发周期延长，为了保证系统能够按时发布，人们不得不缩短测试周期，甚至取消测试，这样的项目质量是得不到保证的，通常其结果也必将以失败而告终。所以要合理安排测试时间和人员，监控并及时修改测试计划，使管理人员和项目组成员及时了解项目测试的情况，及时修正在测试过程中遇到的问题。除了在计划中考虑上述问题以外，还应该考虑如何规避性能测试过程中可能会遇到的一些风险。在性能测试过程中，有可能会遇见一些将会发生的问题，为了保证后期在实施过程中有条不紊，应该考虑如何尽量避免这些风险的发生。当然，性能测试计划中还应该包括性能测试准入、准出标准以及性能测试人员的职责等。一份好的性能测试计划为性能测试成功打下了坚实的基础，所以请读者认真分析测试的需求，将不明确的相关内容弄清楚，制订出一份好的性能测试计划，然后按照此计划执行，如果执行过程与预期不符，则及时修改计划，不要仅仅将计划作为一份文档，而要将其作为性能测试行动的指导性内容。

2.4 性能测试用例

性能测试需求最终要体现在性能测试用例设计中，应结合用户应用系统的场景，设计出相应的性能测试用例，用例应能覆盖到测试需求。很多人在设计性能测试用例时，有束手无策的感觉。这时，需要考虑是否存在以下几个方面的问题。

（1）你是否更加关注于工具的使用，而忽视了性能测试理论知识的补充。

（2）你是否对客户应用该系统经常处理哪些业务不是很清楚。

（3）你是否对应用该系统的用户数不是很了解。

（4）你是否也陷入公司没有性能测试相关人员可以交流的尴尬境地。

当然，上面只列出了一些典型的问题，实际中可能会碰到更多的问题。这里，作者想和诸位朋友分享一下工作心得。在刚开始从事性能测试工作时，肯定会碰到很多问题。一方面，由于性能测试是软件测试行业的一个新兴分类，随着企业的飞速发展，各种系统规模的日益庞大，软件企业也更加注重性能测试，从招聘网上搜索“性能测试工程师”，可以搜索到几百条招聘性能测试工程师相关职位的信息，如图 2-2 所示。

但是，由于性能测试工作在国内刚起步，性能测试方面的知识也不是很多，加之很多单位在招聘性能测试工程师岗位时，对工具的要求更多一些（如图 2-3 所示的“高级性能测试工程师”岗位要求信息），使很多测试人员对性能测试工作产生了误解——觉得性能测试的主要工作就是应用性能测试工具，如果性能测试工具方面的知识学得好，做性能测试工作就没有问题。其实，工具是为人服务的，真正指导性能测试工作的还是性能测试的理论和实践知识，要做好性能测试，需要运用工具将学习到的理论知识和深入理解的用户需求这些思想体现出来，做好执行、分析以及调优工作，这样才能够做好测试。性能测试人员可能会遇到客户需求不明确，对客户应用业务不清楚等情况，这时，需要与公司内部负责需求、业务的专家和客户进行询问、讨论，把不明确的内容弄清楚，最重要的是一定要明确用户期望的相关性能指标。在设计用例时，通常需要编写如下内容：测试用例名称、测试用例标识、测试覆盖的需求（测试性能特性）、应用说明、（前置/假设）条件、用例间依赖、用例描述、关键技术、操作步骤、期望结果（明确的指标内容）、记录实际运行结果等内容，当然，上面的内容可以依据需要适当裁减。

已选条件：　性能测试(全文)+北京

全选　申请职位　收藏职位　智能排序　发布时间　1 / 18　共866条职位

职位名	公司名	工作地点	薪资	发布时间
性能测试工程师	天地融科技股份有限公司	异地招聘	1-1.5万/月	04-02
性能测试工程师--00912	任子行网络技术股份有限公司	北京-海淀区	0.8-1.5万/月	04-02
技术部-测试管理处-性能测试技术岗	中国保险信息技术管理有限责任公司	北京		04-02
性能测试	重庆软维科技有限公司	北京	1-1.5万/月	04-02
性能测试工程师	信雅达系统工程股份有限公司	北京-海淀区	0.7-1.4万/月	04-02
性能测试工程师	奇虎360科技有限公司	北京		03-31
中级测试工程师（性能测试）（MJ006...	达内时代科技集团有限公司	北京-朝阳区	1-1.8万/月	03-30
高级性能测试	天津人瑞人力资源服务有限公司	北京-朝阳区	3-4.5万/月	03-29
性能测试工程师(J10475)	北京环球国广媒体科技有限公司	北京	1-1.5万/月	03-29
性能测试工程师	北京永信至诚科技股份有限公司	北京	1.5-2万/月	03-28
性能测试工程师/性能测试专家	瑞幸咖啡（中国）有限公司	北京-海淀区	1.5-3万/月	03-27
5G无线性能测试工程师	中兴通讯股份有限公司	北京-朝阳区	1-1.5万/月	03-27
性能测试工程师-初级	深圳市金证科技股份有限公司	北京-海淀区	1-1.5万/月	03-26
性能测试工程师	重庆九洲星熠导航设备有限公司	异地招聘	0.8-1万/月	03-26
软件性能测试工程师	中电科技（北京）有限公司	北京-海淀区	1-1.5万/月	03-25
科技管理部性能测试岗	中国民生银行股份有限公司信用卡中心	北京	1.5-1.8万/月	03-24
质量管理/ 结构设计/ 光学/产品性能测...	中国科学院新疆理化技术研究所	异地招聘	5-10万/年	03-22
软件性能测试工程师	北京继教网教育科技发展有限公司	北京	1-1.5万/月	03-19
性能测试工程师	北京裕翔创力科技有限责任公司	北京-海淀区	1-1.5万/月	03-13
软件测试工程师性能测试	阁瑞钛伦特软件（北京）有限公司	北京	0.8-1万/月	03-12

图 2-2　招聘性能测试工程师相关职位信息

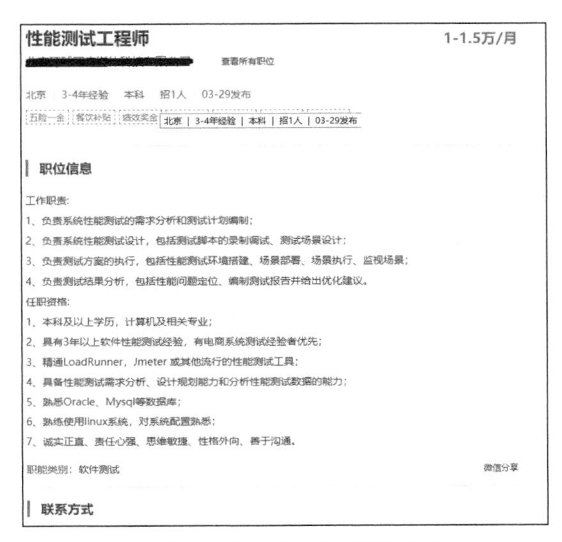

性能测试工程师　　1-1.5万/月

查看所有职位

北京　3-4年经验　本科　招1人　03-29发布

五险一金　餐饮补贴　绩效奖金　北京 | 3-4年经验 | 本科 | 招1人 | 03-29发布

职位信息

工作职责：

1、负责系统性能测试的需求分析和测试计划编制；

2、负责系统性能测试设计，包括测试脚本的录制调试、测试场景设计；

3、负责测试方案的执行，包括性能测试环境搭建、场景部署、场景执行、监视场景；

4、负责测试结果分析，包括性能问题定位、编制测试报告并给出优化建议。

任职资格：

1、本科及以上学历，计算机及相关专业；

2、具有3年以上软件性能测试经验，有电商系统测试经验者优先；

3、精通LoadRunner，Jmeter 或其他流行的性能测试工具；

4、具备性能测试需求分析、设计规划能力和分析性能测试数据的能力；

5、熟悉Oracle、Mysql等数据库；

6、熟练使用linux系统，对系统配置熟悉；

7、诚实正直、责任心强、思维敏捷、性格外向、善于沟通。

职能类别：软件测试　　微信分享

联系方式

图 2-3　招聘性能测试工程师岗位要求信息

2.5 测试脚本编写

性能测试用例编写完成后，接下来需要结合用例的需要，编写测试脚本。本书后面将介绍有关 LoadRunner 协议选择和脚本编写的知识。关于测试脚本的编写，这里着重强调以下几点。

（1）协议的选用关系到脚本能否正确录制与执行，十分重要。因此在进行程序的性能测试之前，测试人员必须明确被测试程序使用的协议。

（2）测试脚本不仅可以使用性能测试工具来完成，在必要时，可以使用其他语言编程来完成同样的工作。

（3）通常，在应用工具录制或者编写脚本完成以后，还需要去除脚本不必要的冗余代码，对脚本进行完善，加入集合点、检查点、事务以及对一些数据进行参数化、关联等处理。在编写脚本时，需要注意的还有脚本之间的前后依赖性，如一个进销存管理系统，在销售商品之前，只有先登录系统，对系统进行进货处理，才能够进行销售（本系统不支持负数概念，即不允许负库存情况发生）。这就是前面所讲的脚本间依赖的一个实例。因此在有类似情况发生时，应该考虑脚本的执行顺序，在本例中是先执行登录脚本，再执行业务脚本进货，最后进行销售，系统登出。当然有两种处理方式，一种是录制 4 个脚本，另一种方式是在一个脚本中进行处理，将登录部分放在 vuser_init()，进货、销售部分代码可以放在 Acition 中，最好建立两个 Acition 分别存放，而将登出脚本放在 vuser_end()部分。参数化时，也要考虑前后数据的一致性。关于参数化相关选项的含义，请参见 4.4 节。

（4）在编写测试脚本时，还需要注意编码的规范和代码的编写质量问题。软件性能测试不是简单地录制与回放，一名优秀的性能测试人员可能经常需要自行编写脚本，这一方面要提高自己的编码水平，不要使编写的脚本成为性能测试的瓶颈。很多测试人员，由于不是程序员出身，对程序的理解也不够深入，经常会出现如申请内存不释放、打开文件不关闭等情况，却不知这些情况会造成内存泄露。所以要加强编程语言的学习，努力使自己成为一名优秀的“高级程序员”。另一方面，也要加强编码的规范。测试团队少则几人，多则几十人、上百人，如果大家编写脚本时，标新立异，脚本的可读性势必很差，加之 IT 行业人员流动性很大，所以测试团队有一套标准的脚本编写规范势在必行。在多人修改维护同一个脚本的情况下，还应该在脚本中记录修改历史。好的脚本应该是不仅自己能看懂，别人也能看懂。

（5）经常听到很多同事追悔莫及地说，“我的那个脚本哪去了，这次性能测试的内容和以前做过的功能一模一样啊！”“以前便写过类似脚本，可惜被我删掉了！”等。因为企业开发的软件在一定程度上存在类似的功能，所以脚本的复用情况会经常发生，历史脚本的维护同样是很重要的一项工作。作者建议将脚本纳入配置管理，配置管理工具有很多，如 Visual Source Safe、Firefly、PVCS、CVS、Havest 等都是不错的。

2.6 测试场景设计

性能测试场景设计以性能测试用例、测试脚本编写为基础，脚本编写完成后需要进行如下操作：如需进行并发操作，则加入集合点；如需考察某一部分业务处理响应时间，则插入事务；为检查系统是否正确执行相应功能而设置的检查点；输入不同的业务数据，则需要进行参数化。测试场景设计的一个重要原则就是依据测试用例，把测试用例设计的场景展现出来。目前性能测试工具有很多，既有开源性能测试工具、免费性能测试工具，也有功能强大的商业性能测试工具，如表 2-1～表 2-3 所示。

表 2-1　　开源性能测试工具

工具名称	功能简介
Jmeter	Jmeter 可以完成针对静态资源和动态资源（Servlets、Perl 脚本、Java 对象、数据查询、FTP 服务等）的性能测试，可以模拟大量的服务器负载、网络负载、软件对象负载，通过不同的加载类型全面测试软件的性能、提供图形化的性能分析
OpenSTA	OpenSTA 可以模拟大量的虚拟用户，结果分析包括虚拟用户响应时间、Web 服务器的资源使用情况、数据库服务器的使用情况，可以精确地度量负载测试的结果
DbMonster	DBMonster 是一个生成随机数据，用来测试 SQL 数据库压力的测试工具
TpTest	TPTest 提供测试 Internet 连接速度的简单方法
……	……

表 2-2　　商业性能测试工具

工具名称	功能简介
HP LoadRunner	HP LoadRunner 是一种预测系统行为和性能的工业级标准性能测试和负载测试工具。通过模拟上千万用户实施并发负载及实时性能监测的方式来确认和查找问题。LoadRunner 能够对整个企业架构进行测试，支持 Web（HTTP/HTML）、Windows Sockets、File Transfer Protocol（FTP）、Media Player（MMS）、ODBC、MS SQL Server 等协议
IBM Rational Performance Tester	适用于团队验证 Web 应用程序的可伸缩性的负载和性能测试工具，引入了新的技术进行负载测试的创建、修改、执行和结果分析
……	……

表 2-3　　免费性能测试工具

工具名称	功能简介
Microsoft Application Center Test	可以对 Web 服务器进行强度测试，分析 Web 应用程序（包括 ASPX 页及其使用的组件）的性能和可伸缩性问题。通过打开多个服务器连接并迅速发送 HTTP 请求，Application Center Test 可以模拟大量用户
Microsoft Web Application Stress Tool	由 Microsoft 公司的网站测试人员开发，专门用来进行实际网站压力测试的一套工具。可以以数种不同的方式建立测试指令：包含以手工、录制浏览器操作的步骤，或直接录入 IIS 的记录文件、网站的内容及其他测试程序的指令等方式
……	……

不同性能测试工具的操作界面和应用方法有很大的区别，但是其工作原理有很多相似的地方。关于测试场景的设计这里着重强调以下几点。

（1）性能测试工具都是用进程或者线程来模拟多个虚拟用户的。如果按进程运行每个虚拟用户（Vuser），则对于每个 Vuser 实例，都将反复启动同一驱动程序并将其加载到内存中。将同一驱动程序加载到内存中会占用大量随机存取存储器（RAM）及其他系统资源。这就限制了可以在任意负载生成器上运行的 Vuser 的数量。如果按线程运行每个 Vuser，这些线程

Vuser 将共享父驱动进程的内存段。这就消除了多次重新加载驱动程序/进程的需要，节省了大量内存空间，从而可以在一个负载生成器上运行更多的 Vuser。在应用线程安全的协议时，笔者推荐使用线程模式。

（2）如果存在有执行次序依赖关系的脚本，则注意在场景设计时顺序不要弄错。

（3）场景的相关设置项也是需要关注的重要内容，这里仅以 LoadRunner 为例。如果应用虚拟 IP 时，需要选中 Enable IP Spoofer 项。如果应用了集合点，则需要单击 Rendezvous... 选项，设定集合点策略。如果需要多台负载机进行负载，则可以单击 Load Generators... 进行负载机的连接测试。此外，还可以为接下来的场景运行、监控、分析设置一些参数，如连接超时、采样频率、网页细分等。

2.7 测试场景运行

测试场景运行是关系到测试结果是否准确的一个重要过程。经常有很多测试人员花费了大量的时间和精力去做性能测试，可是做出来的测试结果不理想。原因是什么呢？关于测试场景的设计这里着重强调以下几点。

（1）性能测试工具都是用进程或者线程来模拟多个虚拟用户的，每个进程或者线程都需要占用一定的内存，因此要保证负载的测试机足够跑完设定的虚拟用户数，如果内存不够，则用多台负载机分担进行负载。

（2）在进行性能测试之前，需要先将应用服务器“预热”，即先运行应用服务器的功能。这是为什么呢？高级语言翻译成机器语言，计算机才能执行高级语言编写的程序。翻译的方式有两种：编译和解释。这两种方式只是翻译的时间不同。编译型语言程序执行前，需要一个专门的编译过程，把程序编译成为机器语言的文件，如可执行文件，以后再运行就不用重新翻译了，直接使用编译的结果文件执行（EXE）即可。因为翻译只做了一次，运行时不需要翻译，所以编译型语言的程序执行效率高。解释型语言则不同，解释型语言的程序不需要编译，省了一道工序，解释性语言在运行程序时才翻译，如解释型语言 JSP、ASP、Python 等，专门有一个解释器能够直接执行程序，每个语句都是执行时才翻译。这样解释型语言每执行一次就要翻译一次，效率比较低。这也就是很多测试系统的响应时间很长的一个原因，就是没有实现运行测试系统，导致第一次执行编译需要较长时间，从而影响了性能测试结果。

（3）在有条件的情况下，尽量模拟用户的真实环境。经常收到一些测试同行的来信说：“为什么我们性能测试的结果每次都不一样啊？”，经过询问得知，性能测试环境竟与开发环境为同一环境，且同时被应用。很多软件公司为了节约成本，开发与测试使用同一环境，这种模式有很多弊端。进行性能测试时，若研发和测试共用系统，性能测试周期通常少则几小时，多则几天，这不仅给研发和测试人员使用系统资源带来一定的麻烦，而且容易导致测试与研发的数据相互影响，所以尽管经过多次测试，但每次测试结果各不相同。随着软件行业的蓬勃发展，市场竞争也日益激励，希望软件企业能够从长远角度出发，为测试部门购置一些与客户群基本相符的硬件设备，如果买不起服务器，可以买一些配置较高的 PC 代替，但是环境的部署一定要类似。如果条件允许，也可以在客户实际环境进行性能测试。总之，一定要注意测试环境的独立性，以及网络，软、硬件测试环境与用户实际环境的一致性，这样测试的结果才会更贴近真实情况，性能测试才会有意义。

（4）测试工作并不是一个单一的工作，测试人员应该和各个部门保持良好的沟通。例如，在遇到需求不明确时，需要和需求人员、客户以及设计人员进行沟通，把需求弄清楚。在测试过程中，如果遇到自己以前没有遇到过的问题，也可以与同组的测试人员、开发人员进行沟通，及时明确问题产生的原因，进而解决问题。点滴的工作经验积累对测试人员很有帮助，这些经验也是日后问题推测的重要依据。在测试过程中，也需要部门之间相互配合，这就需要开发人员和数据库管理人员与测试人员相互配合完成 1 年业务数据的初始化工作。因此，测试工作并不是孤立的，需要和各部门进行及时沟通，在需要帮助的时候，一定要及时提出，否则可能会影响项目工期，甚至导致项目失败。在测试中我一直提倡“让最擅长的人做最擅长的事”，在项目开发周期短，人员不是很充足的情况下，尤其要坚持这一点，不要浪费大量的时间在自己不擅长的事情上。

（5）性能测试的执行，在时间充裕的情况下，最好同样一个性能测试用例执行 3 次，然后分析结果，只有结果相接近，才可以证明此次测试是成功的。

2.8 场景运行监控

场景运行监控可以在场景运行时决定要监控哪些数据，便于后期分析性能测试结果。应用性能测试工具的重要目的就是提取本次测试关心的数据指标内容。性能测试工具利用应用服务器、操作系统、数据库等提供的接口，取得在负载过程中相关计数器的性能指标。关于场景的监控有以下几点需要大家在性能测试过程中注意。

（1）性能测试负载机可能有多台，负载机的时钟要一致，以保证监控过程中的数据是同步的。

（2）场景的运行监控也会给系统造成一定的负担，因为在操作过程中需要搜集大量的数据，并存储到数据库中，所以尽量搜集与系统测试目标相关的参数信息，无关内容不必进行监控。

（3）通常只有管理员才能够对系统资源等进行监控，因此，很多朋友会问：“为什么我监控不到数据？为什么提示我没有权限？”等类似问题，作者的建议是：以管理员的身份登录后，如果监控不了相关指标，再去查找原因，不要耗费过多精力做无用功。

（4）运行场景的监控是一门学问，需要对要监控的数据指标有非常清楚的认识，同时还要求非常熟悉性能测试工具。当然这不是一朝一夕的事情，作为性能测试人员，我们只有不断努力，深入学习这些知识，不断积累经验，才能做得更好。

2.9 运行结果分析

在性能测试执行过程中，性能测试工具搜集相关性能测试数据，待执行完成后，这些数据会存储到数据表或者其他文件中。为了定位系统性能问题，需要系统分析这些性能测试结果。性能测试工具自然能帮助我们生成很多图表，也可以进一步对这些图表进行合并等操作来定位性能问题。是不是在没有专业性能测试工具的情况下，就无法完成性能测试呢？答案是否定的，其实在很多情况下，性能测试工具会受到一定的限制，这时，需要编写一些测试脚本来完成数据的搜集工作，当然数据存储的介质通常也是数据库或者其他格式的文件，为了便于分析数据，需要先对这些数据进行整理再分析。如何将数据库、文件的杂乱数据变成直观的图表，请参见 4.15 节～4.18 节的内容。

目前，被广泛应用的性能分析方法是“拐点分析”。“拐点分析”是一种利用性能计数器曲线图上的拐点进行性能分析的方法。它的基本思想是性能产生瓶颈的主要原因是某个资源的使用达到了极限，此时表现为随着压力的增大，系统性能急剧下降，从而产生了“拐点”现象。只要得到“拐点”附近的资源使用情况，就能定位出系统的性能瓶颈。例如，系统随着用户的增多，事务响应时间缓慢增加，当达到 100 个虚拟用户时，系统响应时间急剧增加，表现为一个明显的“折线”，这就说明系统承载不了如此多的用户做这个事务，也就是存在性能瓶颈。

2.10　系统性能调优

性能测试分析人员经过分析结果以后，有可能找出系统存在性能瓶颈。这时相关开发人员、数据库管理员、系统管理员、网络管理员等就需要根据性能测试分析人员提出的意见与性能分析人员共同分析确定更细节的内容，相关人员对系统进行调整以后，性能测试人员继续进行第二轮、第三轮……的测试，与以前的测试结果进行对比，从而确定经过调整以后系统的性能是否有提升。有一点需要提醒大家，就是在进行性能调整时，最好一次只调整一项内容或者一类内容，避免一次调整多项内容而引起性能提高却不知道是由于调整哪项关键指标而改善性能的。在系统调优过程中，好的策略是按照由易到难的顺序对系统性能进行调优。系统调优由易到难的先后顺序如下。

（1）硬件问题。

（2）网络问题。

（3）应用服务器、数据库等配置问题。

（4）源代码、数据库脚本问题。

（5）系统构架问题。

硬件发生问题是最显而易见的，如果 CPU 不能满足复杂的数学逻辑运算，就可以考虑更换 CPU，如果硬盘容量很小，承受不了很多的数据，就可以考虑更换高速、大容量硬盘等。如果网络带宽不够，就可以考虑对网络进行升级和改造，将网络更换成高速网络。还可以将系统应用与平时公司日常应用进行隔离等方式，达到提高网络传输速率的目的。很多情况下，系统性能不是十分理想的一个重要原因就是，没有对应用服务器、数据库等软件进行调优和设置，如对 Tomcat 系统调整堆内存和扩展内存的大小，数据库引入连接池技术等。源代码、数据库脚本是在上述调整无效的情况下，可以选择的一种调优方式，但是因为对源代码的改变有可能会引入缺陷，所以在调优以后，不仅需要性能测试，还要对功能进行验证，以验证是否正确。这种方式需要通过对数据库建立适当的索引，并且运用简单的语句替代复杂的语句，从而达到提高 SQL 语句运行效率的目的，还可以在编码过程中选择好的算法，减少响应时间，引入缓存等技术。在上述尝试都不见效的情况下，就需要考虑现行的构架是否合适，选择效率高的构架，但由于构架的改动比较大，所以应该慎重对待。

2.11　性能测试总结

性能测试工作完成以后，需要编写性能测试总结报告。

性能测试总结不仅使我们能够了解如下内容：性能测试需求覆盖情况，性能测试过程中出现的问题，又是如何去分析、调优、解决的，测试人员、进度控制与实际执行偏差，性能测试过程中遇到的各类风险是如何控制的，经过该产品/项目性能测试后，有哪些经验和教训等内容。随着国内软件企业的发展、壮大，越来越多的企业重视软件产品的质量，而好的软件无疑和良好的软件生命周期过程控制密不可分。在这个过程中，不断规范化软件生命周期各个过程、文档的写作，以及各个产品和项目测试经验的总结是极其重要的。通常一份性能测试总结报告要描述如下内容。

需要阐述产品、项目的背景，将前期的性能测试需求明确，并落实到文档中。指出性能测试可参考的一些文档，并将这些文档的作者、编写时间、获取途径逐一列出，形成一个表格。这些文档包括：用户需求规格说明书、会议纪要（内部讨论、与客户讨论等最终确定的关于性能测试内容）等与性能测试相关的需求内容文档。因为性能测试也依赖于系统正式上线的软、硬件环境，所以包括网络的拓扑结构、操作系统、应用服务器、数据库等软件的版本信息，数据库服务器、应用服务器等具体硬件配置（CPU、内存、硬盘、网卡等），网络环境等信息也应该描述。应明确标识出实测环境的相关信息。系统性能测试的环境要尽量和客户软件上线的环境条件相似，在软、硬件环境相差巨大的情况下，测试的结果和系统上线后的性能有一定偏差，有时甚至更坏。在测试执行过程中应用的性能测试相关的工具名称、版本等，如果您有部分内容由第三方专业的测试机构完成，则应让其提供明确的结论性输出物和执行过程相关脚本代码、场景、日报/周报、监控数据等相关文档资料。性能测试总结一定要结合性能测试计划内容来进行比对，实际执行过程的相关需提交文档、准入准出条件、场景设计、性能指标、测试环境、性能测试相关工具应用、执行进度等都是需要考量的内容。如果实际执行过程和测试计划有偏差，则要分析产生偏差的原因，以及是否对结果影响。

“不积跬步无以至千里，不积小流无以成江海”。性能测试总结不仅是对本次性能测试执行全过程以及本次性能测试是否达标的一个总结，它应该也是团队总结在项目实施过程中经验和教训（包括时间安排、技术难点、分析方法、沟通协调、团队协作、工具选择等）的积累。

2.12　本章小结

本章概要介绍了性能测试的基本过程，然后详细介绍了性能测试基本过程的各个环节。

执行性能测试的基本过程对于做好性能测试工作具有积极和重要意义，特别是刚开始接触性能测试的人员，请务必在性能测试实施初始阶段就坚持、保持良好的流程规范，做好每一个关键步骤，认真总结在性能测试实施过程中的得与失，为后续工作积累更多的经验。

性能测试的理论知识是指导性能测试整个实施过程的重要依据，也是保证性能测试能够顺利实施并取得良好效果的基础，本章的所有内容都非常重要，请认真掌握。

2.13　本章习题及经典面试试题

一、章节习题

1. 请依据典型的性能测试过程，补全图 2-4 中空白方框的内容。
2. 如果在性能测试需求分析阶段，客户提出了“我们需要贵单位对所有的功能都进行性能测试”的需求，要如何处理？

3. 简述在性能测试执行过程中场景运行监控环节，以及应该注意的问题。

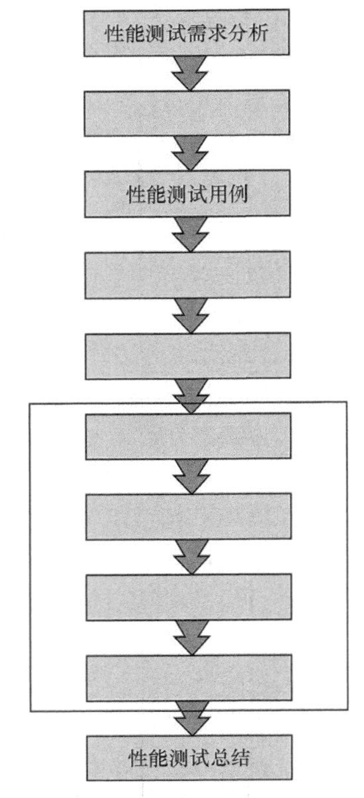

图 2-4 待补充完整的典型的性能测试过程

二、经典面试试题

1. 简述典型的性能测试的基本过程及各过程需要做的工作。

2. 在性能测试分析阶段，“拐点分析”方法被大家广泛应用，请说明该方法的基本思想是什么？

2.14 本章习题及经典面试试题答案

一、章节习题

1. 请依据典型的性能测试过程，补全图 2-4 中空白方框的内容。

答：如图 2-5 所示。

2. 如果在性能测试需求分析阶段，客户提出了“我们需要贵单位对所有的功能都进行性能测试”的需求，要如何处理？

答：首先，全部功能模块都进行性能测试需要非常长的时间；其次，根据 80-20 原则，通常系统用户经常使用的功能模块大概占系统整个功能模块数的 20%，像“参数设置”等类似的功能模块，通常仅需要在应用系统时，由管理员一次性设置，针对这类设置进行性能测试也是没有任何意义的。所以说，“对所有的功能都进行性能测试”是不切实际，也是不科学的做法。通常，性能测试是由客户提出需求内容，性能测试人员针对客户的需求进行系统和专业的分析后，提出相应的性能测试计划、解决方案、性能测试用例等与用户共同分析确定最终的性能测试计划、解决方案、性能测试用例等。性能测试的最终测试内容通常也是结合客户真实的应用场景，即客户应用最多，使用最频繁的功能。

3. 简述在性能测试执行过程中场景运行监控环节，以及应该注意的问题。

答：关于场景的监控有以下几点需要在性能测试过程中注意。

- 性能测试负载机可能有多台，负载机的时钟要一致，以保证监控过程中的数据是同步的。
- 场景的运行监控也会给系统造成一定的负担，因为在操作过程中需要搜集大量的数据，并存储到数据库中，所以尽量搜集与系统测试目标相关的参数信息，无关内容不必进行监控。
- 通常，只有管理员才能够对系统的资源等进行监控，所以经常碰到很多朋友问："为什么我监控不到数据？为什么提示我没有权限？"等类似问题，笔者的建议是：以管理员的身份登录后，如果监控不了相关指标，再去查找原因，不要耗费过多精力做无用功。
- 运行场景的监控是一门学问，需要对要监控的数据指标和性能测试工具非常熟悉。当然这不是一朝一夕的事情，性能测试人员只有不断努力，深入学习这些知识，不断积累经验，才能做得更好。

二、经典面试试题

1. 简述典型的性能测试的基本过程及各过程需要做的工作。

答：性能测试的基本过程如图 2-5 所示，关于各过程需要做哪些工作，在这里只做简单的阐述，详细的具体内容请读者阅读相关过程内容。

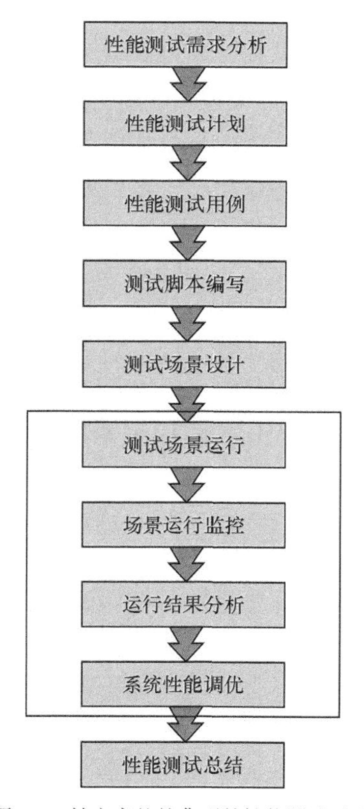

图 2-5 补充完整的典型的性能测试过程

- 性能测试需求分析。

性能测试的目的就是理解客户的真正需求，这是性能测试最关键的过程。性能测试的最终测试内容通常要应用 80-20 原则，即结合客户真实的应用场景，以及客户应用最多，使用最频繁的功能，明确在相应的软、硬件环境下，不同级别的用户数量、数据量等情况下，用户期望的具体业务和性能指标。

- 性能测试计划。

性能测试计划是性能测试的重要过程。在认真分析客户提出的需求后，性能测试管理人员需要编写的第一份文档就是性能测试计划。性能测试计划非常重要，在性能测试计划中，需要阐述产品、项目的背景，明确前期需要测试的性能，并落实到文档中。一份好的性能测试计划为成功进行性能测试打下了坚实的基础，所以要认真分析测试的需求，将不明确的相关内容弄清楚，制订出一份好的性能测试计划，然后按照此计划执行。如果执行过程与预期不符，则及时修改计划，不要仅仅将计划作为一份文档，而要将其作为性能测试行动的指导性内容。

- 性能测试用例。

客户的性能测试需求最终要体现在性能测试用例设计中，性能测试用例应结合用户应用系统的场景，设计出相应的性能测试用例，用例应能覆盖到测试需求。

- 测试脚本编写。

选择正确的协议关系到脚本能否正确录制与执行，十分重要。因此在进行程序的性能测试之前，测试人员必须弄清楚，被测试程序使用的协议。还要注意脚本的代码编写规范、代码的编写质量，以及脚本存放到配置管理工具中，做好保存和备份工作。

- 测试场景设计。

性能测试场景设计是以性能测试用例、测试脚本编写为基础，脚本编写完成，需要在脚本中进行如下处理，如需进行并发操作，则加入集合点；如要考察某一部分业务处理响应时间，则插入事务；为检查系统是否正确执行相应功能而设置的检查点；如需输入不同的业务数据，则需要进行参数化。设计测试场景的一个重要原则就是依据测试用例，把测试用例设计的场景展现出来。

- 测试场景运行。

在有条件的情况下，尽量模拟用户的真实环境。性能测试工具都是用进程或者线程来模拟多个虚拟用户，每个进程或者线程都需要占用一定的内存，因此要保证负载的测试机足够跑完设定的虚拟用户数，如果内存不够，则用多台负载机分担进行负载。在进行性能测试之前，需要先将应用服务器“预热”，即先运行应用服务器的功能。测试工作并不是一个单一的工作，测试人员应该和各个部门保持良好的沟通。

- 场景运行监控。

场景运行监控可以在场景运行时决定要监控的数据，便于后期分析性能测试结果。性能测试负载机可能有多台，负载机的时钟要一致，以保证在监控过程中的数据是同步的。尽量搜集与系统测试目标相关的参数信息，无关内容不必进行监控。以管理员的身份登录后，如果监控不了相关指标，再去查找原因，不要耗费过多精力做无用功。运行场景的监控是一门学问，需要对要监控的数据指标和性能测试工具非常熟悉。

- 运行结果分析。

为了定位系统性能问题，需要系统分析这些性能测试结果。性能测试工具可以帮助我们生成很多图表，也可以进一步对这些图表进行合并等操作来定位性能问题。目前，被广泛应用的性能分析方法是“拐点分析”。“拐点分析”是一种利用性能计数器曲线图上的拐点进行性能分析的方法。它的基本思想是性能产生瓶颈的主要原因是某个资源的使用达到了极限，此时表现为随着压力的增大，系统性能急剧下降，从而产生 “拐点”现象。只要得到“拐点”附近的资源使用情况，就能定位出系统的性能瓶颈。例如，系统随着用户的增多，事务响应时间缓慢增加，当达到 100 个虚拟用户时，系统响应时间急剧增加，表现为一个明显的“折线”，这就说明系统承载不了如此多的用户做这个事务，也就是存在性能瓶颈。

- 系统性能调优。

在进行性能调整时，最好一次只调整一项内容或者一类内容，避免一次调整多项内容而引起性能提高却不知道是由于调整哪项关键指标而改善性能的。在系统调优过程中，好的策略是按照由易到难的顺序对系统性能进行调优。

- 性能测试总结。

性能测试总结不仅使我们能够了解到如下内容：性能测试需求覆盖情况，性能测试过程中出现的问题，以及如何去分析、调优、解决的，测试人员、进度控制与实际执行偏差，性能测试过程中遇到的各类风险是如何控制的，以及该产品/项目性能测试后的经验和教训等内容。

2. 在性能测试分析阶段，“拐点分析”方法被大家广泛应用，请说明该方法的基本思想是什么？

答：基本思想就是性能产生瓶颈的主要原因是某个资源的使用达到了极限，此时表现为随着压力的增大，系统性能急剧下降，从而产生“拐点”现象。只要得到“拐点”附近资源的使用情况，就能定位出系统的性能瓶颈。

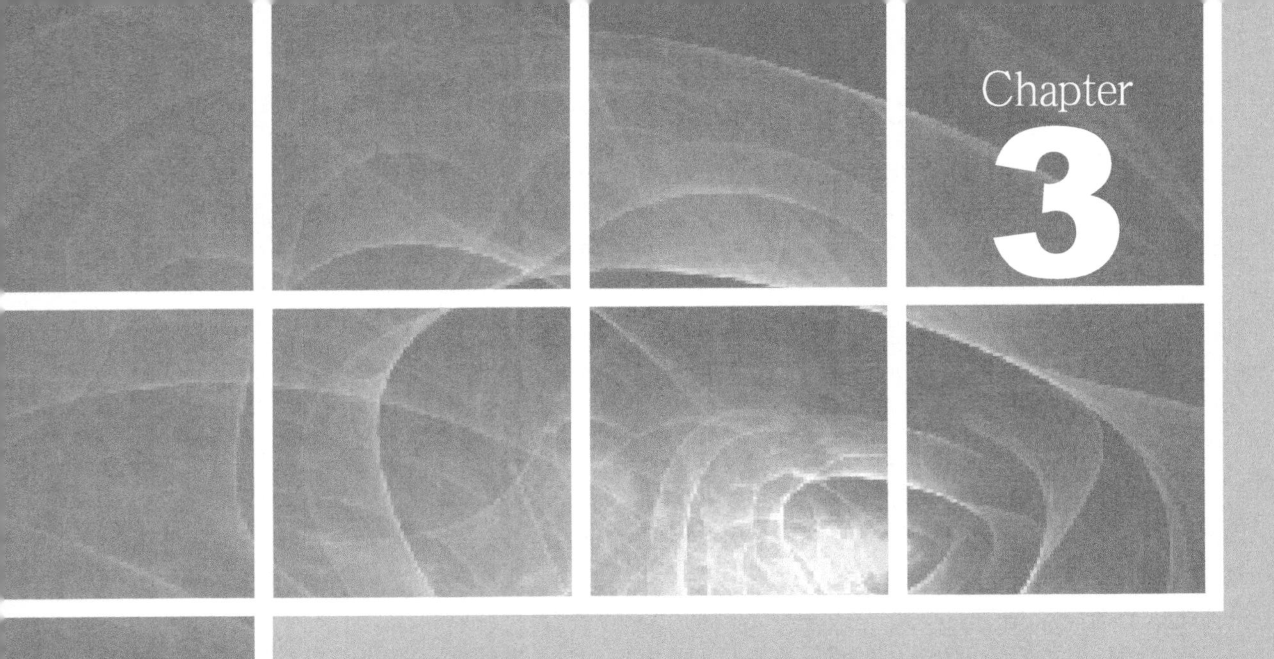

第3章
LoadRunner 相关概念及样例程序的安装过程

性能测试可以说是软件测试的重中之重。LoadRunner 以其界面友好、方便易用、支持协议众多、功能强大等优势，吸引了很多用户将其应用于商业的产品当中，并取得了很好的效果。

“工欲善其事，必先利其器。”在后续章节，作者将与读者分享在工作中学习和应用 LoadRunner 进行实际项目性能测试过程中积累的经验和使用技巧。

3.1 LoadRunner 及样例程序安装过程

3.1.1 Windows 版本的安装过程

鉴于目前 Loadrunner 11.0 版本支持更多的协议并广泛应用于实际工作项目中，所以，本书中主要以 Loadrunner 11.0 作为讲解内容。

下面介绍 LoadRunner 11.0 的 Windows 版本的安装过程。运行安装程序“Setup.exe”文件，出现如图 3-1 所示的 LoadRunner 安装界面，单击“LoadRunner 完整安装程序”链接，在安装过程中有可能会出现如图 3-2 所示的 LoadRunner 安装界面提示信息，可以单击【否】按钮，继续进行安装。由于 LoadRunner 11.0 支持更多的协议，同时也依赖于更多的应用程序，所以有可能会出现如图 3-3 所示的对话框，单击【确定】按钮，依次安装依赖的各个应用程序。当依赖的各个应用程序安装完成后，会出现如图 3-4 所示的 LoadRunner 安装程序对话框，开始正式安装 LoadRunner 11.0，单击【下一步】按钮，在弹出的如图 3-5 所示的对话框中，选中【我同意】单选按钮，然后单击【下一步】按钮，在如图 3-6 所示对话框中输入相关信息，单击【下一步】按钮，在如图 3-7 所示的对话框中，需要选择 LoadRunner 11.0 应用的安装路径。这里保留应用程序安装的默认路径，单击【下一步】按钮，弹出如图 3-8 所示的安装确认对话框，仍然单击【下一步】按钮，LoadRunner 安装程序开始复制文件和注册相应的插件等，如图 3-9 所示。当 LoadRunner 11.0 安装完成之后，弹出如图 3-10 所示的信息对话框，单击【完成】按钮。

图 3-1　LoadRunner 11.0 安装界面

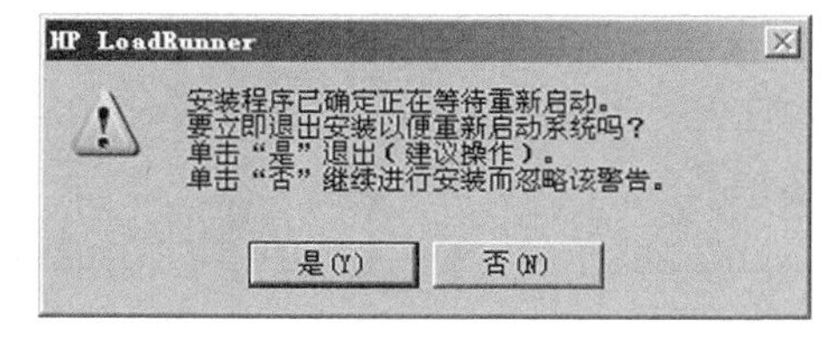

图 3-2　LoadRunner 11.0 安装过程中有可能会出现的对话框

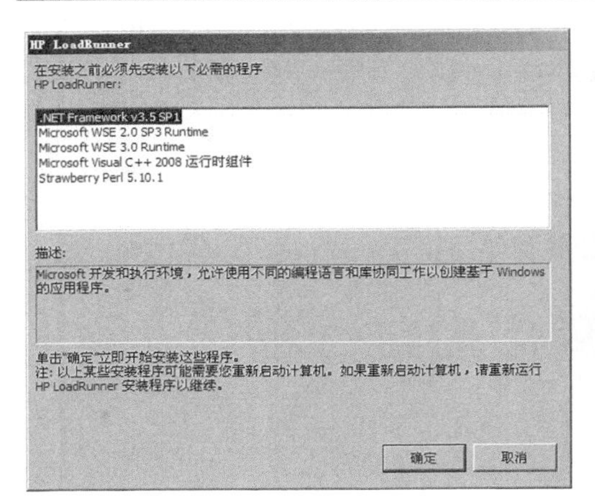

图 3-3 LoadRunner 11.0 安装依赖应用列表

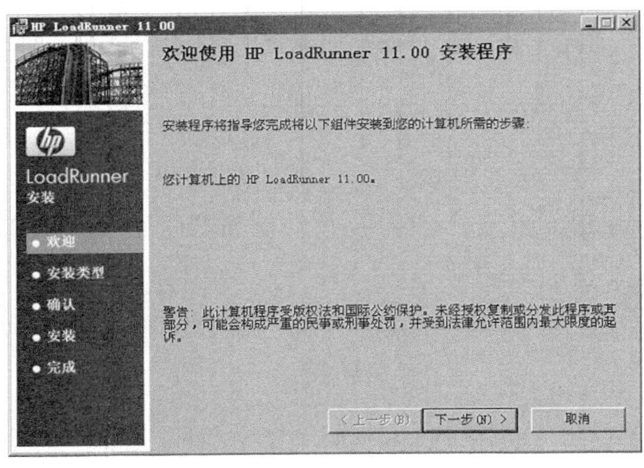

图 3-4 LoadRunner 11.0 安装程序对话框

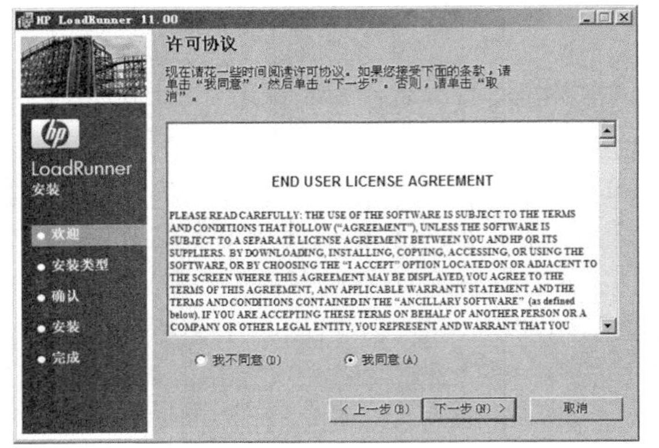

图 3-5 LoadRunner 11.0 许可协议对话框

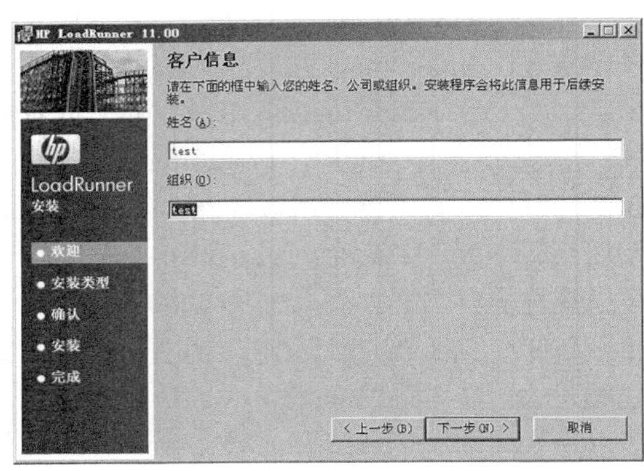

图 3-6 LoadRunner 11.0 客户信息对话框

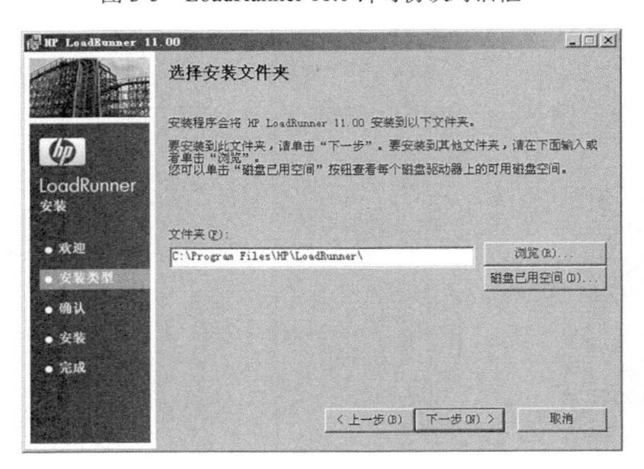

图 3-7 LoadRunner 11.0 选择安装文件夹对话框

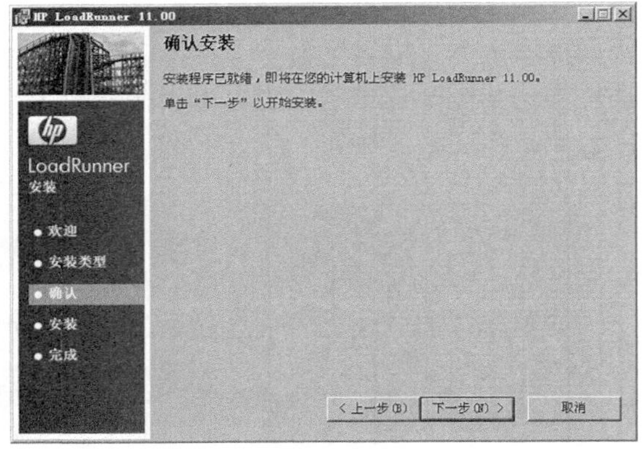

图 3-8 LoadRunner 11.0 确认安装对话框

接下来，系统自动弹出 Readme 信息页面以及与软件 10 天试用期相关信息的对话框，如图 3-11 所示。关闭对话框后，弹出许可管理信息对话框，如图 3-12 所示。为了更好地应用 LoadRunner 11.0，建议在安装完成后，重新启动计算机。接下来，可以在开始菜单中单击"LoadRunner"菜单项（见图 3-13），启动 LoadRunner 11.0，如图 3-14 所示。图 3-14 所示左侧部分是 LoadRunner 11.0 的 3 个主要应用，单击"Create/Edit Scripts"链接，打开用于创建/修改脚本的应用程序，即"LoadRunner Virtual User Generator"，在本书中简称"Vugen"。单击“Run Load Tests”链接，打开用于多用户负载的“HP LoadRunner Controller”应用，在本书中简称“Controller”。单击“Analyze Test Results”链接，打开用于对执行结果进行分析的“HP LoadRunner Analysis”应用，在本书中简称“Analysis”。

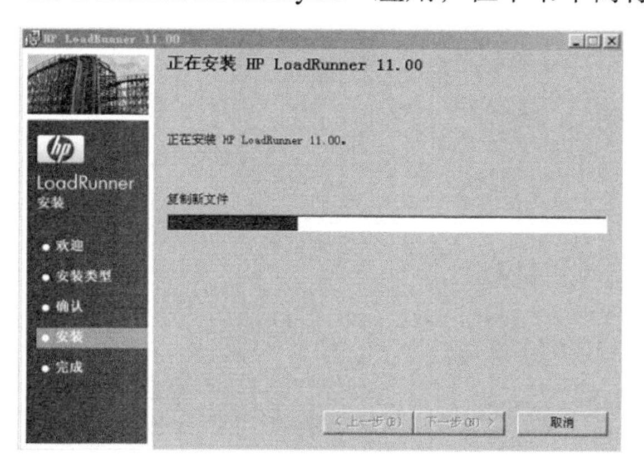

图 3-9 LoadRunner 11.0 正在安装对话框

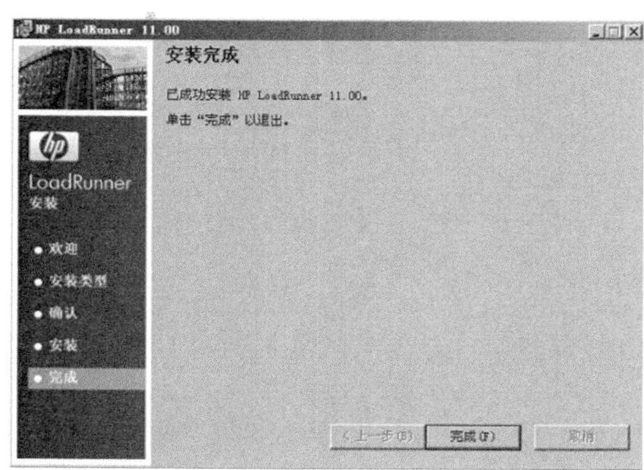

图 3-10 LoadRunner 11.0 安装完成对话框

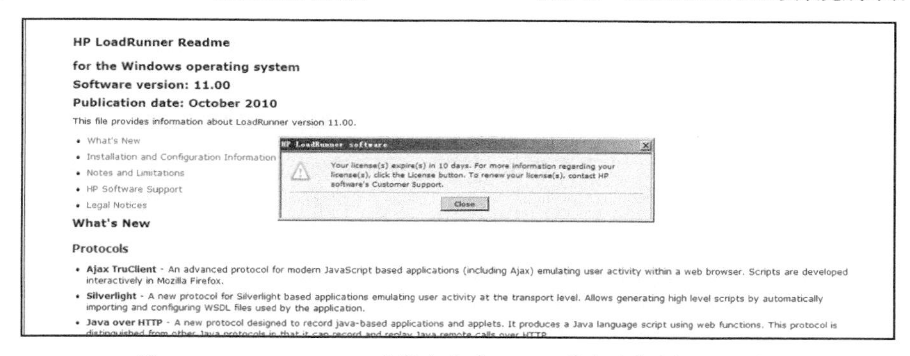

图 3-11 LoadRunner 11.0 安装完成后 Readme 信息及信息提示对话框

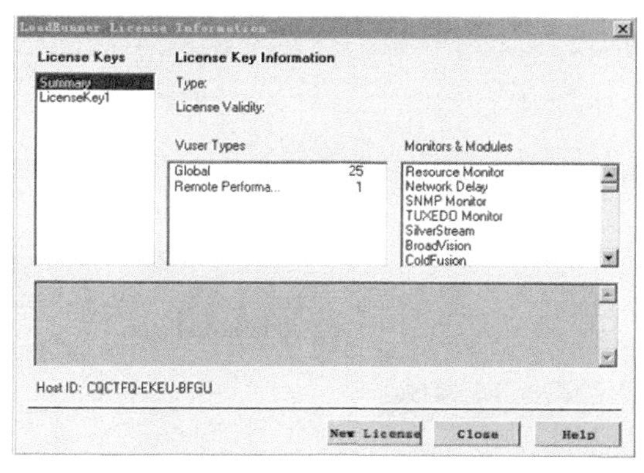

图 3-12 LoadRunner 11.0 许可协议信息提示对话框

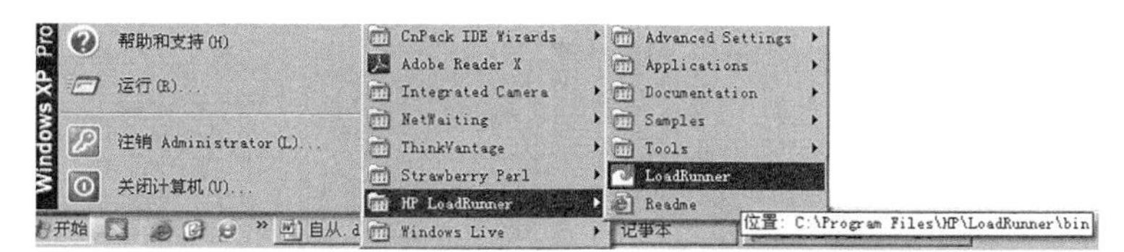

图 3-13 选择“LoadRunner”

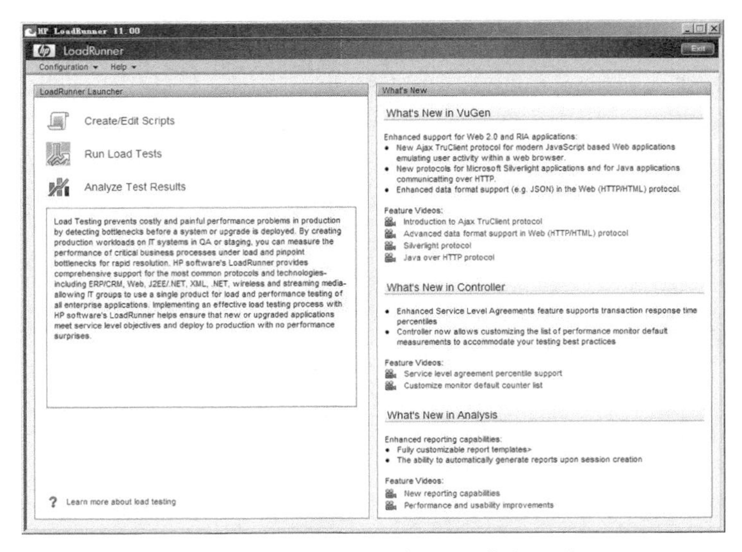

图 3-14 LoadRunner 11.0 应用界面信息对话框

3.1.2 许可协议的应用

在没有购买 LoadRunner 相应许可进行注册的情况下，在启动 LoadRunner 11.0 后会弹出如图 3-15 所示的信息对话框，可以单击【Close】按钮关闭该对话框。也可以联系惠普公司购买相应的许可。单击【Configuration】>【LoadRunner License】菜单项，如图 3-16 所示，弹出的对话框如图 3-17 所示，单击【New License】按钮，在对话框中输入购买的许可，单击【OK】按钮。在许可协议信息对话框中选择“LicenseKey1”，在右侧显示该许可协议的类型、支持的用户数量以及可以监控的内容等相关信息。需要说明的是，无论试用版本是否过期，编写脚本都不受限制，即 VuGen 的使用是不受限制的，但在 Controller 中执行负载时，若超过试用期，则必须使用许可。

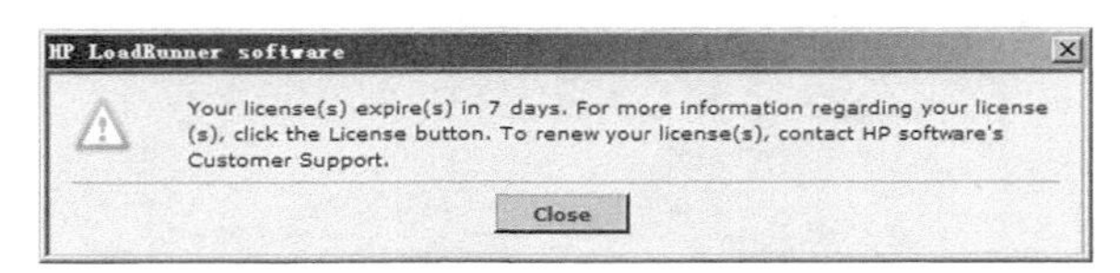

图 3-15 LoadRunner 11.0 试用版试用相关信息

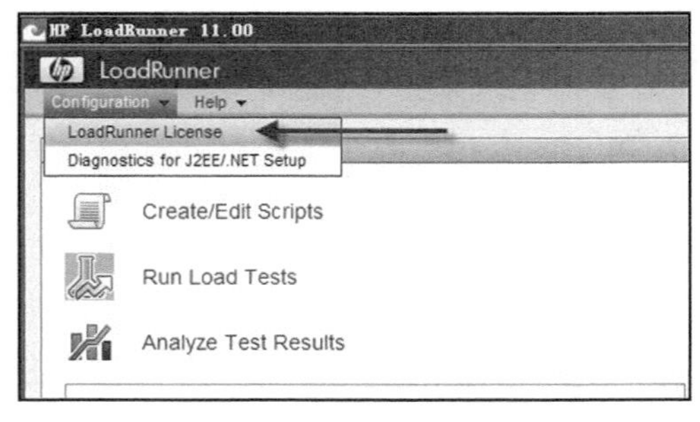

图 3-16 LoadRunner 11.0 应用界面信息对话框

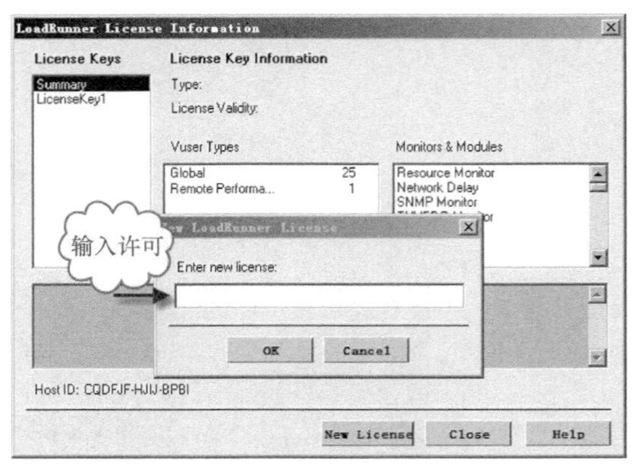

图 3-17 许可协议信息对话框

3.1.3 B/S 样例程序的使用

为了方便用户学习和使用 LoadRunner 11.0，LoadRunner 11.0 提供了 B/S 架构的样例程序供用户学习和练习。进行 LoadRunner 11.0 完整安装后，可以单击【开始】>【所有程序】>【Mercury LoadRunner】>【Samples】>【Web】>【Start Web Server】菜单项，启动 "Xitami Web Server"。当其正常启动时，在任务栏出现一个绿色的图标，单击该图标弹出 "Xitami Web Server Properties" 对话框，如图 3-18 所示。如果该应用没有被正常打开或者被挂起，则该图标显示为红色，如图 3-19 所示。然后可以单击【Mercury LoadRunner】>【Samples】>【Web】>【HP Web Tours Application】菜单项，如图 3-20 所示。

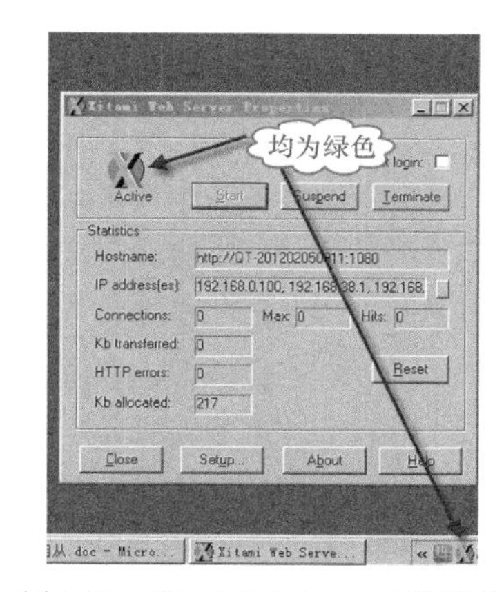

图 3-18 Xitami Web Server 正常启动

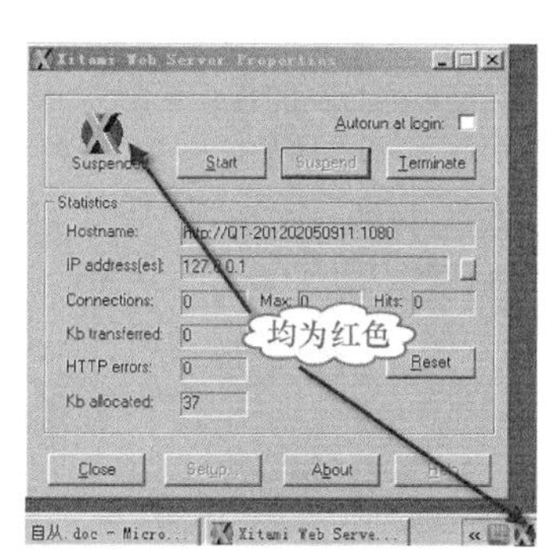

图 3-19 Xitami Web Server 未正常启动

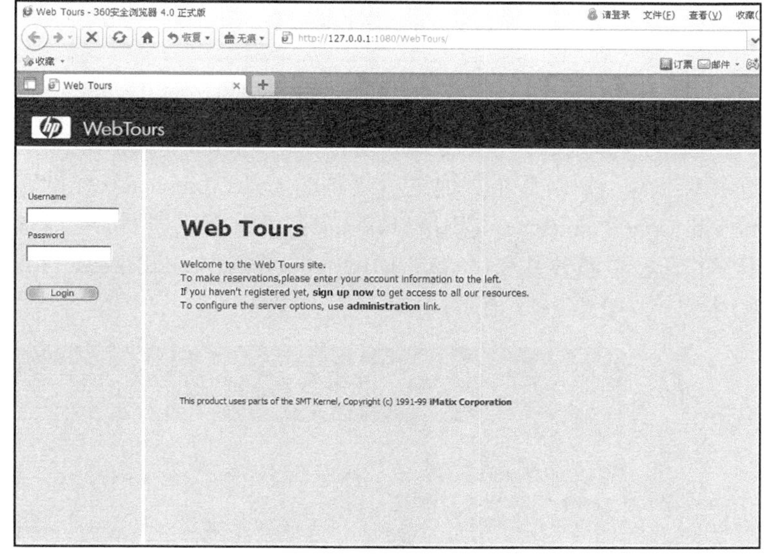

图 3-20 Web 样例程序界面相关信息

样例程序提供了一个默认的系统用户，可以在 username 文本框中输入"jojo"，在 password 文本框中输入 "bean"，登录到样例系统中。

3.1.4 C/S 样例程序的安装过程与使用

当然，VuGen 除了可以录制基于 "Web（HTTP/HTML）" 协议的 B/S 结构的应用以外，还可以录制其他协议的脚本。作为初学者，C/S 的样例程序也许是比较好的选择，然而 LoadRunner 11.0 只安装了 B/S 的样例程序，因此，如果想在学习和练习期间应用其他协议，建议安装 LoadRunner 8.0 自带的例子。

首先，需要复制安装完成的 LoadRunner 8.0 所在目录下的 "samples" 文件夹（即样例程序安装目录），如图 3-21 所示。

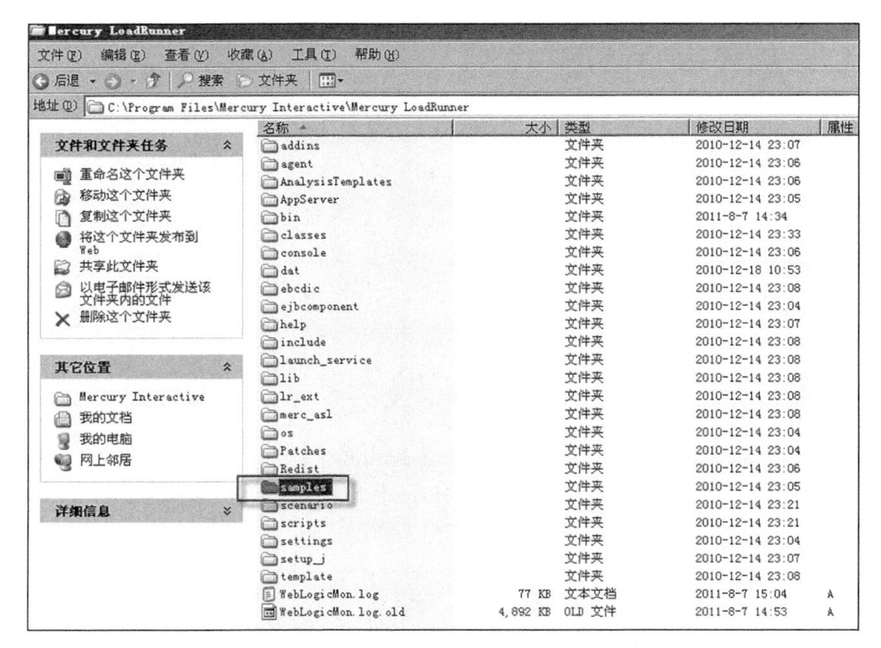

图 3-21　LoadRunner 8.0 目录结构

这里，将该文件夹复制到 F 盘根目录，如图 3-22 所示，然后可以将 LoadRunner 8.0 完全删除（当然，如果是从其他机器复制的 LoadRunner 8.0 样例安装程序，而本机没有安装，则不涉及 LoadRunner 8.0 应用的卸载问题）。重启机器后，可以继续安装 LoadRunner 11.0 版本，相应的安装步骤参见 3.1.1 节，这里不再赘述。LoadRunner 11.0 安装完成后，单击“setup.exe”应用程序，如图 3-22 所示。

图 3-22　LoadRunner 8.0 样例安装程序目录结构

在 LoadRunner 8.0 的样例程序安装过程中会出现图 3-23 和图 3-24 所示的界面。

在弹出的图 3-25 所示的对话框中，结合本书将讲解的内容，选择“MS Access”和“WinSocket”两个选项。

选择的样例程序安装完成后，弹出图 3-26 所示的界面信息。

样例程序安装完成，将显示图 3-27 所示的界面信息。

样例程序安装完成后，将在应用菜单中显示图 3-28 所示的选项。

图 3-23 LoadRunner 8.0 样例程序安装界面

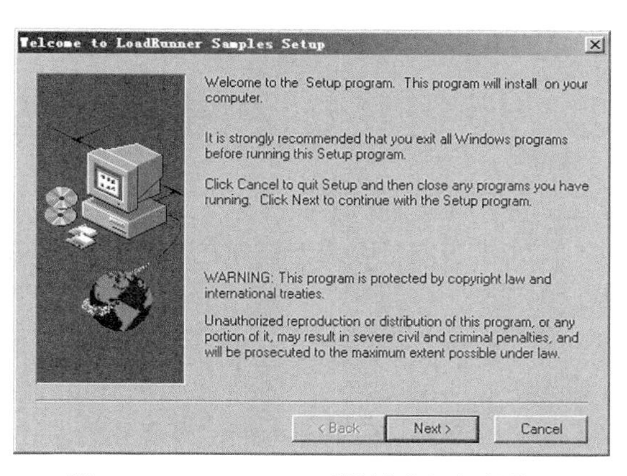

图 3-24 LoadRunner 8.0 样例安装程序对话框

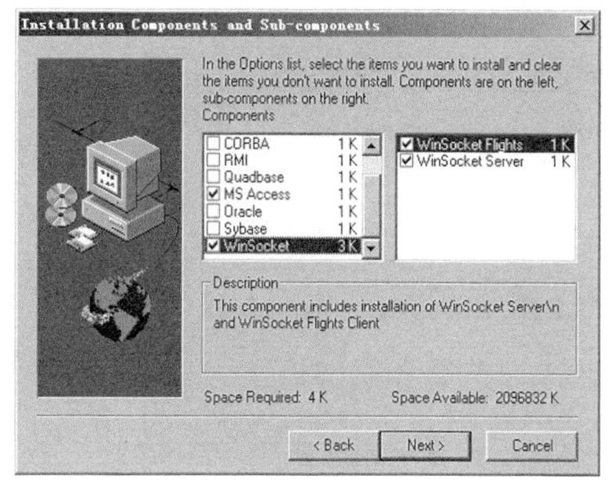

图 3-25 LoadRunner 8.0 样例安装选择对话框

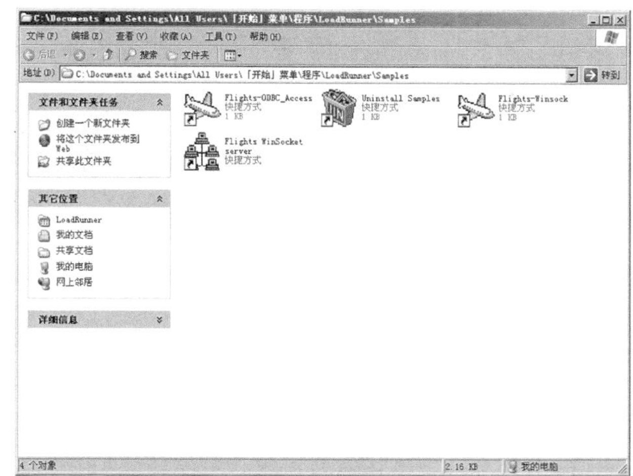

图 3-26 LoadRunner 8.0 样例程序安装后产生的快捷图标

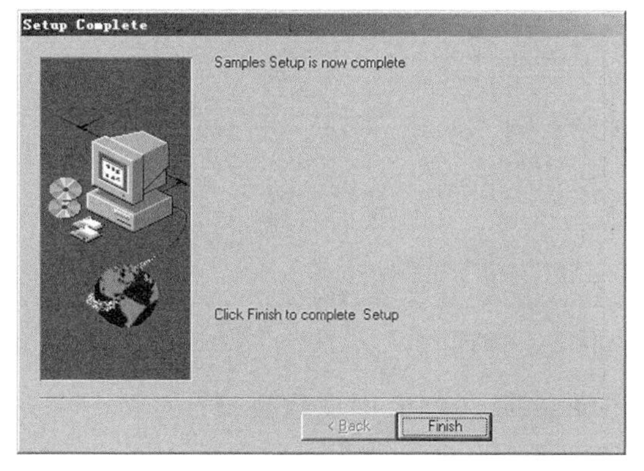

图 3-27 LoadRunner 8.0 样例程序安装完毕对话框

图 3-28 LoadRunner 8.0 样例程序安装后的选项

样例程序安装完成后，从“http://www.cnblogs.com/tester2test/p/3210841.html”下载“Flights.rar”文件，将该文件解压后，提取相应的“Flights.ini”文件，并将该文件复制到 Windows 系统目录下，如作者的 Windows 系统目录存放在 C 盘，则替换“C:\WINDOWS\Flights.ini”同名文件（在替换同名文件前先做好原文件的备份，以防止出现其他问题，如将原文件重命名为

“mydemo.ini”），否则样例程序不能正常运行。

3.2　运行机制和主要组成部分

几十台、几百台机器集中起来进行并发性测试也许是 20 世纪 90 年代大型软件做性能测试的一种方式。但是随着互联网的广泛发展，成千上万级用户使用同一个平台已经是很平常的事，如新浪、搜狐等门户网站就每天经受着数百万级用户的访问。显然，在进行百万级用户访问时，不可能将数百万台机器和操作用户集中起来，然后号令一声：“开始”，大家同时执行某一个或一组操作。且不说手工测试存在巨大的人力、物力的浪费，仅手工操作就存在很严重的延时问题，根本不可能实现真正意义上的并发。一台工作站只能容纳一个实际用户，而 LoadRunner 却可以用一台或者几台计算机产生成千上万的虚拟用户，模拟实际用户行为（前提是有相应用户数的许可协议）。虚拟用户（Vuser）通过执行典型业务流程模拟实际用户的操作。对于 Vuser 执行的每个操作，LoadRunner 向服务器或类似的企业系统提交输入信息，增加 Vuser 的数量可以增大系统上的负载，新的 LoadRunner 11.0 的主界面如图 3-29 所示。

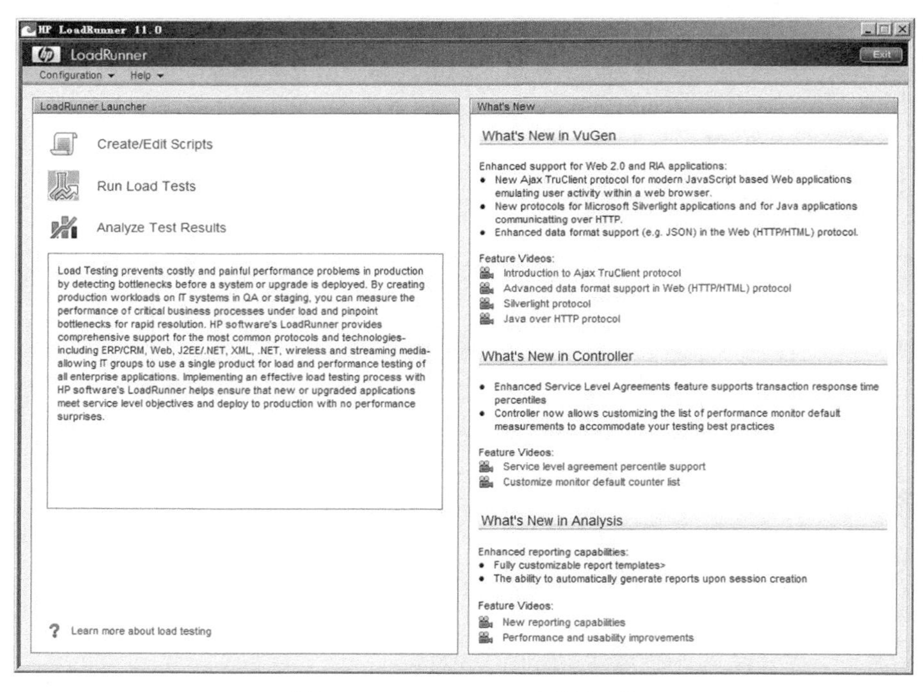

图 3-29　LoadRunner 11.0 主界面信息

要模拟较多用户负载的情形，可以通过 Controller 设定虚拟用户数执行一系列任务的 Vuser。例如，可以观察一百个 Vuser 同时登录邮件服务系统，进行收发邮件时服务器的行为。通过使用 LoadRunner，可以将客户端/服务器性能测试需求划分为多个场景。场景定义每个测试会话中发生的事件。例如，场景定义并控制要模拟用户的数量和它们执行的操作、持续运行时间，以及运行模拟操作所用的计算机。

LoadRunner 拥有各种 Vuser 类型，每一类型都适合于特定的负载测试环境。这样就可以使用 Vuser 精确模拟日常生活中的各种真实情况。Vuser 在方案中执行的操作是用 Vuser 脚本描述的。Vuser 脚本包括在方案中度量并录制服务器性能的函数。每个 Vuser 类型都需要特定类型的 Vuser 脚本。LoadRunner 主要由 VuGen、Controller 和 Analysis 3 个部分构成。Vuser 脚本生成器（也称为 VuGen）是 LoadRunner 用于开发 Vuser 脚本的主要工具。VuGen 不仅能够录制 Vuser 脚本，还可以运行这些脚本。录制 Vuser 脚本时，VuGen 会生成各种函数，来定义录制会话过程中执行的操作。VuGen 将这些函数插入 VuGen 编辑器中，以创建基础 Vuser 脚本。进行调试时，从 VuGen 运行脚本很有用。LoadRunner 通过 Controller 模拟一个多用户并行工作的环境来对应用程序进行测试。

在 Controller 中有手工和基于目标两种方法来设计场景，可以通过设置场景来模拟用户的行为，同时在场景的运行期间，LoadRunner 会自动收集应用服务器软件和硬件相关数据，并将这些数据存放到一个小型的数据库文件当中，准确地度量、监控并分析系统的性能和功能。完成数据的收集工作后，为了了解整个系统运行的状况，需要分析相关数据是否达到预期目标。这时，可以应用 LoadRunner 的 Analysis 对测试结果数据进行分析。Analysis 提供了丰富的图表帮助用户从各个角度对数据进行有效的分析，并可以将多个图表合并来进行分析。例如，虚拟用户 - 平均响应时间图表，通过该图表可以分析当虚拟用户数增加时，系统的响应时间是否会受到影响。当然，也可以通过 Analysis 比较两次运行结果之间的差异，从而更方便地进行系统的性能调优工作，还可以将测试结果输出成为规范的 Word 或者 Html（超文本语言）格式的报告。

上面简单介绍了 LoadRunner 主要的 3 个组成部分，后续章节将结合具体的示例详细讲解脚本的录制、场景的建立和执行以及结果的分析，使大家进一步明确 LoadRunner 如何将 3 个组成部分有机地结合到一起。

【重点提示】

VuGen 仅能录制 Windows 平台上的会话。但是，录制的 Vuser 脚本既可以在 Windows 平台上运行，也可以在 UNIX 平台上运行。

3.3 LoadRunner 相关概念解析

LoadRunner 中有很多概念，如集合点、事务、检查点、思考时间等，明确概念是为了更好理解与应用 LoadRunner。下面详细介绍集合点、事务、检查点、思考时间这几个概念。

3.3.1 集合点

集合点可以同步虚拟用户，以便恰好在同一时刻执行任务。在没有性能测试工具之前，要实现用户的并发是很困难的，最常见的一种方式就是把公司的所有或者部分员工召集起来，有一个同志喊：“1，2，3，开始！”，然后，大家同时提交数据。姑且不说这种方式存在很长的延时，并且没有实现严格意义上的并发，人力资源的巨大浪费就是十分严重的问题。LoadRunner 集合点则很好地实现了用户的同步问题，而且模拟成千上万的用户操作也是轻而易举的一件事情。集合点的添加非常简单，可以通过手工或者菜单两种方式添加，形式如图 3-30 所示。

集合点添加成功以后，保存脚本。在使用 LoadRunner 的 Controller 进行负载时，可以执行【Scenario】>【Rendezvous】，显示集合总信息对话框，如图 3-31 所示。

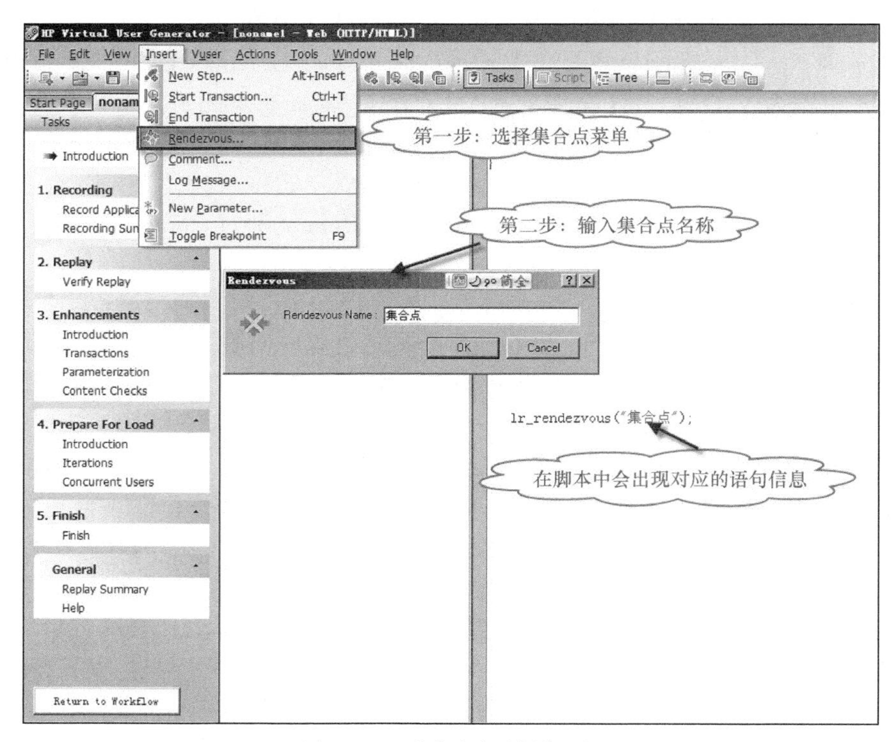

图3-30 一个集合点示例代码段

从集合点列表中选择某个集合点后，单击 Enable Rendezvous 或 Disable Rendezvous 允许启用或者禁用某个集合点，也可选择某个虚拟用户后，单击 Disable VUser 或 Disable VUser 允许或者禁止某个集合点上一个虚拟用户参与集合，这里重点介绍集合点的设计策略，单击 Policy...，显示集合点策略对话框，如图3-32所示。

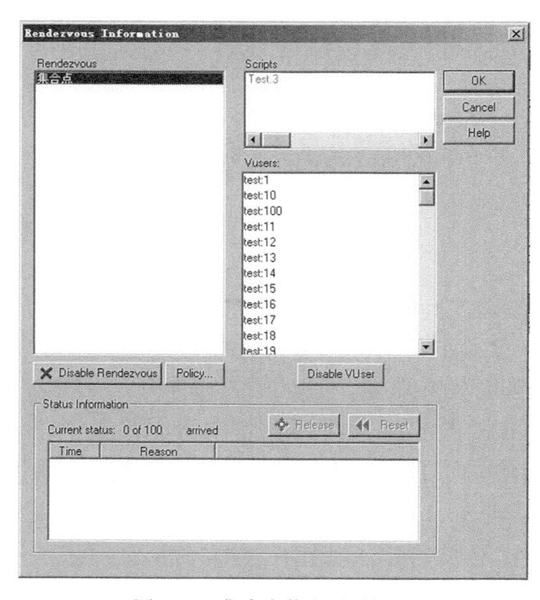

图3-31 集合点信息对话框

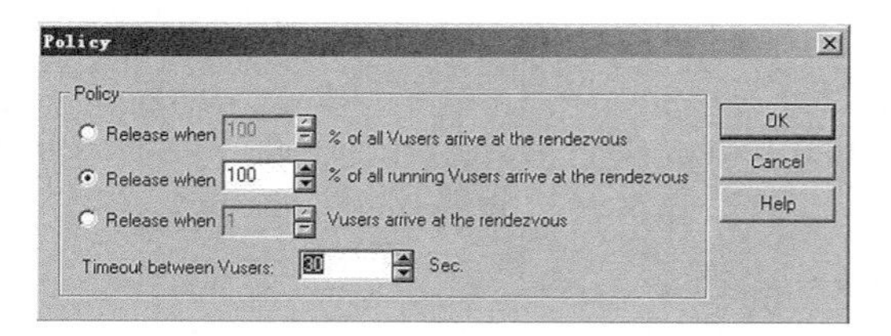

图3-32 集合点策略对话框

在“策略”部分可以选择下列 3 个选项之一。

● 当所有虚拟用户中的 *X*%到达集合点时释放，即仅当指定百分比的虚拟用户到达集合点时，才释放虚拟用户。

> **注意**
> 此选项会干扰场景的计划。如果选择此选项，场景将不按计划运行。

● 当所有正在运行的虚拟用户中的 *X*%到达集合点时释放：仅当场景中指定百分比的正在运行的虚拟用户到达集合点时，才释放虚拟用户。

● 当 *X* 个虚拟用户到达集合点时释放：仅当指定数量的虚拟用户到达集合点时，才释放虚拟用户。

在“虚拟用户之间的超时值”框中输入超时值。每个虚拟用户到达集合点之后，LoadRunner 都会等待下一个虚拟用户到达，等待的最长时间为设置的超时间隔。如果下一个虚拟用户没能在超时间隔内到达，Controller 就会从集合中释放所有的虚拟用户。每当有新的虚拟用户到达时，计时器会重置为 0。默认的超时间隔是 30 秒，根据被测试应用的不同，可以根据实际业务情况设置该值。

3.3.2 事务

事务是指服务器响应虚拟用户请求所用的时间，当然它可以衡量某个操作，如登录需要的时间，也可以衡量一系列操作所用的时间，如从登录开始到形成一张完整的订单以读者在应用该概念的时候，必须结合实际项目添加事务。一个完整的事务由事务开始、事务结束以及一个或多个业务操作/任务构成，形式如图 3-33 所示。

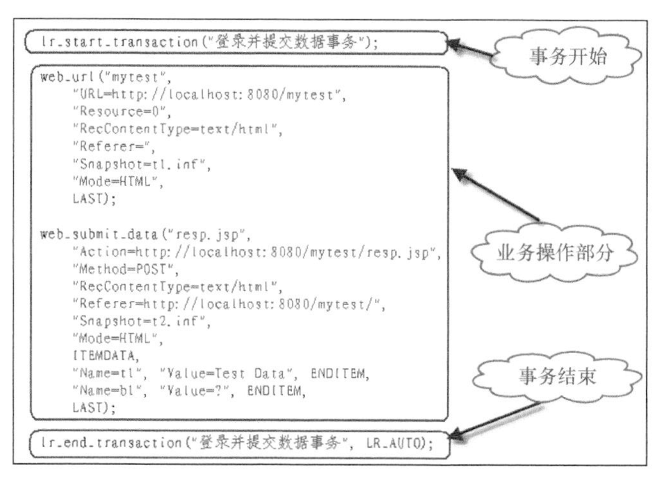

图 3-33 一个事务示例代码段

插入事务有两种方式，一种是手工方式，另一种是利用菜单项或者工具条。手工方式要求脚本编写人员必须十分清楚脚本的内容，在合适的位置插入事务开始和事务结束的函数。应用菜单或者工具条进行添加相对来说操作简单一些，首先切换到脚本树视图，如图 3-34 所示，然后通过菜单添加事务开始和事务结束，如图 3-35 所示。

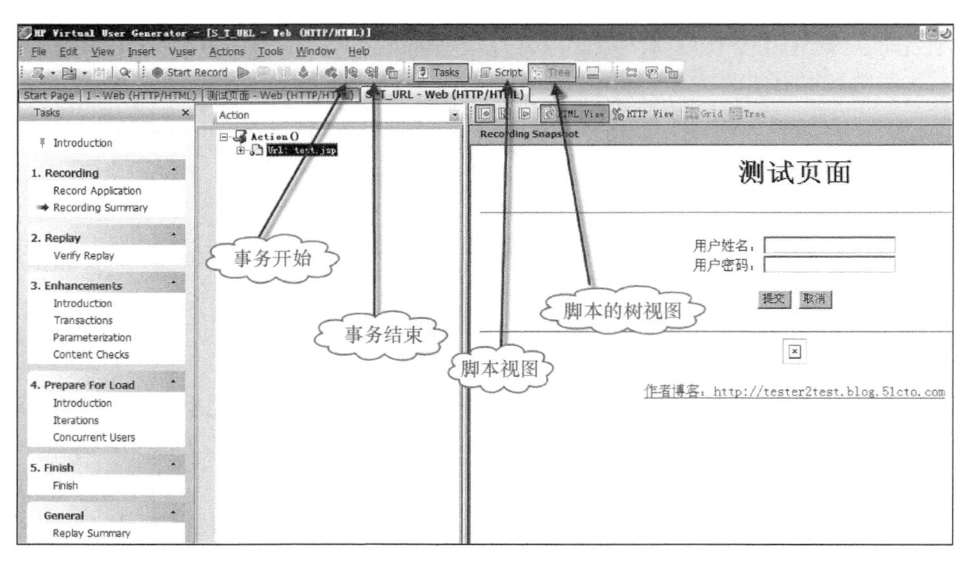

图 3-34　工具条相关按钮

【重要提示】

（1）事务必须成对出现，即一个事务有事务开始，必然要求也有事务结束。

（2）事务结束函数包括两个参数，第一个参数是事务的名称，第二个参数是事务的状态。事务状态可以为 LR_PASS，返回“Succeed”代码；LR_FAIL 返回“Fail”代码；LR_STOP 返回“Stop”代码；LR_AUTO 自动返回检测到的状态。

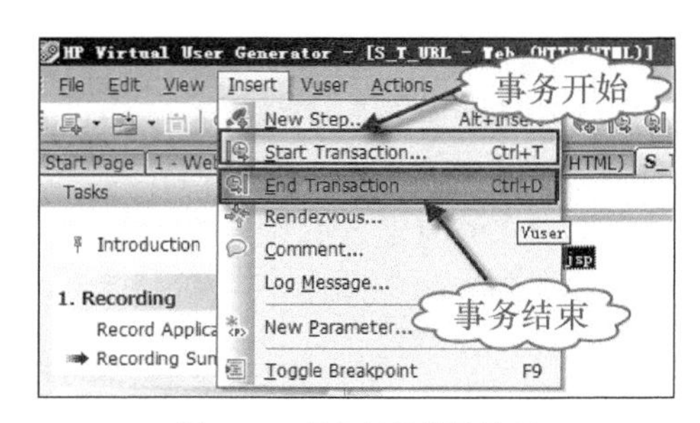

图 3-35　事务相关菜单选项

（3）在应用事务的过程中，不要将思考时间（lr_think_time 函数）放在事务开始和事务结束之间，否则在设置允许回放思考时间的情况下，思考时间将被算入事务的执行时间，从而影响了对事务正确执行时间的分析与统计，如果事务中插入了思考时间，则可以在分析结果时，应用过滤忽略思考时间，相关内容将在后续章节详细讲解。

3.3.3　检查点

检查点是在回放脚本期间搜索特定的文本字符串或者图片等内容，从而验证服务器响应内容的正确性。例如，验证一个用户是否成功登录到系统，通常可以通过设置一个文本或者图片检查点来进行验证。这里以登录 LoadRunner 11.0 自带的样例程序为例，如图 3-36 和图 3-37 所示，用户名为“jojo”，密码为“bean”，成功登录系统后，在业务页面右侧显示文字“Welcome,jojo”等信息，这样就可以设置一个文本检查点，检查登录系统后首页是否包含这个字符串，如果包含这个字符串，则说明是正确的，否则就是错误的。有很多读者可能会问到了，LoadRunner 为什么要设置检查点呢？这里给大家解释一下。HTTP 是无状态的，即当客户端向服务器发出请求后，服务器只要响应了客户端的请求，它就认为是正确的，这显然不符合我们的预期。大家都知道测试用例必须包含两部分内容，即输入和预期输出，这里的输入可以是操作步骤、输入数据等，预期输出是结合输入的情况和业务逻辑规则应用理论上的结果。在实际测试中，测试人员按照测试用例设计步骤进行操作并输入相应的数据，然后比较实际输出和预期输出，如果预期输出和实际输出一致，就认为这个用例是通过的，否则，就是未通过的，即系统出现了 BUG。所以结合 HTTP 无状态这一特性，必须设定验证，只有客户端发出请求后，服务器给予了正确的返回结果，才认为业务实现是正确的，这就要求必须设置一个检查点。

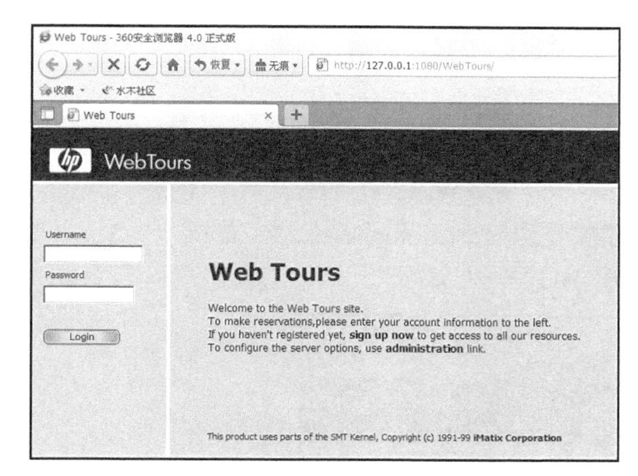

图 3-36 WebTours 样例程序系统界面

图 3-37 用户登录后的系统界面

插入检查点有两种方式，一种是手工方式，另一种是利用菜单或者工具条。手工方式要求脚本编写人员必须十分清楚脚本的内容，在合适的位置插入检查点函数。应用菜单项或者工具条进行添加，相对来说简单一些。首先，切换到脚本树视图，如图 3-38 和图 3-39 所示，选中成功登录系统后响应页面连接，如图 3-38 所示，即 Action 下方红色区域，切换到“HTML View”选项卡，选中“Welcome, jojo,”，单击鼠标右键，选择“Add a Text Check (web_reg_find)”选项，添加一个文本检查点，树形视图发生了变化，如图 3-40 所示，脚本视图也发生了变化，如图 3-41 所示。当然如果用户对脚本和检查点函数比较熟悉，也可以手工或者通过菜单选项自行输入相应函数，完成相同的工作。

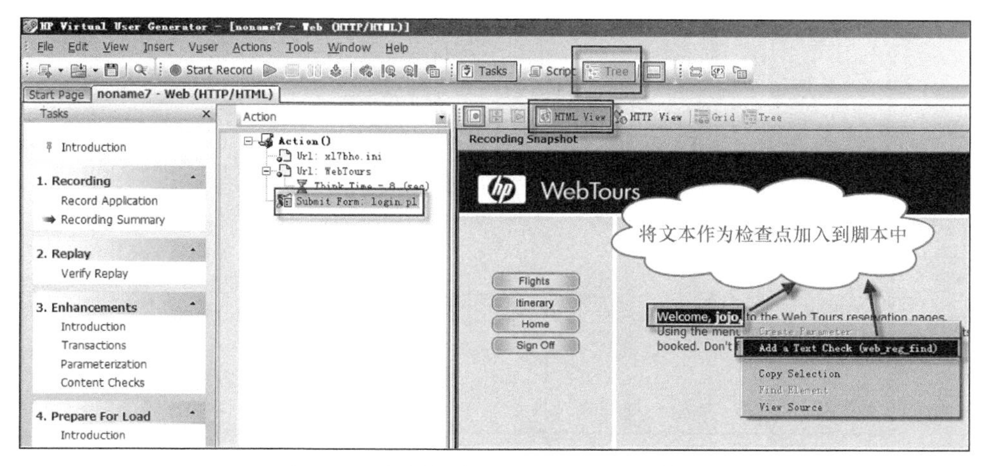

图 3-38 脚本树视图“HTML View”页信息

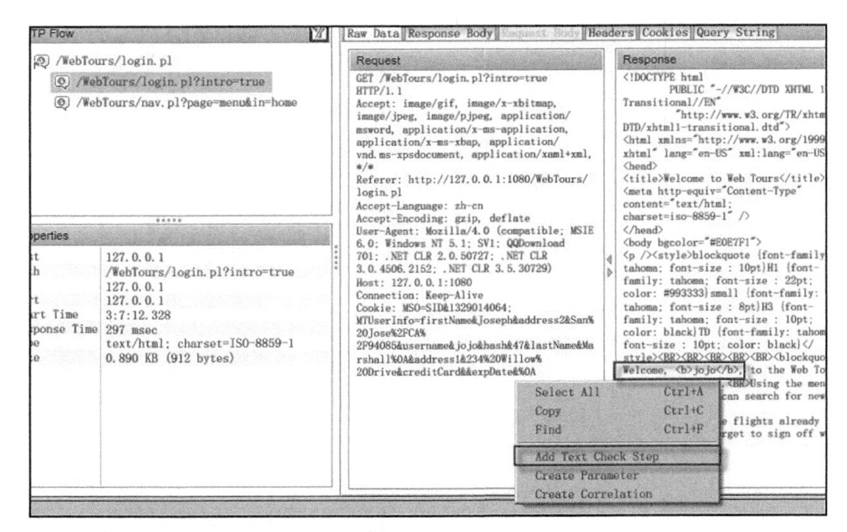

图 3-39 脚本树视图的"HTTP View"选项卡

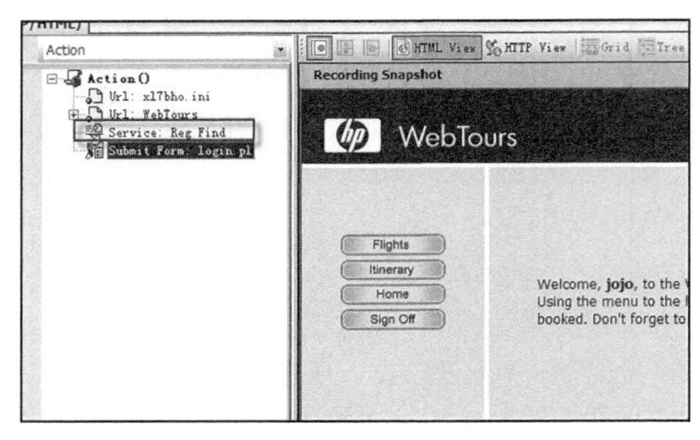

图 3-40 添加检查点后的脚本树视图

图 3-41 添加检查点后的脚本视图

【重要提示】

（1）检查点设置完成后，要保证【Run-time Settings】>【Preferences】>【Enable Image and text check】复选框被选中，否则检查点不会生效，即使响应信息是错误的，结果仍显示为正确的。

（2）在应用 web_reg_find()函数时，有一点需要特别清楚：web_reg_find 是注册函数（注册函数有一个很明显的特点就是函数名称中包含了“reg”字符，LoadRunner 中有很多注册类函数，在应用这类函数时注意函数放置的位置），必须放在响应页面之前。如刚才的例子中，“Welcome, <b>jojo</b>,”响应信息包含在表示为“Submit Form : login.pl”页面中（见图 3-38、图 3-39 和图 3-40），所以在手工加入脚本时，应该把 web_reg_find()函数加在 web_submit_form ("login.pl",....);之前，见图 3-41。

（3）检查点相关函数如表 3-1 所示。

表 3-1 检查点相关函数列表

函　数	描　述
web_reg_find	从下一个回应的 HTML 页面中查找指定的文本字符串
web_find	从 HTML 页面中查找指定的文本字符串
web_image_check	从 HTML 页面中查找指定的图片
web_global_verification	从所有后续 HTTP 交互中查找指定的文本字符串

3.3.4 思考时间

用户在执行两个连续操作期间等待的时间称为思考时间。LoadRunner 在录制脚本时，虚拟用户产生器（VuGen）将录制实际的停留等待时间并将相应的等待时间插入脚本，脚本中的 lr_think_time()函数即为思考时间。例如：

```
web_url("mytest",
    "URL=http://localhost:8080/mytest",
    "Resource=0",
    "RecContentType=text/html",
    "Referer=",
    "Snapshot=t1.inf",
    "Mode=HTML",
    LAST);
lr_think_time(2);
web_submit_data("resp.jsp",
    "Action=http://localhost:8080/mytest/resp.jsp",
    "Method=POST",
    "RecContentType=text/html",
    "Referer=http://localhost:8080/mytest/",
    "Snapshot=t3.inf",
    "Mode=HTML",
    ITEMDATA,
    "Name=t1", "Value=Test Data", ENDITEM,
    "Name=b1", "Value=", ENDITEM,
    LAST);
```

【脚本分析】

上面的脚本在访问首页和添加数据两个操作中间停留的时间为2秒。可以通过“Run-time Settings（运行时设置）”来决定是否启用思考时间，如图3-42所示。

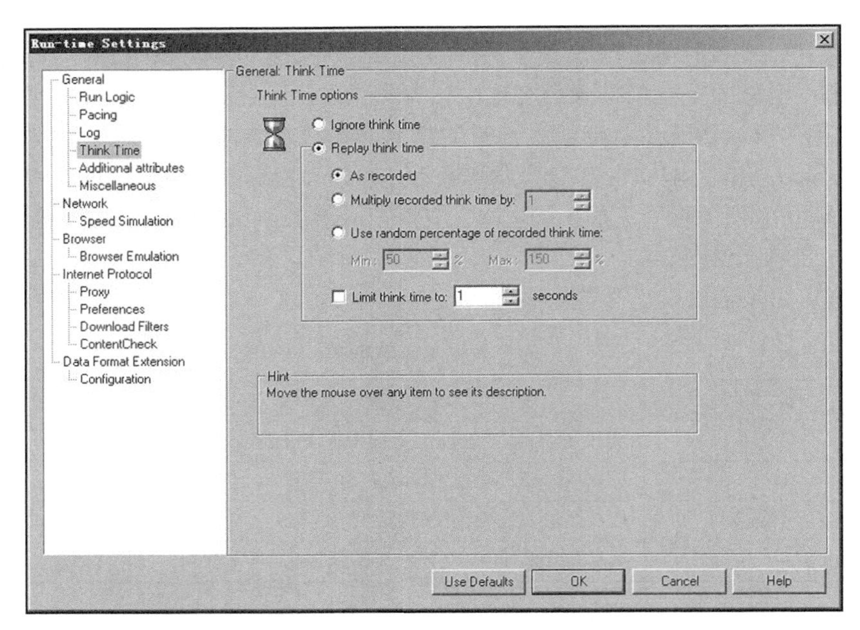

图3-42 设置思考时间

在默认情况下，运行脚本时，使用在录制会话期间录制到脚本中的思考时间。通过VuGen的“运行时设置”对话框的“Think Time”，可以使用录制思考时间、忽略思考时间或使用与录制时间相关的值。

忽略思考时间：忽略录制思考时间——回放脚本时忽略所有lr_think_time函数。

回放思考时间：通过下方第二组思考时间选项，可以使用录制思考时间。

- 按录制参数：回放期间，使用lr_think_time函数中显示的参数。例如，lr_think_time(10)将等待10秒。
- 录制思考时间乘以回放期间使用录制思考时间的倍数。这可以增加或减少在回放期间应用的思考时间。例如，如果录制思考时间为4秒，则可以指示Vuser用2以该值，即总共为8。要将思考时间减少到2秒，可以用0.5×录制时间。
- 使用录制思考时间的随机百分比：通过指定思考时间的范围，可以设置思考时间值的范围。例如，思考时间参数为4，并且指定最小值为该值的50%，而最大值为该值的150%，则思考时间的最低值为2（50%），最高值为6（150%）。
- 将思考时间限制为：限制思考时间的最大值，即思考时间若超过该值，计算思考时间时仍然按该值进行计算，若小于该值，则按实际值进行计算，如图3-43所示。这里限定思考时间为1秒，在脚本中添加10秒和0.5秒的2个思考时间函数，从执行结果不难看出超过1秒的10秒，按1秒等待，而少于1秒的0.5秒，仍按0.5秒等待。

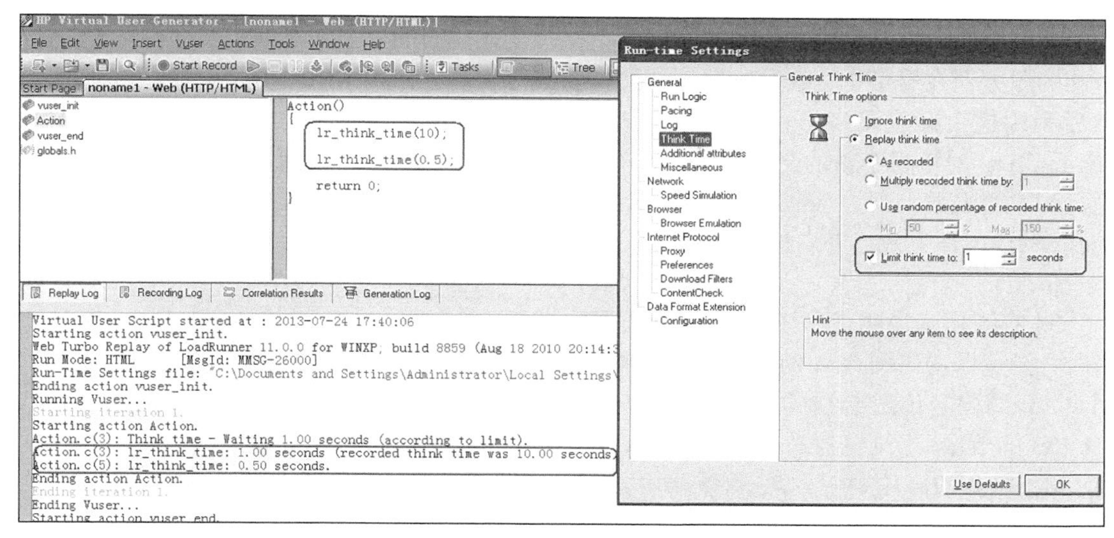

图 3-43　思考时间的设置及验证脚本

3.3.5　关联

关联（correlation）是应用 LoadRunner 进行性能测试的一项重要技能，那么为什么要进行关联呢？

利用 VuGen 录制脚本时，它会拦截 Client 端（浏览器）与 Server 端（服务器）之间的会话，并将这些会话记录下来，产生脚本，如图 3-44 所示。在 VuGen 的 Recording Log 中，可以找到浏览器与服务器之间的所有会话，包含通信内容、日期、时间、浏览器的请求、服务器的响应内容等。脚本和 Recording Log 最大的差别在于，脚本只记录了 Client 端要对 Server 端的会话，而 Recording Log 则是完整记录两者的会话。

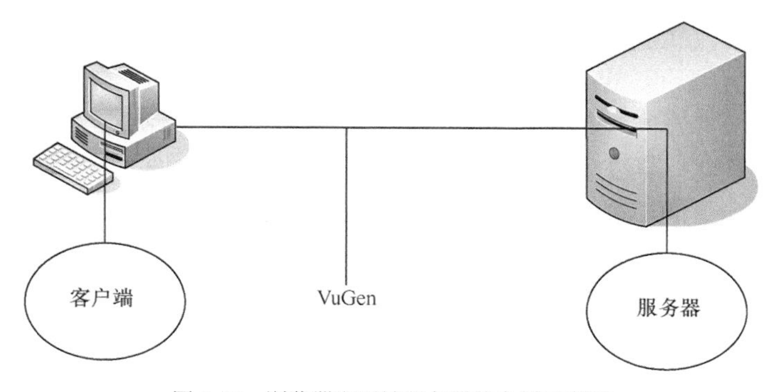

图 3-44　浏览器和网站服务器的会话示意图

在执行脚本时，VuGen 模拟成浏览器，然后根据脚本，把当初浏览器进行过的会话再对网站服务器重新执行一遍，VuGen 企图骗过服务器，让服务器以为它就是当初的浏览器，然后把请求的内容传送给 VuGen。所以记录在脚本中的与服务器之间的会话，与当初录制时的会话完全相同。这样的做法在遇到某些比较智能的服务器时，还是会失效。这时就需要通过关联的方法来让 VuGen 可以再次成功地骗过服务器。

所谓关联，就是把脚本中某些写死的数据转变成动态的数据。例如，前面提到有些比较智能的服务器在每个浏览器第一次与它交换数据时，都会在数据中夹带一个唯一的标识码，然后利用这个标识码来辨识发出请求申请的是不是同一个浏览器。一般称这个标识码为 Session ID。对于每个新的交易，服务器都会产生新的 Session ID 给浏览器。这也就是为什么执行脚本会失败。因为 VuGen 还是用旧的 Session ID 向服务器要数据，服务器会发现这个 Session ID 已经失效或者它根本不能识别这个 Session ID，当然就不会传送正确的网页数据给 VuGen 了。

图 3-45 所示说明了这样的情形。录制脚本时，浏览器送出网页 A 的请求，服务器将网页 A 的内容传送给浏览器，并夹带一个 ID=123 的数据，当浏览器送出网页 B 的请求时，只有使用 ID=123 的数据，服务器才会认为这是合法的请求，并把网页 B 的内容送回给浏览器。

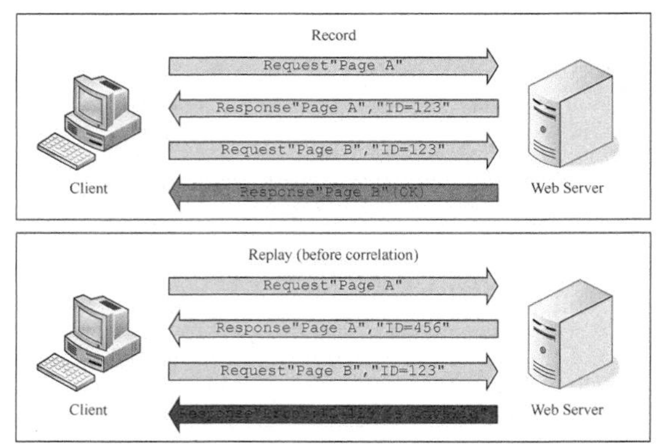

图 3-45 浏览器与网站服务器的正常和异常会话过程

在执行脚本时会发生什么状况呢？浏览器送出网页 B 的请求时，用的还是当初录制的 ID=123 的数据，而不是用服务器新给的 ID=456，整个脚本的执行就会失败。

对于这种非常智能服务器，必须想办法找出这个 Session ID 到底是什么、位于何处，然后把它提取出来，放到某个参数中，并替换脚本中用到 Session ID 的部分，这样就可以成功骗过服务器，正确完成整个会话了。

上面介绍了什么是关联，并且讲解了一个实例，那么结合 LoadRunner 的应用，我们如何知道何时应该应用关联呢？通常情况下，如果脚本需要关联，在还没做关联之前是不会执行通过的，但在 LoadRunner 中并没有任何特定的错误消息和关联相关。

那么，为什么要使用关联，使用关联又可以给我们带来哪些方便呢？

首先，它可以生成动态的数据，前面已经讲过一个会话的例子，我们知道应用固定的数值是骗不过智能的服务器的，如果将数据变成动态数据，这个问题就解决了。其次，可以将这些冗长的数据参数化，通过应用关联技术，有效减少代码的大小，这样不仅代码量减少了，脚本层次看起来也会更加清晰、明了。

在 LoadRunner 中可以通过手动关联、自动关联及利用关联规则 3 种方式进行关联操作。这里仅对关联的由来及为何利用关联技术进行了简单介绍，关于更多的关联知识将在 6.3 节进行详细介绍。

3.4 本章小结

“工欲善其事必先利其器”。本章首先图文结合详细介绍了性能测试工具 LoadRunner 工具及其 B/S、C/S 样例程序的安装过程。然后介绍 LoadRunner 的 VuGen、Controller 和 Analysis 应用及其各自负责的主要工作。最后对在 LoadRunner 中将会应用的一些重要概念进行了详细讲解，如集合点、检查点、事务、思考时间和关联。

本章重点需要掌握 3.1.3 节和 3.1.4 节，B/S、C/S 样例程序的安装过程与使用方法，后续章节的样例脚本开发均以这 2 类样例程序作为基础，所以必须掌握。3.2 节关于 LoadRunner 运行机制和 VuGen、Controller、Analysis 3 个重要组成部分是理解 LoadRunner 相关应用工作的基础，需要认真理解并掌握。在 3.3 节中，LoadRunner 工具的相关概念十分重要，只有理解关联、事务、检查点、思考时间、集合点概念，在实际的性能测试过程中才能够结合性能测试用例设计，在编写脚本时在合适的位置加入相关的概念函数，实现用例设计和脚本的完全统一。

3.5 本章习题及经典面试试题

一、章节习题

1. LoadRunner 主要由________、________和________3 部分构成。

2. 简述 LoadRunner 中集合点和集合点函数的概念。

3. 简述 LoadRunner 中事务、事务的开始函数和结束函数各是什么。

4. 在 LoadRunner 的 VuGen 应用编写脚本时，脚本中有一条“lr_think_time(2);”语句，请问该语句的含义是什么？

二、经典面试试题

1. 简述在 LoadRunner 中关联的概念，在 LoadRunner 中可以通过利用哪 3 种方式来进行关联操作？

2. 在事务的结束函数中，通常第 2 个参数是“LR_AUTO”，请问该参数的含义是什么？

3. 简述在 LoadRunner 中检查点的概念，检查点函数包括哪些，在使用注册类检查点函数时应注意什么？

3.6 本章习题及经典面试试题答案

一、章节习题

1. LoadRunner 主要由 VuGen、Controller 和 Analysis 3 部分构成。

2. 简述 LoadRunner 中集合点和集合点函数的概念。

答：集合点可以同步虚拟用户，以便能在同一时刻执行任务，集合点函数为 lr_rendezvous()。

3. 简述 LoadRunner 中事务、事务的开始函数和结束函数各是什么。

答：事务是指服务器响应虚拟用户请求所用的时间，当然它可以衡量某个操作，如登录所需要的时间，也可以衡量一系列操作所用的时间，如从登录开始到形成一张完整的订单。事务的开始函数为 lr_start_transaction()，事务的结束函数为 lr_end_transaction()。

4. 在 LoadRunner 的 VuGen 应用编写脚本时，脚本中有一条“lr_think_time(2);”语句，请问该语句的含义是什么？

答：lr_think_time()函数为用户在执行两个连续操作期间等待的时间，在 LoadRunner 中被称为思考时间。该语句表示停留 2 秒的时间。

二、经典面试试题

1. 简述在LoadRunner中关联的概念，在LoadRunner中可以通过利用哪3种方式来进行关联操作？

答：可以通过手动关联、自动关联及利用关联规则3种方式进行关联操作。

2. 在事务的结束函数中，通常第2个参数是“LR_AUTO”，请问该参数的含义是什么？

答：LR_AUTO表示自动返回检测到的状态。

3. 简述在LoadRunner中检查点的概念，检查点函数包括哪些，在使用注册类检查点函数时应注意什么？

答：检查点是在回放脚本期间搜索特定的文本字符串或者图片等内容，从而验证服务器响应内容的正确性。例如，验证一个用户是否成功登录到系统，通常就可以通过设置一个文本或者图片检查点来进行验证。检查点函数包括表3-2所示函数，其中web_reg_find()函数经常用到。

表3-2 检查点相关函数列表

函　数	描　述
web_reg_find	从下一个回应的HTML页面中查找指定的文本字符串
web_find	从HTML页面中查找指定的文本字符串
web_image_check	从HTML页面中查找指定的图片
web_global_verification	从所有后续HTTP交互中查找指定的文本字符串

web_reg_find()函数是注册函数（注册类函数有一个很明显的特点就是在函数名称中包含了“reg”字符，在应用这类函数时，注意函数必须放在响应页面之前。

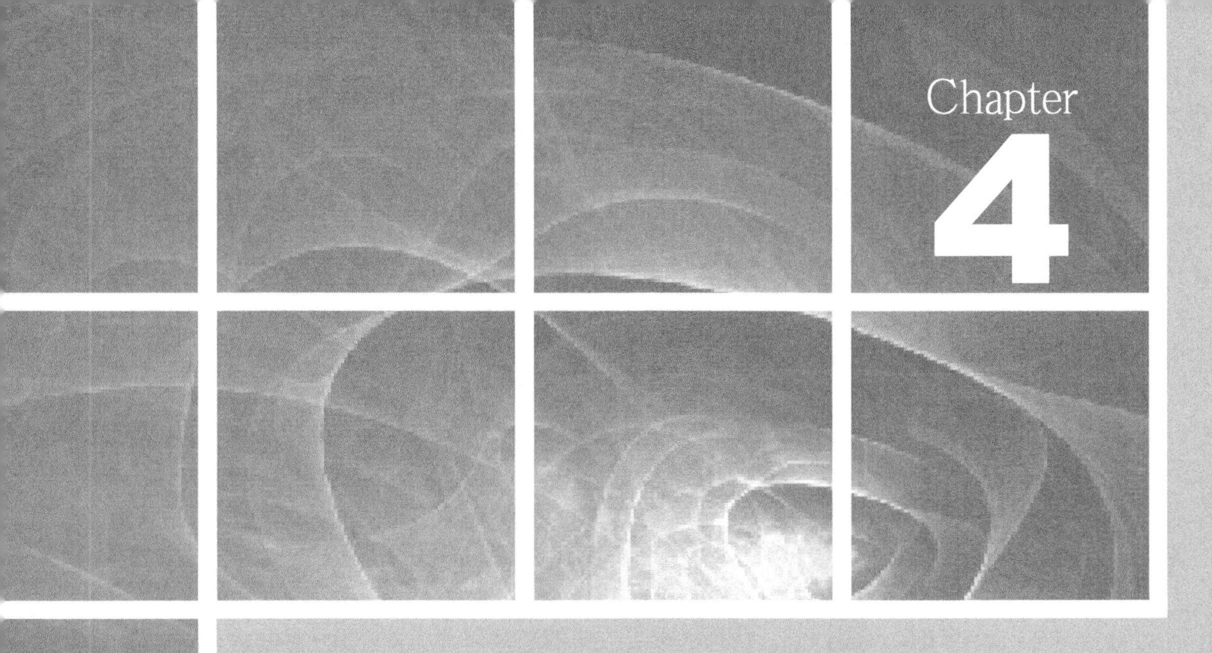

第 4 章 深度解析 LoadRunner 11.0 相关功能应用

为了方便读者系统地学习 LoadRunner 11.0 相关知识点，第 3 章对应用 LoadRunner 11.0 操作过程中涉及的概念进行了介绍，也许初学者对工具使用更加关心，下面就介绍 LoadRunner 11.0 相关功能的使用。

LoadRunner 11.0 主要包含 3 个方面的应用：VuGen、Controller 和 Analysis。

- HP Virtual User Generator（VuGen）：用于创建脚本。VuGen 通过录制典型最终用户在应用程序上执行的操作来生成虚拟用户（Vuser），然后 VuGen 将这些操作录制到自动化 Vuser 脚本中，将其作为负载测试的基础。
- HP LoadRunner Controller：用于设计并运行场景。可以结合性能测试用例在 Controller 中进行相关设计、添加要监控的性能指标及在模拟大用户的时候添加相应的负载机等工作。Controller 可运行模拟真实用户操作的脚本，并通过让多个 Vuser 同时执行这些操作，从而在系统上施加负载。
- HP LoadRunner Analysis：用于分析运行后的场景结果。HP LoadRunner Analysis 提供包含深入性能分析信息的图和报告。使用这些图和报告可以找出并确定应用程序的瓶颈，为后续对系统进行改进、提高其性能提供依据。

4.1 无工具情况下的性能测试

作者做了一个进销存管理的项目，当时公司规模较小，没有相对独立的测试部门，项目通常在发布之前仅仅由前台、业务和开发人员做简单的功能测试，如没发现功能上的问题，就直接把该版本的程序提交给客户。有的客户单位规模比较大，业务量很多，在应用软件的过程中，发现库存出现了负数的情况并把问题反馈到了公司。通过分析，问题出在多人同时进行销售业务操作的情况。例如，在一个卖电器的商场，库房仅有 1 台电视机，两个售货员分别同时通过软件系统销售了这台电视机，就会出现库存为-1 的情况。为了模拟这种情况，公司动员所有员工，由老板亲自指挥，为能够尽量出现猜测的情况发生，把分散在各个区域的人员，均指定了 1 名不同的区域组长来协调模拟并发操作，这次要模拟多用户销售同一件商品的情况，老板和各区域组长根据约定好的时间，齐声下达口令："开始!"大家同时按下销售的"确定"按钮，果然发现库存为负数。随后，还发现了商品入库时，库存数量成倍增长等很多问题。全公司的员工为此欢呼雀跃，非常兴奋，20 多分钟后大家平静下来，各司其职又重新进入工作状态。研发人员开始查询系统执行日志、参数配置等信息，开始分析问题产生的原因，当定位到问题产生的原因后，开始处理解决问题，又重新重复前面的场景，动员公司所有人力、物力等相关资源验证问题是否得到了解决，就这样我们这一天的时间在反复的"性能测试"中度过，大家各自手头的工作几乎都挪到了第二天进行。

4.2 性能测试工具 LoadRunner 的工作原理

从上面的"性能测试场景"，可以看到全公司的人为了验证一个缺陷，花费了一天时间，这在人力、物力和时间上都造成了严重的损失，这种情况应在以后的工作中由性能测试工具代替。

也许，读者已经猜到了，那肯定不能不讲 LoadRunner 了。下面我们就结合刚才讲的实例，再结合 LoadRunner 的一些关键应用讲解一下，它们之间存在的关系，也向你揭示 LoadRunner 的工作原理。

首先，向读者介绍的肯定是最大领导——我们的老板了，LoadRunner 中的“指挥官”就是 Controller，通过该应用测试人员可以指挥多少人（结合性能测试工具来讲就是虚拟用户）参与到性能测试及要做哪些业务（结合性能测试工具来讲就是由各类脚本构成的性能测试场景）。有的时候，由于不同区域人数资源、条件的限制，可能参与性能测试的人数不够，这时老板就必须指定一些区域的人员也参与进来，即利用这些区域的资源来完成性能测试工作。为能帮助 Controller 模拟更多的虚拟用户，在 LoadRunner 中可以指定多个负载机（Load Genrator），即利用负载机的 CPU、内存、磁盘等资源，从而模拟更多的虚拟用户，毕竟每个虚拟用户都要耗费内存等资源，所以当模拟大量虚拟用户数时，要结合 Controller 主控机的资源情况，若其模拟不了那么多虚拟用户，则必须指定一台或多台负载机，辅助完成这次性能测试工作。有的时候，可能会遇到类似于投票类的系统，每个 IP 只能投一票的情况，也可以在 Controller 中启用“IP Wizard”来实现这种情况的模拟。和现实生活中一样，在人工操作业务时，可能会查看本机或系统资源使用情况、业务完成情况等，而 Controller 可以调用相关的系统接口，完成对系统资源使用、执行过程中业务处理情况的信息监控和数据搜集，这些数据无疑是后期分析结果的重要依据。

接着介绍最重要的对系统产生负载的“人”，LoadRunner 中的“人”，称为虚拟用户。虚拟用户能够模拟实际生活中人所做的业务操作。对于被测试的服务器来讲，它并不清楚发出请求的是来自于虚拟用户还是真实的人。应用虚拟用户模拟真实用户的好处不言而喻，其能节省大量的人力、物力资源，并对操作的准确性、实时性及后续结果的度量都具有非常大的帮助。通常，在日常工作中，如果用真实的人来操作业务，那么只能一个人操作一台计算机，而应用性能测试工具来产生虚拟用户模拟业务操作的话，则可以模拟成百上千的虚拟用户，试着想一想，4.1 节的实例，如果用性能测试工具来模拟是不是轻而易举的呢？几乎所有的性能测试工具都有两种方式来产生虚拟用户，即多进程和多线程。系统学习过计算机相关知识的用户一定会知道，线程较进程运行方式更加节省内存等资源，那么为什么还要应用进程呢？多进程和多线程运行方式有何不同？无论是 LoadRunner 性能测试工具，还是在其他性能测试工具，通常都提供了这两种方式模拟虚拟用户，有时甚至可能会结合实际需求自行开发一些性能测试工具，这也会涉及底是采取线程方式模拟虚拟用户，还是采用进程方式模拟虚拟用户。用进程方式模拟虚拟用户时，每一个虚拟用户对应一个进程实例，每一个进程实例都要占用各自独立的一块内存。用而线程方式模拟虚拟用户，则多个线程共享使用其父进程的内存，这样在模拟虚拟用户时，将减少大量的内存使用，节省了更多的资源。但在应用线程时会涉及一些安全性方面的问题，因为线程的资源是从进程资源中分配出来的，所以在各线程对共享内存进行操作过程中，若调度不好，就会出现内存方面的问题，甚至导致程序崩溃现象的发生。因此，在自行编写性能测试工具时，若应用线程模拟产生多个虚拟用户，则一定要注意所应用的控件或对象是否为线程安全的，若线程不安全，请勿使用。在应用 LoadRunner 时，选择对应协议创建虚拟用户，也要清楚哪些协议不能应用线程方式，这些内容将在后续讲解工具时，进一步介绍。在 LoadRunner 中用于创建虚拟用户的应用叫 VuGen（Virtual User Generator），可以通过该应用选择相应的协议、录制脚本、参数化脚本数据、加入事务、集合点等。通常情况下，在录制脚本时和平时手工操作业务并无任何区别，录制完成后，会产生对应的业务脚本信息，这些脚本由 LoadRunner 将浏览器和 Web 应用服务器间的交互过程封装后的一些函数构成。如果用户对这些函数及程序实现的细节非常了解，也可以手工编写相应的脚本，有一些协议就特别适合自行编写脚本，如 FTP 等协议。

在上面讲到性能测试执行完成后，相关的研发人员要搜集各操作用户相关的信息、执行日志等内容，然后，根据这些信息项来分析定位有可能会产生的问题。从这里姑且考虑所有实际操作的用户都按照老板或自己所在区域负责人的要求取到了对应业务的执行结果拷屏信息、业务执行时间等，但也不难发现由于这些数据是相对分散的，且执行时间等关键信息可能存在较大误差，那么这些本身就有可能会有很多问题的数据信息到了分析人员哪里，分析人员还要对这些数据再次进行加工、筛选、绘图等工作，到最终分析结果出来可能要耗费很多时间，通常情况下，由于数据的问题，可能只能分析出主要的问题因素，而细小的内容根本无法获知。LoadRunner 提供了 Analysis 应用，该应用不仅可以将性能测试执行过程中收集的数据展现出来，而且提供了非常丰富的图表，可以将这些图表进行合并分析，如将事务响应时间和运行虚拟用户图表结合起来，可以分析在不同用户数量运行时，用户关注的相应业务事务响应时间的变化情况。还可以将运行虚拟用户与系统资源利用情况图表进行合并，查看在不同虚拟用户数量情况下系统相关资源的利用情况等。还可以应用网页细分图等分析各页面元素的下载时间，相关元素在客户端、网络、DNS 解析等部分花费的时间等，丰富的统计分析方式，一定会为定位问题带来巨大的帮助。还可以利用服务水平协议（Service Level Agreement），当定义了 SLA 度量目标后，结果分析报告将针对定义的度量内容及其“阈值”设置，与实际运行结果进行对比，如果实际运行结果超过阈值，则显示红色的“×”标记。同时，为了日后相关领导能够明确理解性能测试图表瓶颈等问题，可以对相关图表加入标注信息；为使用户编写性能测试报告更加方便，Analysis 应用还提供了报表输出的功能。

总之，界面友好、功能强大、使用方便的 LoadRunner 绝对是性能测试最佳的工具选择。

4.3 VuGen 应用介绍

LoadRunner 作为一款优秀的性能测试工具，其最主要的功能就是模拟多个用户在系统中同时访问系统应用情况。为了进行这种模拟，用虚拟用户代替现实生活中的人。用于创建 Vuser 脚本的工具是 Virtual User Generator，即 VuGen。VuGen 不仅录制 Vuser 脚本，还可以运行和调试 Vuser 脚本。录制 Vuser 脚本时，VuGen 会生成多个函数，它将这些函数插入 VuGen 编辑器，以创建基本 Vuser 脚本，同时用户仍然可以在 VuGen 中丰富、完善脚本，如加入事务、集合点、参数化数据等，当然如果需要，也可以自行编写一些代码等。

VuGen 在录制过程中，会录制客户端和服务器之间的相关交互活动，它将自动生成相关模拟实际情况的 API 函数。由于 Vuser 脚本不依赖于客户端软件，因此即使客户端软件的用户界面尚未完全开发好，也可以使用它来检验系统性能，这为产品前期框架选择等提供了方便的条件。

4.4 协议的类型及选择方法

VuGen 提供了多种协议，方便模拟系统的 Vuser 技术。每种技术都适合于特定的体系结构并产生特定类型的 Vuser 脚本。例如，可以使用 Web Vuser 脚本模拟用户操作 Web 浏览器的相应行为，使用 FTP Vuser 模拟 FTP 会话及其处理过程。各种 Vuser 既可以单独使用（单协议），又可以一起使用（多协议），以创建有效的负载测试。录制单个协议时，VuGen 仅录制指定的协议。以多协议模式进行录制时，VuGen 将录制多个协议中的操作。支持多协议脚本的协议包括：COM/DCOM、File Transfer Protocol（FTP）、Internet Messaging（IMAP）、Oracle NCA、Post Office Protocol（POP3）、Real、Windows Sockets、Simple Mail Protocol（SMTP）和 Web（HTTP/HTML）。

4.4.1 Vuser 类型

Vuser 的类型如表 4-1～表 4-9 所示。

表 4-1　　Client/Server 协议分类列表

协议名称	协议描述
COM/DCOM	组件对象模型（COM），用于开发可重用软件组件的技术
Domain Name Resolution (DNS)	DNS 是一种低级协议，可以模拟在 DNS 服务器上工作的用户所执行的操作。DNS 模拟访问域名服务器的用户，使用用户的 IP 地址解析主机名。此协议仅支持回放，需要将函数手动添加到脚本
File Transfer Protocol (FTP)	HP（文件传输协议）将文件通过网络从一个位置传输到另一个位置的系统。FTP 是一种低级别的协议，可以模拟针对 FTP 服务器工作的用户操作
Listin Directory Service (LDAP)	是用于支持电子邮件应用程序从服务器查找联系人信息的 Internet 协议
Microsoft .NET	支持 Microsoft .NET 客户端/服务器技术的录制
Terminal Emulation (RTE)	模拟向基于字符的应用程序提交输入并从其接收输出的用户
Tuxedo	Tuxedo 事务处理监控器
Windows Sockets	Windows 平台的标准网络编程接口

表 4-2　　Custom 协议分类列表

协议名称	协议描述
C Vuser	使用标准 C 库的一般虚拟用户
Java Vuser	具备协议级支持的 Java 编程语言
JavaScript Vuser	用于开发 Internet 应用程序的脚本语言
VB Script Vuser	Visual Basic 脚本编辑语言，用于编写 Web 浏览器中显示的文档
VB Vuser	使用 Visual Basic 语言编写的 Vuser 脚本

表 4-3　　Database 协议分类列表

协议名称	协议描述
MS SQL Server	使用 Dblib 接口的 Microsoft SQL Server
ODBC	开放数据库连接，提供用于访问数据库的公共接口的协议
Oracle (2-Tier)	使用标准二层客户端/服务器体系结构的 Oracle 数据库

表 4-4 E-Business 协议分类列表

Action Message Format (AMF)	操作消息格式，是允许 Flash Remoting 二进制数据在 Flash 应用程序与应用程序服务器之间通过 HTTP 进行交换的一种 Macromedia 专用协议
AJAX (Click and Script)	异步 JavaScript 和 XML 缩写。AJAX 使用异步 HTTP 请求，允许网页请求小块信息而非整个页面
Flex	Flex 是在企业内通过 Web 创建富 Internet 应用程序（RIA）的应用程序开发解决方案
Java over HTTP	设计用于录制基于 Java 的应用程序和小程序。其中提供了使用 Web 函数的 Java 语言脚本。此协议与其他 Java 协议不同，它可以录制和回放通过 HTTP 的 Java 远程调用
Media Player (MMS)	来自媒体服务器的流数据，使用 Microsoft 的 MMS 协议。需要说明的是，为了回放 Media Player 函数，Windows Media 服务器上必须具有名为 wmload.asf 的文件。VuGen 计算机必须能够使用 mms://<服务器名称>/testfile.asf 访问。此 ASF 文件可以是重命名为 testfile.asf 的任何媒体文件
Microsoft .NET	支持 Microsoft .NET 客户端/服务器技术的录制
Real	用于传输来自媒体服务器的流数据的协议
Silverlight	用于基于 Silverlight 的应用程序模拟传输级别用户活动的协议。允许通过自动导入和配置应用程序使用的 WSDL 文件来生成高级脚本
Web (Click and Script)	模拟 GUI 或用户操作级别的浏览器和 Web 服务器之间的通信
Web (HTTP/HTML)	模拟 HTTP 或 HTML 级别的浏览器和 Web 服务器之间的通信
Web Services	Web Service 是一种编程接口，应用程序使用它与万维网上的其他应用程序通信

表 4-5 ERP/CRM 协议分类列表

协议名称	协议描述
Oracle NCA	由 Java 客户端、Web 服务器和数据库组成的 Oracle 三层体系结构数据库
Oracle Web Applications 11i	通过 Web 执行操作的 Oracle 应用程序接口。此 Vuser 类型检测 Mercury API 和 Javascript 级别的操作
Peoplesoft Enterprise	基于 PeopleSoft 8 企业工具的企业资源计划系统
Peoplesoft-Tuxedo	基于 Tuxedo 事务处理监控器的企业资源计划系统，包括自动关联
SAP – Web	一种企业资源计划系统，使用 SAP Portal 或 Workplace 客户端集成关键业务和管理流程
SAP (Click and Script)	模拟 GUI 或用户操作级别的浏览器和 SAP 服务器之间的通信
SAPGUI	一种企业资源计划系统，使用用于 Windows 的 SAPGUI 客户端集成关键业务和管理流程
Siebel Web	一种客户关系管理应用程序

表 4-6 Java 协议分类列表

协议名称	协议描述
Enterprise Java Beans(EJB)	用于开发和部署 Java 服务器组件的体系结构
Java over HTTP	设计用于录制基于 Java 的应用程序和小程序。其中提供了使用 Web 函数的 Java 语言脚本。此协议与其他 Java 协议不同，它可以录制和回放通过 HTTP 的 Java 远程调用。它需要 JDK1.5 以上版本
Java Record Replay	录制 JMS 应用，需要 JDK 1.6u17 以下版本
Java Vuser	具备协议级支持的 Java 编程语言

表 4-7　Mailing Services 协议分类列表

协 议 名 称	协 议 描 述
Internet Messaging (IMAP)	Internet 消息应用程序，允许客户端从邮件服务器读取电子邮件的协议
MS Exchange (MAPI)	消息传递应用程序编程接口，用于支持应用程序发送和接收电子邮件
Post Office Protocol (POP3)	允许单个计算机从邮件服务器检索电子邮件的协议
Simple Mail Protocol (SMTP)	简单邮件传输协议，用于将邮件分发到特定计算机的系统

表 4-8　Remote Access 协议分类列表

协 议 名 称	协 议 描 述
Citrix_ICA	一种远程访问工具，允许用户在外部计算机上运行特定应用程序
Microsoft Remote Desktop Protocol (RDP)	一种远程访问工具，使用 Microsoft 远程桌面连接在外部计算机上运行应用程序

表 4-9　Wireless 协议分类列表

协 议 名 称	协 议 描 述
Multimedia Messaging Service (MMS)	用于在移动设备之间发送 MMS 消息的消息传送服务

4.4.2　协议选择

在使用 LoadRunner 11.0 创建虚拟用户时，可以单击“Create/Edit Scripts”链接打开 VuGen，如图 4-1 和图 4-2 所示。

单击图 4-2 所示的“新建脚本”按钮，弹出图 4-3 所示的对话框。此时默认显示的是“Java”分类，可以在“Category”（分类）下拉列表框中选择其他协议，如果要按字母顺序查看所有支持的协议列表，可以在“分类”（Category）下拉列表框中选择“All Protocols”（所有协议），如图 4-4 所示。

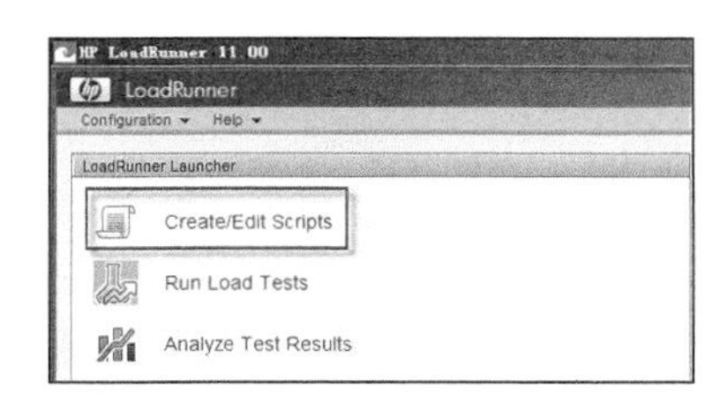

图 4-1　LoadRunner 11.0 应用界面

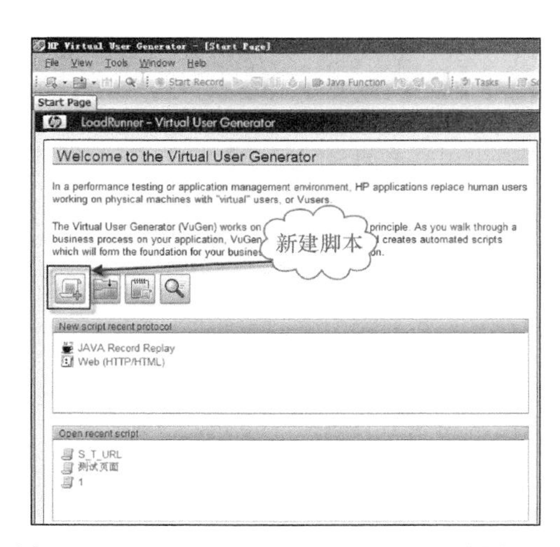

图 4-2　LoadRunner – Virtual User Generator 应用界面

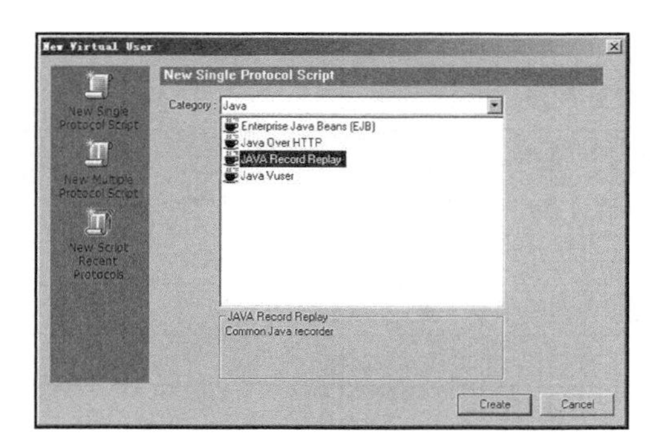

图 4-3 New Virtual User 对话框

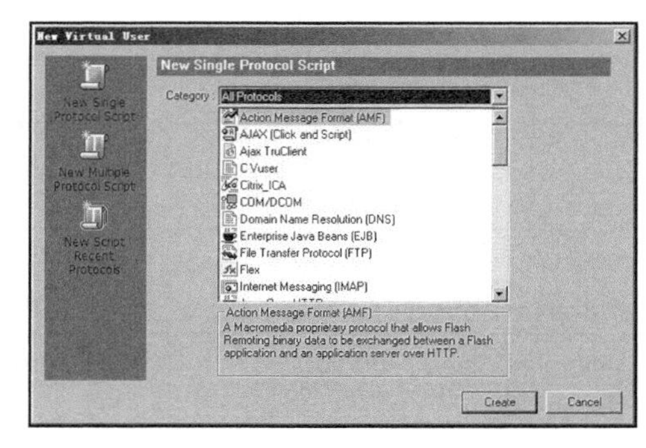

图 4-4 LoadRunner 所有协议列表

4.4.3 单协议选择方法及脚本展示

LoadRunner 支持单协议和多协议，协议的选用，关系到脚本能否正确录制与执行，十分重要。因此在进行应用系统的性能测试之前，测试人员必须清楚，被测试应用系统使用的协议。在录制单个协议脚本的时候，VuGen 只录制选择的协议，即产生的脚本只会有当时选择的协议相关 API 函数，这里以 Web（HTTP/HTML）协议为例，如图 4-5～图 4-7 所示。从图 4-7 中可以看出，产生的脚本均为 Web 协议相关的 API 函数。

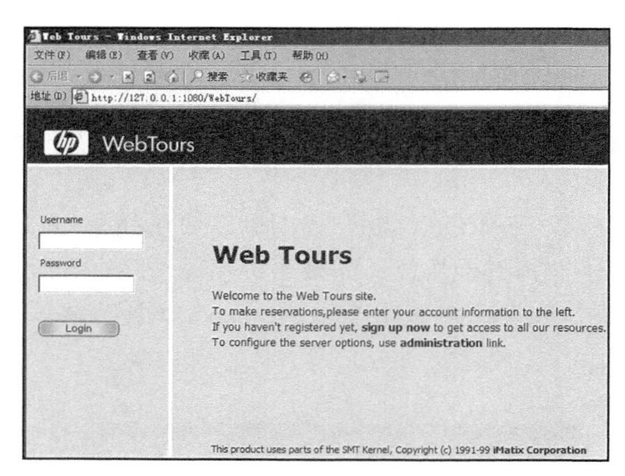

图 4-5 LoadRunner 自带样例程序

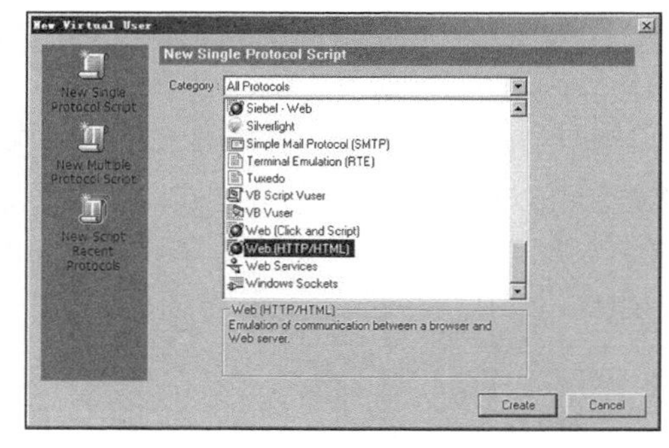

图 4-6 LoadRunner 单协议选择

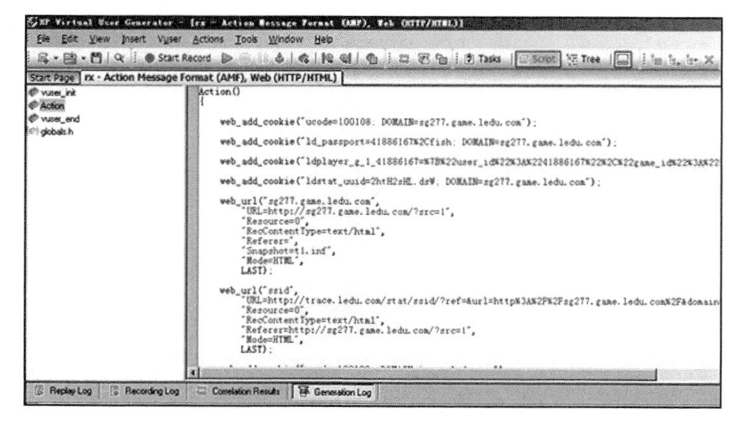

图 4-7 LoadRunner 单协议产生的脚本

4.4.4 多协议选择方法及脚本展示

以多协议模式进行录制时，VuGen 将录制多个协议中的操作。这里以目前广大玩家喜爱的网页“热血三国”为例（如图 4-8 和图 4-9 所示），选择“Web（HTTP/HTML）”和“Action Message Format（AMF）”，如图 4-10 所示，录制后产生的脚本如图 4-11 所示。大多数协议都支持多操作（即多个 Action 部分），支持多操作的协议包括：Oracle NCA、Web（HTTP/HTML）、Terminal Emulation（RTE）、C Vuser 和 Multimedia Messaging Service（MMS）。

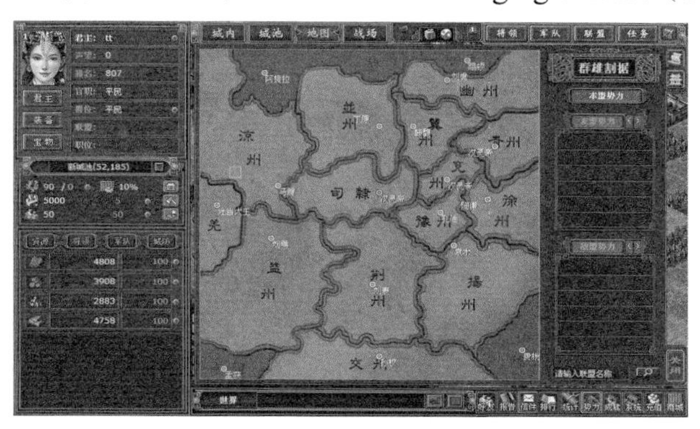

图 4-8 “热血三国”势力相关界面信息

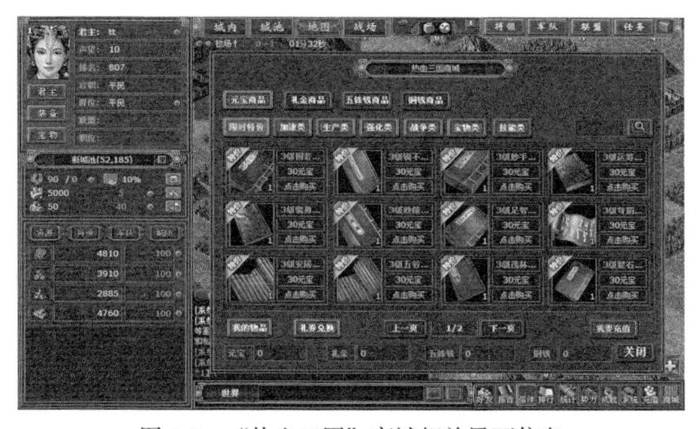

图 4-9 “热血三国”商城相关界面信息

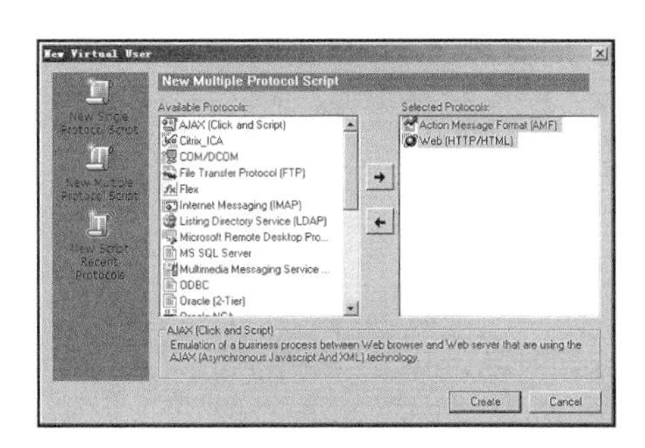

图 4-10 针对“热血三国”游戏选择的多协议信息对话框

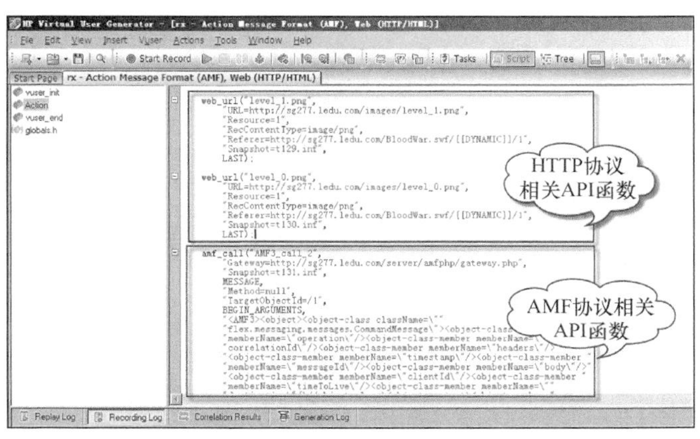

图 4-11 针对“热血三国”游戏选择的多协议产生的脚本信息

4.4.5　建立多个 Action

图 4-12 为创建新操作（Action）的两种方式。

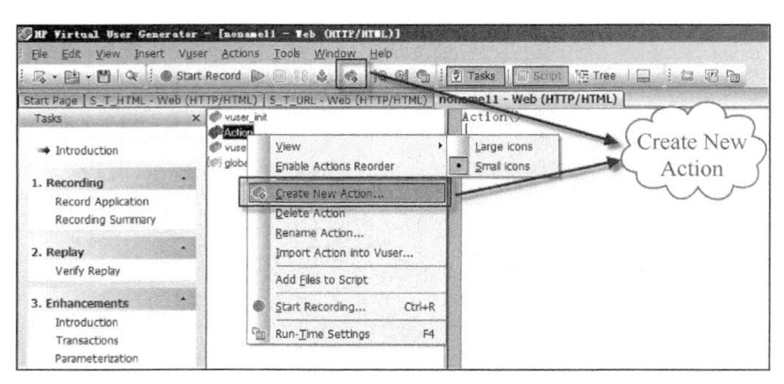

图 4-12　创建新操作（Action）的两种方式

单击图 4-12 中的按钮或者菜单项，在弹出的对话框中为 Action 名，如图 4-13 所示。这里因为主要是给大家做演示，所以保留默认的名称不做修改，添加完成后，显示图 4-14 所示的界面信息。

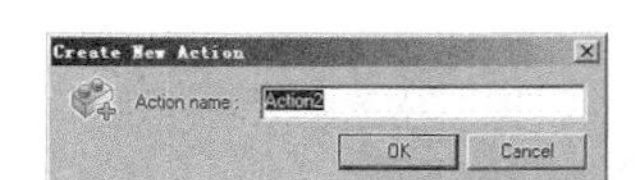

图 4-13　创建新 Action 对话框

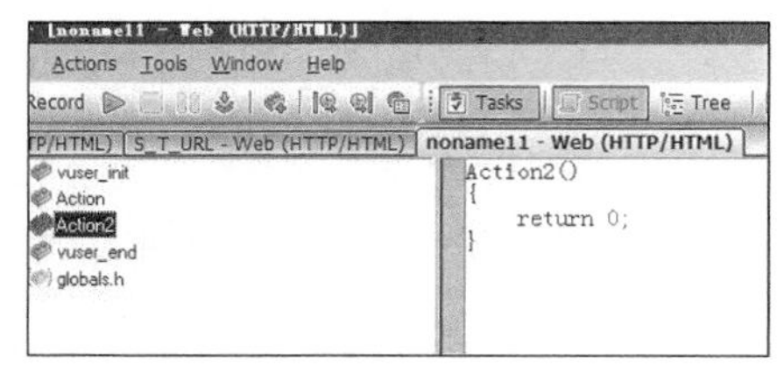

图 4-14　创建“Action2”后的界面信息

从图 4-14 中可以看到左侧树形结构中多了一个“Action2”，单击“Action2”键，则显示右侧信息。

【重要提示】

（1）即使设置了迭代，在 vuser_init 和 vuser_end 中的脚本也只执行一次，所以通常在做性能测试的时候，将登录放在 vuser_init 中，退出系统则放在 vuser_end 中。

（2）在 Action 部分设置迭代时，可以多次执行，并且按照从上到下的顺序执行，这里为了进一步说明这个问题，写一段脚本。为了简单且能够说明问题，使用 lr_output_message()函数（即日志输出函数，使用它将输出一串文本信息）。首先新建一个 Action，名称为“Action1”。创建完成后，分别在每个部分添加一个 lr_output_message()函数，脚本内容如下。

vuser_init 部分内容如下。

```
vuser_init()
{
    lr_output_message("Init 部分内容");
    return 0;
}
```

Action 部分内容如下。

```
Action()
{
    lr_output_message("Action 部分内容");
    return 0;
}
```

Action1 部分内容如下。

```
Action1()
{
    lr_output_message("Action1 部分内容");
    return 0;
}
```

vuser_end 部分内容如下。

```
vuser_end()
{
    lr_output_message("End 部分内容");
    return 0;
}
```

接下来设置迭代。可以单击“Run-Time Settings”选项（见图 4-15），弹出“Run-times Settings”对话框（见图 4-16），在迭代次数信息文本框中输入 2。在图 4-16 中可以看到下方“Run”后面也出现了“Run（×2）”，表示迭代应该只对 Action 部分内容起作用，而 Init 和 End 部分没有产生“×2”相关信息。当然这里只是猜测，设置好之后单击【OK】按钮，而后单击 F5 键执行脚本，执行结果如图 4-17 所示，从图 4-17 中可以看到它是和预期结果一致。

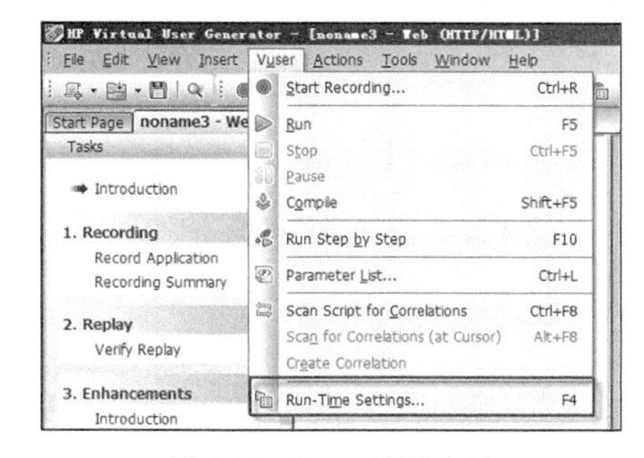

图 4-15　Vuser 菜单中的“Run-Time Settings”选项

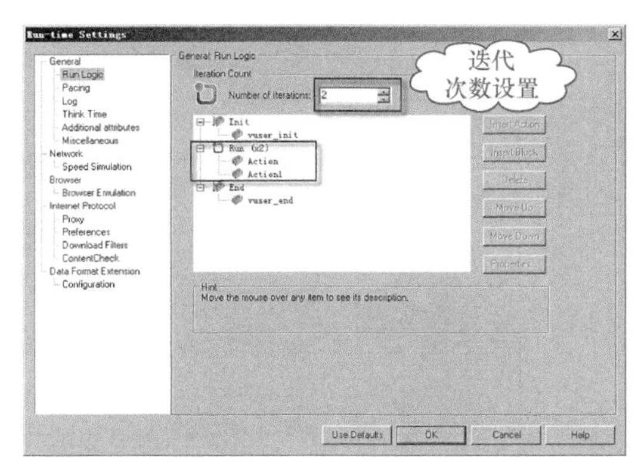

图 4-16　“Run-Time Settings”对话框

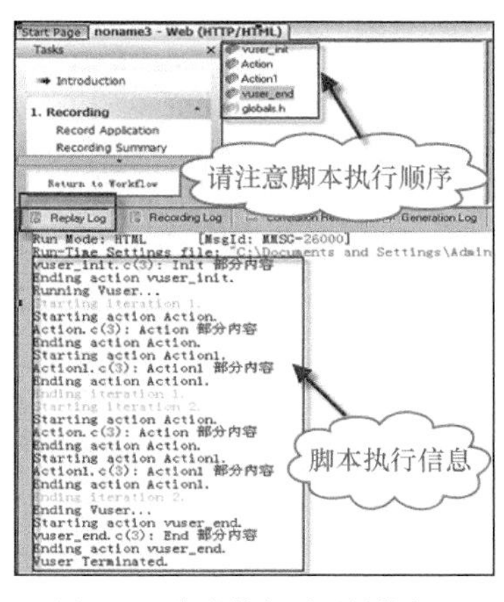

图 4-17　脚本执行后回放信息

4.5 脚本的创建过程

本节将重点介绍如何创建 Vuser 脚本。通常按照表 4-10 所示的步骤创建 Vuser 脚本。

表 4-10 创建 Vuser 的步骤

步 骤	描 述	注 意 事 项
第一步	选择正确的协议和默认浏览器(针对 Web 应用)进行脚本的录制	(1)根据被测试的应用程序选择对应的协议进行录制 (2)选择相对应的浏览器类型及其版本，如图 4-18 所示
第二步	脚本优化与调试，参数化、事务、集合点、检查点的应用，在必要的情况下可以加入逻辑或者其他控制	(1)去掉重复性的脚本 (2)同一个事务必须有事务开始和事务结束 (3)除非在必要的情况下，否则不要将 think_time 函数包含到事务中，因为其会影响事务的响应时间 (4)参数化时要确保有足够多的数据 (5)在应用检查点和思考时间函数时，可以单击“【Vuser】>【Run-Time Settings】”，打开运行时设置对话框，在该对话框中应确保【Internet Protocol】>【Preferences】>【Enable Image and text check】(见图 4-19)和【General】>【Think Time】>【As recorded】(见图 4-20)选中，当然具体要根据应用的需要适当调整，如果思考时间不想按照脚本录制时的情况进行操作，可以选择其他选项，后续在思考时间的设置将进行详细介绍
第三步	脚本执行	(1)如果测试的是 B/S 构架的应用程序，可以选中【Tools】>【General Options】>【Display】>【Show run-time viewer during replay】复选框(见图 4-21)，在回放脚本时，浏览器同步显示脚本操作 (2)如果设置了集合点及其日志输出函数，则可以通过查看运行结果，如图 4-22 所示

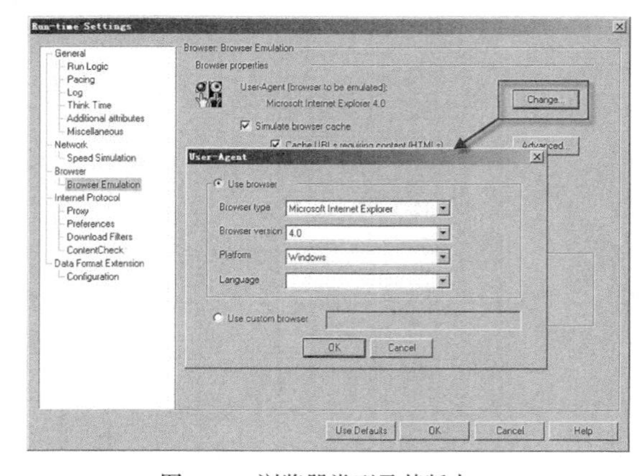

图 4-18 浏览器类型及其版本

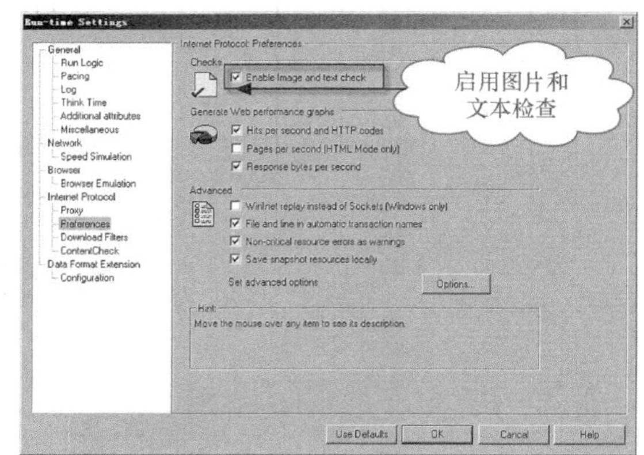

图 4-19 “Preferences”页信息

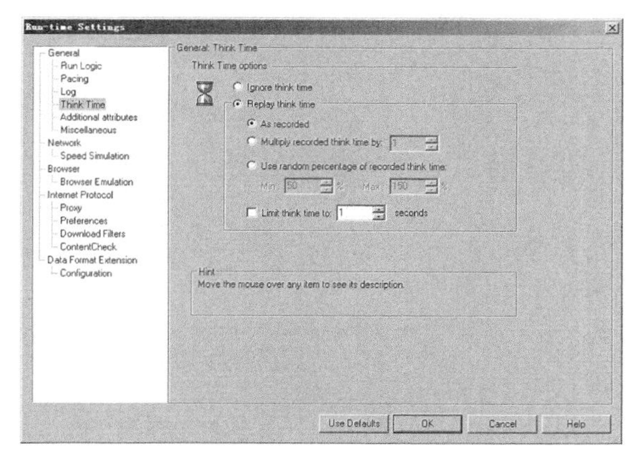

图 4-20 “Think Time”页信息

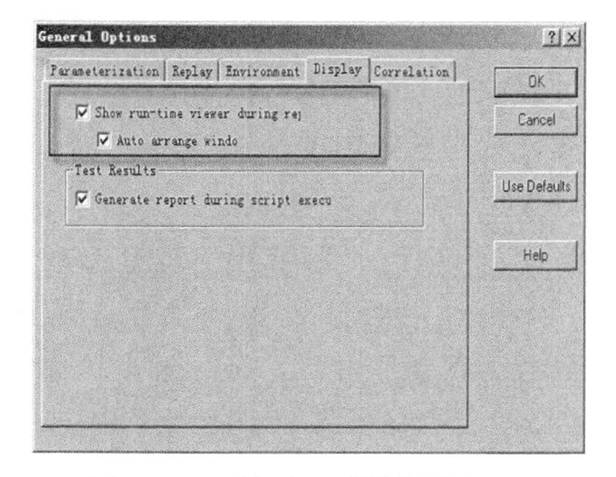

图 4-21 回放时显示浏览器设置

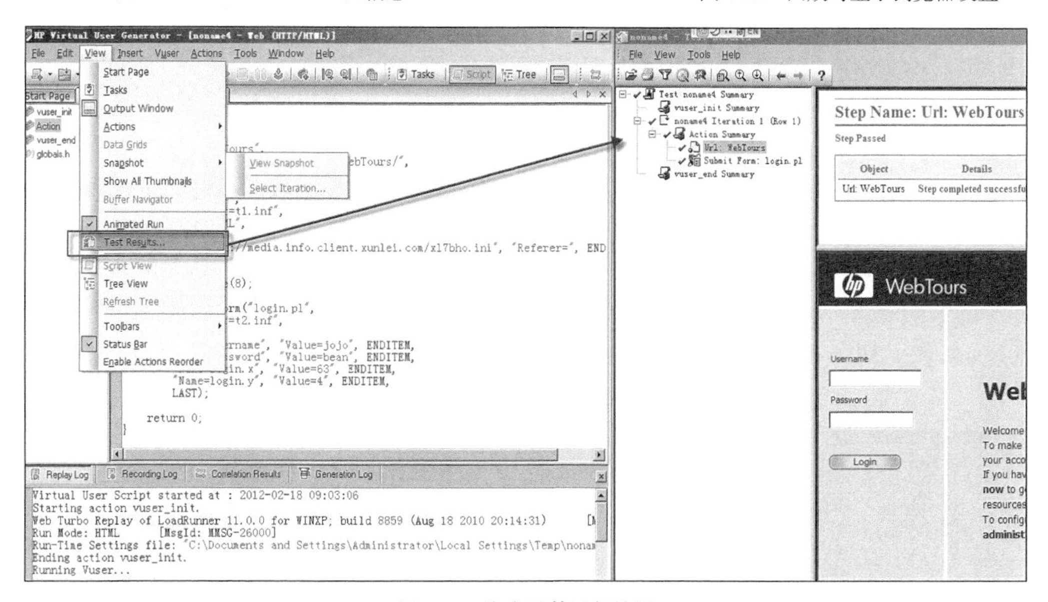

图 4-22 脚本及其运行结果

4.5.1 协议理解的误区

有很多刚学习 LoadRunner 的读者认为 LoadRunner 似乎能对 B/S 结构的应用程序进行性能测试，而不能对 C/S 等其他结构的应用程序进行性能测试，其实这个理解是不对的。LoadRunner 支持多种协议，选择正确的协议后，通常都能够录制和编写脚本，只要 LoadRunner 有相应的许可协议，就能够进行这个类型脚本的负载。除了录制会话以外，VuGen 还可以创建自定义 Vuser 脚本。可以使用 Vuser API 函数，也可以使用标准的 C、Java、VB、VBScript 或 Javascript 代码。通过 VuGen，可以在脚本中编写自己的函数，而不用录制实际会话。可以使用 Vuser API 或标准的编程函数。使用 Vuser API 函数可以收集有关 Vuser 的信息。例如，可以使用 Vuser 函数来度量服务器性能、控制服务器负载、添加调试代码，或者检索关于参与测试或监控的 Vuser 的运行时信息。这里分别针对基于 B/S 结构的应用程序、C/S 结构的应用程序脚本各举一个例子，方便大家掌握如何在多种情况下应用 LoadRunner。

4.5.2 B/S 架构应用程序脚本的应用实例

大家在日常的测试过程中，可能应用最多的就是基于 B/S 结构的应用了，首先介绍如何创建基于 Web 的脚本。

这里，以录制 Tomcat 7.0.22 自带的一个小程序 numguess 为例，该程序是一个非常简易的猜数字游戏，系统随机生成一个 1～100 的数字。

作为标准数值，用户在文本框中输入猜测的数字，如果输入的数值比标准数值大，则告知应该输入小一些的数字；如果输入的数值比标准数值小，则提示应该输入大一些的数字；倘若输入的数字正好就是标准数值，就会出现恭喜您猜数成功的页面。下面简单介绍如何录制、参数化以及在脚本中加入事务、集合点等操作。启动 LoadRunner VuGen 之后，弹出协议选择对话框，如图 4-23 所示，可以通过单击图 4-23 所示界面左侧的单协议或者多协议按钮选择“Web（HTTP/HTML）”选项，单击【Create】按钮，则创建一个空白 Web 脚本。进入 VuGen 主界面以后，单击工具条上的 Start Record 按钮，在“URL Address”地址框中，输入“http://localhost:8080/ examples/ jsp/num/numguess. jsp”。在“Record into Action”框中，选择“Action”，单击【OK】按钮。系统自动调用浏览器并打开 numguess 页面，如图 4-24 和图 4-25 所示。

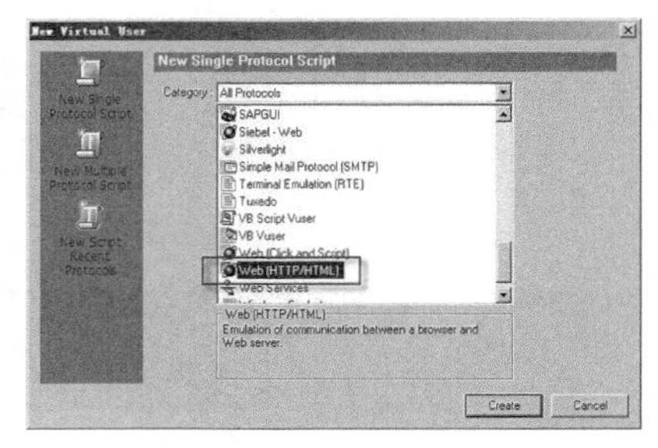

图 4-23 协议选择对话框

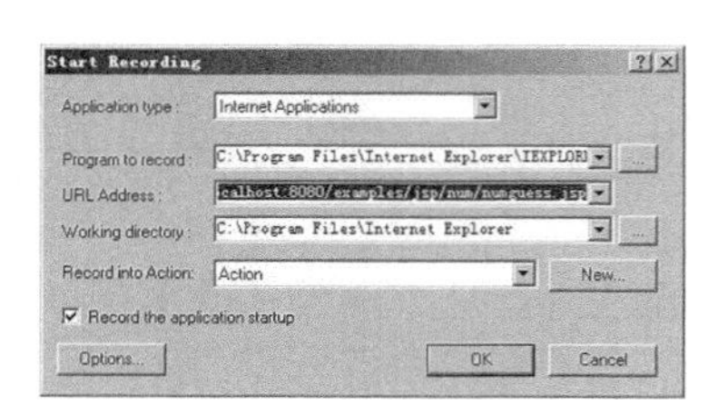

图 4-24 录制对话框

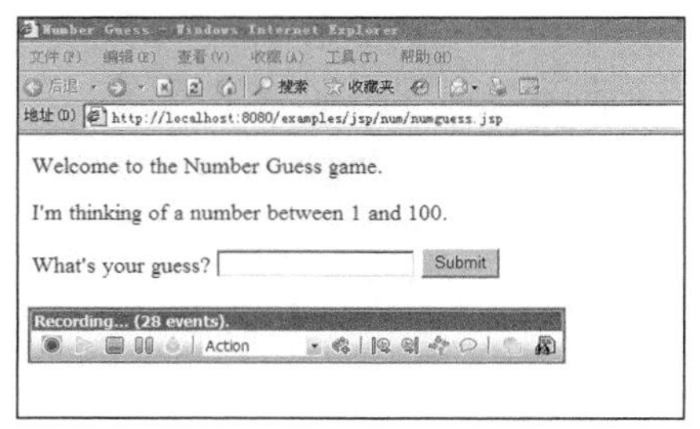

图 4-25 猜数字游戏界面

在文本框中输入数字“2”，单击【Submit】按钮，出现响应页面，如图 4-26 所示。这样，就完成了一个猜数字应用的完整过程。如果做的是具体的业务，当然也可以进行相应业务的操作过程，单击工具条的停止按钮，如图 4-27 所示。停止录制以后，在脚本视图编辑框中产生刚才录制过程的相关代码，如图 4-28 所示。

VuGen 提供脚本视图和树视图两种模式。脚本视图可以查看录制或插入脚本中的实际 API 函数。该视图适用于希望通过添加“C”或 Vuser API 函数以及控制流语句，以在脚本内部编程的高级用户。树视图可以查看快照的缩略图表示形式，默认情况下，缩略图视图仅显示脚本中的主要步骤，树视图显示形式如图 4-29 所示。

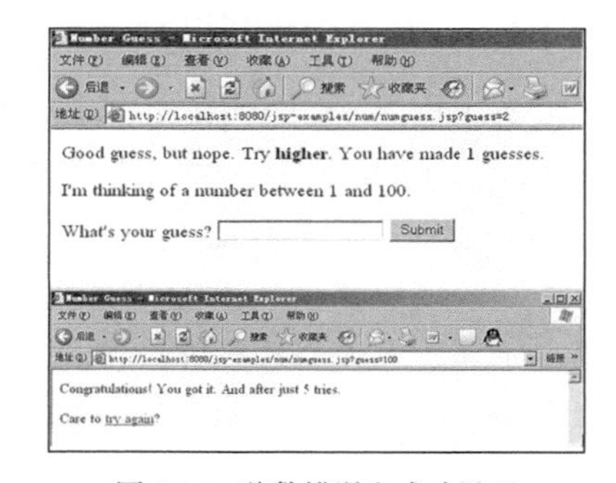

图 4-26 猜数错误和成功界面

图 4-27 工具条

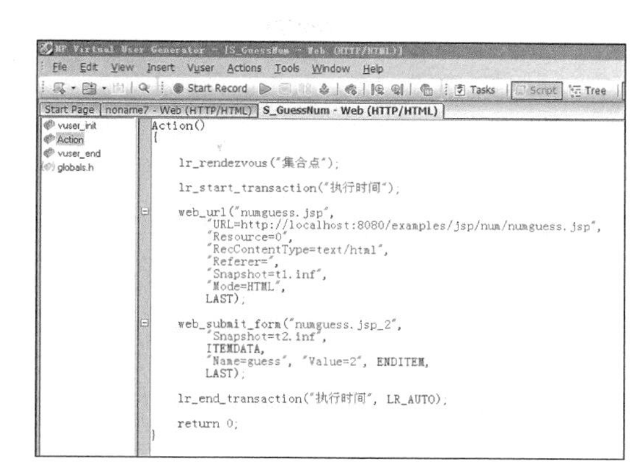

图 4-28 猜数字操作过程产生的脚本

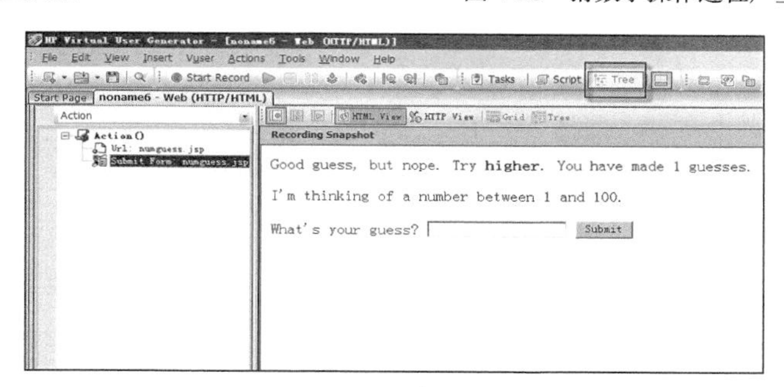

图 4-29 树视图

录制完成后，需要对脚本进行完善。由于作者想要考察该小应用程序的并发处理能力以及了解事务处理时间的情况，所以需要加入集合点和事务，改良后的脚本如下。

```
Action()
{

    lr_rendezvous("集合点");
    lr_start_transaction("执行时间");
    web_url("numguess.jsp",
        "URL=http://localhost:8080/examples/jsp/num/numguess.jsp",
        "Resource=0",
        "RecContentType=text/html",
        "Referer=",
        "Snapshot=t1.inf",
        "Mode=HTML",
        LAST);
    web_submit_form("numguess.jsp_2",
        "Snapshot=t2.inf",
        ITEMDATA,
        "Name=guess", "Value=2", ENDITEM,
        LAST);
    lr_end_transaction("执行时间", LR_AUTO);

    return 0;
}
```

通常，在实际应用该小程序的时候，如果猜数字不正确，则都会根据提示信息，尝试输入另外一个数字，猜测这个数字是否就是那个正确的数字。这就涉及参数化脚本的问题，这里需要对脚本中“Value=2”的“2”进行参数化。关于参数化的问题将在下一节详细介绍，这里将数字“2”参数化为“guessval”，相应的数据文件为“guessval.dat”，数据为“35、36、37、38、39、40、41、42、43、44、28、29、30、31、32、33、34、35、36、37”。如果在 Controler 中进行负载的时候，希望 10 个用户并发，每个虚拟用户取两个数值，则相应虚拟用户取值如表 4-11 所示。

表 4-11　　虚拟用户数据分配表

虚 拟 用 户	取　值	虚 拟 用 户	取　值
Vuser1	35	Vuser6	28
Vuser1	36	Vuser6	29
Vuser2	37	Vuser7	30
Vuser2	38	Vuser7	31
Vuser3	39	Vuser8	32
Vuser3	40	Vuser8	33
Vuser4	41	Vuser9	34
Vuser4	42	Vuser9	35
Vuser5	43	Vuser10	36
Vuser5	44	Vuser10	37

这样，必须设置脚本参数取值策略，数据分配方法选择“Unique”，数据更新方式选择“Each iteration”，同时指定在 Controller 中执行时“Allocate 2 values for each Vuser”，这样在 Controller 中进行负载时就符合先前的设计思想，10 个用户进行负载，每个用户迭代两次，每次取一个数值，如图 4-30 和图 4-31 所示。

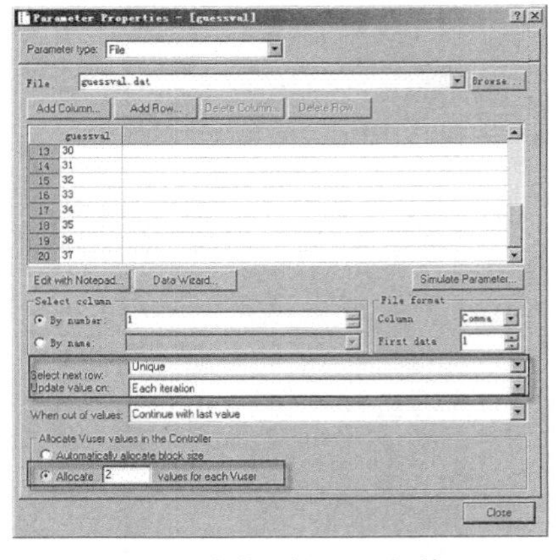

图 4-30　参数属性设置对话框

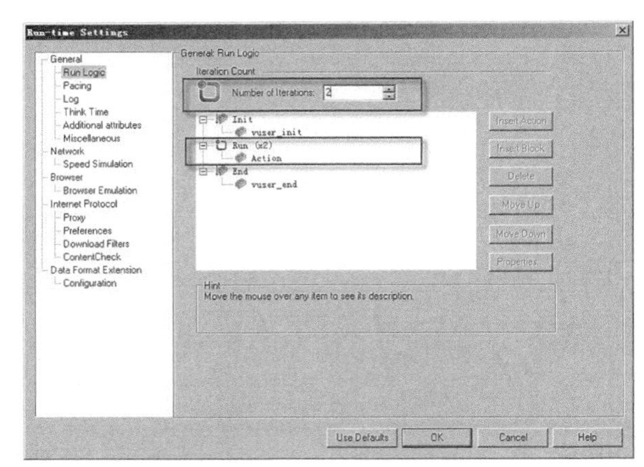

图 4-31　运行时设置对话框

如果需要调试脚本或者想查看单个脚本运行的情况，可以在 VuGen 中编译脚本或者直接运行脚本，也可以通过日志输出了解相关执行结果，如图 4-32 所示。

【重要提示】

（1）无论应用程序的表现形式为 B/S 还是 C/S，录制脚本都要以应用所使用的协议为准。

（2）这里说明的是，因为上面的例子是基于 B/S 的，所以在“Application type”中选择“Internet Applications”，当然如果采用的实现方式是基于 C/S 的，则需要选择“Win32

Applications”，然后在“Program to record”中输入或选择要测试的 Win32 应用程序完整路径（包括应用程序名称），若 Win32 应用程序运行需要运行参数，则在“Program arguments”后输入相应的运行参数，“Working directory”你可以输入 Win32 应用程序完整路径（不包括应用程序名称）。

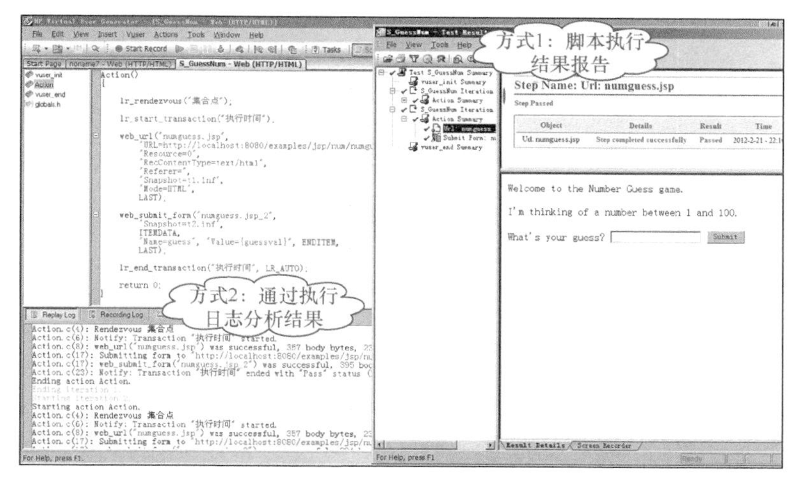

图 4-32 查看脚本执行结果的两种方式

4.5.3 C/S 架构应用程序脚本的应用实例

当然，VuGen 除了可以录制基于“Web（HTTP/HTML）”协议的 B/S 结构的应用以外，还可以录制其他协议的脚本。作为初学者，C/S 的样例程序也许是比较好的选择，但 LoadRunner 11.0 只安装了 B/S 的样例程序，所以，如果想在学习和练习期间应用其他协议，建议安装 LoadRunner 8.0 自带的例子。

首先，需要将已安装完成的 LoadRunner 8.0 所在目录下的“samples”文件夹（即样例程序安装目录）复制出来，如图 4-33 所示。

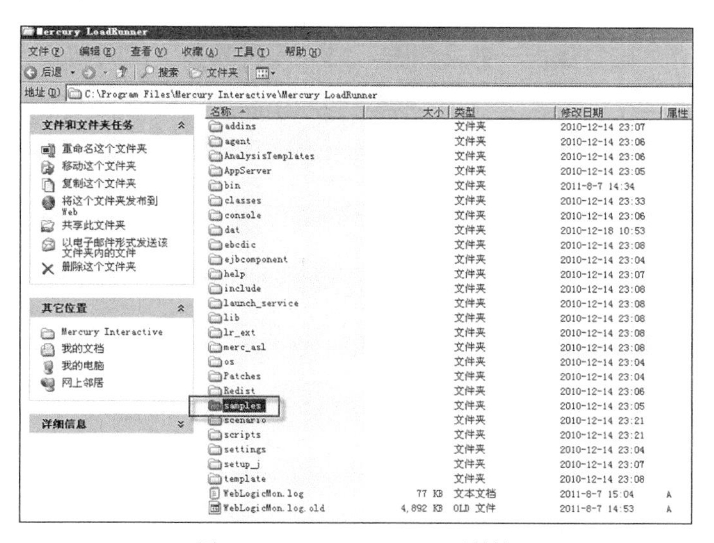

图 4-33 LoadRunner 8.0 目录结构

这里，将该文件夹复制到 F 盘根目录下，如图 4-34 所示，然后可以将 LoadRunner 8.0 完全删除（当然，如果是从其他机器复制的 LoadRunner 8.0 样例安装程序，而本机没有安装，则不涉及 LoadRunner 8.0 应用的卸载问题）。重启机器后，可以继续安装 LoadRunner 11.0 版本，相应的安装步骤参见 3.3.1 节，这里不再赘述。LoadRunner 11.0 安装完成后，单击“setup.exe”应用程序，如图 4-34 所示。

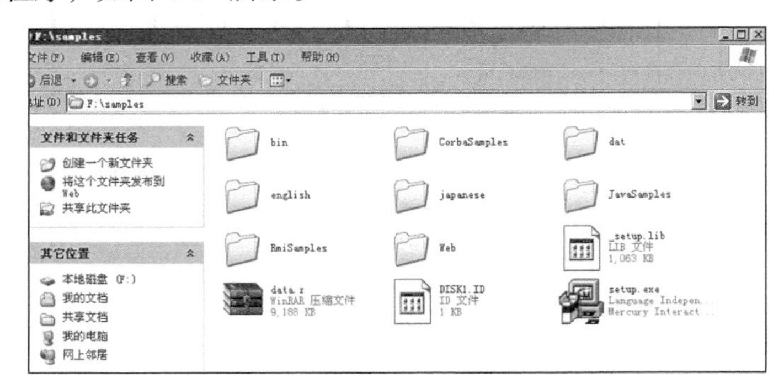

图 4-34 LoadRunner 8.0 样例安装程序目录结构

在 LoadRunner 8.0 的样例程序安装过程中会出现如图 4-35 和图 4-36 所示的界面。

图 4-35 LoadRunner 8.0 样例程序安装界面

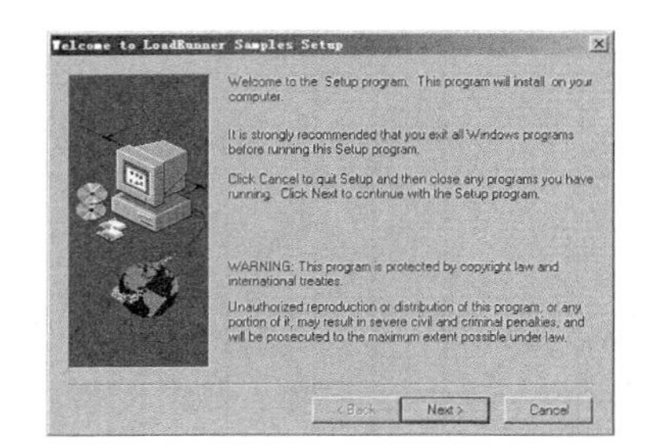

图 4-36 LoadRunner 8.0 样例安装程序对话框

在图 4-37 所示的对话框中，结合本书将讲解的内容，选择“MS Access”和“WinSocket”选项。

选择的样例程序安装完成后，弹出如图 4-38 所示的快捷方式图标。

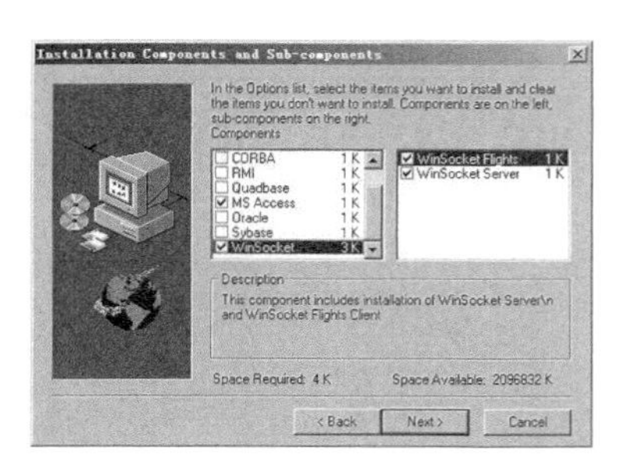

图 4-37 LoadRunner 8.0 样例安装选择对话框

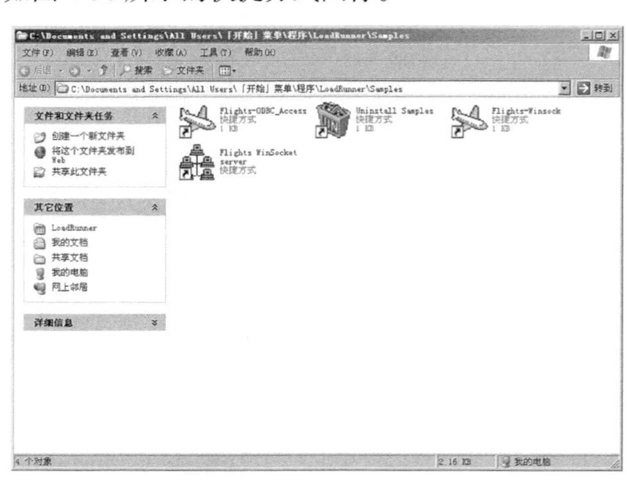

图 4-38 LoadRunner 8.0 样例程序安装后产生的快捷方式图标

样例程序安装完成，显示图 4-39 所示的安装完毕对话框，在应用菜单中显示图 4-40 所示的选项。

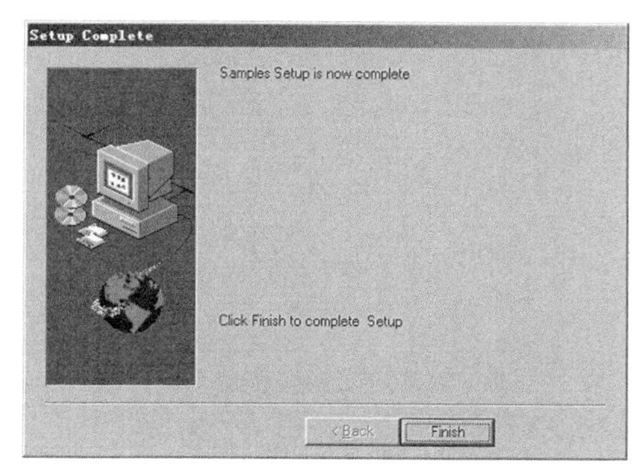

图 4-39　LoadRunner 8.0 样例程序安装完毕对话框

图 4-40　LoadRunner 8.0 样例程序安装后的应用菜单

样例程序安装完成后，将配套资源中的“Flights.ini”文件复制到 Windows 系统目录例如，作者的 Windows 系统目录存放在 C 盘，则替换“C:\WINDOWS\Flights.ini”同名文件（在替换同名文件前请做好原文件的备份，以防止出现其他问题，如将原文件重命名为“mydemo.ini”），否则样例程序不能正常运行。

先以“Flights-ODBC_Access”为示例进行讲解（见图 4-41），可以通过单击邮件查看样例程序属性信息，如图 4-42 所示。这里需要重点提醒大家的是，一定要注意程序运行时是否需要运行时参数，本例中“F:\samples\bin\flights.exe”后的“ODBC_Access”即为运行时参数。在实际工作中，一个产品可能需要支持多个数据库，如 MySQL、SQL Server、Oracle 等，开发人员会根据不同的数据库建立不同的链接方式，有的开发人员则将运行时参数作为连接数据库的一种实现方式。脚本录制时，如果应用包含运行时参数，则需要正确填写。下面讲解脚本的录制过程。

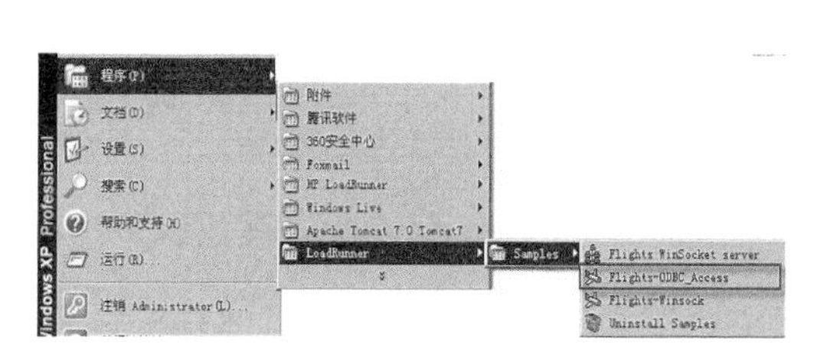

图 4-41　ODBC_Access 订票系统

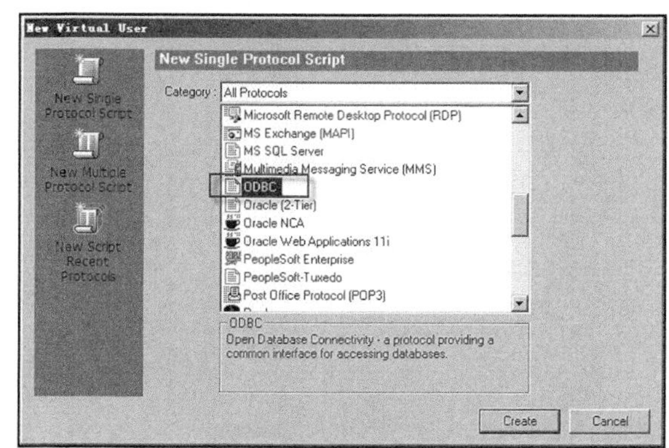

图 4-42　协议选择对话框

首先，在 VuGen 中选择“ODBC”协议（见图 4-43），然后在弹出的窗体依次填入相应信息，如图 4-44 所示。请注意，在输入程序运行参数（Program arguments）“ODBC_Access”，因为样例程序是通过输入不同的参数来确定到底连接哪种类型的数据库，所以请大家一定要注意。最后单击【Create】按钮进行脚本录制。

图 4-43 “Flights－ODBC_Access”样例程序属性相关信息

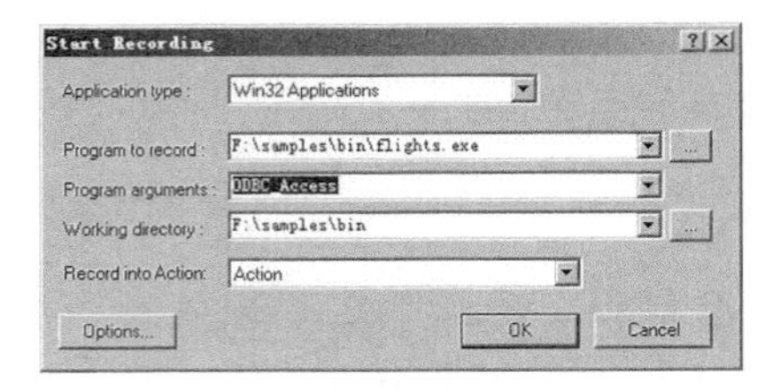

图 4-44 设置 ODBC 应用程序相关录制参数对话框

在本订票系统中，名为 tony 的顾客，订一张从 Denver 飞往 Los Angeles，航班为 6232 次的飞机票，如图 4-45 所示。

查看生成的脚本，可以发现脚本主是由 lrd_open_cursor、lrd_close_cursor、lrd_stmt、lrd_bind_cols、lrd_fetch 数据库操作方面的 API 函数构成，如图 4-46 所示，而 SQL 语句主要由 SELECT、UPDATE、INSERT 组成。例如，客户订票，就是向系统中插入一条或者几条相关联记录的过程。相关脚本部分代码如下。

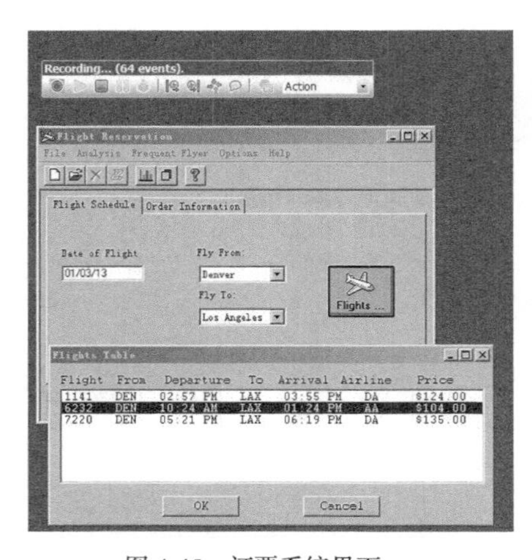

图 4-45 订票系统界面

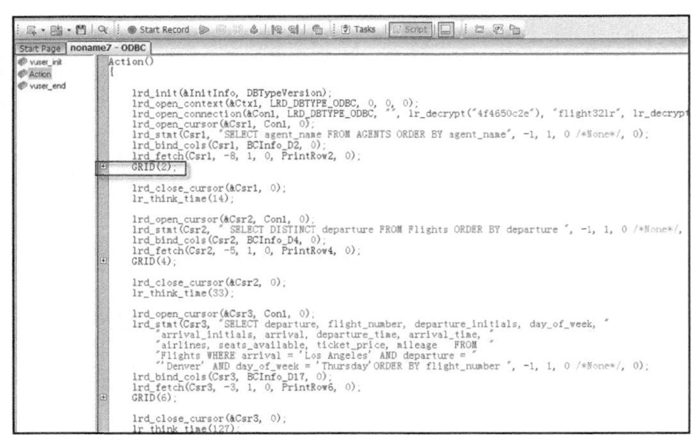

图 4-46 订票系统脚本代码

单击“GRID(2);”前面的【 + 】按钮，显示数据网格，如图 4-47 所示。

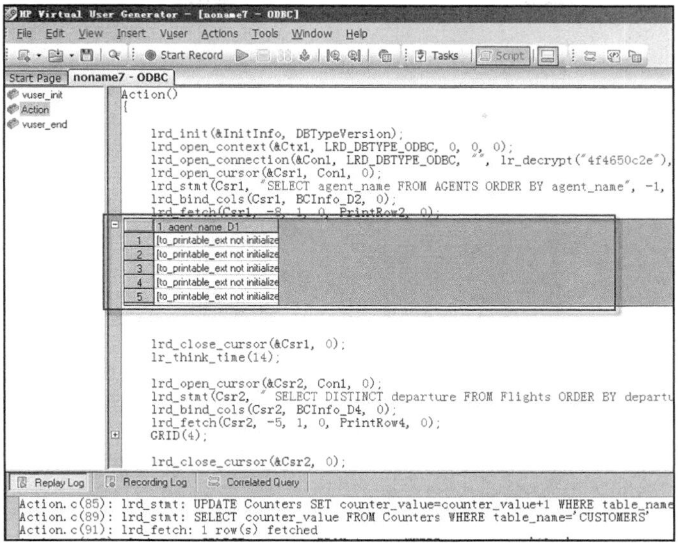

图 4-47 展开网格后的订票系统脚本代码

```
Action()
{
    lrd_init(&InitInfo, DBTypeVersion);
    lrd_open_context(&Ctx1, LRD_DBTYPE_ODBC, 0, 0, 0);
    lrd_open_connection(&Con1, LRD_DBTYPE_ODBC, "", lr_decrypt("4f4650c2e"),
                       "flight32lr", lr_decrypt("4f4650c2e"), Ctx1, 0, 0);
    lrd_open_cursor(&Csr1, Con1, 0);
    lrd_stmt(Csr1, "SELECT agent_name FROM AGENTS ORDER BY agent_name", -1, 1, 0
           /*None*/, 0);
    lrd_bind_cols(Csr1, BCInfo_D2, 0);
    lrd_fetch(Csr1, -8, 1, 0, PrintRow2, 0);
    GRID(2);
    lrd_close_cursor(&Csr1, 0);
    lr_think_time(14);

    lrd_open_cursor(&Csr2, Con1, 0);
    lrd_stmt(Csr2, " SELECT DISTINCT departure FROM Flights ORDER BY departure ", -1,
           1,0 /*None*/, 0);
    lrd_bind_cols(Csr2, BCInfo_D4, 0);
    lrd_fetch(Csr2, -5, 1, 0, PrintRow4, 0);
    GRID(4);
    lrd_close_cursor(&Csr2, 0);
    lr_think_time(33);

    lrd_open_cursor(&Csr3, Con1, 0);
    lrd_stmt(Csr3, "SELECT departure, flight_number, departure_initials, day_of_week, "
         "arrival_initials, arrival, departure_time, arrival_time, "
         "airlines, seats_available, ticket_price, mileage  FROM "
         "Flights WHERE arrival = 'Los Angeles' AND departure = "
         "'Denver' AND day_of_week = 'Thursday'ORDER BY flight_number ", -1, 1, 0
         /*None*/, 0);
    lrd_bind_cols(Csr3, BCInfo_D17, 0);
    lrd_fetch(Csr3, -3, 1, 0, PrintRow6, 0);
    GRID(6);
    lrd_close_cursor(&Csr3, 0);
```

```
    lr_think_time(127);

    lrd_open_cursor(&Csr4, Con1, 0);
    lrd_stmt(Csr4,
        "UPDATE Counters SET counter_value=counter_value+1 WHERE
        table_name='ORDERS'", -1, 1, 0 /*None*/, 0);
    lrd_close_cursor(&Csr4, 0);
    lrd_open_cursor(&Csr5, Con1, 0);
    lrd_stmt(Csr5, "SELECT counter_value FROM Counters WHERE table_name='ORDERS'",
            -1, 1, 0 /*None*/, 0);
    lrd_bind_cols(Csr5, BCInfo_D19, 0);
    lrd_fetch(Csr5, 1, 1, 0, PrintRow8, 0);
    GRID(8);
    lrd_close_cursor(&Csr5, 0);
    lrd_open_cursor(&Csr6, Con1, 0);
    lrd_stmt(Csr6, "SELECT customer_no FROM Customers WHERE customer_name='tony'",
            -1, 1, 0 /*None*/, 0);
    lrd_bind_cols(Csr6, BCInfo_D21, 0);
    lrd_fetch(Csr6, 0, 1, 0, PrintRow10, 0);
    /*Note:  no rows returned by above lrd_fetch*/

    lrd_close_cursor(&Csr6, 0);
    lrd_open_cursor(&Csr7, Con1, 0);
    lrd_stmt(Csr7,
        "UPDATE Counters SET counter_value=counter_value+1 WHERE
        table_name='CUSTOMERS'", -1, 1, 0 /*None*/, 0);
    lrd_close_cursor(&Csr7, 0);
    lrd_open_cursor(&Csr8, Con1, 0);
    lrd_stmt(Csr8, "SELECT counter_value FROM Counters WHERE
            table_name='CUSTOMERS'", -1, 1, 0 /*None*/, 0);
    lrd_bind_cols(Csr8, BCInfo_D23, 0);
    lrd_fetch(Csr8, 1, 1, 0, PrintRow12, 0);
    GRID(12);
    lrd_close_cursor(&Csr8, 0);
    lrd_open_cursor(&Csr9, Con1, 0);
    lrd_stmt(Csr9,
        "INSERT INTO Customers (customer_name,customer_no) VALUES ('tony', 31)", -1, 1,
        0 /*None*/, 0);
    lrd_close_cursor(&Csr9, 0);
    lrd_open_cursor(&Csr10, Con1, 0);
    lrd_stmt(Csr10, "SELECT agent_no FROM Agents WHERE agent_name='Alex'", -1, 1, 0
        /*None*/, 0);
    lrd_bind_cols(Csr10, BCInfo_D25, 0);
    lrd_fetch(Csr10, 1, 1, 0, PrintRow14, 0);
    GRID(14);
    lrd_close_cursor(&Csr10, 0);
    lrd_open_cursor(&Csr11, Con1, 0);
    lrd_stmt(Csr11, "INSERT INTO Orders
        (order_number,agent_no,customer_no,flight_number,"
        "departure_date,tickets_ordered,class,"
        "send_signature_with_order) VALUES (101, 4, 31, 6232, {d "
        "'2013-01-03'}, 1, '3', 'N')", -1, 1, 0 /*None*/, 0);
    lrd_close_cursor(&Csr11, 0);
    lrd_commit(0, Con1, 0);
    return 0;
}
```

当然，也可以依据测试的需要，在必要的位置加入事务、集合点等，也可以对脚本进行参数化，设置参数的相关参数取值策略等，在 Controller 中进行负载。如果希望调试脚本或者执行单个脚本，也可以在 VuGen 中进行调试编译、执行等操作。还可以针对不同的应用，选择相应协议录制或者手工编写脚本。在这里就不再对其他协议的脚本创建操作过程进行一一描述。

【重要提示】

（1）并不是所有的脚本在回放时都有图形用户界面（GUI），基于 Web（HTTP/HTML）协议，可以通过选中【Tools】>【General Options】>【Display】>【Show run-time viewer during replay】复选框，在回放脚本时，浏览器同步显示脚本操作。基于刚才示例 ODBC 协议的脚本，在脚本回放过程中则不显示图形化界面，可以通过查看执行日志，调试并分析脚本的执行结果。

（2）在涉及使用数据库方面的应用时，通常都需要参数化脚本。因为数据库通常都使用了主键或者其他约束条件，重复的数据可能会禁止被录入应用系统，所以在必要时，应该对脚本进行参数化和关联操作。

4.6 脚本的参数化

录制业务流程时，VuGen 生成一个包含在录制过程中用到的实际值的脚本。例如，在录制一个新增单位信息业务过程中，单位代码输入“100001”，单位名称输入“北京德重在线有限责任公司”，保存脚本以后，出现形式如下的脚本。

```
web_submit_form("unitadd.jsp",
          "Snapshot=t2.inf",
          ITEMDATA,
          "Name=unitcode", "Value=100001", ENDITEM,
          "Name=unitname", "Value=北京德重在线有限责任公司", ENDITEM,
          LAST);
```

可以看到形如"Value=100001"和"Value=北京德重在线有限责任公司"的信息，“100001”就是前面输入的单位代码，“北京德重在线有限责任公司”是单位名称，由于系统限制单位代码和单位名称重复输入，所以脚本在回放的时候（即第二次提交的时候）提交不成功，这是很正常的情况。实际业务不可能总是重复输入相同的数据信息，特别是在进行负载的时候，最好模拟用户真实的业务操作，这就要求输入不同的数据，用参数替换固定的文本，这就叫脚本的参数化。例如，上面的脚本参数化就可以形成如下脚本代码。

```
web_submit_form("unitadd.jsp",
          "Snapshot=t2.inf",
          ITEMDATA,
          "Name=unitcode", "Value= {punitcode}", ENDITEM,
          "Name=unitname", "Value= {punitname}", ENDITEM,
          LAST);
```

{punitcode}和{punitname}即为单位代码和单位名称参数，“{ ”+参数名称+“ }”是 VuGen 参数默认的表达方式，也可以执行【Tools】>【General Options】指定一个或多个非空格字符的字符串，更改参数大括号的样式。如果将左括号设置为“<”，右括号设置为“>”，则上面的两个参数变为<punitcode>和<punitname>，在这里仍然延用系统默认的设置，即左括号设置为“{”，右括号设置为“}”，如图 4-48 所示。

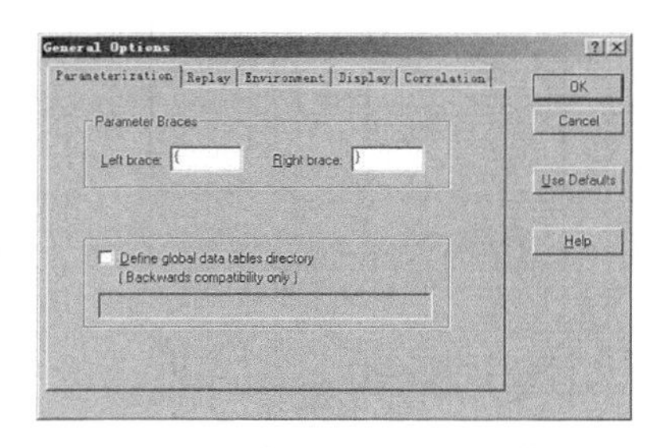

图 4-48 常规设置选项对话框

4.6.1 参数化的方法及其技巧

可以选择要参数化的数据项，而后执行【Insert】>【New Parameter】命令，或者选择快捷菜单中的【Replace with a new parameter】命令（见图 4-49），添加一个新的参数，输入参数名称、选择参数类型，如图 4-50 所示。

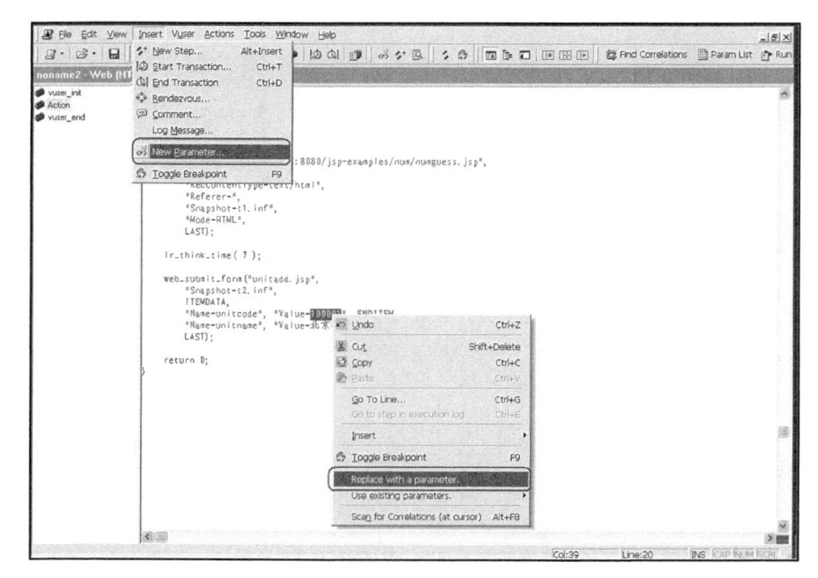

图 4-49 菜单方式添加参数项

图 4-50 选择或创建参数对话框

可以单击【Properties】按钮，设置相关参数项的数据来源、存放位置以及参数的取值方式等，如图 4-51 所示。参数的数据有 3 种方式获得：文件或表参数类型、内部数据参数类型、用户定义的函数参数。在应用过程中使用最多的应该是文件或者表参数类型。文件或者表参数类型就是可以从一个单独的外部文本文件或者已经建立的数据表中获取数据。文本文件的应用方式很简单，只需要在”Parameter type”下拉列表中选择“File”，在“File Path”（由于界面显示的问题按钮，在图 4-51 中仅显示 File）中设置参数文件的存放位置，而后单击【Add Column】按钮，添加一列也就是一个新的参数列，单击【Add Row】按钮，可以添加一行新的数据项。也可以根据文本文件的格式化信息，即“File Format”部分设置列的分隔符号“Column delimiter”（由于界面显示的问题，在图 4-51 中仅显示 Column）和“First data line”（由于界面显示的问题，在图 4-51 中仅显示 First data）首行数据行位置，手工编写参数文件，这里仍然保留系统默认设置，以逗号作为分隔符号，“1”作为首行数据行，单击【Edit with Notepad】按钮，打开该参数文件，如图 4-52 所示，而后可以依据参数的文件格式继续添加数据，完成以文本文件方式获取数据。

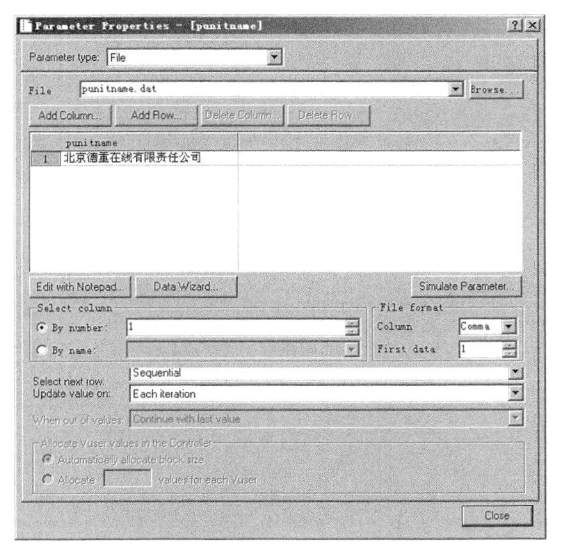

图 4-51 参数属性对话框

图 4-52 用记事本打开参数显示界面

4.6.2 数据分配方法

在“Select next row”列表中选择一个数据分配方法，以指示在 Vuser 脚本执行期间如何从参数文件中取得数据。选项包括“Sequential”、“Random”和“Unique”，详细描述参见表 4-12。

表 4-12 数据分配方法描述表

分配方法	描述
Sequential（顺序）	“顺序”方法顺序地向 Vuser 分配数据。当正在运行的 Vuser 访问数据表时，会提取下一个可用的数据行。如果在数据表中没有足够的值，则 VuGen 返回到表中的第一个值，循环直到测试结束
Random（随机）	“随机”方法为每个 Vuser 分配一个数据表中的随机值。当运行一个场景、会话步骤或业务流程监控器配置文件时，可以指定随机顺序的种子数。每个种子值代表用于测试执行的一个随机值顺序。每当使用该种子值时，会将相同顺序的值分配给场景或会话步骤中的 Vuser。如果在测试执行中发现问题，并且要使用相同的随机值顺序重复该测试，则启用该选项
Unique（唯一）	“唯一”方法为每个 Vuser 的参数分配一个唯一的顺序值。在这种情况下，必须确保表中的数据对所有的 Vuser 和它们的迭代来说是充足的。如果拥有 20 个 Vuser，并且要运行 5 次迭代，则表格中必须至少包含 100 个唯一值

4.6.3 数据更新方式

在“Update value on”列表中选择一个数据更新方式，以指示在 Vuser 脚本执行期间指定如何更新参数值。选项包括“Each occurrence”“Each iteration”和“Once”，详细描述参见表 4-13。

表 4-13 数据更新方式描述表

更新方式	描 述
Each occurrence（每次出现）	“每次出现”方法指示 Vuser 在每次参数出现时使用新值。当使用同一个参数的几个语句不相关时，该方法非常有用。例如，对于随机数据，在该参数每次出现时都使用新值可能是非常有用的
Each iteration（每次迭代）	每次迭代”方法指示 Vuser 在每次脚本迭代时使用新值。如果一个参数在脚本中出现了若干次，则 Vuser 为整个迭代中该参数的所有出现使用同一个值。当使用同一个参数的几个语句相关时，该方法非常有用
Once（一次）	“一次”方法指示 Vuser 在场景或会话步骤运行期间仅对参数值更新一次。Vuser 为该参数的所有出现和所有迭代使用同一个参数值。当使用日期和时间时，该类型可能会非常有用

下面以一组数据为例，讲解数据分配和更新方式，数据分配方式和更新方式会共同影响在场景或会话步骤运行期间，Vuser 替换参数的值。

表 4-14 总结了根据所选的数据分配和更新方式的不同，Vuser 所使用的值。

表 4-14 数据分配和更新方式组合表

更新方法	数据分配方法		
	Sequential	Random	Unique
Each iteration	对于每次迭代，Vuser 会从数据表中提取下一个值	对于每次迭代，Vuser 会从数据表中提取新的随机值	对于每次迭代，Vuser 会从数据表中提取下一个唯一值
Each occurrence	参数每次出现时，Vuser 将从数据表中提取下一个值，即使在同一迭代中	参数每次出现时，Vuser 将从数据表中提取新的随机值，即使在同一迭代中	参数每次出现时，Vuser 将从数据表中提取新的唯一值，即使在同一迭代中
Once	对于每一个 Vuser，第一次迭代中分配的值将用于所有的后续迭代	第一次迭代中分配的随机值将用于该 Vuser 的所有迭代	第一次迭代中分配的唯一值将用于该 Vuser 的所有后续迭代

4.6.4 数据分配和数据更新方式的应用实例

假设存在如下数据。

孙悟空、猪八戒、沙和尚、唐三藏、刘备、孙权、曹操、关羽、张飞。

选择使用“Sequential”方法分配数据，如果选择在“Each iteration”进行更新，则所有 Vuser 会在第一次迭代时使用“孙悟空”，第二次迭代时使用“猪八戒”，第三次迭代使用“沙和尚”，等等。如果选择在“Each occurrence”进行更新，则所有 Vuser 会在第一次出现时使用“孙悟空”，第二次出现时使用“猪八戒”，第三次出现时使用“沙和尚”，等等。如果选择更新“Once”，则所有 Vuser 会在所有的迭代中使用“孙悟空”。如果数据表中没有足够的值，则 VuGen 返回到表中的第一个值，循环直到测试结束。

选择使用“Random”方法分配数据有以下几种情况。

- 如果选择在“Each iteration”进行更新，则 Vuser 在每次迭代时使用表中的随机值。
- 如果选择在“Each occurrence”进行更新，则 Vuser 在参数每次出现时使用随机值。

● 如果选择更新“Once”，则所有 Vuser 在所有的迭代中使用第一次随机分配的值。

● 选择使用“Unique”方法分配数据有以下几种情况。

● 如果选择在“Each iteration”进行更新，则对于一个有 3 次迭代的测试运行，第一个 Vuser 将在第一次迭代时提取“孙悟空”，第二次迭代提取“猪八戒”，第三次迭代提取“沙和尚”。第二个 Vuser 提取“唐三藏”“刘备”和“孙权”。第三个 Vuser 提取“曹操”“关羽”和“张飞”。

● 如果选择在“Each occurrence”进行更新，则 Vuser 在参数每次出现时使用列表的唯一值。

● 如果选择更新“Once”，则第一个 Vuser 在所有迭代时都提取“孙悟空”，第二个 Vuser 在所有迭代时提取“猪八戒”，等。

4.6.5 表数据参数类型

在软件测试过程中，用户可能积累了一些经验，建立了一套专门软件测试过程中应用的测试数据库或者想从某个已经存在的数据库中取得数据。单击【Data Wizard】按钮，如图 4-53 所示，弹出图 4-54 所示的数据库查询向导。有两种方式从数据库中取得数据：使用 Microsoft Query 创建查询或手动指定 SQL 语句。使用 Microsoft Query 创建查询就是根据 Microsoft Query 向导中的说明，导入所需的表和列即可，但使用该方式要求在系统上已经安装了 MSQuge 手动指定 SQL 语句先配置 ODBC 数据源，而后通过指定 SQL 语句从数据库中取得数据。在此以建立一个 Access 数据库文件 ODBC 数据源为例，testdb.mdb 存放于 C 盘，该库文件中存在两张数据表，分别为 man 和 user，其中 man 表包含 id、name、age 和 sex 这 4 个字段，如图 4-55 所示。通过【控制面板】>【管理工具】>【数据源（ODBC）】为该 Access 数据库建立一个 ODBC 数据源。

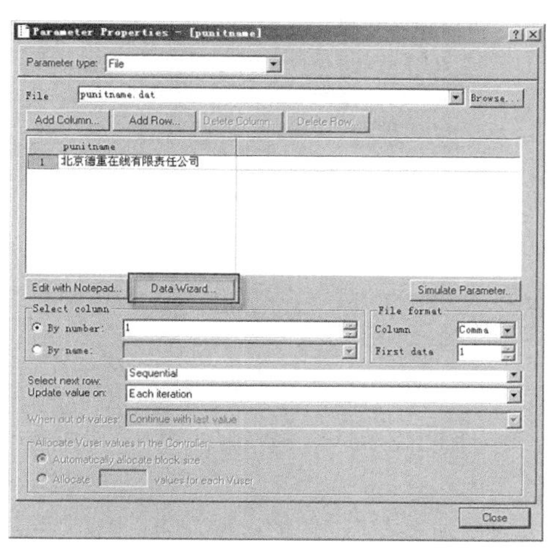

图 4-53 参数化属性对话框

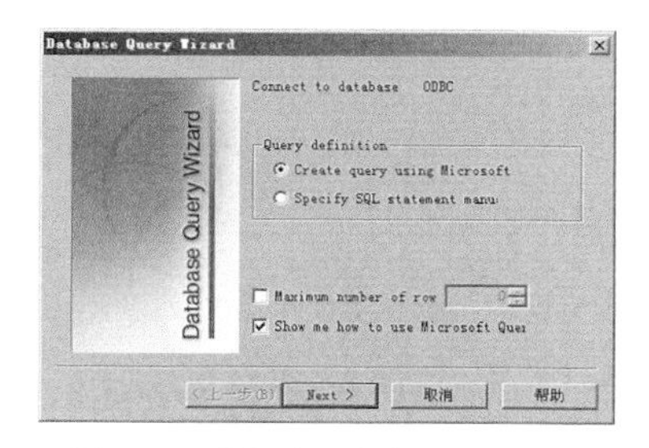

图 4-54 数据库查询向导对话框

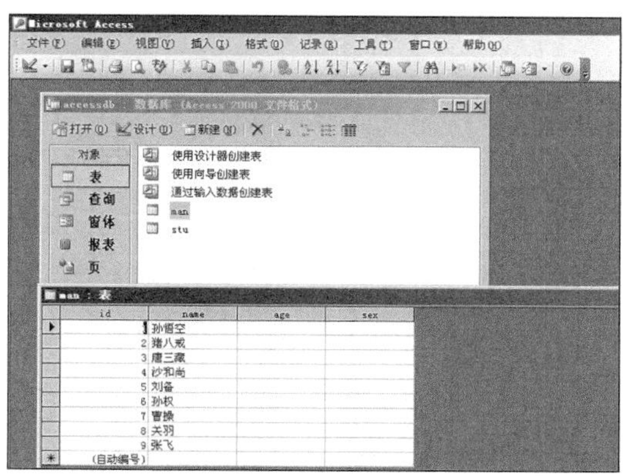

图 4-55 Access 数据库内容

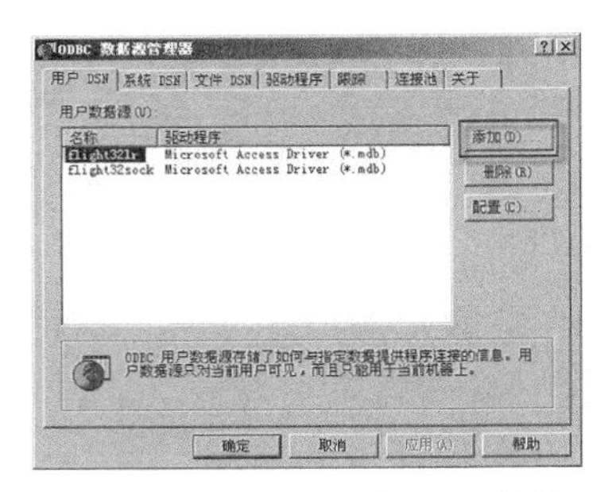

图4-56 ODBC数据源管理器对话框

首先，通过ODBC数据源管理器添加一个Access数据源，选择“MS Access Database”，单击【添加】按钮，如图4-56所示。在图4-57中选择“Driver do Microsoft Access (*.mdb)”，单击【完成】按钮。在图4-58中，选择Access数据库文件，输入数据源名“mytestdb”，单击【确定】按钮，则新建立的ODBC数据源出现在ODBC数据源管理器列表中，如图4-59和图4-60所示。当然也可以在图4-61中单击【Create】按钮设置ODBC数据源，方法和上面的一致，不再赘述。建立ODBC数据源以后，可以选择刚才建立的“mytestdb”数据源，如图4-60和图4-61所示，在“SQL”中输入相应的语句“select name from man”，单击【Finish】按钮，将man数据表的name字段添加到参数列表中，如图4-62所示。

图4-57 “创建新数据源”对话框

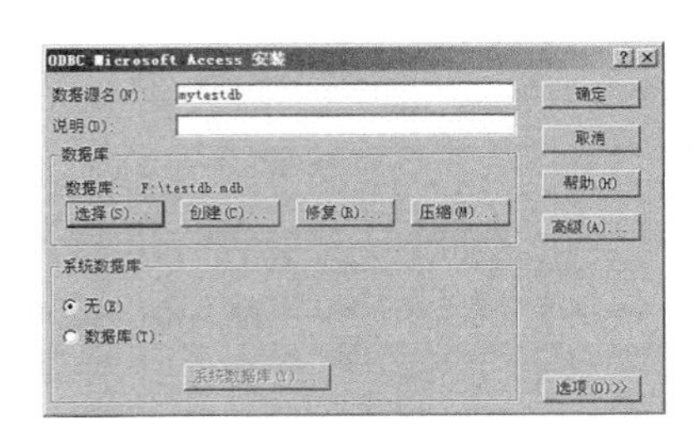

图4-58 “ODBC Microsoft Access安装”对话框

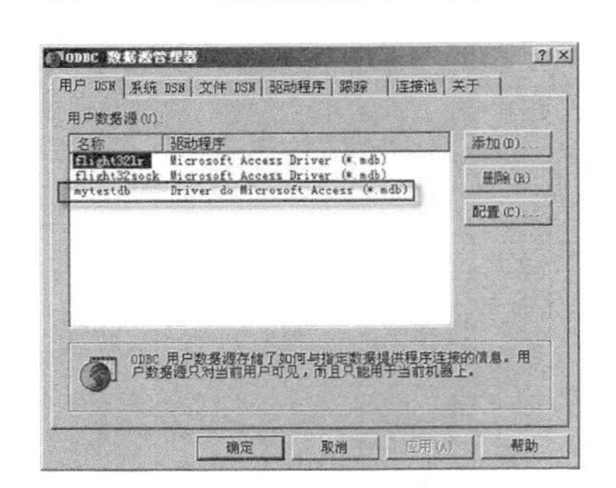

图4-59 “ODBC数据源管理器”对话框

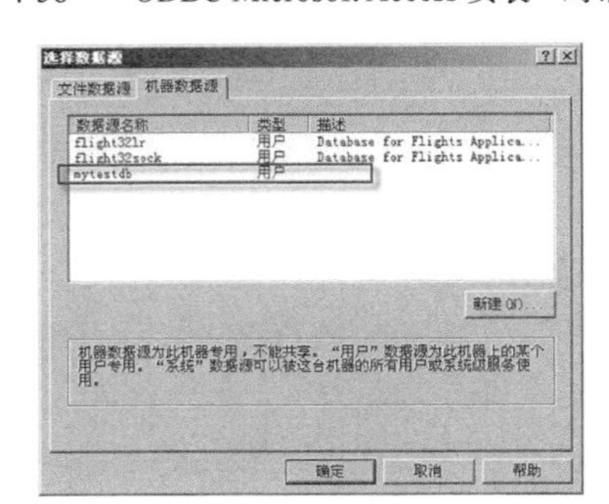

图4-60 “选择数据源”对话框

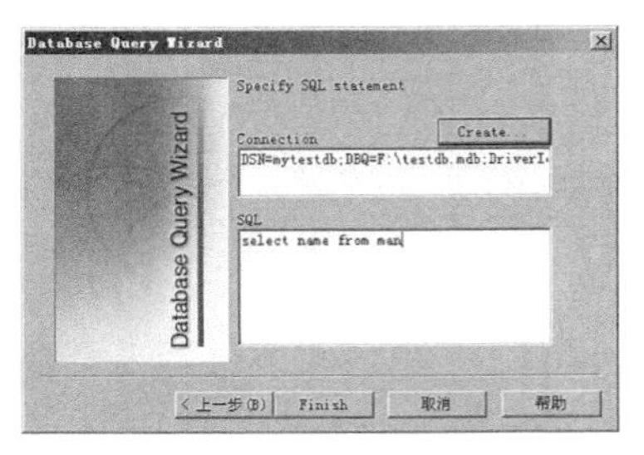

图4-61 数据库查询向导对话框

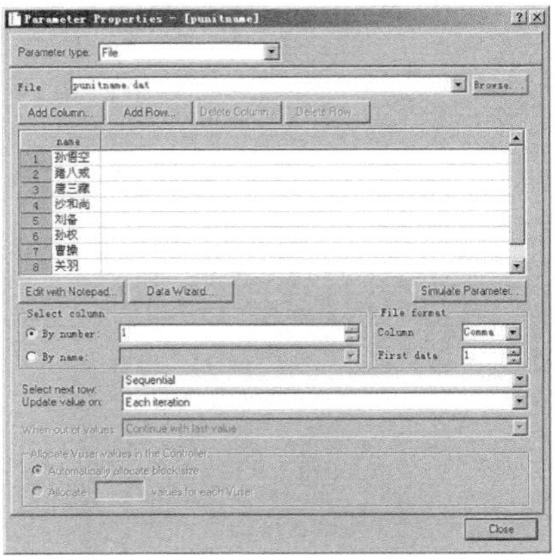

图4-62 参数列表窗体对话框

4.6.6 内部数据参数类型

除了文件和表数据参数类型外，LoadRunner 还提供了以下内部数据参数类型。

1. 日期/时间

如图 4-63 所示，在“Parameter type”中可以选择 Date/Time，即用当前的日期/时间替换参数。要指定日期/时间的格式，可以从格式列表中选择一种格式，或者指定自己的格式。该格式应与脚本中录制的日期/时间格式相对应。

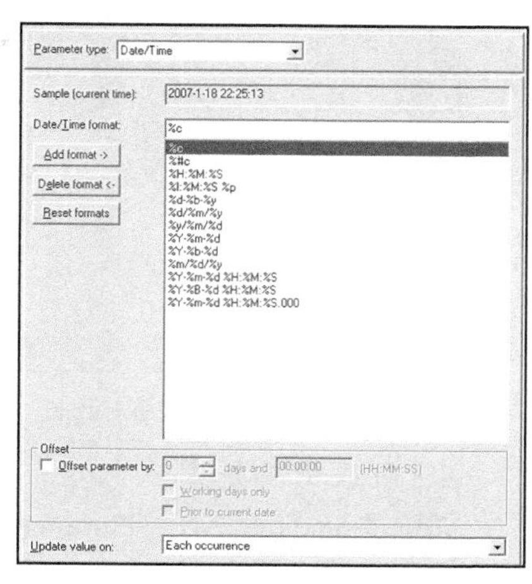

图 4-63　日期/时间设置对话框

通过 VuGen 可以设置日期/时间参数的偏移量。例如，如果要在下个月测试日期，则设置日期偏移量为 30。如果要在以后的时间测试应用程序，则指定时间偏移量。可以指定向前的、将来的偏移量（默认）或向后的偏移量（已经过去的日期或时间）。还可以指示 VuGen 只在工作日使用日期值，不包括星期六和星期日。

日期/时间符号如表 4-15 所示。

表 4-15　日期/时间符号

符　号	描　述
C	用数字表示的完整日期和时间
#C	完整的日期（以字符串表示）和时间
H	小时（24 小时制）
I	小时（12 小时制）
M	分钟
s	秒
P	AM 或 PM
D	日
M	用数字表示的月份（01～12）
B	字符串形式的月份，短格式（如 Dec）
B	字符串形式的月份，长格式（如 December）
Y	短格式的年份（如 03）
Y	长格式的年份（如 2003）

2. 组名

如图 4-64 所示，在“Parameter type”中可以选择 Group Name，即用 Vuser 组的名称替换参数。创建场景或会话步骤时，要指定 Vuser 组的名称。运行 VuGen 的脚本时，组名始终为“无”，在负载的时候将显示组的名称。

3. 迭代编号

如图 4-65 所示，在“Parameter type”中可以选择 Iteration Number，即用当前的迭代编号替换参数。

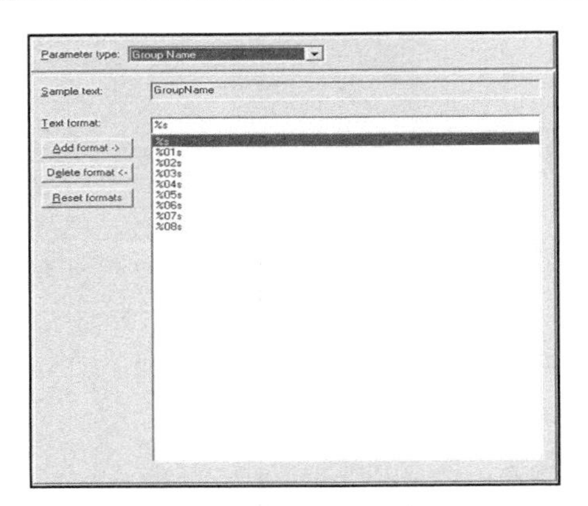

图 4-64　组名设置对话框

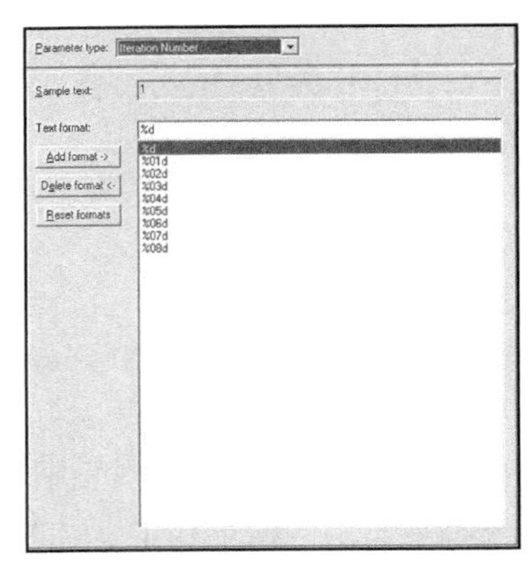

图 4-65　迭代编号设置对话框

4. 负载生成器名

如图 4-66 所示，在“Parameter type”中可以选择 Load Generator Name，即用 Vuser 脚本的负载生成器名替换参数。这里负载生成器是运行 Vuser 的计算机。

5. 随机编号

如图 4-67 所示，在“Parameter type”中可以选择 Random Number，即用一个随机编号替换参数。通过指定最小值和最大值，设置随机编号的范围。

可以使用“随机编号”参数类型在一个可能的值域内对系统的行为进行抽样取值。例如，要对 50 名学生（学生的学号范围为 1～100）进行查询，创建 50 个 Vuser 并设置其最小值为 1，最大值为 100。每个 Vuser 都接收到一个随机编号，该编号的范围为 1～100。

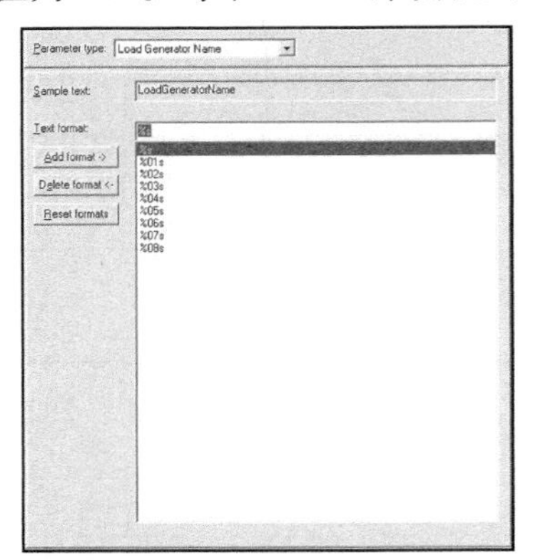

图 4-66　负载生成器名设置对话框

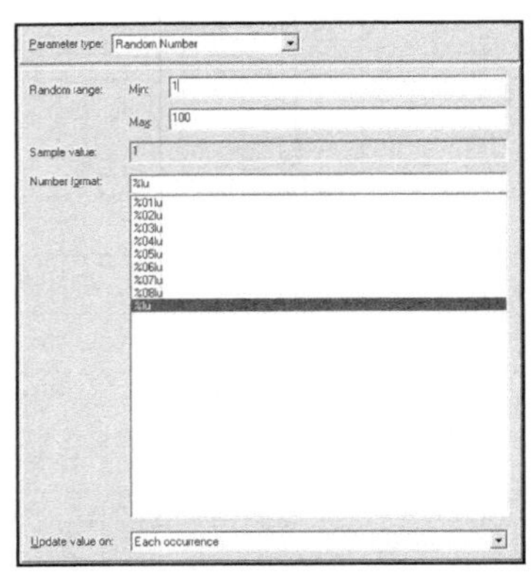

图 4-67　随机编号设置对话框

6. 唯一编号

如图 4-68 所示，在“Parameter type”中可以选择 Unique Number，即用一个唯一编号替换参数。创建“Unique”类型参数时，指定起始编号和块大小。块大小指明分配给每个 Vuser 的编号块的大小。每个 Vuser 都从其范围的下限开始，在每次迭代时递增该参数值。例如，设置起始编号为 1，块大小为 500，在其第一次迭代中，第一个 Vuser 使用值 1，下一个 Vuser 使用值 501。唯一编号字符串中的数位与块大小共同确定迭代和 Vuser 的数量。例如，如果限制为 5 位数并使用大小为 500 的块，则只有 100 000 个数（0～99 999）是可用的。因此，可能只运行 200 个 Vuser，并且每个 Vuser 运行 500 次迭代。还可以指示当块中不再有唯一编号时所执行的操作：“Abort Vuser”“Continue in a cyclic manner”或“Continue with last value”（默认值）。

可以使用“Unique”参数类型检查所有可能的参数值的系统行为。例如，要对所有的员工（他们的 ID 编号范围是 100～199）进行查询，创建 100 个 Vuser 并且设置起始编号为 100，块大小为 100。每个 Vuser 都接收到一个唯一编号，该唯一编号从 100 开始到 199 结束。

注意

VuGen 仅创建一个“Unique”类型参数的实例。如果定义多个参数并为它们分配唯一编号参数类型，则这些值不会重复。例如，使用大小为 100 的块为 5 次迭代定义两个参数，则第一组中的 Vuser 使用 1、101、201、301 和 401，第二组中的 Vuser 使用 501、601、701、801 和 901。

7. Vuser ID

如图 4-69 所示，在“Parameter type”中可以选择 Vuser ID，即用分配给该 Vuser 的 ID 编号来替换参数，此 ID 是在场景运行期间由 Controller 或会话步骤运行期间由控制台分配给 Vuser 的。运行 VuGen 的脚本时，Vuser ID 始终为-1。

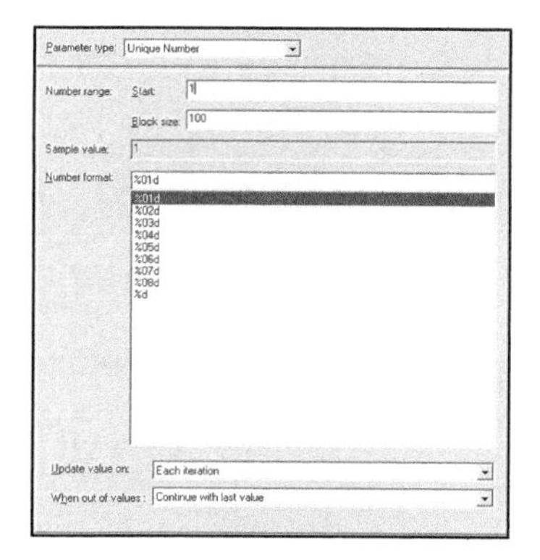

图 4-68 唯一编号设置对话框

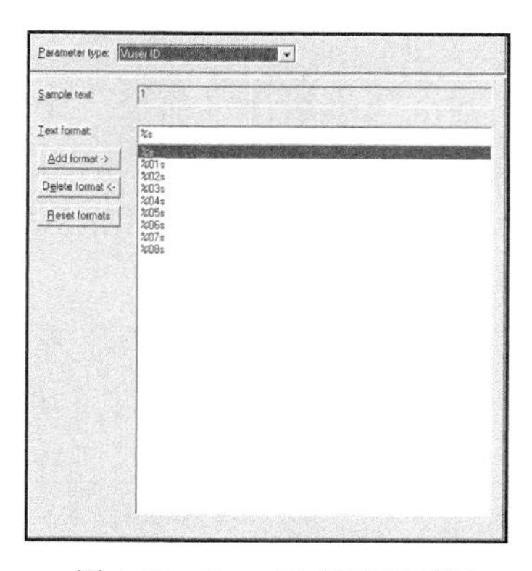

图 4-69 Vuser ID 设置对话框

注意

该 ID 编号并不是在 Vuser 窗口中显示的 ID 编号，而是在运行时生成的唯一的 ID 编号。

此外，LoadRunner 还提供了用户定义的函数，通过使用外部 DLL 中的函数生成的数据，如图 4-70 所示。

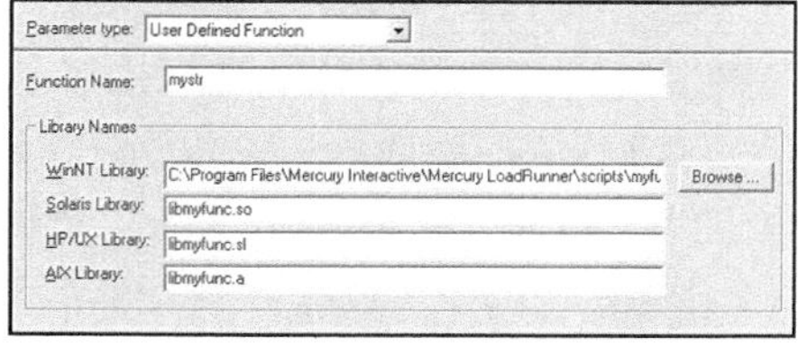

图 4-70 用户自定义参数化对话框

在“Parameter Properties”对话框的“Parameter type”下拉列表中选择“User Defined Function”。

要设置用户定义的函数的属性，请执行下列操作。在“Function Name”文本框中指定函数名；使用在 DLL 文件中显示的函数名；在“Library Names”部分相关的“库”文本框内指定一个库；单击“Browse”按钮查找该文件。而后选择一种更新值的方法，指定数据的分配方式。

4.6.7 Excel 类型数据文件数据获取

很多做测试的朋友，喜欢用 Excel 文件来设计测试数据，原因主要包括两个方面：一方面 Excel 文件应用十分广泛，大家都可以设计、查看测试数据，输入、预期输出、实际输出用例设计的 3 个关键要素在文档中进行设计和管理十分方便，通常可以先行设计输入和预期输出数据，运行完结果直接填到 Excel 文件的实际输出列，通过应用一些文本比对函数自动实现不一致内容以特殊颜色显示；另一方面，该工具操作简单方便，通过拖曳也许要的数据就产生了，还提供了非常丰富的函数等。可能经过数年的积累，用户已经拥有了大量的测试数据，这些测试数据主要的存放方式就是 Excel 文件。那么 LoadRunner 能不能从这些 Excel 文件中提取出数据，实现数据的复用呢？当然没有问题。前面已经介绍了“Data Wizard”的“手动指定 SQL 语句”获取数据的方式。

这里，同样可以通过该方式来获得想要的 Excel 文件相关列内容。假设想从 mytestdb 工作簿的 S1 工作表的 usr 列和 S2 工作表的 pwd 列中获取相关数据作为登录到“飞机票预订系统”的 Username 和 Password，如图 4-71 所示。

mytestdb.xls 的 S1 和 S2 工作表的相应数据如图 4-72 所示。

- 对“飞机票预订系统”登录业务进行脚本录制后，形成的脚本信息如图 4-73 所示，这里事先建立了 1 个用户名和密码均为 test 的用户，所以用该用户登录。

图 4-71 飞机票预订系统的登录界面

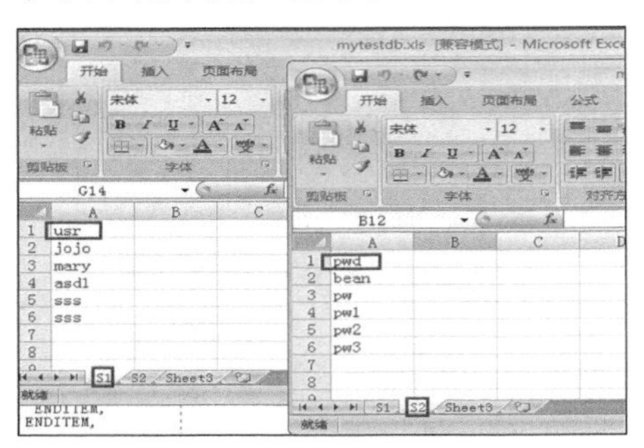

图 4-72 mytestdb.xls 的内容

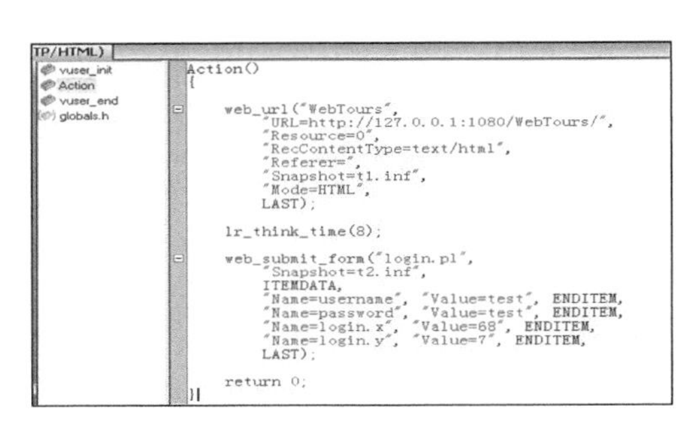

图 4-73 登录业务脚本代码

- 接下来，需要从 mytestdb.xls 文件中将 S1 工作表的 usr 列和 S2 工作表的 pwd 列的内容作为脚本的参数化数据引用过来。

（1）在“控制面板”中找到“管理工具”，双击“管理工具”图标，再双击出现的“数据源（ODBC）”图标，弹出“ODBC 数据源管理器”对话框，如图 4-74 所示。

（2）单击【添加】按钮，在弹出的“创建新数据源”对话框中选择“Microsoft Excel Driver（*.xls）”或“Microsoft Excel Driver（*.xls, *.xlsx, *.xlsm, *.xlsb）”选项，如图 4-75 所示。

图 4-74 “DDBC 数据管理器”对话框

（3）单击【完成】按钮，在弹出的“ODBC Microsoft Excel 安装”对话框中指定数据源名并选择工作簿，这里设定数据源名为“myxls”，Excel 文件存放于桌面，所以选择工作簿的路径为“C:\Documents and Settings\Administrator\桌面\mytestdb.xls”，如图 4-76 所示。

图 4-75 “创建新数据源”对话框

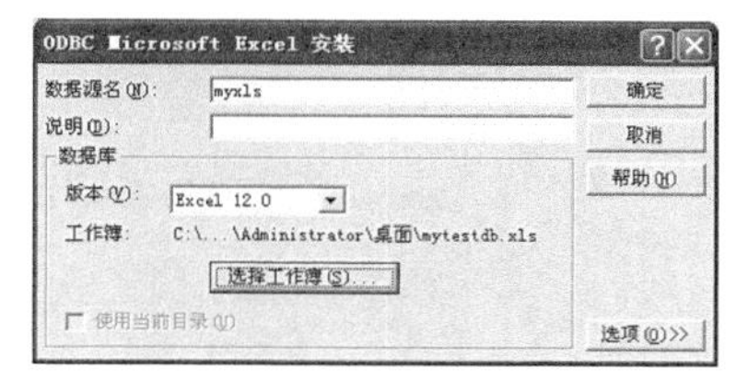

图 4-76 “ODBC Microsoft Excel 安装”对话框

（4）ODBC 数据源建立完成后，接下来完成脚本的参数化工作。首先对“username”完成参数化，这里要使用 S1 工作表的 usr 列。选中脚本中“username”后面的“test”，单击鼠标右键，选择“Replace with a Parameter”选项，如图 4-77 所示。

（5）在打开的“Select of Create Parameter”对话框中将该参数化字段命名为“username”，如图 4-78 所示。

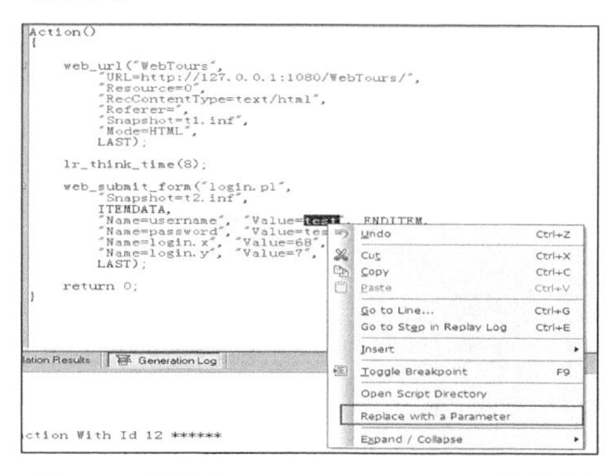

图 4-77 选择“Replace with a Parameter”选项

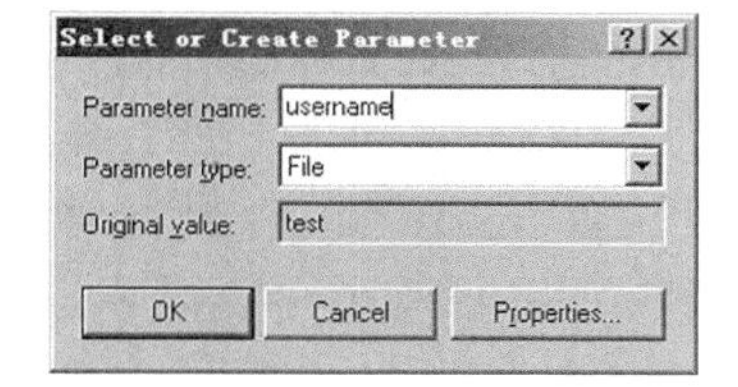

图 4-78 “Selector Create Parameter”对话框

（6）单击【OK】按钮，弹出图 4-79 所示对话框，单击【Data Wizard】按钮，出现图 4-80 所示的对话框。

（7）选择“Selify SQL state ment manu”选项，单击【下一步】按钮，出现图 4-81 所示的对话框。

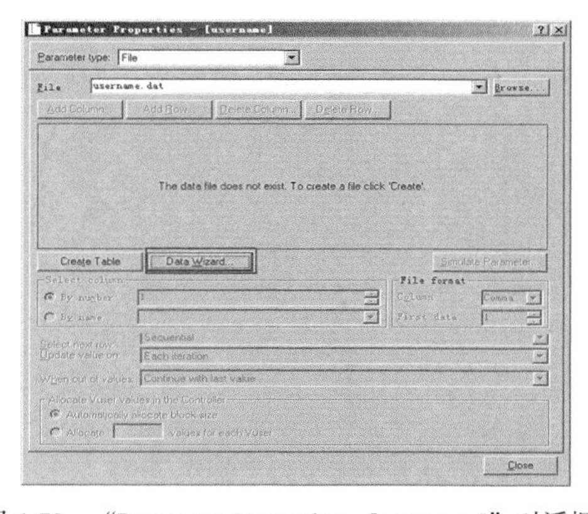

图 4-79 “Parameter Properties – [username]”对话框

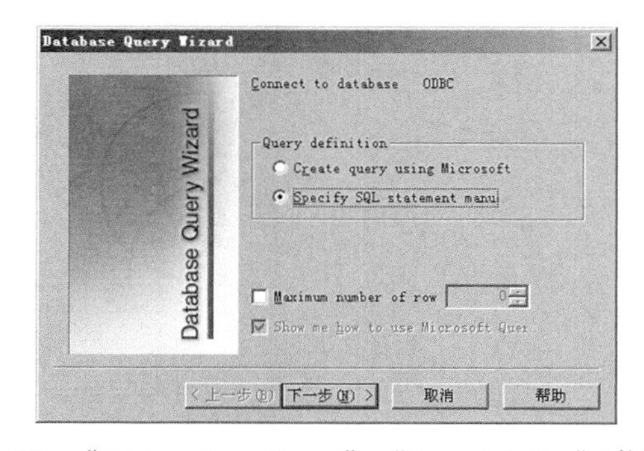

图 4-80 “Database Query Wizard” - “Query definition”对话框

（8）单击【Create】按钮，选择刚才建立的 Excel 文件 ODBC 数据源“myxls”，如图 4-82 所示，单击【确定】按钮，完成“Connection”部分内容的填写工作。

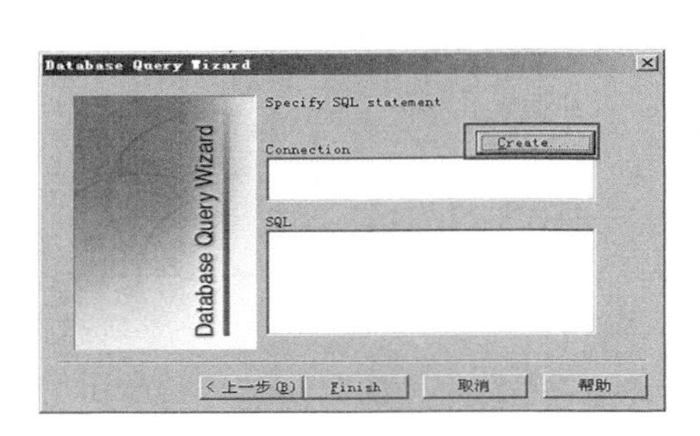

图 4-81 “Database Query Wizard”-“Specify SQL statament”对话框

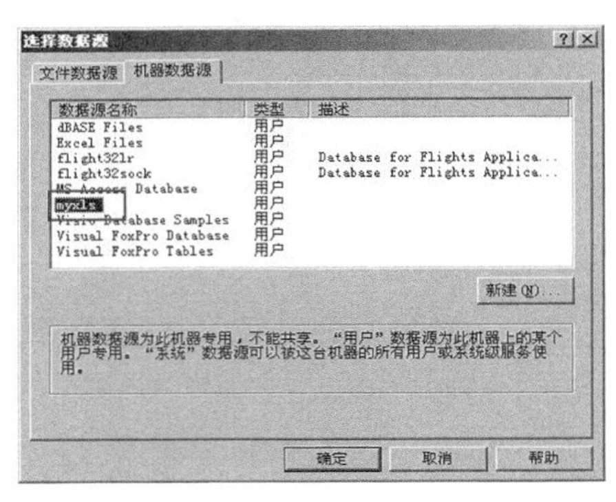

图 4-82 “选择数据源”对话框

（9）接下来，要从 S1 工作表中取出 usr 列的内容，那么如何编写相应的 SQL 语句呢？从图 4-83 中可以看到“select usr from [S1$]”语句是不是和平时的 SQL 语句有一些不同呢？是的，该 SQL 语句主要有 2 个地方不同，即 SQL 语句选择的列名称为 Excel 文件的第 1 行内容，还有一个地方就是“[S1$]”，“S1”是工作表的名称，需要注意的是，从 Excel 文件中取数据时必须加上“$”符号，并用中括号括起来。如果读者感兴趣，可以了解一些关于 SQL 语句关键字、特殊符号方面的内容，这里只需要记住 SQL 语句的写法即可。

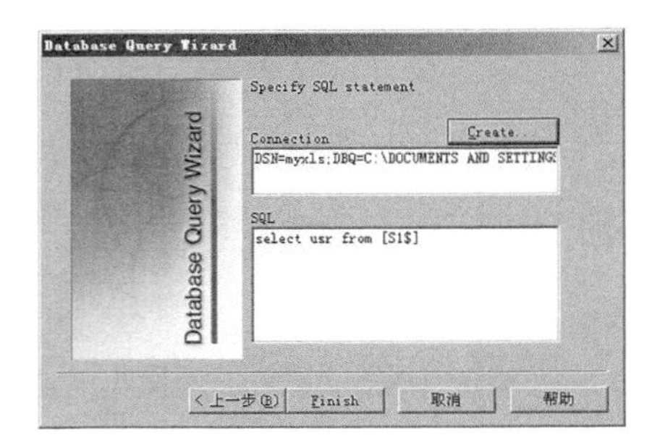

图 4-83 获取 S1 工作表 usr 列的“Database Query Wizard”配置信息

（10）单击【Finish】按钮，将会看到从 Excel 文件取到的“usr”列内容，第 1 行“usr”作为列名称，其他行内容则作为列的内容数据信息，如图 4-84 所示。

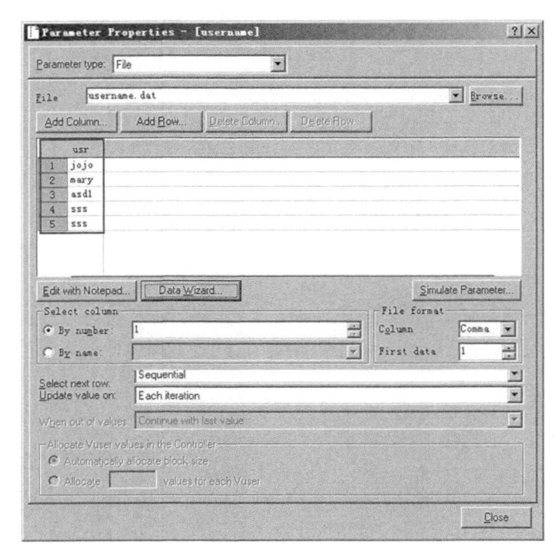

图 4-84 获取到 S1 工作表 usr 列数据的“Parameter Properties – [username]”对话框

（11）单击【Close】按钮，返回图 4-85 所示对话框，单击【OK】按钮，完成“username”的参数化工作。

（12）“username”参数化工作完成后，之前的“test”文本被替换为“{username}”，相关脚本如图 4-86 所示。

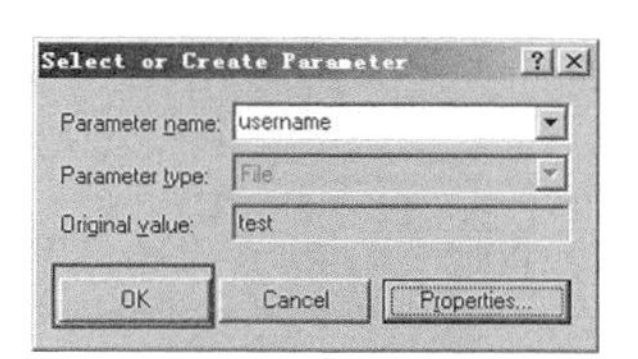

图 4-85 “Select or Create Parameter”对话框

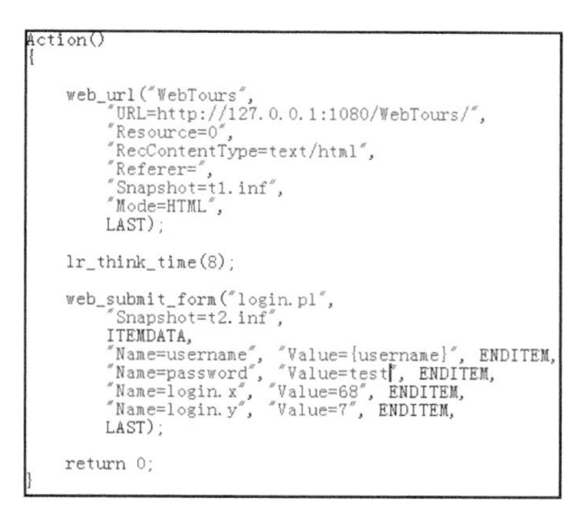

图 4-86 参数化相关脚本

- 前面介绍了用户名（username）参数化的详细过程，如果用户还想对密码（password）进行参数化，请自行处理，由于处理过程基本一致，这里就不再赘述了。

4.7 调试技术

脚本的调试技术对于脚本的编写十分重要，开发人员可以借助 IDE（集成开发环境）提供的断点、单步跟踪、日志输出、值查看器等进行程序调试。测试脚本开发人员也可以在 LoadRunner 虚拟用户产生器中使用调试技术辅助进行脚本的开发。

4.7.1 断点设置

断点设置是脚本开发中使用最频繁的技术。在编写脚本的过程中，有时会出现脚本的执行结果和预期结果不一致的问题，此时就要分析脚本为什么执行不正确，而后分析将会出现问题的位置，插入断点，这样脚本在执行到该位置的时候就会停下来，这时可以通过执行日志，查看脚本在暂停位置前后执行结果的变化情况，从而方便定位脚本中存在的一些逻辑性等方面的问题。插入/取消一个断点很容易，首先，选择要插入断点的位置（非空行和非语句的起始“{”、终止语句“}”），而后单击鼠标右键，选择“Toggle Breakpoint”、执行【Insert】>【Toggle Breakpoint】命令、单击调试快捷工具栏中的按钮或按 F9 快捷键设置一个断点，设置断点后，脚本中出现的“手形”图标就是设置的断点如图 4-87 所示。脚本执行时，会停留在设置断点处，暂停程序的运行。

下面通过一个实例，介绍在实际工作中如何实际应用断点。

想在提交用户名和密码之前，设置一个断点观察页面是否已经成功加载，即飞机票预订系统的登录界面是否成功加载，如图 4-88 所示。

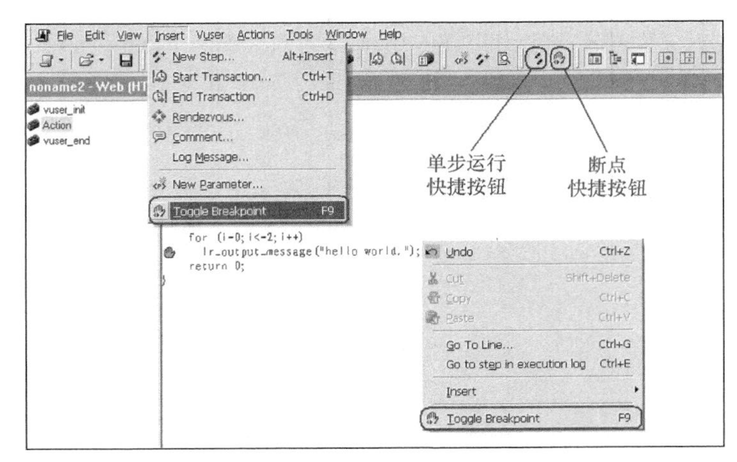

图 4-87 断点设置的 3 种方式

先录制一个登录业务脚本，脚本内容如图 4-89 所示，结合刚才的想法，将光标移动到“web_submit_form()”函数所在行，选择【Insert】>【Toggle Breakpoint】选项，或按 F9 键，设定一个断点，再次进行上述操作将移除断点。设定点以后，可以选择【Edit】>【Breakpoint】命令，打开断点管理器，如图 4-90 所示。

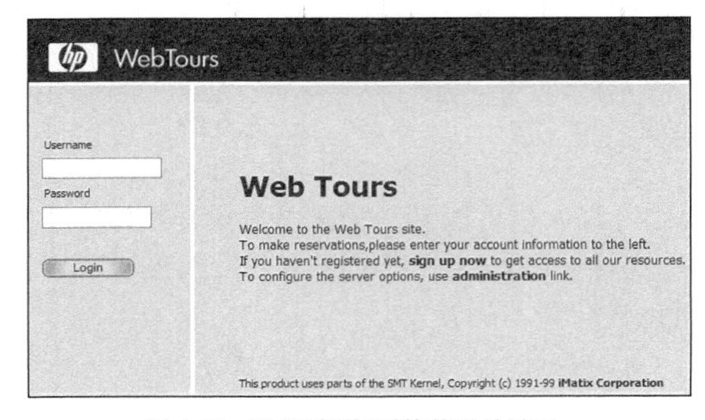

图 4-88 飞机票预订系统的登录界面

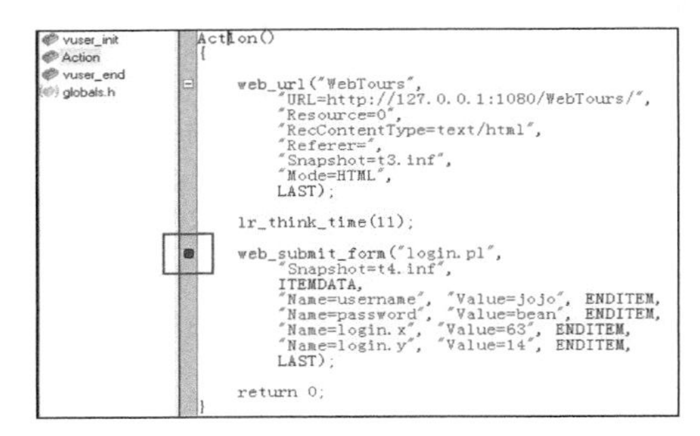

图 4-89 设置断点

断点管理器列出了所有断点信息，如断点的位置、行号和所在行的信息，可以使用断点管理器查看及管理所有断点并对断点进行添加、删除、突出显示等操作。

如图 4-91 所示，也可以通过选中或取消每个断点前面的复选框来启用或禁用断点。当断点被禁用时，其在脚本中的标示将从一个实心红色圆点，变成一个中空的红色圆点。还可以根据需要设定断点触发的条件，如当迭代次数等于或超过 2 次时，脚本执行到断点处停止运行，则可以将“Break when iteration number is >= to 2”，也可以依据参数化数据在特定的条件下触发断点。

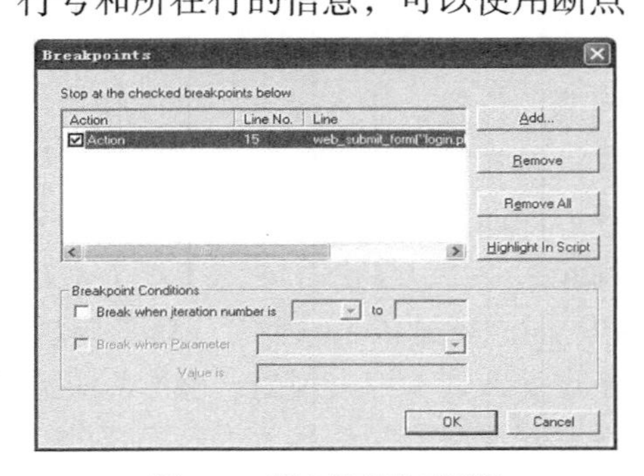

图 4-90 断点管理器对话框

这里启用断点，在断点条件设置部分不做任何设置，如图 4-92 所示。

如图 4-93 所示，单击 20 具栏中的按钮后，执行脚本，当执行到断点处时，停止运行。此时，可以看到脚本运行至第 1 个断点处暂停。设置断点，通常是为了进一步定位脚本中存在的问题，当然作为脚本的创造者，对整个脚本都非常清楚，所以只对怀疑有可能会产生错误的部分进行调试选择合适的位置插入断点，而后根据脚本运行的前后结果与预期是否一致判断脚本的正确性无疑是脚本开发人员的基本功。

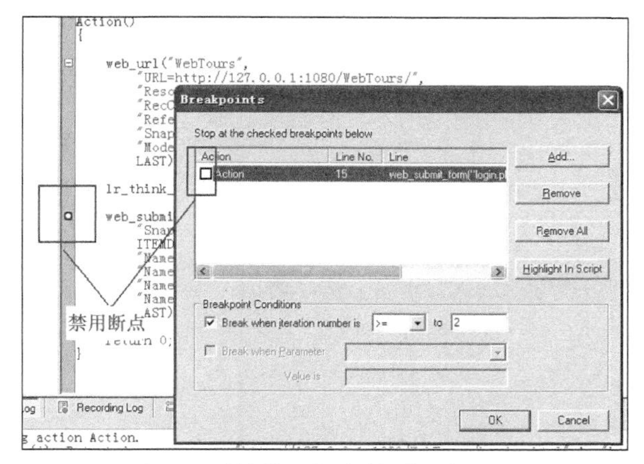

图 4-91 断点管理器对话框禁用断点

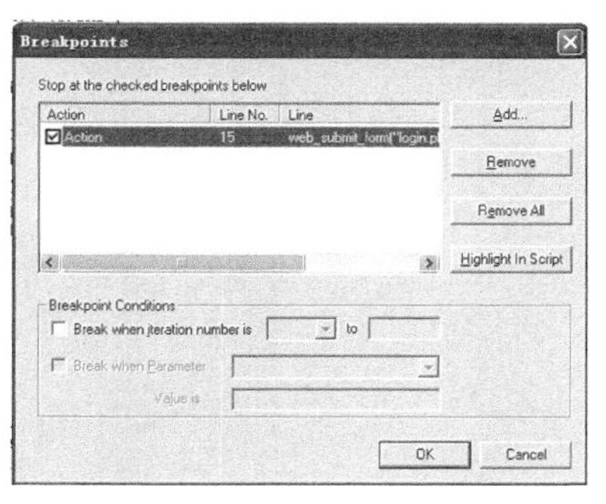

图 4-92 断点管理器对话框

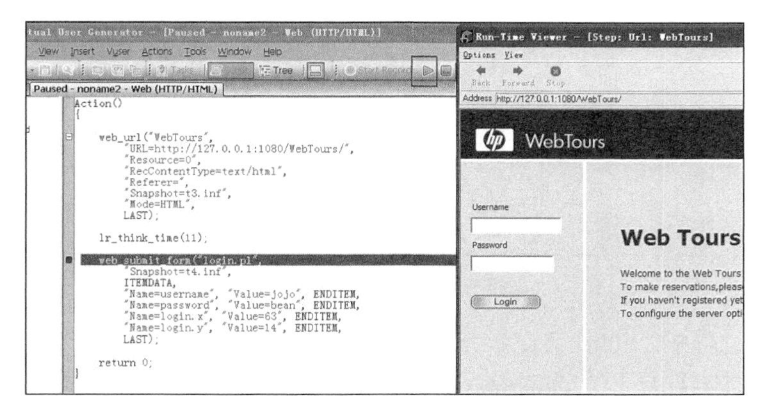

图 4-93 脚本遇断点停止执行后的界面信息

【重要提示】

对于 Microsoft .NET Vuser，VuGen 的编辑器窗口不支持断点和单步跟踪，若想调试该类脚本，则在 Visual Studio .NET 进行设置并运行脚本。

4.7.2 单步跟踪

单步跟踪也是经常使用的调试方法之一。单步跟踪每执行完一条语句都会停下来，此时可以结合日志或者页面的显示情况，分析脚本，定位问题。一般单步跟踪和断点结合起来进行调试用于分析脚本，因为单步跟踪没有必要从头开始执行，所以在关心的位置插入断点，而后应用跟踪是调试的一种好方法。选择要插入断点的位置（非空行和非语句的起始“{”、终止语句“}”），而后执行【Vuser】>【Run Step by Step】命令、单击或者调试快捷工具栏按钮、按 F10 快捷键进行单步跟踪（见图 4-94），在

图 4-94 单步跟踪的两种方式

脚本执行时，执行一条脚本以后，暂停程序的运行。

4.7.3 日志输出

日志输出也是调试脚本的重要方法。将关心的变量或者参数等内容在日志中输出，就可以不终止程序的运行，又能查看程序的运行情况。LoadRunner 提供了很多函数可以查看日志的运行情况，如 lr_log_message、lr_output_message、lr_message、lr_error_message 函数。可以执行【Vuser】>【Run－time Settings】>【General】>【Log】命令，配置日志运行时设置，如图 4-95 所示。

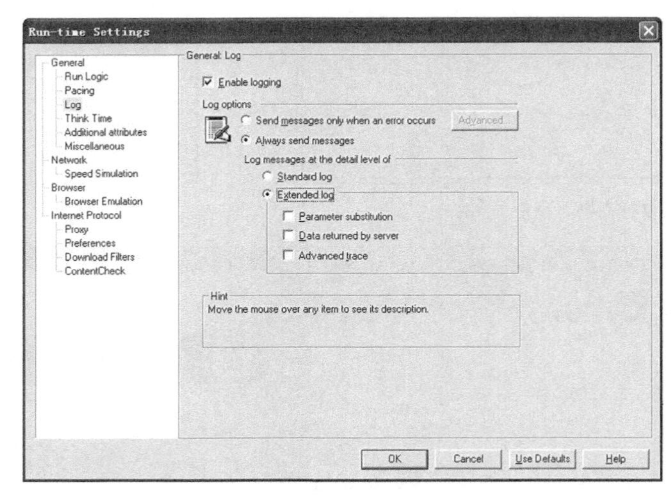

图 4-95 配置日志运行时设置

脚本在执行过程中，Vuser 会记录有关它和服务器之间通信的信息。在 Windows 环境中，日志信息存储在脚本目录下的 output.txt 的文件中。在 UNIX 环境中，日志信息直接存储到标准输出中。

启用日志记录：该选项将在回放期间启用日志记录，VuGen 将写入日志消息，可以在执行日志中查看这些消息。

仅在出错时发送消息：在错误发生时记录日志，可以设置高级选项，指明日志缓存的大小，用于存储有关测试执行的原始数据。当该缓存的内容超出指定的大小时，将删除最旧的一些项，默认缓存大小为 1 KB。

标准日志：创建在脚本执行期间发送的函数和消息的标准日志，供调试时使用。大型负载测试场景、优化会话和配置文件禁用此选项。

扩展日志：创建扩展日志，包括警告和其他消息。大型负载测试场景、优化会话和配置文件禁用此选项。

- 参数替换：此选项可以记录指定给脚本的所有参数及其相应的值。
- 服务器返回的数据：此选项可以记录服务器返回的所有数据。
- 高级跟踪：此选项可以记录 Vuser 在会话期间发送的所有函数和消息。调试 Vuser 脚本时，该选项非常有用。

脚本执行完成后，可以检查“回放日志”中的消息，以查看脚本在运行时是否发生错误。

“回放日志”中使用了不同颜色的文本来表示不同的内容（实际运行场景中可看到这些颜色），如图 4-96 所示。

- 黑色：标准输出消息。
- 红色：标准错误消息。
- 绿色：用引号括起来的文字字符串（如 URL）。
- 蓝色：事务信息（开始、结束、状态和持续时间）。
- 橘黄色：迭代的开始和结束。

```
Replay Log | Recording Log | Generation Log
Virtual User Script started at : 2013-09-18 13:07:59
Starting action vuser_init.
Web Services replay version 11.0.0 for WINXP; Toolkit: ".Net"; build 8859
Run-Time Settings file: "C:\Documents and Settings\Administrator\桌面\TEST\\default.cfg"
Vuser directory: "C:\Documents and Settings\Administrator\桌面\TEST"
Vuser output directory: "C:\Documents and Settings\Administrator\桌面\TEST\"
LOCAL start date/time:  2013-09-18 13:07:59
Ending action vuser_init.
Running Vuser...
Starting iteration 1.
Starting action Action.
Action.c(10): web_add_auto_header("User-Agent") started     [MsgId: MMSG-26355]
Action.c(10): "User-Agent: Mozilla/4.0 (compatible; MSIE 6.0; MS Web Services Client Protocol 2.0.50727.3649)" h
Action.c(10): web_add_auto_header("User-Agent") was successful     [MsgId: MMSG-26392]
Action.c(12): web_add_header("Content-Type") started     [MsgId: MMSG-26355]
Action.c(12): Warning -26593: The header being added may cause unpredictable results when applied to all ensuing
Action.c(12): "Content-Type: text/xml; charset=utf-8" header registered for adding to requests from the immediat
Action.c(12): web_add_header("Content-Type") highest severity level was "warning"    [MsgId: MMSG-26391]
Action.c(14): web_add_header("SOAPAction") started     [MsgId: MMSG-26355]
```

图 4-96 “回放日志（Replay Log）”相关信息内容

如果要查看录制期间发出消息的日志，则单击“(Recording Log)”选项卡，如图 4-97 所示。还可以根据需要在，录制选项的高级选项卡中设置此日志的详细级别。

```
Replay Log | Recording Log | Generation Log
[Network Analyzer ( 76c:1290)] -----------------------------------------------------------------------
[Network Analyzer ( 76c:1290)] Load Network Traffic Analyzers:
[Network Analyzer ( 76c:1290)]     Analyzer Module: WPLUS (value=)
[Network Analyzer ( 76c:1290)]     Analyzer Module: WebBase (value=GetHttpProtocolAnalyzer:api_http_filter.dll)
[Network Analyzer ( 76c:1290)]     + Network Analyzer: api_http_filter.dll @ GetHttpProtocolAnalyzer Loaded!
[Network Analyzer ( 76c:1290)]     + Interception Auditors: WinInetWplusInterceptionAudit:api_http_filter.dll
[Network Analyzer ( 76c:1290)]     Analyzer Module: QTWeb (value=)
[Network Analyzer ( 76c:1290)]     Analyzer Module: WS_SOAP (value=)
[Network Analyzer ( 76c:1290)]     Analyzer Module: local_server (value=)
[Network Analyzer ( 76c:1290)] -----------------------------------------------------------------------
[Network Analyzer ( 76c: abc)] Address lookup for PC-201207111332 = 192.168.0.151
[Network Analyzer ( 76c:1290)] Address lookup for PC-201207111332 = 192.168.0.151
[Network Analyzer ( 76c:1290)] Request Connection: Remote Server @ 114.255.167.112:80   (Service=)  (Sid=  1)  PROXIED!
[Web Request      ( 76c: abc)] "GET /MIS_Server2012/Operator_Function_Admin.asmx"
[Network Analyzer ( 76c: abc)]   (Sid:  1) Client -> Server : 204 bytes (Service=HTTP)
[Network Analyzer ( 76c: abc)]   (Sid:  1) Server -> Client : 4140 bytes  (Service=HTTP)
[Network Analyzer ( 76c: abc)]   (Sid:  1) Server -> Client : 1380 bytes  (Service=HTTP)
[Network Analyzer ( 76c: abc)]   (Sid:  1) Server -> Client : 4140 bytes  (Service=HTTP)
[Network Analyzer ( 76c: abc)]   (Sid:  1) Server -> Client : 1380 bytes  (Service=HTTP)
[Network Analyzer ( 76c: abc)]   (Sid:  1) Server -> Client : 1380 bytes  (Service=HTTP)
[Network Analyzer ( 76c: abc)]   (Sid:  1) Server -> Client : 1380 bytes  (Service=HTTP)
[Network Analyzer ( 76c: abc)]   (Sid:  1) Server -> Client : 1380 bytes  (Service=HTTP)
```

图 4-97 “录制日志（Recording Log）”相关信息内容

如果要查看用于生成代码的脚本设置概要信息，则选择“生成日志（Generation Log）”选项卡，如图 4-98 所示。该视图将显示录制浏览器版本、录制选项的值和其他附加信息。

```
Replay Log | Recording Log | Generation Log
$$$$$$ End Log Message $$$$$$

Code generation version: 11.0.0.8859

****** Request Header For Transaction With Id 16 ******
GET / Server/Opera.asmx HTTP/1.1
User-Agent: Mozilla/4.0 (compatible; MSIE 6.0; MS Web Services Client Protocol 2.0.50727.3649)
Host: 114.255.167.112
Connection: Keep-Alive


$$$$$$ Request Header For Transaction With Id 16 Ended $$$$$$

****** Response Header For Transaction With Id 16 ******
HTTP/1.1 200 OK
Date: Tue, 10 Sep 2013 03:07:17 GMT
Server: Microsoft-IIS/6.0
X-Powered-By: ASP.NET
X-AspNet-Version: 2.0.50727
Cache-Control: private, max-age=0
Content-Type: text/html; charset=utf-8
Content-Length: 75829
```

图 4-98 “生成日志（Generation Log）”相关信息内容

【重要提示】

（1）启用日志记录选项仅对 lr_log_message 函数有影响。

相应脚本（LogTestScript）如下。

```
#include "web_api.h"

Action()
{
    lr_log_message("lr_log_message 函数输出！");
    lr_message("lr_message 函数输出！");
    lr_output_message("lr_output_message 函数输出！");
    lr_error_message("lr_error_message 函数输出！");
    return 0;
}
```

在不启用日志记录选项的情况下，输出结果如下。

```
lr_message 函数输出！
Action.c(8): lr_output_message 函数输出！
Action.c(9): Error: lr_error_message 函数输出！
Vuser Terminated.
```

从运行结果可以证明启用日志记录选项只对 lr_log_message 有影响，不会影响 lr_ message、lr_ output_message 和 lr_error_message 消息的输出。

（2）脚本在调试成功后，进行负载时，应该将日志记录取消，只有在必要的情况下，才启用日志记录，因为日志记录被写入磁盘文件，所以系统的运行速度可能要比正常情况下慢，在负载时要慎用日志记录。

（3）VuGen 有 5 个消息类：“简要”“扩展”“参数”“结果数据”和“完全跟踪”，可以通过 lr_set_debug_message 函数手动设置脚本内的消息类，可以在 LoadRunner 中执行【Help】>【Function Reference】命令查看函数的应用，这里不再赘述。

（4）脚本能正常运行后应禁用日志，因为日志操作要占用一定的资源。

4.7.4 脚本编译

学会编译脚本，对于性能测试脚本开发人员来讲是一件非常有意义的事情。通常情况下，为确保回放成功，都要先在 VuGen 中编译，若编译没有问题再运行该脚本，从而节省宝贵的时间。编译对脚本代码的关键字拼写错误、语法错误等进行基本的验证，若发现问题，则在“回放日志”页给出相应的错误信息，根据错误提示信息，可以方便地定位存在问题的部分。

示例代码如下。

```
#include "web_api.h"

double atof ( const char *string );

Action()
{
    char  totalprice[64]="6279.60";
    float price[3]={1380.00,859.80,450.00};
     int   quantity[3]={2,2,4};
     float ftotalprice=0;
```

```
    int  i;
    for (i=0;i<=2;i++)
     {
      ftotalprice=ftotalprice+price[i]*quantity[i];
     }
     lr_output_message("用 atof 格式化输出 totalprice=%f",atof(totalprice));
     lr_output_message("浮点数取的是近似值请看函数的输出结果: %f",ftotalprice);
     return 0;
}
```

上述这段代码是没有问题的，选择【Vuser】>【Compile】选项后，在“回放日志”将看到“No errors detected”，表示编译通过，没有发现任何错误，如图 4-99 所示。

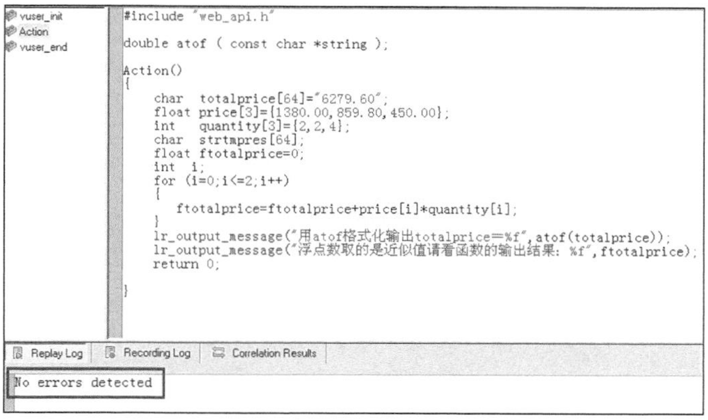

图 4-99　编译成功后的相关信息

下面将原来正确的脚本修改成有问题的脚本，这里将脚本中阴影部分内容去掉，即去掉“6279.60”后的“"”和 FOR 循环语句的“}”，脚本如下。

```
#include "web_api.h"

double atof ( const char *string );

Action()
{
    char  totalprice[64]="6279.60;
    float price[3]={1380.00,859.80,450.00};
     int   quantity[3]={2,2,4};
     float ftotalprice=0;
    int  i;
    for (i=0;i<=2;i++)
     {
      ftotalprice=ftotalprice+price[i]*quantity[i];

     lr_output_message("用 atof 格式化输出 totalprice=%f",atof(totalprice));
     lr_output_message("浮点数取的是近似值请看函数的输出结果: %f",ftotalprice);
     return 0;
}
```

上述这段代码是有问题的，选择【Vuser】>【Compile】选项后，在“回放日志”将看到如图 4-100 所示的信息，表示编译不通过，无法运行。双击 “回放日志”中的提示信息条目，自动定位到相应脚本代码行，如“Action.c：7：possible real start of unterminated constant”。

从该条提示信息可以看到问题存在于 Action 部分，第 7 行，原因可能是常量没有结束，从语句也能得知是因为少了一个 “"”。但是当双击另一条提示信息时，发现其停留在第 18 行，而不是 15 行。这里需要说明的是，编译能找出一些被忽视的拼写错误和语法错误，但其并不十分智能，所以深层次的问题必须分析脚本，修正脚本中的问题。

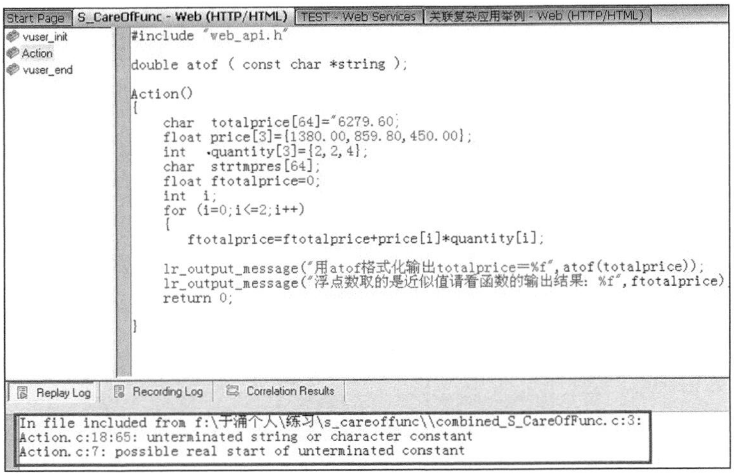

```
#include "web_api.h"

double atof ( const char *string );

Action()
{
    char  totalprice[64]="6279.60;
    float price[3]={1380.00,859.80,450.00};
    int   quantity[3]={2,2,4};
    char  strtmpres[64];
    float ftotalprice=0;
    int  i;
    for (i=0;i<=2;i++)
    {
       ftotalprice=ftotalprice+price[i]*quantity[i];

    lr_output_message("用atof格式化输出totalprice=%f",atof(totalprice));
    lr_output_message("浮点数取的是近似值请看函数的输出结果: %f",ftotalprice)
    return 0;

}
```

```
In file included from f:\于涌个人\练习\s_careoffunc\\combined_S_CareOfFunc.c:3:
Action.c:18:65: unterminated string or character constant
Action.c:7: possible real start of unterminated constant
```

图 4-100 问题脚本编译不成功后的相关信息

4.7.5 脚本注释

现在很多单位都将代码的注释率作为衡量开发人员代码编写质量的一项非常重要的考核指标，这主要出于以下原因。

- 系统越来越复杂，通常一个系统的代码量可能是百万或千万行，如果没有代码注释，时间长了即使是当初编写代码的人员、也有可能会对部分代码失去印象。
- IT 是流动性很频繁的行业，别人编写的代码，如果让另外一个人在没有注释的情况下熟悉代码，可能要耗费大量的时间和精力，而且若修改代码，则将有可能产生更多的连带问题。
- 一个规范的团队，通常在实现系统相关功能时对用到的类、方法和业务流程控制逻辑关系等进行说明，保持良好的注释规范对于提升代码可读性等方面具有积极意义。
- 在进行调试时，代码注释也能方便代码编写人员的相关工作，例如，有如下一段脚本代码。

```
#include "web_api.h"
Action()
{
    web_reg_save_param("mystr",
        "LB=<h1>",
        "RB=</h1>",
        "SaveOffset=0",
        "SaveLen=12",
        "NotFound=ERROR",
        "Search=Body",
        LAST);
```

```
    web_url("index.jsp",
        "URL=http://127.0.0.1:8080/mytest/index.jsp",
        "Resource=0",
        "RecContentType=text/html",
        "Referer=",
        "Snapshot=t7.inf",
        "Mode=HTML",
        LAST);

    web_submit_data("resp.jsp",
        "Action=http://127.0.0.1:8080/mytest/resp.jsp",
        "Method=POST",
        "RecContentType=text/html",
        "Referer=http://192.168.1.60:8088/mytest/index.jsp",
        "Snapshot=t8.inf",
        "Mode=HTML",
        ITEMDATA,
        "Name=t1", "Value={mystr}" ,ENDITEM,
        "Name=b1", "Value=提交", ENDITEM,
        LAST);

    return 0;
}
```

看到上面的代码，不知道您的感受如何？我个人的感受是，好的地方是代码结构清晰明了，有代码缩进。资深的脚本开发人员一定能从代码的结构上大体看出这段代码的含义，但是对脚本代码编写不是很熟悉的人员就不明白代码的含义了。下面完善这段脚本代码，脚本代码如下。

```
#include "web_api.h"
/*
    被测系统名称：×××××××系统
脚本编写日期：2018-09-18
    脚本编写作者：于涌
    脚本功能介绍：通过关联方式取出首个符合“H1”字号的字符串内容的前 12 个字符，将这个字符串内容放到 mystr 中，而后将这个 mystr 的内容作为名称为“t1”文本域内容提交。
*/

Action()
{
//需要在“http://127.0.0.1:8080/mytest/index.jsp”的页面之前定义需保存的关联变量
    web_reg_save_param("mystr",
        "LB=<h1>",
        "RB=</h1>",
        "SaveOffset=0",
        "SaveLen=12",
        "NotFound=ERROR",
        "Search=Body",
        LAST);

    web_url("index.jsp",
        "URL=http://127.0.0.1:8080/mytest/index.jsp",
        "Resource=0",
        "RecContentType=text/html",
        "Referer=",
```

```
        "Snapshot=t7.inf",
        "Mode=HTML",
        LAST);

//将取到的字符串放到文本域作为提交内容
    web_submit_data("resp.jsp",
        "Action=http://127.0.0.1:8080/mytest/resp.jsp",
        "Method=POST",
        "RecContentType=text/html",
        "Referer=http://192.168.1.60:8088/mytest/index.jsp",
        "Snapshot=t8.inf",
        "Mode=HTML",
        ITEMDATA,
        "Name=t1", "Value={mystr}" ,ENDITEM,
        "Name=b1", "Value=提交", ENDITEM,
        LAST);

    return 0;
}
```

看到上面的代码后，读者是否对脚本针对哪系统进行测试、脚本编写日期、作者、实现的业务功能以及关键代码的含义有非常清晰的认识呢？不言而喻，那是肯定的。通过前后两个脚本的比对，相信所有的人都爱阅读添加注释信息的脚本。从这个脚本代码可以看到注释使用了 2 种方式，行注释（//）和块注释（/**/）。

行注释的格式如下。

```
//将取到的字符串放到文本域作为提交内容
```

行注释可以注释一行，前面已经讲过有时会使用 lr_log_message、lr_output_message、lr_message、lr_error_message 函数进行脚本调试工作，调试过程中有可能会针对性地注释掉这些调试函数或部分脚本代码。

块注释的格式如下。

```
/*
    被测系统名称：×××××××系统
脚本编写日期：2018-09-18
    脚本编写作者：于涌
    脚本功能介绍：通过关联方式取出首个符合“H1”字号的字符串内容的前 12 个字符，将这个字符串内容放到 mystr
中，而后将这个 mystr 的内容作为名称为“t1”文本域内容提交。
*/
```

块注释注释的是多行，以“/*”作为块注释的开始标记符，以“*/”作为块结束的标记符。

4.8 Controller 应用介绍

现行的应用系统通常都非常复杂。通常，应用系统都需要提供多用户协同操作业务，仅仅做功能测试，而不进行性能测试很有可能最后系统不能够支持预期用户数量协同工作的要求。而要模拟一个网站数以千万用户级的用户数量，对于手工测试来说是不可能的，但 LoadRunner 却可以轻而易举地完成。

LoadRunner Controller 用来管理和维护场景，可以在一台工作站控制一个场景中的所有虚拟用户（Vuser）。执行场景时，Controller 将该场景中的每个 Vuser 分配给一个负载生成器。负载生成器执行 Vuser 脚本，使 Vuser 可以模拟真实用户操作的计算机。LoadRunner Controller 通过模拟多个虚拟用户代替真实的用户操作行为，并支持多机联合测试，充分利用有限的硬件资源，解决了手工操作不同步和人力、物力资源严重浪费的问题。还可以在负载执行过程中监控并收集系统资源（如 CPU、内存、I/O 等）、数据库资源、应用服务器、网络等，为日后通过分析负载结果，从而定位系统瓶颈提供坚实基础。例如，一个综合性的门户网站包括新闻、博客、邮件、论坛、电影在线观看等服务项目。随着用户的逐渐增多和宣传力度的加强，一年以后，注册用户将达到 300 万人，系统在线用户数量将达到 50 万人。为了此系统日后能被用户认可，系统就需要提供稳定、可靠的服务，对不同类型的服务请求都能够及时响应，否则该网站即使发布了，由于其频繁出现故障、响应速度慢等原因，也会被用户淘汰。

通过 Controller 可以在场景中设置真实运行系统中的典型业务，如按照一定比例模拟在线用户数，将浏览新闻、书写博客、查看邮件、浏览论坛帖子、发表帖子、观看电影等业务的分组作为一个业务场景，考察系统服务器资源、数据库资源、网络资源在系统运行期间的性能。

4.9 场景设置描述

Controller 提供了手动场景和基于目标场景两种设置方式。可以从“Available Scripts”选择可用的脚本，单击【Add】按钮添加到“Scripts in Scenario”，也可以选中在场景中的脚本单击【Remove】按钮从列表中移除。还可以单击【Browse】按钮，选择脚本，单击【Record】按钮录制脚本，单击【HP ALM】按钮（ALM 的全称为 Application Lifecycle Management，即应用程序生命周期管理），与其协同工作，如图 4-101 所示。

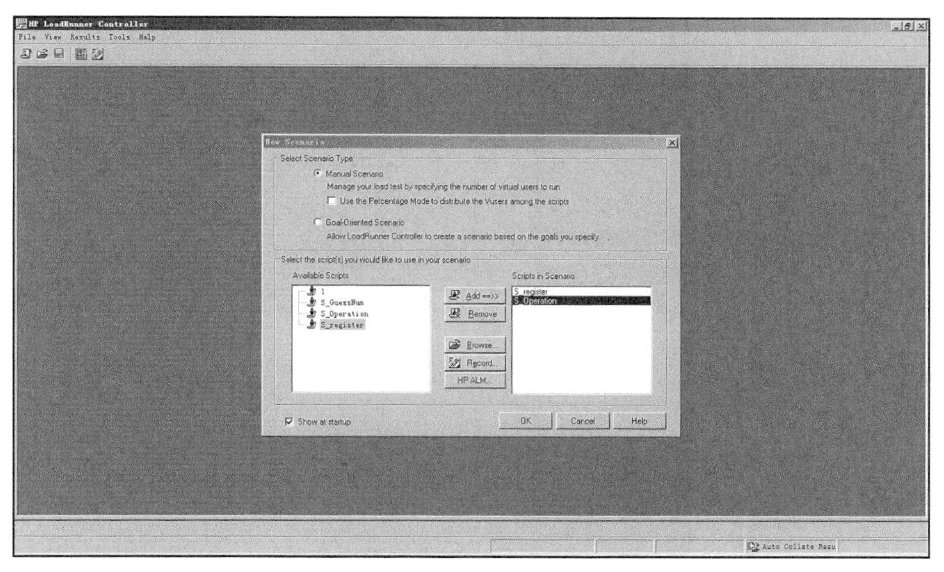

图 4-101　新场景设置对话框

手动场景设置可以设置不同的业务组用户数量，编辑计划指定相关的运行时刻、虚拟用户加载策略等完成场景设计工作，如图 4-102 所示。在创建脚本的过程中选择“Use the Percentage Mode to distribute the Vusers among the scripts”选项，可以指定虚拟用户总体数量，而后针对每个业务组设置用户数百分比的形式完成场景设置，如图 4-103 所示。因在日常工作中手动设置场景的情况非常多，所以在后续内容中将详细介绍。

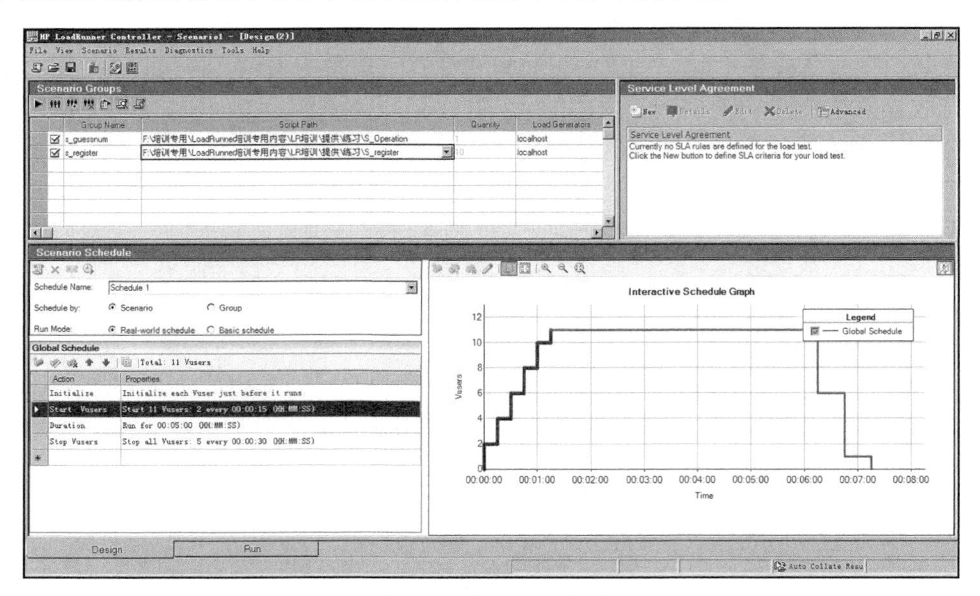

图 4-102　场景设计对话框

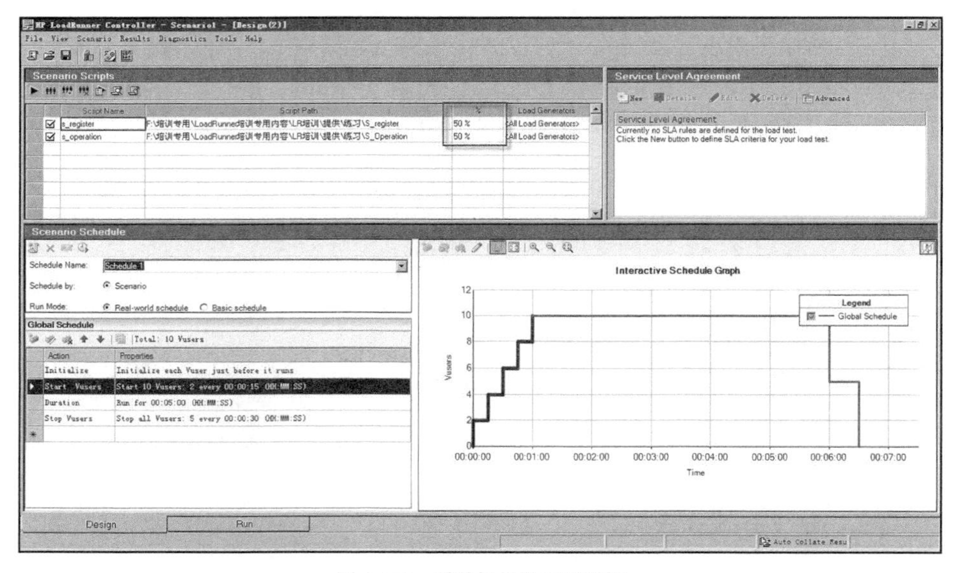

图 4-103　手动场景设置对话框

4.9.1　面向目标的场景设计

在面向目标的场景中，可以定义要实现的测试目标，LoadRunner 会根据这些目标自动构建场景。可以在一个面向目标的场景中定义希望场景达到的 5 种类型的目标：虚拟用户数、每秒单击次数（仅 Web Vuser）、每秒事务数、每分钟页面数（仅 Web Vuser）和事务响应时间，如图 4-104 和图 4-105 所示。

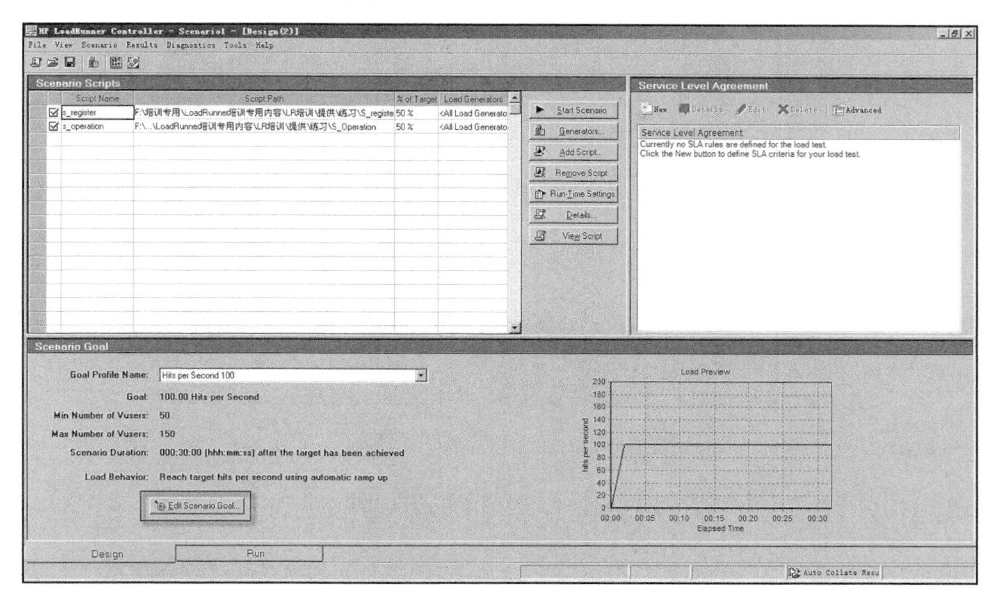

图 4-104 基于目标的场景设计对话框

可以在图 4-104 中单击【Edit Scenario Goal】按钮，编辑、设计场景计划，如图 4-105 所示。

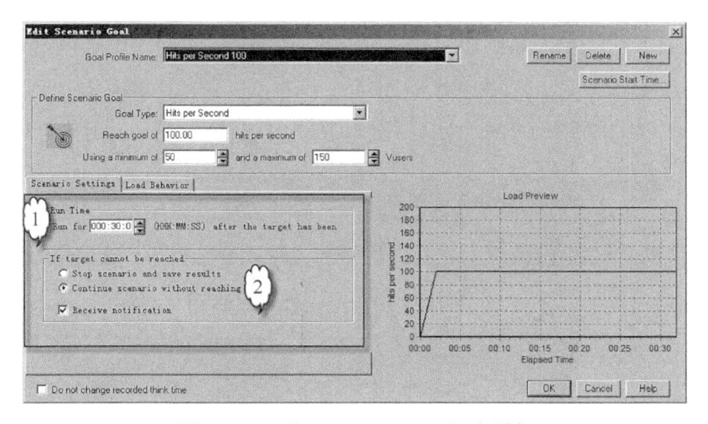

图 4-105 “Scenario Settings”选项卡

在图 4-105 中的“Scenario Settings”选项卡中可以看到标示为“1”和“2”的两部分内容。标示为“1”的内容，表示达到指定的目标后，该场景继续运行 30 分钟，可以依据实际情况对时间进行设置。标示为“2”的内容，“Stop scenario and save results”表示当设定的目标达不到的时候，停止执行场景并保存运行结果。“Continue scenario without reaching goal”表示设定的目标达不到时，继续执行场景，直到达到目标为止。

在“Load Behavior”选项卡（见图 4-106）中可以指定虚拟用户加载策略，“Automatic”选项表示系统将自动加载虚拟用户；“Reach target number of virtual users after 00:02:00（HH:MM:SS）”表示设定 2 分钟后达到指定目标的虚拟用户数；“Step up by 20 virtual users every 00:02:00（HH:MM:SS）”表示将以每 2 分钟加载 20 个虚拟用户的方式加载虚拟用户。

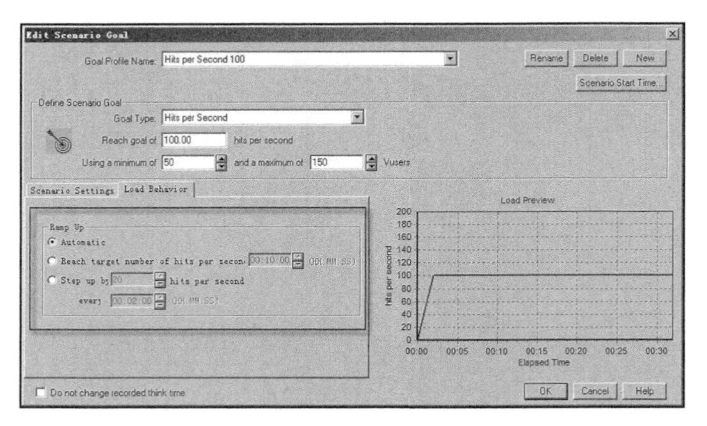

图 4-106 “Load Behavior”选项卡

4.9.2 面向目标的场景设计的 5 种目标类型

下面简单介绍 5 种 Goal Type，如图 4-107 所示。

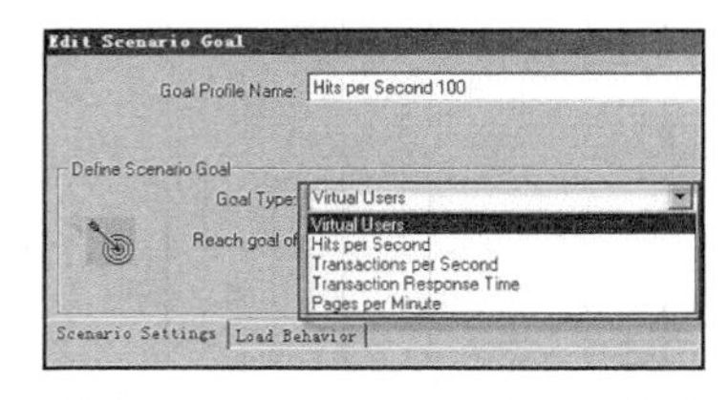

图 4-107 “Goal Type”的 5 种类型

1. Virtual Users

运行该类向目标的场景与运行手动场景类似，它测试应用程序是否可以同时运行指定数量的虚拟用户，如图 4-108 所示。

2. Hits per Second

该类型只适用于 Web Vuser，运行该类面向目标的场景，需要指定“每秒点击数”的目标，以及为达到这一目标而运行的最小虚拟用户数和最大虚拟用户数，如图 4-109 所示。

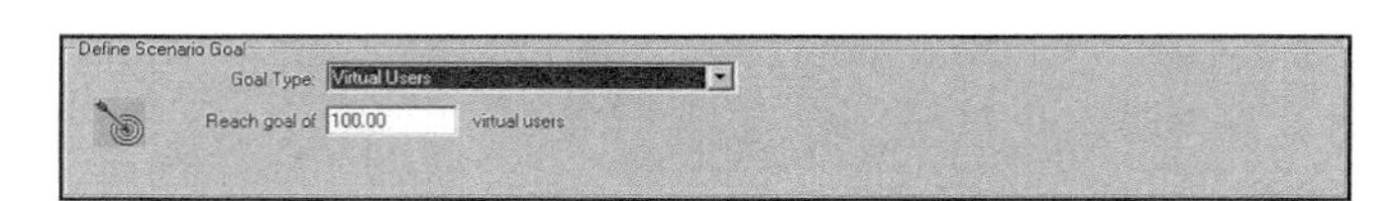

图 4-108 “Virtual Users”类型

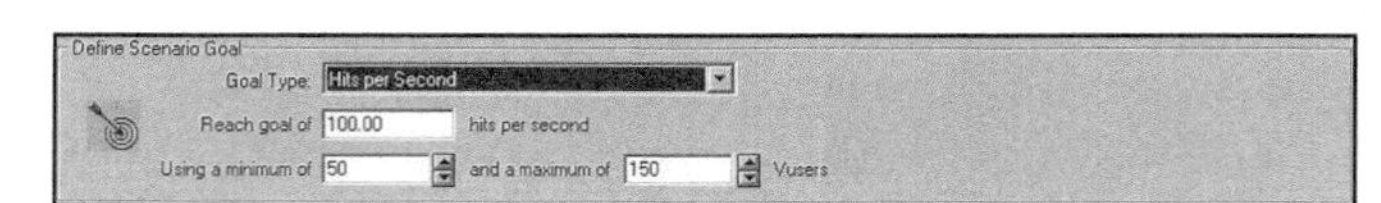

图 4-109 “Hits per Second”类型

当场景运行时，Controller 将定义的目标按照指定的最小 Vuser 数进行划分，并确定每个 Vuser 应达到的“每秒单击数”的目标值，再根据定义的加载行为设置加载 Vuser。如果选择自动运行 Vuser，那么 LoadRunner 在第一批加载 50 个 Vuser。如果定义的最大 Vuser 数小于 50，则 LoadRunner 同时加载所有 Vuser。如果选择在场景经过一段时间后达到目标，则 LoadRunner 尽量在这段时间内达到定义的目标。它根据定义的时间限制以及计算出的每个 Vuser 目标单击次数，确定第一批 Vuser 的数目。如果选择以渐进方式达到目标，LoadRunner 将计算每个 Vuser 的目标单击次数或页数，并据此确定第一批 Vuser 的数目。运行每批 Vuser 后，LoadRunner 评估这一批的目标是否达到。如果这一批的目标未达到，则重新计算每个 Vuser 的目标单击次数，并重新调整 Vuser 数，以使下一批能够达到定义的目标。如果 Controller

启动了最大数目的 Vuser 后仍未达到目标，则重新计算每个 Vuser 的目标单击次数并同时运行最大数目的 Vuser 来再次尝试达到定义的目标。但是，如果出现以下情况，则每秒单击次数目标场景状态指定为失败。

- Controller 2 次使用指定的最大 Vuser 数负载执行场景均未达到目标。
- Controller 运行几批 Vuser 后，每秒单击次数没有增加。
- 运行的所有 Vuser 都失败。

3. Transations per Second

运行该类面向目标的场景，需要指定“Transations per Second”的目标、要考察的事务名称、虚拟用户数的范围，如图 4-110 所示。其执行策略等相关内容请参见“Hits per Second”类型相关内容，这里不再赘述。

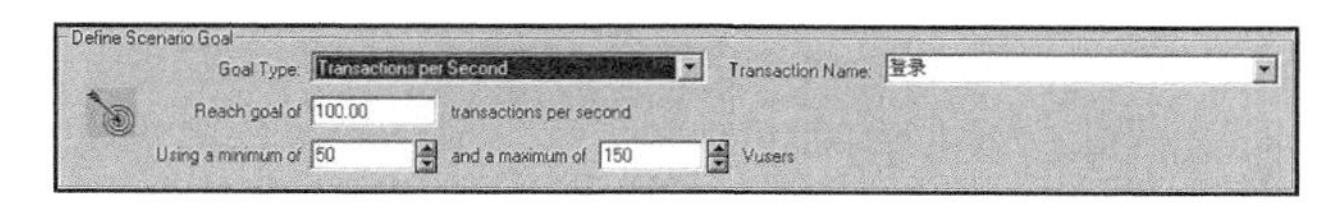

图 4-110 “Transations per Second”类型

4. Transaction Response Time

如图 4-111 所示，该目标类型用于测试在不超过预期事务响应时间的情况下可以运行多少个 Vuser。需要注意的是，应用这种目标分类时，必须在脚本中指定要测试的事务的名称、事务响应时间的阈值，以及 LoadRunner 要运行的 Vuser 数最小值和最大值。例如，如果客户希望 120 人能在 3s 内同时登录到公司协同办公的首页面，则将可接受的最大事务响应时间指定为 3s。将最小 Vuser 数和最大 Vuser 数设置为希望能够同时支持的客户数范围。如果场景未达到定义的最大事务响应时间，则表示服务器能够在合理的时间内对希望能够同时支持的客户数做出响应。可以根据执行结果，对比到的虚拟用户数量和客户预期的 120，如果大于此值，则满足需求，否则没有达到预期用户目标。如果仅执行了一部分 Vuser 就达到了定义的响应时间，或者收到消息表明如果使用预先定义的最大 Vuser 数，就将超过定义的响应时间，就应该考虑对应用程序或相应软硬件设备进行升级，这需要根据性能诊断的相关内容进一步确定。

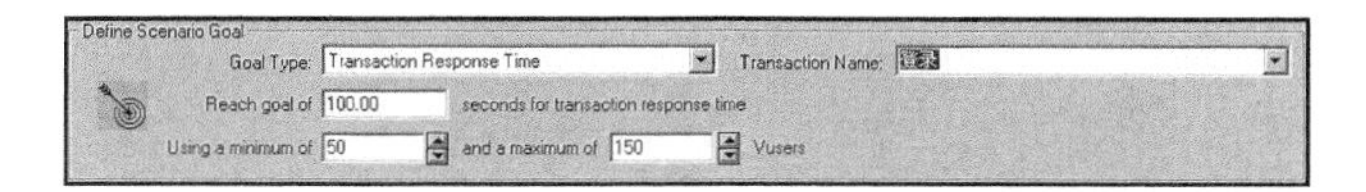

图 4-111 “Transaction Response Time”类型

5. Pages per Minute

该类型只适用于 Web Vuser，运行该类面向目标的场景，需要指定“Pages per Minute”的目标和虚拟用户数的范围，如图 4-112 所示。需要说明的是，在设定每分钟的页面访问目标时，Controller 将自动推算出每秒页面数，这里以图 4-112 所示，将每分钟页面数设定为 100，那么每秒钟的页面数近似为 1.67，即 100 除以 60，近似值为 1.67。如果改变目标值，则后面的每秒页面数也会相应发生变化。其执行策略等相关内容请参见“Hits per Second”类型相关内容，这里不再赘述。在这里有几点需要提醒读者，上述说明均为默认设置时进行的说明，在实际应用中，可以根据实际情况进行相应调整，当选择不同的“Goal Type”选项时，“Load Behavior”页的内容也将会产生一定的差异。

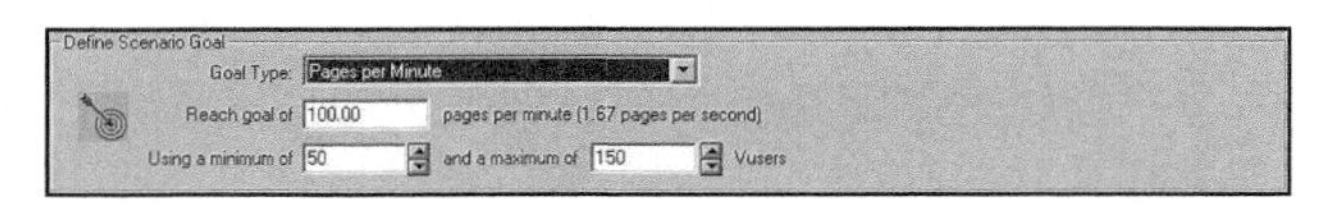

图 4-112　“Pages per Minute”类型

4.9.3　基于手动的场景设计

在实际性能测试过程中，应用最多的应该还是手动设置场景。为保证性能测试的有效性，在进行性能测试用例设计时都会选择一些典型的业务场景作为测试用例，需要特别说明的是，性能测试不仅仅是单一脚本场景的测试，通常现实生活中典型的业务场景是混合场景，所以混合场景在性能测试的八大分类当中都占据非常重要的位置。通常典型的门户网站，这里以新浪网为例，主要包括邮件、新闻、微博、博客、视频、下载等业务，而且这些业务分别占据一定比例的用户，所以在测试类似的项目时，需要考虑典型业务组成的一个混合场景，并需要参考实际的业务人员比例，进行合理的用例设计，这样得到的测试结果才会有意义。这里以飞机订票系统为例，假设经过调研以后，在特定的情况下，有 20%的注册填写用户进行用户基础信息，80%的用户执行机票的预订业务，通常系统在线用户数量为 1000 人，这里取在线用户数的 1/10 作为虚拟用户总体数量。为了和实际业务情况比例分配一致，显然用户注册脚本虚拟用户数量应该设置为 20，而机票预订脚本虚拟用户数量应该设置为 80，这里假设这 80 个虚拟用户在系统中已经存在，即已经注册完成的用户。下面演示设计手动场景的步骤。

（1）在图 4-113 中单击“Run Load Tests”链接，启动 Controller 应用对话框，如图 4-114 所示。

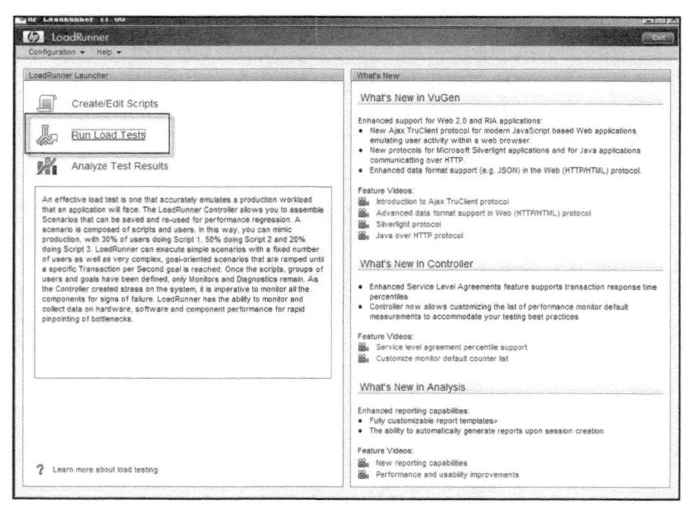

图 4-113　LoadRunner 11.0 应用对话框

（2）依据用例设计构建性能测试场景，这里依据“用户注册脚本虚拟用户数量应该设置为 20，机票预订脚本虚拟用户数量应该设置为 80”的设计需求，分别将“用户注册脚本（S_register）”和“机票预订（S_Operation）”添加到场景中，如图 4-115 所示。

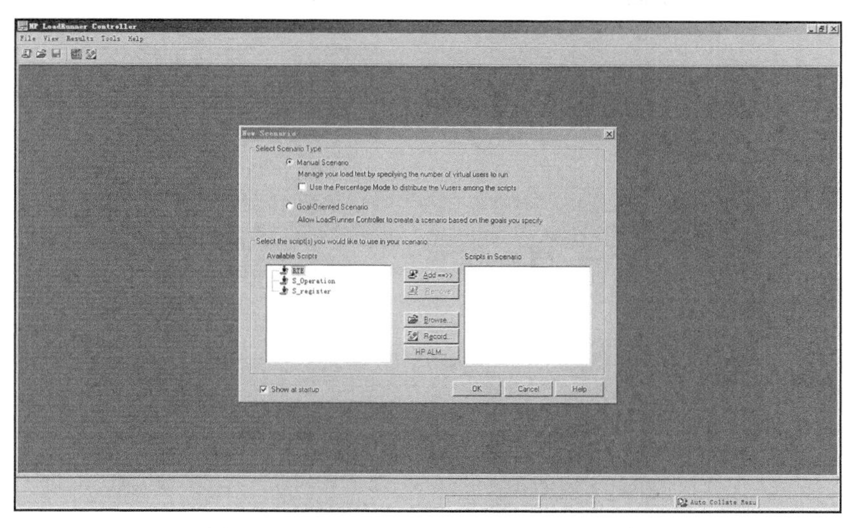

图 4-114 HP LoadRunner Controller 应用对话框

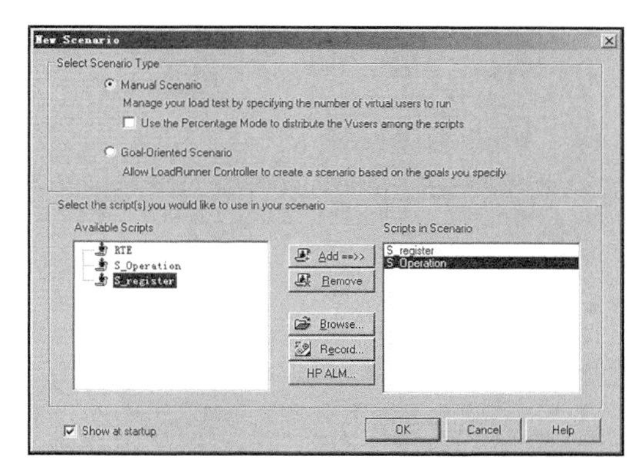

图 4-115 New Scenario（新场景）应用对话框

单击【OK】按钮，出现图 4-116 所示的界面，默认情况下，Controller 应用自动为每组脚本分配 10 个虚拟用户。

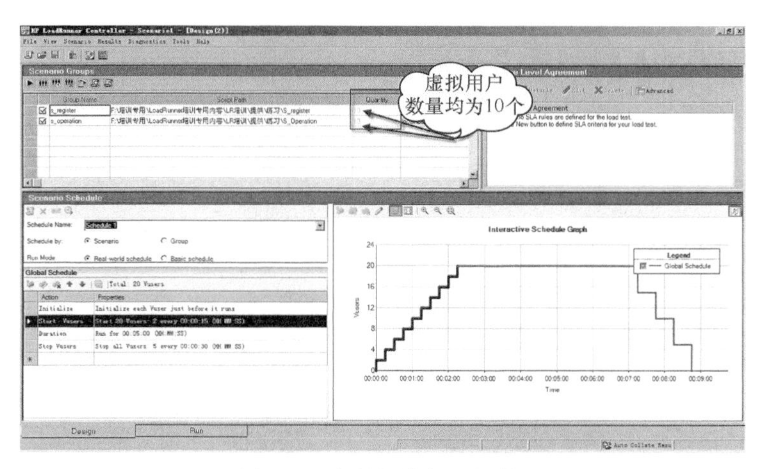

图 4-116 场景设计应用对话框

20 个虚拟用户的设置显然不符合前期设定的想法，所以可以单击【Basic schedule】单选按钮，弹出“Scenario Schedule”对话框，单击【是】按钮，如图 4-117 所示。将“用户注册脚本（S_register）”和“机票预订（S_Operation）”虚拟用户数量分别调整为 20 和 80，如图 4-118 所示。

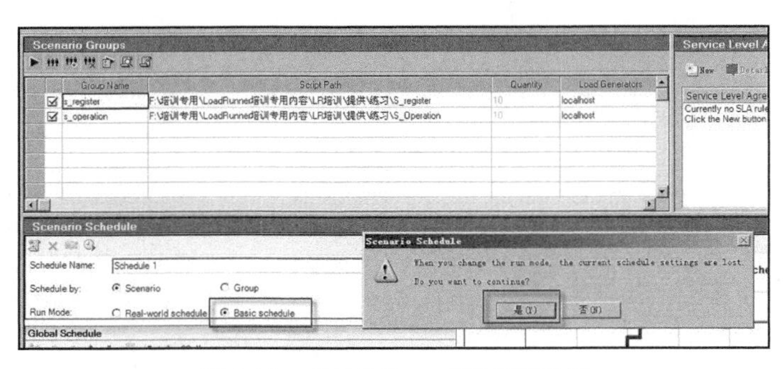

图 4-117 场景设计——调整基础计划

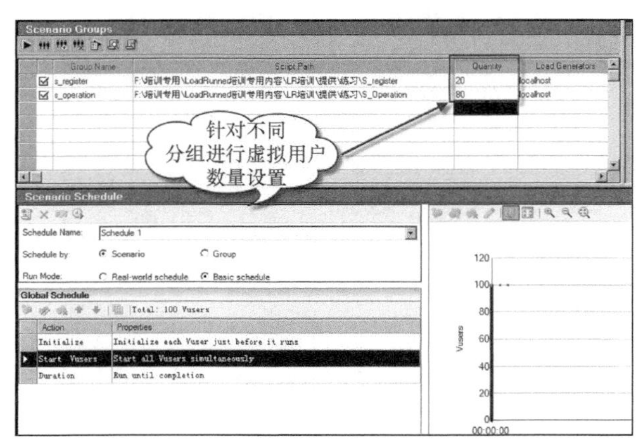

图 4-118 场景设计——调整基础计划虚拟用户数量

这样就完成了预期的设计场景，可以设置执行结果路径、保存场景，如果有必要可以直接执行场景。

4.9.4 计划方式和运行模式

前面只是针对性地根据性能测试用例设计构建了一个场景，并没有对“Schedule by”和“Run Mode”分类进行介绍，下面就让我们来一起看一下它们分别代表什么含义，以及我们平时在做项目时应该如何进行选择。为便于大家分析和理解，我整理了两个表格供大家参考，如表 4-16 和表 4-17 所示。

表 4-16 计划的两个选项含义

序号	选　项	描　述
1	Scenario（场景）	按场景进行计划时，Controller 同时运行所有参与场景的 Vuser 组。也就是说，定义的场景运行计划同时应用于所有 Vuser 组，而 Controller 将每个操作按比例应用于所有 Vuser，为了让读者对此有较清晰的认识，请参见表 4-17 和表 4-18 所示的例子

续表

序号	选 项	描 述
2	Group（组）	按 Vuser 组进行计划时，参与场景的每个 Vuser 组按其自己单独的计划运行。也就是说，对于每个 Vuser 组，可以指定何时开始运行 Vuser 组，在指定的时间间隔内开始和停止运行组中多少个 Vuser，以及该组应该继续运行多长时间

1. Scenario（场景）方式实例

如有一个进销存管理系统，在设计性能测试用例时由商品订单、商品销售和商品查询 3 组业务构成的一个场景，如表 4-17 所示。

表 4-17 进销存管理系统典型业务场景

Group Name（组名）	Quantity（数量）	占 比
商品订单	10	20%
商品销售	20	40%
商品查询	20	40%

如果要按场景计划，在开始运行时加载 25 个虚拟用户，那么 Controller 将按比例从各组加载虚拟用户，如表 4-18 所示。

表 4-18 进销存管理系统典型业务场景

Group Name（组名）	Quantity（数量）	占 比
商品订单	5	20%
商品销售	10	40%
商品查询	10	40%

从表 4-18 中，不难看出各组业务的占比未发生变化，即仍按原先的比例关系加载虚拟用户。需要提醒大家的是，按百分比模式设计场景时，也使用此规则。

2. Group（组）方式实例

有一个飞机订票系统，若要订票，先要注册成为该系统的用户，然后才能以注册的用户登录到系统预订机票。这种场景存在业务处理的先后顺序，此时就需要用到组方式，只有注册用户业务完成后，订票业务才能开始执行。

计划的“Run Mode（运行模式）”有两种：实际计划和基本计划。

3. Real-world schedule（实际计划）

默认情况下，场景根据模拟实际计划的用户定义操作组来运行。Vuser 组根据运行时设置中定义的迭代来运行，但可以定义每次运行多少个 Vuser、Vuser 应持续运行多长时间以及每次多少个 Vuser 停止运行。

4. Basic schedule（基本计划）

所有启用的 Vuser 组都按一个计划一起运行，每个组根据自己的运行时间设置运行。可以计划一次开始运行多少 Vuser，以及停止之前应运行多长时间。

为便于读者了解不通计划方式和运行模式组合的结果，整理了如图 4-119 所示的表格供大家参考。

运行模式 计划方式	Real-world schedule（实际计划）	Basic schedule（基本计划）
Scenario（场景）	所有参与的Vuser组均按一个计划一起运行。场景根据模拟实际计划的用户定义操作组来运行。可以安排每次多少个Vuser运行、运行多长时间以及每次多少个Vuser停止运行	所有参与的Vuser组都按一个计划一起运行，每个组根据自己的运行时设置运行。可以安排Vuser同时或逐渐开始和停止运行，并可以指定它们在停止之前应运行多长时间
Group（组） 注：以百分比模式查看场景时不适用	每个参与的Vuser组根据自己的已定义计划运行，模拟该Vuser组的实际计划。可以安排何时开始运行Vuser组，每次运行多少个Vuser、运行多长时间以及每次多少个Vuser停止运行	每个参与的Vuser组根据自己的计划运行，各自按照自己的运行时设置。对于每个Vuser组，可以安排同时或逐渐开始和停止运行多少个Vuser，并可以指定它们在停止之前应运行多长时间

图 4-119 计划方式和运行模式组合情况说明

4.9.5 全局计划和交互计划图

Global Schedule（全局计划）和 Interactive Schedule Graph（交互计划图）界面信息如图 4-120 所示。

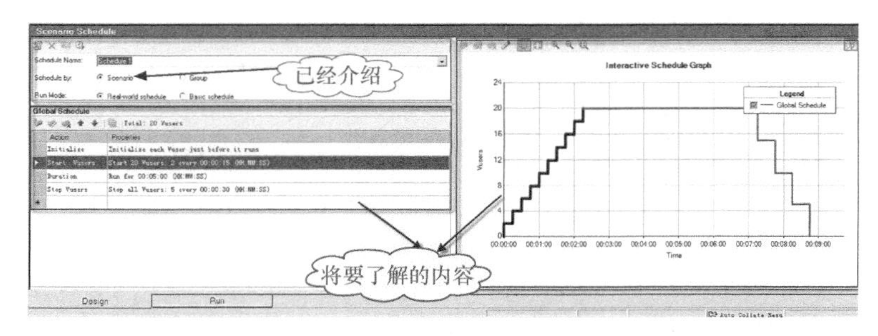

图 4-120 全局计划和交互计划图界面信息

如图 4-121 所示，双击“Initialize”条目，弹出“EditAction（编辑操作）”对话框。图 4-122 中各个选项的含义如表 4-19 所示。

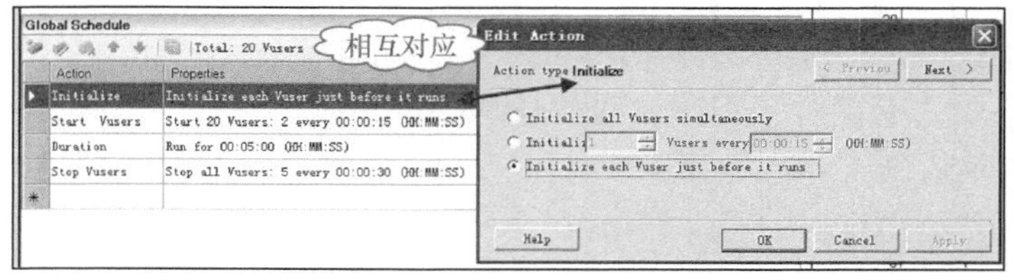

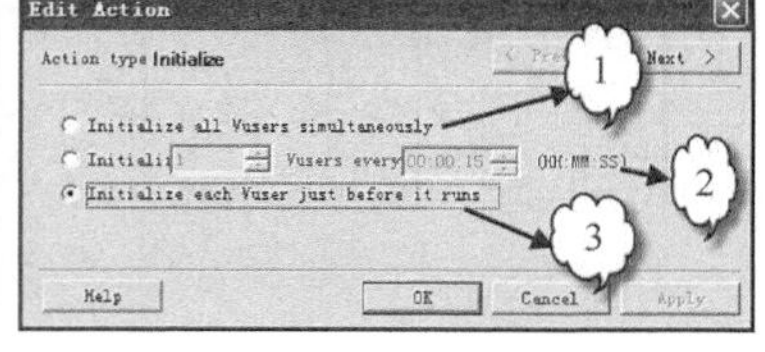

图 4-121 全局计划和编辑操作对话框　　图 4-122 编辑操作——初始化页对话框

表 4-19　　初始化 3 个选项含义说明

标示名称	说　明
1	Controller 在运行 Vuser 之前对所有 Vuser 同时进行初始化
2	Controller 在运行指定数目的 Vuser 之前，根据指定时间间隔（即以小时、分钟和秒为单位），对 Vuser 逐渐进行初始化
3	Controllerwe 在每个 Vuser 开始运行前对其进行初始化

双击“Start Vusers”条目，出现图 4-123 所示的对话题。这里需要说明的是图中 3 个方框圈中的内容是一致的，对“编辑操作”对话框或者“交互计划图”的内容进行编辑后，相应区域将同步更新变化。

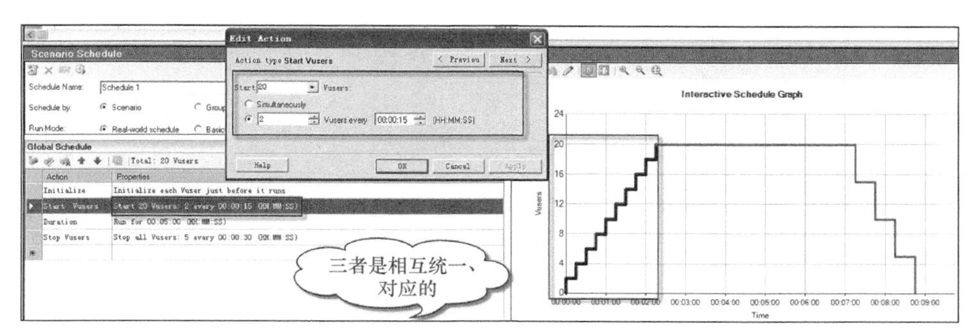

图 4-123　全局计划及编辑操作——起始用户相关信息

“Edit Action”对话框中两个选项（见图 4-124）的含义如表 4-20 所示。

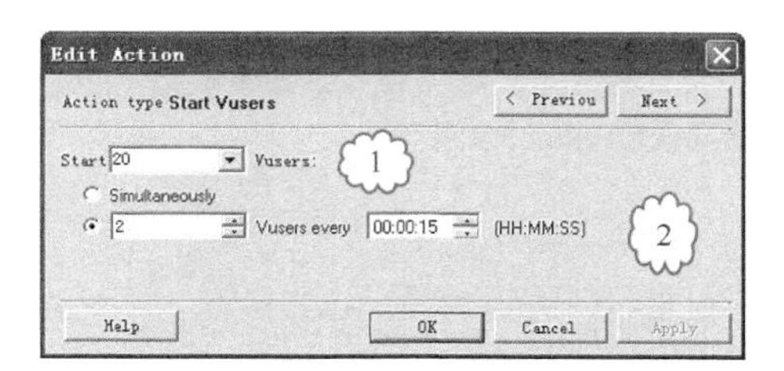

图 4-124　编辑操作——起始用户加载页对话框

表 4-20　**起始用户加载 2 个选项的含义说明**

标示名称	说　明
1	Controller 同时运行指定数目的 Vuser，默认选中该选项。结合图 4-123，第一个选项表示同时运行 20 个 Vuser
2	Controller 逐渐运行指定数目的 Vuser。也就是说，Controller 会分批运行 Vuser，等待指定的时间间隔后再运行指定数目的 Vuser。结合图 4-123，第二个选项表示每隔 15s 运行 2 个 Vuser，也就是说如果要运行 20 个用户（假设前面已执行的 Vuser 没有执行完对应的业务操作），需要 15×（10−1）=135s，即 2 分 15 秒的时间

【重要提示】

（1）Controller 仅在 Vuser 进入“Ready”状态时才开始运行 Vuser。

（2）在“Basic schedule（基本计划）”中，Controller 始终运行所有 Vuser，无论是同时运行，还是逐渐运行。在“Real-world schedule（实际计划）”中，可以选择要运行多少个 Vuser。

（3）设定逐渐启动 Vuser 时，在所有初始 Vuser 开始运行后又向场景添加 Vuser 组，新增加的 Vuser 组将立即开始运行。

双击“Duration（持续运行）”条目，出现图 4-125 所示的对话框。这里需要说明的是图中 3 个方框中的内容是一致的，对“编辑操作”对话框或者“交互计划图”的内容进行编辑后，相应区域将同步更新变化。

默认情况下，系统持续运行时间为 5 分钟，可以根据实际性能测试用例设计决定运行多久。标示为“1”的选项表示，场景将一直运行到所有 Vuser 运行结束，若选中此选项，则删除所有后续操作。标示为“2”的选项表示，场景在执行下一个操作之前，以当前状态运行指定的时间长度，默认为 5 分钟。

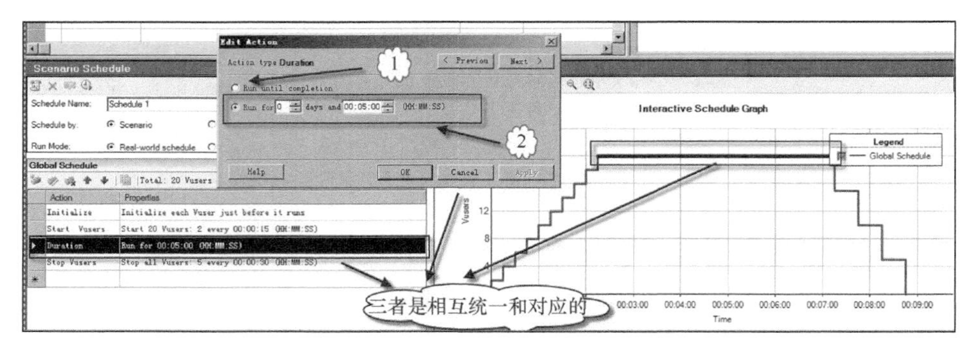

图 4-125 编辑操作——持续运行相关信息内容

如果在设计场景时，选择了“Basic schedule（基本计划）”，那么持续运行对话框会多出一个“Run indefinitely”选项，这个选项表示场景将无限期地执行，如图 4-126 所示。

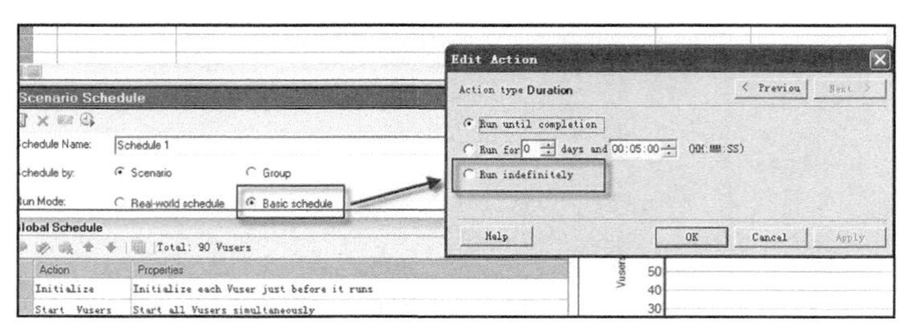

图 4-126 编辑操作——持续运行相关信息内容

平时用户在做性能测试过程中，通常会碰到这样的一条性能测试需求，即某系统对稳定性、可靠性要求高，需保证系统 7×24 小时不间断运行。那在进行性能测试分析、设计的时候，需要考虑该问题。一般情况下，不可能无限期地对这样的需求执行性能测试一年或者更长的时间。这就需要用连续的阶段性测试来模拟这种长时间持续的运行，通常用 3×24 或者 7×24 持续运行的复合业务场景的执行结果来评定系统是否能够高可靠的运行。当然，如果条件允许，也可以做更长时间的测试。通常，系统连续几天不间断地运行性能测试能够发现内存泄露、稳定性等方面的问题，需要对执行结果进行细致的分析，如果出现业务失败等情况，就需要查找原因，通过综合分析来确定系统是否达到了预期设定的需求。

双击“Stop Vusers”条目，将出现图 4-127 所示的对话框。这里需要说明的是图中 3 个方框中的内容是一致的，对“编辑操作”对话框或者“交互计划图”的内容进行编辑后，相应区域将同步更新变化。

默认情况下，停止运行虚拟用户为每隔 30s，停止 5 个 Vuser 运行，可以根据实际性能测试用例设计决定如何停止运行的虚拟用户。停止运行虚拟用户对话框中，标示为“1”的选项表示，场景立即停止所有运行的 Vuser，当然也可以设定一个数字，则场景立即停止指定数量的 Vuser。标示为“2”的选项表示，Controller 将逐渐停止运行指定数目的 Vuser，直到全部的 Vuser 均停止运行。

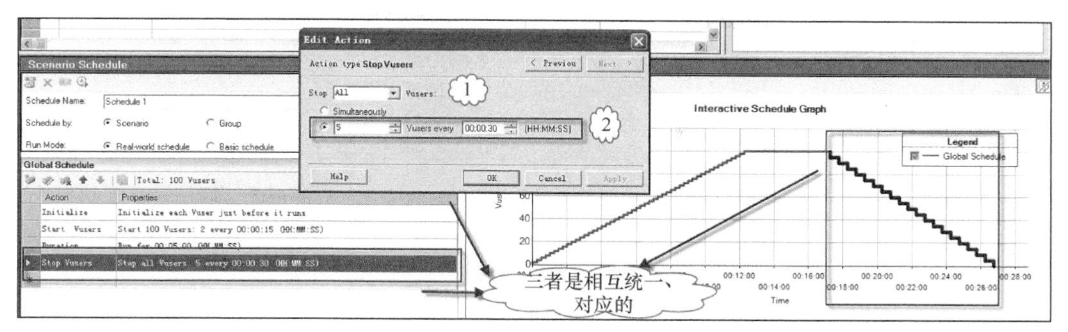

图 4-127 编辑操作——停止运行虚拟用户相关信息内容

LoadRunner 11.0 较 LoadRunner 8.0 在易用性和直观设计等方面有较大的提高，一个最显著的特征就是“Interactive Schedule Graph（交互计划图）”和“Service Level Agreement（服务水平协议）”。交互计划图提供场景计划的图形表示，可以在场景设计观察其加载、运行和释放虚拟用户的直观图示，并在运行期间观察计划的进度，如图 4-128 和图 4-129 所示。

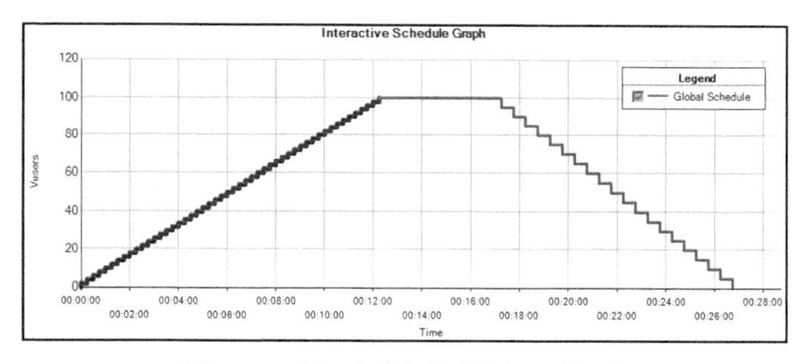

图 4-128 处于未执行状态的交互计划图

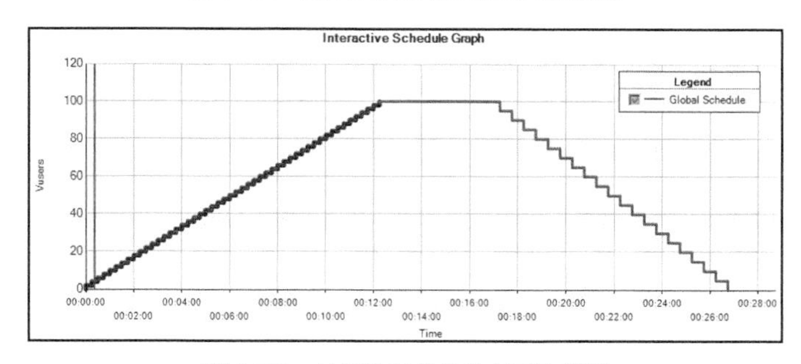

图 4-129 处于执行状态的交互计划图

从图 4-128 和图 4-129 中，细心的读者可能已经发现了它们有略微的一点不同就是，处于执行状态的“交互计划图”有一条红色的竖线标示目前场景的持续运行时间，以及目前所执行的阶段情况。

要通过“交互计划图”对场景进行设计，可以单击相应的工具栏按钮进行操作，如图 4-130 所示。

图 4-130 交互计划图相关工具栏按钮

图 4-130 中各按钮的用途及其限制使用条件等相关内容如表 4-21 所示。

表 4-21 交互计划图相关按钮说明

序号	按 钮 名 称	说　　明	限 制 条 件
1	New Action	添加一个新的操作	只有在 Real-world schedule（实际计划）且交互计划图处于编辑状态时才可用，否则显示为灰色（即不可用状态）
2	Split Action	拆分操作是将选定的线条拆分为两段。“操作”网格中的原始操作拆分为两个相同的操作，每个代表原始操作的一半。例如要拆分启动 10 个 Vuser 的“Start Vuser”操作，将生成两个“Start Vuser”操作，每一个启动 5 个 Vuser。如图 4-131 和图 4-132 所示	
3	Delete Action	删除所选的操作	
4	Edit/View Mode	将图在编辑模式和查看模式间切换	只有在 Real-world schedule（实际计划）中才有效
5	Show selected Group	场景运行期间暂停计划。当计划暂停时，用于指示计划进度的红色竖线将冻结	仅在场景运行时可用
6	Open Full View	将在单独的窗口中打开图	计划窗格的交互图中提供的所有选项同时也在完整视图窗口中提供
7	Zoom in	放大图的 x 轴，即展开该图，以更短的时间间隔查看	
8	Zoom out	缩小图的 x 轴，即以更长的时间间隔查看	
9	Zoom Reset	恢复 x 轴上显示的默认时间间隔	

从图 4-131 和图 4-132 中不难发现，它们都是 1 分钟加载 10 个虚拟用户，每次都是针对选中的线条（粗线条代表当前选中的线条）进行拆分，且拆分为 2 个相同的操作，每个代表原始操作的一半。

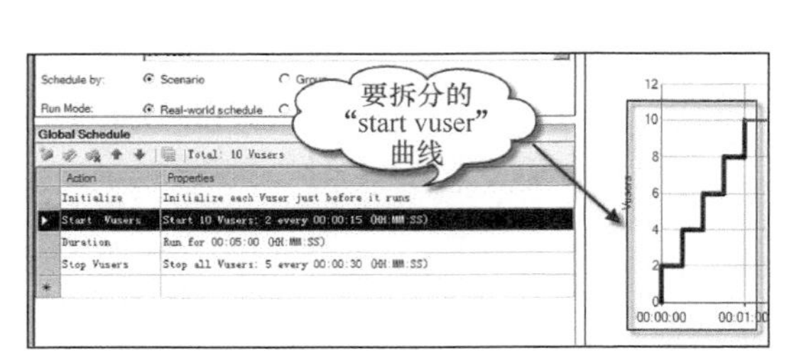

图 4-131 启动虚拟用户未拆分前的图示信息

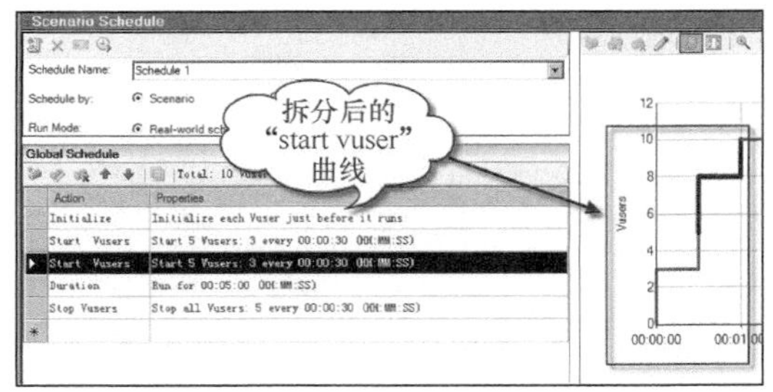

图 4-132 启动虚拟用户拆分后的图示信息

4.9.6 服务水平协议（SLA）

Service Level Agreement（服务水平协议）是在场景执行之前定义的相应负载测试目标，在场景运行之后，Analysis 将这些指标与在运行过程中收集和存储的性能相关数据与定义的目标进行比较，然后确定是通过还是失败。

下面结合飞机订票系统的订票业务来定义一个服务水平协议，单击图 4-133 所示的【New】按钮，弹出“服务水平协议 - 目标定义”对话框，如图 4-134 所示。

如果希望下次该对话框不出现可以选中“Skip this page next time.”复选框，而后单击

【Next】按钮。

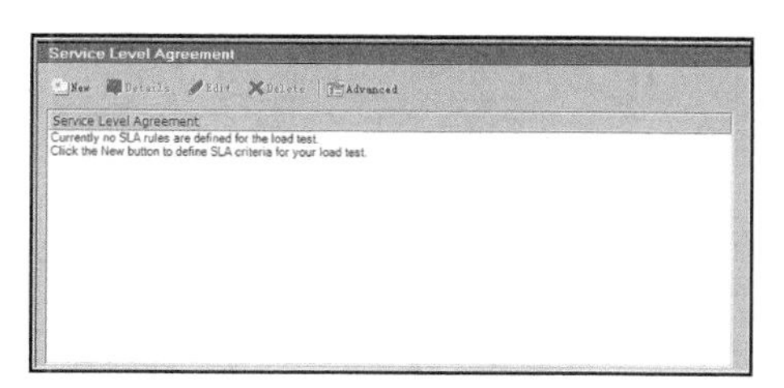

图 4-133 服务水平协议相关信息

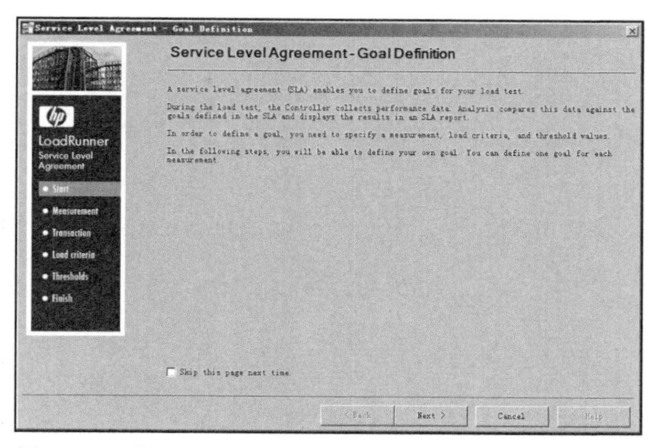

图 4-134 “Service Level Agreement – Goal Definition”对话框

这里选择“Transaction Response Time”作为度量目标，在事务的响应时间后有两个选项：“Percentile”和“Average”，它们分别代表以百分比形式（默认是 90%）和平均值方式，这里选择百分比方式，如图 4-135 所示，单击【Next】按钮，显示图 4-136 所示的对话框。

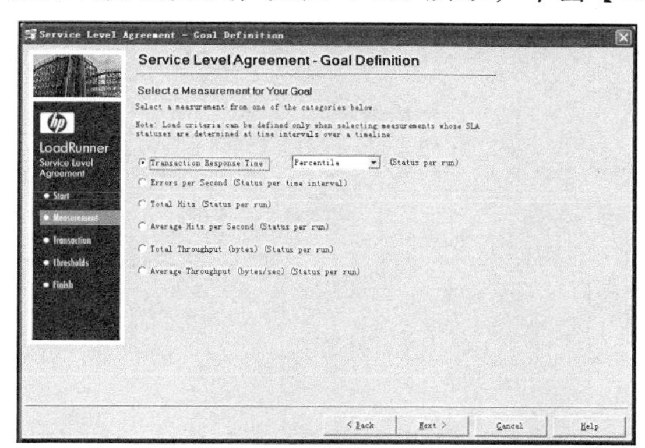

图 4-135 “Service Level Agreement – Goal Definition”选中度量目标对话框

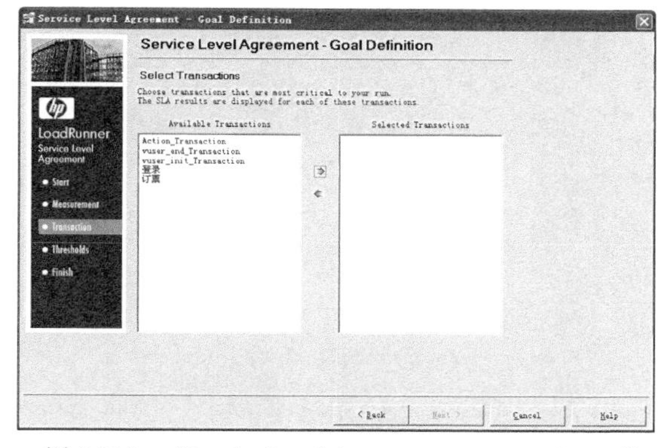

图 4-136 “Service Level Agreement – Goal Definition”选择事务对话框

这里选择“登录”和“订票”两个业务，如图 4-137 所示，相应的脚本代码如下。

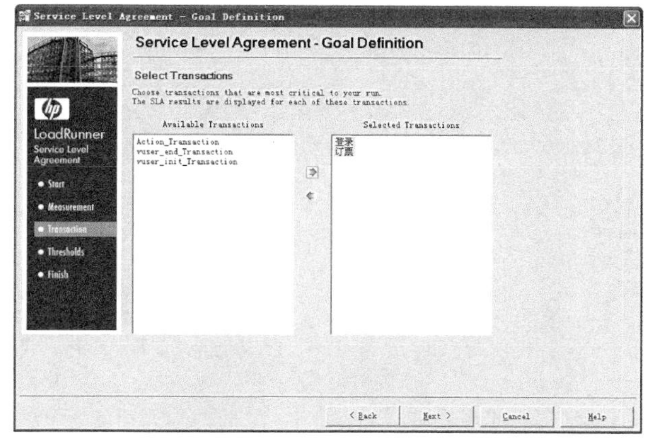

图 4-137 “Service Level Agreement – Goal Definition”选择事务后的对话框

```
#include "web_api.h"

Action()
{
    web_url("MercuryWebTours",
        "URL=http://localhost/MercuryWebTours/",
        "Resource=0",
        "RecContentType=text/html",
        "Referer=",
        "Snapshot=t1.inf",
        "Mode=HTML",
        LAST);

    lr_start_transaction("登录");

    web_submit_form("login.pl",
        "Snapshot=t2.inf",
        ITEMDATA,
        "Name=username", "Value={username}", ENDITEM,
        "Name=password", "Value=1", ENDITEM,
        "Name=login.x", "Value=57", ENDITEM,
        "Name=login.y", "Value=10", ENDITEM,
        LAST);

    lr_end_transaction("登录", LR_AUTO);

    lr_start_transaction("订票");

    web_image("Search Flights Button",
        "Alt=Search Flights Button",
        "Snapshot=t3.inf",
        LAST);

    web_submit_form("reservations.pl",
        "Snapshot=t4.inf",
        ITEMDATA,
        "Name=depart", "Value=Denver", ENDITEM,
        "Name=departDate", "Value=05/21/2009", ENDITEM,
        "Name=arrive", "Value=London", ENDITEM,
        "Name=returnDate", "Value=05/22/2009", ENDITEM,
        "Name=numPassengers", "Value=1", ENDITEM,
        "Name=roundtrip", "Value=<OFF>", ENDITEM,
        "Name=seatPref", "Value=Window", ENDITEM,
        "Name=seatType", "Value=Coach", ENDITEM,
        "Name=findFlights.x", "Value=58", ENDITEM,
        "Name=findFlights.y", "Value=17", ENDITEM,
        LAST);

    web_submit_form("reservations.pl_2",
        "Snapshot=t6.inf",
        ITEMDATA,
        "Name=outboundFlight", "Value=020;338;05/21/2009", ENDITEM,
        "Name=reserveFlights.x", "Value=93", ENDITEM,
        "Name=reserveFlights.y", "Value=10", ENDITEM,
        LAST);

    web_submit_form("reservations.pl_3",
```

```
        "Snapshot=t6.inf",
        ITEMDATA,
        "Name=firstName", "Value={username}", ENDITEM,
        "Name=lastName", "Value=1", ENDITEM,
        "Name=address1", "Value=1", ENDITEM,
        "Name=address2", "Value=1", ENDITEM,
        "Name=pass1", "Value=1", ENDITEM,
        "Name=creditCard", "Value=", ENDITEM,
        "Name=expDate", "Value=", ENDITEM,
        "Name=saveCC", "Value=<OFF>", ENDITEM,
        "Name=buyFlights.x", "Value=81", ENDITEM,
        "Name=buyFlights.y", "Value=9", ENDITEM,
        LAST);

    lr_end_transaction("订票", LR_AUTO);

    return 0;
}
```

设置的 SLA 为“登录”事务响应时间 90%以上要求小于 0.5s，“订票”事务响应时间 90%以上要求小于 3s，如图 4-138 所示。

设置完成后，单击【Next】按钮，出现图 4-139 所示的对话框，如果还需要设定另外的 SLA，则选中“Define another SLA”复选框，否则单击【Finish】按钮，完成服务水平协议目标的定义。

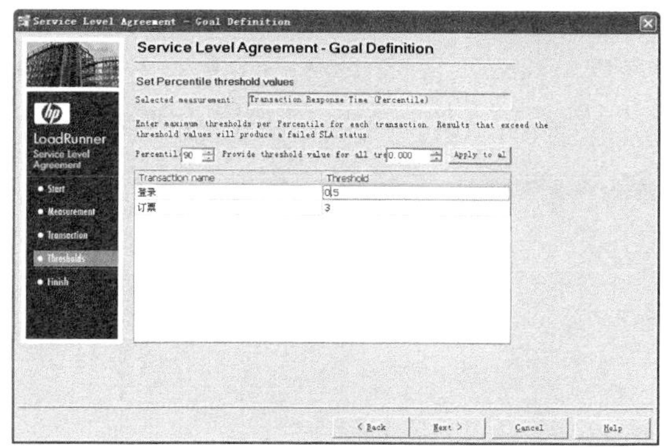

图 4-138 “Service Level Agreement–Goal Definition”设置事务百分比阈值对话框

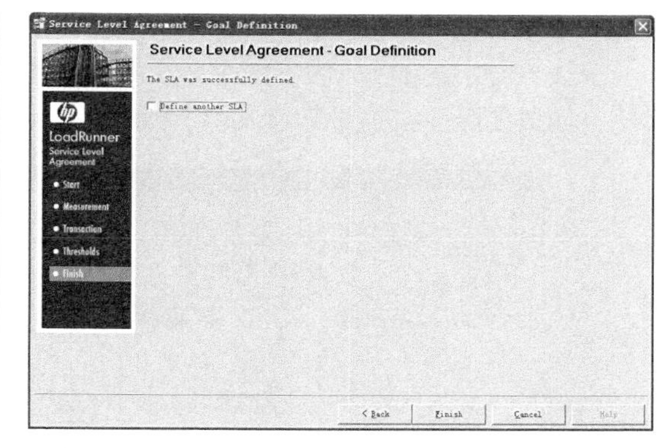

图 4-139 “Service Level Agreement – Goal Definition”设置完成对话框

设置相应 SLA 以后，在场景设计界面右上角的“Service Level Agreement”界面中成功添加一个“Transaction Response Time（Percentile）”条目，如图 4-140 所示。

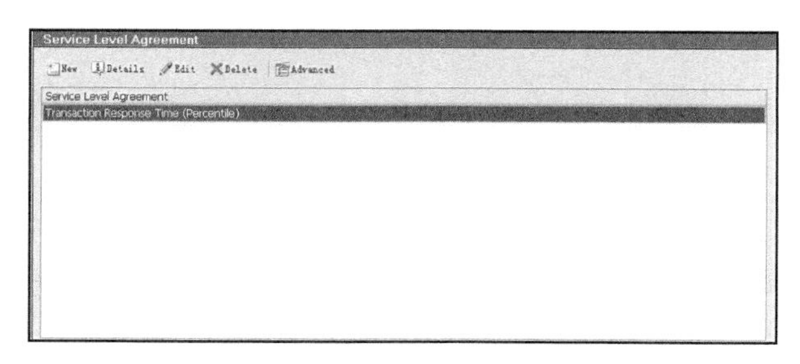

图 4-140 “Service Level Agreement”相关信息

单击【Details】按钮，显示已定义的目标详细信息，如图 4-141 所示。

单击【Advanced】按钮，显示已定义的目标详细信息，如图 4-142 所示。

Service Level Agreement - details

Goal Details

Measurement: Transaction Response Time (Percentile)

Expected values:

Transaction Name	90 Percentile
登录	0.5
订票	3

Help Close

图 4-141 “Service Level Agreement - details”相关信息

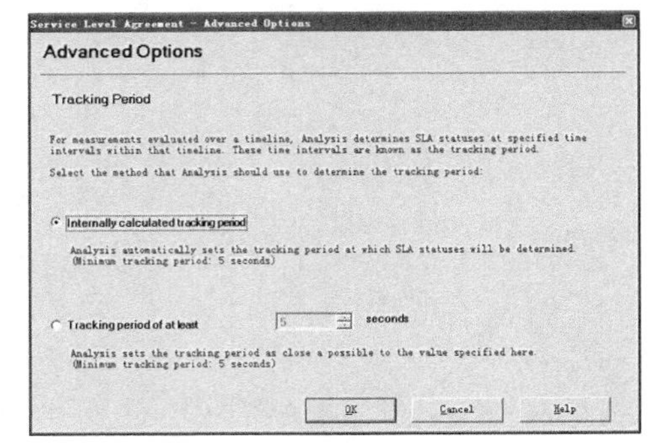

图 4-142 “Service Level Agreement –Advanced Options”相关信息

图 4-142 中的第一个单选按钮表示 Analysis 应用在考虑为场景定义的聚合粒度的情况下，跟踪期的值设置得尽可能小。该值至少为 5s。它使用以下公式：跟踪期=最大值（5s，聚合粒度）；第二个单选按钮表示 Analysis 应用将跟踪期设置为大于或等于所选值（X）且最靠近 X 的场景聚合粒度倍数。对于此选项，Analysis 使用以下公式：跟踪期=最大值（5s，m（聚合粒度）），其中 m 是场景聚合粒度的倍数，因此 m（聚合粒度）大于或等于 X。例如，如果选择的跟踪期 X=10，且场景的聚合粒度为 6，那么跟踪期将设置为大于或等于 10 且最靠近 10 的 6 的倍数，即跟踪期= 12。

定义 SLA 度量目标后，结果分析报告将定义的度量内容及其阀值设置与实际运行结果进行对比，如果实际运行结果超过阀值，则显示红色的“×”标记，如图 4-143 和图 4-144 所示。

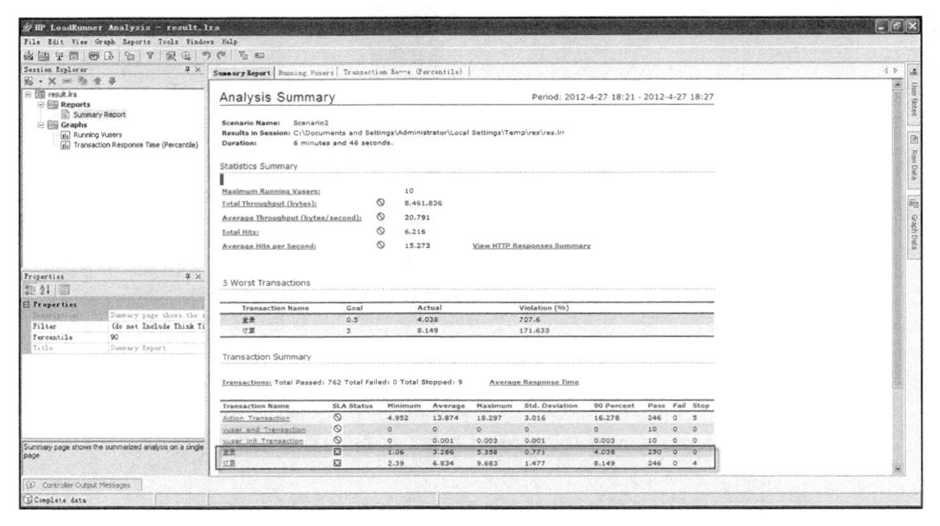

图 4-143 “Analysis Summary”相关信息

从图 4-144 中不难看出 90%的登录事务平均响应时间为 4.038s，其数值要大于当时设定的目标 0.5s，故在结果分析概要信息中，“SLA Status”显示为失败（Fail），如果在目标范围之内，则显示为通过（Pass）。同时另外 3 个事务由于在 SLA 目标定义过程中没有定义，所以其状态为非度量数据（No Data）。

5 Worst Transactions

Transaction Name	Goal	Actual	Violation (%)
登录	0.5	4.038	707.6
订票	3	8.149	171.633

Transaction Summary

Transactions: Total Passed: 762 Total Failed: 0 Total Stopped: 9   Average Response Time

Transaction Name	SLA Status	Minimum	Average	Maximum	Std. Deviation	90 Percent	Pass	Fail	Stop
Action_Transaction	⊘	4.952	13.874	18.297	3.016	16.278	246	0	5
vuser_end_Transaction	⊘	0	0	0	0	0	10	0	0
vuser_init_Transaction	⊘	0	0.001	0.003	0.001	0.003	10	0	0
登录	☒	1.06	3.286	5.358	0.771	4.038	250	0	0
订票	☒	2.39	6.834	9.683	1.477	8.149	246	0	4

Service Level Agreement Legend: ✓ Pass ☒ Fail ⊘ No Data

图 4-144 “Analysis Summary”平均事务响应时间等相关信息

除了百分比方式，还可以选择平均值方式，如图 4-145 所示。

单击【Next】按钮，显示事务选择相关信息内容，如图 4-146 所示。

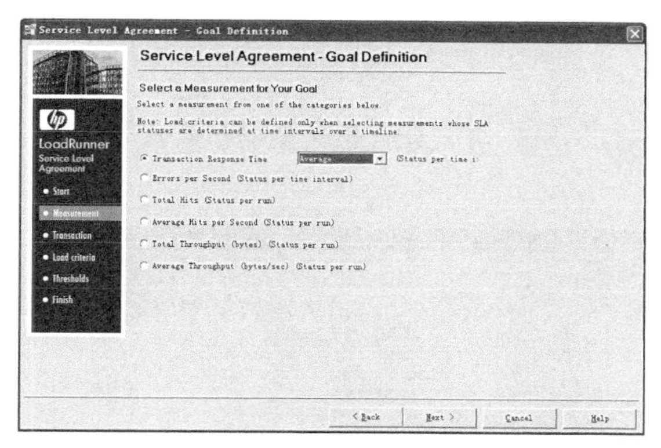

图 4-145 “服务水平协议”平均事务响应时间平均值方式

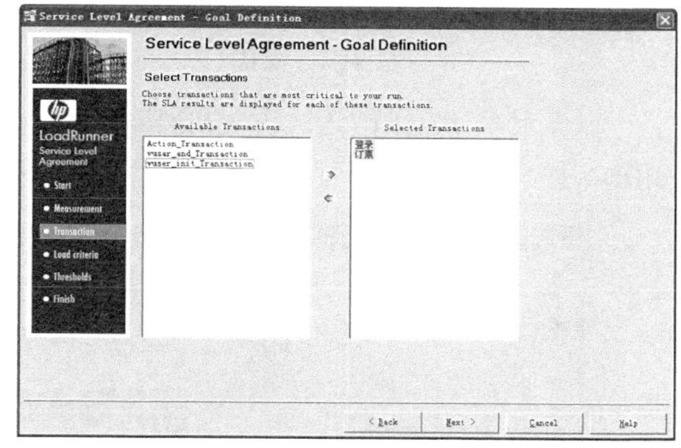

图 4-146 选择要设定的事务名称

单击【Next】按钮，显示负载条件设置相关信息，如图 4-147 所示。如要查看系统运行在不同虚拟用户数量时，对平均事务响应时间的影响，则在负载条件下拉列表框中选择“Running Vusers”。再根据业务情况，填写对应不同情形的负载虚拟用户数量范围：在这里假设将少于 10 个虚拟用户视为轻负载，将 10～20 个虚拟用户视为平均负载，大于或等于 20 个虚拟用户视为重负载，如图 4-147 所示。

单击图 4-147 中的【Next】按钮，显示阀值定义的相关信息，可以依据具体情况进行设置，如图 4-148 所示。

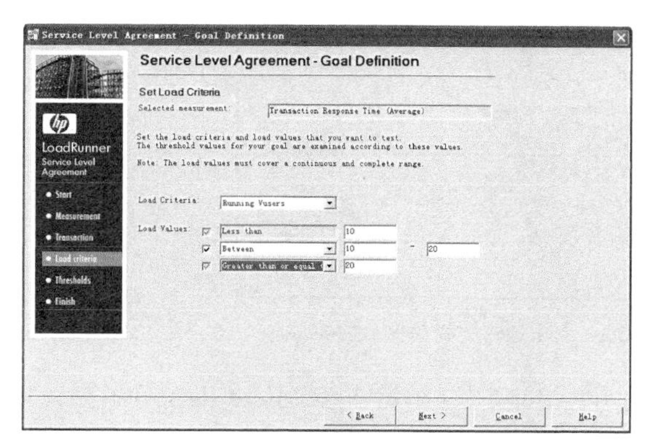

图 4-147 设置负载条件

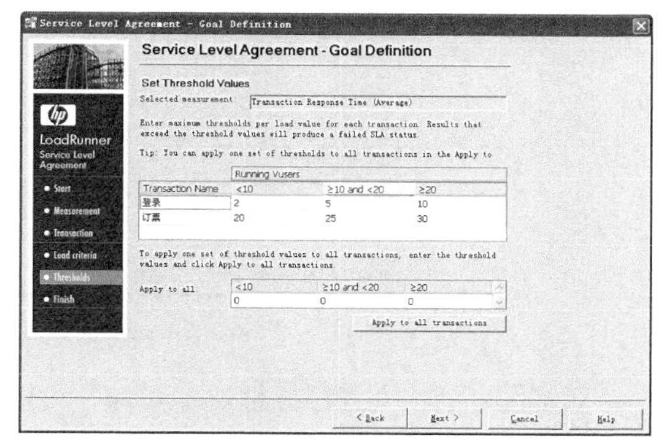

图 4-148 设置阈值

单击【Next】按钮，显示设置完成的相关信息，如图 4-149 所示。

设置完成之后，将在场景设计界面显示如图 4-150 所示的信息。

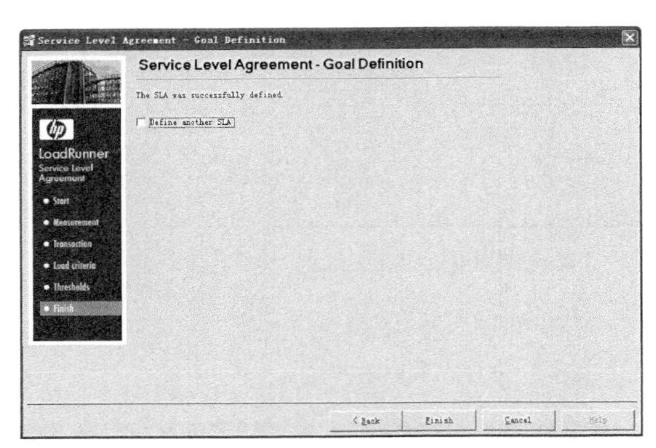

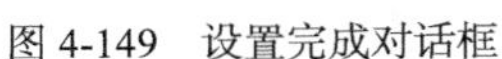
图 4-149 设置完成对话框

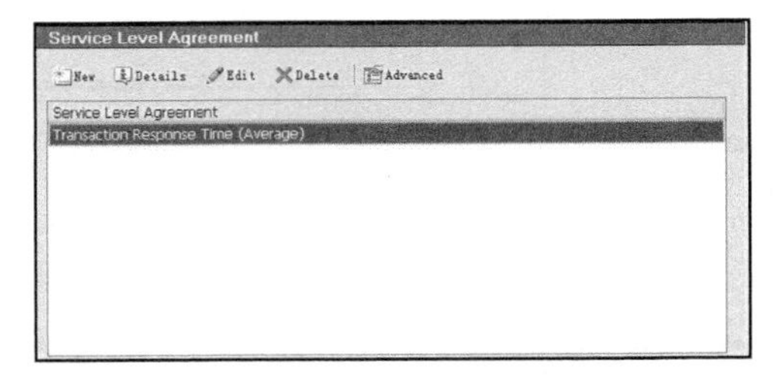

图 4-150 相关信息内容

服务水平协议相关信息设定完毕后，可以执行场景，而后查看相应结果的概要等信息，如图 4-151 和图 4-152 所示。

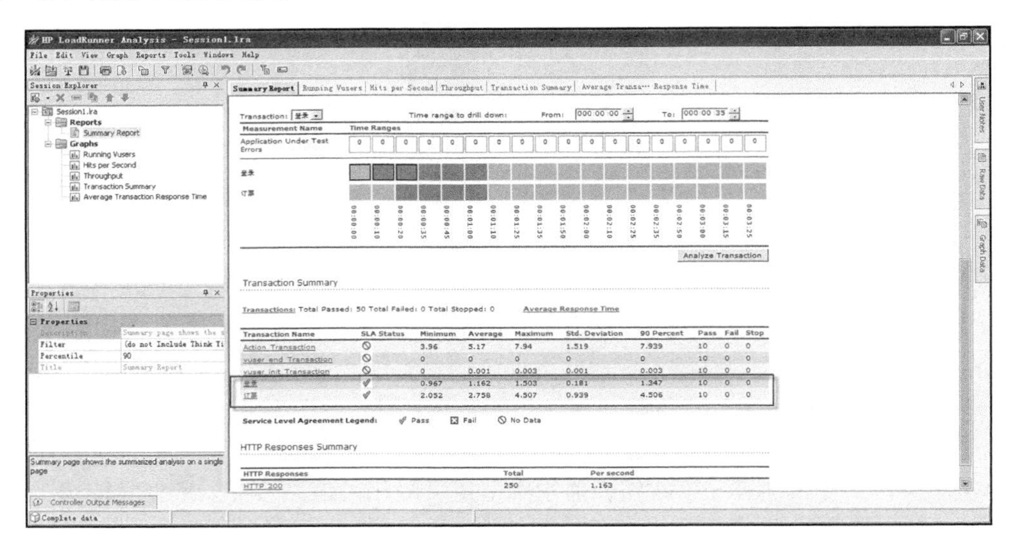

图 4-151 “Analysis Summary”相关信息

Transaction Summary

Transactions: Total Passed: 50 Total Failed: 0 Total Stopped: 0 Average Response Time

Transaction Name	SLA Status	Minimum	Average	Maximum	Std. Deviation	90 Percent	Pass	Fail	Stop
Action_Transaction	⦸	3.96	5.17	7.94	1.519	7.939	10	0	0
vuser_end_Transaction	⦸	0	0	0	0	0	10	0	0
vuser_init_Transaction	⦸	0	0.001	0.003	0.001	0.003	10	0	0
登录	✓	0.967	1.162	1.503	0.181	1.347	10	0	0
订票	✓	2.052	2.758	4.507	0.939	4.506	10	0	0

Service Level Agreement Legend: ✓ Pass ☒ Fail ⦸ No Data

图 4-152 “Analysis Summary-Transaction Summary”相关信息内容部分

双击图 4-152 中红色方框所示对勾，可以打开“Service Level Agreement Report”页，如图 4-153 所示，在这里可以看到初始时设置的对应阈值内容。

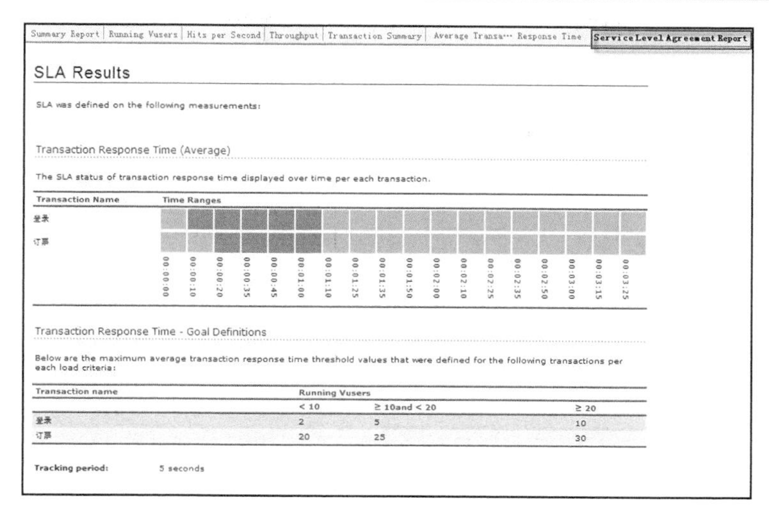

图 4-153 “Service Level Agreement Report”页相关信息

4.10 负载生成器

在进行性能测试的时候，可能需要模拟大量的虚拟用户。负载是需要耗费系统资源的，如 CPU、内存、磁盘空间等，模拟虚拟用户越多，就意味着需要更多的资源，那么当一台机器资源模拟不了太多的虚拟用户时，负载机就成性能测试的瓶颈（即负载机本身由于系统相关资源问题，模拟不了既定的虚拟用户数量，而无法对被测试系统增加负载量）。

LoadRunner 提供了负载生成器（Load Generator）来解决这个问题。简单地说，Load Generator 是 Controller 在场景运行过程中运行虚拟用户脚本的计算机。它将负载的虚拟用户分配给多个负载机，利用这些机器的硬件资源模拟大量的虚拟用户，对被测试系统施加更大的压力。下面介绍如何利用负载生成器。

有两种方式打开“Load Generator”，第 1 种方式是单击【Scenario】>【Load Generators】命令，第 2 种方式是单击工具栏中的“Load Generator”按钮，如图 4-154 所示。

通过上述两种方式的任一方式，启用“Load Generator”应用后，显示图 4-155 所示的对话框。

图 4-155 所示对话框中，工具条按钮的功能如表 4-22 所示。

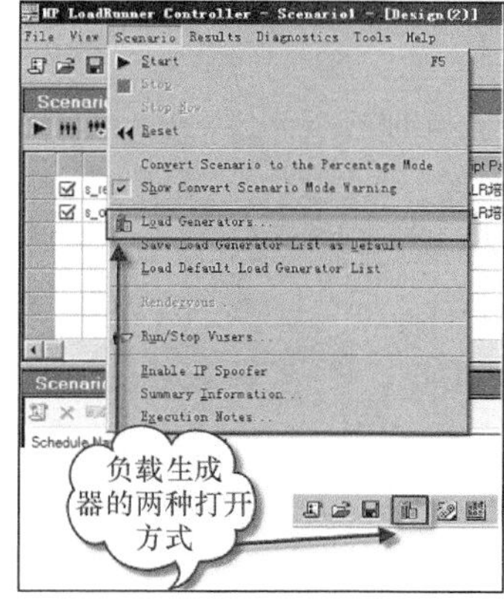

图 4-154 “Load Generator”应用的两种启用方式

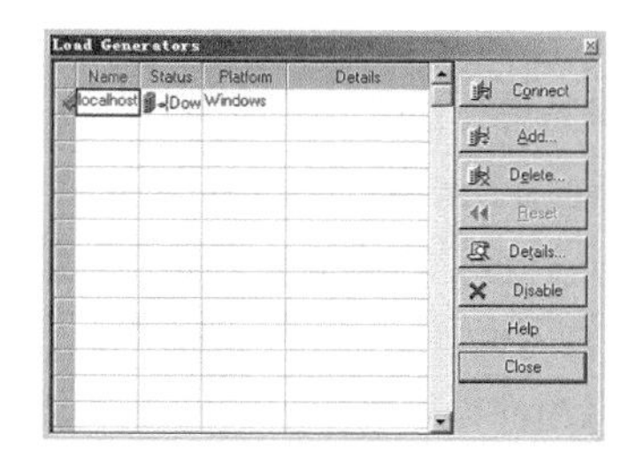

图 4-155 “Load Generators”对话框

表 4-22　　　　　　　　　负载生成器工具条按钮说明

序号	按钮名称	功能说明
1	Connect	可以单击该按钮连接场景的 Load Generator，其状态将从“Down”变为“Ready”，如图 4-156 所示
2	Add…	可以添加一个新的 Load Generator。当添加一个 Load Generator 时，默认其状态设置为“Down”，直到建立连接，如图 4-157 所示
3	Delete	可以单击该按钮从列表中删除 Load Generator，仅在 Load Generator 断开连接时才能将其删除，处于连接状态时，该按钮不可用
4	Reset	可以单击该按钮，尝试重置失败的连接
5	Detai	可以单击该按钮，查看和修改列表中所选的 Load Generator 的相关信息，如图 4-158 所示
6	Disable	可以单击该按钮，禁用或启用 Load Generator。当 Load Generator 被禁用时，它的名称（Name）、状态（Status）、平台（Platform）和详细信息（Details）都显示为灰色，如图 4-159 所示
7	Help	可以单击该按钮，打开 LoadRunner 的帮助文档，如图 4-160 所示
8	Close	可以单击该按钮，关闭“Load Generators”对话框

单击【Add】按钮，弹出“Add New Load Generator”对话框，在“Name”文本框中输入机器名称或者 IP 地址，这里输入“196.168.0.100”，而后单击【OK】按钮，在“Load Generators”列表中新增一个负载生成器，如图 4-157 所示。

下面介绍各选项卡的功能。

● Vuser Limits：可以通过该选项卡修改 Load Generator 能够运行的 GUI、RTE 和其他 Vuser 的最大数量。

● Security：可以通过该选项卡设置允许通过防火墙监控或运行 Vuser。如果 Load Generator 是 localhost，则禁用此页。如果 Load Generator 已连接，则无法更改选项卡中的值，需要断开 Load Generator 的连接。

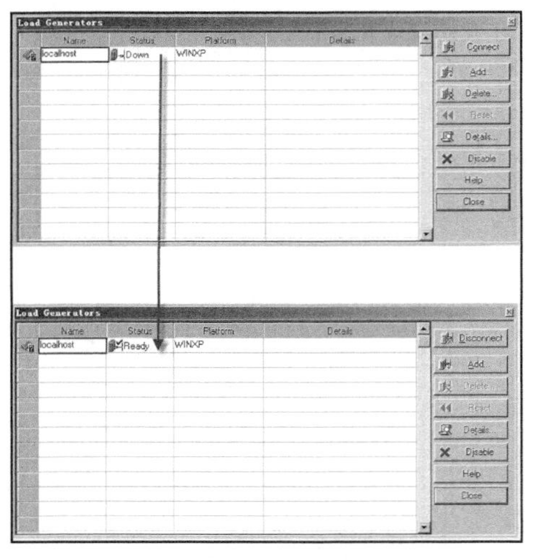

图 4-156　“Load Generators”连接后的状态变化

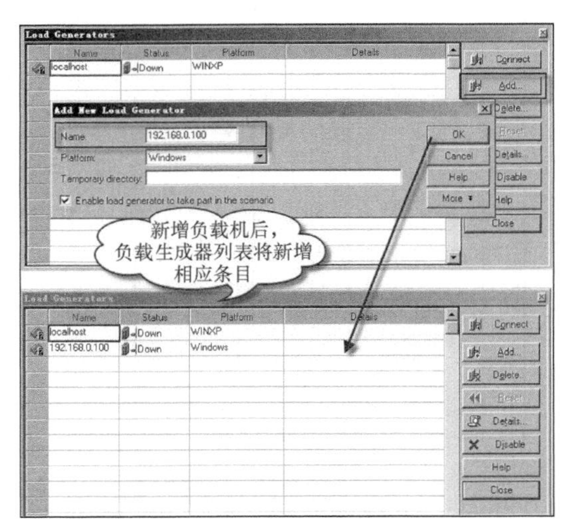

图 4-157　“Load Generators”添加负载机

● WAN Emulation：可以通过该选项卡启用 WAN 模拟。要启用 WAN 仿真器，必须断开 Load Generator 的连接。但是满足以下条件时，此选项将禁用。Load Generator 正在 UNIX 平台上运行、未安装 WAN 模拟第三方软件、Load Generator 也是 Controller。

● Terminal Services：可以通过该选项卡将运行在负载测试场景中的 Vuser 分配到终端服务器上。

- Status：可以通过该选项卡了解有关 Load Generator 状态的详细信息。
- Run-Time File Storage：可以通过该选项卡从各个 Load Generator 收集性能数据的结果目录。可以在该选项卡指定的目录中存储在所选的 Load Generator 上收集的结果文件。如果 Load Generator 是 localhost，则 LoadRunner 将脚本和结果存储在共享网络驱动器上，而且此选项卡上的选项全部禁用。如果通过防火墙进行监控，则此选项卡的设置不是相关的。

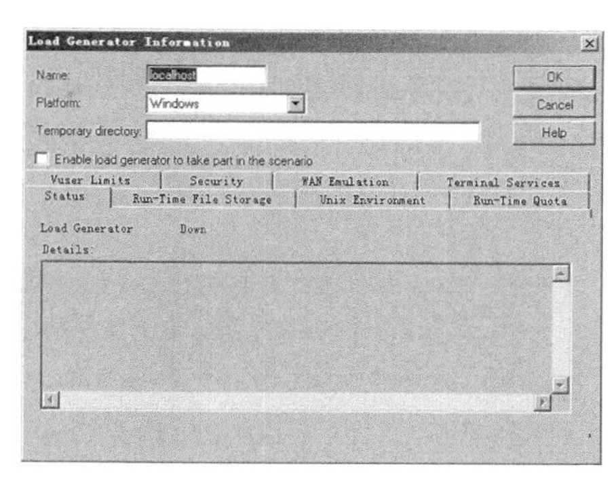

图 4-158 “Load Generator Information”对话框

- UNIX Environment：可以通过该选项卡为每个 UNIX Load Generator 配置登录参数和 shell 类型。
- Run-Time Quota：可以通过该选项卡为 Load Generator 初始化或停止的 Vuser 类型的最大数量。设置“一次可以初始化的 Vuser 数”，当前 Load Generator 可以同时初始化的 Vuser 最大数量默认为 50，可以设置的最大值为 999。“一次可以停止的 Vuser 数”默认为 50，可以设置的最大为 1000000。

图 4-159 “Load Generators”对话框

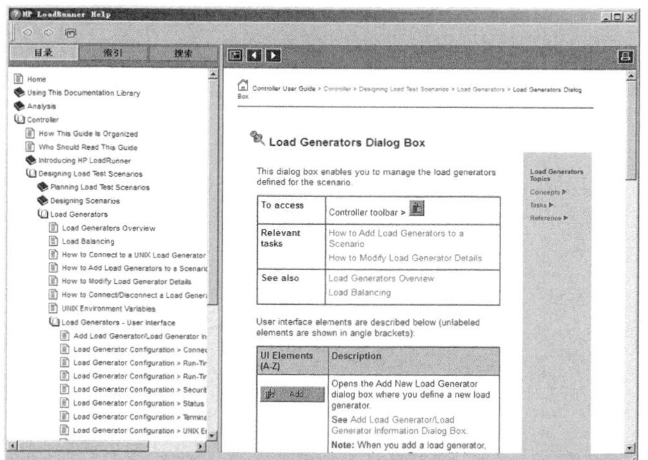

图 4-160 “HP LoadRunner Help”文档

在百分比模式的手动场景以及面向目标的场景中可以使用负载平衡。负载平衡就是在所请求的 Load Generator 之间均匀分配 Vuser 生成的负载，确保准确测试负载。当 Load Generator 的 CPU 使用率过载时，Controller 将在负载过重的 Load Generator 上停止加载 Vuser，并自动将它们分配给参与场景的其他 Load Generator。只有场景中没有其他 Load Generator 时，Controller 才会停止加载 Vuser。可以使用 Load Generator 对话框中的图标监控计算机 CPU 的使用率，当 Load Generator 的 CPU 使用率出现问题时，Load Generator 名称左侧的图标包含一个黄杠。当计算机负载过重时，该图标包含一个红杠，处于就绪状态则显示为绿杠（由于本书采用黑白印刷，具体颜色参考实际软件页面），如图 4-161 所示。

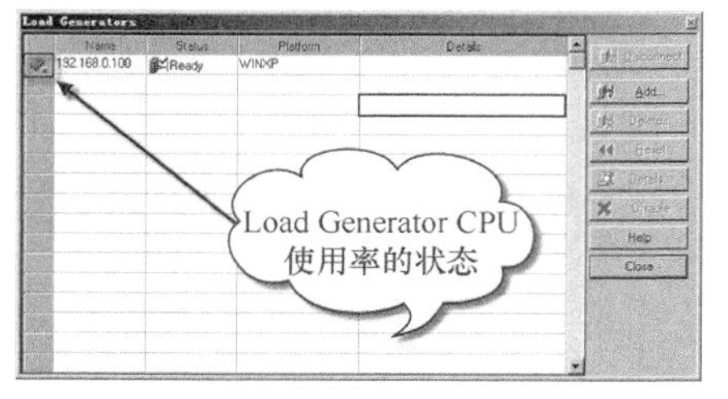

图 4-161 “Load Generators”对话框

可以在场景设计时，将指定的 Vuser 指定为负载机，如图 4-162 所示。在指定负载机之前，最好连接测试是否可以建立连接。在日常工作中有时会遇到由于网络或者配置的问题而无法建立连接，所以此连接测试很重要。需要保证负载机处于“就绪”状态，当负载机处于“就绪”状态时，系统的工具栏中将显示图标，如图 4-163 所示。还可以双击该图标，查看不同状态的虚拟用户数量，如图 4-164 所示。

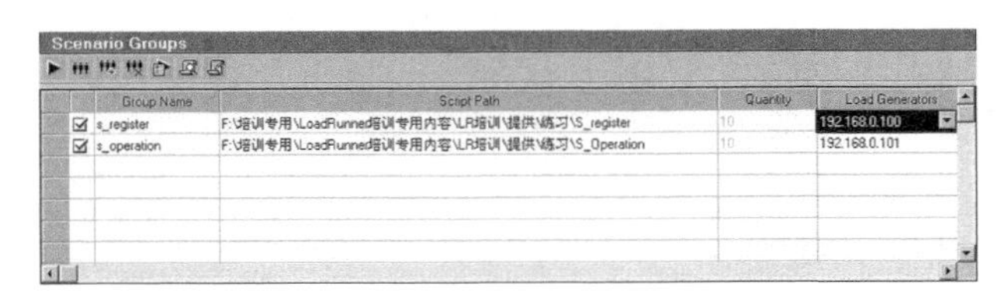

图 4-162 场景设计为业务脚本组指定“Load Generators”

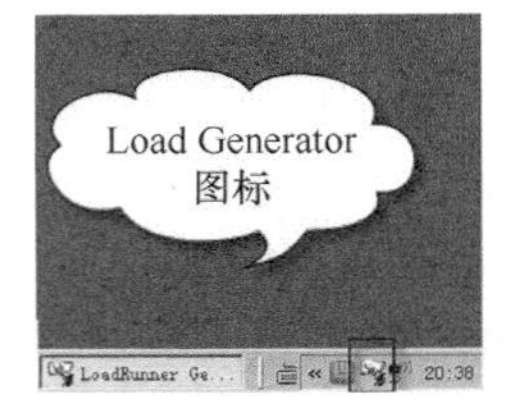

图 4-163 系统状态栏中的“Load Generator”图标

可以单击“AgentConfig.exe”来启动“终端管理服务管理器”程序，如图 4-165 所示。可以根据实际情况启用“Enable Terminal Services”和“Enable Firewall Agent”，即启用终端服务和防火墙代理，如图 4-166 和图 4-167 所示。

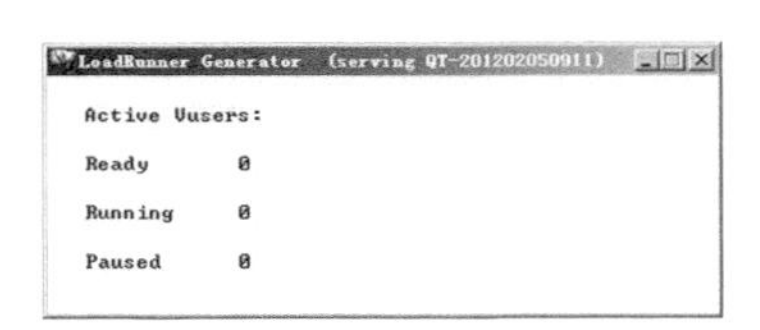

图 4-164 Load Generator”信息对话框

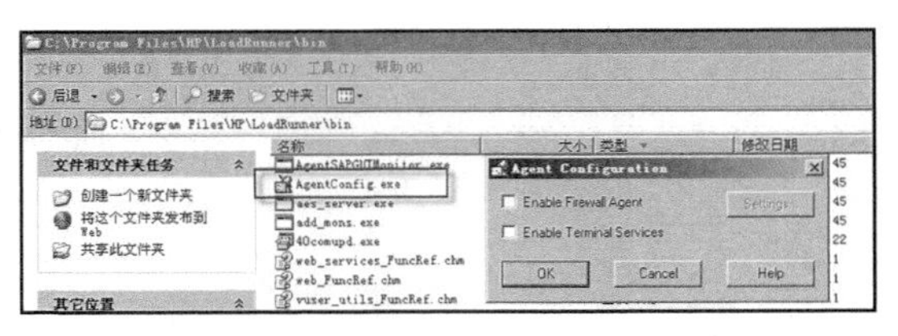

图 4-165 “Agent Configuration”相关信息

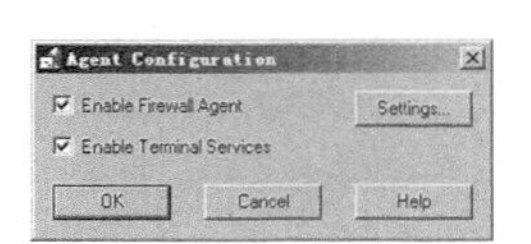

图 4-166 “Agent Configuration”对话框

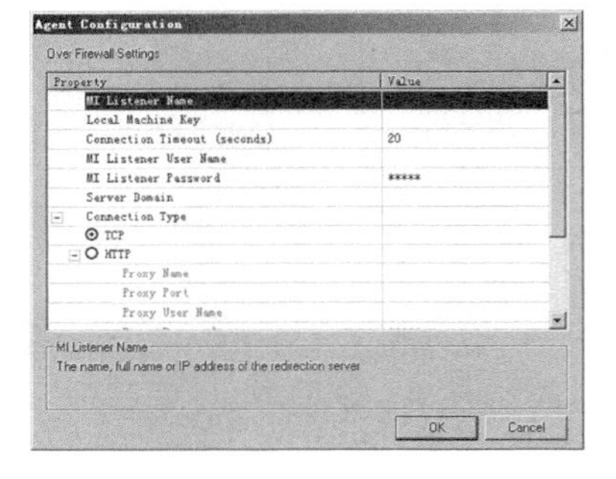

图 4-167 “Agent Configuration”对话框

4.11 IP Wizard 的应用

投票系统通常限制一票多投，即一个 IP 只能投一次选票。这是最常用的防止投票作弊的处理方法。也许用户也要做其他类似防作弊系统的性能测试，那么一台机器仅能投一次选票肯定不能满足性能测试的需要，有没有方法可以用一台机器模拟多个 IP 地址进行投票呢？答案是肯定的，LoadRunner 中的 IP Wizard”可以模拟出多个 IP 地址，在进行负载时可以指定让不同的虚拟用户使用不同的 IP 地址，完成类似投票系统的业务操作。

下面介绍如何启动 IP Wizard，在负载时又是如何应用 IP 欺骗技术的。

1. IP Wizard 配置与应用

单击【开始】>【程序】>【HP LoadRunner】>【Tools】>【IP Wizard】命令，启动了 IP Wizard，如图 4-168 所示。

IP Wizard 有以下 3 个选项。

（1）创建新配置：可以增加新的 IP。

选择创建新配置选项，而后单击【下一步】按钮，在图 4-169 所示的对话框中输入服务器的 IP 地址，检查服务器的路由表，以确定向负载生成器添加新的 IP 地址后，路由表是否需要更新。然后单击【下一步 N】按钮，出现图 4-170 所示的对话框。

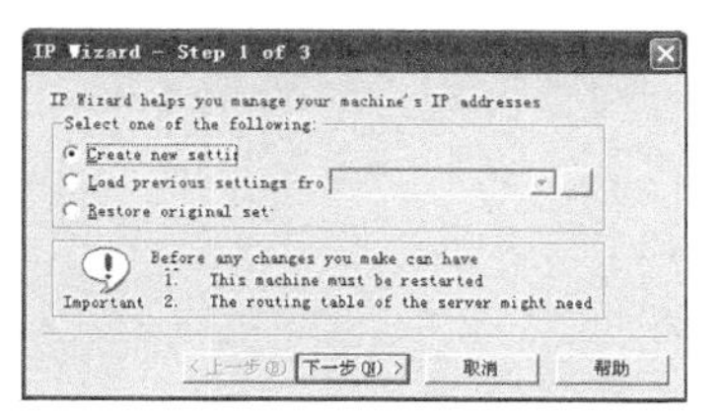

图 4-168 “IP Wizard”对话框

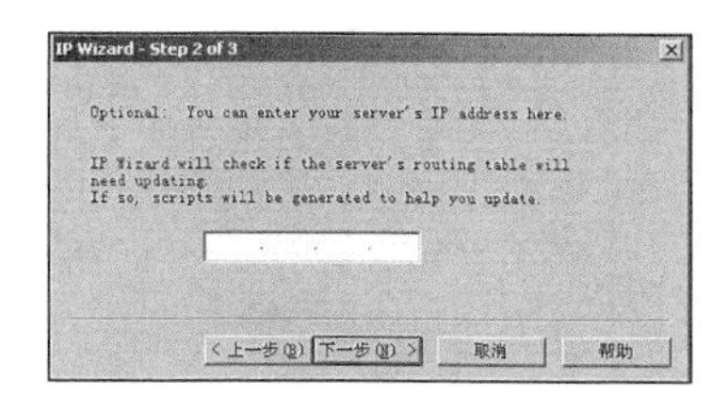

图 4-169 服务器 IP 输入对话框

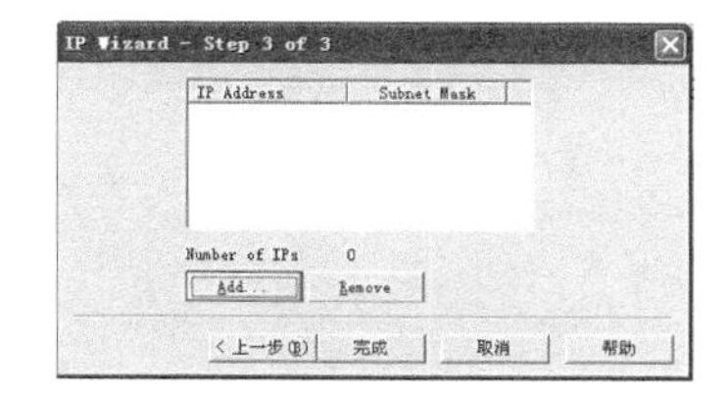

图 4-170 增加/删除 IP 对话框

单击【Add】按钮可以继续添加 IP 地址，如图 4-171 所示。

可以批量添加或者仅添加一个 C 类、B 类、A 类或自行指定 IP 地址。这里以批量添加 30 个 C 类 IP 地址为例。选择 Class C 单选按钮，而后 From IP（从 IP）输入“196.168.1.1”，Number to （数值）输入“30”，Submask（子网掩码）输入“256.256.256.0”，即从“196.168.1.1”开始生成 30 个连续的 IP 地址，也就是 196.168.1.1～196.168.1.30”。如果选中“校验新 IP 地址没有被使用”复选框，则仅添加没有被使用的新 IP 地址，已经被使用的 IP 地址不会被加载进入列表。例如，如果 196.168.1.7、196.168.1.12、196.168.1.17、196.168.1.20 这 4 个 IP 被检测到，如图 4-172 所示，则 IP 列表不会包含 4 个地址，最后仅形成包含 26 个新增 IP 地址列表，如图 4-173 和图 4-174 所示。当然也可以选择生成的 IP，单击【Remove】按钮，删除新增的 IP 地址。最后，单击【完成】按钮，将刚才的 IP 配置保存为“IP Address File (*.ips)”文件，输入存储文件名“ c :\30ipsfile ”。选择“Reboot now to update routing tables”选项，重新启动系统，新增的 IP 地址均生效。可以通过 ipconfig /all 命令检查新增的 IP 地址是否成功添加，也可以通过 Ping 命令检查新增 IP 地址是否生效。使用命令的方法为：单击【开始】>【运行】命令，打开“运行”对话框，如图 4-175 所示。在文本框中输入“cmd”，单击【确定】按钮，在命令行下输入“ipconfig /all”或者“ping 196.168.1.X”，这里 X 为 1～30 的任意数字，验证新增 IP 地址的有效性，如图 4-176 所示。

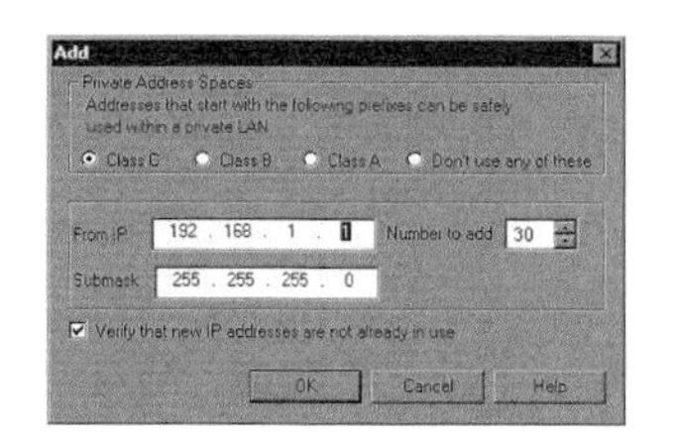

图 4-171 增加 IP 对话框

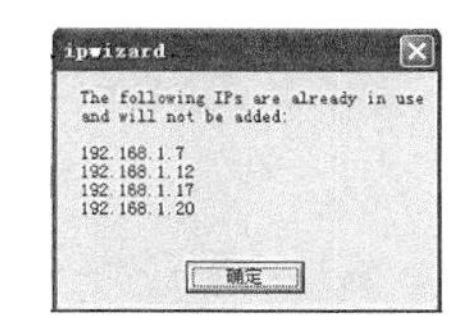

图 4-172 IP Wizard（1）

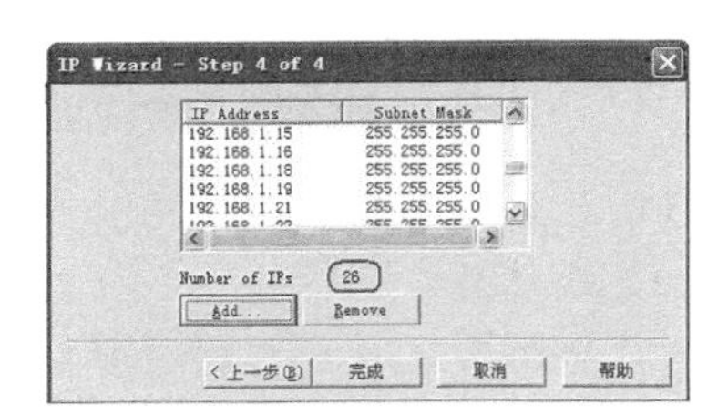

图 4-173 IP Wizard（2）

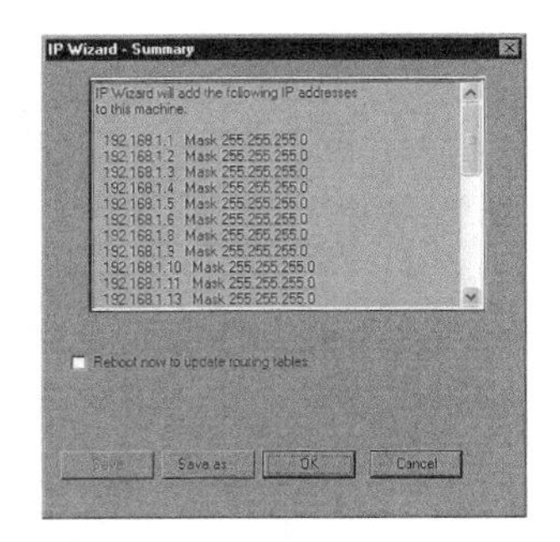

图 4-174 IP Wizard（3）

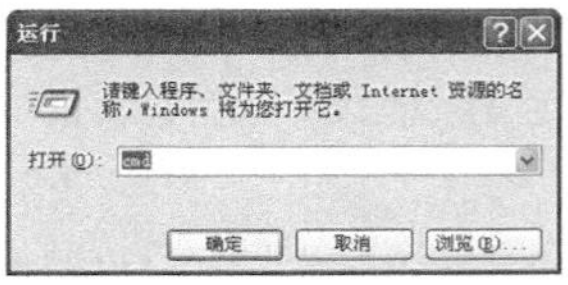

图 4-175 “运行”对话框

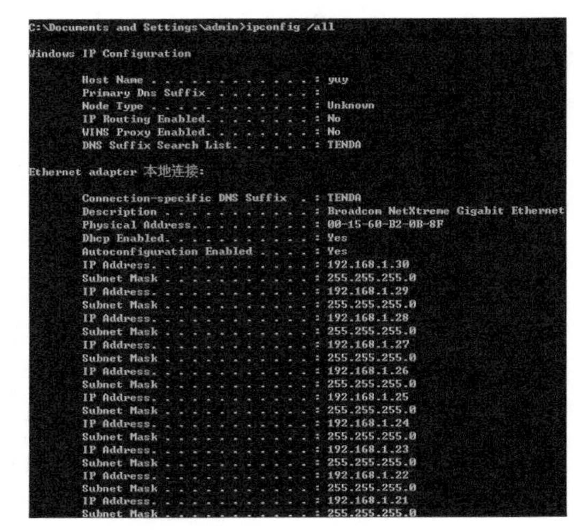

图 4-176 ipconfig 命令应用

成功添加多个虚拟 IP 以后，可以在 LoadRunner 的 Controller 负载时启用这些新增加 IP 地址。确保选中【Scenario】>【Enable IP Spoofer】选项，以允许使用 IP 欺骗。

（2）从以前的配置文件加载选项：可以从先前配置好的文件加载配置。

选中图 4-168 中的第 2 个，可以从前配置好并且已经保存的 IP Address File 文件中，重新加载一个（*.ips）文件，在这里输入 2 前已经存储的文件“C:\30ipsfile”，加载之前的配置信息，当然也可以在此基础上修改设置信息。

（3）恢复原始设置：可以释放已经添加的 IP，恢复原始设置。

将已经添加的 IP 地址从列表中删除，重新启动系统，释放已经添加的虚拟 IP 地址。

2. 多机联合测试和 IP 欺骗注意事项

在应用 IP Wizard 技术时应该注意如下问题。

（1）若要使用 IP Wizard 应用，则必须使用固定的 IP 地址，不能使用动态 IP 地址并确保使用的 IP 地址与网络中其他机器 IP 地址不冲突。

（2）设置好虚拟 IP 地址以后，必须保证选中 Enable IP Spoofer。

（3）必须启动 Agent Process。

相应脚本如下。

```
#include "web_api.h"

Action()
```

```
{
    char *ip;
    ip = lr_get_vuser_ip();
    if (ip)
        lr_output_message("当前虚拟用户使用的 IP 为: %s。", ip);
    else
        lr_output_message("[Enable IP Spoofer]选项没有被启用！");
    return 0;
}
```

在 Controller 负载时，如果没有选中 Enable IP Spoofer，则执行后，日志输出结果为“[Enable IP Spoofer]选项没有被启用！”，如图 4-177 所示。

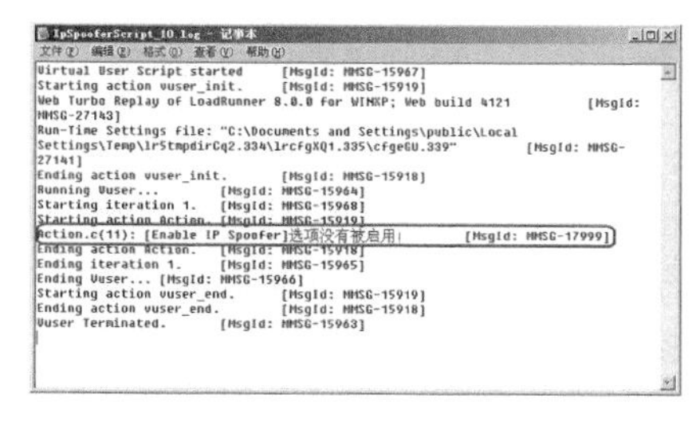
```
Virtual User Script started     [MsgId: MMSG-15967]
Starting action vuser_init.     [MsgId: MMSG-15919]
Web Turbo Replay of LoadRunner 8.0.0 for WINXP; Web build 4121          [MsgId: MMSG-27143]
Run-Time Settings file: "C:\Documents and Settings\public\Local Settings\Temp\lrStmpdirCq2.334\lrcfgXQ1.335\cfgeGU.339"       [MsgId: MMSG-27141]
Ending action vuser_init.       [MsgId: MMSG-15918]
Running Vuser...        [MsgId: MMSG-15964]
Starting iteration 1.   [MsgId: MMSG-15968]
Starting action Action. [MsgId: MMSG-15919]
Action.c(11): [Enable IP Spoofer]选项没有被启用!         [MsgId: MMSG-17999]
Ending action Action.   [MsgId: MMSG-15918]
Ending iteration 1.     [MsgId: MMSG-15965]
Ending Vuser... [MsgId: MMSG-15966]
Starting action vuser_end.      [MsgId: MMSG-15919]
Ending action vuser_end.        [MsgId: MMSG-15918]
Vuser Terminated.       [MsgId: MMSG-15963]
```

图 4-177　未启动 IP Spoofer 日志输出信息

4.12 负载选项设置详解

选择【Tools】>【Option】命令，可以设置连接超时（Timeout）、运行时设置（Run-Time Settings）、运行时文件存储（Run-Time File Storage）、路径转换表（Path Translation Table）、监视器（Monitors）、执行（Execution）6 项内容。

1. 超时（Timeout）

可以设置命令（Enable timeout checks）和 Vuser 已用时间的超时间隔（Update Vuser elapsed tiem every X sec）选项，如图 4-178 所示。

（1）负载产生器（Load Generator）：可以设置连接（Connect）和断开连接（Disconnect）超时时间。连接超时，可以输入等待其他连接到任何负载生成器的时间限制。如果在指定时间内连接不成功，负载生成器的状态将变为“失败”。断开连接超时，可以输入等待从其他任何负载生成器断开连接的时间限制。如果在该时间内断开连接不成功，负载生成器的状态将变为“失败”。还可以输入 Init、Run、Pause、Stop 命令的最长时间限制。当 Controller 发出命令时，可以设置负载生成器或 Vuser 执行该命令的最长时间。如果在超时间隔内没有完成该命令，Controller 将发出一条错误消息。如果禁用超时限制，LoadRunner 将无限长地等待负载生成器进行连接和断开连接，并等待其执行“初始化”“运行”“暂停”和“停止”命令。

（2）Vuser 已用时间的超时间隔（Update Vuser elapsed time every X sec）：用来指定 LoadRunner 更新“Vuser”对话框的“已用时间”列中显示值的频率。

2. 运行时设置（Run-Time Settings）

可以设置虚拟用户配额（Vuser Quota）、停止运行时虚拟用户执行策略（When stopping Vusers）、使用种子产生随机顺序（Use random sequence with seed）选项，如图 4-179 所示。

（1）虚拟用户配额（Vuser Quota）：要防止系统过载，可以为 Vuser 活动设置配额，用来设置负载生成器一次可以初始化的最大 Vuser 数。

（2）停止运行时虚拟用户执行策略（When stopping Vusers）：可以指定停止执行场景运行时，虚拟用户停止运行的策略。

- Wait for the current iteration to end before stopping：指 Vuser 在停止前完成正在运行的迭代。
- Wait for the current action to end before stopping：指 Vuser 在停止前完成正在运行的操作。
- Stop immediately：指立即停止运行 Vuser。

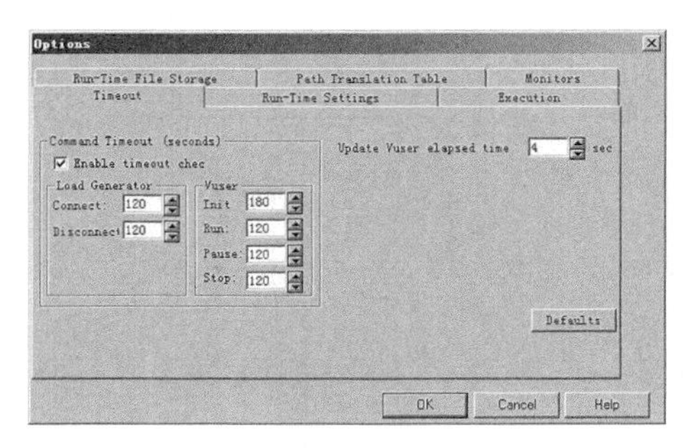

图 4-178 连接超时页设置

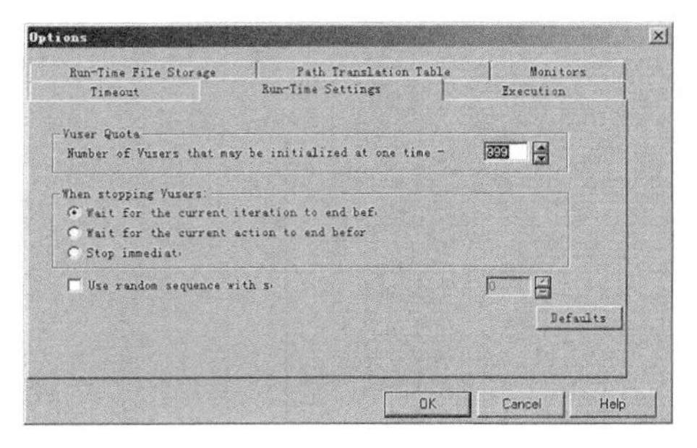

图 4-179 运行时页设置

（3）使用种子产生随机顺序（Use random sequence with seed）：允许使用种子值来产生随机顺序。每个种子值代表一个用于测试执行的随机值顺序。只要使用同一个种子值，就会为场景中的 Vuser 分配相同顺序的值。该设置将应用于使用 Random 方法从数据文件分配值的参数化 Vuser 脚本。

3. 运行时文件存储（Run-Time File Storage）

可以设置脚本和结果存储的位置，将脚本存储于当前虚拟用户所运行的本机或共享网络驱动器（必须具有读写权限）中，如图 4-180 所示。

4. 路径转换表（Path Translation Table）

输入路径转换信息之前，首先考虑使用通用命名约定方法。如果计算机是 Windows 计算机，可以指示 Controller 将所有路径转换为 UNC。这样，所有计算机都可以识别路径而无须进行路径转换。选中“Convert to UNC”复选框，以指示 LoadRunner 忽略路径转换表并将所有路径都转换为通用命名约定格式，如图 4-181 所示。

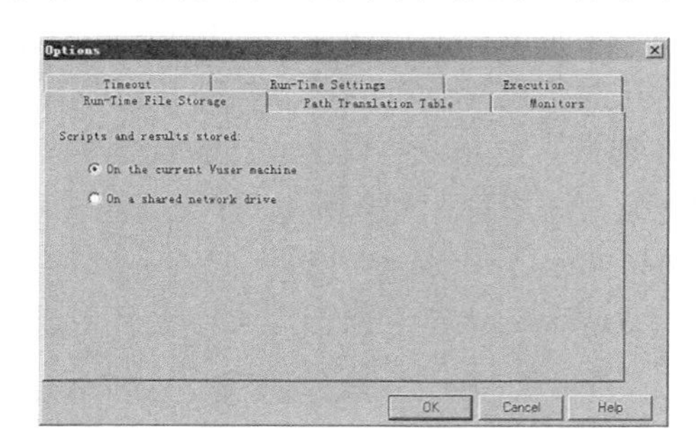

图 4-180 运行时文件存储页设置

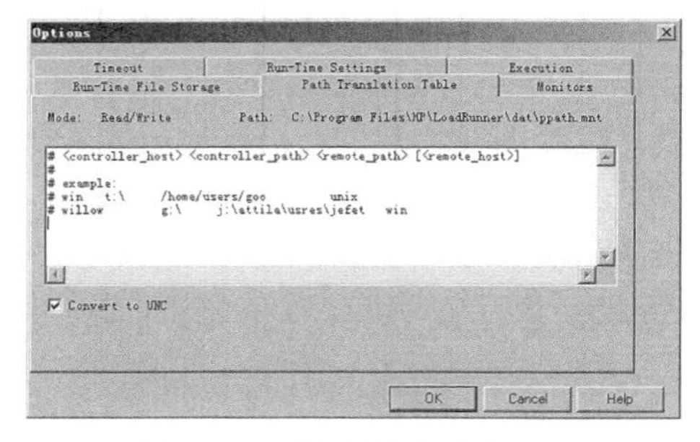

图 4-181 路径转换表页设置

5. 监视器（Monitors）

可以设置是否启用事务监控器、事务行为、联机监控器的数据采样速率、错误处理、调试等，如图 4-182 所示。

（1）启用事务监控器（Enable Transaction Monitor）：是指在场景开始时开始监控事务。

（2）频率（Frequency）：用来选择联机监控器为生成“事务”、“数据点”、“Web 资源”联机图而采集数据的频率（以秒为单位）。默认值为 5s。对于小型场景，建议频率为 1s；对于大型场景，建议频率为 3～5s。频率越高，网络流量越低。

（3）数据采样速率（Data Sampling Rate）：采样速率是连续采样之间的时间间隔（以秒为单位），用来输入 LoadRunner 在场景中采集监控数据的速率。如果增大采样速率，则数据的监控频率就会降低。

（4）错误处理（Error Handling）：可以将错误发送到输出窗口或者以提示信息框的形式显示出来。

（5）显示调试消息（Display debug messages）：把与调试有关的消息发送至输出日志，还可以指定调试级别（Debug level）。

6. 执行（Execution）

可以通过该选项卡设置新场景的默认计划运行模式和一个命令，Controller 在整理场景运行结果后直接运行该命令，如图 4-183 所示。默认情况下，计划运行模式为“Real-world schedule”，也可以根据需要和操作习惯等选择“Basic schedule”。可以定义一个命令，使 Controller 在整理场景运行结果后直接运行该命令。例如，可以定义一个命令，使场景运行完成后，通过调用 Analysis 应用和使用关键字%ResultDir%来自动打开场景执行结果等。

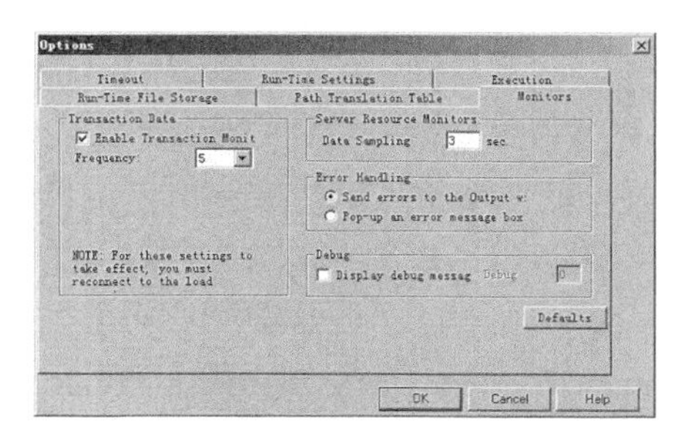

图 4-182 监视器页设置

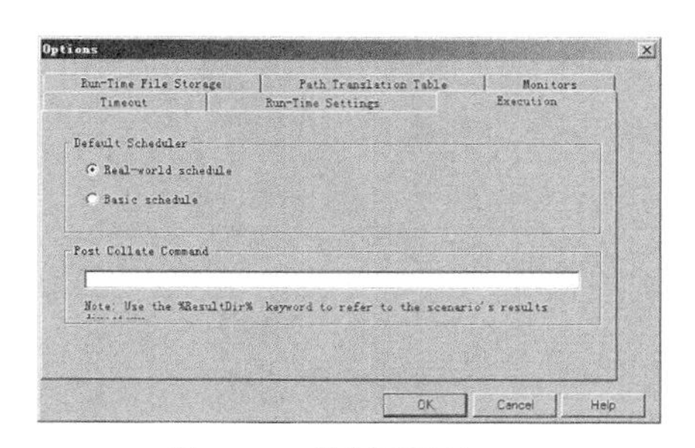

图 4-183 执行页设置

4.13 性能指标监控

测试人员可能经常会看到或者听到性能测试指标的概念，如“某某系统要求能够承载 5 000 个用户同时做邮件收发业务”“系统在 2000 个用户并发访问时，要求系统 CPU 资源利用率不超过 60%”“要求系统用户数有 10000 人的情况下、500 人同时登录到系统，登录业务的响应时间不超过 2 秒”等，这些是性能测试工程师耳熟能详的一些性能测试指标，是判断性能测试能否达到系统设计预期性能指标的重要依据，也是判断性能测试是否通过的依据，可见捕获性能指标数据的重要意义。和功能测试类似，在进行性能测试时，前面给出的就是预期输入和期望值，将在特定场景条件下运行的结果与期望值进行对比后，如果相应的性能指标满足预期的指标，则证明该系统特定业务达到了系统要求，否则表示系统未达到相应的标准，需要对系统进行相关的调优等工作。由此可见，性能指标的捕获还是十分重要的，如果您辛辛苦苦设计的场景执行完成后，发现相关的一些计数器没有被添加进来，运行完成后没有相关数据，那将是十万分悲剧的一件事情，因为执行这次性能测试可能耗费了您几小时、几天甚至是几十天的时间，同时还占用了大量的人力、物力资源，仅因为当时的疏忽而导致此次性能测试毫无意义。在前面提到了指标和计数器两个概念，也许用户对它们并不十分了解，在此进行简单介绍。最简单的说法就是可以把“系统在 2000 个用户并发访问时，要求系统 CPU 资源利用率不超过 60%”中的“CPU 资源利用率不超过 60%”看作一个性能指标，当然其是在特定条件下的性能指标，这里这个特定条件就是 2000 个用户并发访问系统，每个性能指标都用一个计数器（Counter）来记录。

4.13.1 性能计数器

性能计数器（Performance Counter）也叫性能监视器，实际上是操作系统提供的一种系统功能，它能实时采集、分析系统内的应用程序、服务、驱动程序等的性能数据，以此来分析系统的瓶颈、监视组件的表现，最终帮助用户合理调配系统。这里还要引入性能对象（Performance Object）的概念，即被监视者。一般系统中的性能对象包括处理器、内存、磁盘、进程、线程、网络通信、系统服务等。在 Windows 操作系统中，运行 PerfMon.exe 小应用程序（见图 4-184），可以查看性能对象、性能计数器和对象实例，可通过添加计数器来查看相关描述信息。实际上，可以通过编写程序来访问所有的 Windows 性能计数器。在 Windows 中，注册表是访问性能计数器的一种机制。性能信息并不实际存在于注册表中，在注册表编辑器 RegEdit.exe 中是无法查看的，但可以通过注册表函数来访问，利用注册表键来获得从性能数据提供者那里提供的数据。打开名为“HKEY_PERFORMANCE_DATA”的特殊键，利用 RegQueryValueEx 函数查询键下的值，就可以直接访问注册表性能计数器信息。当然，也可以利用性能数据帮助器（Performance Data Helper，PDH）API（Pdh.dll）来访问性能计数器信息。

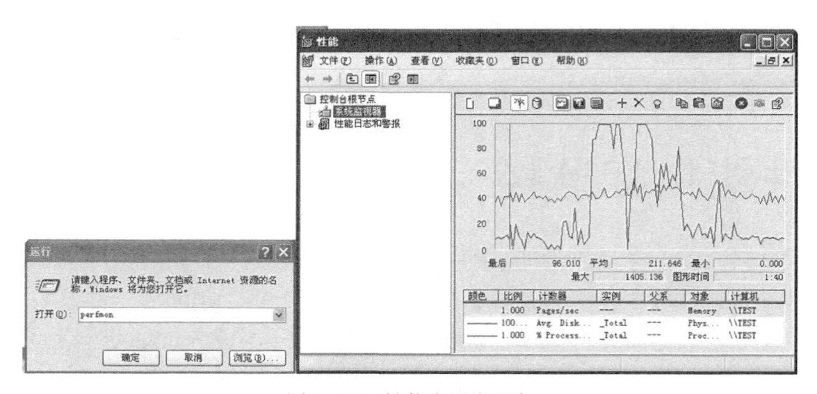

图 4-184 性能应用小程序

LoadRunner Controller 可以对操作系统资源使用情况、网络延迟、Web 应用程序服务器资源、数据库服务器资源、运行的虚拟用户数量、业务的响应时间等进行监控并记录这些数据，当场景执行完成后，进行数据的分析工作。前面已经介绍了在性能测试执行过程中需要先将要监控的性能计数器添加到度量的重要意义。

4.13.2 添加性能计数器指标

下面介绍如何在 LoadRunner Controller 中添加一个性能计数器，例如，要度量可用内存的使用情况。

（1）将场景设计界面切换到运行页，如图 4-185 所示。

（2）在图 4-185 所示界面，单击【Run】按钮，切换到场景运行界面，如图 4-186 所示。

图 4-186 中方框部分内容默认显示“Trans Response Time - whole scenario”“Running Vusers - whole scenario”“Hits per Second - whole scenario”和“Windows Resources - Last 60 sec”4 个联机

监控图表信息。如果希望查看更多的或指定数量的图表信息，可以在图表区域单击鼠标右键，选择【View Graphs】选项，然后可以根据自己的喜好选择要显示的图表数，如图 4-187 所示。

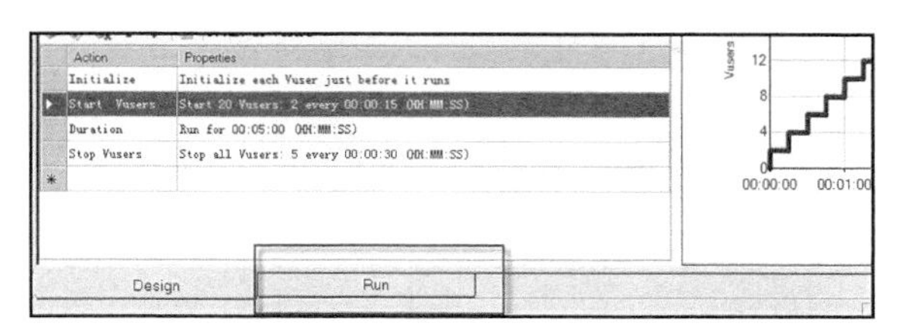

图 4-185 场景设计页界面信息

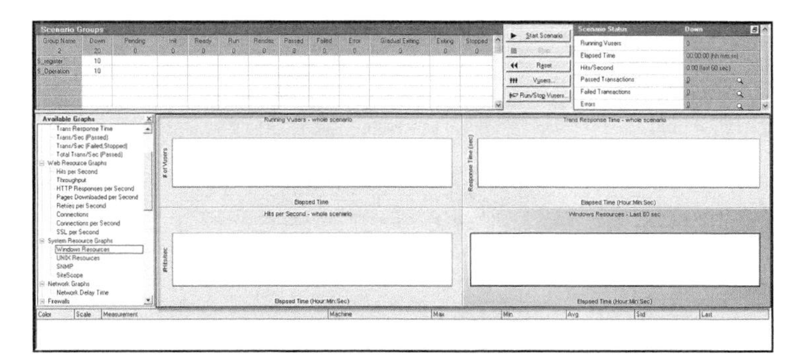

图 4-186 场景运行界面

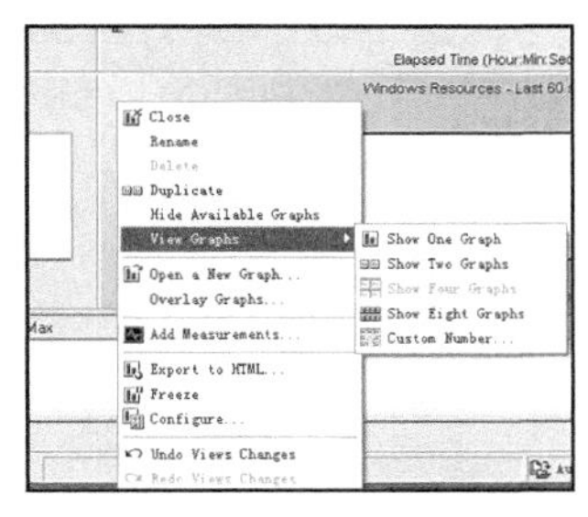

图 4-187 图表查看相关选项

（3）如何添加可用内存计数器呢？双击运行场景界面左侧的“Available Graphs”（可用图表）下的“Windows Resources”条目，激活该图表，如图 4-188 和图 4-189 所示。

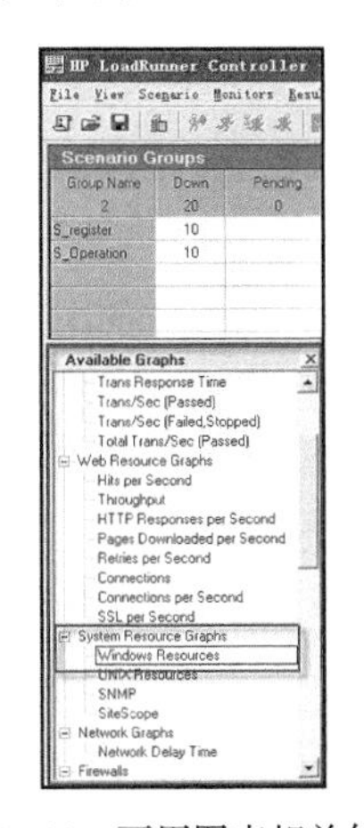

图 4-188 可用图表相关信息

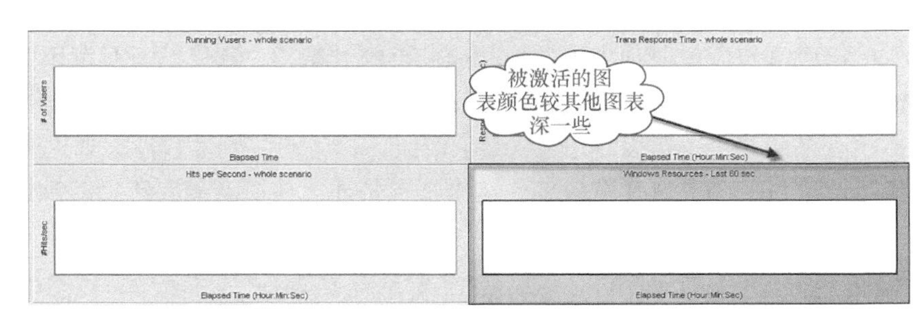

图 4-189 相应图表信息

（4）从图 4-189 中可以发现被激活的图表颜色较其他未被激活的图表颜色深一些。接下来，可以在激活的图表区域单击鼠标右键，在弹出的快捷菜单中选择【Add Measurements】选项，如图 4-190 所示。

在弹出的图 4-191 所示的对话框中，单击【Add】按钮，定义要监控的服务器，如图 4-192 所示。可以在“Name”下拉列表框中输入对应服务器的名称或者 IP 地址，通常需要关注部署应用和数据库所在的服务器，依据实际情况进行填写，这里输入“196.168.0.151”，而后单击【OK】按钮，显示如图 4-193 所示的对话框。

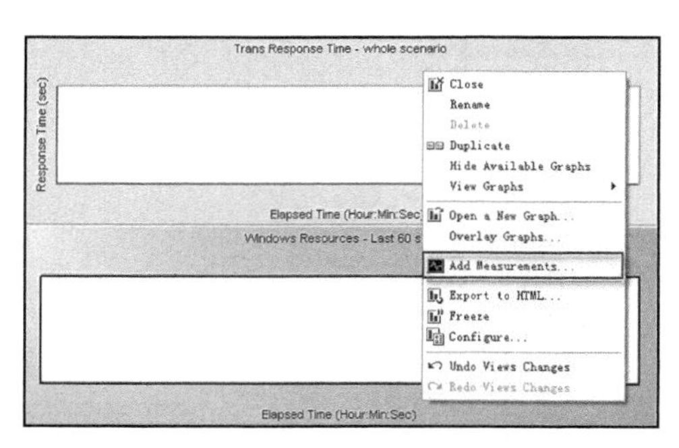

图 4-190 添加度量快捷菜单相关信息

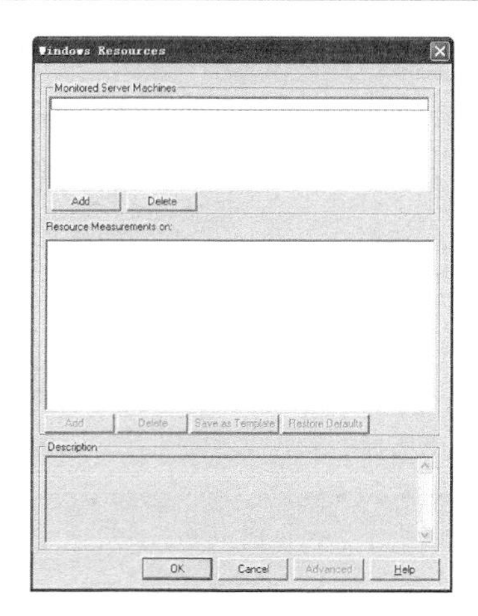

图 4-191 Windows 资源监控相关对话框

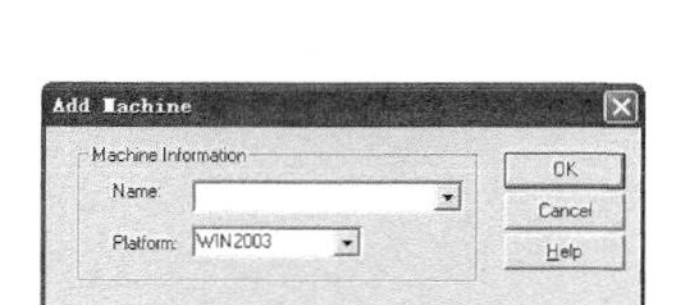

图 4-192 “Add Machine”对话框

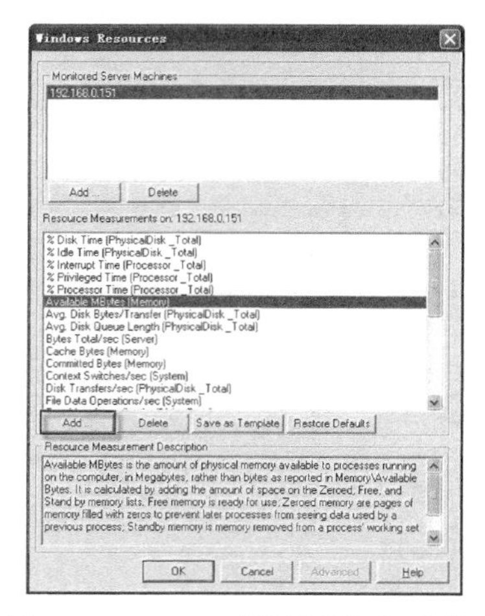

图 4-193 Windows 资源监控相关对话框

可以从资源度量列表中选择相应的性能计数器，这里结合对可用内存进行度量的需求，双击“Available Mbytes (Memory)”条目，将其他不需要监控的条目删除，如果相应的性能计数器没有在列表中，可以单击【Add】按钮，相应的性能计数器添加进来，具体可以根据实际性能测试项目的需要选择性添加，这里不再赘述。待所有需要添加的性能计数器添加完成之后，单击【OK】按钮，出现图 4-194 所示的图表信息。

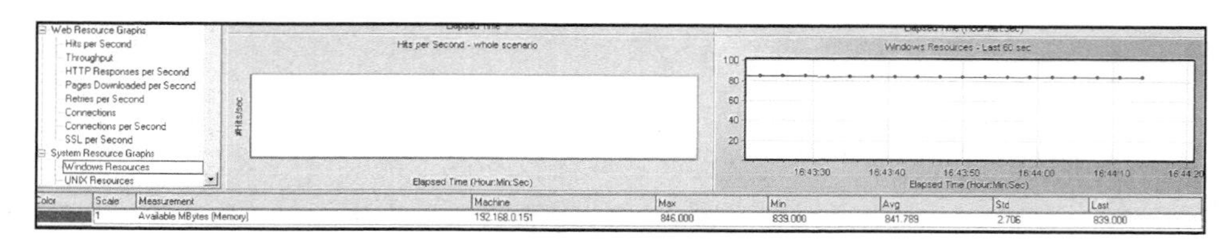

图 4-194 可用内存使用情况联机监控图表内容

4.13.3 性能计数器指标的采集与图表输出

如果需要，还可以单击【Export to HTML】选项，将图表相关信息输出到 HTML 文档中，如图 4-195 和图 4-196 所示。

在图 4-195 中，单击【Freeze】选项，可以在场景运行期间暂停捕获某个特定的图数据。要恢复冻结的图，则重复刚才的操作。恢复后，该图也会显示暂停时段的数据。

在图 4-195 中，单击【Configure】菜单项，打开图表配置，如图 4-197 所示。

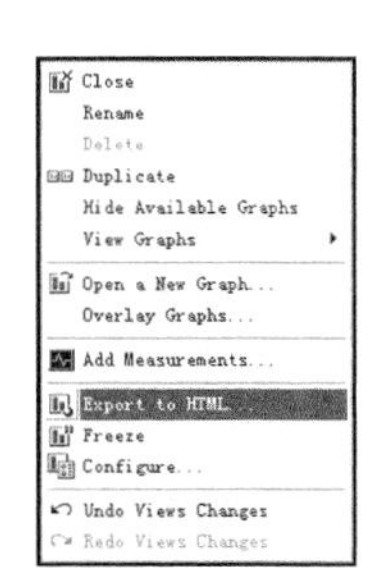

图 4-195 输出到 HTML 文档相关快捷菜单

可以通过设置“Refresh rate(sec)”来确定图表的刷新频率。默认情况下，每 5s 对图刷新一次。如果增大刷新率，那么数据的刷新间隔会更长。在大用户量负载测试中，建议使用 3～5s 的刷新频率，这样可以避免 CPU 资源利用率过高的问题。

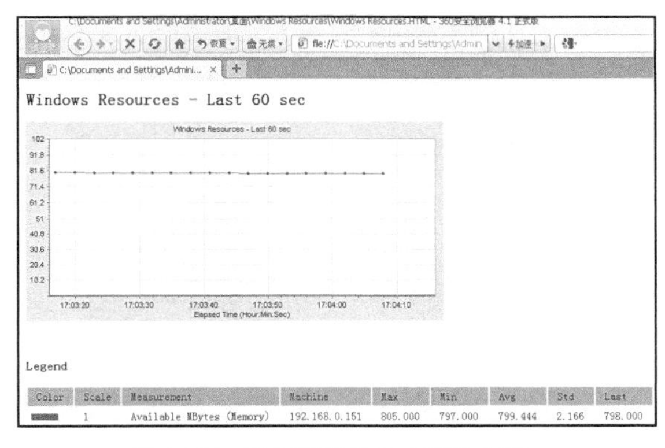

图 4-196 输出到 HTML 文档的内容

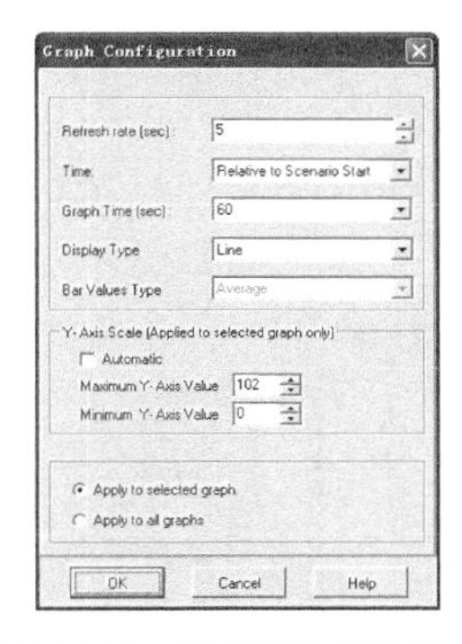

图 4-197 图表配置对话框

可以选择“Time”下拉列表框中的“Relative to Scenario Start”“Clock Time”和“Don't Show” 3 个选项来指定如何在图表的 x 轴上显示时间。“Don't Show”（不显示）表示 Controller 不显示 x 轴的值，“Clock Time”（时钟时间）表示显示基于系统时钟的绝对时间，“Relative to Scenario Start”（相对于场景开始）表示显示从场景开始算起的时间。

可以在“Graph Time (sec)”下拉列表框中选择 whole scenario、60、180、600 和 3600、设置当图的 x 轴基于时间时，该轴的比例。一张图可以显示 60～3600s 的活动。要更详细地查看图，请缩短图时间。要查看更长时段内的性能，请增加图时间。

可以在“Display Type”下拉框中选择 Line 和 Bar，来确定图的显示类型是折线图，还是柱状图，默认情况下，每个图都显示为折线图。

“Bar Value Type”后的“Average”表示 y 轴的数据将采用平均值进行填充。

可以通过设置“Y-Axis Scale (Applied to selected graph only)”使用选定的 y 轴比例显示图表，默认选择“自动”，也可以根据需要调整 y 轴的最大值和最小值。

可以根据需要选择上述配置项内容“Apply to selected graph”（只应用于选择的图表）或者“Apply to all graphs”（应用于全部图表）。

性能测试监控的方法和工具很多，本书的后续章节将进行介绍。

有的时候，用户可能希望自己定义图表中曲线的颜色和显示比例等信息。这时可以在度量区域单击鼠标右键，在弹出的快捷菜单（见图 4-198）中单击【Configure】选项，弹出度量配置对话框，如图 4-199 所示。

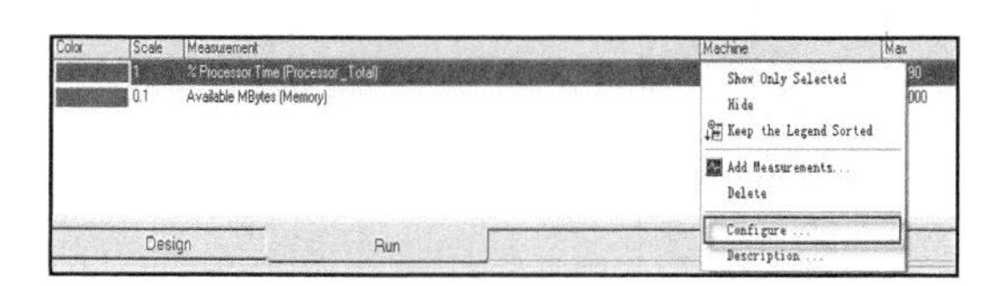

图 4-198 度量区域快捷菜单列表

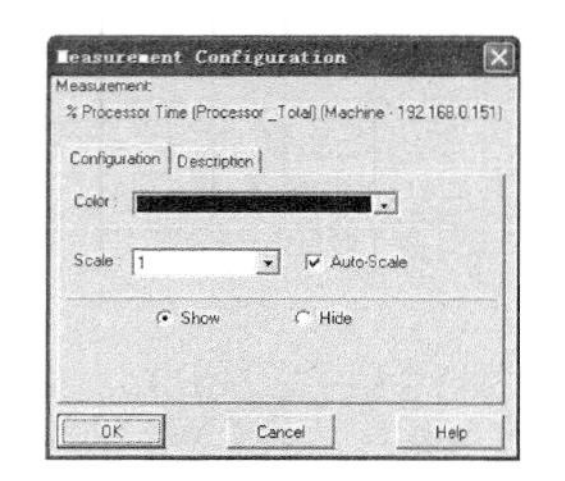

图 4-199 度量配置对话框

可以根据个人的喜好，改变选中曲线的颜色。在特定情况下，如果选择了多个计数器进行监控，那么在图表中将显示很多线条，十分混乱，这时可以根据需要取消曲线的显示，即 Hide（隐藏）线条（如果隐藏了，在度量列表中将显示“Hidden”字样，如图 4-200 所示），需要时再将隐藏的线条显示（Show）出来。

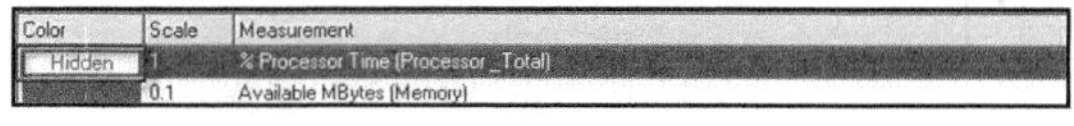

图 4-200 度量列表相关信息

图 4-201 中 CPU 利用率和可用内存的使用情况共用 x 轴和 y 轴。x 轴为时间轴，y 轴对应“196.168.0.151”服务器 CPU 利用率和可用内存使用情况对应的数值。CPU 利用率的平均值为 41.881，而可用内存的平均值为 963.579，但是从 y 轴的曲线来看没有超过 100 的数值，这是为什么呢?

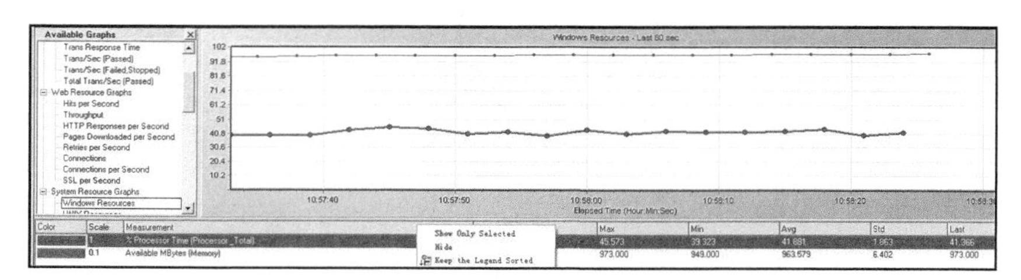

图 4-201 度量列表相关信息与 Windows 资源图表信息

细心的读者可能已经发现了其中的一个奥秘，就是在图 4-201 中，CPU 利用率和可用内存前面有一个度量比例（Scale），这 2 个度量比例分别是 1 和 0.1。对应的数值是不是分别乘以这个比例就在图上显示相应的正确数值了呢？回答是肯定的，因为各个性能计数器的数据信息不一定能用统一数量级来表示，所以 LoadRunner Controller 自动调整相应的度量比例，也可以根据个人喜好调整这个比例，即对图 4-199 中的比例（Scale）进行调整。

4.14 Analysis 应用介绍

运行场景时，默认情况下所有运行数据本地存储在各个 Load Generator 上。场景执行后，必须整理结果，即必须将所有 Load Generator 中的结果收集到一起并传输到结果目录，然后才能生成分析数据。可以将 LoadRunner 设置为在运行完成后立即自动整理运行数，也可以在运行完成后手动整理运行数据。被整理的数据包含结果、诊断和日志文件。LoadRunner 成功整理数据后，这些文件会从本地存储它们的 Load Generator 和诊断介体中删除。场景执行完成以后，需要对运行过程中收集的数据信息进行分析，从而了解系统性能表现能力，确定系统性能瓶颈。在 LoadRunner Controller 中，单击【Results】>【Analyze Results】选项，启动

LoadRunner Analysis 应用，如图 4-202 所示。

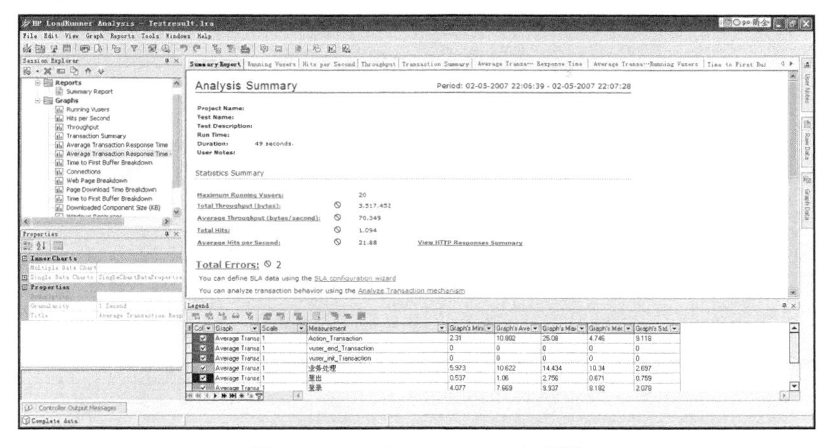

图 4-202 LoadRunner Analysis 应用

LoadRunner Analysis 应用提供了丰富的图表信息，可以帮助用户准确地确定系统性能，并提供事务及 Vuser 的相关信息。通过合并多个负载测试场景的结果或将多个图合并为一个图，可以比较多个图，为性能瓶颈的判断提供依据。LoadRunner Analysis 应用提供图数据和原始数据视图以电子表格的方式显示用于生成图的实际数据，可以将这些数据复制到外部电子表格应用程序做进一步处理。LoadRunner Analysis 应用自动以图形或表格的形式概括和显示测试的重要数据，还提供了报告的导出功能，可以根据需要导出相关数据。

4.15 结果目录文件结构

通常在执行场景时都会设定场景执行结果的存放路径，如果没有指定结果存放路径，则默认存放到临时路径下（C:\Documents and Settings\Administrator\Local Settings\Temp\res，当然根据登录用户有可能不是“Administrator”，相应的路径地址有可能和我的临时路径有不同），作者建议在执行场景之前，设置执行结果路径。这里将场景的执行结果存放在“F:\于涌个人\写作\0826_result\综合”中，场景执行完成后，会产生一些文件夹和文件，如图 4-203 所示。

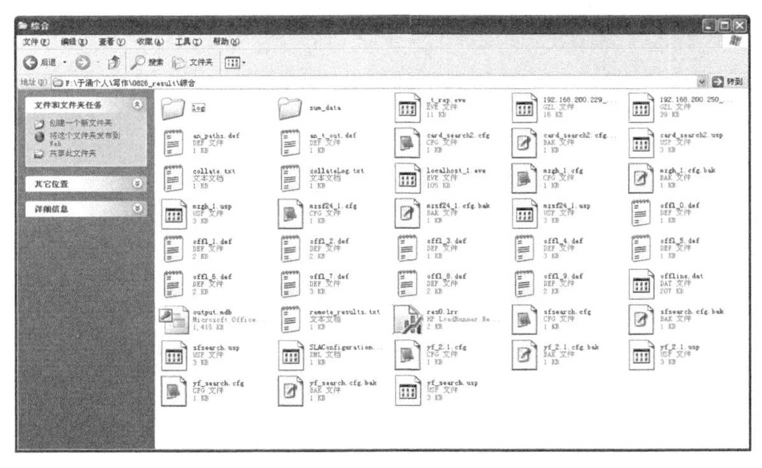

图 4-203 结果目录文件结构

该目录文件结构及其功能如表 4-23 所示。

表 4-23 结果目录文件结构及其功能

序号	文件/目录名称	说 明
1	<results_name> 目录	包含场景运行结果
2	<results_name>.lrr	包含有关场景运行的信息，如名称、持续时间、包含的脚本等
3	log	包含每个 Vuser 在回放时生成的输出信息
4	sum_data	包含图概要数据 (.dat) 文件
5	*.cfg 文件	包含 VuGen 中定义的脚本运行时设置（思考时间、迭代、日志、Web 等）的列表。结果目录中包含每个脚本的.cfg 文件
6	*.def 文件	图的定义文件，描述联机监控器和其他自定义监控器
7	*.usp 文件	包含脚本的运行逻辑，包括操作部分的运行方式。结果目录中包含每个脚本的.usp 文件
8	_t_rep.eve	包含 Vuser 和集合信息
9	<Controller>.eve	包含 Controller 主机中的信息
10	<Load_Generator>.eve.gzl 文件	<Load Generator>.eve 文件包含场景中 Load Generator 中的信息。这些文件被压缩并以.gzl 格式保存到结果目录
11	<Load_Generator>.map	将 Load Generator 上的事务和数据点映射到 ID
12	offline.dat	包含示例监控器信息
13	output.mdb	由 Controller 创建的数据库。存储场景运行期间报告的所有输出消息
14	collate.txt	包含结果文件的文件路径以及整理状态信息
15	collateLog.txt	包含从每个 Load Generator 进行结果、诊断和日志文件整理的状态（成功、失败）
16	remote_results.txt	包含主机事件文件的文件路径
17	SLAConfiguration.xml	包含场景的 SLA 定义信息
18	HostEmulatedLocation.txt	包含 WAN 模拟定义的模拟位置

LoadRunner Analysis 应用会将所有场景结果文件（.eve 和.lrr）复制到数据库。创建数据库后，Analysis 将直接使用该数据库，而不使用结果文件。

4.16 Analysis Summary 分析

从读者的来信和网上专业的测试论坛来看，有很多人非常关心性能测试完成后，如何分析，试结果的问题，相信这也是很多性能测试大量非常关心的话题，下面以 LoadRunner 11.0 应用为例讲解。

图 4-204 是平时用 LoadRunner 11.0 执行完性能测试场景后产生的结果信息。

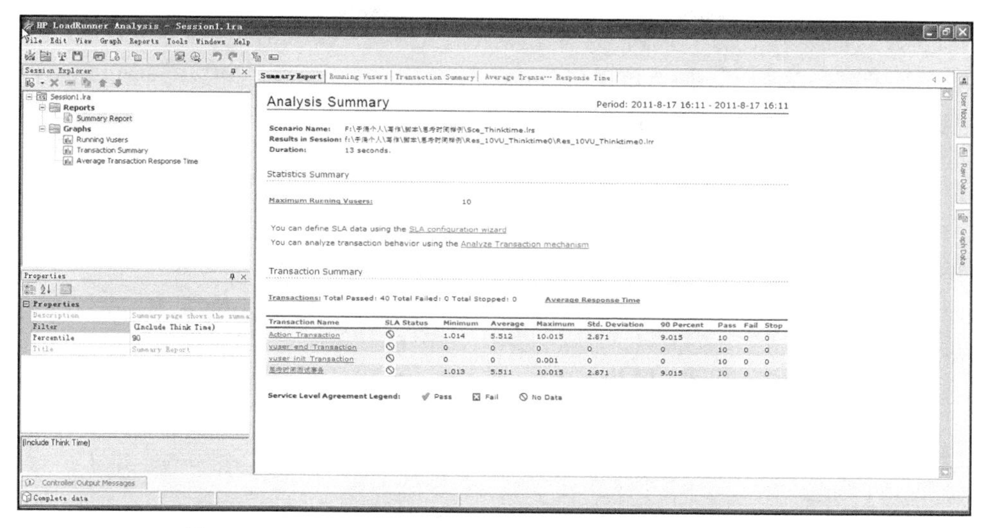

图 4-204 LoadRunner 11.0 执行完性能测试场景后产生的结果信息

4.17 事务相关信息部分内容

事务的响应时间是我们平时经常关注的一项性能指标，除此之外，在结果概要信息图表中，还会经常看到事务的最小值（Minimum）、平均值（Average）、最大值（Maximum）、标准偏差（Std. Deviation）和 90%事务（90 Percent）等相关信息，这些数值代表什么？又是怎样得来的呢？

4.17.1 分析概要事务相关信息问题的提出

测试人员通常都有对事物“怀疑”的心理，在这里就表现为 LoadRunner 给出的结果信息是否可信，以及相应的结果信息是如何得到的。

大家在平时做功能测试的时候，是如何证明被测试的功能模块是正确的呢？相信测试从业者都会异口同声地说：“我们都会设计很多测试用例，用例包括两部分：输入和预期的输出，如果根据测试用例在被测试的功能模块输入相应的数据，实际执行结果和预期结果一致，就认为此功能模块是正确的，否则就是失败的。”回答得非常好，那么性能测试是不是可以效仿功能测试呢？回答是肯定的，为了验证性能测试执行结果的正确性和各个结果信息的数据来源，需要事先组织一些数据，然后根据这些数据的内容算出预期的结果，再通过 LoadRunner 11.0 实现我们的想法，观察最后执行的结果是否和预期的一致，如果一致就是正确的了，不一致，就证明两者之间有一个是错误的，结合预期的设定来说，当然 LoadRunner 11.0 是错误的。

4.17.2 结果概要事务相关信息问题的分析

事先准备 10 个数字：1、2、3、4、5、6、7、8、9、10，这组数字中，最小的数值是 1，最大的数值是 10，这些数值的平均值为（1+2+3+4+5+6+7+8+9+10）/10=55/10=5.5，这组数值中 90%的数值都会小于或等于 9，只有 1 个数值大于 9，即数值 10。

也许，读者已经想到了，是否可以借助 LoadRunner 11.0 的事务和思考时间来实现我们的想法。“嗯，确实如此，我们的想法不谋而合”。

4.17.3 结果概要事务脚本设计及其相关设置

（1）在 Virtual User Generator 中编写如下脚本。

```
Action()
{
	lr_start_transaction("思考时间测试事务");
	lr_think_time(atoi(lr_eval_string("{thinktime}")));

	lr_end_transaction("思考时间测试事务", LR_AUTO);

	return 0;

}
```

其中，“thinktime.dat”参数化文件内容包括数值 1～10，共计 10 个整数值，如图 4-205 所示。

（2）设置“thinktime”参数的“Select next row:”为“Unique”，“Update value on:”为“Once”。

（3）启动“Controller”，设定一个场景，在参数化时一共参数化了 10 条数据记录，在场景设计的时候，也取 10 个虚拟用户，如图 4-206 所示。

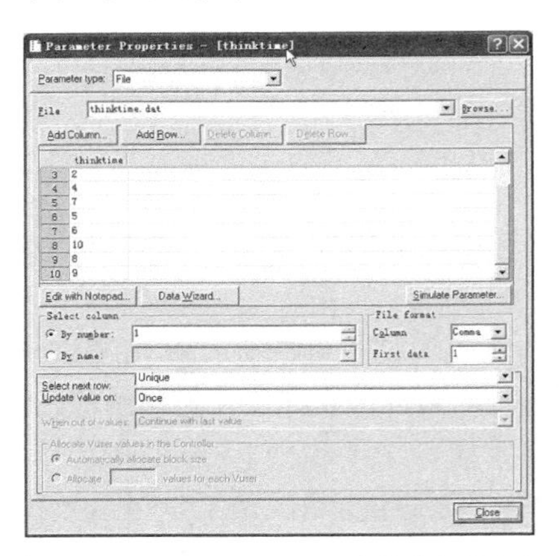

图 4-205 “thinktime.dat”参数化文件内容

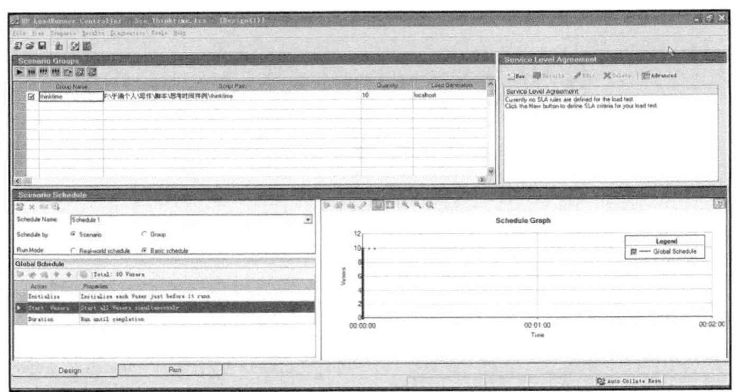

图 4-206 “Controller”场景设计对话框

当然，如果关心在负载的时候，每个虚拟用户分别取到了哪些值，可以将测试执行日志打开，根据需要，这里单击图 4-207 红色区域所示按钮，出现“Run-Time Settings”对话框，如图 4-208 所示。选择“Log”选项，根据自己的情况，选中日志的扩展情况，这里选中“Parameter substitution”选项。

（4）单击“Run”选项，如图 4-209 所示，再单击图 4-210 的“Start Scenario”按钮，开始执行场景。

可以单击[Results]>[Analyze Results]菜单项或者单击工具条对应的功能按钮，如图 4-211 所示，将执行完成后的结果调出来。

图 4-207 场景设计对话框

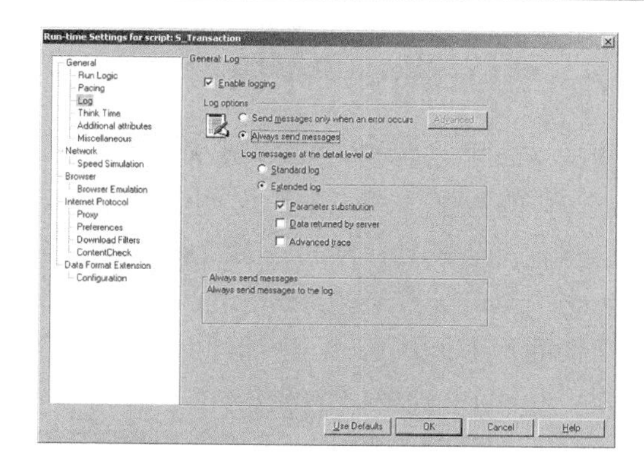

图 4-208 “Run-Time Settings”对话框

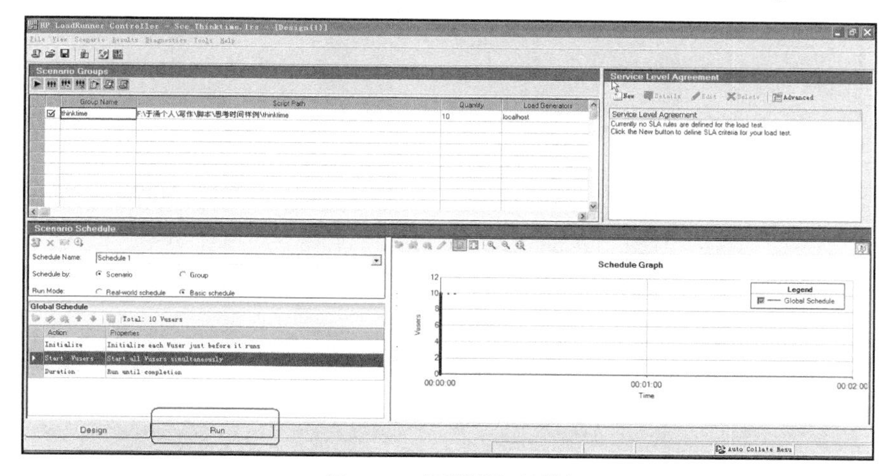

图 4-209 场景设计对话框

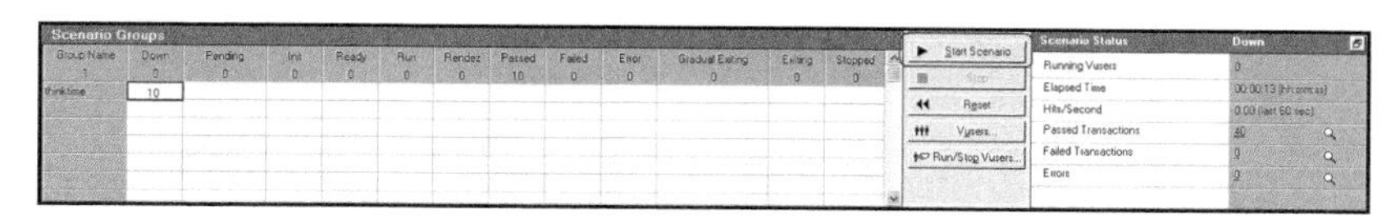

图 4-210 场景执行对话框

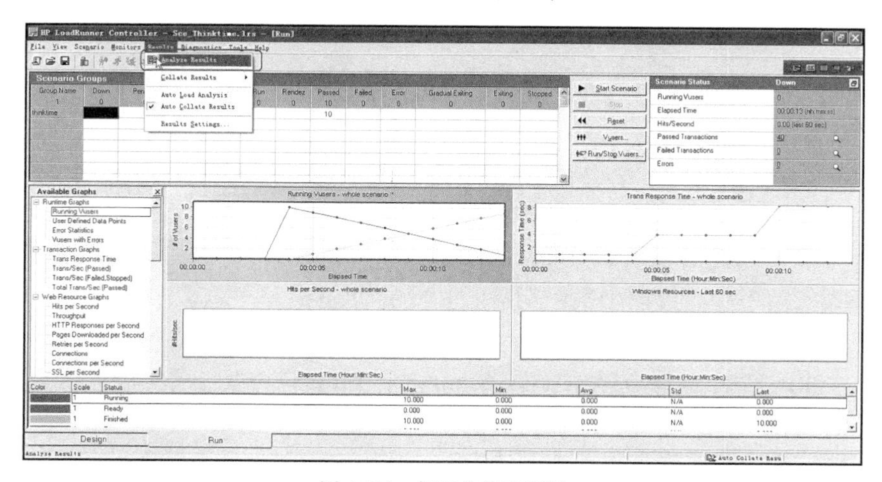

图 4-211 场景执行对话框

4.17.4 如何解决结果概要信息不计入思考时间的问题

测试结果出来后，首先映入眼帘的是“Analysis Summary”图表信息，是不是被“Transaction Summary”的数据惊呆了呢？为什么图 4-212 中所有的数值均为 0 呢？相信很多读者对这个结果也感到莫名其妙，再回头看看我们的脚本，脚本中使用了思考时间，即“lr_think_time()”函数，而“Analysis”应用在默认情况下，是忽略思考时间的，所以就出现了这样的结果。那么如何使响应时间中包括思考时间呢？非常简单，可以单击属性“Filter”，默认情况下该属性值为“do not Include Think Time”，单击该属性值后面的按钮，如图 4-213 所示。

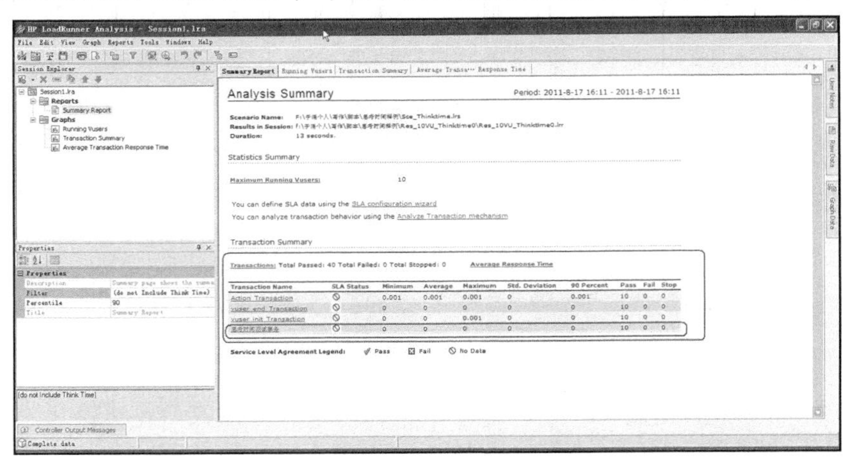

图 4-212 结果分析应用界面

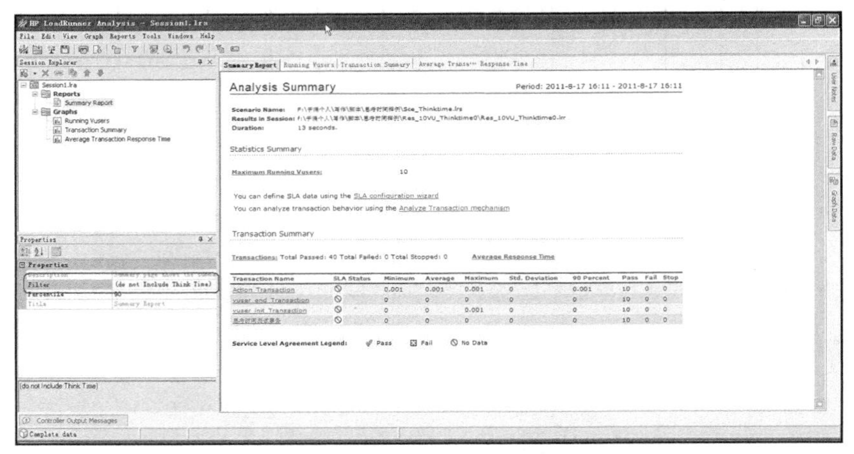

图 4-213 结果分析应用界面

单击▒按钮后，出现图 4-214 所示对话框，单击“Think Time”过滤条件，在“Values”列中选中[Include Think Time]复选框。

设定好过滤条件后，单击[Analysis Summary Filter]对话框的[OK]按钮，此时会发现结果信息的内容发生了变化，先前为 0 的数值项现在已经有了数值，如图 4-215 所示。

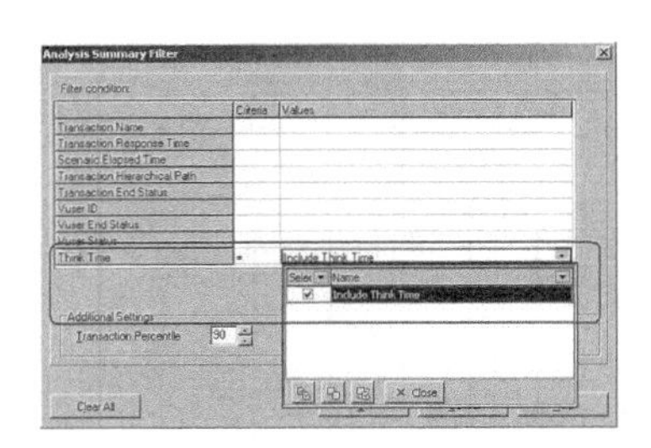

图 4-214 结果概要分析过滤对话框

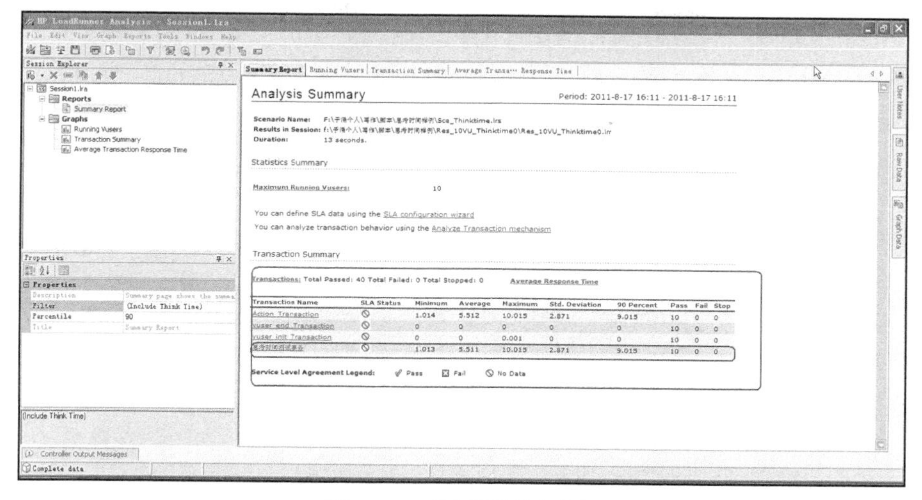

图 4-215 事务概要信息内容

4.17.5 如何知道每个虚拟用户负载时的取值

很多用户可能非常关心每个虚拟用户的取值问题。可能还有很多用户仍有这样的疑问：参数化的数据（即 1～10，共 10 个整型数值）正常来讲的话，平均值应该为 6.5，最小值为 1.0，最大值为 10.0，但是从图 4-215 中可以看到，相应的数值都有一定的偏差，这又是为什么呢？下面就逐一给解答这两个问题。

每个虚拟用户的取值可以有两种方法获得。第一种方法，查看虚拟用户执行日志，这里将执行结果存放到了本书配套资源的“脚本\思考时间样例\Res_10VU_Thinktime0”目录下，这个目录如果根据前面设定的执行时，启用日志，则会有一个名为“log”的目录，这个目录存放每个虚拟用户执行的日志信息，如图 4-216 所示。

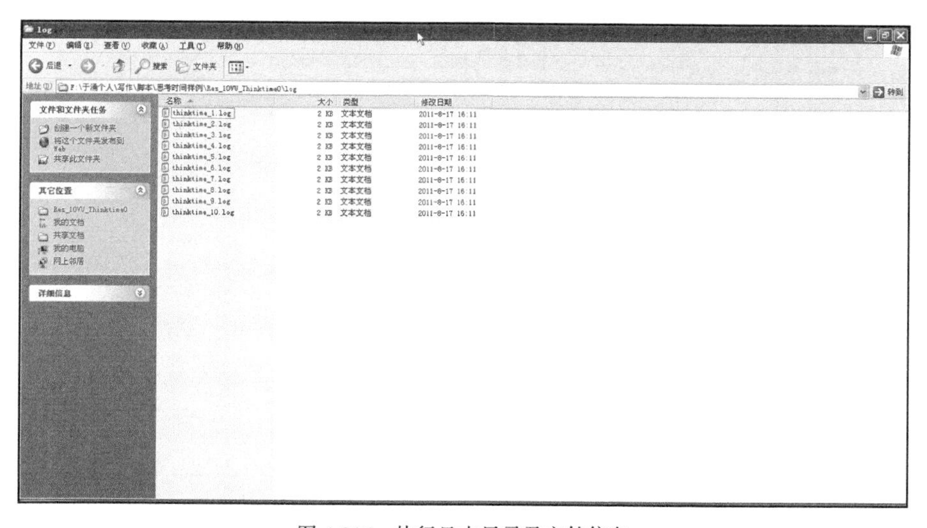

图 4-216 执行日志目录及文件信息

任意打开一个日志文件看一下其内容，如这里打开名称为“thinktime_1.log”的日志文件，文件内容如图 4-217 所示。细心的读者也许已经发现一个问题，就是从图 4-215 和图 4-217

的“思考时间测试事务”可以看到日志文件的思考时间是 1.0129s，而结果概要信息最小的事务时间显示为 1.013s。那么为什么不正好是 1s 呢？这是因为 LoadRunner 模拟思考时间使用的是近似模拟，从数值上可以看到，而且在统计数据的时候精确到毫秒级，所以在日志文件中看到了 1.0129，而统计数据的时候发现将数据进行四舍五入变成了 1.013。

```
Virtual User Script started at : 2011-08-17 16:11:37    [MsgId: MMSG-15967]
Starting action vuser_init.    [MsgId: MMSG-15919]
Web Turbo Replay of LoadRunner 11.0.0 for WINXP; build 8859 (Aug 18 2010 20:14:31)    [MsgId: MMSG-27143]
Run Mode: HTML    [MsgId: MMSG-26000]
Run-Time Settings file: "C:\Documents and Settings\Administrator\Local Settings\Temp\lrStmpdir5FX.872\lrcfgA62.881\cfgf5H.886"    [MsgId: MMSG-27141]
Ending action vuser_init.    [MsgId: MMSG-15918]
Running Vuser...    [MsgId: MMSG-15964]
Starting iteration 1.    [MsgId: MMSG-15968]
Starting action Action.    [MsgId: MMSG-15919]
Action.c(6): Notify: Transaction "思考时间测试事务" started.    [MsgId: MMSG-16999]
Action.c(7): Notify: Parameter Substitution: parameter "thinktime" =  "1"    [MsgId: MMSG-13992]
Action.c(7): lr_think_time: 1.00 seconds.    [MsgId: MMSG-15948]
Action.c(8): Notify: Transaction "思考时间测试事务" ended with "Pass" status (Duration: 1.0132 Think Time: 1.0129).    [MsgId: MMSG-16872]
Ending action Action.    [MsgId: MMSG-15918]
Ending iteration 1.    [MsgId: MMSG-15965]
Ending Vuser...  [MsgId: MMSG-15966]
Starting action vuser_end.    [MsgId: MMSG-15919]
Ending action vuser_end.    [MsgId: MMSG-15918]
Vuser Terminated.    [MsgId: MMSG-15963]
```

图 4-217 “thinktime_1.log”日志文件内容

可以单击图 4-218 中的“思考时间测试事务”链接，查看执行过程中设置的事务情况。

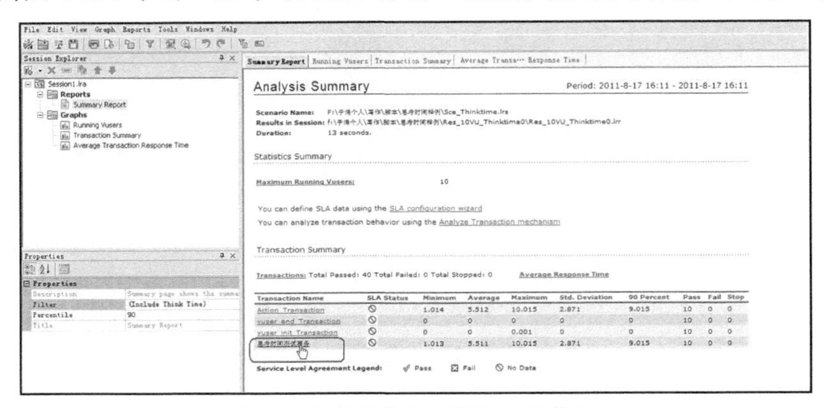

图 4-218 结果分析概要事务相关信息

图 4-219 是平均响应时间在测试执行过程中变化的趋势图表。

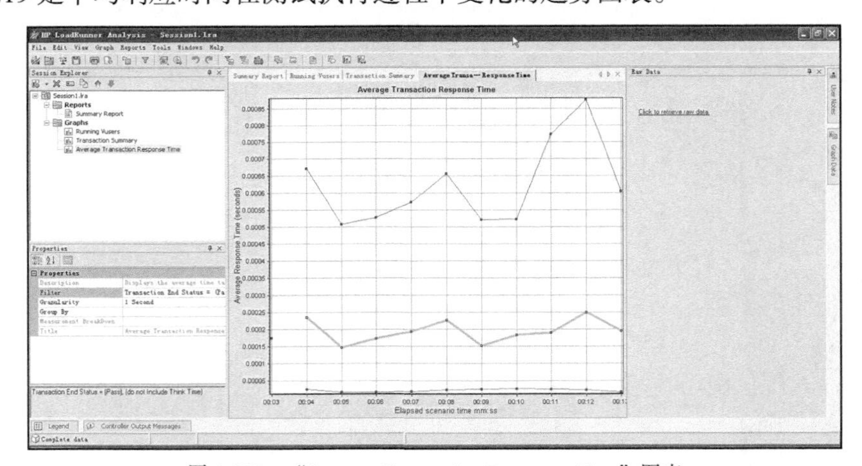

图 4-219 “Average Transaction Response Time”图表

可以单击图 4-220 的“Raw Data”选项，而后单击图 4-221 中的“Click to retrieve raw data”链接，在图 4-222 中选择要查看详细数据信息的时间段，默认是整个执行过程时间，因为要查看整个过程的相关数据信息，所以直接单击【OK】按钮。

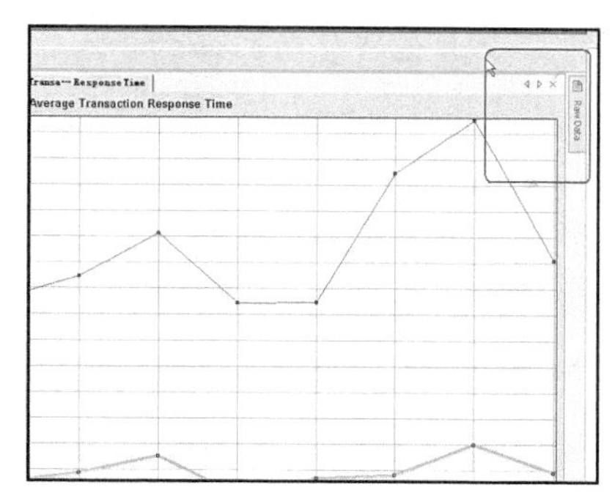

图 4-220 “Average Transaction Response Time”图表的“Raw Data”选项

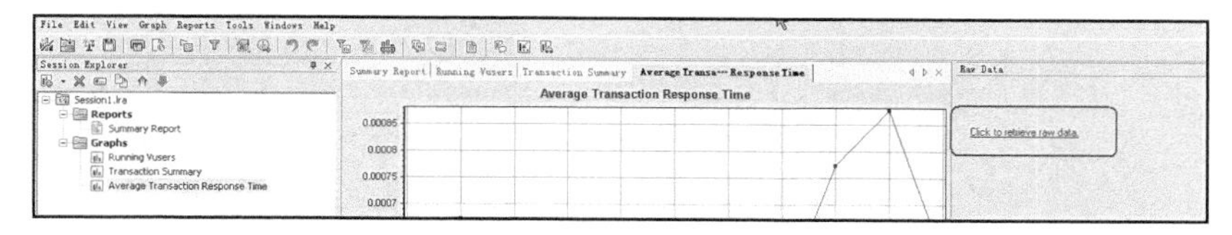

图 4-221 “Average Transaction Response Time”图表的“Click to retrieve raw data”链接

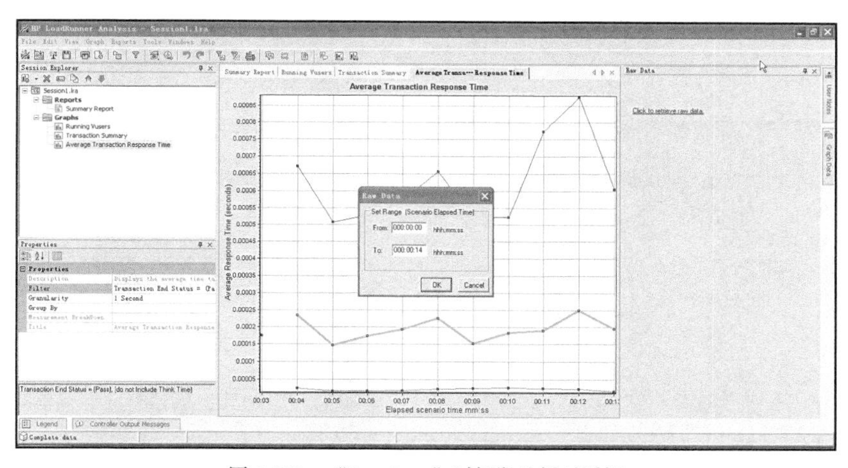

图 4-222 “Raw Data”时间段选择对话框

这时显示所有虚拟用户执行过程中事务相关信息，如图 4-223 所示。可以从这些数据中

Vuser ID	Group Name	Transaction End	Script Name	Transaction Hier	Host Name	Scenario Elapse	Transaction Res	Transaction Nan
Vuser1	thinktime	Pass	thinktime	Highest Level	localhost	3.393	0	vuser_init_Transacti
Vuser2	thinktime	Pass	thinktime	Highest Level	localhost	3.4	0	vuser_init_Transacti
Vuser3	thinktime	Pass	thinktime	Highest Level	localhost	3.413	0	vuser_init_Transacti
Vuser1	thinktime	Pass	thinktime	Action_Transaction	localhost	4.423	1.013	思考时间测试事务
Vuser1	thinktime	Pass	thinktime	Highest Level	localhost	4.424	1.014	Action_Transaction
Vuser1	thinktime	Pass	thinktime	Highest Level	localhost	4.424	0	vuser_end_Transac
Vuser4	thinktime	Pass	thinktime	Highest Level	localhost	3.458	0	vuser_init_Transacti
Vuser5	thinktime	Pass	thinktime	Highest Level	localhost	3.472	0	vuser_init_Transacti
Vuser6	thinktime	Pass	thinktime	Highest Level	localhost	3.52	0	vuser_init_Transacti
Vuser7	thinktime	Pass	thinktime	Highest Level	localhost	3.535	0	vuser_init_Transacti
Vuser8	thinktime	Pass	thinktime	Highest Level	localhost	3.582	0	vuser_init_Transacti
Vuser9	thinktime	Pass	thinktime	Highest Level	localhost	3.598	0	vuser_init_Transacti
Vuser10	thinktime	Pass	thinktime	Highest Level	localhost	3.645	0	vuser_init_Transacti
Vuser3	thinktime	Pass	thinktime	Action_Transaction	localhost	5.439	2.015	思考时间测试事务
Vuser3	thinktime	Pass	thinktime	Highest Level	localhost	5.439	2.015	Action_Transaction
Vuser3	thinktime	Pass	thinktime	Highest Level	localhost	5.44	0	vuser_end_Transac
Vuser2	thinktime	Pass	thinktime	Action_Transaction	localhost	6.423	3.013	思考时间测试事务
Vuser2	thinktime	Pass	thinktime	Highest Level	localhost	6.424	3.013	Action_Transaction
Vuser2	thinktime	Pass	thinktime	Highest Level	localhost	6.424	0	vuser_end_Transac
Vuser4	thinktime	Pass	thinktime	Action_Transaction	localhost	7.486	4.015	思考时间测试事务
Vuser4	thinktime	Pass	thinktime	Highest Level	localhost	7.486	4.015	Action_Transaction
Vuser4	thinktime	Pass	thinktime	Highest Level	localhost	7.486	0	vuser_end_Transac
Vuser6	thinktime	Pass	thinktime	Action_Transaction	localhost	8.548	5.015	思考时间测试事务
Vuser6	thinktime	Pass	thinktime	Highest Level	localhost	8.549	5.015	Action_Transaction
Vuser6	thinktime	Pass	thinktime	Highest Level	localhost	8.549	0	vuser_end_Transac
Vuser7	thinktime	Pass	thinktime	Action_Transaction	localhost	9.564	6.014	思考时间测试事务
Vuser7	thinktime	Pass	thinktime	Highest Level	localhost	9.564	6.014	Action_Transaction
Vuser7	thinktime	Pass	thinktime	Highest Level	localhost	9.565	0	vuser_end_Transac
Vuser5	thinktime	Pass	thinktime	Action_Transaction	localhost	10.486	6.999	思考时间测试事务
Vuser5	thinktime	Pass	thinktime	Highest Level	localhost	10.486	7	Action_Transaction

图 4-223 事务的相关信息

看到每个虚拟用户在什么时间执行了哪些事务以及执行事务耗费的时间等相关信息。这里，结合脚本事务主要包括 4 个：vuser_init_Transaction、Action_Transaction、vuser_end_Transaction 和思考时间测试事务。

可以对事务进行过滤，在事务名称下拉列表框中选择过程条件，如图 4-224 所示。这里仅对"思考时间测试事务"进行过滤，如图 4-225 所示。

图 4-224 "Raw Data"事务过滤下拉列表

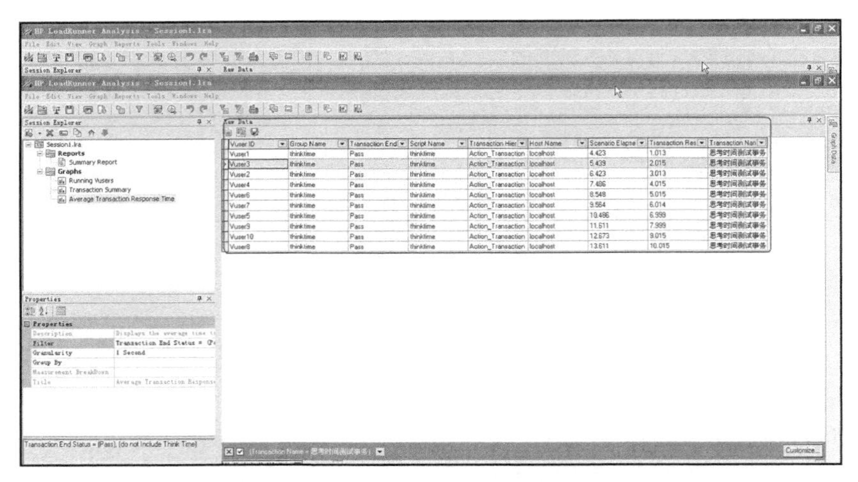

图 4-225 "思考时间测试事务"相关数据信息

为了让读者更清晰地看到相关的数据，将这部分数据单独截取出来，如图 4-226 所示。

Vuser ID	Group Name	Transaction End	Script Name	Transaction Hier	Host Name	Scenario Elapse	Transaction Res	Transaction Nan
Vuser1	thinktime	Pass	thinktime	Action_Transaction	localhost	4.423	1.013	思考时间测试事
Vuser3	thinktime	Pass	thinktime	Action_Transaction	localhost	5.439	2.015	思考时间测试事
Vuser2	thinktime	Pass	thinktime	Action_Transaction	localhost	6.423	3.013	思考时间测试事
Vuser4	thinktime	Pass	thinktime	Action_Transaction	localhost	7.486	4.015	思考时间测试事
Vuser6	thinktime	Pass	thinktime	Action_Transaction	localhost	8.548	5.015	思考时间测试事
Vuser7	thinktime	Pass	thinktime	Action_Transaction	localhost	9.564	6.014	思考时间测试事
Vuser5	thinktime	Pass	thinktime	Action_Transaction	localhost	10.486	6.999	思考时间测试事
Vuser9	thinktime	Pass	thinktime	Action_Transaction	localhost	11.611	7.999	思考时间测试事
Vuser10	thinktime	Pass	thinktime	Action_Transaction	localhost	12.673	9.015	思考时间测试事
Vuser8	thinktime	Pass	thinktime	Action_Transaction	localhost	13.611	10.015	思考时间测试事

图 4-226 "思考时间测试事务"相关数据信息

4.17.6 将数据导出到 Excel 文件中

为了便于对数据进行分析，可以将数据输出到 Excel 文件中，如图 4-227 所示。

单击工具栏中的[输出到 Excel 文件]按钮，弹出“文件保存路径选择”对话框，默认保存的文件名称为“Raw Data - Average Transaction Response Time.xls”，选择要存储的路径后，单击【保存】按钮，如图 4-228 所示。

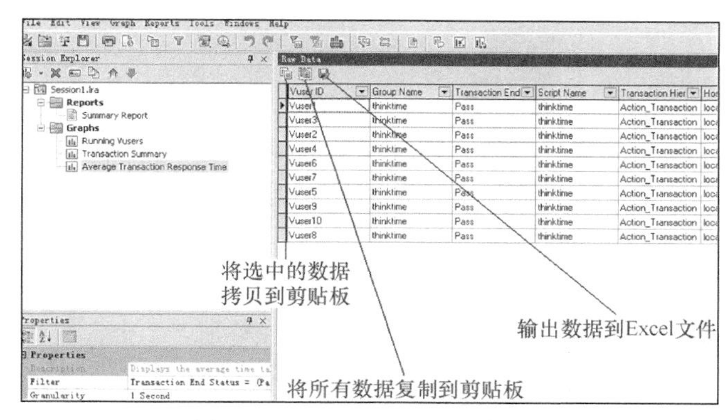

图 4-227 “Raw Data”工具信息

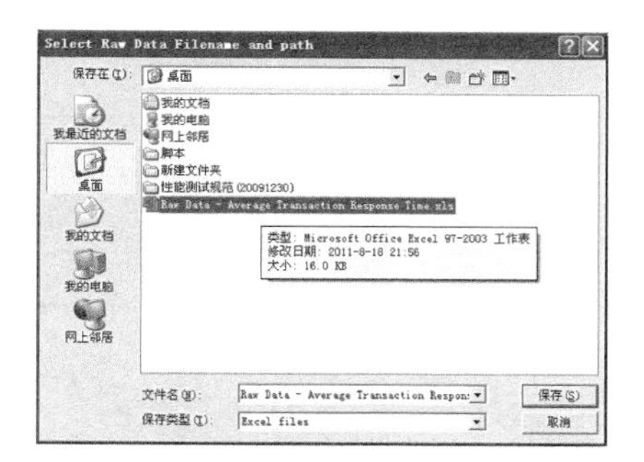

图 4-228 “Select Raw Data Filename and path”对话框

文件保存完成后，可以打开该 Excel 文件，如图 4-229 所示。

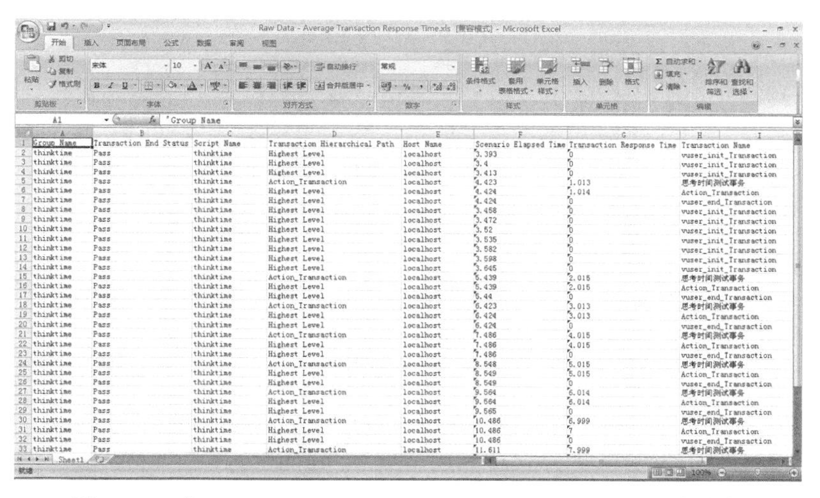

图 4-229 “Raw Data - Average Transaction Response Time.xls”文件内容

4.17.7 对导出的数据进行筛选

可以对事务的相关数据进行筛选，选中文件的第一行，然后单击【筛选】按钮，如图 4-230 所示。

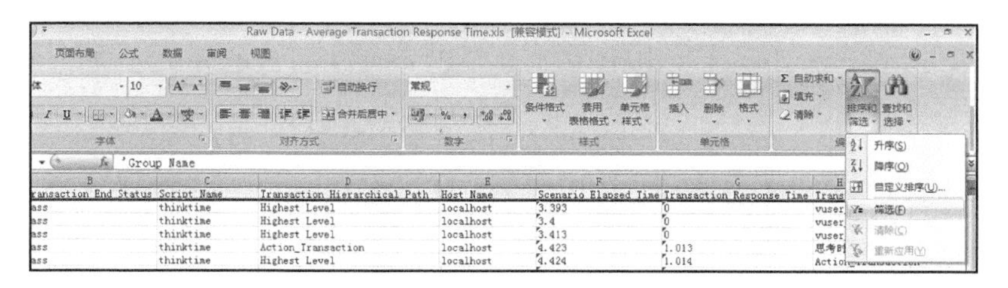

图 4-230 筛选数据

单击“Transaction_Name”列，选择“思考时间测试事务”，单击【确定】按钮，如图 4-231 所示，可以将所有“思考时间测试事务”的相关数据信息过滤出来，如图 4-232 所示。

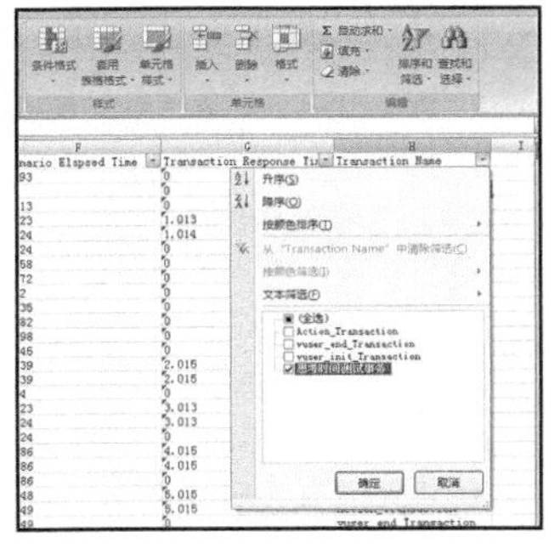

图 4-231　过滤对话框

Group Name	Transaction End Stat	Script Name	Transaction Hierarchical Path	Host Name	Scenario Elapsed Time	Transaction Response Time	Transaction Name
thinktime	Pass	thinktime	Action_Transaction	localhost	4.423	1.013	思考时间测试事务
thinktime	Pass	thinktime	Action_Transaction	localhost	5.439	2.015	思考时间测试事务
thinktime	Pass	thinktime	Action_Transaction	localhost	6.423	3.013	思考时间测试事务
thinktime	Pass	thinktime	Action_Transaction	localhost	7.486	4.015	思考时间测试事务
thinktime	Pass	thinktime	Action_Transaction	localhost	8.548	5.015	思考时间测试事务
thinktime	Pass	thinktime	Action_Transaction	localhost	9.564	6.014	思考时间测试事务
thinktime	Pass	thinktime	Action_Transaction	localhost	10.486	6.999	思考时间测试事务
thinktime	Pass	thinktime	Action_Transaction	localhost	11.611	7.999	思考时间测试事务
thinktime	Pass	thinktime	Action_Transaction	localhost	12.673	9.015	思考时间测试事务
thinktime	Pass	thinktime	Action_Transaction	localhost	13.611	10.015	思考时间测试事务

图 4-232　“思考时间测试事务”数据信息

4.17.8　对结果数据进行有效的分析

为了将原始数据和分析数据进行比较，这里新建一个工作表，名称为“数据分析”，并将这些数据复制到新工作表中，如图 4-233 所示，而后将最小值、最大值和平均值记录在该工作表中。

以上是用 Excel 计算出来的，接下来，将这些数据和结果概要信息进行比对，即比对图 4-233 和图 4-234 中“思考时间测试事务”的最小值、平均值和最大值。读者也许已经发现了最小值和最大值完全一致，而平均时间有差异，由于 Excel 文件中的平均值没有进行四舍五入，所以比结果概要信息中的数据多，经过四舍五入后它们就完全一致了。

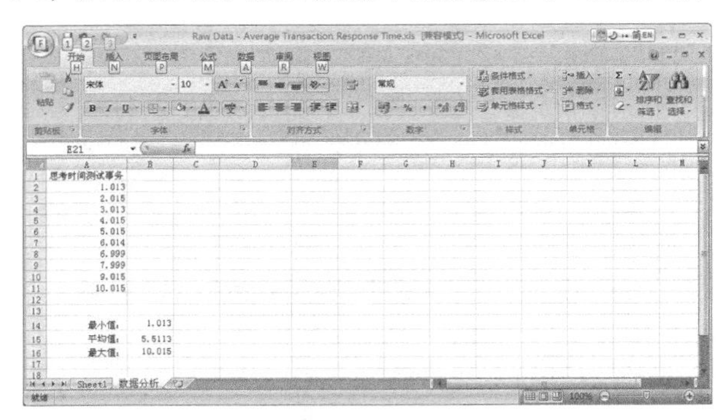

图 4-233　“思考时间测试事务”数据分析

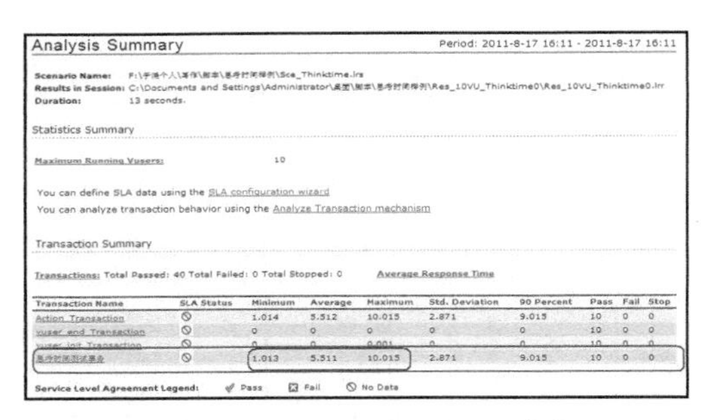

图 4-234　“Analysis Summary”信息

也许有的读者还非常关心“Std.Deviation”和“90 Percent”是怎么来的呢。首先介绍“Std.Deviation”和“90 Percent”的含义“Std.Deviation”是标准偏差，它代表事务数据间差异大小程度，这个数值越小越好。

这里标准偏差用 S 表示，平均值用 $\bar{X}$ 表示，每个具体的数据值用 X_i 表示，用 N 来表示数据的个数。

$$S=\sqrt{\frac{\sum_{i=1}^{n}(X_i-\bar{X})^2}{n}}$$

接下来，把具体的数值放入公式中，为了方便计算，下面分步计算。

第一步：［ $(1.013-6.511)^2+(2.016-6.511)^2+(3.013-6.511)^2+(4.016-6.511)^2+(6.016-6.511)^2+(6.014-6.511)^2+(6.999-6.511)^2+(7.999-6.511)^2+(9.016-6.511)^2+(10.016-6.511)^2$ ］/10=8.2399385，这里保留小数点后 4 位，即为 8.2399。

第二步：将 8.2399 开平方后，得到 S 为 2.8705，保留小数点 3 位，S=2.871。

接下来与图 4-234 中的“思考时间测试事务”的标准偏差进行对比，发现两者是一致的，当然手工进行计算有些过于繁琐，有没有简易的方法可以计算出标准偏差呢？Excel 提供了非常丰富的函数，可以利用“STDEVP”函数，如图 4-235 所示。该函数给出整个样本总体的标准偏差，标准偏差反映相对于平均值的离散程度，该值越小越好。

接下来看看“90 Percent”是怎么得来的，它是指 90%“思考时间测试事务”中最大的值，这里因为一共有 10 条记录，排序后，9.015 是 90%中的最大值，所以“90 Percent”即为该值，如图 4-236 所示。

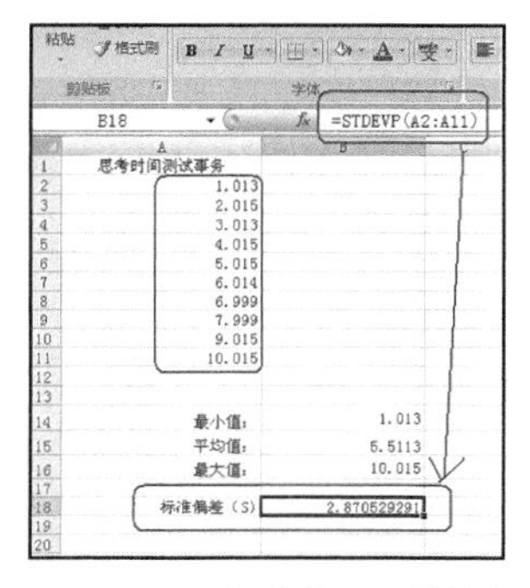

图 4-235 Excel 标准偏差函数的应用

Raw Data

Vuser ID	Group Name	Transaction End	Script Name	Transaction Hier	Host Name	Scenario Elapse	Transaction Res	Transaction Nan
Vuser1	thinktime	Pass	thinktime	Action_Transaction	localhost	4.423	1.013	思考时间测试事
Vuser3	thinktime	Pass	thinktime	Action_Transaction	localhost	5.439	2.015	思考时间测试事
Vuser2	thinktime	Pass	thinktime	Action_Transaction	localhost	6.423	3.013	思考时间测试事
Vuser4	thinktime	Pass	thinktime	Action_Transaction	localhost	7.486	4.015	思考时间测试事
Vuser6	thinktime	Pass	thinktime	Action_Transaction	localhost	8.548	5.015	思考时间测试事
Vuser7	thinktime	Pass	thinktime	Action_Transaction	localhost	9.564	6.014	思考时间测试事
Vuser5	thinktime	Pass	thinktime	Action_Transaction	localhost	10.486	6.999	思考时间测试事
Vuser9	thinktime	Pass	thinktime	Action_Transaction	localhost	11.611	7.999	思考时间测试事
Vuser10	thinktime	Pass	thinktime	Action_Transaction	localhost	12.673	9.015	思考时间测试事
Vuser8	thinktime	Pass	thinktime	Action_Transaction	localhost	13.611	10.015	思考时间测试事

图 4-236 “思考时间测试事务”的数据信息

当然，也可以通过添加“Transaction Response Time (Percentile)”图表来查看，如图 4-237 所示。

因为这里的事务需要包含思考时间，所以需要单击图 4-237 中的［Filter & Open］按钮，弹出图 4-238 所示的对话框，需要选择“Include Think Time”，即包含思考时间，然后单击【OK】按钮，出现图 4-239 所示的对话框。如果想了解 90%“思考时间测试事务”，可以顺着横坐标 90 位置往上找和图表曲线的交点，该点即为“90 Percent”的值。

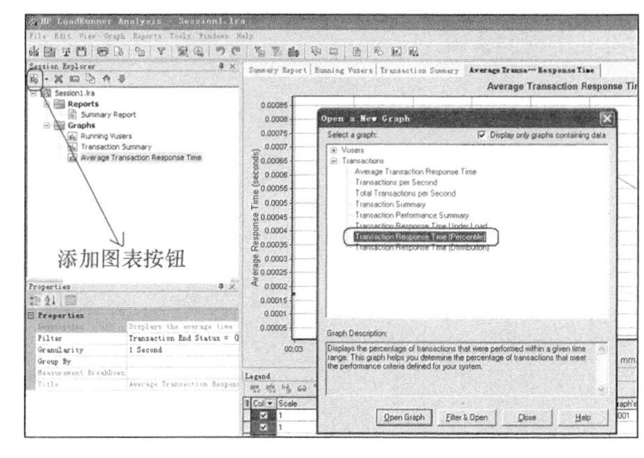

图 4-237 添加图表信息对话框信息

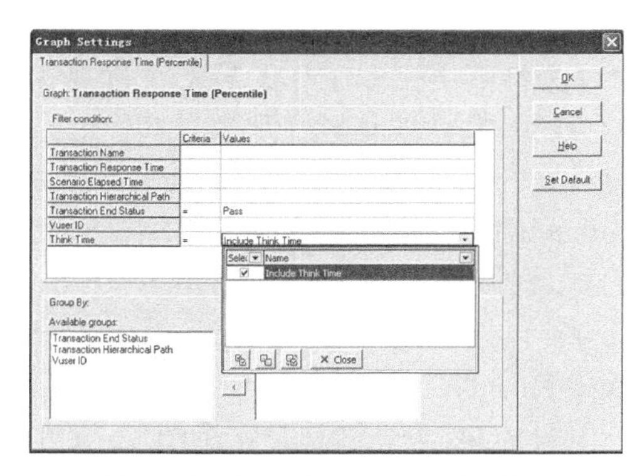

图 4-238 “Graph Settings”对话框

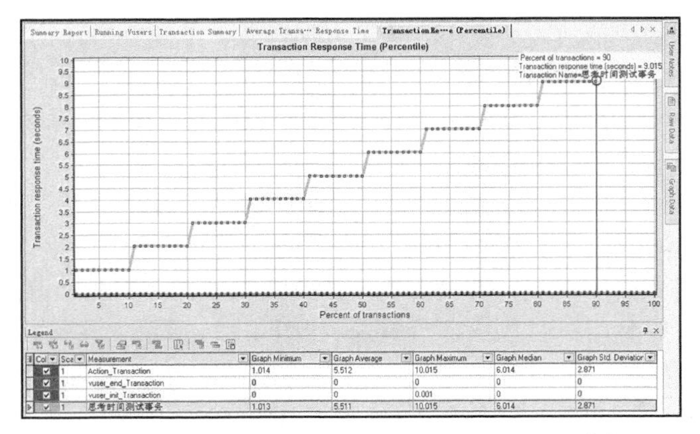

图 4-239 “Transaction Response Time (Percentile)”信息

4.18 吞吐量相关信息

在做性能测试的时候非常关注的内容，如吞吐量、每秒事务数、每秒单击数等都是衡量服务器处理能力的重要指标。在 LoadRunner 的结果概要分析图表中，也会看到一些这方面的数据信息，如图 4-240 所示。那么这些数据又是怎么得来的呢？

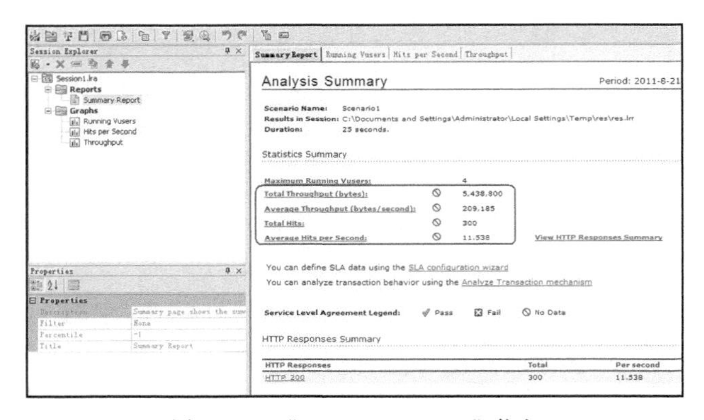

图 4-240 “Analysis Summary”信息

4.18.1 概要分析吞吐量等相关信息问题的提出

做性能测试的工作人员都很重视吞吐量相关的一些性能指标，那么这些性能指标是怎么来的？也许这也是好多读者非常关心的一个问题，为此作者做了一个测试页面，如图 4-241 所示，向大家展示 Total Throughput（bytes）、Average Throughput（bytes/second）、Total Hits 和 Average Hits per Second 的由来。

图 4-241 测试页面信息

图 4-241 中主要包括 1 个图片、1 个链接和 1 个用于登录的窗体（Form）。

4.18.2 概要分析吞吐量等相关信息问题的分析

图 4-241（测试页面）的源文件信息如下。

```
<%@ page contentType="text/html; charset=GBK" %>
<html>
     <body>
          <center>
         <h1>测试页面</h1>
         <hr>
         <form action="resp.jsp" method="post">
         用户姓名：<input type="text" name="t1"></input>
         <br>
         用户密码：<input type="text" name="t2"></input>
         <br><p>
         <input type="submit" name="b1" value="提交">
         <input type="submit" name="b2" value="取消">
         <p>
         <p>
         <hr>
         <img src="lj.gif"></img>
         <br>
         <p>
         <p>
         <a href="http://tester2test.blog.51cto.com">作者博客：
            http://tester2test.blog.51cto.com</a>
         </center>
     </body>
</html>
```

从源文件中，同样可以看到主要的界面元素对应的源代码分别如下。

窗体（Form）源代码：

```
<form action="resp.jsp" method="post">
用户姓名：<input type="text" name="t1"></input>
<br>
用户密码：<input type="text" name="t2"></input>
<br><p>
<input type="submit" name="b1" value="提交">
<input type="submit" name="b2" value="取消">
```

图片源代码：

```
<img src="lj.gif"></img>
```

超链接“作者博客：http://tester2test.blog.51cto.com”源代码：

```
<a href="http://tester2test.blog.51cto.com">作者博客：http://tester2test.blog.51cto.com</a>
```

对源代码进行基本的分析之后，也许又有读者会问：“结合这个测试页面，作为性能测试人员的我们怎么知道吞吐量和单击数是怎么计算出来的呢？”这个问题非常好，也是下面将介绍的重要内容。

首先录制访问“http://localhost:8080/mytest/test.jsp”这个测试页面脚本。

然后，根据脚本的执行日志，可以得到服务器返回给客户端的内容大小，总的内容大小就是访问 1 次这个页面的吞吐量。那么单击数是怎么得到的呢？也许很多用户都认为访问一个页面，单击数就为 1，那么事实如此吗？答案是否定的，详细的内容请参见下面的介绍。

4.18.3 概要分析吞吐量等相关内容的设计与实现

相信大家都清楚 LoadRunner 有两种录制模式，即“HTML-based script”和“URL-based script”。它们都能够顺利完成业务脚本的录制，但是这两种方式是有一定区别的。在“HTML-based script”方式下，VuGen 为用户的每个 HTML 操作生成单独的步骤，这种方式录制的脚本看上去比较直观；在“URL-based script”方式下，VuGen 可以捕获所有作为用户操作结果而发送到服务器的 HTTP 请求，分别为用户的每个请求生成对应的脚本步骤内容。下面以图 4-241 的“测试页面”为例（http://localhost:8080/mytest/test.jsp），介绍“HTML-based script”和“URL-based script”两种方式生成的脚本代码。

“HTML-based script”方式脚本代码如下。

```
Action()
{

    web_url("test.jsp",
        "URL=http://localhost:8080/mytest/test.jsp",
        "Resource=0",
        "RecContentType=text/html",
        "Referer=",
        "Snapshot=t13.inf",
        "Mode=HTML",
        EXTRARES,
        "Url=../favicon.ico", "Referer=", ENDITEM,
        LAST);

    return 0;
}
```

脚本回放，在回放日志（Replay Log）页，可以看到图 4-242 所示的信息。

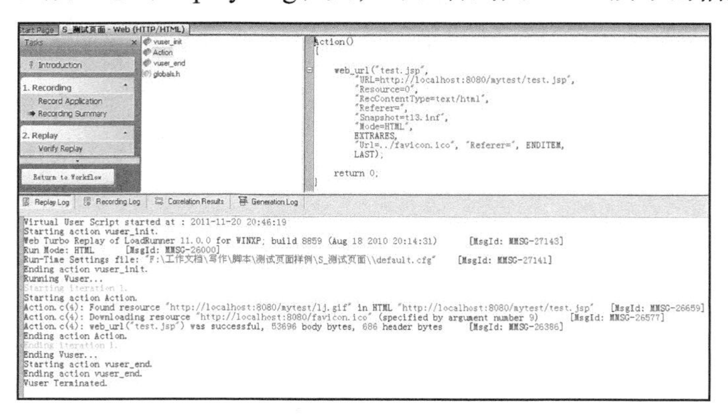

图 4-242　以“HTML-based script”方式回放日志

“URL-based script”方式脚本代码如下。

```
Action()
{

    web_url("test.jsp",
```

```
        "URL=http://localhost:8080/mytest/test.jsp",
        "Resource=0",
        "RecContentType=text/html",
        "Referer=",
        "Snapshot=t1.inf",
        "Mode=HTTP",
        LAST);

    web_url("lj.gif",
        "URL=http://localhost:8080/mytest/lj.gif",
        "Resource=1",
        "RecContentType=image/gif",
        "Referer=http://localhost:8080/mytest/test.jsp",
        "Snapshot=t2.inf",
        LAST);

    web_url("favicon.ico",
        "URL=http://localhost:8080/favicon.ico",
        "Resource=1",
        "RecContentType=image/x-icon",
        "Referer=",
        "Snapshot=t3.inf",
        LAST);

    return 0;
}
```

脚本回放，在回放日志（Replay Log）页，可以看到如图 4-243 所示的信息。

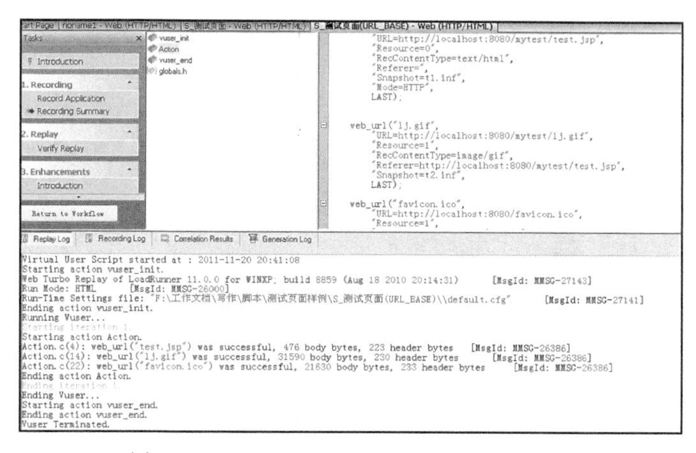

图 4-243　以“URL-based script”方式回放日志

细心的读者也许已经发现尽管两种录制方式不同，但是回放时服务器端返回的响应数据却是相同的，在图 4-242 和图 4-243 中下载了 3 个资源，即“http://localhost:8080/ mytest/lj. gif”“http://localhost:8080/mytest/test.jsp”和“http://localhost:8080/favicon.ico”。

如图 4-243 所示，“http://localhost:8080/mytest/test.jsp”是实际请求的页面，图片包含在该页面中，所以需要下载“http://localhost:8080/mytest/lj.gif”这个图片资源，而 http://localhost:8080/favicon.ico，即访问测试页面是标志 Tomcat 应用的图标作为附加资源进行了下载，如图 4-244 所示。

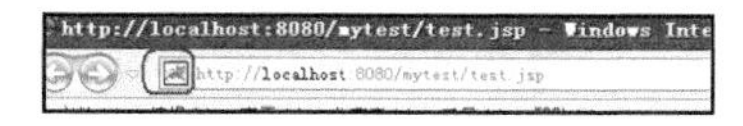

图 4-244　测试页面 URL 图标

该请求返回的总响应数据内容大小为“53696 body bytes,686 header bytes”，如图 4-242 所示。

在图 4-243 中，可以清晰地看到服务器端返回的 3 个响应数据内容为：“web_url("test.jsp") was successful, 476 body bytes, 223 header bytes”“web_url("lj.gif") was successful, 31590 body bytes, 230 header bytes”和“web_url("favicon.ico") was successful, 21630 body bytes, 233 header bytes”。3 个返回资源的“body bytes”和“header bytes”分别相加，即 476 + 31590 + 21630 = 53696 和 223 + 230 + 233 = 686，这两个值与图 4-242 返回的数值是一致的，从而也说明了尽管两种脚本录制方式不同，但是实际的执行结果是一致的。

4.19 执行结果分析过程

场景执行完成以后，需要对运行过程中收集的数据信息进行分析，从而了解系统性能表现能力，确定系统性能瓶颈。在 LoadRunner Controller 中，单击【Results】>【Analyze Results】菜单项，启动 LoadRunner Analysis 应用，如图 4-245 所示。

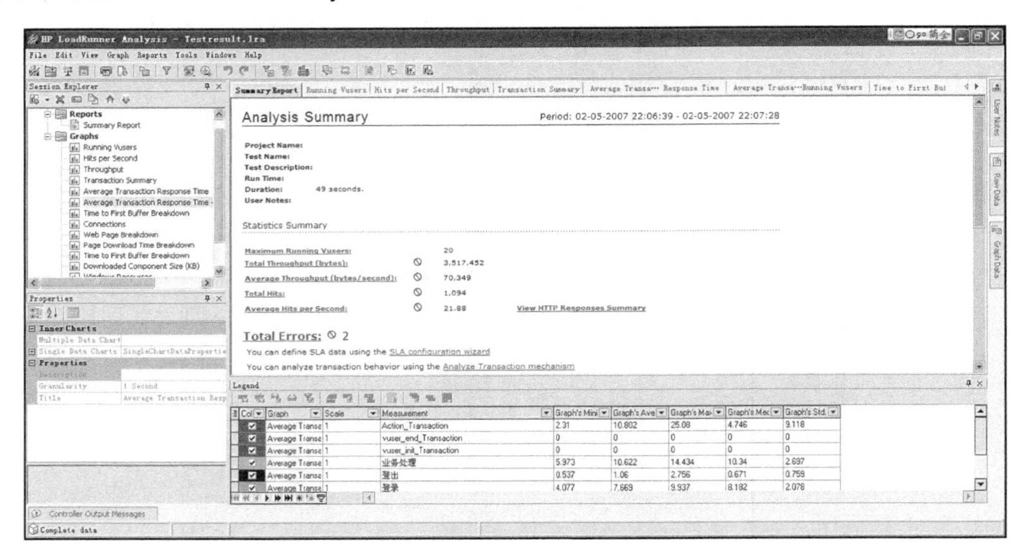

图 4-245 LoadRunner Analysis 应用

● 分析摘要：可以从左边的树形结构列表中选择关心的图，查看相关的信息。

● 统计摘要：主要包括最大运行虚拟用户数、总吞吐量、平均吞吐量、总单击次数、平均每秒单击次数。

● 事务摘要：主要包括服务水平协议状态、事务名称、最小值、平均值、最大值、标准偏差、90%、通过、失败、停止。

● HTTP 响应摘要：主要包括 HTTP 响应代码、总计数量、每秒响应数。

在左侧的树形列表中可以选择多个图，仅以选择 Average Transaction Response Time 为例，单击“Average Transaction Response Time”，显示平均事务响应时间图，如图 4-246 所示。也可以选择没有在列表中出现的其他图，方法是单击工具栏中的［Add New Graph”］选项，如图 4-247 和图 4-248 所示，把关心的图加入可用图区域。

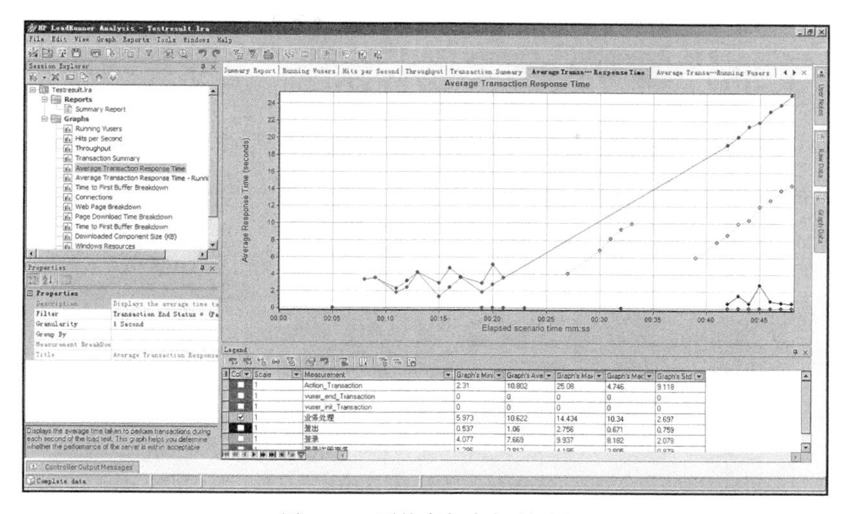

图 4-246　平均事务响应时间图

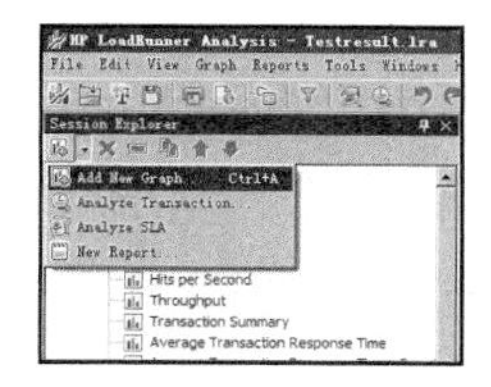

图 4-247　添加新图表的工具栏选项

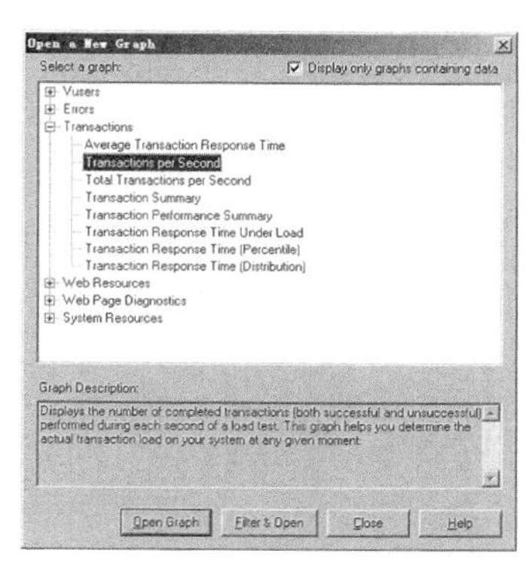

图 4-248　打开新图对话框

4.19.1　合并图的应用

还可以合并平均事务响应时间图和运行虚拟用户图，方法是选择要合并的图，然后在图空白处单击鼠标右键，选择快捷菜单中的【Merge Graphs】选项，而后选择需要合并的图，这里选择“Running Vusers”，选择合并图类型，如果需要更改合并图标题，可以更改标题。如果不需要更改标题，则单击【OK】按钮，产生“Average Transaction Response Time-Running Vusers”图，如图 4-249 所示，从图中查看随着虚拟用户数量的增加或者减少，事务响应时间情况。事务响应时间是服务器处理能力的一个重要指标，也是用户应用软件最直接的体验。当然可以选择关心的其他内容合并图，这里就不一一介绍。

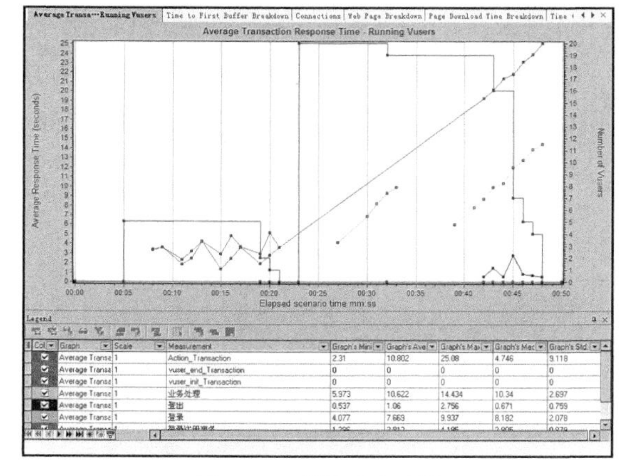

图 4-249　平均响应时间

4.19.2 合并图的 3 种方式

合并图有 3 种方式：叠加（Overlay）、平铺（Tile）和关联（Correlate），下面简单介绍。

（1）叠加方式：两个图使用相同的横轴排列。合并图的左侧纵轴显示当前图的值。如图 4-250 所示，将吞吐量和运行虚拟用户数图使用叠加方式合并后，两图共同以时间作为横轴，左侧纵轴为吞吐量相关数值，右侧纵轴显示虚拟用户数相关数据信息。

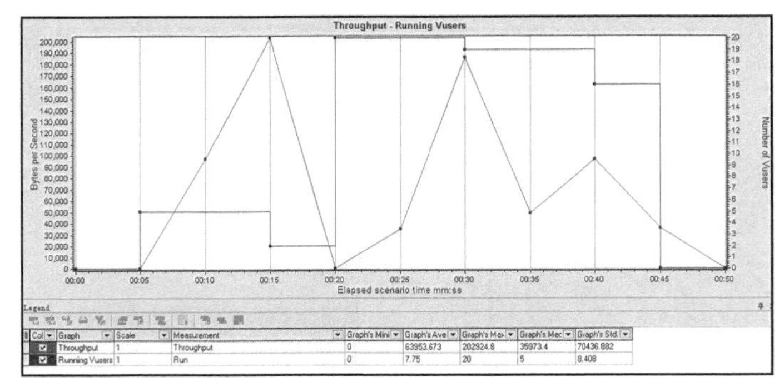

图 4-250　以叠加方式合并的吞吐量

（2）平铺方式：两个图一个位于另一个之上，合并图在下方，而被合并图在上方，使两个图共用一个横轴，两个图分别使用各自的纵轴，如图 4-251 所示。

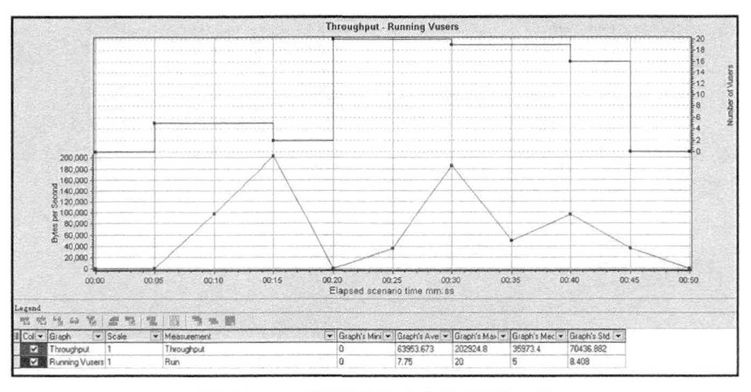

图 4-251　以平铺方式合并的吞吐量

（3）关联方式：合并图的纵轴变成合并图的横轴。被合并图的纵轴变成合并图的纵轴。如图 4-252 所示，横轴显示吞吐量相关数值，纵轴显示虚拟用户数。

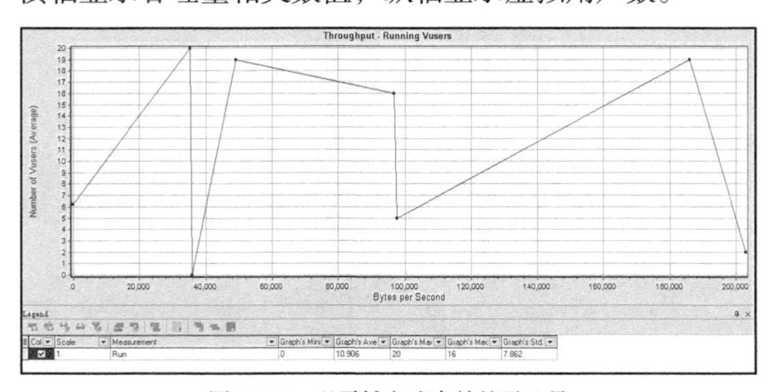

图 4-252　以平铺方式合并的吞吐量

4.19.3 自动关联的应用

还可以通过自动关联图的方法，发现合并图的相似趋势。关联将取消度量的实际值，允许重点关注方案指定时间范围内度量的行为模式。关联图的方法是在选定图空白处单击鼠标右键，选择快捷菜单中的【Auto Correlate】选项，而后设置要关联的场景时间段和趋势（Trend），划分包含最重要变更的扩展时间段或者特性（Feature），即划分形成趋势的较小维度段。Automatically suggest for new measurement 是选择与相邻段最不相似的时间段。还可以通过 Correlation Options 选择要关联的度量目录并设置数据间隔、输出选项内容，如图 4-253～图 4-255 所示。

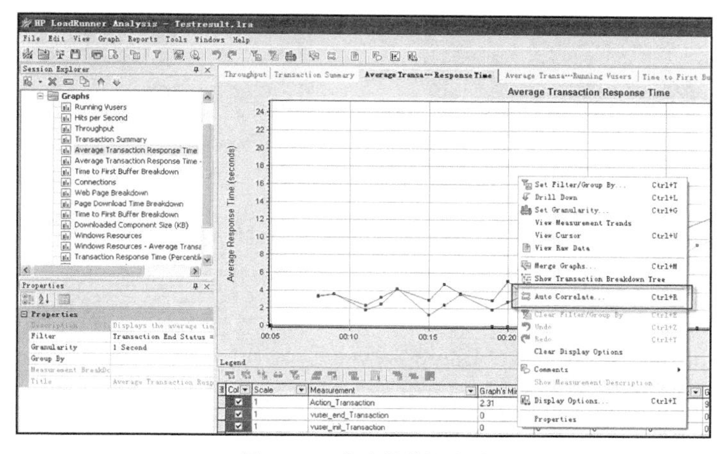

图 4-253 自动关联图选项

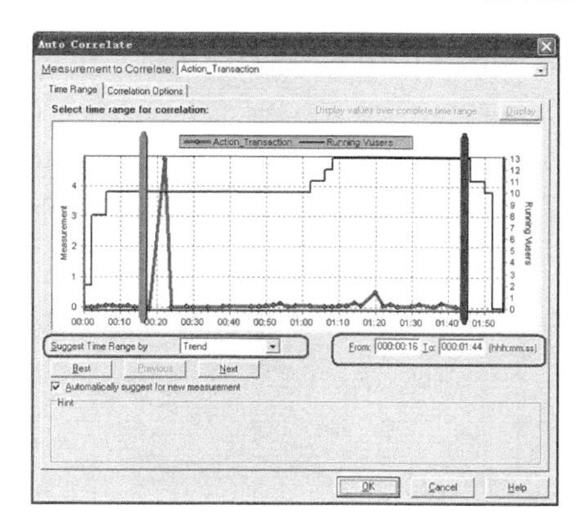

图 4-254 关联时间范围设定对话框

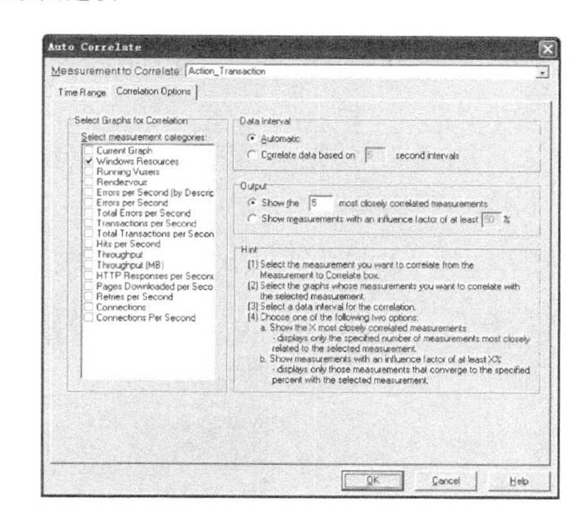

图 4-255 关联选项设定对话框

自动关联方法是应用 LoadRunner Analysis 工具定位性能瓶颈的一种常用方法。自动关联功能应用高级统计信息算法来确定哪些度量对事务的响应时间影响最大，从而确定系统的性能瓶颈。下面结合图 4-256 讲解如何应用自动关联来分析测试结果。

在图 4-256 中发现 SubmitData 事务的响应时间相对较长（为了方便大家看清楚该曲线，用粗线条对 SubmitData 曲线进行了重画）。要将此事务与场景或会

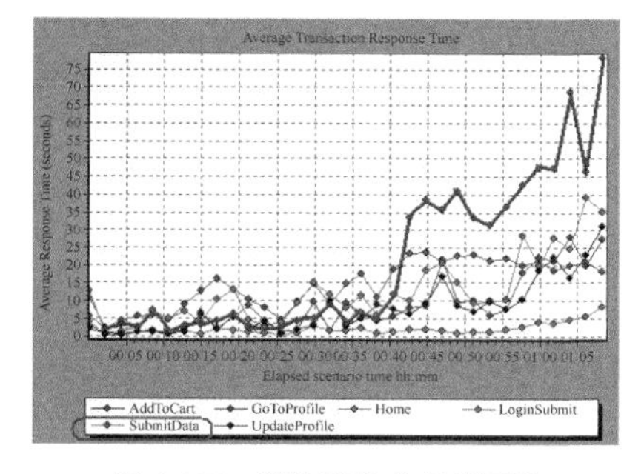

图 4-256 平均事务响应时间图

话步骤运行期间收集的所有度量关联，用鼠标右键单击 SubmitData 事务，选择“Auto Correlate”，弹出自动关联对话框，如图 4-257 所示，选择要检查的时间段，选择“Correlation Options”选项卡，选择要将哪些图的数据与 SubmitData 事务关联，如图 4-258 所示。

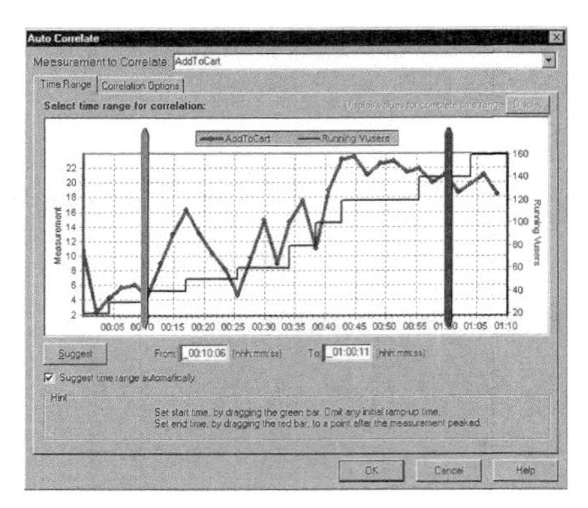

图 4-257　自动关联对话框

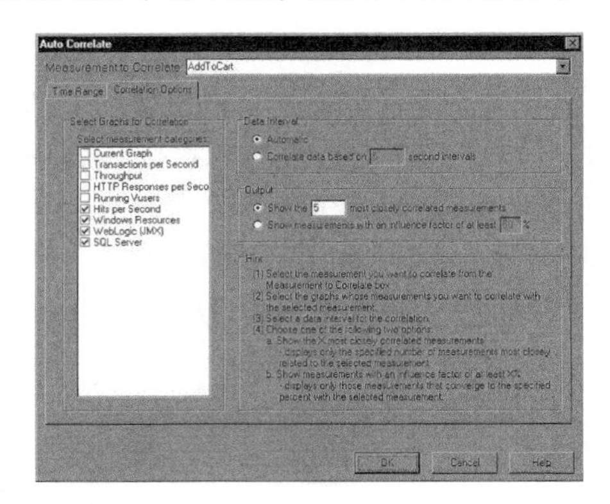

图 4-258　“correlation options”选项卡

结合 SubmitData 选择与其紧密关联的 5 个度量，此关联示例描述下面的数据库和 Web 服务器度量对 SubmitData 事务的影响最大，如图 4-259 所示。

- Number of Deadlocks/sec（SQL Server）。
- JVMHeapSizeCurrent（WebLogic Server）。
- PendingRequestCurrentCount（WebLogic Server）。
- WaitingForConnectionCurrentCount（WebLogic Server）。
- Private Bytes (Process_Total) (SQL Server)。

使用相应的服务器图，可以查看上面每一个服务器度量的数据并查明导致系统中出现瓶颈的原因。

例如，图 4-260 描述 WebLogic (JMX) 应用程序服务器度量 JVMHeapSizeCurrent 和 Private Bytes（Process_Total）随着运行 Vuser 数量的增加而增加。因此，描述这两种度量会导致 WebLogic（JMX）应用程序服务器的性能下降，从而影响 SubmitData 事务的响应时间。

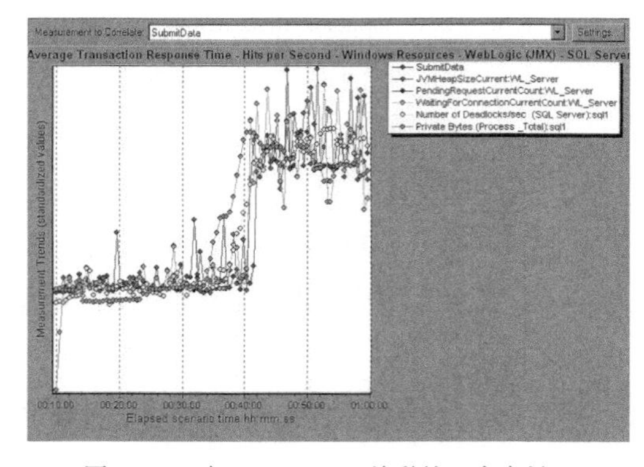

图 4-259　与 SubmitData 关联的 5 个度量

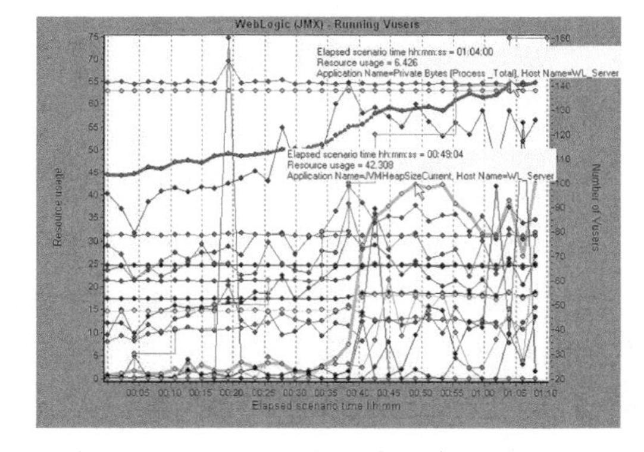

图 4-260　WebLogic（JMX）-运行 Vuser 图

4.19.4 交叉结果的应用

通常，在完成一轮性能测试的时候，都会记录并分析性能测试的结果，而后根据对结果的分析，提出网络、程序设计、数据库、软硬件配置等方面的改进意见。网管、程序设计人员、数据库管理人员等再根据我们提出的建议，对相应的部分进行调整，再进行第二轮、第三轮……测试，然后保存新一轮的测试结果与前一轮的测试结果进行对比，从而确定经过系统调优以后，系统的性能是否有所改善。LoadRunner Analysis 提供了对性能测试结果的交叉比较功能，可以更加方便地定位系统瓶颈。这里假设有一个 100 个用户并发查询资源并显示明细项的场景，如图 4-261 所示。

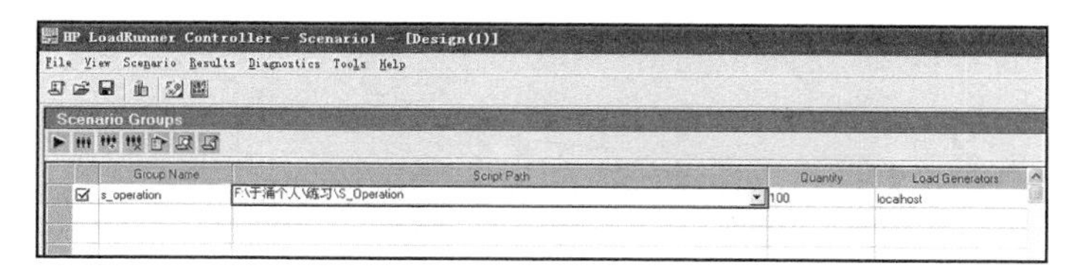

图 4-261 100 个用户并发查询资源并显示明细场景

第一次场景执行完成以后，将结果文件保存为 res0。系统调整 Web 应用服务器的最大连接数以后，在相同运行环境下仍然执行该场景，将运行结果保存为 res1。接下来，打开 LoadRunner Analysis ，选择【File】>【Cross With Result】菜单项，在“Cross Result”对话框中输入要比较的两个或者多个测试结果路径，单击【OK】按钮，系统自动创建两次测试结果的归并对比图，如图 4-262～图 4-264 所示。在归并对比图中用不同颜色的线条来区分相同事务，仅以“事务性能摘要图”为例，其他图表和此图表形式类似，不再一一介绍。

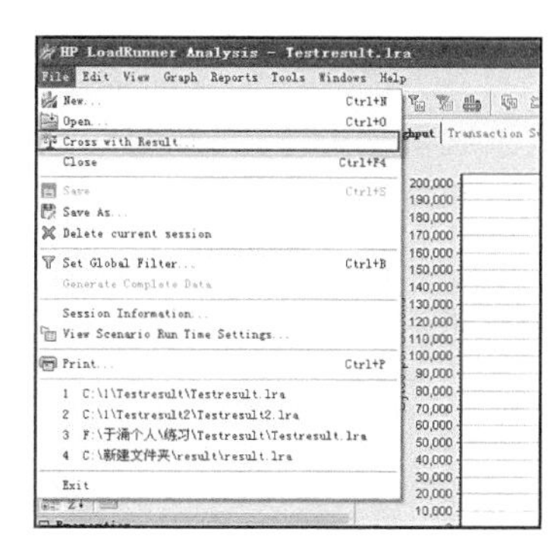

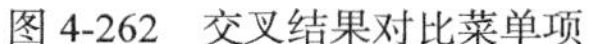

图 4-262 交叉结果对比菜单项

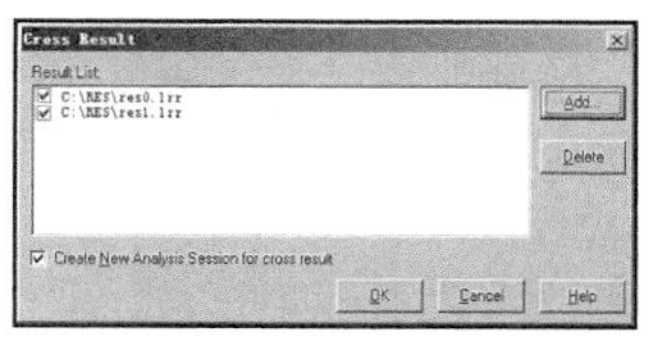

图 4-263 “Cross Result”对话框

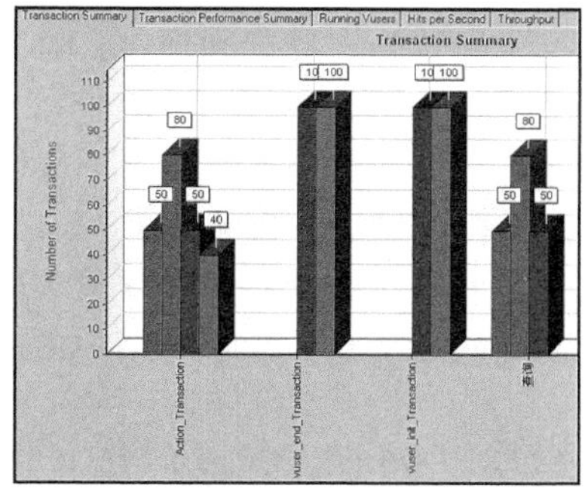

图 4-264 两次执行结果事务性能摘要归并图

4.19.5 性能测试模型

性能测试过程通常都有一定的规律，有经验的性能测试人员会按照性能测试用例来执行，而性能测试的执行过程是由轻到重，逐渐对系统施压。图 4-265 为一个标准的软件性能模型。通常用户最关心的性能指标包括：响应时间、吞吐量、资源利用率和最大用户数。可以将这张图分成 3 个区域：轻负载区域、重负载区域和负载失效区域。

这 3 个区域的特点如下。

（1）轻负载区域：在该区域可以看到随着虚拟用户数量的增加，系统资源利用率和吞吐量也随之增加，而响应时间没有特别明显的变化。

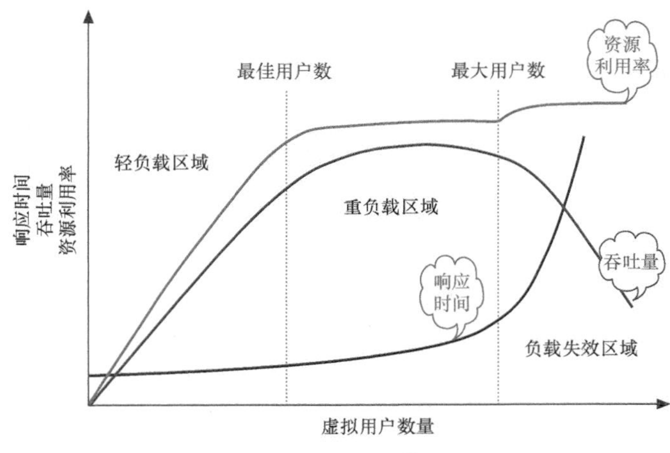

图 4-265 性能测试模型图

（2）重负载区域：在区域可以发现随着虚拟用户数量的增加，系统资源利用率随之缓慢增加，吞吐量开始也缓慢增加，随着虚拟用户数量的增长，资源利用率保持相对稳定（满足系统资源利用率指标），吞吐量也基本保持平稳，后续则略有降低，但幅度不大，响应时间会有相对较大幅度的增长。

（3）负载失效区域：在该区域系统资源利用率随之增加并达到饱和，如 CPU 利用率达到 95%甚至 100%，并长时间保持该状态，而吞吐量急剧下降和响应时间大幅度增长（即出现拐点）。

在轻负载区域和重负载区域交界处的用户数称为“最佳用户数”，重负载区域和负载失效区域交界处的用户数则称为“最大用户数”。当系统的负载等于最佳用户数时，系统的整体效率最高，系统资源利用率适中，用户请求能够得到快速响应。当系统负载处于最佳用户数和最大用户数之间时，系统可以继续工作，但是响应时间开始变长，系统资源利用率较高，并持续保持该状态，如果负载一直持续，将最终会导致少量用户无法忍受而放弃。当系统负载大于最大用户数时，会导致较多用户因无法忍受超长的等待而放弃使用系统，有时甚至会出现系统崩溃，而无法响应用户请求的情况发生。

4.19.6 性能瓶颈定位——拐点分析法

这里以图 4-266 作为拐点分析的图表。“拐点分析”是一种利用性能计数器曲线图上的拐点进行性能分析的方法。它的基本思想是性能产生瓶颈的主要原因就是某个资源的使用达到了极限，此时表现为随着压力的增大，系统性能却出现急剧下降，这样就产生了“拐点”现象。只要得到“拐点”附近的资源使用情况，就能定位出系统的性能瓶颈。“拐点分析”方法举例，如系统随着用户的增多，事务响应时间缓慢增加，当用户数达到 100 个虚拟用户时，系统响应时间急剧增加，表现为一个明显的“折线”，这就说明了系统承载不了如此多的用户做这个事务，也就是存在性能瓶颈。

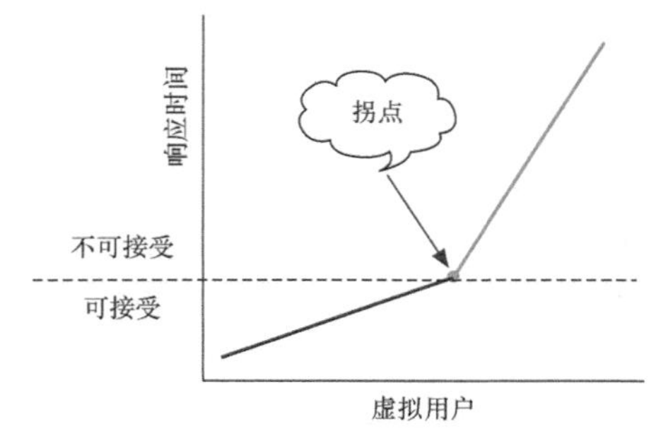

图 4-266 虚拟用户——响应时间图

4.19.7 分析相关选项设置

前面介绍了结果分析的方法和性能测试模型等知识，下面介绍 Analysis 应用的相关配置选项内容。单击【Tools】>【Options】选项，启动选项对话框，如图 4-267 所示。该对话框共包含通用（General）、结果搜集（Result Collection）、数据（Database）、网页诊断（Web Page Diagnostics）和事务分析设置（Analyze Transaction Settings）5 个选项卡。

1. 通用

可以设置日期格式、文件浏览器、临时存储位置、事务百分比。

（1）文件浏览器：选择希望文件浏览器打开的目录位置。

- Open at most recently used directory：在上次使用的目录位置打开文件浏览器。
- Open at specified directory：在指定目录打开文件浏览器。
- Directory path：输入希望文件浏览器打开的目录位置。

（2）临时存储位置：选择存储临时文件的目录位置。

- Use Windows temporary directory：在 Windows 临时目录中保存临时文件。
- Use a specified directory：在指定目录中保存临时文件。
- Directory path：可以输入要保存临时文件的目录位置。

（3）摘要报告：设置其响应时间显示在摘要报告中的事务百分比。摘要报告包含一个百分比，显示 90%的事务响应时间（90% 的事务在这段时间内进行）。要更改默认的 90% 百分比数值，在“事务百分比”文件框中输入一个新。由于这是应用程序级设置，所以列名仅在下次调用 Analysis 时更改为新的百分比（如更改为 80%）。

2. 结果搜集

可以设置数据源、数据聚合、数据范围，如图 4-268 所示。

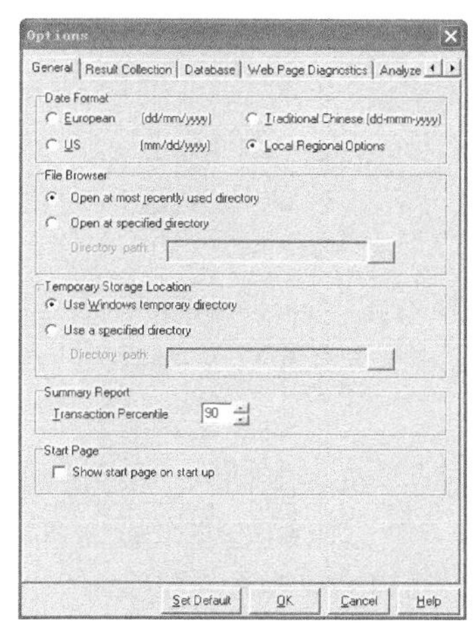

图 4-267 “选项”选项卡

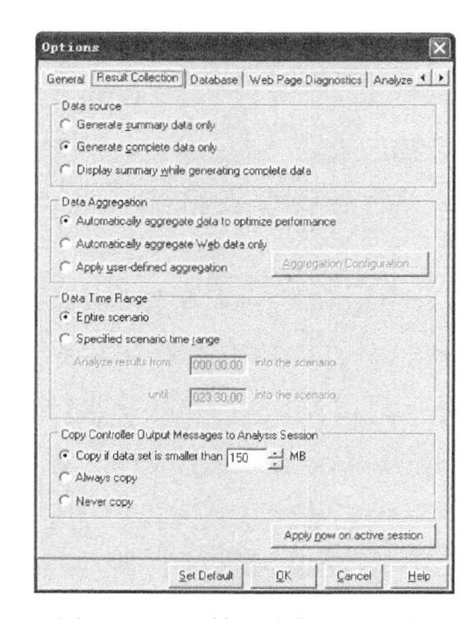

图 4-268 “结果搜集”选项卡

（1）数据源：用于配置 Analysis 生成负载测试场景结果数据的方式。

Generate summary data only：仅查看摘要数据。选择该选项，Analysis 不会处理数据，以用于筛选和分组等高级用途。

Generate complete data only：仅查看经过处理的完整数据，不显示摘要数据。

Display summary while generating complete data：在处理完整数据时，查看摘要数据。处理完成之后，查看完整数据。

（2）数据聚合：对于缩小大型场景中的数据库和减少处理时间来说很有必要。

- Automatically aggregate data to optimize performance：使用内置数据聚合公式聚合数据。
- Automatically aggregate Web data only：使用内置数据聚合公式仅聚合 Web 数据。
- Apply user－defined aggregation：使用定义的设置聚合数据。单击【Aggregation Configuration】按钮，在弹出的对话框中可以自定义聚合数据。

（3）数据时间范围：可以指定 Analysis 显示整个场景运行期间的数据和指定时间范围内运行的数据。

- Entire scenario：显示方案整个运行时间内的数据。
- Specified scenario time range：仅显示方案指定时间范围内的数据。
- Analyze results from X into the scenario：输入要使用的方案已用时间（以"时:分:秒"的格式），在此时间之后 Analysis 开始显示数据。
- until Y in the scenario：输入希望 Analysis 在方案中停止显示数据的时间点（以"时:分:秒"的格式）。
- Copy Controller Output Messages to Analysis Session：Controller 输出消息显示在 Analysis 的"Controller 输出消息"窗口中。
- Copy if data set is smaller than 150MB：默认情况下如果数据集小于 150MB，则将 Controller 的输出数据复制到 Analysis 会话中，当然可以依据实际需求自行调整该值。
- Always copy：始终将 Controller 输出数据复制到 Analysis 会话中。
- Never copy：从不将 Controller 输出数据复制到 Analysis 会话中。

3．数据

可以设置要将运行过程中收集的相关数据存储到什么类型的数据库，LoadRunner 支持 Access 2000 或者 SQL Server/MSDE，默认选择 Access 桌面数据库。如果选择 SQL Server/MSDE，则需要设置数据库地址、登录的用户名、密码以及逻辑存储和物理存储地址。

单击【Test parameters】按钮测试能否成功连接到 SQL Server/MSDE 计算机，并查看指定的共享目录是否位于服务器上，以及该共享服务器目录是否有写入权限。如果有，Analysis 就将共享的服务器目录与物理服务器目录同步。

单击【Compact database】按钮，在搜集结果信息时涉及很多插入、删除操作，结果的数据库可能变得零碎。因此，它将使用过多的磁盘空间。经过压缩处理以后，可以修复和压缩这些结果并优化 Access 数据库，减少结果数据库文件占用的磁盘空间。

4．网页诊断

可以选择如何聚合包含动态信息（如会话 ID）的 URL 的显示。

（1）Display individual URLs：单独显示每个 URL。

（2）Display an average of merged URLs：将来自同一脚本步骤的 URL 合并成一个 URL，然后使用合并（平均）数据点显示它。

5. 事务分析设置

可以通过该选项卡中配置的事务分析报告来显示事务分析图表和选中其他图表的进行关联，从而方便分析定位问题，如图 4-269 所示。

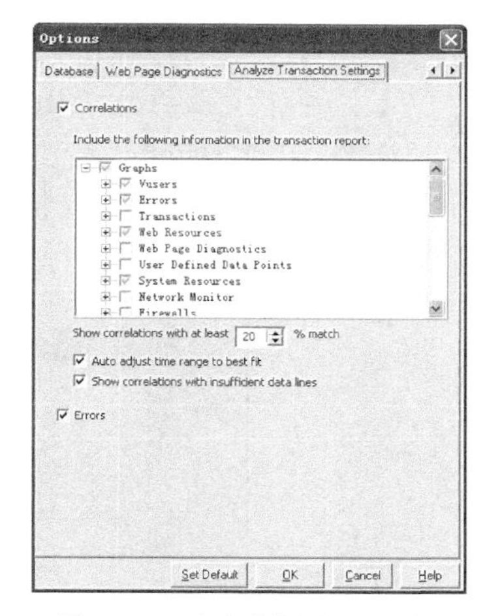

图 4-269 事务分析设置对话框

定义图表匹配到选择的事务图表分析，若图形数据可用，则以蓝色显示。

Show correlations with at least 20% match：可以调整事务分析图表和选中的图表内容进行分析，默认情况下，匹配比例设置为不小于 20%，可以依据需要适当调整该值。

Auto adjust time range to best fit：分析调整选定的时间范围内，违反 SLA。此选项仅适用于事务分析报告时，直接从总结报告的最差事务或以上时间段的情景行为产生。

Show correlations with insufficient data lines：显示某个相关度量内容，包含小于 15 单位粒度。

4.20 主要图表分析

LoadRunner Analysis 应用提供了丰富的图表和报告，它们可以在运行场景后，为分析和定位系统性能问题提供快捷、方便的方法。

下面介绍性能测试分析过程中经常会用到的一些图表内容。

4.20.1 虚拟用户相关图表

单击【Add New Graph】菜单项，了解哪些图表和虚拟用户相关，如图 4-270 所示。

在弹出的“打开新图表”对话框中，可以看到有 3 个图表和虚拟用户有关，即“Running Vusers”、“Vusers Summary”和“Rendezvous”，如图 4-271 所示。

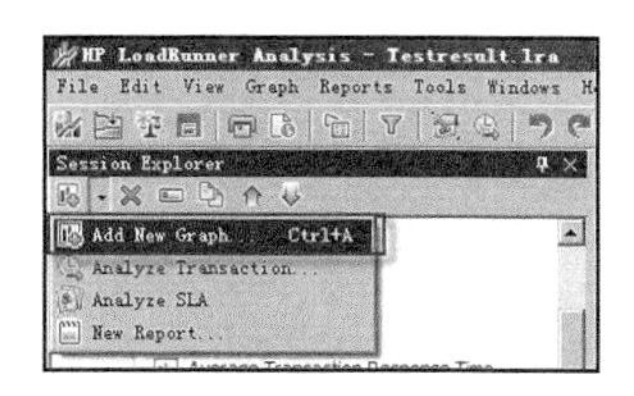

图 4-270 添加新图表相关菜单项信息

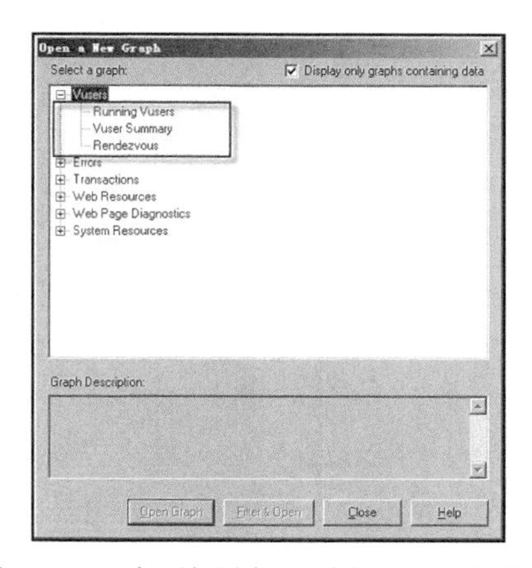

图 4-271 “打开新图表——虚拟用户”对话框

默认情况下，选中“Display only graphs containing data”，即只显示有数据的图表，如果

取消选中该复选框，则显示系统提供的所有图表名称，包含数据图表的名称显示为蓝色，不包含数据图表的名称显示为黑色。

1．运行虚拟用户（Running Vusers）

如图 4-272 所示，在负载测试场景执行期间，可以 Vuser 的整体运行情况，默认情况下，此图仅显示处于运行状态的 Vuser，横轴为运行时间，纵轴显示处于运行状态的虚拟用户数。

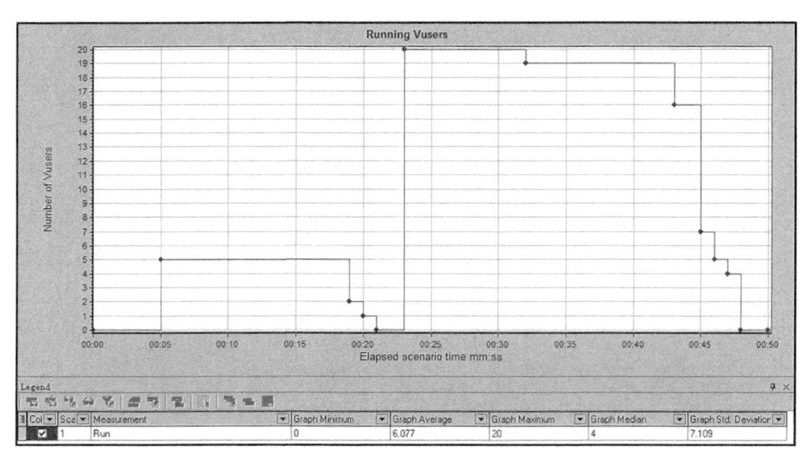

图 4-272 “运行虚拟用户”图表

2．虚拟用户概要（Vusers Summary）图表

如图 4-273 所示，可以查看已成功完成和未完成负载测试场景运行的 Vuser 数。

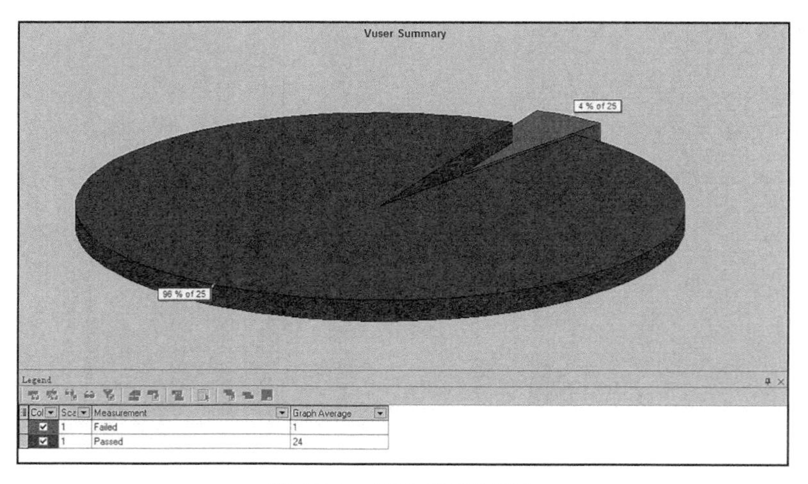

图 4-273 虚拟用户概要图表

3．集合点（Rendezvous）图表

如图 4-274 所示，在场景运行期间，可以使用集合点控制多个 Vuser 同时执行任务。集合点可以对服务器施加高强度用户负载。

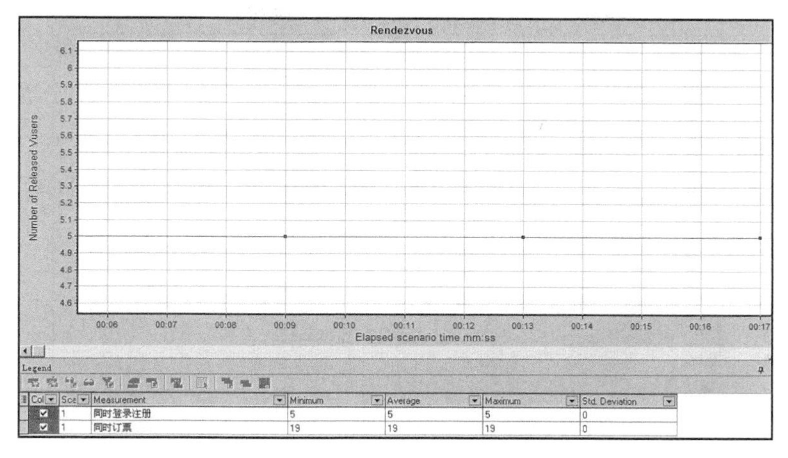

图 4-274 集合点图表

4.20.2 事务相关图表

在弹出的“打开新图表”对话框中，可以看到有 8 个图表和事务有关，即“Average Transaction Response Time”“Transactions per Second”“Total Transactions per Second”“Transaction Summary”“Transaction Performance Summary”“Transaction Response Time Under Load”“Transaction Response Time (Percentile)”“Transaction Response Time (Distribution)”，如图 4-275 所示。

1. 平均事务响应时间（Average Transaction Response Time）图表

可以通过平均事务响应时间图表查看性能测试过程中每一秒用于执行事务的平均时间，如图 4-276 所示。

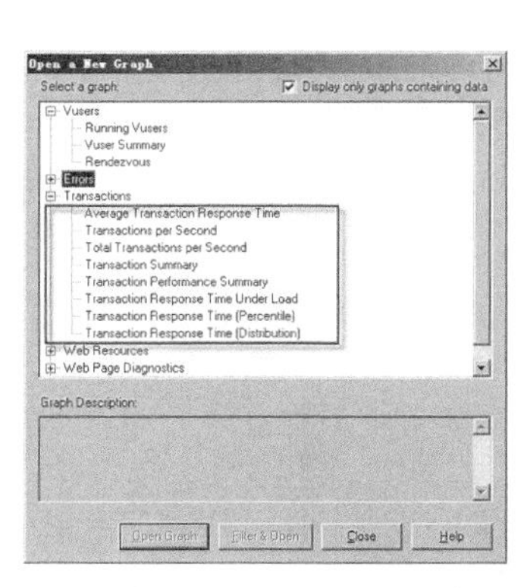

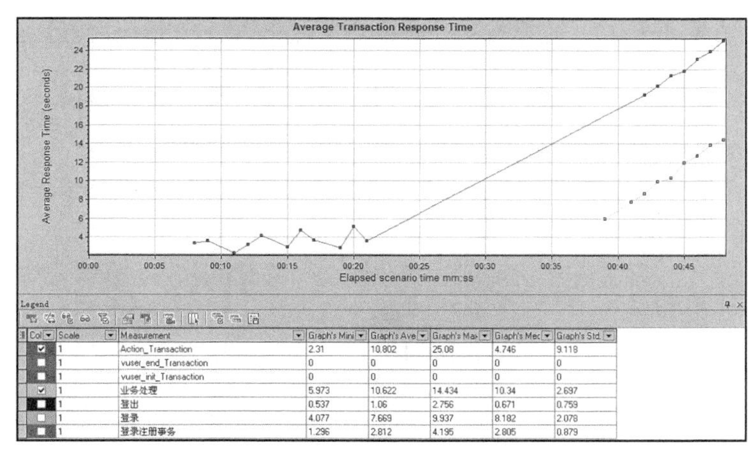

图 4-275 “打开新图表——事务相关”图表

图 4-276 平均事务响应时间图表

2. 每秒事务数（Transactions per Second）图表

每秒事务数图表可以帮助确定任意给定时刻系统上的实际事务负载，如图 4-277 所示。可以通过该图查看性能测试过程中每一秒内，成功通过的事务数、执行失败的事务数和停止的事务数。

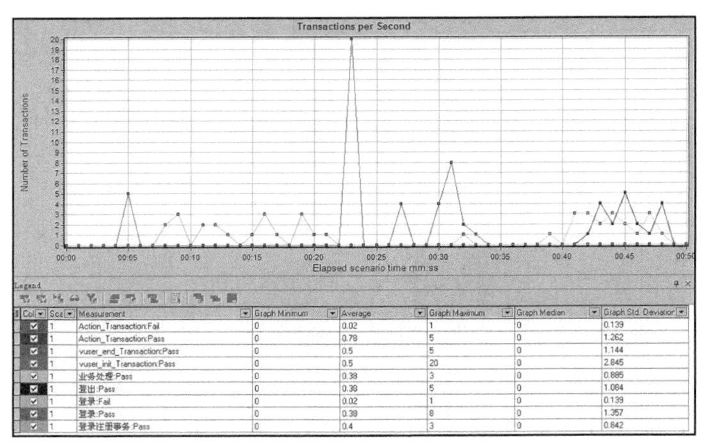

图 4-277 每秒事务数图表

3. 每秒事务总数（Total Transactions per Second）

每秒事务总数图表可以帮助确定任意给定时刻系统上的实际事务负载，如图 4-278 所示。可以通过该图查看性能测试过程中每一秒内，成功通过的事务总数、执行失败的事务总数和停止的事务总数。

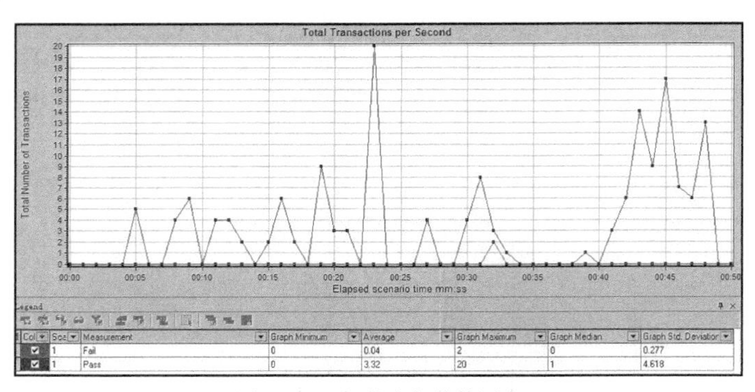

图 4-278 每秒事务总数图表

4. 事务概要（Transaction Summary）图表

可以通过事务概要图表查看性能测试过程中执行失败、成功通过、停止和因错误而结束的事务数概要信息，如图 4-279 所示。

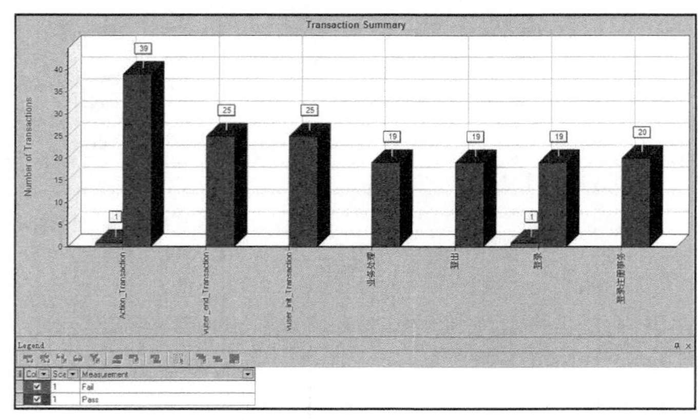

图 4-279 事务概要图表

5. 事务性能概要（Transaction Performance Summary）图表

可以通过事务性能概要图表查看性能测试过程中所有事务的最小、最大和平均响应时间，如图 4-280 所示。

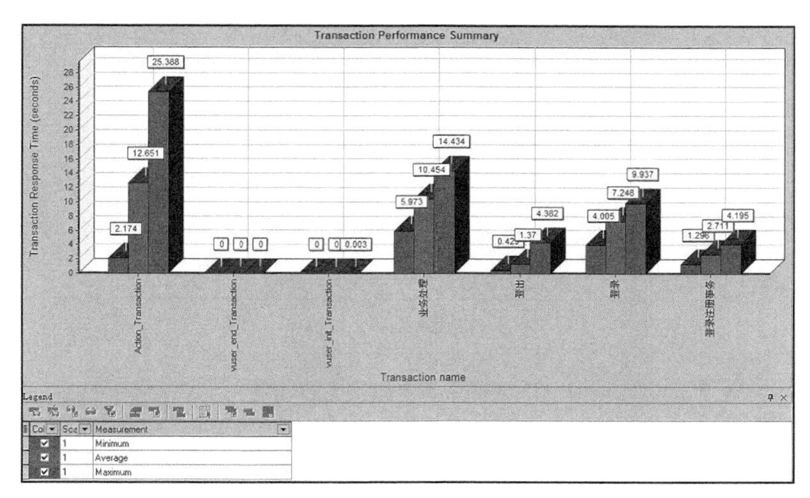

图 4-280 “事务性能概要”图表

6. 负载下的事务响应时间图表（Transaction Response Time Under Load）

如图 4-281 所示，该图是“运行虚拟用户”图表与“平均事务响应时间”图表的组合，可以通过该图查看性能测试过程中相对于任何给定时间点运行的虚拟用户数的事务时间，有助于查看不同数目的虚拟用户负载对响应时间的总体影响，在分析逐渐加压的场景时最有用。

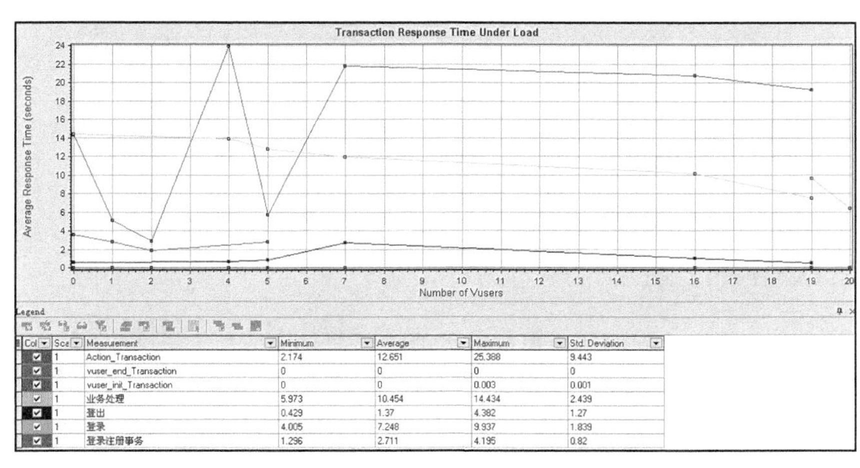

Col	Sca	Measurement	Minimum	Average	Maximum	Std. Deviation
	1	Action_Transaction	2.174	12.651	25.388	9.443
	1	vuser_end_Transaction	0	0	0	0
	1	vuser_init_Transaction	0	0	0.003	0.001
	1	业务处理	5.973	10.454	14.434	2.439
	1	登出	0.429	1.37	4.382	1.27
	1	登录	4.005	7.248	9.937	1.839
	1	登录注册事务	1.296	2.711	4.195	0.82

图 4-281 “负载下的事务响应时间”图表

7. 事务响应时间（百分比）（Transaction Response Time （Percentile））图表

如图 4-282 所示，该图有助于确定响应时间性能指标是否符合为需求所定义的性能指标的事务响应时间百分比。如果大多数事务都处于可接受的响应时间范围内，则整个系统符合需求，如果 90%的响应时间都符合需求的话，就认为达到了需求响应时间的性能指标，当然实际情况要依据各行业和各系统的具体需求。

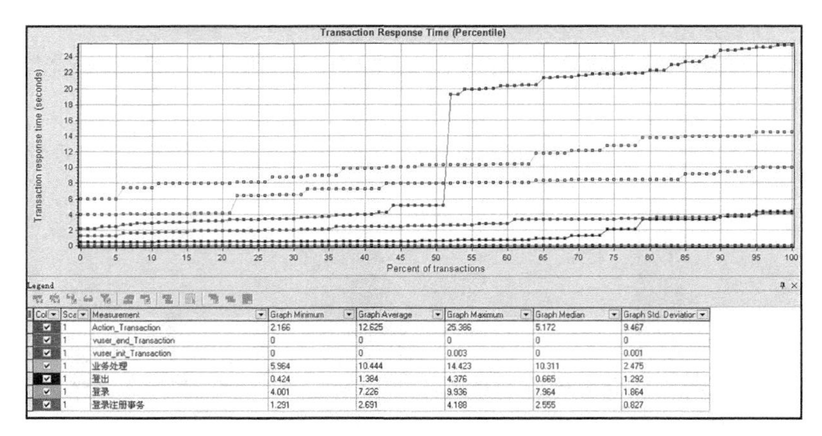

图 4-282　事务响应时间（百分比）图表

8. 事务响应时间（分布）（Transaction Response Time （Distribution））图表

如图 4-283 所示，如果定义了可接受的最小和最大事务性能时间，可以使用事务响应时间（分布）图表确定服务器性能是否在可接受范围内。

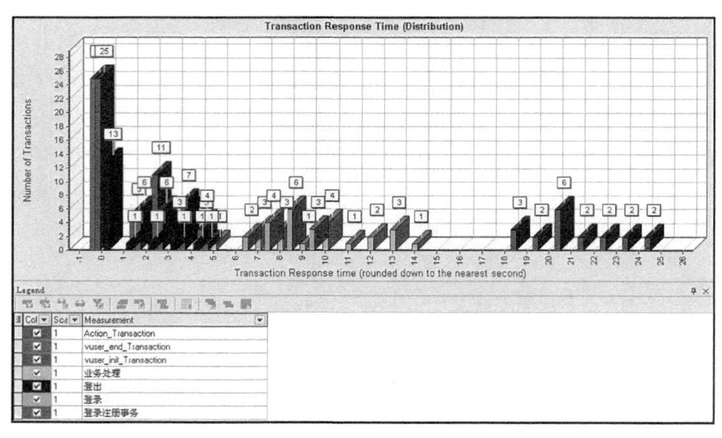

图 4-283　事务响应时间图表

4.20.3　错误相关图表

在性能测试场景执行过程中，虚拟用户可能无法成功完成所有事务，可以通过错误相关图表查看因错误而失败的事务的相关信息。

在“打开新图表”对话框中，可以看到有 5 个图表和错误有关，即“Error Statistics (by Description)”“Errors per Second(by Desciption)”“Error Statistics”“Errors per Second”和“Total Errors per Second”，如图 4-284 所示。

1. 错误统计信息（按描述）（Error Statistics (by Description)）图表

如图 4-285 所示，可以通过该图表查看性能测试过程中发生的错误数（按错误描述分组），这里错误描述信息为“Error -27792:Action.c(7) Error -27792 Failed to transmit data to network [10054] Connection reset by peer”，一共产生了两次。

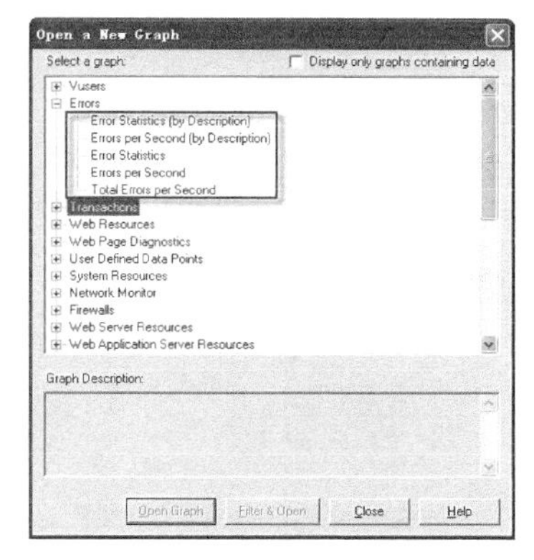

图 4-284 “打开新图表——错误相关”图表

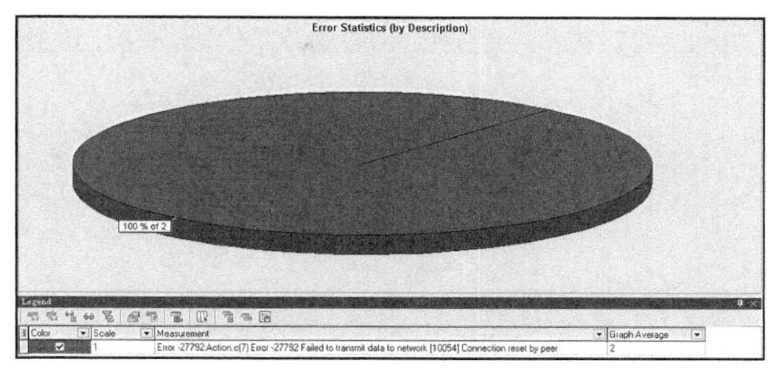

图 4-285 错误统计信息（按描述）图表

2. 每秒错误数（按描述）(Errors per Second （by Desciption)）图表

如图 4-286 所示，可以通过该图表查看性能测试过程中每秒发生的错误数（按错误描述分组），这里错误描述信息为“Error -27792:Action.c(7) Error -27792 Failed to transmit data to network [10054] Connection reset by peer”，一共产生了 2 次，2 次出错分别在场景运行后 27s 和 31s 时发生。

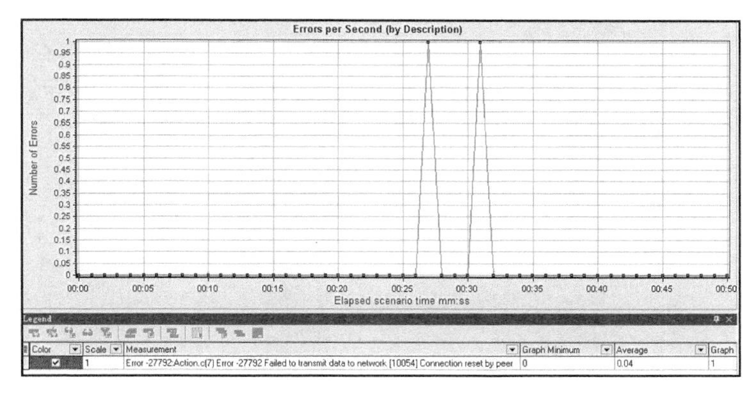

图 4-286 每秒错误数（按描述）图表

3. 错误统计信息（Error Statistics）图表

可以通过该图表查看性能测试过程中发生的错误数（按错误代码分组），这里错误码信息为“Error -27792”，错误数量为 2 次，如图 4-287 所示。

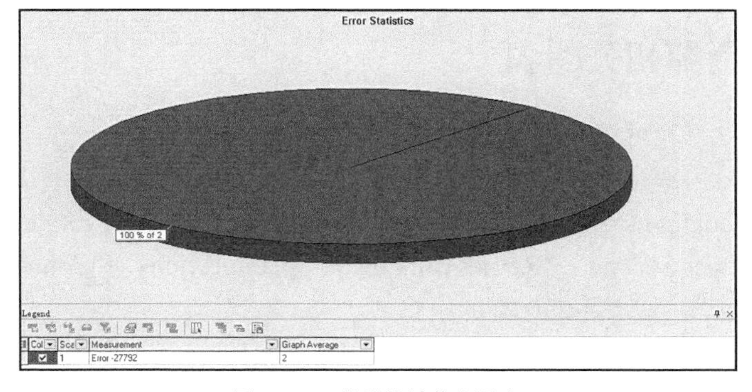

图 4-287 错误统计信息图表

4. 每秒错误数（Errors per Second）图表

可以通过该图查看性能测试过程中发生的错误数（按错误代码分组），这里错误码信息为“Error -27792”，错误数量为 2 次，在场景执行后 27s 和 31s 各发生 1 次错误，如图 4-288 所示。

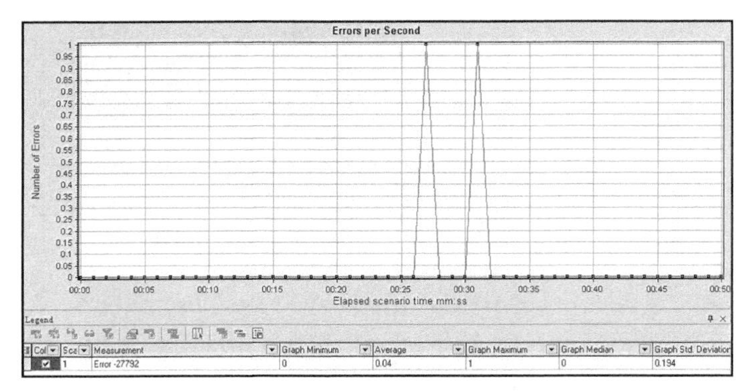

图 4-288　错误统计信息图表

5. 每秒错误数统计（Total Errors per Second）图表

可以通过该图表查看性能测试过程中发生的错误数（按错误代码分组），这里错误码信息为“Error -27792”，错误数量为 2 次，在场景执行后 27s 和 31s 各发生 1 次错误，如图 4-289 所示。这里因为只有一组类型的错误信息码，所以只显示一条折线，实际情况可能会出现多条折线或无折线情况发生。

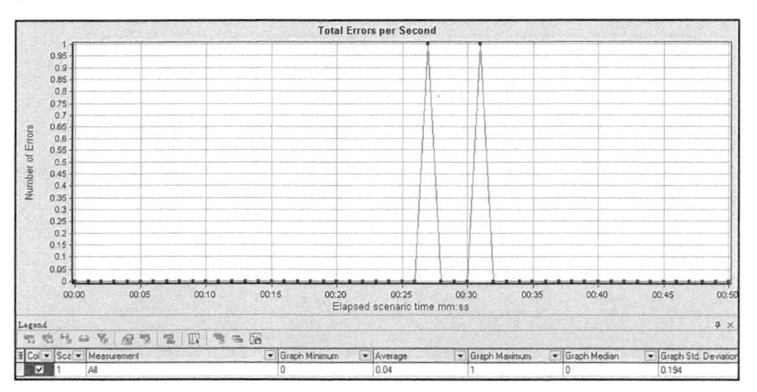

图 4-289　每秒错误统计信息图表

4.20.4　Web 资源相关图表

Web 资源相关图表可以提供 Web 服务器性能的相关信息。

在“打开新图表”对话框中，可以看到有 10 个图表和 Web 资源有关，即“Hits per Second”“Throughput”“Throughput(MB)”“HTTP Status Code Summary”“HTTP Responses per Second”“Pages Downloaded per Second”“Retries Summary”“Connections”“Connections Per Second”和“SSLs Per Second”，如图 4-290 所示。

1. 每秒单击数（Hits per Second）图表

如图 4-291 所示，可以通过该图表查看性能测试过程中每一秒内虚拟用户向 Web 服务器发送的 HTTP 请求数。通常情况下，可以将此图表和平均事务响应时间图表进行比较，查看单击数对事务性能的影响。

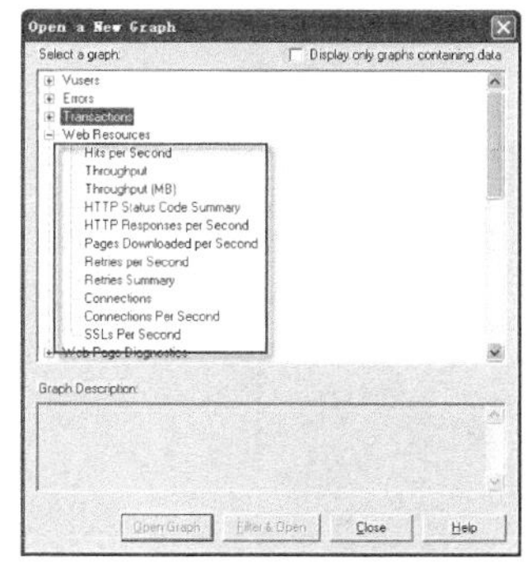

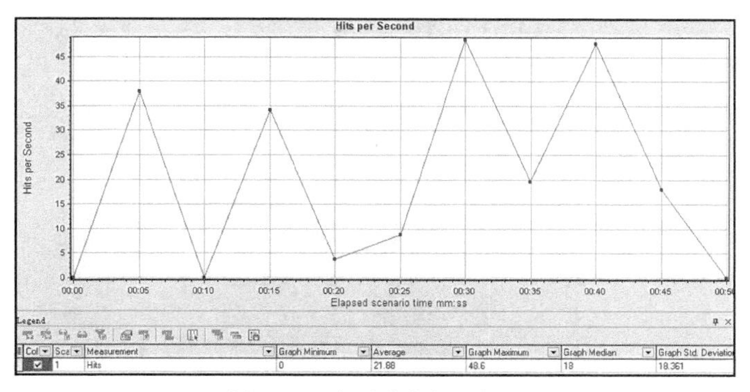

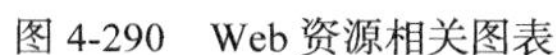

图 4-290 Web 资源相关图表　　图 4-291 每秒单击数图表

2. 吞吐量（Throughput）图表

如图 4-292 所示，可以通过该图表查看性能测试过程中每一秒虚拟用户在任意给定的一秒内从服务器接收的数据量，吞吐量以字节或兆字节为单位。通常情况下，可以将此图表和平均事务响应时间图表进行比较，查看吞吐量对事务性能的影响。

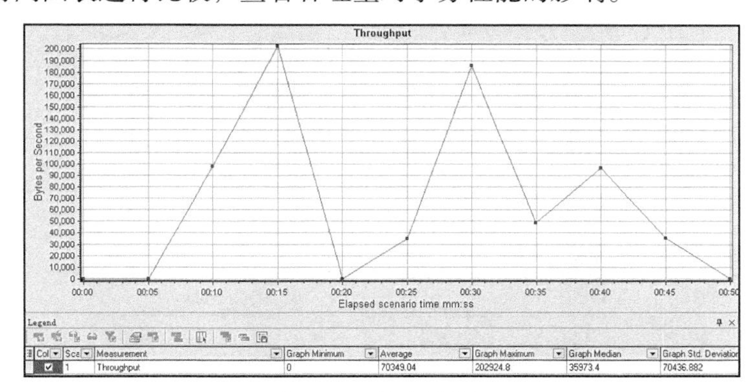

图 4-292 吞吐量图表

3. 吞吐量（MB）（Throughput(MB)）图表

要以兆字节为单位查看吞吐量，可以选中吞吐量（MB）图表进行查看，如图 4-293 所示。通常情况下，可以将此图表和平均事务响应时间图表进行比较，查看吞吐量对事务性能的影响。

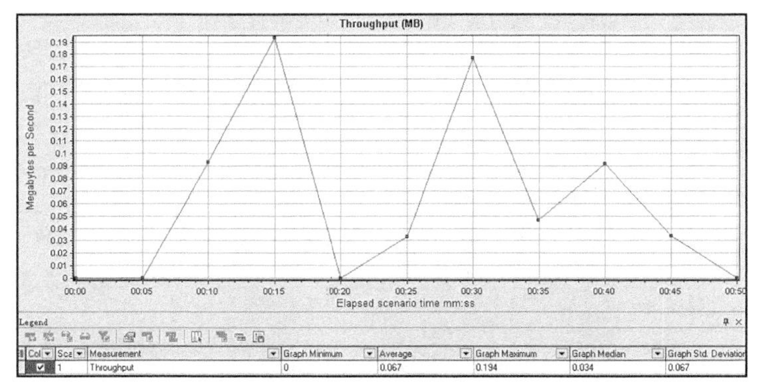

图 4-293 吞吐量（MB）图表

4. HTTP 状态代码摘要（HTTP Status Code Summary）图表

可以通过该图表查看性能测试过程中从 Web 服务器返回的 HTTP 状态代码数（按状态代码分组），如图 4-294 所示。结合本图表，服务器返回的状态码为“200”，返回的状态码数为 1094。相关状态码的含义如表 4-24 所示。

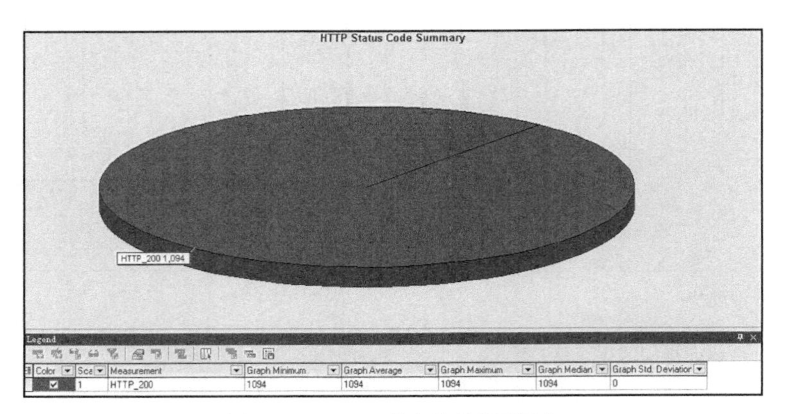

图 4-294 HTTP 状态代码摘要图表

表 4-24 HTTP 状态码及其含义

代　码	描　述
1××-信息提示	这些状态代码表示临时的响应。客户端在收到常规响应之前，应准备接收一个或多个 1××响应
100	继续
101	切换协议
2××-成功	这类状态代码表明服务器成功接收了客户端请求
200	确定。客户端请求已成功
201	已创建
202	已接收
203	非权威性信息
204	无内容
205	重置内容
206	部分内容
3××-重定向	客户端浏览器必须采取更多操作来实现请求。例如，浏览器可能不得不请求服务器上的不同页面或通过代理服务器重复该请求
301	对象已永久移走，即永久重定向
302	对象已临时移动
304	未修改
307	临时重定向
4××-客户端错误	发生错误，客户端似乎有问题。例如，客户端请求不存在的页面，客户端未提供有效的身份验证信息
400	错误的请求
401	访问被拒绝。IIS 定义了多种 401 错误，它们指明更为具体的错误原因。这些具体的错误代码在浏览器中显示，但不在 IIS 日志中显示

续表

代　码	描　述
401.1	登录失败
401.2	服务器配置导致登录失败
401.3	由于 ACL 对资源的限制而未获得授权
401.4	筛选器授权失败
401.5	ISAPI/CGI 应用程序授权失败
401.7	访问被 Web 服务器上的 URL 授权策略拒绝。这个错误代码为 IIS 6.0 专用
403	禁止访问：IIS 定义了许多不同的 403 错误，它们指明更为具体的错误原因
403.1	执行访问被禁止
403.2	读访问被禁止
403.3	写访问被禁止
403.4	要求 SSL
403.5	要求 SSL128
403.6	IP 地址被拒绝
403.7	要求客户端证书
403.8	站点访问被拒绝
403.9	用户数过多
403.10	配置无效
403.11	密码更改
403.12	拒绝访问映射表
403.13	客户端证书被吊销
403.14	拒绝目录列表
403.15	超出客户端访问许可
403.16	客户端证书不受信任或无效
403.17	客户端证书已过期或尚未生效
403.18	在当前的应用程序池中不能执行所请求的 URL。这个错误代码为 IIS 6.0 专用
403.19	不能为这个应用程序池中的客户端执行 CGI。这个错误代码为 IIS 6.0 专用
403.20	Passport 登录失败。这个错误代码为 IIS 6.0 专用
404	未找到
404.0	（无）– 没有找到文件或目录
404.1	无法在所请求的端口上访问 Web 站点
404.2	Web 服务扩展锁定策略阻止本请求
404.3	MIME 映射策略阻止本请求
405	用来访问本页面的 HTTP 谓词不被允许（方法不被允许）
406	客户端浏览器不接受所请求页面的 MIME 类型
407	要求进行代理身份验证

续表

代　码	描　述
412	前提条件失败
413	请求实体太大
414	请求 URI 太长
415	不支持的媒体类型
416	所请求的范围无法满足
417	执行失败
423	锁定的错误
5××	服务器错误
500	内部服务器错误
500.12	应用程序正忙于在 Web 服务器上重新启动
500.13	Web 服务器太忙
500.15	不允许直接请求 Global.asa
500.16	UNC 授权凭据不正确。这个错误代码为 IIS 6.0 专用
500.18	URL 授权存储不能打开。这个错误代码为 IIS 6.0 专用
500.100	内部 ASP 错误
501	页眉值指定了未实现的配置
502	Web 服务器用作网关或代理服务器时收到了无效响应
502.1	CGI 应用程序超时
502.2	CGI 应用程序出错
503	服务不可用。这个错误代码为 IIS 6.0 专用
504	网关超时
505	HTTP 版本不受支持

5．每秒 HTTP 响应数（HTTP Responses per Second）图表

可以通过该图表查看性能测试过程中每秒从 Web 服务器返回的 HTTP 状态代码数（按状态代码分组），如图 4-295 所示。结合该图表，在场景运行 30s 时，最大响应数达到 48.6。

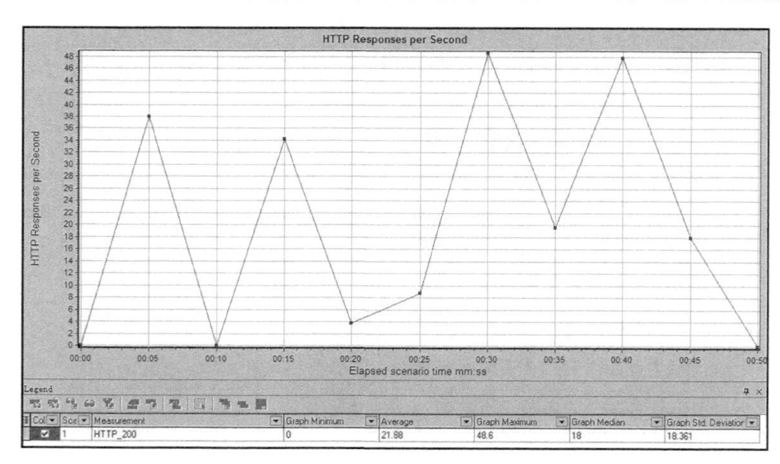

图 4-295　每秒 HTTP 响应数图表

6. 每秒下载页数（Pages Downloaded per Second）图表

可以通过该图表查看性能测试过程中每一秒内从服务器上下载的 Web 页数，如图 4-296 所示。结合该图表，在场景运行 40s 时，最大下载页数为 12.2。

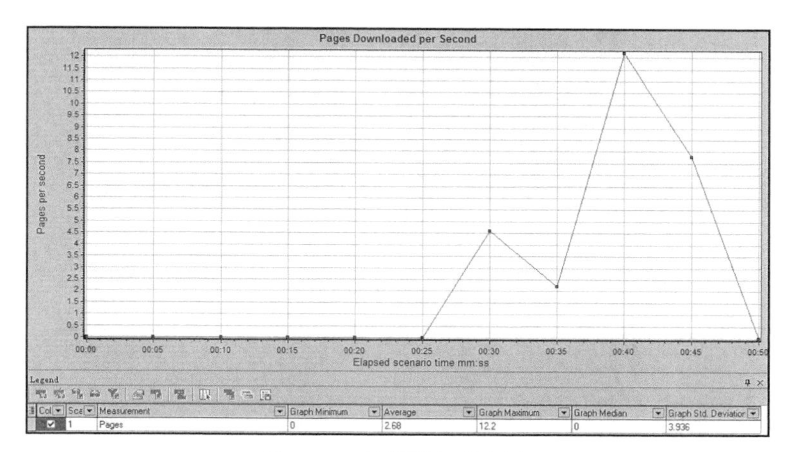

图 4-296 每秒下载页数图表

从图 4-297 中不难看出前 25s 没有产生页面下载，但是从 5～15s，吞吐量却持续升高，所以吞吐量与每秒下载页数不成正比，千万不要有把吞吐量和页面下载数量联系起来的错误想法。

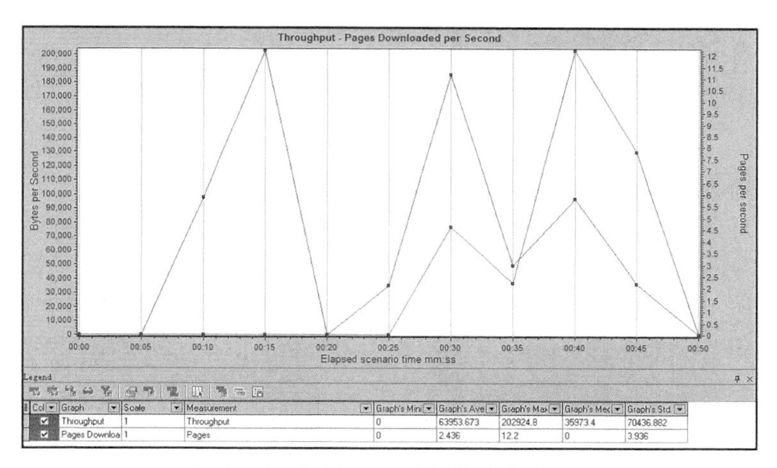

图 4-297 吞吐量——每秒下载页合并图表

7. 重试次数摘要（Retries Summary）图表

可以通过该图表查看性能测试过程中尝试的服务器连接次数（按重试原因分组）。如图 4-298 所示。结合该图表，共产生了 24 次关闭连接的尝试。

8. 连接（Connections）图表

可以通过该图表查看性能测试过程中打开的 TCP/IP 连接数，如图 4-299 所示。当 HTML 页面上的链接指向不同网址时，一个 HTML 页面可能使浏览器打开多个连接。

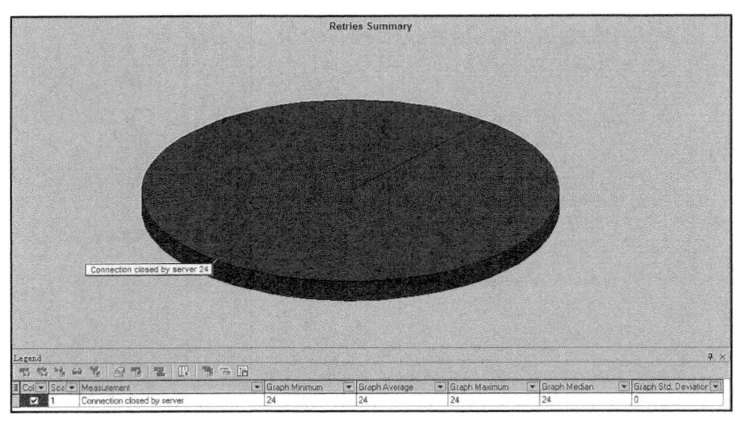

图 4-298　重试次数摘要图表

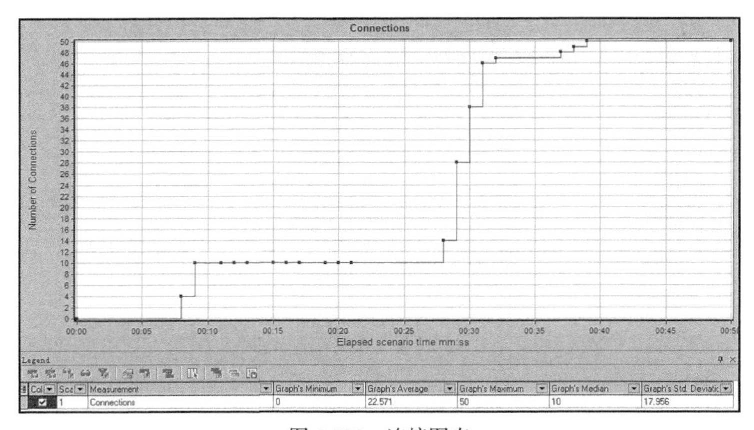

图 4-299　连接图表

9. 每秒连接数（Connections per Second）图表

可以通过该图表查看性能测试过程中打开的 TCP/IP 连接数，如图 4-300 所示。当 HTML 页面上的链接指向不同网址时，一个 HTML 页面可能使浏览器打开多个连接。新连接数应只占每秒单击次数的一小部分，因为就服务器、路由器和网络资源消耗而言，新 TCP/IP 的连接成本非常高。理想情况是许多 HTTP 请求使用相同的连接，而不是为每个请求都打开新连接。

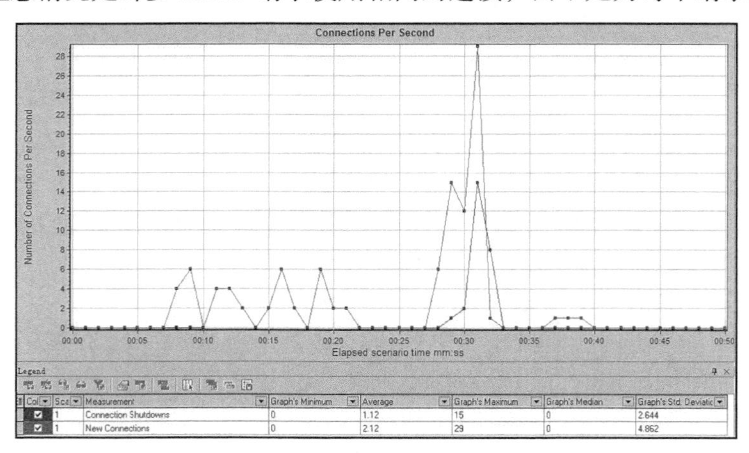

图 4-300　每秒连接数图表

10. *每秒 SSL 数（SSLs per Second）图表*

可以通过该图表（如图 4-301 所示）查看性能测试过程中每一秒打开的新 SSL 连接数和复用的 SSL 连接数。打开与安全服务器的 TCP/IP 连接后，浏览器会打开 SSL 连接。因为新建 SSL 连接需要消耗大量资源，所以，应尽量复用该连接。安全套接层（secure sockets layer，SSL）及其继任者传输层安全（transport layer security，TLS）是为网络通信提供安全及数据完整性的一种安全协议。SSL 协议位于 TCP/IP 与各种应用层协议之间，为数据通信提供安全支持。SSL 协议可分为两层：一是 SSL 记录协议（SSL record protocol），它建立在可靠的传输协议（如 TCP）之上，为高层协议提供数据封装、压缩、加密等基本功能的支持；二是 SSL 握手协议（SSL handshake protocol），它建立在 SSL 记录协议之上，用于在实际的数据传输开始前，通信双方进行身份认证、协商加密算法、交换加密密钥等。

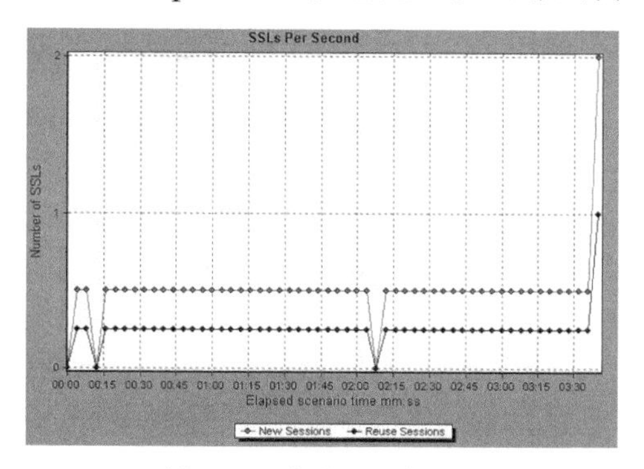

图 4-301　每秒 SSL 数图表

SSL 协议提供的服务主要有以下几种。

（1）认证用户和服务器，确保数据发送到正确的客户机和服务器。

（2）加密数据，以防止数据中途被窃取。

（3）维护数据的完整性，确保数据在传输过程中不被改变。

4.20.5　网页诊断相关图表

网页诊断相关图表可以提供每个页面的下载时间、下载过程中发生的问题，相对下载时间和每个页面及其组件的大小。通过将网页诊断图表中的数据与平均事务响应时间图表等的数据相关联，可以出现问题的原因和位置，以及问题是与网络相关，还是与服务器相关。网页诊断的相关图表是进行性能测试分析定位问题经常会用到的图表，所以这部分内容请读者认真理解、掌握并应用到实际项目分析中。

在“打开新图表”对话框中，可以看到有 8 个图表和网页诊断有关，即“Web Page Diagnostics”“Page Component Breakdown”“Page Component Breakdown (Over Time)”“Page Download Time Breakdown”“Page Download Time Breakdown (Over Time)”“Time to First Buffer Breakdown”“Time to First Buffer Breakdown (Over Time)”和“Downloaded Component Size (KB)”，如图 4-302 所示。

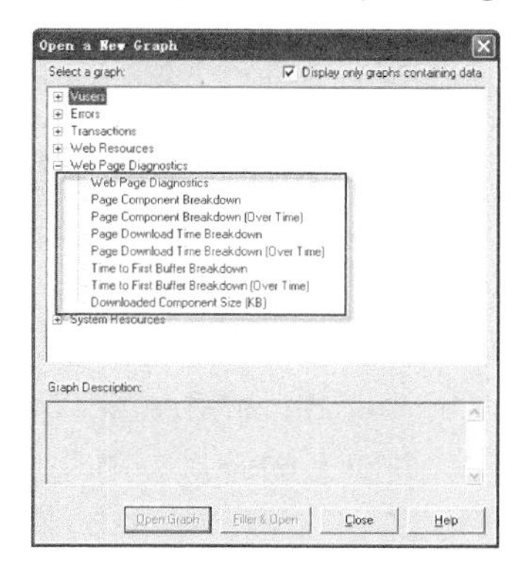

图 4-302　“打开新图表——网页诊断相关”图表

1. *网页分析诊断（Web Page Diagnostics）图表*

如图 4-303 所示，可以选择要细分的内容，这里选择“登录注册事务”，显示在虚拟用户负载过程中的平均下载用时、页面相关组件名称、下载用时（将细分为 DNS 解析时间、连接时间、SSL 握手时间、FTP 认证时间、第一次缓冲时间、接收时间、客户端时间和错误时间，如表 4-25 所示），针对每部分耗时情况将以不同颜色区分，并显示页面上各个组件的大小相关信息。

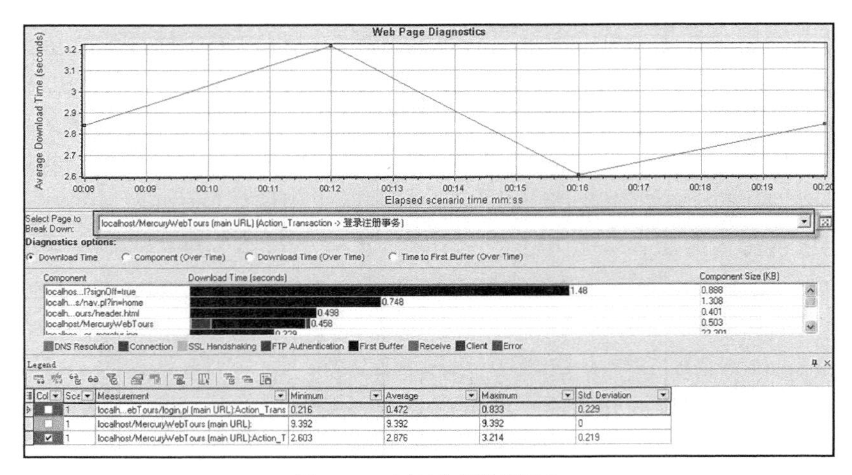

图 4-303 网页分析诊断图表

表 4-25 HTTP 状态码及其含义

名　称	说　明
DNS 解析时间	显示使用最近的 DNS 服务器将 DNS 名称解析为 IP 地址所需的时间
连接时间	显示与作为指定 URL 主机的 Web 服务器建立初始连接所需的时间。连接度量可以准确指示网络相关问题，以及服务器是否响应请求
第一次缓冲时间	显示从初始 HTTP 请求（通常为 GET）到成功收到 Web 服务器返回的第一次缓冲所经过的时间。“第一次缓冲”度量可以准确指示 Web 服务器延迟和网络延迟 注：由于缓冲区大小最高可达 8KB，所以第一次缓冲时间可能也是完全下载此元素所用的时间
SSL 握手时间	显示建立 SSL 连接（包括客户端 Hello、服务器 Hello、客户端公共密钥传输、服务器证书传输和其他部分可选的阶段）所用的时间。此后所有客户端和服务器之间的通信都将被加密。“SSL 握手”度量仅适用于 HTTPS 通信
接收时间	显示在服务器发出的最后一字节到达，即下载完成之前所用的时间。“接收”度量可以准确指示网络质量（请查看时间/大小比率，以计算接收速度）
FTP 身份验证时间	显示对客户端执行身份验证所用的时间。使用 FTP，服务器在开始处理客户端命令之前必须对客户端进行身份验证。“FTP 身份验证”度量仅适用于 FTP 通信
客户端时间	显示由于浏览器反应时间或其他客户端相关延迟而导致请求在客户机上延迟的平均时间
错误时间	显示从发送 HTTP 请求到返回错误消息（仅限 HTTP 错误）所用的平均时间

2. 页面组件细分（Page Component Breakdown）图表

可以通过该图表查看每个网页及其组件的平均下载时间，如图 4-304 所示。结合图 4-305，网页下载共耗费了 3.348s，而 86.89%的时间是由于下载“http://localhost/ MercuryWebTours/”页面及其组件。如果希望查看该页面的哪个组件耗费了时间，可以双击“细分树”下的“http://localhost/MercuryWebTours/”链接，在图 4-306 中把所有的页面元素进行了细分，包括页面上的链接、图片、静态页面等下载用时等信息，可以轻而易举地找到最耗时的组件内容。

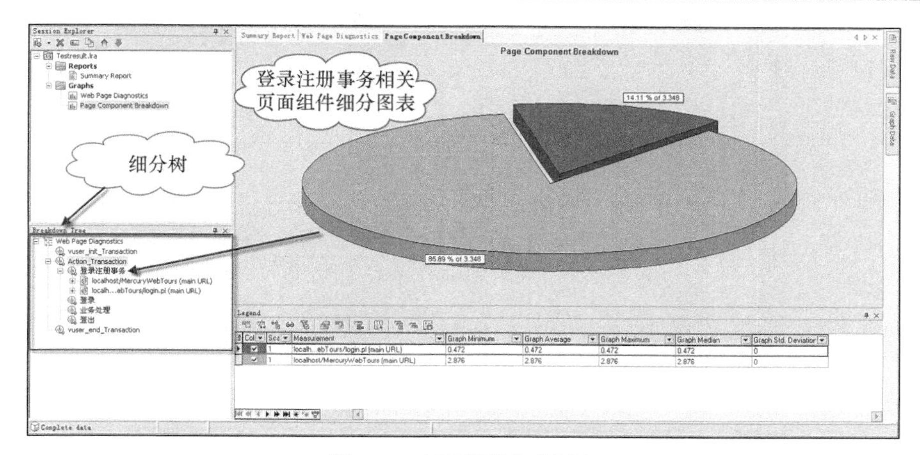

图 4-304 页面组件细分图表

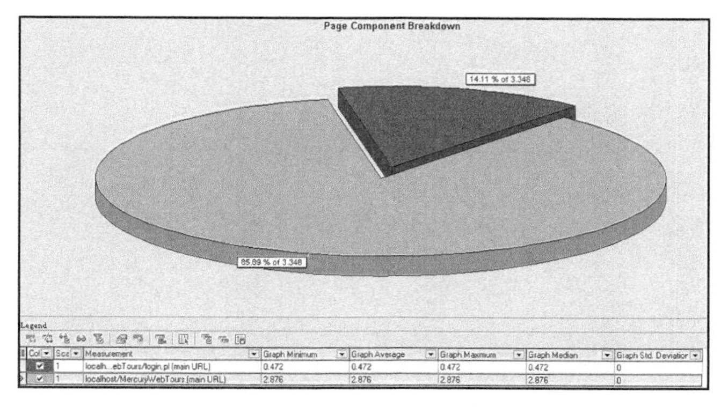

图 4-305 页面组件细分图表

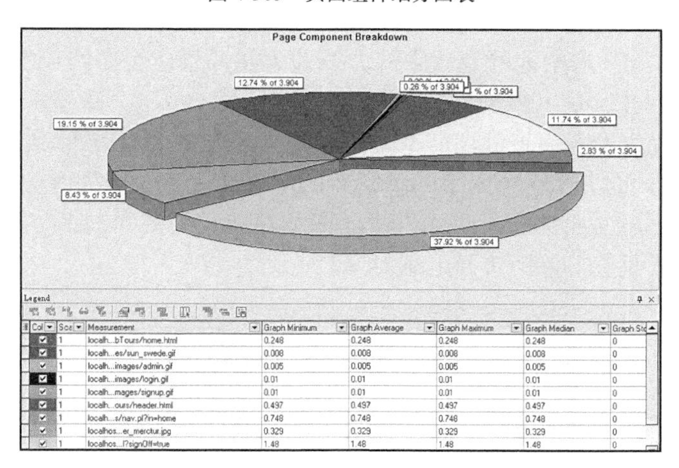

图 4-306 “http://localhost/MercuryWebTours/”页面组件细分图

3. 页面组件细分（随时间变化）(Page Component Breakdown（Over Time))图表

可以通过该图表查看场景运行期间每一秒内，每个网页及其组件的平均响应时间。在图 4-307 中，可以清楚看到标示为“2”的曲线要远比标示为“1”的曲线响应时间大。如果想进一步了解标示为“2”的页面哪个组件在场景运行期间花费了较多的时间，可以双击“细分树”下的“http://localhost/MercuryWebTours/”（标示为“2”）链接，显示见图 4-308。

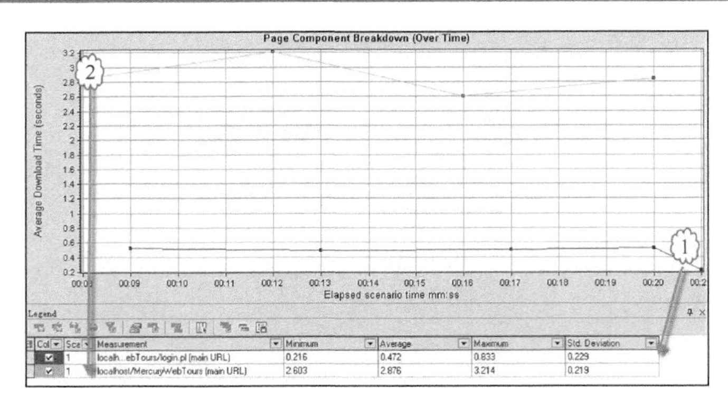

图 4-307 页面组件细分（随时间变化）图表

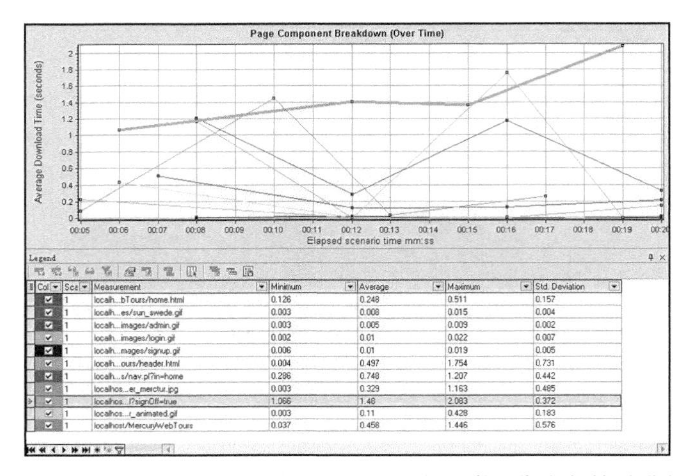

图 4-308 “http://localhost/MercuryWebTours/” 页面组件细分（随时间变化）图表

从图 4-308 中，可以清楚地看到选中的曲线即为在场景运行期间耗费时间最多的组件。

4. 页面下载时间细分（Page Download Time Breakdown）图表

可以通过该图表查看页面下载期间，是网络原因还是服务器处理能力较差等导致响应过慢。在图 4-309 中，可以清楚看到第一次缓冲时间占据了绝对多的响应时间。进一步细分 “http://localhost/MercuryWebTours/” 页面下载时间，可以看到图 4-310 中方框中的页面组件第一次缓冲时间长，从而使得整个页面下载时间长。

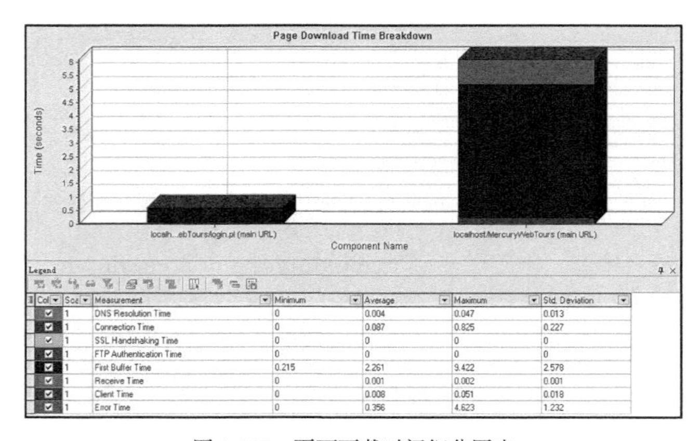

图 4-309 页面下载时间细分图表

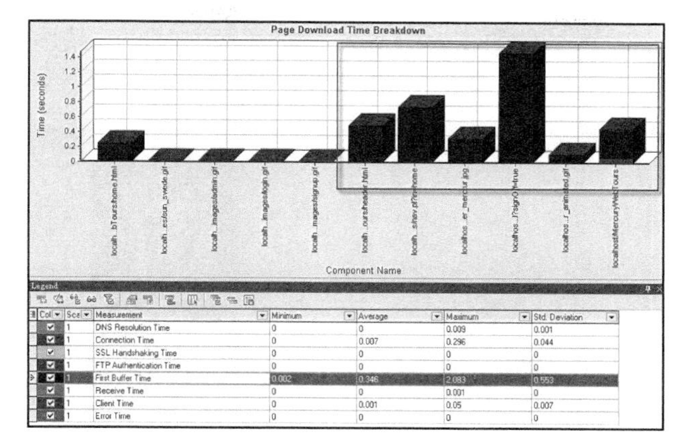

Col	Scale	Measurement	Minimum	Average	Maximum	Std. Deviation
✔	1	DNS Resolution Time	0	0	0.009	0.001
✔	1	Connection Time	0	0.007	0.296	0.044
✔	1	SSL Handshaking Time	0	0	0	0
✔	1	FTP Authentication Time	0	0	0	0
✔	1	First Buffer Time	0.002	0.346	2.083	0.553
✔	1	Receive Time	0	0	0.001	0
✔	1	Client Time	0	0.001	0.05	0.007
✔	1	Error Time	0	0	0	0

图 4-310 “http://localhost/MercuryWebTours/”页面下载时间细分图表

5. 页面下载时间细分（随时间变化）(Page Download Time Breakdown (Over Time)）图表

如图 4-311 所示，可以通过该图表查看页面下载期间，每秒钟每个页面组件下载时间的细分，确定在场景执行期间哪个时刻出现了网络或服务器问题。双击“Average”列标题，使相关数据排序后，清楚地看到第一次缓冲时间占据了绝对多的下载时间，平均值为 4.932 秒。

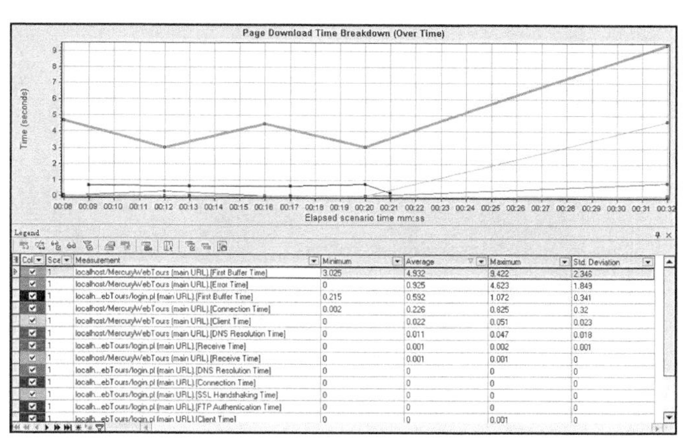

Col	Scale	Measurement	Minimum	Average	Maximum	Std. Deviation
✔	1	localhost/MercuryWebTours (main URL).[First Buffer Time]	3.025	4.932	9.422	2.346
✔	1	localhost/MercuryWebTours (main URL).[Error Time]	0	0.925	4.623	1.849
✔	1	localh...ebTours/login.pl (main URL).[First Buffer Time]	0.215	0.592	1.072	0.341
✔	1	localhost/MercuryWebTours (main URL).[Connection Time]	0.002	0.226	0.825	0.32
✔	1	localhost/MercuryWebTours (main URL).[Client Time]	0	0.022	0.051	0.023
✔	1	localhost/MercuryWebTours (main URL).[DNS Resolution Time]	0	0.011	0.047	0.018
✔	1	localh...ebTours/login.pl (main URL).[Receive Time]	0	0.001	0.002	0.001
✔	1	localhost/MercuryWebTours (main URL).[Receive Time]	0	0.001	0.001	0
✔	1	localh...ebTours/login.pl (main URL).[DNS Resolution Time]	0	0	0	0
✔	1	localh...ebTours/login.pl (main URL).[Connection Time]	0	0	0	0
✔	1	localh...ebTours/login.pl (main URL).[SSL Handshaking Time]	0	0	0	0
✔	1	localh...ebTours/login.pl (main URL).[FTP Authentication Time]	0	0	0	0
✔	1	localh...ebTours/login.pl (main URL).[Client Time]	0	0	0.001	0

图 4-311 页面下载时间细分（随时间变化）图表

6. 第一次缓冲时间细分（Time to First Buffer Breakdown）图表

如图 4-312 所示，可以通过该图表查看成功收到 Web 服务器返回的第一次缓冲之前的时间段内，每个网页组件的相对服务器时间、网络时间。这里可以看出在“http://localhost/MercuryWebTours”第一次缓冲时间中，网络时间明显高于服务器时间。那么网络时间和服务器时间是怎么界定的呢？网络时间定义为从发出第一个 HTTP 请求到收到确认消息所用的平均时间。服务器时间定义为从收到第一个 HTTP 请求（通常为 GET）的确认消息到成功收到 Web 服务器返回的第一次缓冲所用的平均时间。需要特别说明的是，由于是从客户端计算服务器时间，所以在发出第一条 HTTP 请求到发出第一条缓冲命令期间，网络性能发生变化，网络时间可能会对此计算产生影响。因此，此处显示的服务器时间是估计服务器时间，可能不够准确。

7. 第一次缓冲时间细分（随时间变化）(Time to First Buffer Breakdown (Over Time)）图表

可以通过该图表查看场景运行期间的每一秒，成功收到 Web 服务器返回的第一次缓冲之前的时间段内，每个网页组件的相对服务器时间、网络时间。从图 4-313 中可以看出在“http://localhost/MercuryWebTours”第一次缓冲时间中，网络时间曲线明显高于其他曲线。

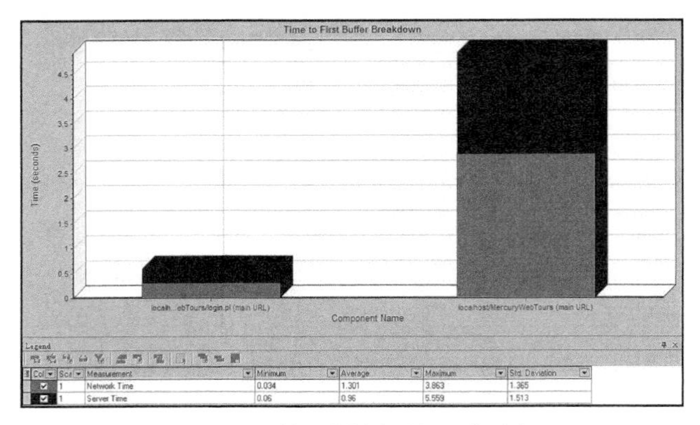

图 4-312 第一次缓冲时间细分图表

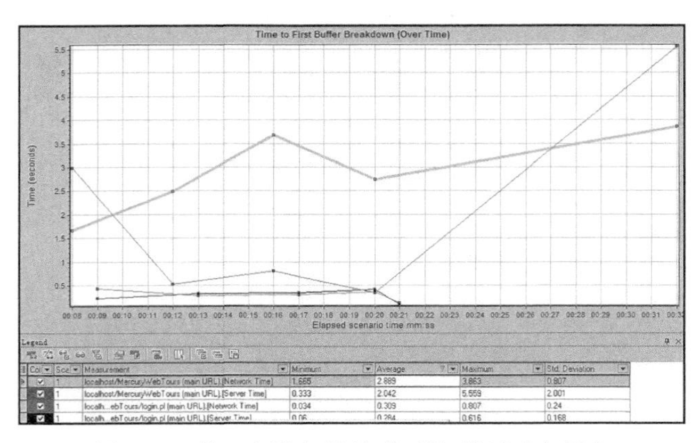

图 4-313 第一次缓冲时间细分（随时间变化）图表

8. 下载组件大小（KB）（Downloaded Component Size（KB））图表

可以通过该图表查看下载的每个网页及其组件大小（单位为 KB）。图 4-314 中，“http://localhost/MercuryWebTours”页面及其页面相应组件占下载组件的 71.73%，那么它是如何计算而来的呢？从图 4-314 中可以看到该页面大小为 51.901KB，下载总量为 51.901+20.459=72.36KB，51.901/72.36= 0.71726，取近似值为 0.7173，即为 71.73%。

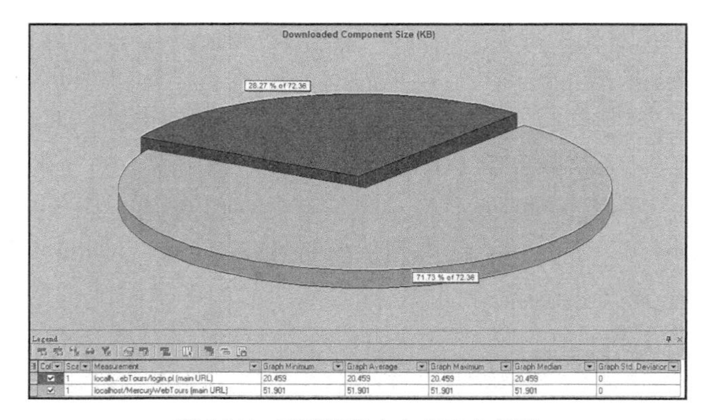

图 4-314 下载组件大小（KB）图表

4.20.6 系统资源相关图表

系统资源相关图表可以在负载测试场景运行期间联机监控器所监测的系统资源使用情况，通常在进行性能测试过程中，需要对 CPU 利用率、内存和磁盘等进行监控。

在“打开新图表”对话框中，可以看到有 5 个图表和系统资源相关，即“Windows Resources”“UNIX Resources”“SNMP Resources”“SiteScope”和“Host Resources”，如图 4-315 所示。

1. Windows 资源相关（Windows Resources）图表

如图 4-316 所示，在设计场景时添加 Windows 相关 CPU、内存和磁盘等相关计数器，可以在性能测试场景执行过程中实时监控随着虚拟用户数和业务的变化，系统相关服务器资源的使用情况，从而在场景执行完成后为分析定位问题提供依据。

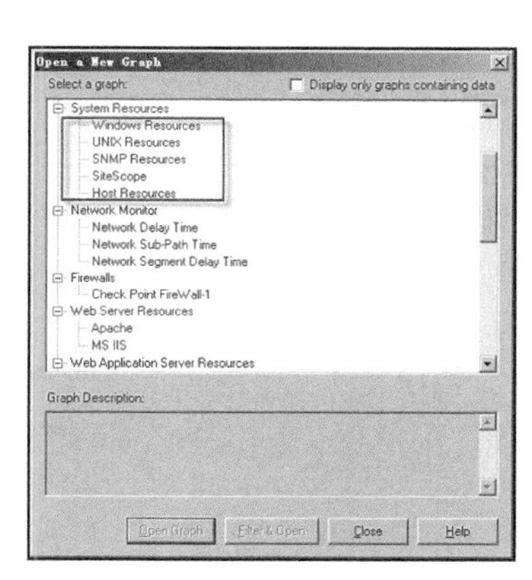

图 4-315 系统资源相关图表

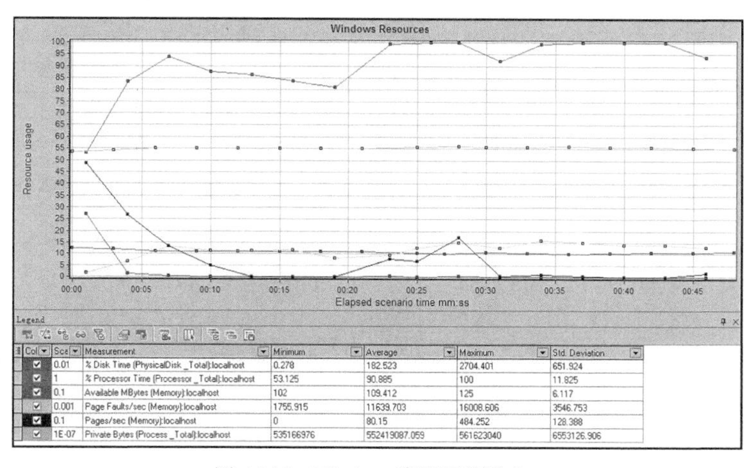

图 4-316 Windows 资源相关图表

通常在监控 Windows 操作系统时关注表 4-26 中的计数器。

表 4-26 Windows 操作系统相关的主要计数器

计数器名称	说　明
% Total Processor Time	系统上所有处理器执行非空闲线程的平均时间百分比。在多处理器系统上，如果所有处理器始终繁忙，则该值为 100%；如果所有处理器中的 50%繁忙，则该值为 50%；如果有 1/4 的处理器繁忙，则该值为 25%。可将其视为做有用工作所花费时间的百分比。在空闲进程中，为每个处理器分配一个空闲线程，此线程消耗其他线程未使用的闲置处理器周期
% Processor Time	处理器用来执行非空闲线程的时间百分比。此计数器是处理器活动的主要指示器。计算方法是监测处理器在每个采样间隔内，用于执行空闲进程的线程的时间，然后从 100%中减去该值（每个处理器都有一个空闲线程，在其他线程没有做好运行准备时，该线程将占用处理周期）。可将其视为做有用工作时所用的采样间隔百分数。此计数器显示在采样间隔内观察到的平均繁忙时间百分比。计算方法是监控服务处于不活动状态的时间，然后从 100%中减去该值
File Data Operations/sec	计算机每秒向文件系统设备发出的读写操作数。此度量不包含文件控制操作
Processor Queue Length	以线程为单位的处理器队列瞬时长度。除非同时还监控线程计数器，否则此计数器始终为 0。所有处理器使用一个队列，线程在此队列中等待处理器周期。此长度不包括当前正在执行的线程。处理器队列长度持续大于 2 通常表示发生处理器拥塞。这是一个瞬时计数，而不是一段时间间隔内的平均值

续表

计数器名称	说　明
Page Faults/sec	这是处理器中页面错误的计数。当进程引用不在主内存工作集内的虚拟内存页时，会发生页面错误。如果页面在备用表中（即已经在主内存中）或者正被共享该页的其他进程使用，则页面错误不会导致从磁盘提取该页面
% Disk Time	所选磁盘驱动器忙于处理读取或写入请求所用的时间百分比
Pool Nonpaged Bytes	非分页池中的字节数，是系统内存中可供操作系统组件在完成指定任务后使用的一个区域。不能将非分页池页面存储到页面文件中。这些页面一经分配就一直在主内存中
Pages/sec	为解析内存对页面（引用时不在内存中）的引用而从磁盘读取或写入磁盘的页面数。该值是每秒页面输入数和每秒页面输出数之和。此计数器包含代表系统高速缓存访问应用程序文件数据的页面流量。该值还包含存入/取自非缓存映射内存文件的页面数。如果担心内存压力过大（即系统崩溃），可能导致过多分页，就可以观察这个计数器
Total Interrupts/sec	计算机接收和处理硬件中断的速率。可以生成中断的设备包括系统计时器、鼠标、数据通信线路、网络接口卡和其他外围设备。此计数器指示这些设备在计算机上的繁忙程度
Threads	收集数据时计算机中的线程数。注意，这是一个瞬时计数，而不是在一段时间间隔内的平均值。线程是可以在处理器中执行指令的基本可执行实体
Private Bytes	分配给进程，无法与其他进程共享的当前字节数

通常，会将资源计数器与虚拟用户和事务相关图表进行合并分析，以便了解相关的硬件设备在多用户负载的情况下是否仍能够提供良好的服务。

从图 4-317 中，不难看出当系统有 20 个左右的并发访问时，系统 CPU 利用率持续高于 90%，这说明当大量虚拟用户并发访问系统时，CPU 会成为瓶颈，不能提供快速响应，要解决该问题需要更换更快速的 CPU。

2. UNIX 资源相关（UNIX Resources）图表

如图 4-318 所示，在设计场景时添加 UNIX 相关 CPU、内存和磁盘等相关计数器，可以在性能测试场景执行过程中实时监控随着虚拟用户数和业务的变化，系统相关服务器资源的使用情况，从而在场景执行完成后为分析定位问题提供依据。

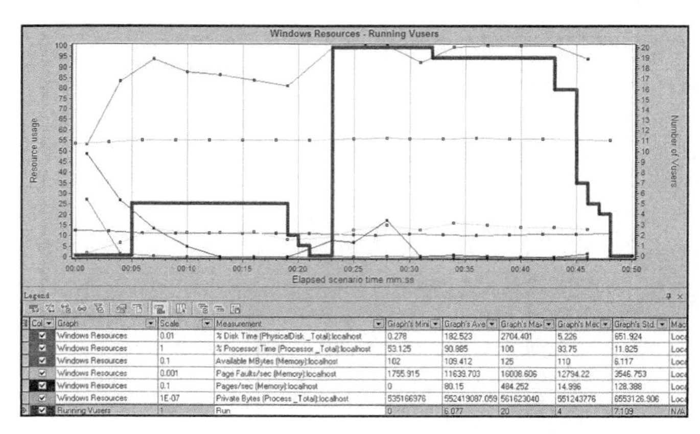

图 4-317　“Windows 资源—运行虚拟用户数”合并图表

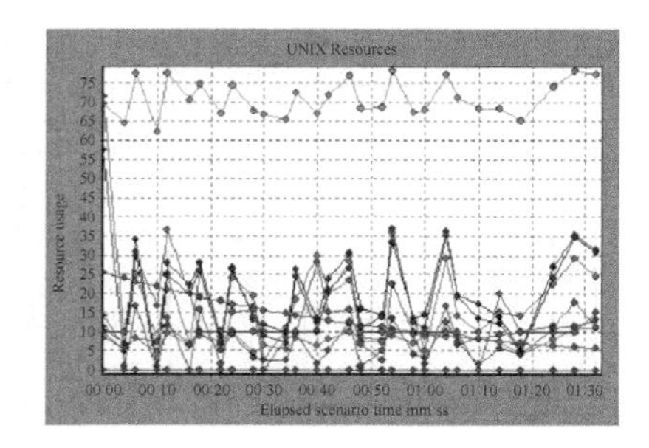

图 4-318　UNIX 资源相关图表

通常在监控 UNIX 操作系统时关注的计数器如表 4-27 所示。

表 4-27 UNIX 操作系统相关主要的计数器

计数器名称	说 明
Average load	最后一分钟同时处于“就绪”状态的平均进程数
Collision rate	以太网上检测到的每秒冲突数
Context switches rate	每秒在进程或线程之间切换的次数
CPU utilization	CPU 利用率
Disk rate	磁盘传输速率
Incoming packets error rate	接收以太网包时的每秒错误数
Incoming packets rate	每秒传入的以太网包数
Interrupt rate	设备的每秒中断次数
Outgoing packets errors rate	发送以太网包时的每秒错误数
Outgoing packets rate	每秒传出的以太网包数
Page-in rate	每秒读入物理内存的页数
Page-out rate	每秒写入页面文件以及从物理内存中删除的页数
Paging rate	每秒读入的物理内存或写入的页面文件
Swap-in rate	每秒从内存交换出的进程数
Swap-out rate	每秒从内存交换出的进程数
System mode CPU utilization	系统模式下的 CPU 利用率（以百分比表示）
User mode CPU utilization	用户模式下的 CPU 利用率（以百分比表示）

3. SNMP 资源相关（SNMP Resources）图表

如图 4-319 所示，可以使用简单网络管理协议（SNMP）运行 SNMP 代理，查看运行 SNMP 代理的计算机上的资源使用情况。

4. SiteScope 相关图表（SiteScope）

如图 4-320 所示，可以查看性能测试场景运行期间 SiteScope 计算机上资源使用情况的相关信息。

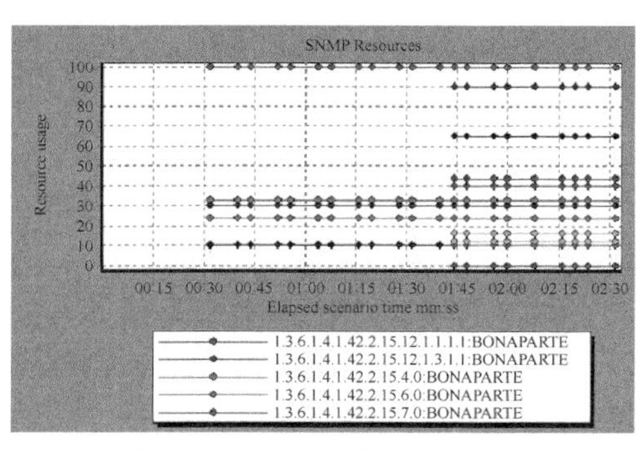

图 4-319 SNMP 资源相关图表

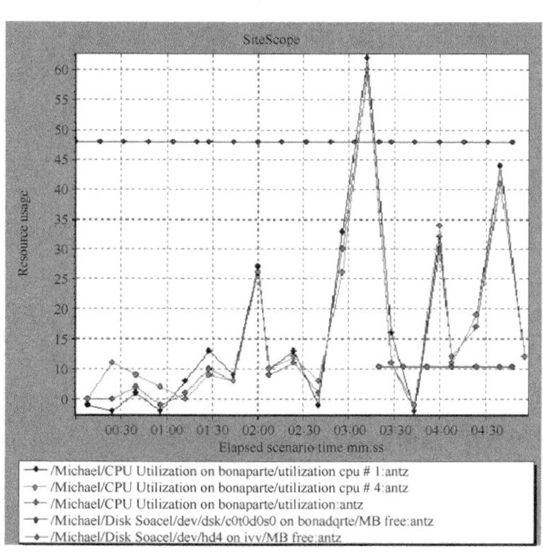

图 4-320 SiteScope 相关图表

4.21 本章小结

本章是本书的重要章节，是全面掌握性能测试工具LoadRunner的关键性章节，请读者认真阅读，并深入理解本章的内容，建议边学边练，认真做好上机练习，这将对日后性能测试过程中实际使用LoadRunner产生深远影响。

本章详细介绍了LoadRunner的VuGen、Controller和Analysis应用的使用方法及其在使用过程中的注意事项和经验总结。

4.22 本章习题及经典面试试题

一、章节习题

1. LoadRunner主要由________________、________________和________________3部分构成。

2. 执行日志中不同颜色文本表示的内容如下。

用黑色表示：____。

用红色表示：____。

用绿色表示：____。

用蓝色表示：____。

3. Controller应用提供了________________和________________两种设置方式。

4. 当一台机器资源模拟不了太多的虚拟用户时，负载机就成为性能测试的瓶颈，LoadRunner提供了________________来解决这个问题。

5. LoadRunner的________________应用可以模拟出多个IP地址，在进行负载时可以指定不同的虚拟用户使用不同的IP地址。

6. ________________________________是在场景执行之前定义的相应负载测试目标，在场景运行之后，Analysis将这些指标与在运行过程中收集和存储的性能相关数据与定义的目标进行比较，然后确定是通过还是失败。

7. 在Analysis Summary的Transactions部分，有一个列标题名称为“Std.Deviation”，它表示________________，其代表事务数据间差异大小的程度，这个数值越小越好。

8. LoadRunner有________________和________________两种录制模式。

二、经典面试试题

1. 简述什么是“拐点分析”方法。

2. 合并图有哪3种合并方式？

4.23 本章习题及经典面试试题答案

一、章节习题

1. LoadRunner主要由VuGen、Controller和Analysis 3部分构成。

2. 执行日志中不同颜色文本表示的内容如下。

用黑色表示：标准输出消息。
用红色表示：标准错误消息。
用绿色表示：用引号括起来的文字字符串（如 URL）。
用蓝色表示：事务信息（开始、结束、状态和持续时间）。

3. Controller 应用提供了手动场景和基于目标场景两种设置方式。

4. 当一台机器资源模拟不了太多的虚拟用户时，负载机就成为性能测试的瓶颈，LoadRunner 提供了负载生成器（Load Generator）来解决这个问题。

5. LoadRunner 的 IP Wizard 应用可以模拟出多个 IP 地址，在进行负载时可以指定不同的虚拟用户使用不同的 IP 地址。

6. Service Level Agreement（服务水平协议）是在场景执行之前定义的相应负载测试目标，在场景运行之后，Analysis 将这些指标与在运行过程中收集和存储的性能相关数据与定义的目标进行比较，然后确定是通过还是失败。

7. 在 Analysis Summary 的 Transactions 部分，有一个列标题名称为“Std.Deviation”，它表示标准偏差，其代表事务数据间差异大小的程度，这个数值越小越好。

8. LoadRunner 有 HTML-based script 和 URL-based script 两种录制模式。

二、经典面试试题

1. 简述什么是“拐点分析”方法。

答：拐点分析”方法是一种利用性能计数器曲线图上的拐点进行性能分析的方法。它的基本思想是性能产生瓶颈的主要原因是某个资源的使用达到了极限，此时表现为随着压力的增大，系统性能却急剧下降，这样就产生了“拐点”现象。当得到“拐点”附近的资源使用情况时，就能定位出系统的性能瓶颈。

2. 合并图有哪 3 种合并方式?

答：合并图有叠加（Overlay）、平铺（Tile）和关联（Correlate）3 种合并方式。

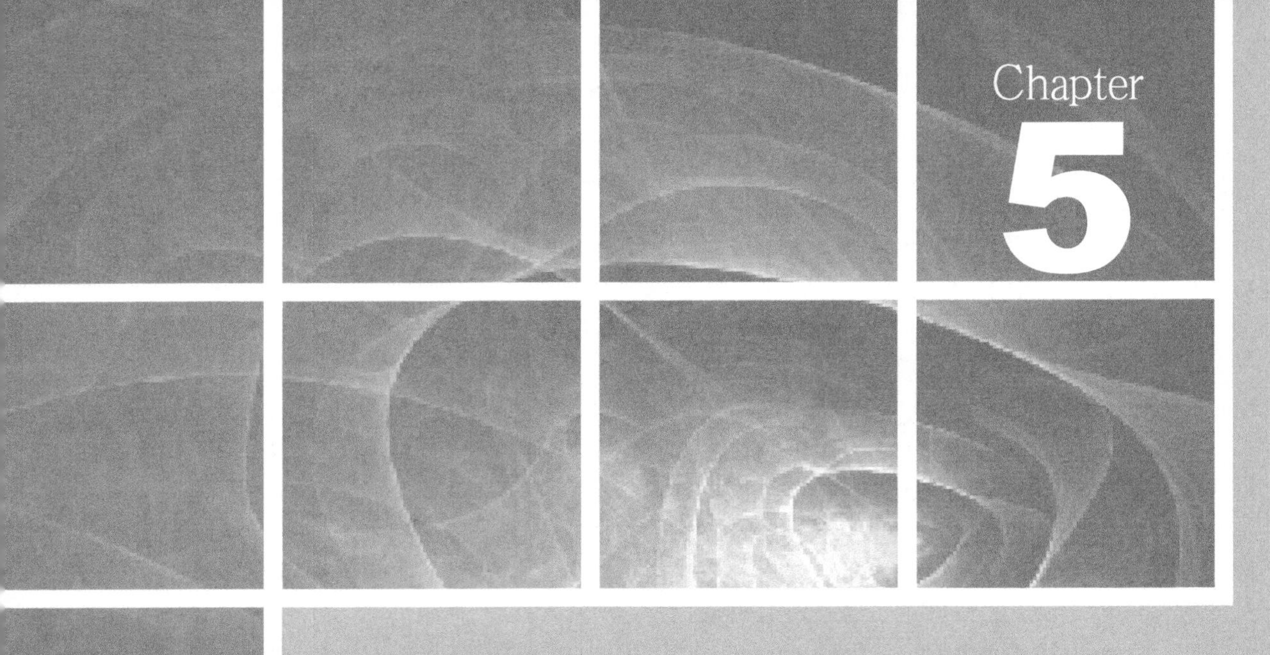

第 5 章

实例讲解脚本的录制、场景设计、结果分析过程

5.1 脚本的录制、场景设计、结果分析

LoadRunner 是一个专业的性能测试工具，它主要由 VuGen、Controller 和 Analysis 这 3 个应用部分组成，那么如何把它们应用于实际的性能测试中呢？

5.1.1 LoadRunner 测试过程模型

LoadRunner 提供了测试过程来帮助测试人员进行性能测试工作，测试过程分为 6 个步骤，如图 5-1 所示。

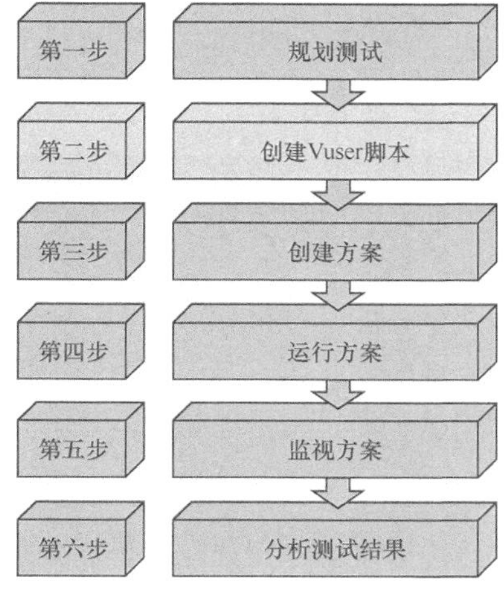

图 5-1 LoadRunner 测试过程

1. 规划测试

要成功地进行负载测试，需要制订完整的测试计划。定义明确的测试计划将确保制定的 LoadRunner 场景能完成负载测试目标。

2. 创建 Vuser 脚本

Vuser 通过与应用程序的交互来模拟真实用户。Vuser 脚本包含场景执行期间每个 Vuser 执行的操作。可以使用 LoadRunner Vugen 创建虚拟用户脚本。

3. 创建方案

场景描述测试会话期间发生的事件。场景中包括运行 Vuser 的计算机列表、Vuser 运行的脚本列表以及场景执行期间运行的指定数量的 Vuser 或 Vuser 组。可以使用 LoadRunner Controller 创建场景。场景的设计有基于手动和基于目标两种方式。

4. 运行方案

可以通过指示多个 Vuser 同时执行任务来模拟服务器上的用户负载。增加或减少同时执行任务的 Vuser 数可以设置负载级别。

5. 监控方案

可以使用 LoadRunner 事务、系统资源、Web 资源、Web 服务器资源、Web 应用程序服务器资源、数据库服务器资源、网络延时等应用程序组件和基础结构资源监控器来监控场景执行。

6. 分析测试结果

在场景执行期间，LoadRunner 将录制不同负载下应用程序的性能。可以使用 LoadRunner 的图表和报告来分析应用程序的性能，定位应用程序的系统瓶颈，为系统构架人员、软件开发人员、数据库管理员、系统管理员等提供改良意见。

5.1.2 Web 应用程序的应用

前面介绍了 LoadRunner 工作原理以及一些概念等知识，为了更加深入地了解 LoadRunner 各个组成部分的运用，以 LoadRunner 自带的“Mercury Web Tours Application”为例，讲解 LoadRunner 从脚本录制、场景设计到最后分析结果的过程。

样例程序的安装过程已经在第3章进行了介绍，这里不再赘述。单击【开始】>【程序】>【Mercury LoadRunner】>【Samples】>【Web】>【HP Web Tours Application】菜单项，启动Web 样例应用程序（注：在启动样例应用之前，需要单击【开始】>【程序】>【Mercury LoadRunner】>【Samples】>【Web】>【Start Web Server】菜单项，启动Web应用服务器），如图5-2所示。

首先必须创建一个用户，才可以登录到应用系统。下面以录制注册用户为例。启动LoadRunner的VuGen，选择“Web（HTTP/HTML）”协议，单击【Start Record】按钮，在对话框的URL下拉框中输入“http://127.0.0.1:1080/WebTours/”，在Record into Action 下拉框中选择“Action”，单击【OK】按钮。VuGen 会自动启动浏览器，同时显示如图5-3所示的录制对话框。

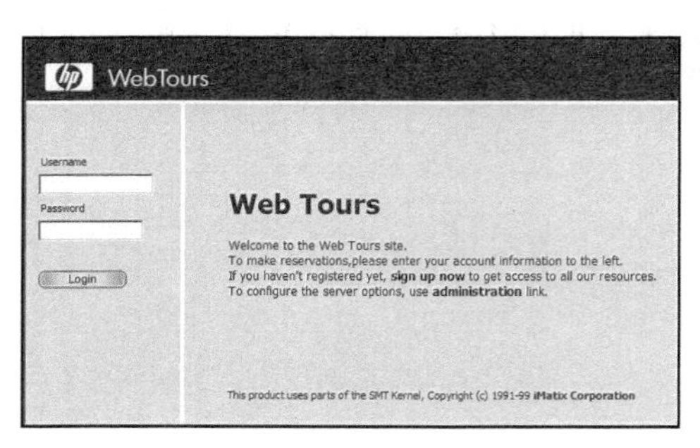

图5-2 Web样例应用程序主界面

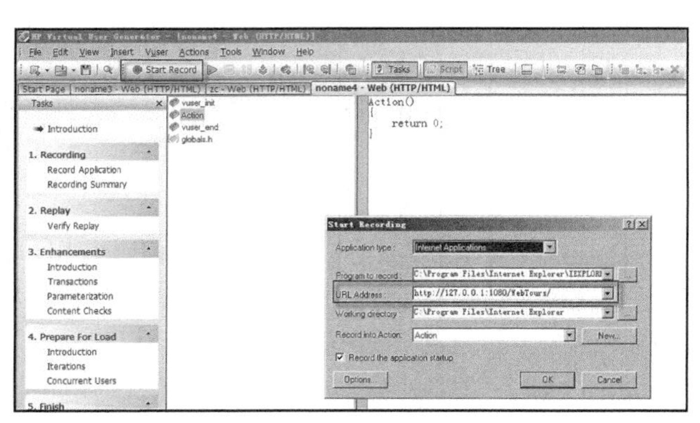

图5-3 录制对话框

5.1.3 脚本处理

1. 客户信息注册

如果想应用该系统订购飞机票，那么首先必须注册客户信息。单击【Sign up now】超链接，在弹出的页面输入用户名为“Johnx”，密码为“1”，详细用户信息如图5-4所示。填写完用户相关信息后单击【Continue】按钮，出现图5-5所示的界面，可参看原始脚本。从图中可以看到被加粗显示的“Johnx”。可以通过加入检查点函数来校验“Johnx”是否存在，以验证该用户是否注册成功。

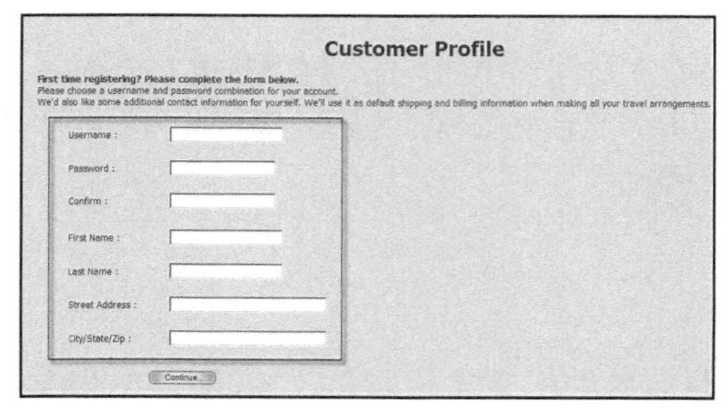

图5-4 用户注册表单

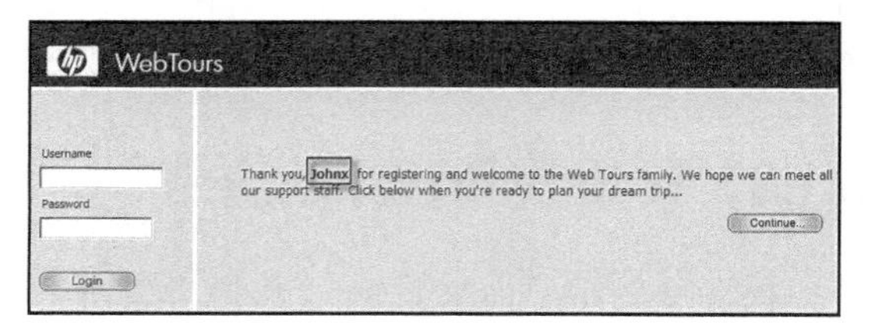

图5-5 注册完成后的信息

原始脚本如下。

```
    Action()
    {

        web_url("WebTours",
            "URL=http://127.0.0.1:1080/WebTours/",
            "TargetFrame=",
            "Resource=0",
            "RecContentType=text/html",
            "Referer=",
            "Snapshot=t1.inf",
            "Mode=HTML",
            LAST);

        web_url("sign up now",
            "URL=http://127.0.0.1:1080/WebTours/login.pl?username=&password=&getInfo=true",
            "TargetFrame=body",
            "Resource=0",
            "RecContentType=text/html",
            "Referer=http://127.0.0.1:1080/WebTours/home.html",
            "Snapshot=t2.inf",
            "Mode=HTML",
            LAST);

        web_add_cookie("ANON=A=A6E027B0E80C71F29F5CFD19FFFFFFFF&E=c9c&W=1; DOMAIN=login. live.com");

        web_add_cookie("NAP=V=1.9&E=c42&C=7nZ-cKr4Y06mGON6ohGhe1yHjQTzilk717fYRlDIUUqIJbz_
8PcxSA&W=1; DOMAIN=login.live.com");

        web_add_cookie("MH=MSFT; DOMAIN=login.live.com");

        lr_think_time(13);

        web_url("favicon.ico",
            "URL=http://www.live.com/favicon.ico",
            "TargetFrame=",
            "Resource=0",
            "RecContentType=text/html",
            "Referer=",
            "Snapshot=t4.inf",
            "Mode=HTML",
            LAST);

        lr_think_time(63);

        web_submit_data("login.pl",
            "Action=http://127.0.0.1:1080/WebTours/login.pl",
            "Method=POST",
            "TargetFrame=",
            "RecContentType=text/html",

        "Referer=http://127.0.0.1:1080/WebTours/login.pl?username=&password=&getInfo=true",
            "Snapshot=t4.inf",
            "Mode=HTML",
            ITEMDATA,
            "Name=username", "Value=Johnx", ENDITEM,
            "Name=password", "Value=1", ENDITEM,
```

```
        "Name=passwordConfirm", "Value=1", ENDITEM,
        "Name=firstName", "Value=John", ENDITEM,
        "Name=lastName", "Value=Tomas", ENDITEM,
        "Name=address1", "Value=Peking", ENDITEM,
        "Name=address2", "Value=100084", ENDITEM,
        "Name=register.x", "Value=57", ENDITEM,
        "Name=register.y", "Value=8", ENDITEM,
        LAST);

    return 0;
}
```

原始脚本中存在很多冗余的内容，可以将这部分内容去掉。如加载文件头和思考时间部分，对本例来说没有特别重要的意义，可以将这些内容去掉。由于每个用户名称只能注册一次，所以需要参数化才可以注册多个用户信息。由于订票的人有可能会非常多，所以可以设置集合点，考察服务器处理并发问题的能力。为了校验用户注册是否成功，可以设置检查点进行验证。改良后的脚本如下。

```
Action()
{
    lr_rendezvous("同时登录注册");

    lr_start_transaction("登录注册事务");

    web_url("WebTours",
        "URL=http://127.0.0.1:1080/WebTours/",
        "TargetFrame=",
        "Resource=0",
        "RecContentType=text/html",
        "Referer=",
        "Snapshot=t1.inf",
        "Mode=HTML",
        LAST);

    web_url("sign up now",
        "URL=http://127.0.0.1:1080/WebTours/login.pl?username=&password=&getInfo=true",
        "TargetFrame=body",
        "Resource=0",
        "RecContentType=text/html",
        "Referer=http://127.0.0.1:1080/WebTours/home.html",
        "Snapshot=t2.inf",
        "Mode=HTML",
        LAST);

    web_submit_data("login.pl",
        "Action=http://127.0.0.1:1080/WebTours/login.pl",
        "Method=POST",
        "TargetFrame=",
        "RecContentType=text/html",
    "Referer=http://127.0.0.1:1080/WebTours/login.pl?username=&password=&getInfo=true",
        "Snapshot=t4.inf",
        "Mode=HTML",
        ITEMDATA,
        "Name=username", "Value={username}", ENDITEM,
        "Name=password", "Value={password}", ENDITEM,
```

```
        "Name=passwordConfirm", "Value={password}", ENDITEM,
        "Name=firstName", "Value={firstname}", ENDITEM,
        "Name=lastName", "Value={lastname}", ENDITEM,
        "Name=address1", "Value={address}", ENDITEM,
        "Name=address2", "Value={postcode}", ENDITEM,
        "Name=register.x", "Value=57", ENDITEM,
        "Name=register.y", "Value=8", ENDITEM,
        LAST);

    web_find("检查点",
        "What={username}",
        LAST);

    lr_end_transaction("登录注册事务", LR_AUTO);

    return 0;
}
```

改良后的脚本去掉了多余的内容，对用户注册信息和检查点函数要查找的文本内容进行了参数化，设置了集合点、事务、检查点。脚本完善以后，不要急于一气呵成，先设置一个未曾注册的用户，如“John7”来校验脚本是否正确按照预期的目标执行。在图 5-6 中，可以看到检查点成功检查到文字“John7”，这说明符合设计的初衷，执行是正确的；如果检测找不到相关文字，就会出现图 5-6 所示界面，表示失败。

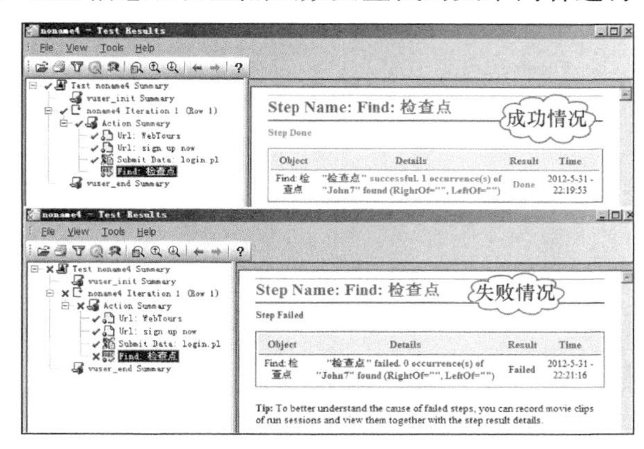

图 5-6　检查点成功或失败结果信息

因为在进行负载时，并发客户注册姓名需要使用不同数据的要求，所以需要参数化相关数据信息，这里将数据信息参数化为如表 5-1 所示的形式。

表 5-1　注册数据信息参数数据

Username	Password	Firstname	Lastname	Postcode	Address
Wilson	123456	John	Wilson	100084	Peking
Davis	654321	Adam	Davis	100084	Tianjin
Tony	734323	Tony	Junior	100083	Shanghai
Diego	123456	John	Wilson	100083	Jilin
Marie	434344	Marie	Marie	100081	Datong
White	644343	Andy	White	100000	Shenzhen
Wilson	223334	Funny	White	100085	Peking
Smith	545454	Tomsth	Smith	100076	Zhejiang
Loye	867666	Holly	Junior	100034	Wangfu
Candy	434123	Canno	Wilson	100063	Lijiang
Boss	435441	Bob	Davis	100023	Wuhu
Wawy	095654	Tank	Junior	100012	Taiyuan

2. 订票处理业务

客户信息注册完成后，就可以用刚才注册的用户登录到订票系统，订购飞机票。以用户名称为“Johnx”、密码为“1”的用户登录到系统，订购一张从“London”飞往“Denver”的往返飞机票，如图 5-7～图 5-9 所示。

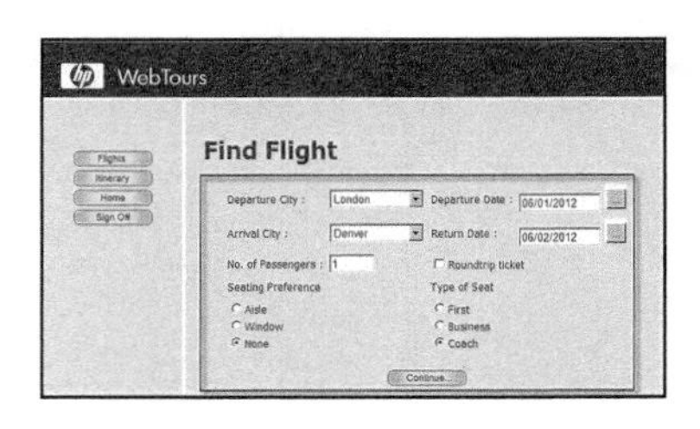

图 5-7 选择始发地和目的地

此次录制完成以后，仍然会生成较多的无用代码。为了去掉不必要的描述，将原始代码略去，而保留改良后的代码。代码分成 vuser_init、Action、vuser_end 3 部分，vuser_init 部分用于录制登录部分脚本，Action 用于录制业务部分脚本，vuser_end 用于录入登出部分脚本。

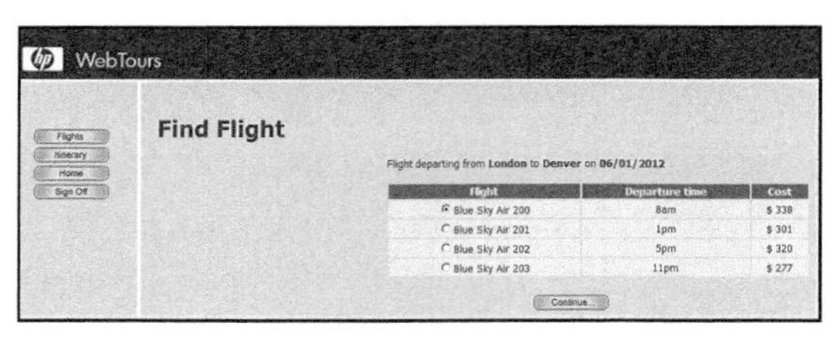

图 5-8 选择班次

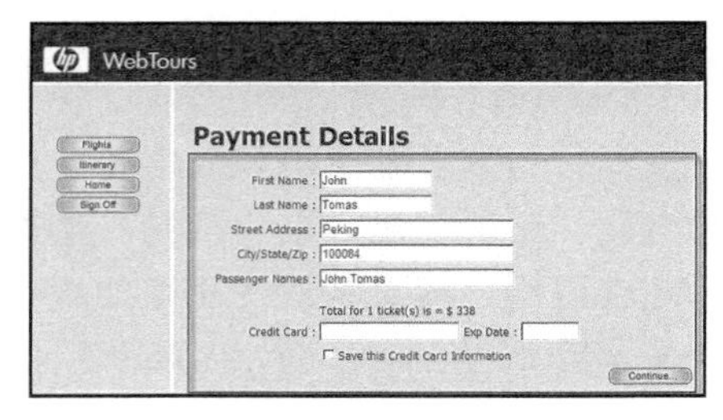

图 5-9 付款个人信息

脚本代码如下。

```
#include "web_api.h"
#include "lrw_custom_body.h"

vuser_init()
{
     web_url("MercuryWebTours",
         "URL=http://127.0.0.1:1080/WebTours/",
         "Resource=0",
         "RecContentType=text/html",
         "Referer=",
         "Snapshot=t2.inf",
         "Mode=HTML",
         LAST);

     web_submit_form("login.pl",
         "Snapshot=t4.inf",
         ITEMDATA,
         "Name=username", "Value=Johnx", ENDITEM,
         "Name=password", "Value=1", ENDITEM,
         "Name=login.x", "Value=58", ENDITEM,
         "Name=login.y", "Value=14", ENDITEM,
         LAST);

     return 0;
}

#include "web_api.h"

Action()
```

```
{
    web_url("welcome.pl",
        "URL=http://127.0.0.1:1080/WebTours/welcome.pl?page=search",
        "Resource=0",
        "RecContentType=text/html",
        "Referer=http://127.0.0.1:1080/WebTours/nav.pl?page=menu&in=home",
        "Snapshot=t4.inf",
        "Mode=HTML",
        LAST);

    web_submit_form("reservations.pl",
        "Snapshot=t5.inf",
        ITEMDATA,
        "Name=depart", "Value=London", ENDITEM,
        "Name=departDate", "Value=04/11/2012", ENDITEM,
        "Name=arrive", "Value=Denver", ENDITEM,
        "Name=returnDate", "Value=04/12/2012", ENDITEM,
        "Name=numPassengers", "Value=1", ENDITEM,
        "Name=roundtrip", "Value=<OFF>", ENDITEM,
        "Name=seatPref", "Value=None", ENDITEM,
        "Name=seatType", "Value=Coach", ENDITEM,
        "Name=findFlights.x", "Value=84", ENDITEM,
        "Name=findFlights.y", "Value=15", ENDITEM,
        LAST);

    web_submit_form("reservations.pl_2",
        "Snapshot=t6.inf",
        ITEMDATA,
        "Name=outboundFlight", "Value=200;338;04/11/2012", ENDITEM,
        "Name=reserveFlights.x", "Value=74", ENDITEM,
        "Name=reserveFlights.y", "Value=10", ENDITEM,
        LAST);

    web_submit_form("reservations.pl_3",
        "Snapshot=t7.inf",
        ITEMDATA,
        "Name=firstName", "Value=John", ENDITEM,
        "Name=lastName", "Value=Tomas", ENDITEM,
        "Name=address1", "Value=Peking", ENDITEM,
        "Name=address2", "Value=100084", ENDITEM,
        "Name=pass1", "Value=John Tomas", ENDITEM,
        "Name=creditCard", "Value=", ENDITEM,
        "Name=expDate", "Value=", ENDITEM,
        "Name=saveCC", "Value=<OFF>", ENDITEM,
        "Name=buyFlights.x", "Value=57", ENDITEM,
        "Name=buyFlights.y", "Value=12", ENDITEM,
        LAST);

    return 0;
}

#include "web_api.h"

vuser_end()
{
    web_url("welcome.pl_2",
        "URL=http://127.0.0.1:1080/WebTours/welcome.pl?signOff=1",
```

```
        "Resource=0",
        "RecContentType=text/html",
        "Referer=http://127.0.0.1:1080/WebTours/nav.pl?page=menu&in=flights",
        "Snapshot=t8.inf",
        "Mode=HTML",
        LAST);

    return 0;
}
```

从脚本代码中可以看出，并没有对脚本进行参数化。要模拟用户的真实场景，需要参数化数据。典型的情况是不同的用户登录到系统，订票的出发地和目的地是不同的，读者可以尝试自行参数化相关数据信息。这里提供了一种简便的方法来处理这类问题，就是只参数化用户登录部分的参数，而保留订票的业务处理部分，即不同的用户登录以后，订票的出发地和目的地相同。这样订票的处理部分被缓存起来，这是我们不希望的。因为如果缓存起来，处理时间就会减少，与真实场景的事实不相符，所以在进行负载时，一定要将缓存处理部分去掉，每次迭代模拟一个新用户。单击【Vuser】>【Run-Time Settings】菜单项，下面介绍相关选项的含义，如图 5-10 所示。

（1）Simulate browser cache 选项。

该选项表示 Vuser 使用缓存模拟浏览器。缓存用于保留经常访问文档的本地副本，从而减少与网络连接的时间。默认情况下，启用缓存模拟。禁用缓存时，Vuser 仍然每个页面图像只下载一次。当如在 LoadRunner 和性能中心中一样运行多个 Vuser 时，每个 Vuser 都将使用自己的缓存并从其缓存中检索图像。如果禁用此选项，则所有 Vuser 在模拟浏览器时都没有可用的缓存。

可以修改运行时设置，以匹配 Internet Explorer 的浏览器设置，可以启动 Internet Explorer，单击【工具】>【Internet 选项】选项，查看对应的浏览器设置部分，如图 5-11 所示。运行时设置与浏览器设置的对应关系如表 5-2 所示。

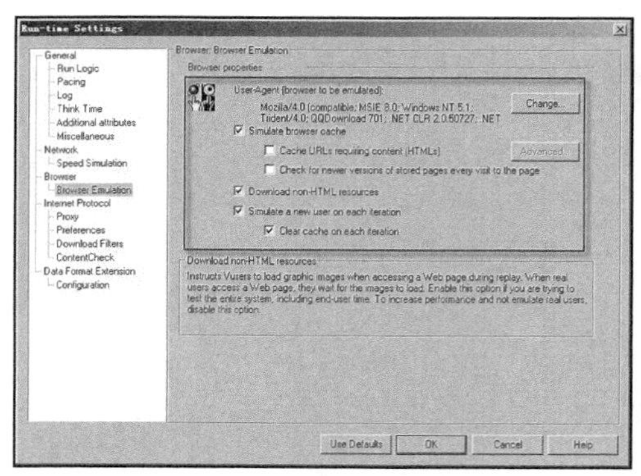

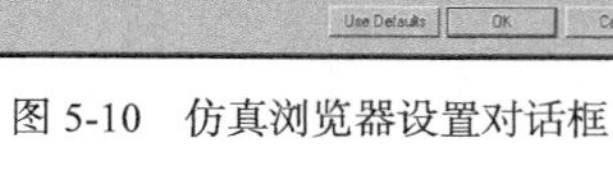

图 5-10 仿真浏览器设置对话框

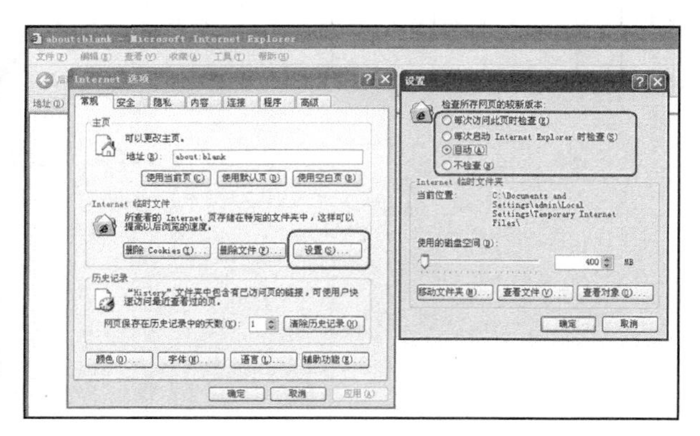

图 5-11 浏览器设置对话框

表 5-2 运行时设置与浏览器设置的对应关系

浏览器设置	运行时设置
每次访问此页时检查	选择“Simulate browser cache”并启用“Check for newer versions of stored pages every visit to the page”
每次启动 Internet Explorer 时检查	仅选择“Simulate browser cache”

续表

浏览器设置	运行时设置
自动	仅选择“Simulate browser cache”
不检查	选择“Simulate browser cache”并禁用“Check for newer versions of stored pages every visit to the page”

（2）Cache URLs requiring content（HTMLs）选项。

该选项表示 VuGen 仅缓存需要 HTML 内容的 URL。分析、验证或关联时可能需要这些内容。选择该选项时，将自动缓存 HTML 内容。要定义需要缓存的其他内容类型，单击【Advanced】按钮，如图 5-12 所示，可以指定要缓存的内容（这将增加虚拟用户的内存使用量）。默认情况下启用该选项。如果启用了“Simulate browser cache”，但禁用此选项，则 VuGen 仍然存储图形文件。

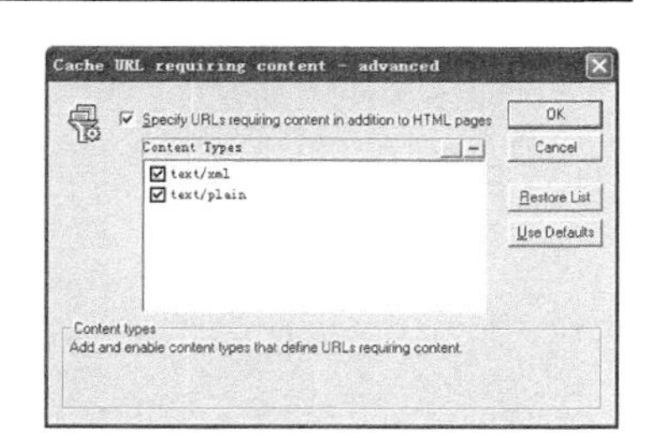

图 5-12 缓存内容设置对话框

（3）Check for newer versions of stored pages every visit to the page 选项。

该设置表示浏览器检查指定 URL 的较新（与存储在缓存中的 URL 相比）版本。启用该选项时，VuGen 将向 HTTP 标头添加“If-modified-since”属性。此选项将打开页面的最新版本，但会在场景或会话执行期间生成更大的流量。默认情况下，浏览器不检查较新的资源，因此禁用该选项。配置该选项，以匹配要模拟的浏览器中的设置。

（4）Download non-HTML resources 选项。

该选项表示 Vuser 在回放期间访问网页时加载图形图像。其中包括与页面一起录制的图形图和未明确与页面一起录制的图形图像。当实际用户访问网页时，需要等待图像加载。因此，如果尝试测试整个系统（包括终端用户时间），就启用该选项（默认情况下启用）。要提高性能并且不模拟实际用户，请禁用该选项。

注意

如果在图像检查中遇到了差异，请禁用该选项，因为每次访问网页时，一些图像会随之改变（如广告横幅）。

（5）Simulate a new user on each iteration 选项。

该选项表示 VuGen 将各个迭代之间的所有 HTTP 上下文重置为 init 部分结束时相应的状态。使用该选项，Vuser 可以更准确地模拟开始浏览会话的新用户。它将删除所有 Cookies，关闭所有 TCP 连接（包括 Keep-Alive 连接），清除模拟浏览器的缓存，重置 HTML 帧层次结构（帧编号将从 1 开始）并清除用户名和密码。默认情况下启用该选项。

（6）Clear cache on each iteration 选项。

每次迭代时清除浏览器缓存，以模拟第一次访问网页的用户。禁用此选项并允许 Vuser 使用浏览器缓存中存储的信息，以模拟近期访问过该网页的用户。

为了负载测试方便，将业务操作脚本中的 init 和 end 两部分与 action 部分合并，并参数化脚本，加入集合点、事务形成的最终脚本如下。

```
#include "web_api.h"

Action()
```

```
{
    lr_start_transaction("登录");

    web_url("MercuryWebTours",
        "URL=http://127.0.0.1:1080/WebTours/",
        "Resource=0",
        "RecContentType=text/html",
        "Referer=",
        "Snapshot=t2.inf",
        "Mode=HTML",
        LAST);

    web_submit_form("login.pl",
        "Snapshot=t4.inf",
        ITEMDATA,
        "Name=username", "Value={username}", ENDITEM,
        "Name=password", "Value={password}", ENDITEM,
        "Name=login.x", "Value=58", ENDITEM,
        "Name=login.y", "Value=14", ENDITEM,
        LAST);

    lr_end_transaction("登录", LR_AUTO);


    lr_rendezvous("同时订票");

    lr_start_transaction("业务处理");

    web_url("welcome.pl",
        "URL=http://127.0.0.1:1080/WebTours/welcome.pl?page=search",
        "Resource=0",
        "RecContentType=text/html",
        "Referer=http://127.0.0.1:1080/WebTours/nav.pl?page=menu&in=home",
        "Snapshot=t4.inf",
        "Mode=HTML",
        LAST);

    web_submit_form("reservations.pl",
        "Snapshot=t5.inf",
        ITEMDATA,
        "Name=depart", "Value=London", ENDITEM,
        "Name=departDate", "Value=04/11/2012", ENDITEM,
        "Name=arrive", "Value=Denver", ENDITEM,
        "Name=returnDate", "Value=04/12/2012", ENDITEM,
        "Name=numPassengers", "Value=1", ENDITEM,
        "Name=roundtrip", "Value=<OFF>", ENDITEM,
        "Name=seatPref", "Value=None", ENDITEM,
        "Name=seatType", "Value=Coach", ENDITEM,
        "Name=findFlights.x", "Value=84", ENDITEM,
        "Name=findFlights.y", "Value=15", ENDITEM,
        LAST);

    web_submit_form("reservations.pl_2",
        "Snapshot=t6.inf",
        ITEMDATA,
        "Name=outboundFlight", "Value=200;338;04/11/2012", ENDITEM,
```

```
        "Name=reserveFlights.x", "Value=74", ENDITEM,
        "Name=reserveFlights.y", "Value=10", ENDITEM,
        LAST);

    //此部分您可以进行参数化工作
    web_submit_form("reservations.pl_3",
        "Snapshot=t7.inf",
        ITEMDATA,
        "Name=firstName", "Value=John", ENDITEM,
        "Name=lastName", "Value=Tomas", ENDITEM,
        "Name=address1", "Value=Peking", ENDITEM,
        "Name=address2", "Value=100084", ENDITEM,
        "Name=pass1", "Value=John Tomas", ENDITEM,
        "Name=creditCard", "Value=", ENDITEM,
        "Name=expDate", "Value=", ENDITEM,
        "Name=saveCC", "Value=<OFF>", ENDITEM,
        "Name=buyFlights.x", "Value=57", ENDITEM,
        "Name=buyFlights.y", "Value=12", ENDITEM,
        LAST);

    lr_end_transaction("业务处理", LR_AUTO);

    lr_start_transaction("登出");

    web_url("welcome.pl_2",
        "URL=http://127.0.0.1:1080/WebTours/welcome.pl?signOff=1",
        "Resource=0",
        "RecContentType=text/html",
        "Referer=http://127.0.0.1:1080/WebTours/nav.pl?page=menu&in=flights",
        "Snapshot=t8.inf",
        "Mode=HTML",
        LAST);

    lr_end_transaction("登出", LR_AUTO);

    return 0;
}
```

5.1.4 负载处理部分

1. 负载处理部分

为了验证系统的性能，通常要结合系统，考察主要业务的处理能力能否满足在预期最大用户数、一定的数据量和特定的软硬件资源配备等情况下，系统能够高效、稳定地运行，达到预期的指标，如主要业务响应时间，CPU、内存等利用率，并发处理等方面的能力，主要以客户的需求为主。这里结合该系统特点，如果用户需要通过飞机订票系统订购飞机票，首先需要注册一个唯一的用户，并以注册用户登录到系统，进行飞机票的订购与查询等操作。这里模拟 5 个用户并发注册，20 个用户并发进行订票业务处理，同时要求整个订票业务处理的响应时间不超过 20s。在进行负载的同时，要求系统 CPU 利用率不超过 75%，可用内存不低于 100MB。场景设置如图 5-13～图 5-15 所示。

图 5-13 中设置了 5 个虚拟用户并发注册、20 个虚拟用户并发进行订票业务操作。但是，只有完成注册后，才能够以注册用户身份登录系统进行订票。因为两个脚本的执行是有先后

顺序的，即只有 RegisterScript 脚本执行完以后，才能运行 OperationScript 脚本，所以在“Edit Action”中设置 operationscript 的运行为“start when registerscript finishes”，如图 5-14 所示。也可以单击按钮，设置场景的运行时间，如图 5-15 所示。指定合适的场景运行时间是一件很重要的事情，在开发和测试场景同时应用一台服务器进行负载或者测试环境与实际用户共用同一服务器时，测试应该在没有开发或者其他用户运行的时刻进行，防止干扰。但是，从场景的设置来看，如果想让 20 个业务虚拟用户以不同的用户登录名登录，进行订票操作，需要每个虚拟用户迭代 4 次，这样才能够创建 20 个登录用户。

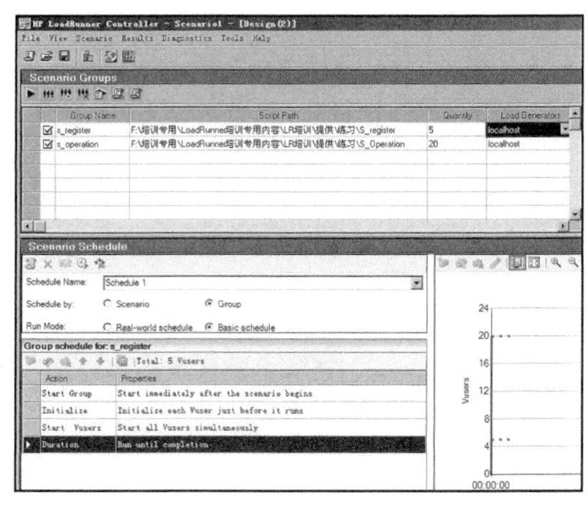

图 5-13　场景设置对话框

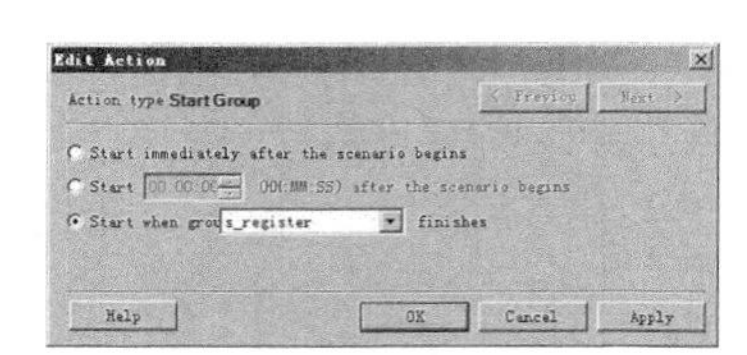

图 5-14　计划构建器设置对话框

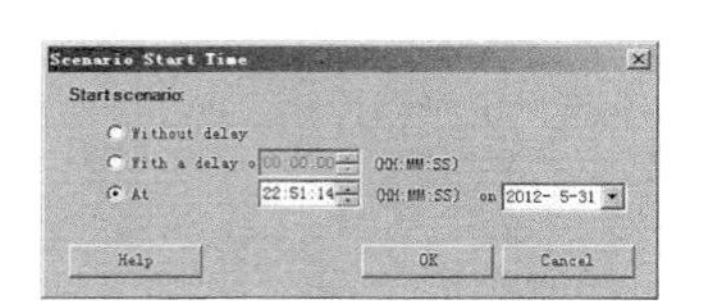

图 5-15　场景执行设置对话框

用户注册脚本迭代的设置方式如下。

（1）选中场景设置的 registerscript 脚本，单击按钮。

（2）在运行时设置对话框中选择“Run Logic”选项，设置迭代次数为 4，单击【OK】按钮，保存设置，如图 5-16 所示。

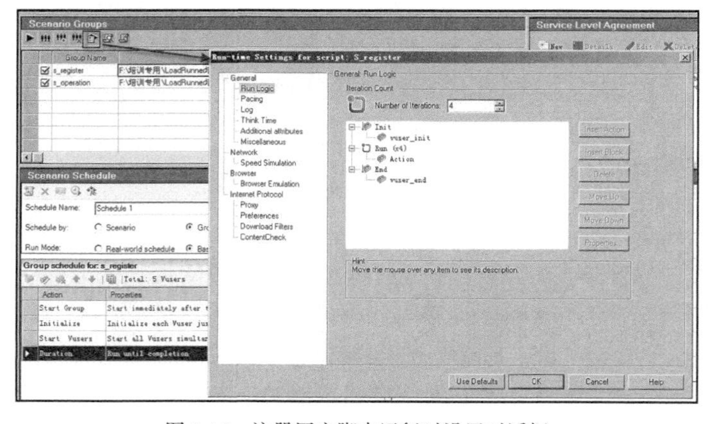

图 5-16　注册用户脚本运行时设置对话框

单击按钮，打开 RegisterScript 脚本，为了区分不同的用户，登录用户名需要设置成不同的内容，密码和其他信息可以设置成相同的内容，当然也可以把所有信息都参数化，这里仅参数化注册用户名和密码，脚本如下。

```
Action()
{
```

```
        lr_rendezvous("同时登录注册");

        lr_start_transaction("登录注册事务");

        web_url("WebTours",
            "URL=http://127.0.0.1:1080/WebTours/",
            "TargetFrame=",
            "Resource=0",
            "RecContentType=text/html",
            "Referer=",
            "Snapshot=t1.inf",
            "Mode=HTML",
            LAST);

        web_url("sign up now",
            "URL=http://127.0.0.1:1080/WebTours/login.pl?username=&password=&getInfo=true",
            "TargetFrame=body",
            "Resource=0",
            "RecContentType=text/html",
            "Referer=http://127.0.0.1:1080/WebTours/home.html",
            "Snapshot=t2.inf",
            "Mode=HTML",
            LAST);

        web_submit_data("login.pl",
            "Action=http://127.0.0.1:1080/WebTours/login.pl",
            "Method=POST",
            "TargetFrame=",
            "RecContentType=text/html",
        "Referer=http://127.0.0.1:1080/WebTours/login.pl?username=&password=&getInfo=true",
            "Snapshot=t4.inf",
            "Mode=HTML",
            ITEMDATA,
            "Name=username", "Value={username}", ENDITEM,
            "Name=password", "Value={password}", ENDITEM,
            "Name=passwordConfirm", "Value={password}", ENDITEM,
            "Name=firstName", "Value=John", ENDITEM,
            "Name=lastName", "Value=Tomas", ENDITEM,
            "Name=address1", "Value=Peking", ENDITEM,
            "Name=address2", "Value=100084", ENDITEM,
            "Name=register.x", "Value=57", ENDITEM,
            "Name=register.y", "Value=8", ENDITEM,
            LAST);

        web_find("检查点",
            "What={username}",
            LAST);

        lr_end_transaction("登录注册事务", LR_AUTO);

        return 0;
    }
```

这里希望生成 20 个不同的注册用户名，如 LoginUser1～LoginUser20。可以看出，为了测试工作方便，一般情况下，注册的用户名都是有规律的，这个规律就是“LoginUser”+数字，这里数字的取值范围为 1～20。为了方便创建大批量数据，作者编写了一个小程序供读者使用，如图 5-17 所示。在工具中设置数据起始标题为“LoginUser”，起始值为“1”，数量为“20”，单击【确定】按钮，在左侧列表生成“LoginUser1～LoginUser20”共 20 条数据，单击【输出】按钮，把数据输出到记事本中，选择生成的全部数据信息，打开参数属性设置对话框，单击【Edit with Notepad】按钮，启用记事本信息，并显示参数化的内容。这里可以从第二行开始粘贴刚才生成的注册用户名信息，保存记事本信息，这样数据就被加载到了 username 参数文件中。设置参数的取值，如图 5-18 所示，即每个虚拟用户取 4 个值，而且每次迭代的取值不相同。同样可以用作者提供的程序生成重复的密码，即 20 个字符串“111111”，注意在操作时，“数据起始标题”为“111111”，选中“重复数据”复选框，生成 20 条重复的字符串“111111”。

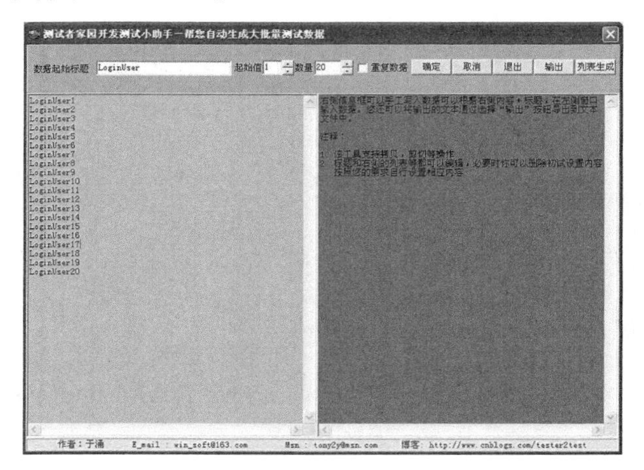

图 5-17 批量测试数据生成工具

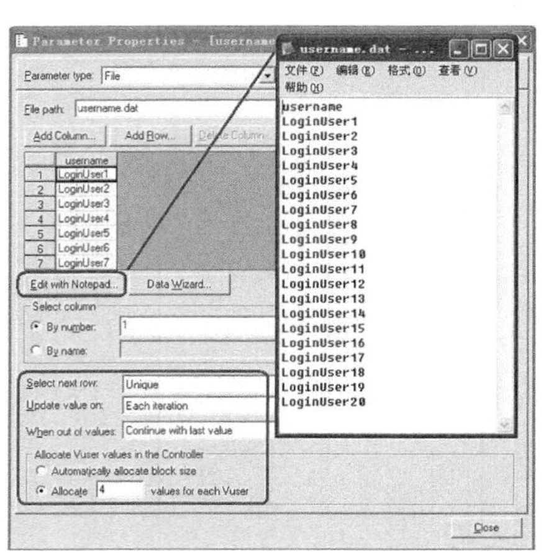

图 5-18 参数化用户名

2. 结果分析

场景执行过程中，可以监控添加需要监控的内容。因为要监控系统可用内存（Available MBytes）和 CPU 利用率（% Processor Time）资源的使用情况，所以要添加 Windows Resources 系统资源图。还可以从 Controller 左侧的 Available Graphs 选择其他关心的内容进行监控。场景运行完成以后，RegisterScript 脚本全部执行成功，而 OperationScript 脚本有一次迭代失败，如图 5-19～图 5-22 所示。从上述图中可以知道 LoginUser1 用户没有成功登录，当然也无法

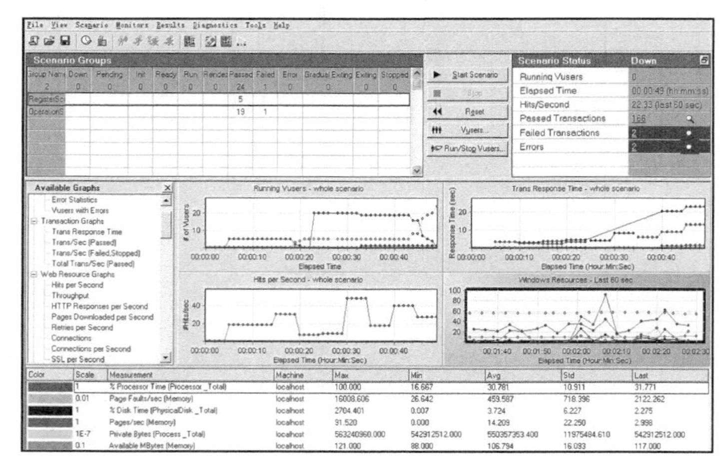

图 5-19 负载场景运行结果

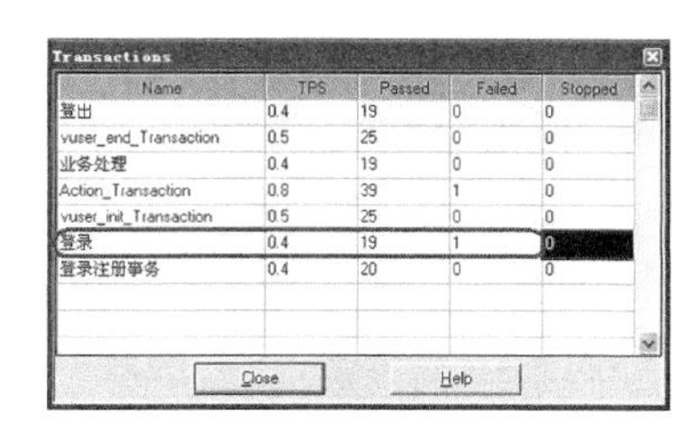

图 5-20 失败事件对话框

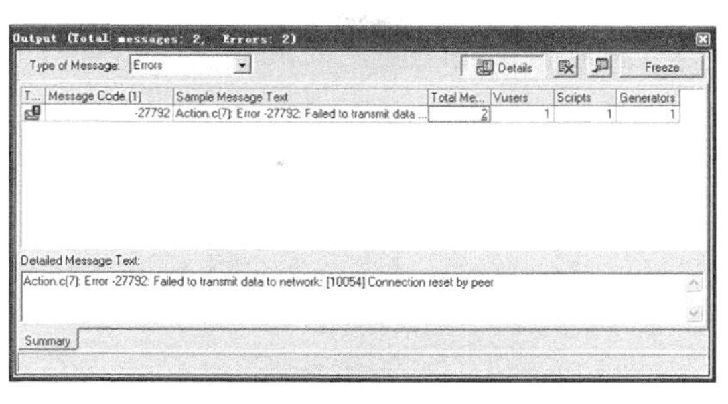

图 5-21 错误信息对话框

完成订票业务。为了验证分析结果的正确性，启动“http://127.0.0.1:1080/WebTours/”样例程序，分别以 LoginUser1 和 LoginUser5 登录到系统，单击【Itinerary】(路线) 按钮，查询已订票的内容，结果发现 LoginUser1 用户在路线中没有信息，而 LoginUser5 以及其他用户在路线中有信息，如图 5-23 和图 5-24 所示。

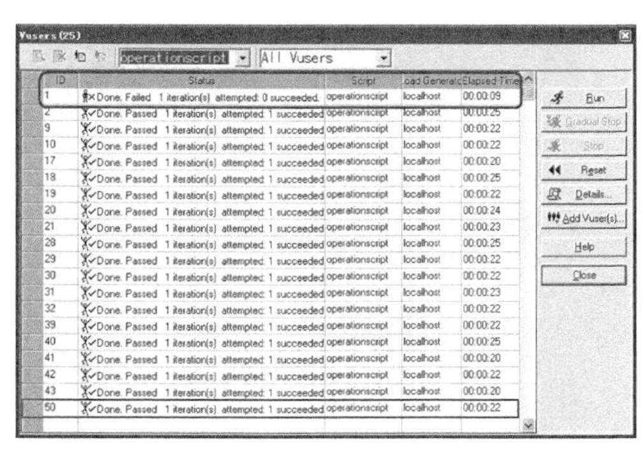

图 5-22 用户执行信息对话框

从 Windows Resources 图来看，系统可用内存平均值为 109.412MB，满足预期可用内存 80MB 以上的要求，如图 5-25 所示。但是，CPU 利用率却为 90.885%，大于预期 75%的要求。

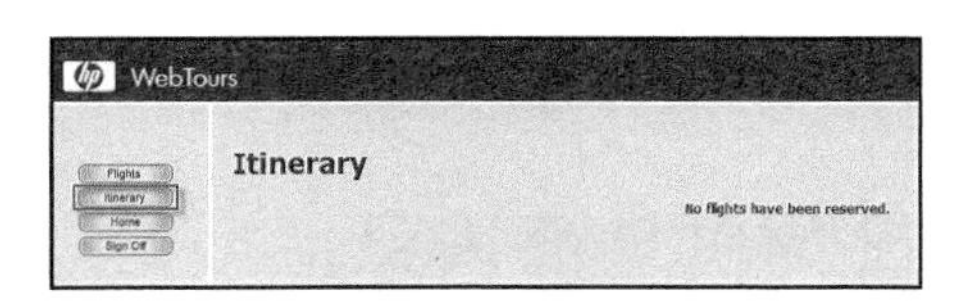

图 5-23 以 LoginUser1 登录查询路线

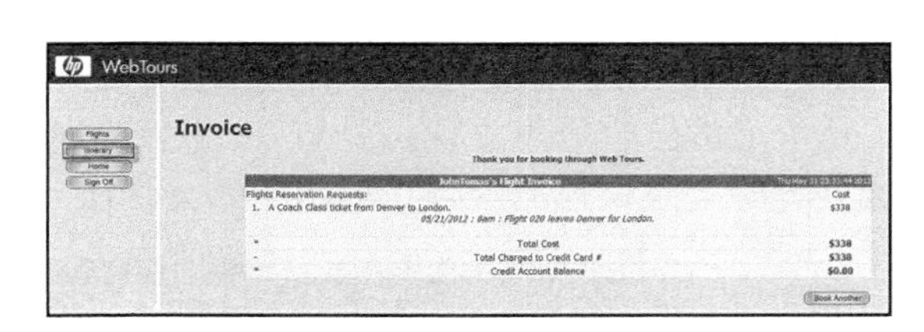

图 5-24 以 LoginUser5 或者其他用户登录查询路线

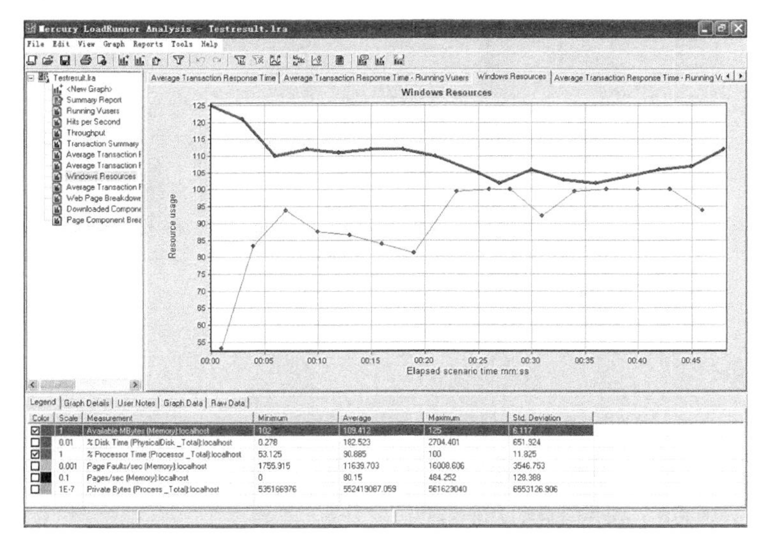

图 5-25 Windows 资源图

业务处理事务的平均响应时间为 10.622 秒，也满足业务处理平均响应时间小于 20 秒的要求，如图 5-26 所示。

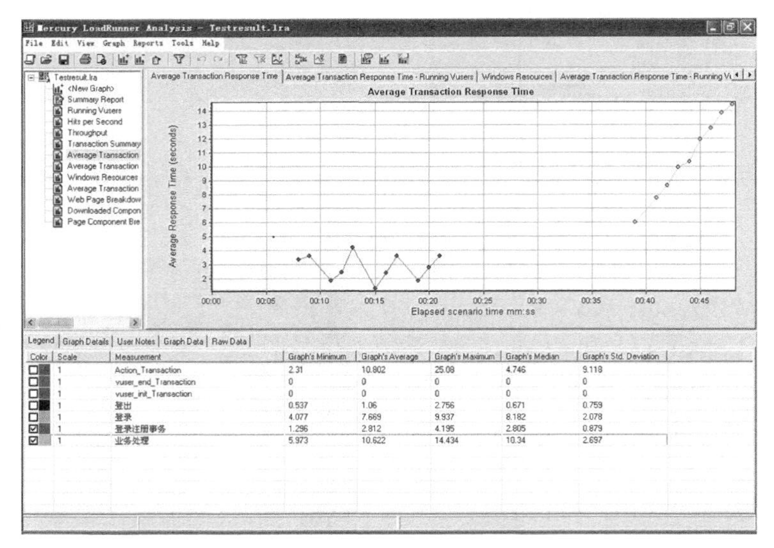

图 5-26 平均事务响应时间图

事务概要图中，您可以看到除了一个登录事务失败以外，其他事务均成功。

5.1.5 系统性能改进意见

从上面的分析可以发现，系统主要存在 CPU 利用率过高问题，还有就是一个用户在进行业务处理时登录失败的问题，如图 5-27 所示。

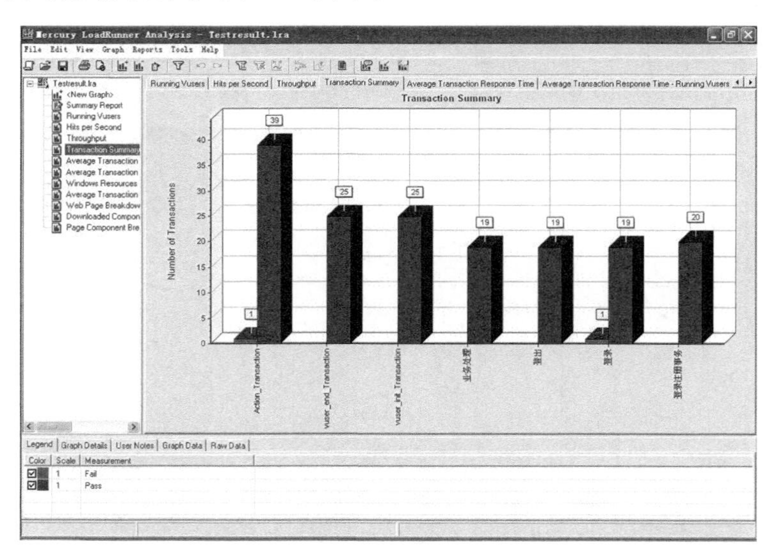

图 5-27 事务概要图

Connection reset by peer 的原因主要有两个方面：

（1）服务器的并发连接数超过了其承载量，服务器会将其中一些连接给断掉；

（2）客户关掉了浏览器，而服务器还在给客户端发送数据。

为了解决这个问题，可以从两方面进行调整：

（1）调整服务器的应用配置，应用连接池、设置更多的连接数等；

（2）在本例中作者没有设定思考时间，但在实际应用过程中，通常都要有手工操作的时间间隔，为了模拟真实情况可以设定一定的思考时间，留给服务器一定的处理时间。

关于 CPU 利用率过高的问题，您应该从以下几个方面进行调整：

（1）查找是否系统在启动同时开启了多个与本系统无关的应用程序，导致未进行测试时，系统已经被占用了很多内存和 CPU 利用率；

（2）如果 CPU 不能满足当前测试需要，可以考虑更换频率更高的 CPU；

（3）对应用程序代码、数据库相关语句进行改良，减少对 CPU 的利用率。

关于可用内存的问题，您应该考虑以下几个方面的原因：

尽管可用内存满足大于 100MB 的要求，但是，可用内存仍然不是很充裕，所以，需要考察在运行期间是否系统启动了一些其他的服务或者应用程序，致使可用内存数量减少，在进行性能测试时尽量避免与被测试系统无关的应用开启；同时，还可用监控内存是否存在泄露的情况（如内存申请后，用完了没有释放或数据库连接用完后没有释放等这些问题都会导致内存泄露问题）。

性能测试的调优工作是一个循序渐进的过程，确定系统性能瓶颈以后，就需要针对一个瓶颈调整一个或者一类配置相关内容、改良硬件配置、改善网络运行环境、程序或者数据库脚本代码优化工作。确定一个系统瓶颈、改善系统性能并不是一件简单的事情，它需要网络管理员、数据库管理员、程序员、性能测试分析人员等相互协作，这是一个往复的过程，需要您有足够多的耐心、细心还有信心。

5.2 本章小结

本章详细介绍了 B/S 样例程序的启动、应用过程，介绍了 LoadRunner 测试过程模型，之后结合 LoadRunner 测试过程模型详细介绍了规划测试、创建 Vuser 脚本、创建方案、运行方案、监控方案和分析测试结果各关键步骤，如何运用到实际飞机订票样例程序的项目需求当中。

本章详细介绍了脚本的录制过程、脚本参数化、事务、检查点等概念应用，以及场景设计、性能指标监控、执行结果分析和性能改进意见等，这对于读者掌握性能测试实际的实施过程大有裨益，在场景设计时，作者故意设定了业务存在依赖先后、虚拟用户数不匹配等情况，若读者深入理解，相信其他业务的场景设计会更加游刃有余。

本章内容非常重要，读者请详细阅读并认真掌握，同时建议读者边学边练，认真做好上机练习。

5.3 本章习题及经典面试试题

一、章节习题

1. 请结合飞机订票样例系统，在 VuGen 中，以迭代的方式注册 5 个用户，相关的注册数据信息，如表 5-3 所示，要求：

（a）根据提供的注册数据信息进行注册；

（b）要求考察每次注册业务所耗费的时间及是否成功注册；

（c）根据要求尽量利用最少的参数数据完成上述要求。

表 5-3 注册数据信息

Username	Password	Firstname	Lastname	Postcode	Address
Krora	123456	Joe	Krora	100084	Peking
Tosiba	654321	Ada	Tosiba	100084	Tianjin
Janapa	734323	Tom	Janapa	100083	Shanghai
Deleha	123456	Joean	Deleha	100083	Jilin
Maritear	434344	Mating	Maritear	100081	Datong

2. 请结合飞机订票样例系统，在 Controller 中设计一个场景，利用 5 个虚拟用户，注册 10 个用户，相关的注册数据信息如表 5-4 所示，要求：

（a）5 个虚拟用户要并发进行注册；

（b）根据提供的注册数据信息进行注册；

（c）考察每次注册业务所耗费的时间及是否成功注册；

（d）根据要求尽量利用最少的参数数据；

（e）在场景执行期间，需监控可用内存和 CPU 利用率性能指标；

（f）场景执行完成后，请给出注册业务平均响应时间、最大响应时间、最小响应时间、给出响应时间和系统资源合并图。

表 5-4 注册数据信息

Username	Password	Firstname	Lastname	Postcode	Address
User1	1	User1	User1	100084	Peking
User2	1	User2	User2	100084	Tianjin
User3	1	User3	User3	100083	Shanghai
User4	1	User4	User4	100083	Jilin
User5	1	User5	User5	100081	Datong
User6	1	User6	User6	100084	Peking
User7	1	User7	User7	100084	Tianjin
User8	1	User8	User8	100083	Shanghai
User9	1	User9	User9	100083	Jilin
User10	1	User10	User10	100081	Datong

3. 请结合飞机订票系统，利用 5 个用户并发注册 10 个网站用户（用户数据信息如表 5-5 所示），然后利用这 10 个用户进行订票业务处理，要求：

（a）订票要求每个虚拟用户均订后天从伦敦飞往丹佛上午 8 点的航班；

（b）无论是注册业务或者订票业务均要检查是否成功完成；

（c）考察注册网站用户业务是否超过 5 秒，订票业务处理的响应时间是否超过 20 秒；

（d）考察在场景执行过程中，系统 CPU 利用率不超过 75%，可用内存不低于物理内存的 30%；

（e）给出该场景运行结果是否满足要求的结论，并说明得出该结论的依据。

表 5-5　　注册数据信息

Username	Password	Firstname	Lastname	Postcode	Address
UserTest1	1	UserTest1	UserTest1	100084	Peking
UserTest2	1	UserTest2	UserTest2	100084	Tianjin
UserTest3	1	UserTest3	UserTest3	100083	Shanghai
UserTest4	1	UserTest4	UserTest4	100083	Jilin
UserTest5	1	UserTest5	UserTest5	100081	Datong
UserTest6	1	UserTest6	UserTest6	100084	Peking
UserTest7	1	UserTest7	UserTest7	100084	Tianjin
UserTest8	1	UserTest8	UserTest8	100083	Shanghai
UserTest9	1	UserTest9	UserTest9	100083	Jilin
UserTest10	1	UserTest10	UserTest10	100081	Datong

二、经典面试试题

LoadRunner 提供了一个测试过程来帮助测试人员进行性能测试工作，测试过程分为哪 6 个步骤？

5.4 本章习题及经典面试试题答案

一、章节习题

章节习题部分主要考察对本章实例讲解的脚本录制（脚本完善，如事务、集合点、检查点、参数化等）、场景设计、场景运行、监控、结果分析等内容是否理解，并能够灵活运用的能力，关于本章的 3 道题目答案和 5.1 节讲解的案例十分类似，在这里就不再做讲解，请读者自行参照该章节内容独立完成。

二、经典面试试题

LoadRunner 提供了一个测试过程来帮助测试人员进行性能测试工作，测试过程分为哪 6 个步骤？

答：该测试过程分为：规划测试、创建 Vuser 脚本、创建方案、运行方案、监控方案、分析测试结果 6 个步骤。

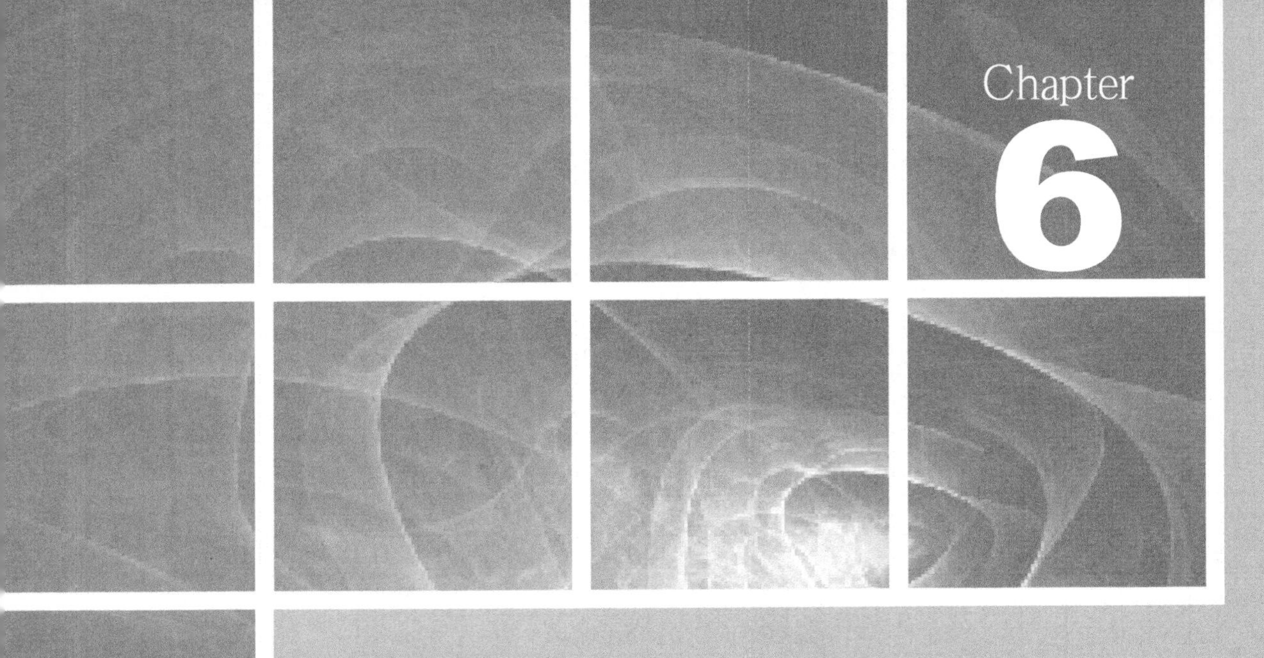

第 6 章

脚本语言编写基础及关联技术应用

6.1 认识 LoadRunner 脚本语言

很多准备从事性能测试的朋友经常会问我："性能测试工程师需要有编程基础吗？"我也总是很坚定地回答："非常需要！"做过几个性能测试项目的用户应该都清楚，有些情况下，性能测试是不能通过简单的脚本录制、回放来完成的。在很多种情况下，都需要性能测试工程师自行编写脚本，如果没有编程基础，是非常困难的。当然，如果性能测试工程师的编程水平较差，编写出来的脚本本身就存在业务错误和内存泄露等问题，性能测试的过程和结果也必将是不可信的。因此，性能测试工程师有编程基础是非常必要的，也是必需的。

下面是录制 Tomcat 自带的一个小程序"numguess"产生的脚本，该小程序实现一个非常简易的猜数字游戏。

```
#include "web_api.h"

Action()
{
     lr_rendezvous("集合点");

     lr_start_transaction("执行时间");
     web_url("numguess.jsp",
         "URL=http: //localhost: 8080/jsp-examples/num/numguess.jsp",
         "Resource=0",
         "RecContentType=text/html",
         "Referer=",
         "Snapshot=t1.inf",
         "Mode=HTML",
         LAST);

     web_submit_form("numguess.jsp_2",
         "Snapshot=t2.inf",
         ITEMDATA,
         "Name=guess", "Value=2", ENDITEM,
         LAST);
     lr_end_transaction("执行时间", LR_AUTO);

     return 0;
}
```

细心的读者也许已经发现了一些问题，如"#include "web_api.h""{ }"和"return 0;"，这些内容是不是和 C 语言的语法非常类似呢？

事实上，LoadRunner 支持多种协议，在编写脚本时，可以根据不同的应用，选择适合的协议。可以选择 Java Vuser、JavaScript Vuser、Microsoft. NET、VB Vuser、VB Script Vuser 等协议编写相应语言的脚本。在采用 Web（HTTP/HTML）等协议编写脚本时，脚本的默认语法规则都是按照 C 语言的语法规则，当然也可以选择 Java Vuser，用 Java 语言实现同样功能的脚本。在"HP LoadRunner Online Function Reference"帮助信息中，可以看到 LoadRunner 提供了多种语言的使用说明及其样例程序的演示，如图 6-1 所示。

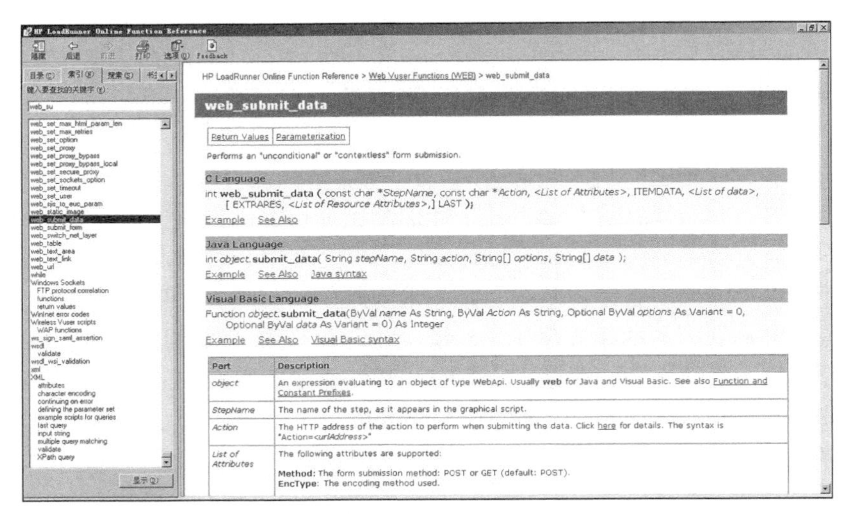

图 6-1 “HP LoadRunner Online Function Reference”帮助信息

6.2 C 语言基础

很多性能测试工程师觉得手工编写脚本很困难的一个很重要的原因就是，尽管以前学习过 C 或者其他语言，但是随着时间的推移，慢慢地就把这些知识遗忘了。为了使读者能够较好地掌握 C 语言，为编写脚本打下坚实的基础，下面介绍 C 语言的基础知识。由于本书不是专门介绍关于 LoadRunner 脚本编写的书籍，所以，对于 Java Vuser、Microsoft .NET、VB Vuser 等涉及 Java、Visual Basic 等语言的基础知识不做介绍，但在介绍 C 语言时会结合 LoadRunner 进行举例，在没有特别说明的情况下，本章的 LoadRunner 脚本示例均采用 Web（HTTP/HTML）协议。

6.2.1 数据类型

数据类型是按被定义变量的性质、表示形式、占据存储空间的多少、构造特点来划分的。在 C 语言中，数据可分为基本数据类型、构造数据类型、指针类型、空类型四大类。

- 基本数据类型：基本数据类型最主要的特点是，其值不可以再分解为其他类型。
- 构造数据类型：构造数据类型是根据已定义的一个或多个数据类型用构造的方法来定义。也就是说，一个构造类型的值可以分解成若干“成员”或“元素”。每个“成员”都是一个基本数据类型或是一个构造类型。
- 指针类型：指针是一种特殊的、具有重要作用的数据类型，其值用来表示某个变量在存储器中的地址。虽然指针变量的取值类似于整型量，但这是两个类型完全不同的量，因此不能混为一谈。
- 空类型：在调用函数值时，通常应向调用者返回一个函数值。但是，有时调用后并不需要向调用者返回函数值，这种函数可以定义为空类型，其关键字为 void。

基本数据类型主要包含整型数据、实型数据和字符型数据，如表 6-1 所示。

表 6-1 基本数据类型及其取值范围

数据类型		类型说明符	字节	数值范围
字符型数据		Char	1	C 字符集
整型	基本整型	Int	2	-32 768～32 767
	短整型	short int	2	-32 768～32 767
	长整型	long int	4	-214 783 648～214 783 647
	无符号型	Unsigned	2	0～65 535
	无符号长整型	unsigned long	4	0～4294 967 295
实型	单精度实型	Float	4	3/4E-38～3/4E+38
	双精度实型	Double	8	1/7E-308～1/7E+308

在介绍整型数据之前，有必要先让大家明白两个概念，即变量和常量。简单地说，在程序执行过程中，其值不发生变化的量称为常量，其值可变的量称为变量。例如，在计算圆面积时，会涉及圆周率（π），这个值近似地取 3.14，可以把它定义为一个常量，因为不管计算什么大小的圆面积，这个 π 值是不发生变化的。还是刚才的例子，当计算半径不同的圆时，尽管应用的公式都是同一个，但因为半径不同，所以计算出来的面积也会不同，那么可以把半径和面积定义为变量。基本数据类型可以是常量，也可以是变量。在编程时，习惯上把符号常量的标识符用大写字母，变量标识符用小写字母，以示区别。

在 C 语言中，可以使用八进制、十六进制和十进制来表示整型数据。整型数据常量的表示示例如下。

```
#define  COUNT  100
```

关于“#define”等预编译部分内容将在后面介绍，这里只需要了解整型数据常量的定义方法即可。这里定义了名称为 COUNT 的整型常量，其值为 100，之后就可以直接在脚本中应用定义的常量，而不必每次都输入 100 了。例如：

```
#define COUNT 100        //这里定义总人数为 COUNT，其值为 100
#define SALARY 4000       //薪水平均值为 SALARY，其值为 4000

Action()
{
  lr_output_message("100 人合计薪资支出为: %d", COUNT *SALARY);
  return 0;
}
```

把数值定义为常量有很大的好处。首先，数值有了一个单词的含义，如“COUNT”、“SALARY”看上去就大概知道这个值代表是什么，“COUNT”（合计，这里指公司总人数），“SALARY”（薪资，这里指公司的平均薪资）。其次，在后续应用到该值时，可以直接应用常量的标示符，而不必使用具体的数值。最后，当常量值发生变化时，只需修改预编译部分的定义即可。例如，随着单位业务的发展，员工从先前的 100 人，扩充到了 150 人，只需将“#define COUNT 100”改为“#define COUNT 150”即可。

整型数据变量在 LoadRunner 中应用的脚本示例如下。

```
#define COUNT 100           //这里定义总人数为 COUNT，其值为 100
#define SALARY 4000         //薪水平均值为 SALARY，其值为 4000
```

```
Action()
{
  int total;
  total = COUNT * SALARY;
  lr_output_message("100 人合计薪资支出为: %d", total);
  return 0;
}
```

上面脚本中的“int total;”即为定义的一个整型变量，变量的名称为“total”，用于存放合计支出的金额。

前面介绍过，可以使用八进制、十六进制和十进制来表示整型数据。也许有很多读者对八进制、十六进制和十进制不是很了解，下面进行简单介绍。

八进制中的数码取值为0～7。八进制整型常数必须以0开头，即以0作为八进制数的前缀，这里以刚才计算的薪资支出总数400000为例。该值用八进制表示为“1415200”，它的计算方法为：0+8×0+8×8×2+8×8×8×5+8×8×8×8×1+8×8×8×8×8×4+8×8×8×8×8×8×1=400000。如果用十六进制来表示，则为61a80，它的计算方法为：0+16×8+16×16×10+16×16×16×1+16×16×16×16×6=400000。这里用十六进制进行举例，如图6-2所示。61a80从末尾开始，末尾的基数是16的0次方，即为1，末尾的数值为0，0×1=0；倒数第2位的基数为16的1次方，数值为8，那么它的值就应该为8×16 = 128；倒数第3位的基数为16的2次方，数值为a，那么它的值就应该为（十六进制数a的值为10）10×16×16=2560；倒数第4位的基数为16的3次方，数值为1，那么它的值就应该为1×16×16×16=4096；倒数第5位，即第一位数字的基数为16的4次方，数值为6，那么它的值就应该为6×16×16×16×16=393216。将这些数字相加：393216+4096+2560+128+0 = 400000。

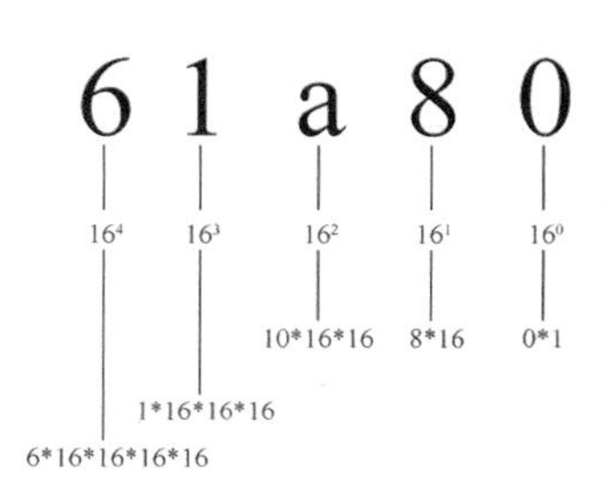

图6-2 十六进制转换为十进制说明示意图

八进制的计算与此类似，不再赘述。也可以将计算出的合计薪资支出通过格式化输出分别表示为十进制、八进制和十六进制，参见在LoadRunner中应用的脚本示例。

```
#define COUNT 100          //这里定义总人数为 COUNT，其值为 100
#define SALARY 4000        //薪水平均值为 SALARY，其值为 4000

Action()
{
  int total,i, j;
  total = COUNT * SALARY;
  lr_output_message("100 人合计薪资支出为（十进制）: %d", total);
  lr_output_message("100 人合计薪资支出为(八进制): %o", total);
  lr_output_message("100 人合计薪资支出为（十六进制）: %x", total);

  return 0;
}
```

这段脚本的输出结果如下。

```
Running Vuser...
Starting iteration 1.
Starting action Action.
Action.c(8):  100 人合计薪资支出为（十进制）: 400000
```

```
Action.c(9):  100 人合计薪资支出为(八进制): 1415200
Action.c(10):  100 人合计薪资支出为(十六进制): 61a80
Ending action Action.
Ending iteration 1.
Ending Vuser...
```

除了十进制、八进制、十六进制格式输出符“%d”“%o”和“%x”外，还有表 6-2 所示的格式化输出符号。

表 6-2　　格式化输出符号及其含义

格式字符	意　义
d	以十进制形式输出带符号整数（正数不输出符号）
o	以八进制形式输出无符号整数（不输出前缀 0）
x，X	以十六进制形式输出无符号整数（不输出前缀 0x）
u	以十进制形式输出无符号整数
f	以小数形式输出单、双精度实数
e，E	以指数形式输出单、双精度实数
g，G	以%f 或%e 中较短的输出宽度输出单、双精度实数
c	输出单个字符
s	输出字符串

实型也称为浮点型。实型常量也称为实数或者浮点数。在 C 语言中，实数只采用十进制。它有两种形式：十进制小数形式（如 25.0）和指数形式（如 2.2E5（等于 2.2*105））。

实型变量分为单精度（float 型）、双精度（double 型）和长双精度（long double 型）3 类。

参见在 LoadRunner 中应用的脚本示例。

```
#define PI 3.14

Action()
{
  float r = 5.5, s;
  double r1 = 22.36, s1;
  long double r2 = 876.99, s2;

  s = PI * r * r;
  s1 = PI * r1 * r1;
  s2 = PI * r2 * r2;

  lr_output_message("半径为%.2f 的面积为: %f .", r, s);
  lr_output_message("半径为%.2f 的面积为: %f .", r1, s1);
  lr_output_message("半径为%.2f 的面积为: %f .", r2, s2);
  return 0;
}
```

其输出结果如下。

```
Running Vuser...
Starting iteration 1.
Starting action Action.
Action.c(13):  半径为 5.50 的面积为: 94.985001 .
Action.c(14):  半径为 22.36 的面积为: 1569.904544 .
Action.c(15):  半径为 876.99 的面积为: 2415009.984714 .
```

```
Ending action Action.
Ending iteration 1.
Ending Vuser...
```

以上在进行格式化输出时应用了“%.2f”，这是什么意思呢？因为要输出的数据类型为浮点型，所以应该用“%f”，那么为什么还有“.2”呢？这是因为这里只想输出小数点后面两位，所以应用了“%.2f”。

字符型数据包括字符常量和字符变量。通常用单引号括起来的一个字符表示一个字符类型的常量，如‘a’‘K’等。以下几点需要注意。

（1）字符常量只能用单引号括起来，而不能用其他符号。

（2）字符常量只能是单个字符，不能是字符串。例如，‘abc’这样的定义是不合法的。

字符变量的类型说明符是 char。每个字符变量被分配一字节的内存空间，因此只能存放一个字符。字符值以 ASCII 码形式存放在变量的内存单元中。 如 *x* 的十进制 ASCII 码是 120，*y* 的十进制 ASCII 码是 121。因此也可以把它们看成是整型量。C 语言允许对整型变量赋字符值，对字符变量赋整型值。在输出时，允许把字符变量按整型量输出，把整型量按字符量输出。

关于字符类型的使用，参见下面在 LoadRunner 中应用的脚本示例代码。

```
#define CHAR 'x'

Action()
{
  char x = 'y';
  int num = 121;

  lr_output_message("常量 CHAR 用字符表示为: %c", CHAR);
  lr_output_message("常量 CHAR 用整数表示为: %d", CHAR);

  lr_output_message("----------------------------------------");

  lr_output_message("整型变量 num 用整型表示为: %d", num);
  lr_output_message("整型变量 num 用字符表示为: %c", num);

  lr_output_message("----------------------------------------");

  lr_output_message("字符型变量 x 用整型表示为: %d", x);
  lr_output_message("字符型变量 x 用字符表示为: %c", x);

  return 0;
}
```

上面脚本的输出内容如下。

```
Running Vuser...
Starting iteration 1.
Starting action Action.
Action.c(8):  常量 CHAR 用字符表示为: x
Action.c(9):  常量 CHAR 用整数表示为: 120
Action.c(11):  ----------------------------------------
Action.c(13):  整型变量 num 用整型表示为: 121
Action.c(14):  整型变量 num 用字符表示为: y
Action.c(16):  ----------------------------------------
Action.c(18):  字符型变量 x 用整型表示为: 121
Action.c(19):  字符型变量 x 用字符表示为: y
```

```
Ending action Action.
Ending iteration 1.
Ending Vuser...
```

与字符型常量不同的是，字符串常量是由一对双引号括起的字符序列，且字符常量占一字节的内存空间，而字符串常量占的内存字节数等于字符串字节数加 1，增加的一字节中存放字符"\0"（ASCII 码为 0），这是字符串结束的标志。

关于字符串类型的使用，参见下面在 LoadRunner 中应用的脚本示例代码。

```
#define STR "A"  //定义字符串常量 STR，其值为"A"

Action()
{
  char CHAR = 'A'; //定义字符变量 CHAR，其值为'A'

  lr_output_message("字符\'A\'占的空间大小为%d! ", sizeof(CHAR));
  lr_output_message("字符串\"A\"占的空间大小为%d! ", sizeof(STR));

  return 0;
}
```

其输出内容如下。

```
Running Vuser...
Starting iteration 1.
Starting action Action.
Action.c(7):  字符'A'占的空间大小为 1!
Action.c(8):  字符串"A"占的空间大小为 2!
Ending action Action.
Ending iteration 1.
Ending Vuser...
```

请注意字符类型变量在内存空间占用的字节数为 1，而字符串常量在内存空间中占用的空间大小为 2，这个脚本也证实了前面讲的内容，即字符常量占一个字节的内存空间，而字符串常量占的内存字节数等于字符串中字节数加 1，增加的一个字节中存放字符“\0”（ASCII 码为 0），这是字符串结束的标志。字符串常量 STR 除了占用一字节存放“A”以外，还占用了一字节存放结束标志“\0”。在这段脚本中应用了 sizeof（type），它可以返回给定类型在内存空间占用的字节数。此外，还在脚本中应用了“lr_output_message（"字符\'A\'占的空间大小为%d! ", sizeof（CHAR））;”，注意对应的输出结果为“字符'A'占的空间大小为 1!”，脚本中的 2 个“\”符号并没有输出，这是因为转义字符以反斜线“\”开头，后跟一个或几个字符。转义字符具有特定的含义，不同于字符原有的意义，故称“转义”字符，这里的“\'”就是单引号符（'）。转义字符主要用来表示用一般字符不便于表示的控制代码。常用的转义字符及其含义如表 6-3 所示。

表 6-3 常用的转义字符及其含义

转义字符	转义字符的含义	ASCII 码
\n	回车换行	10
\t	横向跳到下一制表位置	9
\b	退格	8
\r	回车	13
\\	反斜线符“\”	92

续表

转义字符	转义字符的含义	ASCII 码
\'	单引号符	39
\"	双引号符	34
\ddd	1~3 位八进制数所代表的字符	
\xhh	1~2 位十六进制数所代表的字符	

其实，C 语言字符集中的任何一个字符均可用转义字符来表示。表 6-3 中的\ddd 和\xhh 分别为八进制和十六进制的 ASCII 码。例如，\121 表示字母 “y”，\XOA 表示换行等。

6.2.2 C 语言语句分类

程序的功能也是由执行语句实现的，C 语句可分为以下 5 类。

1. 表达式语句

表达式语句由表达式加上分号“;”组成。例如，“*z= x+y*;”是一个赋值语句，它将变量 *x* 和 *y* 之和赋值给变量 *z*。在 LoadRunner 中应用表达式语句的示例代码如下。

```
Action()
{
  int x, y, z;
  x = 20;
  y = 40;
  z = x + y;
  lr_output_message("%d+%d=%d", x, y, z);
  return 0;
}
```

2. 函数调用语句

函数调用语句由函数名、实际参数加上分号“;”组成。例如，“sqrt（100）”是一个将双精度浮点数开平方的函数，这里就是 100 开平方。

在 LoadRunner 中应用函数调用语句的示例代码如下。

```
double sqrt(double x);

Action()
{
  double x;
  sqrt(100);
  lr_output_message("%f", sqrt(100));
  return 0;
}
```

3. 控制语句

控制语句用于控制程序的流程，以实现程序的各种结构方式，它们可以分成以下 3 类。

（1）条件判断语句：if 语句、switch 语句。

if 条件语句是在编写脚本时经常用到的语句之一，它主要有以下 3 种形式。

第 1 种形式：

```
if (表达式) 语句;
```

含义说明：如果表达式的值为真，则执行其后的语句，否则不执行该语句。

第2种形式：

```
if(表达式)
     语句 1;
else
     语句 2;
```

含义说明：如果表达式的值为真，则执行语句1，否则执行语句2。

第3种形式：

```
if(表达式 1)
     语句 1;
else  if(表达式 2)
     语句 2;
       …
else  if(表达式 x)
     语句 x;
else
     语句 y;
```

含义说明：逐个判断表达式的值，当某个表达式的值为真时，执行其对应的语句。然后跳到整个if语句之外继续执行程序。如果所有的表达式均为假，则执行语句y。

在LoadRunner中应用if语句的示例代码如下。

```
Action()
{
  int randomnumber; //随机数变量
  randomnumber = rand() % 3+1; //生成一个随机数字

  if (randomnumber == 1)
  {
    web_url("www.google.com""URL=http: //www.google.com/", "Resource=0",
      "RecContentType=text/html", "Referer=", "Snapshot=t1.inf", "Mode=HTML",
      EXTRARES, "Url=http: //www.google.cn/images/nav_logo3.png",
      "Referer=http: //www.google.cn/", ENDITEM, LAST);
  }
  else if (randomnumber == 2)
  {
    web_url("www.sohu.com", "URL=http: //www.sohu.com/", "Resource=0",
      "RecContentType=text/html", "Referer=", "Snapshot=t1.inf", "Mode=HTML",
      EXTRARES, "Url=http: //images.sohu.com/uiue/sohu_logo/2005/juzhen_bg.gif",
      "Referer=http: //www.sohu.com/", ENDITEM,
      "Url=http: //images.sohu.com/cs/button/market/volunteer/760320815.swf",
      "Referer=http: //www.sohu.com/", ENDITEM,
      "Url=http: //images.sohu.com/chat_online/else/sogou/20070814/450X105.swf",
      "Referer=http: //www.sohu.com/", ENDITEM,
      "Url=http: //images.sohu.com/cs/button/market/sogou/chuxiao/7601000801.swf",
      "Referer=http: //www.sohu.com/", ENDITEM,
      "Url=http: //images.sohu.com/cs/button/huaxiashuanglong/2007/7601000816.swf",
      "Referer=http: //www.sohu.com/", ENDITEM,
      "Url=http: //images.sohu.com/cs/button/lianxiang/125-15/5901050815.swf",
      "Referer=http: //www.sohu.com/", ENDITEM, LAST);
  }
  else
  {
```

```
        web_url("www.baidu.com", "URL=http: //www.baidu.com/", "Resource=0",
          "RecContentType=text/html", "Referer=", "Snapshot=t1.inf", "Mode=HTML",
          LAST);
      }

      return 0;
    }
```

上面的脚本应用了 if 语句，对随机产生的整数进行判断，如果随机数为 1，则访问“Google”页面，如果随机数为 2 时，则访问“Sohu”页面，否则访问“Baidu”页面。

此外，C 语言还提供了另外一种用于多分支选择的 switch 语句，其形式如下。

```
switch(表达式){
    case 常量表达式 1:   语句 1;break;
    case 常量表达式 2:   语句 2; break;
    …
    case 常量表达式 x:   语句 x; break;
    default          :   语句 y;
    }
```

含义说明：根据表达式的值，逐个与其后的常量表达式值进行比较，当表达式的值与某个常量表达式的值相等时，执行其后的语句，并不再执行 switch 内的其他常量表达式后的语句。如果表达式的值与所有 case 后的常量表达式均不相同，则执行 default 后的语句。注意，千万不要忘记在语句后面加“break;”语句，否则将会出现既执行了匹配常量表达式后的语句，又执行 default 部分语句，即“语句 y;”内容的情况。那么为什么“语句 y”后没有加“break;”语句呢？因为“语句 y;”后没有语句，所以执行完“语句 y;”语句后自动跳出，而执行 switch 语句的后续语句。前面用 if 语句实现随机访问页面的脚本，同样也可以用 switch 语句来实现。

在 LoadRunner 中应用 switch 语句的示例代码如下。

```
Action()
{

  int randomnumber; //随机数变量
  randomnumber = rand() % 3+1; //生成一个随机数字

  switch (randomnumber)
  {
    case 1:
      {
        web_url("www.google.com""URL=http://www.google.com/", "Resource=0",
          "RecContentType=text/html", "Referer=", "Snapshot=t1.inf",
          "Mode=HTML", EXTRARES,
          "Url=http://www.google.cn/images/nav_logo3.png",
          "Referer=http://www.google.cn/", ENDITEM, LAST);
        break;
      }
    case 2:
      {
        web_url("www.sohu.com", "URL=http://www.sohu.com/", "Resource=0",
          "RecContentType=text/html", "Referer=", "Snapshot=t1.inf",
          "Mode=HTML", EXTRARES,
          "Url=http://images.sohu.com/uiue/sohu_logo/2005/juzhen_bg.gif",
          "Referer=http://www.sohu.com/", ENDITEM,
          "Url=http://images.sohu.com/cs/button/market/volunteer/760320815.swf",
```

```
            "Referer=http://www.sohu.com/", ENDITEM,
            "Url=http://images.sohu.com/chat_online/else/sogou/20070814/450X105.swf",
            "Referer=http://www.sohu.com/", ENDITEM,
            "Url=http://images.sohu.com/cs/button/market/sogou/chuxiao/7601000801.swf",
            "Referer=http://www.sohu.com/", ENDITEM,
            "Url=http://images.sohu.com/cs/button/huaxiashuanglong/2007/7601000816.swf",
            "Referer=http://www.sohu.com/", ENDITEM,
            "Url=http://images.sohu.com/cs/button/lianxiang/125-15/5901050815.swf",
            "Referer=http://www.sohu.com/", ENDITEM, LAST);
          break;
        }
      default:
        {
          web_url("www.baidu.com", "URL=http://www.baidu.com/", "Resource=0",
            "RecContentType=text/html", "Referer=", "Snapshot=t1.inf",
            "Mode=HTML", LAST);
        }
    }

  return 0;
}
```

（2）循环执行语句：do while 语句、while 语句、for 语句。

循环条件语句是编写脚本时经常使用的语句之一，它主要的 3 种表现形式如下。

do while 语句表现形式：

```
do
    语句
while(表达式);
```

含义说明：do while 语句先执行循环中的语句，然后判断表达式是否为真，如果为真，则继续执行循环中的语句；如果为假，则终止循环。需要提醒大家的是，do while 循环至少要执行一次循环中的语句。

在 LoadRunner 中应用 do while 语句的示例代码如下。

```
Action()
{
  int i = 1;
  int sum = 0;

  do
  {
    sum = sum + i;
    i++;
  }
  while (i <= 100);

  lr_output_message("1~100 之和是: %d", sum);
  return 0;
}
```

上面的语句实现了 1～100 相加求和的功能，相信读者都能够理解，这里不再赘述。

while 语句表现形式：

```
while(表达式) 语句;
```

含义说明：计算表达式的值，当值为真（非 0）时，执行循环体语句。它和 do while 语句的重要区别是，当表达式为假时，它一次都不执行。

在 LoadRunner 中应用 while 语句的示例如下。

```
Action()
{
    int i=1;
    int sum=0;

    while (i<=100) {
        sum=sum+i;
        i++;
    }

    lr_output_message("1~100之和是: %d", sum);
    return 0;
}
```

上面 while 语句实现了和前面 do while 语句同样的功能，即 1～100 相加求和的功能。

for 语句表现形式：

```
for(循环变量赋初值；循环条件；循环变量增量)语句；
```

含义说明：循环变量赋初值是一个赋值语句，它用来给循环控制变量赋初值；循环条件是一个关系表达式，它决定什么时候退出循环；循环变量增量定义循环控制变量每循环一次后按什么方式变化。

在 LoadRunner 中应用 for 语句的示例代码如下。

```
Action()
{
    int i;
    int sum=0;

    for (i=1;i<=100;i++) sum=sum+i;

    lr_output_message("1~100之和是: %d", sum);
    return 0;
}
```

上面 for 语句实现了和前面 do while 语句同样的功能，即 1 ~ 100 相加求和的功能。

（3）转向语句：break 语句、continue 语句、goto 语句、return 语句。

break 语句通常用在循环语句和开关语句中，它用于终止 do while、for、while 循环语句或者 switch 语句，而执行循环后面的语句。

这里事先准备了一个名称为“test.txt”的文件，其存放于 C 盘，且其内容如下。

```
    012345678901234567890123456789012345678901234567890123456789012345678901234567890123456
78901234567890123456789012345678901234567890123456789012345678901234567890123456789012345678
90123456789012345678901234567890123456789012345678901234567890123456789012345678901234567890
12345678901234567890123456789012345678901234567890123456789012345678901234567890123456789012
34567890123456789012345678901234567890123456789012345678901234567890123456789012345678901234
56789012345678901234567890123456789012345678901234567890123456789012345678901234567890123456
78901234567890123456789012345678901234567890123456789012345678901234567890123456789012345678
90123456789012345678901234567890123456789012345678901234567890123456789012345678901234567890
12345678901234567890123456789012345678901234567890123456789012345678901234567890123456789012
34567890123456789012345678901234567890123456789012345678901234567890123456789012345678901234
567890123456789012345678901234567890123456789012345678901234567890123456789abcdefghijk
```

这里共有 1 001 个字符，“k”字符为第 1 001 个字符。

下面的脚本实现读取“C：\test.txt”文件中前 1 000 个字符的功能，注意 break 语句的应用，应用 break 语句以后，即使文件有 1 001 个字符，读取了 1 000 个字符以后，满足了 if 语句的条件，则关闭文件，跳出 while 循环语句。

在 LoadRunner 中应用 break 语句的示例代码如下。

```
Action()
{
    int count,  total = 0;
    char buffer[1000];
    long file_stream;
    char * filename = "c: \\test.txt";

    //判断是否可以读取“c: \test.txt”文件
    if ((file_stream = fopen(filename,  "r")) == NULL )
    {
      //如果不能读取文件，则输出错误信息“不能打开 c: \test.txt 文件!”信息
        lr_error_message ("不能打开%s 文件! ",  filename);

        return -1;
    }

    while (!feof(file_stream)) //如果没有读取到文件结束符，则执行循环体内容
    {
        //从文件中读取 1000 个字符
        count = fread(buffer, sizeof(char), 1000, file_stream);
        // 累加，这里意义不是很大，因为第一次读取后 count=1000，一定符合后面的 if 语句
        total += count;
        if (total>=1000) //条件判断语句，这里一定会满足条件
        {
            fclose(file_stream);//关闭文件
            //输出文件的前 1000 个字符
            lr_output_message("文件的前 1000 个字符内容为: %s", buffer);
            break;//退出循环
        }
    }
    return 0;
}
```

上面脚本的输出内容如下。

```
Starting iteration 1.
Starting action Action.
Action.c(21): 文件的前 1000 个字符内容为:
012345678901234567890123456789012345678901234567890123456789012345678901234567890123456789012345678901
234567890123456789012345678901234567890123456789012345678901234567890123456789012345678901234567890123
456789012345678901234567890123456789012345678901234567890123456789012345678901234567890123456789012345
678901234567890123456789012345678901234567890123456789012345678901234567890123456789012345678901234567
890123456789012345678901234567890123456789012345678901234567890123456789012345678901234567890123456789
012345678901234567890123456789012345678901234567890123456789012345678901234567890123456789012345678901
234567890123456789012345678901234567890123456789012345678901234567890123456789012345678901234567890123
456789012345678901234567890123456789012345678901234567890123456789012345678901234567890123456789012345
678901234567890123456789012345678901234567890123456789012345678901234567890123456789012345678901234567
890123456789012345678901234567890123456789012345678901234567890123456789012345678901234567890123456789
01234567890123456789012345678901234567890123456789012345678901234567890123456789abcdefghij├?? x?
```

```
Ending action Action.
Ending iteration 1.
```

可以看到标识为黑体部分的内容，即为该文件的前1000个字符。

下面再举一个for语句双重循环的例子。

```
Action()
{
      int i, j;//声明两个整型变量

      //for语句双重循环
      for (i=1;i<=5;i++)//第1重循环，循环5次
      {
          if (i==3) break;//当i等于3时，跳出本重循环
          else lr_output_message("i=%d", i);//否则，输出i值

          for (j=1;j<=5;j++)//第2重循环，循环5次
          {
              if (j==2) break;//当j等于2时，跳出本重循环
              lr_output_message("j=%d", j);//输出j值
          }

      }
}
```

上面脚本输出的内容如下。

```
Running Vuser...
Starting iteration 1.
Starting action Action.
Action.c(8):  i=1
Action.c(12):  j=1
Action.c(8):  i=2
Action.c(12):  j=1
Ending action Action.
Ending iteration 1.
Ending Vuser...
```

可以看到，在第2重循环时，$j=2$，满足if条件语句，它终止的仅是本重的for循环，而没有终止其上重循环，也就是说，在多重循环中，一个break语句只向外跳1重。

continue 语句的作用是跳过循环体本次后续语句的执行，而强行执行下一次循环。continue语句只用在for、while、do while等循环体中，常与if条件语句一起使用。

在LoadRunner中应用continue语句的示例代码如下。

```
Action()
{
     //
    int i;
    for (i=1; i<=20; i++)
    {
        if ((i%5)==0) continue; //输出1~20中除5的倍数外的所有整数
        lr_output_message ("%d", i);
    }

    return 0;
}
```

该脚本输出 1～20 的非 5 的倍数的所有整数，其中“%”为取模运算。continue 只结束本次循环，而继续执行下一次循环。脚本的输出结果如下。

```
Running Vuser...
Starting iteration 1.
Starting action Action.
Action.c(8):  1
Action.c(8):  2
Action.c(8):  3
Action.c(8):  4
Action.c(8):  6
Action.c(8):  7
Action.c(8):  8
Action.c(8):  9
Action.c(8):  11
Action.c(8):  12
Action.c(8):  13
Action.c(8):  14
Action.c(8):  16
Action.c(8):  17
Action.c(8):  18
Action.c(8):  19
Ending action Action.
Ending iteration 1.
Ending Vuser...
```

goto 语句也是用于转向控制的语句，它是一种无条件转移语句。执行 goto 语句后，程序将跳转到指定标签处并执行其后的语句。goto 语句通常不用，主要因为它会使程序层次不清，且代码不易读，建议尽量不要使用 goto 语句，这里只是简单介绍。

在 LoadRunner 中应用 goto 语句的示例代码如下。

```
Action()
{
  int i;

  for (i = 1; i <= 3; i++)
  {
    if (i == 2)
      goto prtname;
    else
      lr_output_message("i=%d", i);
  }

  prtname: lr_output_message("Your Name is tony");

  return 0;
}
```

上面脚本的输出内容如下。

```
Running Vuser...
Starting iteration 1.
Starting action Action.
Action.c(7):  i=1
Action.c(11):  Your Name is tony
Ending action Action.
```

```
Ending iteration 1.
Ending Vuser...
```

从输出结果不难看出，当 $i=1$ 时，输出 i=1，当 $i=2$ 时，满足 if 条件语句，所以到标签“prtname”处，输出“Your Name is tony”，然后继续执行“retrun 0;”语句，没有执行第3次循环。

return 语句的返回值用于说明程序的退出状态。如果返回值大于或等于0，则代表程序正常退出，否则代表程序异常退出。

在 LoadRunner 中应用 return 语句的示例代码如下。

```
Action()
{
  LPCSTR user1 = "悟空";
  LPCSTR user2 = "八戒";

  if ((user1 == "悟空") || (user1 == "猴哥"))
  {
    lr_output_message("悟空和猴哥是同一个人! ");
    return 0;
  }
  else
  {
    lr_output_message("我是八戒不是悟空! ");
    return  - 1;
  }
  lr_output_message("这句话永远不会被执行! ");
}
```

该段脚本事先声明了两个字符串变量 user1 和 user2，然后判断 user1 变量是否为“悟空”或者“猴哥”，如果是，则输出“悟空和猴哥是同一个人!”，否则输出“我是八戒不是悟空!”。因为 return 语句执行完后，后面的语句将不会执行，所以最后一条语句永远都不会执行，即“这句话永远不会被执行!”不会被输出。

上面脚本的执行结果如下。

```
Running Vuser...
Starting iteration 1.
Starting action Action.
Action.c(10):  悟空和猴哥是同一个人!
Ending action Action.
Ending iteration 1.
Ending Vuser...
```

4. 复合语句

复合语句是把多个语句用括号“{}”括起来组成的一个语句。在程序中应把复合语句看成是单条语句，而不是多条语句。

在 LoadRunner 中应用复合语句的示例代码如下。

```
Action()
{
  double x;
  int i, j = 0;
  for (i = 0; i < 5; i++)
  {
    j++;
    lr_output_message("j=%d", j);
```

```
    }
    return 0;
}
```

下面的语句就是一条复合语句，代码如下。

```
{
        j++;
        lr_output_message("j=%d", j);
}
```

5. 空语句

空语句是只有分号“;”的语句。空语句是什么也不执行的语句。

在 LoadRunner 中应用空语句的示例代码如下。

```
Action()
{
    int i=0;
    for (;;)
 {
        i++;
        if (i=100) break;
  }
    lr_output_message("%d", i);
}
```

在 for 循环语句中应用了空语句“for (;;)”，在没有限定 for 循环语句的条件时，它将永远不会退出，这也就是平时经常听到的“死循环”。为了让脚本循环程序退出，加了一个限定条件，即当整型变量 *i* 的值等于 100 时，退出脚本循环程序，将 *i* 的值输出。

6.2.3 基础知识

“工欲善其事，必先利其器”，在学习 C 语言之前，有必要了解表达式、赋值语句、预编译等概念。

C 语言的运算符可分为以下几类。

- **算术运算符**：用于各类数值运算，包括加（+）、减（−）、乘（*）、除（/）、模运算（%）、自增（++）、自减（−−）7 种。
- **关系运算符**：用于比较运算，包括大于（>）、小于（<）、等于（==）、大于等于（>=）、小于等于（<=）和不等于（!=）6 种。
- **逻辑运算符**：用于逻辑运算，包括与（&&）、或（||）、非（!）3 种。
- **位操作运算符**：参与运算的量，按二进制位进行运算，包括位与（&）、位或（|）、位非（~）、位异或（^）、左移（<<）、右移（>>）6 种。
- **赋值运算符**：用于赋值运算，分为简单赋值（=）、复合算术赋值（+=，−=，*=，/=，%=）和复合位运算赋值（&=，|=，^=，>>=，<<=）3 类共 11 种。
- **条件运算符**：这是一个三目运算符，用于条件求值（?:）。
- **逗号运算符**：用于把若干表达式组合成一个表达式（,）。
- **指针运算符**：用于取内容（*）和取地址（&）两种运算。
- **求字节数运算符**：用于计算数据类型所占的字节数（sizeof）。

- **特殊运算符**：有括号()、下标[]、成员（→,。）等几种。

1. 算术运算符和算术表达式

（1）基本的算术运算符。

- 加法运算符“+”：双目运算符，即有两个量参与加法运算，如 a+b、4+8 等，具有右结合性。
- 减法运算符“–”：双目运算符。但“–”也可作为负值运算符，此时为单目运算，如–x、–5 等，具有左结合性。
- 乘法运算符“*”：双目运算，具有左结合性。
- 除法运算符“/”：双目运算，具有左结合性。参与运算的量均为整型时，结果也为整型，舍去小数。如果运算量中有一个是实型，则结果为双精度实型。
- 模运算符“%”：双目运算，具有左结合性。要求参与运算的量均为整型，模运算的结果等于两数相除后的余数。

也许有的读者对运算的左、右结合性不是很理解，下面将通过实例进行介绍。例如，表达式“–a*b%c+d+e”，按照运算的左右结合性，首先，负值运算符以及乘法、除法和模运算都具有左结合特性，即此部分应该是“(((–a）*b）%c)”，而加法运算符具有右结合性，此部分应该是“(d+e)”，那么整个表达式按照运算符的左右结合特性，应该为“((((–a）*b）%c）+（d+e))”。为了检验是否和前面讲的内容一致，为上述表达式相应的参数赋值，对比输出结果，代码如下。

```
Action()
{
  int a = 1, b = 2, c = 3, d = 4, e = 5;
  int x, y;
  LPCSTR exp1 = "-a*b%c+d+e="; //表达式"-a*b%c+d+e="
  LPCSTR exp2 = "((((-a)*b)%c)+(d+e))="; //表达式"((((-a)*b)%c)+(d+e))="

  x =-a*b%c+d+e;//表达式的值赋给 x
  y = ((((-a)*b)%c)+(d+e)); //表达式的值赋给 y

  lr_output_message("%s%d", exp1, x); //输出表达式和 x 值
  lr_output_message("%s%d", exp2, y); //输出表达式和 y 值
  return 0;
}
```

注意

LPCSTR（Pointer to a constant null-terminated string of 8-bit Windows (ANSI) characters）翻译过来就是：指向以 null 结尾的常量字符串的指针。

上述脚本的输出结果如下。

```
Running Vuser...
Starting iteration 1.
Starting action Action.
Action.c(11):-a*b%c+d+e=7
Action.c(12): ((((-a)*b)%c)+(d+e))=7
Ending action Action.
Ending iteration 1.
Ending Vuser...
```

两个表达式的输出结果均为 7。

（2）算术表达式和运算符的优先级和结合性。

表达式是由常量、变量、函数和运算符组合起来的式子。一个表达式有一个值及其类型，它们等于计算表达式所得结果的值和类型。表达式求值按运算符的优先级和结合性规定的顺序进行。单个的常量、变量、函数可以看作是表达式的特例。

算术表达式是由算术运算符和括号连接起来的式子。

- 算术表达式：用算术运算符和括号将运算对象（也称操作数）组合起来的、符合 C 语法规则的式子，如“a+b”、“(a*2)/c”、“(++i)–(j++)+(k––)”等。
- 运算符的优先级：在 C 语言中，运算符的运算优先级共分为 15 级。1 级最高，15 级最低。在表达式中，优先级较高的先于优先级较低的进行运算。当运算量两侧的运算符优先级相同时，按运算符的结合性规定的结合方向处理。
- 运算符的结合性：C 语言中各运算符的结合性分为两种，即左结合性（自左至右）和右结合性（自右至左）。如算术运算符的结合性是自左至右，即先左后右。例如，表达式 $x-y+z$，y 应先与“–”结合，执行 $x-y$ 运算，然后执行$+z$ 运算。这种自左至右的结合方向就称为“左结合性”。自右至左的结合方向称为“右结合性”。最典型的右结合性运算符是赋值运算符。例如，$x=y=z$，由于“=”的右结合性，所以先执行 $y=z$ 再执行 $x=(y=z)$运算。C 语言运算符中有不少为右结合性，应注意区别，以避免理解错误。

（3）强制类型转换运算符。

其一般形式为：（类型说明符）（表达式）

其功能是把表达式的运算结果强制转换成类型说明符表示的类型。例如，“(float) a”把 a 转换为实型，“(int) ($x+y$)”，把 $x+y$ 的结果转换为整型。

在 LoadRunner 中应用强制类型转换运算符的示例脚本代码如下。

```
Action()
{
    int x,y;                              //定义 2 个整型变量
    double pi,z;                          //定义 2 个双精度浮点变量

    pi=3.14;                              //对浮点变量 pi 赋值
    x=10;                                 //对整型变量 x 赋值
    y=(int)pi;                            //将浮点数值强制转换为整型数值，赋值给 y
    z=(double)x;                          //将整型数值强制转换为浮点数值，赋值给 z

    lr_output_message("y=%d",y);          //输出 y 值
    lr_output_message("z=%f",z);          //输出 z 值
}
```

上面脚本输出的内容如下。

```
Running Vuser...
Starting iteration 1.
Starting action Action.
Action.c(11): y=3
Action.c(12): z=10.000000
Ending action Action.
Ending iteration 1.
Ending Vuser...
```

从上面的输出不难发现，当精度较高的浮点类型转换成为整型的时候，精度是有损失的，即小数部分没有了（3.14 变成了 3）。而精度较低的整型数转换为浮点型数时，其精度提高，即整型数值多了小数部分（10 变成了 10.000000）。

（4）自增、自减运算符。

自增 1 运算符记为“++”，其功能是使变量的值自增 1。自减 1 运算符为“– –”，其功能是使变量值自减 1。自增 1、自减 1 运算符均为单目运算，都具有右结合性。

自增、自减运算符可有以下几种形式。

++i　　*i* 自增 1 后再参与其他运算。

--i　　*i* 自减 1 后再参他运算。

i++　　*i* 参与运算后，*i* 的值再自增 1。

i--　　*i* 参与运算后，*i* 的值再自减 1。

在 LoadRunner 中应用自增、自减运算符的示例脚本代码如下。

```
Action()
{
     int i=10,j=10,k=10,l=10,m=10,n=10,g=10,h=10;

     lr_output_message("i=%d,i++=%d,i=%d",i,i++,i);
     lr_output_message("j=%d,++j=%d,j=%d",j,++j,j);
     lr_output_message("k=%d,k--=%d,k=%d",k,k--,k);
     lr_output_message("l=%d,--l=%d,l=%d",l,--l,l);
     lr_output_message("++m+5=%d",++m+5);
     lr_output_message("n+++5=%d",n+++5);
     lr_output_message("--g+5=%d",--g+5);
     lr_output_message("h--+5=%d",h--+5);
     return 0;
}
```

上面脚本输出的内容如下。

```
Running Vuser...
Starting iteration 1.
Starting action Action.
Action.c(5): i=10,i++=10,i=11
Action.c(6): j=10,++j=11,j=11
Action.c(7): k=10,k--=10,k=9
Action.c(8): l=10,--l=9,l=9
Action.c(9): ++m+5=16
Action.c(10): n+++5=15
Action.c(11): --g+5=14
Action.c(12): h--+5=15
Ending action Action.
Ending iteration 1.
Ending Vuser...
```

上述输出验证了 *i++*，*i* 自增 1 后再参与其他运算；*--i*，*i* 自减 1 后再参与其他运算；*i++*，*i* 参与运算后，*i* 的值再自增 1；*i--*，*i* 参与运算后，*i* 的值再自减 1 以及自增和自减运算符的右结合特性。

2. 赋值运算符和赋值表达式

简单赋值运算符为“=”。由“=”连接的式子称为赋值表达式，赋值表达式的功能是计算表达式的值再赋予左边的变量。

其一般形式为：变量=表达式

在赋值运算符“=”之前加上其他二目运算符可构成复合赋值符，如+=、−=、*=、/=、%=、<<=、>>=、&=、^=、|=。

构成复合赋值表达式的一般形式为：

变量　双目运算符=表达式

它等效于：

变量=变量 运算符 表达式

复合赋值符这种写法初学者可能不习惯，但十分有利于编译处理，能提高编译效率并产生质量较高的目标代码。

在 LoadRunner 中应用赋值运算符的示例脚本代码如下。

```
Action()
{
  int a = 10;                //整型变量赋值
  float x = 10.5;            //单精度浮点变量赋值
  double y = 3.14159;        //双精度浮点变量赋值
  char c = 'a';              //字符类型变量赋值
  int z = 20;                //整型变量赋值

  z += 2;                    //复合赋值表达式

  lr_output_message("整型数字 a=%d", a);
  lr_output_message("单精度浮点类型数字 x=%.1f", x);
  lr_output_message("双精度浮点类型数字 y=%.5f", y);
  lr_output_message("字符类型数值 c=%c", c);
  lr_output_message("复合赋值表达式 z+=2 的运算结果为%d", z);
  return 0;
}
```

上面脚本的输出内容如下。

```
Running Vuser...
Starting iteration 1.
Starting action Action.
Action.c(11): 整型数字 a=10
Action.c(12): 单精度浮点类型数字 x=10.5
Action.c(13): 双精度浮点类型数字 y=3.14159
Action.c(14): 字符类型数值 c=a
Action.c(15): 复合赋值表达式 z+=2 的运算结果为 22
Ending action Action.
Ending iteration 1.
Ending Vuser...
```

脚本开始的前 5 行是基本的赋值语句，后面的“*z*+=2;”为复合赋值表达式，其等价于“*z*=*z*+2”，所以计算结果为 22。

3. 预处理

在 LoadRunner 中，经常会看到类似于下面的语句。

```
#include "web_api.h"

Action()
```

```
{
    return 0;
}
```

脚本起始处有一句“#include "web_api.h"”，那么这个语句起到什么作用，而“#include”又是做什么的呢？

所谓预处理，是指在进行编译的第一遍扫描（词法扫描和语法分析）之前所做的工作。预处理是C语言的一个重要功能，它由预处理程序完成。当对一个源文件进行编译时，系统自动引用预处理程序对源程序中的预处理部分进行处理，处理完毕自动进入对源程序的编译。

C语言提供了多种预处理功能，如宏定义（#define）、文件包含（#include）、条件编译（#ifndef、#endif）等。文件包含是C预处理程序的一个重要功能，文件包含语句的一般形式为："#include "文件名""。文件包含语句把指定的文件和当前的源程序文件连成一个源文件。通常，目前的应用系统都比较复杂，需要由多人协作完成，使用文件，可以将一个大的应用系统分解为多个模块，由不同的人来完成。通常，在编写一个系统时，开发人员统一将公用的符号常量、宏定义或函数等放到一个单独的文件中，其他人员需要应用这些内容时，只需要在当前文件的开头用包含语句（#include）包含该文件即可。这样做的好处是可避免在每个文件开头都书写公用常量、宏定义或函数等，从而节省时间，减少出错，在修改时也非常方便，只需要维护一个文件即可。

在LoadRunner中应用预处理的示例脚本代码如下。

```
#define PI 3.14159                    //定义PI常量
#define MAX(a,b) (a>b)?a:b            //定义取两数较大值的函数

int min(int x,int y)                  //取两个整数较小值的函数
{
   if (x<=y) return x;
   else return y;
}

Action()
{
    int a=10;
    int b=20;
    int z=MAX(10,20);
    int cc=min(10,20);

    lr_output_message("PI=%.5f",PI);
    lr_output_message("z=%d",z);
    lr_output_message("x=%d",cc);

    return 0;
}
```

脚本的执行结果如下。

```
Running Vuser...
Starting iteration 1.
Starting action Action.
Action.c(14): PI=3.14159
Action.c(15): z=20
Action.c(16): x=10
Ending action Action.
Ending iteration 1.
Ending Vuser...
```

脚本的起始处有如下语句。

```
#define PI 3.14159                    //定义 PI 常量
```

关于宏定义（#define）常量定义的应用，在前面已经多次举例，这里不再赘述。除了定义常量外，还可以通过宏定义来取得最大值，即：

```
#define MAX(a,b) (a>b)?a:b          //定义取两数较大值的函数
```

前面介绍过，为了多人协同工作，以及日后维护代码的方便，可以定义一个供大家使用的公共头文件。下面定义了一个名称为“myfunccomm.h”的文件，并将该文件存放到 LoadRunner 安装目录的“include”子目录下。“myfunccomm.h”文件的内容如下。

```
#define PI 3.14159                  //定义 PI 常量
#define MAX(a,b) (a>b)?a:b          //定义取两数较大值的函数

int min(int x,int y)                //取两个整数较小值的函数
{
   if (x<=y) return x;
   else return y;
}
```

为了实现和前面脚本同样的功能，需要将刚才定义的“myfunccomm.h”引用到脚本中，代码如下。

```
#include <myfunccomm.h>

Action()
{
    int a=10;
    int b=20;
    int z=MAX(10,20);
    int cc=min(10,20);

    lr_output_message("PI=%.5f",PI);
    lr_output_message("z=%d",z);
    lr_output_message("x=%d",cc);

     return 0;
}
```

脚本的第一条语句即为文件包含的语句（#include <myfunccomm.h>），文件包含进来以后，就可以引用在“myfunccomm.h”中定义的常量、宏函数以及函数等。需要说明的是，通常大家在脚本中看到的是“#include"myfunccomm.h"”，这里笔者使用的是“#include <myfunccomm.h>”，它们的功能是一样的，文件包含语句中的文件名既可以用双引号括起来，也可以用尖括号括起来，即“#include"myfunccomm.h"”和“#include <myfunccomm.h>”是等价的，但是这两种形式是有区别的：使用尖括号表示在包含文件目录中查找（包含目录是由用户在设置环境时设置的），而不在源文件目录中查找；使用双引号表示首先在当前的源文件目录中查找，若未找到，才到包含目录中查找。用户编程时可根据自己文件所在的目录来选择某一种语句形式。

此外，在 LoadRunner 11.0 中，会看到一个名称为“globals.h”的文件，如图 6-3 所示。

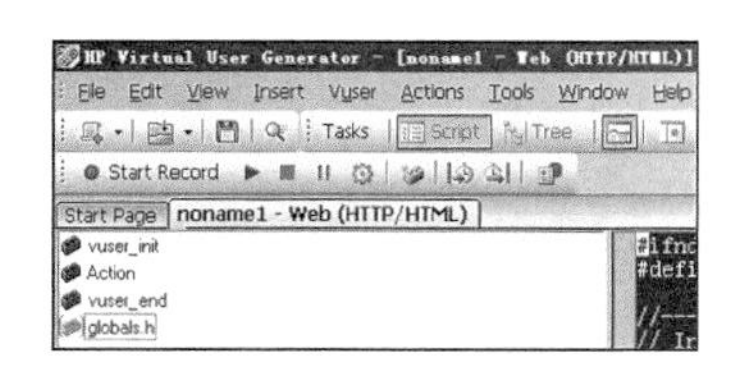

图 6-3 LoadRunner 11.0 Web（HTTP/HTML）脚本结构

这个文件可以定义一些全局变量，该文件包含的内容如下。

```
#ifndef _GLOBALS_H
#define _GLOBALS_H

//--------------------------------------------------------------------
// Include Files
#include "lrun.h"
#include "web_api.h"
#include "lrw_custom_body.h"

//--------------------------------------------------------------------
// Global Variables

#endif // _GLOBALS_H
```

上面的脚本代码中有“#ifndef ”和“#endif ”这样的语句，那么这些语句是做什么用的呢？

“#ifndef”和“#endif”这样的语句为条件编译语句。它可以按不同的条件编译不同的程序部分，因而会产生不同的目标代码文件，这对程序的移植和调试是很有用的。

条件编译有3种形式，下面分别介绍。

（1）第一种形式。

```
#ifdef  标识符
  程序段 1
#else
  程序段 2
#endif
```

它的功能是，如果标识符已被#define语句定义过，则对程序段1进行编译；否则对程序段2进行编译。如果没有程序段2（它为空），则本格式中的#else可以没有，即可以写为：

```
#ifdef  标识符
程序段
#endif
```

（2）第二种形式。

```
#ifndef 标识符
  程序段 1
#else
  程序段 2
#endif
```

与第一种形式的区别是将“ifdef”改为“ifndef”。它的功能是，如果标识符未被#define语句定义过，则对程序段1进行编译，否则对程序段2进行编译。这与第一种形式的功能正好相反。

（3）第三种形式。

```
#if 常量表达式
   程序段 1
#else
   程序段 2
#endif
```

它的功能是，如常量表达式的值为真（非0），则对程序段1进行编译，否则对程序段2进行编译。因此可以使程序在不同条件下，完成不同的功能。

在 LoadRunner 中应用条件编译的示例脚本代码如下。

```
#define OSSTR "Windows NT "

Action()
{
  char *os;                        //获取操作系统相关信息变量
  int i = 5;                       //存放字符串对比结果变量

  os = (char*)getenv("OS");        //获得操作系统信息，存放到 os 变量中
  i = strcmp(os, "Windows_NT");   //将变量和"Windows_NT"对比，将结果保存到 i 变量中
  if (i == 0)
  //如果两个字符串比较后，相等（i=0,即两个字符串比较后相等）
  {
    #ifdef OSSTR                   //如果定义了 OSSTR
      lr_output_message("您使用的是%s 操作系统！", os);     //输出
    #endif
  }
  else
    lr_output_message("您使用的是未定义的操作系统！");      //输出

  return 0;
}
```

很多读者可能对条件编译语句接触得很少，下面简单讲解。在脚本起始处定义了一个字符串常量“OSSTR”，它的值为“Windows NT”，在 Action()部分，首先定义了两个变量，两个变量的用途请参见注释内容。接下来应用 getenv()函数捕获操作系统的信息，说到这里相信很多读者非常关心一个问题就是，如何知道有哪些环境变量可以通过该函数获得？通俗地讲就是怎么知道 getenv()函数中可以写哪些类似于“OS”的字符串。

这个问题问得非常好，作者书中的很多例子都只是让读者了解相关的主要内容的应用方法，只是把读者“领进门”，如果要结合工作需要，就需要在掌握方法的同时发挥自己的主观能动性，这样才能“举一反三”和“运用自如”。如果我是一个初学者，从我的学习角度，我的处理方法如下。

首先，我要关注的内容就是 getenv()函数，以前可能没有见过这个函数，可以通过百度查找关于函数应用方面的知识，如果对字符串比较等函数也不是很清楚，那么这方面的内容也需要学习。

其次，了解 getenv()函数以后，就需要了解函数中的参数可以从哪里获得。当然，可以先“百度”一下。可能非常幸运地查找到了有关这方面的信息，但是大多数情况下有可能查找到的内容非常不系统或者只是非常浅地提了一下，这时要做的工作是系统化地把这些内容总结并形成文档。当然，也有可能会查不到想要的内容，这时就需要向身边的朋友请教，以及到专业的论坛发帖求助了。

最后，一定要去做，而不是看到有解决的办法后，就“信以为真”了。有很多种情况可以导致找到的解决方法无法执行的问题，如因为系统环境、设置等方面的差异等。所以一定要实际去做，同时，发挥主观能动性，考察如何将当前已经掌握的内容结合到工作中来解决实际问题，再努力尝试一下，权衡利弊，决定最终是否实施在工作中。

上面是作者自己学习、思考问题的方法，希望对读者有帮助。接下来回答刚才的问题，如果想知道系统中有哪些系统环境变量，可以用鼠标右键单击“我的电脑”，选择“属性”菜单项，如图 6-4 所示。

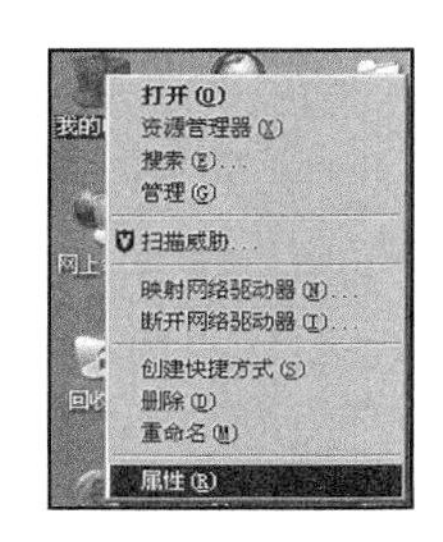

图 6-4 “我的电脑”快捷菜单选项

打开“系统属性”对话框，选择“高级”选项卡，单击【环境变量】按钮，如图 6-5 所示。打开“环境变量”对话框，如图 6-6 所示，可以通过 getenv()函数来获得用户变量和系统变量的值。

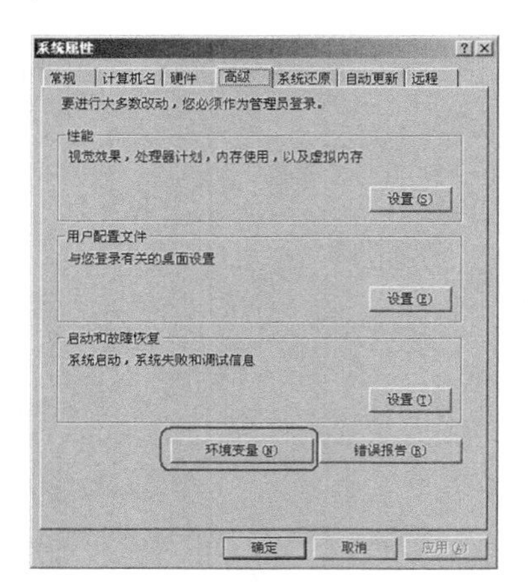

图 6-5 “系统属性”对话框

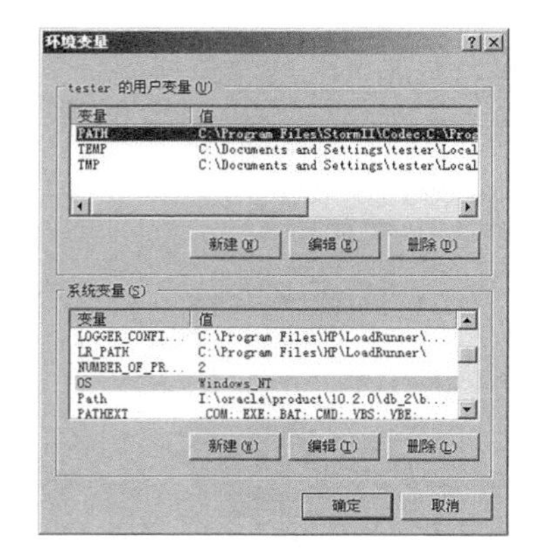

图 6-6 “环境变量”对话框

结合脚本代码，提取“OS”系统变量的值，应用“os = （char*）getenv（"OS"）;”，然后通过字符串比较函数（strcmp()）来对字符串进行对比，如果获得的 os 变量内容与“Windows_NT”相同，则输出“您使用的是 Windows_NT 操作系统！”，否则输出“您使用的是未定义的操作系统！”。

上面脚本的执行结果如下。

```
Running Vuser...
Starting iteration 1.
Starting action Action.
Action.c(14): 您使用的是 Windows_NT 操作系统!
Ending action Action.
Ending iteration 1.
Ending Vuser...
```

这里再给大家举一个“#ifndef”应用的例子，在 LoadRunner 中应用条件编译的示例脚本代码如下。

```
#define OSSTR "Unix"

Action()
{
  char *os;  //获取操作系统相关信息变量
  int i = 5; //存放字符串对比结果变量

  os = (char*)getenv("OS"); //获得操作系统信息，存放到 os 变量
  i = strcmp(os, "Unix");   //将变量和"Unix"对比，将结果保存到 i 变量
  if (i == 0)
  //如果两个字符串比较后，相等（i=0,即两个字符串比较后相等）
  {
    #ifdef OSSTR   //如果定义了 OSSTR
      lr_output_message("您使用的是%s 操作系统! ", os); //输出
    #endif //与#ifndef 相对应的结束语句
  }
```

```
    else
    {
      #ifndef OSOTHER //如果没有定义常量 OSOTHER
        #define OSOTHER "是未定义的操作系统！"      //则定义常量 OSOTHER
      #endif //与#ifndef 相对应的结束语句
      lr_output_message("您使用的%s", OSOTHER); //输出
    }
    return 0;
}
```

上面脚本的执行结果如下。

```
Running Vuser...
Starting iteration 1.
Starting action Action.
Action.c(21): 您使用的是未定义的操作系统！
Ending action Action.
Ending iteration 1.
Ending Vuser...
```

4. 函数及其函数的参数

通常，一段小的 C 语言源程序仅由一个 main()函数组成，然而，在实际编写应用程序时，通常需要开发人员编写大量的用户自定义函数。用户定义函数是由用户按需要编写的函数。对于用户自定义函数，不仅要在程序中定义函数本身，而且在主调函数模块中还必须对该被调函数进行类型说明，然后才能使用。与用户自定义函数相对应的是库函数。库函数由 C 语言集成开发环境（IDE）提供，用户无须定义，也不必在程序中做类型说明，只需在程序前包含该函数原型的头文件即可在程序中直接调用。例如，在编写 C 语言程序时，需要用 abs()函数取一个变量的绝对值时只需要引用“math.h”，即可直接调用 abs()函数，而不需要为了实现该功能而额外编写一个函数。结合 LoadRunner，它也提供了很多针对不同协议的函数可以供我们调用，仅以 LoadRunner 的 Web（HTTP/HTML）协议为例，可以通过 LoadRunner 的“HP LoadRunner Online Function Reference”在关键字中输入“web_”来查看到系统针对 Web（HTTP/HTML）协议提供了哪些函数可以供我们使用，当然也可以针对某一个函数来查看如何来调用它，函数的各个参数、返回值类型以及 C、Java、Visual Basic 等语言是如何来调用的。“web_url”函数说明如图 6-7 所示，左窗格为 LoadRunner 提供的部分 Web 协议相关函数列表。

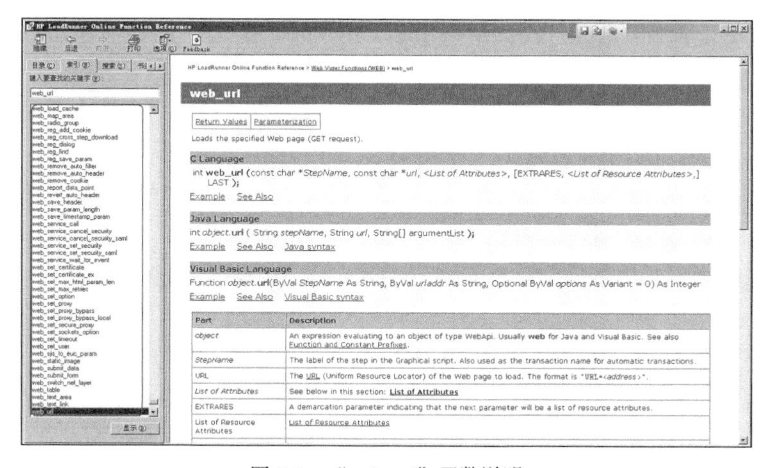

图 6-7 “web_url”函数说明

在编写脚本时，LoadRunner 提供了智能编码“小助手”来帮助完成函数的编写。例如，当输入“web_url（”时，会出现如图 6-8 所示的界面。

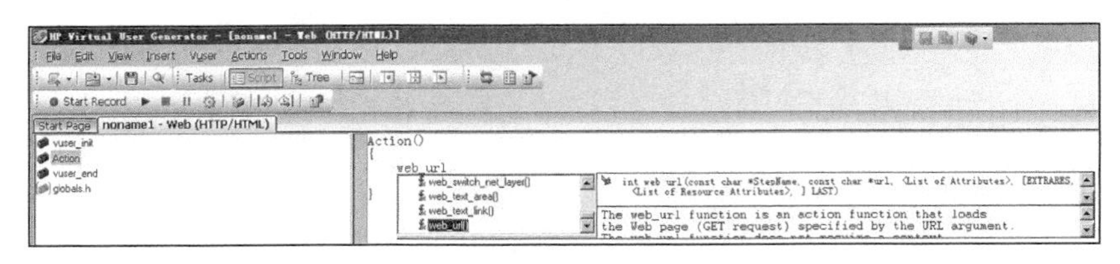

图 6-8 智能编码“小助手”

函数的一般形式如下。

```
类型标识符 函数名(形式参数)
{
    声明部分
    语句
}
```

类型标识符指明函数的类型，函数的类型实际上就是函数返回值的类型。函数名是由用户定义的标识符，函数名最好有意义，能说明函数的用途。形式参数可以是各种类型的变量，各参数之间用逗号间隔。在进行函数调用时，主调函数将赋予这些形式参数实际的值。需要注意的是，必须在形参表中给出形参的类型说明。函数的参数分为形参和实参两种。形参出现在函数定义中，在整个函数体内都可以使用，离开该函数则不能使用。实参出现在主调函数中，进入被调函数后，实参变量也不能使用。形参和实参都用作数据传送。发生函数调用时，主调函数把实参的值传送给被调函数的形参，从而实现主调函数向被调函数的数据传送。

函数的形参和实参具有以下特点。

（1）形参变量只有在被调用时才分配内存单元，在调用结束时，立即释放所分配的内存单元。因此，形参只在函数内部有效。函数调用结束返回主调函数后，不能再使用该形参变量。

（2）实参可以是常量、变量、表达式、函数等，无论实参是何种类型，在进行函数调用时，它们都必须具有确定的值，以便把这些值传送给形参。因此应预先用赋值、输入等方法使实参获得确定值。

（3）实参和形参在数量、类型、顺序上应严格一致，否则会发生类型不匹配的错误。

（4）函数调用中发生的数据传送是单向的，即只能把实参的值传送给形参，而不能把形参的值反向传送给实参。因此在函数调用过程中，形参的值发生变化，实参的值不会变化。

“{}”部分为函数体。函数体中的声明部分是对函数体内部所用到的变量的类型说明。在调用函数值时，通常应向调用者返回一个函数值。但是，有时调用后并不需要向调用者返回函数值，这种函数可以定义为“空类型”，其关键字为“void”。当然，有些时候，函数不需要形式参数，这时就不存在形式参数，其形式如下。

```
类型标识符 函数名()
{
    声明部分
    语句
}
```

在 LoadRunner 中应用函数的示例脚本代码如下。

```
void SayHello() //打招呼的函数
{
  lr_output_message("Hello %s", lr_get_host_name());
}

int GetBigger(int x, int y) //得到较大值函数
{
  if (x > y)
  {
    return x;
  }
  else
  {
    return y;
  }
}

Action()
{
  int x = 10, y = 20, result; //声明部分

  SayHello(); //无形参，无返回值函数
  result = GetBigger(x, y); //带形参，带返回值函数
  lr_output_message("GetBigger(%d,%d)=%d", x, y, result);

  return 0;
}
```

下面简单介绍上面脚本的含义。

```
void SayHello()//打招呼的函数
{
    lr_output_message("Hello %s",lr_get_host_name());
}
```

因为这个函数没有返回值，所以为 void，同时也不需要传入任何参数，所以形参为空。在函数体中向当前的主机说“Hello 主机名”，通过 LoadRunner 集成开发环境自带的函数 lr_get_host_name()来获得当前主机名称，因为主机名称为“yuy”，所以应该输出的内容为“Hello yuy”，详细结果请参见后续的执行结果。接下来是一个比较两个整型数值，取较大值作为返回值的函数 GetBigger()，代码如下。

```
int GetBigger(int x,int y)//得到较大值函数
{
     if (x>y)
     {
         return x;
     }
     else
     {
         return y;
     }
}
```

因为是两个整型数比较，所以需要两个整型的形式参数，这里形式参数的类型及其名称为“int x，int y”（即类型为整型，形参的名称分别为 x 和 y，它们之间用“,”分隔），函数

的返回值为整型（int）。为了让读者对这个函数有清晰的认识，将该函数命名为“GetBigger”。

Action()部分的代码如下。

```
Action()
{
      int x=10,y=20,result;//声明部分

      SayHello();//无形参，无返回值函数
      result=GetBigger(x,y);//带形参，带返回值函数
      lr_output_message("GetBigger(%d,%d)=%d",x,y,result);

      return 0;
}
```

这里最开始处先声明了 3 个整型变量，其中 *x*、*y* 在声明时赋予了初始值，result 的用途是保存比较结果。因为“SayHello();”无返回值，不需要传入参数，所以直接引用即可；而 GetBigger()函数具有返回值以及需要传入两个形式参数，所以将主调函数，即 Action()的两个整型变量传给 GetBigger()，并用 result 变量来保存其返回的结果，最后用 lr_output_message()函数格式化这个函数的输出内容。

上面脚本的执行结果如下。

```
Running Vuser...
Starting iteration 1.
Starting action Action.
Action.c(3): Hello yuy
Action.c(24): GetBigger(10,20)=20
Ending action Action.
Ending iteration 1.
Ending Vuser...
```

5. *局部变量和全局变量*

在 C 语言中，变量有效性的范围称为变量的作用域。不仅对于形参变量，C 语言中的所有变量都有自己的作用域，按作用域范围不同，变量可分为局部变量和全局变量两种类型。

在 LoadRunner 中应用全局变量和局部变量的示例脚本代码如图 6-9 所示。

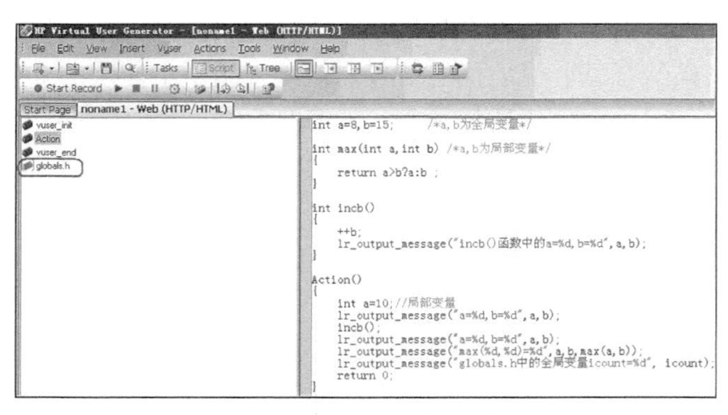

图 6-9　全局变量和局部变量示例脚本

上面代码在 LoadRunner 11.0 中编写完成，其包含一个头文件“globals.h”，可以在该头文件中定义全局变量，其中定义了一个全局整型变量“icount”，其初始值为 10。globals.h 头文件的内容如下。

```
#ifndef _GLOBALS_H
#define _GLOBALS_H

//--------------------------------------------------------------------
// Include Files
#include "lrun.h"
#include "web_api.h"
#include "lrw_custom_body.h"

//--------------------------------------------------------------------
// Global Variables

int icount=10;//全局变量

#endif // _GLOBALS_H
```

Action 部分代码如下。

```
int a=8,b=15;      /*a,b 为全局变量*/

int max(int a,int b) /*a,b 为局部变量*/
{
     return a>b?a:b ;
}

int incb()
{
     ++b;
     lr_output_message("incb()函数中的 a=%d,b=%d",a,b);
}

Action()
{
     int a=10;//局部变量
     lr_output_message("a=%d,b=%d",a,b);
     incb();
     lr_output_message("a=%d,b=%d",a,b);
     lr_output_message("max(%d,%d)=%d",a,b,max(a,b));
     lr_output_message("globals.h 中的全局变量 icount=%d", icount);
     return 0;
}
```

在 Action 部分，起始声明了两个整型全局变量：赋予初值 8，赋予初值 15。接下来，声明了比较两个整型数的函数：max()和 incb()。max()函数中有两个整型参数：a 和 b。incb()函数实现对全局变量加 1，然后输出全局变量 *a* 和 *b*。Action()中先声明了局部变量 *a*，并赋初值为 10，接下来，输出局部变量 *a* 和全局变量 *b*，又通过调用 incb()函数对全局变量 *b* 加 1，同时输出 *a* 和 *b*。这里提出一个问题：此时 *a* 的值应该是全局变量 *a*，还是局部变量 *a* 的值？请读者认真思考。后续还输出 max（a，b），这里同样存在上面的问题，最后输出“globals.h”文件中全局变量 icount 的值。

上面脚本的执行结果如下。

```
Running Vuser...
Starting iteration 1.
```

```
Starting action Action.
Action.c(17): a=10,b=15
Action.c(11): incb()函数中的a=8,b=16
Action.c(19): a=10,b=16
Action.c(20): max(10,16)=16
Action.c(21): globals.h中的全局变量icount=10
Ending action Action.
Ending iteration 1.
Ending Vuser...
```

根据执行结果，可以得出如下结论。

（1）全局变量是在函数外部定义的变量，它不属于哪一个函数，而属于一个源程序文件，其作用域是整个源程序。局部变量是在函数内定义说明的，其作用域仅限于函数内。

（2）当局部变量和全局变量同名时，在局部变量的作用范围内，全局变量不起作用。例如，在Action()函数部分，*a*的值为10，而非全局变量为8，这就回答了前面的问题。当然，如果在该部分没有声明同名局部变量，则输出的内容为全局变量的值，如变量*b*和“globals.h”中全局变量icount的值，则输出值为全局变量的值。

6. *动态存储方式与静态存储方式*

前面从作用域的角度对变量进行了分类（全局变量和局部变量）。从变量值的生存期角度看，又可以分为静态存储方式和动态存储方式两类。

- 静态存储方式：是指在程序运行期间分配固定存储空间的方式。
- 动态存储方式：是指在程序运行期间根据需要动态分配存储空间的方式。

用户存储空间可以分为以下3个部分。

（1）程序区。

（2）静态存储区。

（3）动态存储区。

全局变量全部存放在静态存储区，在程序开始执行时给全局变量分配存储区，程序运行完毕就释放。在程序执行过程中它们占据固定的存储单元，而不动态进行分配和释放。

动态存储区存放以下数据。

（1）函数形式参数。

（2）自动变量（未加static声明的局部变量）。

（3）函数调用时的现场保护和返回地址。

对以上这些数据，在函数开始调用时分配动态存储空间，函数结束时释放这些空间。

在C语言中，每个变量和函数有数据类型和数据的存储类别两个属性。

（1）自动（auto）变量。

函数中的局部变量，如不专门声明为static存储类别，则都是动态分配存储空间，数据存储在动态存储区中。函数中的形参和在函数中定义的变量（包括在复合语句中定义的变量）都属于此类，在调用该函数时，系统会给它们分配存储空间，在函数调用结束时自动释放这些存储空间。这类局部变量称为自动变量，用关键字auto声明存储类别。

（2）静态局部变量。

有时希望函数中局部变量的值在函数调用结束后不消失而保留原值，这时就应该指定局部变量为“静态局部变量”，用关键字static进行声明。

（3）寄存器（register）变量。

为了提高效率，C语言允许将局部变量的值放在CPU中的寄存器中，这种变量叫“寄存器变量”，用关键字register声明。

在LoadRunner中，应用动态存储方式与静态存储方式的示例脚本代码如下。

```
static int c;

int prime(register int number) //判断是否为素数的函数
{
     register int flag=1;
     auto int n;
     for (n=2;n<number/2 && flag==1;n++)
         if (number % n ==0) flag=0;
     return(flag);
}

demo(int a) //static、auto变量的演示函数
{
     auto int b=0;
     int d;
     static c=3;
     b=b+1;
     c=c+1;
     lr_output_message("demo()函数中的d=%d",d);
     lr_output_message("demo()函数中的 static c=%d",c);
     return a+b+c;
}

Action()
{
     int a=2,i;//变量声明

     for(i=0;i<3;i++)
     {
         lr_output_message("demo()函数部分第%d运行情况如下: ",i+1);
         lr_output_message("函数demo运行结果为: %d",demo(a));
         lr_output_message("-------------------------------\n\r");
     }

     //判断13是否为素数，并输出提示信息
     if (prime(13)==0) lr_output_message("13不是素数! ");
     else lr_output_message("13是素数! ");

     lr_output_message("c=%d",c);      //输出静态变量的值

     return 0;
}
```

在上面的代码中，“static int c;”声明了一个静态的整型变量 *c*，注意，这里并没有对静态变量赋初值，那么在没有赋初值的情况下，整型静态变量的输出是什么呢？接下来声明了一个判断是否为素数的函数prime()，其代码如下。

```
int prime(register int number) //判断是否为素数的函数
{
     register int flag=1;
```

```
        auto int n;
        for (n=2;n<number/2 && flag==1;n++)
            if (number % n ==0) flag=0;
        return flag;
}
```

prime()函数有一个“register int”类型形参变量 *number*，在函数体中，声明了一个寄存器整型变量 *flag*，并赋初值为 1。自动类型的整型变量 *n*，2～number/2 中是否存在一个数使得 *number* 除以它的余数为 0，如果有，则这个数不是素数，*flag* 被赋值为 0，否则，*flag* 保留先前的初始值 1，最后返回 *flag* 的值。代码如下。

```
demo(int a) //static、auto 变量的演示函数
{
        auto int b=0;
        int d;
        static c=3;
        b=b+1;
        c=c+1;
        lr_output_message("demo()函数中的 d=%d",d);
        lr_output_message("demo()函数中的 static c=%d",c);
        return a+b+c;
}
```

接下来是一个关于 static 和 auto 类型变量演示的 demo()函数，它具有一个整型的形式参数，在函数体中，声明了一个自动整型变量 *b*，为 *b* 赋初值 0，然后声明了另外一个整型变量 *d*。这里有一个问题，请读者思考：在没有为 *d* 赋初值时，它的输出应该是什么？然后对 *b* 和 *c* 变量加 1，输出变量 *d* 和静态变量 *c* 的值，将变量 *a*、*b*、*c* 的和作为函数的返回值。代码如下。

```
Action()
{
      int a=2,i;//变量声明

        for(i=0;i<3;i++)
        {
            lr_output_message("demo()函数部分第%d运行情况如下：",i+1);
            lr_output_message("函数 demo 运行结果为：%d",demo(a));
            lr_output_message("------------------------------\n\r");
        }

        //判断 13 是否为素数，并输出提示信息
        if (prime(13)==0) lr_output_message("13 不是素数！");
        else lr_output_message("13 是素数！");

        lr_output_message("c=%d",c);      //输出静态变量的值

        return 0;
}
```

在 Action()函数中声明了两个整型变量 *a* 和 *i*。然后循环 3 次输出函数 demo()的输出内容。通过 prime()函数，判断 13 是否为素数（素数是这样的整数：它除了能被表示为本身和 1 的乘积以外，不能表示为任何其他两个整数的乘积），最后，输出静态变量 *c* 的值。

上面脚本的输出内容如下。

```
Running Vuser...
Starting iteration 1.
```

```
Starting action Action.
Action.c(30): demo()函数部分第 1 运行情况如下:
Action.c(18): demo()函数中的 d=25362920
Action.c(19): demo()函数中的 static c=4
Action.c(31): 函数 demo 运行结果为: 7
Action.c(32): ------------------------------

Action.c(30): demo()函数部分第 2 运行情况如下:
Action.c(18): demo()函数中的 d=25362920
Action.c(19): demo()函数中的 static c=5
Action.c(31): 函数 demo 运行结果为: 8
Action.c(32): ------------------------------

Action.c(30): demo()函数部分第 3 运行情况如下:
Action.c(18): demo()函数中的 d=25362920
Action.c(19): demo()函数中的 static c=6
Action.c(31): 函数 demo 运行结果为: 9
Action.c(32): ------------------------------

Action.c(36): 13 是素数!
Action.c(38): c=0
Ending action Action.
Ending iteration 1.
Ending Vuser...
```

从输出结果中可以回答上面提出的两个问题。第一个问题：静态整型变量 *c* 在没有赋初值时，它的输出结果是什么？答案是，如果在定义局部变量时不赋初值，则静态局部变量，编译时自动赋初值 0（对于数值型变量）或空字符（对于字符变量）。如果不为自动变量赋初值，则它的值是一个不确定的值。第二个问题：在函数体中声明了一个整型变量，在没有为 *d* 赋初值时，它的输出应该是什么？答案是，从输出结果中也可以看出它是一个随机数，此外，有以下几点需要注意。

静态局部变量属于静态存储类别，在静态存储区内分配存储单元。在程序整个运行期间都不释放。而自动变量属于动态存储类别，占据动态存储空间，函数调用结束后即释放。

静态局部变量在编译时赋初值，即只赋初值一次；而对自动变量赋初值是在函数调用时进行，每调用一次函数，就重新赋一次初值，相当于执行一次赋值语句。参见 demo()函数中的“static c=3;”值，它每次调用时，都会保留以前的值，在此基础上再进行相应的操作。第一次调用时，初始值为 3，经过“c=c+1;”后，*c* 的值为 4；第二次调用时，*c* 的值为 4，经过“c=c+1;”后，*c* 值为 5，第三次调用时，*c* 的值为 5，经过“c=c+1;”后，*c* 值为 6，“auto int b=0;”每次赋值时，*b* 都被赋值为 0，经过 3 次“b=b+1;”后，*b* 的值始终都为 1。关键字 auto 可以省略，auto 不写则隐含定义为“自动存储类别”，属于动态存储方式，即“int d;”和“auto int d;”是等价的。

对于寄存器变量的说明如下。

（1）只有局部自动变量和形式参数可以作为寄存器变量。

（2）计算机系统中的寄存器数目有限，不能定义任意多个寄存器变量。

（3）静态变量不能定义为寄存器变量，当出现类似如下语句时：

```
register  static int xx;

Action()
```

```
{
    register  static int x;
    return 0;
}
```

LoadRunner 在编译时，会给出如下输出。

```
Action.c (1): invalid use of 'register'
Action.c (1): invalid use of 'static'
Action.c (5): invalid use of 'static'
c:\\documents and settings\\tester\\local settings\\temp\\noname1\\\\combined_noname1.c
(5): 3 errors, not writing pre_cci.ci
```

7. 指针

指针是C语言中广泛使用的一种数据类型，同时它也让很多用户感到头痛，因为很多用户尽管学习了指针，但是对它仍然不理解，下面简单介绍指针，希望能让读者理解。

数据存放在存储器中，一般把存储器中的一字节称为一个内存单元，不同数据类型的数据占用的内存单元也各不相同，如整型量占2个单元，字符量占1个单元等。为了正确访问这些内存单元，必须为每个内存单元编号。根据内存单元的编号，即可准确找到该内存单元，内存单元的编号也叫作地址。因为根据内存单元的编号或地址就可以找到所需的内存单元，所以通常也把这个地址称为指针。内存单元的指针和内存单元的内容是两个不同的概念。例如，我有一位朋友叫“张三”，他住在“海淀区 ××× 小区”，今天要去他家做客，那么就可以按照地址找到小区，再找到对应的楼号以及单元就可以找到他了。“海淀区 ××× 小区”这个地址就相当于内存单元的指针，而要找的“张三”就相当于内存单元的内容。

在C语言中，允许用一种变量来存放指针，这种变量称为指针变量。因此，一个指针变量的值就是某个内存单元的地址或称为某内存单元的指针，一种数据类型或数据结构往往都占有一组连续的内存单元。用“地址”这个概念并不能很好地描述一种数据类型或数据结构，而“指针”虽然实际上也是一个地址，但它却是一个数据结构的首地址，它是“指向”一个数据结构的，因而概念更为清楚，表示更为明确。这也是引入指针的一个重要原因。

为了表示指针变量和它所指向的变量之间的关系，在程序中用“*”符号表示“指向”。例如，icount_pointer 表示指针变量，*count_pointer 是 icount_pointer 所指向的变量，如图6-10所示。

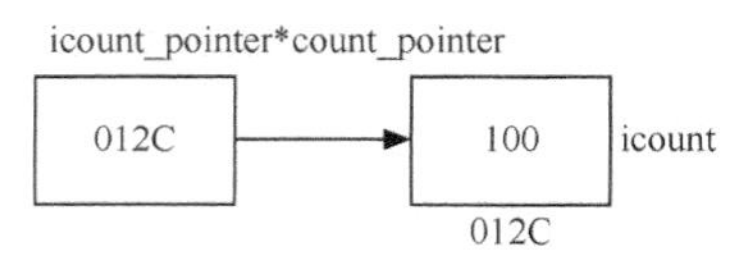

图6-10 指针变量和它所指向的变量之间的关系

因此，下面两个语句的作用相同。

```
icount=100;
*icount_pointer=100;
```

第二个语句的含义是将100赋给指针变量 icount_pointer 所指向的变量。

通常，指针变量的定义形式如下。

```
类型说明符  *变量名;
```

其中，类型说明符表示本指针变量所指向的变量的数据类型，*表示这是一个指针变量，变量名即为定义的指针变量名。例如，“int *p1;”表示 p1 是一个指针变量，它的值是某个整型变量的地址。或者说 p1 指向一个整型变量。至于 p1 究竟指向哪一个整型变量，应由向 p1 赋值的地址来决定。

指针变量与普通变量一样，使用之前不仅要定义说明，而且未经赋值的指针变量不能使用，否则将造成系统混乱，甚至宕机。指针变量只能赋予地址，而不能赋予任何其他数据，否则将引起错误。C 语言中提供了地址运算符“&”来表示变量的地址。其一般形式为：&变量名。

例如，“&a”表示取变量 *a* 的地址，变量本身必须预先说明。设有指向整型变量的指针变量 *p*，要把整型变量 *a* 的地址赋予 *p* 可以有以下两种方法。

（1）指针变量初始化的方法。

```
int a;
int *p=&a;
```

（2）赋值语句的方法。

```
int a;
int *p;
p=&a;
```

不允许把一个数值赋予指针变量，故下面的赋值是错误的。

```
int *p;
p=1000;
```

被赋值的指针变量前不能再加“*”说明符。例如，写为*p=&a 也是错误的。

在 LoadRunner 中应用指针的示例脚本代码如下。

```
Action()
{
  int i=120;          //声明整型变量
  char j='a';         //声明字符变量
  int *pointer_i;     //声明整型指针变量
  char *pointer_j;    //声明字符类型指针变量

  pointer_i=&i;       //将整型变量 i 的地址赋给 pointer_i
  pointer_j=&j;       //将整型变量 j 的地址赋给 pointer_j

  lr_output_message("i=%d,j=%c\n",i,j);
  lr_output_message("i 变量的地址=%d,j 变量的地址=%d\n",&i,&j);
  lr_output_message("pointer_i=%d,pointer_j=%d\n",pointer_i,pointer_j);
  lr_output_message("pointer_i 指向的变量的值=%d,pointer_j 指向的变量的
                    值=%c\n",*pointer_i, *pointer_j);

  return 0;

}
```

上面脚本的输出内容如下。

```
Running Vuser...
Starting iteration 1.
Starting action Action.
Action.c(11): i=120,j=a
Action.c(12): i 变量的地址=26804256,j 变量的地址=26804260
Action.c(13): pointer_i=26804256,pointer_j=26804260
Action.c(14): pointer_i 指向的变量的值=120,pointer_j 指向的变量的值=a
Ending action Action.
Ending iteration 1.
Ending Vuser...
```

从结果中不难看出：

（1）pointer_i 和 pointer_j 输出的是地址，是一个整数；

（2）*pointer_i 和*pointer_j 输出的是地址中的值；

（3）i、*pointer_i 和 j、*pointer_j 的输出内容相同，“&i”、“pointer_i” 和 “&j”、“pointer_j” 的输出相同。

如果不小心写成类似如下的语句：

```
pointer_i=i;
*pointer_j=&j;
```

则在运行或者编译时系统给出如下提示。

```
operands of = have illegal types `pointer to int' and `int'
operands of = have illegal types `char' and `pointer to char'
```

在 C 语言的代码中可能会经常看到如下语句。

```
int a[10],i;
for(i=0;i<10;i++)
   *(a+i)=i;
```

学过 C 语言的用户一定都清楚，int a[10]表示一个拥有 10 个整型数的数组，数组的名称“a”。下面是一个 for 循环，for 循环的下一条语句是一个赋值语句，“*(a+i)=i” 应该是一个指针的应用，那么它的含义是什么呢？在回答这个问题之前，先了解什么是数组，再看它和指针有什么的关系。

一个数组是由指定数目、相同数据类型的数据构成的，数组是由连续的一块内存单元组成的，每个数组元素都在内存中占用存储单元，它们都有相应的地址，数组名就是这块连续内存单元的首地址。数组的指针是指数组的起始地址，数组元素的指针是数组元素的地址。要定义一个包含 10 个整型数的数组，数组的名称为“score”，可以写成“int score[10];”，数组元素分别为 score[0]、score[1]、score[2]、score[3]、score[4]、score[5]、score[6]、score[7]、score[8]、score[9]10 个元素，请注意，数组的下标是从 0 开始的。

可以通过下面的方式定义一个指向数组元素的指针变量，这里定义了一个指向数组“score”的指针变量 *p*。

```
int score[10];          /*定义 score 为包含 10 个整型数据的数组*/
int *p;                 /*定义 p 为指向整型变量的指针*/
p=&score[0];            /*将 score 数组的首元素地址赋给指针变量 p*/
```

当然，上面的语句与下面的语句等价。

```
int score[10];          /*定义 score 为包含 10 个整型数据的数组*/
int *p=score;           /*将 score 数组的首元素地址赋给指针变量 p*/
```

在 LoadRunner 中数组与指针结合应用的示例脚本代码如下。

```
Action()
{
  int score[5] =
  {
    100, 98, 99, 78, 66
  }; //一维数组
  int *p = score; //一维数组指针赋值
  int sixnum[2][3] =
  {
```

```
    {
      1, 2, 3
    }
    ,
    {
      4, 5, 6
    }
  }; //二维数组
  int(*p1)[3]; //二维数组指针
  int i, j; //定义两个整数变量

  for (i = 0; i <= 4; i++)
  {
    lr_output_message("score[%d]=%d", i, score[i]); //以下标形式输出数组
    lr_output_message("*(p++)=%d", *(p++)); //以指针方式输出数组
  }
  lr_output_message("-------------------------");

  p = score; //将数组score的首元素地址赋给指针p
  for (i = 0; i <= 4; i++)
  {
    lr_output_message("score[%d]=%d", i, score[i]);        //以下标形式输出数组
    lr_output_message("*(p+%d)=%d", i, *(p + i));           //以指针方式输出数组
  }

  lr_output_message("-------------------------");

  p1 = sixnum; //将数组sixnum的首元素地址赋给指针p1
  for (i = 0; i <= 1; i++)
  {
    for (j = 0; j <= 2; j++)
    {
      //以下标形式输出数组
      lr_output_message("sixnum[%d][%d]=%d", i, j, sixnum[i][j]);
      //以指针方式输出数组
      lr_output_message("*(*(p1+%d)+%d)=%d", i, j, *(*(p1 + i) + j));
    }
  }
  return 0;
}
```

上面脚本的输出内容如下。

```
Running Vuser...
Starting iteration 1.
Starting action Action.
Action.c(10): score[0]=100
Action.c(11): *(p++)=100
Action.c(10): score[1]=98
Action.c(11): *(p++)=98
Action.c(10): score[2]=99
Action.c(11): *(p++)=99
Action.c(10): score[3]=78
Action.c(11): *(p++)=78
Action.c(10): score[4]=66
Action.c(11): *(p++)=66
Action.c(14): ————————————————————
```

```
Action.c(18): score[0]=100
Action.c(19): *(p+0)=100
Action.c(18): score[1]=98
Action.c(19): *(p+1)=98
Action.c(18): score[2]=99
Action.c(19): *(p+2)=99
Action.c(18): score[3]=78
Action.c(19): *(p+3)=78
Action.c(18): score[4]=66
Action.c(19): *(p+4)=66
Action.c(22): ————————————————
Action.c(27): sixnum[0][0]=1
Action.c(28): *(*(p1+0)+0)=1
Action.c(27): sixnum[0][1]=2
Action.c(28): *(*(p1+0)+1)=2
Action.c(27): sixnum[0][2]=3
Action.c(28): *(*(p1+0)+2)=3
Action.c(27): sixnum[1][0]=4
Action.c(28): *(*(p1+1)+0)=4
Action.c(27): sixnum[1][1]=5
Action.c(28): *(*(p1+1)+1)=5
Action.c(27): sixnum[1][2]=6
Action.c(28): *(*(p1+1)+2)=6
Ending action Action.
Ending iteration 1.
Ending Vuser...
```

下面分析上面的脚本，脚本的声明部分如下。

```
int score[5]={100,98,99,78,66}; //一维数组
int *p=score; //一维数组指针赋值
int sixnum[2][3]={{1,2,3},{4,5,6}}; //二维数组
int (*p1)[3]; //二维数组指针
int i,j; //定义两个整数变量
```

这里先声明一个具有5个元素的整型数组score，并赋予初值，然后声明一个整型指针p，并将score数组的首地址赋给指针变量p；接下来，又声明了一个二维数组sixnum，并对二维数组赋值，关于计算二维数组有多少个元素的，有一个小技巧，就是下标相乘的方法。例如，sixnum[2][3]可以通过下标2*3=6计算出该数组有6个元素。二维数组sixnum[2][3]可以分解成sixnum[0]和sixnum[1]两个包含3个元素的一维数组，{1，2，3}和{4，5，6}就相当于该一维数组的两个元素。在声明二维数组指针变量时，可以写成int(*p1)[3]，通常定义二维数组指针变量的一般形式如下。

```
类型说明符  (*指针变量名)[长度]
```

其中“类型说明符”为所指数组的数据类型。“*”表示其后的变量是指针类型，“长度”表示二维数组分解为多个一维数组时一维数组的长度，即二维数组的列数。

后续的脚本代码如下。

```
for (i=0;i<=4;i++) {
     lr_output_message("score[%d]=%d",i,score[i]);          //以下标形式输出数组
     lr_output_message("*(p++)=%d",*(p++));                  //以指针方式输出数组
}

lr_output_message("————————————————");
```

```
p=score;  //将数组 score 的首元素地址赋给指针 p
for (i=0;i<=4;i++) {
     lr_output_message("score[%d]=%d",i,score[i]);          //以下标形式输出数组
     lr_output_message("*(p+%d)=%d",i,*(p+i));                //以指针方式输出数组
}

lr_output_message("————————————————————");

p1=sixnum;      //将数组 sixnum 的首元素地址赋给指针 p1
for (i=0;i<=1;i++) {
     for (j=0;j<=2;j++) {
         //以下标形式输出数组
         lr_output_message("sixnum[%d][%d]=%d",i,j,sixnum[i][j]);
         //以指针方式输出数组
         lr_output_message("*(*(p1+%d)+%d)=%d",i,j,*(*(p1+i)+j));
     }
}
```

第一个 for 循环语句分别通过下标方式和指针方式输出一维数组的内容。关于下标方式相信读者都能理解，在这里不再赘述。关于指针方式，这里应用了*(p++)，它相当于从 score[0]开始，因为每次循环执行*(p++)后，指针下移，所以后续输出为 score [1]、score [2]、score [3]、score [4]。请大家思考：将*(p++)换成*(++p)会有什么样的结果呢？为了验证输出的内容，编写如下脚本代码。

```
Action()
{
     int score[5]={100,98,99,78,66};
     int *p=score;
     int i;

     for (i=0;i<=4;i++) {
         lr_output_message("%d",*(++p));
     }

     return 0;
}
```

上面脚本的输出内容如下。

```
Running Vuser...
Starting iteration 1.
Starting action Action.
Action.c(8): 98
Action.c(8): 99
Action.c(8): 78
Action.c(8): 66
Action.c(8): 26804284
Ending action Action.
Ending iteration 1.
Ending Vuser...
```

代码输出的第一个数组元素为 score[1]的值 98，而不是从 score[0]开始输出，最后一个值 26804284 则不知是从哪里来的。如果将*(p++)换成*(++p)输出的第一个元素是 score[1]，因为“++”和“*”的优先级相同，结合方向自右至左，*(p++)与*(++p)作用不同。若 p 的初值为

score，则*(p++)等价于 score[0]，*(++p)等价于 score[1]。而输出的最后一个元素为 score[5]，但该元素是不存在的，即数组下标越界，所以输出的是一个随机数。接下来使用了另外一种指针应用方法，即*(p+i)，它等价于以下标方式输出 score [0]、score [1]、score [2]、score [3]、score [4]。二维数组指针*(*(p1+i)+j)的应用相当于 sixnum [i][j]，相关内容不再赘述。当然关于指针还有更加复杂的一些应用，鉴于本书不是专门讲解 C 语言的书籍，故不再进行详细描述，如果需要深入了解这方面的内容，请看谭浩强老师的《C 程序设计》(第 2 版)。

8. 结构

在实际工作中，经常需要将不同类型的数据组织起来一起应用。例如，学校在期末考试结束后，通常都要填报和查询学生成绩。学生的信息通常包括：姓名、学号、性别、年龄、语文成绩、数学成绩等。姓名、性别是字符类型数据，年龄、学号为整型数据，语文成绩、数学成绩通常为单精度浮点型数据。我们知道，不同类型的数据是不能放到同一个数组中的，那么在C语言中是否有方法将这些不同数据类型的数据组织到一起呢？可以用结构来处理这种问题。结构是一种构造类型，它由若干成员组成，每个成员可以是一个基本数据类型或者一个构造类型。通常，结构的一般形式如下。

```
struct 结构名
    {成员列表};
```

成员列表由若干成员组成，每个成员都是该结构的一个组成部分。每个成员也必须说明类型，其形式为：

```
类型说明符 成员名;
```

下面给学生信息定义一个结构。

```
struct student
{
    int num;                    //学号
    char name[20];              //姓名
    char sex[2];                //性别
    int  age;                   //年龄
    float chinesescore;         //语文成绩
    float mathscore;            //数学成绩
};
```

上面定义了一个名称为“student”的结构，它包含学号、姓名、性别、年龄、语文成绩和数学成绩信息。

在 LoadRunner 中应用结构的示例脚本代码如下。

```
struct student
{
     int num;                    //学号
     char name[8];               //姓名
     int  age;                   //年龄
     char sex[2];                //性别
     float chinesescore;         //语文成绩
     float mathscore;            //数学成绩
};

Action()
{   //为结构数组赋前两个结构数组元素值
     struct student stu[3]={{101,"孙悟空",30,"男",100.00,100.00},
```

```
                        {102,"沙和尚",28,"男",99.00,99.00},};
    struct student stu1={103,"白骨精",99,"女"};  //为结构变量stu1赋部分数据
    int i;

    stu1.chinesescore=90.50;      //为stu1赋语文成绩
    stu1.mathscore=89.00;         //为stu1赋数学成绩

    stu[2]=stu1;      //将stu1变量赋给数组元素stu[2]

    for (i=0;i<=2;i++) {
        lr_output_message("-----------------------------");
        lr_output_message("第%d个学生信息:",i+1);
        lr_output_message("学号=%d",stu[i].num);
        lr_output_message("姓名=%s",stu[i].name);
        lr_output_message("性别=%s",stu[i].sex);
        lr_output_message("年龄=%d",stu[i].age);
        lr_output_message("语文成绩=%.2f",stu[i].chinesescore);
        lr_output_message("数学成绩=%.2f",stu[i].mathscore);
        lr_output_message("-----------------------------");
    }


    return 0;
}
```

上面脚本的输出内容如下。

```
Running Vuser...
Starting iteration 1.
Starting action Action.
Action.c(24): -----------------------------
Action.c(25): 第1个学生信息:
Action.c(26): 学号=101
Action.c(27): 姓名=孙悟空
Action.c(28): 性别=男
Action.c(29): 年龄=30
Action.c(30): 语文成绩=100.00
Action.c(31): 数学成绩=100.00
Action.c(32): -----------------------------
Action.c(24): -----------------------------
Action.c(25): 第2个学生信息:
Action.c(26): 学号=102
Action.c(27): 姓名=沙和尚
Action.c(28): 性别=男
Action.c(29): 年龄=28
Action.c(30): 语文成绩=99.00
Action.c(31): 数学成绩=99.00
Action.c(32): -----------------------------
Action.c(24): -----------------------------
Action.c(25): 第3个学生信息:
Action.c(26): 学号=103
Action.c(27): 姓名=白骨精
Action.c(28): 性别=女
Action.c(29): 年龄=99
Action.c(30): 语文成绩=90.50
Action.c(31): 数学成绩=89.00
Action.c(32): -----------------------------
```

```
Ending action Action.
Ending iteration 1.
Ending Vuser...
```

当然，为了引用结构方便，可以应用类型定义符 typedef 为 struct student 起一个简洁、明了的名称。C 语言允许自定义类型说明符，即类型定义符 typedef 允许为数据类型取“别名”。上面的结构脚本可以用 typedef 实现同样的功能，代码如下。

```
typedef struct student
{
      int num;                    //学号
      char name[8];               //姓名
      int  age;                   //年龄
      char sex[2];                //性别
      float chinesescore;         //语文成绩
      float mathscore;            //数学成绩
} STU;

Action()
{      //为结构数组赋前两个结构数组元素值
      STU stu[3]={{101,"孙悟空",30,"男",100.00,100.00},
                              {102,"沙和尚",28,"男",99.00,99.00},};
      STU stu1={103,"白骨精",99,"女"};//为结构变量 stu1 赋部分数据
      int i;

      stu1.chinesescore=90.50;      //为 stu1 赋语文成绩
      stu1.mathscore=89.00;         //为 stu1 赋数学成绩

      stu[2]=stu1;                  //将 stu1 变量赋给数组元素 stu[2]

      for (i=0;i<=2;i++) {
          lr_output_message("----------------------------");
          lr_output_message("第%d个学生信息:",i+1);
          lr_output_message("学号=%d",stu[i].num);
          lr_output_message("姓名=%s",stu[i].name);
          lr_output_message("性别=%s",stu[i].sex);
          lr_output_message("年龄=%d",stu[i].age);
          lr_output_message("语文成绩=%.2f",stu[i].chinesescore);
          lr_output_message("数学成绩=%.2f",stu[i].mathscore);
          lr_output_message("----------------------------");
      }


      return 0;
}
```

请大家注意黑体字部分，应用 typedef 后，在定义结构变量时，省略了 struct student，而用自定义的符号 STU 来声明相应变量即可。还有一点，就是在定义时编写了“STU stu[3]”语句，如果在 Delphi 等语言中编写，则提示书写错误，原因是这些语言不区分大小写，而 C 语言是区分大小写的，STU 和 stu 分别代表不同的内容。

6.3 关联的应用

关联（correlation）是应用 LoadRunner 进行性能测试的一项重要技能，那么为什么要进行关联呢？

当利用 VuGen 录制脚本时，它会拦截 Client 端（浏览器）与 Server 端（服务器）之间的会话，并将这些会话记录下来，产生脚本，如图 6-11 所示。在 VuGen 的 Recording Log 中，可以找到浏览器与服务器之间的所有会话，包含通信内容、日期、时间、浏览器的请求、服务器的响应内容等。脚本和 Recording Log 最大的差别在于，脚本只记录了 Client 端要对 Server 端的会话，而 Recording Log 是完整记录两者的会话。

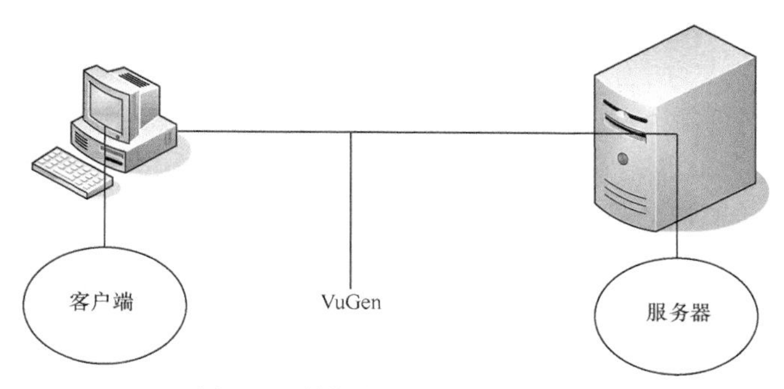

图 6-11 浏览器和网站服务器的会话示意图

在执行脚本时，VuGen 模拟成浏览器，然后根据脚本，把当初浏览器进行过的会话再对网站服务器重新执行一遍，VuGen 企图骗过服务器，让服务器以为它就是当初的浏览器，然后把请求的内容传送给 VuGen。所以记录在脚本中的与服务器之间的会话，完全与当初录制时的会话一模一样。这样的做法在遇到有些比较智能的服务器时，还是会失效。这时就需要通过关联的方法来让 VuGen 可以再次成功地骗过服务器。

6.3.1 什么是关联

所谓关联，就是把脚本中某些写死的数据转变成动态的数据。例如，前面提到有些比较智能的服务器在每个浏览器第一次与它要数据时，都会在数据中夹带一个唯一的标识码，然后利用这个标识码来辨识发出请求申请的是不是同一个浏览器。一般称这个标识码为 Session ID。对于每个新的交易，服务器都会产生新的 Session ID 给浏览器。这也就是执行脚本会失败的原因。因为 VuGen 还是用旧的 Session ID 向服务器要数据，服务器会发现这个 Session ID 已经失效或者它根本不能识别这个 Session ID，当然也就不会传送正确的网页数据给 VuGen 了。

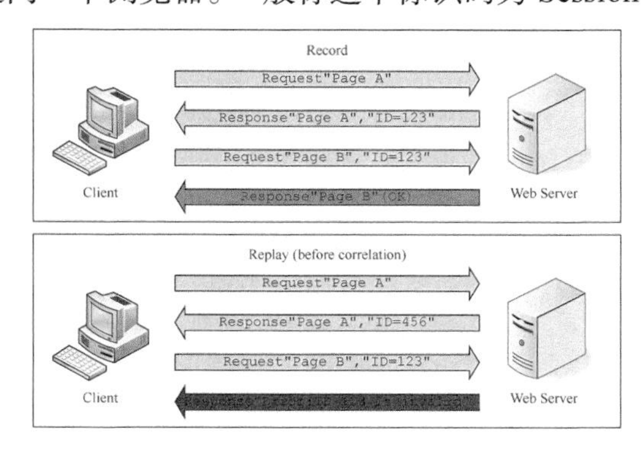

图 6-12 浏览器与网站服务器的正常和异常会话过程

浏览器与网站服务器的正常和异常会话过程如图 6-12 所示。

录制脚本时，浏览器送出网页 A 的请求，服务器将网页 A 的内容传送给浏览器，并夹带了一个 ID=123 的数据，当浏览器再送出网页 B 的请求时，只有用到 ID=123 的数据，服务器才会认为这是合法的请求，并把网页 B 的内容送回给浏览器。

在执行脚本时会发生什么状况呢？浏览器再送出网页 B 的请求时，用的还是当初录制的 ID=123 的数据，而不是用服务器新给的 ID=456，整个脚本的执行就会失败。

针对这种非常智能服务器，必须想办法找出这个 Session ID 到底是什么、位于何处，然后把它提取出来，放到某个参数中，并替换脚本中用到 Session ID 的部分，这样就可以成功骗过服务器，正确完成整个会话。

上面介绍了什么是关联，那么结合 LoadRunner 的应用，我们如何知道何时应该应用关联呢？通常情况下，如果脚本需要关联，在还没做关联之前是不会执行通过的，但在 LoadRunner 中并没有任何特定的错误消息和关联相关。

那么，为什么要使用关联，使用关联又可以给我们带来哪些方便呢？

首先，它可以生成动态的数据，我们知道应用固定的数值是骗不过智能服务器的，如果将数据变成动态数据这个问题就解决了。其次，可以将这些冗长的数据参数化，通过应用关联技术，可以有效减小代码量，脚本层次看起来也会更加清晰、明了。

6.3.2 自动关联

简单地说，每一次执行时都会有变动的值，就有可能需要做关联，具体情况应该具体分析。

VuGen 提供自动关联、手工关联和利用关联规则 3 种方式来处理关联问题。

LoadRunner 11.0 的 VuGen 可以自动找出需要关联的值，并自动使用关联函数建立数据关联。

自动关联提供下列两种机制。

（1）Rules Correlation：在录制过程中 VuGen 会根据已经制定的规则，自动找出要关联的值。规则来源有以下两种。

① 内建关联（built-in correlation）。VuGen 已经针对常用的一些应用系统，如 Oracle、PeopleSoft、Siebel 等，内建关联规则，这些应用系统可能会有一种以上的关联规则。可以在【Recording Options】>【HTTP Properties】>【Correlation】中启用关联规则，当录制这些应用系统的脚本时，VuGen 会在脚本中自动建立关联。

② 用户自定义关联规则（user-defined rules correlation）。除了内建的关联规则之外，还可以自定义关联规则，可以在【Recording Options】>【HTTP Properties】>【Correlation】中建立新的关联规则。

（2）Correlation Studio：和 Rules Correlation 不同，Correlation Studio 是在执行脚本后才建立关联，也就是说当录制完脚本后，脚本至少执行过一次，Correlation Studio 才会起作用。Correlation Studio 会尝试找出录制与执行时，服务器响应内容的差异部分，以找出需要关联的数据，并建立关联。

（3）Rule Correlation 的用法。

使用 Rule Correlation 的步骤如下。

① 启用 Auto-Correlation。

- 选择 VuGen 的【Tools】>【Recording Options】，打开【Recording Options】对话框，选取【HTTP Properties】>【Correlation】，再选择【Enable correlation during recording】项，以启用自动关联。
- 如果录制的应用系统属于内建关联规则的系统，如 Oracle、PeopleSoft、Siebel 等，则选择相对应的应用系统或者针对录制的应用系统加入新关联规则。
- 设定 VuGen 检查到符合关联规则的数据时，需要处理的方式有以下两种。

Issue a pop-up message and let me decide online：弹出一个对话框，询问是否要建立关联。

Perform correlation in script：直接自动建立关联。

② 录制脚本。

开始录制脚本，在录制过程中，当 VuGen 检查到符合关联规则的数据时，依照设定建立关联，出现类似的脚本（见图 6-13），这是一个登录 www.lqqm.net 网站建立关联的例子，在脚本注释部分可以看到关联前的数据信息。

③ 执行脚本验证关联是否正确。

（4）Correlation Studio 的用法。

使用 Correlation Studio 的步骤如下。

① 录制脚本并执行。

② 执行完成后，VuGen 弹出【HP Virtual Cenerator】对话框，询问是否要扫描，扫描脚本需要耗费一定时间，单击【Yes】按钮，如图 6-14 所示。

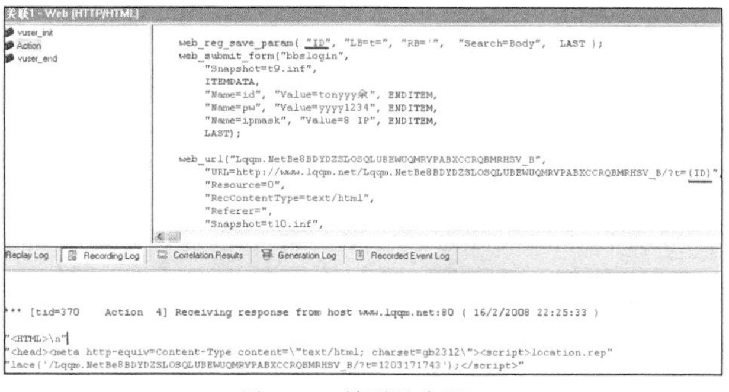

图 6-13 关联的应用

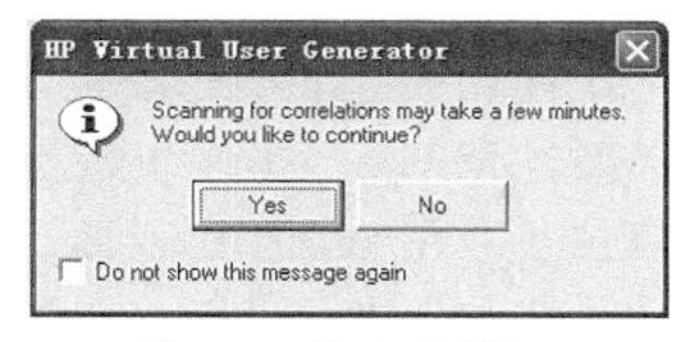

图 6-14 提示对话框

扫描完后，可以在脚本下方的【Correlation Results】选项卡中看到扫描的结果，检查扫描后的结果，选择要进行关联的数据，然后单击【Correlate】按钮进行关联。

【重点提示】

需要指出的是，在 LoadRunner 11.0 中，有时扫描同一个域，如果 userSession 的值进行了分割，即录制时该值为“109693.777480761fztcDHDpzHQVzzzHDDiftpctcAHf”，回放时该值为“109693.782989064fztcDHDpQzcfDDiftpctDHHf”，如图 6-15 所示。扫描结果自动将其不同的地方分成了 3 个部分，作者为方便大家查看，用阴影框进行了标示，但是因为每次执行都是随机的字符串，所以在进行关联时，需对整个字符串进行关联，而不是分段关联。

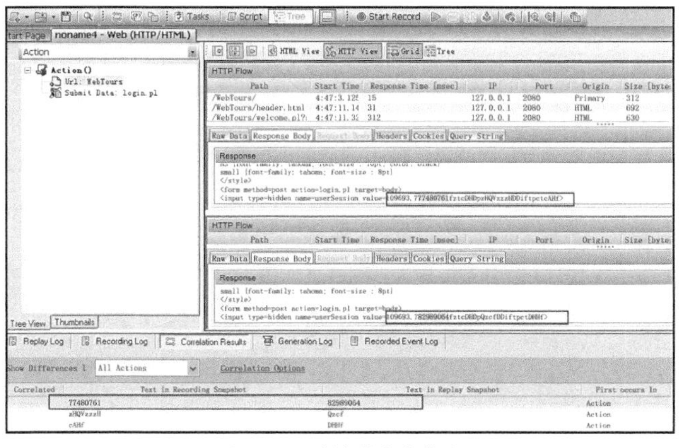

图 6-15 需关联内容信息

通常要将所有需做关联的数据都找出来为止，因为有时前面的关联还没做好，将无法执行到后面需要做关联的部分。

6.3.3 手动关联

工具很智能，但是更智能的是人，有些情况下 Correlation Studio 无法检查出来需要关联的内容，这就需要手动关联。手动关联的执行过程如表 6-4 所示。

表 6-4　　手动关联执行过程

操作步骤	详细描述
第一步	录制两份相同的业务流程的脚本，输入的数据要相同
第二步	用 WinDiff 工具，找出两份脚本不同之处，也就是需要关联的数据
第三步	用 web_reg_save_param 等关联函数手动建立关联，将脚本中用到关联的数据参数化

下面针对如表 6-4 所示的手动关联执行过程，详细讲解如何执行每个步骤。

第一步：录制两份相同的业务流程的脚本，输入的数据要相同。

（1）录制并保存一份脚本。

（2）使用相同的操作步骤，输入相同数据录制并保存第二份脚本。

需要注意的是，操作步骤和数据一定要相同，这样才能找出由服务器端产生的数据差异。

第二步：用 WinDiff 工具，找出两份脚本的不同之处，也就是需要关联的数据。

（1）用 LoadRunner 打开第二份脚本，选择【Tools】>【Compare with Vuser】菜单项，在弹出对话框中选择第一份脚本。

（2）LoadRunner 调用 WinDiff 工具，显示两份脚本。WinDiff 会以黄色标示有差异的脚本代码行，如图 6-16 所示。如果想以红色的字体显示真正差异的文字，则选择 WinDiff 工具中的【Options】>【View】>【Show Inline Differences】选项。

（3）逐行检查两份脚本中差异的内容，每个差异都可能是需要关联的地方。选取有差异的脚本，然后复制。需要注意的是请忽略 lr_thik_time 的差异部分，因为 lr_thik_time 用来模拟每个步骤之间用户思考延迟的时间，在进行脚本录制时，每次操作的思考时间可能不同。

接着在 Recording Log 中找这个值，打开【Find】对话框，如图 6-17 所示；粘贴刚刚复制的内容，找出查找内容在 Recording Log 第一次出现的位置。

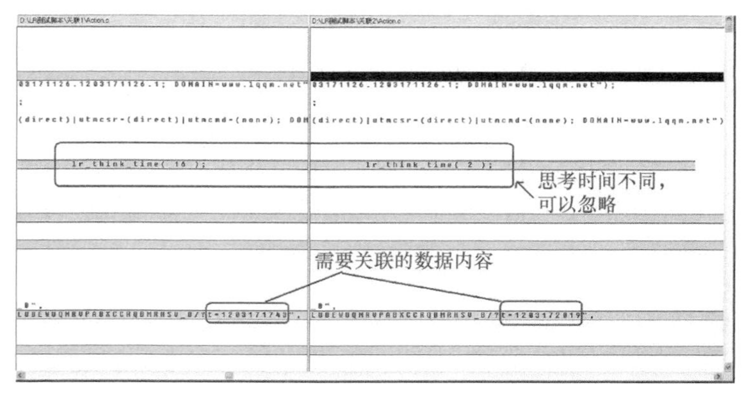

图 6-16　WinDiff 脚本对比

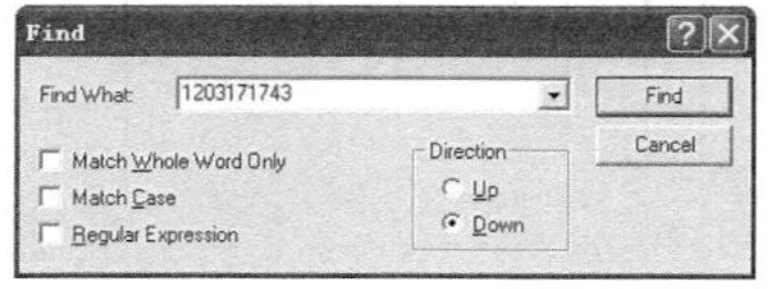

图 6-17　查找对话框

如果在 Recording Log 中找到了要找的数据，就要确认是从服务器端传送过来的数据。首先，可以检查数据的标头，从标头的 Receiving Response 可以知道数据是从服务器端传送到客户端的数据。其次，假如此数据的第一次出现是在 Sending Request 中，则表示此数据是由客户端产生的数据，不需要关联，但是有可能需要参数化，如图 6-18 所示。

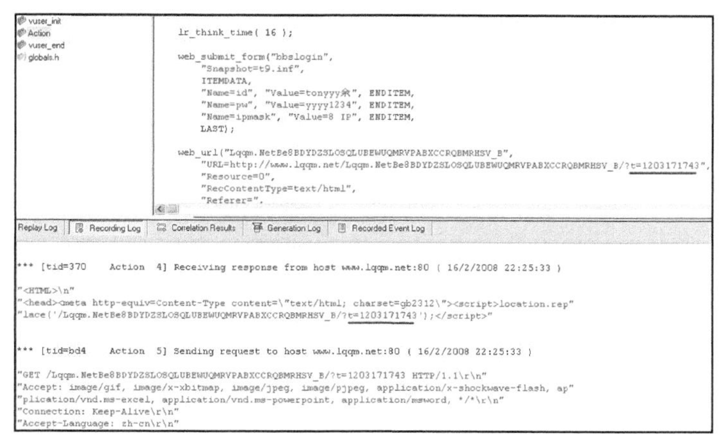

图 6-18　服务器响应信息

要找的标头格式如下。

```
Receiving response from host www.lqqm.net:80 ( 16/2/2008 22:25:33 )
```

现在找到不一样的地方，而且是由服务器产生的数据，此数据极有可能需要关联。

第三步：将脚本中用到关联的数据用参数代替。

（1）在进行 B/S 结构的 Web 应用数据关联时，web_reg_save_param 是最重要的一个函数，其功能是从服务器获得响应后，通过设定左、右边界字符串，找出变化的数据（即需要关联的数据）并将其储存在一个参数中，以供后续脚本使用。找到需要关联的数据之后，接下来在适当的位置使用 web_reg_save_param 函数，将数据存储到某个变量，如图 6-19 所示。

```
web_reg_save_param( "ID", "LB=t=", "RB='", "Search=Body", LAST );
web_submit_form("bbslogin",
    "Snapshot=t9.inf",
    ITEMDATA,
    "Name=id", "Value=tonyyy余", ENDITEM,
    "Name=pw", "Value=yyyy1234", ENDITEM,
    "Name=ipmask", "Value=8 IP", ENDITEM,
    LAST);

web_url("Lqqm.NetBe8BDYDZSLOSQLUBEWUQMRVPABXCCRQBMRHSV_B",
    "URL=http://www.lqqm.net/Lqqm.NetBe8BDYDZSLOSQLUBEWUQMRVPABXCCRQBMRHSV_B/?t={ID}",
    "Resource=0",
    "RecContentType=text/html",
    "Referer=",
    "Snapshot=t10.inf",

*** [tid=370 Action 4] Receiving response from host www.lqqm.net:80 ( 16/2/2008 22:25:33 )

"<HTML>\n"
"<head><meta http-equiv=Content-Type content=\"text/html; charset=gb2312\"><script>location.rep"
"lace('/Lqqm.NetBe8BDYDZSLOSQLUBEWUQMRVPABXCCRQBMRHSV_B/?t=1203171743');</script>"
```

左边界为“t=”

图 6-19　关联数据的左边界

（2）为了找出使用 web_reg_save_param 函数的正确位置，要重新执行一遍脚本，而且要开启脚本日志功能（启动 Log），如图 6-20 所示。启动 Log 的操作步骤如表 6-5 所示。

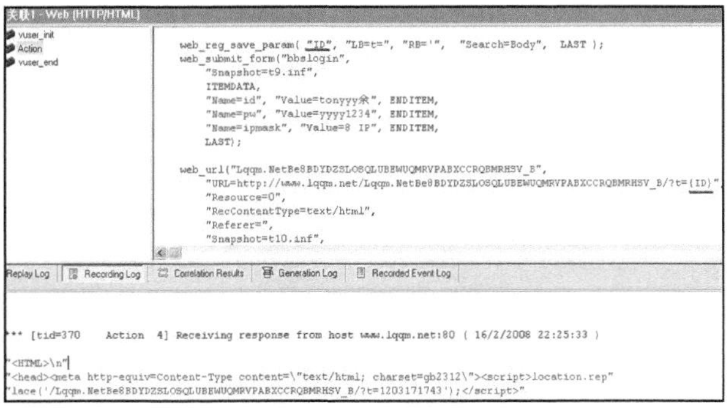

```
关联1 - Web (HTTP/HTML)
vuser_init
Action
vuser_end

web_reg_save_param( "ID", "LB=t=", "RB='", "Search=Body", LAST );
web_submit_form("bbslogin",
    "Snapshot=t9.inf",
    ITEMDATA,
    "Name=id", "Value=tonyyy余", ENDITEM,
    "Name=pw", "Value=yyyy1234", ENDITEM,
    "Name=ipmask", "Value=8 IP", ENDITEM,
    LAST);

web_url("Lqqm.NetBe8BDYDZSLOSQLUBEWUQMRVPABXCCRQBMRHSV_B",
    "URL=http://www.lqqm.net/Lqqm.NetBe8BDYDZSLOSQLUBEWUQMRVPABXCCRQBMRHSV_B/?t={ID}",
    "Resource=0",
    "RecContentType=text/html",
    "Referer=",
    "Snapshot=t10.inf",

Replay Log | Recording Log | Correlation Results | Generation Log | Recorded Event Log

*** [tid=370    Action  4] Receiving response from host www.lqqm.net:80 ( 16/2/2008 22:25:33 )

"<HTML>\n"
"<head><meta http-equiv=Content-Type content=\"text/html; charset=gb2312\"><script>location.rep"
"lace('/Lqqm.NetBe8BDYDZSLOSQLUBEWUQMRVPABXCCRQBMRHSV_B/?t=1203171743');</script>"
```

图 6-20　脚本和日志信息

表 6-5　启动 Log 的操作步骤

操作步骤	详 细 描 述
第一步	在 VuGen 中选择【Vuser】>【Run-Time Settings】选项
第二步	选择【General】>【Log】选项
第三步	根据需要选中【Enable logging】、【Always sends messages】、【Extended log】和【Extended log】下的选项
第四步	单击【OK】按钮，即可执行脚本

web_reg_save_param 是一个注册类型函数（Registration Type Function），注册类型函数是在下一个 Action Function 完成时执行。例如，当某个 web_url 执行时，接收到的网页内容中包含了要做关联的动态数据，必须将 web_reg_save_param 放在此 web_url 之前，web_reg_save_param 会在 web_url 执行完毕后，即网页内容都下载完后，再执行 web_reg_save_param 寻找要关联的动态数据并建立参数。执行完脚本之后，在 Execution Log 中查找前面复制的字符串。找到字符串后，在字符串前面会有 Action1.c（25），根据前面的说明，可以知道这个 25 就是要插入 web_reg_save_param 函数的位置，也就是要将函数插入脚本的第 25 行。在脚本的第 25 行前插入一行空白行，然后输入 web_reg_save_param 函数内容。

【重点提示】

右边界为单引号（'），最好应用其转义字符的形式，即"RB=\'"，这里偷懒写了"RB='"，但执行成功了，所以没有更改。在更为复杂的情况下，有可能会出问题，建议还是应该规范脚本的编写，遇到"'（单引号）、"（双引号）、\（反斜杠）"等需要转译的字符时，加上转义符，防止出现问题。

6.3.4　关联规则

知道系统很多业务处理的关联规则后，可以利用 LoadRunner 工具提供的关联规则来实现自动关联，从而方便地处理关联方面的问题。

要使用该功能，则在 VuGen 中，选择【Vuser】>【Recording Options】选项，打开【Recording Option】对话框，如图 6-21 所示。

选择 Correlation 选项，可以看见 LoadRunner 提供了一些已知的关联规则，若要在录制时就能根据相应的关联规则自动关联，则启用"Enable correlation during recording"选项，然后单击【New Application】按钮，创建一个基于某系统或某类业务的应用名称，这里创建一个名称为"MyTestRule"的应用名称，如图 6-22 所示。

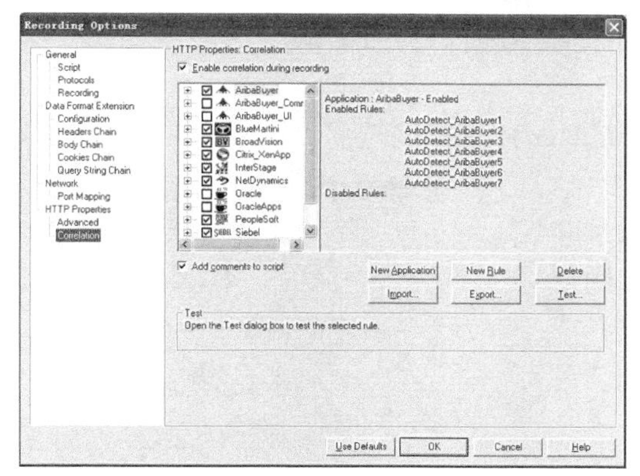

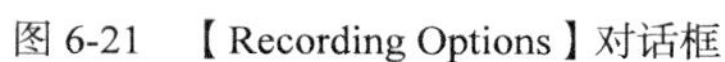

图 6-21 【Recording Options】对话框

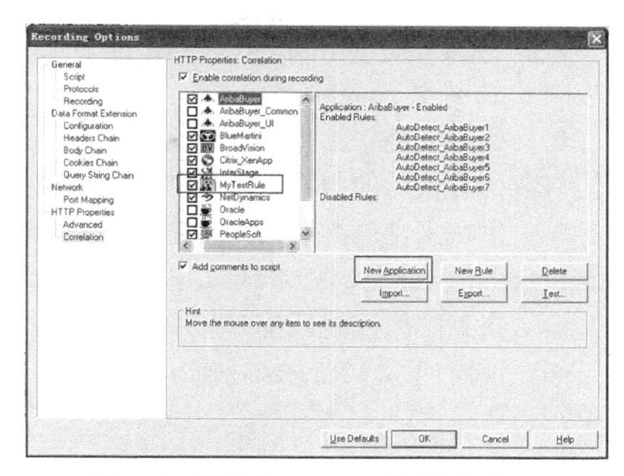

图 6-22 创建“MyTestRule”应用名称

然后可以根据前面已经了解的内容建立关联规则，选择“MyTestRule”，单击【New Rule】按钮，弹出图 6-23 所示的对话框，可以选择或补充相关内容，如关联查找的区域、左边界、右边界、参数前缀、是否匹配大小写和启用“#”匹配数字、XPath 规则等。这里仍以上一节的内容为例，已知“t=”后的数值字符串总是发生变化，所以此部分需要做关联，根据前面发现的规律，在 Left boundary 文本框中输入“t=”，在 Right boundary 文本框中输入“'”，如图 6-24 所示。这样当再次录制脚本时，VuGen 自动完成关联处理，录制完成后，产生的脚本如图 6-25 所示。从图 6-25 中可以看到其产生的关联函数与之前应用的函数不同，前面应用的关联函数为“web_reg_save_param”，而这里生成的关联函数为“web_reg_save_param_ex”。“web_reg_save_param_ex”函数在性能方面做了一些改善，添加了 1 个搜索范围限定的参数，使得效率更高，建议尽量使用该函数。

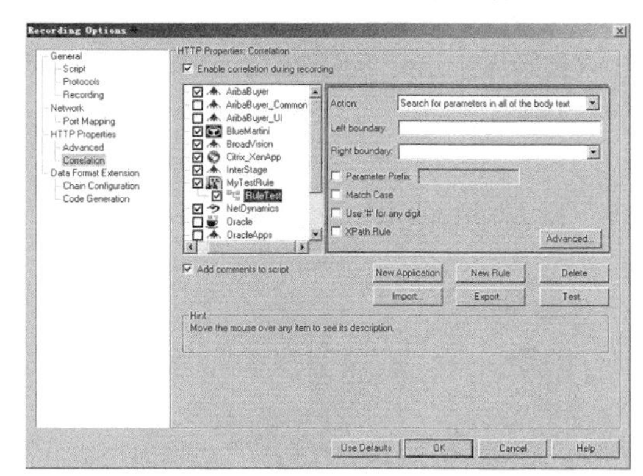

图 6-23 创建“RuleTest”规则

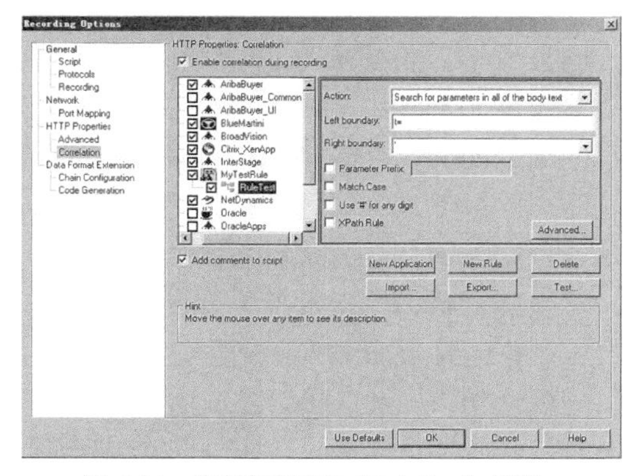

图 6-24 补充完整后的“RuleTest”规则

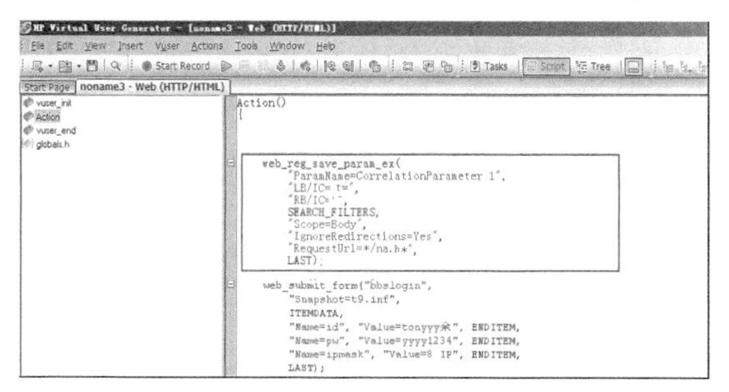

图 6-25 根据定义的关联规则自动生成的关联函数

在图 6-24 中，单击【Advanced】按钮，弹出图 6-26 所示的对话框。

图 6-26 中各选项的含义如下。

- 始终创建新参数(Always create new parameter)：选中该选项，可为该规则新建参数，即使参数所替换的值与上一实例相比没有变化。
- 仅在完全匹配时使用参数替换(Replace with parameter only for exact matches)：选中该选项，则仅在文本与找到的值完全匹配时才将值替换为参数。
- 反向搜索（Reverse serch）：选中该选项，可以执行向后搜索。
- 左边界实例（Left Boundary Instance）：选中该选项，并指定所需实例，默认选择第一个匹配的左边界值。

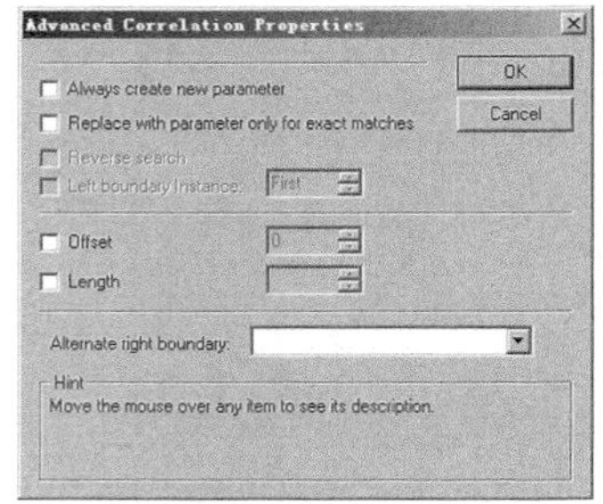

图 6-26 “Advanced Correlation Properties”对话框

- 偏移（Offset）：选中该选项，可指定匹配项中字符串的偏移。
- 长度（Length）：选中该选项，可指定要保存到参数中的匹配字符串的长度，此选项可以与偏移选项一同使用。
- 备用右边界（Alternate right boundary）：可以在该文本框中输入其他右边界，或者从下拉列表框中选择 User-defined Text、Newline Character、End Of Page 选项。

6.3.5 关联函数详解

web_reg_save_param 函数主要根据需要做关联的动态数据前面和后面固定字符串来识别、提取动态数据，所以在关联时需要找出动态数据的左、右边界字符串。

函数原型：int web_reg_save_param（const char *ParamName，<list of Attributes>，LAST）

参数说明如下。

ParamName：存放动态数据的参数名称。

list of Attributes：其他属性，包含 Notfound、LB、RB、RelFrameID、Search、ORD、SaveOffset、Convert 和 SaveLen。各属性值的含义如下。

- Notfound：指定找不到要找的动态数据时的处置方式。
  - Notfound=error：当找不到动态数据时，发出一个错误信息，此为 LoadRunner 的默认值。
  - Notfound=warning：当找不到动态数据时，不发出错误信息，只发出警告，脚本也会继续执行下去不会中断。
- LB：动态数据的左边界字符串，该参数为必选参数，而且区分大小写。
- RB：动态数据的右边界字符串，该参数为必选参数，而且区分大小写。
- ORD：表示提取第几次出现的左边界的数据，该参数为可选参数，默认值是 1。如果值为 All，则查找所有符合条件的数据并把这些数据储存在数组中。
- Search：搜寻的范围，包括 Headers（只搜寻 Headers）、Body（只搜寻 Body 部分，不搜寻 header）、Noresource（只搜寻 body 部分，不搜寻 Header 与 Resource）和 All（搜寻全部范围，此为默认值），该参数为可选参数。
- RelFrameID：相对 URL 而言，欲搜寻的是网页的 Frame，此属性值可以是 All 或具体的数字，该参数为可选参数。

- SaveOffset：当找到符合的动态数据时，从第几个字符开始储存到参数中，该参数为可选参数。此属性值不可为负数，其默认值为 0。
- Convert：可能的值有以下两种。
  - HTML_TO_URL：将 HTML-encoded 数据转换成 URL-encoded 数据格式。
  - HTML_TO_TEXT：将 HTML-encoded 数据转换成纯文字数据格式。
- SaveLen：从 Offset 开始算起，到指定长度内的字符串，才储存到参数中，该参数为可选参数，默认值是–1，表示储存到结尾的整个字符串。

下面结合登录 www.lqqm.net 脚本的示例，找出 web_reg_save_param 中要用到的边界值。

（1）找出左边界字符串。

在图 6-19 的 Execution Log 中，选取动态数据前的字符串并复制它。那么到底要选取多少字符串才能唯一识别要找的动态数据呢？这里选取“t=”字符串，然后确认该字符串是否可以唯一识别，所以在 Execution Log 中按 Ctrl+F 组合键弹出搜索对话框，在对话框中输入要搜索的字符串，看是否可以找到更多“t=”字符串。如果找不到，就可以直接应用函数，若找到了不止一个“t=”字符串，那么还可以使用 web_reg_save_param 函数的 ORD 参数设定第几次出现的字符串才是要取的字符串（ORD 与其他参数的内容将在后面介绍）。将左边界值加到未完成的 web_reg_save_param 函数中，则函数变成如下形式。

```
web_reg_save_param("ID","LB=t=",
```

（2）找出右边界字符串。

左边界字符串找到后，再找右边界字符串，在这个例子中，右边界字符就是“'”，如图 6-27 所示。把右边界字符串加入 web_reg_save_param 函数，知道左、右边界值后，可以确定要关联的数据，最后加上“"Search=Body"，LAST”，完成整个 web_reg_save_param 函数。完整的 web_reg_save_param 函数代码如下。

```
web_reg_save_param("ID", "LB=t=", "RB=' ", "Search=Body", LAST);
```

图 6-27 最终函数信息和日志信息

（3）将脚本中关联的数据以参数取代。

使用函数中的 ID 参数替换脚本中具体值的内容，代码如下。

```
    "Referer=http://www.lqqm.net/Lqqm.NetBe8BDYDZSLOSQLUBEWUQMRVPABXCCRQBMRHSV_B/?t=1203171
743", ENDITEM,
    替换成"Referer=http://www.lqqm.net/Lqqm.NetBe8BDYDZSLOSQLUBEWUQMRVPABXCCRQBMRHSV_B/?t={ID}", ENDITEM,
```

结果如图6-28所示。

```
web_url("Lqqm.NetBe8BDYDZSLOSQLUBEWUQMRVPABXCCRQBMRHSV_B",
    "URL=http://www.lqqm.net/Lqqm.NetBe8BDYDZSLOSQLUBEWUQMRVPABXCCRQBMRHSV_B/?t={ID}",
    "Resource=0",
    "RecContentType=text/html",
    "Referer=",
    "Snapshot=t10.inf",
    "Mode=HTML",
    EXTRARES,
    "Url=../bbslg.css", "Referer=http://www.lqqm.net/Lqqm.NetBe8BDYDZSLOSQLUBEWUQMRVPABXCCRQBMRHSV_B/?t={ID}", ENDITEM,
    "Url=../lbgSN.jpg", "Referer=http://www.lqqm.net/Lqqm.NetBe8BDYDZSLOSQLUBEWUQMRVPABXCCRQBMRHSV_B/bbsleft?t=1203171746", ENDITEM,
    "Url=http://control.clickeye.com.cn/css/css.css", "Referer=http://www.lqqm.net/Lqqm.NetBe8BDYDZSLOSQLUBEWUQMRVPABXCCRQBMRHSV_B/bbsleft
    "Url=http://control.clickeye.com.cn/common/site/tag.js?host=http://www.lqqm.net", "Referer=http://www.lqqm.net/Lqqm.NetBe8BDYDZSLOSQLU
    "Url=bbscon/springfes5.jpg?B=89&F=M.1202237102.A&attachpos=152&attachname=/springfes5.jpg", "Referer=http://www.lqqm.net/Lqqm.NetBe8BI
    LAST);
```

图6-28 需替换的脚本

完成关联后，接下来执行脚本，检查能否成功运行，如果还是有问题，则检查是否还有其他数据需要关联或者其他问题。

【重点提示】

在LoadRunner 11.0以后的版本中，建议使用功能更强大、效率更高的web_reg_save_param_ex、web_reg_save_param_xpath函数，更多关于该函数的信息，请参见帮助信息。

6.3.6 简单关联的应用实例

下面通过简单的例子，介绍web_reg_save_param函数的应用。

1. 示例

首先，建立Index.jsp和Resp.jsp文件，这两个文件可以从相关地址下载mytest.zip文件，然后将其解压到Tomcat的webapps目录下获得。

```
Index.jsp
<%@ page contentType="text/html; charset=GBK" %>
<html>
<body>
<h1>hello world.</h1>
<h1>hello worldx</h1>
<hr>
<h2><%out.print("hello yuy");%></h2>
<form action="resp.jsp" method="post">
<input type="text" name="t1"></input>
<input type="submit" name="b1" value="提交">
</body>
</html>

Resp.jsp
<%@ page contentType="text/html; charset=GBK" %>
<html>
<%
  out.print(request.getParameter("t1"));
%>
</body>
</html>
```

然后分析这两个jsp文件的功能。Index.jsp文件主要用于在页面上输出hello world、hello

worldx 和 hello yuy，还有一个文本域和一个提交按钮，如图 6-29 所示。Resp.jsp 文件主要用于输出 Index.jsp 文本域提交的内容，如图 6-30 所示。

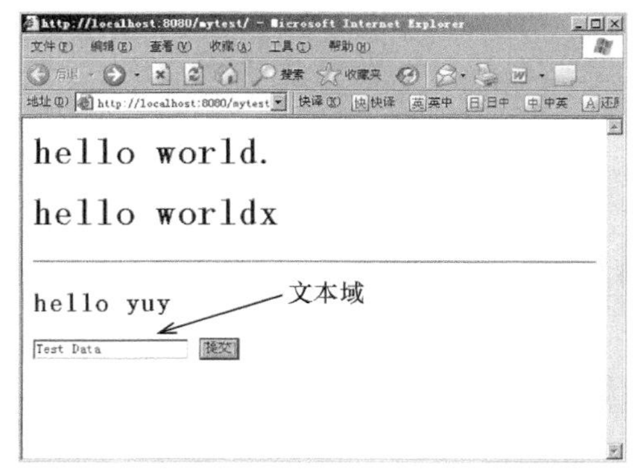

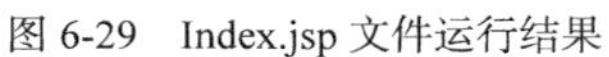
图 6-29 Index.jsp 文件运行结果

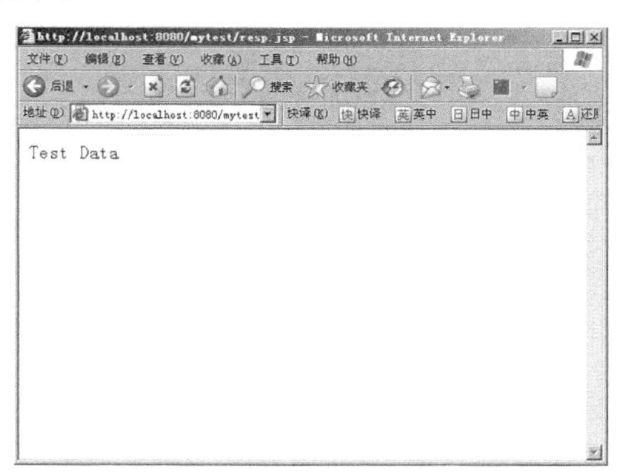

图 6-30 Resp.jsp 文件运行结果

2. 问题 6-1

能不能捕获页面上的“hello world.”并作为文本域输入内容提交呢？

从图 6-31 显示的日志可以看出“<h1>hello world.</h1>”的左边界为“<h1>”，右边界为“</h1>”，知道了左右边界以后，就可以写出：

```
    web_reg_save_param("mystr","LB=<h1>","RB=</h1>","SaveOffset=0","SaveLen=12","NotFound=ERROR","Search=Body",    LAST);
```

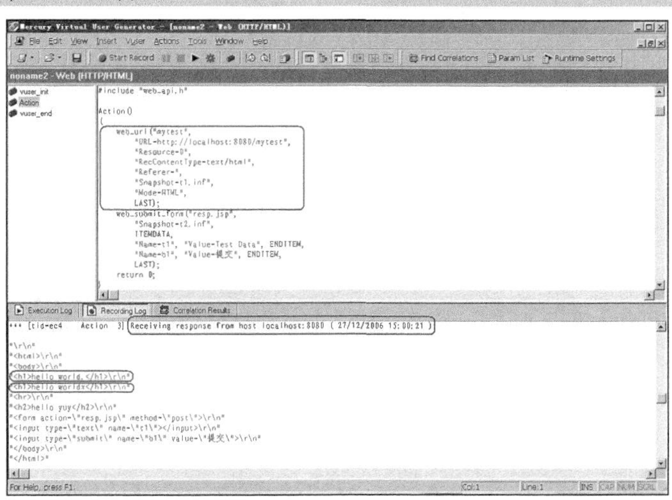

图 6-31 脚本和响应日志信息

即取第一个满足响应页面中<h1>和</h1>之间的字符串，从第一个字符开始取 12 个字符，即“hello world.”。函数的使用请参考前面的讲解和 LoadRunner 函数的使用说明，这里不再赘述。

最后，把 web_reg_save_param 函数放置于 web_url 前，在前面已经介绍过，因为 web_reg_save_param 是 Service Function 的原因，用“{mystr}”替换“Test Data”就解决了问题 6-1。

相应脚本代码（CorrelateAdvanceScript）如下。

```
    #include "web_api.h"

    Action()
```

```
{
//需要在链接的页面之前定义需保存的关联变量
//把关联传入相应的组件
    web_reg_save_param("mystr",
        "LB=<h1>",
        "RB=</h1>",
        "SaveOffset=0",
        "SaveLen=12",
        "NotFound=ERROR",
        "Search=Body",
        LAST);

    web_url("index.jsp",
        "URL=http://localhost:8080/mytest/index.jsp",
        "Resource=0",
        "RecContentType=text/html",
        "Referer=",
        "Snapshot=t1.inf",
        "Mode=HTML",
        LAST);

    web_submit_data("resp.jsp",
        "Action=http://localhost:8080/mytest/resp.jsp",
        "Method=POST",
        "RecContentType=text/html",
        "Referer=http://localhost:8080/mytest/index.jsp",
        "Snapshot=t2.inf",
        "Mode=HTML",
        ITEMDATA,
        "Name=t1", "Value={mystr}" ,ENDITEM,
        "Name=b1", "Value=提交", ENDITEM,
        LAST);

    return 0;
}
```

在 LoadRunner 中的运行结果如图 6-32 所示。

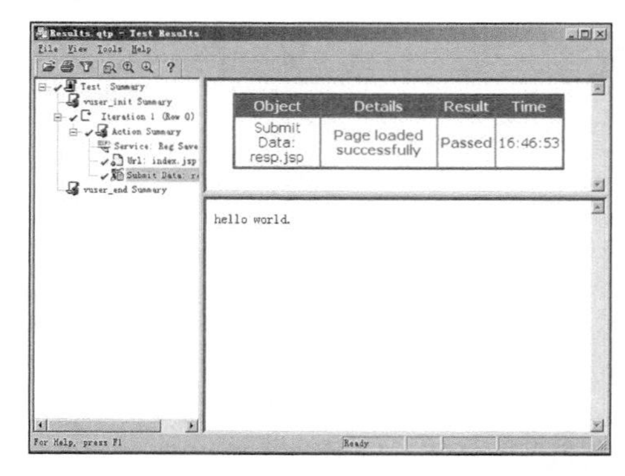

图 6-32 CorrelateAdvanceScript 脚本运行结果

6.3.7 较复杂关联的应用实例

问题 6-2

能不能把页面上<h1>和</h1>中所有符合的字符串拼接起来作为文本域的输入进行提交呢?

可以参见图 6-25 服务器响应信息的日志信息，根据响应信息不难发现，有两个字符串符合要求，即“hello world.”和“hello worldx”。根据问题 6-2 的要求，要把“hello world.hello worldx”作为文本域的输入进行提交。

相应脚本代码（CorrelateAdvanceScript）如下。

```
#include "web_api.h"

Action()
```

```
{
    char word_Name[256];
    char str[1024];
    int i;
    int cnt;

    web_reg_save_param("mystr",
         "LB=<h1>",
         "RB=</h1>",
         "Ord=All",
         "Search=All",
         LAST);

     web_url("mytest",
         "URL=http://localhost:8080/mytest",
         "Resource=0",
         "RecContentType=text/html",
         "Referer=",
         "Snapshot=t1.inf",
         "Mode=HTML",
         LAST);

    //输出符合条件的记录数
    lr_output_message("符合条件的记录数: %s 条", lr_eval_string("{mystr_count}"));

    //将记录数转换为数字
    cnt=atoi(lr_eval_string("{mystr_count}"));

    for (i=1;i<=cnt;i++)
     {
    //将数组单元内容转换到 word_Name 中
        sprintf(word_Name,"{mystr_%d}",i);
    //输出数组单元的内容
        lr_output_message("符合条件的第%d 个数据内容是%s",i,lr_eval_string(word_Name));
    //把数组中的所有内容放到 str 中
        strcat(str, lr_eval_string(word_Name));
     }

lr_output_message("拼接后的字符串内容是%s",str);
//将拼接的字符串放置到 both 变量
     lr_save_string(lr_eval_string(str),"both");
    //参数化要提交的内容 both 变量
     web_submit_form("resp.jsp",
         "Snapshot=t2.inf",
         ITEMDATA,
         "Name=t1", "Value={both}", ENDITEM,
         "Name=b1", "Value=提交", ENDITEM,
         LAST);

     return 0;
}
```

【脚本分析】

首先定义了一些变量，这些变量的作用如下。

char word_Name[256]：存放符合条件的字符串信息“hello world.”和“hello worldx”。

char str[1024]：　　存放拼接后的字符串信息，即“hello world.hello worldx”。

int i：　　循环时用到的临时整型变量。

int cnt：　　存放符合条件的字符串个数。

因为要找出<h1>和</h1>中所有符号的字符串，所以 web_reg_save_param 函数的 ORD 和 Search 参数均设置为 All。因为 web_reg_save_param 是 Service Function，所以把 web_reg_save_param 函数放置于 web_url 函数前，前面已经讲过。

```
web_reg_save_param("mystr",
     "LB=<h1>",
     "RB=</h1>",
     "Ord=All",
     "Search=All",
     LAST);

 web_url("mytest",
     "URL=http://localhost:8080/mytest",
     "Resource=0",
     "RecContentType=text/html",
     "Referer=",
     "Snapshot=t1.inf",
     "Mode=HTML",
     LAST);
```

下面介绍如何得到符合要求的字符串个数，并将这些字符串输出和拼接起来。

先来看一下如何得到符合条件的字符串个数，下面脚本中的 mystr_ count 变量是由 web_reg_save_param 函数存放参数名称“mystr”和“_count”构成的，这是 LoadRunner 系统规定这样应用的，大家在使用时要记住这种写法。为了输出符合条件的字符串个数，用 lr_eval_string（"{mystr_count}"）将 mystr_count 转换为字符串进行输出，代码如下。

```
lr_output_message("符合条件的记录数: %s 条", lr_eval_string("{mystr_count}"));
```

接着需要将字符串转换为整型数，这里应用了 atoi 函数，它是一个系统函数，函数原型为：int **atoi** (const char **string*)。

函数功能是将一个字符串转换成整型数。例如，将符合条件的字符串个数存储到 cnt 整型变量中，代码如下。

```
  cnt=atoi(lr_eval_string("{mystr_count}"));
```

接着执行一个循环，将符合条件的字符串存放到 word_Name 中，然后输出 word_Name 内容，将符合条件的字符串拼接起来存放于 str 变量。最后输出拼接后的结果。这里有以下几个地方需要注意。

（1）mystr_%d 变量是由 web_reg_save_param 函数存放参数名称“mystr”和“_%d”构成的，且符合条件的字符串是从 mystr_%1 开始。一定要注意编号是从 1 开始，而不是从 0 开始。上面例子中，因为符合条件的字符串共有两个，所以对应的变量就应该有两个，即 mystr_%1 和 mystr_%2，并分别存放“hello world.”和“hello worldx”这两个字符串。

（2）本脚本使用了两个非常重要的函数：sprintf 和 strcat。Sprintf 函数的原型如下。

```
int sprintf ( char *string, const char *format_string[, args] );
```

参数名称。

String：存放数据的字符串。

format_string：一个或者多个格式化字符串。

Args：一个或多个需输出的参数。

Sprintf 函数的功能是将格式化数据存到一个字符串中。

Strcat 函数的原型如下。

```
char *strcat ( char *to, const char *from );
```

Strcat 函数的功能是将两个字符串拼接到一起。

如果想深入了解函数及其示例，请参考 LoadRunner 函数使用帮助。

```
    for (i=1;i<=cnt;i++)
     {
    //将数组单元的内容转换到 word_Name 中
        sprintf(word_Name,"{mystr_%d}",i);
    //输出数组单元的内容
        lr_output_message("符合条件的第%d个数据内容是%s",i,lr_eval_string(word_Name));
    //把数组中的所有内容放到 str 中
        strcat(str, lr_eval_string(word_Name));
     }
     lr_output_message("拼接后的字符串内容是%s",str);
```

最后，将拼接的字符串通过 lr_save_string 函数放置到变量 both 中，参数化需要提交的数。结果信息如图 6-33 和图 6-34 所示。

```
//将拼接的字符串放置到 both 变量
    lr_save_string(lr_eval_string(str),"both");
    //参数化要提交的内容 both 变量
    web_submit_form("resp.jsp",
        "Snapshot=t2.inf",
        ITEMDATA,
        "Name=t1", "Value={both}", ENDITEM,
        "Name=b1", "Value=提交", ENDITEM,
        LAST);
```

```
Starting action vuser_init.
Web Turbo Replay of LoadRunner 8.0.0 for WINXP; Web build 4121      [MsgId: MMSG-27143]
Run-Time Settings file: "E:\books\CorrelateAdvanceScript\\default.cfg"      [MsgId: MMSG-27141]
Ending action vuser_init.
Running Vuser...
Starting iteration 1.
Starting action Action.
Action.c(11): Registering web_reg_save_param was successful      [MsgId: MMSG-26390]
Action.c(18): Redirecting "http://localhost:8080/mytest" (redirection depth-0)      [MsgId: MMSG-26694]
Action.c(18): To location "http://localhost:8080/mytest/"   [MsgId: MMSG-26693]
Action.c(18): web_url("mytest") was successful, 231 body bytes, 379 header bytes, 5 chunking overhead bytes      [MsgId: MMSG-26385]
Action.c(28): 符合条件的记录数：2条
Action.c(38): 符合条件的第1个数据内容是hello world.
Action.c(38): 符合条件的第2个数据内容是hello worldx
Action.c(43): 拼接后的字符串内容是hello world.hello worldx
Action.c(47): Submitting form to "http://localhost:8080/mytest/resp.jsp", Target Frame=""      [MsgId: MMSG-27978]
Action.c(47): web_submit_form("resp.jsp") was successful, 54 body bytes, 140 header bytes      [MsgId: MMSG-26386]
Ending action Action.
Ending iteration 1.
Ending Vuser...
Starting action vuser_end.
Ending action vuser_end.
Vuser Terminated.
```

循环输出得到的符合条件的两个字符串

图 6-33　CorrelateAdvanceScript 脚本日志输出信息

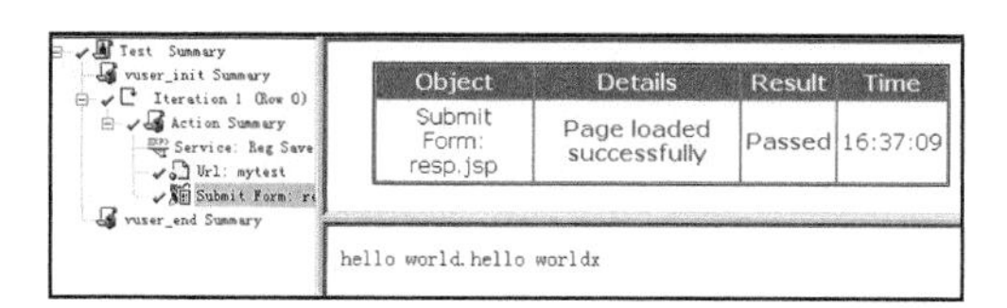

图 6-34　CorrelateAdvanceScript 脚本运行结果

希望读者将从示例中学习到的知识灵活应用于实际的项目测试中，做到举一反三。

6.4 动态链接库函数的调用

使用 LoadRunner 进行性能测试时，在很多情况下，仅仅凭借系统提供的函数可能无法完成测试任务，此时需要自行编写或者使用第三方提供的动态链接库中的函数来完成测试任务。例如，为了提高进销存管理系统数据的安全性，系统采用第三方提供的动态链接库（DLL）文件对用户名和用户密码等关键数据进行了 3DES 加密，为了将明文的用户名和用户密码变为符合 3DES 密文字符串，需要将用户名和密码进行加密，此时必须在 LoadRunner 中调用动态链接库文件提供的函数来完成性能测试工作。

这里用 Delphi 7 编写了一个 mul 函数。函数原型是 function mul（a：integer；b：integer）：integer。函数提供两个整数参数，此函数的功能是，如果第一个参数值大于或者等于 100，则函数返回值为-1，否则将第一个参数值和第二个参数值的乘积作为函数的返回值，然后将此函数的源代码编译成 myfunc.dll 文件，代码如下。

```
library myfunc;

uses
  SysUtils,
  Classes;

{$R *.res}

function mul(a: integer;b: integer): integer;stdcall;
begin
  if (a>=100) then  result: =-1;
  result: =a*b;
end;

exports
   mul;
begin
end.
```

LoadRunner 不仅可以调用自行编写或者第三方提供的动态链接库函数，而且可以调用系统提供的动态链接库函数。在下面的 LoadRunner 脚本文件中调用系统函数 user32.dll 中的 MessageBoxA 函数和刚才编写的 myfunc.dll 中的 mul 函数。

相应脚本代码如下。

```
#include "web_api.h"

Action()
{
    int x=10;
    int y=20;
    int z;
    //系统的函数库
    lr_load_dll("user32.dll");
    MessageBoxA(NULL, "测试消息主体！", "系统提示", 0);
    //自己用 Delphi 编写的函数库
```

```
    lr_load_dll("myfunc.dll");
    z=mul(x,y);
    lr_output_message("x=%d,y=%d,x*y=%d",x,y,z);
    return 0;
}
```

系统弹出一个提示框，然后在回放日志中输出参数及其运行结果，详细信息如图 6-35 所示。

上面是调用动态链接库函数调的例子，在实际测试实践中，需要针对不同项目的特点，灵活应用 LoadRunner，提高测试效率和质量。

【重点提示】

（1）User.dll 动态链接库存放于 Windows 系统的 System32 目录下。

（2）Myfunc.dll 动态链接库可以存放于脚本所在的目录。

（3）如果想查看一个动态链接库文件中包含的函数，可以使用 InspectExe 软件，安装 InspectExe 以后，用鼠标右键单击一个动态链接库文件，选择“属性”，在打开的对话框中查看包含的函数，如图 6-36 所示。

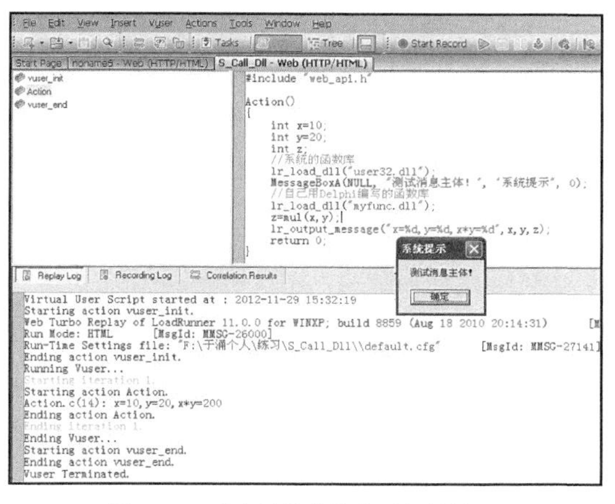

图 6-35 动态链接库脚本运行结果

图 6-36 user32.dll 包含的函数

6.5 特殊函数应用注意事项

在编写测试脚本时，函数使用后可能没有按照用户预先的想法执行，而影响结果的正确性。笔者在实际测试的项目中有这样的一个案例：要测试一个进销存管理系统的进货总额计算是否正确，已知进货商品名称、数量和单价，商品详细信息如表 6-6 所示。

表 6-6 商品进货列表

序　号	商品名称	进货数量	进货单价
1	电视机	2	1 380.00
2	电冰箱	2	859.80
3	微波炉	4	450.00

从表 6-6 中的数据可知，进货总额应为 2 × 1380.00+2 × 859.80+4 × 450.00 = 6279.60，从页面取得的进货总额数据信息转换成浮点数以后与 6279.60 对比，如果相等，则说明系统关

于进货总额部分的处理是正确的，如果不等，则说明统计错误。从页面上得到的数值为 6279.60，脚本的计算结果也为 6279.60，为什么系统反馈的提示信息始终是“预期结果与实际结果不等！”呢？

相应脚本关键代码如下。

```
#include "web_api.h"

//double atof ( const char *string );
Action()
{
    char   totalprice[64]="6279.60";
    float   price[3]={1380.00,859.80,450.00};
    int     quantity[3]={2,2,4};
    char   strtmpres[64];
    float   ftotalprice=0;
    int  i;
    for (i=0;i<=2;i++)
    {
       ftotalprice=ftotalprice+price[i]*quantity[i];
    }
    lr_output_message("用 atof 格式化输出 totalprice=%f",atof(totalprice));
    lr_output_message("浮点数取的是近似值请看函数的输出结果: %f",ftotalprice);
    sprintf(strtmpres,"%.2f",ftotalprice);
    lr_output_message("保留两位小数格式化的浮点数为: %s ",strtmpres);
    if (strcmp(strtmpres,totalprice)==0)
    {
       lr_output_message("预期结果与实际结果相等!");
     }
    else
    {
       lr_output_message("预期结果与实际结果不等!");
     }
    return 0;
}
```

在不声明函数 atof 时，运行结果如图 6-37 所示，脚本代码如下。

```
lr_output_message("用 atof 格式化输出 totalprice=%f",atof(totalprice));
```

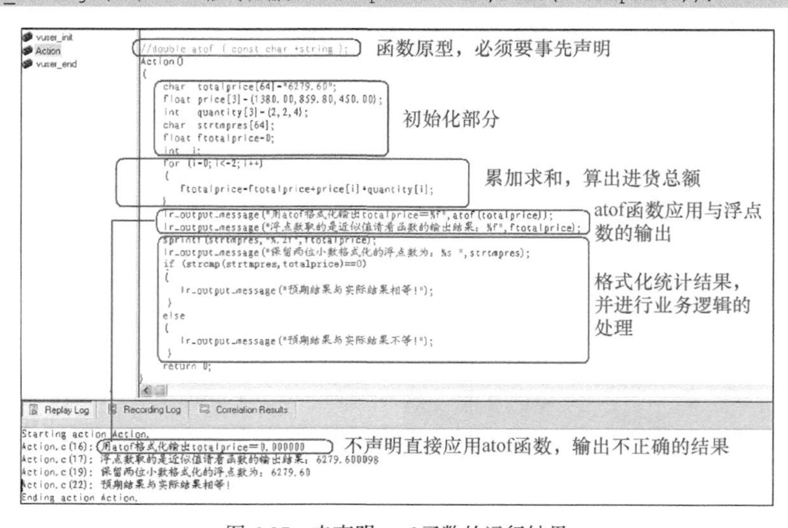

图 6-37　未声明 atof 函数的运行结果

在未声明函数 atof 函数时，输出结果如下。

```
用 atof 格式化输出 totalprice=0.000000
```

显然这不是期望的结果。

声明函数 atof 后，运行结果如图 6-38 所示，相应脚本的输出结果如下。

```
用 atof 格式化输出 totalprice=6279.600000
```

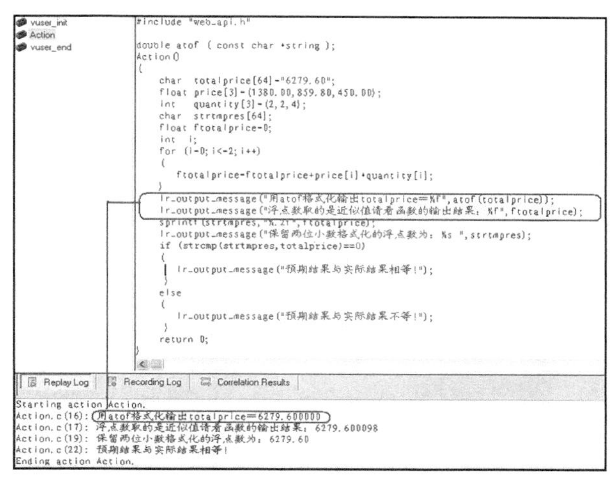

图 6-38　声明 atof 函数后的运行结果

那么为什么会出现这样的结果呢?

【脚本分析】

首先声明了 atof 函数，但为了演示不声明函数会出现的问题，先将这部分代码注释掉。

```
//double atof ( const char *string );
```

其次，在 Action 部分，初始化和声明了一些变量。

```
char   totalprice[64]="6279.60";               //期望进货总额数值
float   price[3]={1380.00,859.80,450.00};      //进货商品单价数组
int    quantity[3]={2,2,4};                    //进货商品数量数组
char   strtmpres[64];                          //存放格式化浮点字符串的临时变量
float   ftotalprice=0;                         //存放计算进货总额变量，初始化为 0
int  i;                                        //临时整型变量
```

将 3 组进货单价*进货数量相加，并将结果存放到 ftotalprice 中。

```
for (i=0;i<=2;i++)
{
   ftotalprice=ftotalprice+price[i]*quantity[i];
}
```

在未声明 atof 函数时，应用 atof 函数，输出 atof（totalprice），即将“6279.60”转换成浮点数，但我们发现运行结果的输出为“0.000000”，而声明函数后运行结果的输出为“6279.600000”。

```
lr_output_message("用 atof 格式化输出 totalprice=%f",atof(totalprice));
```

为什么会这样?

通过 LoadRunner 的函数联机帮助查看原文描述如图 6-39 所示。

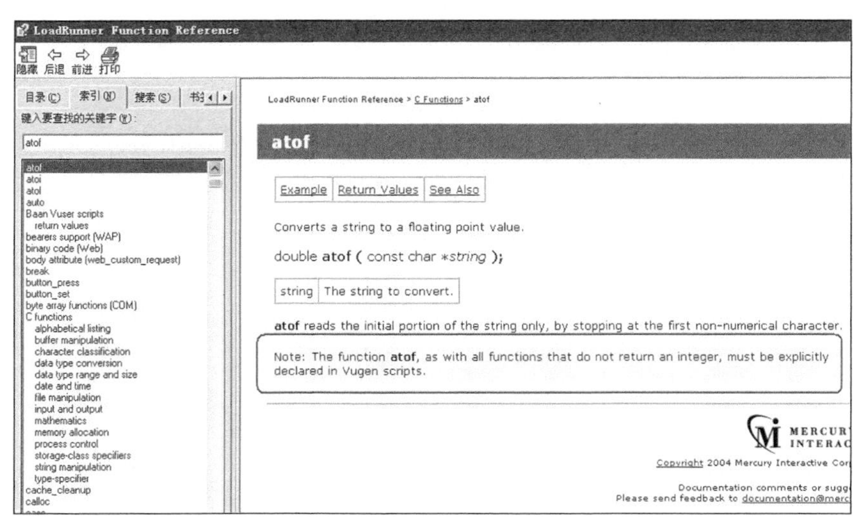

图 6-39 atof 函数联机帮助

方框中注释信息为：“Note：The function atof，as with all functions that do not return an integer，must be explicitly declared in Vugen scripts.”，这句话的含义是“注释：atof 函数以及所有非返回整型数值的函数，必须在脚本生成器中明确指出”，所以在应用函数时一定要查看联机帮助有无注释部分，正确应用函数。

浮点数的取值是近似值，计算可以得到 $1380.00 \times 2 + 859.80 \times 2 + 450.00 \times 4 = 6279.60$，而实际结果的输出却是 6279.600098，从而说明浮点数取的是近似值。所以两个浮点数不能进行比较。如比较 6279.60 和 6279.600098 判断其是否相等，应该将浮点数格式化成相同精度的字符串再进行比较，这样可以防止意外情况的发生。

```
lr_output_message("浮点数取的是近似值请看函数的输出结果: %f",ftotalprice);
```

格式化 ftotalprice 取小数点后两位，并将结果字符串存放到 strtmpres，目的就是与 totalprice 字符串进行相同精度的比较，格式化后，输出 strtmpres 为“6279.60”。

```
sprintf(strtmpres,"%.2f",ftotalprice);
lr_output_message("保留两位小数格式化的浮点数为: %s ",strtmpres);
```

最后，加入逻辑控制，如果 strtmpres 和 totalprice 的内容相同，则输出“预期结果与实际结果相等!”，否则输出“预期结果与实际结果不等!”，因为两者内容相同，所以输出结果为“预期结果与实际结果相等!”。

```
if (strcmp(strtmpres,totalprice)==0)
{
   lr_output_message("预期结果与实际结果相等!");
 }
else
{
   lr_output_message("预期结果与实际结果不等!");
 }
```

【重点提示】

（1）在应用函数时应仔细阅读函数的联机说明和示例，要特别注意有无注释，如果函数事先需要声明，则在应用之前必须先声明后使用。

（2）因为浮点数的取值是近似值，所以在进行等值判断时，必须取相同的精度，最好转换为字符串后再进行等值比较。

6.6 自定义函数应用

在进行项目性能测试过程中，尽管 LoadRunner 本身提供了许多函数，但有时为了结合项目的实际业务逻辑，可能需要编写一些辅助函数，甚至编写一套自定义的函数库。例如，一个通用的员工薪资管理系统，有一部分就是员工工资统计。统计工资时需要对 4 个整型数字进行相加，并要求每个参数值必须大于 100，小于 9000，LoadRunner 本身并没有提供这样的函数，结合业务的实际情况。需要自行编写一个函数来完成该项功能。

6.6.1 自定义函数仅应用于本脚本的实例

结合以上业务需求，编写 4 个整型数求和函数，代码如下。

```
    int SumFour(int a,int b,int c,int d)
    {
      if ((a<100) || (a>9000) || (b<100) || (b>9000) || (c<100) || (c>9000) || (d<100) || (d>
9000))
         { return -1; }
      else { return a+b+c+d; }
    }
```

为了验证函数的正确性，准备了两组数据，将实际输出与预期结果进行比较，如果与预期的结果一致，则说明函数是正确的，否则说明函数的实现是错误的。

相应脚本代码（SelfDefineScript）如下。

```
    #include "web_api.h"

    int SumFour(int a,int b,int c,int d) //自定义 4 个整型数字求和函数
    {
      if ((a<100) || (a>9000) || (b<100) || (b>9000) || (c<100) || (c>9000) || (d<100) || (d>
9000))
         { return -1; }
      else { return a+b+c+d; }
    }
    Action()
    {   int invaild[5]={-1,0,1,99,9001};                  //不符合函数要求的数字集合
        int vaild[4]={100,101,8999,9000};                  //符合函数要求的数字集合
        int expect[5]={400,404,35996,36000,18200};   //针对 vaild 数组的预期结果数组
        int i;                                          //临时变量
        lr_output_message("SumFour 函数要求 4 个参数均介于 100～9000: ");
        lr_output_message("第一组数据，不符合参数限制数据项，应返回-1:");
        for (i=0;i<=4;i++)
        {
          lr_output_message("%d:  SumFour(%d,%d,%d,%d)=%d",i+1,invaild[i],invaild[i],
    invaild[i],invaild[i],SumFour(invaild[i],invaild[i],invaild[i],invaild[i]));
        };
```

```
    lr_output_message("6:  SumFour(%d,%d,%d,%d)=%d",invaild[0],invaild[1],invaild[2],
invaild[3], SumFour(invaild[0],invaild[1],invaild[2],invaild[3]));
    lr_output_message("第二组数据，符合参数限制数据项，应返回期望值:");
    for (i=0;i<=3;i++)
    {
        lr_output_message("%d: SumFour(%d,%d,%d,%d)=%d 期望值为%d",i+1,vaild[i],
vaild[i],vaild[i],vaild[i],vaild[i],SumFour(vaild[i],vaild[i],vaild[i],vaild[i]),expect[i]);
    };
lr_output_message("5: SumFour(%d,%d,%d,%d)=%d 期望值为%d",vaild[0],vaild[1],
vaild[2],vaild[3],SumFour(vaild[0],vaild[1],vaild[2],vaild[3]),expect[4]);
    return 0;
}
```

【脚本分析】

首先，结合业务需求实现了函数 SumFour()。该函数有 4 个参数，用于将大于 100，小于 9000 的参数值相加。SumFour 函数有一个返回值，当 4 个参数中的任何一个数值不满足大于 100，小于 9000 时，函数返回值为–1，否则，函数返回 4 个参数的和。函数 SumFour()原型代码如下。

```
int SumFour(int a,int b,int c,int d) //自定义 4 个整型数字求和函数
{
  if ((a<100) || (a>9000) || (b<100) || (b>9000) || (c<100) || (c>9000) || (d<100) || (d>
9000))
      { return -1; }
  else { return a+b+c+d; }
}
```

接着设计了 3 个整型数组，分别是不符合函数要求的数字集合、符合函数要求的数字集合和针对 vaild 数组的预期结果数组，这些数组主要用来验证函数实现的正确性。这 3 组数字不是随意设计出来的，而是根据测试用例来设计的。具体代码如下。

```
int invaild[5]={-1,0,1,99,9001};                      //不符合函数要求的数字集合
    int vaild[4]={100,101,8999,9000};                 //符合函数要求的数字集合
    int expect[5]={400,404,35996,36000,18200};        //针对 vaild 数组的预期结果数组
    int i;                                            //临时变量
```

运行后，在日志中输出标题文字信息，说明代码的功能。此部分的代码输出如图 6-40 所示。

```
lr_output_message("SumFour 函数要求 4 个参数均介于 100～9000: ");
lr_output_message("第一组数据，不符合参数限制数据项，应返回-1:");
```

最后验证函数是否按照设计意图来执行，–1、0、1、99、9001 这 5 个数字不满足参数要求，即函数前 5 个参数的取值相同：SumFour（–1，–1，–1，–1）、SumFour（0，0，0，0）、SumFour（1，1，1，1）、SumFour（99，99，99，99）、SumFour（9001，9001，9001，9001），第 6 个参数值为数组前 4 个值之和，即 SumFour（–1，0，1，99），函数执行完成后应该返回–1，此部分的代码输出如图 6-41 所示。

```
Starting iteration 1.
Starting action Action.
Action.c(15): SumFour函数要求4个参数均介于100～9000:
Action.c(16): 第一组数据，不符合参数限制数据项，应返回-1:
```

图 6-40 标题文字输出信息

```
Action.c(19): 1: SumFour(-1,-1,-1,-1)=-1
Action.c(19): 2: SumFour(0,0,0,0)=-1
Action.c(19): 3: SumFour(1,1,1,1)=-1
Action.c(19): 4: SumFour(99,99,99,99)=-1
Action.c(19): 5: SumFour(9001,9001,9001,9001)=-1
Action.c(22): 6: SumFour(-1,0,1,99)=-1
```

图 6-41 SumFour 不符合参数限制数据项执行结果

```
    for (i=0;i<=4;i++)
    {
      lr_output_message("%d:  SumFour(%d,%d,%d,%d)=%d",i+1,invaild[i],invaild[i],
invaild[i],invaild[i],SumFour(invaild[i],invaild[i],invaild[i],invaild[i]));
    };
    lr_output_message("6:  SumFour(%d,%d,%d,%d)=%d",invaild[0],invaild[1],invaild[2],
invaild[3], SumFour(invaild[0],invaild[1],invaild[2],invaild[3]));
```

100、101、8999、9000 这 4 个数字满足参数要求，即前 4 个用例函数的参数值相同，即 SumFour（100，100，100，100）、SumFour（101，101，101，101）、SumFour（8999，8999，8999，8999）、SumFour9000，9000，9000，9000），函数执行完成后，对应的执行结果应该为 400、404、35996、36000，第 5 个用例的函数参数值不同，即 SumFour（100，101，8999，9000），期望结果为 18200，此部分的代码输出如图 6-42 所示。

```
Action.c(24): 第二组数据，符合参数限制数据项，应返回期望值:
Action.c(27): 1:  SumFour(100,100,100,100)-400 期望值为400
Action.c(27): 2:  SumFour(101,101,101,101)-404 期望值为404
Action.c(27): 3:  SumFour(8999,8999,8999,8999)-35996 期望值为35996
Action.c(27): 4:  SumFour(9000,9000,9000,9000)-36000 期望值为36000
Action.c(30): 5:  SumFour(100,101,8999,9000)-18200 期望值为18200
```

图 6-42　SumFour 符合参数限制数据项执行结果

```
    lr_output_message("第二组数据，符合参数限制数据项，应返回期望值:");
    for (i=0;i<=3;i++)
    {
       lr_output_message("%d: SumFour(%d,%d,%d,%d)=%d 期望值为%d",i+1,vaild[i],
vaild[i],vaild[i],vaild[i],SumFour(vaild[i],vaild[i],vaild[i],vaild[i]),expect[i]);
    };
lr_output_message("5: SumFour(%d,%d,%d,%d)=%d 期望值为%d",vaild[0],vaild[1],
vaild[2],vaild[3],SumFour(vaild[0],vaild[1],vaild[2],vaild[3]),expect[4]);
```

脚本执行完成后，可以看到 SumFour 函数无论是否符合参数限制数据项执行结果，都和预期结果一致，因此函数满足需求，功能也是正确的。

6.6.2　自定义函数的复用实例

上面的例子仅能在实现其函数功能的 Action 中调用，不能在其他脚本及其 Action 中相互调用，所以存在一定局限性。那么能不能实现函数的复用呢？回答是肯定的，可以将函数放到一个头文件中，在脚本中直接引用这些函数就可以实现函数的复用。例如，用记事本或者其他文本编辑器编写并保存文件 func.h。文本文件 func.h 的代码如下。

```
int SumFour(int a,int b,int c,int d) //自定义 4 个整型数字求和函数
{
  if ((a<100) || (a>9000) || (b<100) || (b>9000) || (c<100) || (c>9000) || (d<100) || (
d>9000))
     { return -1; }
  else { return a+b+c+d; }
}
```

然后将头文件放入 LoadRunner 系统安装目录的 include 子目录下。例如，因为 LoadRunner 的安装目录为“C：\Program Files\Mercury Interactive\Mercury LoadRunner”，所以把 func.h 文

件放到“C：\Program Files\Mercury Interactive\Mercury LoadRunner\include”下，然后可以在LoadRunner中直接引用头文件，实现对函数的调用。例如下面的脚本。

```
#include "web_api.h"
#include "func.h"

Action()
{    int invaild[5]={-1,0,1,99,9001};                          //不符合函数要求的数字集合
     int vaild[4]={100,101,8999,9000};                         //符合函数要求的数字集合
     int expect[5]={400,404,35996,36000,18200};          //针对 vaild 数组的预期结果数组
     int i;                                                     //临时变量
     lr_output_message( "SumFour 函数要求 4 个参数均介于 100~9000:" );
     lr_output_message( "第一组数据，不符合参数限制数据项，应返回-1:" );
     for (i=0;i<=4;i++)
     {
       lr_output_message("%d:  SumFour(%d,%d,%d,%d)=%d",i+1,invaild[i],invaild[i],
invaild[i],invaild[i],SumFour(invaild[i],invaild[i],invaild[i],invaild[i]));
     };
     lr_output_message("6:  SumFour(%d,%d,%d,%d)=%d",invaild[0],invaild[1],invaild[2],
invaild[3], SumFour(invaild[0],invaild[1],invaild[2],invaild[3]));
     lr_output_message("第二组数据，符合参数限制数据项，应返回期望值:");
     for (i=0;i<=3;i++)
     {
        lr_output_message("%d: SumFour(%d,%d,%d,%d)=%d 期望值为%d",i+1,vaild[i],
vaild[i],vaild[i],vaild[i],SumFour(vaild[i],vaild[i],vaild[i],vaild[i]),expect[i]);
     };
lr_output_message("5: SumFour(%d,%d,%d,%d)=%d 期望值为%d",vaild[0],vaild[1],
vaild[2],vaild[3],SumFour(vaild[0],vaild[1],vaild[2],vaild[3]),expect[4]);
     return 0;
}
```

比较前后两个脚本代码，不难发现第二个脚本只引用了头文件，而没有在脚本中实现函数，这种方式不仅使代码简练，而且方便修改函数源代码复用函数，所以笔者也推荐使用此种方式来编写自定义函数。

6.7　本章小结

本章是本书的重要章节，脚本的编写是非常重要的过程，LoadRunner 通过 VuGen 来实现对脚本的录制、编写、完善等工作。LoadRunner 在默认情况下，是 C 语言的语法，但是其还支持 VB Vuser、VB Script Vuser、Java Vuser、Javascript Vuser 等，但多数情况下选用默认的 C 语言语法进行脚本编写。考虑到很多读者可能对 C 语言的相关语法结构不是十分熟悉，故在本章的 6.1 节和 6.2 节，结合 LoadRunner 对 C 语言的基础知识进行了简要介绍。6.3 节介绍了关联技术的 3 种应用方式和多个与关联相关的样例程序演示。并联技术十分重要，性能测试工程师必须掌握。接下来对动态链接库的调用、自定义函数的调用和系统中一些特殊函数应用的注意事项进行了讲解，这些都是实际项目中会用到的内容，需要掌握。

学以致用，灵活掌握本章的内容，对于以后实际操作运用 LoadRunner 解决具体问题具有重大意义。

在本章的内容都非常重要，请读者详细阅读，并建议边学边练，认真做好上机练习。

6.8 本章习题及经典面试试题

一、章节习题

在做本题目之前，请先按照图 6-43 和图 6-44 进行设置，以保证在脚本中应用 web_ submit_ data()函数。结合 LoadRunner 样例程序，因为应用了 SessionID，而 SessionID 又作为 web_ submit_data()函数传递的参数数据，所以才会出现关联效果。需要注意的是，在实际项目中，并不一定是因为应用了 web_submit_data()函数就需要关联，而应用了 web_submit_form()函数就不需要关联，在实际的应用系统中，也不一定是需要关联的内容就是 SessionID，请读者必须了解这点，要灵活应用，举一反三，才能解决实际项目的关联问题，如果读者还不了解 web_submit_data()函数和 web_submit_form()函数的区别，请查看这两个函数的帮助信息。

完成上述设置后，实现如下业务脚本。

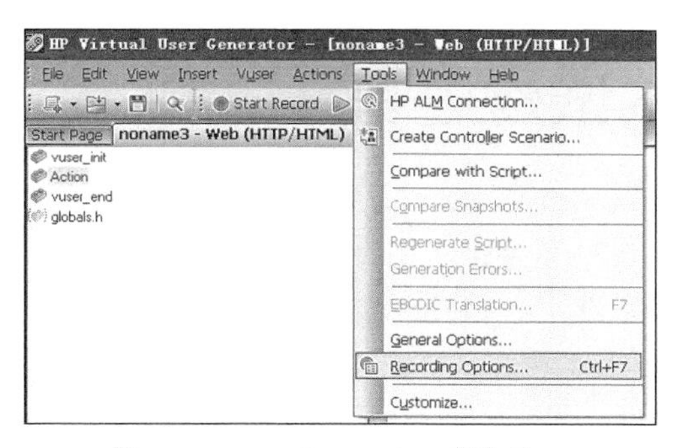

图 6-43 Recording Options 菜单项

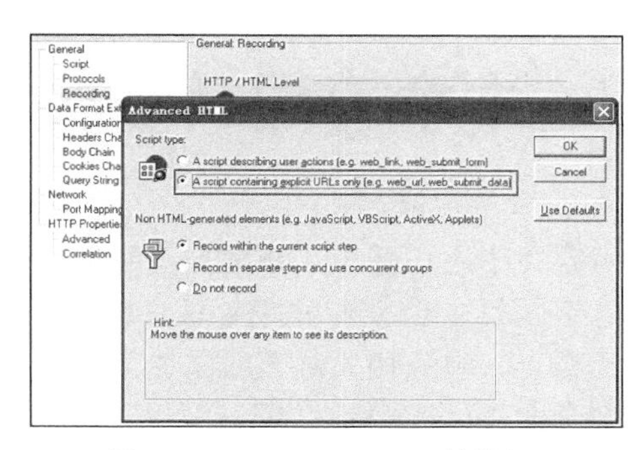

图 6-44 Advanced HTML 对话框

（1）在同一脚本中实现 2 个 Action，一个 Action 为登录业务，另一个 Action 为订票业务。

（2）以迭代的方式，用之前章节练习生成的用户登录，并根据出发和到达等相关信息进行订票（若前期未做练习，请自行创建相关用户）。用户登录及订票相关信息如表 6-7 所示。

表 6-7 用户登录及订票相关信息表

Username	Password	Departure City	Arrival City	Seating Preference	Departure time
User1	1	Denver	Frankfurt	Window	8am
User2	1	Denver	Frankfurt	Window	8am
User3	1	Denver	Frankfurt	Window	8am
User4	1	Denver	Frankfurt	Window	8am
User5	1	Denver	Frankfurt	Window	8am

（3）考察每个用户登录、订票的耗时和是否成功登录和成功订票。

二、经典面试试题

1. 已知质数是指在一个大于 1 的自然数中，除了 1 和此整数自身外，不能被其他自然数整除的数，请通过 VuGen 实现一个小程序，要求：

（1）使用 Web（HTTP/HTML）协议；

（2）输出 100 以内的所有质数，输出函数使用 lr_output_message()函数；

（3）将这些符合条件的质数求和，并将输出结果。

2. 自定义一个计算正方形面积的函数，函数名称为 jisuanmianji（float bian），要求：

（1）计算正方形面积的函数的返回值为浮点数；

（2）init 的部分脚本代码如下，根据执行结果信息，将该脚本信息补充完整。

```
vuser_init()
{
float bian;
    char *wb="10.5 is the side length of the square.";

return 0;
}
```

输出结果如下。

```
110.25
```

6.9　本章习题及经典面试试题答案

一、章节习题

考察每个用户登录、订票的耗时和是否成功登录及是否成功订票情况参考答案。

这道题目主要考察对脚本编写的实际应用处理能力，包括关联技术的应用、脚本的参数化、检查点、事务相关函数的添加、迭代的设定等内容。

登录业务（denglu）的代码如下。

```
denglu()
{

//Correlation comment - Do not change! Original
//value='112760.084568651fiAAAQzpifDtiAApfiVV' Name ='SessionID'

     web_reg_save_param_ex(
         "ParamName=SessionID",
         "LB=userSession value=",
         "RB=>",
         SEARCH_FILTERS,
         "Scope=Body",
         "IgnoreRedirections=Yes",
         "RequestUrl=*/nav.pl*",
         LAST);

     web_url("WebTours",
         "URL=http://127.0.0.1:1080/WebTours/",
         "TargetFrame=",
         "Resource=0",
         "RecContentType=text/html",
         "Referer=",
         "Snapshot=t1.inf",
```

```
        "Mode=HTML",
        LAST);

    lr_start_transaction("登录");

    web_reg_find("Text=Welcome, <b>{UserName}",
        LAST);

    web_submit_data("login.pl",
        "Action=http://127.0.0.1:1080/WebTours/login.pl",
        "Method=POST",
        "TargetFrame=body",
        "RecContentType=text/html",
        "Referer=http://127.0.0.1:1080/WebTours/nav.pl?in=home",
        "Snapshot=t2.inf",
        "Mode=HTML",
        ITEMDATA,
        "Name=userSession", "Value={SessionID}", ENDITEM,
        "Name=username", "Value={UserName}", ENDITEM,
        "Name=password", "Value=1", ENDITEM,
        "Name=JSFormSubmit", "Value=off", ENDITEM,
        "Name=login.x", "Value=37", ENDITEM,
        "Name=login.y", "Value=9", ENDITEM,
        LAST);

    lr_end_transaction("登录", LR_AUTO);

    lr_think_time(2);

    return 0;
}
```

订票业务（dingpiao）的代码如下。

```
dingpiao()
{

    web_url("Search Flights Button",
        "URL=http://127.0.0.1:1080/WebTours/welcome.pl?page=search",
        "TargetFrame=body",
        "Resource=0",
        "RecContentType=text/html",
        "Referer=http://127.0.0.1:1080/WebTours/nav.pl?page=menu&in=home",
        "Snapshot=t3.inf",
        "Mode=HTML",
        LAST);

    web_url("FormDateUpdate.class",
        "URL=http://127.0.0.1:1080/WebTours/FormDateUpdate.class",
        "TargetFrame=",
        "Resource=0",
        "RecContentType=text/html",
        "Referer=",
        "Mode=HTML",
        LAST);
```

```
web_url("CalSelect.class",
    "URL=http://127.0.0.1:1080/WebTours/CalSelect.class",
    "TargetFrame=",
    "Resource=0",
    "RecContentType=text/html",
    "Referer=",
    "Mode=HTML",
    LAST);

lr_start_transaction("订票过程");

web_submit_data("reservations.pl",
    "Action=http://127.0.0.1:1080/WebTours/reservations.pl",
    "Method=POST",
    "TargetFrame=",
    "RecContentType=text/html",
    "Referer=http://127.0.0.1:1080/WebTours/reservations.pl?page=welcome",
    "Snapshot=t4.inf",
    "Mode=HTML",
    ITEMDATA,
    "Name=advanceDiscount", "Value=0", ENDITEM,
    "Name=depart", "Value=Denver", ENDITEM,
    "Name=departDate", "Value=02/11/2014", ENDITEM,
    "Name=arrive", "Value=Frankfurt", ENDITEM,
    "Name=returnDate", "Value=02/12/2014", ENDITEM,
    "Name=numPassengers", "Value=1", ENDITEM,
    "Name=seatPref", "Value=Window", ENDITEM,
    "Name=seatType", "Value=Coach", ENDITEM,
    "Name=.cgifields", "Value=roundtrip", ENDITEM,
    "Name=.cgifields", "Value=seatType", ENDITEM,
    "Name=.cgifields", "Value=seatPref", ENDITEM,
    "Name=findFlights.x", "Value=60", ENDITEM,
    "Name=findFlights.y", "Value=8", ENDITEM,
    LAST);

web_submit_data("reservations.pl_2",
    "Action=http://127.0.0.1:1080/WebTours/reservations.pl",
    "Method=POST",
    "TargetFrame=",
    "RecContentType=text/html",
    "Referer=http://127.0.0.1:1080/WebTours/reservations.pl",
    "Snapshot=t5.inf",
    "Mode=HTML",
    ITEMDATA,
    "Name=outboundFlight", "Value=010;386;02/11/2014", ENDITEM,
    "Name=numPassengers", "Value=1", ENDITEM,
    "Name=advanceDiscount", "Value=0", ENDITEM,
    "Name=seatType", "Value=Coach", ENDITEM,
    "Name=seatPref", "Value=Window", ENDITEM,
    "Name=reserveFlights.x", "Value=55", ENDITEM,
    "Name=reserveFlights.y", "Value=10", ENDITEM,
    LAST);

web_reg_find("Text=02/11/2014 :  8am : Flight 010 leaves Denver  for Frankfurt.",
```

```
        LAST);

    web_submit_data("reservations.pl_3",
        "Action=http://127.0.0.1:1080/WebTours/reservations.pl",
        "Method=POST",
        "TargetFrame=",
        "RecContentType=text/html",
        "Referer=http://127.0.0.1:1080/WebTours/reservations.pl",
        "Snapshot=t6.inf",
        "Mode=HTML",
        ITEMDATA,
        "Name=firstName", "Value=Joseph", ENDITEM,
        "Name=lastName", "Value=Marshall", ENDITEM,
        "Name=address1", "Value=234 Willow Drive", ENDITEM,
        "Name=address2", "Value=San Jose/CA/94085", ENDITEM,
        "Name=pass1", "Value=Joseph Marshall", ENDITEM,
        "Name=creditCard", "Value=", ENDITEM,
        "Name=expDate", "Value=", ENDITEM,
        "Name=oldCCOption", "Value=", ENDITEM,
        "Name=numPassengers", "Value=1", ENDITEM,
        "Name=seatType", "Value=Coach", ENDITEM,
        "Name=seatPref", "Value=Window", ENDITEM,
        "Name=outboundFlight", "Value=010;386;02/11/2014", ENDITEM,
        "Name=advanceDiscount", "Value=0", ENDITEM,
        "Name=returnFlight", "Value=", ENDITEM,
        "Name=JSFormSubmit", "Value=off", ENDITEM,
        "Name=.cgifields", "Value=saveCC", ENDITEM,
        "Name=buyFlights.x", "Value=73", ENDITEM,
        "Name=buyFlights.y", "Value=11", ENDITEM,
        LAST);

    lr_end_transaction("订票过程", LR_AUTO);

    return 0;
}
```

迭代设置如图 6-45 所示。

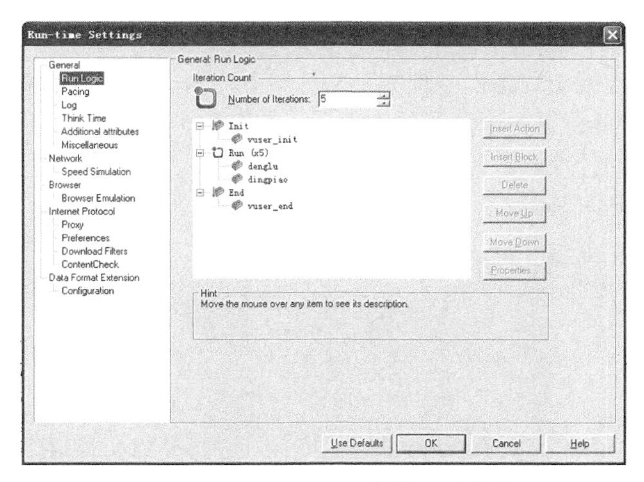

图 6-45 Run-time Settings 对话框－迭代设置

注：

（1）完整脚本及设置参见配套资源中“脚本”文件夹下的“6-1-01”脚本；

（2）这里仅按照本题要求对必要的内容进行了参数化，没有对登机的日期进行必要的延后处理，所以读者在做该题目时应结合具体情况进行适当处理，以保证脚本正常运行。同时没有对乘客的姓名进行参数化，读者在做实际项目时建议尽量将这些数据信息依据实际情况进行处理，其他内容不再赘述。

二、经典面试试题

1. 已知质数是指在一个大于1的自然数中，除了1和此整数自身外，不能被其他自然数整除的数，请通过VuGen实现一个小程序，要求：

（1）请使用Web（HTTP/HTML）协议；

（2）实现输出前100以内的所有质数，输出函数请使用lr_output_message()函数；

（3）将这些符合条件的质数求和，并将结果输出。

答：

```
Action() {
    int i,j,k,sum;
    sum=0;
    for (i = 2; i <= 100; i++) {
        k = 1;
        for (j = 2; j <= i / 2; j++) {
            if (i % j == 0) {
                k = 0;
                break;
            }
        }
        if (k == 1) {
           sum = sum +i;
            lr_output_message("%4d", i);
        }
    }
    lr_output_message("100以内的质数之和为%d",sum);
    return 0;
}
```

注：完整脚本参见配套资源中“脚本”文件夹下的“6-2-01”脚本。

2. 请自定义一个计算正方形面积的函数，函数名称为jisuanmianji（float bian），要求：

（1）正方形面积的计算函数的返回值为浮点数；

（2）init的部分脚本代码如下，请根据执行结果信息，将该脚本信息补充完整。

```
double atof( const char *string);

float jisuanmianji(float bian)
{
     return bian*bian;
}

vuser_init()
{
```

```
float bian;
    char *wb="10.5 is the side length of the square.";
         bian=atof(wb);
lr_output_message("%.2f",jisuanmianji(bian));
return 0;
}
```

输出结果如下：

```
110.25
```

注：完整脚本参见配套资源中“脚本”文件夹下的“6-2-02”脚本。

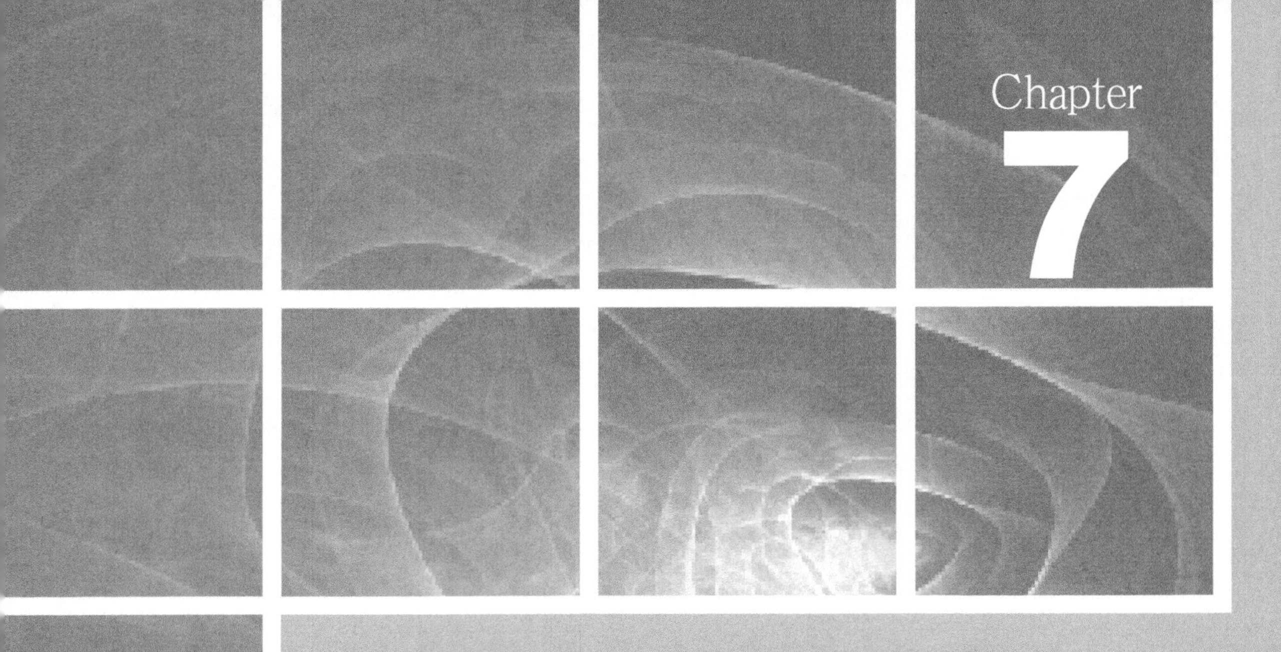

第 7 章

全面掌握 LoadRunner 12

7.1 认识 LoadRunner 12

7.1.1 揭开 LoadRunner 12 神秘面纱

尽管目前应用最为广泛的版本仍为 LoadRunner 11，但随着科技的发展，新的技术诞生并实际应用于软件设计，LoadRunner 11 版本将逐步被后续版本所替代。目前 LoadRunner 的最新版本为 LoadRunner 12.60。LoadRunner 12 较 LoadRunner 11 版本，无论是在界面设计的美化、集成开发环境（IDE）功能、支持的协议种类等方面都得到了一定程度的提升。

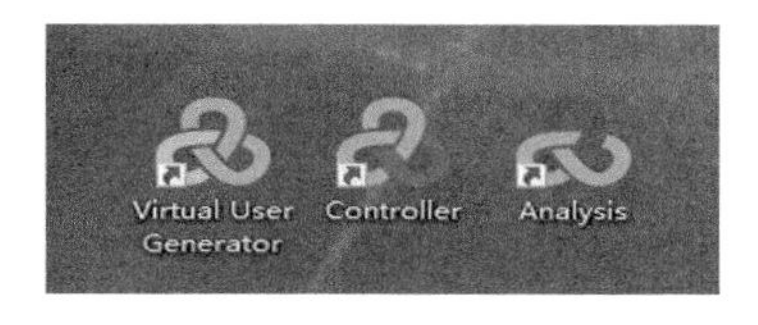

图 7-1 LoadRunner 12 安装后创建的 3 个主要功能快捷方式

由于 LoadRunner 12.60 的安装非常简单，这里不再赘述。LoadRunner 12.60 安装完成后，您可以在 Windows 系统的桌面上发现 3 个快捷方式，如图 7-1 所示。

7.1.2 界面更加友好的 LoadRunner 12 的 Vugen

双击图 7-1 中所示的"Virtual User Generator"快捷方式，让我们先来看一下在脚本录制与编写方面 LoadRunner 12 有了哪些改进。首先，您将会发现 LoadRunner 12 弹出来一个界面，如图 7-2 所示。

图 7-2 LoadRunner 12.60 启动界面信息

稍待片刻后，LoadRunner 12.60 将进入"Virtual User Generator"的主界面，如图 7-3 所示。与 LoadRunner 11 版本相比，LoadRunner 12 的"颜值"是不是给人一种非常清新的感觉呢？界面简洁、大方，同时我们不仅能看到最近编辑的脚本列表框，还能看到其提供的一些资源相关链接和除 LoadRunner 以外的其他一些产品信息，如 Performance Center 和 StormRunner Load 相关内容，以及 LoadRunner 12.60 支持的一些功能、协议相关新特性信息和其提供的样例脚本、使用帮助等资源链接，这些内容为我们使用好 LoadRunner 12.60 大有裨益。希望从事性能测试的读者朋友们在时间允许的情况下，可以认真了解一下相关内容，相信这里一定有您需要的一些信息，对工作有一定的帮助和促进作用。

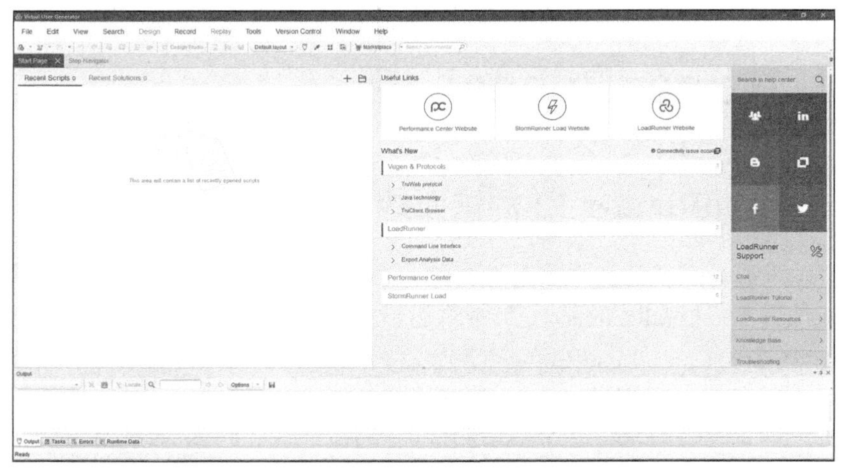

图 7-3 LoadRunner 12.60 主界面信息

7.1.3 LoadRunner 12 创建脚本与解决方案

这里，我们单击“Start Page”和“Step Navigator”页旁边的“x”，关闭这些帮助引导页面。单击“【File】>【New Script and Solution】”菜单项，如图 7-4 所示。在弹出的“Create a New Script”对话框，您能看到有一些协议是 LoadRunner 11 所没有的，如 MQTT（Internet of Things）、SMP（SAP Mobile Platform）等协议，如图 7-5 所示。

图 7-4 “新建脚本和解决方案”界面信息

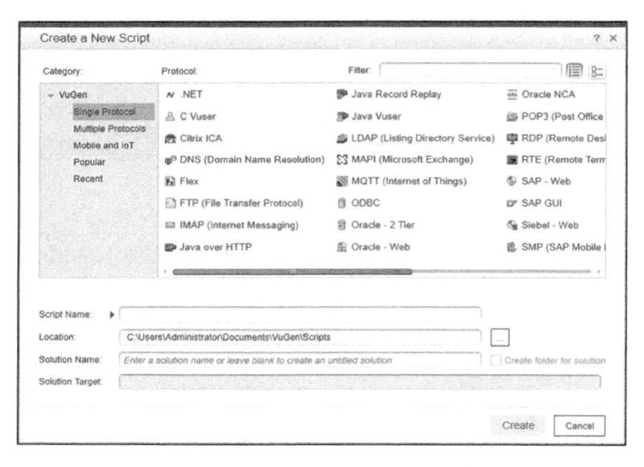

图 7-5 “新建脚本”对话框信息 1

这里，我们以录制百度页面，搜索“性能测试 LoadRunner”关键字为例，向大家讲解如何来使用 LoadRunner 12 来创建一个脚本。

首先，选择“Web-HTTP/HTML”协议，“Script Name”（脚本名称）中输入“Search”，“Location”（存放位置）我们用其默认的路径就可以了。“Solution Name”（解决方案名称）是 LoadRunner 11 不存在的一个属性，它只有在解决方案资源管理器中没有打开解决方案时，才会显示此选项，可以指定解决方案的名称，如果保留为空，则默认名称为“Untitled”，这里我们输入“Baidu”。当指定解决方案名称时，自动生成“Solution Target”（解决方案目标），就是显示该解决方案的存储路径，如图 7-6 所示。单击“Create”按钮，则按照我们指定的解决方案名称和脚本名称创建了对应的信息。在图 7-7 中并没有显示有关解决方案的信息，这里您可以单击“【View】

>【Solution Explorer】”菜单项，来显示解决方案的详细信息，如图 7-8 所示。

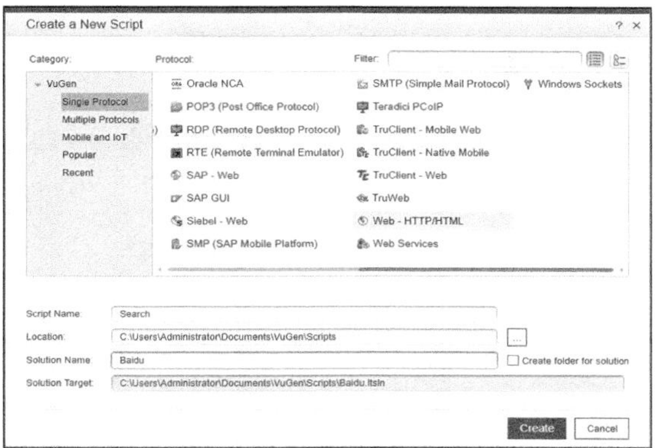

图 7-6 “新建脚本”对话框信息 2

图 7-7 “Search”脚本相关信息

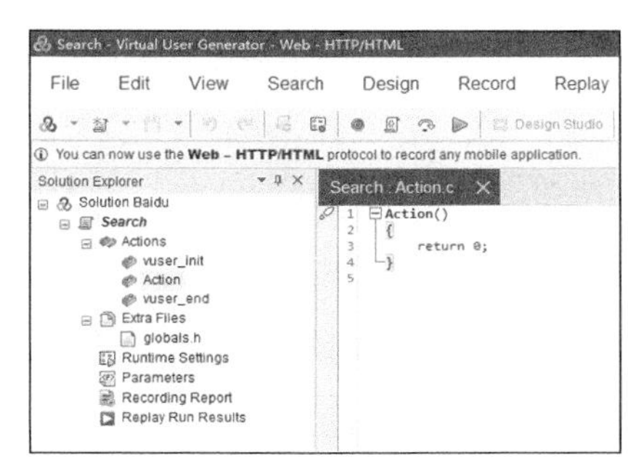

图 7-8 “Baidu”解决方案相关信息

如图 7-9 所示，单击标识号为“1”的录制按钮，弹出“开始录制”对话框，相关的录制信息和 LoadRunner 11 差别不大，这里不再赘述。在标识为“2”的录制类型中，我们选择“Web Browser”选项，在标识为“3”的“Application”应用类型下拉框中，结合作者使用的浏览器为火狐，所以选择“Mozilla Firefox”。在“URL address”中输入“https://www.baidu.com”。最后，单击“Start Recording”按钮，开始录制脚本。在这里需要提醒大家的是，在录制过程中有可能会弹出图 7-10 所示的对话框，这时您选择“Don’t check internet access again”复选框，单击“Yes”按钮即可。

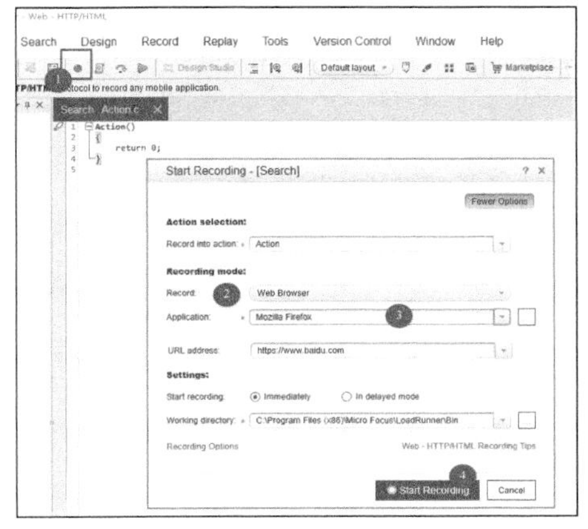

图 7-9 “开始录制”对话框相关信息

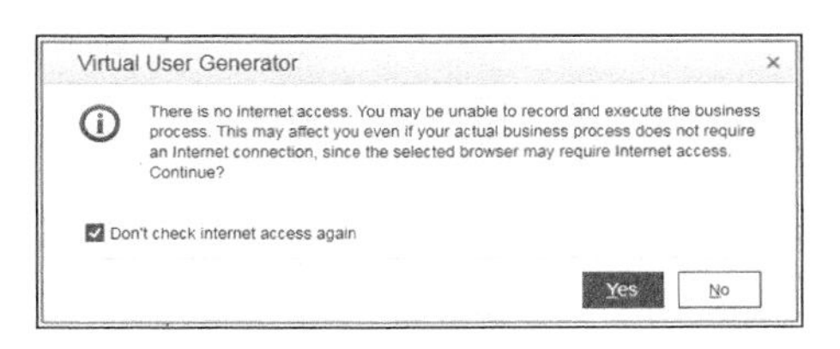

图 7-10 “关于互联网访问权限”相关对话框

接下来，就会发现 LoadRunner 已经开始工作了，其启动了“百度”首页面，在这里我们输入要检索的关键字“loadrunner”，而后单击“百度一下”按钮，如图 7-11 所示。

图 7-11 LoadRunner 录制百度相关页面信息

在弹出的图 7-12 的检索结果页面后，我们就完成了预先设定的任务，单击“停止”按钮，即：①所示的小方块按钮。

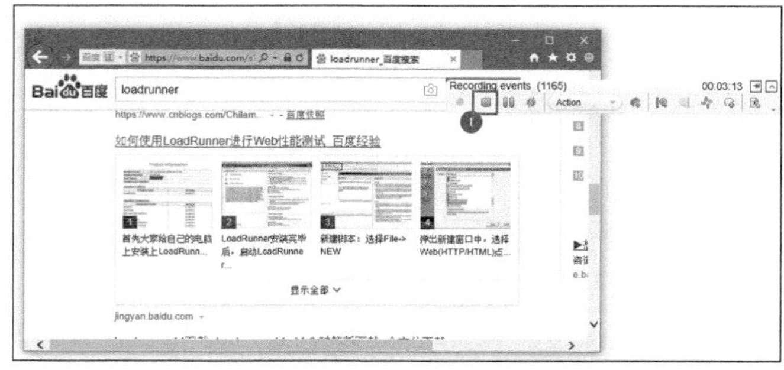

图 7-12 LoadRunner 停止录制相关页面信息

7.1.4 更加直观的录制报告

停止录制后，LoadRunner 将产生一份“Recording Reprot”（ 录制报告），LoadRunner 自动帮我们做了一些统计，同时为了方便操作者更加直观地了解信息，还配有一些图示，如图 7-13 所示。

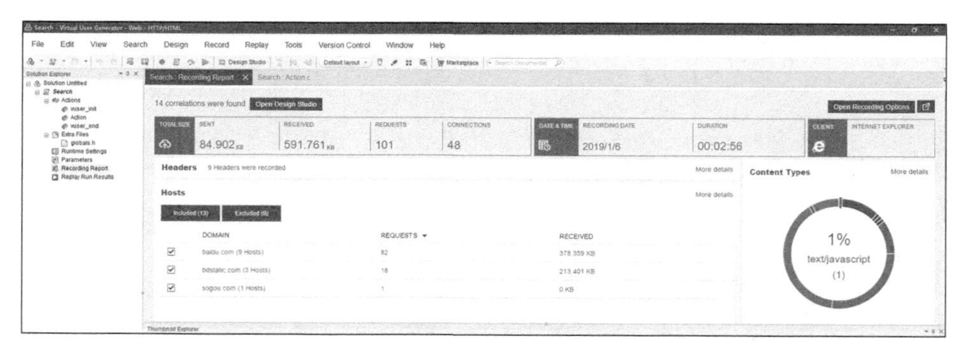

图 7-13 录制报告相关信息

7.1.5 关联操作原来如此简单

下面，让我们来详细看一下录制报告的内容。首先看最上边的一段文本描述信息，即“14

correlations were found”。它是告诉您聪明的 LoadRunner 12 帮您找到了 14 个有可能需要做关联的信息项，如图 7-14 所示。我们从图 7-14 还发现了一个问题，就是在录制过程中发送了一些无关请求，如 sogou 的请求。单击其后面的“Open Design Studio”按钮，则可以打开“Design Studio”工具，查看相关的一些有可能需要做关联的信息项内容，如图 7-15 所示。

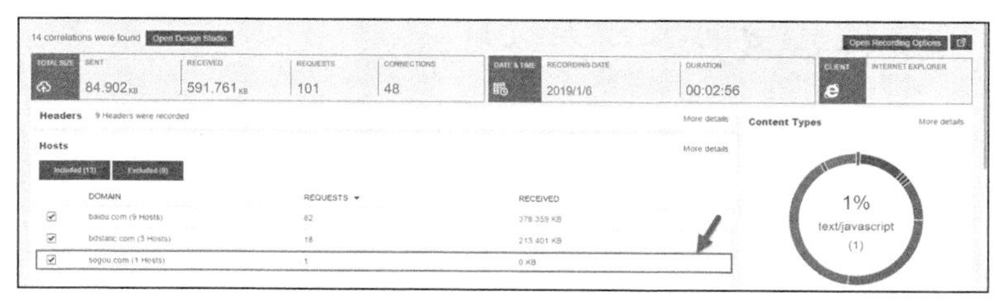

图 7-14　录制报告相关信息

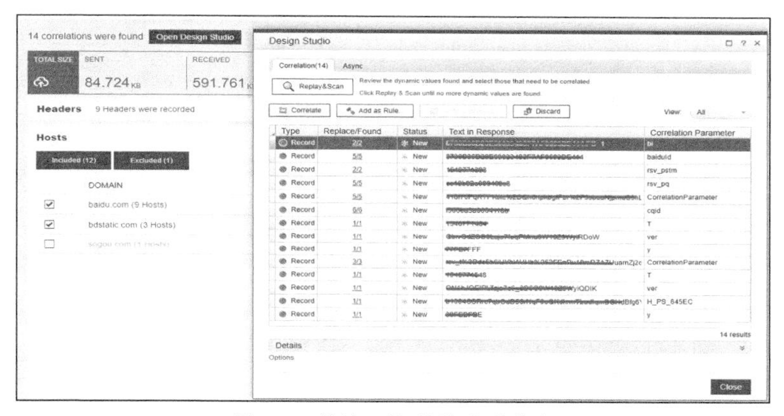

图 7-15　设计工具对话框相关信息

单击“Details”可以显示选中的条目信息一共出现了几次，每次的内容有些什么，如图 7-16 所示。

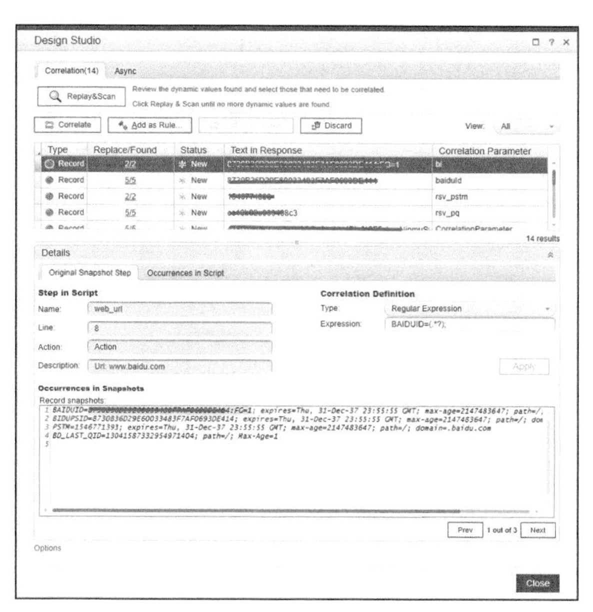

图 7-16　设计工具对话框相关信息

如图 7-16 所示，可以依据自己的经验决定是否对这些内容进行管理，或者针对这些数据信息定义新的关联规则或者再次回放/扫描等，这些内容尽管 LoadRunner 12 从易用性、界面方面做了些处理，但其核心内容与 LoadRunner 11 并无差异，故不再赘述。

7.1.6 请求信息过滤与请求分类统计

在图 7-14 中，作者已经提到，在录制脚本的时候，一些软件应该有可能会干扰我们的脚本录制内容，如发送了一些与我们业务操作无关的请求信息，这时就需要将这些内容处理掉。在 LoadRunner 12 中处理这种情况，提供了一种除手工操作外的选择，就是可以单击这些与业务无关请求的（Hosts）主机选项，即取消选中，而后再单击“Regenerate”（重新生成）按钮，如图 7-17 所示。

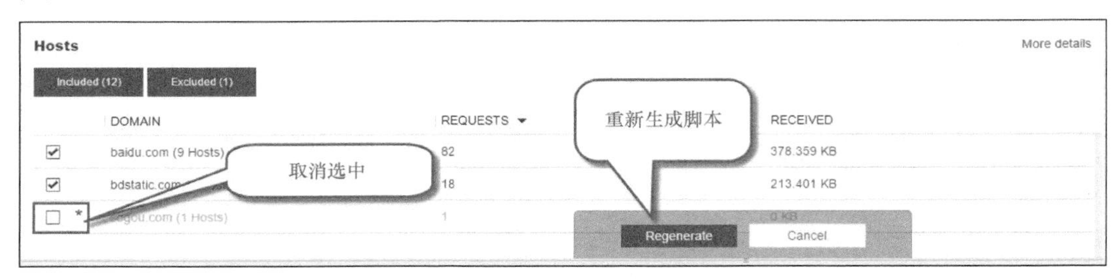

图 7-17 取消与业务操作无关信息

在出现图 7-18 所示的对话框后，单击“Yes”按钮来重新生成脚本。

重新生成脚本后，您会发现请求数量由 101 减少到 100，如图 7-19 所示（对比图 7-14 查看）。

如图 7-19 所示，在第二行的统计信息中，我们能清楚地看到本次录制过程中，SENT（发送）、RECEIVED（接收）、REQUESTS（请求数）、CONNECTIONS（连接数）等相关统计信息，以及 RECORDING DATE（录制日期）、DURATION（录制持续时间）信息和客户端信息，本次录制我们使用的是 IE 浏览器。

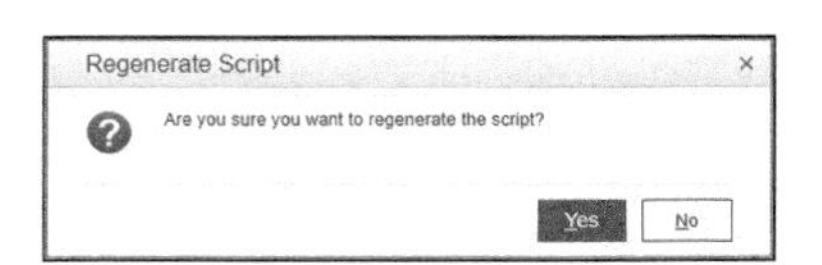

图 7-18 重新生成脚本对话框信息

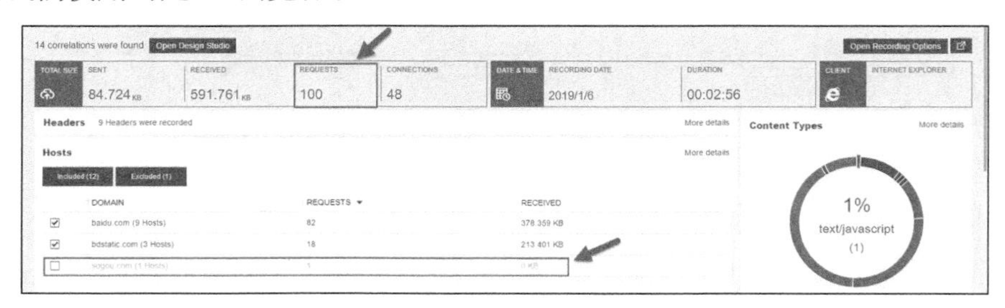

图 7-19 重新生成脚本后的录制报告信息

如图 7-20 所示，在录制报告中还显示了内容类型和响应代码分布图信息。单击“More details”链接，可以显示详细信息内容，如图 7-21 所示。

在图 7-21 所示的录制内容类型页中，显示了不同类型的内容的数量、请求大小合计、下载时间以及资源类型相关信息，可以使用每个内容类型旁边的切换开关将其定义为非资源或资源。

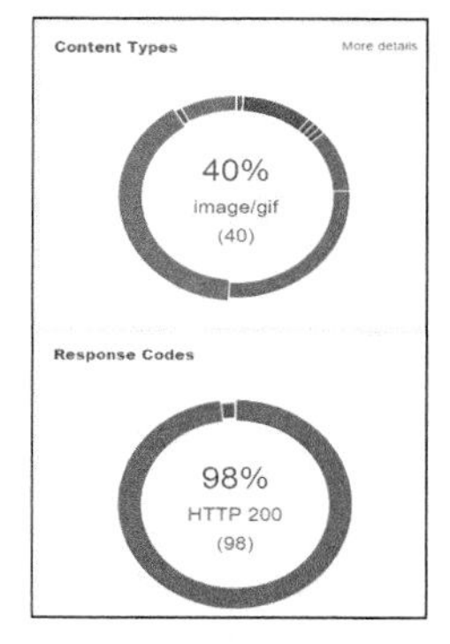

图 7-20　录制报告中的内容类型和响应代码分布图信息

Content Types Recorded in Session

Content Types observed during recording

Non-Resource (1)　Resource (9)

CONTENT TYPE ▲	COUNT	TOTAL SIZE	TOTAL DOWNLOAD TIME	NON-RESOURCE
application/javascript	8	166.676 KB	390 ms	Resource
baiduApp/json	1	0.093 KB	47 ms	Resource
image/gif	40	2.116 KB	2654 ms	Resource
image/jpeg	27	178.107 KB	1970 ms	Resource
image/png	10	52.93 KB	1123 ms	Resource
image/svg+xml	1	1.693 KB	47 ms	Resource
image/x-icon	1	0.961 KB	63 ms	Resource
text/css	1	2.151 KB	62 ms	Resource
text/html	10	174.323 KB	2452 ms	Non-Resource
text/javascript	1	12.71 KB	62 ms	Resource

图 7-21　录制报告基于不同内容分类的详细信息

如图 7-22 所示，单击“Hosts”，可以看到基于不同主机域名的请求信息统计和响应统计信息。

DASHBOARD 〉 Content Types　Hosts　Headers　　Open Recording Options

Hosts Recorded in Session

Recorded servers, grouped by domains. You can include/exclude servers from the generated script by clicking their respective checkboxes

Included (12)　Excluded (1)　　Search

DOMAIN	HOST	IP ADDRESS	SSL VERSION	SSL CIPHER	HTTP VERSION	REQUESTS ▼	RECEIVED
baidu.com (9)						**82**	**378.359 KB**
	sp0.baidu.com:443	180.97.33.108	TLS1.2	ECDHE-RSA-AES128-GCM-SHA256	HTTP/1.1	36	1.428 KB
	www.baidu.com:443	180.97.33.107	TLS1.2	ECDHE-RSA-AES128-GCM-SHA256	HTTP/1.1	15	216.07 KB
	ss1.baidu.com:443	121.227.7.33	TLS1.2	ECDHE-RSA-AES128-GCM-SHA256	HTTP/1.1	10	49.856 KB
	ss2.baidu.com:443	121.227.7.33	TLS1.2	ECDHE-RSA-AES128-GCM-SHA256	HTTP/1.1	6	19.32 KB
	ss0.baidu.com:443	121.227.7.33	TLS1.2	ECDHE-RSA-AES128-GCM-SHA256	HTTP/1.1	6	29.116 KB
	ss3.baidu.com:443	121.227.7.33	TLS1.2	ECDHE-RSA-AES128-GCM-SHA256	HTTP/1.1	3	62.126 KB
	sp1.baidu.com:443	180.97.33.107	TLS1.2	ECDHE-RSA-AES128-GCM-SHA256	HTTP/1.1	3	0 KB
	sp3.baidu.com:443	180.97.33.107	TLS1.2	ECDHE-RSA-AES128-GCM-SHA256	HTTP/1.1	2	0.223 KB
	www.baidu.com	180.97.33.107	None	None	HTTP/1.1	1	0.22 KB
bdstatic.com (3)						**18**	**213.401 KB**
	ss1.bdstatic.com:443	180.163.198.32	TLS1.2	ECDHE-RSA-AES128-GCM-SHA256	HTTP/1.1	14	182.379 KB
	ss2.bdstatic.com:443	180.163.198.32	TLS1.2	ECDHE-RSA-AES128-GCM-SHA256	HTTP/1.1	2	17.688 KB
	ss0.bdstatic.com:443	180.163.198.32	TLS1.2	ECDHE-RSA-AES128-GCM-SHA256	HTTP/1.1	2	13.334 KB

图 7-22　录制报告中基于不同主机域名的详细信息

如图 7-23 所示，显示了录制过程中发现的不同类型 HTTP 头信息。

DASHBOARD 〉 Content Types　Hosts　Headers

Headers Recorded in Session

HTTP Headers observed during recording. Checked headers have been added to the generated script

Included (5)　Excluded (4)

	HEADER NAME ▲	DESCRIPTION
	accept	Content-Types that are acceptable for the response. See Content negotiation
	accept-encoding	List of acceptable encodings. See HTTP compression
	accept-language	List of acceptable human languages for response. See Content negotiation
✔	is_pbs	*Custom Headers*
✔	is_referer	*Custom Headers*
✔	is_xhr	*Custom Headers*
	user-agent	The user agent string of the user agent
✔	x-flash-version	*Custom Headers*
✔	x-requested-with	*Custom Headers*

图 7-23　录制报告中基于不同类型 HTTP 头的相关信息

7.1.7 脚本参数化

接下来，单击“Search:Action.c*”页标签，可以看到本次录制生成的脚本信息，如图 7-24 所示。

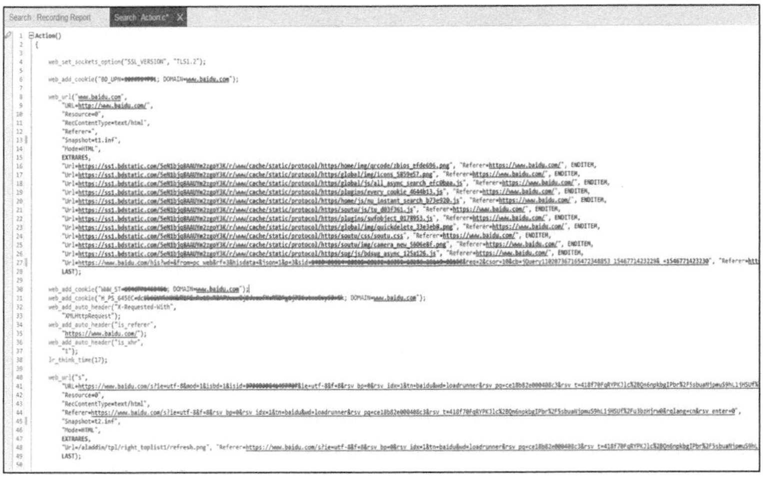

图 7-24 录制生成的脚本相关信息

如果要进行查找关键字的变更，则需要对脚本中“loadrunner”检索关键字进行参数化，选中“loadrunner”后，单击鼠标右键，选择“【Replace with Parameter】>【Create New Parameter...】”，如图 7-25 所示，关于参数化的过程和方法与 LoadRunner 11 的操作方法完全一致，不再赘述。

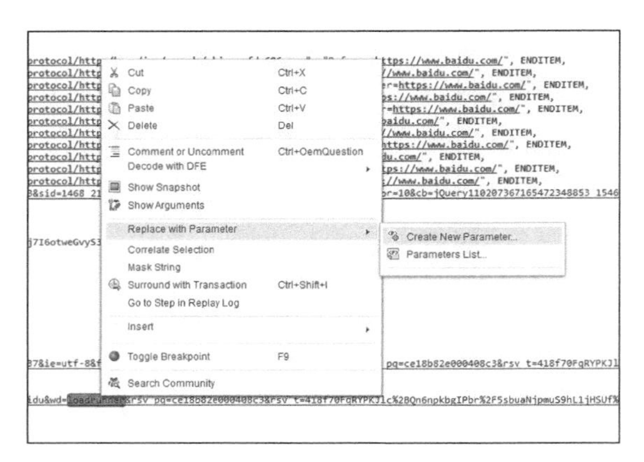

图 7-25 脚本参数化方法

7.1.8 快照页相关信息

单击图 7-26 箭头所示位置的“Snapshot”（快照）页，并向上拖动其功能区域到合适的位置方便查看，可以看到请求和响应相关信息，主要信息项与 LoadRunner 11 的相关内容差异不大，但界面展示要更加规整和方便查看，这里不再赘述。

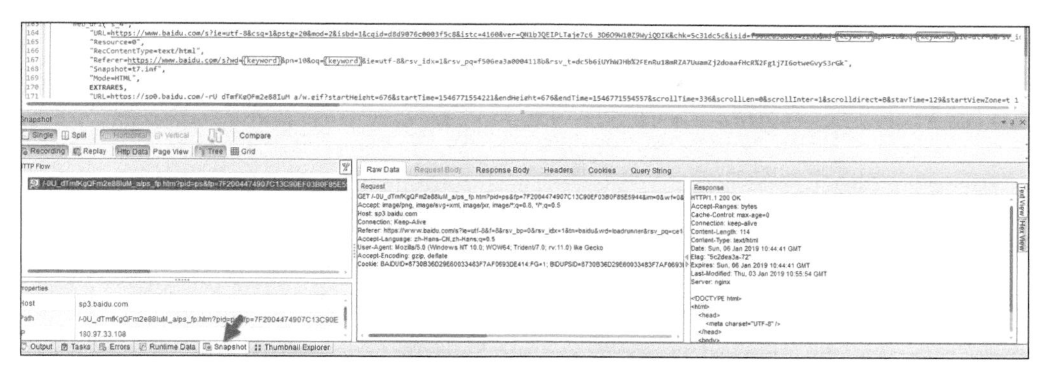

图 7-26 快照页相关信息

7.1.9 运行时数据页相关信息

单击图 7-27 所示的 "Runtime Data"（运行时数据）页，显示有关当前脚本执行的信息。

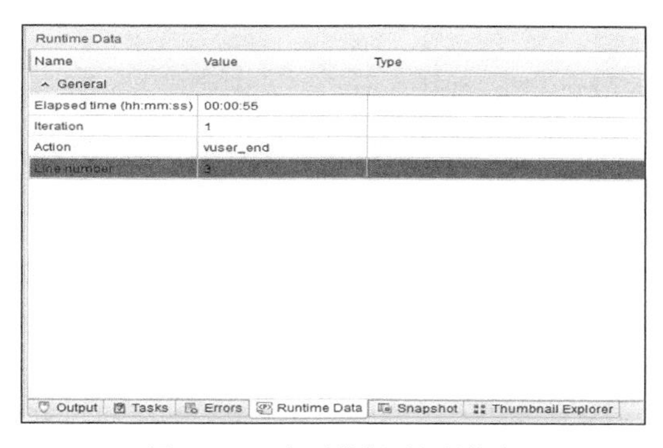

图 7-27 运行时数据页相关信息

图 7-27 中各信息项的含义，如表 7-1 所示。

表 7-1 运行时数据信息含义

相 关 项	含 义
Iteration	显示当前是第几次迭代
Action	显示当前重放步骤的操作名称
Line Number	显示当前重放步骤的行号
Elapsed time （hh:mm:ss）	显示重放开始后经过的时间

7.1.10 错误页相关信息

单击图 7-28 所示的 "Errors"（错误）页，错误页列出了脚本中发现的重放和语法错误，并能够定位每个错误，以便解决它。

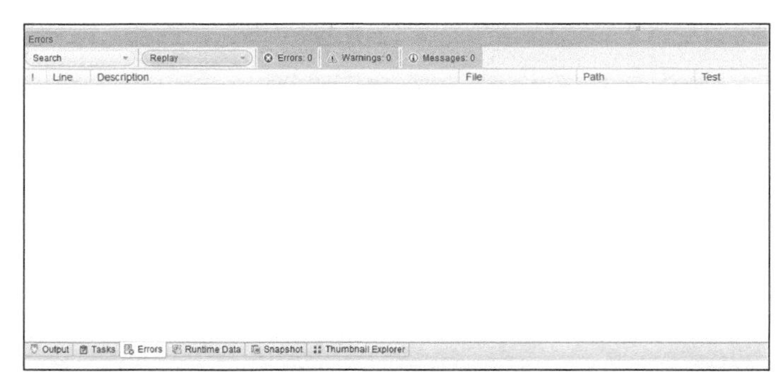

图 7-28 错误页相关信息

图 7-28 中各信息项的含义，如表 7-2 所示。

表 7-2 错误页相关项信息含义

相 关 项	含 义
Line	包含错误的行
Description	描述错误、警告或信息，并给出如何解决问题的建议
File	包含有问题语句的文件的名称
Path	生成错误的文件的完整路径
Test	检测到包含错误的脚本的名称

7.1.11 任务页相关信息

单击图 7-29 所示的“Tasks”（任务）页，任务页允许添加、编辑和跟踪与单个脚本或解决方案总体目标关联的任务。任务分为用户定义的任务和作为操作项插入 Vuser 脚本中的任务，这些操作项使用诸如 FIXME、TODO 和 UNDONE 等关键字。

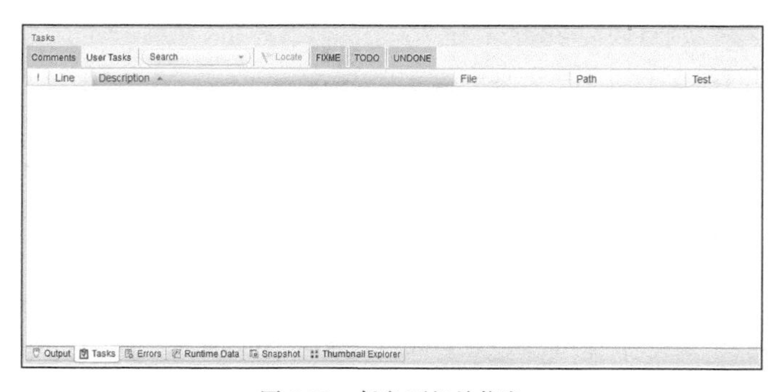

图 7-29 任务页相关信息

7.1.12 输出页相关信息

单击图 7-30 所示的“Output”（输出）页，输出页显示在录制、编译和重播脚本期间生成的消息。

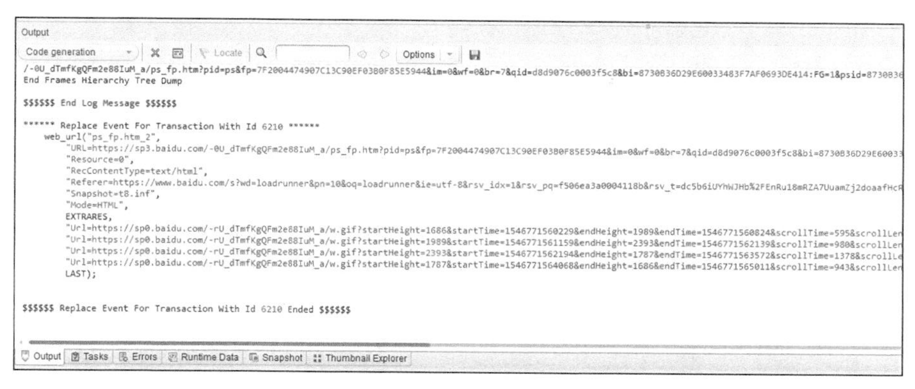

图 7-30　输出页相关信息

图 7-30 中各信息项的含义，如表 7-3 所示。

表 7-3　**输出页相关项信息含义**

相　关　项	描　　述
“Code generation”下拉框相关项	该下拉框有以下类型可供选择输出显示 Replay：显示脚本重放生成的消息，如果双击重放日志中的条目，VuGen 会将光标移动到编辑器中相应的行 Compilation：显示编译消息 Code generation：显示录制过程中生成的代码 Recording：显示录制过程中生成的消息 Recorded Events：显示录制期间发生的事件
“X”按钮	该按钮可以清除消息列表中的所有消息
“切换换行”按钮（“X”右侧按钮）	您可以选中后，根据需要将每条消息的文本换行到下一行
“Locate”按钮	跳到与所选输出消息相关的源文档中的位置
查找（放大镜）按钮	您可以输入要查找的文本字符串，按 Enter 开始搜索
左、右箭头按钮	突出显示与“查找”框中输入的文本匹配的上一个或下一个字符串
“Options”下拉框相关项	Match Case：区分搜索中的大小写字符 Match Whole Word：搜索仅为整词而不是词的部分内容 Use Regular Expression：将指定的文本字符串视为正则表达式 注意：不支持扩展正则表达式和多行搜索
“保存”按钮	您可以将消息列表的内容另存为文本文件

7.1.13　缩略图资源管理器页相关信息

可以通过单击如图 7-31 所示的“Thumbnail Explorer”（缩略图资源管理器）页来浏览业务流程的缩略图图像。同时，可以在脚本编辑器中单击对应的代码行来查看“Thumbnail Explorer”中对应的缩略图，还可以通过鼠标滚轮来滚动浏览缩略图资源管理器的相关缩略图查看可视上下文缩略图与对应的脚本（双击缩略图就可以定位到对应的脚本）。

需要注意的是，如果应用缩略图资源管理器，必须要保证“【Tools】>【Options】”选项在弹出的“Options”对话框中单击“Scripting”页，选中“Enable Thumbnail Explorer”相关选项，如图 7-32 所示，该页的相关按钮的功能，如表 7-4 所示。

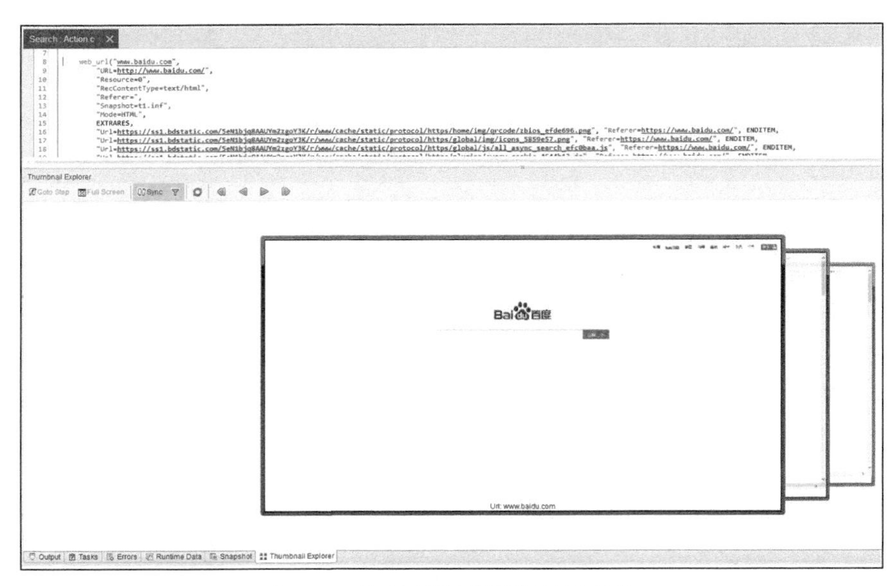

图 7-31 缩略图资源管理器页相关信息

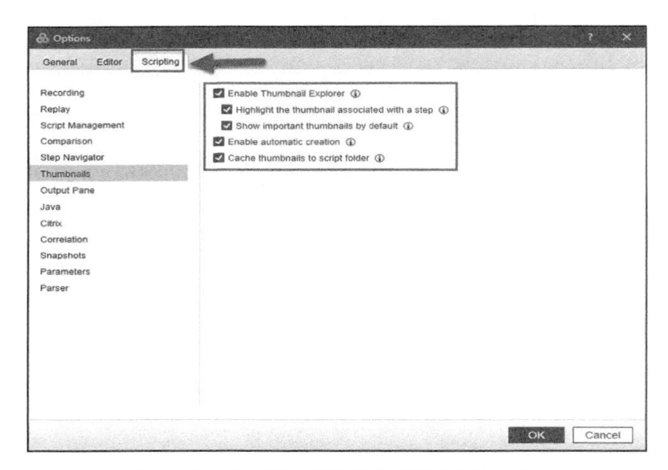

图 7-32 缩略图资源管理器页相关配置信息

表 7-4 缩略图资源管理器页相关项信息含义

相关项	描述
“Goto Step” 按钮	单击该按钮可以定位到该缩略图对应的脚本代码行
“Full Screen” 按钮	单击该按钮可以以全屏方式显示缩略图
“Sync” 按钮	单击该按钮，可以将脚本、缩略图资源管理器中关联的缩略图和步骤导航器中的步骤同步，事实上通过在脚本编辑器中单击鼠标也可以达到同样的效果，如图 7-33 所示
“过滤” 按钮	单击该按钮，则可以过滤掉与录制的业务流程不直接相关的小缩略图
“刷新” 按钮	单击该按钮，生成缩略图

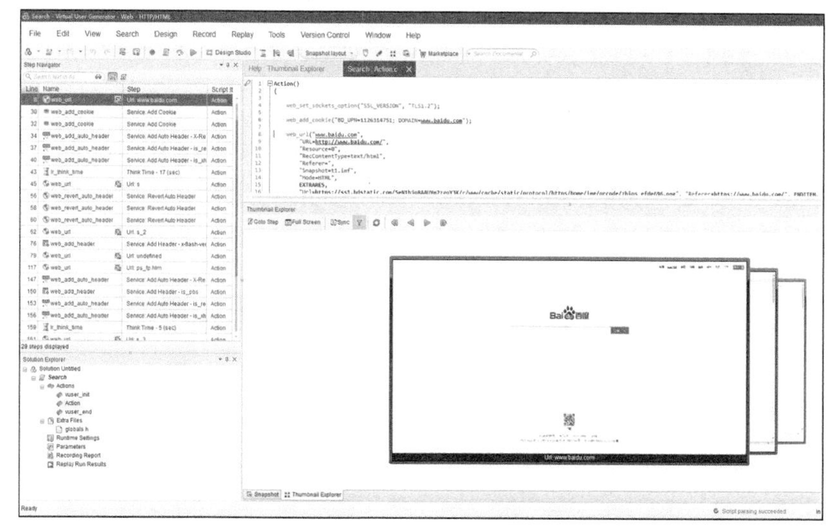

图 7-33 缩略图资源管理器、脚本编辑和步骤导航器三者同步图示

7.2 VuGen 功能改进与实用操作

LoadRunner 12 在功能方面做了很多改进，值得学习 LoadRunner 的读者朋友们去了解、掌握并使用这些功能，从而减轻工作负担、提升工作效率。

7.2.1 VuGen 属性

在 VuGen 的工具条中，单击“【View】>【Properties】”菜单项，就可以打开一个“Properties”（属性）对话框，并在脚本编辑框的右侧出现，它可以非常方便直观地显示当前在“Solution Explorer”中选中对应项的属性信息，如图 7-34 所示，我们选中“Action”，与脚本编辑器的“Search:Action.c”对应，在脚本编辑器的右侧则显示了其对应的属性信息，“Location”属性显示了对应“Search:Action.c”文件存放的绝对路径“C:\Users\Administrator\Documents\VuGen\Scripts\Search\Action.c”。“Name”属性显示了当前选中项，即：“Action”。而“Read Only”则显示了该文件当前是否为只读，未选中则表示非只读，若选中则表示只能读取信息，而不能编辑、保存。当然，在“Solution Explorer”中选中不同的内容，其属性页信息也会有所不同，这里不再赘述。

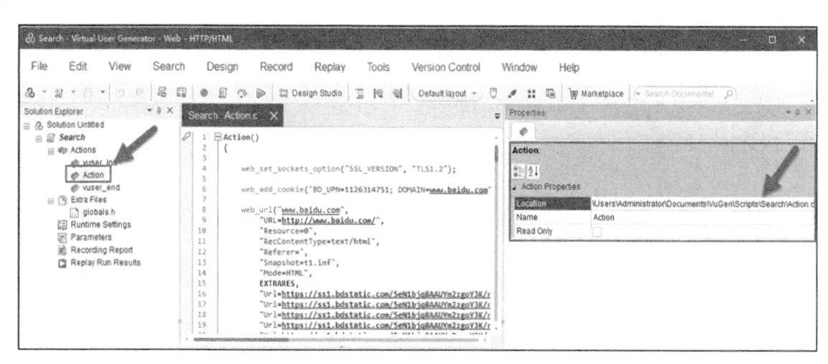

图 7-34 属性页相关信息

7.2.2 步骤工具箱

在 VuGen 的工具条，单击“【View】>【Steps Toolbox】”菜单项，就可以打开一个“Steps Toolbox”（步骤工具箱）对话框，并在脚本编辑框的右侧出现，如图 7-35 所示。可以通过文本输入框来快速定位需要检索的相关函数，查看对应的函数说明，当然也可以双击函数，根据对应函数提供的功能填写其对应的参数信息项，若选中的函数不需要填写必填的参数项，则直接将选中的函数添加到脚本中。

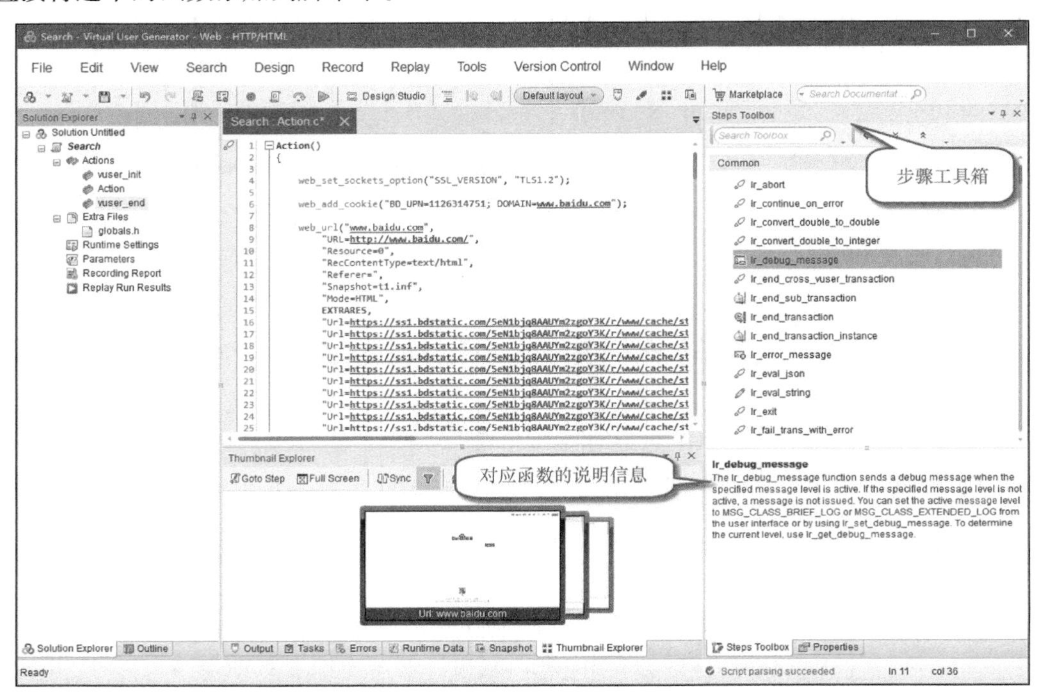

图 7-35 步骤工具箱相关信息

7.2.3 C 脚本的脚本代码着色

读者在编写脚本的时候，都可以清楚地看到 LoadRunner 12 在脚本编辑框中使用橘红色来着色 LoadRunner 的 API 函数，如：web_url()函数，用浅绿色着色注释信息等。这样写代码的时候就可以依据于不同的颜色文本代码更加清楚的阅读脚本。当然，每个人的阅读习惯、写作习惯都可能不同，这时，就可以通过单击“【Tools】>【Options】”，打开“Options”对话框，选择“Editor”页，再单击“Code Color”，而后就可以依据于个人喜好，来调整不同类型文本的着色，如果不喜欢 LoadRunner API 的橘红色着色，希望调整成深红色，则可以单击“Foreground color”后的颜色面板，将其换成“FFF70C2F”（即：深红色），其他不同分类的文本着色调整与之类似，故不再赘述，如图 7-36 和图 7-37 所示。

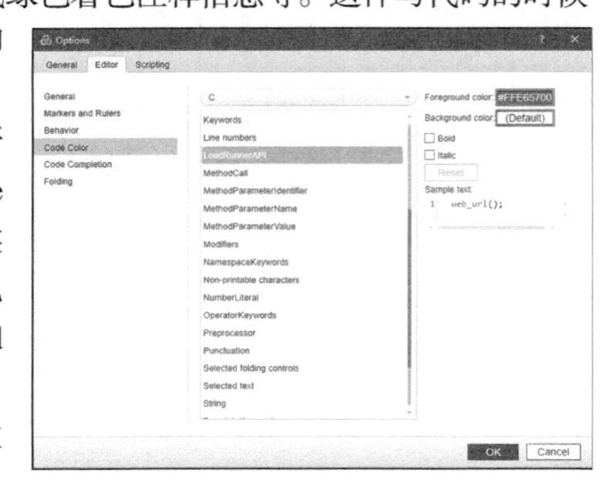

图 7-36 步骤工具箱相关信息

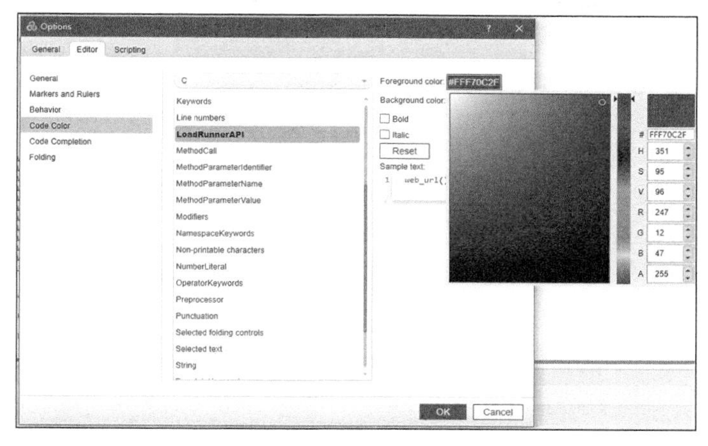

图 7-37　步骤工具箱相关信息

7.2.4　代码完成

在编写脚本的时候，是不是会被 LoadRunner 丰富的脚本编辑器的代码完成功能所吸引呢？什么是代码完成呢？就是在输入 LoadRunner API 函数的时候，其会显示该 API 函数所需要的参数，其形式如图 7-38 所示。

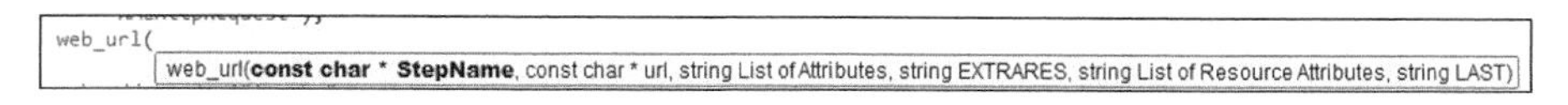

图 7-38　代码完成应用示例

如果在输入 LoadRunner API 函数时，出现对应的代码完成提示，则需要单击“【Tools】>【Options】”菜单项，选择“Editor”页，单击“Code Completion”，而后，选择“Enable code completion features”（启用代码完成特性）选项。之后根据是否需要启用语法提示、当鼠标指针停在标识符上时显示工具提示、ANSI C 关键字提示、LoadRunner API Steps 提示等内容，通常情况下，这些选项都会选择，以方便我们编写脚本代码时获取更多的相关信息，如图 7-39 所示。

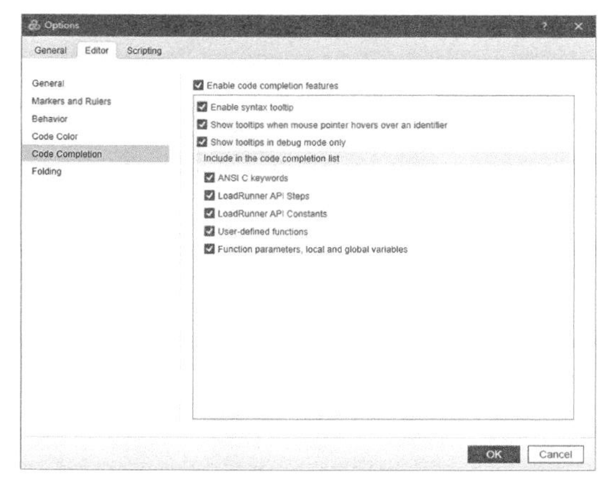

图 7-39　代码完成相关信息

7.2.5　书签

可以通过单击“【View】>【Bookmarks】”菜单项，打开书签页。当创建的解决方案中包含多个脚本，且脚本的业务处理内容又有很多脚本代码时。在脚本处理、完善阶段可能就会频繁切换于各个业务脚本之间，这时就可以结合自己的需要在编写、修改完善脚本时设置书签，快速定位到自己想看的脚本对应书签位置。在 LoadRunner 中书签的概念和平时阅读纸质图书的书签概念是一样的，可以在脚本中插入书签，而后双击书签就可以定位到对应书签位置，如图 7-40 所示。

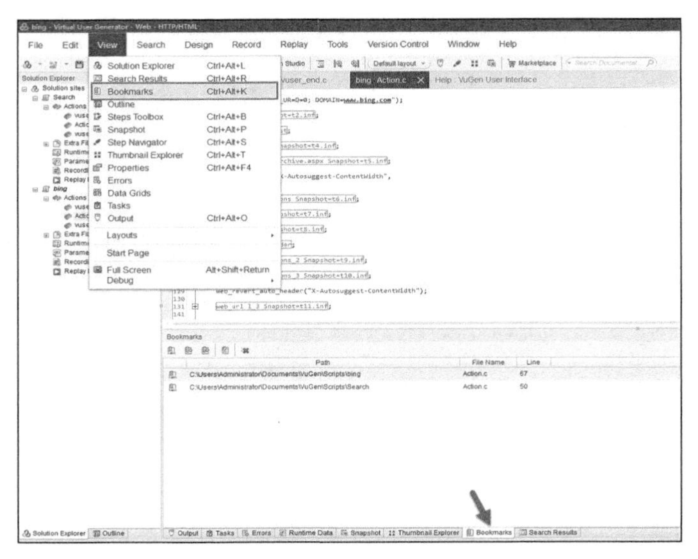

图 7-40　书签页相关信息

假设我们要为第 83 行位置添加一个新的书签，将鼠标移到第 83 行位置，单击图 7-41 所示的书签页的第一个按钮，即 Toggle Bookmark，则添加了一个书签，如图 7-42 所示。

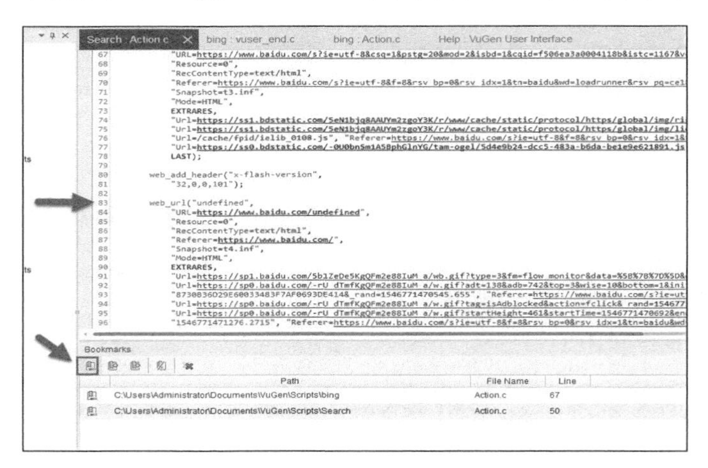

图 7-41　添加书签相关操作

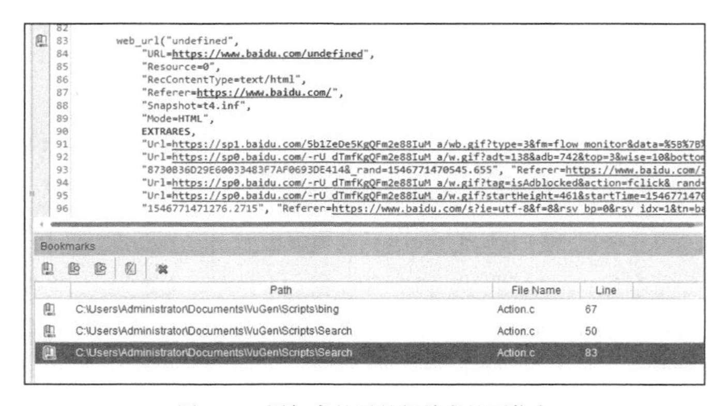

图 7-42　添加书签后的相关书签页信息

在同一个脚本或者不同的脚本中，也可以依据于自己的需要添加多个标签，而后通过双击对应的标签就可以定位到对应的脚本文件相应的代码行。

7.3 同步录制和异步录制

LoadRunner 12 有一个很大的新增功能就是异步录制。那么什么是同步录制？什么又是异步录制呢？在讲解之前，首先要向大家介绍的是同步和异步概念。Web 应用程序使用同步方式进行通信的，其典型的通讯过程有以下步骤：

（1）用户通过浏览器访问应用程序，进行相关业务操作，即向 Web 服务器提交请求；

（2）Web 服务器收到请求后，发送请求响应，浏览器处理响应数据信息，并在浏览器展现。

这里我们以 LoadRunner 12 中的一个帮助例子为例，即一个显示多个股票价格的应用程序。理想情况是该应用程序应在 Web 服务器更新价格后就会立即更新股票价格的显示。同步应用程序能够以固定的时间间隔更新价格。例如，浏览器可每隔 10 秒向服务器发送有关最新股票价格的请求，这种解决方案的一个局限性是显示的股票价格可能在下一刷新间隔之前就已不再是最新的了，在一定程度上说明了同步应用程序在及时更新信息方面的局限性。在必要的情况下，同步应用程序正在被异步应用程序取代。通过异步应用程序，可以随时通知客户端在服务器端上发生的事件。因此，异步应用程序能够更好地视需要更新信息。为了实现异步行为，异步通信与业务流程的主要同步流并行进行。

7.3.1 异步通信的 3 种方式

尽管有多种类型的异步应用程序，但主要有推送异步通信、轮询异步通信和长轮询异步通信 3 种类型，以下内容均选自官方文档对这 3 种类型的描述。

- 轮询异步通信方式

如图 7-43 所示。这种方式下，浏览器客户端会定期（如：每隔 5 秒）向服务器发送 HTTP 请求。服务器将对每次 HTTP 请求做出响应。这样就可以使系统间歇性地更新浏览器内的应用程序界面。基于应用程序协议，如果服务器没有更新，则它会通知应用程序没有更新。

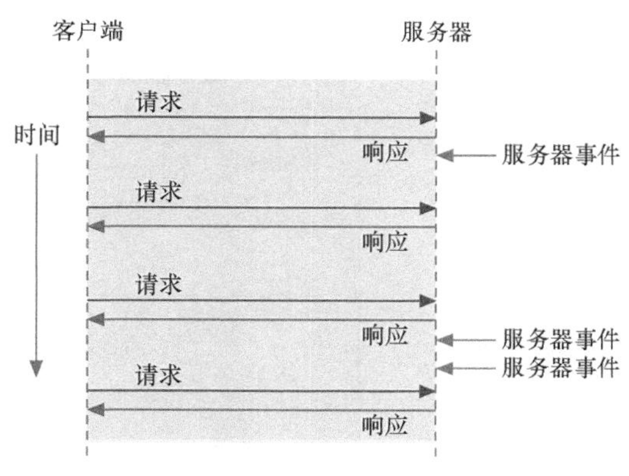

图 7-43　轮询异步通信方式

- 长轮询异步通信方式

如图 7-44 所示，这种方式下，浏览器客户端向服务器发送 HTTP 请求。每当服务器有更新时，将会发出 HTTP 响应。收到服务器响应后，浏览器客户端将立即发出另一个请求。

需要注意的是，轮询及长轮询异步通信方式仅适用于 Web （HTTP/HTML）、移动应用程序（HTTP/HTML）、Flex 和 WebServices Vuser 协议脚本。

- 推送异步通信方式

如图 7-45 所示，这种方式下，浏览器客户端向服务器发送 HTTP 请求来打开服务器连接。然后，服务器发送一个看似不会结束的响应，以便浏览器客户端永远不会关闭连接。如果需要，服务器将会通过打开的连接向客户端发送“子消息”更新。在连接打开期间，如果服务器没有要发送的实际更新，则会向客户端发送“ping”消息以防止客户端因为超时而关闭连接。

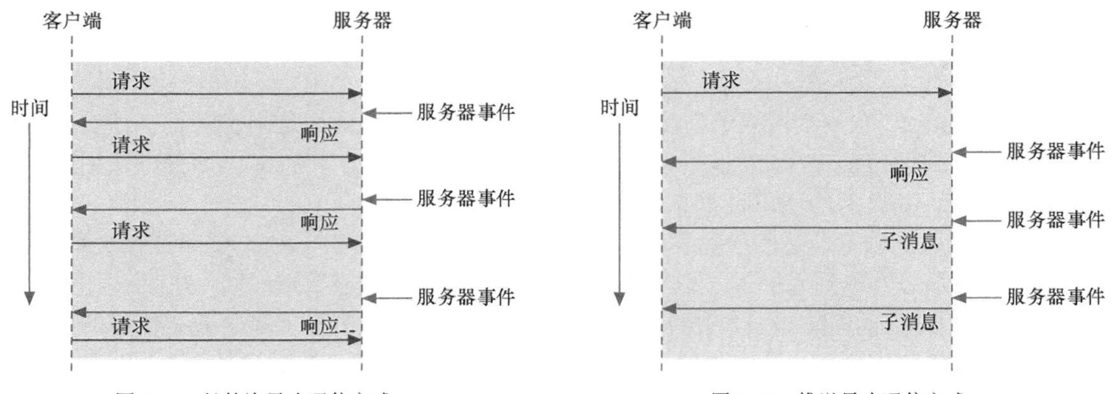

图 7-44 长轮询异步通信方式　　图 7-45 推送异步通信方式

需要注意的是，推送异步通信方式仅对 Web （HTTP/HTML）、Flex、Silverlight 和 Web Services Vuser 协议脚本中的 Web （HTTP/HTML） 协议操作进行支持，但是不对 Flex Vuser 脚本中的 Flex_amf_call 函数支持。

7.3.2 如何创建异步脚本

这里以 Web （HTTP/HTML） 协议脚本的创建为例，创建异步脚本与 LoadRunner 11.0 创建 Web（HTTP/HTML）协议脚本操作一样，只是必须要保证“Recording Options”对话框的“Code Generation”页的“Async Scan”选项必须要选中，如图 7-46 所示。只有确保选中了异步扫描（Async Scan）复选框，在应用 VuGen 录制后进行扫描脚本，才能找到异步通信相关信息，进而再插入相应的异步函数。

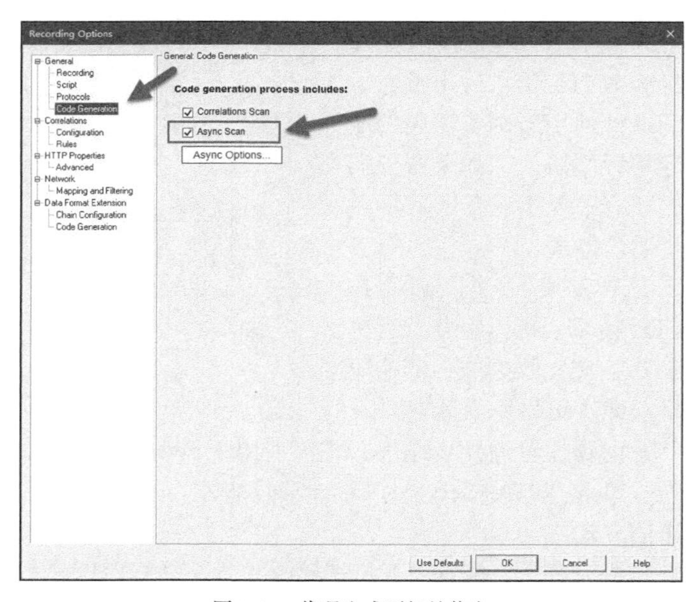

图 7-46 代码生成页相关信息

单击“Async Options...”按钮，就可以打开“Asynchronous Options”对话框，如图 7-47 所示。

如图 7-47 所示，在异步选项对话框中提供了 4 种不同异步通信方式相关阈值的设置内容。

- Push（推送异步通信相关内容阈值设置）

Minimum Response Size（最小响应大小），该项用于定义推送异步对话的最小响应内容长度（字节）。如果服务器发送的值小于指定值，则 VuGen 不会将对话划分为推送类型异步对话。

Maximum Sub Message Size（最大子消息大小），该项用于指定服务器发送的用于定义推送异步对话的最大子消息大小（字节）。如果服务器发送的子消息大小大于指定值，则 VuGen 不会将对话划分为推送类型异步对话。

Minimum Number of Sub Messages（子消息最低数量），该项用于定义推送异步对话的子消息最低数量。VuGen 不会将服务器发送的子消息数量少于指定数量的推送对话划分为推送类型异步对话。

- Poll（轮询异步通信方式）

Interval Tolerance（间隔限度），该项用于划分轮询异步对话的时间间隔限度（毫秒）。VuGen 不会将间隔互不相同且大于指定值的对话划分为轮询类型异步对话。

- Long Poll（长轮询异步通信方式）

Maximum Interval（最大间隔），该项用于划分长轮询异步对话的最大间隔（从一个响应结束到新的请求开始），单位为毫秒。VuGen 不会将其中前一个响应结束到后一个请求开始所需时间大于指定值的对话划分为长轮询类型异步对话。

- Asynchronous Rules（异步规则），有些时候，在执行异步扫描时，VuGen 可能无法正确识别脚本中包含的某些异步对话。同时在有些时候，VuGen 有可能会错误地将常规同步步骤划分为异步对话。当遇到这两种情况时，就可以考虑自定义异步规则了。

如图 7-48 所示，单击“+”按钮，来添加一个异步规则，在“Add Rule”对话框中，“Rule Type”可以指定要添加的规则类型，其提供了 4 种选项，即 Not Async、Push、Poll 和 Long Poll 可供选择。在“URL Regular Expression”中可以输入 URL 正则表达式。

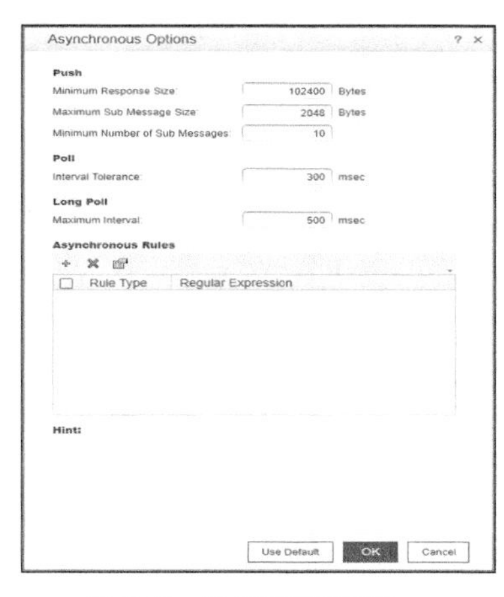

图 7-47 异步选项对话框

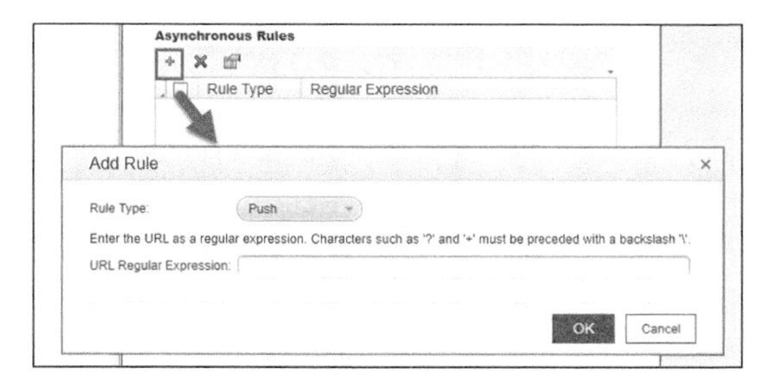

图 7-48 添加异步规则对话框

后面的“×”按钮用于删除已经定义的异步规则，最后一个按钮则可以针对已定义的异步规则选中后进行二次修改。

脚本录制过程与 LoadRunner 11 操作过程并无差异，不再赘述。生成脚本后，VuGen 扫描生成的脚本，以找到异步通信的实例。如果 VuGen 找到任何异步通信的相关内容，则将修改脚本以使脚本运行和模拟异步行为。可以通过单击“【Design】>【Design Studio】”打开设计工作室。单击 async（异步）页，显示在脚本中找到的所有异步通信的列表。

7.3.3 异步通信相关函数

LoadRunner 12 提供了一些异步通信相关函数，通过这些函数可以模拟异步通信。下面简单向大家介绍一下这些函数，如表 7-5 所示。

表 7-5 异步通信相关函数含义

异步函数名称	函 数 描 述
web_reg_async_attributes	此函数会将下一个 action 函数注册为异步对话的开始，并定义异步通信的行为
web_stop_async	此函数将取消指定的异步对话， 包括其所有活动的和将来的任务
web_sync	此函数将暂停 Vuser 脚本执行， 直至定义指定的参数
web_util_set_request_url	此函数会将指定的字符串设置为对话中发送的下一个请求的请求 URL。这仅适用于从回调调用时
web_util_set_request_body	此函数会将指定的字符串设置为对话中发送的下一个请求的请求正文。这仅适用于从回调调用时
web_util_set_formatted_request_body	此函数类似于 web_util_set_request_body 函数。但是，此函数包括在 Flex 协议异步对话而不是 Web （HTTP/HTML） 协议异步对话中。此函数需要使用 XML 格式的请求正文。将在发送请求之前对请求正文进行转换

7.4 Controller 功能改进与实用操作

LoadRunner 12 的 Controller 较 LoadRunner 11 在功能使用上变化并不是很多。作者认为其最大的变化就在于支持了 JMeter 脚本和 System or Unit Tests 类型脚本。这无疑会对更多使用多种测试工具的企业提供了非常好的一种完成性能测试工作的选择，同时又非常方便地将 LoadRunner 在界面操作、报表展示和灵活控制等方面优势体现的淋漓尽致，从而来弥补其他性能测试工具在操作上或者报表展示等方面的不足之处。

7.4.1 Controller 对 JMeter 脚本的支持

打开 Controller 后，我们能看到较 LoadRunner 11 的界面唯一的不同就是多了方框区域的 3 个选项内容，如图 7-49 所示。

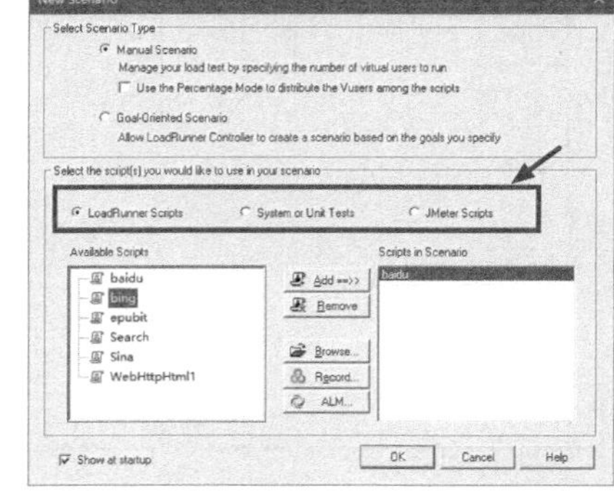

图 7-49 新建场景（New Scenario）对话框

- LoadRunner Scripts

该方式和 LoadRunner 11 的 Controller 提供的功能完全一致，不再赘述。

- System or Unit Tests

该方式是指可以使用 Selenium 脚本或在 Microsoft Visual Studio 和 Eclipse 中创建 Nunit

和 JUnit 测试脚本，在使用时需要将这类脚本编译成.dll 、.class 或.jar 文件，然后从 Controller 运行这些测试脚本。

- JMeter Scripts

该方式是指可以使用 JMeter 测试脚本。目前，有很多软件企业在使用开源的性能测试工具 JMeter 来从事性能测试测试或者接口测试工作。JMeter 工具功能非常强大，非常适合有一定研发能力的测试团队进行性能测试工作。然而，在界面美观、报表展示、协议支持等方面较 LoadRunner 12 还是有一定的差距。LoadRunner 12 中考虑到有一部分用户可能既使用了 JMeter 又使用了 LoadRuner 进行接口测试和性能测试的需求，提供了对 JMeter 脚本的支持。在本节作者将向大家介绍其应用过程，这里我们首先创建一个 JMeter 脚本，关于如何应用 JMeter 作者不再赘述，如果不太了解这部分知识，请阅读相关书籍。

这里作者创建了一个访问博客园（https://www.cnblogs.com）的 JMeter 脚本，其脚本内容如图 7-50 所示。

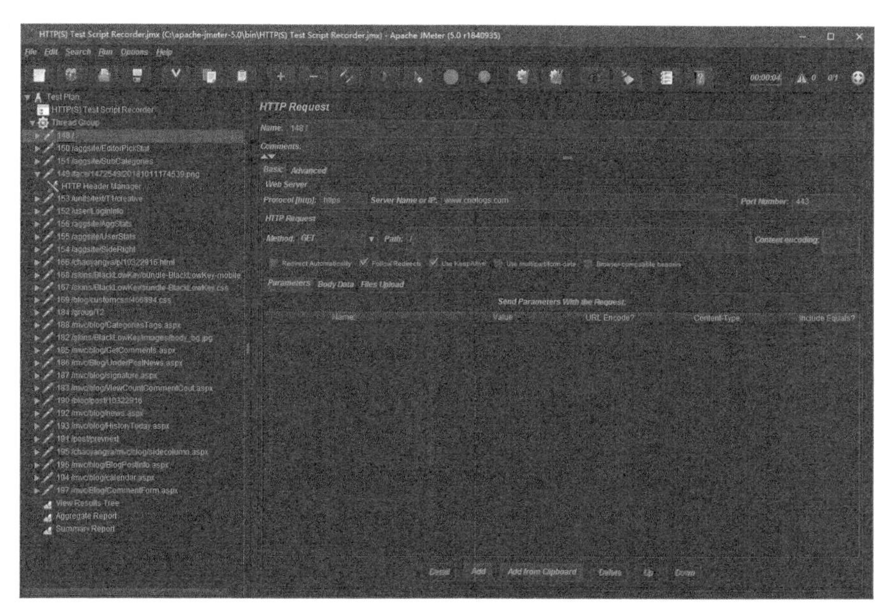

图 7-50　JMeter 中访问博客园的脚本信息相关内容

这里我们将其保存到“cnblogs.jmx”文件中，可以先用记事本应用打开该文件，查看它的内容是什么。

如图 7-51 所示，这就是“cnblogs.jmx”文件的一部分内容，“cnblogs.jmx”其实是一个 XML 文件，在该文件中包含了脚本信息、组信息等相关内容，这里作者仅是对其的简单介绍，如果读者对其感兴趣可以阅读对应专业书籍或者查看对应网络资源信息，这里不再赘述。根据需要可以与任何其他 LoadRunner 协议场景并行运行。一个或多个 JMeter 测试与其他 LoadRunner 脚本一样，可以在本地主机或远程负载生成器上以及 Windows 或 Linux 操作系统上运行。当从 LoadRunner 控制器运行 JMeter 测试时，LoadRunner 除了收集 JMeter 测试结果以外，其还使用 JMeter 的后端侦听器收集用于 LoadRunner 测量的数据。

这里，我们可以应用手动场景设置，在场景类型中单击选择“Manual Scenario”选项，在应用场景喜好单击选择“JMeter Scripts”，然后在可选脚本中双击“cnblogs.jmx”将其添加到场景中，如图 7-52 所示。最后单击“OK”按钮，创建这个场景。

```
        <hashTree/>
        <ThreadGroup guiclass="ThreadGroupGui" testclass="ThreadGroup"
testname="Thread Group" enabled="true">
          <stringProp name="ThreadGroup.on_sample_error">
continue</stringProp>
          <elementProp name="ThreadGroup.main_controller"
elementType="LoopController" guiclass="LoopControlPanel"
testclass="LoopController" testname="Loop Controller" enabled="true">
            <boolProp name="LoopController.continue_forever">
false</boolProp>
            <stringProp name="LoopController.loops">1</stringProp>
          </elementProp>
          <stringProp name="ThreadGroup.num_threads">1</stringProp>
          <stringProp name="ThreadGroup.ramp_time">1</stringProp>
          <boolProp name="ThreadGroup.scheduler">false</boolProp>
          <stringProp name="ThreadGroup.duration"></stringProp>
          <stringProp name="ThreadGroup.delay"></stringProp>
        </ThreadGroup>
        <hashTree>
          <HTTPSamplerProxy guiclass="HttpTestSampleGui"
testclass="HTTPSamplerProxy" testname="148 /" enabled="true">
            <elementProp name="HTTPsampler.Arguments"
elementType="Arguments" guiclass="HTTPArgumentsPanel"
testclass="Arguments" enabled="true">
              <collectionProp name="Arguments.arguments"/>
            </elementProp>
            <stringProp name="HTTPSampler.domain">
www.cnblogs.com</stringProp>
            <stringProp name="HTTPSampler.port">443</stringProp>
            <stringProp name="HTTPSampler.protocol">https</stringProp>
            <stringProp name="HTTPSampler.contentEncoding"></stringProp>
            <stringProp name="HTTPSampler.path">/</stringProp>
            <stringProp name="HTTPSampler.method">GET</stringProp>
            <boolProp name="HTTPSampler.follow_redirects">true</boolProp>
            <boolProp name="HTTPSampler.auto_redirects">false</boolProp>
            <boolProp name="HTTPSampler.use_keepalive">true</boolProp>
            <boolProp name="HTTPSampler.DO_MULTIPART_POST">
false</boolProp>
            <stringProp name="HTTPSampler.embedded_url_re"></stringProp>
            <stringProp name="HTTPSampler.connect_timeout"></stringProp>
            <stringProp name="HTTPSampler.response_timeout"></stringProp>
          </HTTPSamplerProxy>
          <hashTree>
            <HeaderManager guiclass="HeaderPanel"
testclass="HeaderManager" testname="HTTP Header Manager" enabled="true">
```

图 7-51 “cnblogs.jmx”文件部分信息内容

场景创建后，LoadRunner 会给出图 7-53 所示的一个提示对话框。内容关于在 LoadRunner 中运行 JMeter 的一些信息提示。

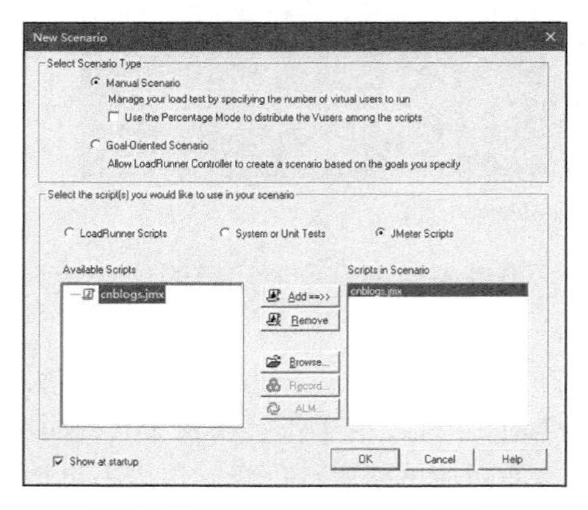

图 7-52 场景设置对话框相关内容

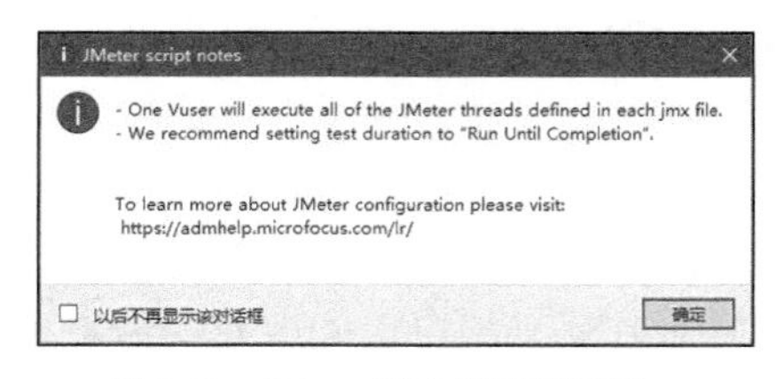

图 7-53 JMeter 脚本提示对话框

提示信息主要包括以下 3 方面的内容。

1. “One Vuser will execute all of the JMeter threads defined in each jmx file. ”这句话的含义是告诉我们在 LoadRunner 中一个虚拟用户将执行每个 jmx 文件中 JMeter 定义的所有线程。这是什么意思呢?

举个例子，如图 7-54 所示，这是在 JMeter 中关于线程组的一个设置，它设置了 30 个线程并发执行，每个线程循环 10 次。如果我们在 LoadRunner 中设定 1 个虚拟用户就执行 JMeter 对应该脚本中的设置，即 30 个线程并发执行，每个线程循环 10 次；如果设定虚拟用户数量为 3 个，则要模拟 90 个线程并发执行，每个线程循环 10 次。因此，这个大家一定要清楚。

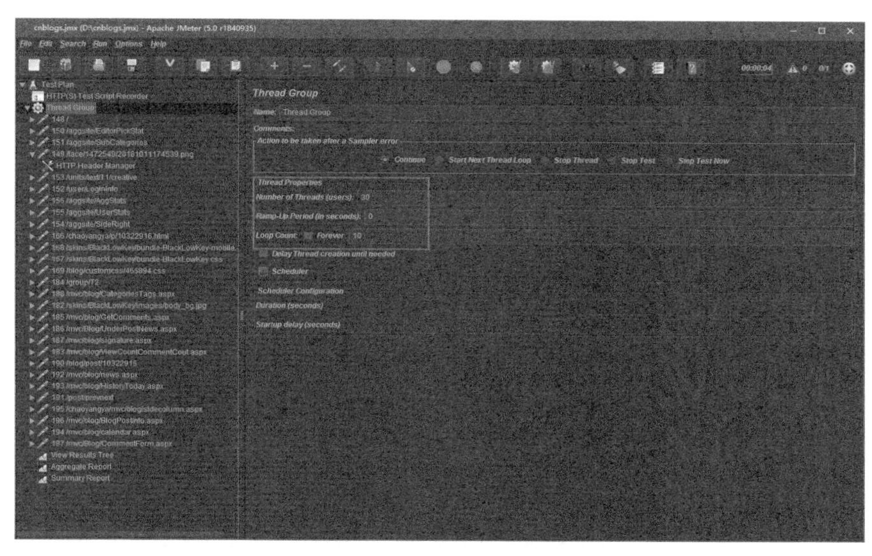

图 7-54　JMeter 脚本运行组设置相关信息

2. “We recommend setting test duration to ‘Run Until Completion’” 这句话的含义是 LoadRunner 的开发人员推荐我们在场景计划设置时，持续运行应设置选择 “Run Until Completion”。

3. 图下方的英文提示就是告诉我们可以访问 “https://admhelp.microfocus.com/lr” 这个地址来了解更多的 JMeter 相关配置信息。当然到该页面地址后，还需要输入 JMeter 关键字，才能搜索到相关信息，如图 7-55 所示。

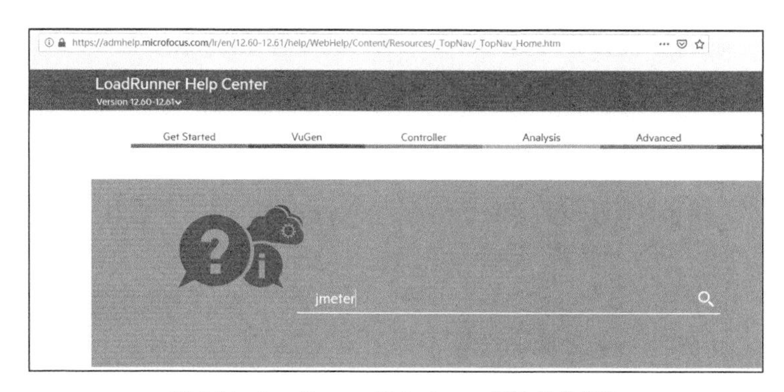

图 7-55　LoadRunner Help Center 网站相关信息

输入要搜索的关键字 “jmeter” 后，单击放大镜图标开始搜索，得到关于 “jmeter” 的相关帮助信息，如图 7-56 所示，在搜索出来的结果中，第一项搜索出来的内容就是我们要找的内容，可以打开该页面了解详细内容，这里不再赘述。

这里，我们尊重 LoadRunner 开发人员给我们提供的建议，虚拟用户数设置为 1，持续运行设置选择 “Run Until Completion”，如图 7-57 所示。

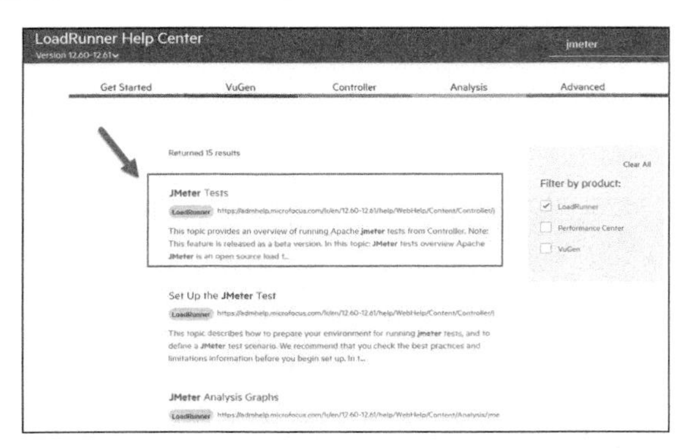

图 7-56　LoadRunner Help Center 网站搜索出来的关于“jmeter”相关信息

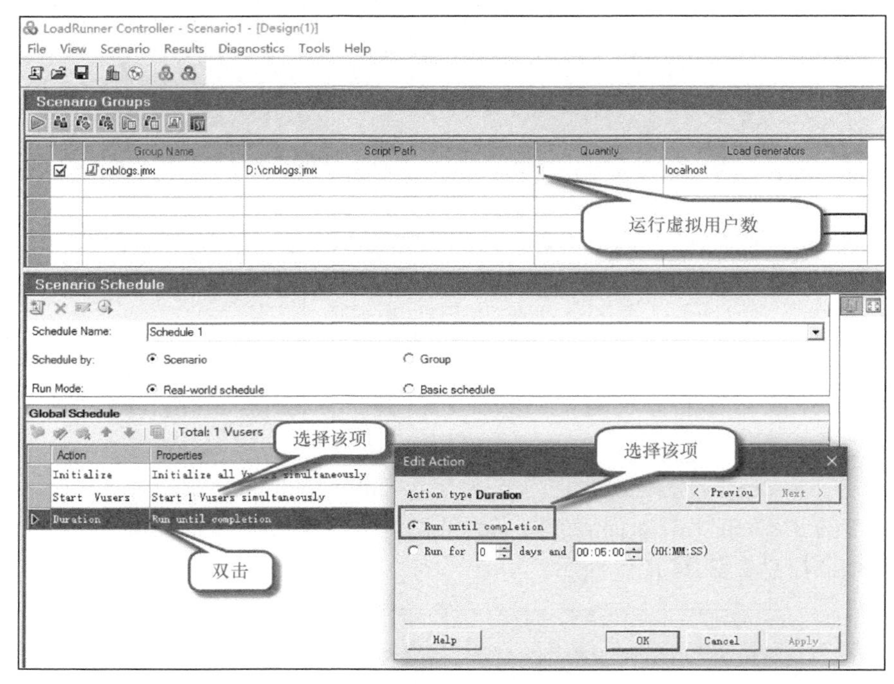

图 7-57　关于 JMeter 脚本的场景设置相关信息

图 7-57 中，在“Edit Action”中选择“Run Until completion”，单击“OK”按钮。将弹出“Scheduler actions will be removed”（移除行为计划）对话框，如图 7-58 所示，单击“是”按钮。

经过上述设置后，最终的场景设置，如图 7-59 所示。

这里需要大家注意的是，在执行场景之前，必须要保证已经在 Windows 的环境变量中设置了如下全局变量，如图 7-60 和图 7-61 所示。

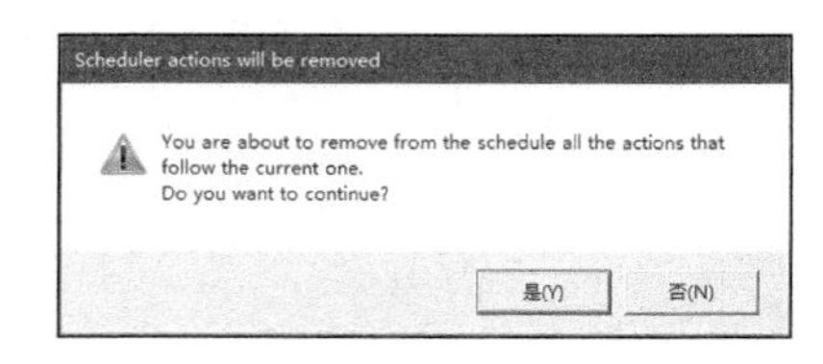

图 7-58　“Scheduler actions will be removed”对话框相关信息

如图 7-60 所示，读者需要结合自己的实际情况来设置，这里作者的 JAVA_HOME 所在目录为“C:\Program Files\Java\jdk1.8.0_131”，JMETER_HOME 所在目录为“C:\apache-jmeter-5.0”。

如图 7-61 所示，还要保证在 Path 环境变量中包含“C:\Program Files\Java\jdk1.8.0_131\jre\bin\server”，该目录下包含其运行所依赖的“jvm.dll”文件。

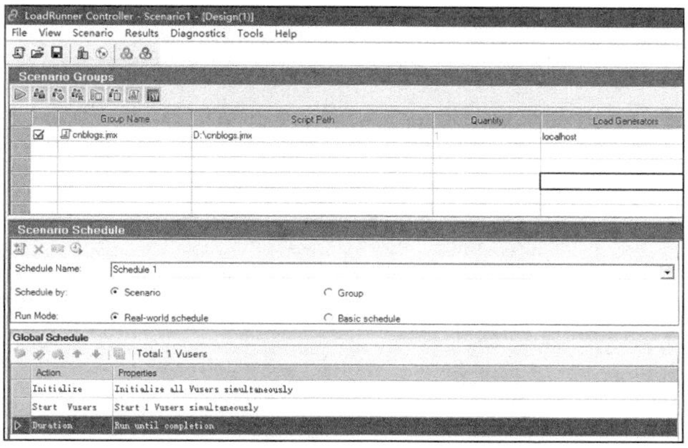

图 7-59 基于“cnblogs.jmx”JMeter 脚本场景相关设置相关信息

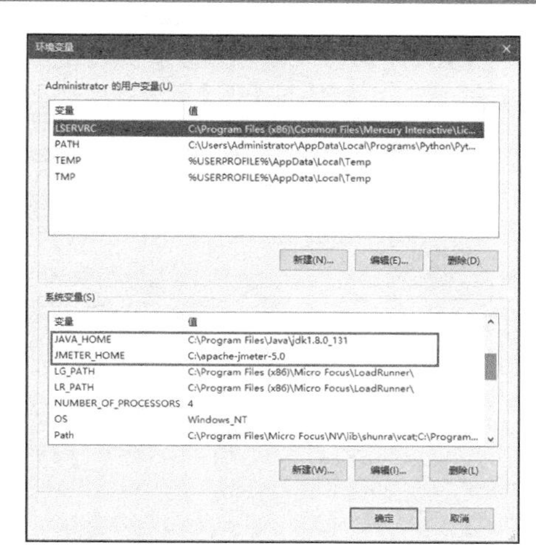

图 7-60 JAVA_HOME 和 JMETER_HOME 环境变量设置

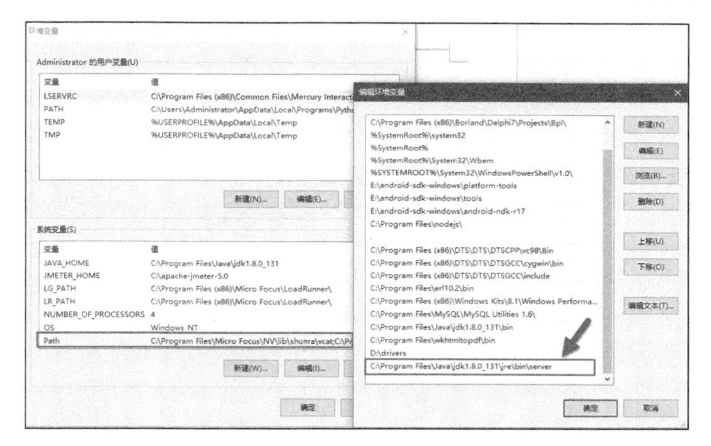

图 7-61 Path 环境变量设置

如图 7-62 所示，接下来就可以单击“Run”页，然后单击“Start Scenario”按钮就可以执行了。

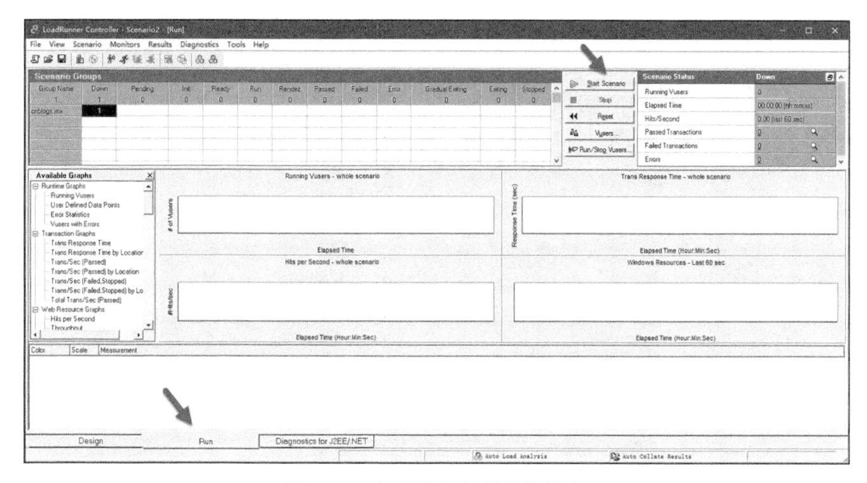

图 7-62 场景执行相关操作信息

如图 7-63 所示，在场景执行过程中 LoadRunner 将会搜集相关监控信息展示在相应的图表中。

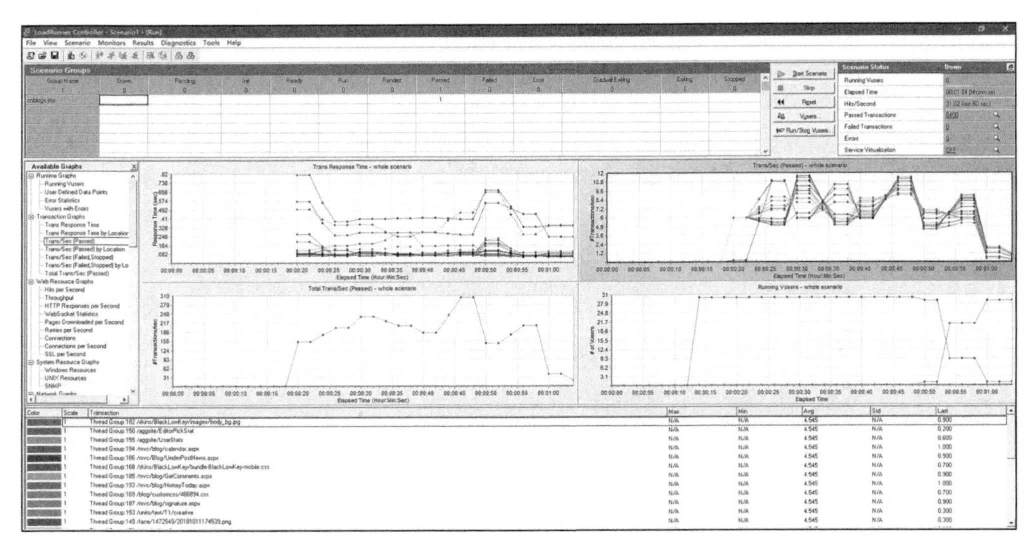

图 7-63　场景执行完成后相关图表信息

场景执行完成后，LoadRunner 12 会调用 Analysis，展现本次性能测试的结果信息，如图 7-64～图 7-68 所示。

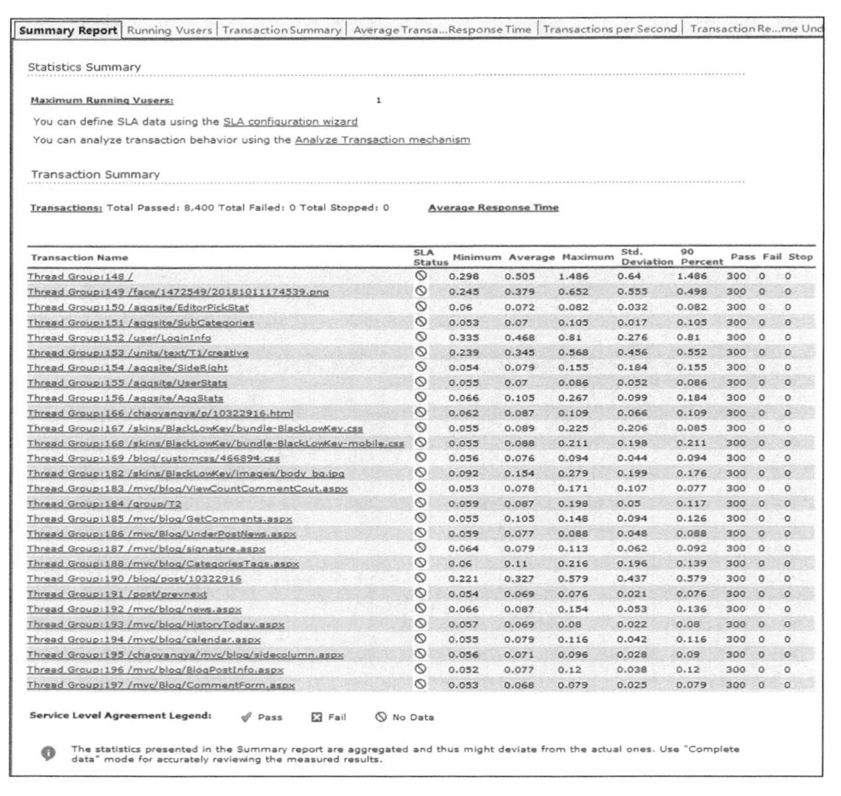

Summary Report | Running Vusers | Transaction Summary | Average Transa...Response Time | Transactions per Second | Transaction Re...me Und

Statistics Summary

Maximum Running Vusers: 1

You can define SLA data using the SLA configuration wizard

You can analyze transaction behavior using the Analyze Transaction mechanism

Transaction Summary

Transactions: Total Passed: 8,400 Total Failed: 0 Total Stopped: 0　　**Average Response Time**

Transaction Name	SLA Status	Minimum	Average	Maximum	Std. Deviation	90 Percent	Pass	Fail	Stop
Thread Group:148 /	⊘	0.298	0.505	1.486	0.64	1.486	300	0	0
Thread Group:149 /face/1472549/20181011174539.png	⊘	0.245	0.379	0.652	0.555	0.498	300	0	0
Thread Group:150 /aggsite/EditorPickStat	⊘	0.06	0.072	0.082	0.032	0.082	300	0	0
Thread Group:151 /aggsite/SubCategories	⊘	0.053	0.07	0.105	0.017	0.105	300	0	0
Thread Group:152 /user/LoginInfo	⊘	0.335	0.468	0.81	0.276	0.81	300	0	0
Thread Group:153 /units/text/T1/creative	⊘	0.239	0.345	0.568	0.456	0.552	300	0	0
Thread Group:154 /aggsite/SideRight	⊘	0.054	0.079	0.155	0.184	0.155	300	0	0
Thread Group:155 /aggsite/UserStats	⊘	0.055	0.07	0.086	0.052	0.086	300	0	0
Thread Group:156 /aggsite/AggStats	⊘	0.066	0.105	0.267	0.099	0.184	300	0	0
Thread Group:166 /chaoyangya/p/10322916.html	⊘	0.062	0.087	0.109	0.066	0.109	300	0	0
Thread Group:167 /skins/BlackLowKey/bundle-BlackLowKey.css	⊘	0.055	0.089	0.225	0.206	0.085	300	0	0
Thread Group:168 /skins/BlackLowKey/bundle-BlackLowKey-mobile.css	⊘	0.055	0.088	0.211	0.198	0.211	300	0	0
Thread Group:169 /blog/customcss/466894.css	⊘	0.056	0.076	0.094	0.044	0.094	300	0	0
Thread Group:182 /skins/BlackLowKey/images/body_bg.jpg	⊘	0.092	0.154	0.279	0.199	0.176	300	0	0
Thread Group:183 /mvc/blog/ViewCountCommentCout.aspx	⊘	0.053	0.078	0.171	0.107	0.077	300	0	0
Thread Group:184 /group/T2	⊘	0.059	0.087	0.198	0.05	0.117	300	0	0
Thread Group:185 /mvc/blog/GetComments.aspx	⊘	0.055	0.105	0.148	0.094	0.126	300	0	0
Thread Group:186 /mvc/Blog/UnderPostNews.aspx	⊘	0.059	0.077	0.088	0.048	0.088	300	0	0
Thread Group:187 /mvc/blog/signature.aspx	⊘	0.064	0.079	0.113	0.062	0.092	300	0	0
Thread Group:188 /mvc/blog/CategoriesTags.aspx	⊘	0.06	0.11	0.216	0.196	0.139	300	0	0
Thread Group:190 /blog/post/10322916	⊘	0.221	0.327	0.579	0.437	0.579	300	0	0
Thread Group:191 /post/prevnext	⊘	0.054	0.069	0.076	0.021	0.076	300	0	0
Thread Group:192 /mvc/blog/news.aspx	⊘	0.066	0.087	0.154	0.053	0.136	300	0	0
Thread Group:193 /mvc/blog/HistoryToday.aspx	⊘	0.057	0.069	0.08	0.022	0.08	300	0	0
Thread Group:194 /mvc/blog/calendar.aspx	⊘	0.055	0.079	0.116	0.042	0.116	300	0	0
Thread Group:195 /chaoyangya/mvc/blog/sidecolumn.aspx	⊘	0.056	0.071	0.096	0.028	0.09	300	0	0
Thread Group:196 /mvc/blog/BlogPostInfo.aspx	⊘	0.052	0.077	0.12	0.038	0.12	300	0	0
Thread Group:197 /mvc/Blog/CommentForm.aspx	⊘	0.053	0.068	0.079	0.025	0.079	300	0	0

Service Level Agreement Legend:　Pass　Fail　No Data

The statistics presented in the Summary report are aggregated and thus might deviate from the actual ones. Use "Complete data" mode for accurately reviewing the measured results.

图 7-64　概要图表信息

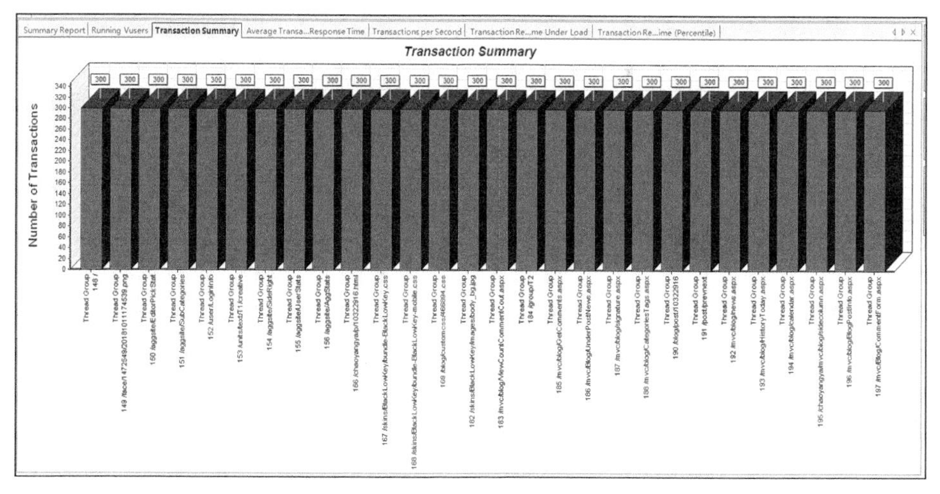

图 7-65　事务概要图表信息

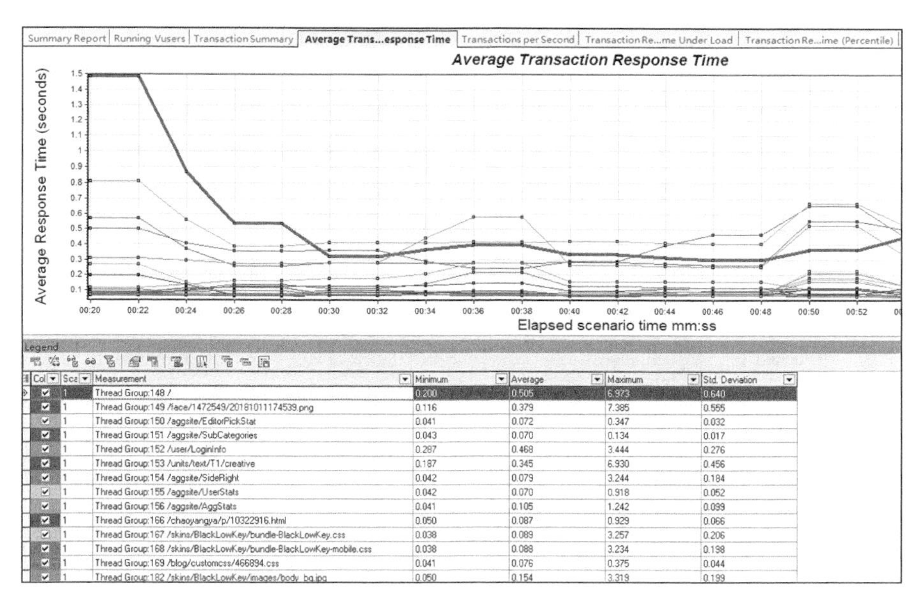

Col	Sca	Measurement	Minimum	Average	Maximum	Std. Deviation
✔	1	Thread Group:148 /	0.200	0.505	6.973	0.640
✔	1	Thread Group:149 /face/1472549/20181011174539.png	0.116	0.379	7.385	0.555
✔	1	Thread Group:150 /aggsite/EditorPickStat	0.041	0.072	0.347	0.032
✔	1	Thread Group:151 /aggsite/SubCategories	0.043	0.070	0.134	0.017
✔	1	Thread Group:152 /user/LoginInfo	0.287	0.468	3.444	0.276
✔	1	Thread Group:153 /units/text/T1/creative	0.187	0.345	6.930	0.456
✔	1	Thread Group:154 /aggsite/SideRight	0.042	0.079	3.244	0.184
✔	1	Thread Group:155 /aggsite/UserStats	0.042	0.070	0.918	0.052
✔	1	Thread Group:156 /aggsite/AggStats	0.041	0.105	1.242	0.099
✔	1	Thread Group:166 /chaoyangya/p/10322916.html	0.050	0.087	0.929	0.066
✔	1	Thread Group:167 /skins/BlackLowKey/bundle-BlackLowKey.css	0.038	0.089	3.257	0.206
✔	1	Thread Group:168 /skins/BlackLowKey/bundle-BlackLowKey-mobile.css	0.038	0.088	3.234	0.198
✔	1	Thread Group:169 /blog/customcss/466894.css	0.041	0.076	0.375	0.044
✔	1	Thread Group:182 /skins/BlackLowKey/images/body_bg.jpg	0.050	0.154	3.319	0.199

图 7-66　平均事务响应时间图表信息

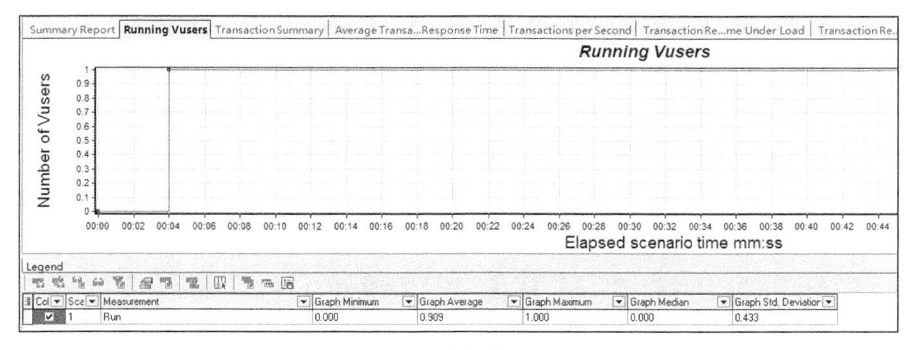

Col	Sca	Measurement	Graph Minimum	Graph Average	Graph Maximum	Graph Median	Graph Std. Deviation
✔	1	Run	0.000	0.909	1.000	0.000	0.433

图 7-67　运行虚拟用户图表信息

不知道细心的读者朋友们发现没有，图 7-67 中只有 1 个虚拟用户在运行，再结合图 7-65 来看，我们发现各个请求均被执行了 300 次，且每次都执行成功。是不是印证了前面我们讲的内容呢！即：在 LoadRunner 中设定 1 个虚拟用户就执行 JMeter 对应该脚本中的设置，30 个线程并发执行，每个线程循环 10 次，也就是每个请求被执行了 30 × 10=300 次。

如果觉得图表信息不够多，还可以添加更多图表，如图 7-68 所示，关于操作方法在 LoadRunner 11 中已经详细介绍了，不再赘述。

这里，作者又添加了几个图表，如图 7-69 和图 7-70 所示。

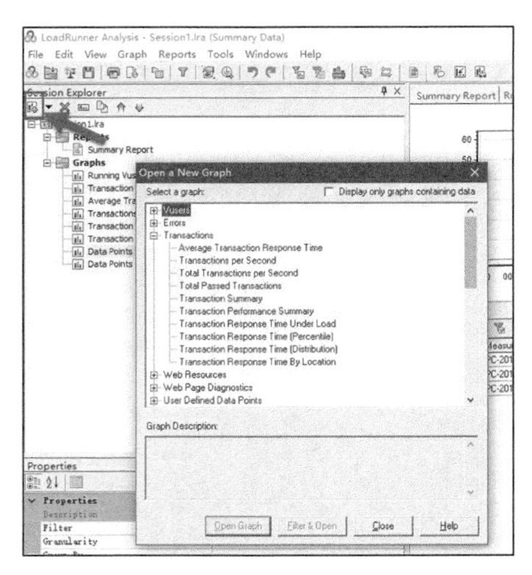

图 7-68　运行虚拟用户图表信息

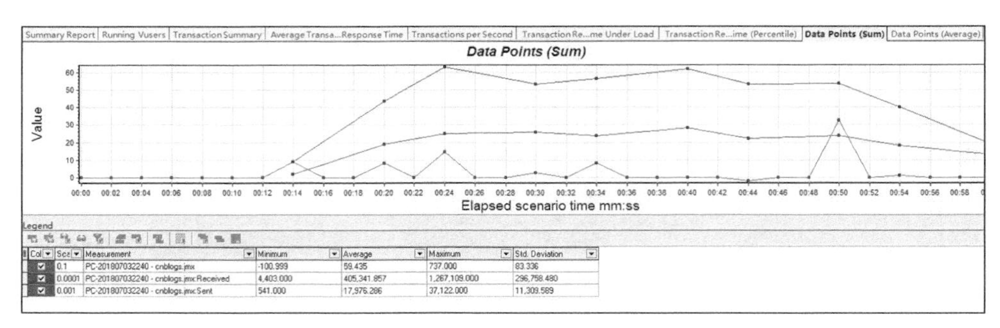

Col	Scale	Measurement	Minimum	Average	Maximum	Std. Deviation
☑	0.1	PC-201807032240 - cnblogs.jmx	-100.999	59.435	737.000	83.336
☑	0.0001	PC-201807032240 - cnblogs.jmx:Received	4,403.000	405,341.857	1,267,109.000	296,758.480
☑	0.001	PC-201807032240 - cnblogs.jmx:Sent	541.000	17,976.286	37,122.000	11,309.589

图 7-69　用户自定义（Sum）图表信息

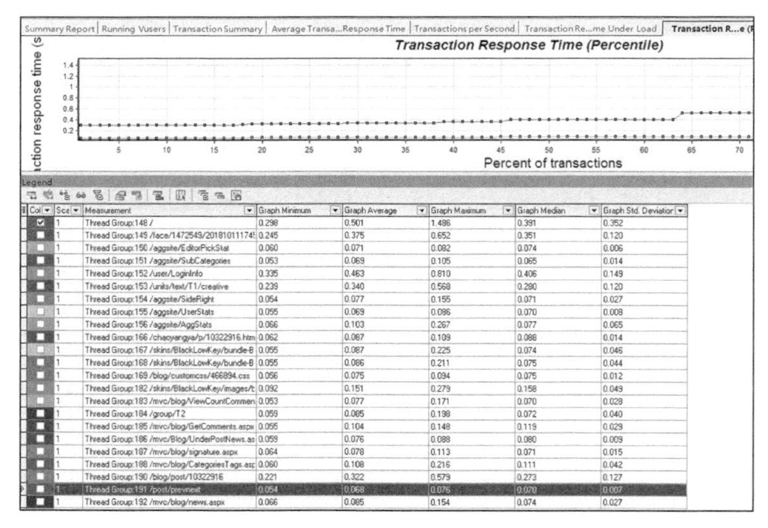

Col	Scale	Measurement	Graph Minimum	Graph Average	Graph Maximum	Graph Median	Graph Std. Deviation
☑	1	Thread Group:148 /	0.298	0.501	1.486	0.391	0.352
☐	1	Thread Group:149 /face/1472549/20181011174	0.245	0.375	0.652	0.351	0.120
☐	1	Thread Group:150 /aggsite/EditorPickStat	0.060	0.071	0.082	0.074	0.006
☐	1	Thread Group:151 /aggsite/SubCategories	0.053	0.069	0.105	0.065	0.014
☐	1	Thread Group:152 /user/LoginInfo	0.335	0.463	0.810	0.406	0.149
☐	1	Thread Group:153 /units/text/T1/creative	0.239	0.340	0.568	0.280	0.120
☐	1	Thread Group:154 /aggsite/SideRight	0.054	0.077	0.155	0.071	0.027
☐	1	Thread Group:155 /aggsite/UserStats	0.055	0.069	0.086	0.070	0.008
☐	1	Thread Group:156 /aggsite/AggStats	0.066	0.103	0.267	0.077	0.065
☐	1	Thread Group:166 /chaoyangya/p/10322916.htm	0.062	0.087	0.109	0.088	0.014
☐	1	Thread Group:167 /skins/BlackLowKey/bundle-B	0.055	0.087	0.225	0.074	0.046
☐	1	Thread Group:168 /skins/BlackLowKey/bundle-B	0.055	0.086	0.211	0.075	0.044
☐	1	Thread Group:169 /blog/customcss/466894.css	0.056	0.075	0.094	0.075	0.012
☐	1	Thread Group:182 /skins/BlackLowKey/images/t	0.092	0.151	0.279	0.158	0.049
☐	1	Thread Group:183 /mvc/blog/ViewCountCommen	0.053	0.077	0.171	0.070	0.028
☐	1	Thread Group:184 /group/T2	0.059	0.085	0.198	0.072	0.040
☐	1	Thread Group:185 /mvc/blog/GetComments.aspx	0.055	0.104	0.148	0.119	0.029
☐	1	Thread Group:186 /mvc/Blog/UnderPostNews.as	0.059	0.076	0.088	0.080	0.009
☐	1	Thread Group:187 /mvc/blog/signature.aspx	0.064	0.078	0.113	0.071	0.015
☐	1	Thread Group:188 /mvc/blog/CategoriesTags.asp	0.060	0.108	0.216	0.111	0.042
☐	1	Thread Group:190 /blog/post/10322916	0.221	0.322	0.579	0.273	0.127
☐	1	Thread Group:191 /post/prevnext	0.054	0.068	0.076	0.070	0.007
☐	1	Thread Group:192 /mvc/blog/news.aspx	0.066	0.085	0.154	0.074	0.027

图 7-70　事务响应时间（百分之百）图表信息

7.4.2　如何添加基于 Eclipse 开发者的插件

随着信息产业的蓬勃发展，越来越多的开发技术应用于软件开发中，在这日新月异的时代，不仅是开发人员面临着挑战，测试人员同样也要不断提升自身能力，与时俱进，才能更好地适应目前应用广泛的敏捷开发过程，学习并应用好一门语言已经成为目前测试人员必备的技能。Java、C#、Python 等编程语言无疑是目前流行的编程语言。所以，作者建议读者也一定要掌握一门语言，这里以 Java 开发人员应用的利器 Eclipse 为例，它就是一个非常不错的 IDE 工具。如何在掌握 Java 编程语言和 Eclipse IDE 的基础上，进行自动化测试和性能测试以及进一步的基于 LoadRunner API 的性能测试脚本开发，无疑是对提升测试技能的一种不错的选择。

这一节作者将向读者介绍基于 Java 开发人员或者测试人员进行 LoadRunner API 二次开发的相关插件的安装，当然 LoadRunner 12 也为.NET 开发人员提供了相似的插件。

读者可以从 LoadRunner 12 配套资源中看到有一个名称为“Additional Components”的文件夹，其下有一个名称为“IDE Add-Ins Dev”的子文件夹，在该目录下又包含了 3 个文件，如图 7-71 所示。

这里我们仅以基于 Java 的 Eclipse IDE 插件安装为例进行说明，“.Net IDE”插件安装类似不再赘述。

图 7-71 所示，运行“LREclipseIDEAddInDevSetup.exe”文件，如图 7-72 所示。

图 7-71 LoadRunner 12 提供的基于 Java 或.Net 集成开发的相关插件

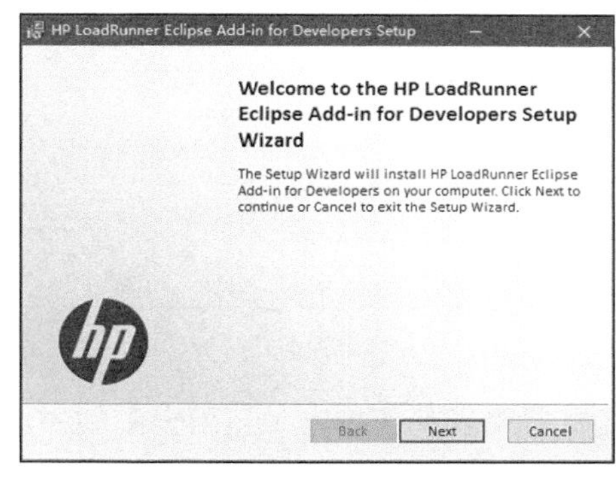

图 7-72 Eclipse IDE 插件安装初始界面

单击“Next”按钮，显示图 7-73 界面信息。

继续单击“Next”按钮，选择本地的“Eclipse”工具所在路径，请大家一定要注意，Eclipse 工具一定要事先安装，这一步执行才有意义，如图 7-74 所示。

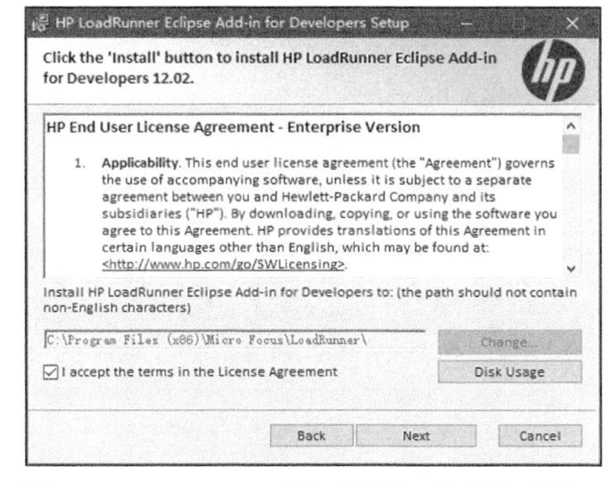

图 7-73 Eclipse IDE 插件安装许可协议相关界面

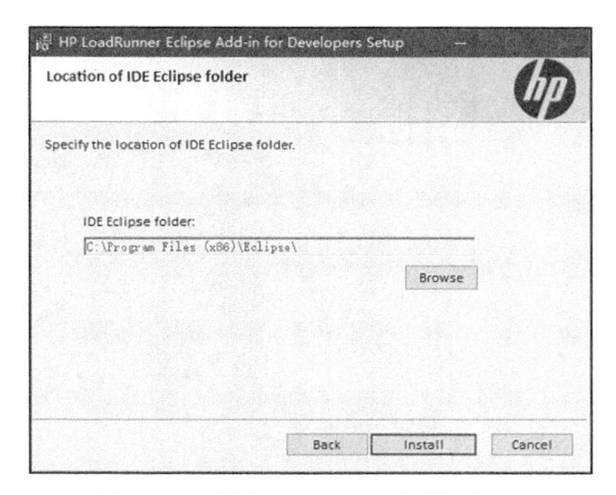

图 7-74 选择 Eclipse IDE 相关界面

然后单击“Install”按钮，进行安装，直至等待安装完成，安装过程不再赘述。

7.4.3　应用 VuGen 开发 Selenium 脚本

Selenium 目前被广泛应用于自动化测试。如果能够复用这些脚本来进行性能测试是很多软件企业梦寐以求的一件事情。LoadRunner 12 提供了这方面的支持，在这里作者将分别向大家介绍两种方法来实现 Selenium 自动化测试脚本的性能测试。

这里先向大家介绍第一种方式，利用 VuGen 工具来创建 Selenium 脚本。

打开 VuGen，单击“【File】>【New Script and Solution】”菜单项，选择单协议，然后在协议列表中选择“Java Vuser”协议，在“Script Name”中输入“Baidu_Script”，在“Solution Name”中输入“SeleniumTest”，最后单击“Create”按钮，如图 7-75 所示。

创建脚本完成后，将显示如图 7-76 所示。

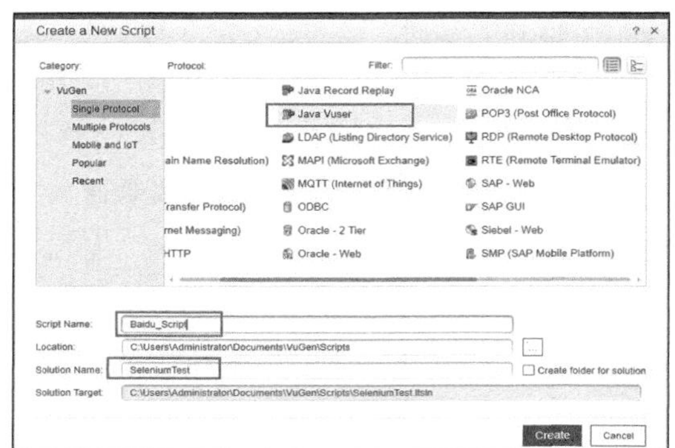

图 7-75　创建脚本界面

图 7-76　空的 Java Vuser 脚本界面信息

这里需要大家注意的是目前多数读者朋友们可能都使用的是 64 位的操作系统和 64 位的 JDK，那么必须单击“Runtime Settings”的“Miscellaneous”页，选中“Replay script with 64-bit”选项，如图 7-77 所示。

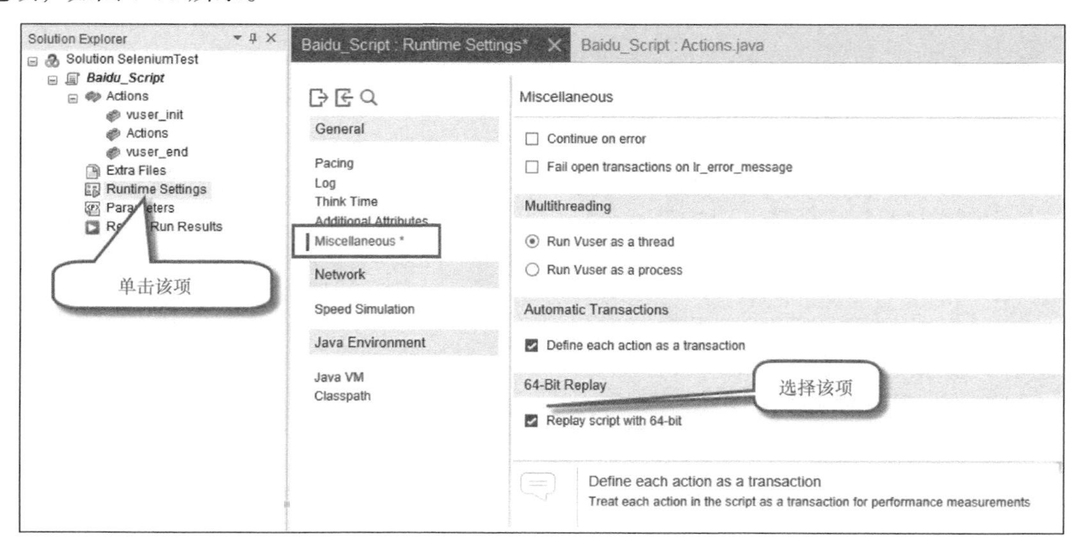

图 7-77　兼容性相关设置操作信息

除此之外，还要添加 Selenium 运行所依赖的包文件，即“selenium-server-standalone-3.9.0.jar”文件。如图 7-78 所示。

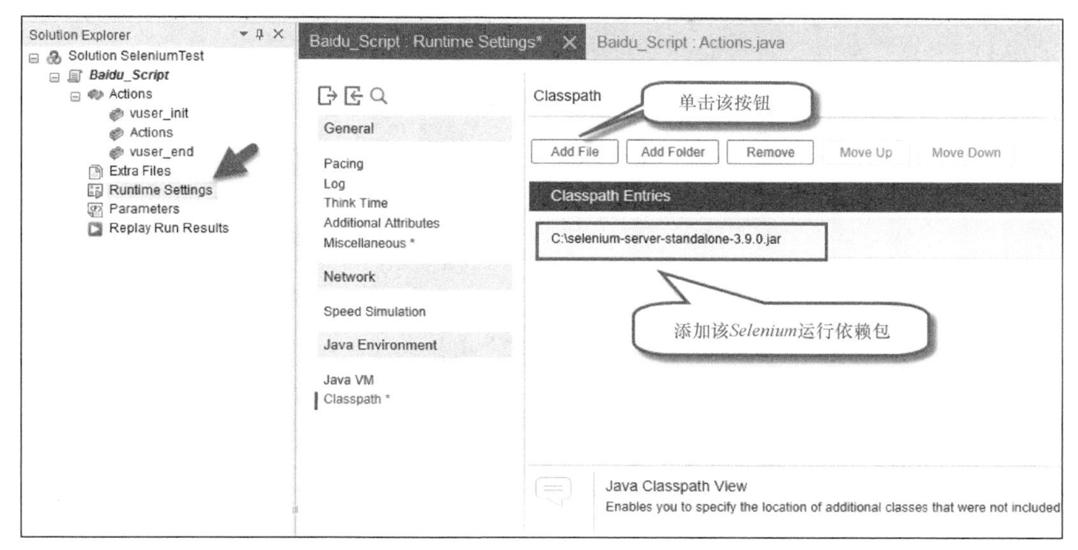

图 7-78 Selenium 运行相关设置操作信息

接下来，我们就可以实现一个测试用的 Selenium 脚本了，这里我们实现一个打开 Chrome 浏览器，访问百度，搜索“loadrunner”关键字的业务脚本，如图 7-79 所示。

图 7-79 Selenium 业务脚本相关信息

为便于读者朋友们阅读，将脚本内容摘抄出来，如下所示：

```
import lrapi.lr;  //二次 LoadRunner 脚本开发所依赖的接口
import org.openqa.selenium.By;//Selenium 运行元素定位相关的接口
import org.openqa.selenium.WebDriver; //Selenium 运行驱动相关的接口
import org.openqa.selenium.chrome.ChromeDriver; //Selenium  Chrome 浏览器驱动相关的接口

public class Actions
{
```

```
    public int init() throws Throwable {
        return 0;
    }//end of init

    public int action() throws Throwable {
        //创建驱动对象
        WebDriver driver = new ChromeDriver();
        //浏览器最大化
        driver.manage().window().maximize();
        //获取网址
        lr.start_transaction("baidu_homepage"); //定义了一个查看百度首页的事务
        driver.get("https://www.baidu.com");
        lr.end_transaction("baidu_homepage",lr.AUTO);
        //线程睡眠 3 秒（目的是等待浏览器打开完成）
        Thread.sleep(3000);
        //获取百度搜索输入框元素，并自动写入搜索内容
        driver.findElement(By.id("kw")).sendKeys("loadrunner");
        //线程睡眠 1 秒
        Thread.sleep(1000);
        //获取"百度一下"元素，并自动点击
        lr.start_transaction("baidu_search");//定义了一个查看百度搜索的事务
        driver.findElement(By.id("su")).click();
        lr.end_transaction("baidu_search",lr.AUTO);
        //线程睡眠 3 秒
        Thread.sleep(3000);
        //退出浏览器
        driver.quit();
        return 0;
    }//end of action

    public int end() throws Throwable {
        return 0;
    }//end of end
}
```

这里只是作者实现的一个简单例子，读者可以结合贵公司实际情况，将业务脚本进行替换即可。当然，如果不熟悉 Selenium，则需要阅读这方面的专业书籍，补充相关知识。

单击工具条的执行按钮，则可以看到代码开始执行，启动 Chrome 浏览器，访问百度页面，并进行搜索"loadrunner"关键字的执行过程，如图 7-80 所示。

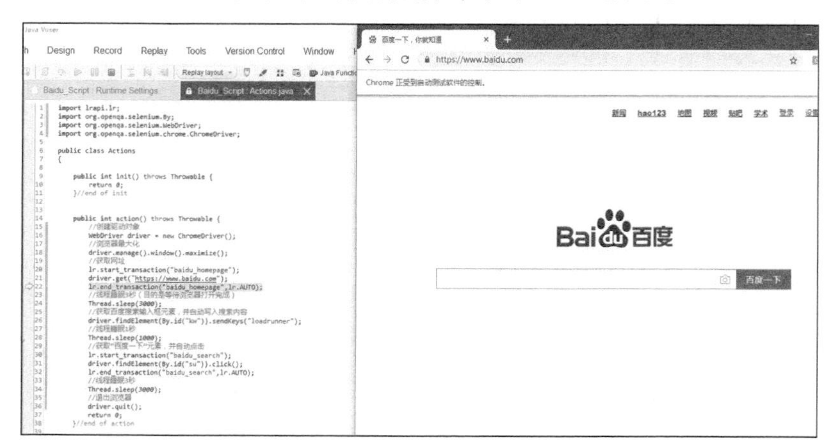

图 7-80 Selenium 业务脚本执行相关信息

脚本执行完成后，将会看到其中包含了两个事务相关的信息等内容，如图 7-81 所示的回放摘要信息。

接下来，让我们看一下针对前面编写的 Selenium 业务脚本，如何设计性能测试的场景。打开 Controller，选择“LoadRunner Scripts”，添加“Baidu_Script”脚本到场景中，如图 7-82 所示。

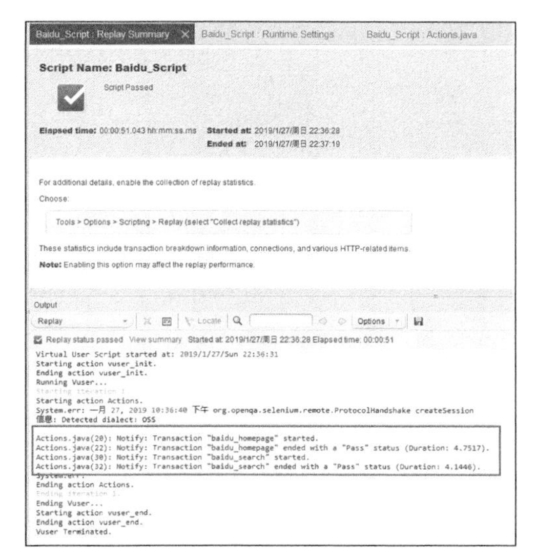

图 7-81 Selenium 业务脚本执行结果摘要相关信息

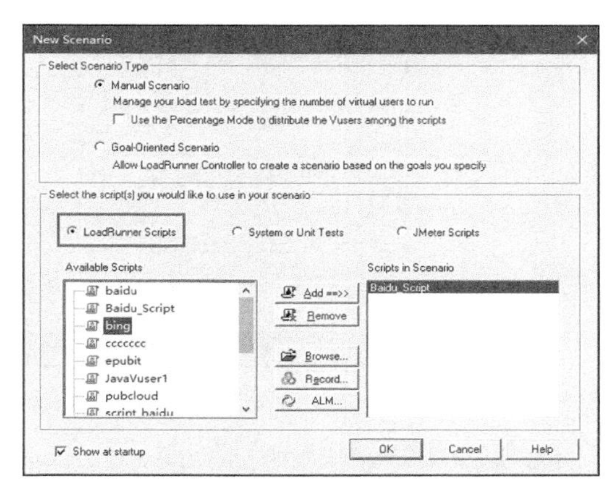

图 7-82 Selenium 业务脚本执行结果摘要相关信息

如图 7-82 所示，单击“OK”按钮。这里我们设计一个并发执行打开 3 个百度页面，进行搜索关键字的场景，只要运行完成即终止的场景，如图 7-83 所示。需要提醒读者朋友的是，在这里作者仅是为了给大家演示其应用与工作原理，在实际工作中，读者可以依据于自己的性能测试用例进行场景的设计。

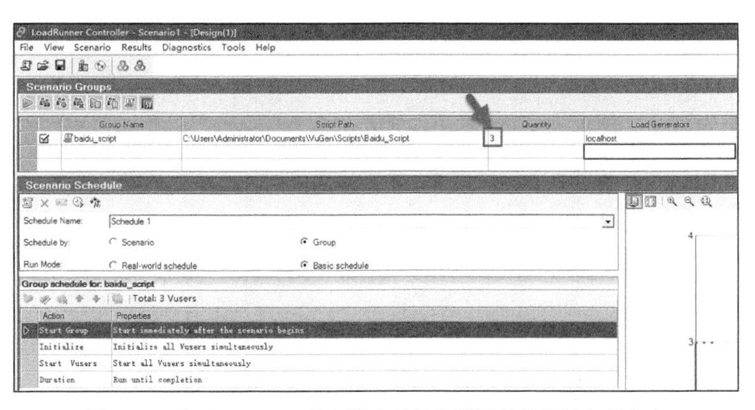

图 7-83 基于 Selenium 业务脚本的性能测试场景设计相关信息

切换到“Run”页，单击“Start Sceniario”按钮开始执行该性能测试场景，如图 7-84 所示。

接下来，将会发现 LoadRunner 同时启动了 3 个 Chrome 浏览器，并执行 Selenium 业务脚本，如图 7-85 所示。

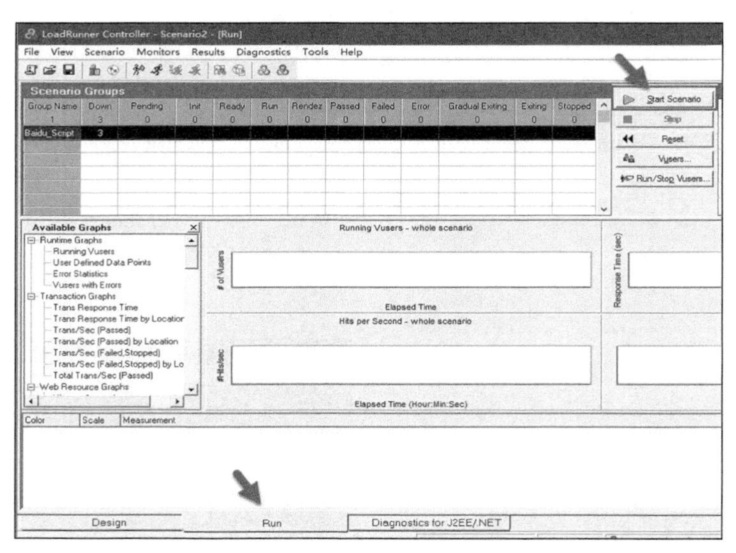

图 7-84　基于 Selenium 业务脚本的性能测试场景执行相关信息

图 7-85　并发执行的 3 个脚本实例相关信息

性能测试场景执行完成后，返回 Controller 应用界面，将会发现 LoadRunner 搜集到运行用户、平均响应时间和每秒事务数等相关数据信息，如图 7-86 所示。

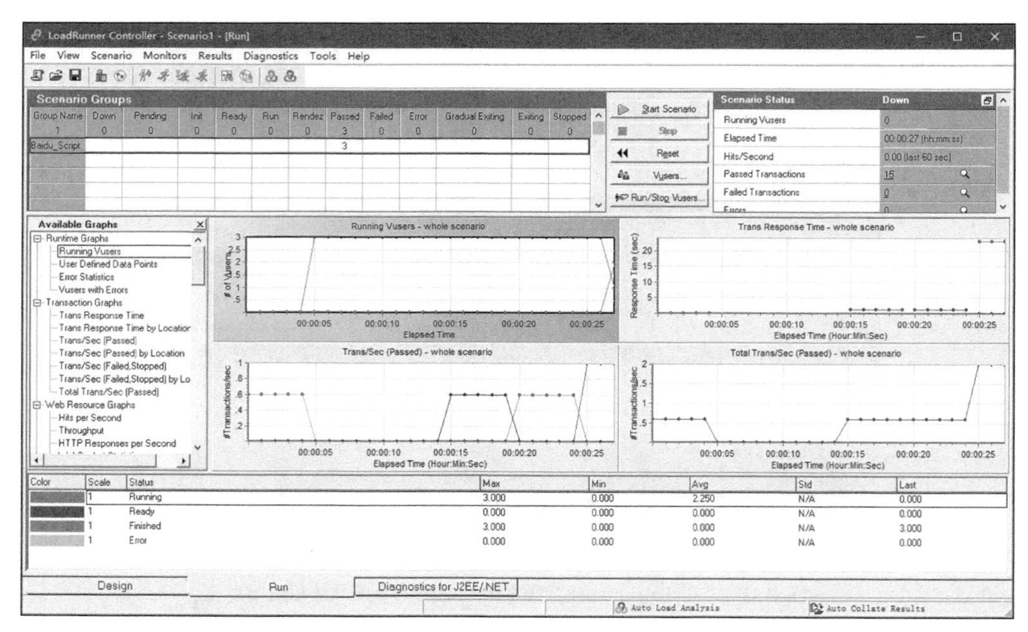

图 7-86　性能测试场景执行完成后的相关信息

场景执行完成后，会直接打开 Analysis 应用展示本次执行结果相关信息，如图 7-87 所示。

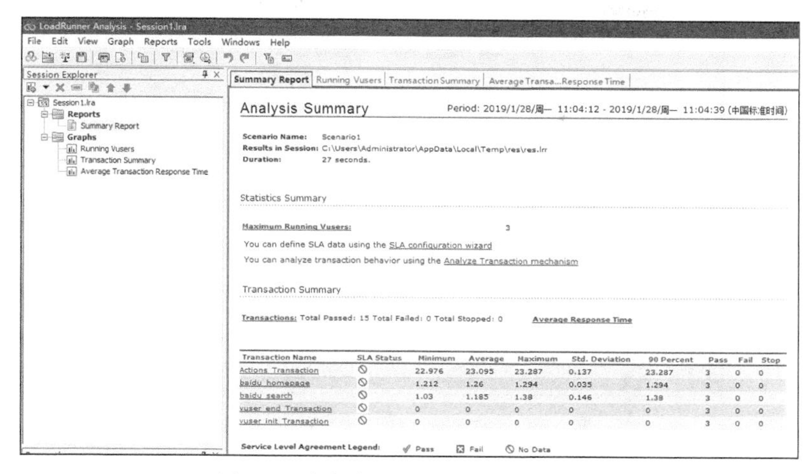

图 7-87　本次执行后的摘要报告相关信息

如图 7-88 所示，可以看到，大概是在场景运行 4 秒的时候，开始启动了 3 个虚拟用户。

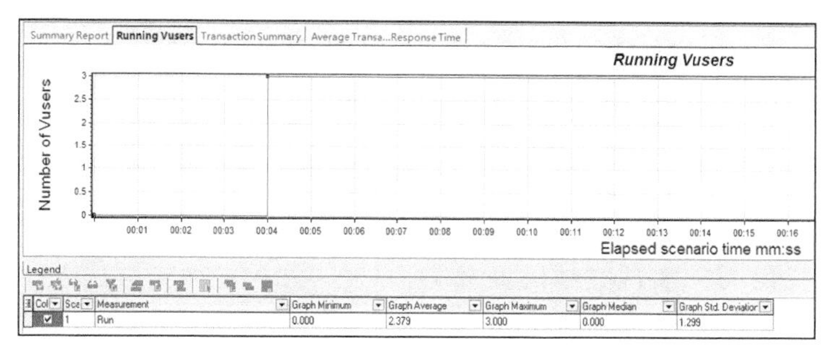

图 7-88　运行虚拟用户数图表相关信息

如图 7-89 所示，可以看到 3 个用户执行的所有事务都是成功的。

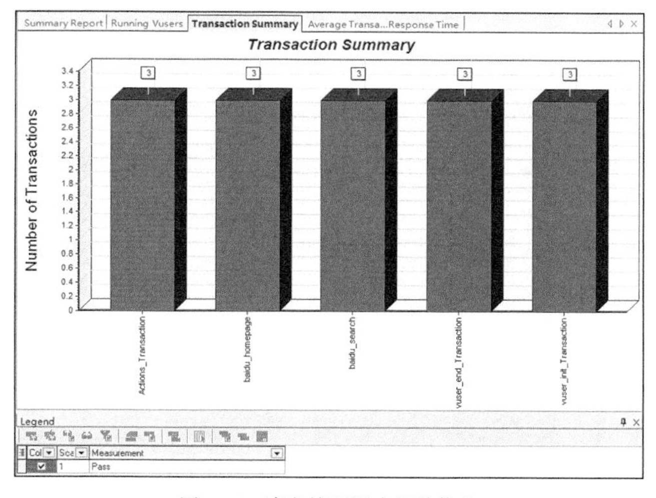

图 7-89　事务摘要图表相关信息

如图 7-90 所示，展示了事务平均响应时间图表，当然由于运行时间很短，所以数据线条看起来就很短且不连续。

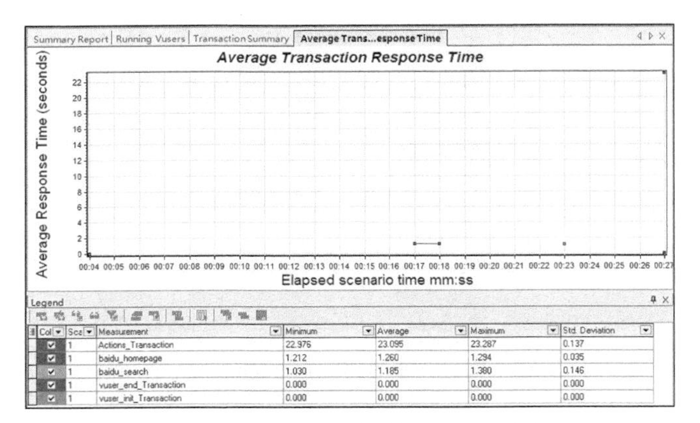

Col	Sca	Measurement	Minimum	Average	Maximum	Std. Deviation
	1	Actions_Transaction	22.976	23.095	23.287	0.137
	1	baidu_homepage	1.212	1.260	1.294	0.035
	1	baidu_search	1.030	1.185	1.380	0.146
	1	vuser_end_Transaction	0.000	0.000	0.000	0.000
	1	vuser_init_Transaction	0.000	0.000	0.000	0.000

图 7-90 平均事务响应时间图表相关信息

7.4.4 Eclipse IDE 调用 LoadRunner API 实现 Selenium 脚本开发

无论是测试人员还是开发人员，很多读者都已经习惯应用 Eclipse IDE 来编写代码，那么我们在编写性能脚本的时候是否可以使用 Eclipse IDE 呢？作者的回答是可以，当成功安装了 Eclipse 开发者插件后，就可以完成在 VuGen 调用 Eclipse IDE 来编写性能测试脚本代码了。这里我们仍然以编写一个基于 Java 代码的调用百度进行搜索的 Selenium 脚本代码为例，你当然可以结合自身的需求实现其他的业务脚本，而不是 Selenium 脚本。

启动 VuGen 后，创建一个解决方案名称为“Solution_Test”，脚本名称为“Demo_baidu_selenium”Java Vuser 协议类型的性能测试解决方案，如图 7-91 所示。

图 7-91 创建 Java Vuser 协议的解决方案相关信息

如图 7-91 所示，单击“Create”按钮，在随后显示的界面中，单击 Eclipse 图标，如图 7-92 所示。

```
/*
 * LoadRunner Java script. (Build: _build_number_)
 *
 * Script Description:
 *
 */

import lrapi.lr;

public class Actions
{

    public int init() throws Throwable {
        return 0;
    }//end of init


    public int action() throws Throwable {
        return 0;
    }//end of action


    public int end() throws Throwable {
        return 0;
    }//end of end
```

图 7-92 调用 Eclipse 的相关操作信息

如图 7-93 所示，你将会发现其自动调用 Eclipse IDE，并自动打开“Demo_baidu_selenium”脚本。

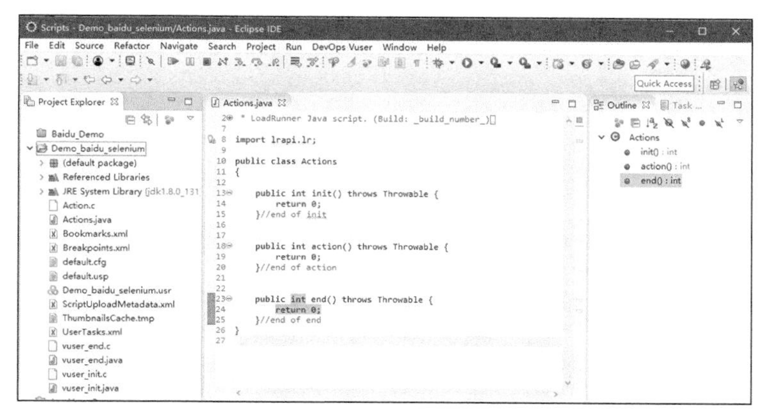

图 7-93　Eclipse　IDE 对应脚本信息展示

这里，我们首先要添加 Selenium 运行所依赖的包，右键单击“Demo_baidu_selenium”，然后从快捷菜单中选择“【Build Path】>【Configure Build Path...】”菜单项，如图 7-94 所示。

在弹出的“Java Build Path”对话框，选择“Libraries”页，添加 Selenium 运行依赖的包，然后单击“Add External JARS...”按钮，添加“selenium-server-standalone-3.9.0.jar”包文件，最后单击“Apply and Close”按钮，关闭对话框，如图 7-95 所示。

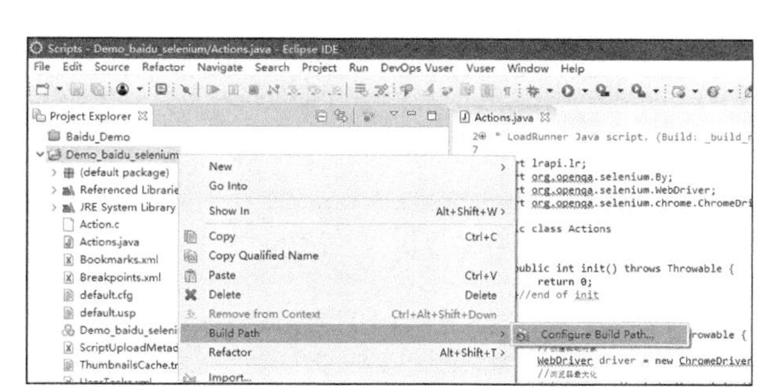

图 7-94　Eclipse 配置相关操作信息

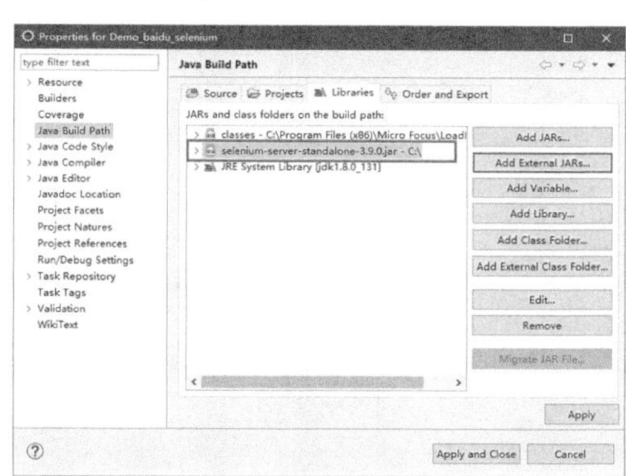

图 7-95　添加运行依赖包

接下来，让我们完善 Action.java 文件内容，实现相应的业务代码，相关代码如下。

```
import lrapi.lr;
import org.openqa.selenium.By;
import org.openqa.selenium.WebDriver;
import org.openqa.selenium.chrome.ChromeDriver;

public class Actions
{

    public int init() throws Throwable {
        return 0;
    }//end of init
```

```
    public int action() throws Throwable {
        //创建驱动对象
        WebDriver driver = new ChromeDriver();
        //浏览器最大化
        driver.manage().window().maximize();
        //获取网址
        lr.start_transaction("baidu_homepage");
        driver.get("https://www.baidu.com");
        lr.end_transaction("baidu_homepage",lr.AUTO);
        //线程睡眠 3 秒（目的是等待浏览器打开完成）
        Thread.sleep(3000);
        //获取百度搜索输入框元素，并自动写入搜索内容
        driver.findElement(By.id("kw")).sendKeys("loadrunner");
        //线程睡眠 1 秒
        Thread.sleep(1000);
        //获取"百度一下"元素，并自动点击
        lr.start_transaction("baidu_search");
        driver.findElement(By.id("su")).click();
        lr.end_transaction("baidu_search",lr.AUTO);
        //线程睡眠 3 秒
        Thread.sleep(3000);
        //退出浏览器
        driver.quit();
        return 0;
    }//end of action


    public int end() throws Throwable {
        return 0;
    }//end of end
}
```

我们发现在 Eclipse IDE 的菜单里多出来一个“Vuser”菜单，其下面包含了图 7-96 所示的菜单项，可以选择对应菜单项进行 LoadRunner 相关功能的调用。

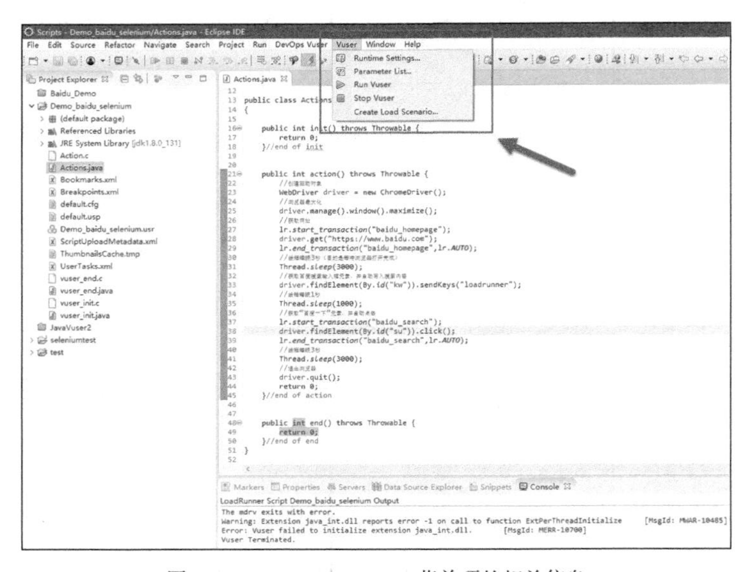

图 7-96　Eclipse IDE Vuser 菜单项的相关信息

结合作者在实际应用时，其插件提供的“Run Vuser”功能调用时会出现“The mdrv exits

with error.”异常，如图 7-97 所示。

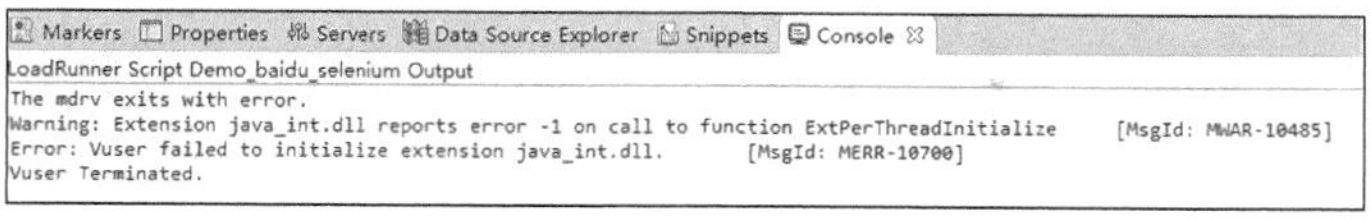

```
Markers  Properties  Servers  Data Source Explorer  Snippets  Console
LoadRunner Script Demo_baidu_selenium Output
The mdrv exits with error.
Warning: Extension java_int.dll reports error -1 on call to function ExtPerThreadInitialize    [MsgId: MWAR-10485]
Error: Vuser failed to initialize extension java_int.dll.    [MsgId: MERR-10700]
Vuser Terminated.
```

图 7-97　Eclipse IDE 执行脚本时出现的错误相关信息

在这里作者想给大家一些建议，即使该功能好使，其实从作者的角度来讲，应该也是用 LoadRunner 提供的功能更合适，因此如果你想调试、运行由 Eclipse IDE 编写的脚本，建议还是将脚本保存后，到 VuGen 中进行调试、运行。

同样的脚本在 LoadRunner 中运行，我们可以看到其是正常的，如图 7-98 和图 7-99 所示。

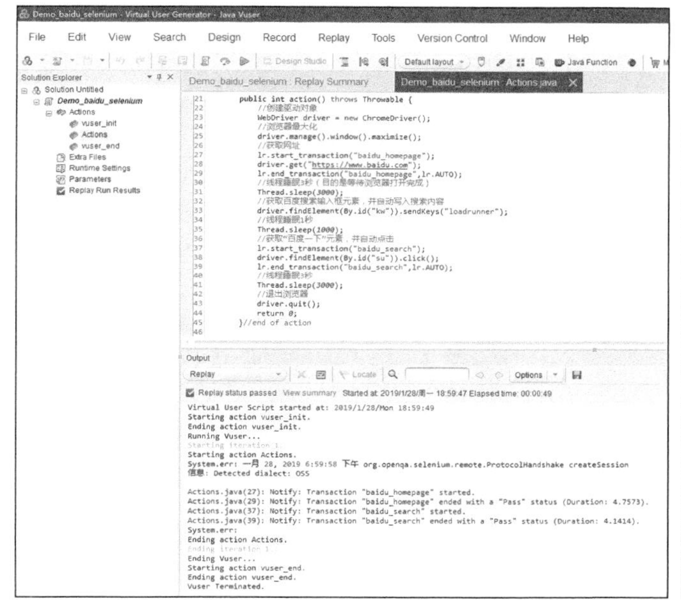

图 7-98　VuGen 脚本内容及其执行结果相关信息

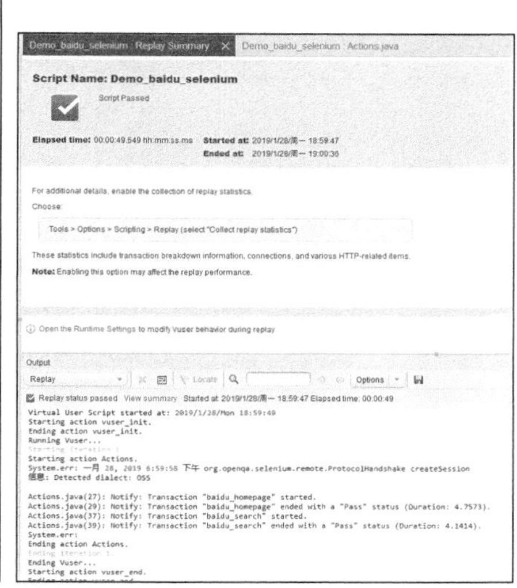

图 7-99　VuGen 脚本内容及其执行结果相关信息

单击“Create Load Scenario...”菜单项来创建基于该脚本的性能测试场景，如图 7-100 所示。

在弹出的图 7-101 所示的创建场景对话框，可以根据自己的需要改变虚拟用户数量、负载机、组名或者结果的存放路径。

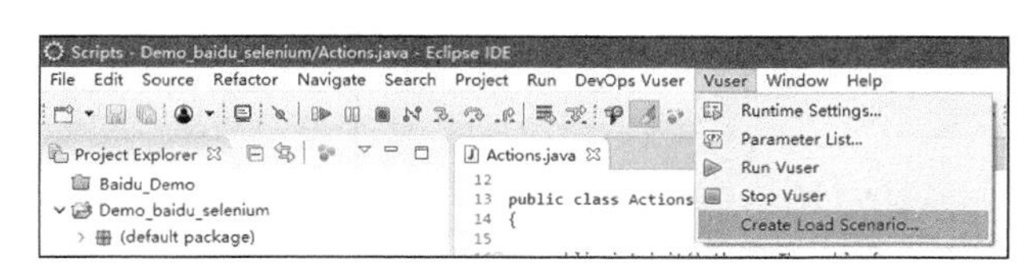

图 7-100　Eclipse IDE 下创建负载场景相关信息

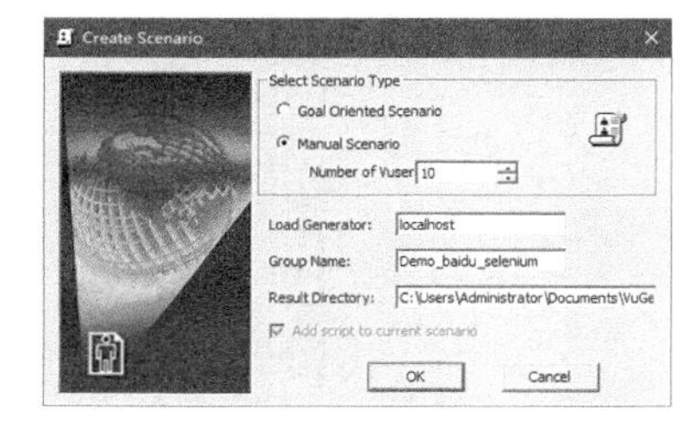

图 7-101　创建场景对话框相关信息

如图 7-101 所示，单击“OK”按钮，则自动调用 Controller，并创建一个性能测试场景，如图 7-102 所示。我们可以清楚地看到其创建了 10 个虚拟用户，以每 15 秒加载 1 个虚拟用户梯度加载 10 个虚拟用户，持续运行 5 分钟，以每隔 30 秒的梯度释放用户的性能测试场景。

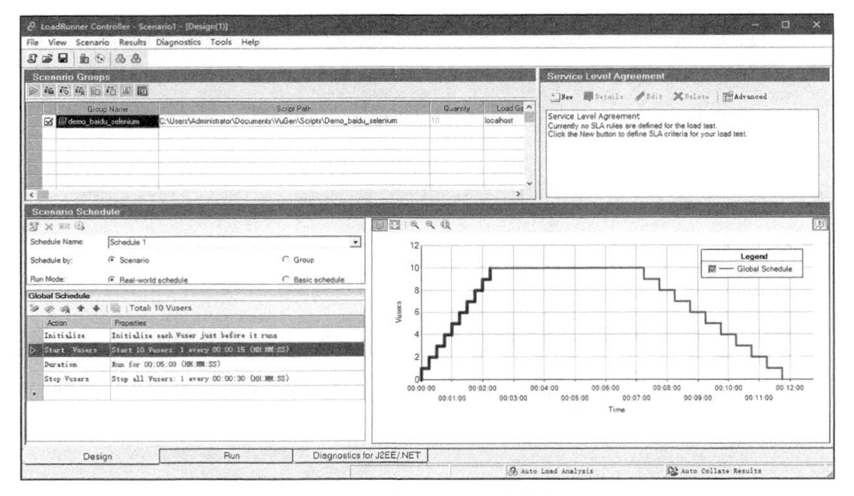

图 7-102 场景设计相关信息

如果不需要改变相关默认设置，则可以切换到“Run”页，单击“Start Sceniario”按钮，开始执行该场景，如图 7-103 所示。

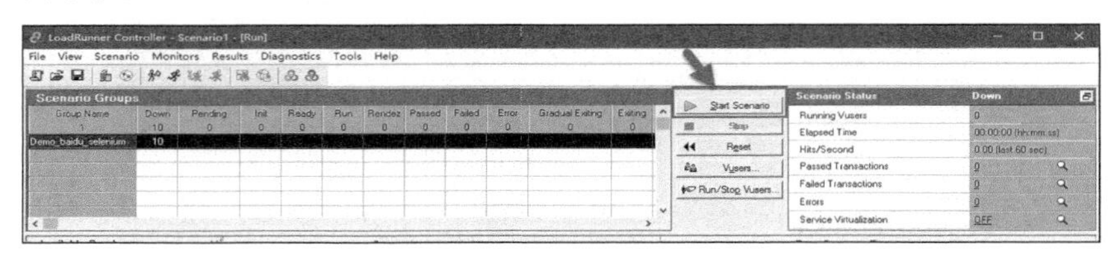

图 7-103 场景执行操作相关信息

场景执行完成后，会直接打开 Analysis 应用展示本次执行结果相关信息，如图 7-104 所示。

如图 7-104～图 7-108 所示，我们能发现在本次执行过程中，运行的虚拟用户数最多时为 9 个虚拟用户数，存在执行失败的事务，其失败的原因有连接超时等，具体内容不再赘述。

Summary Report | Running Vusers | Transaction Summary | Average Transa...Response Time

Analysis Summary　　Period: 2019/1/28/周一 19:44:14 - 2019/1/28/周一 19:53:16 (中国标准时间)

Scenario Name: Scenario1
Results in Session: C:\Users\Administrator\Documents\VuGen\Scripts\Demo_baidu_selenium\res\res.lrr
Duration: 9 minutes and 2 seconds.

Statistics Summary

Maximum Running Vusers: 9
Total Errors: 16

You can define SLA data using the SLA configuration wizard
You can analyze transaction behavior using the Analyze Transaction mechanism

Transaction Summary

Transactions: Total Passed: 326 Total Failed: 0 Total Stopped: 8　　**Average Response Time**

Transaction Name	SLA Status	Minimum	Average	Maximum	Std. Deviation	90 Percent	Pass	Fail	Stop
Actions_Transaction	⃠	12.928	23.111	48.752	5.776	29.087	99	0	6
baidu_homepage	⃠	0.703	2.74	9.536	2.047	5.487	104	0	1
baidu_search	⃠	0.099	1.317	6.669	1.413	2.131	103	0	1
vuser_end_Transaction	⃠	0	0	0	0	0	10	0	0
vuser_init_Transaction	⃠	0	0	0	0	0	10	0	0

Service Level Agreement Legend: Pass　Fail　No Data

图 7-104 摘要相关信息

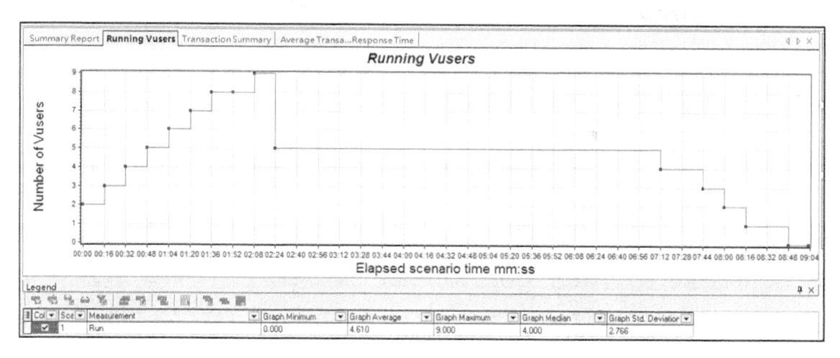

图 7-105 运行虚拟用户图表相关信息

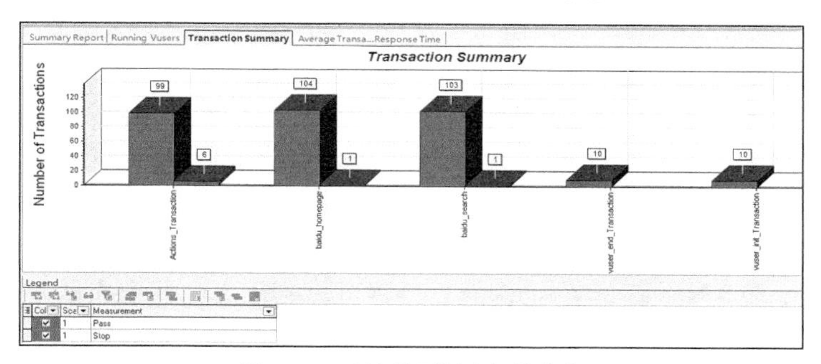

图 7-106 事务摘要图表相关信息

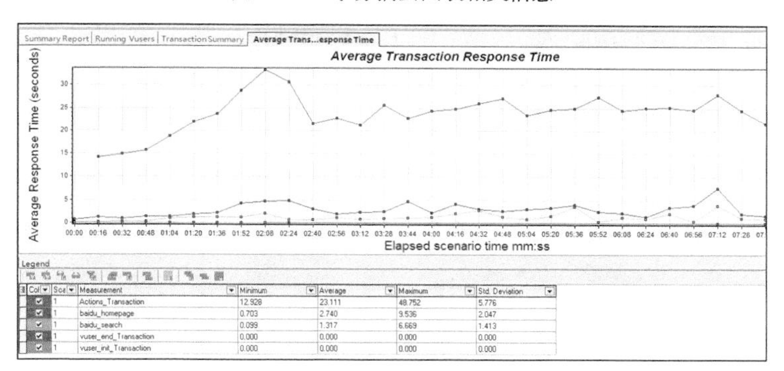

图 7-107 平均事务响应时间图表相关信息

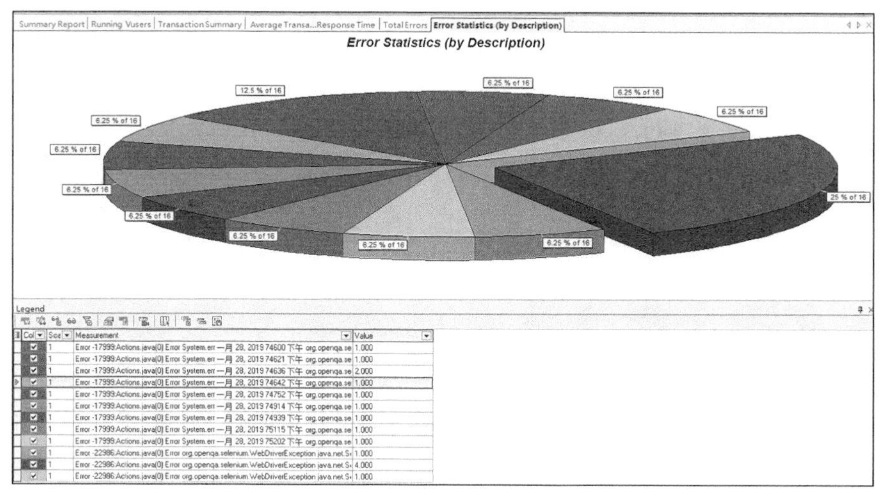

图 7-108 按描述分类的错误统计图表相关信息

7.5 本章小结

本章是了解、理解和掌握 LoadRunner 12 的重要章节，在本章节不仅能看到全新的 LoadRunner 12 相关功能，同时作者还结合其与 LoadRunner 11 的不同之处进行较详细对比与应用介绍，从而使读者能快速地掌握 LoadRunner 12 的使用。本章节作者向读者朋友们介绍了在 VuGen 中，如何创建脚本与解决方案，较 LoadRunner 11，新版本的 LoadRunner 更像一个更加专业的、功能强大的编程语言的 IDE，其操作、代码的编写、调试以及个性化的体验等方面都得到了一定程度的提升。在错误、任务、输出和运行时数据方面提供了专门的页或者说视图来展示。在报告展示、设计工具（Design Studio）等方面做得比 LoadRunner 11 有较大的提升，很大程度上节省了我们做关联的时间，报告的展示方面则更加直观。作者认为 LoadRunner 12 最重要的一个变化就是增加了异步通信的处理，随着技术的不断提升、性能测试也变得越来越深入，异步通信后续在性能测试的应用肯定也会更加广泛。

较 LoadRunner 11 来讲，LoadRunner 12 中的 Controller 主要变化就是增加了对 JMeter 脚本以及增加了对 Java、.Net 等相关 IDE 的支持并可以利用其编写出来的 class、dll 文件来进行性能测试。

较 LoadRunner 11 来讲，LoadRunner 12 中的 Analysis 应用并无太多变化，故没有提及。

学以致用，灵活掌握本章的内容，对于以后实际操作运用 LoadRunner 12 解决具体问题具有较大的作用。请读者认真阅读，并建议边学边练，快速掌握 LoadRunner 12 相关功能的操作方法。

7.6 本章习题及经典面试试题

一、章节习题

1. 如果在录制时启用异步通信，需要启用哪个选项？
2. 异步通信的 3 种方式是什么？

二、经典面试试题

1. LoadRunner 12 的 Controller 支持几种脚本类型？
2. LoadRunner 12 的 Controller 在调用 Selenium 脚本时，会启用浏览器吗？
3. LoadRunner 12 的 Controller 在调用 JMeter 脚本时，已知 JMeter 脚本中设置了 10 个线程，在 Controller 中设置 10 个虚拟用户，此时我们是模拟了多少个虚拟用户？

7.7 本章习题及经典面试试题答案

一、章节习题

1. 如果在录制时启用异步通信，需要启用哪个选项？

答：需要保证必须选中“Recording Options”对话框的“Code Generation”页的“Async Scan”选项。

2. 异步通信的3种方式是什么？

答：轮询异步通信方式、长轮询异步通信方式和推送异步通信方式。

二、经典面试试题

1. LoadRunner 12 的 Controller 支持几种脚本类型？

答：支持3中脚本类型。即 LoadRunner Scripts、System or Unit Tests、JMeter Scripts。

2. LoadRunner 12 的 Controller 在调用 Selenium 脚本时，会启用浏览器吗？

答：会启用浏览器，具体的浏览器和 Selenium 脚本中指定的浏览器驱动有关。

3. LoadRunner 12 的 Controller 在调用 JMeter 脚本时，已知 JMeter 脚本中设置了 10 个线程，在 Controller 中设置 10 个虚拟用户，此时我们是模拟了多少个虚拟用户？

答：模拟了 10×10=100 个虚拟用户。

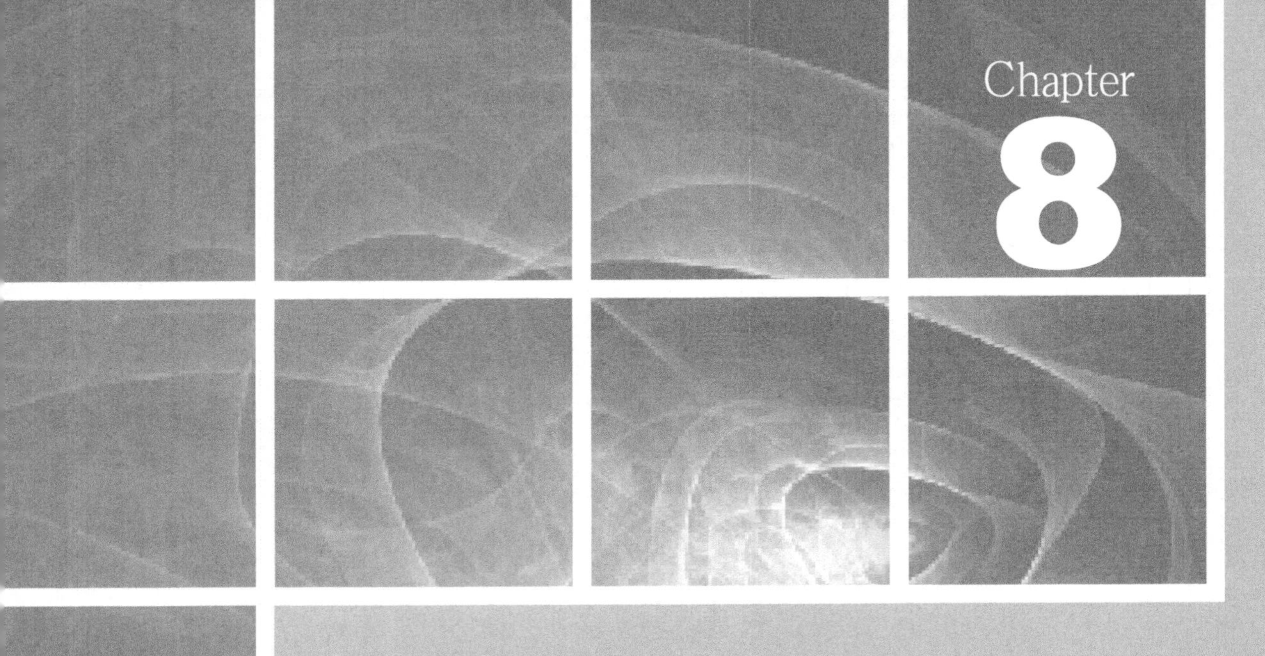

第 8 章 性能测试及 LoadRunner 应用常见问题解答

8.1 如何突破参数的百条显示限制

1. 问题提出

用户登录模块，参数化脚本中的用户名后，从 Access 数据库中获取数据。数据库中有一个 user 数据表，表中有 106 条记录，如图 8-1 所示。取 name 作为 loginusername，但在 LoadRunner 中查看 loginusername 时仅显示了前 100 条数据，如图 8-2 所示，这是什么原因呢？

2. 问题解答

从图 8-2 中可以看到，LoadRunner 参数数据表确实仅显示了 loginusername 的前 100 条记录，但是用记事本编辑时却有 106 条，缺少了 6 条记录，如图 8-2 所示。这其实仅仅是显示问题，并不影响 LoadRunner 从参数列表中获取数据，通过设置 vugen.ini 的 MaxVisibleLines 项数值，可以调整 LoadRunner 参数显示数据的数。

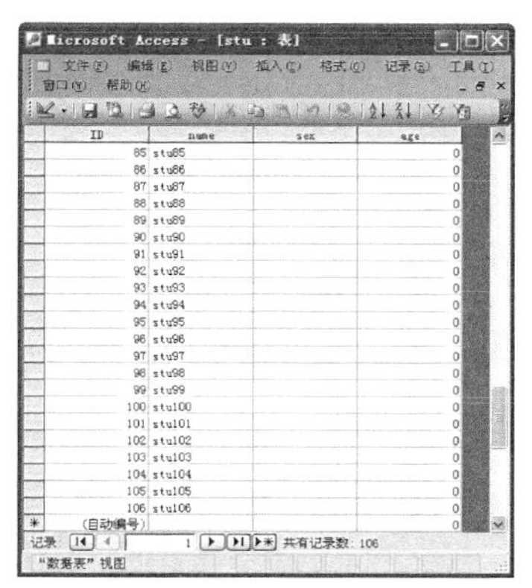

图 8-1 user 表中的 106 条记录

这里将 LoadRunner 11.0 安装到了 C 盘默认路径，Vugen.ini 文件存放在"C:\Program Files\HP\LoadRunner\config"目录下。找到该文件后，用记事本或写字板打开该文件，首先在文件中查找到[ParamTable]，下面的 MaxVisibleLines=100 限制数据记录显示条目数，为了将全部数据显示出来，将 100 更改为 106，即 MaxVisibleLines=106。修改后再查看 loginusername 参数，则显示 106 条记录，如图 8-3 所示。

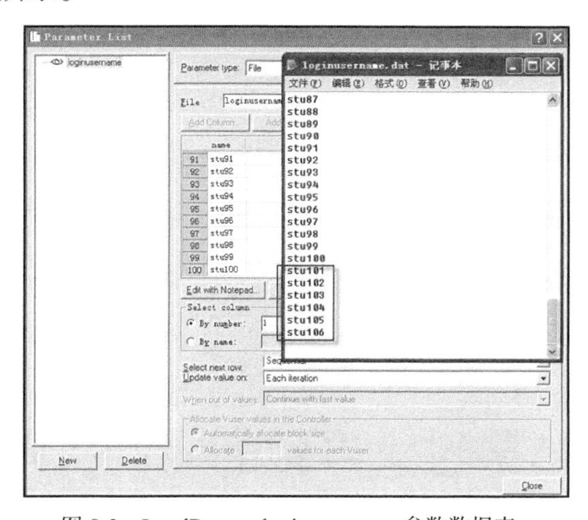

图 8-2 LoadRunner loginusername 参数数据表只显示前 100 条记录

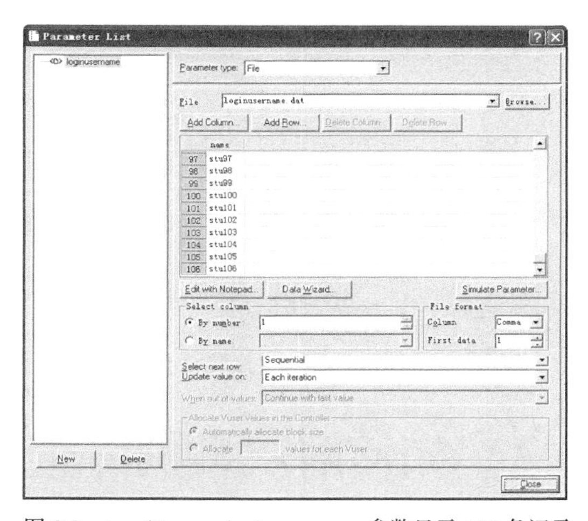

图 8-3 LoadRunner loginusername 参数显示 106 条记录

8.2 如何突破 Controller 可用脚本 50 条限制

1. 问题提出

在设置 Controller 负载场景的过程中，从可用脚本列表（见图 8-4）中可以看到最近录制的 50 个脚本，如何限制可用脚本显示的个数？如何把显示列表中部分无用脚本名称从列表中删除？

2. 问题解答

单击【开始】>【程序】>【运行】选项，在【运行】文本框中输入“regedit”，如图 8-5 所示，单击【确定】按钮，打开注册表编辑器，如图 8-6 所示。在注册表中查找到“HKEY_CURRENT_USER\Software\MercuryInteractive\RecentScripts\”项下的 max_num_of_scripts，它在默认的情况下为 50 个，通过重新设置该值可以更改场景显示列表条目数。通过“HKEY_CURRENT_USER\Software\Mercury Interactive\ RecentScripts\”可以看到已经录制完成的脚本，然后删除不想在列表中显示的脚本名称，但物理脚本文件仍然存在，如图 8-6 所示。再次进入 Controller 负载场景时，可用脚本列表（Available Scripts）就是刚才指定数目的脚本。如果在注册表中删除了部分脚本，则不会在可用脚本列表中显示。

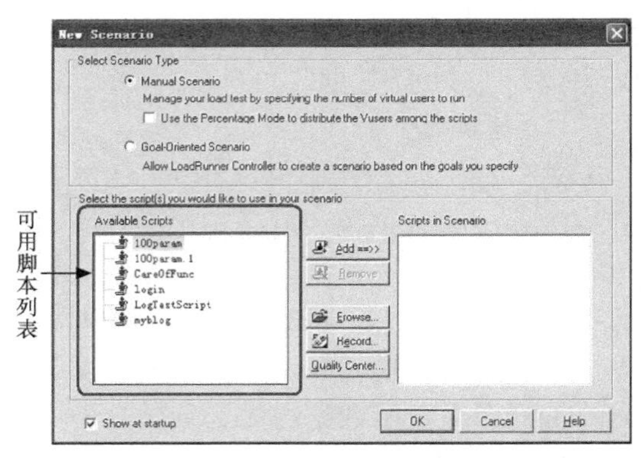

图 8-4 场景设计对话框

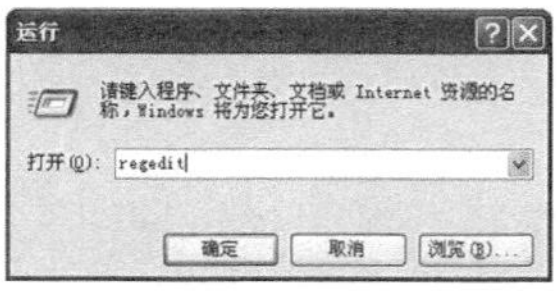

图 8-5 “运行”对话框

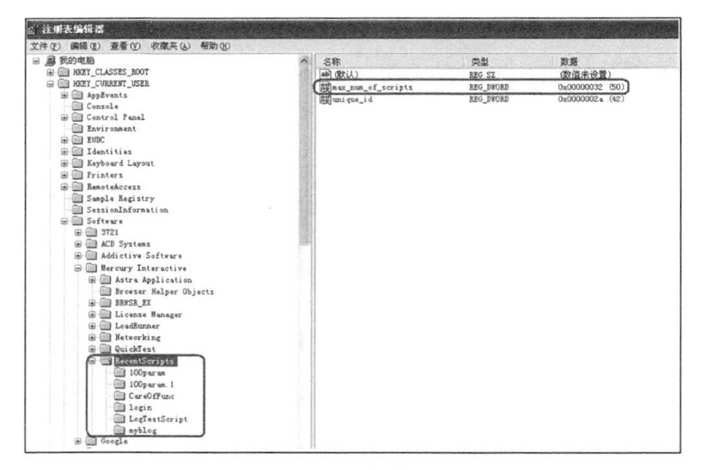

图 8-6 注册表编辑器

8.3 如何解决数据库查询结果过大导致的录制失败

1. 问题提出

在测试一个进销存管理应用系统的过程中，发现查询后，由于查询结果数据记录条数过多，而引起后续脚本无法继续录制。

2. 问题解答

在测试过程中发现，很多设置和数据库应用相关。这个问题可以通过设置 Vugen.ini 的 CmdSize 项解决。

Vugen.ini 文件存放在 Windows 系统目录下，首先查找该文件中是否存在[SQLOracleInspector]和 CmdSize=xxxxx 项，如果不存在，则在该文件中添加如下内容。

```
[SQLOracleInspector]
CmdSize=100000
```

这里由于测试的应用系统使用的数据库为 Oracle，所以为[SQLOracleInspector]，"CmdSize=100000"的设置和记录返回条目的多少有关系，所以在出现类似情况时，可以查找相关资料进行相应的设置。

8.4 如何调整经常用到的相关协议脚本模板

1. 问题提出

在应用 LoadRunner 的 VuGen 过程中，可能经常会用到一些非系统函数，同时想加入一些注解信息和日志输出信息，将输出日志信息条理化，方便调试和分析，那么如何将协议脚本模板调整成符合要求的脚本模板呢？

2. 问题解答

可以对自己经常用到的协议加入必要注解，引用经常会用到的函数库文件，条理化日志输出信息等。下面以调整 Web（HTTP/HTML）协议脚本模板为例。

首先，找到 LoadRunner 安装目录下的 Template 文件夹（作者的 Template 存放在"C:\Program Files\HP\LoadRunner\template"），该文件夹存放各个协议脚本模板文件夹列表，该文件夹中存放一个名为 qtweb 文件夹，如图 8-7 所示，qtweb 文件夹中存放 Web（HTTP/HTML）协议脚本模板相关文件，如表 8-1 所示。

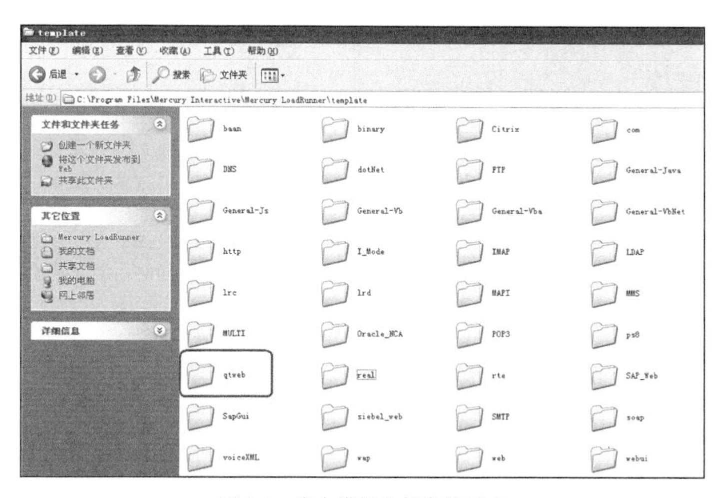

图 8-7 脚本模板文件存放列表

表 8-1 qtweb 文件夹中的主要文件列表

文件名	功能描述
qtweb.usr	包含关于虚拟用户的信息：类型、AUT、操作文件等
default.cfg	包含 VuGen 应用程序中定义的所有运行时设置（思考时间、迭代、日志、Web）的列表
init.c	在 VuGen 主窗口中显示的 Vuser_init 函数的精确副本

续表

文 件 名	功 能 描 述
action.c	在 VuGen 主窗口中显示的 Action 函数的精确副本
end.c	在 VuGen 主窗口中显示的 Vuser_end 函数的精确副本
lrw_custom_body.h	脚本中使用 C 变量定义的头文件
test.usp	包含脚本的运行逻辑（包括 actions 部分的运行方式）

这里调整 init.c、end.c 和 action.c，用记事本等文本编辑器编辑这 3 个文件，在 init.c 和 end.c 中加入一条输出语句；在 action.c 中也加入了一条输出语句并引入一个之前定义好的函数库文件“myfunc.h”，如图 8-8 所示，保存修改后的文件。以后新建 Web（HTTP/HTML）协议脚本都会使用这个模板，如图 8-9 所示。也可以根据自己的实际情况更改 default.cfg、test.usp、qtweb.usr 等相关文件，调整模板的配置。其他协议脚本模板的调整与此类似，不再一一赘述。

图 8-8 修改脚本模板

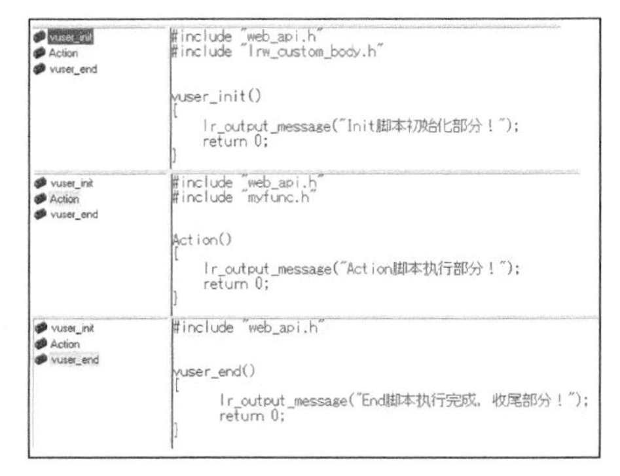

图 8-9 修改 VuGen Web（HTTP/HTML）协议后的脚本模板

8.5 如何将 Connect()中的密文改为明文

1. 问题提出

在 VuGen 以 ODBC 协议录制样例应用程序“Flights-ODBC_Access”业务流程后，发现生成脚本 lrd_open_connection 包含密文（如图 8-10 所示），能否将这些密文变成明文显示呢？

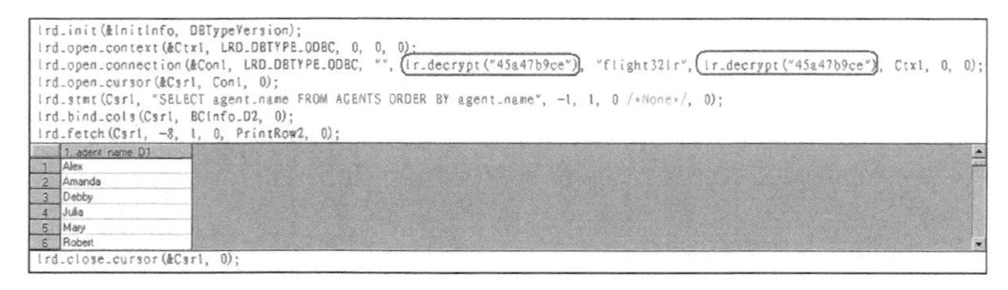

图 8-10 包含密文的脚本

2. 问题解答

在解答这个问题之前，有必要先介绍样例应用程序的运行方式和协议选择。样例程序的安装，前面已经介绍过，在这里不再赘述。样例程序安装好后，可以执行【开始】>【程序】>【Mercury LoadRunner】>【Samples】命令，查看已经安装的样例应用程序。这里要对 Flights-ODBC_Access 进行性能测试，如图 8-11 所示。首先，在 VuGen 中选择“ODBC”协议（如图 8-12 所示），在弹出的对话框中依次填入相应信息，如图 8-13 所示。注意，一定要输入程序运行参数（Program arguments）ODBC_Access，因为样例程序是通过输入不同的参数来确定要连接的数据库。最后单击【OK】按钮进行脚本录制。

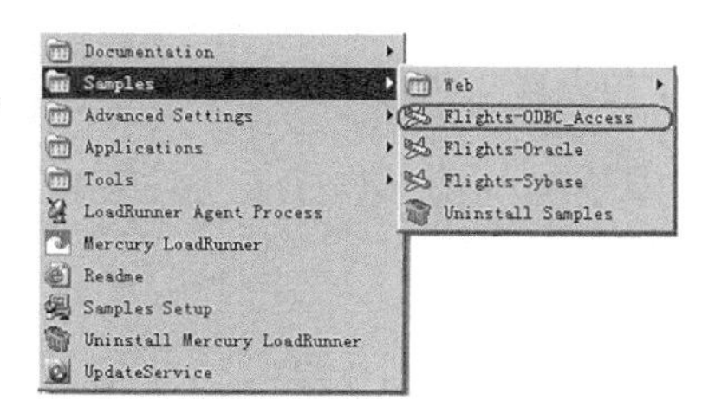

图 8-11 样例程序启动菜单项

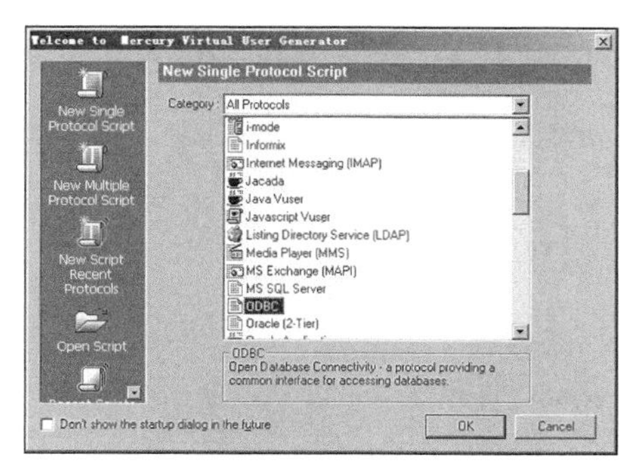

图 8-12 协议选择对话框

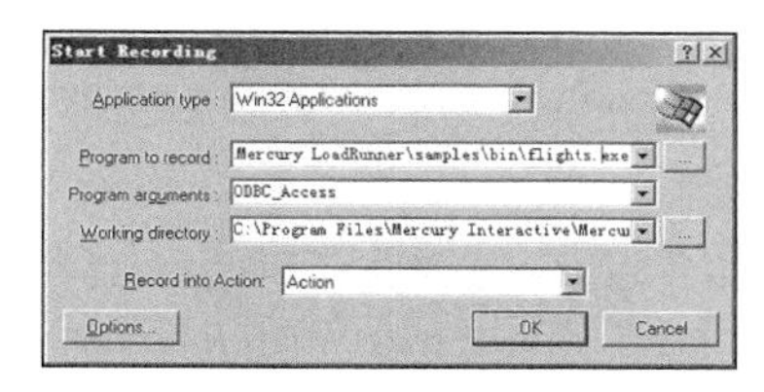

图 8-13 录制配置对话框

前面的问题已经提到，在没有进行配置之前，脚本 lrd_open_connection 函数包含密文，形式如下，这里仅列出部分相关代码。

```
    lrd_init(&InitInfo, DBTypeVersion);
    lrd_open_context(&Ctx1, LRD_DBTYPE_ODBC, 0, 0, 0);
    lrd_open_connection(&Con1, LRD_DBTYPE_ODBC, "",
                    lr_decrypt("45a47b9ce"), "flight32lr", lr_ decrypt("45a47b9ce"),
 Ctx1, 0, 0);
    lrd_open_cursor(&Csr1, Con1, 0);
```

lrd_open_connection 函数的相关知识请选择【Help】>【Function Reference】选项查找相关资料，这里不再详细描述。这个问题可以通过设置 Vugen.ini 的 AutoPasswordEncryption 选项解决。

Vugen.ini 文件存放在 Windows 系统目录中，首先查找该文件中是否存在[LRDCode Generation]和 AutoPasswordEncryption=OFF 选项，如果不存在，则在该文件中添加如下内容。

```
    [LRDCodeGeneration]
    AutoPasswordEncryption=OFF
```

添加内容后，保存文件，然后按照前面的方法重新录制脚本，就会发现密文不见了，取而代之的是明文，产生的脚本如下。

```
    lrd_init(&InitInfo, DBTypeVersion);
    lrd_open_context(&Ctx1, LRD_DBTYPE_ODBC, 0, 0, 0);
    lrd_open_connection(&Con1, LRD_DBTYPE_ODBC, "", "", "flight32lr", "", Ctx1, 0, 0);
    lrd_open_cursor(&Csr1, Con1, 0);
```

这里由于数据库没有用户名和密码，所以为空，这个结果是正确的，如图 8-14 所示。

```
lrd_init(&InitInfo, DBTypeVersion);
lrd_open_context(&Ctx1, LRD_DBTYPE_ODBC, 0, 0, 0);
lrd_open_connection(&Con1, LRD_DBTYPE_ODBC, "", "", "flight32lr", "", Ctx1, 0, 0);
lrd_open_cursor(&Csr1, Con1, 0);
lrd_stmt(Csr1, "SELECT agent_name FROM AGENTS ORDER BY agent_name", -1, 1, 0 /*None*/, 0);
lrd_bind_cols(Csr1, BCInfo_D2, 0);
lrd_fetch(Csr1, -8, 1, 0, PrintRow2, 0);
```

	1 agent name D1
1	Alex
2	Amanda
3	Debby
4	Julia
5	Mary
6	Robert

```
lrd_close_cursor(&Csr1, 0);
```

图 8-14　明文显示的脚本

8.6　如何添加并运用附加变量

1. 问题提出

LoadRunner 11.0 中的【Vuser】>【Run- time Settings】>【General】>【Additional attributes】配置选项如何应用于性能测试中？

2. 问题解答

LoadRunner 11.0 提供了向脚本传递参数的功能，用于测试并监控具有不同客户端参数的服务器。

选择【Vuser】>【Run-time Settings】>【General】>【Additional attributes】选项添加一个 host 附加参数，如图 8-15 所示。可以使用 lr_get_attrib_string 函数得到 host 参数的值。下面通过一个简单的脚本示例，介绍如何得到并输出附加参数，脚本代码如下。

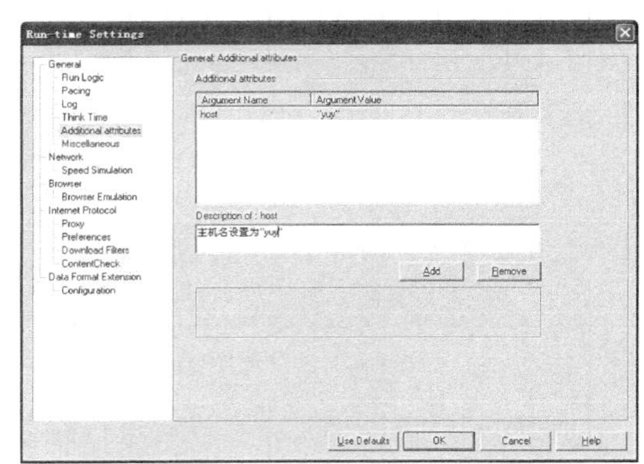

图 8-15　运行时设置一个附加变量

```
#include "web_api.h"

Action()
{
     LPCSTR server;
     LPCSTR loop;
     server=lr_get_attrib_string("host");
     loop=lr_get_attrib_string("loop");
     lr_output_message("服务器名 :%s",server);
     lr_output_message("循环次数 :%s",loop);
     return 0;
}
```

【脚本分析】

首先定义两个字符串变量 server 和 loop，然后使用 lr_get_attrib_string 函数得到事先定义的 host 和 loop 附加参数，注意之前只定义了 host 参数，没有定义 loop 参数。

```
     LPCSTR server;
     LPCSTR loop;
     server=lr_get_attrib_string("host");
     loop=lr_get_attrib_string("loop");
```

接下来输出 server 和 loop 两个参数的值。

```
        lr_output_message("服务器名 :%s",server);
        lr_output_message("循环次数 :%s",loop);
```

因为 host 参数值为 yuy，而 loop 没有定义，所以结果输出如下。

```
Running Vuser...
Starting iteration 1.
Starting action Action.
Action.c(9): 服务器名 :yuy
Action.c(10): 循环次数 :(null)
Ending action Action.
Ending iteration 1.
Ending Vuser...
```

也可以通过 mdrv 命令行传入相应的参数，形式如下。

```
mdrv.exe -usr E:\wsj\test.usr -out E:\wsj\out -host yuy -loop 6
```

将上述脚本存储于“E:\wsj\test.user”中，运行该脚本，可以在“E:\wsj\out\output.txt”中查看脚本的执行结果信息，如图 8-16 所示。

关于 mdrv 的运行方式及其相关参数的含义，有兴趣的读者可以查看相关资料，也可以在命令行下直接运行“C:\Program Files\HP\LoadRunner\bin\mdrv.exe”查看简单的帮助信息，如图 8-17 所示。

```
output.txt - 记事本
文件(F) 编辑(E) 格式(O) 查看(V) 帮助(H)
Virtual User Script started          [MsgId: MMSG-15967]
Starting action vuser_init.          [MsgId: MMSG-15919]
Web Turbo Replay of LoadRunner 8.0.0 for WINXP; Web build 4121
Run-Time Settings file: "E:\wsj\default.cfg"    [MsgId: MMSG-27141]
Ending action vuser_init.            [MsgId: MMSG-15918]
Running Vuser...          [MsgId: MMSG-15964]
Starting iteration 1.     [MsgId: MMSG-15968]
Starting action Action.   [MsgId: MMSG-15919]
Action.c(9): 服务器名 :yuy           [MsgId: MMSG-17999]
Action.c(10): 循环次数 :6            [MsgId: MMSG-17999]
Ending action Action.     [MsgId: MMSG-15918]
Ending iteration 1.       [MsgId: MMSG-15965]
Ending Vuser... [MsgId: MMSG-15966]
Starting action vuser_end.           [MsgId: MMSG-15919]
Ending action vuser_end.             [MsgId: MMSG-15918]
Vuser Terminated.         [MsgId: MMSG-15963]
```

图 8-16　命令行方式执行结果

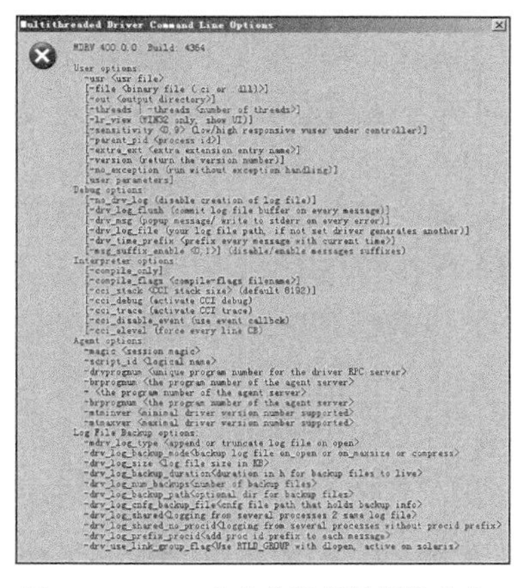

图 8-17　mdrv 命令参数简单帮助信息

8.7　如何解决脚本中的乱码问题

1．问题提出

平时在对 Web 应用程序进行性能测试时，可能会出现录制的脚本中汉字变为乱码的现象。

2．问题解答

在所有字符集中，最知名的可能要数 ASCII 码的 7 位字符集了。它是美国信息交换标准委员会（American Standards Committee for Information Interchange）的缩写，为美国英语通信所设计。它由 128 个字符组成，包括大小写字母、数字 0～9、标点符号、非打印字符（换行符、制表符等 4 个）以及控制字符（退格、响铃等）。

但是，由于它是针对英文设计的，当处理带有音调标号（形如汉语拼音）的欧洲文字时就会出现问题。因此，创建出了一些包括 255 个字符的由 ASCII 扩展的字符集。其中的一种为 IBM 字符集，它把值为 128～255 的字符用于画图和画线，还有一些特殊的欧洲字符。另外一种 8 位字符集是 ISO 8859-1 Latin 1，简称为 ISO Latin-1。它把位于 128～255 的字符用于拉丁字母表中特殊语言字符的编码，也因此而得名。

亚洲和非洲语言也不能被 8 位字符集所支持。但是把汉语、日语和越南语的一些相似字符结合起来，在不同的语言里，使不同的字符代表不同的字，只用 2 个字节就可以编码世界上几乎所有地区的文字。由此创建了 UNICODE 编码。它通过增加一个高字节对 ISO Latin-1 字符集进行扩展，当这些高字节位为 0 时，低字节就是 ISO Latin-1 字符。UNICODE 支持欧洲、非洲、中东、亚洲（包括统一标准的东亚象形汉字和韩国象形文字）。但是，UNICODE 并没有提供对诸如 Braille、Cherokee、Ethiopic、Khmer、Mongolian、Hmong、Tai Lu、Tai Mau 文字的支持，也不支持如 Ahom、Akkadian、Aramaic、Babylonian Cuneiform、Balti、Brahmi、Etruscan、Hittite、Javanese、Numidian、Old Persian Cuneiform、Syrian 之类的古老文字。

因此，对可以用 ASCII 表示的字符使用 UNICODE 并不高效，因为 UNICODE 比 ASCII 占用的空间大一倍，而对于 ASCII 来说，高字节的 0 对它毫无用处。为了解决这个问题，出现了一些中间格式的字符集，它们被称为通用转换格式（universal transformation format，UTF）。目前 UTF 格式有 UTF-7、UTF-7.5、UTF-8、UTF-16 和 UTF-32。本文讨论 UTF-8 字符集。

UTF-8 是 UNICODE 的一种变长字符编码，由 Ken Thompson 于 1992 年创建，现在已经标准化为 RFC 3629。UTF-8 用 1～6 个字节编码 UNICODE 字符。如果 UNICODE 字符由 2 个字节表示，则编码成 UTF-8 很可能需要 3 个字节，而如果 UNICODE 字符由 4 个字节表示，则编码成 UTF-8 可能需要 6 个字节。用 4 个或 6 个字节编码一个 UNICODE 字符可能太多了，但很少会遇到那样的 UNICODE 字符。

脚本中的汉字之所以会显示为乱码，主要就是因为默认情况下应用的是 ASCII 字符集。解决方法是选择【Tools】>【Recording Options】>【HTTP Properties】>【Advanced】>【Support charset】项，再选中 UTF-8 选项即可以，如图 8-18 所示，如果想调整脚本的字体，可以选择【Tools】>【General Options】>【Environment】项，单击【Select Font】按钮，选择适合的字体及字体的大小，如图 8-19 所示。

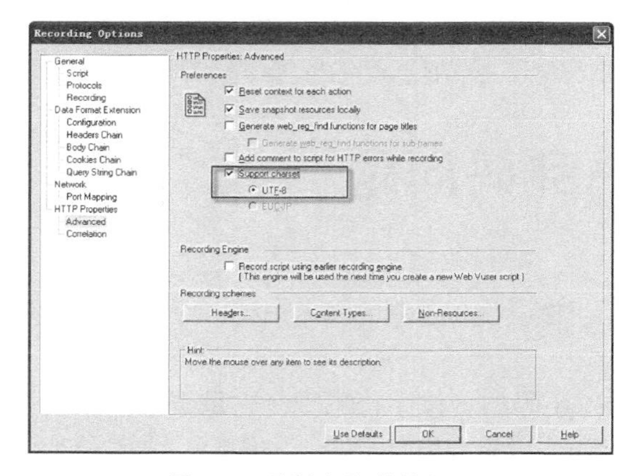

图 8-18 录制选项对话框

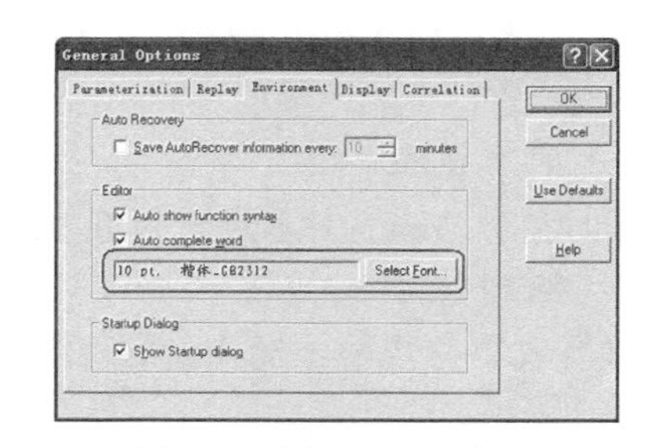

图 8-19 常规选项对话框

图 8-18 中 Support charset（支持字符集）的说明如下。

- UTF-8：选中该选项可支持 UTF-8 编码，VuGen 将非 ASCII 的 UTF-8 字符转换为本地计算机上的编码，以便在 VuGen 编辑器中正确显示它们，但无法录制非 UTF-8 字符集的站点。

● EUC-JP。对于日文版 Windows 的用户，请选择该选项，以支持使用 EUC-JP 字符编码的网站，VuGen 会将所有 EUC-JP（日文版 UNIX）字符串转换为本地计算机上的 SJIS（日文版 Windows）编码，并在脚本中添加 web_sjis_to_euc_param 函数，以便在 VuGen 编辑器中正确显示它们。

8.8 如何在录制时加入自定义标头

1. 问题提出

有时在录制过程中，要加入自定义标头，那么如何在脚本中加入自定义标头？

2. 问题解答

Web Vuser 会自动将多个标准 HTTP 标头随每个提交至服务器的 HTTP 请求一起发送。单击“标头”指示 VuGen 录制其他 HTTP 标头。可以使用 3 种模式：不录制标头、录制列表中的标头和录制不在列表中的标头。在“不录制标头”模式下工作时，VuGen 不录制任何标头。在“录制列表中的标头”模式下工作时，VuGen 仅录制选中的自定义标头。在“录制不在列表中的标头”模式中，VuGen 将录制除选中的标头之外的所有自定义标头以及其他危险标头。下列标准标头称为危险标头。

```
    Authorization、Connection、Content-Length、Cookie、Host、If-Modified-Since、Proxy-Authenticate、
Proxy-Authorization、 Proxy-Connection、 Referer 和 WWW-Authenticate。
```

除非在标头列表中将它们选中，否则不会录制这些标头。默认选项为“不录制标头”。如果想了解更多关于 HTTP 的内容，请查阅“HTTP 基础知识”内容。

在“录制列表中的标头”模式下，VuGen 将在脚本中为检测到的每个已选中标头插入一个 web_add_auto_header 函数。该模式是录制标头的理想模式，这种标头除非明确声明，否则将不会录制。在“录制不在列表中的标头”模式下，VuGen 将在脚本中为录制期间检测到的每个未选中标头插入一个 web_add_auto_header 函数。

要确定需要录制哪些自定义标头，可以执行一个录制会话，指示 VuGen 录制标头，然后决定录制哪些标头，不录制哪些标头。

在该示例中，Content-type 标头已在“录制列表中的标头”模式下指定。VuGen 检测到该标头并向脚本中添加以下语句。

```
    web_add_auto_header("Content-Type","application/x-www-form-urlencoded");
```

指示该应用程序的 Content-type 为 x-www-form-urlencode。

要控制自定义标头的录制，请执行下列操作。

（1）选择【Tools】>【Recording Options】>【HTTP Properties】>【Advanced】项，单击【Headers】按钮，弹出图 8-20 所示的标头对话框。

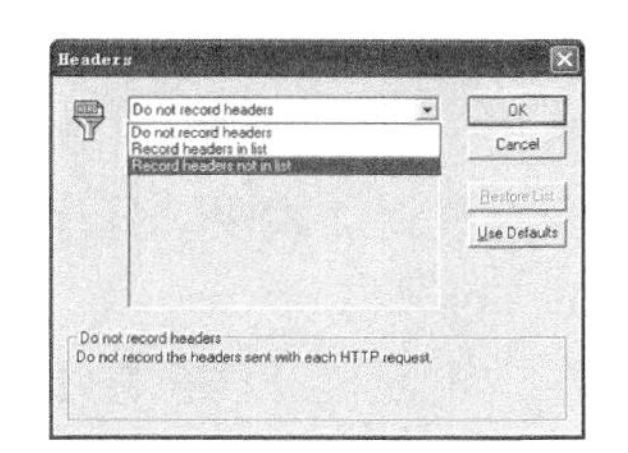

图 8-20 标头对话框

（2）使用下列方法之一。

① 要指示 VuGen 不录制任何标头，请选择“Do not record headers”。

② 要仅录制特定的标头，请选择“Record headers in list”，并在标头列表中选择所需的自定义标头。注意，默认选中标准标头（如 Accept）。

③ 要录制所有标头，请选择“Record headers not in list”，并且不选择列表中的任何项目。

④ 要仅排除特定的标头，请选择“Record headers not in list”，并选择需要排除的标头。

（3）单击【Use Defaults】按钮，可将列表还原为对应的默认列表。“Record headers in list”和“Record headers not in list”都有各自对应的默认列表。

（4）单击【OK】按钮，完成设置操作。

8.9　线程和进程运行方式有何不同

1. 问题提出

线程和进程运行方式有何不同？它们的运行机制是什么？占用内存的情况如何？

2. 问题解答

选择【Vuser】>【Run-Time Settings】选项，在弹出的运行时设置对话框中的在【Multithreading】选项区中选择按进程（Run Vuser as process）或者线程（Run Vuser as thread）运行方式，如图 8-21 所示。

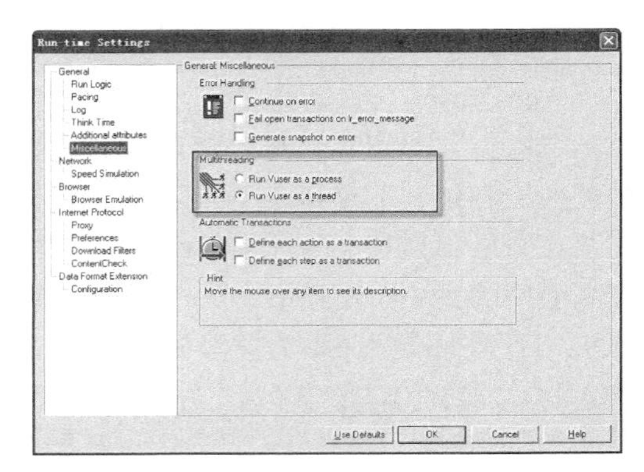

图 8-21　运行时设置对话框

Vusers 支持多线程环境。多线程环境的主要优势是每个负载生成器能运行多个 Vuser。只有线程安全协议才能作为线程运行。

注意

下列协议不是线程安全协议：Sybase-Ctlib、Sybase-Dblib、Informix、Tuxedo 和 PeopleSoft-Tuxedo。

（1）要启用多线程，请选择“Run Vuser as a thread”。

（2）要禁用多线程并按单独的进程运行每个 Vuser，请选择“Run Vuser as process”。

Controller 将使用驱动程序（如 mdrv.exe、r3vuser.exe）运行 Vuser。如果按进程运行每个 Vuser，则对于每个 Vuser 实例，都将反复启动同一驱动程序并将其加载到内存中。将同一驱动程序加载到内存中会占用大量 RAM（随机存取存储器）及其他系统资源。这就限制了可以在任一负载生成器上运行的 Vuser 的数量。如果按线程运行每个 Vuser，Controller 为每 50 个 Vuser（默认情况下）仅启动驱动程序（如 mdrv.exe）的一个实例。该驱动进程/程序将启动几个 Vuser，每个 Vuser 都按线程运行。这些线程 Vuser 将共享父驱动进程的内存段，避免多次重新加载驱动程序/进程，节省了大量内存空间，从而可以在一个负载生成器上运行更多的 Vuser。

线程和进程在常用的操作系统中的内存利用率，如表 8-2 所示。

表 8-2 内存利用率列表

Operating system	Win2000 Advanced Server sp3		Windows XP sp1		WindowsNT 4 SP 6a	
Protocol	Process (MB)	Thread (MB)	Process (MB)	Thread (MB)	Process (MB)	Thread (MB)
SAPGUI Ram	26	6.2	26	6.2	26	6.2
Swap	26	6.7	26	6.7	26	6.7
C Ram	3	0.27	3	0.28	3.6	0.29
Swap	2.7	0.27	2.5	0.27	2.2	0.26
CITRIX Ram	15.4	8.8	15.4	8.8	15.4	8.8
Swap	12.5	8.4	12.5	8.4	12.5	8.4
COM/DCOM Ram	7	0.4	5.8	0.4	5.8	0.4
Swap	3.5	0.3	3.2	0.3	2.9	0.3
CTLIB Ram	4	N/A	4	N/A	4	N/A
Swap	3.5	N/A	3.5	N/A	3.5	N/A
DBLIB Ram	4	N/A	4	N/A	4	N/A
Swap	3.5	N/A	3.5	N/A	3.5	N/A
DB2 Ram	7	0.8	6.9	0.5	7.2	0.96
Swap	5.2	0.97	5	0.95	4.8	0.8
DNS Ram	3.4	0.3	3.3	0.3	3.9	0.3
Swap	2.9	0.3	2.7	0.3	2.4	0.3
FTP Ram	3.1	0.26	3.1	0.25	3.6	0.28
Swap	2.7	0.25	3.1	0.25	2.4	0.25
INFORMIX Ram	5.1	N/A	5.1	N/A	5.1	N/A
Swap	2.6	N/A	2.7	N/A	2.6	N/A
IMAP Ram	3.4	0.3	3.4	0.3	4	0.3
Swap	2.8	0.3	3	0.3	2.5	0.27
JAVA General Ram	10.5	0.6	10.5	0.6	10.5	0.6
Swap	12.7	0.6	12.7	0.6	12.7	0.6
MAPI Ram	4.2	0.3	4.8	0.31	5	0.33
Swap	2.8	0.27	3.8	0.27	2.5	0.28
MMS Ram	9.9	2.8（30）	8.4	2.5	9	2.5
Swap	5.7	2.8（30）	4.9	2.5	5.7	2.5
MS-SQL Ram	3.1	0.27	3.1	0.26	3.6	0.28
Swap	2.7	0.26	2.7	0.25	2.2	0.25
.NET（C）Ram	3.1	0.3	3.1	0.3	3.1	0.3
Swap	2.9	0.3	2.9	0.3	2.9	0.3
.NET（C#）Ram	7.6	0.4	7.6	0.4	7.6	0.4
Swap	5.7	0.35	5.7	0.35	5.7	0.35
.NET（VB）Ram	7.7	0.4	7.7	0.4	7.7	0.4
Swap	5.7	0.4	5.7	0.4	5.7	0.4
ODBC Ram	10.6	0.6	10.6	0.6	11.5	0.6

续表

Operating system	Win2000 Advanced Server sp3		Windows XP sp1		WindowsNT 4 SP 6a	
Protocol	Process (MB)	Thread (MB)	Process (MB)	Thread (MB)	Process (MB)	Thread (MB)
Swap	8.3	0.6	8.3	0.6	8.4	0.6
ORACLE7 Ram	7	0.4	7	0.4	7	0.4
Swap	4.5	0.4	4.5	0.4	4.5	0.4
ORACLE8 Ram	7.8	0.6	8.5	0.6	8.6	—
Swap	4.9	0.6	6	0.5	4.7	7
ORACLE NCA 11i Ram	5.6	0.5	5.9	0.6	6.1	0.6
Swap	5.1	0.6	5.6	0.6	4.6	0.6
POP3 （C） Ram	3.2	0.26	3.2	0.26	3.7	0.28
Swap	2.9	0.26	2.8	0.26	2.5	0.25
PS TUXEDO Ram	4.4	N/A	5	N/A	5.2	N/A
Swap	3	N/A	2.9	N/A	2.7	N/A
REAL （RTSP）Ram	7	0.6	6.5	0.6	5	0.6
Swap	5.5	0.5	6	0.5	3.5	0.5
RTE（5250 IBM）Ram	6	1.2	6	1.2	6.5	1.2
Swap	3.5	0.8	3.6	0.8	3	0.75
SMTP（C） Ram	4	0.3	4	0.3	4	0.3
Swap	3	0.3	3	0.3	3	0.3
TUXEDO Ram	4.2	N/A	5	N/A	5.2	N/A
Swap	3	N/A	2.9	N/A	2.8	N/A
VB SCRIPT Ram	8.2	0.45	8	0.5	7.6	0.6
Swap	5.7	0.4	5.5	0.5	5.4	0.6
VB Ram	5.5	0.4	5.5	0.4	5.6	0.4
Swap	4.3	0.3	4.4	0.4	4	0.4
WEB （URL） Ram	5	0.5	5	0.5	5	0.5
Swap	4.5	0.51	4.5	0.51	4.5	0.5
WinSoket Ram	3.9	0.35	3.8	0.35	4.5	0.4
Swap	3	0.35	3	0.35	2.9	0.38
Siebel Web Ram	5.2	0.6	5.2	0.6	5.2	0.6
Swap	4.2	0.6	4.2	0.6	4.2	0.6
WEB/NCA Ram	5.6	0.9	5.8	0.9	6.3	0.9
Swap	4.5	0.85	4.3	0.8	4	0.8

8.10 如何实现脚本分步录制

1. 问题提出

在进行B/S结构进销存管理系统脚本的录制过程中，登录系统后，处理销售业务，最后退出系统。因为登录和退出系统为一次性的操作，而销售业务可以执行多次，那么在录制脚本时，如何分步录制系统登录、系统退出和业务处理3个部分？

2. 问题解答

在进行Web应用系统测试时，通常包含登录系统、业务操作、退出系统3部分，登录系统部分主要是登录系统建立一个有效的连接，业务操作部分主要是处理相关业务，退出系统部分主要是释放连接。VuGen脚本主要也由vuser_init()、Action()、vuser_end()3部分构成。vuser_init()部分主要用于进行初始化工作（如初始化变量、建立连接等）；Action()主要用于对被测试的业务逻辑、语句、算法等进行处理；vuser_end()主要用于进行收尾工作（如释放内存、关闭连接等）。结合应用系统和VuGen脚本的特点，不难发现，在录制脚本过程中，最好将登录系统部分放在vuser_init()部分录制，业务相关部分放到Action()录制，而退出系统部分放到vuser_end()录制。这样不仅脚本结构清晰明了，而且可以在多次迭代时，不会反复进行登录和退出系统操作。有些读者对VuGen录制方式不是很熟悉，问是否一定要每次录制完以后，都要把脚本从Aciton部分、登录和退出部分分别剪切、粘贴到vuser_init()和vuser_end()部分。LoadRunner VuGen提供分段录制处理方式，选择Web（HTTP/HTML）协议，单击 Start Record 或者选择【Vuser】>【Start Recording】选项，弹出“Start Recording”对话框，如图8-22所示。

在【Record into Action】下拉列表项中有3个选项，默认选中“Action”选项。可以在登录系统时，选中“vuser_init”选项录制脚本，完成登录后进行相应业务操作时，再切换到“Action”选项录制脚本，最后退出系统时选择“vuser_end”选项录制脚本。图8-22中的“Record the application startup”选项默认是选中的，表示在程序启动时就开始录制脚本。当在进行分段录制时，应取消选中该选项，在需要录制脚本时可以单击【Record】按钮进行录制（见图8-23），录制过程中也可以通过录制工具条暂停录制（见图8-24），切换要录制脚本到vuser_init、Action、vuser_end，可以建立新的Action，将脚本录制到新的Action中。

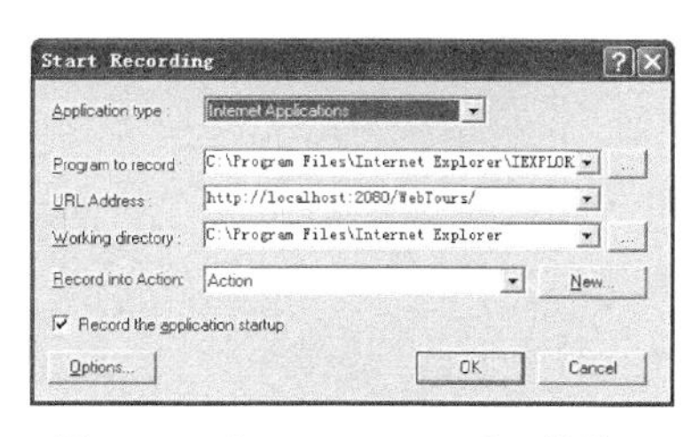

图8-22 “Start Recording”对话框

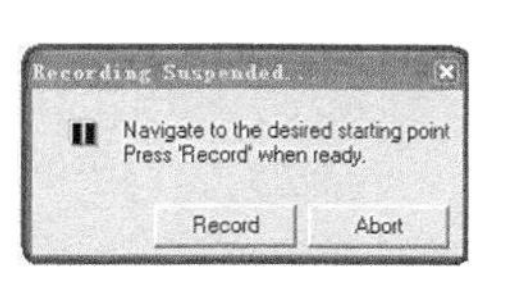

图8-23 选择录制窗体

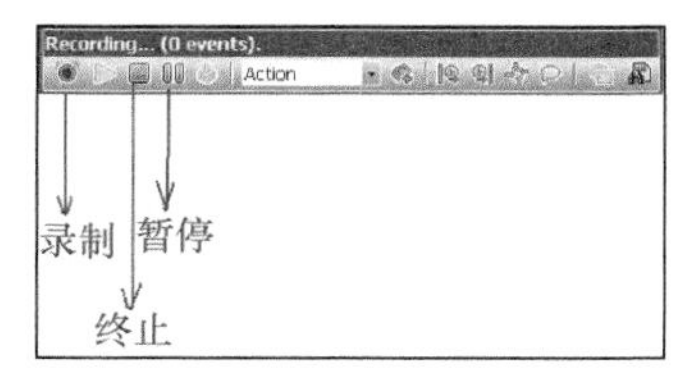

图8-24 录制工具条

8.11 如何在脚本中应用常量和数组

1. 问题提出

在LoadRunner VuGen中，如何定义常量、应用数组以及进行相关业务逻辑的控制？

2. 问题解答

LoadRunner支持C Vuser、VB Vuser、VB Script Vuser、Java Vuser和Java Script Vuser，在进行测试的过程中，可能会根据系统应用语言的不同，选择不同的协议进行测试工作。LoadRunner脚本应用语言默认为类C语言，为什么叫作类C语言呢？是因为编写脚本时应用的语言和C语言很类似。下面通过一些简单的例子，介绍C语言的相关语法等内容是如何应用于编写LoadRunner VuGen脚本的。

定义常量的代码如下。

```
#include "web_api.h"

#define p 30

Action()
{
    lr_output_message("this is  %d",p);
    return 0;
}
```

（1）字符串数组定义。

```
Action()
{
    int i;
    static char *arrstu[]={"u1admin","u2admin"};
    int intarr[]={5,6};
    char chaarr[]={'a','b'};
    for (i=0;i<=1;i++){
      lr_output_message("%s",arrstu[i]);
      lr_output_message("%d",intarr[i]);
      lr_output_message("%c",chaarr[i]);
    }
    return 0;
}
```

（2）数组内容的参数化问题。

```
#include "web_api.h"

Action()
{
    int i;
static char *type[]={"A'","A"};
lr_save_string(type[i],"tmp");
for (i=0;i<2;i++)
{
web_submit_data("inputactive.do_4",
        "Action=http://192.168.0.227:8080/dsaes/inputactive.do",
        "Method=POST",
        "RecContentType=text/html",
        "Referer=http://192.168.0.227:8080/dsaes/inputactive.do",
        "Snapshot=t16.inf",
        "Mode=HTML",
        ITEMDATA,
        "Name=actionMethod", "Value=singleInput", ENDITEM,
        "Name=schoolid", "Value=402880630808fc6c010808fd32300002", ENDITEM,
        "Name=schoolname", "Value=测试小学", ENDITEM,
        "Name=grade_hidden", "Value=2012001,1", ENDITEM,
        "Name=select_grade", "Value=2012001,1", ENDITEM,
        "Name=resunitid", "Value=402880630808fc6c010808fd323f0003", ENDITEM,
        "Name=gradeSort", "Value={tmp}", ENDITEM,
        "Name=disp_class_all", "Value=0", ENDITEM,
        EXTRARES,
```

```
            "Url=images/back.gif", ENDITEM,
            LAST);
    }
}
```

8.12 VuGen 中支持哪些步骤类型

1. 问题提出

VuGen 中支持哪些步骤类型?

2. 问题解答

VuGen 中支持如表 8-3 所示的步骤类型。

表 8-3 VuGen 支持的步骤类型

步骤类型	描述
服务	服务步骤是一个函数，它不会在 Web 应用程序上下文中进行任何更改。更确切地说，服务步骤执行自定义任务（如设置代理服务器）、提供授权信息以及发出自定义的标头
URL	在键入 URL 或者使用书签访问特定网页时，“URL”图标被添加到 Vuser 脚本中。每个 URL 图标代表 Vuser 脚本中的一个 web_url 函数。URL 图标的默认标签是目标页 URL 的最后一部分
链接	在录制期间单击超文本链接时，VuGen 将添加一个“链接”图标。每个“链接”图标代表 Vuser 脚本中的一个 web_link 函数。该图标的默认标签是超文本链接的文本字符串（仅针对基于 HTML 录制级别而录制）
图像	在录制期间单击超图像链接时，VuGen 将向 Vuser 脚本中添加一个“图像”图标。每个“图像”图标代表 Vuser 脚本中的一个 web_image 函数。如果 HTML 代码中的图像具有 ALT 属性，则该属性将用作图标的默认标签。如果 HTML 代码中的图像不具有 ALT 属性，那么 SRC 属性的最后一部分将用作图标的标签（仅针对基于 HTML 录制级别而录制）
提交表单/提交数据	在录制期间提交表单时，VuGen 会添加“提交表单”或“提交数据”步骤。该步骤的默认标签是用于处理表单的可执行程序的名称（“提交表单”仅针对基于 HTML 录制级别而录制）
自定义请求	在录制 VuGen 无法识别为任何标准操作（即 URL、链接、图像和表单提交）的操作时，VuGen 将向 Vuser 脚本中添加“自定义请求”步骤。这适用于非标准 HTTP 应用程序

8.13 如何处理 ASP.NET 中的 ViewState

1. 问题提出

在对.NET 环境下开发的 B/S 应用系统进行性能测试过程中，经常发现脚本中存在 ViewState 信息。

2. 问题解答

在回答这个问题前，有必要了解一下 ViewState 以及 HTTP。

HTTP（hypertext transfer protocol）是计算机通过网络进行通信的一套规则。HTTP 使 HTTP 客户端（如 Web 浏览器）能够从 HTTP 服务器端（Web 服务器）请求信息和服务，HTTP 目前的版本是 1.1。HTTP 是一种无状态的协议，无状态是指 Web 浏览器和 Web 服务器之间不需要建立持久的连接，这意味着当一个客户端向服务器端发出请求，然后 Web 服务器返回响应（Response）时，连接就被关闭了，在服务器端不保留连接的有关信息。HTTP 遵循请求（request）/应答（response）模型。Web 浏览器向 Web 服务器发送请求，Web 服务器处理请求并返回适当的应答。所有 HTTP 连接都被构造成一套请求和应答。ASP.NET 页面也没有状态，它们在到服务器的每个往返过程中被实例化、执行、呈现和处理。可以使用众所周知的技术（如以会话状态将状态存储在服务器上，或将页面回传到自身）来添加状态。在 ASP.NET 之前，通过多次回传将值恢复到窗体字段中，这完全是页面开发人员的责任，他们将不得不从 HTTP 窗体中逐个拾取回传值，然后再将其推回字段中。幸运的是，现在 ASP.NET 可以自动完成这项任务，从而为开发人员免除了一项令人厌烦的工作，同时也无需再为窗体编写大量的代码。但这并不是 ViewState。

ViewState 是一种机制，ASP.NET 使用这种机制来跟踪服务器控件状态值，否则这些值将不作为 HTTP 窗体的一部分而回传。例如，由 Label 控件显示的文本默认情况下就保存在 ViewState 中。开发人员可以绑定数据，或在首次加载该页面时仅对 Label 编程设置一次，在后续的回传中，该标签文本将自动从 ViewState 中重新填充。因此，除了可以减少烦琐的工作和代码外，ViewState 通常还可以减少访问数据库的往返次数。

ViewState 的工作原理

ViewState 是由 ASP.NET 页面框架管理的一个隐藏的窗体字段。当 ASP.NET 执行某个页面时，该页面上的 ViewState 值和所有控件都被收集并格式化成一个编码字符串，然后分配给隐藏窗体字段的值属性（即<input type= hidden>）。由于隐藏窗体字段是发送到客户端页面的一部分，所以 ViewState 值被临时存储在客户端的浏览器中。如果客户端选择将该页面回传给服务器，则 ViewState 字符串也将被回传。

回传后，ASP.NET 页面框架将解析 ViewState 字符串，并为该页面和各个控件填充 ViewState 属性。控件再使用 ViewState 数据将自己重新恢复为以前的状态。

关于 ViewState 还有 3 个值得注意的问题。

（1）如果要使用 ViewState，则 ASPX 页面中必须有一个服务器端窗体标记（<form runat=server>）。窗体字段是必需的，这样包含 ViewState 信息的隐藏字段才能回传给服务器。而且该窗体还必须是服务器端的窗体，这样在服务器上执行该页面时，ASP.NET 页面框架才能添加隐藏的字段。

（2）页面本身将 20 字节左右的信息保存在 ViewState 中，用于在回传时将 PostBack 数据和 ViewState 值分发给正确的控件。因此，即使该页面或应用程序禁用了 ViewState，仍可以在 ViewState 中看到少量的剩余字节。

（3）在页面不回传的情况下，可以通过省略服务器端的<form>标记来去除页面中的 ViewState。

ViewState 的存储和读取应用十分简便，代码形式如下。

```
[C#代码]
// 保存在 ViewState 中
ViewState["SortOrder"] = "DESC";

// 从 ViewState 中读取
string sortOrder = (string)ViewState["SortOrder"];
```

举一个简单例子：要在 Web 页上显示一个项目列表，每个用户需要不同的列表排序。项目列表是静态的，因此可以将这些页面绑定到相同的缓存数据集，而排序顺序只是用户特定的 UI 状态的一小部分。ViewState 非常适合于存储这种类型的值。代码如下。

```
[C#代码]
<%@ Page Language="C#" %>
```

```
<%@ Import Namespace="System.Data" %>
<HTML>
    <HEAD>
        <title>用于页面 UI 状态值的 ViewState 的应用示例</title>
    </HEAD>
    <body>
        <form runat="server">
            <H3>
                在 ViewState 中存储非控件状态
            </H3>
                此示例将一列静态数据的当前排序顺序存储在 ViewState 中。<br>
                <br>
                <asp:datagrid id="DataGrid" runat="server" OnSortCommand="SortGrid"
                BorderStyle="None" BorderWidth="1px" BorderColor="#CCCCCC"
                BackColor="White" CellPadding="5" AllowSorting="True">
                    <HeaderStyle Font-Bold="True" ForeColor="White" BackColor="#006699">
                    </HeaderStyle>
                </asp:datagrid>
            </P>
        </form>
    </body>
</HTML>
<script runat="server">

    // 在 ViewState 中跟踪 SortField 属性
    string SortField {
        get {
            object obj = ViewState["SortField"];
            if (obj == null) {
                return String.Empty;
            }
            return (string)obj;
        }
        set {
            if (value == SortField) {
                // 与当前排序文件相同，切换排序方向
                SortAscending = !SortAscending;
            }
            ViewState["SortField"] = value;
        }
    }

    // 在 ViewState 中跟踪 SortAscending 属性
    bool SortAscending {
        get {
            object obj = ViewState["SortAscending"];
            if (obj == null) {
                return true;
            }
            return (bool)obj;
        }

        set {
            ViewState["SortAscending"] = value;
        }
    }

    void Page_Load(object sender, EventArgs e) {
```

```
        if (!Page.IsPostBack) {
            BindGrid();
        }
}

    void BindGrid() {
        // 获取数据
        DataSet ds = new DataSet();
        ds.ReadXml(Server.MapPath("MyData.xml"));
        DataView dv = new DataView(ds.Tables[0]);
        // 应用排序过滤器和排序方向
        dv.Sort = SortField;
        if (!SortAscending) {
            dv.Sort += " DESC";
        }
        // 绑定网格
        DataGrid.DataSource = dv;
        DataGrid.DataBind();
    }

   void SortGrid(object sender, DataGridSortCommandEventArgs e) {
        DataGrid.CurrentPageIndex = 0;
        SortField = e.SortExpression;
        BindGrid();
    }
</script>
```

下面是上述两个代码段中引用的 mydata.xml 的代码。

```
<?xml version="1.0" standalone="yes"?>
<NewDataSet>
  <Table>
    <pub_id>0100</pub_id>
    <pub_name 人民邮电出版社</pub_name>
    <city>北京</city>
    <country>中国</country>
  </Table>
  <Table>
    <pub_id>0101</pub_id>
    <pub_name>清华大学出版社</pub_name>
    <city>北京</city>
    <country>中国</country>
  </Table>
  <Table>
    <pub_id>0102</pub_id>
    <pub_name>北京大学出版社</pub_name>
    <city>北京</city>
    <country>北京</country>
  </Table>
  <Table>
    <pub_id>0103</pub_id>
    <pub_name>机械工业出版社</pub_name>
    <city>北京</city>
    <country>中国</country>
  </Table>
  <Table>
    <pub_id>0104</pub_id>
    <pub_name>电子工业出版社</pub_name>
    <city>北京</city>
```

```
      <country>中国</country>
    </Table>
    <Table>
      <pub_id>0105</pub_id>
      <pub_name>高等教育出版社</pub_name>
      <city>北京</city>
      <country>中国</country>
    </Table>
  </NewDataSet>
```

由于本书不是专门介绍.NET 开发的书籍，所以不再对 ViewState 进行进一步详细描述，ViewState 的应用在不同的情况下也存在诸多利弊，开发人员应该在开发过程中根据情况启用或者禁用 ViewState。这里只要知道 ViewState 是在一个隐藏的窗体字段中来回传递状态，并将它直接应用于页面处理框架中就可以了。

下面通过实例讲解如何处理 ViewState，如图 8-25 所示。从图中可以看出方框区域存放 ViewState 值信息，需要将上述内容关联。关于如何关联可以参见 5.1 节，这里不再赘述。图中左边界为“value="”，右边界为“"”，又因为“"”为特殊字符需要转义，所以最终将脚本关联如下。

```
vuser_init()
{
 web_url("dxk.web",
        "URL=http://192.168.103.171/dxk.web",
        "Resource=0",
        "RecContentType=text/html",
        "Referer=",
        "Snapshot=t1.inf",
        "Mode=HTML",
        EXTRARES,
        "Url=/DXK.Web/images/main_titlebg.gif", "Referer=http://192.168.103.171/DXK.Web/login.aspx", ENDITEM,
        "Url=/DXK.Web/images/main_point.gif", "Referer=http://192.168.103.171/DXK.Web/login.aspx", ENDITEM,
        "Url=/webctrl_client/1_0/treeview.htc", "Referer=http://192.168.103.171/DXK.Web/login.aspx", ENDITEM,
        LAST);


 web_submit_data("login.aspx",
        "Action=http://192.168.103.171/DXK.Web/login.aspx",
        "Method=POST",
        "RecContentType=text/html",
        "Referer=http://192.168.103.171/DXK.Web/login.aspx",
        "Snapshot=t2.inf",
        "Mode=HTML",
        ITEMDATA,
        "Name=__EVENTTARGET", "Value=", ENDITEM,
        "Name=__EVENTARGUMENT", "Value=", ENDITEM,
        "Name=__VIEWSTATE", "Value=dDwtMTk3MTM2Nzk2MTt0PDtsPGk8MT47PjtsPHQ8O2w8aTwxPjtpPDM+Oz47bDx0PHQ8O3A8bDxp
                                   PDA+O2k8MT47aTwyPjtpPDM+O2k8ND47aTw1PjtpPDY+O2k8Nz47aTw4PjtpPDk+O2k8MTAWvh+W
                                   HpOi+vjtmYW5qcjvnjovluq3mlocx02x6dDtmb3JldmVyO3d3dzs+PjtsPGk8MD47Pj47Oz47Pj4
                                   7Pj47PskL3zqYF609s8vl6GTRddQzlpal", ENDITEM,
        "Name=ddlUnit", "Value=z", ENDITEM,
        "Name=ddlUser", "Value=", ENDITEM,
        "Name=txtUser", "Value=", ENDITEM,
        "Name=txtPassWord", "Value=111111", ENDITEM,
        EXTRARES,
        "Url=images/page_titlebg.gif", "Referer=http://192.168.103.171/DXK.Web/index.aspx", ENDITEM,
        "Url=../webctrl_client/1_0/treeview.htc", "Referer=", ENDITEM,
        "Url=../webctrl_client/1_0/treeimages/plus.gif", "Referer=http://192.168.103.171/DXK.Web/index.aspx", ENDITEM,
        LAST);

       return 0;
}
```

viewstate值信息

图 8-25　带有 ViewState 需要关联的脚本

```
web_reg_save_param("ViewState",
                   "LB/IC=value=\"",          //注：左边界为 value="
                             "RB/IC=\"",   //注：表示右边界为"
                             "Ord=1",
                             "Search=Body",
                             "RelFrameId=1",
                             LAST);
```

【重点提示】

（1）由于网页中可能会包含多个“value=”左边界的域信息，所以取左边界字符串时最好多取一些字符，防止取错内容。

（2）由于 ViewState 存储的信息可能过多，在必要时，可以应用 web_set_max_html_param_len 函数来加大参数的字段长度，如果 ViewState 存储内容过多，就会出现“Error -26377: No match found for the requested parameter "ViewState".Check whether the requested boundaries exist in the response data. Also, if the data you want to save exceeds 1024 bytes, use web_set_max_html_param_len to increase the parameter”错误信息。

8.14 如何理解Return的返回值

1. 问题提出

在创建和录制脚本时，发现在脚本的vuser_init、Action、vuser_end这3部分中都会有一条“return 0;”语句，那么在编写脚本时如何应用return语句，return不同的返回值又有什么含义呢？

2. 问题解答

Return表示一个过程的结束，在LoadRunner中用return根据脚本的不同返回值，表示脚本的成功与失败。“return +大于等于0的数字;”表示成功，反之，则表示失败。

下面通过一个实例脚本来深入理解return语句。

相应脚本代码如下。

```
#include "web_api.h"

Action()
{
    LPCSTR user1="悟空";
    LPCSTR user2="八戒";

    if ((user1=="悟空") || (user1=="猴哥"))
      {
          lr_output_message("悟空和猴哥是同一个人! ");
          return 0;
      }
     else
      {
        lr_output_message("我是八戒不是悟空! ");
        return -1;
       }
     lr_output_message("这句话永远不会被执行! ");
}
```

【脚本分析】

该段脚本事先声明了两个字符串变量：user1和user2，然后判断user1变量是否为“悟空”或者“猴哥”，如果是，则输出“悟空和猴哥是同一个人!”，否则输出“我是八戒不是悟空!”。因为return语句执行完以后，后面的语句将不会执行，所以最后一句话永远不会执行，即“这句话永远不会被执行!”不会输出。上面脚本的执行日志结果如下。

```
Running Vuser...
Starting iteration 1.
Starting action Action.
Action.c(10): 悟空和猴哥是同一个人!
Ending action Action.
Ending iteration 1.
Ending Vuser...
```

如果将上面的脚本“if ((user1=="悟空") || (user1=="猴哥"))”变更为“if ((user2=="悟空") || (user2=="猴哥"))”，选择【View】>【Test Results】选项查看返回值为-1，脚本执

行完成后为失败的，如图 8-26 所示。

```
Running Vuser...
Starting iteration 1.
Starting action Action.
Action.c(15): 我是八戒不是悟空!
Ending Vuser...
```

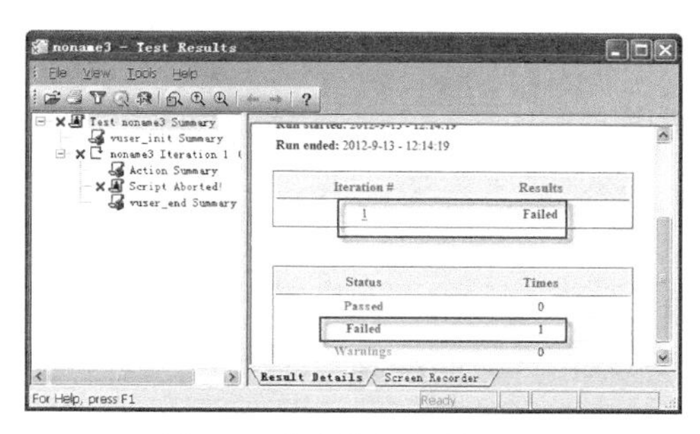

图 8-26　脚本执行失败结果图

8.15　如何解决负载均衡将压力作用到一台机器

1. 问题提出

由 IP 地址为 192.168.1.30、192.168.1.31、192.168.1.32 的 3 台机器组成的 Apache、Tomcat 集群和负载均衡系统，发现客户端发出请求后，都将请求发送到了 IP 地址为 192.168.1.30 的机器上，请问这是为什么?

2. 问题解答

随着互联网技术的飞速发展，越来越多的应用已经从最早的单机操作变成基于互联网的操作。由于网络用户数量激增，网络访问路径过长，用户的访问质量容易受到严重影响，尤其是当用户与网站之间的链路被突如其来的流量拥塞时。而这种情况经常发生在异地互联网用户急速增加的应用上。这时如果在服务端应用负载均衡（GSLB）技术，就可以合理分担系统负载，提高系统可靠性，支持网站内容的虚拟化。

Web 服务器负载均衡的定义、作用及类型

（1）负载均衡的定义。

负载均衡是由多台服务器以对称的方式组成一个服务器集合，每台服务器都具有等价的地位，都可以单独对外提供服务而无须其他服务器的辅助。通过某种负载分担技术，将外部发送来的请求均匀分配到对称结构中的某一台服务器上，而接收到请求的服务器独立地回应客户的请求。

（2）负载均衡的作用。

当发现 Web 站点的负载量非常大时，应当考虑使用负载均衡技术将负载平均分摊到多个内部服务器上。多个服务器同时执行某一个任务时，这些服务器就构成一个集群（clustering）。使用集群技术可以用最少的投资获得接近于大型主机的性能。

（3）负载均衡的类型。

目前比较常用的负载均衡技术主要有以下几种。

● 基于 DNS 的负载均衡。通过 DNS 服务中的随机名称解析来实现负载均衡，在 DNS 服务器中，可以为多个不同的地址配置同一个名称，而最终查询这个名称的客户机将在解析这个名称时得到其中一个地址。因此，对于同一个名称，不同的客户机会得到不同的地址，从而访问不同地址上的 Web 服务器，达到负载均衡的目的。

● 反向代理负载均衡。使用代理服务器可以将请求转发给内部的 Web 服务器，让代理服务器将请求均匀地转发给多台内部 Web 服务器中的一台，从而达到负载均衡的目的。这种代理方式与普通的代理方式有所不同，标准代理方式是客户使用代理访问多个外部 Web 服务器，而这种代理方式是多个客户使用它访问内部 Web 服务器，因此也称为反向代理模式。Apusic 负载均衡器就属于这种类型。

● 基于 NAT 的负载均衡技术。网络地址的转换在内部地址和外部地址之间进行转换，以便具备内部地址的计算机能访问外部网络，而当外部网络中的计算机访问地址转换网关拥有的某一外部地址时，地址转换网关将其转发到一个映射的内部地址上。因此，如果地址转换网关能将每个连接均匀转换为不同的内部服务器地址，此后外部网络中的计算机就各自与自己转换得到的地址上的服务器通信，从而达到负载分担的目的。

这里不介绍 Apache、Tomcat 集群和负载均衡的部署的相关内容，感兴趣的读者可以查找相关资料。了解了负载均衡技术的相关知识后，下面分析如何解决上述问题。在 Windows 2000 以上的微软操作系统中，系统会自动将从 DNS 服务器上的查询结果保存在本地的 DNS 缓存中，下次再有重复的查询请求，系统会优先查询本地缓存。如果已有对应的内容，则不再向 DNS 服务器发起请求，只有缓存中无记录时才查询 DNS 服务器。设定此 DNS 缓存的目的是减少 DNS 服务器的负荷，不对同一个域名解析多次，同时加快客户主机的访问速度。在 DNS 缓存中，记录条目每隔一段时间更新一次，长时间不用的内容将被丢弃，这个时间间隔称为生存时间（time to live，TTL）。TTL 表示 DNS 记录在 DNS 服务器上的缓存时间，此值影响客户第 2 次访问站点的速度。默认情况下，得到肯定响应的条目 TTL 为 86 400s（1 天），否定响应（negative cache time）的 TTL 在 Windows 2000 平台中是 300s（5min），在 Windows XP 和 Windows Server 2003 中是 900s（15min）。正是由于肯定响应和否定响应的 TTL 时间过长，所以才造成了故障主机在得到一次否定的 DNS 解析之后，一段时间内无法再到 DNS 服务器上查询，只有等 TTL 过后，新的请求才有可能被别的负载均衡机器响应。可以通过调整注册表肯定响应时间和否定响应时间来处理上面的问题。这里以 Windows XP 中的注册表为例。

将“HKEY_LOCAL_MACHINE\SYSTEM\CurrentControlSet\Services\DNSCache\Parameters”项中的 MaxCacheEntryTtlLimit 和 NegativeCacheTime 均设置为 1，即 1s，或者禁用 0，这样上面问题就解决了。注册表相关操作前面章节已经详细介绍了，这里不再赘述。

8.16　如何对 Apache 服务器上的资源使用情况进行监控

1. 问题提出

如何对 Apache 服务器上的资源使用情况进行监控？

2. 问题解答

配置 LoadRunner 监控 Apache。因为 LoadRunner 监控 Apache 服务器是调用 Apache 自身的模块进行监控的，所以需要配置 Apache 和 LoadRunner。要对 Apache 服务器上的资源使用情况进行监控，需要按如下方法进行配置。

配置 Apache 部分。

一般要修改的内容在 Httpd.conf 文件中已经存在，如果不存在，则自行添加相应内容。

（1）修改 Apache 中的 Httpd.conf 文件，添加如下代码。

```
<Location /server-status>
        SetHandler server-status
    Order deny,allow
#   Deny from all
    Allow from .localhost
</Location>
```

（2）添加 ExtendedStatus，设置 ExtendedStatus On。

（3）取消注释 LoadModule status_module modules/mod_status.so，加载该模块。

（4）重新启动 Apache。

配置 LoadRunner 部分。

（1）在图树中双击 Apache，然后在屏幕下方区域单击鼠标右键，在弹出的快捷菜单中选择“Add Measurements”选项，如图 8-27 所示。

（2）在打开的【Apache】对话框中单击【Add】按钮，在【Add Machine】对话框中输入要监控计算机的名称或者 IP 地址，并选择该计算机运行的平台，如图 8-28 所示。

（3）在【Apache】对话框的“Resource Measurements…”下面单击【Add】按钮，选择要监视的度量，弹出【Apache-Add Measurements】对话框，选择要度量的内容，如图 8-29 所示。

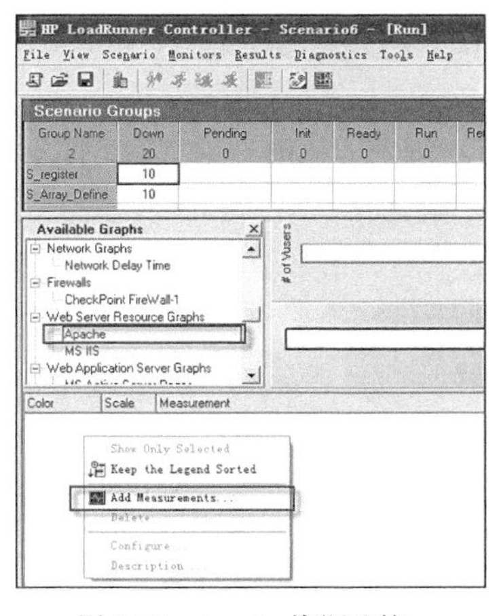

图 8-27 Apache 资源监控

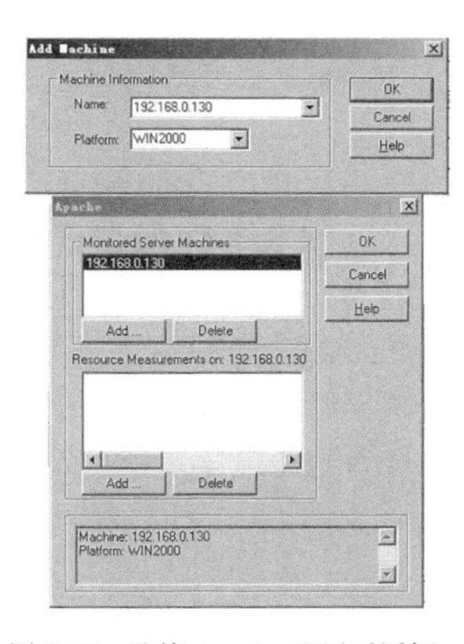

图 8-28 监控 Apache 配置对话框

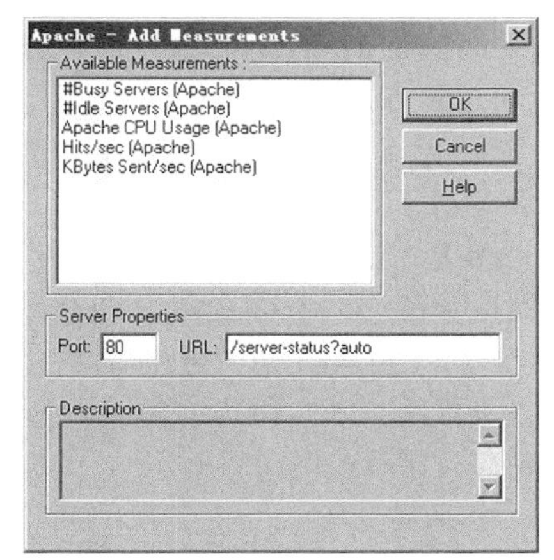

图 8-29 Apache 度量项添加对话框

（4）在“Server Properties”部分，输入端口号和不带服务器名的 URL，单击【OK】按钮。默认的 URL 是/server-status?auto，端口号为 80。

（5）关闭相应窗口以后，就可以对已选择的度量内容进行监控。

8.17　如何在脚本中加入 DOS 命令

1．问题提出

在没有 Windows 操作系统之前，人们应用的是 DOS 操作系统，也可以在 LoadRunner 的 VuGen 脚本中加入 DOS 命令，方便脚本对业务进行灵活处理。

2．问题解答

DOS 是磁盘操作系统（disk operation system）的简称。在大量的应用领域中，DOS 仍有相当的市场。尤其值得初学者重视的是，DOS 中关于文件的目录路径、文件的处理、系统的配置等许多概念，仍然在 Windows 中沿用，甚至在 Windows 出现故障时，还会用到基本的 Fdisk、Format 命令来修复故障，此外，DOS 还有很多方便简洁的命令可以快速、简便地完成 Windows 操作系统相同的功能。例如，在 C 盘查找所有名称为“我的文档.doc”的文件，只需要在 DOS 操作系统输入“dir/s 我的文档.doc >list.txt”这一句简单的命令，即可查找当前目录及其子目录下名为“我的文档.doc”的文档，并将查询结果存放到当前目录的 list.txt 文件中。同样的功能如果在 Windows 操作系统中实现，就比较麻烦。所以，现在仍然有很多人愿意使用一些 DOS 命令来实现 Windows 相同功能设置。

下面通过实例介绍如何在 VuGen 中应用 DOS 命令。例如，查找出 C 盘上所有以 m 开头的文本文件（后缀为 txt），并将结果文件存放于 result.txt 文件中。

相应脚本代码（DOSScript）如下。

```
#include "web_api.h"

Action()
{
    system("dir c:\\m*.txt >c:\\result.txt");
    return 0;
}
```

【重点提示】

（1）在关键代码 system（"dir c:\\m*.txt >c:\\result.txt"）中，可以发现，如果在 DOS 命令行下直接输入“dir c:\m*.txt >c:\result.txt”，但在 VuGen 中却要输入两个“\\”。这是因为“\、/、”、?、*”等为特殊字符，在应用时应对“\ + 特殊字符”进行转义，所以上面的命令在 VuGen 中表示为“dir c:\\m*.txt >c:\\result.txt”。

（2）在 VuGen 中执行脚本时，会有一个黑色的屏幕一闪而过，这是在运行 DOS 命令，是正常的。当然 DOS 有很多命令，在合适的情况应用这些命令将会取得事半功倍的效果，用户应该灵活应用。

8.18　如何下载并保存文件到本地

1．问题提出

如何下载并将文件保存到本地？

2．问题解答

一个人事管理系统项目一般都要能够上传和下载电子文件（如学位照、身份证、护照或者其他 Word、Excel、Pdf 等格式的电子文件），测试时为了模拟下载的场景，需要编写相关脚本。在 HTTP 中，没有任何一个方法或是动作能够标识“下载文件”这个动作，对 HTTP 来说，无论是下载文件，还是请求页面，都只是发出一个 GET 请求。LoadRunner 记录了客户端发出的对文件的请求，并能够收到文件内容。因此，完全可以通过关联的方法，从 LoadRunner 发出请求的响应中获取到文件的内容，然后通过 LoadRunner 的文件操作方法，自行生成文件。只需要对需存储的文件响应部分内容进行关联，并将这部分信息存储于变量中。获得文件内容后，通过 fopen、fwrite、fclose 函数，可以将需保存的内容保存成本地文件，从而完成文件的下载操作。

下面以下载作者在 UML 软件工程组织上的一次关于性能测试公开课的讲稿为例，介绍如何完成文件的下载。如果不清楚参数化时使用的取值，可以借助 FlashGet 工具（见图 8-30）或者用鼠标右键单击“性能测试实践及其展望”链接（参见 http://www.cnblogs.com/tester2test/archive/2006/08/28/487989.html 页面），查看需要下载文件的属性等方式来了解脚本中相应参数的设置（见图 8-31），从而完成下载操作。可以看到文件下载的地址为“http://www.cnblogs.com/Files/tester2test/xncssj.pdf”，引用地址为“http://www. cnblogs.com/tester2test/archive/2006/08/28/487989.html”。

图 8-30　FlashGet 下载相关信息

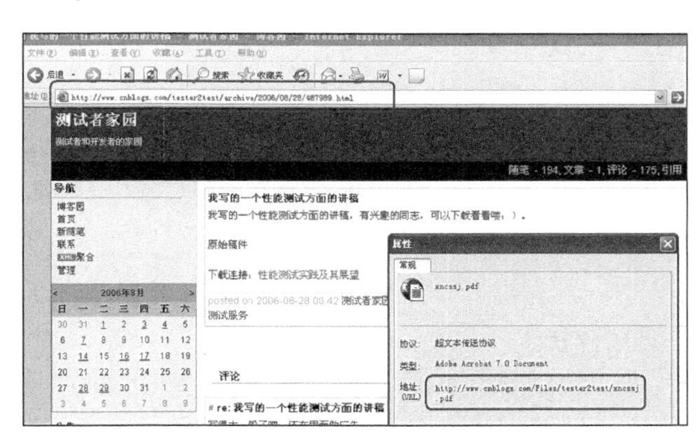

图 8-31　讲稿下载属性信息

相应脚本代码（DownloadFileScript）如下。

```
#include "web_api.h"

Action()
{
    int iflen;      //文件大小
    long lfbody;   //响应数据内容大小
    web_url("487989.html",
        "URL=http://www.cnblogs.com/tester2test/archive/2006/08/28/487989.html",
        "Resource=0",
        "RecContentType=text/html",
        "Referer=",
        "Snapshot=t2.inf",
        "Mode=HTML",
        EXTRARES,
        "Url=http://www.vqq.com/vqq_inset.js?isMin=0&place=RB&Css=2&RoomName=
         5rWL6K+V6ICF5a625Zut6K665Z2b&encode=1&isTime=0&width=350&height=
         240&everypage=0", ENDITEM,
```

```
            "Url=http://www.vqq.com/image/chat2.gif", ENDITEM,
            LAST);
        //设置最大长度
        web_set_max_html_param_len("10000");
        //将响应信息存放到 fcontent 变量
        web_reg_save_param("fcontent", "LB=", "RB=", "SEARCH=BODY", LAST);
        web_url("下载页面",
            "URL=http://www.cnblogs.com/Files/tester2test/xncssj.pdf",
            "Resource=0",
            "RecContentType=text/html",
            "Referer=http://www.cnblogs.com/tester2test/archive/2006/08/28/487989.html",
            "Snapshot=t3.inf",
            "Mode=HTML",
            LAST);
        //获取响应大小
        iflen = web_get_int_property(HTTP_INFO_DOWNLOAD_SIZE);
        if(iflen > 0)
        {
            //以写方式打开文件
            if((lfbody = fopen("c:\\性能测试实践及其展望.pdf", "wb")) == NULL)
            {
                lr_output_message("文件操作失败!");
                return -1;
            }
            //写入文件内容
            fwrite(lr_eval_string("{fcontent}"), iflen, 1, lfbody);
            //关闭文件
            fclose(lfbody);
        }
        return 0;
    }
```

【脚本分析】

首先，代码中声明了两个变量：iflen 和 lfbody，分别存放被下载文件的大小和响应数据内容大小，链接到存放作者讲稿页面，相关脚本如下。

```
        int iflen;        //文件大小
        long lfbody;    //响应数据内容大小
        web_url("487989.html",
            "URL=http://www.cnblogs.com/tester2test/archive/2006/08/28/487989.html",
            "Resource=0",
            "RecContentType=text/html",
            "Referer=",
            "Snapshot=t2.inf",
            "Mode=HTML",
            EXTRARES,
            "Url=http://www.vqq.com/vqq_inset.js?isMin=0&place=RB&Css=2&RoomName=
             5rWL6K+V6ICF5a625Zut6K665Z2b&encode=1&isTime=0&width=350&height=
             240&everypage=0", ENDITEM,
            "Url=http://www.vqq.com/image/chat2.gif", ENDITEM,
            LAST);
```

其次，根据被下载文件的大小，设置最大长度，通过关联函数将被下载文件 http://www.cnblogs.com/Files/tester2test/xncssj.pdf 内容存放在 fcontent 变量中，同时获得服务器响应文件下载数据信息大小。关于 web_get_int_property 函数的使用，可以参看 LoadRunner 函数帮助了解相关内容。

```
//设置最大长度
web_set_max_html_param_len("10000");
//将响应信息存放到 fcontent 变量
web_reg_save_param("fcontent", "LB=", "RB=", "SEARCH=BODY", LAST);
web_url("下载页面",
    "URL=http://www.cnblogs.com/Files/tester2test/xncssj.pdf",
    "Resource=0",
    "RecContentType=text/html",
    "Referer=http://www.cnblogs.com/tester2test/archive/2006/08/28/487989.html",
    "Snapshot=t3.inf",
    "Mode=HTML",
    LAST);
//获取响应大小
iflen = web_get_int_property(HTTP_INFO_DOWNLOAD_SIZE);
```

最后，将保存在变量的数据信息一一写入指定命名的文件中，这里仍然保存在“c:\性能测试实践及其展望.pdf”文件。相关代码为，如果响应数据信息大小为 0 字节，则以写方式打开文件，如果出错，则发出“文件操作失败！”提示信息，将先前保存的下载数据信息写入该文件，完成下载操作的完整过程。

```
if(iflen > 0)
    {
        //以写方式打开文件
        if((lfbody = fopen("c:\\性能测试实践及其展望.pdf", "wb")) == NULL)
        {
            lr_output_message("文件操作失败!");
            return -1;
        }
        //写入文件内容
        fwrite(lr_eval_string("{fcontent}"), iflen, 1, lfbody);
        //关闭文件
        fclose(lfbody);
    }
```

【重点提示】

（1）如果不清楚如何确定要下载文件的原始链接，可以单击鼠标右键，在弹出的快捷菜单中单击“属性”，查看被下载文件的数据源链接地址。

（2）文件操作完成之后，必须进行释放工作（fclose），否则会造成内存泄露。内存泄露时，在一两个用户操作程序时可能后果不是很明显，但在做并发性测试或者持久性测试时，就会出现内存被逐渐耗尽，最终导致系统崩溃的严重后果，所以一定要避免内存泄露。

8.19 如何理解常用图表的含义

1. 问题提出

如何理解常用图表的含义？

2. 问题解答

下面介绍几个重要的图表。

问题 1：事务响应时间是否在可接受的时间内？哪个事务用的时间最长？

解答 1：Transaction Response Time 图可以判断每个事务完成使用的时间，从而判断出哪个事务用的时间最长，哪些事务用的时间超出预定的可接受时间。

此外，Transactions per Second 显示场景或会话步骤运行的每一秒内，每个事务通过、失败以及停止的次数。此图可帮助确定系统在任何给定时刻的实际事务负载。可以将此图与平均事务响应时间图进行对比，以分析事务数目对性能时间的影响。Total Transactions per Second 显示场景或会话步骤运行的每一秒内，通过的事务总数、失败的事务总数以及停止的事务总数。Transaction Performance Summary 显示了场景或会话步骤中所有事务的最小、最大和平均性能时间。

问题 2：网络带宽是否足够?

解答 2：Throughput 吞吐量图显示场景或会话步骤运行的每一秒内服务器上的吞吐量。吞吐量的度量单位是字节，表示 Vuser 在任何给定的某一秒内从服务器获得的数据量。借助此图可以依据服务器吞吐量来评估 Vuser 产生的负载量。可将此图与平均事务响应时间图进行比较，以查看吞吐量对事务性能产生的影响。将这个值和网络带宽进行比较，可以确定目前的网络带宽是否是瓶颈。如果该图的曲线随着用户数的增加，没有随着上升，而是呈比较平稳的直线，则说明目前的网络速度不能满足目前的系统流量。吞吐量图显示场景或会话步骤运行的每一秒内服务器上的吞吐量。

问题 3：硬件和操作系统能否处理高负载?

解答 3：Windows Resources 图实时显示了 Web Server 系统资源的使用情况。利用该图提供的数据，可以把瓶颈定位到特定机器的某个部件。

问题 4：Transaction Summary 的 Std.Deviation 和 90 percent 的含义是什么?

解答 4：LoadRunner 应用数据分析引入了很多统计学和数学方面的知识，这里介绍 Std. Deviation 和 90 percent 两个信息项，如图 8-32 所示。

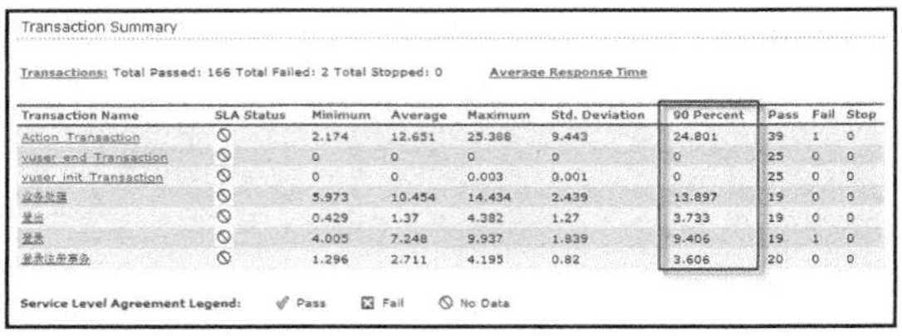

Transaction Summary

Transactions: Total Passed: 166 Total Failed: 2 Total Stopped: 0   Average Response Time

Transaction Name	SLA Status	Minimum	Average	Maximum	Std. Deviation	90 Percent	Pass	Fail	Stop
Action_Transaction	⊘	2.174	12.651	25.388	9.443	24.801	39	1	0
vuser_end_Transaction	⊘	0	0	0	0	0	25	0	0
vuser_init_Transaction	⊘	0	0	0.003	0.001	0	25	0	0
业务处理	⊘	5.973	10.454	14.434	2.439	13.897	19	0	0
登出	⊘	0.429	1.37	4.382	1.27	3.733	19	0	0
登录	⊘	4.005	7.248	9.937	1.839	9.406	19	1	0
登录注册事务	⊘	1.296	2.711	4.195	0.82	3.606	20	0	0

Service Level Agreement Legend: ✓ Pass ☒ Fail ⊘ No Data

图 8-32 Transaction Summary 相关信息图

Std.Deviation 代表标准偏差。

（1）方差和标准差。

样本中各数据与样本平均数的差的平方的平均数叫做样本方差。

方差的计算公式如下。

$$S^2 = \frac{1}{n}\left[(x_1-\bar{x})^2+(x_2-\bar{x})^2+\cdots+(x_n-\bar{x})^2\right]$$

样本方差的算术平方根叫作样本标准差。

标准差的计算公式如下。

$$S = \sqrt{\frac{1}{n}\left[(x_1-\bar{x})^2+(x_2-\bar{x})^2+\cdots+(x_n-\bar{x})^2\right]}$$

（2）方差的简化公式如下。

$$S^2 = \frac{1}{n}\left[(x_1^2+x_2^2+\cdots+x_n^2)-n\bar{x}^2\right]$$

样本方差和样本标准差都是衡量一个样本波动大小的量，样本方差或样本标准差越大，样本数据的波动就越大。

90 Percent 表示 90%事务的响应时间最大值。

假设一个登录事务共有 10 个事务的响应时间，分别为 1s、2s、2.5s、3s、3s、2s、6s、4s、3.2s、5s。对响应时间进行排序后得到的数据为 1s、2s、2s、2.5s、3s、3s、3.2s、4s、5s、6s，取事务的 90%的最大值，即为 5s，则针对这组数据的 90 Percent 则为 5s。

8.20 基于目标和手动场景测试有何联系和不同

1. 问题提出

在应用 LoadRunner 的 Controller 设计性能测试场景时，有两种方式：手工方式和基于目标方式，这两种方式的使用场合和区别是什么？

2. 问题解答

要使用 LoadRunner 进行系统性能测试，对系统进行负载，就必须创建一个场景。场景中包含关于测试会话信息的文件。场景是一种模拟实际用户的方式。场景包含有关如何模拟实际用户的信息：虚拟用户组、测试脚本以及用于运行这些脚本的负载生成器计算机。LoadRunner 提供两种方式：手动设计场景（manual scenario）和面向目标设计场景（goal-oriented scenario）。手动设计场景可以通过建立组并指定脚本、负载生成器和每个组中包括的 Vuser 数来完成；还可以通过百分比模式手动建立场景，使用此方法建立场景可以指定场景中使用的 Vuser 总数，并为每个脚本分配负载生成器和占总数一定百分比的 Vuser。

如果选择创建常规手动场景，则在“新场景设计”对话框中选择的每个脚本将被分配给 Vuser 组，如图 8-33 所示。然后，可以为每个 Vuser 组分配多个虚拟用户。可以指定一个组中的所有 Vuser 在同一台负载生成器计算机上运行相同的脚本，也可以为一个组中的各个 Vuser 分配不同的脚本和负载生成器，如图 8-34 所示。

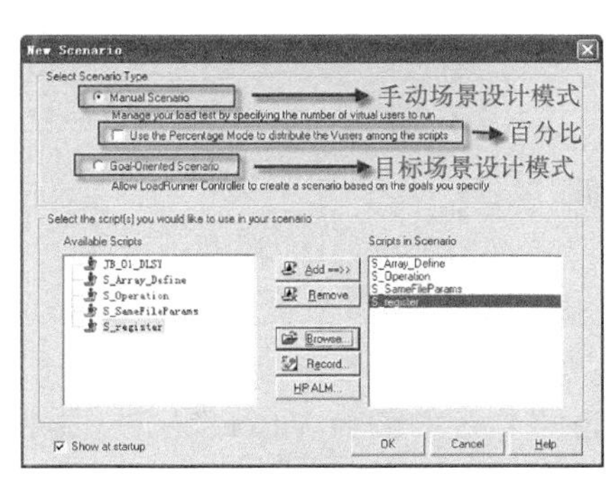

图 8-33 新场景设计对话框

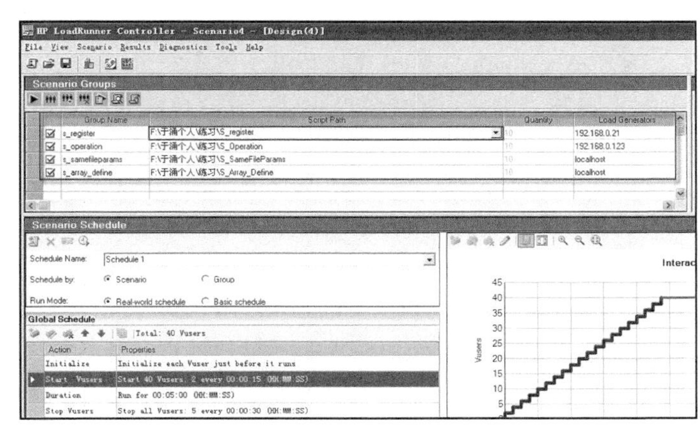

图 8-34 “场景设计”对话框

如果选择面向目标场景设计，则在“新场景设计”对话框中同时选择该选项和脚本，如图 8-35 所示。在面向目标的场景设计中，可以定义要实现的测试目标，LoadRunner 会根据这些目标自动构建场景。可以在一个面向目标的场景中定义希望场景达到的目标类型：虚拟用户数、每秒单击次数（仅 Web Vuser）、每秒事务数、每分钟页面数（仅 Web Vuser）或事务响应时间。可以通过单击【Edit Scenario Goal】设置目标类型、最小用户数、最大用户数、运行时间等，如图 8-36 所示。

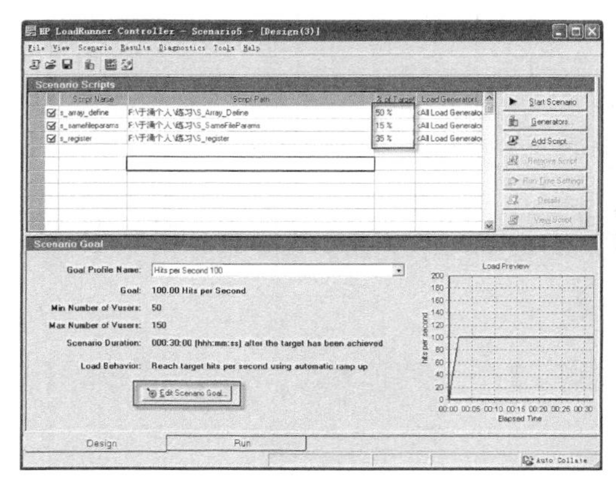

图 8-35 “面向目标场景设计”对话框

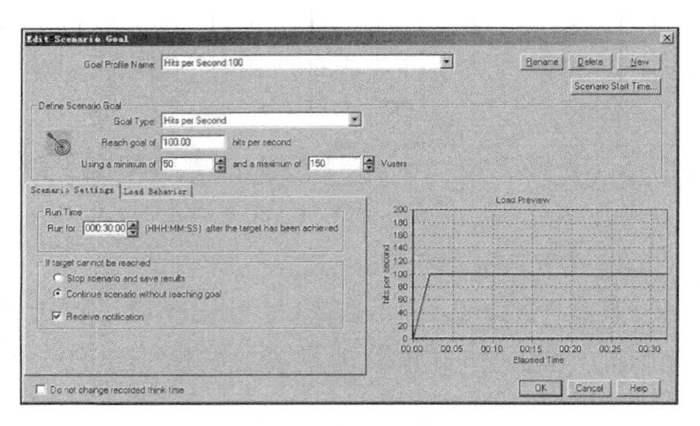

图 8-36 “面向目标场景编辑”对话框

在图 8-36 中的【Goal Type】下拉列表框中可以选择虚拟用户数、每秒单击次数（仅 Web Vuser）、每秒事务数、每分钟页面数（仅 WebVuser）或事务响应时间 5 种类型。可以设定目标，这里以 100 次/s 作为测试的目标。可以设置为了要达到这个目标，需要运行的最小和最大用户数。在【Run Time】指定当目标达到以后继续运行的时间，在【If target cannot be reached】中选择在测试目标达不到时的处理方式：【Stop scenario and save results】（指示 Controller 在无法达到定义的目标时停止场景并保存场景结果）或【Continue scenario without reaching goal】（指示 Controller 即使无法达到定义的目标，也要继续运行场景），选择【Receive notification】（指示 Controller 向用户发送一个错误消息，指明无法达到目标），如果希望 LoadRunner 使用脚本中录制的思考时间来运行场景，则选择【Do not change recorded think time】。

在【Load Behavior】选项卡中可以选择 3 种不同的 Vuser 加载方式，如图 8-37 所示。

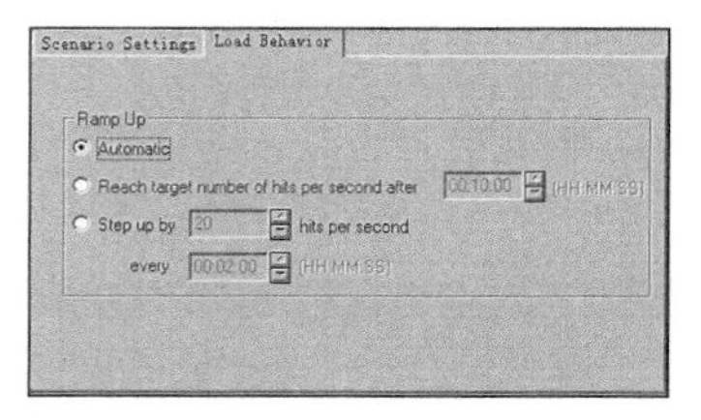

图 8-37 负载行为设置对话框

- Automatic：指示 Controller 运行一批中默认数量的 Vuser（每两分钟运行 50 个 Vuser，或者在定义的最大 Vuser 数少于 50 时运行所有的 Vuser）。
- Reach target number of hits per second after XXX HH:MM:SS：用来选择 Controller 达到目标之后场景运行的时间。
- Step up by XXX hit per second（对于每秒事务数和事务响应时间目标类型不可用）：用来选择 Controller 达到定义的目标的速度（一定时间内的虚拟用户数/单击次数/页面数）。

下面以每秒单击次数/事务数和每分钟页面数目标类型为例，在定义每分钟页面数或每秒单击次数/事务数目标类型时，Controller 将用定义的目标值除以指定的最小 Vuser 数，并据此确定每个 Vuser 应该达到的每秒单击次数/事务数或每分钟页面次数的目标值。然后，Controller 将根据定义的加载行为设置开始加载 Vuser，具体表述为：如果选择自动运行 Vuser，LoadRunner 将在第一批加载 50 个 Vuser。如果定义的最大 Vuser 数小于 50，LoadRunner 将同时加载所有的 Vuser。如果选择在场景运行一段时间之后达到用户的目标，LoadRunner 将尝试在这段时间内达到定义的目标。第一批 Vuser 数的大小将根据用户定义的时间限制以及计算得到的每个 Vuser 的单击次数、事务数或页面数的目标值来确定。如果选择按指定的速度（一定时间内的页面数/单击次数）达到用户的目标，LoadRunner 将计算每个 Vuser 的单击次数或页面数的目标值，并据此确定第一批 Vuser 的数量。运行每一批 Vuser 之后，LoadRunner

都将评估是否已达到该批的目标。如果未能达到该批目标，LoadRunner 将重新评估每个 Vuser 的单击次数、事务数或页面数的目标值，并重新调整下一批的 Vuser 数，以便能够达到定义的目标。注意，默认情况下，每两分钟加载一批新的 Vuser。如果 Controller 在运行最大数量的 Vuser 之后仍不能达到目标，LoadRunner 将重新计算每个 Vuser 的单击次数、事务数或页面数的目标值，并且运行最大数量的 Vuser，再一次尝试达到定义的目标。

在下列情况下，面向每分钟页面数或每秒单击次数，事务目标的场景将被标注“失败”状态。

- Controller 已经两次尝试使用指定的最大 Vuser 数来达到目标，却均未达到目标。
- 在运行第一批 Vuser 之后，未注册每分钟页面数或每秒单击次数/事务数。
- 在 Controller 运行了几批 Vuser 之后，每分钟页面数或每秒单击次数/事务数却未增加。
- 所有 Vuser 都运行失败。
- 没有可用于要尝试运行的 Vuser 类型的负载生成器。

8.21 如何在命令行下启动 Controller

1. 问题提出

如何在命令行下启动 Controller 进行负载测试?

2. 问题解答

习惯使用命令行操作的读者可能十分关心，Controller 是否可以在命令行下通过指定运行的场景和相关参数运行。LoadRunner 提供了 Controller 命令行运行方式。如果在 C 盘存在一个场景文件 Test.lrs，就可以在命令行下执行类似“wlrun-TestPathC:\Test.lrs -Run”的命令进行负载测试。关于命令行部分的描述前面章节已经多次提及，这里不再赘述。运行 Controller 相关参数如表 8-4 所示。

表 8-4　Controller 命令行运行参数

参　数	参数描述
TestPath	场景的路径，如 C:\LoadRunner\scenario\Scenario.lrs
Run	运行场景、将所有输出消息转储到 res_dir\output.txt 文件中，并关闭 Controller
InvokeAnalysis	指示 LoadRunner 在场景终止时调用 Analysis。如果没有指定该参数，LoadRunner 将使用场景默认设置
ResultName	完整结果路径，如“C:\Temp\Res_01”
ResultCleanName	结果名，如“Res_01”
ResultLocation	结果目录，如“C:\Temp”

【重点提示】

（1）如果在命令行中不使用参数调用 Controller，则 Controller 将使用默认设置。

（2）Controller 总是会覆盖结果。

（3）场景终止时，Controller 将自动终止，并收集结果。如果不希望 Controller 在场景终止时自动终止，可向命令行添加-DontClose 标志。

8.22 如何解决由于设置引起的运行失败问题

1. 问题提出

有时候，在场景执行完成以后，会出现很多由于设置不当而引起的一些问题，那么如何辨析是由于设置而引起的问题，并解决这些问题呢？

2. 问题解答

在进行性能测试时，有些情况下是因为设置的问题而引起场景运行结果包含一些失败的信息内容。比较常见的失败信息有“Closing connection to <server>because it has been inactive for XXX s which is longer than the KeepAliveTimeout（60s）”“Step download timeout（120 seconds）has expired when downloading non-resource（s）”等错误提示信息。出现这种情况通常是由于被测试的应用程序应用的链接超时、相应页面资源的下载时间等超过 LoadRunner 默认值而引起的。调整 LoadRunner 系统的相关设置，通常这些错误信息都能够得到解决。方法为在设计场景时单击【Run-Time Setting】按钮，在弹出的【Run-time Settings for script】对话框中，选择【HTTP Properties】>【Preferences】项，单击【Options】按钮，在弹出的【Advanced Options】对话框中调整【HTTP-request connect timeout（sec）】、【HTTP-request receive timeout（sec）】、【Step download timeout（sec）】的值，将链接超时增大一些，如将超时时间由以前的 120s 变为 600s。这样一般就可以解决链接超时的问题了。当然应该灵活增加或者减少超时的时间。相关设置如图 8-38 和图 8-39 所示。

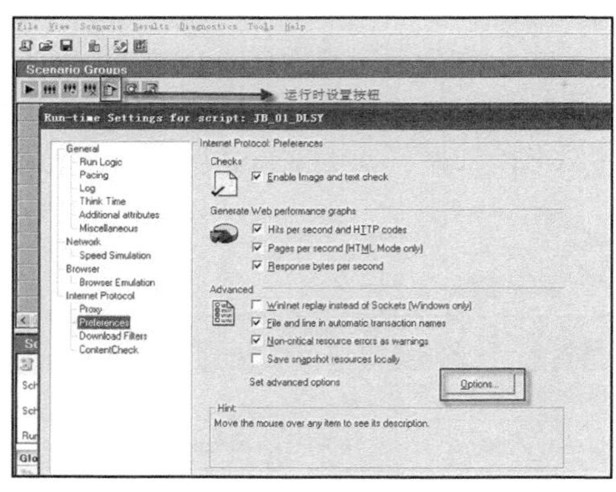

图 8-38 运行时设置对话框

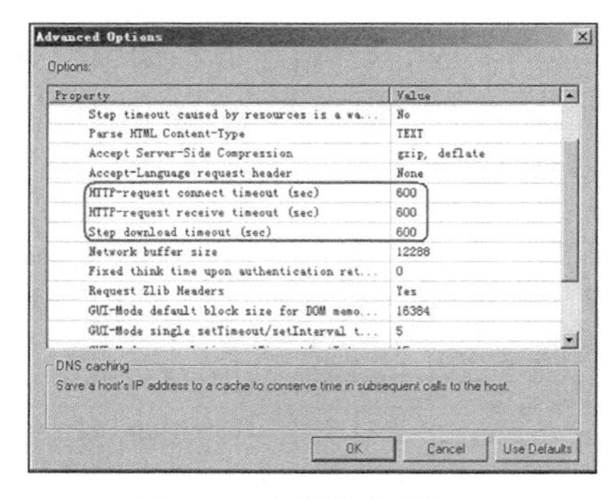

图 8-39 链接超时设置

出现“Closing connection to <server>because it has been inactive for XXX s which is longer than the KeepAliveTimeout（60s）”错误信息，此时需要更改脚本目录 default.cfg 中的 Web 标签，用以增加这个值的大小来调整链接超时，如果两次请求间超过 x 这个数字就会中断这个链接。因为在默认情况下开启 KeepAlive，所以不需要设置 KeepAlive 为 On，代码如下。

```
[Web]
KeepAliveTimeout=x
```

【重点提示】

（1）KeepAliveTimeout=x，x 以秒为单位。

（2）场景的设置信息存放在相应的场景文件中，即（*.lrs 文件中）。例如，图 8-39 中的设置在场景中描述为 connectTimeout=600、receiveTimeout=600、Stepdownload Timeout=600。

8.23　如何实现对服务器系统资源的监控

1. 问题提出

LoadRunner 提供了对哪些内容的监控？在场景运行过程中，是否可以对服务器内存、CPU 使用率、I/O 情况等进行监控？

2. 问题解答

使用 LoadRunner 的系统资源监控器可以监控在场景或会话步骤运行期间计算机的系统资源使用率，并隔离服务器性能瓶颈。影响事务响应时间的主要因素是系统资源使用率。使用 LoadRunner 资源监控器，可以在场景或会话步骤运行期间监控计算机上的 Windows、UNIX、服务器、SNMP、Antara Flame Thrower 和 SiteScope 资源，并可以确定特定计算机出现瓶颈的原因。

UNIX 度量包括可由 rstatd 守护程序提供的下列度量：average load、collision rate、context switch rate、CPU utilization、incoming packets error rate、incoming packets rate、interrupt rate、outgoing packets error rate、outgoing packets rate、page-in rate、page-out rate、paging rate、swap-in rate、swap-out rate、system mode CPU utilization 和 user mode CPU utilization。

服务器资源监控器可以度量远程 Windows 和 UNIX 服务器上的 CPU、磁盘空间、内存和应用程序资源。

SNMP 监控器用于监控使用简单网络管理协议（SNMP）的计算机。SNMP 监控与平台无关。

Antara Flame Thrower 监控器可以度量下列性能计数器：Layer、TCP、HTTP、SSL/HTTPS、Sticky SLB、FTP、SMTP、POP3、DNS 和 Attacks。

SiteScope 监控器可以度量服务器、网络和处理器性能计数器。如果要使用 SiteScope 监控器引擎，则确保服务器上安装了 SiteScope。可以将 SiteScope 安装到 Controller 计算机上，也可以将其安装到专用服务器上。有关 SiteScope 可以监控的性能计数器的详细信息，请参阅相关的 SiteScope 文档。

执行场景或会话步骤时，自动启用资源监控器。但是，必须指定要监控的计算机并为每台计算机指定要监控的资源。也可以在场景或会话步骤运行期间添加或删除计算机和资源。

下面以 Windows 和 UNIX 资源监控器为例进行讲解。

（1）监控 Windows 性能计数器。

场景执行以后，要监控 Windows 计数器，应在 Available Graphs 列表中，双击 Windows Resources，如图 8-40 所示，标识为“1”部分。在屏幕下方空白处单击鼠标右键，在弹出的快捷菜单中单击 Add Measurements 选项，出现数字标识为“2”的对话框，单击 Add 按钮，出现标识为“3”的对话框，在 Name 下拉列表框中输入要监控的计算机 IP 地址或者计算机名称，当然如果列表框中已经存在，也可以从列表框中选择。在 Platform 中选择被监控机器所应用的操作平台。这里假设要监控的 IP 地址为“192.168.0.130”，操作系统为“Windows 2000”，单击【OK】按钮，被监控机器的 IP 地址出现在标识为“2”的对话框中，也可以选择关心的度量项，在选择度量项的过程中，在对话框下方显示相关的帮助信息。单击【Add】按钮，出现标识为“4”的对话框。可选择不同的 Windows 监控对象，如 Pocessor、System、

Memory 等。选择要监控的资源计数器/度量（使用 Ctrl 键可以选择多个计数器）。有关每个计数器的解释，请单击【Explain>>】按钮查看。如果选定计数器的多个实例正在运行，则为选定的计数器选择一个或多个要监控的实例。添加完成所有要监控的计数器以后，关闭相应对话框。要监控的数据信息显示在 Windows Resources 图中，在场景对话框底部也会显示监控的相关信息以及图表各个曲线的图示信息，如图 8-41 所示。

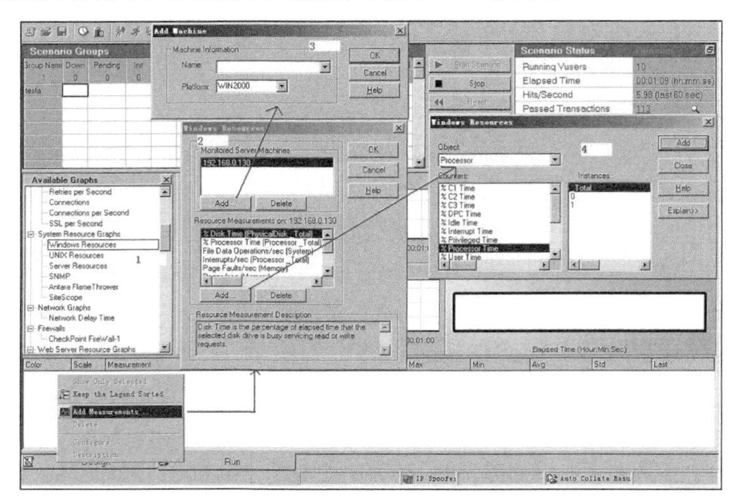

图 8-40 Windows 性能计数器应用

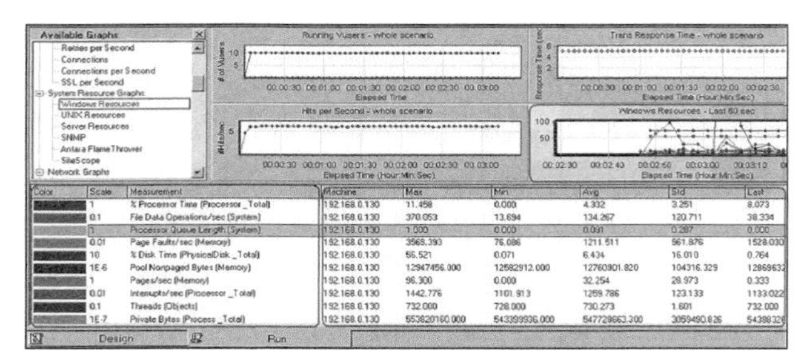

图 8-41 Windows 计数器监控信息

表 8-5 中的默认度量可用于 Windows 资源。

表 8-5　　　　Windows 资源度量

对　象	度　量	描　述
System	% Total Processor Time	系统上的所有处理器都忙于执行非空闲线程的时间的平均百分比。在多处理器系统上，如果所有处理器始终繁忙，此值为 100%，如果所有处理器为 50%繁忙，此值为 50%，如果这些处理器中的四分之一是 100%繁忙的，则此值为 25%。它反映了用于有用作业上的时间的比率。每个处理器将分配给空闲进程中的一个空闲线程，它将消耗所有其他线程不使用的非生产性处理器周期
Processor	% Processor Time（Windows 2000）	处理器执行非空闲线程的时间百分比。该计数器设计为处理器活动的一个主要指示器。它通过测量处理器在每个采样间隔中执行空闲进程的线程所花费的时间，然后从 100%中减去此时间值来进行计算的（每个处理器都有一个空闲线程，它在没有其他线程准备运行时消耗处理器周期）。它可以反映有用作业占用的采样间隔的百分比。该计数器显示在采样期间所观察到的繁忙时间的平均百分比。它通过监控服务处于非活动状态的时间值，然后从 100%中减去此值来进行计算

续表

对 象	度 量	描 述
System	File Data Operations/sec	计算机对文件系统设备执行读取和写入操作的速率，不包括文件控制操作
System	Processor Queue Length	以线程数计的处理器队列的即时长度。如果不同时监控线程计数，则此计数始终为 0。所有处理器都使用一个队列，而线程在该队列中等待处理器进行循环调用。此长度不包括当前正在执行的线程。一般情况下，如果处理器队列的长度一直超过 2，则可能表示处理器堵塞。此值为即时计数，不是一段时间的平均值
Memory	Page Faults/sec	此值为处理器中页面错误的计数。当进程引用特定的虚拟内存页，该页不在主内存的工作集中时，出现页面错误。如果某页位于待机列表中（因此它已经位于主内存中），或者它正在被共享该页的其他进程所使用，则页面错误不会导致该页从磁盘中提取出
PhysicalDisk	% Disk Time	选定的磁盘驱动器对读写请求提供服务的已用时间所占百分比
Memory	Pool Nonpaged Bytes	非分页池中的字节数，是指可供操作系统组件完成指定任务后从其中获得空间的系统内存区域。非分页池页面不可以退出到分页文件中。它们自分配以来就始终位于主内存中
Memory	Pages/sec	为解决引用时不在内存中的页面的内存引用，从磁盘读取的或写入磁盘的页数。这是 Pages Input/sec 和 Pages Output/sec 之和。此计数器中包括的页面流量代表用于访问应用程序的文件数据的系统缓存。此值还包括存入/取自非缓存映射内存文件的页数。如果关心内存压力过大问题（即系统失效）和可能产生的过多分页，则这是值得观察的主要计数器
System	Total Interrupts/sec	计算机接收并处理硬件中断的速度。可能生成中断的设备有系统时钟、鼠标、数据通信线路、网络接口卡和其他外围设备。此计数指示这些设备在计算机上的繁忙程度
Objects	Threads	计算机在收集数据时的线程数。注意，这是一个即时计数，不是一段时间的平均值。线程是能够执行处理器指令的基础可执行实体
Process	Private Bytes	专为此进程分配，无法与其他进程共享的当前字节数

（2）监控 UNIX 性能计数器。

要监控 UNIX 资源，必须配置 rstatd 守护程序。注意，可能已经配置了 rstatd 守护程序，因为当计算机收到一个 rstatd 请求时，该计算机上的 inetd 自动激活 rstatd。如果没有安装 rstatd，则从安装盘或者网络上下载相应的压缩包。将 rstatd.tar.gz 包复制到 UNIX 系统中，解压，赋予可执行权限，进入 rpc.rstatd 目录，依次执行如下命令。

```
#./configure
#make
#make install
```

结束后，运行./rpc.rstatd 命令，启动服务。

（3）验证 rstatd 守护程序是否已经配置。

rup 命令报告各种计算机统计信息，包括 rstatd 的配置信息。运行以下命令可以查看计算机统计信息。

```
rup host
```

也可以使用 lr_host_monitor，查看是否返回任何相关的统计信息。

如果该命令返回有意义的统计信息，则 rstatd 守护程序已经被配置并且被激活。若未返回有意义的统计信息，或者收到一条错误消息，则 rstatd 守护程序尚未被配置。

要配置 rstatd 守护程序，请执行以下操作。

运行以下命令。

```
su root
```

进入/etc/inetd.conf并查找rstatd行（以rstatd开始）。如果该行被注释掉了（使用#符号），则删除注释符，并保存文件。

在命令行中运行以下命令。

```
kill -1 inet_pid
```

其中inet_pid为inetd进程的pid。该命令指示inetd重新扫描/etc/inetd.conf文件并注册所有未被注释的守护程序，包括rstatd守护程序。

再次运行rup。

如果运行该命令仍然显示rstatd守护程序未被配置，则与系统管理员联系解决相关问题。

表8-6中的默认度量可用于UNIX计算机。

表8-6 UNIX资源度量

度 量	描 述
Average load	上一分钟同时处于“就绪”状态的平均进程数
Collision rate	每秒在以太网上检测到的冲突数
Context switches rate	每秒在进程或线程之间的切换次数
CPU utilization	CPU的使用时间百分比
Disk rate	磁盘传输速率
Incoming packets error rate	接收以太网数据包时每秒接收到的错误数
Incoming packets rate	每秒传入的以太网数据包数
Interrupt rate	每秒内的设备中断数
Outgoing packets errors rate	发送以太网数据包时每秒发送的错误数
Outgoing packets rate	每秒传出的以太网数据包数
Page-in rate	每秒读入物理内存中的页数
Page-out rate	每秒写入页面文件和从物理内存中删除的页数
Paging rate	每秒读入物理内存或写入页面文件的页数
Swap-in rate	正在交换的换入进程数
Swap-out rate	正在交换的换出进程数
System mode CPU utilization	在系统模式下使用CPU的时间百分比
User mode CPU utilization	在用户模式下使用CPU的时间百分比

【重点提示】

（1）用UNIX系统资源监控器时，必须在被监控的所有UNIX计算机上配置rstatd守护程序。

（2）Windows系统资源监控器度量与Windows性能监控器中的内置计数器相对应。

（3）要经过防火墙来监控Windows NT或Windows 2000，应使用TCP，端口为139。

（4）有时会出现无法监控Windows性能计数器的情况，这是因为没有以超级用户的身份登录到被监控机器，解决问题的最好方法是以超级用户身份登录到被监控机器，同时还需要保证服务器的远程服务已经打开（Remote Registry Service），本地计算机加入了服务器域。

8.24 如何实现对数据服务器的监控

1. 问题提出

一个应用系统通常都会或多或少地和数据库打交道，用户记录主要的业务信息，以备后期对相关数据进行查询和统计等处理操作。那么 LoadRunner 除了可以监控应用服务器相关系统资源的利用情况外，是否还可以监控数据服务器的相关指标呢？

2. 问题解答

使用 LoadRunner 的数据库服务器资源监控器，可以在场景或会话步骤运行期间监控 DB2、Oracle、SQL Server 或 Sybase 数据库的资源使用率。在场景或会话步骤运行期间，使用这些监控器可以隔离数据库服务器性能瓶颈。对于每个数据库服务器，在运行场景或会话步骤之前需要配置要监控的度量。要运行 DB2、Oracle 和 Sybase 监控器，还必须在要监控的数据库服务器上安装客户端。

下面以目前应用比较多的 SQL Server 和 Oracle 两个数据库的监控为例，详细讲解如何在 LoadRunner 中配置和使用。

（1）SQL Server 数据服务器的监控。

SQL Server 数据服务器的监控和前面 Windows 性能计数器的监控很类似。场景执行以后，在 Database Server Resource Graphs 列表中，双击 SQL Server，参见图 8-42 中标识为“1”部分。在屏幕下方空白处单击鼠标右键，在弹出的快捷菜单中单击【Add Measurements】选项，出现标识为“2”的对话框。单击【Add】按钮，出现标识为“3”的对话框，在 Name 下拉框中输入或选择要监控的计算机 IP 地址或者计算机名称。在 Platform 中选择被监控机器所应用的操作平台。这里假设要监控的 IP 地址为“192.168.1.156”，操作系统为“Windows 2000”，单击【OK】按钮，被监控机器的 IP 地址出现在标识为“2”的对话框中，同时可以选择关心的度量项，在选择度量项的过程中，在对话框下方提供相关的帮助信息。单击【Add】按钮，出现标识为“4”的对话框。可选择不同的 SQL Server 监控对象，如 SQL Server：Access Methods、SQL Server：Databases、SQL Server：Memory Manager 等。选择要监控的资源计数器/度量（使用 Ctrl 键可以选择多个计数器）。要查看每个计数器的解释，请单击【Explain>>】按钮。如果选定计数器的多个实例正在运行，请为选定的计数器选择一个或多个要监控的实例。添加完所有要监控的计数器后，关闭相应对话框。要监控的数据信息显示在 SQL Server 图，参见图 8-42 标识为“6”部分内容，在场景对话框底部也会显示监控的相关信息以及图表各个曲线的图示信息，参见图 8-42 标识为“5”的部分内容。

（2）Oracle 数据服务器的监控。

Oracle 服务器度量 V$SESSTAT、V$SYSSTAT Oracle V$表格及用户在自定义查询中定义的其他表格计数器的信息。要监控 Oracle 服务器，必须先按照下面的说明设置监控环境，然后才能配置监控器。

设置本机 LoadRunner Oracle 监控器环境，请执行下列操作。

① 确保 Oracle 客户端库已安装在 Controller 或优化控制台计算机上。

② 验证路径环境变量中是否包括%OracleHome%\bin。如果不包括，则将其添加到路径环境变量中。

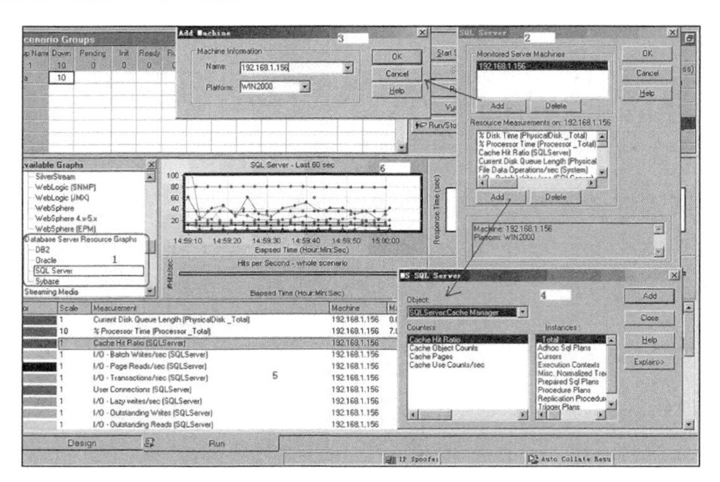

图 8-42 SQL Server 数据服务器监控

③ 在 Controller 或优化控制台计算机上配置 tnsnames.ora 文件，使该 Oracle 客户端与要监控的 Oracle 服务器通信。

通过在文本编辑器中编辑 tnsnames.ora 文件，或者使用 Oracle 服务配置工具（如选择【开始】>【程序】>【Oracle for Windows NT】>【Oracle Net8 Easy Config】)，可以手动配置连接参数，如图 8-43 所示。

```
TOPAZ.MERCURY.COM =
  (DESCRIPTION =
    (ADDRESS_LIST =
      (ADDRESS = (PROTOCOL = TCP)(HOST = night)(PORT = 1521))
    )
    (CONNECT_DATA =
      (SID = ORCL)
    )
  )
```

图 8-43 tnsnames.ora 文件内容

可以指定 Oracle 实例的新服务名称（TNS 名称）、TCP、主机名（受监控的服务器计算机的名称）、端口号（通常为 1521）、数据库 SID（默认 SID 为 ORCL）。

④ 向数据库管理员获取该服务的用户名和密码，并确保 Controller 或优化控制台对 Oracle V$表（V$SESSTAT、V$SYSSTAT、V$STATNAME、V$INSTANCE、V$SESSION）具有数据库管理员权限。

⑤ 在 Controller 或优化控制台计算机上执行 tns ping，验证与 Oracle 服务器的连接。注意，如果 Oracle 服务器位于 DMZ/限制 Oracle 服务器与对其进行访问的应用程序服务器之间通信的防火墙之后，可能会出现连接问题。

⑥ 确保注册表已经依照正在使用的 Oracle 版本进行了更新并具有。HKEY_LOCAL_MACHINE\SOFTWARE\ORACLE 注册表项。

⑦ 验证要监控的 Oracle 服务器是否已启动并正在运行。

⑧ 从 Controller 或优化控制台运行 SQL*Plus，并使用所需的用户名/密码/服务器组合尝试登录到 Oracle 服务器。输入 SELECT * FROM V$SYSSTAT，验证是否可以查看 Oracle 服务器上的 V$SYSSTAT 表。使用类似的查询验证是否可以查看该服务器上的 V$SESSTAT、V$SESSION、V$INSTANCE、V$STATNAME 和 V$PROCESS 表。

⑨ 要更改每次监控采样的时间长度（秒），需要编辑 LoadRunner 根文件夹中的 dat\monitors\vmon.cfg 文件。默认的采样速率为 10s。Oracle 监控器的最小采样速率为 10s。如果设置的采样速率小于 10s，则 Oracle 监控器仍以 10s 的时间间隔进行监控。

经过前面的配置以后，可以添加对 Oracle 的监控，对 Oracle 监控和对 SQL Server 监控前面的操作步骤基本相似，只不过在 Database Server Resource Graphs 列表中，双击 Oracle，其他设置基本相同，不再赘述。接下来在“Oracle”对话框的“Resource Measurements on:

192.168.1.156”部分单击【Add】按钮，执行配置 Oracle 监控器。

单击【Add】按钮，以添加度量，打开“Oracle 登录”对话框，如图 8-44 所示，可以输入用户的登录名、密码以及服务器名称，然后单击【确定】按钮，进行登录。接下来就用户关心的内容选择添加要度量的内容，如图 8-45 所示。

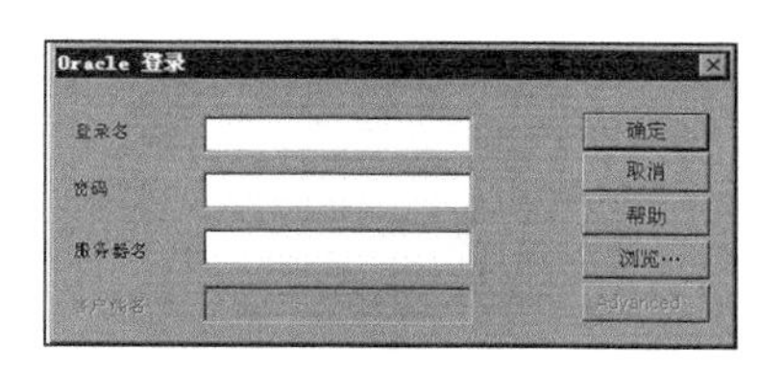

图 8-44 “Oracle 登录”对话框

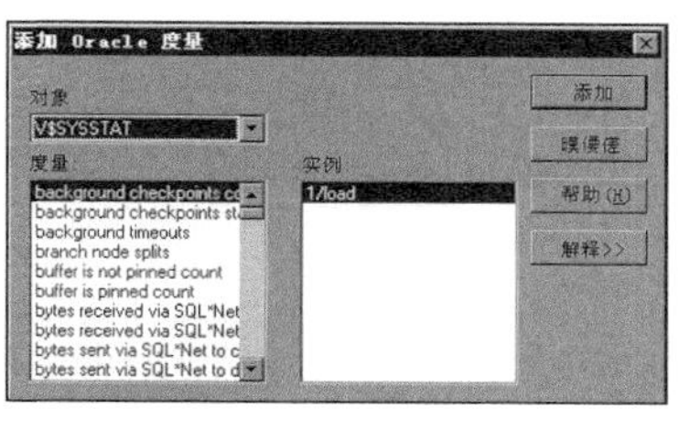

图 8-45 “添加 Oracle 度量”对话框

添加完成之后，关闭相关对话框，即可实现对相关度量内容的监控。

【重点提示】

（1）DB2、Oracle 和 Sybase 监控器必须在要监控的数据库服务器上安装客户端。

（2）默认情况下，数据库将返回计数器的绝对值。但是，通过将 dat\monitors\vmon.cfg 文件中的 IsRate 设置更改为 1，可以指示数据库报告计数器的速率，即每单位时间计数器的更改。

8.25 如何实现对 Web 应用程序服务器资源的监控

1. 问题提出

如何实现对 Web 应用程序服务器资源的监控?

2. 问题解答

可以使用 LoadRunner 的 Web 应用程序服务器资源监控器，在场景或会话步骤运行期间监控 Web 应用程序服务器，并隔离应用程序服务器性能瓶颈。

Web 应用程序服务器资源监控器提供了场景或会话步骤执行过程中，有关 Ariba、ATG Dynamo、BroadVision、ColdFusion、Fujitsu INTERSTAGE、iPlanet（NAS）、Microsoft ASP、Oracle9iAS HTTP、SilverStream、WebLogic（SNMP）、WebLogic（JMX）和 WebSphere 应用程序服务器资源使用率的信息。要获得性能数据，需要在执行场景或会话步骤之前，激活服务器的联机监控器，并指定要度量的资源。

选择监控器度量和配置监控器的过程因服务器类型而异。下面介绍 Microsoft ASP、WebLogic（SNMP）两个 Web 应用程序服务器资源监控器。

（1）Microsoft Active Server Pages（Microsoft ASP）监控。

Microsoft Active Server Pages 监控和前面 Windows 性能计数器的监控很类似。场景执行以后，在 Web Application Server Graphs 列表中，双击 Microsoft Active Server Pages 项，在下方空白区域单击鼠标右键，在弹出的快捷菜单中单击【Add Measurements】按钮，如图 8-46 所示。

接下来的操作与前面介绍的 Windows 性能计数器的监控操作步骤类似，依次添加要监控的服务器 IP 地址和要度量的 Microsoft Active Server Pages 性能计数器，如图 8-47 所示。然后关闭相应的对话框，即可实现对 Microsoft Active Server Pages 性能计数器的监控。由于前面章节已经详细介绍过，这里不再赘述。

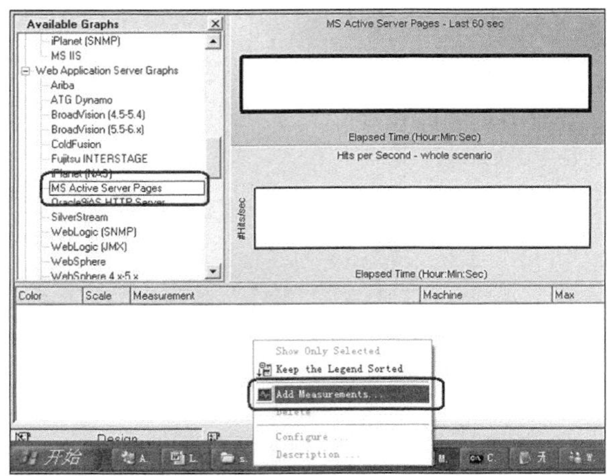

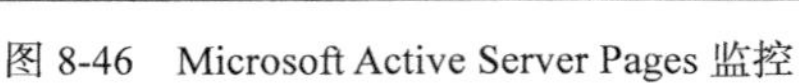
图 8-46 Microsoft Active Server Pages 监控

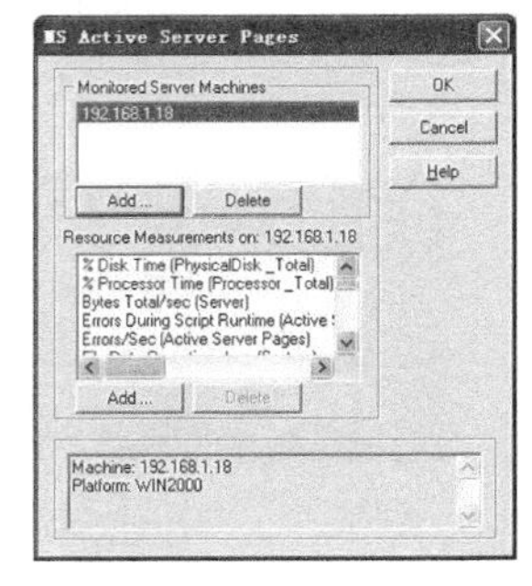

图 8-47 “MS Active Server Pages”对话框

下面给出 Microsoft Active Server Pages 性能计数器一些度量供大家参考，如表 8-7 所示。

表 8-7 Microsoft Active Server Pages 性能计数器度量

度　量	描　述
Errors per Second	每秒的错误数
Requests Wait Time	最新的请求在队列中等待的毫秒数
Requests Executing	当前执行的请求数
Requests Queued	在队列中等待服务的请求数
Requests Rejected	由于资源不足无法处理而未执行的请求总数
Requests Not Found	找不到的文件请求数
Requests/sec	每秒执行的请求数
Memory Allocated	Active Server Pages 当前分配的内存总量（字节）
Errors During Script Run-Time	由于运行时错误而失败的请求数
Sessions Current	当前接受服务的会话数
Transactions/sec	每秒启动的事务数

（2）WebLogic（SNMP）监控。

WebLogic（SNMP）监控和前面介绍的 Windows 性能计数器的监控很类似。场景执行以后，在 Web Application Server Graphs 列表中，双击 WebLogic（SNMP）项，在下方空白区域单击鼠标右键，在弹出的快捷菜单中单击【Add Measurements】按钮，如图 8-48 所示。

接下来的操作与前面介绍的 Windows 性能计数器的监控操作类似，依次添加要监控的服务器 IP 地址，在【WebLogic（SNMP）】对话框的“Resource Measurements on：192.168.1.156”（192.168.1.156 这个 IP 地址是作者试验的例子，读者的地址可能不是这个 IP 地址）部分中，单击【Add】按钮，在弹出的【Weblogic SNMP Resources】对话框中选择性能计数器，如图 8-49 所示。完成性能计数器的添加以后，关闭相应对话框即可实现对 WebLogic（SNMP）计数器的监控。

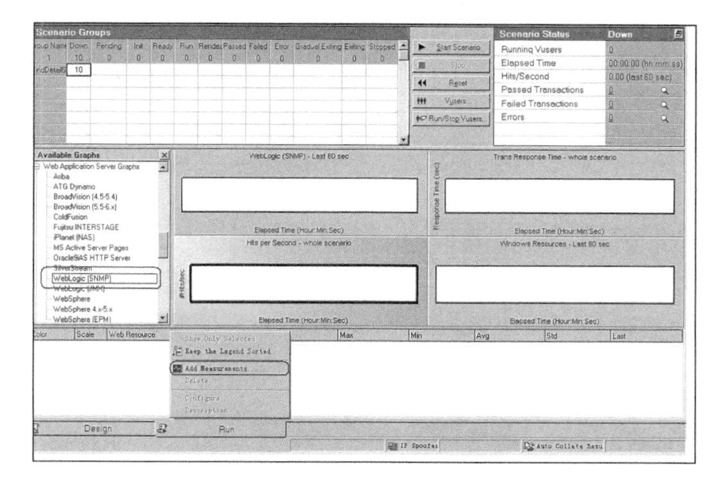

图 8-48 WebLogic（SNMP）监控

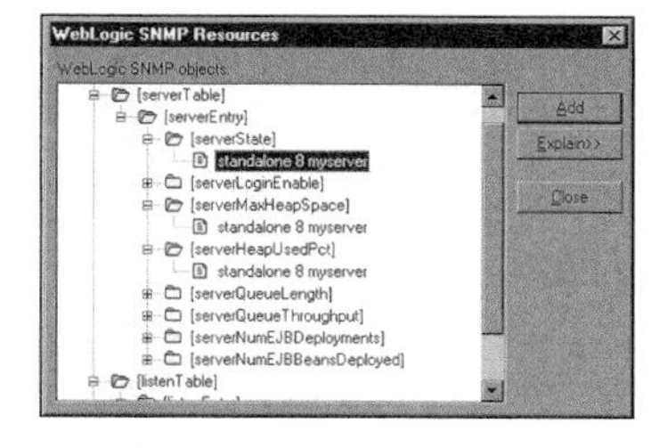

图 8-49 “WebLogic SNMP Resources”对话框

【重点提示】

（1）如果 WebLogic SNMP 代理在其他端口而不是默认的 SNMP 端口上运行，则必须定义端口号。在添加计算机时需要输入“服务器名/IP 地址”+“:”+“端口号”，如 192.168.1.156:8345。还可以在配置文件 snmp.cfg 中定义 WebLogic 服务器的默认端口，该文件位于 LoadRunner 安装目录\dat\monitors 下。例如，如果 SNMP 代理在 WebLogic 服务器上使用的端口为 8345，则编辑 snmp.cfg 文件，将 port 部分的“;”注释去掉，在“port=”后面写上 8345，代码如下。

```
;WebLogic
[cm_snmp_mon_isp]
port=8345
```

当然这里只是举了一个例子，需要依据用户的实际情况进行相应的设置。

（2）WebLogic（SNMP）监控器最多只能监控 25 个度量。

8.26 如何在 Analysis 图表中添加分析注释

1. 问题提出

Analysis 提供了十分丰富的图表，可以借助这些图表分析系统的性能，为了使图表更加直观，方便专业及其非专业人员阅读，提供分析注释是十分必要的，那么 LoadRunner 的 Analysis 提供注释功能吗？

2. 问题解答

LoadRunner 提供了丰富的图表，这些图表可以供性能分析人员分析系统瓶颈，为了使自己和他人方便阅读分析结果，LoadRunner 提供了在图表上添加注释信息的功能，下面以 Throughput - Running Vusers 合并图为例。选中该图，在图的空白处单击鼠标右键，在快捷菜单中选择【Comments】>【Add】选项，如图 8-50 所示，在弹出的【Add Comment】对话框中输入要注释的内容，也可以对注释信息的字体、背景、文字的显示位置等进行调整，如图 8-51 所示。添加完要注解的信息以后，文字被添加到合并图上。

前面介绍了添加注释的方法，下面介绍如何在 LoadRunner 11.0 中输出这些图表，生成一份测试报告。

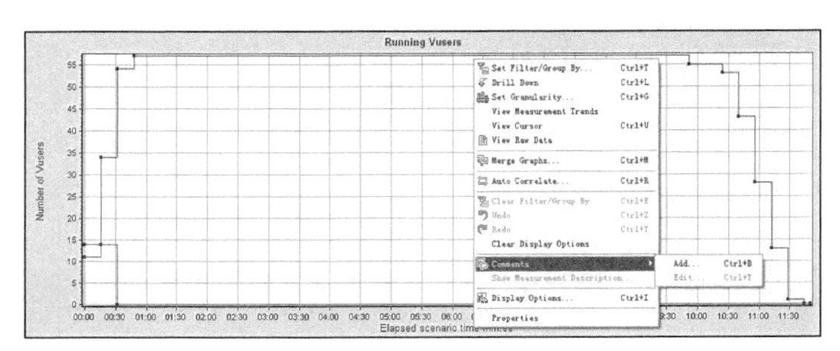

图 8-50 添加注释信息选项

在这里添加注释信息

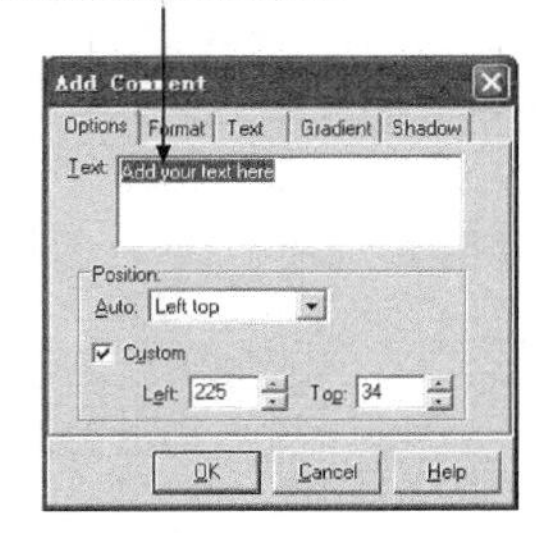

图 8-51 添加注释信息对话框

单击【Reports】>【New Report】选项，打开【New Report】对话框，如图 8-52 所示。

New Report
Based on template Customer facing (for cross session)
General Format Content
Title
Customer facing (for cross session)
Author
First Name:
Surname:
Job Title:
Organization:
Description
By using this template you can easily generate a cross session customer facing report that includes a wide range of performance statistics. This template will automatically include any open graph you have in your analysis session as well as the following information:
- General details
- Executive summary
- Business processes
- Workload characteristics
- Performance overview for high level aggregated metrics and transactions
- Worst performing URLs based on Web Page Diagnostics data
Global Settings
Report Time Range: Whole Scenario (hhh:mm:ss)
Granularity: 1 (sec)
Precision: 1 (Number of digits to appear after the decimal point in none graph content items)
Include Think Time
Save As Template Generate Cancel Help

图 8-52 新建报告对话框

可以通过此对话框，基于所选的报告模板创建报告，根据需要调整报告模板设置，从而生成符合所需报告布局的报告。

在【General】选项卡中设定报告的标题、作者、头衔、组织、描述信息，整个报告所需要的负载时间、数据的间距粒度、小数精度等信息。

在【Format】选项卡中设置是否包括封面、目录、公司徽标信息，以及正文、页眉页脚等信息的字体、颜色等相关信息。

在【Content】选项卡中选择报告的内容项目，并配置每个内容项。

单击【Reports】>【Report Templates】选项，打开【Report Templates】对话框，如图 8-53 所示。

报告模板提供了系统预设的模板，可以依据需要选择相应的报告模板。可以在【General】选项卡中设定报告的标题、作者、头衔、组织、描述信息，以及整个报告所需的负载时间、数据的间距粒度、小数精度等信息。在【Format】选项卡中设置是否包括封面、目录、公司徽标信息，以及正文、页眉页脚等信息的字体、颜色等相关信息。在【Content】选项卡中选择报告的内容项目，并相应配置每个内容项。这里，在【General】选项卡中选择“Detailed report (for cross session)”项，单击【Generate Report】按钮，生成相应的报告，待生成的报告展现出来。

可以依据自己的需要打印该报告内容，还可以单击【Save】按钮，从弹出的菜单中选择报告的输出类型，如图 8-54 所示。

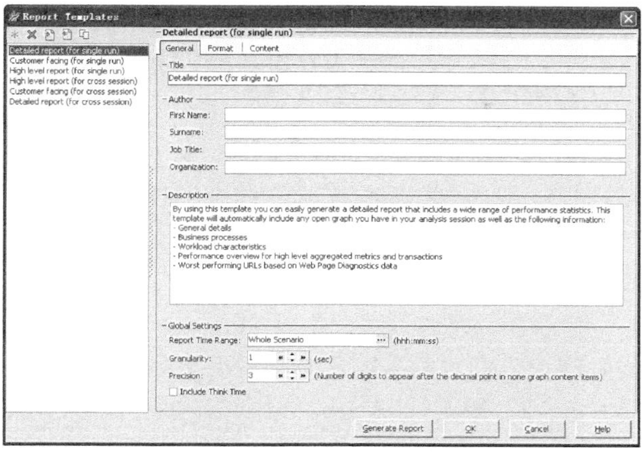

图 8-53　报告模板对话框

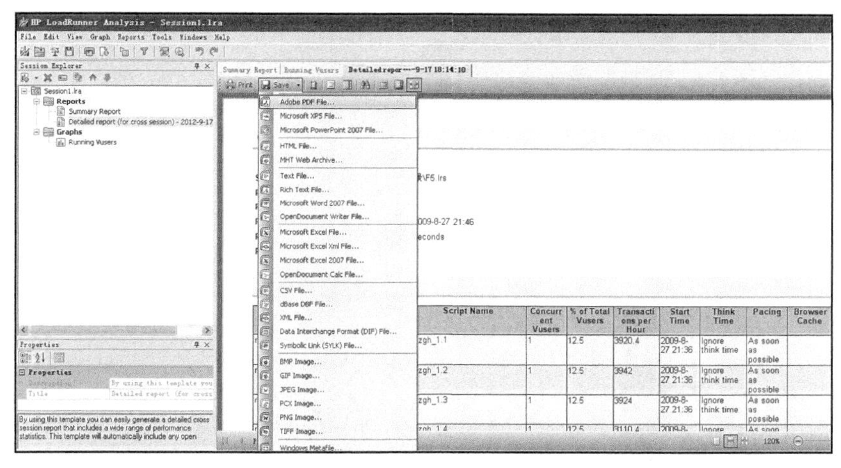

图 8-54　报告输出展现对话框

如果要输出一份 HTML 的报告也非常方便，单击【Reports】>【HTML Report】选项，在弹出的对话框中指定报告的保存路径，如图 8-55 所示。

这里存放到桌面，文件名为“Report”，单击【保存】按钮，稍等片刻出现图 8-56 所示的信息。

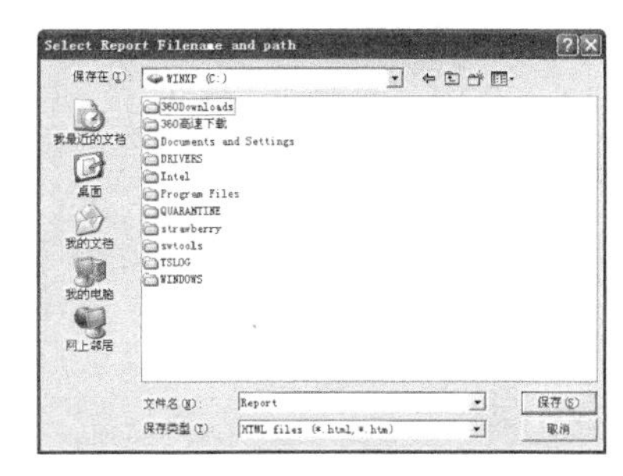

图 8-55　指定报告保存文件名和路径

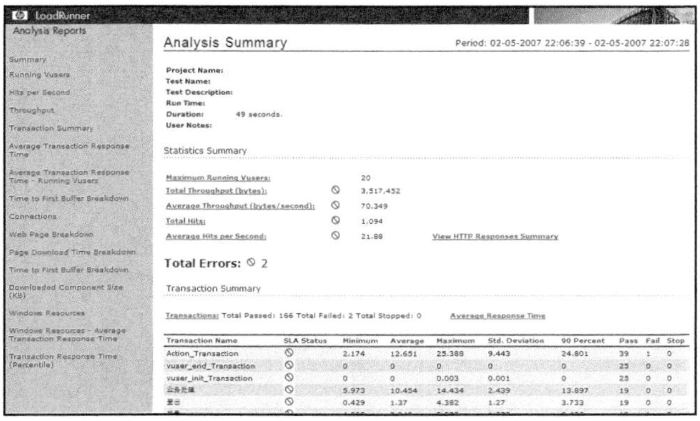

图 8-56　HTML 报告相关信息

8.27 如何确定登录达到响应时间为 3s 的指标

1. 问题提出

在日常性能测试过程中，经常会在用户需求文档中发现这样的说明，要求首页响应时间在 3s 之内，登录的响应时间在 5s 之内等类似的信息，那么如何知道测试结果是否达到预期的首页、登录响应时间的性能指标？

2. 问题解答

随着互联网技术的发展，人们对业务响应时间的要求越来越高，目前关于响应时间的一个广泛的应用原则就是“3-5-8”原则。“3-5-8”原则指的是，如果用户发出一个请求后，这个请求在 3s 之内得到响应，那么给客户的感觉是该系统性能十分优秀，5s 之内请求得到响应，用户会感觉还不错，但请求响应时间超过 8s 甚至更长的时间以后，用户很有可能失去信心，从此不再访问或者不再喜欢访问该网站、使用该程序等。这就要求网站、应用程序开发完成之后，对用户关心的主要业务的响应时间进行测试，保证这些业务达到目标用户预期结果。通常，在编写测试脚本时，在相关操作部分插入事务，然后在场景执行完成以后，根据事务的平均响应时间来确定响应操作是否达到了预期指标。在 LoadRunner 中通过对平均事务响应时间图（见图 8-57）和事务性能摘要图（见图 8-58）来确定相关业务是否达到目标，还可以了解在场景执行过程中相应事务的变化过程。

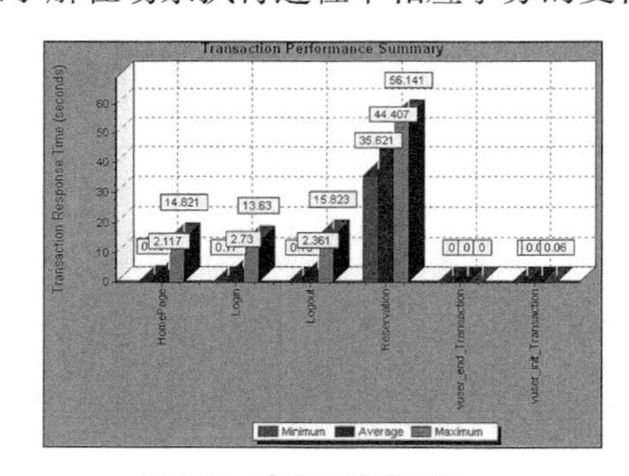

图 8-57 事务性能摘要图

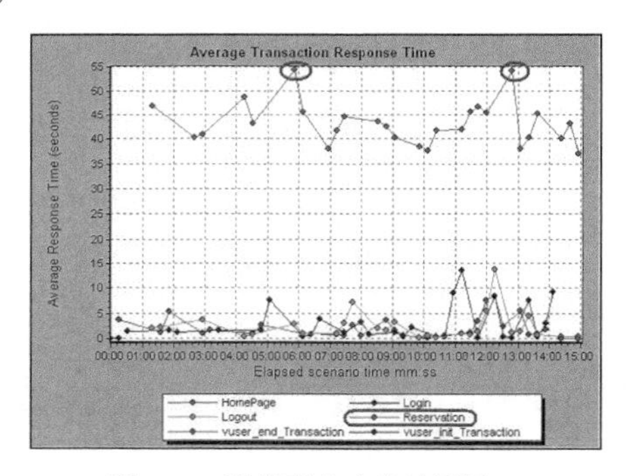

图 8-58 平均事务响应时间图

从事务性能摘要图 8-57 中，可以看到 Login 事务的平均响应时间为 2.73s，小于 3s，所以达到了预期目标。

平均事务响应时间图 8-58 说明，保留事务在整个场景或会话步骤运行期间的响应时间很长。在场景或会话步骤执行期间的第 6 分钟和第 13 分钟，此事务的响应时间过长（大约 55s）。为了确定问题并了解在该场景或会话步骤执行期间保留事务响应时间过长的原因，需要细分事务并分析每个页面组件的性能。要细分事务，请在平均事务响应时间图或事务性能摘要图中用鼠标右键单击该事务，在弹出的快捷菜单中选择“Reservation 的网页细分”项，如图 8-59 所示。

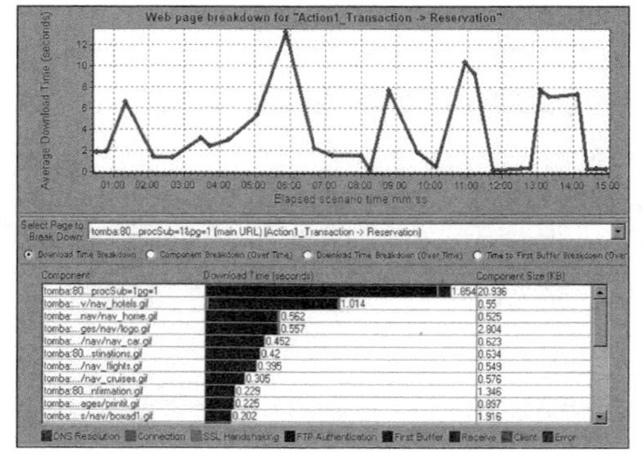

图 8-59 Reservation 的网页细分图

网页细分图显示了保留事务中每个页面组件的下载时间明细。如果组件下载的时间过长，应查看这是由哪些度量（DNS 解析时间、连接时间、第一次缓冲时间、SSL 握手时间、接收时间和 FTP 验证时间，这些项的具体说明如表 8-8 所示）引起的。要查看场景或会话步骤运行期间发生问题的具体时刻，请选择“页面下载细分（随时间变化）”图。

表 8-8　　网页细分度量

名　　称	描　　述
DNS 解析	显示使用最近的 DNS 服务器将 DNS 名称解析为 IP 地址所需的时间。DNS 查找度量是指示 DNS 解析问题或 DNS 服务器问题的一个很好的指示器
连接	显示与包含指定 URL 的 Web 服务器建立初始连接所需的时间。连接度量是一个很好的网络问题指示器。此外，它还可以表明服务器是否对请求做出响应
第一次缓冲	显示从初始 HTTP 请求（通常为 GET）到成功收回来自 Web 服务器的第一次缓冲时所经过的时间。第一次缓冲度量是很好的 Web 服务器延迟和网络滞后指示器 注意：由于缓冲区最大为 8KB，因此第一次缓冲时间可能也就是完成元素下载所需的时间
SSL 握手	显示建立 SSL 连接（包括客户端 Hello、服务器 Hello、客户端公用密钥传输、服务器证书传输和其他部分可选阶段）所用的时间。此时刻后，客户端和服务器之间的所有通信都被加密 注意：SSL 握手度量仅适用于 HTTPS 通信
接收	显示从服务器收到最后一字节并完成下载之前经过的时间 接收度量是很好的网络质量指示器（查看用来计算接收速率的时间/大小比率）
FTP 验证	显示验证客户端所用的时间。如果使用 FTP，则服务器在开始处理客户端命令之前，必须验证该客户端。FTP 验证度量仅适用于 FTP 通信
客户端时间	显示因浏览器思考时间或其他与客户端有关的延迟而使客户机上的请求发生延迟时所经过的平均时间
错误时间	显示从发出 HTTP 请求到返回错误消息（仅限于 HTTP 错误）期间经过的平均时间

【重点提示】

（1）启用网页细分功能的方法为：选择【Controller】>【Diagnostics】>【Configuration】选项，在出现的图 8-60 所示对话框中指定需要采集百分之多少的用户参与分析诊断，然后单击【OK】按钮，完成启用网页细分功能配置。

（2）页面级别上显示的每个度量是每个页面组件记录的度量之和。例如，main url 的连接时间是该页面的每个组件连接时间总和，参见图 8-59 所示的 Reservation 的网页细分图。

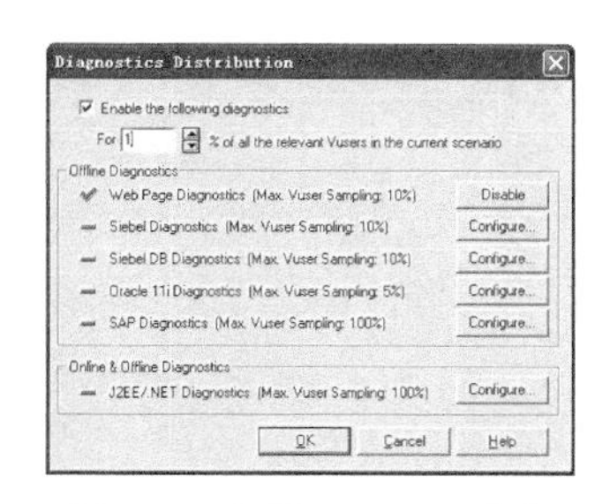

图 8-60　启用 Controller 中的网页细分功能

8.28　如何使用自动关联对测试结果进行分析

1. 问题提出

如何使用自动关联对测试结果进行分析？

2. 问题解答

通过分析网页细分图或者使用自动关联功能确定造成服务器或网络瓶颈的原因。自动关联功能应用高级统计信息算法来确定哪些度量对事务的响应时间影响最大，从而确定系统的性能瓶颈。下面结合图 8-61 讲解如何应用自动关联来分析测试结果。

在图 8-61 中发现 SubmitData 事务的响应时间相对较长（为了方便看清该曲线，用粗线条对 SubmitData 曲线进行了重画）。要将此事务与场景或会话步骤运行期间收集的所有度量关联，用鼠标右键单击 SubmitData 事务，在弹出的快捷菜单中选择“Auto Correlate”选项，弹出自动关联对话框，选择要检查的时间段，在【Correlation Options】选项卡中选择要将哪些图的数据与 SubmitData 事务关联，如图 8-62 和图 8-63 所示。

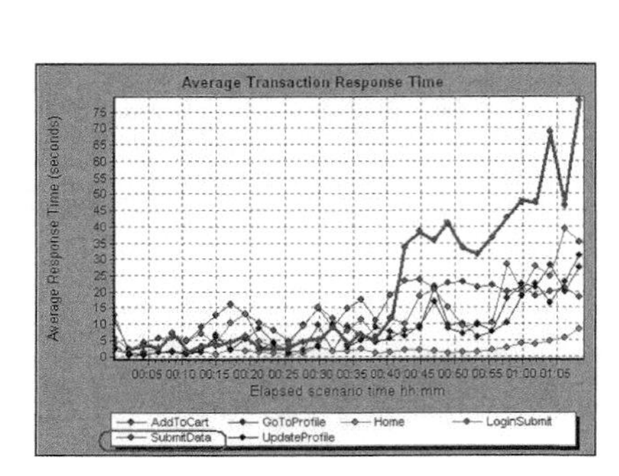

图 8-61 平均事务响应时间图

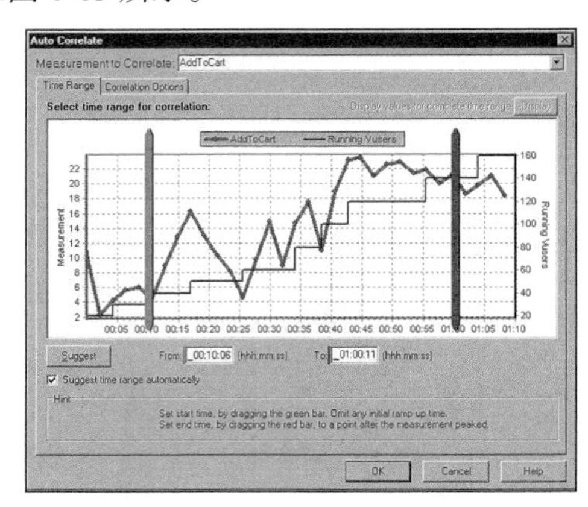

图 8-62 自动关联对话框

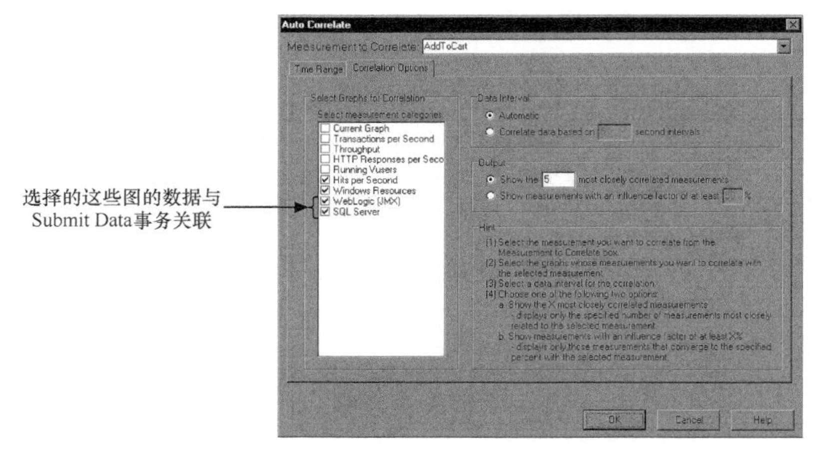

图 8-63 关联选项页对话框

结合 SubmitData 选择与其紧密关联的 5 个度量，此关联示例描述下面的数据库和 Web 服务器度量对 SubmitData 事务的影响最大，如图 8-64 所示。

- Number of Deadlocks/sec（SQL Server）。
- JVMHeapSizeCurrent（WebLogic Server）。
- PendingRequestCurrentCount（WebLogic Server）。
- WaitingForConnectionCurrentCount（WebLogic Server）。
- Private Bytes（Process_Total）（SQL Server）。

使用相应的服务器图，可以查看上面每一个服务器度量的数据并查明导致系统出现瓶颈的问题。

例如，图 8-65 描述 WebLogic（JMX）应用程序服务器度量 JVMHeapSizeCurrent 和 Private Bytes（Process_Total）随着运行的 Vuser 数量的增加而增加。因此，图 8-64 描述这两种度

量会导致 WebLogic（JMX）应用程序服务器的性能下降，从而影响 SubmitData 事务的响应时间。

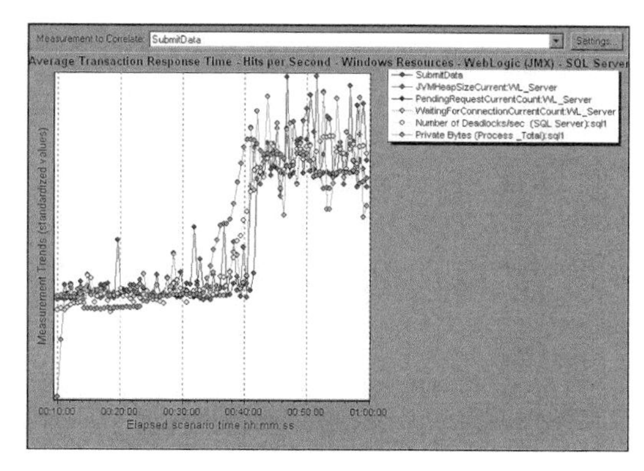

图 8-64 与 SubmitData 关联的 5 个度量

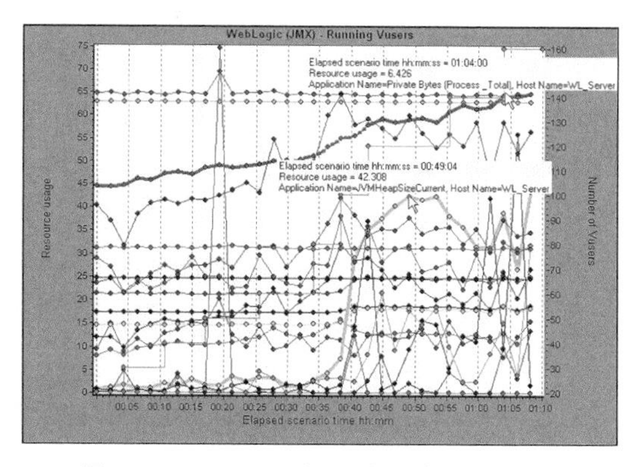

图 8-65 WebLogic（JMX）-运行 Vuser 图

8.29 如何根据分析结果判断性能有所改善

1. 问题提出

LoadRunner Analysis 提供了丰富的图表，根据对测试结果的分析进行系统调优。那么如何利用 LoadRunner Analysis 确定系统经过调优以后性能得到改善了呢？

2. 问题解答

通常，在完成一轮性能测试时，会记录并分析性能测试的结果，然后根据对结果的分析，提出网络、程序设计、数据库、软硬件配置等方面的改进意见。网管、程序设计人员、数据库管理人员等再根据提出的建议，对相应的部分进行调整。调整系统相应部分以后，再进行第二轮、第三轮……测试，然后将新一轮的测试结果与前一轮的测试结果进行对比，逐个确定经过系统调优以后系统的性能是否有所改善。LoadRunner Analysis 提供了对性能测试结果的交叉比较功能，从而可以提供定位系统瓶颈的方便手段。这里假设有一个 100 个用户并发查询资源并显示明细的场景，如图 8-66 所示。

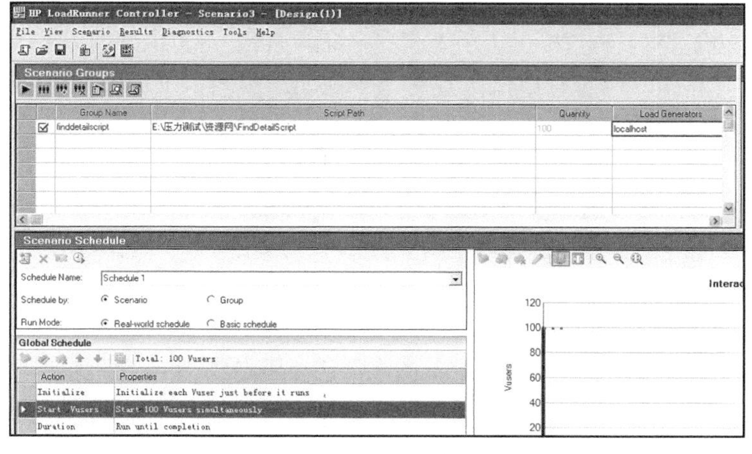

图 8-66 100 个用户并发查询资源并显示明细场景

第一次场景执行完以后，将结果文件保存为base_res0。系统调整Web应用服务器的最大链接数以后，在相同运行环境下仍然执行该场景，将运行结果保存为base_res。打开LoadRunner Analysis，选择【File】>【Cross With Result】选项，在【Cross Result】对话框中输入要比较的两个或者多个测试结果路径，单击【OK】按钮，系统自动创建两次测试结果的归并对比图，如图8-67～图8-69所示，在归并对比图中用不同颜色的线条来区分相同事务，仅以事务性能摘要图为例，其他图表和此图表形式类似，不再一一赘述。

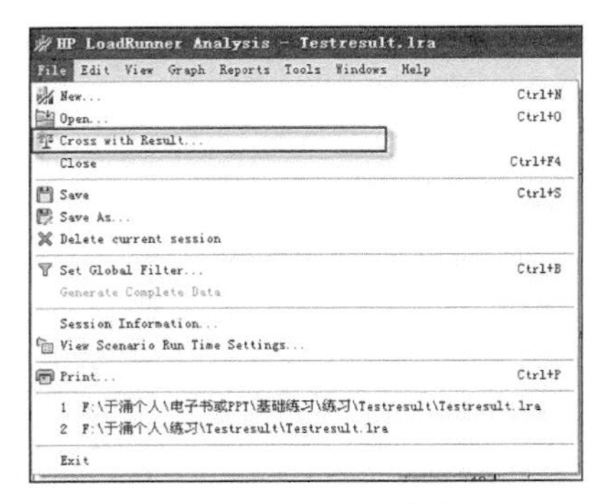

图8-67 交叉结果对比菜单选项

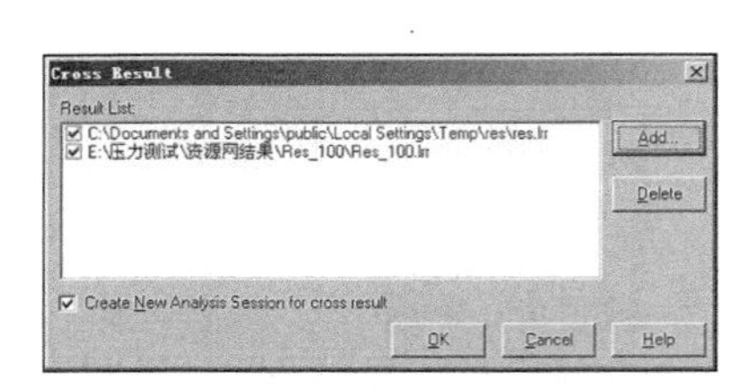

图8-68 交叉结果对话框

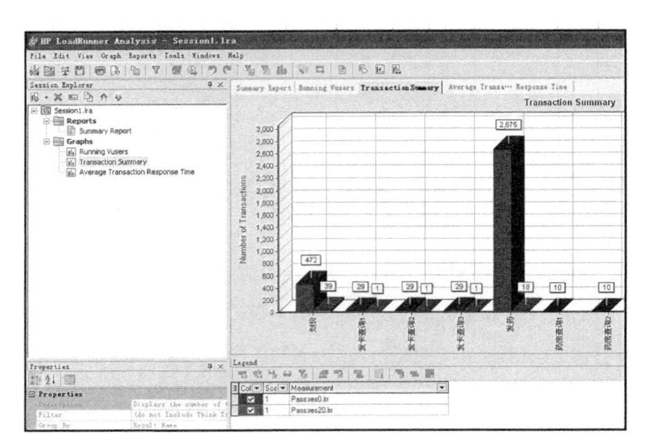

图8-69 前两次执行结果事务性能摘要归并图

8.30 如何对图表进行合并，定位系统瓶颈

1. 问题提出

如何对图表进行合并，定位系统瓶颈?

2. 问题解答

将执行产生的图表结合起来可以方便定位系统的瓶颈。例如，可以合并每秒单击次数图与平均事务响应时间图，以查看单击次数对事务性能的影响。下面将两个图结合起来，介绍如何在Analysis中进行图表合并。

Analysis提供3种类型的合并：叠加、平铺、关联。可以在已经选中的每秒单击次数图空白处，单击鼠标右键，在弹出的快捷中选中【Merge Graphs】选项，如图8-70所示。

在弹出的合并图对话框中，选择要进行合并的平均事务响应时间图和合并类型，如图8-71所示。下面分别介绍3种合并类型。

（1）叠加（Overlay）。

两个图的内容重叠共用一个x轴。合并图左侧的y轴显示当前图的值，即每秒点击率（hits per second），右侧的y轴显示合并图的值，即平均响应时间（average response time （seconds）），如图8-72所示。

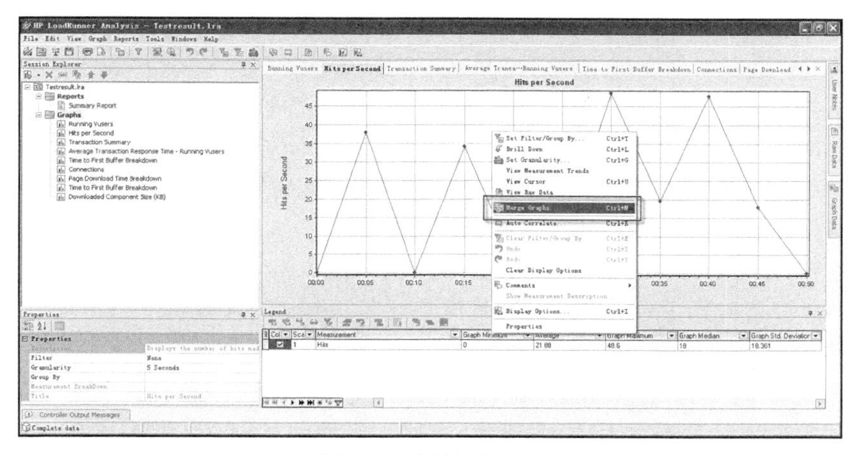

图 8-70 合并图的应用

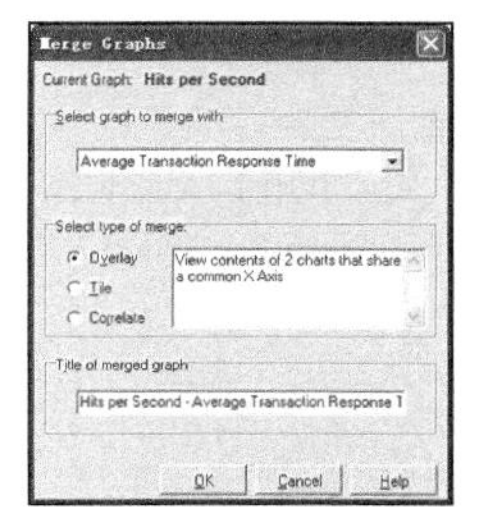

图 8-71 合并类型选择对话框

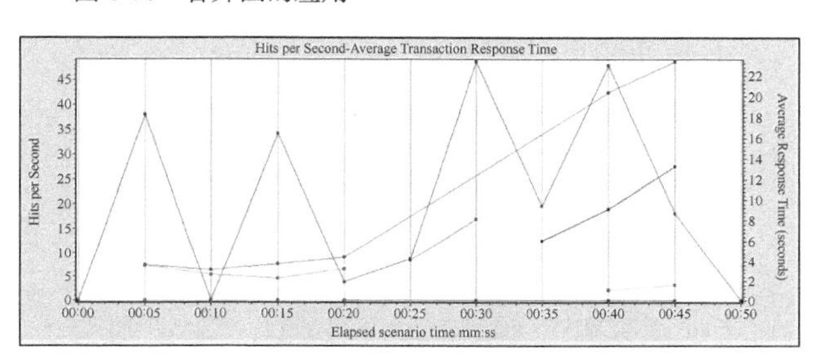

图 8-72 叠加方式

（2）平铺（Tile）。

平铺布局，两个图的内容共用一个 x 轴，且在图的下方显示 Hits per Second，即每秒点击率，上方显示合并图（average response time），即平均响应时间，如图 8-73 所示。

（3）关联（Correlate）。

当前图的 y 轴（每秒点击率变为合并图的 x 轴。被合并图的 y 轴作为合并图的 y 轴，即平均响应时间（average response time（seconds）），如图 8-74 所示。

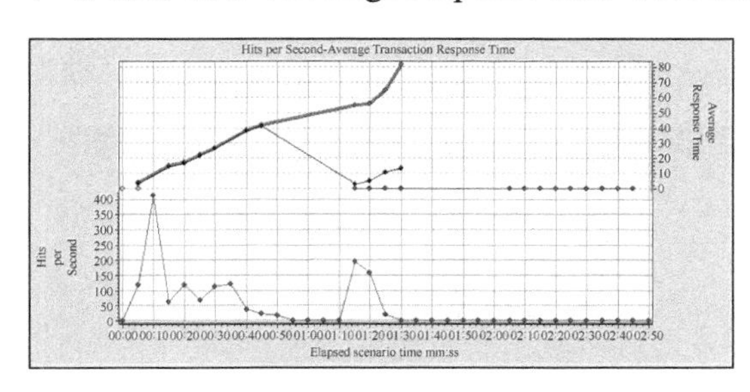

图 8-73 平铺方式

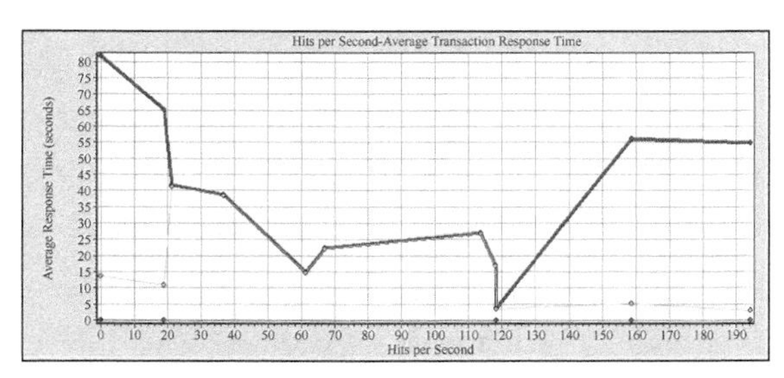

图 8-74 关联方式

8.31 如何应用 Java Vuser 验证算法的执行效率

1. 问题提出

如何应用 LoadRunner 对 Java 进行测试，LoadRunner 支持面向 Java 代码的测试吗？

2. 问题解答

Java 和.NET 是目前广泛应用的开发平台。有很多应用系统都是由 Java 开发的，在开发过程中经常会遇到同一个功能，可以有两种实现方案或者两种算法的情况。从用户的角度肯定希望在操作时，系统能提供快速的响应，这样可以在单位时间内处理更多的业务。这就需要选择一个较好的方案或者算法，减少系统响应时间，提高效率。那么运用 LoadRunner 是否可以加入事务等概念对算法执行效率进行对比呢?

答案是肯定的，LoadRunner 有 Java Vuser 支持面向 Java 应用的性能测试工作，支持集合点、事务等概念。要应用 Java Vuser 必须确保在运行 Vuser 的计算机上已正确设置环境变量、Path 和 Classpath，同时还需要注意下面的问题。

（1）要编译和回放脚本，必须完全安装 JDK1.1、1.2 或 1.3 版本，只安装 JRE 是不够的。不要在一台计算机上安装多个 JDK 或 JRE，否则有可能导致脚本无法编译和运行的情况。例如，下面的错误就是因为安装了多个 JDK 或 JRE 引起的，如果出现这种错误，则删除不需要的 JDK 或 JRE 版本。

```
    Notify: Found jdk version: 1.5.0.    [MsgId: MMSG-22986]
    Warning: Warning: Failed to find Classes.zip entry in Classpath.    [MsgId: MWAR-22986]
    Notify: classpath=C:\Documents and Settings\admin\Local Settings\Temp\noname7\;
    c:\program files\mercury interactive\mercury loadrunner\classes\srv;c:\program files\me
rcury
    interactive\mercury loadrunner\classes;;;    [MsgId: MMSG-22986]
    Notify: Path=C:\PROGRA~1\MERCUR~1\MERCUR~1\bin;C:\PROGRA~1\MERCUR~1\MERCUR~1\bin;C:\Perl\
    bin;C:\Perl\bin;C:\Perl\bin;C:\Perl\bin;C:\ProgramFiles\Borland\Delphi7\Bin;C:\Program Files\
    Borland\Delphi7\Projects\Bpl\;C:\WINDOWS\system32;C:\WINDOWS;
    C:\WINDOWS\System32\Wbem;C:\Program Files\UltraEdit;C:\Quadbase\Quadbase\bin;;
    C:\j2sdk1.4.2_03\bin  [MsgId: MMSG-22986]
    Notify: VM Params: .    [MsgId: MMSG-22986]
    Error: Java VM internal error:Error Loading javai.dll.  [MsgId: MERR-22995]
    Warning: Extension java_int.dll reports error -1 on call to function ExtPerProcessInitialize
        [MsgId: MWAR-10485]
    Error: Thread Context: Call to service of the driver failed, reason - thread context wa
sn't initialized on this thread.    [MsgId: MERR-10176]
```

（2）Path 环境变量必须包含 JDK/Bin 项，否则也将导致脚本无法正确编译和执行。

（3）如果应用的 JDK 版本为 1.1.x，则 Classpath 环境变量必须包括 classes.zip 路径（JDK/lib 子目录）和全部 Mercury 类（classes 子目录）。Java Vuser 使用的所有类必须位于类路径中（在计算机的 Classpath 环境变量中设置，或在“Run-time Settings”对话框的“Java Environment Settings”的“Java VM”和“Classpath”中设置，如图 8-75 所示）。

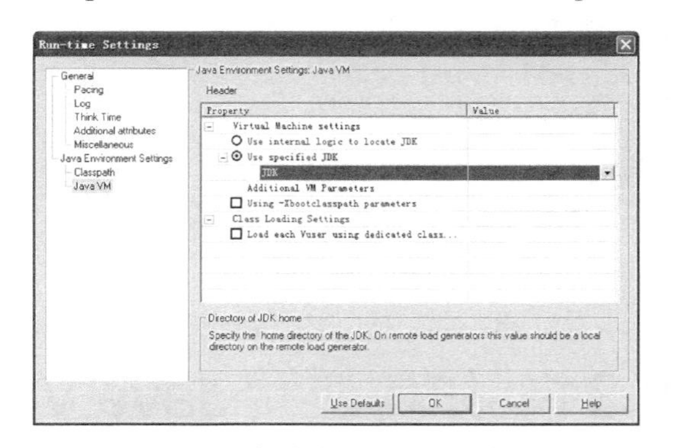

图 8-75 运行时设置——Java 环境设置

下面以比较用 Java 编写的冒泡排序和希尔排序算法为例，讲解如何应用 Java Vuser。

首先选择 Java Vuser 协议，Java Vuser 脚本也主要由 init、action 和 end 3 部分组成，各部分的作用如表 8-9 所示。

表 8-9 Java Vuser 构成部分

脚本方法	用于模拟的内容	执行时间
init	登录过程	Vuser 初始化时
action	客户端活动	Vuser 处于“正在运行”状态
end	注销过程	Vuser 完成或停止时

接下来将这种算法的实现程序嵌入脚本中，脚本代码如下。

```
import lrapi.lr;

public class Actions
{
    int[] numArray = {1,3,5,43,54,67,9,20,15,23,66,60,5,12,2,63,22,6,54,42
                   ,70,90,40,20,50,89,89,53,21,56,7,32,51,74,88,99,100};
    //冒泡排序
    private void BubbleSort(int[] data)
    {
     for(int i=0; i <data.length; i++)
       {
         for(int j = data.length-1; j > i; j--)
         {
             if(data[j] < data[j-1])
             {
                 swap(data,j,j-1);
             }
         }
       System.out.println(data[i] + "\t");
      }
    }

    //换位置函数
    private void swap(int[] data, int i, int j) {
        int temp = data[i];
        data[i] = data[j];
        data[j] = temp;
    }

    //插入排序函数
    private void insertSort(int[] data, int start, int inc) {
        int temp;
        for(int i=start+inc;i<data.length;i+=inc){
            for(int j=i;(j>=inc)&&(data[j]<data[j-inc]);j-=inc){
                swap(data,j,j-inc);
            }
        }
    }

    //希尔排序
    private void ShellSort(int[] data) {

         for(int i=data.length/2;i>2;i/=2){
            for(int j=0;j<i;j++){
                insertSort(data,j,i);
            }
        insertSort(data,0,1);
```

```
        }

        for (int i=0 ;i<data.length;i++)
          System.out.println(data[i] + "\t");
    }

        public int init() {
            return 0;
        }//end of init

        public int action() {
            lr.start_transaction("冒泡排序");
               BubbleSort(numArray);
            lr.end_transaction("冒泡排序",lr.PASS);
            System.out.println("-----------------");
            lr.start_transaction("希尔排序");
                ShellSort(numArray);
            lr.end_transaction("希尔排序",lr.PASS);
            return 0;
        }//end of action

        public int end() {
            return 0;
        }//end of end
    }
```

冒泡交换排序的基本思想是，将被排序的记录数组 R[1..n]垂直排列，每个记录 R[i]看作是重量为 R[i].key 的气泡。根据轻气泡不能在重气泡之下的原则，从下往上扫描数组 R，凡扫描到违反本原则的轻气泡，就使其向上“飘浮”。如此反复进行，直到最后任何两个气泡都是轻者在上，重者在下为止。

希尔排序基本思想是：先取一个小于 *n* 的整数 d1 作为第一个增量，把文件的全部记录分成 d1 个组。所有距离为 dl 倍数的记录放在同一个组中。先在各组内直接插入排序，然后取第二个增量 d2<d1 重复上述的分组和排序，直至所取的增量 dt=1（dt<dt-l<…<d2<d1），即所有记录都放在同一组中进行直接插入排序为止。

这里为了比较两个排序的响应时间，在脚本中对冒泡排序函数和希尔排序函数都插入了事务。从脚本中可以看出，事务的应用和 HTTP/Web 协议的应用区别不是很大，Java Vuser 事务的起始和结束函数分别为 lr.start_transaction()和 lr.end_transaction()，HTTP/Web 协议使用的是类 C 语言的脚本语言，事务的起始和结束函数分别为 lr_start_transaction()和 lr_end_transaction()，它们的用法几乎一样。因为这里主要是考察两种排序算法的效率，所以仅应用了事务的概念。如果需要在以后的性能测试中应用其他技术，也可以加入集合点和系统函数等，函数的说明及其应用示例，请参考 LoadRunner Function Reference。Java Vuser 脚本作为可伸缩的多线程应用程序运行。如果脚本中包括自定义类，则确保代码是线程安全的。非线程安全的代码可能导致结果不准确。对于非线程安全的代码，请将 Java Vuser 作为进程来运行。这样会为每个进程创建一个独立的 Java 虚拟机，导致脚本伸缩性差。

脚本编写完成以后，可以通过菜单或者工具条直接运行，查看结果。冒泡排序是稳定的，希尔排序是不稳定的，排序的执行时间依赖于增量序列。读者可以设计不同的数据来考察稳定和不稳定的算法之间的区别，这里不再赘述。

8.32 如何用程序控制网站的访问次数

1. 问题提出

在进行性能测试时，性能测试用例设计是模拟用户实际应用场景非常重要的一项工作。通常用户操作经常用到的业务是相对固定的，这样在设计场景时，经常应用的 Action 执行次数会多些，而系统设置方面的工作通常为一次性操作，那么在脚本中需要做哪些工作来满足这个要求呢？

2. 问题解答

以一个进销存管理系统为例，此系统常用的功能是进货、销售和查询商品等操作，而系统设置业务通常在应用软件时只进行一次性设置工作，日后通常不会变更，这就需要在设置场景时，考虑不同应用的实际场景设计性能测试用例。这里结合访问 Google、Sohu、Baidu 3 个知名网站来说明问题。用户在平时上网时，会根据各自喜好的不同，访问不同的网站。例如，在编写关于功能和性能测试方案的文档时，如果需要查找大量资料，就需要频繁地应用 Google 和 Baidu 查找相关资料，写累时，就会在 Sohu 中浏览新闻或者体育类资讯。结合这个事实，编写脚本如下。

相应脚本代码（RandomUrlScript）如下。

```
Action()
{
    int randomnumber;           //随机数变量
    int i=0;                    //访问 Google 的计数变量
    int j=0;                    //访问 Baidu 的计数变量
    int flag=1;                 //循环控制变量

    while (flag==1)             //不停地循环
    {
        randomnumber = rand()%3 + 1;     //生成一个随机数字
        lr_output_message("随机数字为 %d ! ", randomnumber);       //输出随机数字的值
        lr_output_message("计数器: i=%d , j=%d",i,j);             //输出 i, j 计数器的值

        if ((i==10) && (j==10))        //如果 i,j 的值均为 10, 则置 flag=0, 退出循环
           {
           flag=0;
           return 0;
        }

        switch(randomnumber)
        {
        case 1:
        {
            if (i<10)
               {
                Action1();        //访问 Goolge
                i=i+1;            //i 计数器加 1
                lr_output_message("Action1 成功完成了第%d 次",i);//输出 i 值
                break;
            }
         }
        case 2: Action2();       //访问 Sohu
```

```
            break;
        case 3:
        {
            if (j<10)
               {
                Action3();        //访问 Baidu
                j=j+1;             //j 计数器加 1
                lr_output_message("Action3 成功完成了第%d 次",j);//输出 j 值
                break;
             }
          }
        }
    }

    return 0;
}
```

访问 Google 的脚本如下。

```
Action1()
{

    web_url("www.google.com",
        "URL=http://www.google.com/",
        "Resource=0",
        "RecContentType=text/html",
        "Referer=",
        "Snapshot=t1.inf",
        "Mode=HTML",
        EXTRARES,
        "Url=http://www.google.cn/images/nav_logo3.png",
        "Referer=http://www.google.cn/",
        ENDITEM,
        LAST);

    return 0;
}
```

访问 Sohu 的脚本如下。

```
Action2()
{
    web_url("www.sohu.com",
        "URL=http://www.sohu.com/",
        "Resource=0",
        "RecContentType=text/html",
        "Referer=",
        "Snapshot=t1.inf",
        "Mode=HTML",
        EXTRARES,
        "Url=http://images.sohu.com/uiue/sohu_logo/2005/juzhen_bg.gif", "Referer=http://
www.sohu.com/", ENDITEM,
        "Url=http://images.sohu.com/cs/button/market/volunteer/760320815.swf", "Referer=http://
www.sohu.com/", ENDITEM,
        "Url=http://images.sohu.com/chat_online/else/sogou/20070814/450X105.swf", "Referer=
http://www.sohu.com/", ENDITEM,
        "Url=http://images.sohu.com/cs/button/market/sogou/chuxiao/7601000801.swf", "Referer=
http://www.sohu.com/", ENDITEM,
```

```
        "Url=http://images.sohu.com/cs/button/huaxiashuanglong/2007/7601000816.swf", "Referer=
http://www.sohu.com/", ENDITEM,
        "Url=http://images.sohu.com/cs/button/lianxiang/125-15/5901050815.swf", "Referer=
http://www.sohu.com/", ENDITEM,
        LAST);

    return 0;
}
```

访问 Baidu 的脚本如下。

```
Action3()
{
    web_url("www.baidu.com",
        "URL=http://www.baidu.com/",
        "Resource=0",
        "RecContentType=text/html",
        "Referer=",
        "Snapshot=t1.inf",
        "Mode=HTML",
        LAST);

    return 0;
}
```

【脚本分析】

上面的脚本主要分为 4 个部分，Action()部分脚本主要控制 Action1()、Action2()、Action3()的执行。Action()脚本控制 Action1()和 Action3()的执行次数。

脚本开始设置了一个“死循环”，为什么说是“死循环”呢？因为刚开始时声明 falg = 1，所以“flag = = 1”，这个条件将始终为真，如果不将 flag 置为其他值，则永远执行循环体部分，不会停止下来，所以称其为“死循环”。

```
    while (flag==1)     //不停地循环
```

为了每次取得一个随机数，运用了 rand()函数，rand()%3+1 的含义是：如果 rand()为 11，则 11%（模）3 为 2，11%3+1=3，由此可以看出表达式 randomnumber = rand()%3 + 1 的值只能取 3 个，即 1、2、3。

```
        randomnumber = rand()%3 + 1;  //生成一个随机数字
```

为使程序能够退出“死循环”，在 Google 和 Baidu 各访问 10 次后，将 flag 标志置为 0，从而打破 flag==1 的条件，保证条件不满足，退出“死循环”，代码如下。

```
        if ((i==10) && (j==10))     //如果 i,j 的值均为 10，则置 flag=0，退出循环
           {
           flag=0;
           return 0;
        }
```

根据产生的随机数，执行不同的 Action，randomnumber = 1 时，执行 Action1()；randomnumber = 2 时，执行 Action2()；当 randomnumber = 3 时，执行 Action3()；randomnumber 为 1 或者 3 时，如果访问次数小于 10 次，则继续访问，否则，不执行任何操作；randomnumber 为 2 时，执行 Action2()，即访问 Sohu 网站。代码如下。

```
    switch(randomnumber)
    {
```

```
        case 1:
        {
            if (i<10)
              {
               Action1();        //访问 Google
               i=i+1;            //i 计数器加 1
               lr_output_message("Action1 成功完成了第%d 次",i);//输出 i 值
               break;
            }
         }
        case 2: Action2();      //访问 Sohu
            break;
        case 3:
        {
            if (j<10)
              {
               Action3();        //访问 Baidu
               j=j+1;          //j 计数器加 1
               lr_output_message("Action3 成功完成了第%d 次",j);//输出 j 值
               break;
           }
         }
    }
```

可以通过查询脚本执行结果的"Action Summary"部分，统计出 Baidu 和 Google 均被访问了 10 次，如图 8-76 所示。因为 randomnumber 为随机数，所以 Sohu 访问次数是不确定，在执行该脚本时，该脚本的执行次数可能和作者执行的次数不同，如果想控制 Sohu 网站的访问次数，可以参见访问 Google 或者 Baidu 的相关代码。

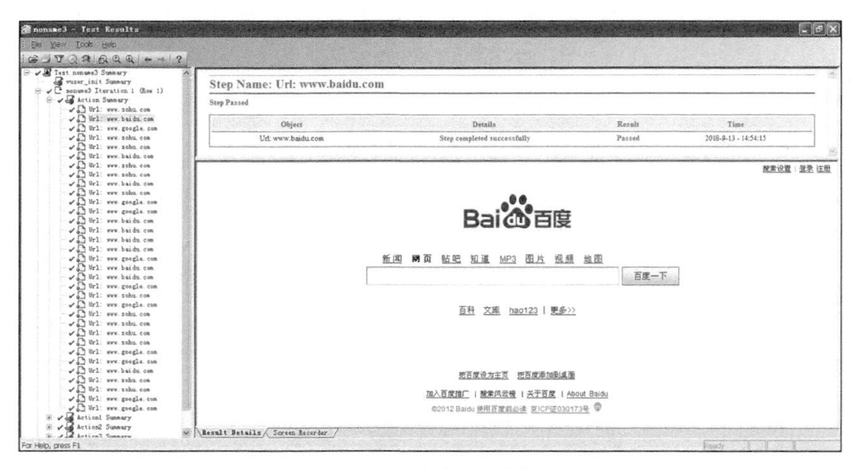

图 8-76 运行结果对话框

【重点提示】

（1）还可以在运行时设置（Run-time Settings）中的"Run Logic"页中，依次单击【Insert Block】、【Insert Action】、【Properties…】按钮设置脚本的迭代次数。可以插入一个 Block0，将 Action3 和 Action1 插入该 Block，设置 Block0 迭代次数为 10 的方式来控制 Action1()和 Action3()运行次数。也可以在 Run Logic 中把"Run Logic"设置为"Random"，按百分比的方式来控制 Action 的执行次数，如图 8-77 所示。

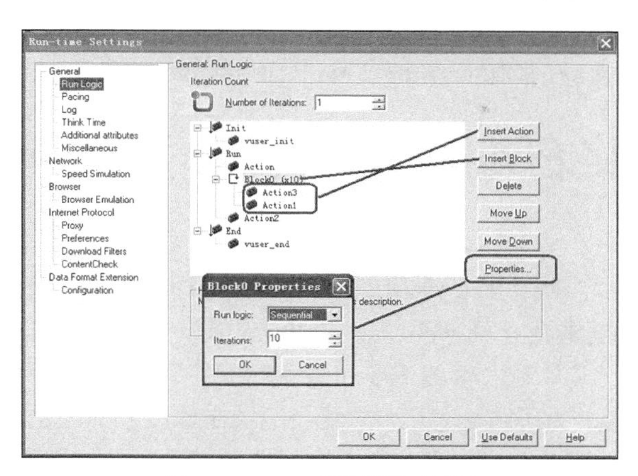

图 8-77 Block 属性设置对话框

（2）如果在脚本代码中应用了“死循环”，则一定要加入打破“死循环”的条件，否则循环体将始终运行，无法结束。

（3）如果在场景中设置 20 个 Vuser，则访问 Google、Baidu 的次数为 20×10=200。

8.33 几种不同超时的处理方法

1. 问题提出

在执行场景的过程中，有时会出现“–27783、–27782……”错误，为什么会出现这些错误信息呢？

2. 问题解答

这些问题主要是由于连接超时而引起的。可以在场景设计时单击【Run-Time Setting】按钮，在弹出的【Run-time Settings for script】对话框中，选择【HTTP Properties】>【Preferences】项，单击【Options】按钮，在弹出的【Advanced Options】对话框中调整 HTTP-request connect timeout（sec）、HTTP-request receive timeout（sec）、Step download timeout（sec）设置来解决这些问题。下面针对不同的错误代码，介绍如何调整设置来保证场景执行成功。

（1）错误：–27783=Timeout(XXX seconds)exceeded while attempting to establish connection to host "http://....."。

解决方法：增加连接超时时间（HTTP-request connect timeout）。

（2）错误：–27782=Timeout（XXX seconds）exceeded while waiting to receive data for URL "http://....."。

解决方法：增加接收超时时间（HTTP-request receive timeout）。

（3）错误：–27730=Timeout of XXX expired when waiting for the completion of URL "http://....."。

解决方法：增加接收超时时间（HTTP-request receive timeout）。

（4）错误：–27751=Page download timeout（XXX seconds）has expired。

解决方法：增加连接超时时间（Step download timeout（sec））。

（5）错误：–27728=Step download timeout（XXX seconds）has expired when downloading non-resource（s）。

解决方法：增加连接超时时间（Step download timeout（sec））。

8.34　如何将日期类型数据参数化到脚本中

1．问题提出

在进行性能测试时，参数化难免会用到与日期相关的数据，在 LoadRunner 中有日期相关的函数，如何将这些数据参数化到 web_submit_form 以及 web_submit_data 函数中？

2．问题解答

对于一些重要的事情，为了防止忘记，通常会记录在日程记事本上。计算机和网络是我们平时工作密不可分的两个资源，Google 有一个非常好的备忘录工具，如图 8-78 所示。可以将要做的事情记录到 Google 的日程当中。如在 2007 年 8 月 22 日星期三添加了一个测试部乒乓球冠亚军决赛，地点在"清华大学东区体育馆"，时间是 2007 年 8 月 23 日星期四，如图 8-79 所示。

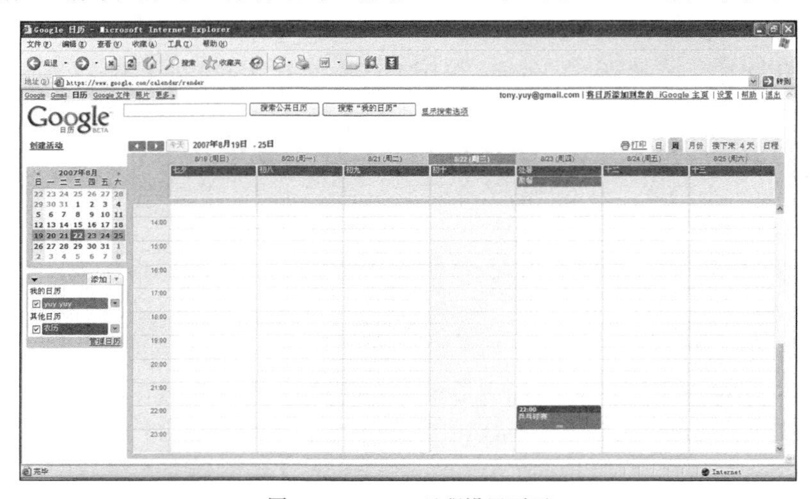

图 8-78　Google 日程设置页面

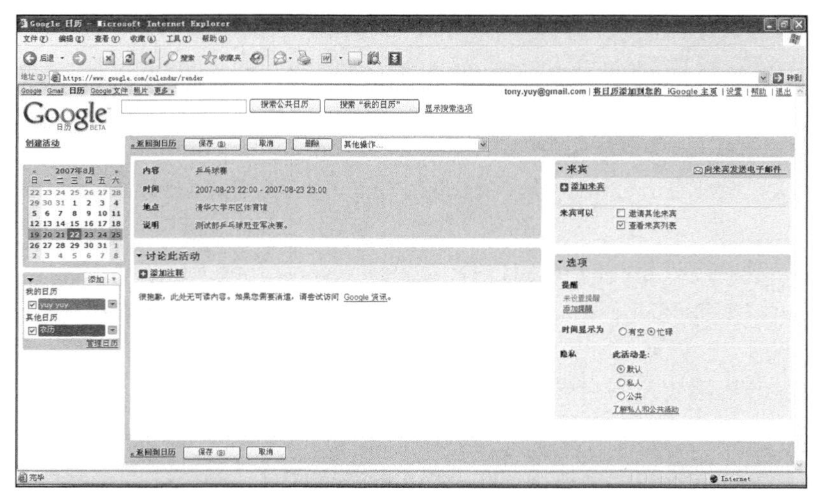

图 8-79　已添加的日程信息

大家可从 web_submit_data 函数中看到带阴影粗体，如“20070822”“20070823/ 20070823”，不难发现这就是日期和日期时间的参数化数据。现在我们想对这些数据进行参数化，有以下两种方法。

（1）用字符串拼接出这种格式。

（2）用 LoadRunner 系统的 lr_save_datetime()函数实现。

第一种方法，因为只是字符串的拼接，如“2007”“08”“30”拼接起来为“20070830”，所以实现起来非常方便，但也很容易出现问题，因为字符串拼接完成后，很有可能产生“20070845”这样的数据。我们知道 8 月有 31 天，不可能会出现“45”这样的数字，也就是说拼接没有对日期的合法性进行校验。如果应用这种方法进行参数化，要特别注意日期的合法性问题。

第二种方法，应用 lr_save_datetime()函数既方便，又可以避免非法日期数据的产生，应是最好的选择。

具体实现代码如下。

```
#include "web_api.h"

Action()
{

…

web_submit_data("event",
"Action=http://www.google.com/calendar/event",
"Method=POST",
"RecContentType=text/javascript","Referer=http://www.google.com/calendar/render?pli=1&gsess
ionid={PeopleSoftsessionID2}",
"Mode=HTML",
ITEMDATA,
"Name=pprop", "Value=HowCreated:BUTTON", ENDITEM,
"Name=ctz", "Value=Asia/Hong_Kong", ENDITEM,
"Name=rfdt", "Value= 20070822 ", ENDITEM,  //日期相关数据信息
"Name=action", "Value=CREATE", ENDITEM,
"Name=secid", "Value=f860d4db3c1a3da113658f5a345d8c71", ENDITEM,
"Name=hl", "Value=zh_CN", ENDITEM,
"Name=text", "Value=乒乓球赛", ENDITEM,
"Name=recur", "Value=", ENDITEM,
"Name=location", "Value=清华大学东区体育馆", ENDITEM,
"Name=src", "Value=dG9ueS55dXlAZ21haWwuY29t", ENDITEM,
"Name=details", "Value=测试部乒乓球冠亚军决赛。", ENDITEM,
"Name=sprop", "Value=goo.allowInvitesOther:false", ENDITEM,
"Name=sprop", "Value=goo.showInvitees:true", ENDITEM,
"Name=trp", "Value=false", ENDITEM,
"Name=icc", "Value=DEFAULT", ENDITEM,
"Name=sf", "Value=true", ENDITEM,
"Name=output", "Value=js", ENDITEM,
"Name=scp", "Value=ONE", ENDITEM,
"Name=dates", "Value= 20070823/20070823 ", ENDITEM,   //日期相关数据信息
"Name=lef", "Value=bHVuYXJfX3poX2NuQGhvbGlkYXkuY2FsZW5kYXIuZ29vZ2xlLmNvbQ", ENDITEM,
"Name=lef", "Value=dG9ueS55dXlAZ21haWwuY29t", ENDITEM,
"Name=droi", "Value=20070620T000000/20071205T000000", ENDITEM,
"Name=eid", "Value=__1", ENDITEM,
```

```
    "Name=secid", "Value=f860d4db3c1a3da113658f5a345d8c71", ENDITEM,
    EXTRARES,
    "Url=images/corner_tr.gif", "Referer=http://www.google.com/calendar/render?pli=1&gsessi
onid=x6JO-UemSgM", ENDITEM,"Url=
    images/corner_tl.gif", "Referer=http://www.google.com/calendar/render?pli=1&gsessionid=
x6JO-UemSgM", ENDITEM,"Url=
    images/blank.gif", "Referer=http://www.google.com/calendar/render?pli=1&gsessionid=x6JO
-UemSgM", ENDITEM,"Url=
    images/arrow_down.gif", "Referer=http://www.google.com/calendar/render?pli=1&gsessionid
=x6JO-UemSgM", ENDITEM,"Url=
    images/card_button_a.gif", "Referer=http://www.google.com/calendar/render?pli=1&gsessio
nid=x6JO-UemSgM", ENDITEM,"Url=
    images/card_button_m2.gif", "Referer=http://www.google.com/calendar/render?pli=1&gsessi
onid=x6JO-UemSgM", ENDITEM,"Url=
    images/btn_menu.png", "Referer=http://www.google.com/calendar/render?pli=1&gsessionid=x
6JO-UemSgM", ENDITEM,"Url=
    images/corner_bl.gif", "Referer=http://www.google.com/calendar/render?pli=1&gsessionid=
x6JO-UemSgM", ENDITEM,"Url=
    images/corner_br.gif", "Referer=http://www.google.com/calendar/render?pli=1&gsessionid=
x6JO-UemSgM", ENDITEM,LAST);

    …

        return 0;
    }
```

下面结合 lr_save_datetime()函数介绍如何将日期时间类型的数据应用于具体的数据参数化中。

例如，两天以后部门有一次“聚餐活动”，地点在“香格里拉饭店”，想将这件事记录到备忘录中。

相应的脚本代码如下。

```
    #include "web_api.h"

    Action()
    {
    lr_save_datetime("后天是: %Y%m%d/%Y%m%d ", DATE_NOW +ONE_DAY+ONE_DAY, "AfterTmr");
    lr_save_datetime("今天是: %Y%m%d", DATE_NOW, "Today");
    lr_output_message(lr_eval_string("{Today}"));
    lr_output_message(lr_eval_string("{AfterTmr}"));
    …

    web_submit_data("event",
    "Action=http://www.google.com/calendar/event",
    "Method=POST",
    "RecContentType=text/javascript","Referer=http://www.google.com/calendar/render?pli=1&gsess
    ionid={PeopleSoftsessionID2}",
    "Mode=HTML",
    ITEMDATA,
    "Name=pprop", "Value=HowCreated:BUTTON", ENDITEM,
    "Name=ctz", "Value=Asia/Hong_Kong", ENDITEM,
    "Name=rfdt", "Value=/ Today /", ENDITEM,    //将日期数据参数化为{Today}
    "Name=action", "Value=CREATE", ENDITEM,
    "Name=secid", "Value=f860d4db3c1a3da113658f5a345d8c71", ENDITEM,
    "Name=hl", "Value=zh_CN", ENDITEM,
```

```
    "Name=text", "Value=聚餐活动", ENDITEM,
    "Name=recur", "Value=", ENDITEM,
    "Name=location", "Value=香格里拉饭店", ENDITEM,
    "Name=src", "Value=dG9ueS55dXlAZ21haWwuY29t", ENDITEM,
    "Name=details", "Value=测试部聚餐活动。", ENDITEM,
    "Name=sprop", "Value=goo.allowInvitesOther:false", ENDITEM,
    "Name=sprop", "Value=goo.showInvitees:true", ENDITEM,
    "Name=trp", "Value=false", ENDITEM,
    "Name=icc", "Value=DEFAULT", ENDITEM,
    "Name=sf", "Value=true", ENDITEM,
    "Name=output", "Value=js", ENDITEM,
    "Name=scp", "Value=ONE", ENDITEM,
    "Name=dates", "Value=/ AfterTmr /", ENDITEM,  //将日期数据参数化为{AfterTmr}
    "Name=lef", "Value=bHVuYXJfX3poX2NuQGhvbGlkYXkuY2FsZW5kYXIuZ29vZ2xlLmNvbQ", ENDITEM,
    "Name=lef", "Value=dG9ueS55dXlAZ21haWwuY29t", ENDITEM,
    "Name=droi", "Value=20070620T000000/20071205T000000", ENDITEM,
    "Name=eid", "Value=__1", ENDITEM,
    "Name=secid", "Value=f860d4db3c1a3da113658f5a345d8c71", ENDITEM,
    EXTRARES,
    "Url=images/corner_tr.gif", "Referer=http://www.google.com/calendar/render?pli=1&gsessi
onid=x6JO-UemSgM", ENDITEM,"Url=
    images/corner_tl.gif", "Referer=http://www.google.com/calendar/render?pli=1&gsessionid=
x6JO-UemSgM", ENDITEM,"Url=
    images/blank.gif", "Referer=http://www.google.com/calendar/render?pli=1&gsessionid=x6JO
-UemSgM", ENDITEM,"Url=
    images/arrow_down.gif", "Referer=http://www.google.com/calendar/render?pli=1&gsessionid
=x6JO-UemSgM", ENDITEM,"Url=
    images/card_button_a.gif", "Referer=http://www.google.com/calendar/render?pli=1&gsessio
nid=x6JO-UemSgM", ENDITEM,"Url=
    images/card_button_m2.gif", "Referer=http://www.google.com/calendar/render?pli=1&gsessi
onid=x6JO-UemSgM", ENDITEM,"Url=
    images/btn_menu.png", "Referer=http://www.google.com/calendar/render?pli=1&gsessionid=x
6JO-UemSgM", ENDITEM,"Url=
    images/corner_bl.gif", "Referer=http://www.google.com/calendar/render?pli=1&gsessionid=x6J
O-UemSgM", ENDITEM,"Url=
    images/corner_br.gif", "Referer=http://www.google.com/calendar/render?pli=1&gsessionid=
x6JO-UemSgM", ENDITEM,LAST);

    …

        return 0;
    }
```

脚本执行完成后，会发现在日历中添加一条“聚餐活动”的备忘信息。日期、时间在lr_save_datetime()函数的应用如表 8-10 所示。

表 8-10 日期类型相关说明

代　码	描　述
%b	字符串形式的月份，短格式（如 Dec）
%B	字符串形式的月份，长格式（如 December）
%c	用数字表示的完整日期和时间（如 2007-12-29 23:48:13）
%d	日期（如 29）
%H	小时（24 小时制）

续表

代 码	描 述
%I	小时（12 小时制）
%j	数字形式本年度的第多少天（001～366）
%m	数字形式的月份（01～12）
%M	数字形式的分钟（00～59）
%p	AM（上午）或 PM（下午）
%S	数字形式的秒（00～59）
%U	数字形式的全年第多少周形式（01～52）
%w	星期几的数字形式，星期天为 0
%W	数字形式的全年第多少周形式（01～52）
%x	本地日期设置格式的日期
%X	本地日期设置格式的时间
%y	短格式的年份（如 07）
%Y	长格式的年份（如 2007）
%Z	时区缩写形式（如中国标准时间）

【脚本分析】

```
lr_save_datetime("后天是: %Y%m%d/%Y%m%d ", DATE_NOW +ONE_DAY+ONE_DAY, "AfterTmr");
lr_save_datetime("今天是: %Y%m%d", DATE_NOW, "Today");
lr_output_message(lr_eval_string("{Today}"));
lr_output_message(lr_eval_string("{AfterTmr}"));
```

当前日期加上两天就为后天，对应的脚本为 DATE_NOW +ONE_DAY+ONE_DAY，运用 lr_save_datetime()函数将后天的值格式化为“年月日/年月日”形式，存放于 AfterTmr 变量，今天的日期数据存放于 Today 变量。

相应的输出结果如下。

```
Action.c(8): 今天是: 20070822
Action.c(9): 后天是: 20070823/20070823
```

在脚本的后面，将这个变量作为 web_submit_data()函数的参数，代码如下。

```
"Name=rfdt", "Value={Today}", ENDITEM,

"Name=dates", "Value={AfterTmr}", ENDITEM,
```

8.35 如何自定义请求，并判断返回数据的正确性

1. 问题提出

在测试过程中，有时会涉及没有可以录制的界面，而需要自行设计发送请求的情况，那么如何通过 LoadRunner 发送自定义请求，并判断响应数据的正确性呢？例如，某单位主要从事网络信息安全服务，涉及需要发送请求的情况，已知发送到服务器端后系统会有一连串的返回信息，返回信息中如果包含“Success”字符串，就证明请求得到了正确的响应，否则说明请求失败。

2. 问题解答

下面的代码是要发送的请求内容。

```
    POST /saml11/HttpClientLoginService?method=digit_signature&original_data=iwkccxjc&signe
d_data=B5%2FG3m95p5i8LDLoBofs5yvi3%2F%2Fs87EIMuKEePCuorLsjpS2CHVQ42u%2B8KqbqGCn%0AVNOTDZTdj8
zZUgCpZBZPNGqsW0hGh9ru24l0NTUUtUSWf1s5Mio%2FVcLFNE5X70Yi%0A5kIkLXpqZbTjK36CphoIfJ5U2yMSsY7cH
4nP4qkk8eY%3D%0A&cert_encode=MIICVjCCAb%2BgAwIBAgIIXnrBMTu69lkwDQYJKoZIhvcNAQEFBQAwLDELMAkGA
1UE%0ABhMCQ04xDDAKBgNVBAoTA0pJVDEPMA0GA1UEAxMGRGVtT0NBMB4XDTA3MDkxMzA5%0AMTk0NloXDTA4MDkxMjA
5MTk0NlowLjELMAkGA1UEBhMCQ04xDDAKBgNVBAoTA0pJ%0AVDERMA8GA1UEAxMIZGRfZGYtZGYwgZ8wDQYJKoZIhvcN
AQEBBQADgY0AMIGJAoGB%0AAKd%2F5OjwA8AwtWRuWNvaUpeOuPU1QFSVSxHZufPDW0lgoyiGQQ86xAsRuW%2BT%2BiP
Q%0AgS7l%2FLqULZWKVhII1MbQNUIj3ZV09zeIE33zJ1Q%2BJwTFBVBbmPprNvRLNcEmxECy%0AyXOx22R39zots1NUe
oiXjz0kGL4ziXJwySj4xy11x7uzAgMBAAGjfzB9MB8GA1Ud%0AIwQYMBaAFEA%2B4TFD5X8MXQczW8b44ucNIFIHMC4G
A1UdHwQnMCUwI6AhoB%2BGHWh0%0AdHA6Ly8xOTIuMTY4LjkuMTQ5L2NybDEuY3JsMAsGA1UdDwQEAwIE8DAdBgNVHQ4
E%0AFgQUoIKQu2XpdAQIfomfuUUQ3SBSK%2FkwDQYJKoZIhvcNAQEFBQADgYEAG06h6FIc%0A7IM1vmqS8oTv3D1n1dg
DDWe%2FQfFzHdvE9Yo1J5u7e%2BfxxZCzxsVLWcyoA0MCzPos%0An59mu4xRKENQe%2FrjJacr%2FrpzzE5eB6fy2hz7
wptcFyXiS25JyWX49q6qlL6g9ujL%0AKVQWBqkqaaQQ0t2mldYjbVgYG66cYkfjumA%3D%0A
    HTTP/1.1
    Context-Type:application/x-www-form-urlencoded
    Connection: Keep-Alive
    Cache-Control:no-cache
    Host: 192.168.9.57:443
    Accept: */*
```

可以应用web_custom_request()函数来完成自定义请求的发送，应用web_global_ verification()函数来检查响应信息是否包含“Success”字符串，以验证请求是否得到了正确的响应，最终形成如下脚本。

```
    #include "web_api.h"

    Action()
    {     //黑体字部分即为发送的请求数据信息
    web_global_verification("Text=Success",
                  "Fail=NotFound",
                  "Search=Body",
                  LAST);
         web_custom_request("web_custom_request",
"URL=https://192.168.9.57/saml11/HttpClientLoginService?method=digit_signature&original_data=
iwkccxjc&signed_data=B5%2FG3m95p5i8LDLoBofs5yvi3%2F%2Fs87EIMuKEePCuorLsjpS2CHVQ42u%2B8KqbqGC
n%0AVNOTDZTdj8zZUgCpZBZPNGqsW0hGh9ru24l0NTUUtUSWf1s5Mio%2FVcLFNE5X70Yi%0A5kIkLXpqZbTjK36Cpho
IfJ5U2yMSsY7cH4nP4qkk8eY%3D%0A&cert_encode=MIICVjCCAb%2BgAwIBAgIIXnrBMTu69lkwDQYJKoZIhvcNAQE
FBQAwLDELMAkGA1UE%0ABhMCQ04xDDAKBgNVBAoTA0pJVDEPMA0GA1UEAxMGRGVtT0NBMB4XDTA3MDkxMzA5%0AMTk0N
loXDTA4MDkxMjA5MTk0NlowLjELMAkGA1UEBhMCQ04xDDAKBgNVBAoTA0pJ%0AVDERMA8GA1UEAxMIZGRfZGYtZGYwgZ
8wDQYJKoZIhvcNAQEBBQADgY0AMIGJAoGB%0AAKd%2F5OjwA8AwtWRuWNvaUpeOuPU1QFSVSxHZufPDW0lgoyiGQQ86x
AsRuW%2BT%2BiPQ%0AgS7l%2FLqULZWKVhII1MbQNUIj3ZV09zeIE33zJ1Q%2BJwTFBVBbmPprNvRLNcEmxECy%0AyXO
x22R39zots1NUeoiXjz0kGL4ziXJwySj4xy11x7uzAgMBAAGjfzB9MB8GA1Ud%0AIwQYMBaAFEA%2B4TFD5X8MXQczW8
b44ucNIFIHMC4GA1UdHwQnMCUwI6AhoB%2BGHWh0%0AdHA6Ly8xOTIuMTY4LjkuMTQ5L2NybDEuY3JsMAsGA1UdDwQEA
wIE8DAdBgNVHQ4E%0AFgQUoIKQu2XpdAQIfomfuUUQ3SBSK%2FkwDQYJKoZIhvcNAQEFBQADgYEAG06h6FIc%0A7IM1v
mqS8oTv3D1n1dgDDWe%2FQfFzHdvE9Yo1J5u7e%2BfxxZCzxsVLWcyoA0MCzPos%0An59mu4xRKENQe%2FrjJacr%2Fr
pzzE5eB6fy2hz7wptcFyXiS25JyWX49q6qlL6g9ujL%0AKVQWBqkqaaQQ0t2mldYjbVgYG66cYkfjumA%3D%0A",
                  "Method=POST",
                  "TargetFrame=",
                  "Resource=0",
                  "Referer=",
                  "Body=",
                  LAST);
        return 0;
    }
```

请求信息通常每次各不相同，这就需要将黑体字部分参数化，参数化后的脚本如下。

```
#include "web_api.h"

Action()
{
   web_global_verification("Text=Success",
               "Fail=NotFound",
               "Search=Body",
               LAST);
web_custom_request("web_custom_request","URL=https://192.168.9.57/saml11/Http
ClientLoginService?method=digit_signature&origin
al_data={postdata}",
               "Method=POST",
               "TargetFrame=",
               "Resource=0",
               "Referer=",
               "Body=",
               LAST);
    return 0;
}
```

关于 web_global_verification()和 web_custom_request()函数的详细用法，请参阅 Load Runner 函数参数项及其应用示例的说明文档。

8.36 LoadRunner 如何运行 WinRunner 脚本

1. 问题提出

在进行性能测试时，有时会碰到一些特殊情况，如笔者就碰到这样一个性能测试案例，测试网关服务器支持最大 VPN 连接的情况，大家都知道一台终端机器可以建立一个唯一同名的连接。那么如何模拟建立多个 VPN 连接呢？

2. 问题解答

主要解决方案是：物理机和虚拟机都安装 WinRunner 7.5，性能测试主控机安装 LoadRunner 11.0 的完整功能，而虚拟机作为 LoadRunner 11.0 的负载机，仅安装 Load Generator 即可。

这里通过主控机和一个负载机协同完成性能测试的实例，讲解 LoadRunner 11.0 如何调用 WinRunner 7.5。关于虚拟机的知识，请参见后续章节。

通过网上邻居事先建立 VPN 连接到网关服务器，然后通过 WinRunner 7.5 分别在 LoadRunner 11.0 主控机和虚拟机负载机上录制打开 VPN 并进行连接的脚本，产生的相关 WinRunner 脚本如下。

主控机 WinRunner 脚本（wrtest1）如下。

```
   GUI_load("c:\\wr\\wrtestg1.gui");
# Program Manager
    set_window ("Program Manager", 1);
    list_activate_item ("SysListView32", "虚拟专用网络连接");
# 连接虚拟专用网络连接
    set_window ("连接虚拟专用网络连接", 1);
    button_press ("连接(C)");
    GUI_unload("c:\\wr\\wrtestg1.gui");
```

虚拟负载机 WinRunner 脚本（wt1）如下。

```
GUI_load("guimap1.gui");
# Program Manager
    set_window ("Program Manager", 2);
    list_activate_item ("SysListView32", "虚拟专用网络连接"); # Item Number 6;
# 连接虚拟专用网络连接
    set_window ("连接虚拟专用网络连接", 2);
    button_press ("连接(C)");
GUI_unload("guimap1.gui");
```

为了介绍如何从命令行中运行 WinRunner 脚本，笔者有意识地将这部分工作复杂化，建立了一个批处理文件，批处理文件的内容如下。

主控机调用 WinRunner 脚本的控制台命令（1.bat）如下。

```
wrun -ini c:\windows\wrun.ini -t c:\wr\wrtest1 -D -animate
```

虚拟机调用 WinRunner 脚本的控制台命令（1.bat）

```
wrun -ini c:\windows\wrun.ini -t c:\f\wt1 -D -animate
```

然后，运用前面介绍的 LoadRunner 调用批处理文件的技巧，编写如下两个脚本。

主控机调用 LoadRunner 脚本的控制台命令（wrscript1.usr）如下。

```
#include "web_api.h"

Action()
{
   lr_rendezvous("1");
   system("c:\\1.bat");
   return 0;
}
```

虚拟机调用 LoadRunner 脚本的控制台命令（wrscript2.usr）如下。

```
#include "web_api.h"

Action()
{
   lr_rendezvous("1");
   system("c:\\1.bat");
   return 0;
}
```

在设计场景时，需要选择文件类型为“GUI Scripts”，选择相应的 WinRunner 脚本文件，如图 8-80 所示。

脚本编写完成后，在 LoadRunner 的 Controller 中设计场景，如图 8-81 所示。

注意

主控机和各个负载机只能运行一个 WinRunner 脚本。

运行场景后，弹出如图 8-82 所示的界面，从图 8-82 中不难发现，无论是主控机，还是虚拟机都各自启动了一个 WinRunner 并运行各自的脚本。

在场景执行过程中，可以单击可用图表来监控数据信息（Available Graphs 树中显示为蓝色的文字图表即为可用图表），如图 8-83 所示。

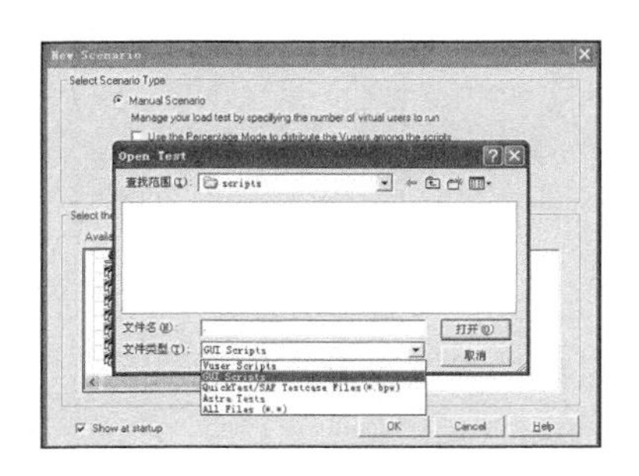

图 8-80 WinRunner 脚本选择对话框

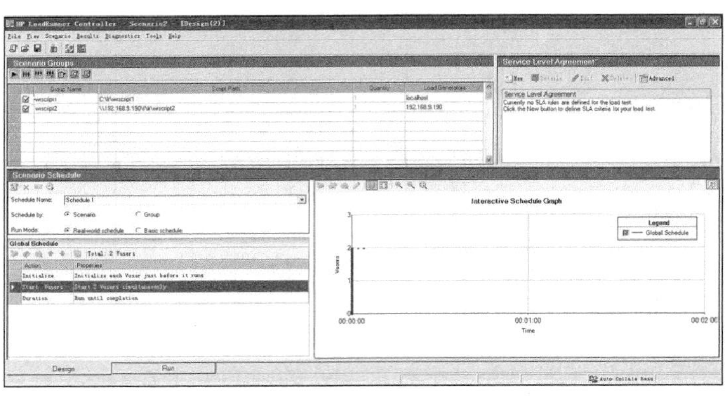

图 8-81 WinRunner 场景设计对话框

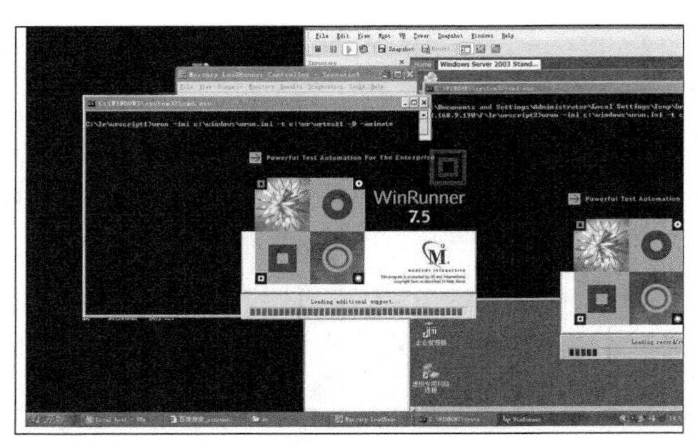

图 8-82 主控机和负载机启动 WinRunner 对话框

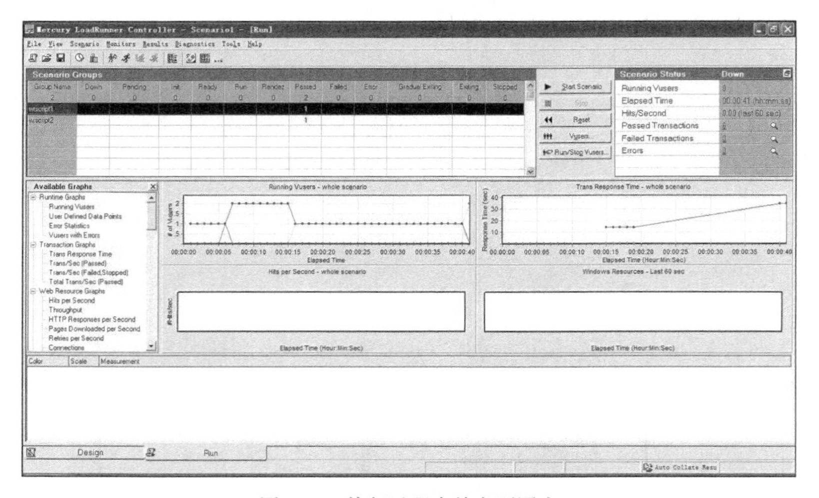

图 8-83 执行过程中的主要图表

场景运行完毕后，成功建立了两个 VPN 连接，这说明在主控机和虚拟机上，WinRunner 脚本都得到了正确的运行，如图 8-84 所示。

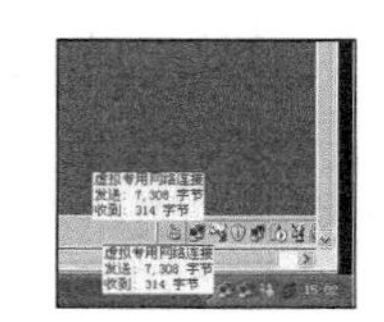

图 8-84 执行完成后启动的 VPN 图示

【重点提示】

（1）WinRunner 在默认情况下，不能完成正常的 LoadRunner 调用，所以需要安装 lr_wr_patch.rar 补丁。将补丁包中的 mmalloc_logic.dll、 mosifs32.dll、thrdutil.dll、windde32.dll、wnrpc32.dll 这 5 个文件替换 WinRunner 中 arch 目录下的同名文件。这样 LoadRunner 11.0 就可以对 WinRunner 调用操作。

（2）值得注意的是，每台虚拟机和物理机都只能运行一个 WinRunner 实例。

8.37 LoadRunner 如何利用已有文本数据

1. 问题提出

在平时的性能测试中积累了很多测试数据，如经常会有“100，102，3400，6000”“ABCD”“c:\test\mydir\myfile.exe”等这样的数据，那么是否可以在进行性能测试时应用这样的数据呢？

2. 问题解答

这些表面凌乱的数据其实是有规律的。例如，“100，102，3400，6000”以“,”为分隔符；“ABCD”以空格为分隔符；“c:\test\mydir\myfile.exe”以“\”为分隔符。将字符串以指定的字符分隔后的结果如表 8-11 所示。

表 8-11　字符串及其分隔后的结果

字符串	分隔符	分隔结果字符串
100，102，3400，6000	,	100 102 3400 6000
A B C D	空格	A B C D
c:\test\mydir\myfile.exe	\	c: test mydir myfile.exe

下面举一个将“唐僧、悟空、八戒、沙僧”分离成 4 个单独的字符串并存储到 man 数组的例子。

脚本代码如下。

```
#include "web_api.h"
char *strtok(char *, char *);
Action()
{    char aBuffer[256]; // 存取字符串的变量
      char *cMan; // 分离单个人名的变量
    char cSeparator[] = ","; // 存储字符串分隔符的变量
    int i; // 增长指针的整型变量
    char man[4][20]; // 存储分隔单个人名的数组
    // 将自定义的取经 4 人姓名存放到 pman 变量
    lr_save_string("唐僧,悟空,八戒,沙僧", "pman");
    // 将 pman 变量内容复制到 aBuffer 变量
    strcpy( aBuffer,lr_eval_string("{pman}"));
```

```
        // 显示变量内容
        lr_output_message("取经 4 人包括: %s\n",aBuffer);

        lr_output_message("=======================================");
        // 以分隔符分隔字符串
         cMan = strtok( aBuffer,cSeparator);
        i = 1;
        if(!cMan) {
            // 如果没找到, 就输出"没有取经人!"
            lr_output_message("没有取经人!");
            return( -1 );
        }
        else {
            while( cMan != NULL) { // 如果分割不为 NULL
                // 将数据存放到数组
                strcpy( man[i], cMan );
                // 指针下移
                cMan = strtok( NULL, cSeparator);
                i++; // 增加 i 值, 用以将分离结果存放到数组中
            }
            lr_output_message("师父: %s", man[1]);
            lr_output_message("大徒弟: %s", man[2]);
            lr_output_message("二徒弟: %s", man[3]);
            lr_output_message("三徒弟: %s", man[4]);
        }
        return 0;
    }
```

脚本运行结果如下。

```
Starting action Action.
Action.c(19): 取经 4 人包括: 唐僧,悟空,八戒,沙僧
Action.c(21): =====================================
Action.c(42): 师父: 唐僧
Action.c(43): 大徒弟: 悟空
Action.c(44): 二徒弟: 八戒
Action.c(45): 三徒弟: 沙僧
Ending action Action.
```

【重点提示】

（1）建议将积累的丰富数据存储起来，发现数据的规律，以备后期功能、性能测试之用。

（2）由于 strtok()函数并不包含在“web_api.h”中，所以在应用时，必须事先声明。

8.38　如何能够产生样例程序的 Session

1．问题提出

如何产生样例程序的 Session?

2．问题解答

我们提到关联时，在论坛和一些测试书上通常都能看到 LoadRunner 工具提供的“HP Web Tours Application”样例程序，如图 8-85 所示。

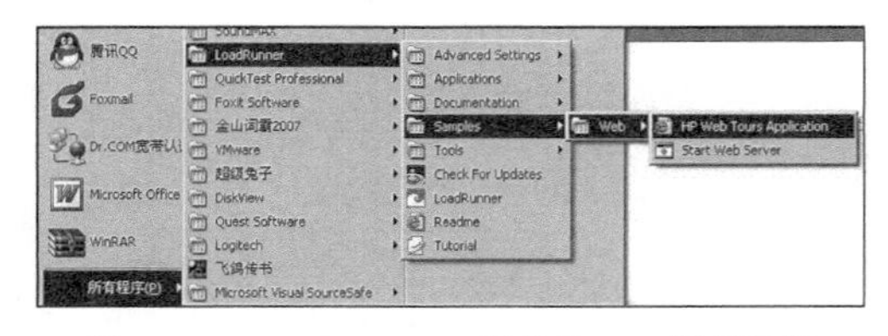

图 8-85　LoadRunner 9.0 提供的 Web 样例程序

刚开始学习 LoadRunner 工具的“关联”知识

时，经常会遇到产生的脚本中不包含“Session”的情况，产生不了“Session”。例如，下面的代码。

```
Action()
{

    web_url("WebTours",
        "URL=http://127.0.0.1:1080/WebTours/",
        "Resource=0",
        "RecContentType=text/html",
        "Referer=",
        "Snapshot=t1.inf",
        "Mode=HTML",
        LAST);

    lr_think_time(8);

    web_submit_form("login.pl",
        "Snapshot=t2.inf",
        ITEMDATA,
        "Name=username", "Value=test", ENDITEM,
        "Name=password", "Value=test", ENDITEM,
        "Name=login.x", "Value=56", ENDITEM,
        "Name=login.y", "Value=6", ENDITEM,
        LAST);

    return 0;
}
```

显然，产生不了“Session”就无法练习如何做脚本的“关联”，那么如何通过设置产生“Session”呢？可以单击【Tools】>【Recording Options】选项，在弹出的“Recording Opitons”对话框中，单击【HTML Advanced】按钮，在弹出的“Advanced HTML”对话框中，选择“A script containing explict URLs only [e.g web_url，web_submit_data]”，如图 8-86 所示。

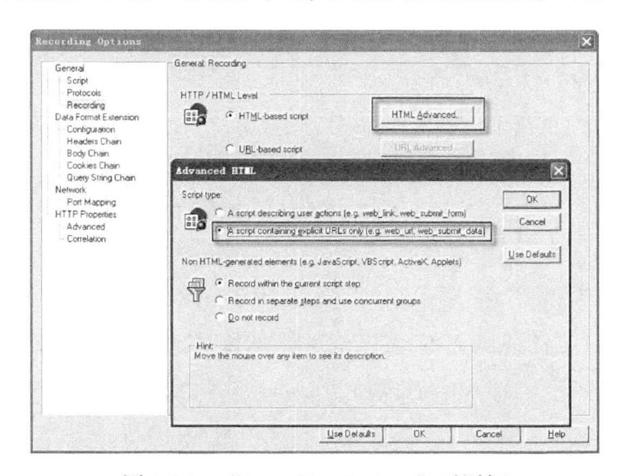

图 8-86 “Recording Options”对话框

保存刚才的设置后，在录制“登录”部分内容时，在脚本中产生了“userSession”内容，参见下面的脚本。这样就可以结合 LoadRunner 提供的样例程序，练习如何关联。如果希望更深入地了解关联的内容，请参见第 5 章“关联”部分的内容。脚本代码如下。

```
Action()
{

    web_url("WebTours",
        "URL=http://127.0.0.1:1080/WebTours/",
        "TargetFrame=",
        "Resource=0",
        "RecContentType=text/html",
```

```
        "Referer=",
        "Snapshot=t3.inf",
        "Mode=HTML",
        LAST);

    lr_think_time(8);

    web_submit_data("login.pl",
        "Action=http://127.0.0.1:1080/WebTours/login.pl",
        "Method=POST",
        "TargetFrame=body",
        "RecContentType=text/html",
        "Referer=http://127.0.0.1:1080/WebTours/nav.pl?in=home",
        "Snapshot=t4.inf",
        "Mode=HTML",
        ITEMDATA,
        "Name=userSession", "Value=99477.8006480356fVVziiQpDHAiDDDDDAHAVpDDzccf",
        ENDITEM,
        "Name=username", "Value=test", ENDITEM,
        "Name=password", "Value=test", ENDITEM,
        "Name=JSFormSubmit", "Value=off", ENDITEM,
        "Name=login.x", "Value=60", ENDITEM,
        "Name=login.y", "Value=7", ENDITEM,
        LAST);

    return 0;
}
```

8.39 如何实现ping IP的功能

1. 问题提出

如何实现ping IP的功能?

2. 问题解答

在8.17节已经介绍了如何在脚本中加入Dos命令，通过控制台可以很方便地实现ping命令。在脚本中使用system()函数也可以实现ping IP的功能。这里以ping IP地址192.168.4.236为例。在Vugen中选择“Web（HTTP/HTML）”协议，在Action()部分输入“system（"ping 192.168.4.236"）;”，完整的脚本代码如下。

```
#include "web_api.h"

Action()
{
    system("ping 192.168.4.236");
    return 0;
}
```

脚本执行时，可以看到如图8-87所示的界面，它和平时在控制台的输出没有任何区别，只是执行完成以后，控制台输出窗口自动关闭而已。那么如何查看执行结果呢？这就需要使用重定向，将结果输出到文件中。如果需要做负载，还涉及脚本的参数化问题。

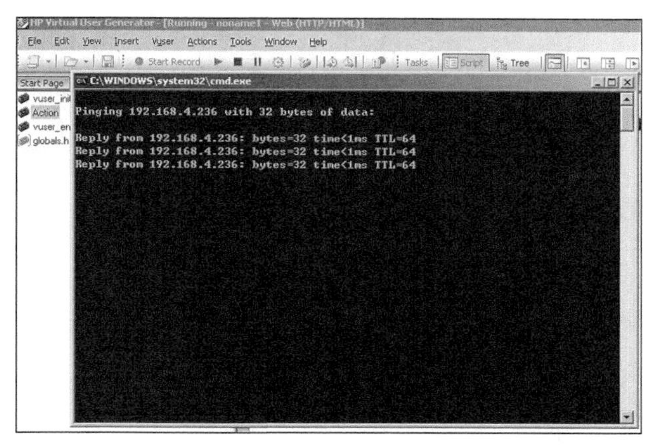

图 8-87 "ping 192.168.4.236"对话框

8.40 如何在 Vugen 中自定义工具条按钮

1. 问题提出

如何在 Vugen 中自定义工具条按钮?

2. 问题解答

LoadRunner 界面中提供了常用的工具条按钮，如图 8-88 所示。但是因为每个人关注的内容和操作习惯有所不同，那么如何自定义工具条按钮呢?

在图 8-88 所示方框区域(见图 8-89)单击鼠标右键，在出现的快捷菜单选中或者取消对应的工具条分类来显示或者隐藏相应分类的工具条。

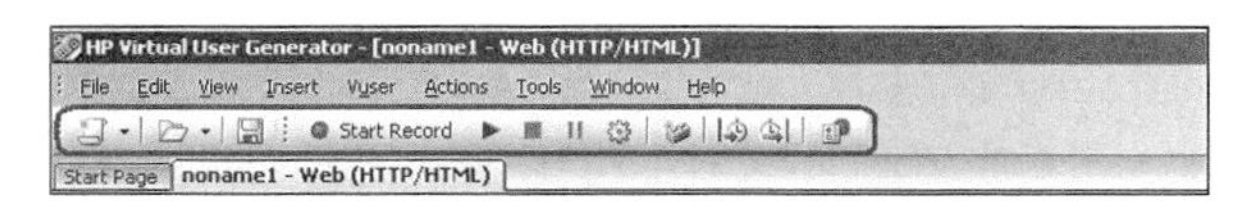

图 8-88 常规情况下的工具条

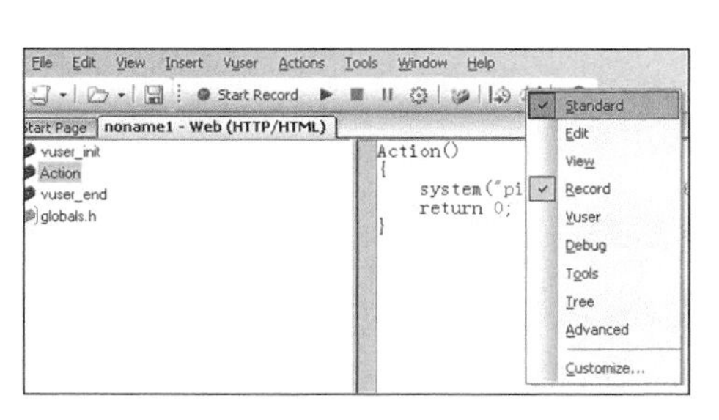

图 8-89 工具条分类选择快捷菜单

还可以选择【Customize】菜单项，打开【Customize】对话框，如图 8-90 所示。

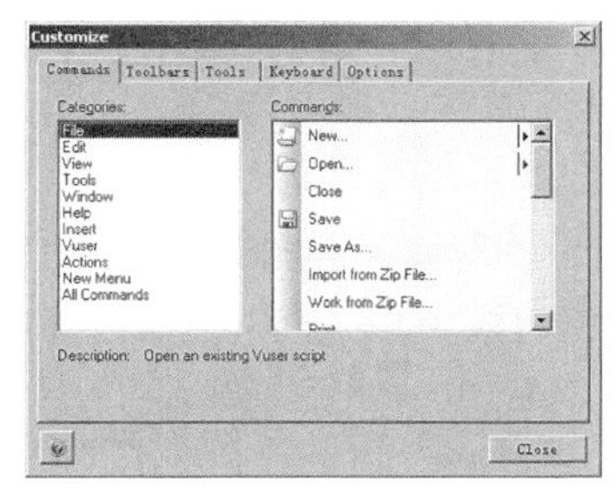

图 8-90 【Customize】对话框

如果希望将功能命令添加到工具条上，以工具按钮的形式显示，只需要从【Commands】列表框中，选中对应的功能项，然后将其拖到工具条中即可。这里想将"Edit"分类的"Copy"放到工具条，就可以选中"Copy"，然后将其拖到工具条上，如图 8-91～图 8-93 所示。

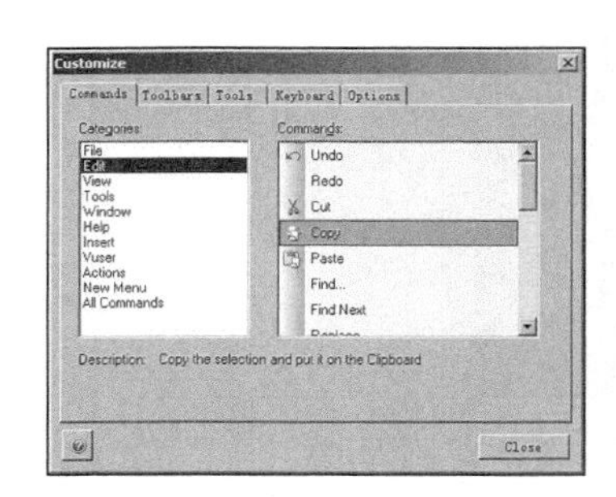

图 8-91 选中“Copy”功能项

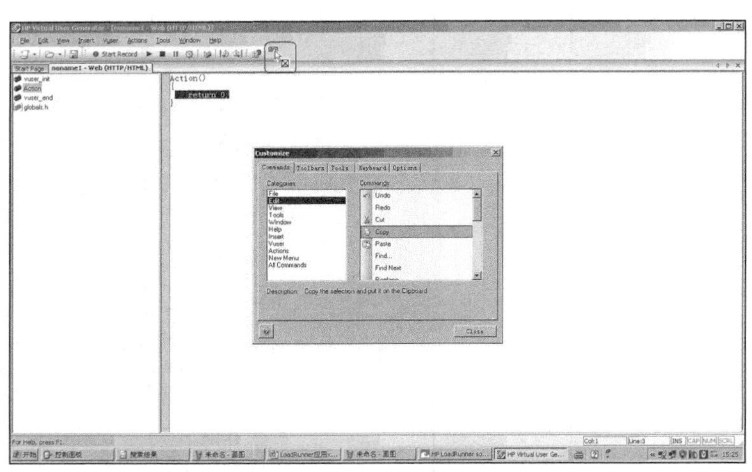

图 8-92 将“Copy”按钮拖到工具条

如果觉得工具条上的按钮过多，也可以将已添加到工具条的功能按钮删除。方法是在【Customize】对话框中选中要删除的工具按钮，然后单击鼠标右键，在弹出的快捷菜单中选择【Delete】选项即可，如图 8-94 所示。

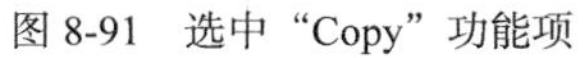

图 8-93 “Copy”按钮显示在工具条中

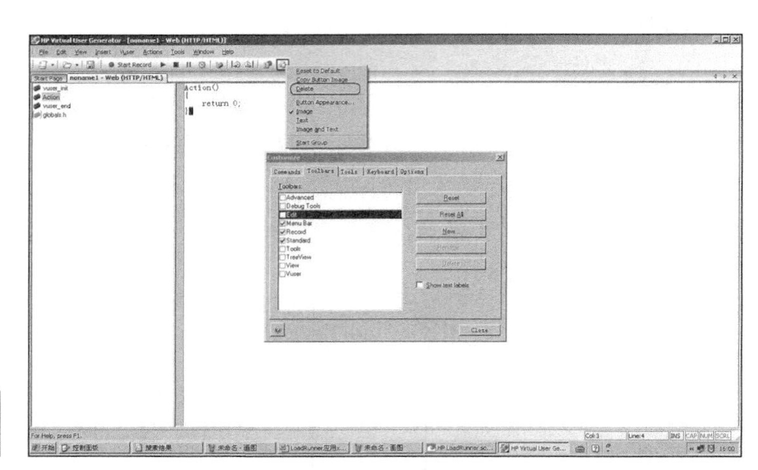

图 8-94 删除工具条按钮的快捷菜单

8.41 如何在 Vugen 中的 Tools 菜单中添加菜单项

1. 问题提出

在使用 Vugen 编写脚本时，会用到很多辅助工具，如 C 语言的编译器、参数化的辅助工具等，那么能否将这些小工具集成到 Vugen 中，以方便调用呢?

2. 问题解答

LoadRunner 提供了接口，可以将在编写脚本过程中常用的辅助工具集成到 Tools 菜单中，以方便调用。选择【Tools】>【Customize】选项，如图 8-95 所示，在弹出的【Customize】对话框中切换到【Tools】选项卡，如图 8-96 所示。

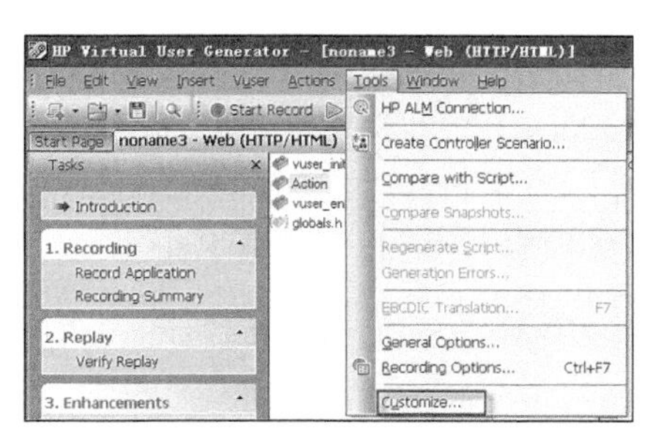

图 8-95　“Tools”菜单内容

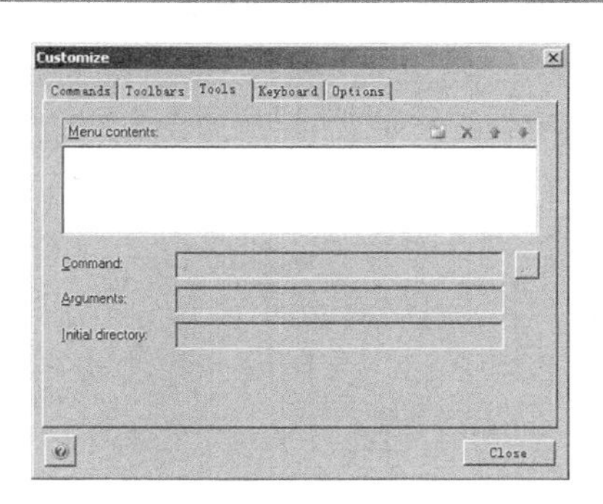

图 8-96　“Customize”对话框的【Tools】选项卡

可以单击“Menu contents”右侧的按钮，添加菜单项，如图 8-96 和图 8-97 所示。单击【Command】文本框右边的按钮选中要执行的文件，这里为了便于编写脚本时参数化，选择前面章节介绍的“Thelp.exe”文件，因为该程序不需要输入参数和初始路径，所以“Arguments”和“Initial directory”为空即可，当然在必要的情况下，需要输入相应的内容。内容添加完成以后，当再次打开【Tools】菜单时，会发现菜单中多了一个“参数化辅助工具”菜单项，单击这个菜单项可以启动“Thelp.exe”应用程序，如图 8-98 和图 8-99 所示。

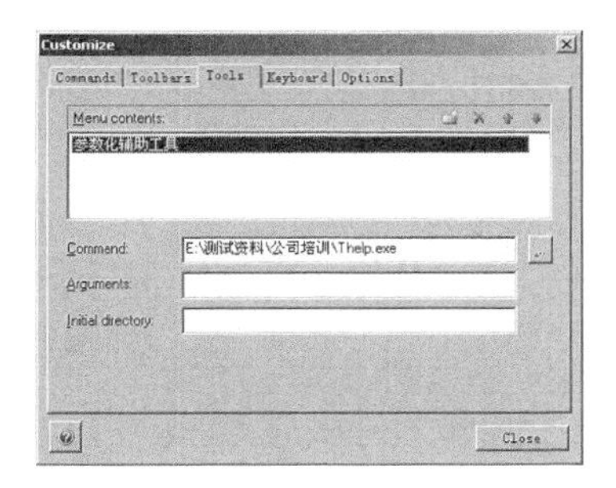

图 8-97　“Customize”对话框【Tools】选项卡（2）

也可以单击按钮，删除已添加的菜单项。添加多个菜单项后，可以选中相应的菜单项，单击按钮调整菜单项在菜单的顺序。

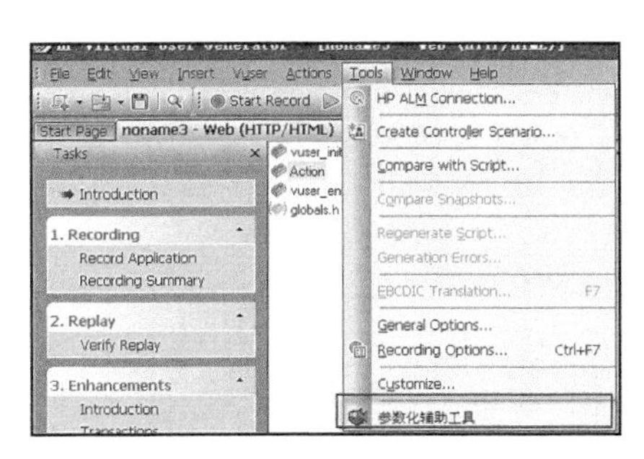

图 8-98　“参数化辅助工具”菜单项

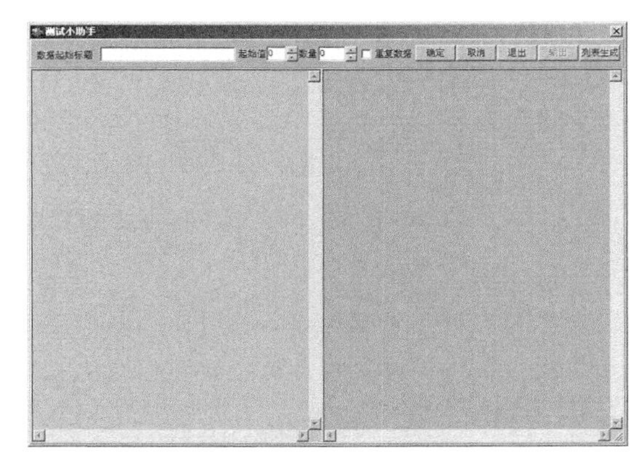

图 8-99　“Thelp”应用程序

8.42　如何在 Vugen 中定义菜单项的快捷键

1. 问题提出

如何在 Vugen 中定义菜单项的快捷键？

2. 问题解答

使用快捷键能够在一定程度上提高工作效率。如果希望在应用 Vugen 菜单项时，不用频繁地单击菜单项，而通过快捷键激活相应的功能，可以定义菜单项的快捷键。

可以在【Customize】对话框的【Keyboard】选项卡中定义菜单项的快捷键。在【Category】下拉框中选择要修改或者定制的菜单分类，在【Commands】列表框中选择要修改或者定制的菜单项，将鼠标光标定位到【Press New Shortcut Key】文本框中，然后按下要给该菜单项定义的键值，系统会自动捕获按下的键值，并显示在【Press New Shortcut Key】文本框中，单击【Assign】按钮，完成该菜单项快捷键的定制。也可以单击【Remove】按钮，删除已经设定的快捷键，单击【Reset All】按钮，恢复默认的快捷键设置，如图 8-100 和图 8-101 所示。

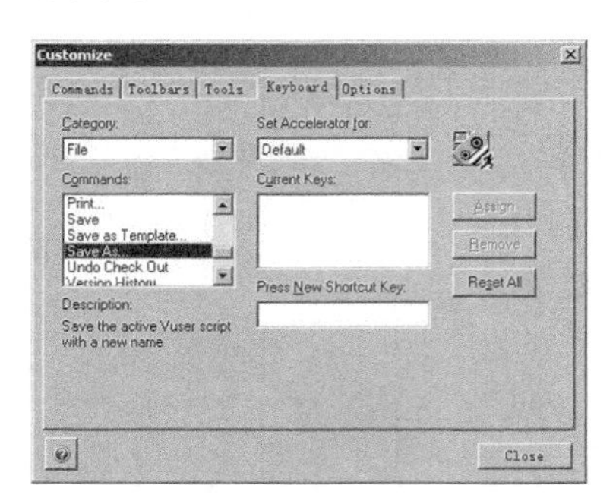

图 8-100　【Keyboard】选项卡

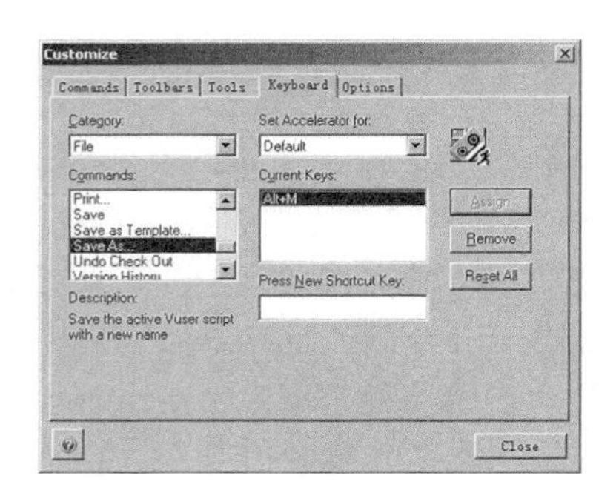

图 8-101　在【Keyboard】选项卡中设置菜单项的快捷键

8.43　为什么结果导出时会出现异常

1. 问题提出

为什么在将性能测试结果导出为 Word 文件时出现异常？

2. 问题解答

有时，在将性能测试结果导出为 Word 文件时会出现如图 8-102 所示的异常。

图 8-102　结果导成 Word 文件时的出错信息

单击【OK】按钮，弹出图 8-103 所示对话框，询问是否保存部分已经导出的文档，如果单击【Yes】按钮，则保存已经完成的部分文档，否则文档不会保存。

也许很多读者不解为什么会导致这个问题，其实很容易理解，在将测试结果导出到 Word 文档时，由于图片过多，系统的内存承受不了这么多的内容，就发生了上面的错误提示信息。可以将图 8-104 所示红色方框区域的无用图表移除，保留必要的图表，这样在导出时就不会出现上面的问题了。

确实要导出大量的图表时，建议分两次导出，先去掉一部分图表，导出到一个 Word 文档中，然后再将已导出的图表删除，将上次没有导出的图表导出为另外一个 Word 文档，最后将图表合并即可。

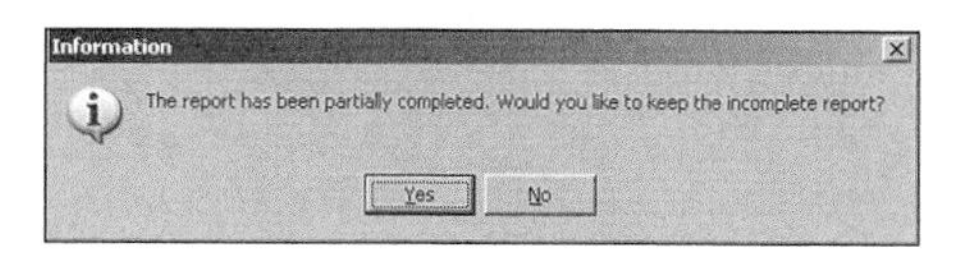

图 8-103　转换存档选择对话框

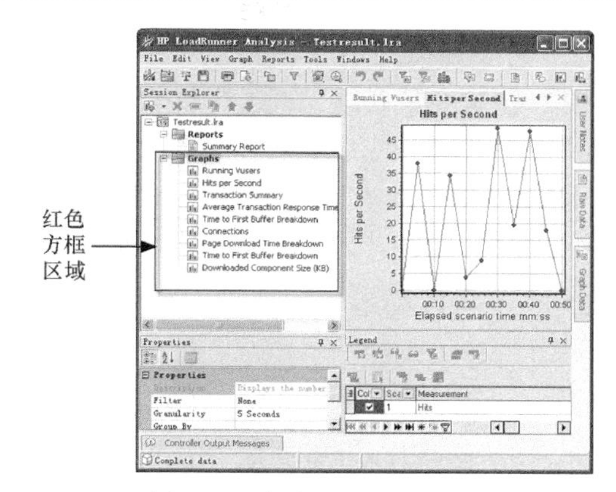

图 8-104　性能测试结果与图表分析

8.44　如何增大网页细分图显示的 URLS 长度

1. 问题提出

如何增大网页细分图显示的 URLS 长度?

2. 问题解答

在查看网页细分图（webpage braekdown graphs）时，经常会被无法显示的较长的 URLS 而苦恼。那么能否将 URLS 的显示变长一些，查看起来方便些呢?

答案是肯定的，可以通过下列设置来增加 URLS 的显示长度，具体方法如下。

（1）在 Windows 目录下找到并打开名称为“LRAnalysis80.ini”的文件，可以发现其中有一个名称为[WPB]的内容，在该段下方添加 SURLSize=180，这里希望 URLS 的最大显示长度为 180 个字符，如果希望显示更多的内容，可以更改 180，但最大不能超过 255。

（2）完成修改 LRAnalysis80.ini 文件以后，还需要修改位于 LoadRunner 应用程序“\bin\dat”目录下的“loader2.mdb”Access 数据文件中名称为“Breakdown_map”表的“Event Name”字段的长度。修改的方法是，单击工具条中的【设计】按钮，如图 8-105 和图 8-106 所示，修改完成之后，保存修改内容，即可增大网页细分图显示的 URLS 长度。

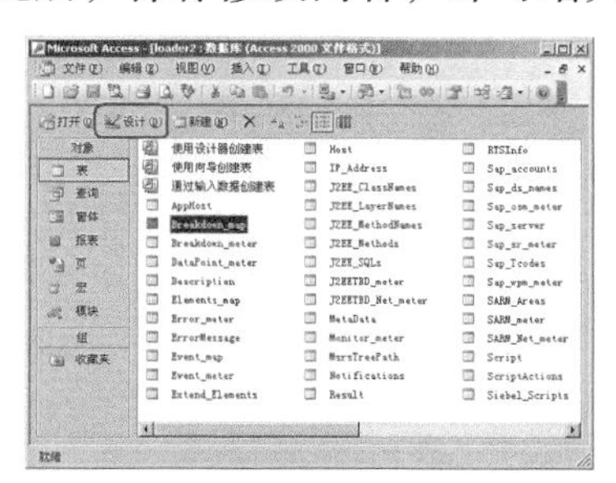

图 8-105　loader2.mdb 数据库中数据表内容

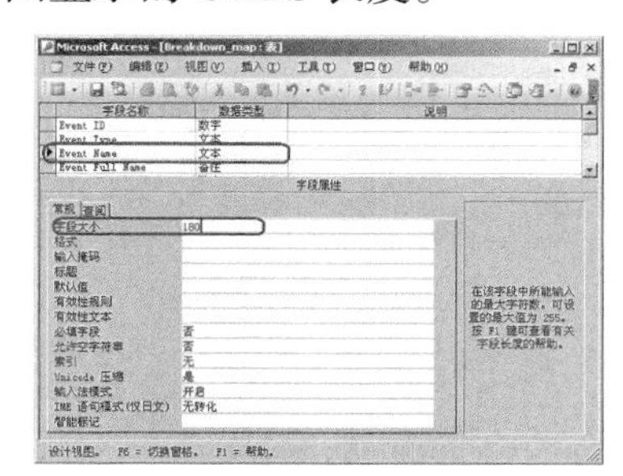

图 8-106　修改“Breakdown_map”表结构

8.45　如何设置登录的用户名和口令

1. 问题提出

如何设置登录的用户名和口令?

2. 问题解答

用户在访问某些网站时，也许会弹出一个对话框，要求输入用户名、登录口令及其域名。这是因为此类网站使用了域验证的方式。在应用 VuGen 进行录制时，无法录制这种情况下输入的用户名和登录口令，这就需要使用 LoadRunner 提供的 web_set_user()函数。该函数的原型如下。

```
int web_set_user (const char *username, const char *password, const char *host:port );
```

相应参数说明如下。

- username：为需要输入的登录用户名。
- password：为需要输入登录口令。
- host：port：host 为要链接的主机 IP 地址或者域名，port 为要使用的端口号。

下面给出一段样例脚本代码。

```
vuser_init()

{

        web_set_user("tony",
                "foryou",
                "barton:8080");

        web_url("web_url",
                "URL=http://www.bintonx.com/auth/index.jsp",
                "TargetFrame=",
                "Resource=0",
                "Referer=",
                LAST);

        return 0;
}
```

此外，还有一种常见的情况是访问某些网站时，需要通过代理服务器的认证后，才能访问相应网站的资源。此时需要先访问代理服务器，在代理服务器弹出的窗口中输入用户名和口令，这种情况下 web_set_user()函数和 web_set_proxy()函数共同出现在脚本中，代码形式如下。

```
vuser_init()

{
        web_set_proxy("sussex:8080");

        web_set_user("dashwood",
              lr_decrypt("4042e3e7c8bbbcfde0f737f91f"),
              "sussex:8080");

        web_url("web_url",
              "URL=http://barton/",
              "TargetFrame=",
              "Resource=0",
              "Referer=",
              LAST);

        web_set_proxy("norland:8080");
```

```
        web_set_user("delaford\pxy1",
              lr_decrypt("4042e3f98b5a77"),
              "norland:8080");

        return 0;

}
```

lr_decrypt()函数为解密函数，如果对该函数感兴趣，可以参看函数的帮助信息，lr_decrypt("4042e3f98b5a77")的输出信息为“pxy”。

8.46 如何在执行迭代时退出脚本

1. 问题提出

在迭代运行时如果出现了异常，就希望脚本退出，不执行后续的迭代，那么这种情况应该如何处理?

2. 问题解答

在迭代执行脚本时，要通过业务逻辑来控制是否执行相应的脚本。

下面通过一个脚本介绍如何处理这种情况，演示脚本结构如图 8-107 所示，对应的表为 8-12 所示。首先，建立一个“Web（HTTP/HTML）”协议脚本，建立 3 个 Action，分别为 Action、Action1、Action2。在 Action 中添加如下代码。

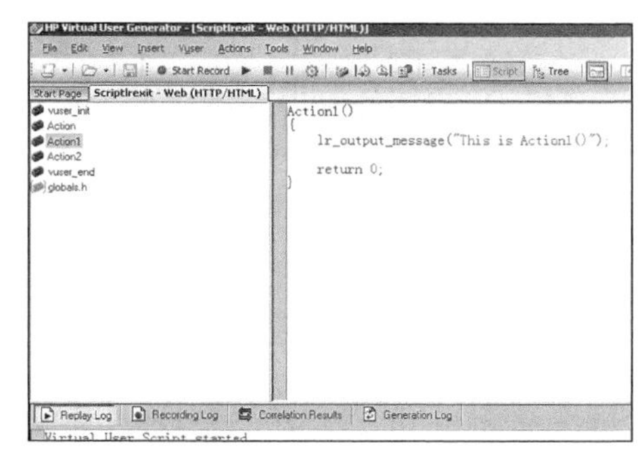

图 8-107 演示脚本结构示意图

```
Action()
{
    lr_exit(LR_EXIT_VUSER_AFTER_ITERATION,LR_FAIL);
    lr_output_message("This is main Action()");
    return 0;
}
```

在 Action1 中添加如下代码。

```
Action1()
{
    lr_output_message("This is Action1()");

    return 0;
}
```

在 Action2 中添加如下代码。

```
Action2()
{
    lr_output_message("This is Action2()");

    return 0;
}
```

表 8-12 虚拟用户生成器（Vugen）中可用的键盘快捷键

常 量	含 义
LR_EXIT_VUSER	无条件退出，并终止 Action
LR_EXIT_ACTION_AND_CONTINUE	停止当前的 Action，但仍执行后续的 Action
LR_EXIT_MAIN_ITERATION_AND_CONTINUE	停止当前运行的迭代全局脚本，但仍执行后续的迭代
LR_EXIT_ITERATION_AND_CONTINUE	停止当前迭代，但仍执行后续的迭代。如果调用的是一个 Block 迭代，仅终止 Block 迭代，而不终止全局的迭代
LR_EXIT_VUSER_AFTER_ITERATION	直到当前的迭代运行完成后才退出
LR_EXIT_VUSER_AFTER_ACTION	直到当前的 Action 运行完成后才退出

需要注意的是，LR_EXIT_MAIN_ITERATION_AND_CONTINUE 和 LR_EXIT_IT ERATION_AND_CONTINUE 在 LoadRunner 8.0 和 LoadRunner 11.0 的行为有所不同。

可以通过配置运行设置来决定是否启用它们。

- -main_iteration_exit：在 LoadRunner 8.1（包括 LoadRunner 11.0）版本之前，LR_EXIT_MAIN_ITERATION_AND_CONTINUE 和 LR_EXIT_ITERATION_AND_CONTINUE 行为等同于 LR_EXIT_MAIN_ITERATION_AND_CONTINUE。
- -block_iteration_exit：LR_EXIT_MAIN_ITERATION_AND_CONTINUE 和 LR_EXIT_ITERATION_AND_CONTINUE 行为等同于 LR_EXIT_ITERATION_AND_CONTINUE。

可以修改安装目录下“dat”文件夹中的“mdrv.dat”文件来标识。方法是添加一个名称为“[action_logic]”的段，然后在该段下添加“ExtCmdLine=-main_iteration_exit”或“ExtCmdLine=-block_iteration_exit”。

8.47 如何使用键盘快捷键

1. 问题提出

有很多时候，如果频繁使用鼠标操作可能会耽误操作 LoadRunner 的时间，那么能否使用键盘的快捷键呢？

2. 问题解答

使用快捷键一方面能节省使用鼠标和键盘交替操作的时间，另一方面很多使用 DOS 应用程序或者 UNIX 系统的用户可能更喜欢应用快捷键。LoadRunner 中的 Vugen 中可以使用的快捷键如表 8-13 所示。

表 8-13 虚拟用户生成器（Vugen）中可用的键盘快捷键

键 值	功 能 描 述
Alt+F8	比较当前快照（仅限于 Web Vuser）
Alt+Ins	新建步骤
Ctrl+A	全选
Ctrl+C	复制
Ctrl+F	查找
Ctrl+G	转到行
Ctrl+H	替换

续表

键　　值	功 能 描 述
Ctrl+N	新建
Ctrl+O	打开
Ctrl+P	打印
Ctrl+S	保存
Ctrl+V	粘贴
Ctrl+X	剪切
Ctrl+Y	重复
Ctrl+Z	撤销
Ctrl+F7	录制选项
Ctrl+F7	扫描关联
Ctrl+Shift+空格键	显示函数语法（Intellisense）
Ctrl+空格键	完成向导（完成函数名）
F1	帮助
F3	向下查找下一个
Shift+F3	向上查找下一个
F4	运行时设置
F5	运行 Vuser
F6	在窗格之间移动
F7	显示 EBCDIC 转换对话框（对于 WinSocket 数据）
F9	切换断点
F10	分步运行 Vuser

8.48 如何手动转换字符串编码

1. 问题提出

如何将英文的字符串转换成 UTF-8 格式的字符串？

2. 问题解答

可以使用 lr_convert_string_encoding 函数将字符串从一种编码手动转换为另一种编码（UTF-8、Unicode 或本地计算机编码）。

该函数的语法如下。

```
    lr_convert_string_encoding(char * sourceString, char * fromEncoding, char * toEncoding,
char * paramName)
```

该函数将结果字符串（包括其终止 NULL）保存在第四个参数 paramName 中。如果成功，则返回 0；失败，则返回−1。

fromEncoding 和 toEncoding 参数的格式如下。

```
    LR_ENC_SYSTEM_LOCALE        NULL
    LR_ENC_UTF8                 "utf-8"
    LR_ENC_UNICODE              "ucs-2"
```

在以下示例中，lr_convert_string_encoding 将英文“Hello world”和字符串“我爱 LR”由系统本地环境转换为 Unicode，脚本代码如下。

```
Action()
{
    int rc = 0;
    rc= lr_convert_string_encoding("Hello world", LR_ENC_SYSTEM_LOCALE, LR_ENC_UNICODE,
"strUnicode");
    if(rc < 0)
    {
        lr_output_message("转换\"Hello world\"失败！");
    }
    rc= lr_convert_string_encoding("我爱 LR", LR_ENC_SYSTEM_LOCALE, LR_ENC_UNICODE,
"strUnicode");
    if(rc < 0)
    {
        lr_output_message("转换\"我爱 LR\"失败！");
    }
    return 0;
}
```

如果在“Run-time Settings”日志页启用了“Extended log”组的“Parameter substitution”复选框，则在执行日志中，输出窗口将显示以下信息。

```
Running Vuser...
Starting iteration 1.
Starting action Action.
Action.c(4): Notify: Saving Parameter "strUnicode = H\x00e\x00l\x00l\x00o\x00 \x00w\x00o\
x00r\x00l\x00d\x00\x00\x00"
Action.c(9): Notify: Saving Parameter "strUnicode = \x11b1rL\x00R\x00\x00\x00"
Ending action Action.
Ending iteration 1.
Ending Vuser...
```

从上面的脚本和代码中不难看出，应用 lr_convert_string_encoding()函数可以将转换后的字符保存到 strUnicode 变量中。“H\x00e\x00l\x00l\x00o\x00\x00w\x00o\x00r\x00l \x00d\x00\x00\x00”这段 Unicode 文本对应的是“Hello world”英文文本，而“\x11b1rL\ x00R\x00\x00\x00”对应的是“我爱 LR”字符串。

8.49 如何理解结果目录文件结构

1. 问题提出

应用 LoadRunner 工具执行完性能测试后，会产生一个存放结果的目录，这个目录下的文件或者文件夹有什么用呢？

2. 问题解答

分析性能测试的测试结果是非常重要的，它关系到能否准确定位系统中存在的问题，也直接和后续的调优等工作密切相关。那么如何理解性能测试执行完成之后生成的结果呢？在设置结果目录的同时也就指定了结果名。LoadRunner 将使用结果名创建子目录，并将收集的所有数据放置到该目录中。每个结果集都包含结果文件（.lrr）和事件（.eve）文件中有关场景的一般信息。

在场景执行过程中，LoadRunner 为场景中的每个组都创建一个目录，并为每个 Vuser 创建一个子目录。图 8-108 是使用 LoadRunner 执行完场景之后生成的一个典型的结果目录结构。

图 8-108　结果目录文件结构

这些文件或文件夹包含的信息如下。

- t_rep.eve 包含 Vuser 和集合的信息。
- collate.txt 包含结果文件的路径以及 Analysis 整理信息。
- collateLog.txt 包含来自每个负载生成器的结果状态（成功或失败）、诊断信息及日志文件整理。
- local_host_1.eve 包含每个代理主机的信息。
- offline.dat 包含采样监控器的信息。
- *.def 是描述联机监控器和其他自定义监控器的图的定义文件。
- output.mdb 是 Analysis 从结果文件（用于存储输出信息）创建的数据库。
- remote_results.txt 包含主机事件文件的路径。
- results_name.lrr 是 LoadRunner Analysis 文档文件。
- *.cfg 文件包含一个在 VuGen 应用程序中定义的脚本运行时设置（思考时间、迭代、日志和 Web）的列表。
- *.usp 文件包含脚本的运行逻辑，包括 Actions 部分的运行方式。
- log 目录包含重播回放过程中为每个 Vuser 生成的输出信息。在场景中运行的每个 Vuser 组都存在一个单独的目录。每个组目录都由 Vuser 子目录组成。
- 概要数据目录（sum_data）。一个包含图的概要数据（.dat）文件的目录。

生成分析图和报告时，LoadRunner Analysis 引擎将所有场景结果文件（.eve 和.lrr）复制到数据库中。创建数据库之后，Analysis 将直接使用数据库，不再使用结果文件。

8.50　如何监控 Tomcat

1. 问题提出

公司产品应用的 Web 应用服务器是 Tomcat 系统，如何知道 LoadRunner 能否对 Tomcat 进行监控，如果可以的话，该如何操作?

2. 问题解答

Tomcat 是一个免费开源的 Serlvet 容器，它是 Apache 软件基金会（Apache Software Foundation）的 Jakarta 项目中的一个核心项目，由 Apache、Sun 和其他一些公司及个人共同开发而成。由于有了 Sun 的参与和支持，最新的 Servlet 和 JSP 规范总是能在 Tomcat 中得到体现，Tomcat 5 支持最新的 Servlet 2.4 和 JSP 2.0 规范。Tomcat 技术先进、性能稳定，而且免费，因而深受 Java 爱好者的喜爱并得到了部分软件开发商的认可，成为目前比较流行的 Web 应用服务器。很多中小型的基于 B/S 架构的应用都会部署到 Tomcat 上。

Tomcat 6.0 的目录结构如图 8-109 所示。

该目录结构下文件及其文件夹的用途如表 8-14 所示。

图 8-109　Tomcat 6.0 目录文件结构

表 8-14 目录文件结构及其用途

文件/文件夹	用 途
bin	存放启动和关闭 Tomcat 的脚本文件
conf	存放 Tomcat 服务器的各种配置文件，其中包括 server.xml（Tomcat 的主要配置文件）、tomcat-users.xml 和 web.xml 等配置文件
lib	存放 Tomcat 服务器运行所需的各种 JAR 文件
logs	存放 Tomcat 的日志文件
temp	存放 Tomcat 运行时产生的临时文件
webapps	当发布 Web 应用程序时，通常把 Web 应用程序的目录及文件放到这个目录下
work	Tomcat 将 JSP 生成的 Servlet 源文件和字节码文件放到这个目录下
LICENSE	许可文件
tomcat.ico	图标文件
Uninstall.exe	卸载文件

在做性能测试时，一般要对服务器资源、数据库服务器、应用服务器等进行监控，其中对应用服务器的监控，一般监控 JVM 使用状况、可用连接数、队列长度等，对于 WebLogic、WebSphere 等商用服务器，可用 LoadRunner 计数器进行监控。对于 Tomcat，LoadRunner 并没有提供现成的计数器，但 Tomcat 本身也提供了一个 Servelet 用来监控它的各项性能指标，其访问地址是“http://hostIP:port/manager/status”，现在以 Tomcat 性能指标的监控页面地址“http://localhost:8089/manager/status”为例。注意，Tomcat 5 及以上版本不允许用户直接访问“http://hostIP:port/manager/status”，必须修改 tomcat-users.xml 文件，才可以访问监控页面，具体方法是，进入 Tomcat 主目录下的“conf”子目录，找到“tomcat-users.xml”文件，如果不存在类似如下内容的信息：

```
<user username="user" password="password" roles="manager"/>
```

则需要添加类似信息内容，这里仅以我的文件内容给大家展示一下，文件信息代码如下。

```
<?xml version='1.0' encoding='utf-8'?>
<tomcat-users>
  <role rolename="manager"/>
  <role rolename="admin"/>
  <user username="admin" password="" roles="admin,manager"/>
</tomcat-users>
```

当完成上述内容的设置以后，启动 Apache Tomcat 6.0 的“Tomcat Manager”页面时，弹出图 8-110 所示界面，需要认证用户的身份，可以输入有权限的用户名和密码，这里在用户名文本框中输入“admin”，密码不输入任何内容，单击【确定】按钮，出现“Tomcat Web Application Manager”页面，如图 8-111 所示，单击该页面中的“Server Status”链接，显示 Tomcat 服务器的运行状态信息，如图 8-112 所示。在该页面包含了 JVM 使用状况、请求的一些信息。

图 8-110 Tomcat 身份认证对话框

图 8-111 “Tomcat Web Application Manager”页面信息

图 8-112 “Server Status”页面信息

如图 8-113 所示的界面有很多我们关心的监控信息项，同时大家可能有一个疑问：“怎样才可以将这些关键的监控信息项转化为 LoadRunner 的图表呢？”这是一个非常好的问题，不知道读者是否想起第 5 章介绍过的关联技术。通过关联，可以捕获服务器返回的响应数据信息，这里能不能将这些关键的技术指

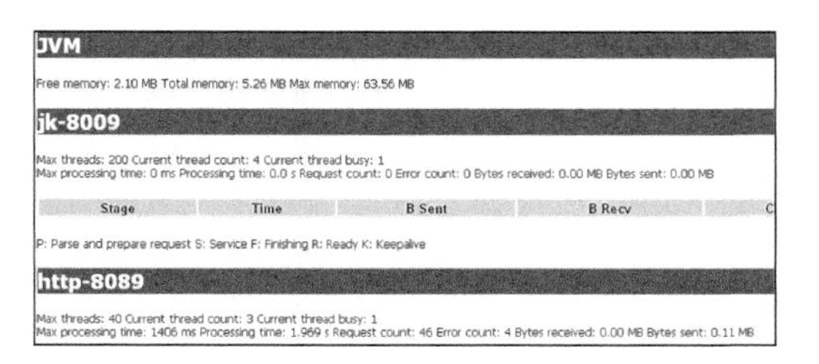

图 8-113 “Server Status”页面关键项信息

标数值信息捕获下来，然后通过 lr_user_data_point()函数将这些数值回写到 LoadRunner 的图表上呢？答案是肯定的，而且这确实是一个非常好的方法，lr_user_data_point()函数允许将一些关心的数据记录下来并备后续分析。下面使用关联技术和 Tomcat 的“Server Status”页面的 JVM 分类信息（见图 8-113），找到想获取内容的左右边界信息，然后编写相应的脚本，脚本代码如下。

```
double atof (const char *string);

Action()
{
```

```
    float freememory,totalmemory,maxmemory;

     //web_set_user("admin",lr_decrypt("4993d46de"),"localhost:8089");
     web_set_user("admin","" ,"localhost:8089");

     web_reg_save_param("Free memory",
         "LB=Free memory: ",
         "RB=Total memory:",
         LAST);

     web_reg_save_param("Total memory",
         "LB=Total memory:",
         "RB=Max memory:",
         LAST);

     web_reg_save_param("Max memory",
         "LB=Max memory:",
         "RB=",
         LAST);

     web_url("status",
         "URL=http://localhost:8089/manager/status",
         "TargetFrame=",
         "Resource=0",
         "RecContentType=text/html",
         "Referer=",
         "Snapshot=t1.inf",
         "Mode=HTML",
         LAST);

    freememory=atof(lr_eval_string("{Free memory}"));
     totalmemory=atof(lr_eval_string("{Total memory}"));
     maxmemory=atof(lr_eval_string("{Max memory}"));
lr_output_message("%.2f %.2f %.2f",freememory,totalmemory,maxmemory);
      lr_user_data_point("Tomcat JVM Free memory", freememory);
      lr_user_data_point("Tomcat JVM Total memory", totalmemory);
      lr_user_data_point("Tomcat JVM Max memory", maxmemory);

     return 0;
}
```

下面简单介绍这个脚本。

```
    float freememory,totalmemory,maxmemory;

    //web_set_user("admin",lr_decrypt("4993d46de"),"localhost:8089");
    web_set_user("admin","" ,"localhost:8089");
```

为了将图 8-113 的 JVM 内存情况记录到图表，首先定义了 3 个浮点类型的变量，web_set_user("admin", lr_decrypt("4993d46de"), "localhost:8089") 函数用于处理登录到“Tomcat Web Application Manager”之前的身份认证，如图 8-110 所示。为了更好地理解该函数，将加密的密码，即 lr_decrypt("4993d46de") 改成了明文，所以最终该语句的存在方式为“web_set_user ("admin", "" , "localhost:8089") ;”。

```
     web_reg_save_param("Free memory",
         "LB=Free memory: ",
```

```
            "RB=Total memory:",
            LAST);

        web_reg_save_param("Total memory",
            "LB=Total memory:",
            "RB=Max memory:",
            LAST);

        web_reg_save_param("Max memory",
            "LB=Max memory:",
            "RB=",
            LAST);

        web_url("status",
            "URL=http://localhost:8089/manager/status",
            "TargetFrame=",
            "Resource=0",
            "RecContentType=text/html",
            "Referer=",
            "Snapshot=t1.inf",
            "Mode=HTML",
            LAST);
```

进入 http://localhost:8089/manager/status 页面之前，需要根据要捕获数据的左右边界来进行关联，并放入对应的变量中。

```
        freememory=atof(lr_eval_string("{Free memory}"));
        totalmemory=atof(lr_eval_string("{Total memory}"));
        maxmemory=atof(lr_eval_string("{Max memory}"));
    lr_output_message("%.2f %.2f %.2f",freememory,totalmemory,maxmemory);
```

将捕获的文本通过 atof()函数转换为浮点数据，atof()函数在应用时要提前声明，如果不清楚请参见 5.3 节的内容。为了便于脚本调试，加入 lr_output_message()函数，输出对应的数值。需要提醒大家的是，应用该函数只是为了便于调试脚本，如果脚本调试成功，则将该语句注释。

```
        lr_user_data_point("Tomcat JVM Free memory", freememory);
        lr_user_data_point("Tomcat JVM Total memory", totalmemory);
        lr_user_data_point("Tomcat JVM Max memory", maxmemory);
```

捕获关键的数据信息以后，可以通过 lr_user_data_point()函数将这些数值反映到图表中。当然，图表的数据应该是连续的，所以不能只捕获一次，需要在 Controller 中根据设定好的采样时间，不停地捕获和回写数据，如图 8-114 所示。

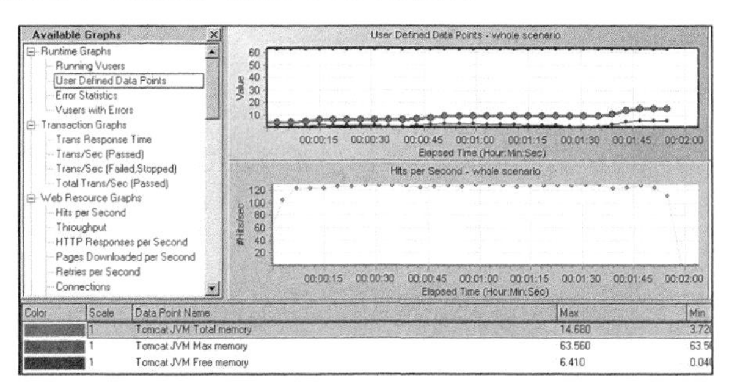

图 8-114　Controller 中的“User Defined Data Points”图表信息

需要注意的是，只有应用 lr_user_data_point()函数，“User Defined Data Points”才处于可用状态，如图 8-114 所示。

8.51 如何在 UNIX 系统下用命令行运行脚本

1. 问题提出

如何在 UNIX 系统下用命令行运行脚本？

2. 问题解答

8.21 节已经介绍了如何利用 Windows 命令行方式启动 Controller，下面介绍如何在 UNIX 系统下用命令行运行脚本。

可以使用名称为 run_db_Vuser.sh 的 UNIX shell 程序来调用脚本，对于在 UNIX 上回放的调试测试，这个工具非常有用。

这里以调用名称为“Script.usr”的脚本为例，其对应的命令行为“run_db_Vuser.sh Script.usr”。该命令也可以使用表 8-15 所示的参数。

表 8-15 可选执行参数

参数名称	含义
-cpp_only	此选项将启动预处理。此过程的输出是“Script.c”文件
-cci_only	此选项运行编译阶段。“Script.c”文件用作输入，产生的输出是“Script.ci”文件
-exec_only	此选项运行虚拟用户，方式是将“Script.ci”文件作为输入并通过回放驱动程序运行该文件
-ci ci_file	此选项可以指定要运行的 .ci 文件的名称和位置。第二个参数包含 .ci 文件的位置
-out output_directory	此选项可以确定在各进程中创建的所有输出文件的位置。第二个参数是目录名称和位置
-driver driver_path	此选项可以指定要用于运行虚拟用户的实际驱动程序可执行文件。默认情况下，驱动程序可执行文件从 VuGen.dat 文件中的设置中获取

注：

（1）“-cpp_only”“-cci_only”“-exec_only”执行参数选项中每次只能有一个用于运行 run_db_vuser；

（2）表 8-15 中的内容均结合“run_db_Vuser.sh Script.usr”示例。

8.52 如何使用 C 函数进行脚本跟踪

1. 问题提出

如何使用 C 函数进行脚本跟踪？

2. 问题解答

可以使用 C 解释器跟踪选项来调试 Vuser 脚本。使用 LoadRunner 中的 ci_set_debug 语句，可以在脚本中开启和关闭跟踪，从而方便对脚本进行相关调试。

编写如下一个简单的脚本。

```
Action()
{
    LPCSTR l="hello";
    ci_set_debug(ci_this_context, 1, 1);
```

```
    lr_output_message("%s",1);
    ci_set_debug(ci_this_context, 0, 0);
    return 0;
}
```

脚本的输出内容如下。

```
Starting iteration 1.
Starting action Action.
Action.c(4): Notify: CCI trace:     push[0]  0
.
Action.c(5): Notify: CCI trace: Action.c(5): lr_output_message(0x01c90159 "%s", 0x01c90
15c "hello")
.
Action.c(5): hello
Action.c(5): Notify: CCI trace:     push[0]  5
.
Action.c(6): Notify: CCI trace: assign (INT32 *) 1df0028 = 0
.
Action.c(6): Notify: CCI trace: Action.c(6): ci_set_debug(0x0188b450, 0, 0)
.
Ending action Action.
Ending iteration 1.
```

8.53 如何知道脚本对应路径下文件的含义

1. 问题提出

脚本对应目录下的文件的作用是什么？是何时产生的？

2. 问题解答

以 HTTP 协议脚本为例，介绍脚本目录下文件的产生阶段和对应目录下文件的用途。

这里以采用“Web（HTTP/HTML）”协议为例，在用户名（Username）文本框中输入“jojo”，在密码（Password）文本框中输入“bean”，单击【Login】按钮，产生的脚本信息如下。

```
Action()
{

    web_url("WebTours",
        "URL=http://localhost:2080/WebTours/",
        "Resource=0",
        "RecContentType=text/html",
        "Referer=",
        "Snapshot=t1.inf",
        "Mode=HTML",
        LAST);

    web_submit_data("login.pl",
        "Action=http://localhost:2080/WebTours/login.pl",
        "Method=POST",
        "RecContentType=text/html",
        "Referer=http://localhost:2080/WebTours/nav.pl?in=home",
        "Snapshot=t4.inf",
        "Mode=HTML",
```

```
        ITEMDATA,
        "Name=userSession", "Value=109344.415876873fzcttADpDQVzzzzHDDHtzptcADf", ENDITEM,
        "Name=username", "Value=jojo", ENDITEM,
        "Name=password", "Value=bean", ENDITEM,
        "Name=JSFormSubmit", "Value=off", ENDITEM,
        "Name=login.x", "Value=32", ENDITEM,
        "Name=login.y", "Value=8", ENDITEM,
        LAST);

    return 0;
}
```

将脚本文件保存为“webtours”，如图 8-115 所示。之后在 webtours 文件夹中看到在该阶段产生的文件，如图 8-116 所示具体含义如表 8-16 所示。

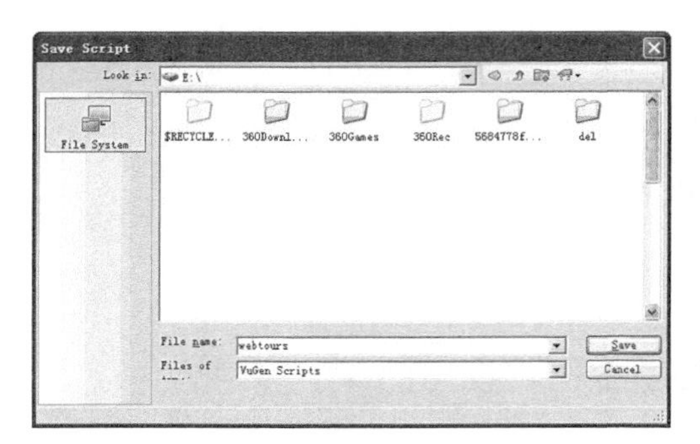

图 8-115　保存脚本对话框

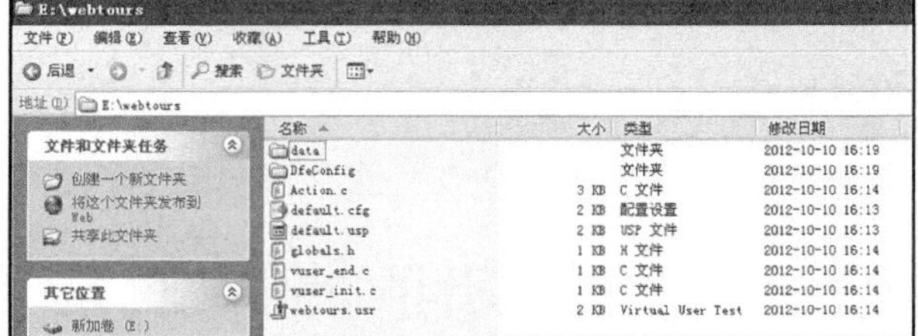

图 8-116　webtours 脚本文件夹中包含的目录和文件

表 8-16　　webtours 脚本文件夹中的内容

文件夹/文件名称	文件/文件夹内容
\data	Data 目录存储主要用作备份的所有录制数据。数据放到此目录中后，不会再被访问或使用
\DfeConfig	包含 2 个子目录（“\DfeChains” 和 “\extensions”），存放编码格式链表相关文件和编码数据设置相关内容
Action.c	Action 函数的内容，和在 VuGen 主窗口中展示的 Action 文件信息一样
default.cfg	包含在 VuGen 应用程序中定义的所有运行时设置的列表（思考时间、迭代、日志等）
default.usp	包含脚本的运行逻辑，包括 actions 部分如何运行
globals.h	包含公共变量定义、库文件引入等信息，和在 VuGen 主窗口中展示的 globals.h 文件信息一样
vuser_end.c	vuser_end 函数的内容，和在 VuGen 主窗口中展示的 vuser_end 文件信息一样
vuser_init.c	vuser_init 函数的内容，和在 VuGen 主窗口中展示的 vuser_init 文件信息一样
webtours.usr	包含有关虚拟用户的信息：类型、工具的版本信息、协议类型等信息

以上的文件均可以用记事本程序打开，下面介绍各个文件中包含的信息。

Action.c 文件信息内容如下。

```
Action()
{

    web_url("WebTours",
        "URL=http://localhost:2080/WebTours/",
        "Resource=0",
        "RecContentType=text/html",
        "Referer=",
```

```
        "Snapshot=t1.inf",
        "Mode=HTML",
        LAST);

    web_submit_data("login.pl",
        "Action=http://localhost:2080/WebTours/login.pl",
        "Method=POST",
        "RecContentType=text/html",
        "Referer=http://localhost:2080/WebTours/nav.pl?in=home",
        "Snapshot=t4.inf",
        "Mode=HTML",
        ITEMDATA,
        "Name=userSession", "Value=109344.415876873fzcttADpDQVzzzzHDDHtzptcADf", ENDITEM,
        "Name=username", "Value=jojo", ENDITEM,
        "Name=password", "Value=bean", ENDITEM,
        "Name=JSFormSubmit", "Value=off", ENDITEM,
        "Name=login.x", "Value=32", ENDITEM,
        "Name=login.y", "Value=8", ENDITEM,
        LAST);

    return 0;
}
```

该文件的内容是脚本的行为信息，因为并没有在 vuser_init、globals.h 和 vuser_end 中添加任何内容，所以这 3 个文件的内容为原始脚本信息。

vuser_init.c 文件信息内容如下。

```
vuser_init()
{
    return 0;
}
```

vuser_end.c 文件信息内容如下。

```
vuser_end()
{
    return 0;
}
```

globals.h 文件信息内容如下。

```
#ifndef _GLOBALS_H
#define _GLOBALS_H

//--------------------------------------------------------------------
// Include Files
#include "lrun.h"
#include "web_api.h"
#include "lrw_custom_body.h"

//--------------------------------------------------------------------
// Global Variables

#endif // _GLOBALS_H
```

default.cfg 文件信息内容如下。

```
[General]
XlBridgeTimeout=120
DefaultRunLogic=default.usp
automatic_nested_transactions=1
[ThinkTime]
Options=NOTHINK
Factor=1
LimitFlag=0
Limit=1

[Iterations]
NumOfIterations=1
IterationPace=IterationASAP
StartEvery=60
RandomMin=60
RandomMax=90

[Log]
LogOptions=LogBrief
MsgClassData=0
MsgClassParameters=0
MsgClassFull=0

[WEB]
WebRecorderVersion=10
SearchForImages=1
StartRecordingGMT=2012/10/10 08:13:15
StartRecordingIsDst=0
NavigatorBrowserLanguage=zh-cn
NavigatorSystemLanguage=zh-cn
NavigatorUserLanguage=zh-cn
ScreenWidth=1366
ScreenHeight=768
ScreenAvailWidth=1366
ScreenAvailHeight=734
UserHomePage=about:blank
BrowserType=Microsoft Internet Explorer 4.0
HttpVer=1.1
CustomUserAgent=Mozilla/4.0 (compatible; MSIE 8.0; Windows NT 5.1; Trident/4.0; .NET CLR 
2.0.50727; .NET CLR 3.0.4506.2152; .NET CLR 3.5.30729; .NET4.0C; .NET4.0E)
ResetContext=True
UseCustomAgent=1
KeepAlive=Yes
EnableChecks=0
AnalogMode=0
ProxyUseBrowser=0
ProxyUseProxy=0
ProxyHTTPHost=
ProxyHTTPSHost=
ProxyHTTPPort=443
ProxyHTTPSPort=443
ProxyUseSame=1
ProxyNoLocal=0
ProxyBypass=
ProxyUserName=
```

```
ProxyPassword=
ProxyUseAutoConfigScript=0
ProxyAutoConfigScriptURL=
ProxyUseProxyServer=0
SaveSnapshotResources=1
UTF8InputOutput=1
BrowserAcceptLanguage=zh-cn
BrowserAcceptEncoding=gzip, deflate
RecorderWinCodePage=936
UseDataFormatExtensions=TRUE
```

default.usp 文件信息内容如下。

```
[RunLogicEndRoot]
Name="End"
MercIniTreeSectionName="RunLogicEndRoot"
RunLogicNumOfIterations="1"
RunLogicObjectKind="Group"
RunLogicActionType="VuserEnd"
MercIniTreeFather=""
RunLogicRunMode="Sequential"
RunLogicActionOrder="vuser_end"
MercIniTreeSons="vuser_end"
[RunLogicInitRoot:vuser_init]
Name="vuser_init"
MercIniTreeSectionName="vuser_init"
RunLogicObjectKind="Action"
RunLogicActionType="VuserInit"
MercIniTreeFather="RunLogicInitRoot"
[RunLogicEndRoot:vuser_end]
Name="vuser_end"
MercIniTreeSectionName="vuser_end"
RunLogicObjectKind="Action"
RunLogicActionType="VuserEnd"
MercIniTreeFather="RunLogicEndRoot"
[RunLogicRunRoot:Action]
Name="Action"
MercIniTreeSectionName="Action"
RunLogicObjectKind="Action"
RunLogicActionType="VuserRun"
MercIniTreeFather="RunLogicRunRoot"
[RunLogicRunRoot]
Name="Run"
MercIniTreeSectionName="RunLogicRunRoot"
RunLogicNumOfIterations="1"
RunLogicObjectKind="Group"
RunLogicActionType="VuserRun"
MercIniTreeFather=""
RunLogicRunMode="Sequential"
RunLogicActionOrder="Action"
MercIniTreeSons="Action"
[RunLogicInitRoot]
Name="Init"
MercIniTreeSectionName="RunLogicInitRoot"
RunLogicNumOfIterations="1"
RunLogicObjectKind="Group"
RunLogicActionType="VuserInit"
```

```
MercIniTreeFather=""
RunLogicRunMode="Sequential"
RunLogicActionOrder="vuser_init"
MercIniTreeSons="vuser_init"
[Profile Actions]
Profile Actions name=vuser_init,Action,vuser_end
MercIniTreeSectionName=Profile Actions
[RunLogicErrorHandlerRoot]
MercIniTreeSectionName="RunLogicErrorHandlerRoot"
RunLogicNumOfIterations="1"
RunLogicActionOrder="vuser_errorhandler"
RunLogicObjectKind="Group"
Name="ErrorHandler"
RunLogicRunMode="Sequential"
RunLogicActionType="VuserErrorHandler"
MercIniTreeSons="vuser_errorhandler"
MercIniTreeFather=""
[RunLogicErrorHandlerRoot:vuser_errorhandler]
MercIniTreeSectionName="vuser_errorhandler"
RunLogicObjectKind="Action"
Name="vuser_errorhandler"
RunLogicActionType="VuserErrorHandler"
MercIniTreeFather="RunLogicErrorHandlerRoot"
```

webtours.usr 文件信息内容如下。

```
[General]
Type=Multi
AdditionalTypes=QTWeb
ActiveTypes=QTWeb
GenerateTypes=QTWeb
RecordedProtocols=QTWeb
DefaultCfg=default.cfg
AppName=
BuildTarget=
ParamRightBrace=}
ParamLeftBrace={
NewFunctionHeader=1
LastActiveAction=Action
CorrInfoReportDir=
LastResultDir=
DevelopTool=Vugen
ActionLogicExt=action_logic
MajorVersion=11
MinorVersion=0
ParameterFile=
GlobalParameterFile=
RunType=cci
LastModifyVer=11.0.0.0
[TransactionsOrder]
Order=""
[ExtraFiles]
globals.h=
[Actions]
vuser_init=vuser_init.c
Action=Action.c
vuser_end=vuser_end.c
```

```
[Recorded Actions]
vuser_init=0
Action=1
vuser_end=0
[Replayed Actions]
vuser_init=0
Action=0
vuser_end=0
[Modified Actions]
vuser_init=1
Action=1
vuser_end=1
[Interpreters]
vuser_init=cci
Action=cci
vuser_end=cci
[ProtocolsVersion]
QTWeb=11.0.0.0
[RunLogicFiles]
Default Profile=default.usp
[StateManagement]
1=1
7=0
8=1
9=0
10=0
11=0
12=0
13=0
17=0
18=0
20=0
21=0
CurrentState=8
VuserStateHistory= 0 1048576 1048592
LastReplayStatus=0
```

接下来回到 Vugen，单击【Run】按钮，如图 8-117 所示。

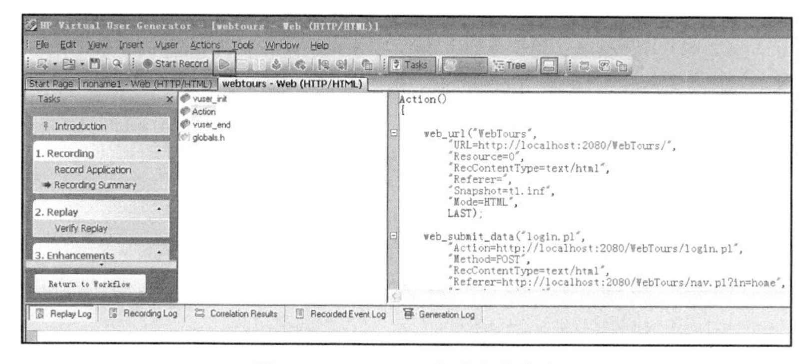

图 8-117　webtours 脚本文件信息

脚本执行完成后（即脚本回放了一次），webtours 脚本文件夹中多了一些文件和文件夹，如图 8-118 所示。

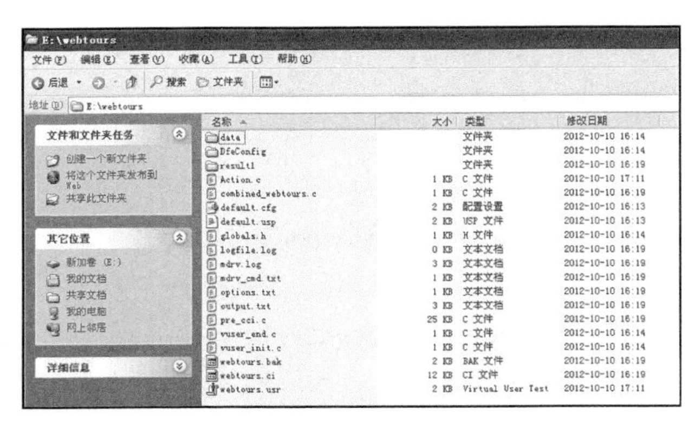

图 8-118 webtours 脚本回放后文件夹下相关信息

新增的文件如表 8-17 所示。

表 8-17 webtours 脚本文件夹中的新增内容

文件夹/文件名称	文件/文件夹内容
combined_webtours.c	包含所有相关 .c 和 .h 文件的“include”文件
logfile.log	包含该进程的任何输出，如果预处理阶段未发生任何问题，此文件应为空。如果文件非空，几乎可以肯定下一阶段（即编译）将由于严重错误而失败
mdrv.log	执行日志存储在脚本文件夹的 mdrv.log 文件中
mdrv_cmd.txt	该文件为命令行方式启动 mdrv 的相关内容文件
options.txt	包含预处理程序的命令行参数
pre_cci.c	该文件也是一个 C 文件（pre_cci.c 在 options.txt 文件中定义）
webtours.bak	上次保存操作之前的 webtours.usr 副本
webtours.ci	创建依赖于平台的伪二进制文件 （.ci），该文件供运行时对其进行解释的虚拟用户驱动程序使用
\ result1	该目录为脚本运行后的结果信息存放目录

回放脚本时 Vugen 的处理步骤如下。

（1）创建 options.txt 文件，其中包含预处理程序的命令行参数。

（2）创建 combined_webtours.c 文件，其中包含所有相关 .c 和 .h 文件的“include”文件。

（3）调用 C 预处理程序 cpp.exe，执行 cpp -f options.txt 命令。

（4）创建 pre_cci.c 文件，该文件也是一个 C 文件（pre_cci.c 在 options.txt 文件中定义）。创建 logfile.log（在 options.txt 中也进行了定义），其中包含此进程的任何输出。如果预处理阶段未发生任何问题，此文件应为空。如果文件非空，几乎可以肯定下一阶段（即编译）将由于严重错误而失败。

（5）调用 cci.exe C 编译器，以创建依赖于平台的伪二进制文件 （.ci），该文件供运行时对其进行解释的虚拟用户驱动程序使用。cci 将 pre_cci.c 文件用作输入。

（6）将按以下方式创建 pre_cci.ci 文件：cci -errout E:\webtours\logfile.log -c pre_cci.c。

（7）日志文件 logfile.log 包含编译输出。

（8）文件 pre_cci.ci 现已重命名为 webtours.ci。由于编译可能包含警告和错误，并且驱动程序不知道此过程的结果，所以驱动程序首先检查 logfile.log 文件中是否存在条目。如果存在，则随后检查是否已生成文件 webtours.ci。如果文件大小不为 0，则表示 cci 已成功编译；

否则表示编译失败，并发出错误消息。

（9）运行相关驱动程序，并将 .usr 文件和 webtours.ci 文件一同用作输入。例如，mdrv.exe -usr E:\webtours\webtours.usr -out E:\webtours -file　E:\webtours\webtours.ci 之所以需要 .usr 文件，是因为它会告知驱动程序正在使用哪个数据库。之后可以进一步知道需要加载哪些库，以供运行。

（10）创建 output.txt 文件（位于“out”变量定义的路径中），其中包含运行的所有输出消息。这与 VuGen 运行时输出窗口和 VuGen 主窗口下部窗格所显示的输出相同。

新生成文件的具体内容如下。

combined_webtours.c 文件信息内容如下。

```
#include "lrun.h"
#include "globals.h"
#include "vuser_init.c"
#include "Action.c"
#include "vuser_end.c"
```

因为预处理过程中没有出现任何问题，所以 logfile.log 文件内容为空。

mdrv.log 文件信息内容如下。

```
    Virtual User Script started at : 2012-10-10 16:19:42
    Starting action vuser_init.
    Web Turbo Replay of LoadRunner 11.0.0 for WINXP; build 8859 (Aug 18 2010 20:14:31)
        [MsgId: MMSG-27143]
    Run Mode: HTML      [MsgId: MMSG-26000]
    Run-Time Settings file: "E:\webtours\\default.cfg"      [MsgId: MMSG-27141]
    Ending action vuser_init.
    Running Vuser...
    Starting iteration 1.
    Starting action Action.
    Action.c(4): Detected non-resource "http://localhost:2080/WebTours/header.html" in "http:
//localhost:2080/WebTours/"      [MsgId: MMSG-26574]
    Action.c(4): Detected non-resource "http://localhost:2080/WebTours/welcome.pl?signOff
=true" in "http://localhost:2080/WebTours/"
    [MsgId: MMSG-26574]
    Action.c(4): Found resource "http://localhost:2080/WebTours/images/hp_logo.png" in HTML
 "http://localhost:2080/WebTours/header.html"      [MsgId: MMSG-26659]
    Action.c(4): Found resource "http://localhost:2080/WebTours/images/webtours.png" in HTML
"http://localhost:2080/WebTours/header.html"      [MsgId: MMSG-26659]
    Action.c(4): Detected non-resource "http://localhost:2080/WebTours/nav.pl?in=home" in "
http://localhost:2080/WebTours/welcome.pl?signOff=true"      [MsgId: MMSG-26574]
    Action.c(4): Detected non-resource "http://localhost:2080/WebTours/home.html" in "http:
//localhost:2080/WebTours/welcome.pl?signOff=true"      [MsgId: MMSG-26574]
    Action.c(4): Found resource "http://localhost:2080/WebTours/images/mer_login.gif" in HT
ML "http://localhost:2080/WebTours/nav.pl?in=home"      [MsgId: MMSG-26659]
    Action.c(4): web_url("WebTours") was successful, 6449 body bytes, 1562 header bytes
    [MsgId: MMSG-26386]
    Action.c(13): web_submit_data("check_outchain.php") was successful, 21 body bytes, 198
header bytes, 15 chunking overhead bytes      [MsgId: MMSG-26385]
    Action.c(33): web_submit_data("check_outchain.php_2") was successful, 711 body bytes,
 198 header bytes, 17 chunking overhead bytes      [MsgId: MMSG-26385]
    Action.c(55): web_submit_data("login.pl") was successful, 795 body bytes, 225 header by
tes
    [MsgId: MMSG-26386]
    Ending action Action.
```

```
Ending iteration 1.
Ending Vuser...
Starting action vuser_end.
Ending action vuser_end.
Vuser Terminated.
```

mdrv_cmd.txt 文件信息内容如下。

```
-usr "E:\webtours\webtours.usr" -qt_result_dir "E:\webtours\result1" -param_non_working
_ days "6,7" -file "E:\webtours\webtours.ci" -drv_log_file "E:\webtours\mdrv.log"  -extra_e
xt vugdbg_ext -extra_ext rtc_client -cci_elevel -msg_suffix_enable 0 -out "E:\webtours\" -pi
d 1244 -vugen_listener_win 132998  -vugen_animate_delay 0 -vugen_win 131482 -correlation_fil
es  -runtime_browser  -vugen_rtb_id "vugen_248554128"  -product_name vugen
```

options.txt 文件信息内容如下。

```
-+
-DCCI
-D_IDA_XL
-DWINNT
-IE:\webtours
-IC:\Program Files\HP\LoadRunner\include
-ee:\webtours\\logfile.log
e:\webtours\\combined_webtours.c
e:\webtours\\pre_cci.c
```

pre_cci.c 文件信息内容如下。

```
# 1 "e:\\webtours\\\\combined_webtours.c"
# 1 "C:\\Program Files\\HP\\LoadRunner\\include/lrun.h" 1
```

webtours.bak 文件信息内容如下。

```
[General]
Type=Multi
AdditionalTypes=QTWeb
ActiveTypes=QTWeb
GenerateTypes=QTWeb
RecordedProtocols=QTWeb
DefaultCfg=default.cfg
AppName=
BuildTarget=
ParamRightBrace=}
ParamLeftBrace={
NewFunctionHeader=1
LastActiveAction=Action
CorrInfoReportDir=result1
LastResultDir=result1
DevelopTool=Vugen
ActionLogicExt=action_logic
MajorVersion=11
MinorVersion=0
ParameterFile=
GlobalParameterFile=
RunType=cci
LastModifyVer=11.0.0.0
[TransactionsOrder]
Order=""
[Actions]
```

```
vuser_init=vuser_init.c
Action=Action.c
vuser_end=vuser_end.c
[ProtocolsVersion]
QTWeb=11.0.0.0
[RunLogicFiles]
Default Profile=default.usp
[StateManagement]
1=1
7=0
8=1
9=0
10=0
11=0
12=0
13=0
17=0
18=0
20=0
21=0
CurrentState=8
VuserStateHistory= 0 65536 65552 1048576 1048592
LastReplayStatus=1
[ExtraFiles]
globals.h=
[Recorded Actions]
vuser_init=0
Action=1
vuser_end=0
[Replayed Actions]
vuser_init=1
Action=1
vuser_end=1
[Modified Actions]
vuser_init=1
Action=1
vuser_end=1
[Interpreters]
vuser_init=cci
Action=cci
vuser_end=cci
```

webtours.ci（伪二进制文件）信息内容如图 8-119 所示。

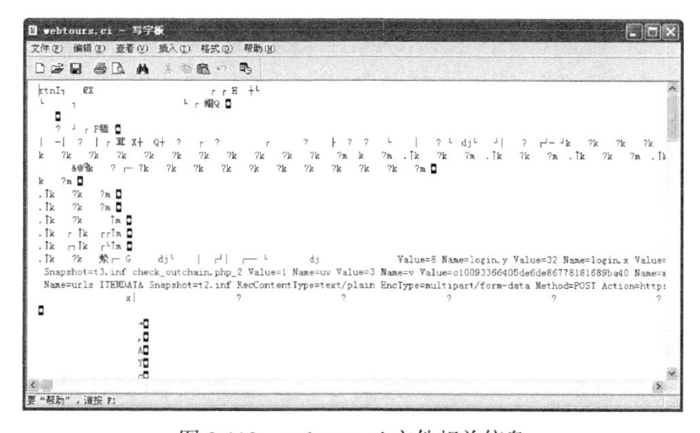

图 8-119　webtours.ci 文件相关信息

result1 结果目录相关信息如图 8-120 所示。

图 8-120 result1 结果目录相关信息

8.54 如何结合企业特点进行性能测试

1. 问题提出

随着 IT 行业的蓬勃发展，现在越来越多的企业重视企业的信息化管理，那么如何结合企业的特点因地制宜地实施性能测试呢?

2. 问题解答

性能测试已经成为软件质量保障的一个重要因素。软件性能的优劣很有可能直接决定软件的成败，甚至一个企业的兴衰。每个软件企业都有各自不同的应用领域和实际情况，这就要求企业选择适合自己的应用策略。

（1）大型企业、大型项目的应用策略。

大型企业的软件系统业务比较复杂，用户很多，存在并发情况，业务的响应时间，操作的实时性、稳定性、安全性、可恢复性等都要求很高。

银行、电信、铁路等大型企业一般通过 CMMI、ISO 等认证，企业拥有先进的管理模式，人员储备丰富，实力雄厚，在涉足的领域基本处于不可撼动的地位。这些行业对性能的要求很高。例如，铁路售票系统每逢春节、五一、十一都经受着巨大的性能考验。售票过程一般分为两步，首先根据购票者提供的出行日期、车次和目的地进行相关查询，然后在有票的情况下，收取现金，打印出相应的车票交付给购票者。看起来简单的两个步骤，但成百上千的终端同时执行时，情况就复杂了。如此众多的交易同时发生，对应用程序本身、操作系统、中心数据库服务器、中间件服务器、网络设备的承受力都是严峻的考验。这些行业的性质决定了决策者不可能在发生问题后才考虑系统的承受力，预见并发承受力是这些行业应该考虑的一个很重要的问题。

鉴于大型企业资金雄厚、管理规范、人员分工明确，主要有两种方式解决大型企业的性能测试问题。

解决方案一：构建自己的性能测试团队。

组建由性能测试专家、数据库专家、网络专家、系统软件管理员和资深程序员（有的公司还有业务专家）构成的性能测试团队。性能测试团队是一个独立的部门，在进行性能测试时，需要制订详细的性能测试计划、测试设计、测试用例，然后依据测试用例执行性能测试，分析性能测试结果，提出性能调整建议，书写性能测试总结报告。在工具的选用方面，建议选择商业性能测试工具，它们具有强大的功能、丰富的统计分析项，HP LoadRunner 和 IBM Rational Performance Tester 等工具还提供了专门的插件可以集成到 IDE 中，执行粒度很细的工作，如看某个算法的执行时间、某个存储过程的执行时间，甚至某个语句的执行时间等。这些优势无疑为定位系统问题提供了很好的依据。

解决方案二：由专业性能测试机构进行系统测试。

如果企业没有自己的性能测试部门，请专业的性能测试机构测试系统也是一个好办法。专业软件测试机构具有成熟的测试流程和测试方法，由有丰富工作经验的性能测试工程师进行测试并提交专业的性能分析报告，可极大提高测试有效性，还可保证测试的独立性、公正性，避免部门之间产生矛盾或摩擦。

（2）中型企业、中型项目的应用策略。

中型软件系统的业务比较复杂，用户较多，存在并发情况，对业务的响应时间、稳定性等都有一定的要求。

中型企业一般都通过 ISO 认证，企业拥有比较先进的管理模式，有一定的人员储备和较强实力，在涉足的领域有比较有名气，对性能的要求比较高。例如，汽车配件查询系统的提供近千家的汽车配件信息，通常有 50～120 人在线。最常用的操作是查询厂家及其配件信息。这是一个典型的中型项目。用户并发数量不是很大，涉及频繁的查询操作，对系统的响应时间和稳定性要求比较高。

鉴于中型企业有较强实力、管理较规范，主要有 3 种方式解决中型企业的性能测试问题。

解决方案一：临时组建性能测试团队。

在测试部门和开发部门临时组建由资深程序员、资深测试员、数据库专家、网络专家和系统软件管理员构成的性能测试团队。性能测试团队不是一个独立的部门，分别由隶属于开发、测试等部门的专家构成。在进行性能测试时，需要制订详细的性能测试计划和测试用例，然后依据测试用例执行性能测试，分析性能测试结果，提出性能调整建议，书写性能测试总结报告。在工具的选用方面，建议选择商业性能测试工具，购买单协议的 HP LoadRunner、IBM Rational Performance Tester 等工具。也可以选择开源的性能测试工具，如 Jmeter、OpenSTA 等。还可以选择免费的性能测试工具，如 Microsoft Web Application Stress Tool 或 Microsoft Application Center Test。但是无论是开源工具，还是免费的测试工具，都为非商业工具，它们的熟悉过程时间长、统计分析项不太丰富以及产品的后期升级和技术支持没有保证都应该成为企业考虑的内容。

解决方案二：自行编写测试程序。

对于特定的模块或者插件也可以编写代码，进行相关性能测试。例如，笔者在开发一个汽车定损行业管理软件时，系统需要以 FTP 方式传送汽车损坏情况照片，决定采用第三方提供的 FTP 服务器组件。需要对该 FTP 服务组件进行系统稳定性和并发性测试。经过项目组协商决定自行编写多线程程序来模拟多个客户端进行不间断的持续 FTP 上传和下载操作。自行编写测试程序也不失为另一种性能测试的方法，但在编写程序时，一定要注意所应用的组件是否是线程安全的，如果线程不安全将会出现问题。

解决方案三：由专业性能测试机构测试系统。

在时间紧、任务重以及在企业条件允许的情况下，请专业的性能测试机构测试系统也不失为一个好办法，其优势不再赘述。

（3）小型企业、小型项目的应用策略。

小型软件系统业务比较简单，用户也不是很多，存在并发情况，对业务的响应时间、稳定性等都有一定的要求。

例如，一个大型商场的进销存管理系统对日常进销存业务进行管理，通常有 10～30 人应用此系统。最常用的操作是查询与销售商品。这是一个典型的中、小型项目。用户并发数量不大，涉及频繁的查询和出库操作，对系统的响应时间和系统的稳定性有一定要求。

主要有两种方式解决小型企业的性能测试问题。

解决方案一：临时组建性能测试团队。

临时组建由资深程序员、数据库专家、网络专家和系统软件管理员构成的性能测试团队，有的公司可能存在上述人员不完备的情况，那么可以根据项目的重要程度，适当增加相应的专家人员。性能测试团队不是一个独立的部门，分别由隶属于开发等部门的专家构成。在进行性能测试时，需要制订详细的性能测试计划和测试用例，然后依据测试用例执行性能测试，分析性能测试结果，提出性能调整建议，书写性能测试总结报告。在工具的选用方面，可以考虑选择商业性能测试工具，购买单协议的 HP LoadRunner、IBM Rational Performance Tester 等工具，或者具有一个月或者几个月许可协议的商业性能测试工具，也可以选择适合项目的开源、免费性能测试工具。

解决方案二：由专业性能测试机构测试系统。

以上是应用于大、中、小企业以及大、中、小型项目性能测试的策略，并不见得大公司就不做小项目，而小公司就不可以承揽大型项目，企业应该根据实际情况和项目的规模，选择行之有效的性能测试团队组建形式和具体的解决方案来完成性能测试工作。

8.55 如何应用性能测试常用计算公式

1. 问题提出

性能测试中有很多非常重要的概念，如吞吐量、最大并发用户数、最大在线用户数等。如何针对自身的系统确定当前系统在什么情况下可以满足系统吞吐量、并发用户数等指标要求？

2. 问题解答

（1）吞吐量计算公式。

吞吐量（throughput）是指单位时间内处理的客户端请求数量，直接体现软件系统的性能承载能力。通常情况下，吞吐量用“请求数/s”或者“页面数/s”来衡量。从业务角度来看，吞吐量也可以用“业务数/h”“业务数/天”“访问人数/天”“页面访问量/天”来衡量。从网络角度来看，还可以用“字节数/h”“字节数/天”等来衡量网络的流量。

吞吐量是大型门户网站以及各种电子商务网站衡量自身负载能力的一个很重要的指标，一般吞吐量越大，系统单位时间内处理的数据越多，系统的负载能力也就越强。

吞吐量是衡量服务器承受能力的重要指标。在容量测试中，吞吐量是一个重点关注的指标，因为它能够说明系统的负载能力。在性能调试过程中，吞吐量也具有非常重要的价值。例如，Empirix 公司在报告中声称，在他们所发现的性能问题中，有 80%是因为吞吐的限制而引起的。

显而易见，吞吐量指标在性能测试中占有重要地位。那么吞吐量会受到哪些因素影响，该指标和虚拟用户数、用户请求数等指标有何关系？吞吐量和很多因素有关，如服务器的硬件配置、网络的拓扑结构、网络传输介质、软件的技术架构等。此外，吞吐量和并发用户数之间存在一定的联系。通常在没有遇到性能瓶颈时，吞吐量可以采用下面的公式计算。

$$F = \frac{N_{PU} \times R}{T}$$

其中，F 表示吞吐量，N_{PU} 表示并发虚拟用户（concurrency virtual user）数，R 表示每个 VU 发出的请求数量，T 表示性能测试所用的时间。但如果遇到了性能瓶颈，吞吐量和 VU 数量之间就不再符合给出公式的关系。

（2）并发数量计算公式。

并发（concurrency）最简单的描述就是多个同时发生的业务操作。例如，100 个用户同时单击登录页面的“登录”按钮操作。通常，应用系统会随着用户同时应用某个具体的模块，而导致资源的争用问题。例如，50 个用户同时执行统计分析的操作，由于统计业务涉及很多数据提取以及科学计算问题，所以这时内存和 CPU 很有可能会出现瓶颈。并发性测试是多个客户端同时向服务器发出请求，考察服务器端承受能力的一种性能测试方式。

很多用户在进行性能测试过程中，对系统用户数、在线用户数、并发用户数的概念不是很清楚，下面通过例子进行说明。假设有一个综合性的网站，用户只有注册后登录系统才能够享有新闻、论坛、博客、免费信箱等服务内容。通过数据库统计可知，系统的用户数为 4000，4000 即为系统用户数。通过操作日志可以知道，系统最高峰时有 500 个用户同时在线，关于在线用户有很多第三方提供插件可以进行统计，这里以 http://www.51.la 为例。这里的在线用户数即为 500。这 500 个用户的需求肯定是不尽相同的，有的人喜欢看新闻，有的人喜欢写博客、收发邮件等。假设这 500 个用户中有 70%的用户在论坛看邮件、帖子、新闻以及他人博客的文章（有一点需要提醒大家的是，“看”这个操作是不会对服务器端造成压力的）；有 10%的用户在写邮件和发布帖子（用户仅在发送、提交邮件或者发布新帖时，才会对系统服务器端造成压力）；有 10%的用户什么都没有做；有 10%的用户不停地从一个页面跳转到另一个页面。在这种场景下，通常说有 10%的用户真正对服务器构成了压力（即 10%不停地在网页间跳转的用户），极端情况下可以把写邮件和发布帖子的另外 10%的用户加上（此时假设这些用户不间断地发送邮件或发布帖子），也就是说此时有 20%的用户对服务器造成压力。从上面的例子可以看出，服务器承受的压力不仅取决于业务并发用户数，还取决于用户的业务场景。

那么如何获得在性能测试过程中的并发用户数呢？《软件性能测试过程详解与案例剖析》一书中的一些用于估算并发用户数的公式如下。

$$C = \frac{nL}{T} \tag{1}$$

$$C^{\mu} = C + 3\sqrt{C} \tag{2}$$

在公式（1）中，C 是平均并发用户数，n 是 login session 的数量，L 是 login session 的平均长度；T 是考察的时间段长度。

公式（2）是并发用户数峰值的计算公式，其中，C^{μ} 指并发用户数的峰值，C 是公式（1）中得到的平均并发用户数。该公式是假设用户的 login session 产生符合泊松分布而估算得到的。

下面通过实例介绍公式的应用。假设有一个OA系统有3 000个用户，平均每天大约有400个用户要访问该系统，对于一个典型用户来说，一天之内从登录到退出系统的平均时间为4h，用户只在一天的8小时内使用该系统。根据公式（1）和公式（2），可以得到$C = 400 \times 4/8 = 200$，$C^{\mu} = 200 + 3 \times \sqrt{200} = 242$。

除了上述方法以外，还有一种应用更为广泛的估算方法，当然这种方法的精度较差，是由平时的经验积累得到的，相应经验公式为：$C = n/10$（公式（3））和$C^{\mu} = r \times C$（公式（4））。通常，用访问系统用户最大数量的10%作为平均并发用户数，最大并发用户数可以通过并发数乘以一个调整因子r得到，r的取值在不同的行业可能会有所不同，通常r的取值为2～3。系统用户最大数可以通过系统操作日志或者系统全局变量分析得到。在没有系统日志等方法得到时，也可以根据同类型的网站分析或者估算得到（这种方法存在一定的偏差，应该酌情选择）。现在很多网站都提供了非常好的网站访问量统计，如http://www.51.la（我要啦免费统计网站），用户可以申请一个账户，然后把该网站提供的代码嵌入网站，就可以通过访问“我要啦免费统计网站”来查看每天的访问量、每月的访问量等信息。r（调整因子）的确定不是一朝一夕就可以得到，通常需要根据多次性能测试的数据，才能够确定比较准确的取值。所以，大家在平时进行并发测试过程中，一定要注意数据的积累，针对本行业的特点，确定一个比较合理的r值。如果能知道平均每个用户发出的请求数量（假设为u），则系统接受的总的请求数量就可以通过$u \times C$估算出来，这个值也就是我们平时所说的吞吐量。

（3）思考时间计算公式。

思考时间（Think Time）是在录制脚本过程中，每个请求之间的时间间隔，也就是操作过程中停顿的时间。在实际应用系统时，不会一个接一个地不停地发送请求，通常在发出一个请求以后，都会停顿一定的时间，来发送下一个请求。

为了真实的描述用户操作的实际场景，在录制脚本的过程中，通常，LoadRunner也会录制这些思考时间，在脚本中lr_think_time()函数就是实现前面所说的思考时间，它实现了在两个请求之间的停顿。

在实际性能测试过程中，作为一名性能测试人员，可能非常关心怎样设置思考时间才能够跟实际情况最合理。其实，思考时间与迭代次数、并发用户数以及吞吐量存在一定的关系。如$F = \frac{N_{\text{PU}} \times R}{T}$（公式（5））说明吞吐量是VU数量$N_{\text{VU}}$、每个用户发出请求数$R$和时间$T$的函数，而其中的$R$又可以用时间$T$和用户的思考时间$T_s$来计算得出，$R = \frac{T}{T_s}$（公式（6）），用公式（5）和公式（6）进行化简运算可得，吞吐量与N_{VU}成正比，而与T_s成反比。

那么，究竟怎样选择合适的思考时间呢？下面给出一个计算思考时间的一般步骤。

① 首先计算出系统的并发用户数。

② 统计出系统平均的吞吐量。

③ 统计出平均每个用户发出的请求数量。

④ 根据公式（6）计算出思考时间。

为了使性能测试的场景更加符合真实的情况，可以考虑在公式（6）的基础上再乘以一个比例因子或者指定一个动态随机变化的范围来仿真实际情况。

经常会看到有很多做性能测试对是否引入思考时间在网络上的争论，在这里笔者认为思考时间是为了模拟真实的操作而应运而生，所以如果要模拟真实场景的性能测试建议还是应用思考时间。但是，如果要考察一个系统能够处理的压力——极限处理能力，则可以将思考时间删除或者注释掉，从而起到最大限度的发送请求，考察系统极限处理能力的目的。

8.56 如何掌握“拐点”分析方法

1. 问题提出

如何掌握“拐点”分析方法？

2. 问题解答

性能测试执行完成后会产生大量的图表，而作为性能测试分析人员，我们平时应用最常用的分析方法是“拐点分析方法”，下面就给大家介绍一下该方法。

这里我们以图 8-121 作为拐点分析的图表。“拐点分析”方法是一种利用性能计数器曲线图上的拐点进行性能分析的方法。它的基本思想就是性能产生瓶颈的主要原因就是因为某个资源的使用达到了极限，此时表现为随着压力的增大，系统性能却出现急剧下降，这样就产生了“拐点”现象。当得到“拐点”附近的资源使用情况时，就能定位出系统的性能瓶颈。“拐点分析”方法举例：如系统随着用户的增多，事务响应时间缓慢增加，当用户数达到 100 个虚拟用户时，系统响应时间急剧增加，表现为一个明显的“折线”，这就说明了系统承载不了如此多的用户做这个事务，也就是存在性能瓶颈。

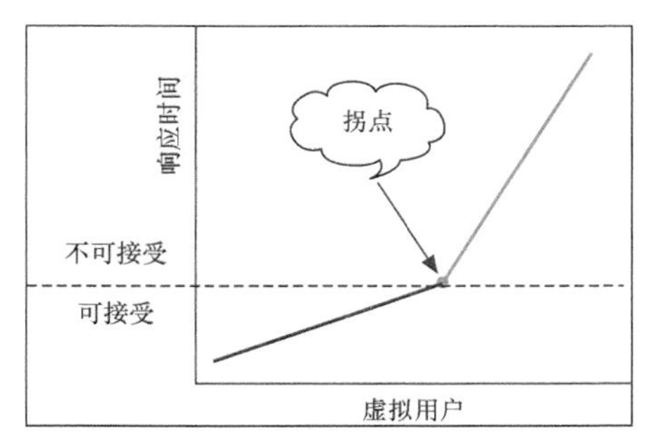

图 8-121 虚拟用户－响应时间图

8.57 如何发现性能测试的规律

1. 问题提出

性能测试是否有一定的规律？

2. 问题解答

做性能测试时间久了，通常都会发现其符合性能测试模型的规律。下面介绍性能测试模型。

性能测试过程通常都有一定的规律，有经验的性能测试人员会按照性能测试用例来执行，性能测试的执行过程是由轻到重，逐渐对系统施压。图 8-122 是一个标准的软件性能模型。通常用户最关心的性能指标包括响应时间、吞吐量、资源利用率和最大用户数。可以将这张图分成 3 个区域，即轻负载区域、重负载区域和负载失效区域。

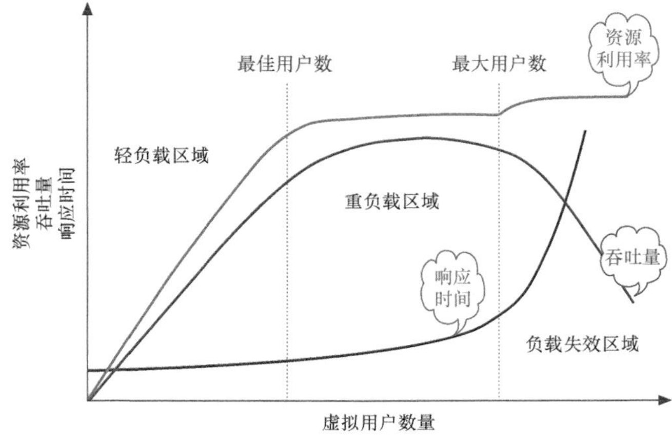

图 8-122 性能测试模型图

这 3 个区域有什么特点呢？在轻负载区域：在这个区域可以看到随着虚拟用户数的增加，系统资源利用率和吞吐量也随之增加，而响应时间没有特别明显的变化；在重负载区域可以发现随着虚拟用户数的增加，系统资源利用率随之缓慢增加，吞吐量开始也缓慢增加，随着虚拟用户数的增长，资源利用率保持相对稳定（满足系统资源利用率指标），吞吐量也基本保持平稳，后续则略有降低，但幅度不大，响应时间会有相对较大幅度的增长；负载失效区域：在这个区域系统资源利用率随之增加并达到饱和，如 CPU 利用率达到 95%甚至 100%，并长时间保持该状态，而吞吐量急剧下降，响应时间大幅度增长（即出现拐点）。在轻负载区域和重负载区域交界处的用户数称为“最佳用户数”，而重负载区域和负载失效区域交界处的用户数则称为“最大用户数”。当系统的负载等于最佳用户数时，系统的整体效率最高，系统资源利用率适中，用户请求能够得到快速响应；当系统负载处于最佳用户数和最大用户数之间时，系统可以继续工作，但响应时间开始变长，系统资源利用率较高，并持续保持该状态，如果负载一直持续，则最终导致少量用户无法忍受而放弃；当系统负载大于最大用户数时，导致较多用户因无法忍受超长的等待而放弃使用系统，有时甚至会出现系统崩溃，而无法响应用户请求的情况发生。

8.58 如何编写性能测试用例

1. 问题提出

如何编写性能测试用例，性能测试结果如何命名？

2. 问题解答

表 8-18、表 8-19 和表 8-20 为本次性能测试中的命名规则及规范，性能测试严格按照该规范执行。

表 8-18 性能测试命名规范

脚本命名规范		
脚 本 名 称	脚 本 命 名	功 能 描 述
登录首页脚本	JB_01_DLSY	登录首页是进入系统的入口，需要考察登录系统的响应时间情况
……	……	……

脚本的命名规范如下。

（1）脚本的描述信息主要包括 3 方面内容，即脚本名称、脚本命名和脚本功能。

（2）脚本名称：精简概括脚本的功能。

（3）脚本命名：脚本命名由 3 部分内容构成，即脚本拼音（JIAOBEN）的首字母 JB、脚本编号和脚本名称拼音的首字母加下画线分隔符，脚本编号可以方便了解共编写了多少脚本，也便于排序，如果有需要，也可以加入模块名称。

（4）功能描述：主要描述该功能的使用频度、功能简介和需要关注的性能指标内容。

需要说明的是，脚本的命名只是结合笔者做项目时的一个简单的脚本命名，目的是方便对脚本的管理。用户在实际做项目时，需要结合自身的喜好和单位、项目组的实际要求和情况变更命名规则，只要适合自身项目要求，方便管理即可。

场景命名规范		
场 景 名 称	场 景 命 名	场 景 描 述
登录首页场景 01	CJ_01_XN_DLSY_30Vu_5Min	该场景为性能测试场景，30 个虚拟用户梯度加载，每 15s 加载 5 个虚拟用户，场景持续运行 5 分钟，主要考察的性能指标包括：登录业务响应时间、登录业务每秒事务数及相应服务器 CPU、内存利用率等

续表

场景命名规范		
场 景 名 称	场 景 命 名	场 景 描 述
登录首页场景 02	CJ_02_BF_DLSY_50Vu_5Min	该场景为并发性能测试场景，50 个虚拟用户并发登录系统（采用集合点策略第一项），场景持续运行 5 分钟，主要考察的性能指标包括：登录业务并发处理能力、登录业务响应时间、登录业务每秒事务数及相应服务器 CPU、内存利用率等
……	……	……

场景的命名规范如下。

（1）场景的描述信息主要包括 3 方面内容，即场景名称、场景命名和场景描述。

（2）场景名称：精简概括场景的内容，因场景的内容过多，所以通常以功能 + “场景” + “场景序号”来作为场景名称。

（3）场景命名：场景命名由 6 部分内容构成，即场景拼音（CHANGJING）的首字母 CJ、场景编号、性能测试类型拼音简写前 2 个拼音首字母（如性能测试（XN）、负载测试（FZ）、压力测试（YL）、容量测试（RL）、并发测试（BF）、失败测试（SB）、可靠性测试（KK）、配置测试（PZ）、场景名称拼音的首字母、运行的虚拟用户数 + Vu + 运行时间长度和时间单位，在这里主要包括分钟（min）和小时（hour）。

（4）场景描述：主要描述该场景的相关业务组合、运行的虚拟用户数和运行时间、用户加载和释放模式和需要关注的性能指标等内容。

需要说明的是，场景的命名只是结合作者做项目时的一个简单的场景命名，目的是方便对场景的管理。用户在实际做项目时，需要结合自身的喜好和单位、项目组的实际要求和情况变更命名规则，只要适合自身项目要求，方便管理即可。

登录首页场景 01 结果_01	JG_CJ_01_XN_DLSY_30Vu_10Min _01	该结果为性能测试场景 01 的第 1 次结果信息，30 个虚拟用户梯度加载，每 15s 加载 5 个虚拟用户，场景持续运行 10min，主要考察的性能指标包括：登录业务响应时间、登录业务每秒事务数及 192.168.3.110 应用服务器和 192.168.3.112 数据服务器的相关 CPU、内存利用率等指标信息
登录首页场景 01 结果_02	JG_CJ_01_XN_DLSY_30Vu_10Min _02	该结果为性能测试场景 01 的第 2 次结果信息，30 个虚拟用户梯度加载，每 15s 加载 5 个虚拟用户，场景持续运行 10 min，主要考察的性能指标包括：登录业务响应时间、登录业务每秒事务数及 192.168.3.110 应用服务器和 192.168.3.112 数据服务器的相关 CPU、内存利用率等指标信息
……	……	……

结果的命名规范如下。

（1）结果的描述信息主要包括 3 方面内容，即结果名称、结果命名和结果描述。

（2）结果名称：结果名称主要针对场景得来，采用场景名称 + “结果” + 该场景执行次数的形式。

（3）结果命名：场景命名由 3 部分构成，即结果拼音（JIEGUO）的首字母 JG、对应执行的场景命名和该场景执行的次数信息。关于场景命名请参见相应部分，这里不再赘述，命名时还可以结合自身需要添加执行时间等信息。

（4）结果描述：主要描述结果信息是针对场景及监控的对应服务器相关信息，在监控相应服务器性能指标时，可能不限于仅用 LoadRunner，很有可能应用了 NMON、系统自带的命令，如 top 命令或者其他第三方商业工具，那么也需要命名对应的结果信息，明确相关监控结果针对的服务器，是第几次执行得到的等相关信息。需要指出的是，在执行监控时必须同步。关于这些命名，请读者自行思考，这里不再赘述。

需要说明的是，结果的存放要集中，必须保证同场景的结果放到该场景的结果信息目录下，不要将所有的结果信息混杂存放，通常在定位问题和调优时，场景要多次执行。结果的命名只是结合作者做项目时的一个简单的结果命名，目的是方便对结果的管理。用户在实际做项目时，需要结合自身的喜好和单位、项目组的实际要求和情况变更命名规则，只要适合自身项目要求，方便管理即可。

表 8-19　　“登录首页”用例设计

登录首页					
脚本名称	S_01_DLSY（登录首页脚本）		程序版本	Ver:1.02	
用例编号	P-DLSY-01（P:Performance，DLSY:登录首页）		模块	登录	
测试目的	（1）测试“登录首页”典型业务的并发能力及并发情况下的系统响应时间 （2）某单位某系统登录业务处理的 TPS （3）并发压力情况下，服务器的资源使用情况，如 CPU、MEM、I/O				
特殊说明	性能指标参考标准： （1）预期用户 1000 人，按 50%在线估算，在线用户每天 500 人 （2）并发用户数是实际用户数的 5%～10%，取实际用户数为 1000（考虑到该功能的使用频率较登录首页情况较低的因素，在这里取 10%），则并发用户数为 1000×10%=100 （3）系统日页面访问总量为 2500～100000，根据 80/20 原则并按照最大访问量计算，一天工作 8 小时，则 TPS=2500×80%/8×60×60×20%=2000/5760=0.3472 至 TPS=100000×80%/8×60×60×20%=13.888 笔/s （4）以非 SSL 连接方式访问门户时，95%的平均响应时间上限小于 5s				
前提条件	应用程序已经部署，同时登录系统的用户名及密码、相应栏目数据已经提供				
步　骤	操　作	是否设置并发点	是否设定事务	事务名称	说　明
1	在 IE 浏览器中输入 URL 并打开某单位某系统				
2	输入用户名及密码，单击“登录”按钮		是	登录首页	
3	打开登录首页面				
4	用户登出				
编制人员	×××	编制日期	20××-××-××		

根据测试范围及内容，设计执行场景。在场景设计中，按照一定的梯度进行递增，但执行次数和用户数要根据单位系统的性能表现来调整，并不是一个固定不变的值。例如，场景设计中计划执行用户数为 100，如果用户数为 50 时已经到达性能拐点，则不再进行更多用户的测试。另外，性能拐点的测试场景应至少执行 3 次。

表 8-20　　“登录首页”性能场景

序号	场景名称	用户总数	执行时间	用户递增策略	
				递增数量	递增间隔
1	CJ_01_XN_DLSY_30Vu_5Min	30	5min	5	15s
2	CJ_02_XN_DLSY_50 Vu_5Min	50	5 min	5	15s
3	CJ_03_XN_DLSY_10 Vu_10Min	10	10 min	5	15 s
4	CJ_04_XN_DLSY_20 Vu_10Min	20	10 min	5	15 s
5	CJ_05_XN_DLSY _40 Vu_10Min	40	10 min	5	15 s
6	……	……	……	……	……

8.59　如何对 MySQL 数据库进行查询操作

1．问题提出

如何对 MySQL 数据库进行查询操作？

2. 问题解答

经常会看到有很多朋友再问，LoadRunner 有没有办法从数据库中取得信息的问题。在这里给读者朋友们介绍使用 MySQL 数据库提供的动态链接库“libmysql.dll”文件中的 API 函数，从数据库中获得数据的方法。

前面章节已经介绍过如何获取动态链接库提供的对外可调用函数的方法，这里还是使用 InspectEXE，查看 libmySQL.dll 提供了哪些函数，如图 8-123 所示。

图 8-123　libmySQL.dll 的可调用函数信息

libmySQL 提供的函数如表 8-21 所示。

表 8-21　“libmySQL.dll”文件提供的函数

函 数 名 称	函 数 说 明
mysql_init()	初始化 MySQL 对象
mysql_options()	设置连接选项
mysql_real_connect()	连接到 MySQL 数据库
mysql_real_escape_string()	将查询串合法化
mysql_query()	发出一个以空字符结束的查询串
mysql_real_query()	发出一个查询串
mysql_store_result()	一次性传送结果
mysql_use_result()	逐行传送结果
mysql_free_result()	释放结果集
mysql_change_user()	改变用户
mysql_select_db()	改变默认数据库
mysql_debug()	送出调试信息
mysql_dump_debug_info()	转储调试信息
mysql_ping()	测试数据库是否处于活动状态
mysql_shutdown()	请求数据库 SHUTDOWN
mysql_close()	关闭数据库连接
mysql_character_set_name()	获取默认字符集
mysql_get_client_info()	获取客户端信息
mysql_host_info()	获取主机信息
mysql_get_proto_info()	获取协议信息
mysql_get_server_info()	获取服务器信息
mysql_info()	获取部分查询语句的附加信息
mysql_stat()	获取数据库状态
mysql_list_dbs()	获取数据库列表
mysql_list_tables()	获取数据表列表
mysql_list_fields()	获取字段列表
mysql_field_count()	获取字段数
mysql_affected_rows()	获取受影响的行数

续表

函数名称	函数说明
mysql_insert_id()	获取AUTO_INCREMENT列的ID值
mysql_num_fields()	获取结果集中的字段数
mysql_field_tell()	获取当前字段位置
mysql_field_seek()	定位字段
mysql_fetch_field()	获取当前字段
mysql_fetch_field_direct()	获取指定字段
mysql_frtch_fields()	获取所有字段的数组
mysql_num_rows()	获取行数
mysql_fetch_lengths()	获取行长度
mysql_row_tell()	获取当前行位置
mysql_row_seek()	行定位
mysql_data_seek()	数据定位
mysql_fetch_row()	获取当前行
mysql_list_processes()	返回所有线程列表
mysql_thread_id()	获取当前线程ID
mysql_thread_safe()	是否支持线程方式
mysql_kill()	杀灭一个线程
mysql_errno()	获取错误号
mysql_error()	获取错误信息

具体程序如下。

```
Action()
{
    int rc;
    int db_connection;
    int query_result;
    char** result_row;
    char *server = "localhost";
    char *user = "root";
    char *password = "password";
    char *database = "mytestdb";
    int port = 3306;
    int unix_socket = NULL;
    int flags = 0;
    rc = lr_load_dll("D:\\mysqlscript\\libmysql.dll");

    if (rc != 0)
    {
        lr_error_message("不能加载 libmysql.dll 文件! ");
        lr_abort();
    }
    db_connection = mysql_init(NULL);

    if (db_connection == NULL)
    {
```

```
        lr_abort();//终止脚本继续运行
    }
    rc = mysql_real_connect(db_connection, server, user, password, database, port,
unix_socket, flags);

    if (rc == NULL)
    {
        lr_error_message("%s", mysql_error(db_connection));//输出错误信息
        mysql_close(db_connection);
        lr_abort();
    }
    rc = mysql_query(db_connection, "SELECT * FROM wenti");

    if (rc != 0)
    {
        lr_error_message("%s", mysql_error(db_connection));
        mysql_close(db_connection);
        lr_abort();
    }
    query_result=mysql_use_result(db_connection);

    if (query_result == NULL)
    {
        lr_error_message("%s", mysql_error(db_connection));
        mysql_free_result(query_result);
        mysql_close(db_connection);
        lr_abort();
    }

    while (result_row = (char **)mysql_fetch_row(query_result))
    {
        if (result_row == NULL)
        {
            lr_error_message("没有查询到结果");
            mysql_free_result(query_result);
            mysql_close(db_connection);
            lr_abort();
        }
        lr_save_string(result_row[0], "no");
        lr_output_message("ID is: %s", lr_eval_string("{no}"));//输出 ID 信息
    }
    mysql_free_result(query_result);
    mysql_close(db_connection);
}
```

8.60 为何无法与 Load Generator 通信

1．问题提出

平时在使用 LoadRunner 进行性能测试时，有时会出现无法与 Load Generator 通信的问题，那么如何解决该问题呢？

2．问题解答

通常出现上述问题后，需要检查 TCP/IP 连接和 Load Generator 连接。

（1）TCP/IP 连接。

首先，使用 ping 命令确保 Controller 和 Load Generator 是可以在网络上相互 ping 通的，这里假设本机为一个负载生成器机器（即 Load Generator，其 IP 地址为 192.168.0.122）ping 主控机（Controller，其 IP 为 192.168.0.151），如图 8-124 所示，同时保证主控机可以 ping 通负载机。

如果 ping 命令无响应或超时失败，则说明无法识别计算机名。要解决此问题，请编辑 Windows 系统目录下的 hosts 文件，以作者的文件为例，该文件存放于“C:\windows\ system32\ drivers\etc”下，可以为该文件添加一行包含 IP 地址和名称的信息，如图 8-125 所示。

```
C:\WINDOWS\system32\cmd.exe
Microsoft Windows XP [版本 5.1.2600]
(C) 版权所有 1985-2001 Microsoft Corp.

C:\Documents and Settings\Administrator>ping 192.168.0.151

Pinging 192.168.0.151 with 32 bytes of data:

Reply from 192.168.0.151: bytes=32 time<1ms TTL=64
Reply from 192.168.0.151: bytes=32 time<1ms TTL=64
Reply from 192.168.0.151: bytes=32 time<1ms TTL=64
Reply from 192.168.0.151: bytes=32 time<1ms TTL=64

Ping statistics for 192.168.0.151:
    Packets: Sent = 4, Received = 4, Lost = 0 (0% loss),
Approximate round trip times in milli-seconds:
    Minimum = 0ms, Maximum = 0ms, Average = 0ms

C:\Documents and Settings\Administrator>
```

图 8-124 ping 信息相关内容

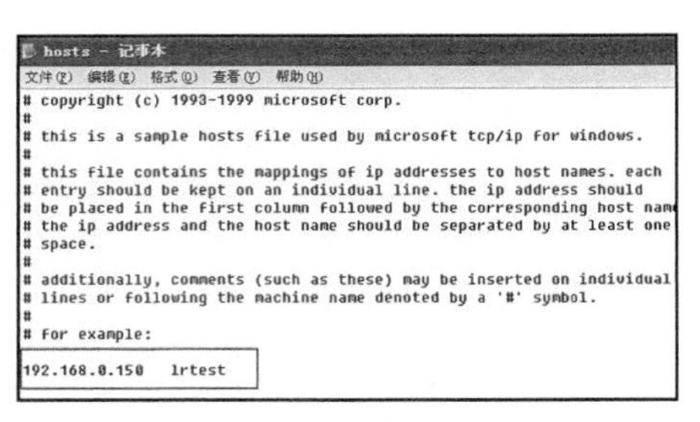

图 8-125 hosts 文件信息相关内容

如果仍然连接不通，则联系网络管理员确保硬件设备无故障，分配的网段可以彼此到达。

（2）Load Generator 连接。

要验证 Load Generator 连接，请单击图 8-126 中的【Connect】按钮，确保连接到每个远程 Load Generator。如果连接成功，则状态变更为“Ready”，否则显示“Failed”。如果场景使用多个域（如 Vuser 与 Controller 在不同域中），那么 Controller 在与 Load Generator 通信时可能会产生问题。发生这种问题的原因是 Controller 默认使用了 Load Generator 简短名称（不包含域）。要解决此问题，必须指示 Controller 确定 Load Generator 的全名（包含域）。

修改主控机（Controller）的“C:\Program Files\HP\LoadRunner\dat\miccomm.ini”文件，将“LocalHostNameType=1”变更为“LocalHostNameType=0”，如图 8-127 所示。其中，0 表示尝试使用完整的计算机名，1 表示使用简短计算机名，这是默认值，2 表示 IP 地址。

Load Generators

Name	Status	Platform	Details
localhost	Ready	WINXP	
192.168.0.150	Failed	Windows	Failed to connect to the age
192.168.0.151	Ready	WINXP	

Connect　Add...　Delete...　Reset　Details...　Disable　Help　Close

图 8-126 Load Generators 对话框相关信息

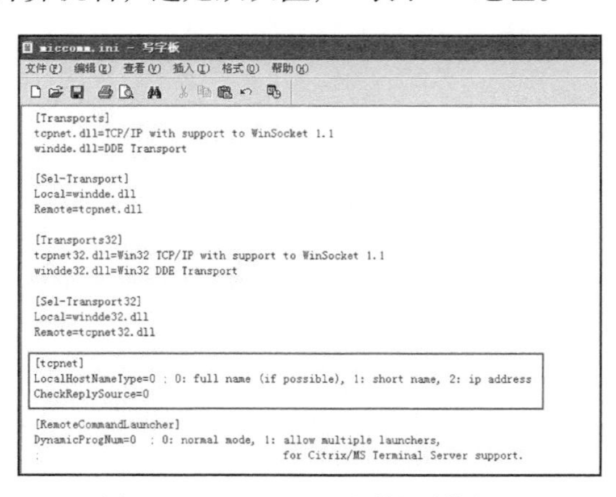

图 8-127 miccomm.ini 文件相关信息

8.61 本章小结

本章是本书的重要章节，想做好一份工作，经验的积累是必要也是必需的，相比其他的工作，性能测试经验的积累更加重要，因为随着信息产业和互联网技术的蓬勃发展，现在的应用和技术已经日新月异，日趋复杂，这无疑对性能测试人员是一个巨大的挑战。结合国内目前测试时间短、任务重的实际情况，如果具备丰富的实战经验，则会对性能测试过程各环节及系统出现的性能瓶颈等方面情况进行指导，快速完成性能测试工作。

本章结合笔者工作和学习性能测试过程中遇到的典型的 60 个问题，从性能测试的规律、用例设计、瓶颈分析、性能指标的计算公式到应用 LoadRunner 工具时遇到的若干问题都进行了详细讲解，希望能为用户进行性能测试提供帮助。

请详细阅读本章内容，边学边练，认真做好上机练习。

8.62 本章习题及经典面试试题

一、章节习题

1. 在命令行控制台编写一条命令，使用“wlrun.exe”实现运行“C:\test.lrs”场景文件，并将执行结果存放在“C:\TestRes”目录中。

2. 在 LoadRunner 11.0 中，若想突破参数化时可见的记录只显示前 100 条的限制，需要修改“….\HP\LoadRunner\config\ Vugen.ini”文件，在文件中找到“[ParamTable]”，修改其下的____后边的数字即可。

3. 根据以下脚本信息，给出相应的脚本输出结果信息。

```
vuser_init()
{
     lr_output_message("开始执行 init 部分内容！");
     return -1;
}
int add2int(int a,int b)
{
     return a+b;
}

Action()
{
     int a=10;
     int b=20;
     lr_output_message("开始执行 Action 部分内容！");
     lr_output_message("%d+%d=%d",a,b,add2int(a,b));
     return 1;
}
vuser_end()
{
    lr_output_message("开始执行 end 部分内容！");
      return 2;
}
```

二、经典面试试题

1. 根据以下脚本信息，给出相应的脚本输出结果信息。

```
vuser_init()
{
     lr_output_message("开始执行 init 部分内容！");
     return 1;
}
int mul2int(int a,int b)
{
     return a*b;
}

Action()
{
     int a=10;
     int b=20;
     lr_output_message("开始执行 Action 部分内容！");
     lr_output_message("%d*%d=%d",a,b,mul2int(a,b));
     return 0;
}
vuser_end()
{
    lr_output_message("开始执行 end 部分内容！");
      return 2;
}
```

2. 要对一款游戏进行性能测试，开发人员做好了3个机器人程序，分别针对关卡（boss.exe）、交易（deal.exe）和聊天（chat.exe），每个程序都能针对各自的功能模拟50个游戏角色，现在需要在VuGen中，运行这3个机器人程序，请写出相应脚本。

```
Action()
{
   _____________;
_____________;
_____________;

     return 0;
}
```

3. 已知图8-128中的曲线为系统运行前后的可用内存变化，请结合该图给予一段文字说明，阐述由该图基本可以确定的问题，并简单说明哪些原因有可能会出现该问题。

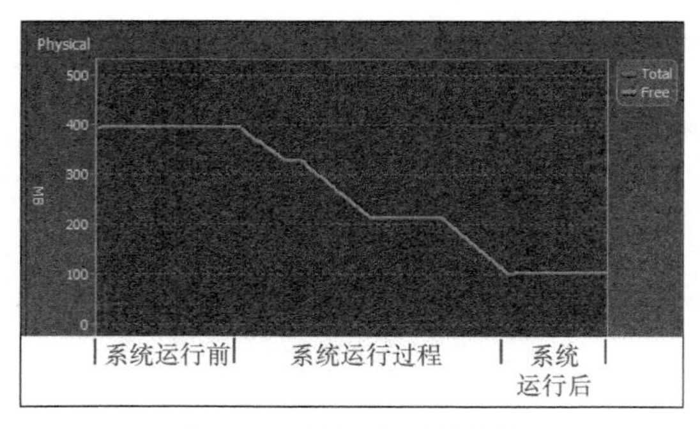

图8-128 服务器内存监控图

8.63 本章习题及经典面试试题答案

一、章节习题

1. 在命令行控制台编写一条命令，使用“wlrun.exe”实现运行“C:\test.lrs”场景文件，并将执行结果存放在“C:\TestRes”目录下。

答：wlrun -TestPath C:\test.lrs -ResultName C:\TestRes -Run。

2. 在 LoadRunner 11.0 中，若想突破参数化时可见的记录只显示前 100 条的限制，需要修改“....\HP\LoadRunner\config\ Vugen.ini”文件，在文件中找到“[ParamTable]”，修改其下的 MaxVisibleLines=后边的数字即可。

3. 根据以下脚本信息，给出相应的脚本输出结果信息。

```
vuser_init()
{
     lr_output_message("开始执行 init 部分内容! ");
     return -1;
}
int add2int(int a,int b)
{
     return a+b;
}

Action()
{
     int a=10;
     int b=20;
     lr_output_message("开始执行 Action 部分内容! ");
     lr_output_message("%d+%d=%d",a,b,add2int(a,b));
     return 1;
}
vuser_end()
{
    lr_output_message("开始执行 end 部分内容! ");
      return 2;
}
```

答：

```
开始执行 init 部分内容!
```

二、经典面试试题

1. 根据以下脚本信息，给出相应的脚本输出结果信息。

```
vuser_init()
{
     lr_output_message("开始执行 init 部分内容! ");
     return 1;
}
int mul2int(int a,int b)
{
     return a*b;
}
```

```
Action()
{
      int a=10;
      int b=20;
      lr_output_message("开始执行 Action 部分内容! ");
      lr_output_message("%d*%d=%d",a,b,mul2int(a,b));
      return 0;
}
vuser_end()
{
     lr_output_message("开始执行 end 部分内容! ");
       return 2;
}
```

答:

```
开始执行 init 部分内容!
开始执行 Action 部分内容!
10*20=200
开始执行 end 部分内容!
```

2. 针对一款游戏要进行性能测试，开发人员做好了 3 个机器人程序，分别针对关卡（boss.exe）、交易（deal.exe）和聊天（chat.exe），每个程序都能针对各自的功能模拟 50 个游戏角色，现在需要在 VuGen 中，运行这 3 个机器人程序，请写出相应脚本?

```
Action()
{
   system("boss.exe");
system("deal.exe");
system("chat.exe");

      return 0;
}
```

3. 已知图 8-128 中的曲线为系统运行前后可用内存的变化，请结合该图给予一段文字说明，阐述由该图基本可以确定存在的问题，并简单说明哪些原因有可能会出现该问题。

答：如图 8-128 所示，系统运行前可用内存大概为 400MB，系统运行过程中，可用内存逐渐减少，系统运行后可用内存减少到 100MB，从该图可以判断系统存在内存泄露问题，使得系统可用内存减少。通常申请内存后，不进行释放、打开文件不关闭、建立连接不释放等都会产生内存泄露问题，请检查是否存在类似情况。

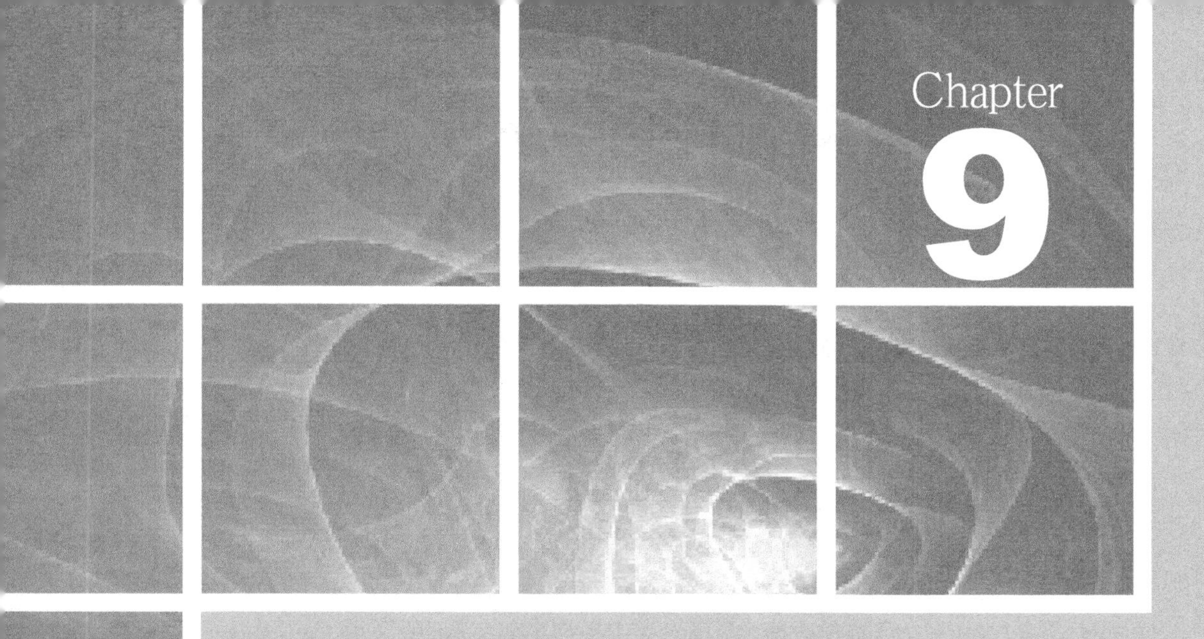

第 9 章 基于接口的性能测试实战

9.1　LoadRunner 与其在接口测试中的应用

结合当前软件行业的情况，越来越多的软件企业重视接口测试。基于不同的协议用来做接口测试的工具有很多，比如 JMeter、Postman、Fiddler、Charles、SoupUI 和各浏览器自带开发者相关工具等。鉴于多数软件企业都是针对 HTTP/HTTPS 协议进行接口测试，所以目前主流的接口测试工具还是 Postman、Fiddler 和 JMeter 用得较多。在广大的测试人员心目中，LoadRunner 和 JMeter 一直被认为是功能强大的性能测试工具，其实从接口测试方面的角度来讲，LoadRunner 应该也是非常好的一款接口测试工具。LoadRunner 封装了大量基于不同协议的 API 函数供用户调用，它强大的脚本编写、调试、详尽的帮助以及售后支持无疑是给其使用者的强大支撑，当然如果希望做基于接口的性能测试，它就更应该是不二选择的工具了。

这里作者将用一个章节的内容,向介绍如何应用 LoadRunner 工具完成接口测试和接口性能测试的相关内容。

9.1.1　性能测试接口需求

当我们在进行接口性能测试时，首先就是要了解系统的性能测试需求。这里要在一个拥有 2 万注册用户的网站嵌入一个天气预报的接口应用，这就需要考察第三方提供的天气预报接口的性能。如果其能快速响应用户请求，固然用户体验会非常好，但如果用户访问页面时，天气预报的接口长时间不能响应，页面就会出现一块空白区域，特别是在多用户并发访问时，有可能会有更长时间的等待，用户体验就会更差。相信大家一定都知道木桶原理，一个网站性能的好坏，是由木桶最短的那块板决定的，因此我们必须要对第三方提供的天气预报接口进行性能测试，以评估它是不是系统的短板，为我们是否选用该天气预报接口提供依据。

这里我们应用的第三方天气预报接口为和风天气提供的接口。读者朋友们可以先自行注册一个账号，申请免费的使用。普通用户可以每天免费调用 1000 次，这对于我们考察评估接口的性能已经够用了，如图 9-1 所示。

关于如何注册一个“和风天气”的网站用户非常简单，单击图 9-2 所示的“注册”按钮，然后按照页面要求，填写信息即可，这里不再赘述这部分内容。

图 9-1　和风天气对于不同用户类型提供服务的说明信息

图 9-2　和风天气首页面信息

用户注册完成后，可以登录到“和风天气”网站，进入到控制台，可以看到一个“认证 key”，如图 9-3 所示。这个 key 非常重要，它在后续调用接口时会用到。

图 9-3 和风天气控制台页面信息

通过查看系统日志，了解到每天高峰期用户在线数量为 1500 人左右，而首页高峰期访问量为 100 人左右，天气预报通常放置在网站的首页，这里我们的并发用户数简单地取该业务的在线用户数的 1/10 来计算，即 10 个用户作为首页面的并发用户数。考虑到未来近 1 年内用户数量的增长，这里我们明确的需求就是要求天气预报接口能允许 50 并发访问（即：5 倍的并发量）且平均响应时间不能高于 0.5 秒。如图 9-4 所示，我们可以从和风天气控制台页面获得 API 说明文档，也就是和风天气对外提供的接口相关文档。

这里我们将调用实况天气接口，其接口文档信息如图 9-5 所示。

图 9-4 和风天气控制台页面信息

图 9-5 和风天气实况天气相关接口文档信息

- 实况天气接口介绍

实况天气即为当前时间点的天气状况以及温湿风压等气象指数，具体包含的数据：体感温度、实测温度、天气状况、风力、风速、风向、相对湿度、大气压强、降水量、能见度等。

城市覆盖范围：全球。

- 请求 URL

付费：https://api.heweather.com/s6/weather/now?[parameters]

免费：https://free-api.heweather.com/s6/weather/now?[parameters]

parameters 代表请求参数，包括必选和可选参数。所有请求参数均使用&进行分隔，参数值存在中文或特殊字符的情况，需要对参数进行 **url encode**。

- 请求参数，具体如表 9-1 所示

表 9-1 请求参数列表

参数	描 述	选择	示 例 值
location	需要查询的城市或地区，可输入以下值 1. 城市 ID：城市列表 2. 经纬度格式：经度，纬度（经度在前纬度在后，英文,分隔，十进制格式，北纬东经为正，南纬西经为负） 3. 城市名称，支持中英文和汉语拼音 4. 城市名称，上级城市或省或国家，英文，分隔，此方式可以在重名的情况下只获取想要的地区的天气数据，例如 西安,陕西 5. IP 6. 根据请求自动判断，根据用户的请求获取 IP，通过 IP 定位并获取城市数据	必选	1. location=CN101010100 2. location=116.40,39.9 3. location=北京、 location=北京市、location=beijing 4. location=朝阳,北京、location=chaoyang,beijing 5. location=60.194.130.1 6. location=auto_ip
lang	多语言，可以不使用该参数，默认为简体中文 详见多语言参数	可选	lang=en
unit	单位选择，公制（m）或英制（i），默认为公制单位 详见度量衡单位参数	可选	unit=i
key	用户认证 key，登录控制台可查看 支持数字签名方式进行认证，推荐使用	必选	key=xxxxxxxxxxxxxx

- 返回字段和数值说明，具体如表 9-2～表 9-5 所示

表 9-2 basic 基础信息

参数	描 述	示 例 值
location	地区/城市名称	海淀
cid	地区/城市 ID	CN101080402
lat	地区/城市纬度	39.956074
lon	地区/城市经度	116.310316
parent_city	该地区/城市的上级城市	北京
admin_area	该地区/城市所属行政区域	北京
cnty	该地区/城市所属国家名称	中国
tz	该地区/城市所在时区	+8.0

表 9-3 update 接口更新时间

参 数	描 述	示 例 值
loc	当地时间，24 小时制，格式 yyyy-MM-dd HH:mm	2017-10-25 12:34
utc	UTC 时间，24 小时制，格式 yyyy-MM-dd HH:mm	2017-10-25 04:34

表 9-4 now 实况天气

参 数	描 述	示 例
fl	体感温度，默认单位：摄氏度	23
tmp	温度，默认单位：摄氏度	21
cond_code	实况天气状况代码	100
cond_txt	实况天气状况描述	晴
wind_deg	风向 360 度	305
wind_dir	风向	西北
wind_sc	风力	3
wind_spd	风速，千米/小时	15
hum	相对湿度	40
pcpn	降水量	0
pres	大气压强	1020
vis	能见度，默认单位：公里	10
cloud	云量	23

表 9-5 status 接口状态

参 数	描 述	示 例 值
status	接口状态，具体含义请参考接口状态码及错误码	ok

- 数据返回示例


```
{
    "HeWeather6": [
        {
            "basic": {
                "cid": "CN101010100",
                "location": "北京",
                "parent_city": "北京",
                "admin_area": "北京",
                "cnty": "中国",
                "lat": "39.90498734",
                "lon": "116.40528870",
                "tz": "8.0"
            },
            "now": {
                "cond_code": "101",
                "cond_txt": "多云",
                "fl": "16",
                "hum": "73",
                "pcpn": "0",
                "pres": "1017",
                "tmp": "14",
                "vis": "1",
                "wind_deg": "11",
                "wind_dir": "北风",
                "wind_sc": "微风",
                "wind_spd": "6"
            },
            "status": "ok",
            "update": {
                "loc": "2017-10-26 17:29",
                "utc": "2017-10-26 09:29"
            }
```

```
            }
        ]
}
```

结合上面的接口文档，我们先尝试一下接口是否可以成功运行，即：根据接口提供的访问地址和必填参数来尝试一下，是否能正确响应并返回结果。我们输入“https://free-api.heweather.com/s6/weather/now?location=%E5%8C%97%E4%BA%AC&key=cadc883ef4214f0d9d86**********”，响应的信息如图 9-6 所示。

https://free-api.heweather.com/s6/weather/now?location=北京&key=cadc883ef4214f0d9d86

{"HeWeather6":[{"basic":{"cid":"CN101010100","location":"北京","parent_city":"北京","admin_area":"北京","cnty":"中国","lat":"39.90498734","lon":"116.4052887","tz":"+8.00"},"update":{"loc":"2018-11-04 17:46","utc":"2018-11-04 09:46"},"status":"ok","now":{"cloud":"100","cond_code":"104","cond_txt":"阴","fl":"3","hum":"79","pcpn":"0.0","pres":"1027","tmp":"7","vis":"10","wind_deg":"70","wind_dir":"东北风","wind_sc":"3","wind_spd":"17"}}]}

图 9-6 和风天气实况天气响应 JSON 信息

从上面的 JSON 响应信息来看，因为没有经过代码格式化，混作一团，不便于阅读，所以我们在线给上面的 JSON 数据格式化一下，如图 9-7 所示。

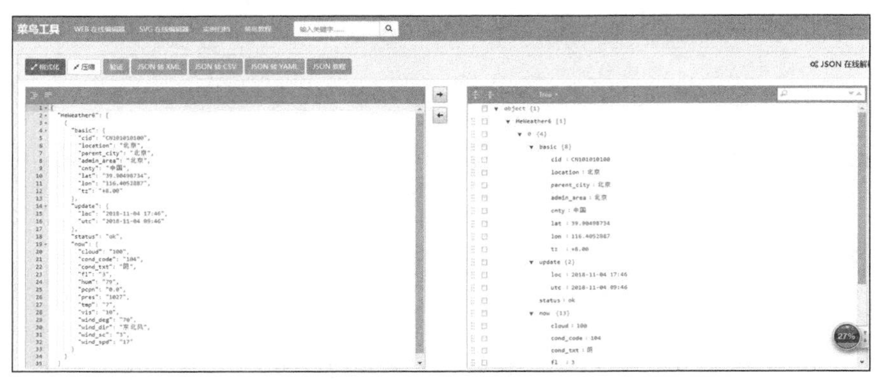

图 9-7 响应 JSON 信息经过在线格式化后的显示结果

9.1.2 接口测试功能性用例设计

下面，我们一起来对实况天气预报接口来进行功能性用例设计，以检验该接口是否能够正确处理正常和异常参数的输入。

为便于大家阅读理解，这里作者将用例整理成一个列表，供大家参考，如表 9-6 和表 9-7 所示。

表 9-6 正常用例设计列表（接口功能性测试）

序号	输 入	预 期 输 出	相应测试输入数据
1	正确输入包含必填参数的相关内容（必填参数包括：location 和 key）	正确输出对应城市（location）的实时天气信息（即：符合 JSON 格式）	https://free-api.heweather.com/s6/weather/now?location=beijing&key=cadc883ef4214f0d9d86***
2	正确输入包含非必填参数的 lang 相关内容，本例应用语言为英文，关于语言选择，参见图 9-8（参数包括：location、key 和 lang）	正确输出对应城市（location）的实时天气信息（即：符合 JSON 格式）	https://free-api.heweather.com/s6/weather/now?location=beijing&key=cadc883ef4214f0d9d86***&lang=en
3	正确输入包含全部参数，本例应用语言为中文，单位选择英制，关于单位参数，参见图 9-9（参数包括：location、key、lang 和 unit）	正确输出对应城市（location）的实时天气信息（即：符合 JSON 格式）	https://free-api.heweather.com/s6/weather/now?location=beijing&key=cadc883ef4214f0d9d86***&lang=cn &unit=i

续表

序号	输　入	预 期 输 出	相应测试输入数据
4	正确输入包含全部参数，本例应用语言为英文，单位选择公制，关于单位参数，参见图 9-9（参数包括：location、key、lang 和 unit）	正确输出对应城市(location)的实时天气信息（即：符合 JSON 格式）	https://free-api.heweather.com/s6/weather/now?location=beijing&key=cadc883ef4214f0d9d86***&lang=en &unit=m
……	…..	….	……

表 9-7　　异常用例设计列表（接口功能性测试）

序号	输　入	预 期 输 出	相应测试输入数据
1	不输入任何参数	返回异常的 JSON 信息(格式：{"HeWeather6":[{"status":"param invalid"}]})	https://free-api.heweather.com/s6/weather/now?
2	不输入必填参数，不输入必填参数（location 或 key 参数）	返回异常的 JSON 信息(格式：{"HeWeather6":[{"status":"param invalid"}]})	https://free-api.heweather.com/s6/weather/now?location=beijing https://free-api.heweather.com/s6/weather/now?key=cadc883ef4214f0d9d86***
3	必填参数输入不存在的值，输入不在城市列表的值（location=test）	返回异常的 JSON 信息(格式：{"HeWeather6":[{"status":"unknown location "}]})	https://free-api.heweather.com/s6/weather/now?location=test& key=cadc883ef4214f0d9d86***
4	输入不支持语言的值，（lang=test）	返回异常的 JSON 信息，未在文档明确说明，即：没有在图 9-8 中有体现，建议（格式：{"HeWeather6":[{"status":"unknown lang"}]})	https://free-api.heweather.com/s6/weather/now?key=cadc883ef4214f0d9d86***&location=beijing&lang=test
……	…..	….	……

和风天气的多语言支持、度量衡量单位和状态码和错误码相关内容；请参见图 9-8、图 9-9 和图 9-10 所示。

图 9-8　多语言支持相关语言代码及语言名称信息

图 9-9　度量衡单位相关信息

状态码和错误码

当你发现接口返回的数据和平时不一样了，那么请注意一下在接口返回的数据中，status 字段是表明数据的状态，目前有以下几种状态：

代码	说明
ok	数据正常
invalid key	错误的key，请检查你的key是否输入以及是否输入有误
unknown location	未知或错误城市/地区
no data for this location	该城市/地区没有你所请求的数据
no more requests	超过访问次数，需要等到当月最后一天24点（免费用户为当天24点）后进行访问次数的重置或升级你的访问量
param invalid	参数错误，请检查你传递的参数是否正确
too fast	超过限定的QPM，请参考QPM说明
dead	无响应或超时，接口服务异常请联系我们
permission denied	无访问权限，你没有购买你所访问的这部分服务
sign error	签名错误，请参考签名算法

图 9-10　状态码和错误码相关信息

鉴于本书并不是一本介绍用例设计的书籍，这里只是针对该实况天气接口进行了部分正常、异常情况下的用例设计，即：各给出了 4 个用例。在实际工作中需要读者朋友们结合各自业务需求，自行设计用例，这里不赘述。

9.1.3　测试用例脚本实现（接口功能性验证）

启动 VuGen，创建一个基于“HTTP”协议的脚本，脚本名称为“Hefeng_weather”，如图 9-11 所示。

单击“Create”按钮，创建一份空的基于 HTTP 协议的脚本，如图 9-12 所示。

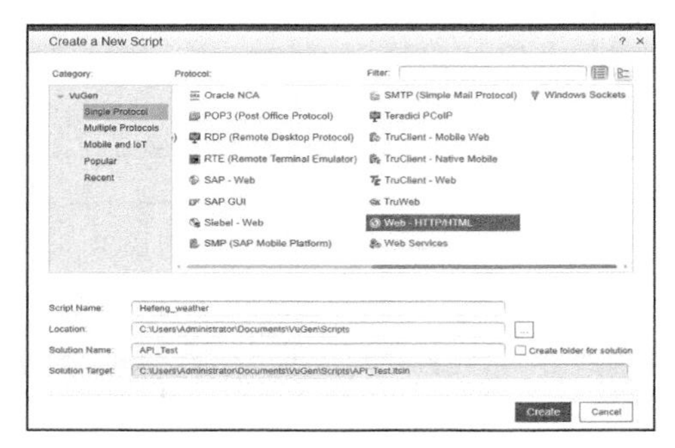

图 9-11　创建基于和风天气的接口测试脚本相关信息

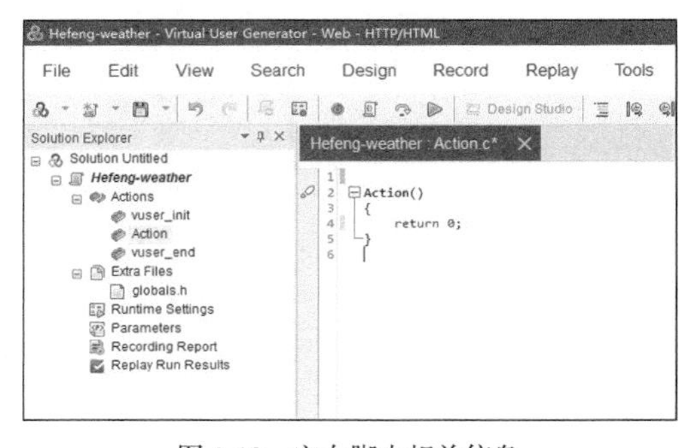

图 9-12　空白脚本相关信息

在写接口测试脚本时，因为通常情况下，接口测试提供者不会给我们提供一些基于该接口的应用给我们，但会给一些基于不同语言的应用示例。结合和风天气来讲，其提供了 Java、PHP 和 Android 的示例代码，如图 9-13 所示。

图 9-13　JAVA 调用代码相关信息

但是，很不幸，并没有发现有 C 语言的样例代码供我们参考，那怎么办呢？事实上，LoadRunner 已经封装了很多 API 函数，根本不需要向其他语言一样通过编写那么多的代码来发送一个 HTTP 请求。如果前面看懂它的接口文档，其实就不难发现，通过和风天气获得实时天气的接口，其实我们只需要发送一个类似于“https://free-api.heweather.com/s6/weather/now?location=beijing&key=cadc883ef42

14f0d9d864f30xxxxx”这样的 Get 请求即可，以这个请求为例，location 就是 Get 请求传的第一个参数，这里是要得到北京地区的实时天气，key 是注册用户后添加应用，系统给我们的秘钥（注：这里作者出于隐私保护角度，对本 key 内容做了部分修改）。

有一些读者朋友可能会说不会那么简单吧？那就先让我们在浏览器中发送这样一个请求来验证一下。

打开任意一个浏览器，这里作者以 Chrome 浏览器为例，在地址栏输入“https://free-api.heweather.com/s6/weather/now?location=beijing&key=cadc883ef4214f0d9d864f30xxxxx ”回车后，会发现浏览器返回了一个基于 JSON 数据格式的内容，如图 9-14 所示。

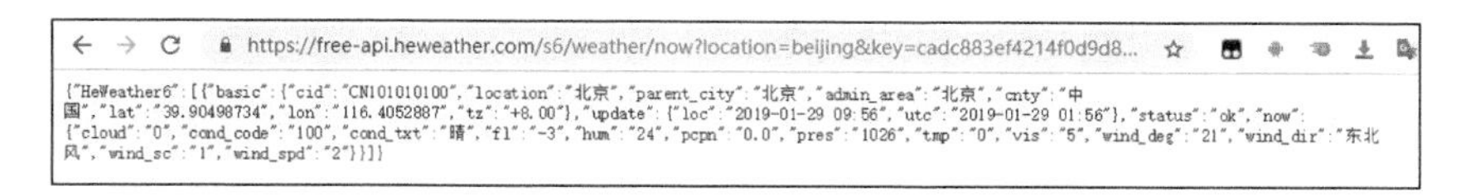

图 9-14　基于 Chrome 发送接口调用请求的相关信息

我们可以通过一些工具，将原本看起来比较混乱的 JSON 格式文本转换成更加易读的格式或者看起来更加方便的结构图，如图 9-15 所示。

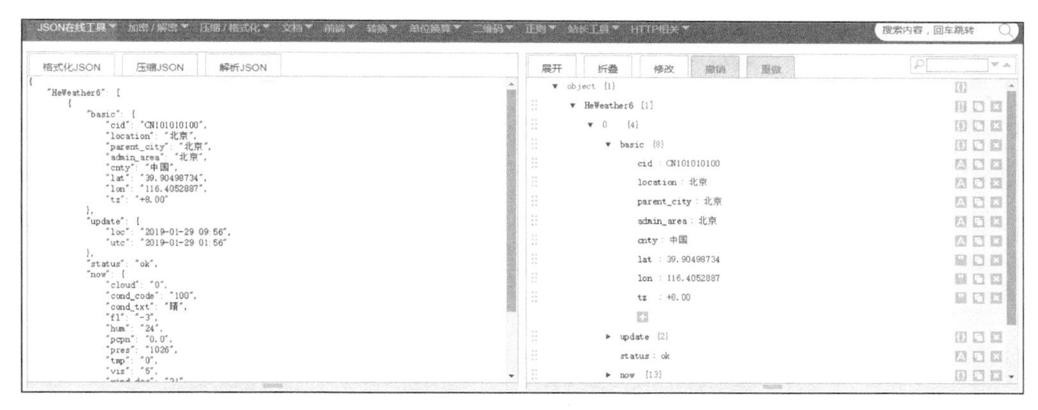

图 9-15　和风天气响应 JSON 数据的格式化与解析相关信息

下面，我们就应用 LoadRunner 来写脚本。LoadRunner 提供了一个用户自定义发送请求的函数，该函数名称为“web_custom_request”的函数，如果对该函数的功能不是很熟悉，可以阅读 LoadRunner 提供的帮助文档，这里不再赘述。

这里，作者也“偷个懒”应用“Steps Toolbox”来完成，发送这个请求，如图 9-16 和图 9-17 所示。双击图 9-16 中的“web_custom_request”，在图 9-17 中的 URL 文本框中输入“https://free-api.heweather.com/s6/weather/now?location=beijing&key=cadc883ef4214f0d9d864f30xxxxx”后，单击“确定”按钮。此时会发现在脚本中将自动添加了“web_custom_request”函数，如图 9-18 所示。

因为在后续脚本编写中，我们会用到城市代码，可以从和风天气提供的城市代码 ID 链接中下载“中国城市”后的文件得到相关中国城市的代码信息，下载后文件内容，如图 9-19 所示。

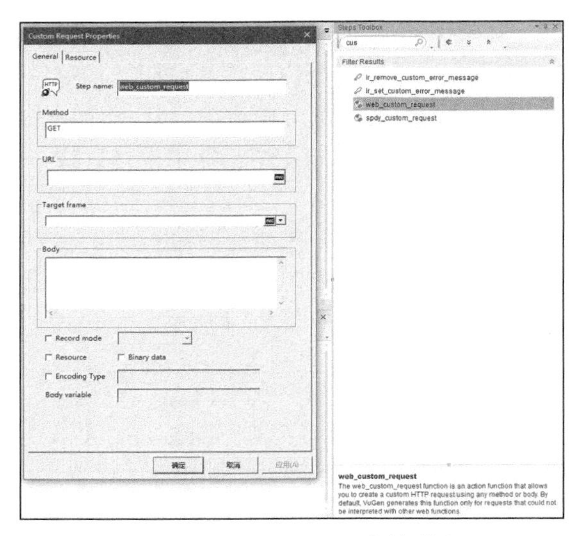

图 9-16　“Steps Toolbox”对话框信息

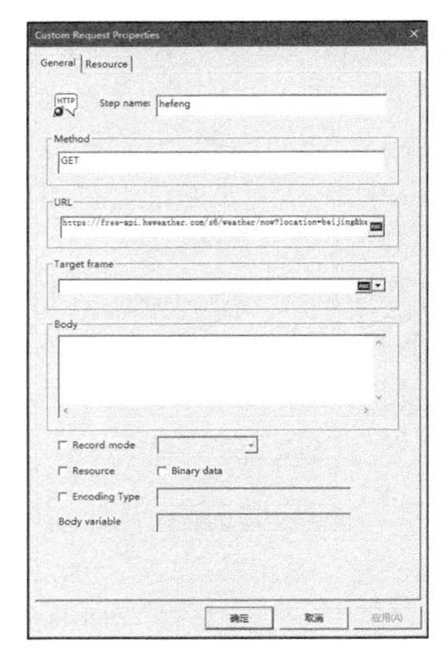

图 9-17　用户自定义请求属性对话框信息

图 9-18　web_custom_request 函数相关信息

A	B	C	D	E	F	G	H	I	J	K	L	M
HEWeather China Ci	update by 2018-06-20											
City_ID	City_EN	City_CN	Country_code	Country_EN	Country_CN	Province_EN	Province_CN	Admin_ district_EN	Admin_ district_CN	Latitude	Longitude	AD_code
CN101010100	beijing	北京	CN	China	中国	beijing	北京	beijing	北京	39.904987	116.40529	
CN101010200	haidian	海淀	CN	China	中国	beijing	北京	beijing	北京	39.956074	116.31032	
CN101010300	chaoyang	朝阳	CN	China	中国	beijing	北京	beijing	北京	39.92149	116.48641	
CN101010400	shunyi	顺义	CN	China	中国	beijing	北京	beijing	北京	40.128937	116.65353	
CN101010500	huairou	怀柔	CN	China	中国	beijing	北京	beijing	北京	40.324272	116.63712	
CN101010600	tongzhou	通州	CN	China	中国	beijing	北京	beijing	北京	39.902485	116.6586	
CN101010700	changping	昌平	CN	China	中国	beijing	北京	beijing	北京	40.218086	116.23591	
CN101010800	yanqing	延庆	CN	China	中国	beijing	北京	beijing	北京	40.465324	115.98501	
CN101010900	fengtai	丰台	CN	China	中国	beijing	北京	beijing	北京	39.863644	116.286964	
CN101011000	shijingshan	石景山	CN	China	中国	beijing	北京	beijing	北京	39.9146	116.19544	
CN101011100	daxing	大兴	CN	China	中国	beijing	北京	beijing	北京	39.72891	116.338036	
CN101011200	fangshan	房山	CN	China	中国	beijing	北京	beijing	北京	39.735535	116.13916	
CN101011300	miyun	密云	CN	China	中国	beijing	北京	beijing	北京	40.37736	116.84335	
CN101011400	mentougou	门头沟	CN	China	中国	beijing	北京	beijing	北京	39.937183	116.10538	
CN101011500	pinggu	平谷	CN	China	中国	beijing	北京	beijing	北京	40.144783	117.112335	
CN101011600	dongcheng	东城	CN	China	中国	beijing	北京	beijing	北京	39.917545	116.418755	
CN101011700	xicheng	西城	CN	China	中国	beijing	北京	beijing	北京	39.91531	116.36679	
CN101020100	shanghai	上海	CN	China	中国	shanghai	上海	shanghai	上海	31.231707	121.47264	
CN101020200	minhang	闵行	CN	China	中国	shanghai	上海	shanghai	上海	31.111658	121.37597	
CN101020300	baoshan	宝山	CN	China	中国	shanghai	上海	shanghai	上海	31.398895	121.48994	
CN101020400	huangpu	黄浦	CN	China	中国	shanghai	上海	shanghai	上海	31.22277	121.49032	
CN101020500	jiading	嘉定	CN	China	中国	shanghai	上海	shanghai	上海	31.383524	121.250336	
CN101020600	pudongxinqu	浦东新区	CN	China	中国	shanghai	上海	shanghai	上海	31.245943	121.5677	
CN101020700	jinshan	金山	CN	China	中国	shanghai	上海	shanghai	上海	30.724697	121.330734	
CN101020800	qingpu	青浦	CN	China	中国	shanghai	上海	shanghai	上海	31.151209	121.11302	
CN101020900	songjiang	松江	CN	China	中国	shanghai	上海	shanghai	上海	31.03047	121.22354	
CN101021000	fengxian	奉贤	CN	China	中国	shanghai	上海	shanghai	上海	30.912346	121.45847	
CN101021100	chongming	崇明	CN	China	中国	shanghai	上海	shanghai	上海	31.626945	121.397514	
CN101021200	xuhui	徐汇	CN	China	中国	shanghai	上海	shanghai	上海	31.179974	121.43752	
CN101021300	changning	长宁	CN	China	中国	shanghai	上海	shanghai	上海	31.218122	121.4222	
CN101021400	jingan	静安	CN	China	中国	shanghai	上海	shanghai	上海	31.229004	121.44823	
CN101021500	putuo	普陀	CN	China	中国	shanghai	上海	shanghai	上海	31.241701	121.3925	
CN101021600	hongkou	虹口	CN	China	中国	shanghai	上海	shanghai	上海	31.26097	121.49183	
CN101021700	yangpu	杨浦	CN	China	中国	shanghai	上海	shanghai	上海	31.270756	121.5228	

图 9-19　和风天气提供的其关于中国城市代码接口相关信息

我们可以看到北京对应的“City_ID”为“CN101010100”。那么脚本的编写调试工作可以正式开始了，作者写了如下一段脚本代码。

```
Action()
{
    char *str="CN101010100";      //定义一个预期的北京城市 ID 作为检查点
    char str1[20];                //定义了一个长度为 20 字符数组
    int pos=-1;                   //定义了一个整型变量，并赋初始值为-1

    web_reg_save_param("test",    //关联函数，目的获取全部响应数据，故未指定左右边界
    "LB=",
```

```
        "RB=",
        LAST);

        pos=web_reg_save_param_json(    //以json格式的关联函数，cid放置到loc参数
            "ParamName=loc",
            "QueryString=$.HeWeather6[0].basic.cid",
            SEARCH_FILTERS,
            LAST);

        web_custom_request("hefeng",    //发送一个获取北京地区实时天气的请求
        "URL=https://free-api.heweather.com/s6/weather/now?location=beijing&key=cadc883214fxx",
        "Method=GET",
        "TargetFrame=",
        "Resource=0",
        "Referer=",
        "Body=",
        LAST);

        lr_output_message("%s",lr_eval_string("{test}"));    //输出全部的响应数据信息
        lr_convert_string_encoding(lr_eval_string("{test}"),LR_ENC_UTF8,LR_ENC_SYSTEM_LOCALE,
"unicode"); //因为存在乱码问题，所以需要将其转换成UTF8字符集
        lr_output_message(lr_eval_string("{unicode}"));//转换后再次输出返回的响应数据
        lr_output_message(lr_eval_string("{loc}"));    //输出loc参数的内容
        lr_output_message("%d",pos);                   //查看关联函数（json）输出，0表示成功 1表示失败
        strcpy( str1,lr_eval_string("{loc}"));         //将参数内容转换为字符串后，存放到str1数组
        pos=strcmp(str1,str);                          //比较实际获得的字符串和预期的字符串是否相同
        lr_output_message("%d",pos);                   //字符串比较后得到的返回值，若为0表示相同

        if (pos==0) {return 0;}                        //若返回值为0，表示两者一致，才成功，否则就失败
        else {return -1;}
    }
```

接下来，我们可以从执行结果看到响应结果完全和预期一致，如图 9-20 所示。

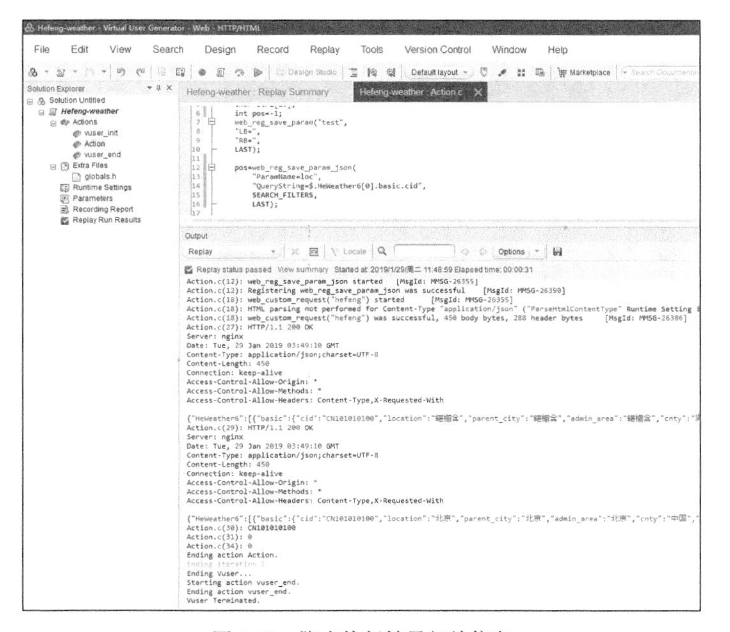

图 9-20 脚本执行结果相关信息

上面的脚本内容是为了便于大家阅读理解作者的意图而添加了多个日志输出函数，脚本调试正确后，就可以将这些无用的函数去掉了。

同时，结合我们设计的4个正常情况下的接口测试用例和4个异常情况下的接口测试用例，如果每个用例都实现一次上面的脚本是不是会感觉比较繁琐、麻烦呢！

所以，为了精简脚本代码，作者对接口测试用例封装成一个测试用例函数，即：testcase()函数，其函数原型为“void testcase(char *casename,char *url)”。其函数的实现代码为：

```
    void testcase(char *casename,char *url)
    {
        char *str="CN101010100";
        char str1[20];
        int pos=-1;
        web_reg_save_param("test",
        "LB=",
        "RB=",
        LAST);

        pos=web_reg_save_param_json(
            "ParamName=loc",
            "QueryString=$.HeWeather6[0].basic.cid",
            SEARCH_FILTERS,
            LAST);

        web_custom_request("hefeng",
        url,
        "Method=GET",
        "TargetFrame=",
        "Resource=0",
        "Referer=",
        "Body=",
        LAST);

        lr_convert_string_encoding(lr_eval_string("{test}"),LR_ENC_UTF8,LR_ENC_SYSTEM_LOCALE,
"unicode");
        strcpy( str1,lr_eval_string("{loc}"));
        pos=strcmp(str1,str);
        if (pos==0) {
            lr_output_message("%s 执行结果: 成功! ",casename);
        }
        else {
            lr_output_message("%s 执行结果: 失败! ",casename);
            lr_output_message("实际输出结果为: %s",lr_eval_string("{unicode}"));
            };
    }
```

大家其实可以清楚地看到，这个函数的内容与之前的脚本代码差异不大，其传入了2个参数，即：casename 和 url 这两个参数，casename 也就是用例名称；url 就是我们要发送的Get 请求 URL 内容，也是传给 web_custom_request 函数 URL 的参数内容。如果实际响应结果得到的 JSON 格式数据包含北京的城市代码，就认为其结果是正确的，输出“XXXX 执行结果：成功!”，否则，输出“XXXX 执行结果：失败!”，同时还会打印实际响应的结果信息。

下面我们就一起来应用 LoadRunner 来实现正常、异常情况下用例，以验证需求文档和接口实现是一致的。

先让我们再来看一下这 8 个接口测试用例的内容，如表 9-8 所示，其中第 1～4 条为正常情况下的接口测试用例，第 5～8 条为异常情况下的接口测试用例。

表 9-8 基于和风天气实时天气接口用例设计列表（接口功能性测试）

序号	输　入	预 期 输 出	相应测试输入数据
1	正确输入包含必填参数的相关内容（必填参数包括：location 和 key）	正确输出对应城市（location）的实时天气信息（即：符合 JSON 格式）	https://free-api.heweather.com/s6/weather/now?location=beijing&key=cadc883ef4214f0d9d86***
2	正确输入包含非必填参数的 lang 相关内容，本例应用语言为英文，关于语言选择，参见图 9-8（参数包括：location、key 和 lang）	正确输出对应城市（location）的实时天气信息（即：符合 JSON 格式）	https://free-api.heweather.com/s6/weather/now?location=beijing&key=cadc883ef4214f0d9d86*** &lang=en
3	正确输入包含全部参数，本例应用语言为中文，单位选择英制，关于单位参数，参见图 9-9（参数包括：location、key、lang 和 unit）	正确输出对应城市（location）的实时天气信息（即：符合 JSON 格式）	https://free-api.heweather.com/s6/weather/now?location=beijing&key=cadc883ef4214f0d9d86*** &lang=cn &unit=i
4	正确输入包含全部参数，本例应用语言为英文，单位选择公制，关于单位参数，参见图 9-9（参数包括：location、key、lang 和 unit）	正确输出对应城市（location）的实时天气信息（即：符合 JSON 格式）	https://free-api.heweather.com/s6/weather/now?location=beijing&key=cadc883ef4214f0d9d86*** &lang=en &unit=m
5	不输入任何参数	返回异常的 JSON 信息（格式：{"HeWeather6":[{"status":"param invalid"}]}）	https://free-api.heweather.com/s6/weather/now?
6	不输入必填参数，不输入必填参数（location 或 key 参数）	返回异常的 JSON 信息（格式：{"HeWeather6":[{"status":"param invalid"}]}）	https://free-api.heweather.com/s6/weather/now?location=beijing https://free-api.heweather.com/s6/weather/now?key=cadc883ef4214f0d9d86***
7	必填参数输入不存在的值，输入不在城市列表的值（location=test）	返回异常的 JSON 信息（格式：{"HeWeather6":[{"status":"unknown location "}]}）	https://free-api.heweather.com/s6/weather/now?location=test& key=cadc883ef4214f0d9d86***
8	输入不支持语言的值，（lang=test）	返回异常的 JSON 信息，未在文档明确说明，即：没有在图 9-8 中有体现，建议（格式：{"HeWeather6":[{"status":"unknown lang"}]}）	https://free-api.heweather.com/s6/weather/now?key=cadc883ef4214f0d9d86*** &location=beijing&lang=test

结合这 8 个基于和风天气实时天气接口的测试用例，我们实现的“Hefeng_weather :Action.c”文件内容如下：

```
    void testcase(char *casename,char *url)
{
    char *str="CN101010100";
    char str1[20];
    int pos=-1;
    web_reg_save_param("test",
    "LB=",
```

```
        "RB=",
        LAST);

        pos=web_reg_save_param_json(
            "ParamName=loc",
            "QueryString=$.HeWeather6[0].basic.cid",
            SEARCH_FILTERS,
            LAST);

        web_custom_request("hefeng",
        url,
        "Method=GET",
        "TargetFrame=",
        "Resource=0",
        "Referer=",
        "Body=",
        LAST);

        lr_convert_string_encoding(lr_eval_string("{test}"),LR_ENC_UTF8,LR_ENC_SYSTEM_LOCALE,
"unicode");
        strcpy( str1,lr_eval_string("{loc}"));
        pos=strcmp(str1,str);
        if (pos==0) {
            lr_output_message("%s 执行结果: 成功! ",casename);
        }
        else {
            lr_output_message("%s 执行结果: 失败! ",casename);
            lr_output_message("实际输出结果为: %s",lr_eval_string("{unicode}"));
            };
    }


    Action()
    {
        testcase("测试用例 1",
        "URL=https://free-api.heweather.com/s6/weather/now?location=beijing&key=cadc8XXXXXX");
        testcase(
        "测试用例 2",
        "URL=https://free-api.heweather.com/s6/weather/now?location=beijing&key=cadc8XXXXXX&
        lang=en");
        testcase("测试用例 3",
        "URL=https://free-api.heweather.com/s6/weather/now?location=beijing&key=cadc8XXXXXX&
        lang=cn&unit=i");
        testcase("测试用例 4",
        "URL=https://free-api.heweather.com/s6/weather/now?location=beijing&key=cadc8XXXXXX&
        lang=en&unit=m");
        testcase("测试用例 5","URL=https://free-api.heweather.com/s6/weather/now");
        testcase("测试用例 6",
        "URL=https://free-api.heweather.com/s6/weather/now?location=beijing");
        testcase("测试用例 7",
        "URL=https://free-api.heweather.com/s6/weather/now?location=test&key=cadc8XXXXXX");
        testcase("测试用例 8",
        "URL=https://free-api.heweather.com/s6/weather/now?location=beijing&key=cadc8XXXXXX&
        lang=test");
        return 0;
    }
```

上面的脚本代码较长，为了便于大家阅读，这里给出该脚本核心用例设计的图示，如图 9-21 所示。

```
Action()
{
    testcase("测试用例1","URL=https://free-api.heweather.com/s6/weather/now?location=beijing&key=cadc883[illegible]");
    testcase("测试用例2","URL=https://free-api.heweather.com/s6/weather/now?location=beijing&key=cadc883[illegible]&lang=en");
    testcase("测试用例3","URL=https://free-api.heweather.com/s6/weather/now?location=beijing&key=cadc883[illegible]&lang=cn&unit=i");
    testcase("测试用例4","URL=https://free-api.heweather.com/s6/weather/now?location=beijing&key=cadc883[illegible]&lang=en&unit=m");
    testcase("测试用例5","URL=https://free-api.heweather.com/s6/weather/now");
    testcase("测试用例6","URL=https://free-api.heweather.com/s6/weather/now?location=beijing");
    testcase("测试用例7","URL=https://free-api.heweather.com/s6/weather/now?location=test&key=cadc883[illegible]");
    testcase("测试用例8","URL=https://free-api.heweather.com/s6/weather/now?location=beijing&key=cadc883[illegible]&lang=test");
    return 0;
}
```

图 9-21　脚本核心用例设计部分代码相关信息

从上面的脚本，我们可以看出作者按照正常用例的序号顺序实现了对应的脚本，以取北京地区实况天气为例，所以取北京的城市代码比对作为判断的内容，从 VuGen 的执行结果来看，所有正常用例（测试用例 1 至测试用例 4）均执行成功，如图 9-22 所示。

从上面的脚本，我们可以看出作者按照异常用例的序号顺序实现了对应的脚本，以取北京地区实况天气为例，取返回的响应信息内容作为判断的依据，从执行结果来看，有 3 个用例执行结果因为没有捕获到北京的城市代码而报错，并打印出响应数据信息，如图 9-23 所示。

让我们分别来看一下这最后 3 个执行失败的用例的预期输出和实际输出分别是什么？

先让我们来看一下名称为“测试用例 5”用例，它没有输入任何请求参数，其预期输出是“{"HeWeather6":[{"status":"param invalid"}]}”，实际输出也是“{"HeWeather6":[{"status":"param invalid"}]}”，它与需求一致，所以这是对的。名称为“测试用例 6”用例，它只输入了地区参数，而没有 key 参数，其预期输出是“{"HeWeather6":[{"status":"param invalid"}]}”，实际输出也是“{"HeWeather6":[{"status":"param invalid"}]}”，它与需求一致，所以这也是对的。名称为“测试用例 7”用例，它输入了不存在的地区参数，其预期输出是“{"HeWeather6":[{"status":"unknown location"}]}”，实际输出也是“{"HeWeather6":[{"status":"unknown location"}]}”，它与需求一致，所以这也是对的。

再来看一下名称为“测试用例 8”的接口测试用例，它们分别传入了一个不存在的语言，但是从执行结果来看，它执行成功了，并没有反馈异常提示信息。而按照需求文档预期结果应该是“{"HeWeather6":[{"status":"unknown lang"}]}”，所以与我们的预期不一致，这就是一个 Bug。

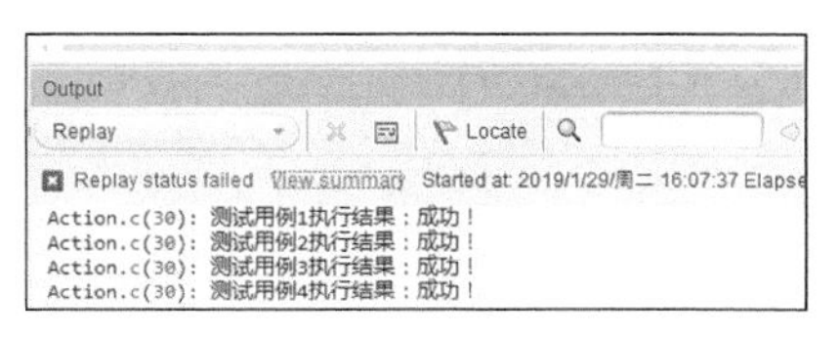

图 9-22　正常用例执行相关信息

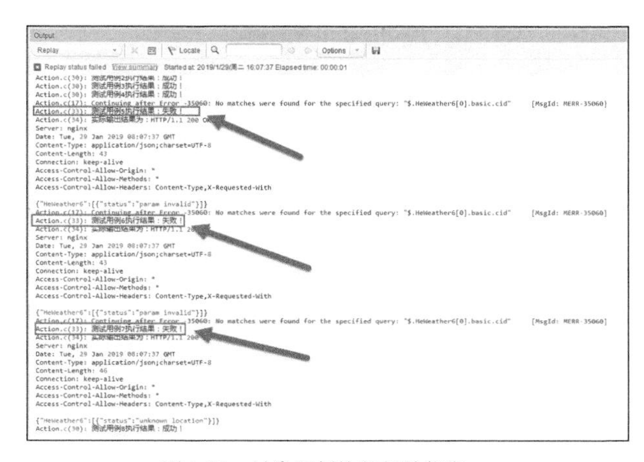

图 9-23　异常用例执行相关信息

通过，上面的实况天气接口的正常、异常情况下部分用例的执行来看，是不是该接口文档和实现不一致呢？答案是肯定的，所以并不是一个上线的产品就没有问题，Bug无处不在。产品设计人员或者开发人员需修复这个Bug，保持产品需求文档和接口代码相互一致。

9.1.4 接口测试性能用例设计

在前面章节已经有了明确的实况天气接口性能要求，即：要求天气预报接口能允许100并发访问且平均响应时间不能高于0.5秒，如表9-9所示。

表9-9 性能测试场景设计列表

序号	性能场景	性能指标要求
1	考察系统初始阶段用户较少情况下5个用户并发访问实况天气接口，每秒加载1个虚拟用户，压测时长为1分钟，相关性能指标是否能够满足以及不出现异常情况	5用户并发访问实况天气接口，系统平均响应时间小于0.5秒，业务成功率100%
2	考察系统初始阶段用户较少情况下10个用户并发访问实况天气接口，每秒加载1个虚拟用户，压测时长为1分钟，相关性能指标是否能够满足以及不出现异常情况	10用户并发访问实况天气接口，系统平均响应时间小于0.5秒，业务成功率100%
3	考察系统初始阶段用户较少情况下20个用户并发访问实况天气接口，每秒加载5个虚拟用户，压测时长为1分钟，相关性能指标是否能够满足以及不出现异常情况	20用户并发访问实况天气接口，系统平均响应时间小于0.5秒，业务成功率100%
4	考察系统30个用户并发访问实况天气接口，每秒加载5个虚拟用户，压测时长为1分钟，相关性能指标是否能够满足以及不出现异常情况	30用户并发访问实况天气接口，系统平均响应时间小于0.5秒，业务成功率100%
5	考察系统40个用户并发访问实况天气接口，每秒加载5个虚拟用户，压测时长为1分钟，相关性能指标是否能够满足以及不出现异常情况	40用户并发访问实况天气接口，系统平均响应时间小于0.5秒，业务成功率100%
6	考察系统50个用户并发访问实况天气接口，每秒加载5个虚拟用户，压测时长为1分钟，相关性能指标是否能够满足以及不出现异常情况	50用户并发访问实况天气接口，系统平均响应时间小于0.5秒，业务成功率100%

注：只考虑实况天气接口要求指标，其他如服务器资源、其他业务性能及业务交互情况暂不考虑。

9.1.5 测试用例脚本实现

经过上一节功能性验证后，我们发现了1个Bug，主要是产品设计文档和代码实现不一致的问题，需调整一致。从实况天气的接口来看其正常业务功能并没有问题，而性能测试主要关注的就是正常情况下，在多个用户访问时，是否会导致系统、接口出现异常（如不予响应、系统崩溃、性能指标超出预期等）。

下面就让我们一起应用VuGen实现性能测试的业务脚本，这里我们再新建一个名称为"Hefeng_test"的HTTP协议脚本，"Hefeng_test:Action.c"内容如下所示：

```
Action()
{
    char *str;
    char str1[100];
    int pos=-1;
    char *url;
    web_reg_save_param("test",
```

```
    "LB=",
    "RB=",
    LAST);

    str=lr_eval_string("{citycode}");
    strcpy(str1,"URL=https://free-api.heweather.com/s6/weather/now?location=");
    strcat(str1,lr_eval_string("{citycode}"));
    strcat(str1,"&key=cadc883efxxxxxxx");
    url=str1;

    lr_start_transaction("实时天气");

    pos=web_reg_save_param_json(
        "ParamName=loc",
        "QueryString=$.HeWeather6[0].basic.cid",
        SEARCH_FILTERS,
        LAST);

    web_custom_request("hefeng",
    url,
    "Method=GET",
    "TargetFrame=",
    "Resource=0",
    "Referer=",
    "Body=",
    LAST);
    lr_end_transaction("实时天气", LR_AUTO);

    lr_convert_string_encoding(lr_eval_string("{test}"),LR_ENC_UTF8,LR_ENC_SYSTEM_LOCALE,
                                "unicode");
    strcpy( str1,lr_eval_string("{loc}"));
    pos=strcmp(str1,str);
    if (pos==0) {
        return 0;
    }
    else {
        lr_output_message("实际输出结果为: %s",lr_eval_string("{unicode}"));
        return -1;
        };
}
```

参数文件“citycode.dat”文件内容如下。

```
citycode
CN101010100
CN101010200
CN101010300
CN101010400
CN101010500
CN101010600
CN101010700
CN101010800
CN101010900
CN101011000
CN101011100
CN101011200
CN101011300
CN101011400
```

```
CN101011500
CN101011600
CN101011700
CN101020100
CN101020200
CN101020300
CN101020400
CN101020500
CN101020600
CN101020700
CN101020800
CN101020900
CN101021000
CN101021100
CN101021200
CN101021300
CN101021400
CN101021500
CN101021600
CN101021700
CN101030100
CN101030200
CN101030300
CN101030400
CN101030500
CN101030600
CN101030700
CN101030800
CN101030900
CN101031000
CN101031100
CN101031200
CN101031300
CN101031400
CN101031500
CN101031600
```

我们选取的城市代码主要是北京、上海和天津的部分城市代码，如图 9-24 所示。

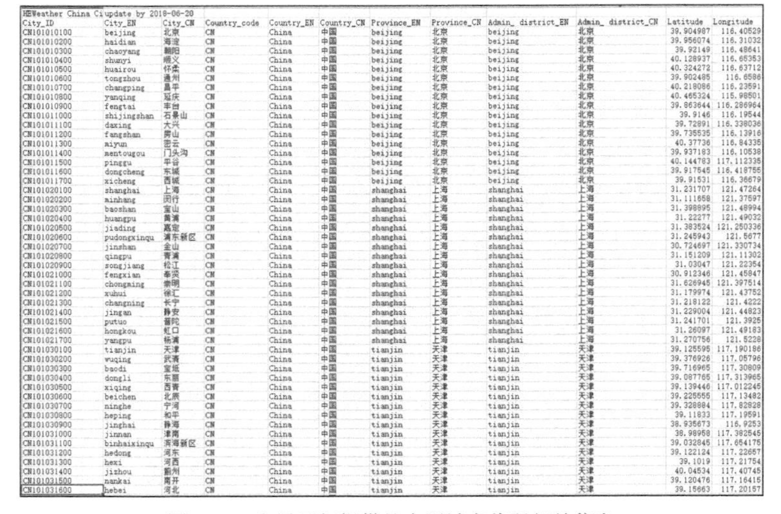

HEWeather China Ci	update by 2018-06-20										
City_ID	City_EN	City_CN	Country_code	Country_EN	Country_CN	Province_EN	Province_CN	Admin_ district_EN	Admin_ district_CN	Latitude	Longitude
CN101010100	beijing	北京	CN	China	中国	beijing	北京	beijing	北京	39.904987	116.40529
CN101010200	haidian	海淀	CN	China	中国	beijing	北京	beijing	北京	39.956074	116.31032
CN101010300	chaoyang	朝阳	CN	China	中国	beijing	北京	beijing	北京	39.92149	116.48641
CN101010400	shunyi	顺义	CN	China	中国	beijing	北京	beijing	北京	40.128937	116.65353
CN101010500	huairou	怀柔	CN	China	中国	beijing	北京	beijing	北京	40.324272	116.63712
CN101010600	tongzhou	通州	CN	China	中国	beijing	北京	beijing	北京	39.902485	116.6586
CN101010700	changping	昌平	CN	China	中国	beijing	北京	beijing	北京	40.218086	116.23591
CN101010800	yanqing	延庆	CN	China	中国	beijing	北京	beijing	北京	40.465324	115.98501
CN101010900	fengtai	丰台	CN	China	中国	beijing	北京	beijing	北京	39.863644	116.286964
CN101011000	shijingshan	石景山	CN	China	中国	beijing	北京	beijing	北京	39.9146	116.19544
CN101011100	daxing	大兴	CN	China	中国	beijing	北京	beijing	北京	39.72891	116.338036
CN101011200	fangshan	房山	CN	China	中国	beijing	北京	beijing	北京	39.735535	116.13916
CN101011300	miyun	密云	CN	China	中国	beijing	北京	beijing	北京	40.37736	116.84335
CN101011400	mentougou	门头沟	CN	China	中国	beijing	北京	beijing	北京	39.937183	116.10538
CN101011500	pinggu	平谷	CN	China	中国	beijing	北京	beijing	北京	40.144783	117.112335
CN101011600	dongcheng	东城	CN	China	中国	beijing	北京	beijing	北京	39.917545	116.418755
CN101011700	xicheng	西城	CN	China	中国	beijing	北京	beijing	北京	39.91531	116.36679
CN101020100	shanghai	上海	CN	China	中国	shanghai	上海	shanghai	上海	31.231707	121.47264
CN101020200	minhang	闵行	CN	China	中国	shanghai	上海	shanghai	上海	31.111658	121.37597
CN101020300	baoshan	宝山	CN	China	中国	shanghai	上海	shanghai	上海	31.398895	121.48994
CN101020400	huangpu	黄浦	CN	China	中国	shanghai	上海	shanghai	上海	31.22277	121.49032
CN101020500	jiading	嘉定	CN	China	中国	shanghai	上海	shanghai	上海	31.383524	121.250336
CN101020600	pudongxinqu	浦东新区	CN	China	中国	shanghai	上海	shanghai	上海	31.245943	121.5677
CN101020700	jinshan	金山	CN	China	中国	shanghai	上海	shanghai	上海	30.724697	121.330734
CN101020800	qingpu	青浦	CN	China	中国	shanghai	上海	shanghai	上海	31.151209	121.11302
CN101020900	songjiang	松江	CN	China	中国	shanghai	上海	shanghai	上海	31.03047	121.22354
CN101021000	fengxian	奉贤	CN	China	中国	shanghai	上海	shanghai	上海	30.912346	121.45847
CN101021100	chongming	崇明	CN	China	中国	shanghai	上海	shanghai	上海	31.626945	121.397514
CN101021200	xuhui	徐汇	CN	China	中国	shanghai	上海	shanghai	上海	31.179974	121.43752
CN101021300	changning	长宁	CN	China	中国	shanghai	上海	shanghai	上海	31.218122	121.4222
CN101021400	jingan	静安	CN	China	中国	shanghai	上海	shanghai	上海	31.229004	121.44823
CN101021500	putuo	普陀	CN	China	中国	shanghai	上海	shanghai	上海	31.241701	121.3925
CN101021600	hongkou	虹口	CN	China	中国	shanghai	上海	shanghai	上海	31.26097	121.49183
CN101021700	yangpu	杨浦	CN	China	中国	shanghai	上海	shanghai	上海	31.270756	121.5228
CN101030100	tianjin	天津	CN	China	中国	tianjin	天津	tianjin	天津	39.125595	117.190186
CN101030200	wuqing	武清	CN	China	中国	tianjin	天津	tianjin	天津	39.376926	117.05796
CN101030300	baodi	宝坻	CN	China	中国	tianjin	天津	tianjin	天津	39.716965	117.30809
CN101030400	dongli	东丽	CN	China	中国	tianjin	天津	tianjin	天津	39.087765	117.313965
CN101030500	xiqing	西青	CN	China	中国	tianjin	天津	tianjin	天津	39.139446	117.012245
CN101030600	beichen	北辰	CN	China	中国	tianjin	天津	tianjin	天津	39.225555	117.13482
CN101030700	ninghe	宁河	CN	China	中国	tianjin	天津	tianjin	天津	39.328884	117.82828
CN101030800	heping	和平	CN	China	中国	tianjin	天津	tianjin	天津	39.11833	117.19591
CN101030900	jinghai	静海	CN	China	中国	tianjin	天津	tianjin	天津	38.935673	116.9253
CN101031000	jinnan	津南	CN	China	中国	tianjin	天津	tianjin	天津	38.98958	117.382545
CN101031100	binhaixinqu	滨海新区	CN	China	中国	tianjin	天津	tianjin	天津	39.032845	117.654175
CN101031200	hedong	河东	CN	China	中国	tianjin	天津	tianjin	天津	39.122124	117.22657
CN101031300	hexi	河西	CN	China	中国	tianjin	天津	tianjin	天津	39.1019	117.21754
CN101031400	jizhou	蓟州	CN	China	中国	tianjin	天津	tianjin	天津	40.04534	117.40745
CN101031500	nankai	南开	CN	China	中国	tianjin	天津	tianjin	天津	39.120476	117.16415
CN101031600	hebei	河北	CN	China	中国	tianjin	天津	tianjin	天津	39.15663	117.20157

图 9-24　和风天气提供的中国城市代码相关信息

“citycode”参数的设置，如图9-25所示。

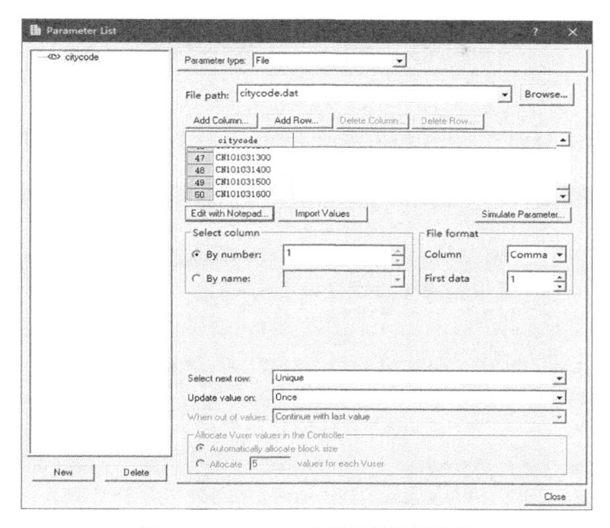

图9-25 citycode参数相关设置信息

9.1.6 性能测试场景执行

现在再次让我们一起来看一下我们设计的性能测试场景，如表9-10所示。

表9-10 性能测试场景设计列表

序号	性能场景	性能指标要求
1	考察系统初始阶段用户较少情况下5个用户并发访问实况天气接口，每秒加载1个虚拟用户，压测时长为1分钟，相关性能指标是否能够满足以及不出现异常情况	5用户并发访问实况天气接口，系统平均响应时间小于0.5秒，业务成功率100%
2	考察系统初始阶段用户较少情况下10个用户并发访问实况天气接口，每秒加载5个虚拟用户，压测时长为1分钟，相关性能指标是否能够满足以及不出现异常情况	10用户并发访问实况天气接口，系统平均响应时间小于0.5秒，业务成功率100%
3	考察系统20个用户并发访问实况天气接口，每秒加载5个虚拟用户，压测时长为1分钟，相关性能指标是否能够满足以及不出现异常情况	20用户并发访问实况天气接口，系统平均响应时间小于0.5秒，业务成功率100%
4	考察系统30个用户并发访问实况天气接口，每秒加载5个虚拟用户，压测时长为1分钟，相关性能指标是否能够满足以及不出现异常情况	30用户并发访问实况天气接口，系统平均响应时间小于0.5秒，业务成功率100%
5	考察系统40个用户并发访问实况天气接口，每秒加载5个虚拟用户，压测时长为1分钟，相关性能指标是否能够满足以及不出现异常情况	40用户并发访问实况天气接口，系统平均响应时间小于0.5秒，业务成功率100%
6	考察系统50个用户并发访问实况天气接口，每秒加载5个虚拟用户，压测时长为1分钟，相关性能指标是否能够满足以及不出现异常情况	50用户并发访问实况天气接口，系统平均响应时间小于0.5秒，业务成功率100%

注：只考虑实况天气接口要求指标，其他如服务器资源、其他业务性能及业务交互情况暂不考虑。

看了这些性能测试场景的用例设计后，我们可以使用Controller应用来对照性能测试用例设计性能场景并执行场景。

在下面我们将每个性能测试场景与前面的性能测试用例对应进行设计并执行，后续不再赘述该条件。

- 性能测试用例 1

针对性能测试用例 1 的场景设计（5 个虚拟用户并发访问实况天气接口，每秒加载 1 个虚拟用户，压测时长为 1 分钟，同时释放 5 个虚拟用户），如图 9-26 所示。

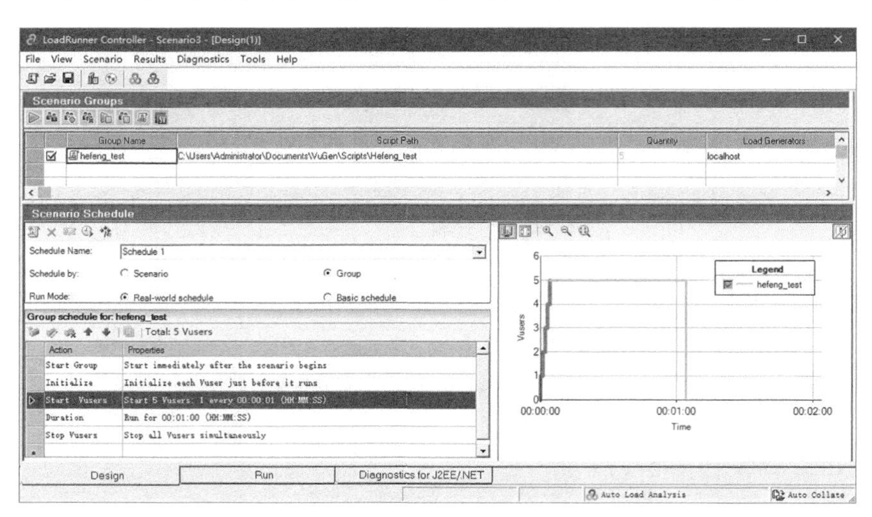

图 9-26 5 个虚拟用户并发访问和风天气接口用例场景设计信息

如图 9-27 所示，实时天气事务的平均响应时间为 0.116 秒，最快的响应时间为 0.086 秒，最慢的响应时间为 0.208 秒，90%的平均响应时间都低于 0.14 秒。

Transaction Name	SLA Status	Minimum	Average	Maximum	Std. Deviation	90 Percent
Action_Transaction	⃠	0.087	0.118	0.21	0.019	0.141
vuser_end_Transaction	⃠	0	0	0	0	0
vuser_init_Transaction	⃠	0	0	0	0	0
实时天气	⃠	0.086	0.116	0.208	0.019	0.14

Service Level Agreement Legend: Pass Fail No Data

图 9-27 5 个虚拟用户并发访问和风天气接口用例场景执行结果信息

- 性能测试用例 2

针对性能测试用例 2 的场景设计（10 个虚拟用户并发访问实况天气接口，每秒加载 1 个虚拟用户，压测时长为 1 分钟，同时释放 10 个虚拟用户），如图 9-28 所示。

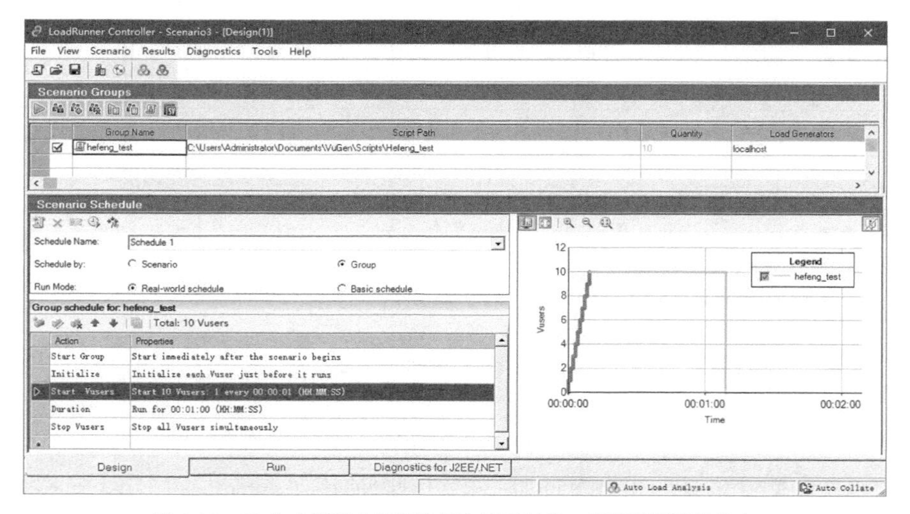

图 9-28 10 个虚拟用户并发访问和风天气接口用例场景设计信息

如图 9-29 所示，实时天气事务的平均响应时间为 0.11 秒，最快的响应时间为 0.109 秒，最慢的响应时间为 0.111 秒，90%的平均响应时间都低于 0.111 秒。

Transaction Name	SLA Status	Minimum	Average	Maximum	Std. Deviation	90 Percent
Action Transaction	⊘	0.111	0.112	0.113	0.024	0.113
vuser end Transaction	⊘	0	0	0	0	0
vuser init Transaction	⊘	0	0	0	0	0
实时天气	⊘	0.109	0.11	0.111	0.024	0.111

Service Level Agreement Legend: Pass Fail ⊘ No Data

图 9-29 10 个虚拟用户并发访问和风天气接口用例场景执行结果信息

- 性能测试用例 3

针对性能测试用例 3 的场景设计（20 个虚拟用户并发访问实况天气接口，每秒加载 1 个虚拟用户，压测时长为 1 分钟，同时释放 20 个虚拟用户），如图 9-30 所示。

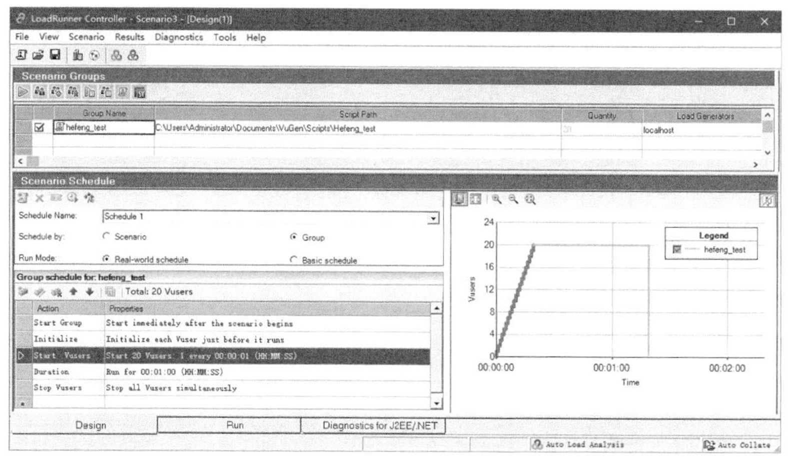

图 9-30 20 个虚拟用户并发访问和风天气接口用例场景设计信息

如图 9-31 所示，实时天气事务的平均响应时间为 0.151 秒，最快的响应时间为 0.102 秒，最慢的响应时间为 0.212 秒，90%的平均响应时间都低于 0.177 秒。

Transaction Name	SLA Status	Minimum	Average	Maximum	Std. Deviation	90 Percent
Action Transaction	⊘	0.103	0.153	0.213	0.026	0.178
vuser end Transaction	⊘	0	0	0	0	0
vuser init Transaction	⊘	0	0	0.001	0	0
实时天气	⊘	0.102	0.151	0.212	0.026	0.177

Service Level Agreement Legend: Pass Fail ⊘ No Data

图 9-31 20 个虚拟用户并发访问和风天气接口用例场景执行结果信息

- 性能测试用例 4

针对性能测试用例 4 的场景设计（30 个虚拟用户并发访问实况天气接口，每秒加载 1 个虚拟用户，压测时长为 1 分钟，同时释放 30 个虚拟用户），如图 9-32 所示。

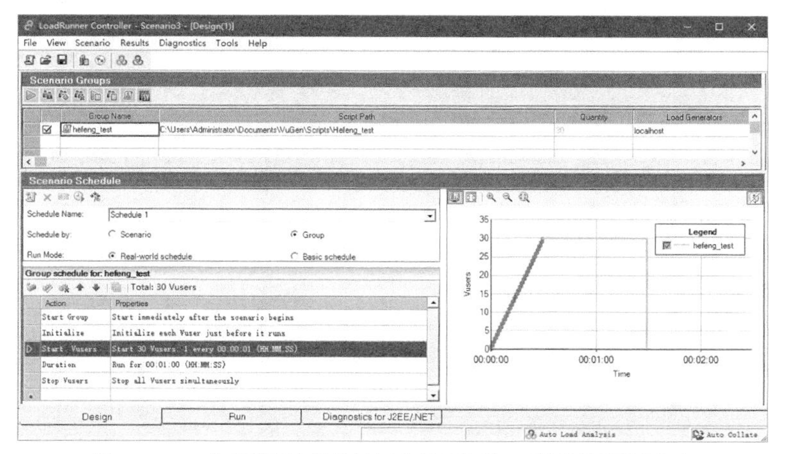

图 9-32 30 个虚拟用户并发访问和风天气接口用例场景设计信息

如图 9-33 所示，实时天气事务的平均响应时间为 0.154 秒，最快的响应时间为 0.117 秒，最慢的响应时间为 0.247 秒，90%的平均响应时间都低于 0.216 秒。

Transaction Name	SLA Status	Minimum	Average	Maximum	Std. Deviation	90 Percent
Action_Transaction	⊘	0.118	0.167	0.295	0.051	0.239
vuser_end_Transaction	⊘	0	0	0	0	0
vuser_init_Transaction	⊘	0	0	0.001	0	0
实时天气	⊘	0.117	0.154	0.247	0.038	0.216

Service Level Agreement Legend: ✓ Pass ☒ Fail ⊘ No Data

图 9-33　30 个虚拟用户并发访问和风天气接口用例场景执行结果信息

- 性能测试用例 5

针对性能测试用例 5 的场景设计（40 个虚拟用户并发访问实况天气接口，每秒加载 1 个虚拟用户，压测时长为 1 分钟，同时释放 40 个虚拟用户），如图 9-34 所示。

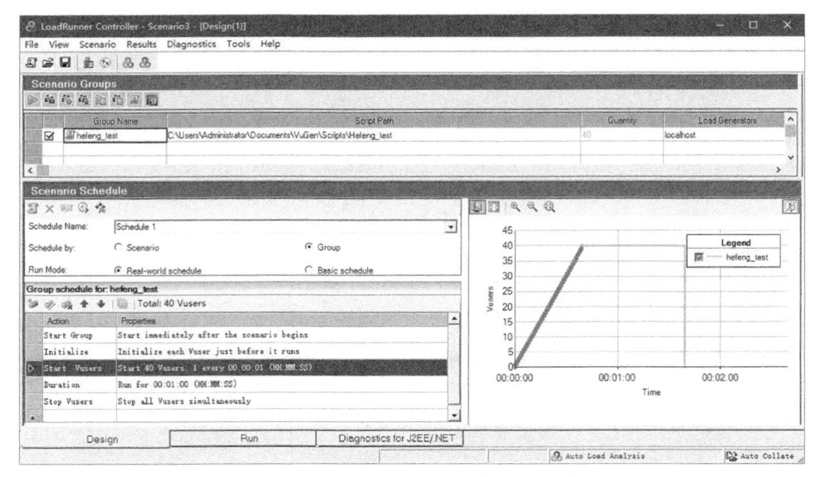

图 9-34　40 个虚拟用户并发访问和风天气接口用例场景设计信息

如图 9-35 所示，实时天气事务的平均响应时间为 0.157 秒，最快的响应时间为 0.116 秒，最慢的响应时间为 0.217 秒，90%的平均响应时间都低于 0.195 秒。

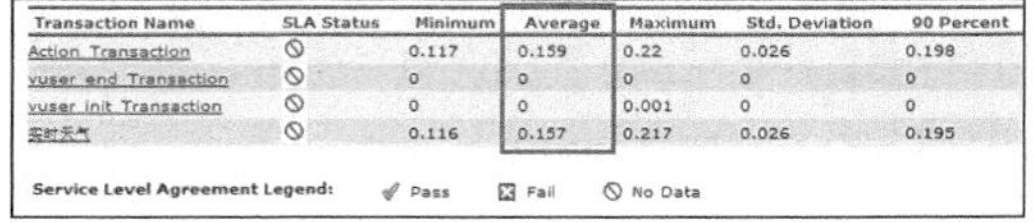

Transaction Name	SLA Status	Minimum	Average	Maximum	Std. Deviation	90 Percent
Action_Transaction	⊘	0.117	0.159	0.22	0.026	0.198
vuser_end_Transaction	⊘	0	0	0	0	0
vuser_init_Transaction	⊘	0	0	0.001	0	0
实时天气	⊘	0.116	0.157	0.217	0.026	0.195

Service Level Agreement Legend: ✓ Pass ☒ Fail ⊘ No Data

图 9-35　40 个虚拟用户并发访问和风天气接口用例场景执行结果信息

- 性能测试用例 6

针对性能测试用例 6 的场景设计（50 个虚拟用户并发访问实况天气接口，每秒加载 1 个虚拟用户，压测时长为 1 分钟，同时释放 50 个虚拟用户），如图 9-36 所示。

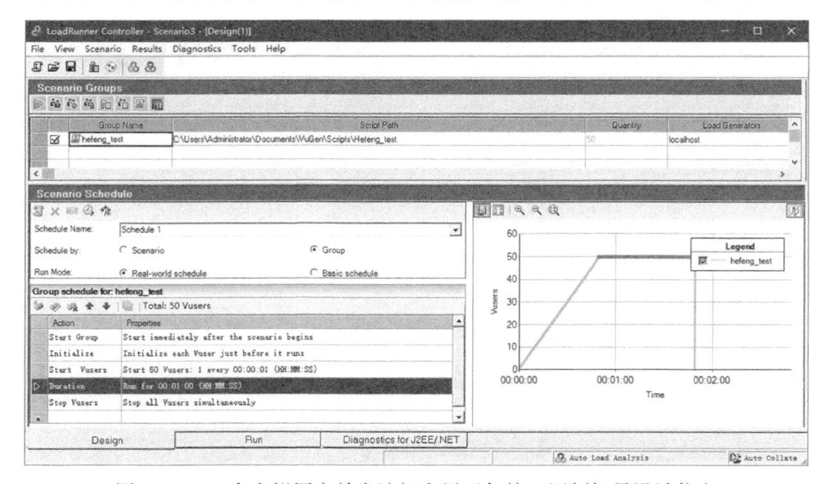

图 9-36　50 个虚拟用户并发访问和风天气接口用例场景设计信息

如图 9-37 所示，实时天气事务的平均响应时间为 0.256 秒，最快的响应时间为 0.104 秒，最慢的响应时间为 0.463 秒，90%的平均响应时间都低于 0.432 秒。

Transaction Name	SLA Status	Minimum	Average	Maximum	Std. Deviation	90 Percent
Action Transaction	⊘	0.105	0.257	0.465	0.121	0.433
vuser end Transaction	⊘	0	0	0	0	0
vuser init Transaction	⊘	0	0.003	0.066	0.011	0.002
实时天气	⊘	0.104	0.256	0.463	0.121	0.432

图 9-37 50 个虚拟用户并发访问和风天气接口用例场景执行结果信息

9.1.7 性能测试执行结果分析与总结

为方便读者朋友们查看我们关心的性能执行结果关键性指标，这里作者整理了一个列表，如表 9-11 所示。

表 9-11 性能测试场景对应执行关键结果指标列表

序号	虚拟用户数	业务成功率	实时天气事务 平均响应时间（毫秒）	90%实时天气事务 平均响应时间（毫秒）
1	5 个虚拟用户数	100%	116	140
2	10 个虚拟用户数	100%	110	111
3	20 个虚拟用户数	100%	151	177
4	30 个虚拟用户数	100%	154	216
5	40 个虚拟用户数	100%	157	195
6	50 个虚拟用户数	100%	256	432

从表 9-11 我们能看到和风天气预报接口目前情况下符合预期性能测试指标，即：50 个虚拟用户访问天气预报接口响应时间小于 500 毫秒的要求，其目前在 50 个虚拟用户访问天气预报接口时，有 90%的事务响应时间均会小于 432 毫秒。而且从负载用户数小于、等于 40 个虚拟用户的情况下，我们能清晰地看到其事务的平均响应时间基本稳定在 150 毫秒左右。在 50 个虚拟用户并发访问的情况下，实时天气接口的事务平均响应时间增长较多，为 256 毫秒，而 90%的事务平均响应时间较以前又翻了 1 倍。从性能测试的角度应该进一步的增加性能测试用例，结合系统用户的增量以及执行结果，评估该接口是否能被植入到系统首页。

其实，还可以将表 9-11 的相关数据做成一个图表，随着虚拟用户数的变化，其响应时间趋势的变化就会更加明显和直观，如图 9-38 所示。

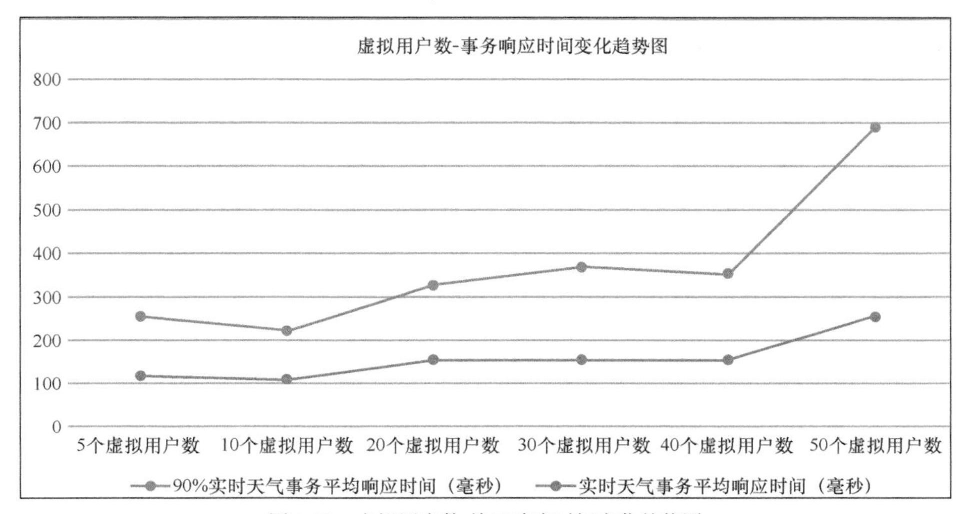

图 9-38 虚拟用户数-接口响应时间变化趋势图

结合性能测试场景对应的执行是否通过，我们整理了一个列表，如表 9-12 所示。

表 9-12 性能测试场景执行是否通过对照表

序号	性 能 场 景	性能指标要求	是否通过
1	考察系统初始阶段用户较少情况下 5 个用户并发访问实况天气接口，每秒加载 1 个虚拟用户，压测时长为 1 分钟，相关性能指标是否能够满足以及不出现异常情况	5 用户并发访问实况天气接口，系统平均响应时间小于 0.5 秒，业务成功率 100%	通过
2	考察系统初始阶段用户较少情况下 10 个用户并发访问实况天气接口，每秒加载 5 个虚拟用户，压测时长为 1 分钟，相关性能指标是否能够满足以及不出现异常情况	10 用户并发访问实况天气接口，系统平均响应时间小于 0.5 秒，业务成功率 100%	通过
3	考察系统 20 个用户并发访问实况天气接口，每秒加载 5 个虚拟用户，压测时长为 1 分钟，相关性能指标是否能够满足以及不出现异常情况	20 用户并发访问实况天气接口，系统平均响应时间小于 0.5 秒，业务成功率 100%	通过
4	考察系统 30 个用户并发访问实况天气接口，每秒加载 5 个虚拟用户，压测时长为 1 分钟，相关性能指标是否能够满足以及不出现异常情况	30 用户并发访问实况天气接口，系统平均响应时间小于 0.5 秒，业务成功率 100%	通过
5	考察系统 40 个用户并发访问实况天气接口，每秒加载 5 个虚拟用户，压测时长为 1 分钟，相关性能指标是否能够满足以及不出现异常情况	40 用户并发访问实况天气接口，系统平均响应时间小于 0.5 秒，业务成功率 100%	通过
6	考察系统 50 个用户并发访问实况天气接口，每秒加载 5 个虚拟用户，压测时长为 1 分钟，相关性能指标是否能够满足以及不出现异常情况	50 用户并发访问实况天气接口，系统平均响应时间小于 0.5 秒，业务成功率 100%	通过

结论：

本次基于和风实时天气预报接口性能测试共执行 6 个性能测试业务场景。性能测试结果在 50 个虚拟用户负载时，其实时天气接口平均响应时间为 256 毫秒，90%事务响应时间均低于 432 毫秒，满足预期 500 毫秒的性能指标，且接口服务器稳定，无任何失败性事务，该实时天气预报接口可用。但需注意的是在 50 个虚拟用户并发访问的情况下，实时天气接口的事务的平均响应时间增长较多为 256 毫秒，而 90%的事务平均响应时间较以前又翻了 1 倍。从性能测试的角度应该进一步的增加性能测试用例，结合系统用户的增量以及执行结果，评估该接口是否能被植入到系统首页。

9.2 本章小结

本章作者向读者朋友们介绍了如何应用 LoadRunner 进行接口测试，并模拟了一个性能测试需求，考察和风天气的实时天气预报接口是否满足在 50 个虚拟用户并发访问时，是否服务器响应时间小于 500 毫秒的需求。从需求提出、用例设计、脚本实现、用例场景设计、场景执行到最后结果的分析结合 LoadRunner 工具进行了较详细的讲解，实现了一个完整的接口功能、性能测试全流程。建议读者，特别是做性能测试或者是以后期望做接口测试、性能测试的读者能够认真掌握该章节内容。

9.3 本章习题及经典面试试题

一、章节习题

在做本题目之前，请先注册一个和风天气的注册用户，并新建一个应用，以产生对应的key。

1. 已知和风天气在请求时，如果语言（lang）参数包含一个不存在的语言也不报错，这是一个Bug吗？判断它为一个Bug的依据是什么？

2. 结合下面的脚本代码，请指出在应用web_reg_save_param()函数时，并没有指定左右边界的原因？

```
Action()
{
    char *str;
    char str1[100];
    int pos=-1;
    char *url;
    web_reg_save_param("test",
    "LB=",
    "RB=",
    LAST);

    str=lr_eval_string("{citycode}");
    strcpy(str1,"URL=https://free-api.heweather.com/s6/weather/now?location=");
    strcat(str1,lr_eval_string("{citycode}"));
    strcat(str1,"&key=cadc883efxxxxxxx");
    url=str1;

    lr_start_transaction("实时天气");

    pos=web_reg_save_param_json(
        "ParamName=loc",
        "QueryString=$.HeWeather6[0].basic.cid",
        SEARCH_FILTERS,
        LAST);

    web_custom_request("hefeng",
    url,
    "Method=GET",
    "TargetFrame=",
    "Resource=0",
    "Referer=",
    "Body=",
    LAST);
    lr_end_transaction("实时天气", LR_AUTO);

    lr_convert_string_encoding(lr_eval_string("{test}"),LR_ENC_UTF8,LR_ENC_SYSTEM_LOCALE,
                            "unicode");
    strcpy( str1,lr_eval_string("{loc}"));
    pos=strcmp(str1,str);
    if (pos==0) {
        return 0;
    }
    else {
```

```
        lr_output_message("实际输出结果为: %s",lr_eval_string("{unicode}"));
        return -1;
        };
}
```

3. 假设在应用和风天气提供的免费接口进行测试，设计了这样的一个场景，100 个用户并发，持续运行 200 分钟，运行不到 10 秒就发现和风天气不再提供服务了，这是什么原因呢？

二、经典面试试题

1. 请结合本章节内容，说出 LoadRunner 在进行基于 HTTP 协议接口测试时，用于发送自定义 HTTP 请求的函数名称？

2. 已知服务器返回如下 JSON 格式的响应结果，请问如何通过应用 web_reg_save_param_json()函数获取“wind_sc”内容，存放于“wind”参数？

```
{
    "HeWeather6": [
        {
            "basic": {
                "cid": "CN101010100",
                "location": "北京",
                "parent_city": "北京",
                "admin_area": "北京",
                "cnty": "中国",
                "lat": "39.90498734",
                "lon": "116.40528870",
                "tz": "8.0"
            },
            "now": {
                "cond_code": "101",
                "cond_txt": "多云",
                "fl": "16",
                "hum": "73",
                "pcpn": "0",
                "pres": "1017",
                "tmp": "14",
                "vis": "1",
                "wind_deg": "11",
                "wind_dir": "北风",
                "wind_sc": "微风",
                "wind_spd": "6"
            },
            "status": "ok",
            "update": {
                "loc": "2017-10-26 17:29",
                "utc": "2017-10-26 09:29"
            }
        }
    ]
}
```

9.4 本章习题及经典面试试题答案

一、章节习题

在做本题目之前，请先注册一个和风天气的注册用户，并新建一个应用，以产生对应的 key。

1. 已知和风天气在请求时，如果语言（lang）参数包含一个不存在的语言也不报错，这是一个 Bug 吗？判断它为一个 Bug 的依据是什么？

答：这是一个 Bug。作为测试人员判断其是一个 Bug 的需求文档或者前期需求、开发、测试达成的共识性内容，而本次发现的 Bug 是和风天气提供的明确文档内容与实际执行不符，所以是一个 Bug。

2. 结合下面的脚本代码，请指出在应用 web_reg_save_param()函数时，并没有指定左右边界的原因？

```
Action()
{
    char *str;
    char str1[100];
    int pos=-1;
    char *url;
    web_reg_save_param("test",
    "LB=",
    "RB=",
    LAST);

    str=lr_eval_string("{citycode}");
    strcpy(str1,"URL=https://free-api.heweather.com/s6/weather/now?location=");
    strcat(str1,lr_eval_string("{citycode}"));
    strcat(str1,"&key=cadc883efxxxxxxx");
    url=str1;

    lr_start_transaction("实时天气");

    pos=web_reg_save_param_json(
        "ParamName=loc",
        "QueryString=$.HeWeather6[0].basic.cid",
        SEARCH_FILTERS,
        LAST);

    web_custom_request("hefeng",
    url,
    "Method=GET",
    "TargetFrame=",
    "Resource=0",
    "Referer=",
    "Body=",
    LAST);
    lr_end_transaction("实时天气", LR_AUTO);

    lr_convert_string_encoding(lr_eval_string("{test}"),LR_ENC_UTF8,LR_ENC_SYSTEM_LOCALE,
                            "unicode");
    strcpy( str1,lr_eval_string("{loc}"));
    pos=strcmp(str1,str);
    if (pos==0) {
        return 0;
    }
    else {
        lr_output_message("实际输出结果为: %s",lr_eval_string("{unicode}"));
        return -1;
        };
}
```

答：在应用 web_reg_save_param()关联函数没有指定左右边界的原因是想获取请求的所有响应数据。

3. 假设在应用和风天气提供的免费接口进行测试，设计了这样的一个场景，100 个用户并发，持续运行 200 分钟，运行不到 10 秒就发现和风天气不再提供服务了，这是什么原因呢?

答：鉴于和风天气接口性能稳定，抛开系统性能相关问题产生服务器宕机等情况。最可能的原因是当天发送的请求数量超过 1000 次，而使得超过最大的和风天气提供免费调用次数（即：1000 次）上限，系统不再提供服务的原因。

二、经典面试试题

1. 请结合本章节内容，说出 LoadRunner 在进行基于 HTTP 协议接口测试时，用于发送自定义 HTTP 请求的函数名称?

答：该函数是 web_custom_request()函数。

2. 已知服务器返回如下 JSON 格式的响应结果，请问如何通过应用 web_reg_save_param_json()函数获取“wind_sc”内容，存放于“wind”参数?

```
{
    "HeWeather6": [
        {
            "basic": {
                "cid": "CN101010100",
                "location": "北京",
                "parent_city": "北京",
                "admin_area": "北京",
                "cnty": "中国",
                "lat": "39.90498734",
                "lon": "116.40528870",
                "tz": "8.0"
            },
            "now": {
                "cond_code": "101",
                "cond_txt": "多云",
                "fl": "16",
                "hum": "73",
                "pcpn": "0",
                "pres": "1017",
                "tmp": "14",
                "vis": "1",
                "wind_deg": "11",
                "wind_dir": "北风",
                "wind_sc": "微风",
                "wind_spd": "6"
            },
            "status": "ok",
            "update": {
                "loc": "2017-10-26 17:29",
                "utc": "2017-10-26 09:29"
            }
        }
    ]
}
```

答：可以应用“web_reg_save_param_json("ParamName=wind","QueryString=$.HeWeather6[0].now.wind_dir",SEARCH_FILTERS,LAST);”函数来完成。

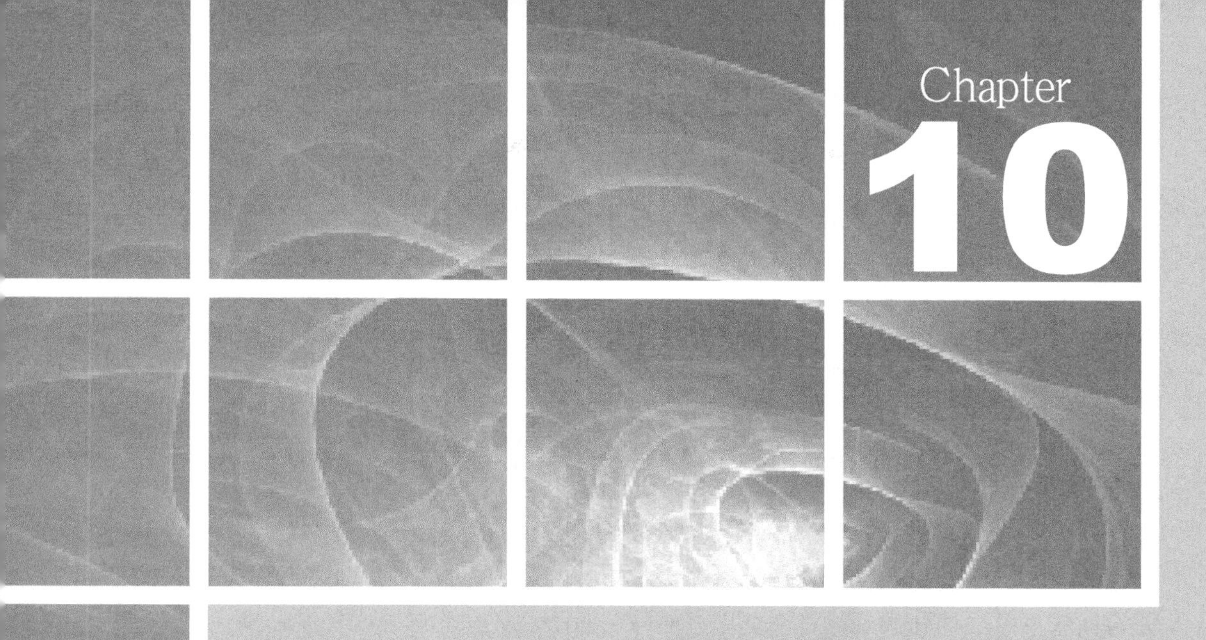

第 10 章

性能测试项目实施过程及文档写作

10.1 基于不同用户群的性能测试

随着互联网的蓬勃发展，软件的性能测试越来越受到软件开发商、用户的重视。不管是软件企业自身进行性能测试，还是企业聘请第三方进行性能测试，这里将问题简单化，将前者称为内部性能测试，将后者称为外包性能测试。

10.2 验收测试通常提交的成果物

完成性能测试后，都需要提交相关的性能测试总结报告和相应成果物。通常，当测试人员受聘为企业进行性能测试时，简称企业为“甲方”，测试人员所在的公司称为“乙方”，这也是合同中经常会简化出现的称谓。甲方通常会鉴于乙方在测试方面的专业性，以乙方提供的相关报告作为此次相应软件产品（具体测试内容可能会包括功能、性能、安全、文档等方面测试，具体以甲方同乙方确定的范围为准）是否通过的重要依据。通常内部性能测试需要提交的成果物包括：性能测试计划、性能测试用例、性能测试总结及其性能测试过程中应用的相关脚本、场景及其测试结果。外包性能测试要求提交的内容会更多一些，一般还要包括：验收测试结论、验收测试交付清单、缺陷及其遗留列表、项目周报/月报、项目组成员工作报告（周报/月报）等内容。外包公司提交的成果要远远多于内部测试时提交的内容，因两者文档的相关写作内容有很大的相似度，所以仅对外包性能测试内容进行详细讲解。

下面结合项目案例进行讲解，需要说明的是，本书重点介绍外包验收测试项目的实施过程，同时考虑到项目的相关因素，适当修改或省略关键的脚本。从读者的角度考虑，因性能测试实施项目过程通常都一致，实施的内容却各不相同，所以需要掌握各种流程性工作内容、过程控制、文档写作内容、过程中用到的工具及思考分析方法，只有这样才能举一反三，以不变应万变。下面先简单介绍项目背景：某企业聘请我公司作为第三方验收单位对由另外一个公司开发的系统进行功能、性能和交付的所有文档进行验收测试。作者当时在该项目团队担任项目经理职位，负责制定整个项目的相关测试方案、任务的分派、项目中疑难问题技术支持、项目进度监控和把握、编写项目总结报告等工作内容。图 10-1 为项目结束后，我方提交的成果物目录结构。

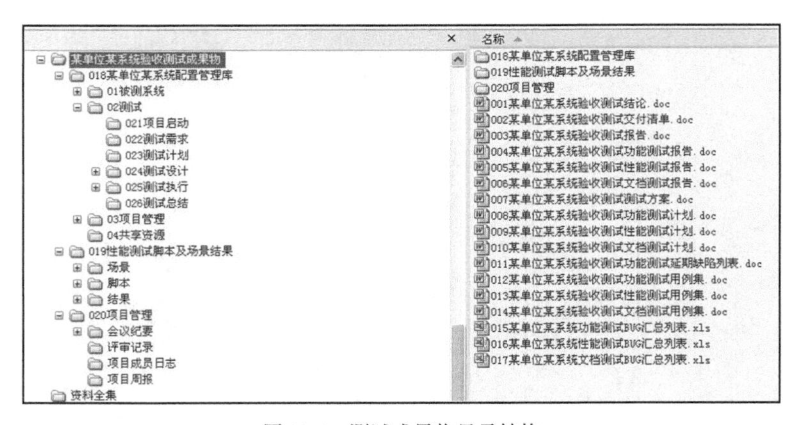

图 10-1 测试成果物目录结构

该目录结构相关文件和目录的功能如表 10-1 所示。

表 10-1 测试成果物目录文件

类型	名　称	功能/用途
文件	001 某单位某系统验收测试结论.doc	概括此次验收测试相应类型的测试内容是否通过
文件	002 某单位某系统验收测试交付清单.doc	用以明确相关性能测试分类对应交付的内容
文件	003 某单位某系统验收测试报告.doc	概括此次验收测试相应类型的测试内容是否通过及其主要的数据和图表等内容
文件	004 某单位某系统验收测试功能测试报告.doc	详细描述功能测试的背景、测试内容、测试实施过程及其相应过程阶段总结和最后结论等相关内容
文件	005 某单位某系统验收测试性能测试报告.doc	详细描述性能测试的背景、测试内容、测试实施过程及其相应过程阶段总结和最后结论等相关内容
文件	006 某单位某系统验收测试文档测试报告.doc	详细描述文档测试内容、测试实施过程及其相应过程阶段总结和最后结论等相关内容
文件	007 某单位某系统验收测试测试方案.doc	详细描述功能、性能和文档测试的背景、测试内容、测试策略、方法、测试通过标准等相关内容
文件	008 某单位某系统验收测试功能测试计划.doc	详细描述功能性测试计划的背景、测试内容、测试策略、方法、测试通过标准、测试计划安排等相关内容
文件	009 某单位某系统验收测试性能测试计划.doc	详细描述性能测试计划的背景、测试内容、方法、测试通过标准、测试计划安排等相关内容
文件	010 某单位某系统验收测试文档测试计划.doc	详细描述文档测试计划的背景、测试内容、方法、测试通过标准、测试计划安排等相关内容
文件	011 某单位某系统验收测试功能测试延期缺陷列表.doc	详细描述目前遗留的延期修复的缺陷内容、严重程度以及研发方、测试方和甲方的处理意见
文件	012 某单位某系统验收测试功能测试用例集.doc	给出本次验收测试相关功能方面的测试用例集
文件	013 某单位某系统验收测试性能测试用例集.doc	给出本次验收测试相关性能方面的测试用例集
文件	014 某单位某系统验收测试文档测试用例集.doc	给出本次验收测试相关文档方面的测试用例集
文件	015 某单位某系统功能测试 BUG 汇总列表.xls	汇集了本次验收测试提交的相关功能测试缺陷集合
文件	016 某单位某系统性能测试 BUG 汇总列表.xls	汇集了本次验收测试提交的相关性能测试缺陷集合
文件	017 某单位某系统文档测试 BUG 汇总列表.xls	汇集了本次验收测试提交的相关文档测试缺陷集合
文件夹	018 某单位某系统配置管理库	主要存放由甲方和开发方提供的被测试系统文档，以及提交给甲方和开发方的相关文档，由开发方提交的相关软件版本和部署文档等；还包括整个项目各个阶段对应的成果物和过程数据、项目管理相关文档和数据以及在项目实施过程中培训或者其他方式得到的知识或技术性文档等，如图 10-2 所示
文件夹	019 性能测试脚本及场景结果	存放性能测试执行过程中编写的脚本、设计的场景和执行结果等相关信息
文件夹	020 项目管理	主要存放项目组成员工作日志、项目工作周报、项目会议纪要及其测试用例或其他文档的评审记录等信息

当然上述目录结构和文档只是结合作者在项目实施过程中针对需要组织和创建的，具体项目实施过程中可能与上述不一样，这个是没有关系的，只要适合项目实施需要即可。

10.3 验收测试项目的完整过程

通常一个验收测试项目要经历项目立项、招投标、项目调研、项目启动、人员入场、项目实施、项目总结和项目结款过程。

招标单位（即中标后将来的甲方）针对其验收测试项目制定相应标书，给一些具有专业资质的单位发布招标公告或投标邀请书。这些单位根据招标文件的要求，编制并提交投标文件，响应招标的活动。招标单位按照招标文件确定的时间和地点，邀请所有投标人到场，当众开启投标单位提交的投标文件，宣布投标单位的名称、投标报价及投标文件中的其他重要内容。招标单位依法组建评标委员会，依据招标文件的规定和要求，对投标文件进行审查、评审和比较，确定中标候选单位。招标单位向中标单位发出中标通知书，并将中标结果通知所有未中标的投标人。中标通知书发出后，招标单位和中标单位应当按照招标文件和中标单位的投标文件，在规定时间内订立书面合同，中标单位按合同约定履行义务，完成中标项目。招标投标基本流程图如图 10-3 所示。

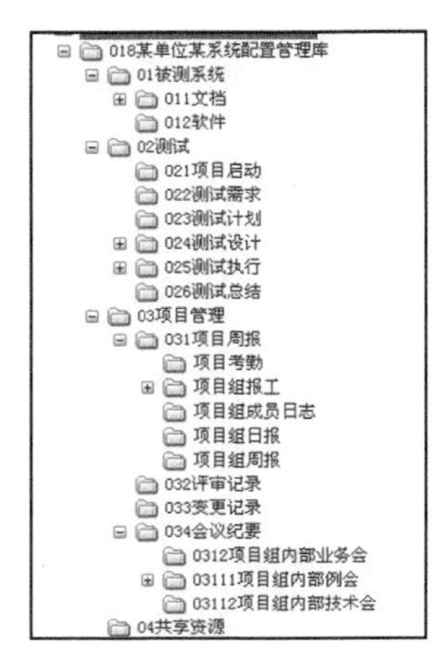

图 10-2 某单位某项目配置管理库目录结构

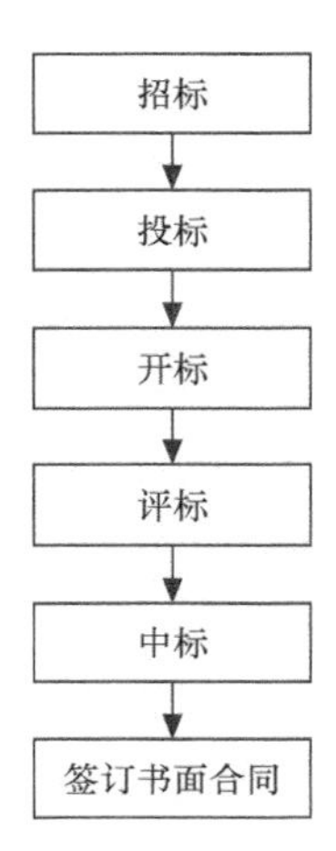

图 10-3 招标投标基本流程图

10.4 项目预算和项目立项

10.4.1 项目预算和项目立项

随着外包行业的发展、壮大，竞争也日趋激烈，外包公司十分重视项目管理。成本控制无疑是项目管理的重中之重，外包公司通常都有比较严格的审批流程。有销售部和解决方案部门的外包公司，通常由销售和解决方案部门完成招投标相关工作。在招投标期间，销售部门开始做预算工作，销售人员需要根据项目管理系统流程，提交成本预算相关文档，进行逐级审批，审批通过后，项目立项。项目立项后，项目实施相关成本费用产生后，才能进行报工和报销。

10.4.2 项目预算相关内容及样表

通常做预算时需要填写以下信息：项目基本信息、技术售前预算信息、技术实施预算信息、技术售后预算信息，如图 10-4～图 10-7 所示。

一、项目基本信息：					
项目名称		项目编号			
填表日期		项目类型			
销售预算负责人		合同金额(单位：万元)			
技术预算负责人		产品销售金额（单位：万元）			
项目所属部门		人力成本合计		交通费	
项目活动费		通讯费		其他费	
补助/加班费		成本费用合计		占合同额比例	
项目描述信息					
项目变更描述信息					

图 10-4 项目基本信息

二、技术售前预算信息：						
预算人			部门		合计（人日）	
技术售前人力投入预算信息						
序号	姓名	级别	计划投入日期	计划释放日期	其他	
1						
2						
3						
合计：						

图 10-5 技术售前预算信息

三、技术实施预算信息：						
预算人			部门		合计（人日）	
技术实施人力投入预算信息						
序号	姓名	级别	计划投入日期	计划释放日期	其他	
1						
2						
3						
合计：						

图 10-6 技术实施预算信息

四、技术售后预算信息：						
预算人			部门		合计（人日）	
技术售后人力投入预算信息						
序号	姓名	级别	计划投入日期	计划释放日期	其他	
1						
2						
3						
合计：						

图 10-7 技术售后预算信息

这里需要指出的是，预算信息可能会因为项目内外在因素而变化，在实施过程中可能会出现预算变更的情况，若项目变更，则需要对预算进行调整，再次执行相关审批流程。

10.5 项目准备阶段及验收测试方案编写

10.5.1 项目人员入场

当项目立项且招标单位和中标单位签订书面合同后，通常由项目经理到招标单位调研行项目需求。同甲方的相关负责人沟通验收测试的范围、测试的内容、测试的环境，明确测试介入时间、相关要求等内容。因为外包公司非常注重人员成本的控制，而且人员相对比较分散，所以项目经理与相关领导、其他项目经理的沟通很重要。要及时了解在该项目的人员是否能够及时地释放出来，以免耽误该项目的进度。项目经理在人员入场前还需要与甲方的相关负责人进行沟通，尽量将项目组的成员集中安排在同一个工作区域，这样有利于项目组成员的相互沟通、工作交流和项目组成员的管理。为了便于对项目组成员投入情况进行掌控及项目完成后结合乙方人员投入进行结款等（有些项目是有附加条款的，如果因甲方原因耽误项目工期，依据延期的人员时间投入，甲方会向乙方额外支付相应金额的费用），通常甲方会要求乙方进行人员考勤、记录等。控制严格的单位需要打卡，灵活一点的单位则要求项目经理每周汇报一次项目组人员考勤记录。图 10-8 为人员出勤表记录格式内容。

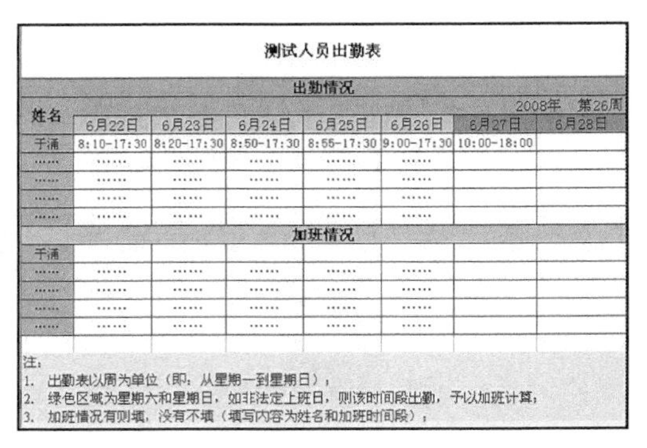

测试人员出勤表

姓名	出勤情况 2008年 第26周						
	6月22日	6月23日	6月24日	6月25日	6月26日	6月27日	6月28日
于涌	8:10-17:30	8:20-17:30	8:50-17:30	8:55-17:30	9:00-17:30	10:00-18:00	
……	……	……	……	……	……		
……	……	……	……	……	……		
……	……	……	……	……	……		
……	……	……	……	……	……		
加班情况							
于涌							
……	……	……	……	……	……		
……	……	……	……	……	……		
……	……	……	……	……	……		
……	……	……	……	……	……		

注：
1. 出勤表以周为单位（即：从星期一到星期日）；
2. 绿色区域为星期六和星期日，如非法定上班日，则该时间段出勤，予以加班计算；
3. 加班情况有则填，没有不填（填写内容为姓名和加班时间段）；

图 10-8　人员出勤表图示

项目经理还要据甲方的要求，使用自带的工作用机或者向甲方相关部门申请。在部署工作环境时，至少需要一台机器用于部署缺陷管理系统和配置管理系统。有一些单位非常严格，所有的机器必须经过相关 IT 部门的检查（包括限制机器上安装的软件、必须安装指定的杀毒软件并经过系统性杀毒、只能访问内部网络且 IP 地址和工作用机绑定、禁用某些特定的系统功能或硬件设备、IP 地址和安装软件需要申请等），当然这些工作按照相关的流程进行即可，待所有的工作机和网络可以连通后，部署相关的缺陷管理系统和配置管理系统。为了让大家都能应用同一标准，建议均有文档进行相关说明，特别是缺陷级别的定义，最好举一些示例，避免以后项目组内部提交的缺陷级别不统一，也尽量避免与甲方、软件开发方或监理方产生认定差异，配置管理系统和缺陷管理系统均需要指定不同级别人员的访问权限，并建立相应的用户角色，保证相关人员都可以正常访问。这些工作都完成以后，就可以进行后续工作了。

10.5.2　项目调研

接下来可以将从甲方、开发方、监理方获得的相关资料放到配置管理系统中，对相关文档进行研读，对过程中出现的一些不明确或有问题的地方进行记录，并找相应的接口人进行明确。在条件允许的情况下，尽量让相关的业务人员和系统开发方对被测试的系统进行一次系统性的培训，以加强项目组测试人员对系统的认识，掌握验收测试的重点内容，同时也能解答项目组测试人员存在的疑问，为后续测试方案、测试计划和测试用例的编写、缺陷的认定等都打下良好的基础。

10.5.3　验收测试方案

要求较严格的甲方为了准确了解乙方项目人员掌握项目的情况，也为了了解乙方单位在实施过程中的测试周期、测试策略和应用的测试方法能否覆盖到验收测试的各个对应需求点等内容，通常都需要让乙方单位项目经理提供一份针对本次验收测试的解决方案。

10.5.4　验收测试方案索引目录结构

也许，有很多测试同行非常关心测试方案的编写内容，这里以我的方案为样本，给大家做一些介绍。

以下内容为某项目的验收测试方案索引目录结构。

1. 引言
1.1　编写目的
1.2　项目背景
1.3　预期读者
1.4　参考文档
1.5　名词定义
1.5.1　验收测试
1.5.2　管理方
1.5.3　用户方
1.5.4　开发方
1.5.5　应用系统
2. 系统简介
2.1　某系统说明
3. 测试目标和标准
3.1　测试目标
3.2　测试重点
3.3　项目进入标准
3.4　项目完成标准
4. 测试需求分析
4.1　某系统的功能测试范围
4.1.1　……功能
4.2　某系统的文档测试范围
4.3　某系统的性能测试范围
5. 测试策略
5.1　策略说明
5.2　性能测试
5.2.1　测试内容
5.2.2　测试方法
5.2.3　性能验证指标
5.2.4　性能测试前提条件
5.2.5　性能测试通过标准
5.3　功能测试
5.3.1　测试内容
5.3.2　测试方法
5.3.3　功能指标
5.3.4　功能测试问题级别定义
5.3.5　功能测试通过标准
5.3.6　功能测试中止条件

5.4 文档验收
5.4.1 验收文档内容
5.4.2 验收文档要求
5.4.3 文档测试问题级别定义
5.4.4 文档测试通过标准
5.4.5 文档测试中止条件
6. 项目实施阶段
6.1 项目实施阶段描述
6.1.1 测试计划阶段
6.1.2 测试需求阶段
6.1.3 测试设计阶段
6.1.4 测试环境部署
6.1.5 第一轮测试执行阶段
6.1.6 第二轮测试执行阶段
6.1.7 测试总结阶段
6.2 测试里程碑
6.2.1 进入标准测试
6.2.2 测试环境的搭建
6.2.3 业务培训
6.2.4 制订测试计划、测试需求准备
6.2.5 测试设计
6.2.6 必要测试工具的开发
6.2.7 用例评审
6.2.8 测试执行
6.2.9 测试总结
7. 测试实施安排
7.1 工作流程
7.2 人员组织
7.3 人员配置
8. 测试计划
8.1 测试工作量估算
8.2 测试时间进度表
9. 质量保证
9.1 需求与变更管理
9.2 配置管理
9.2.1 主要配置项
9.2.2 配置管理员的职责
9.2.3 配置库结构
9.2.4 需提交的文档名称

9.2.5 文档编码规范
9.2.6 账号管理
9.2.7 权限管理
9.2.8 备份计划
9.3 项目变更管理
9.4 风险管理
9.4.1 风险类型
9.4.2 发生概率
9.4.3 风险影响
9.4.4 项目风险
10. 缺陷管理
10.1 管理权限
10.2 缺陷问题级别
10.2.1 功能测试问题级别定义
10.2.2 文档测试问题级别定义
10.2.3 性能测试问题级别定义
10.3 缺陷的跟踪与记录
10.4 缺陷状态定义
10.5 缺陷管理的流程
11. 项目沟通
11.1 例会
11.2 周报
12. 工作产品

10.5.5 验收测试方案的引言部分

下面对该索引目录结构的 12 个索引段落进行介绍。

引言主要包括编写目的、项目背景、预期读者、参考文档和名词定义 5 部分。该索引段主要介绍该方案的基本信息，明确相关需求的来源文档（这些文档的来源主要包括 3 部分：甲方、系统研发单位和根据沟通后由乙方编写的确认的文档），阐述项目的背景，明确预期的读者、相关专业术语，使相关读者都能够通过阅读该文档掌握整体方案的内容。

示范性文档编写内容如下。

1. 编写目的

《甲方公司某系统验收测试方案》（以下简称测试方案）阐述了乙方公司对本项目的理解，是测试工作实施的基本依据，提供测试方案文档有助于使客户了解如下内容。

- 明确的测试需求。
- 可采用的测试策略。
- 所需的资源及测试的工作量。
- 测试工作最终应达到的目的。

- 测试工作的风险及规避方法。
- 测试项目的可交付内容。

这里将甲方单位名称用“甲方公司”替代，系统名称以“某”替代，本单位名称以“乙方公司”替代，后续均以该处理方式进行，不再赘述。

2. 项目背景

该部分内容主要介绍被测试的系统，以及甲方为什么对该系统进行测试描述，鉴于安全性等方面的考虑，这里不再详细描述，读者依据项目实际情况编写该部分内容。

3. 预期读者

- 甲方项目管理人员。
- 甲方项目实施人员。
- 乙方项目管理人员。
- 乙方项目实施人员。
- 项目开发方相关人员。

4. 参考文档

参考文档主要来源于甲方、系统研发单位和根据沟通后由乙方编写的确认文档，需要特别指出的是，在列举参考文档时，需要明确文档的作者、文档文件最后修改的时间、文件存放的位置等，以便读者可以快速得到正确的文档，进行阅读。

5. 名词定义

（1）验收测试。

验收测试是系统开发生命周期方法论的一个阶段，这时相关的用户和/或独立测试人员根据测试计划和结果对系统进行测试和接收。它让系统用户决定是否接收系统。它是确定产品能否满足合同或用户规定需求的测试。通常验收测试是由具有计算机应用系统测试评估能力和法人资格的、独立于用户单位及开发单位的第三方来进行，一般对应用系统的需求分析、设计方案以及相关应用软件和硬件设备的功能、性能、安全性等方面进行科学、公正和相对独立的综合测试评估。

（2）管理方。

管理方是指负责组织和管理执行验收测试的单位。

（3）用户方。

用户方是指应用系统的最终使用单位和运行维护单位。

（4）开发方

开发方是指承担被测试的应用系统开发的单位。

（5）应用系统

应用系统是指由相关的软、硬件构成，能够为企业解决流程或工作中特定问题的系统，在本方案中是指被测试的某系统。

10.5.6　验收测试方案的系统简介部分

系统简介主要是对被测试应用系统的功能、性能、文档特性进行概括性介绍。

10.5.7 验收测试方案的测试目标和标准部分

测试目标和标准主要包括 4 部分内容：测试目标、测试重点、项目进入标准和项目完成标准。

示范性文档编写内容如下。

1. 测试目标

某单位某系统验收测试的目标是：以《某单位某系统需求规格说明书》、《某单位某系统程序设计说明书》及所有经某单位确认的需求为基准，在规定的时间范围内，从应用系统的功能性开展验收测试，以验证系统功能、文档、性能是否符合用户要求，按约定期限提交被测系统是否可以进入生产运行的评估报告，为用户是否接受系统提供决策依据。

2. 测试重点

该部分内容可以依据验收测试的用户实际需求进行描述，这里不再赘述。

3. 项目进入标准

项目进入标准是接收被测系统进入测试的必要条件和基础，项目进入标准的主要内容如下。

- 合同签署完毕，并开始执行合同。
- 管理方已认可测试方的项目测试计划（包括时间计划）。
- 管理方准备好测试方要求的技术文档、用户文档及相关说明书。
- 管理方及管理方协调的有关支持人员和相关业务人员已明确并到位。
- 管理方提供被测试的应用系统软件的测试环境（包括软件和硬件）。
- 管理方提交开发方的测试计划、测试用例和测试报告。
- 管理方成立测试领导小组，指明专门负责人。
- 测试方相关人员到位。

4. 项目完成标准

符合以下全部条件时，验收测试工作视同结束。

- 系统不存在致命性错误和严重性错误。
- 告警性错误在测试用例数的 1%以内。
- 系统重要功能模块不再含有告警性错误。
- 通过管理方的验收工作。

10.5.8 验收测试方案的测试需求分析部分

测试需求分析结合此次验收测试的内容主要包括 3 部分内容，即功能测试、文档测试和性能测试。通常在这部分要明确测试的功能点、测试的文档和性能测试需求范围，以表格的形式列出相关内容（见表 10-2～表 10-4），特别是在描述性能测试相关内容时，因为很多用户甚至是系统的研发方都没有清晰明确的性能需求描述，这就需要项目经理或者相应的技术人员明确该部分内容，以避免验收测试完成后，产生不必要的分歧或者矛盾。

表 10-2 功能测试范围

功能模块	功能项	功能点	备注
业务功能	用户登录	登录首页	
	业务处理	库存查询	
		配件进货	
		配件销售	
		……	
	新闻管理	新闻下载	
		……	
		……	
……	……	……	……
……	……	……	……

表 10-3 测试文档范围

序号	文档名称	文件大小	文件最后修改日期	作者	获取途径
1	需求规格说明书	5.31MB	20××-2-1	路通	开发方文档
2	……	……	……	……	……
3	……	……	……	……	……
4	……	……	……	……	……

注：在没有特殊说明的情况下，所有文档均从配置管理工具中获取，请参考相关获取路径。

表 10-4 性能测试范围

序号	性能需求描述	测试需求分析	备注
1	……	……	……
2	……	……	……
3	……	……	……
4	……	……	……

10.5.9 验收测试方案的测试策略部分

测试策略主要针对功能、文档和性能测试的内容、测试方法、缺陷级别定义、测试前提条件和测试通过标准等内容进行较详细的描述。

示范性文档的内容如下。

1. 策略说明

根据国家标准《GB/T16260—2006 软件工程产品质量》，软件质量主要考察功能、效率、可靠、易用、移植、可维护6个方面。同时结合本次测试的性质、系统特点和时间要求，以及对测试需求的分析，本次我方计划针对某单位某系统从性能、文档、功能3方面进行验收测试工作。

2. 性能测试

（1）测试内容。

根据需求分析报告和设计文档提出的各项性能指标及某单位某系统的一般性要求，检测系统在各种负载情况下的响应、处理时间，以及在业务量高峰期的承受能力等指标是否符合需求。性能测试分为性能测试、负载测试、压力测试、配置测试、并发测试、容量测试、可靠性测试和失败测试 8 种类型。

① 性能测试是一种“正常”的测试，主要是测试正常使用时，系统是否满足要求，同时可能为了保留系统的扩展空间进行一些稍稍超出“正常”范围的测试。

② 负载测试：通过逐步增加系统负载，测试系统性能的变化，并最终确定在满足系统性能指标性的情况下，系统所能够承受的最大负载量。简而言之，负载测试是通过逐步加压的方式来确定系统的处理能力，确定系统能够承受的各项阈值。例如，逐步加压，从而得到“响应时间不超过 10s”“服务器平均 CPU 利用率低于 85%”等指标的阈值。

③ 压力测试：通过逐步增加系统负载，测试系统性能的变化，并最终确定在什么负载条件下系统性能处于失效状态，并获得系统能提供的最大服务级别。压力测试是逐步增加负载，使系统某些资源达到饱和甚至失效的测试。

④ 配置测试：主要通过对被测试软件的软、硬件配置进行测试，找到系统各项资源的最优分配原则。

⑤ 并发测试：测试多个用户同时访问同一个应用、同一个模块或者数据记录时是否存在死锁或者其他性能问题，几乎所有的性能测试都会涉及一些并发测试。

⑥ 容量测试：测试系统能够处理的最大会话能力，确定系统可处理同时在线的最大用户数，通常和数据库有关。

⑦ 可靠性测试：通过给系统加载一定的业务压力（如 CPU 资源在 70%～90%的使用率）的情况下，运行一段时间，检查系统是否稳定。因为运行时间较长，所以通常可以测试出系统是否有内存泄露等问题。

⑧ 失败测试：对于有冗余备份和负载均衡的系统，通过失败测试来检验如果系统局部发生故障，用户能否继续使用系统，用户受到多大的影响，如几台机器做均衡负载，测试一台或几台机器垮掉后，系统能够承受的压力。

（2）测试方法。

- 分析、调研阶段统计用户使用习惯，编写性能测试计划。
- 结合业务分析、调研情况，设计系统性能模型。
- 设计阶段将性能模型转化为测试场景，使用压力测试工具录制并调试测试脚本，或自行编制压力测试程序，同时准备测试数据。
- 实施阶段运行测试场景，按照实际运行中统计的用户并发量，设定每项压力测试的起始业务并发数量，以及并发量递增的梯度；参照系统的峰值设计需求，逐步对系统加压至性能拐点。
- 针对性能测试执行结果，进行分析，定位问题，对系统调优，同环境回归测试（可能进行多次，根据实际情况确定）。
- 编写性能测试总结报告。

（3）性能验证指标。

- 本次性能测试验证如下指标。
- 系统业务处理容量（TPS）。
- 业务响应时间（秒）。
- 系统 CPU 占用率。

- 系统内存占用率。
- 系统 I/O 使用率。

（4）性能测试前提条件。

- 测试环境准备就绪（最好为生产环境或近似环境）。
- 应用系统开发完成，发布正式版本。
- 已经完成安装配置测试，且系统可用。
- 应用系统经过软、硬件配置调优工作。

（5）性能测试通过标准。

- 在指定测试环境下，软件性能等与业务需求一致。
- 没有严重影响系统运行的性能问题。

3. 功能测试

（1）测试内容。

功能测试分 GUI 测试、业务测试、异常测试和易用性测试 4 部分进行。

- GUI 测试检验用户界面是否满足用户需求，是否符合软件界面的通用设计原则。
- 业务测试检验软件业务功能和业务流程是否满足用户需求，此项测试依据用户需求说明进行。
- 异常测试检验在多用户同时使用系统的情况下，业务功能是否可以正常执行，是否会产生资源竞争、互斥等现象。
- 易用性测试从易操作性、易理解性和易学性 3 方面对系统进行测试。
- 易操作性的测试目的是增加软件操作的简易性，让用户容易接受软件，也方便用户的日常使用；易理解性测试的目的使用户能迅速了解软件的操作流程；易学性测试的目的是使用户迅速学会操作软件。

（2）测试方法。

采用黑盒测试技术，手工模式执行测试，着眼于系统的功能，不考虑内部逻辑结构，针对软件界面和业务功能进行测试。在充分了解系统架构和业务逻辑的基础上，从不同的运行与控制条件等角度组合不同的输入条件和预定结果，测试功能的执行情况、业务流程执行情况和信息反馈情况等，以找出软件中可能存在的缺陷。按照系统功能说明，逐一设计正常测试用例和错误操作测试用例并执行，测试中发现的问题及时提交到缺陷管理系统。

（3）功能指标。

本次功能测试验证如下指标。

- 功能完整性：软件产品完全满足用户要求的业务处理实现。
- 适合性：软件产品为指定的任务和用户要求提供了合适功能的实现。
- 准确性：软件产品提供具有所需精度的正确或相符的结果或效果的能力，特别是在多用户使用情况下，功能和业务流程能否正常和准确执行。
- 互操作性：软件产品与相关系统进行交互的能力。
- 易用性：软件产品易操作性、易理解性、易学性方面的能力。
- 可维护性：软件产品可测试性、可修改性和可使用性。

（4）功能测试问题级别定义如表 10-5 所示。

表 10-5 功能测试问题级别定义

级别	名 称	描 述
P1 级	致命性错误	导致系统崩溃、异常退出系统、异常死机、服务停止、数据库混乱及系统不能正常运行
P2 级	严重性错误	功能未实现、不完整、功能出现问题并导致其他功能及模块出现问题
P3 级	告警性问题	功能已实现，存在不影响主要功能使用的小问题
P4 级	建议性问题	满足需求，功能使用不方便、不合理、界面不友好或风格不统一

（5）功能测试通过标准。

- 软件功能与业务需求要求一致。
- 没有 P1（致命性）问题与 P2（严重性）问题，且 P3（告警性）问题和 P4（建议性）问题数量不高于测试方与用户的预先协商值。

（6）功能测试中止条件。

- 功能测试过程中，如发生以下情况，则中止测试活动。
- 发现程序不是最新版本。
- 正确安装后，发现主要模块功能不能正常运行，且影响其他模块的功能测试。
- 发现大量致命性问题，需要开发方立即修改。

测试中止后，开发方修改时间由某单位、测试方和开发方共同商定，修改完成后继续实施功能测试。

4. 文档验收

（1）审查内容。

文档审查针对项目立项、实施、运营维护等各环节中的关键文档进行，受审查的文档类型如表 10-6 所示，具体实施内容需与客户协商后决定。

表 10-6 受审查的文档类型

序 号	文 档 类 型
1	需求规格说明书
2	概要设计文档
3	详细设计文档
5	工程实施方案
6	用户手册文档
7	集成安装手册

目前已知需要验收测试的文档如表 10-7 所示。

表 10-7 测试文档范围表

序 号	文 档 名 称	文 件 大 小	文件最后修改日期	作 者	获取途径
1	需求规格说明书	5.31MB	20××-2-1	路通	开发方文档
2	……	……	……	……	……
3	……	……	……	……	……
4	……	……	……	……	……

（2）文档要求。

- 文档完备性。
- 文档内容充分性。
- 文字明确性。
- 文档描述的正确性，联机帮助文档中链接的正确性。
- 易读性。
- 检查文档间的一致性。
- 检查程序和文档的一致性。
- 检查文档间的可追溯性。
- 检查文档是否符合指定的相应模板和规范。

（3）文档测试问题级别定义如表10-8所示。

表10-8 文档测试问题级别定义

文档类型	1级	2级	3级	4级
需求规格说明书	需求遗漏	需求描述错误；存在二义性	文档字面错误	冗述或过于简单
详细设计/概要设计	遗漏需求	逻辑错误，或描述不清，存在二义性	文档字面错误	冗述或过于简单
用户手册	功能遗漏	操作描述方法错误或描述不清	文档字面错误	冗述或过于简单
安装手册	主要操作流程遗漏	操作描述方法错误或描述不清	文档字面错误	冗述或过于简单
测试文档	致命错误：重大需求遗漏；测试报告与结果不符	功能错误：用例描述错误	文档字面错误	冗述或过于简单

（4）文档测试通过标准。

文档测试通过标准为，文档测试关闭时不允许存在1、2级问题，3、4级问题的出现频率为平均每6页3个以内。

（5）文档测试中止条件。

如任何一个被测试文档在一页当中出现超过16个任何等级的问题，该文档即被视为不可用，立刻停止对该文档的测试，交由文档作者修改后再重新测试。

10.5.10 验收测试方案的项目实施阶段部分

项目实施阶段主要描述项目实施各个阶段进入的标准、主要活动、交付物和退出标准。

示范性文档的内容如下。

1. 项目实施阶段描述

根据我方测试方法论和某单位的要求进行项目实施。

（1）测试计划阶段。

对整个测试工作进行高层次规划，内容包括培训、确认测试需求、设定测试优先级、识别风险、确定测试方法、设计测试环境和开发/选择必要的测试工具等。

编写《某单位某系统系统用户验收测试方案》、《某单位某系统系统用户验收测试计划》，并参加管理方组织的评审会，评审通过《某单位某系统系统用户验收测试方案》、《某单位某系统系统用户验收测试计划》。

① 进入标准。

此阶段为整个项目的进入标准，参考《项目进入标准》。

② 活动。

制订测试目标，明确测试风险、测试通过/失败标准、待测特征、不予测试特征、测试策略（测试阶段）、挂起准则与恢复需求、测试交付物、测试环境需求、组织与职责（角色）、培训需求、进度表、计划应急措施。

③ 交付件。

- 《某单位某系统系统用户验收测试方案》。
- 《某单位某系统系统用户验收测试计划》。

④ 退出标准。

当双方确认《某单位某系统系统用户验收测试计划》后，测试计划工作即为完成。

（2）测试需求阶段。

理解被测系统的功能及各业务处理流程等，确定测试功能需求边界，为测试设计做准备。测试需求阶段的工作结果是测试需求说明书，编写《某单位某系统系统用户验收测试需求说明书》，并参加管理方组织的评审会，评审通过《某单位某系统系统用户验收测试需求说明书》。

① 进入标准。

- 某单位评审通过《某单位某系统系统用户验收测试方案》和《某单位某系统系统用户验收测试计划》。
- 某单位项目相关管理和业务人员及其开发方相关责任人明确且能够积极配合测试方工作。

② 活动。

- 根据合同或者方案建议书，确定测试类型。
- 对于每种测试类型，细化测试内容、测试环境、测试标准。例如，功能测试：功能点、复杂度、测试环境等。性能测试：测试场景，每个场景涉及业务、测试目的、测试条件、测试环境和性能指标等。

③ 内部评审。

提交用户评审签字。

④ 交付件。

《某单位某系统系统用户验收测试需求说明书》。

⑤ 退出标准。

当双方确认《某单位某系统系统用户验收测试需求说明书》后，测试需求分析工作即为完成。

（3）测试设计阶段。

根据测试需求确定每个测试项目的详细目标，确定其优先级，编写测试用例，定义未涵盖的条件，列举需要编程测试的主题等；根据《某单位某系统系统用户验收测试需求说明书》设计测试用例。编写《某单位某系统系统用户验收测试设计说明书》，并参加管理方组织的评审会，评审通过《某单位某系统系统用户验收测试设计说明书》。

为了使测试能涵盖所有的需求及特点，需要利用测试项目清单跟踪矩阵列表进行验证。对于测试用例未涵盖的条件，需要添加新测试用例涵盖需求，以保证测试设计方案的完整性。

① 进入标准。

- 《某单位某系统系统用户验收测试需求说明书》得到某单位的确认并签字。
- 验收测试项目各级别的测试人员到位。

② 活动。

对每种测试类型的测试需求进行测试设计，如功能测试：测试用例、相关测试输入数据等。

③ 内部评审。

提交用户，同时组织对相关成果物进行评审。

④ 交付件。

- 《某单位某系统系统用户验收测试用例设计说明书》。
- 《某单位某系统系统用户验收测试执行计划》。

⑤ 退出标准。

当双方确认《某单位某系统系统用户验收测试用例设计说明书》、《某单位某系统系统用户验收测试执行计划》后，测试设计工作即为完成。

（4）测试环境部署。

某单位负责为验收测试实施团队提供的办公场所，由某单位相关人员或某单位委托系统研发团队完成安装测试系统，且保证系统为被测试版本，经过冒烟测试。

① 进入标准。

系统经过冒烟测试，达到测试要求，同时系统相关软、硬件设置尽量与开发环境一致。

② 交付件。

《某单位某系统系统用户验收测试环境符合度说明》。

③ 退出标准。

提供完整的某单位某系统系统第三方测试环境，且稳定运行。

（5）第一轮测试执行阶段。

根据《某单位某系统系统用户验收测试用例说明书》、《某单位某系统系统用户验收测试执行计划》，准备测试数据，在搭建的某单位某系统系统用户验收测试环境上对不同测试范围实施测试。当被测应用系统软件经过开发方修改发生变化后，都将进行回归测试。在测试阶段开始前，都将进行一次冒烟测试。如果冒烟测试通过，则进行正式测试。

该阶段主要进行以下工作。

- 功能测试。
- 文档测试。
- 性能测试。

① 进入标准。

测试环境已经就绪。

② 活动。

- 实施测试，执行测试用例。
- 记录测试结果（缺陷）。
- 讨论和确认测试发现的问题。

③ 交付件。

- 《某单位某系统系统用户验收测试用例执行每日简报》。

- 《某单位某系统系统用户验收测试缺陷记录日表》。

④ 退出标准。

所有用例执行完毕。

（6）第二轮测试执行阶段。

根据《某单位某系统系统用户验收测试用例》，准备测试数据，在搭建的某单位某系统系统用户验收测试环境上对不同测试范围实施测试。当被测应用系统软件经过开发人修改发生变化后，都将进行回归测试。该阶段主要进行以下工作。

- 功能测试。
- 文档测试。
- 性能测试。

① 进入标准。

第一轮测试执行后，开发方就系统中存在的问题做出相应修改后。

② 活动。

- 实施测试，执行测试用例。
- 记录测试结果（缺陷）。
- 讨论和确认测试发现的问题。

③ 交付件。

- 《某单位某系统系统用户验收测试用例执行每日简报》。
- 《某单位某系统系统用户验收测试缺陷记录日报》。

④ 退出标准。

所有用例执行完毕。

（7）测试总结阶段。

测试报告是用户验收测试的一个重要阶段，是整个用户验收测试的总结。主要完成某单位某系统系统用户验收测试收尾阶段的工作任务，即编写《某单位某系统系统用户验收测试总结报告》，并参加管理方组织的评审会，评审通过该报告。

① 进入标准。

覆盖了所有的测试需求，并且按照合同和计划完成要求的测试轮次。

② 活动。

- 对各种类型的测试进行总结，产生相应测试类型的测试报告。
- 对整体测试情况进行综合，产生测试总结报告。

③ 内部评审。

提交用户进行正式评审。

④ 交付件。

测试总结报告。

⑤ 出口准则。

完成测试总结报告，并经过评审后提交管理方。

⑥ 退出标准。

所有文档提交管理方。

2. 测试里程碑

为了保证测试项目质量和进度，特制定如下里程碑，以便执行时作为检查依据。

（1）进入标准测试。

检查测试对象是否满足测试的进入条件：即开发方完成系统测试，并提交系统测试报告。进行冒烟测试，对测试对象快速抽查功能，用于执行测试入口标准的印证。

（2）测试环境的搭建。

在客户的协助下，搭建测试环境，尽量模拟真实运行环境。

（3）业务培训。

接受客户的业务培训是开展测试工作的重要的一环，便于熟悉理解某单位某系统系统的各类业务、功能和接口等。

（4）制订测试计划、测试需求准备。

根据《某单位某系统系统业务需求书》、《某单位某系统系统需求规格说明书》和《某单位某系统系统程序设计说明书》整理测试需求；协调开发方制订测试计划，包括确定测试范围、目标、测试周期、测试环境配置、测试方法、所需资源和后勤服务等。

（5）测试设计。

编写测试用例，涵盖各个方面，包括正面和负面的输入和数据；开发每一个测试周期具体的测试条件、测试用例、测试脚本、测试数据和预期结果。测试用例和脚本应以实际业务流程执行情况为基础开发。

（6）必要测试工具的开发。

除了已经有的测试工具外，还需开发必要的方便功能测试和性能测试的辅助工具。

（7）用例评审。

与软件开发方、用户方共同评审测试用例的合理性。

（8）测试执行。

- 在测试方案和测试计划由管理方批准后，测试用例由用户方确定后进入具体测试实施阶段。
- 准备测试数据，执行测试用例，记录测试结果；执行一轮测试和二轮回归测试。

（9）测试总结。

对测试的各个方面进行全面总结，提交测试报告。

10.5.11 验收测试方案的“测试实施安排”部分

示范性文档编写内容如下。

1. 工作流程

项目实施过程遵循H测试模型，如图10-9所示。

此次研发过程采用敏捷开放，因此测试工作采用H测试模型，H测试模型将测试流程独立于开发流程，使测试流程自身为一个完全独立的流程，将测试准备活动和测试执行活动清晰地体现出来。除此之外，在项目实施过程中针对各个过程均有质量管理活动，对项目实施过程中的相关成果进行严格的评审。

2. 人员组织

本次项目的测试人员均具有多年测试经验，对业务及测试有深入理解。此次项目测试工作包括3部分内容，即功能性测试、文档性测试和性能测试，因此结合项目特点，我公司岗位人员设置如图 10-10 所示。

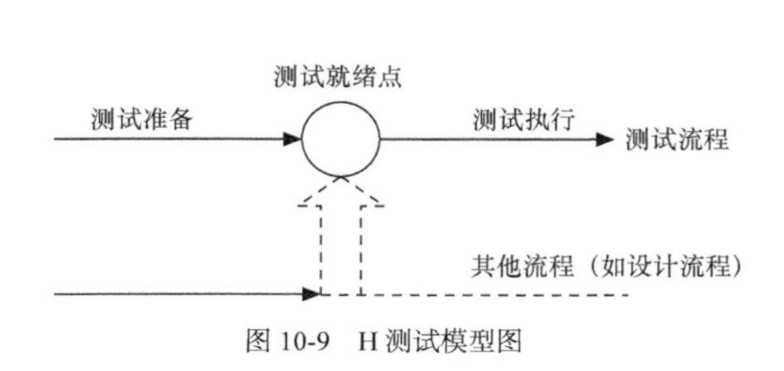

图 10-9 H 测试模型图

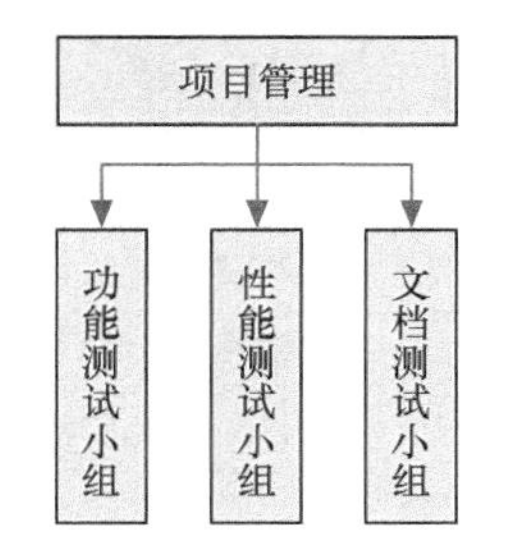

图 10-10 测试项目岗位设置图

3. 人员配置

验收测试项目人员配置如表 10-9 所示。

表 10-9 验收测试项目人员配置

人员分类	人 数	职 责
项目经理	1	负责承担项目任务的计划、组织和控制工作，以实现项目目标 监督、统筹及协调项目中的各项活动和安排任务 负责向项目协调机构定期报告项目进展情况，就项目中存在的问题提出解决建议 负责测试方和业务方、开发方的协调配合工作
功能测试组	3	负责功能测试、业务流程测试 负责编写、制订功能测试用例 负责执行测试用例 负责将问题录入缺陷管理系统 负责对发现的 BUG 进行回归测试 负责问题的分类、总结 负责测试文档的汇总和保存
性能测试组	2	负责准备、实施性能测试
文档审查组	同功能测试组 3 人	负责对文档内容、规范性、可读性进行检查 负责将文档问题分类、总结 负责执行文档评审

10.5.12 验收测试方案的“测试计划”部分

在测试开始前对开发方提交的程序、文档进行冒烟测试。

计划项目周期为：20××-××-××至20××-××-××（时间将根据项目实际情况进行调整）。

1. 测试工作量估算

表 10-10 是关于某单位某系统用户验收测试的功能测试、文档测试和性能测试的规模和工作量的估计。

根据表 10-10，预计共需××天，合计××人日，约合×.××人月。

表 10-10 验收测试项目人工统计表

验收测试	任　务	时间（天）	项目经理 1 人（人日）	高级测试工程师 2 人（人日）	测试工程师 2 人（人日）	工作量小计（人日）
测试计划阶段	制订测试计划	4	4	4	2	15
测试需求阶段	分析测试需求	×	×	×	×	×
测试设计阶段	设计测试用例	×	×	×	×	×
	制订测试执行计划	×	×	×	×	×
第一轮测试执行阶段	执行测试用例	×	×	×	×	×
第二轮测试执行阶段	执行测试用例	×	×	×	×	×
测试总结阶段	总结测试，编写文档，项目验收	×	×	×	×	×
合计			×	×	×	×

2. 测试时间进度表

测试时间进度表如表 10-11 所示。

表 10-11 验收测试项目时间进度表

阶　段	活　动	预计时间（天）
1. 测试计划阶段	启动会议双方沟通，整理办公环境	×
	收集所需客户文档	
	建立配置管理环境，建立测试管理环境，制订 BUG 管理流程，建立 BUG 管理环境	
	制订项目测试详细计划，制订配置管理计划	
	了解被测系统业务，熟悉系统功能和业务流程，培训业务系统	
	编写测试方案	
	评审测试方案、测试计划	
	需求调研	
2. 测试需求分析阶段	需求分析	×
	需求调研、细化测试需求，编写测试需求	
	评审测试需求	
3. 测试设计阶段	功能测试用例设计	×
	文档测试用例设计	
	性能测试用例设计	
4. 第一轮测试阶段	第一轮测试环境初始化	×
	执行功能测试用例	
	执行文档测试用例	
	执行性能测试用例	
	提交回归测试的缺陷列表，确认缺陷	
	第二轮测试总结	

续表

阶　段	活　动	预计时间（天）
5. 第二轮测试阶段	第二轮测试环境初始化	×
	执行功能测试用例	
	执行文档测试用例	
	执行性能测试用例	
	提交回归测试的缺陷列表，确认缺陷	
	第二轮测试总结	
6. 测试总结阶段	测试总结报告	×
	测试总结报告评审	
合　计		××

10.5.13 验收测试方案的“质量保证”部分

示范性文档编写内容如下。

1. 需求与变更管理

需求管理是对需求进行维护，保证在客户、开发方和测试方之间能够建立和保持对需求的共同理解，同时维护需求与后续工作成果的一致性，并控制需求的变更。

在测试项目中，根据用户需求进行需求分析，从而确定测试需求是需求管理的第一步工作，确定测试需求后，后续工作在此基础上展开。

因此，用户需求是测试实施的原始依据，对需求进行跟踪管理、在需求发生改变时跟踪分析变更影响等工作对于项目的成功实施起到了决定性作用。图 10-11 为需求管理工作的主要内容及用户需求变更的后续影响。

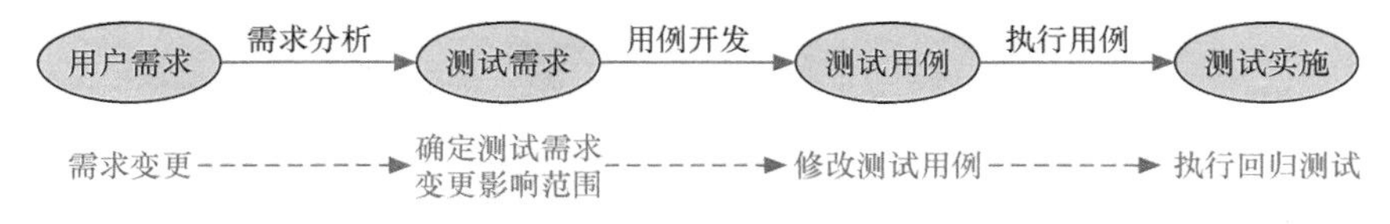

图 10-11　需求管理工作的主要内容及用户需求变更的后续影响图

基于测试管理平台，建立从系统需求、测试需求、测试用例、测试实施直到系统缺陷的一系列对应关系。在系统需求发生变更时，可以很容易地分析变更影响，从而指导测试工作的开展。

需求管理主要活动如下。

- 建立需求基线并控制需求基线的变更。
- 保持项目计划与需求一致。
- 控制单个需求和需求文档的版本情况。
- 管理单个需求和其他项目可交付产品之间的依赖关系。
- 跟踪基线中需求的状态（已评审、已实现、已验证、已删除等）。

变更分析的主要活动如下。

- 提交变更申请。
- 审核变更申请。

- 识别变更可行性，确定是否实施变更。
- 实施变更。
- 变更登记。

2. 配置管理

（1）主要配置项。

- 测试过程中生成的工作产品（包括测试方案、计划、总结、报告、管理文档等）。
- 指定在项目内部使用的系统、数据库、开发与支持软件工具。
- 指定在项目内部使用的过程、规程、标准等。
- 测试过程中的一些其他过程产品。

（2）配置管理员的职责。

- 制订配置管理计划。
- 设置配置库。
- 各配置项的管理与维护，配置文件清单的维护。
- 定时备份配置库。

（3）配置库结构。

配置管理员在制订完计划后，根据公司建议的配置库建立符合本项目的配置管理库。对于本项目来说，需要划分多个子系统，因此要在确定子系统的划分后，在不同阶段下分别建立各子系统的配置目录，如图 10-12 所示。

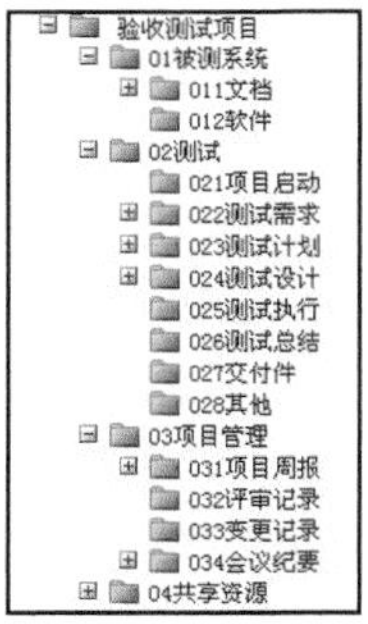

- 验收测试项目
  - 01被测系统
    - 011文档
    - 012软件
  - 02测试
    - 021项目启动
    - 022测试需求
    - 023测试计划
    - 024测试设计
    - 025测试执行
    - 026测试总结
    - 027交付件
    - 028其他
  - 03项目管理
    - 031项目周报
    - 032评审记录
    - 033变更记录
    - 034会议纪要
  - 04共享资源

图 10-12　系统的配置目录图

（4）需提交的文档名称。

文档标准命名格式为：项目名称+资料名称+撰写或修改日期，如表 10-12 所示。

表 10-12　用户验收测试项目文档标准命名格式

命名项目	说明
项目名称	某单位某系统用户验收测试项目
资料名称	测试方案
	需求报告
	测试用例报告
	……
撰写或修改日期	第一次撰写完成日期或修改完成日期

项目成员工作时产生的临时文档等，只要求提交时不出错，对命名规则没有其他限制，由项目成员根据自己的习惯命名文档。

（5）文档编码规范。

标识工作产品，具体格式是：项目编号－ZZ【YY】VX.Y，如表 10-13 所示。

表 10-13　用户验收测试项目文档编码规范

编号项目	说明
ZZ（文档名称）	TS 测试方案
	RS 测试需求
	TP 测试计划

续表

编号项目	说明
ZZ（文档名称）	TR 测试报告
	TD 测试用例/测试设计方案
	BR 测试问题报告
	PR 项目总结报告
	CP 配置管理计划
	RR 评审报告
	CC 变更记录
YY（文档序号）	可选，当一个大文档由多个文档组成时，按顺序编号：01、02、03
V（版本）	V
X.Y（版本号）	X 代表主版本号，表明产品的一个版本，Y 代表发布号，表明产品经过了修改，但是没有根本变化

（6）账号管理。

① 配置管理服务器账号。

② 在配置管理服务器上只建立管理员账号。

③ 配置源代码管理系统及缺陷管理系统账号。

- 在相应管理系统上为项目组的每个项目成员都建立账号。
- 账号名与登记的内部用户名相同。
- 根据项目过程中的人员调配状况适时增加和删除账号。
- 初始口令为空。
- 每个项目成员第一次登录这两个管理系统时应该修改自己的用户口令。
- 每个项目成员应该使用自己的账号登录这两个系统。
- 项目成员如果遗忘账号口令，应即时通知配置管理员重新分配该账号的口令。

（7）权限管理。

- 配置管理员对服务器拥有所有权限。
- 项目组其他成员对服务器拥有对应权限。

配置管理系统权限管理如表 10-14 和表 10-15 所示。

表 10-14 配置管理系统的结构和权限

权限（R–读、W–修改、D–删除）				
目录	测试经理	测试人员	配置管理人员	项目其他成员
01 被测系统-011 文档	R	R	RWD	R
01 被测系统-012 程序	R	R	RWD	R
02 测试—021 项目启动	RWD	R	RWD	R
02 测试—022 测试需求	RWD	R	RWD	R
02 测试—023 测试计划	RWD	R	RWD	R
02 测试—024 测试设计	RWD	R	RWD	R
02 测试—025 测试执行	RWD	R	RWD	R

续表

目 录	测试经理	测试人员	配置管理人员	项目其他成员
02 测试—026 测试总结	RWD	R	RWD	R
02 测试—027 交付件	RWD	R	RWD	R
02 测试—028 其他	RWD	R	RWD	R
03 项目管理 - 031 项目周报	R	R	RWD	R
03 项目管理 - 032 评审记录	R	R	RWD	R
03 项目管理 - 033 变更记录	R	R	RWD	R
03 项目管理 - 034 会议记录	R	R	RWD	R
04 共享资源	RWD	RWD	RWD	RWD

表 10-15 缺陷管理系统的结构和权限

权限（R–读、W–修改、D–删除）					
目 录	测试经理	测试人员	配置管理人员	开 发 人 员	客 户
测试需求	RWD	RWD	RWD	R	RW（评审）
测试用例	RWD	RWD	RWD	R	R
测试实验室	RWD	RW	RWD	R	R
缺陷	RWD	RW	RWD	RW（缺陷状态和注释）	RW（缺陷状态及注释）

（8）备份计划。

在项目开发实施过程的各个阶段，配置管理员应定期做好软件配置库的备份，以防因劳动成果丢失而给整个项目及公司带来的严重损失。备份可按照公司的要求定期（按周或月）进行。在每个阶段或里程碑处做完基线工作后应进行备份。备份的文件要明确标明备份日期，同一内容应至少保存在 2 种不同介质（如光盘、硬盘）中，应保证存放于不同位置。

3. 项目变更管理

当需求发生变更时，由项目接口人填写《变更申请表》，提交至项目配置管理员，经过变更流程对所提需求变更进行处理。技术委员会由项目经理、测试技术经理和技术专家组成，负责评审和解决技术问题。变更控制委员会（CCB）由双方人员组成，负责评审变更请求，确定是否执行变更。其中工作量包括以下度量方式。

- 改变文档的页数（含增加、删除和修改）。
- 测试用例的实际影响，用有关用例的个数的增加、删除来表示。
- 是否编写测试程序及规模。
- 实际能够执行的测试用例数。
- 对测试培训的影响情况。
- 资源的要求情况。
- 进度的影响。
- 对第三方的依赖制约因素说明（如允许额外增加测试点等）。

4. 风险管理

（1）风险类型。

风险类型包括技术、人员、需求、测试环境、测试管理、项目协调管理、其他等。

（2）发生概率。

发生概率对风险出现的可能性进行评估，可能的结果有：

- 非常低（＜10%）。
- 低（10%～25%）。
- 中等（25%～50%）。
- 高（50%～75%）。
- 非常高（75%）。

（3）风险影响。

风险影响对风险的严重性进行评估，可能的结果有：

- 灾难性（进度延迟 1 个月以上，或者无法完成项目）。
- 严重（进度延迟 2 周～1 个月，或者严重影响项目完成）。
- 中等（进度延迟 1 周～2 周，或者对项目完成有一定影响）。
- 低（进度延迟 1 周以下，或者对项目完成稍有影响）。

（4）项目风险。

结合本项目需要考虑的项目风险如表 10-16 所示。

表 10-16 项目风险表

风险描述	发生概率	风险影响	规避方法
测试环境紧张，不能按计划完成准备	中等	严重	尽量调配资源，避开工作时间执行测试，也可选用相同设备替代
测试时间紧张，不能完成所有测试项	高	严重	首先完成重点测试项
测试过程中可能会出现版本变更情况，测试版本与最终版本不一致	中	严重	尽量使用确定下来的版本进行测试，测试环境描述清晰
测试中发现系统缺陷，需要较长时间的修改、调优时间	中	中等	尽量将其他可测项完成。推迟上线时间
基础数据准备和测试数据抽取问题。垃圾数据生成	低	中等	项目组人员专人协助解决

10.5.14 验收测试方案的缺陷管理部分

示范性文档编写内容如下。

1. 管理权限

- 管理员：拥有全部权限。
- 测试组长/测试经理：拥有本测试小组的管理权限。
- 测试人员：可添加缺陷，不能删除缺陷，不可修改他人所提缺陷，可调整缺陷标题、缺陷描述、附件附图、状态、严重级别、模块、菜单等。
- 开发人员/需求人员：不能删除缺陷，可添加注释评论，有查询、解决等权限。
- 开发经理：除了开发人员的权限，还可调整优先级别、修改人、标题。

2. 缺陷问题级别

（1）功能测试问题级别定义。

同功能测试问题级别定义。

（2）文档测试问题级别定义。

同文档测试问题级别定义。

3. 缺陷的跟踪与记录

（1）在测试执行过程中，把发现的缺陷提交到缺陷管理系统中，并对缺陷进行跟踪管理。

（2）缺陷的提交、修改与回归测试：对开发方提交的核心系统提交正式测试版，按测试计划执行验收测试，通过缺陷管理工具提交缺陷报告，定期由开发方对缺陷报告进行确认，并提交给开发组有关成员修改。当所有缺陷的状态变为修改完成时，由开发方提交新的版本后，再开始下一轮系统测试。为保证进度，测试方应将一轮测试中发现的缺陷分批（2～3天一批）通过甲方提交开发方。每一轮测试完成后，提交完整的测试记录，并对发现的缺陷进行分类、统计和分析，形成软件问题报告。除非必需，否则测试方在一轮测试完成之前不接受开发方提供的任何更新版本。开发方完成修改工作后，应通过需求方将软件更新版本及问题更改报告提交测试方进行回归测试。问题更改报告应详细说明修改了的缺陷、更新了的组件、可能受修改影响的组件等。未能修改的缺陷应说明原因，当测试方、开发方在时间、进度、质量等问题上发生争议时，或测试中发现严重缺陷时，应及时报告给项目协调小组，必要时由协调小组进行决策。

4. 缺陷状态定义

- 新建（New）：测试中新报告的软件缺陷。
- 打开（Open）：被确认并分配给相关开发人员处理。
- 修正（Fixed）：开发人员已完成修正，等待测试人员验证。
- 拒绝（Rejected）：经确认不认为是缺陷。
- 延期（Deferred）：不在当前版本修复的错误，下一版本修复。
- 关闭（Closed）：错误已被修复。

5. 缺陷管理的流程

（1）测试人员提交新的缺陷入库，缺陷状态为“New”状态。

（2）开发方验证缺陷，如果确认是缺陷，则分配给相应的开发人员，设置为“Open”状态。

（3）如果缺陷不能重现或对缺陷报告有疑问，则定期与测试人员沟通，测试人员和开发方均努力尝试重现缺陷，如果是缺陷，则由开发人员置状态为“Open”状态，如果测试人员确认不是缺陷，则由开发方置状态为“Rejected”状态，如果还不能明确问题，则请业务部门、开发方、测试方三方人员讨论，最后决定缺陷的状态。

（4）开发人员查询状态为“Open”状态的缺陷，在开发环境中修改，并在缺陷管理系统中对对应的缺陷记录修复进行说明，如果完成修复，则置为“Fixed”状态。每一轮测试结束后，开发方将已修改后的新版本发布到测试环境中，并在发布新版本之前、之后告知测试方，测试方确认后，开始回归测试。

（5）对于不能解决和延期解决的缺陷，要留下文字说明并保持缺陷为“Open”状态，要通过三方评审会决定是否延期修改，如果要延期修改，则由开发方置为“Deferred”状态。

（6）测试人员在新一轮回归测试时，首先查询状态为“Fixed”的缺陷，然后验证缺陷是否已修复，如修复，则置缺陷为“Closed”状态，否则置为“Reopen”状态。

（7）每一轮结束之前，应对所有状态为“New”的缺陷进行评审确认，使缺陷管理系统中不再有状态为“New”的缺陷，本轮方可结束。如果对缺陷级别有不同意见，则由客户方决定是升级还是降级。

10.5.15 验收测试方案的“项目沟通”部分

示范性文档编写介绍如下。

项目的顺利进行离不开参与各方的良好沟通。因此在项目开始时应该确认详细的沟通机制及方法，如建立联系名录等。必要时可以在参与各方中选定专门人员组成协调小组，作为项目沟通的对外接口。

1. 例会

为保证项目顺利进行，应该建立项目例会制度，用于总结一段时间内的工作。例会可定在每周工作结束后召开，也可以定在项目达到某个里程碑时召开。

2. 周报

为了便于用户方和测试方上级领导及时了解项目进展情况，测试小组应该在每周工作结束后提交本周的工作周报。周报中应该详细列明本周的工作内容、已经取得的成绩、需要解决的问题和下周的工作安排。

10.5.16 验收测试方案的“工作产品”部分

验收测试方案的工作产品如表 10-17 所示。

表 10-17 验收测试项目的工作产品

测试阶段	工作产品	说明
测试计划阶段	《某单位某系统用户验收测试方案》	在本阶段提交
	《某单位某系统用户验收测试计划》	在本阶段提交
测试需求分析阶段	《某单位某系统用户验收测试需求说明书》	在本阶段提交
测试设计阶段	《某单位某系统用户验收测试用例说明书》	在本阶段提交
	《某单位某系统用户验收测试执行计划》	在本阶段提交
测试执行阶段	《某单位某系统用户验收测试冒烟测试报告》	在本阶段提交
	《某单位某系统用户验收测试缺陷记录每日列表》	在本阶段按日提交
	《某单位某系统用户验收测试用例执行每日简报》	在本阶段按日提交
	《某单位某系统用户验收测试工作周报》	在本阶段按日提交
测试总结阶段	《某单位某系统用户验收测试报告》	在本阶段提交
	《某单位某系统用户验收测试文档清单》	在本阶段提交
	《某单位某系统用户验收测试会议纪要》	贯穿项目始终

10.6 验收测试实施过程及性能测试计划编写

验收测试方案编写完成后，需要提交给甲方单位由相关人员进行评审。结合笔者以前实施的项目，通常甲方会先将验收测试方案发给相关领导和技术负责人，相关人员认真阅读该文档后，如果对文档有不明确或者认为有问题的地方进行记录，然后内部先将这些内容统一汇集整理出来，发给乙方，乙方对这些问题进行解答和修订验收测试方案，再次提交给甲方，甲方再次进行确认。同时，甲方会与乙方约定一次由甲方、乙方有时还有监理方共同组成的方案评审小组。由乙方对整体的验收测试方案进行讲解，验收测试方案内容经评审后，项目实施工作正式开始。图 10-13 为技术评审问题记录单样式。关于该文档的填写请参见该文档填写指南部分内容，这里不再赘述。

技术评审问题记录单												
评审时间：												
评审人员在评审准备时填写							评审记录人在评审会上根据评审会意见填写				评审会后由问题跟踪人填写	
问题序号	产品名称	问题位置	问题描述	问题分类		评审人员	遗漏问题	问题计划解决时间	问题责任人	问题跟踪人	状态	说明
				严重程度	问题类别							
1												
2												
3												
4												
5												
6												
7												
8												
9												
10												

图 10-13 技术评审问题记录单

验收测试实施阶段是验收测试的核心过程，在本阶段需要投入大量的人员、时间等从事工作环境搭建，测试环境初期的部署安排，测试需求的进一步明确化，测试计划、测试用例的编写，进行相应轮次功能、性能和文档方面的测试，提交缺陷，编写每轮的测试总结报告和最终的总结报告等，通常针对上述过程还会实施一些过程相关内容的评审工作。

10.6.1 性能测试计划

验收测试方案是对整体验收测试项目如何进行测试的概括性描述文档，入场后与业务人员、开发方等人员细致沟通后，测试的内容和方法有可能会改变，所以通常都需要编写更加详细的验收测试计划（根据需要，该计划可以是功能性验收测试计划、性能验收测试计划、文档验收测试计划、兼容性验收测试计划、安全性能验收测试计划等）。由于本书重点讲解性能测试方面的知识，所以只针对性能验收测试计划内容进行讲解，其他内容请读者参考相关书籍。

10.6.2 性能测试计划索引目录结构

也许，有很多测试同行非常关心性能测试计划的编写内容，这里以我的方案为样本，给大家做一些介绍。

以下为某项目的验收测试性能测试计划索引目录结构。

1. 简介

1.1 目的

1.2 预期读者

1.3 背景

1.4 参考资料

1.5 术语定义

2. 测试业务及性能需求

3. 测试环境

3.1 网络拓扑图

3.2 软硬件配置
4. 测试策略
4.1 测试整体流程
4.2 测试阶段
4.2.1 需求调研阶段
4.2.2 测试设计阶段
4.2.3 测试实施阶段
4.2.4 测试分析阶段
4.2.5 测试总结阶段
4.3 测试启动标准
4.4 测试暂停\再启动标准
4.5 测试完成标准
4.6 性能测试
4.6.1 测试目的
4.6.2 测试准备
4.6.3 测试方法
4.6.4 测试分析范围
4.6.5 测试内容
4.7 可靠性测试
4.7.1 测试目的
4.7.2 测试准备
4.7.3 测试方法
4.7.4 测试分析范围
4.7.5 测试内容
5. 命名规范
6. 用例设计
7. 场景设计
8. 测试数据准备
9. 测试计划
10. 局限条件
11. 风险评估
12. 交付产品

10.6.3 性能测试计划的“简介”部分

这部分主要描述性能测试的目的、预期读者、项目背景、参考资料和专业术语的解释几方面。为便于读者了解各部分内容，下面给出部分样本供参考。

1. 目的

本文档是对某单位某系统所做的性能测试计划，本测试计划有助于实现以下目标。

- 明确性能测试的需求、范围和详细内容。

- 明确性能测试的执行周期及其人员安排。
- 明确性能测试的目标、测试环境和测试方法。
- 明确性能测试的标准及策略。
- 明确性能测试的工作产品。
- 明确性能测试产生的交付产品。

2. 预期读者

- 甲方项目管理人员。
- 甲方项目实施人员。
- 乙方项目管理人员。
- 乙方项目实施人员。
- 项目监理方相关人员。

3. 背景

背景部分对被测试系统进行整体性介绍，同时描述本次性能测试的重点内容，这里不赘述，请依据于具体项目情况进行编写。

4. 参考资料（见表10-18）

表10-18　参考资料文档列表

序号	文档名称	作者	版本/发行日期	获取途径
1	《某单位某系统需求分析说明书》	王×	V2.1/20xx-02-22	开发方提供
2	《某单位某系统用户操作手册》	张×	V3.3/20xx-05-20	开发方提供
3	《某单位某系统系统管理手册》	赵×	V4.3/20xx-05-20	开发方提供
4	《某单位某系统系统验收测试方案》	李×	V2.3/20xx-05-20	乙方作者提供
……	……	……	……	……

5. 术语定义

- 性能测试：是为描述测试对象与性能相关的特征，并对其进行评价而实施和执行的一类测试。它主要通过自动化的测试工具模拟多种正常、峰值以及异常负载条件来对系统的各项性能指标进行测试。
- 负载测试：通过逐步增加系统负载，测试系统性能的变化，并最终确定在满足系统性能指标的情况下，系统所能承受的最大负载量。简而言之，负载测试是通过逐步加压的方式来确定系统的处理能力，确定系统能够承受的各项阈值。例如，逐步加压，从而得到"响应时间不超过10s""服务器平均CPU利用率低于85%"等指标的阈值。
- 压力测试：通过逐步增加系统负载，测试系统性能的变化，并最终确定在什么负载条件下系统性能处于失效状态，并获得系统能提供的最大服务级别。压力测试是逐步增加负载，使系统某些资源达到饱和甚至失效的测试。
- 配置测试：主要是通过对被测试软件的软、硬件配置进行测试，找到系统各项资源的最优分配原则。
- 并发测试：测试多个用户同时访问同一个应用、同一个模块或者数据记录时是否存在死锁或者其他性能问题。几乎所有的性能测试都会涉及一些并发测试。
- 容量测试：测试系统能够处理的最大会话能力，确定系统可处理同时在线的最大用户数，通常和数据库有关。

● 可靠性测试：通过给系统加载一定的业务压力（如 CPU 资源在 70%～90%的使用率）的情况下，运行一段时间，检查系统是否稳定。因为运行时间较长，通常可以测试出系统是否有内存泄露等问题。

● 失败测试：对于有冗余备份和负载均衡的系统，通过失败测试来检验如果系统局部发生故障，用户能否继续使用系统，用户受到多大的影响，如几台机器做均衡负载，测试一台或几台机器垮掉后，系统能够承受的压力。

● 响应时间：响应时间是指系统对请求做出响应的时间。直观上看，这个指标与人对软件性能的主观感受是非常一致的，因为它完整地记录了整个计算机系统处理请求的时间。由于一个系统通常会提供许多功能，不同功能的处理逻辑也千差万别，因而不同功能的响应时间也不尽相同，甚至同一功能在不同输入数据的情况下响应时间也不相同。所以，在讨论一个系统的响应时间时，人们通常是指该系统所有功能的平均时间或者所有功能的最大响应时间。

● 吞吐量：吞吐量是指系统在单位时间内处理请求的数量。对于无并发的应用系统而言，吞吐量与响应时间成严格的反比关系，实际上此时吞吐量就是响应时间的倒数。前面已经说过，对于单用户的系统，响应时间（或者系统响应时间和应用延迟时间）可以很好地度量系统的性能，但对于并发系统，通常需要用吞吐量作为性能指标。

● 资源利用率：资源利用率反映在一段时间内资源平均被占用的情况。对于数量为 1 的资源，资源利用率可以表示为被占用的时间与整段时间的比值；对于数量不为 1 的资源，资源利用率可以表示为在该段时间内平均被占用的资源数与总资源数的比值。

● 并发用户数：并发用户数是指系统可以同时承载的正常使用系统功能的用户数。

10.6.4 性能测试计划的“测试业务及性能需求”部分

测试业务场景主要来源于对业务的分析，性能测试挑选如下典型的业务场景。

● 系统日常业务量及其不同业务各自占的比例。
● 系统日常峰值业务量及其不同业务各自占的比例。
● 系统特殊日的业务量及其不同业务各自占的比例。
● 系统业务数据增长的情况。
● 系统用户的增长情况等。

测试业务及性能需求示例如表 10-19 所示。

表 10-19 测试业务及性能需求表

业务名称	业务及性能参考指标	
系统登录	业务需求	某单位某系统注册用户数为 10000，每天大概有 1000 个用户应用系统，要求系统能够支撑用户并发登录，且要求登录系统响应时间不超过 5s
	需求分析	预期用户 10000 人，通常使用每天应用系统用户数的 10%作为并发用户数 1000×10%=100；在 100 个虚拟用户登录的情况下，登录事务的平均响应时间为 5s
	计算公式	并发用户数 = 调谐因子 × 每天使用系统的用户数
	性能指标	（1）系统支持 100 个虚拟用户并发登录 （2）以非 SSL 连接方式访问门户时，95%的平均响应时间上限小于 5s

10.6.5　性能测试计划的“测试环境”部分

测试环境的配置直接影响测试结果，性能测试尽可能在生产环境或者与生产环境类似的测试环境中进行，因为环境差异较大会失去性能测试的意义，所以在性能测试计划中必须指出测试环境，如网络拓扑图、硬件配置等，如图 10-14 和表 10-20 所示。

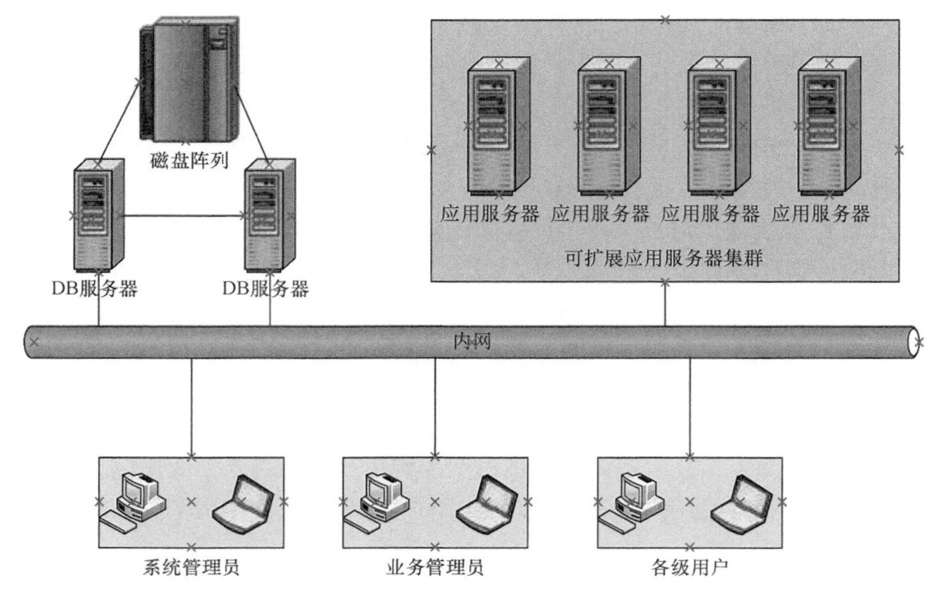

图 10-14　网络拓扑图

表 10-20　　软硬件配置列表

服　务　器	CPU	内　　存	硬　　盘	IP	操 作 系 统
应用服务器	双 CPU 3.0GHz	8GB	500GB	192.168.1.112	Linux 5.1
……	……	……	……	……	……

10.6.6　性能测试计划的“测试策略”部分

性能测试流程如图 10-15 所示。

1. 测试阶段

（1）性能测试需求分析阶段。

① 根据用户使用习惯和实际业务的性能需求，生成性能测试需求调查表。

② 根据性能测试需求及系统重要业务调研，选取典型业务。

③ 了解业务模型及业务架构。

（2）性能测试设计阶段。

① 编写性能测试用例。

② 结合性能测试用例录制/修改/完善测试执行脚本。

③ 结合用户应用场景设计性能测试执行场景。

（3）性能测试执行阶段。

① 利用 LoadRunner 性能测试工具中的 Controller 应用，按并发用户数执行场景，并保存测试结果。

② 利用 LoadRunner 性能测试工具监视被测环境下服务器 CPU、内存、磁盘等系统资源的使用情况。

③ 在需要的情况下利用第三方监控工具监控被测试系统的资源情况。

④ 对于可靠性测试，长时间执行测试，查看系统是否会出现内存泄露、宕机等问题。

（4）性能测试分析阶段。

① 利用 LoadRunner 性能测试工具中的 Analysis 应用，分析场景执行后的结果。

② 在需要的情况下借助其他辅助工具对系统进行监控，如 Linux 系统的 top 等命令或其他辅助工具，进一步分析系统资源情况。

（5）性能测试调优阶段。

通过与以前的测试结果进行对比分析，从而确定经过调整以后系统的性能是否有所提升。在进行性能调整时，最好一次只调整一项内容或者一类内容，避免一次调整多项内容而引起性能提高，却不知道是由于调整哪项关键指标而改善性能。通常按照由易到难的顺序对系统性能进行调优。

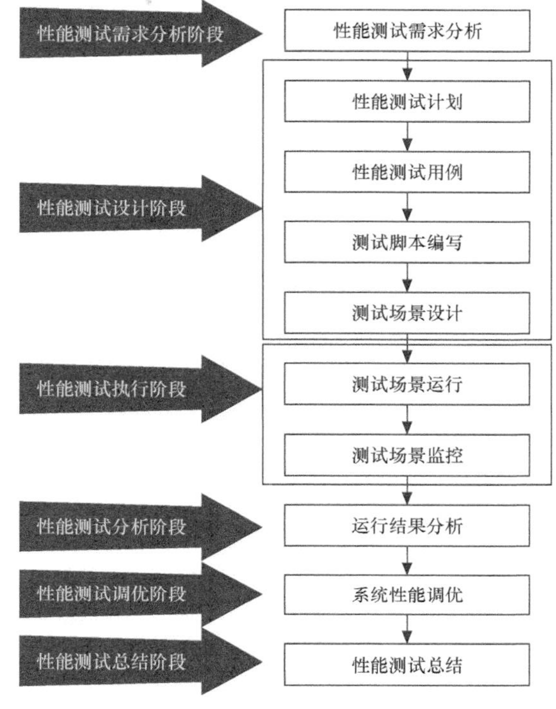

图 10-15 性能测试流程图

系统调优由易到难的先后顺序如下。

① 硬件问题。

② 网络问题。

③ 应用服务器、数据库等配置问题。

④ 源代码、数据库脚本问题。

⑤ 系统构架问题。

（6）性能测试总结阶段。

根据性能测试执行结果，分析结果是否满足用户需求并生成性能测试报告。

2. 测试启动标准

（1）系统待测版本定版。

（2）测试环境准备完毕，包括。

① 系统安装并调试成功，并经过相应优化，初始数据量满足测试要求。

② 应用软件安装成功，待测试版本已正确部署。

③ 测试客户端机器到位，系统软件安装完毕。

④ 网络配置正确，连接通畅，可以满足压力测试需求。

（3）测试方案审核、批准完毕，项目组签字确认。

3. 测试暂停\再启动标准

（1）暂停准则。

① 测试中发现问题，需要对系统进行代码修改、调优或需要更换、调整硬件资源（如CPU、内存等）。

② 测试环境受到干扰，如服务器被临时征用，或服务器的其他使用会对测试结果造成干扰。

（2）再启动准则。

① 测试中发现的软、硬件问题得以解决。

② 测试环境恢复正常。

4. 测试完成标准

（1）完成测试计划中规定的测试内容和轮次。

（2）已达到性能测试计划完成时间，但因非测试方原因未完成测试场景的执行，客户方决定不再顺延该阶段的测试。

5. 性能测试的测试目的、测试准备、测试方法

（1）测试目的。

① 主要目的是检查系统处于压力情况下时应用系统的表现，重点在于系统有无出错信息产生，考察系统应用的响应时间、TPS、资源状况等。

② 针对系统可靠性进行测试，主要检查系统在高负荷压力的情况下是否会出现，如宕机、应用异常终止、资源竞争异常、资源死锁等问题。

③ 通过压力测试，获得系统可能存在的性能瓶颈，发现、定位系统中可能存在的性能缺陷。

（2）测试准备。

① 功能测试已经结束。

② 性能测试环境已经准备完毕。

③ 已将模拟数据提前准备完毕（被测试系统需要的测试数据）。

④ 相关技术支持人员的支持。

（3）测试方法。

① 利用LoadRunner性能测试工具中的Virtual User Generator应用，录制性能测试执行脚本。

② 对性能测试脚本进行修改、调试、完善并保存。

③ 利用LoadRunner性能测试工具中的Controller应用，按性能测试用例执行设计的场景并保存场景。

④ 利用被测服务器自带的监控工具和Loadrunner监控被测环境下服务器CPU、网络流量等系统资源的使用情况。

⑤ 利用LoadRunner性能测试工具中的Analysis应用，分析场景执行后的结果。

（4）测试分析范围。

针对“测试业务及性能需求”的内容，对系统响应时间、系统业务处理容量（TPS）、被测试环境下服务器资源使用情况（如CPU、内存、磁盘等）进行监控。

10.6.7 性能测试计划的“命名规范”部分

表10-21为本次性能测试中的命名规则及规范，性能测试实施严格按照该规范执行。

表 10-21 性能测试命名规范表

脚本命名规范		
脚 本 名 称	脚 本 命 名	功 能 描 述
登录首页脚本	JB_01_DLSY	登录首页是进入系统的入口，需要考察登录系统的响应时间情况
新闻下载脚本	JB_02_XWXZ	新闻下载经常使用的功能之一，它主要考察用户成功登录到系统后，检索到指定的新闻，然后对该新闻内容进行下载的响应时间
……	……	……

脚本的命名规范：

（1）脚本的描述信息主要包括 3 方面内容，即脚本名称、脚本命名和脚本功能描述。

（2）脚本名称：精简概括脚本的名称。

（3）脚本命名：脚本命名由 3 部分内容构成，即脚本（JIAOBEN）拼音的首字母 JB、脚本编号和脚本精简概括名称拼音的首字母，加上中间的下画线分隔符，脚本编号可以方便了解共编写了多少脚本，也便于排序，当然如果有需要也可以加入模块名称部分。

（4）功能描述：主要描述该功能的使用频度，功能简介和需要关注的性能指标内容。

需要说明的是，脚本的命名只是结合我做项目时的一个简单的脚本命名，目的是方便对脚本的管理。在实际做项目时，需要结合自身的喜好和单位、项目组的实际要求和情况进行命名规则的变更，总之一句话适合自身项目要求，方便管理即可。

场景命名规范		
场 景 名 称	场 景 命 名	场 景 描 述
登录首页场景 01	CJ_01_XN_DLSY_30Vu_5Min	该场景为性能测试场景，30 个虚拟用户梯度加载每 15s 加载 5 个虚拟用户，场景持续运行 5min，主要考察的性能指标包括：登录业务响应时间、登录业务每秒事务数及相应服务器 CPU、内存利用率等
登录首页场景 02	CJ_02_BF_DLSY_50Vu_5Min	该场景为并发性能测试场景,50 个虚拟用户并发登录系统(采用集合点策略第一项)，场景持续运行 5min，主要考察的性能指标包括：登录业务并发处理能力、登录业务响应时间、登录业务每秒事务数及相应服务器 CPU、内存利用率等
……	……	……

场景的命名规范：

（1）场景的描述信息主要包括 3 方面内容，即场景名称、场景命名和场景描述。

（2）场景名称：精简概括场景的名称，因场景的内容过多所以通常这里我们以功能 + “场景” + “场景序号”来作为场景名称。

（3）场景命名：场景命名由 6 部分内容构成，即：场景（CHANGJING）拼音的首字母 CJ、场景编号、性能测试类型拼音简写前 2 个拼音首字母（如：性能测试（XN）、负载测试（FZ）、压力测试（YL）、容量测试（RL）、并发测试（BF）、失败测试（SB）、可靠性测试（KK）、配置测试（PZ）。场景精简概括名称拼音的首字母，运行的虚拟用户数量 + “Vu” + 运行时间长度和“时间单位”，在这里主要包括：分钟（min）和小时（hour）。

（4）场景描述：主要描述该场景的相关业务组合、运行的虚拟用户数量和运行时间、用户加载和释放模式和需要关注的性能指标等方面内容。

需要说明的是，场景的命名只是结合我做项目时的一个简单的场景命名，目的是方便对场景的管理。在实际做项目时，需要结合自身的喜好和单位、项目组的实际要求和情况进行命名规则的变更，总之一句话适合自身项目要求，方便管理即可。

续表

结果命名规范		
结 果 名 称	结 果 命 名	结 果 描 述
登录首页场景 01 结果_01	JG_CJ_01_XN_DLSY_30Vu_10Min_01	该结果为性能测试场景 01 的第 1 次结果信息，30 个虚拟用户梯度加载每 15s 加载 5 个虚拟用户，场景持续运行 10min，主要考察的性能指标包括：登录业务响应时间、登录业务每秒事务数及 192.168.3.110 应用服务器和 192.168.3.112 数据服务器的相关 CPU、内存利用率等指标信息
登录首页场景 01 结果_02	JG_CJ_01_XN_DLSY_30Vu_10Min_02	该结果为性能测试场景 01 的第 2 次结果信息，30 个虚拟用户梯度加载每 15s 加载 5 个虚拟用户，场景持续运行 10min，主要考察的性能指标包括：登录业务响应时间、登录业务每秒事务数及 192.168.3.110 应用服务器和 192.168.3.112 数据服务器的相关 CPU、内存利用率等指标信息
……	……	……

结果的命名规范：

（1）结果的描述信息主要包括 3 方面内容，即结果名称、结果命名和结果描述。

（2）结果名称：结果名称主要是针对场景而得来，采用场景名称 + "结果" + 该场景执行次数。

（3）结果命名：场景命名由 3 大部分内容构成，即结果（JIEGUO）拼音的首字母 JG、对应执行的场景命名和该场景执行的次数信息，关于场景命名请参见相应部分，这里不再赘述，命名时在需要的情况下，还可以结合自身需要添加执行时间等信息。

（4）结果描述：主要描述结果信息是针对的场景及监控的对应服务器相关信息，当然在监控相应服务器性能指标时，可能不限于仅用 LoadRunner，很有可能应用到了 NMON、系统自带的命令，如：top 命令或者其他第三方商业工具，那么也需要将对应的结果信息进行命名，需要明确相关监控结果是针对哪个服务器，第几次执行得到的等相关信息，需要指出的是在执行监控时必须要时间同步，关于这些命名请读者朋友自行思考，这里不再赘述。

需要说明的是结果的存放要集中，必须保证同场景的结果放到该场景的结果信息目录下，不要将所有的结果信息混杂存放，通常在定位问题和调优时场景要被多次执行。结果的命名只是结合我做项目时的一个简单的结果命名，目的是方便对结果的管理。在实际做项目时，需要结合自身的喜好和单位、项目组的实际要求和情况进行命名规则的变更，总之一句话适合自身项目要求，方便管理即可。

10.6.8 性能测试计划的"用例设计"部分

用例设计如表 10-22 和表 10-23 所示。

表 10-22 "登录首页"用例设计

登 录 首 页			
脚本名称	S_01_DLSY（登录首页脚本）	程序版本	Ver：9.02
用例编号	P-DLSY-01（P：Performance，DLSY：登录首页）	模块	登录
测试目的	（1）测试"登录首页"典型业务的并发能力及并发情况下的系统响应时间 （2）某单位某系统登录业务处理的 TPS （3）并发压力情况下服务器的资源使用情况，如 CPU、MEM、I/O		
特殊说明	性能指标参考标准： （1）以非 SSL 连接方式访问门户时，95%的平均响应时间上限小于 5s （2）系统日页面访问总量为 2500～100000 次，根据 80/20 原则并按照最大访问量计算，TPS 不小于 14 笔/s		
前提条件	应用程序已经部署，同时登录系统的用户名及密码、相应栏目数据已经提供		

续表

步骤	操　作	是否设置并发点	是否设定事务	事务名称	说　明
1	在IE浏览器中输入URL并打开某单位某系统				
2	输入用户名及密码，单击“登录”按钮		是	登录首页	
3	登录首页打开				
4	用户登出				
编制人员	孙悟空	编制日期	20xx-07-13		

表 10-23　“新闻下载”用例设计

新闻下载					
脚本名称	S_02_XWXZ（新闻下载脚本）	程序版本	Ver：9.02		
用例编号	P-XWXZ-02（P：Performance，XWXZ：新闻下载）	模块	新闻		
测试目的	（1）测试“新闻下载”典型业务的并发能力及并发情况下的系统响应时间 （2）某单位某系统登录后，单击“新闻→新闻检索→输入新闻主题或内容进行查询→下载新闻附件”选项，考察新闻检索及新闻附件下载业务处理的能力 （3）并发压力情况下服务器的资源使用情况，如CPU、MEM、I/O				
特殊说明	性能指标参考标准： （1）支持多用户对同一新闻进行访问 （2）多用户可以同时下载同一新闻附件内容 （3）系统期望能够支持50个用户同时下载新闻附件				
前提条件	应用程序已经部署，同时登录系统的用户名及密码、相应栏目数据已经提供				
步骤	操　作	是否设置并发点	是否设定事务	事务名称	说明
1	在IE浏览器中输入URL并打开某单位某系统				
2	输入用户名及密码，单击“登录”按钮		是	登录系统	
3	在系统首页面单击“新闻→新闻检索”选项				
4	输入新闻内容，单击“检索”按钮				
5	单击该新闻链接				
6	浏览该新闻并下载该新闻附件			文件下载	
7	用户登出				
编制人员	孙悟空	编制日期	20xx-07-13		

10.6.9　性能测试计划的“场景设计”部分

根据测试范围及内容，设计执行场景。在场景设计中，按照一定的梯度进行递增，但“执行次数”以及“用户数”要根据“某单位某系统”的性能表现来调整，并不是一个固定不变的值。例如，场景设计中计划执行用户数为100，但当用户数为50时已经到达性能拐点，则不再进行更多用户的测试。另外，在性能拐点下的场景均执行一次，在性能拐点附近测试场景将至少执行3次。“登录首页”和“新闻下载”性能场景列表如表10-24和表10-25所示。

表 10-24　　“登录首页”性能场景列表

序号	场 景 名 称	用户总数	执行时间	用户递增策略	
				递增数量	递增间隔
1	CJ_01_XN_DLSY_30Vu_5Min	30	5min	5	15s
2	CJ_02_XN_DLSY_50 Vu_5Min	50	5min	5	15s
3	CJ_03_XN_DLSY_10 Vu_10Min	10	10min	5	15s
4	CJ_04_XN_DLSY_20 Vu_10Min	20	10min	5	15s
5	CJ_05_XN_DLSY _40 Vu_10Min	40	10min	5	15s
6	CJ_06_FZ_DLSY _80 Vu_10Min	80	10min	5	15s
7	CJ_07_FZ_DLSY_100Vu_10Min	100	10min	5	15s
8	……	……	……	……	……

注：如果到达某梯度系统性能严重下降甚至失效，则后续梯度无须执行。

表 10-25　　“新闻下载”性能场景列表

序号	场 景 名 称	用户总数	执行时间	用户递增策略	
				递增数量	递增间隔
1	CJ_01_XN_ XWXZ _30 Vu_5Min	30	5min	5	5s
2	CJ_02_XN_ XWXZ _50 Vu_5Min	50	5min	5	5s
3	CJ_03_XN_ XWXZ _10 Vu_5Min	10	5min	5	5s
4	CJ_04_XN_ XWXZ _20 Vu_10Min	20	10min	5	5s
5	CJ_05_XN_ XWXZ _40 Vu_10Min	40	10min	5	5s
6	CJ_06_FZ_ XWXZ _80 Vu_10Min	80	10min	5	5s
7	CJ_07_FZ_ XWXZ _100 Vu_10Min	100	10min	5	5s
8	……	……	……	……	……

注：如果到达某梯度系统性能严重下降甚至失效，则后续梯度无须执行。

10.6.10　性能测试计划的“测试数据准备”部分

开发方应配合提供如表 10-26 所示的测试数据。

表 10-26　　测试准备数据表

模　块	需 要 数 据	数　量	备　注
登录	登录用户名及密码	1000	应结合目前系统的用户和未来预期的用户数量
……	……	……	……

10.6.11　性能测试计划的“计划安排”部分

性能测试计划如表 10-27 所示。

表 10-27 性能测试计划表

性能测试	任务	执行时间
测试需求阶段	分析性能测试需求	20xx.7.9 至 20xx.7.10
测试计划阶段	编写性能测试计划	20xx.7.13 至 20xx.7.16
测试设计阶段	设计性能测试用例	20xx.7.13 至 20xx.7.16
	制订测试执行计划	20xx.7.16 至 20xx.7.16
	编写性能测试脚本	20xx.7.13 至 20xx.7.16
	准备/收集性能测试数据	20xx.7.13 至 20xx.7.16
	设计性能测试场景	20xx.7.15 至 20xx.7.16
第一轮测试执行阶段	执行性能测试场景	20xx.7.20 至 20xx.7. 23
第一轮性能测试分析	分析性能测试结果	20xx.7.24 至 20xx.7. 28
第一轮性能测试调优	针对瓶颈进行调优	20xx.7.29 至 20xx.7. 29
第二轮测试执行阶段	执行性能测试场景	20xx.7.30 至 20xx.7. 31
第二轮性能测试分析	分析性能测试结果	20xx.8.3 至 20xx.8.4
第二轮性能测试调优	针对瓶颈进行调优	20xx.8.5 至 20xx.8.11
测试总结阶段	总结测试，编写文档，项目验收	20xx.8.12 至 20xx.8.14

注：性能测试的执行阶段、分析、调优过程会根据实际性能测试执行结果进行适当调整。

10.6.12 性能测试计划的“局限条件”部分

（1）本次性能测试的结果依据目前被测系统的软/硬件环境。

（2）本次性能测试的结果依据目前被测系统的网络环境。

（3）本次性能测试的结果依据目前被测系统的测试数据量。

（4）本次性能测试的结果依据目前被测系统的系统架构设计。

10.6.13 性能测试计划的“风险评估”部分

风险评估如表 10-28 所示。

表 10-28 风险评估表

序号	风险内容	风险度	风险规避措施
1	性能测试环境在生产环境	中	（1）建议生产环境做好应用版本备份 （2）做好数据库数据备份
2	数据准备不充分风险	小	（1）测试人员及时通知测试需要准备的数据内容 （2）加强沟通、交流，为研发人员制作出符合要求的数据做好准备

10.6.14 性能测试计划的“交付产品”部分

（1）《某单位某系统验收测试性能测试方案》。

（2）《某单位某系统验收测试性能测试报告》。

（3）提供系统性能测试脚本及其性能测试结果。

注：以上工作产品均以电子文档形式交付。

10.7　验收测试实施过程

鉴于本书重点介绍性能测试相关内容，所以对功能和文档测试计划内容不作详细介绍，请关心这部分内容的读者，自行阅读相关书籍或资料内容。

性能测试计划编写完成后，就需要开始落实性能测试计划的相关阶段工作内容。接下来的一项重要工作就是设计性能测试脚本、设计性能测试场景和准备测试数据等工作，下面将重点介绍这 3 部分工作内容。

10.7.1　性能测试脚本设计

性能测试脚本的录制、修改完善是性能测试设计阶段的重要内容，只有性能测试脚本完成了，才能进行场景的设计和执行工作，所以说性能测试脚本的设计是性能测试执行阶段性工作的重要过程，性能测试人员必须高度重视。

结合该项目给出了登录首页和新闻下载的脚本。

S_01_DLSY（登录首页脚本）：

```
#include "web_api.h"

Action()
{
  web_url("www.xyz.com", "URL=http://www.xyz.com/",
    "Resource=0", "RecContentType=text/html", "Referer=", "Snapshot=t9.inf",
    "Mode=HTML", EXTRARES,
    "URL=/mis/themes/html/home/images/topNav/menu_selected.gif",
    ENDITEM, LAST);

  lr_start_transaction("登录首页");

  web_reg_find("Text=欢迎", LAST);

  web_submit_form(
    "pkmslogin.form", "Snapshot=t3.inf", ITEMDATA,
    "Name=username", "Value={username}", ENDITEM,
    "Name=password",    "Value={password}", ENDITEM,
    "Name=btnLogin.x", "Value=27", ENDITEM,
    "Name=btnLogin.y", "Value=8", ENDITEM,
    EXTRARES,
    "URL=/home/mis/themes/jojo/p/it/themes/it.css",
    "Referer=http://www.xyz.com/home/mis/myhome", ENDITEM,
    "URL=/home/mis/themes/jojo/p/it/themes/tundra/layout/TabContainer.css",
    "Referer=http://www.xyz.com/home/mis/myhome", ENDITEM,
    "URL=/home/mis/themes/jojo/p/it/themes/tundra/layout/AccordionContainer.css",
    "Referer=http://www.xyz.com/home/mis/myhome", ENDITEM,
    "URL=/home/mis/themes/jojo/p/it/themes/tundra/Common.css",
    "Referer=http://www.xyz.com/home/mis/myhome", ENDITEM,
    "URL=/home/mis/themes/jojo/p/it/themes/tundra/form/Checkbox.css",
    "URL=/home/mis/skins/html/middle/bj.gif",
```

```
        "Referer=http://www.xyz.com/home/mis/myhome", ENDITEM, LAST);

      lr_end_transaction("登录首页", LR_AUTO);

    web_url( "xafd","URL=http://www.xyz.com/mis/myhome/!ut/p/04_SBsdfffdsSAsfsdf8K8xbw!!/",
 "Resource=0", "RecContentType=text/html", "Referer=http://www.xyz.com/home/mis/myhome", "
Snapshot=t4.inf", "Mode=HTML", EXTRARES,
    "URL=/home/mis/themes/jojo/p/it/themes/it.css", "Referer=http://www.xyz.com/home/mis/
p/!ut/p/sdfPkEVFALCPfddfDA/", ENDITEM, "URL=/home/mis/themes/jojo/p/it/themes/tundra/ layout
/TabContainer.css", "Referer=http://www.xyz.com/home/mis/p/!ut/p/_SEv2CdEVFALCPJr8!/", ENDITEM,
"URL=/home/mis/themes/jojo/p/it/themes/tundra/layout/AccordionContainer.css", "Referer=
http://www.xyz.com/home/mis/p/!ut/p/_SEv2CdEVFALCPJr8!/", ENDITEM, "URL=/home/mis/themes/jojo/
p/it/themes/tundra/layout/SplitContainer.css", "Referer=http://www.xyz.com/home/mis/p/!ut/p/
_SEv2CdEVFALCPJr8!/", ENDITEM, "URL=/home/mis/themes/jojo/p/it/themes/tundra/Common.css",
"Referer=http://www.xyz.com/home/mis/p/!ut/p/_SEv2CdEVFALCPJr8!/", ENDITEM, "URL=/home/mis/
themes/jojo/p/it/themes/tundra/form/Checkbox.css", "Referer=http://www.xyz.com/home/mis/p/
!ut/p/_SEv2CdEVFALCPJr8!/", ENDITEM, "Referer=http://www.xyz.com/home/mis/p/!ut/p/VFALCPJr8!
/", ENDITEM, LAST);

      lr_start_transaction("退出首页");

      web_url("pkmslogout", "URL=http://www.xyz.com/pkmslogout",
        "Resource=0", "RecContentType=text/html", "Referer=", "Snapshot=t5.inf",
        "Mode=HTML", LAST);

      web_url("myhome_2", "URL=http://www.xyz.com/home/mis/myhome",
        "Resource=0", "RecContentType=text/html", "Referer=", "Snapshot=t6.inf",
        "Mode=HTML", EXTRARES, "URL=themes/html/home/images/ell3.jpg",
        ENDITEM, LAST);
      lr_end_transaction("退出首页", LR_AUTO);

      return 0;
    }
```

S_02_XWXZ（新闻下载脚本）:

```
    #include "web_api.h"

    typedef long time_t;

    Action()
    {
        int iflen;
        long lfbody;
        int id, scid;
        char *vuser_group;
        char filename[64], file_index[32];
        time_t t;

      web_url("www.xyz.com", "URL=http://www.xyz.com/",
        "Resource=0", "RecContentType=text/html", "Referer=", "Snapshot=t9.inf",
        "Mode=HTML", EXTRARES,
        "URL=/mis/themes/html/home/images/topNav/menu_selected.gif",
        ENDITEM, LAST);

      lr_start_transaction("登录首页");
```

```
       web_reg_find("Text=欢迎", LAST);

       web_submit_form(
         "pkmslogin.form", "Snapshot=t3.inf", ITEMDATA,
         "Name=username", "Value={username}", ENDITEM,
         "Name=password",    "Value=passw0rd", ENDITEM,
         "Name=btnLogin.x", "Value=27", ENDITEM,
         "Name=btnLogin.y", "Value=8", ENDITEM,
        LAST);

       lr_end_transaction("登录首页", LR_AUTO);

     web_url( "xafd","URL=http://www.xyz.com/mis/myhome/!ut/p/04_SBsdfffdsSAsfsdf8K8xbw!!/
  ", "Resource=0", "RecContentType=text/html",     "Referer=http://www.xyz.com/home/mis/myhome
", "Snapshot=t4.inf", "Mode=HTML",
      EXTRARES, LAST);

       web_submit_form(
         "pkms.xwcx", "Snapshot=t4.inf", ITEMDATA,
         "Name=xwnr", "Value=", ENDITEM,
         "Name=qsrq",    "Value=", ENDITEM,
         "Name=zzrq",    "Value=", ENDITEM,
         "Name=btnLogin.x", "Value=142", ENDITEM,
         "Name=btnLogin.y", "Value=58", ENDITEM,
        LAST);

         lr_whoami(&id, &vuser_group, &scid);
         itoa(id, file_index, 10);
         sprintf(filename, "d:\\DownloadFiles\\新闻_%s_%ld.pdf", file_index,time(&t));

         lr_rendezvous("新闻下载");

         lr_start_transaction("新闻下载");

         web_url("新闻",
              "URL=http://www.xyz.com/home/mis/wRzU!/?CONTEXT=/rcf/1006",
              "TargetFrame=_blank",
              "Resource=0",
              "RecContentType=text/html",
              "Referer=http://www.xyz.com/home/oa",
              "Snapshot=t7.inf",
              "Mode=HTML",
              EXTRARES,
              "Url=/mis/themes/tundra/Common.css", "Referer=http://www.xyz.com/home/mis/zU!/
?CONTEXT=/rcf/1006", ENDITEM,
              "Url=/mis/themes/dijit.css", "Referer=http://www.xyz.com/home/mis/EwRzU!/?CONT
EXT=/rcf/1006", ENDITEM,
              "Url=/mis/themes/tundra/layout/AccordionContainer.css", "Referer=http://www.xyz.
com/home/mis/EwRzU!/?CONTEXT=/rcf/1006", ENDITEM,
              "Url=/mis/themes/tundra/layout/TabContainer.css", "Referer=http://www.xyz.com/
home/mis/EwRzU!/?CONTEXT=/rcf/1006", ENDITEM,
              "Url=/mis/themes/tundra/layout/BorderContainer.css", "Referer=http://www.xyz.com
/home/mis/EwRzU!/?CONTEXT=/rcf/1006", ENDITEM,
              "Url=/mis/themes/tundra/form/Common.css", "Referer=http://www.xyz.com/home/mis
/EwRzU!/?CONTEXT=/rcf/1006", ENDITEM,
              "Url=/mis/themes/tundra/form/Button.css",
```

```
"Referer=http://www.xyz.com/home/mis/DEwRzU!/?CONTEXT=/rcf/1006", ENDITEM,
        LAST);

    web_set_max_html_param_len("100000");

    web_reg_save_param("fcontent", "LB=", "RB=", "SEARCH=BODY", LAST);
    web_url("下载",
        "URL=http://www.xyz.com/home/mis/ %86%E6%9E%90.pdf?MOD=AJPERES",
        "Resource=0",
        "RecContentType=text/html",
    "Referer=http://www.xyz.com/home/mis/1NjI/?CONTEXT=/rcf/1006",
        "Snapshot=t8.inf",
        "Mode=HTML",
        LAST);
    iflen = web_get_int_property(HTTP_INFO_DOWNLOAD_SIZE);
    if(iflen > 0)
    {
        if((lfbody = fopen(filename, "wb")) == NULL)
        {
            lr_output_message("文件操作失败!");
            return -1;
        }
        fwrite(lr_eval_string("{fcontent}"), iflen, 1, lfbody);
        fclose(lfbody);
    }

    lr_end_transaction("新闻下载", LR_AUTO);

  lr_start_transaction("退出首页");

  web_url("pkmslogout", "URL=http://www.xyz.com/pkmslogout",
    "Resource=0", "RecContentType=text/html", "Referer=", "Snapshot=t9.inf",
    "Mode=HTML", LAST);

  web_url("myhome_2", "URL=http://www.xyz.com/home/mis/myhome",
    "Resource=0", "RecContentType=text/html", "Referer=", "Snapshot=t10.inf",
    "Mode=HTML", EXTRARES, "URL=themes/html/home/images/xadce.jpg",
    ENDITEM, LAST);
  lr_end_transaction("退出首页", LR_AUTO);

    return 0;
}
```

10.7.2 性能测试脚本数据准备

性能测试过程中会涉及许多测试数据，这些测试数据的准备对性能测试的影响很大，在做性能测试计划、用例设计和测试环境部署时，应为测试数据准备预留出相应的时间。在环境部署时要将基础数据导入数据库中，使性能测试的执行和设计统一，在执行性能场景时也要根据数据库和用例场景的设计，保证有充足的数据，避免由于数据库或场景执行参数化的设置引起的性能测试执行中断等情况发生。

在准备性能测试数据时，有时可能会出现测试人员无法获知数据库表结构等情况，这时需要和研发人员或专职的 DBA 进行协商，相关数据由他们准备并确定数据的交付时间，为了保证需要的数据能准时拿到，需要跟进相关过程的监控以及阶段成果物的提交。

通常数据的准备涉及相应数据库脚本或存储过程的编写，如果读者对这部分内容感兴趣，可以阅读相关书籍，大多数情况，性能测试需要的数据可以通过简单的数据构造或者直接从数据库对应的数据表中得到。本书提供的“Thelp”和“Mulsql”小应用程序都可以辅助，如图 10-16 和图 10-17 所示。当然如果能得到相应数据库表结构，还可以使用 PowerDesigner、Datafactory 等工具，关于这部分内容请读者自行阅读相关资料。

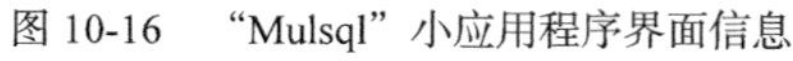
图 10-16　“Mulsql”小应用程序界面信息

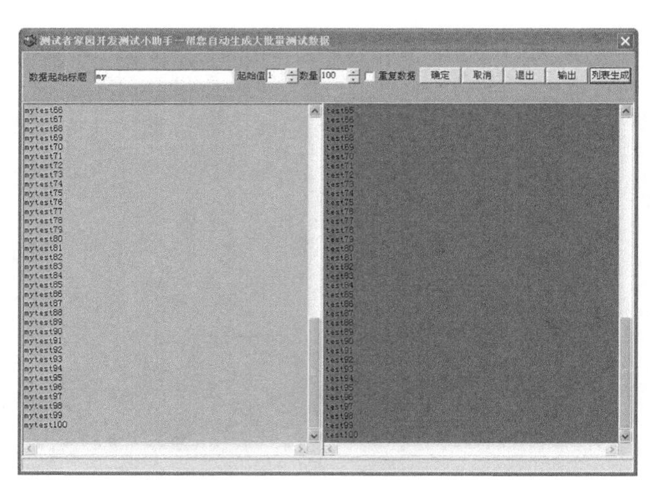

图 10-17　“Thelp”小应用程序界面信息

本次性能测试需要准备的数据包括 1000 个登录用户和新闻相关数据信息，鉴于多方面原因，关于这部分数据的生成过程本书中不做详细介绍。

10.7.3　性能测试场景设计

性能测试场景的设计是根据性能测试计划的“场景设计”内容，结合应用的工具将其实例化的过程，需要考虑场景设计的各个细节（如集合点、集合点策略、迭代次数、思考时间、参数化取值方式等）。

这里结合场景设计表的第一个场景用例进行设计，使用 LoadRunner 11.0 的设计作为示例进行讲解。

第 1 条场景 CJ_01_XN_DLSY_30Vu_5Min 表示第一个场景，性能测试的场景，它是做的单一登录首页的业务，虚拟用户数为 30，场景持续执行 5 分钟，从上边的表中，也能知道虚拟用户的加载梯度为每 15 秒加载 5 个虚拟用户，如图 10-18 所示。

接下来，结合 LoadRunner 11.0 应用设计该场景。

（1）打开 Controller 应用，创建一个新场景，选择手动场景（Manual Scenario），将登录首页脚本加入场景脚本列表中，如图 10-19 所示。

（2）单击【OK】按钮后，弹出场景设计对话框，如图 10-20 所示。从图中可以看到虚拟用户数默认为 10，虚拟用户的加载和释放策略不符合第 1 个场景设计的想法，所以需要调整。

序号	场景名称	用户总数	执行时间	用户递增策略	
				递增数量	递增间隔
1	CJ_01_XN_DLSY_30Vu_5Min	30	5 分钟	5	15 秒
2	CJ_02_XN_DLSY_50 Vu_5Min	50	5 分钟	5	15 秒
3	CJ_03_XN_DLSY_100 Vu_10Min	100	10 分钟	5	15 秒
4	CJ_04_XN_DLSY_200 Vu_10Min	200	10 分钟	5	15 秒
5	CJ_05_XN_DLSY _400 Vu_10Min	400	10 分钟	5	15 秒
6	CJ_06_FZ_DLSY _800 Vu_10Min	800	10 分钟	5	15 秒
7	CJ_07_FZ_DLSY_1000 Vu_10Min	1000	10 分钟	5	15 秒

图 10-18　场景设计表图示

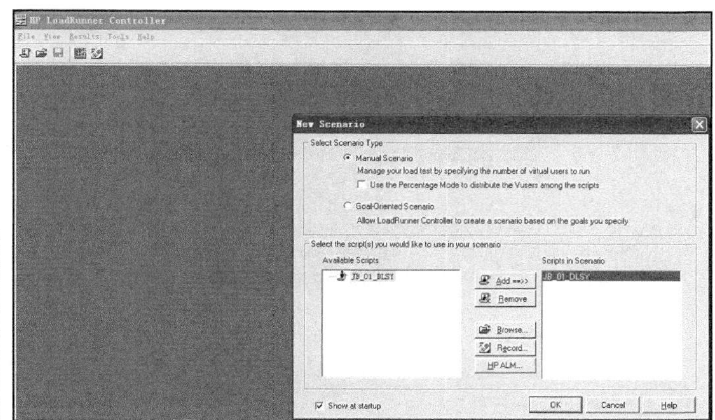

图 10-19　新场景对话框

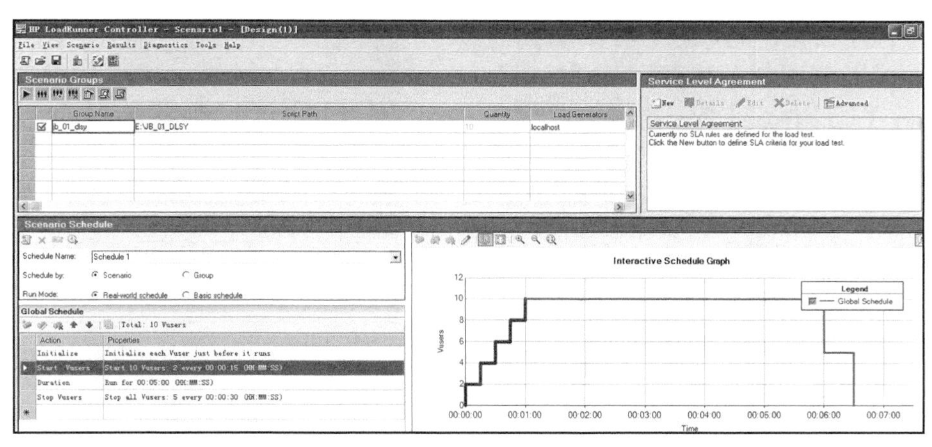

图 10-20　场景设计对话框

（3）双击图 10-20 中的“Start Vusers”区域，弹出图 10-21 所示的对话框，将 10 个虚拟用户调整为 30，将每隔 15s 加载 2 个虚拟用户，调整为加载 5 个虚拟用户。

（4）单击【Next】按钮，出现如图 10-22 所示的对话框，5 分钟的运行时间和场景设计的持续运行时间一致，所以不做调整，单击【Next】按钮，出现图 10-23 所示的对话框。

（5）结合场景 1 的设计，虚拟用户的释放是同时进行的，所以需要选择“Simultaneously”选项。

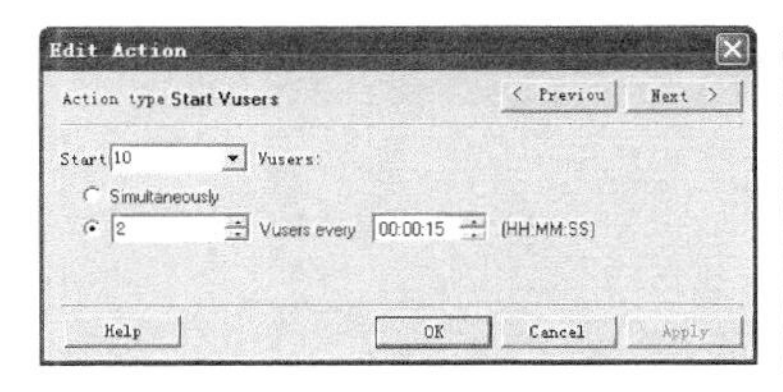

图 10-21　“Edit Action - Start Vusers”对话框

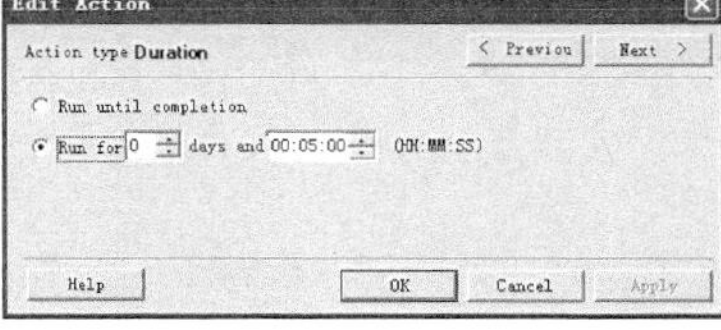

图 10-22　“Edit Action - Duration”对话框

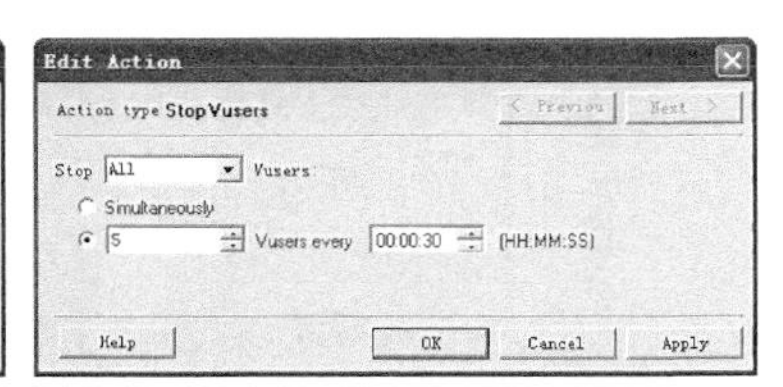

图 10-23　“Edit Action - Stop　Vusers”对话框

（6）单击【OK】按钮，弹出如图 10-24 所示的对话框。

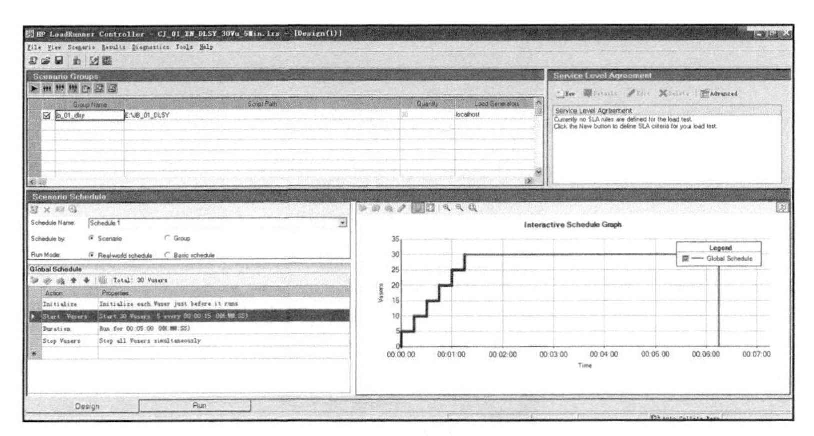

图 10-24 “场景 1”设计对话框

场景设计完成后，需要结合场景命名规范保存已经设计好的“场景 1”。如图 10-25 所示，单击【File】>【Save】选项，在弹出的场景保存对话框中输入“CJ_01_XN_ DLSY_30Vu_5Min.lrs”，单击【保存】按钮。

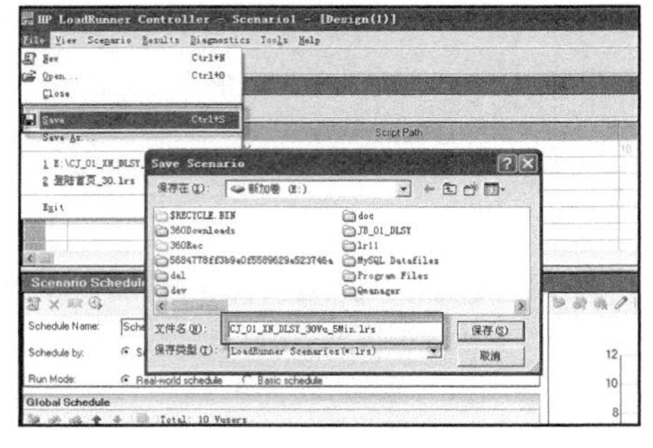

图 10-25 场景保存相关内容

在进行场景设计时，如果脚本中应用了集合点函数，则确认在 Controller 应用中启用了集合点并设置了对应的策略。还要关注运行时设置、相关的迭代、思考时间等设置是否和预期的设置一致。

场景设计完成以后，还需要结合场景设计时考虑的性能指标做相应的监控工作，这部分内容十分重要，请参见下面的内容。

10.7.4 性能测试场景监控与场景执行

性能指标的监控是场景设计和执行的重要工作之一，它对性能测试的分析和瓶颈的定位具有举足轻重的作用。在这里仍然结合 LoadRunner 11.0 工具进行相关内容的讲解。场景的性能指标监控通常包括：对应用服务器、数据服务器等资源进行监控。在监控时要考虑是否将相应性能计数器添加到监控列表，并花费少量时间确保添加的相应计数器数据可以显示在对应资源图中，如图 10-26 所示。因为很多情况由于相应服务没有开启，导致无法监控成功，所以应该尽量在该阶段解决这类问题，避免后续在执行阶段再花费大量时间进行这方面的工作。

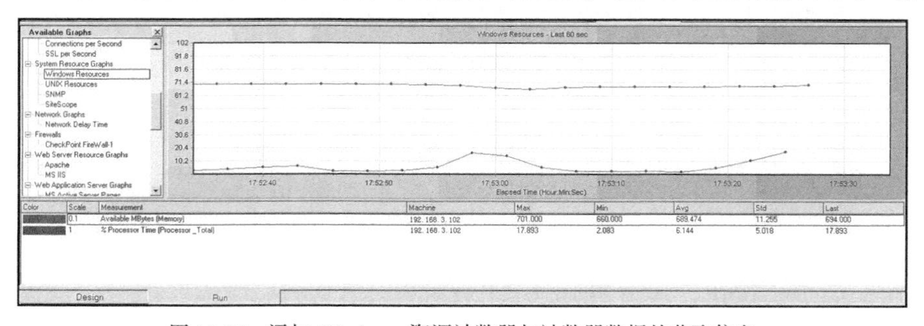

图 10-26 添加 Windows 资源计数器与计数器数据的获取信息

添加完相关计数器后需要再次保存场景，并设置场景的执行结果存放路径，不要将执行结果存放到默认的临时路径下，如图 10-27 所示。

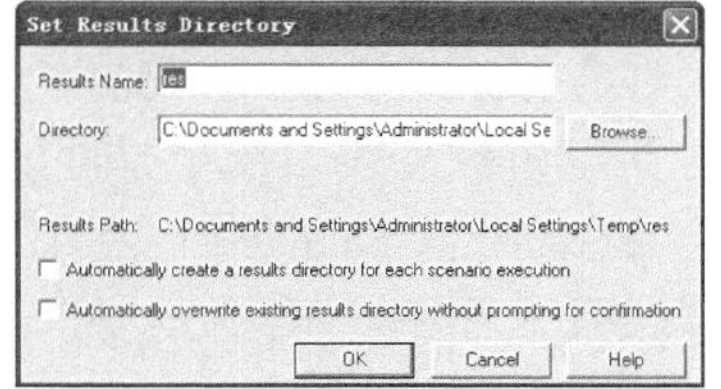

图 10-27　场景执行结果存放路径设定对话框

监控的方法很多，刚才运用了 LoadRunner 自身与系统的接口，还可以通过系统自带的一些命令，如 Windows 操作系统的 perfmon 小应用、Linux 系统的 top 命令等，以及免费的 nmon 小程序或者商业的 Spotlight 系列工具，如图 10-28 和图 10-29 所示。在本项目的性能测试执行过程中用到了 Nmon，在使用这些监控工具时，也要保存好相关监控结果信息。关于监控部分内容在本书中有相关的章节进行系统说明和举例，请关心该内容的读者到相应章节进行系统阅读，该部分不再进行更多篇幅的讲解。

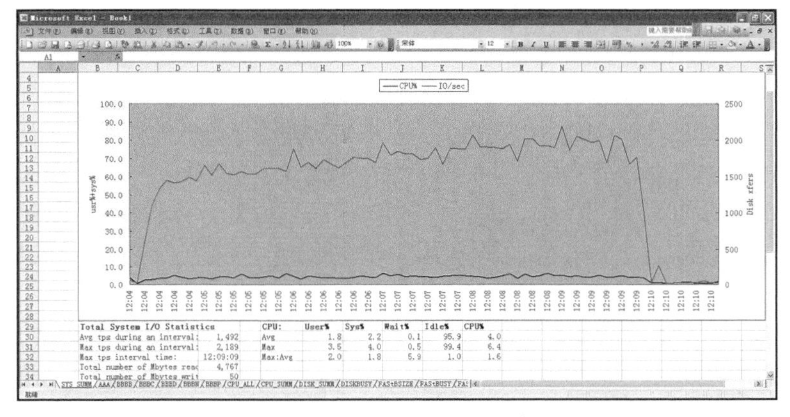

图 10-28　Nmon 监控结果相关信息

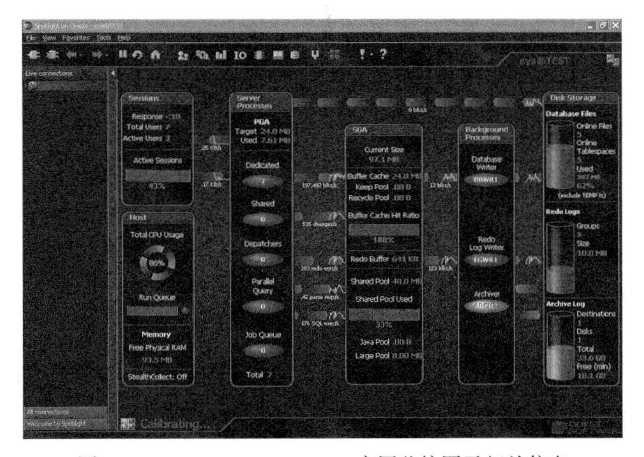

图 10-29　Spotlight on Oracle 应用监控图示相关信息

通常性能测试场景的监控主要关注如下几方面。

（1）系统业务处理能力。

通常在进行性能测试时，在特定的硬件和软件环境下考察系统的业务处理能力，需要用到平时在 LoadRunner 中用得最多的“事务”。需要根据平时、峰值以及未来业务的发展情况，考虑不同业务的处理数量，从而设定相应的业务处理能力性能指标。系统业务处理能力性能指标主要包括：每秒事务数（transaction per second，TPS）、每秒单击数（hits per second ，

HPS）和 throughput（吞吐量）等。需要特别注意的是，如果在事务中应用了思考时间，可能会降低相应 TPS、HPS 等性能指标数值，建议在做压力测试时，尽量不使用思考时间。

（2）系统资源使用情况。

系统资源使用情况也是性能测试关注的一个重点，需要关注相关服务器（如应用服务器、数据库服务器等）的 CPU 利用率、内存使用情况、磁盘 I/O 情况、网络情况等。

CPU 利用率：不同行业对 CPU 利用率的要求可能会不尽相同。例如，银行、证券等对服务器的稳定性和安全性要求较高，通常其要求 CPU 的最大利用率不能超过 70%，传统的零售行业等，则要求较低，通常要求 CPU 的最大利用率不能超过 85%或 90%，有的行业甚至可以接受短时间 CPU 利用率达到 100%的情况，如在使用数字证书相关的一些应用时，可能会出现这种情况。

网络吞吐量指标用于衡量系统对网络设备传输能力的需求。当网络吞吐量指标接近网络设备最大传输能力时，需要考虑更换升级网络设备。

（3）系统业务响应时间。

在定义业务事务时，需要参考业务人员定义的交易作为一个事务，避免由于人员理解误差等因素引起指标定义及后期监控、分析产生误差。为了分析和定位系统性能瓶颈，可以适当在大事务中插入小事务。例如，一个完整的销售业务包括：销售单建立、销售产品库存查询、销售单保存 3 个主要步骤。那么可以定义一个大事务，再在该大事务中分别定义 3 个小事务，以便了解各个步骤消耗的时间。需要特别提醒是，如果在事务中应用了思考时间，在进行分析时应将其过滤掉。

（4）系统并发处理能力。

在应用系统时，如填写表单、在某个页面发呆等，尽管客户端和服务器保持着连接，但是这些用户的操作对系统没有产生压力。该指标反映出系统对多个连接访问的控制能力，这个指标的大小直接影响到系统所能支持的最大用户数。对于长连接系统来说，最大并发用户数即是系统的并发接入能力。对于短连接系统而言，最大并发用户数并不等于系统的并发接入能力，而是与系统架构、系统处理能力等各种情况相关。

（5）系统可扩展性能力。

系统可扩展能力是指应用软件或操作系统以集群方式部署，增加硬件资源后，获得的处理能力提升情况。扩展能力应通过多轮测试获得扩展指标的变化趋势。一般扩展能力好的系统，扩展指标应是线性或接近线性的。通常扩展性达到一定程度时，再增加设备对提升系统的处理能力的作用越来影响越小。在一定软、硬件环境下，通过大量项目测试数据的积累，可以建立一个可扩展性的模型进行评估。

（6）系统稳定性。

通过给系统加载一定的业务压力（如 CPU 资源在 70%～90%的使用率）的情况下，运行一段时间，检查系统是否稳定。因为运行时间较长，通常可以测试出系统是否有内存泄露等问题。通常在做稳定性测试时，不可能进行 1 年或者更长时间的测试，所以一般采用 3×24 来进行测试，通过短时间的持续运行来评估系统的稳定性。

前面进行了编写脚本、设计场景并添加相应的监控指标、设定结果的存放路径等工作，接下来一个非常重要的环节就是性能测试工作的执行。

关于测试场景的设计着重强调以下几点。

（1）性能测试工具都是用进程或者线程来模拟多个虚拟用户，每个进程或者线程都需要占用一定的硬件资源，因此要保证负载的测试机足够运行设定的虚拟用户数，如果硬件资源不足，请用多台负载机分担进行负载。

（2）在进行性能测试之前，需要先将应用服务器“预热”，即先运行应用服务器的功能。因为语言翻译成机器语言，计算机才能执行高级语言编写的程序。翻译的方式有两种，编译和解释。两种方式只是翻译的时间不同。编译型语言写的程序执行之前，需要一个专门的编译过程，把程序编译成为机器语言的文件，例如可执行文件，以后要运行的话就不用重新翻译了，直接使用编译的结果文件可执行（EXE）就行了，因为翻译只做了一次，运行时不需要翻译，所以编译型语言的程序执行效率高。解释型则不同，解释型语言的程序不需要编译，省了道工序，解释型语言在运行程序时才翻译，比如解释型 JSP、ASP、Python 等语言，专门有一个解释器能够直接执行程序，每个语句都是执行时才翻译。这样解释型语言每执行一次就要翻译一次，效率比较低。 这也就是有很多朋友测试系统的响应时间为什么很长的一个原因，就是没有实现运行测试系统，导致第一次执行编译需要较长时间，从而影响了性能测试结果。

（3）在有条件的情况下，尽量模拟用户的真实环境。经常收到一些测试同行的来信，说：“于老师，为什么我们性能测试的结果每次都不一样啊？”经过询问得知，性能测试环境竟与开发环境为同一环境，且同时被应用。有很多软件公司，为了节约成本，开发与测试应用同一环境，进行测试，这种模式有很多弊端。不仅性能测试时，因为研发和测试共用系统，且性能测试周期通常少则几小时，多则几天，不仅给研发和测试人员使用系统资源带来一定麻烦，而且容易导致测试与研发的数据相互影响，导致尽管经过多次测试，但每次结果各不相同的情况发生。随着软件行业的蓬勃发展，市场竞争也日益激励，希望软件企业能够从长远角度出发，为测试部门购置一些与客户群基本相符的硬件设备，如果条件允许也可以在客户实际环境做性能测试。总之，请大家一定要注意环境的独立性，以及网络、软、硬件测试环境与用户的实际环境一致性，这样测试的结果才会更贴近真实情况，性能测试才会有意义。

（4）测试工作并不是一个单一的工作，作为测试人员应该和各个部门保持良好的沟通。例如，在遇到需求不明确时，就需要和需求人员、客户以及设计人员进行沟通，把需求搞清楚。在测试过程中，碰到问题以后，如果自己以前没有遇到过也可以跟同组的测试人员、开发人员进行沟通，及时明确问题产生的原因、解决问题，点滴的工作经验的积累对一个测试人员很有帮助，这些经验也是日后问题推测的重要依据。在测试过程中，也需要部门之间配合的问题，在这里就需要开发人员和数据库管理人员同测试人员相互配合完成 1 年业务数据的初始化工作。所以，测试工作并不是孤立的工作，需要和各部门进行及时沟通，在需要帮助时，一定要及时提出，否则可能会影响项目工期，甚至导致项目的失败，我一直提倡的一句话就是“让最擅长的人做最擅长的事!”，在项目开发周期短，人员不是很充足的情况下这点表现更为突出，不要浪费大量的时间在自己不擅长的东西上。

（5）性能测试的执行，在时间充裕的情况下，最好同样一个性能测试用例执行 3 次，然后分析结果如果结果相接近才可以证明此次测试是成功的。

执行结果的存放最好也要合理规划，将相关内容存放到一起，避免后期分析时，四处找寻执行结果信息。结合本项目，相关脚本、场景及其结果的命名采用了“性能测试计划的命名规范部分”内容，这里不再赘述。

在性能测试执行过程中，性能测试工作最好要做到有计划性，同时能够尽早把发现的问题反映出来，性能测试的管理人员需要关注性能测试过程中的每一个细节，及时同研发方、甲方保持良好的沟通、协调，从而保证乙方和相关其他方在发现问题后确定相关问题的责任，明确落实到相关人员及时跟进问题并使之最终得到解决。

下面介绍在项目执行过程中会使的 2 个模板：性能测试工作日报和性能缺陷列表，如图 10-30 与图 10-31 所示。

性能测试工作日报包含 4 部分内容：工作进展、问题与风险、本日测试执行内容和明日安排及需要支持的事项。它一方面使性能测试工程师在进行性能测试工作时，有计划有目的地进行性能测试工作，工作中的成果和问题一目了然；另一方面也方便管理人员了解工作进度，协调相关资源，及时有效地跟进与解决项目实施过程中的问题，检查相关成果物，为项目下一阶段做好准备。

性能测试工作日报

日期：2009-07-23

一、工作进展

阶段	工作进展	完成比例	工作成果	成果存放路径
需求分析阶段				
计划与设计阶段				
测试前期准备阶段				
测试执行阶段				
测试结果分析阶段				

二、问题与风险

问题表述	风险影响	相关责任人	风险规避方法	风险级别

三、本日测试执行内容

测试执行内容	完成比例	过程数据及存放路径

四、明日安排及需要支持的事项

工作内容	预期完成时间	相关人员

图 10-30 性能测试工作日报相关信息表内容

性能缺陷列表

致命性缺陷

缺陷 ID	执行场景存放路径	执行结果/过程结果存放路径	执行人	测试日期	缺陷级别	缺陷状态	测试版本	性能缺陷描述	问题分析	相关附件

严重性缺陷

缺陷 ID	执行场景存放路径	执行结果/过程结果存放路径	执行人	测试日期	缺陷级别	缺陷状态	测试版本	性能缺陷描述	问题分析	相关附件

一般性缺陷

缺陷 ID	执行场景存放路径	执行结果/过程结果存放路径	执行人	测试日期	缺陷级别	缺陷状态	测试版本	性能缺陷描述	问题分析	相关附件

建议性缺陷

缺陷 ID	执行场景存放路径	执行结果/过程结果存放路径	执行人	测试日期	缺陷级别	缺陷状态	测试版本	性能缺陷描述	问题分析	相关附件

图 10-31 性能缺陷列表相关信息表内容

在进行验收测试的性能测试实施过程中，由于甲方、研发方对缺陷管理工具不是很熟悉或者多种原因使得他们不能及时了解性能测试过程中发现的缺陷问题，所以通常在进行性能测试时，每天都会汇总发现的缺陷，按照不同缺陷对系统影响的严重程度分成 4 部分，即致命性、严重性、一般性和建议性缺陷，需要将当天发现的性能缺陷按照该文档的格式要求添加到性能缺陷列表中。注意及时修正缺陷的状态，已经关闭的缺陷放在下边或者用不同的颜色予以区分。

建议性能测试项目经理每天将性能缺陷列表以邮件的形式发送给甲方、研发方相关负责人员，以便他们了解目前性能测试缺陷情况，知晓目前系统性能方面的处理能力，及敦促相关人员尽快修复性能缺陷。还应该以周为单位进行阶段性的总结汇报给上级领导、甲方负责同志，本周工作情况、工作中遇到的问题、问题产生的原因、目前性能缺陷的存留等方面的情况，并及时同相关人员沟通、协调解决这些问题，充分发挥自己的主观能动性，因为，甲方除了负责项目以外，其负责人员很有可能还有很多其他工作需要处理，所以，如果不积极的话，好多问题就得不到解决或不能及时解决。

10.7.5 性能测试结果分析

在性能测试执行过程中，性能测试工具搜集相关性能测试数据，待执行完成后，这些数据会存储到数据库或者其他文件中。为了定位系统性能问题，需要系统学习并掌握分析这些性能测试结果。性能测试工具能帮助生成很多图表，也可以进一步将这些图表合并等操作来定位性能问题。是不是在没有专业的性能测试工具的情况下，就无法完成性能测试呢？答案是否定的，其实有很多种情况下，性能测试工具可能会受到一定的限制，这时，需要编写一些测试脚本来完成数据的搜集工作，当然数据存储的介质通常也是数据库或者其他格式的文件，为了便于分析数据，需要对这些数据进行整理再进行分析。

目前，广泛被大家应用的性能分析方法就是“拐点分析”的方法。“拐点分析”方法是一种利用性能计数器曲线图上的拐点进行性能分析的方法。它的基本思想就是性能产生瓶颈的主要原因就是因为某个资源的使用达到了极限，此时表现为随着压力的增大，系统性能却出现急剧下降，这样就产生了“拐点”现象。从而当得到“拐点”附近的资源使用情况，就能定位出系统的性能瓶颈。“拐点分析”方法举例，如：系统随着用户的增多，事务响应时间缓慢增加，当用户数达到 100 个虚拟用户时，表现为系统响应时间急剧增加，表现为一个明显的“折线”，就说明系统承载不了如此多的用户做这个事务，也就是存在性能瓶颈。

在分析系统性能问题时也应该针对不同的情况，结合上面介绍的方法，更好地确定系统性能瓶颈。当然性能测试的分析不是简单地介绍就能够接受的。分析系统性能问题，确定系统瓶颈，需要平时点滴的工作积累。

10.7.6 性能调优

性能测试分析人员经过对结果的分析以后，有可能提出系统存在性能瓶颈。这时相关开发人员、数据库管理员、系统管理员、网络管理员等就需要根据性能测试分析人员提出的意见同性能分析人员共同分析确定更细节的内容，相关人员对系统进行调整以后，性能测试人员继续进行第二轮、第三轮……的测试，与以前的测试结果进行对比，从而确定经过调整以后系统的性能是否有提升。有一点需要提醒大家，就是在进行性能调整时，最好一次只调整一项内容或者一类内容，避免一次调整多项内容而引起性能提高却不知道是由于调整哪项关键指标而改善性能的。那么在进行系统的调优过程中是否有什么好的策略来知道我们工作呢？经过多年的工作，作者的经验是按照由易到难的顺序对系统性能进行调优。

系统调优由易到难的先后顺序如下：

（1）硬件问题；

（2）网络问题；

（3）应用服务器、数据库等配置问题；

（4）源代码、数据库脚本问题；

（5）系统构架问题。

硬件发生问题是最显而易见的，如果 CPU 不能满足复杂的数学逻辑运算，可以考虑更换 CPU，如果硬盘容量很小，承受不了很多的数据可以考虑更换高速、大容量硬盘等。如果网络带宽不够，可以考虑对网络进行升级和改造，将网络更换成高速网络；还可以将系统应用与平时公司日常应用进行隔离等方式，达到提高网络传输速率的目的。在很多情况下，系统性能不是十分理想的一个重要原因就是没有对应用服务器、数据库等软件进行调优和设置引起来的，如：Tomcat 调整堆内存和扩展内存的大小，数据库引入连接池技术等。源代码、数据库脚本在上述调整无效的情况下，可以选择另一种调优方式，但是由于设计到对源代码的改变有可能会引入缺陷，所以在调优以后，不仅需要对性能的测试还要对功能进行验证，看其是否正确。这种方式需要通过对数据库建立适当的索引，以及运用简单的语句替代复杂的语句，从而达到提高 SQL 语句运行效率的作用，还可以在编码过程中选择好的算法，减少响应时间，引入缓存等技术。最后，在上述尝试都不见效的情况下，就需要考虑现行的构架是否合适，选择效率高的构架，但由于构架的改动比较大，所以应该慎重对待。

本次性能测试调优工作由研发方和相应软件供应商负责，测试人员根据监控数据信息和执行结果信息，经过认真的分析后给出如下建议。

在 100 个虚拟用户并发访问系统时，系统会报错，信息为“Error -27727：Step download timeout（120 seconds）has expired when downloading resource（s）”。

问题建议：在 100 个用户并发访问时，也存在下载页面资源超时（超过 120 秒）问题，从而导致报错情况。建议对相关大资源文件进行压缩、分割，减少下载时间，同时对允许连接的用户数进行合理设置，以保证所有用户良好感受。

……

相关问题的分析和具体数据，请参见“验收测试总结和性能测试总结的编写”章节内容。

10.8 验收测试总结及其性能测试总结的编写

在进行外包测试时，编写测试总结是非常重要的内容。通常在该阶段需要编写、整理大量的文档和数据，相关内容必须符合甲方的文档要求。通常在该阶段需要提交的文档包括：系统验收测试结论、系统验收测试交付清单、系统验收测试报告、系统验收测试功能测试报告、系统验收测试文档测试报告、系统验收测试性能测试报告。鉴于本书重点讲解性能测试相关内容，所以功能和文档不重点描述。

10.8.1 某单位某系统验收测试结论

下面以该项目的系统验收测试结论为样本，介绍验收测试结论的编写。

前面介绍过本项目实施 3 方面内容的测试工作，即功能测试、文档测试和性能测试，所以这个验收测试结论仅包含上述内容，在具体的实施过程中可能会与这里的测试内容不同，所以要举一反三。以下为某单位某项目系统验收测试结论的具体内容。

某单位某系统验收测试结论

一、功能测试

经过 x 轮次的功能测试，发现系统功能中的有效 Bug 为××个，其中，无致命性 Bug，严重性 Bug 共××个，占有效 Bug 总数的××.××%。经过开发人员的修改，“已关闭”的 Bug××个，占有效 Bug 总数的××%，这部分 Bug 的修改使系统功能得到了进一步的完善。

目前共有××个 Bug 状态为“延期”，且“延期”状态的 Bug 多为×××××产品问题，详细的问题描述和研发人员的意见参见“某单位某系统验收测试功能测试延期缺陷列表”。

验收测试结果表明：通过验收测试和 Bug 修改，系统的功能、易用性、健壮性、安全等方面均有一定程度的提高，系统可满足目前的基本业务需求。

根据功能测试通过标准的约定，功能测试通过。

二、文档测试

经过×轮次的文档测试，共发现系统文档中的有效 Bug 为×××个，其中，存在内容遗漏（即 1 级）Bug 共×个，占有效 Bug 总数的×.×%，描述错误（即 2 级）Bug 共×个，占有效 Bug 总数的近×.×%，文档文字错误（即 3 级）Bug 共××个，占有效 Bug 总数的××.××%，文档描述过于简单或者冗余描述（即 4 级）Bug 共××个，占有效 Bug 总数的××.××%。经过开发人员的修改，Bug 已全部关闭。

验收测试结果表明：通过文档测试，系统的功能描述与文档的一致性、文档完备性、文档内容充分性、文字表达明确性、文档描述的正确性、文档间的可追溯性等方面均有一定程度的提高，可满足目前的基本业务需求。

根据文档测试通过标准的约定，文档测试通过。

三、性能测试

性能测试在生产环境中进行。通过分析性能测试需求，测试中共选择了 X 个业务场景，即用户登录和新闻下载场景。“登录首页”业务的测试执行结果表明：在 100 个用户并发访问门户网站名时，平均响应时间指标可以满足用户需求，事务的处理能力能满足用户需求……

测试结果表明被测系统部分功能不能满足用户性能需求，按照性能测试通过标准的约定，性能测试不通过，开发方需针对不通过项内容进行调优。

10.8.2 某单位某系统验收测试交付清单

系统验收测试交付清单主要描述要交付给甲方单位的交付件。通常这些交付内容为验收测试过程中产生的文档和数据的所有内容。为了方便甲方单位查看，最好将相关内容进行分类归档。

某单位某系统验收测试交付清单

×××××××××技术有限公司（乙方单位）于20××年××月××日至20××年××月××日对某单位（甲方单位）某系统系统进行了验收测试。整个验收测试分功能测试、性能测试和文档测试 3 种测试类型。本文档是在全部测试结束后提交给中国投资有限责任公司的交付物清单，具体如下。

交付一：《某单位某系统系统验收测试报告》
说明：文档包括 3 种测试类型的概要测试结果、测试结论及建议。

交付二：《某单位某系统系统验收测试功能测试报告》
说明：文档包括功能测试的测试方法、测试过程、测试结果、测试结论及建议。

交付三：《某单位某系统系统验收测试性能测试报告》

说明：文档包括性能测试的测试方法、测试过程、测试结果、测试结论及建议。

交付四：电子文档《某单位某系统系统验收测试产品集》（附光盘一张）

说明：电子文档内容包括某单位某系统系统验收测试过程中形成的所有工作产品，包括系统验收功能测试方案、文档测试实施方案、性能测试实施方案、系统验收测试报告、文档测试报告、功能测试报告、性能测试报告、功能测试用例集、功能测试 Bug 列表、性能测试脚本、性能测试场景及结果、文档测试 Bug 列表及项目周报。

10.8.3　某单位某系统验收测试报告

系统验收测试报告是对此次功能、文档和性能测试的概要性总结。该项目的验收测试报告的主要内容如下。

目录

1. 简介
2. 测试内容
3. 测试进度计划
4. 功能测试

4.1　Bug 级别及状态定义

4.2　Bug 整体情况统计

4.3　遗留 Bug 情况说明

5. 性能测试

5.1　场景执行情况

5.2　业务平均响应时间

6. 文档测试

6.1　文档测试基本定义

6.2　文档测试结果

6.3　文档测试 Bug 分布情况

7. 测试通过标准

7.1　功能测试通过标准

7.2　文档审查通过标准

7.3　性能测试通过标准

8. 建议
9. 测试结论

1. 简介

编 写 背 景
系统背景方面略，用户在项目实施过程中，可根据项目实际情况填写。测试过程中进行了功能测试、文档测试和性能测试三类测试。

测 试 目 的
（1）从最终用户角度，检验某单位某系统是否符合各种功能和技术需求，为用户接收系统提供决策依据；
（2）通过验收测试，尽可能发现并协助排除系统中可能存在的缺陷。

续表

测 试 类 型
功能测试、性能测试、文档测试
测试类型定义
（1）验收测试：确定系统是否符合其验收准则，是客户确定是否接收此系统的正式测试。 （2）功能测试：在与真实环境相似的模拟环境上，测试系统是否逐项满足了业务需求，屏幕显示及打印是否规范、准确，系统使用是否方便、界面是否友好等。测试要确保业务需求书中的功能均被实现，没有遗漏的情况发生。本次的功能测试中包括典型流程的测试。 （3）性能测试：以真实的业务为依据，选择有代表性的、关键的业务操作设计测试用例，以评价系统的当前性能；通过模拟大量用户的重复执行测试，可以确认性能瓶颈并优化和调整应用，目的在于寻找到瓶颈问题。通过性能测试，可以得到与并发用户数相关联的系统性能指标数据。 （4）文档测试：为保证系统的一致性和可维护性，对开发过程产生的所有文档的完整性、规范性，以及与需求的一致性等方面进行审查。

2. 测试内容

测 试 类 型	测 试 方 法	功 能 点	备 注
功能测试	功能测试	检查登录页面、用户管理功能	
		检查进销存相关业务系统功能	
		检查业界新闻发布与下载功能	
		……	
性能测试	性能测试	登录首页：用户登录首页面	
		……	……
文档测试	需求规格说明书	需求规格说明书	162
	设计说明书	……	……
	使用手册	……	……
		……	……
		……	……
		……	……

3. 测试进度计划

序号	任 务 名 称	工期	开 始 时 间	完 成 时 间	资源
1	项目测试时间进度	42 工作日	20××-××-××	20××-××-××	×××
1.1	测试计划阶段	4 工作日	20××-××-××	20××-××-××	×××
1.1.1	启动会议双方进行沟通	0 工作日	20××-××-××	20××-××-××	×××
1.1.2	测试工具和技术培训	0 工作日	20××-××-××	20××-××-××	×××
1.1.3	收集所需客户文档	1 工作日	20××-××-××	20××-××-××	×××
1.1.4	建立配置管理环境，建立测试管理环境，制订缺陷管理流程	1 工作日	20××-××-××	20××-××-××	×××
1.1.5	了解被测系统业务，熟悉系统功能和业务流程，培训业务系统	1 工作日	20××-××-××	20××-××-××	×××
1.1.6	制订项目初步的测试计划、测试配置计划	1 工作日	20××-××-××	20××-××-××	×××
1.1.7	编写测试方案	2 工作日	20××-××-××	20××-××-××	×××

续表

序号	任务名称	工期	开始时间	完成时间	资源
1.1.8	评审测试方案、测试计划	1 工作日	20××-××-××	20××-××-××	×××
1.1.9	里程碑 1-测试方案、测试计划	0 工作日	20××-××-××	20××-××-××	×××
1.2	需求分析阶段	1 工作日	20××-××-××	20××-××-××	×××
1.2.1	需求调研	1 工作日	20××-××-××	20××-××-××	×××
1.2.2	分析测试需求	1 工作日	20××-××-××	20××-××-××	×××
1.2.3	编写测试需求	0 工作日	20××-××-××	20××-××-××	×××
1.2.4	评审测试需求	0 工作日	20××-××-××	20××-××-××	×××
1.2.5	里程碑 2-测试需求	0 工作日	20××-××-××	20××-××-××	×××
1.3	测试设计阶段	4 工作日	20××-××-××	20××-××-××	×××
1.3.1	功能测试用例设计；评审功能测试用例	3 工作日	20××-××-××	20××-××-××	×××
1.3.2	性能测试用例设计；评审性能测试用例	3 工作日	20××-××-××	20××-××-××	×××
1.3.3	制订测试执行计划	1 工作日	20××-××-××	20××-××-××	×××
1.3.4	评审测试执行计划	0 工作日	20××-××-××	20××-××-××	×××
1.3.5	里程碑 3-测试设计	0 工作日	20××-××-××	20××-××-××	×××
1.4	第一轮测试执行阶段	7.3 工作日	20××-××-××	20××-××-××	×××
1.4.1	第一轮测试环境初始化	0 工作日	20××-××-××	20××-××-××	×××
1.4.2	进入标准验证	0 工作日	20××-××-××	20××-××-××	×××
1.4.3	功能测试用例执行	2.7 工作日	20××-××-××	20××-××-××	×××
1.4.4	文档测试用例执行	2.7 工作日	20××-××-××	20××-××-××	×××
1.4.5	性能测试用例执行	2 工作日	20××-××-××	20××-××-××	×××
1.4.6	提交第一轮测试缺陷列表，确认缺陷	0 工作日	20××-××-××	20××-××-××	×××
1.4.7	第一轮测试总结	0 工作日	20××-××-××	20××-××-××	×××
1.4.8	里程碑 4-第一轮测试执行	0 工作日	20××-××-××	20××-××-××	×××
1.5	第二轮测试执行阶段	6 工作日	20××-××-××	20××-××-××	×××
1.5.1	第二轮测试环境初始化	0 工作日	20××-××-××	20××-××-××	×××
1.5.2	功能测试用例执行	9 工作日	20××-××-××	20××-××-××	×××
1.5.3	文档测试用例执行	3 工作日	20××-××-××	20××-××-××	×××
1.5.4	性能测试用例执行	2 工作日	20××-××-××	20××-××-××	×××
1.5.5	提交第二轮测试的缺陷列表，确认缺陷	0 工作日	20××-××-××	20××-××-××	×××
1.5.6	第二轮测试总结	0 工作日	20××-××-××	20××-××-××	×××
1.5.7	里程碑 5-回归测试执行	5 工作日	20××-××-××	20××-××-××	×××
1.6	测试总结阶段	3 工作日	20××-××-××	20××-××-××	×××
1.6.1	测试总结报告	3 工作日	20××-××-××	20××-××-××	×××
1.6.2	测试总结报告评审	0 工作日	20××-××-××	20××-××-××	×××
1.6.3	里程碑 6-测试总结\结束标准	0 工作日	20××-××-××	20××-××-××	×××
1.7	管理活动	42 工作日	20××-××-××	20××-××-××	×××
1.7.1	工作周报和风险管理 1	5 工作日	20××-××-××	20××-××-××	×××
1.7.2	工作周报和风险管理 2	5 工作日	20××-××-××	20××-××-××	×××

续表

序号	任务名称	工期	开始时间	完成时间	资源
1.7.3	工作周报和风险管理 3	5 工作日	20××-××-××	20××-××-××	×××
1.7.4	工作周报和风险管理 4	5 工作日	20××-××-××	20××-××-××	×××
1.7.5	工作周报和风险管理 5	5 工作日	20××-××-××	20××-××-××	×××
1.7.6	工作周报和风险管理 6	5 工作日	20××-××-××	20××-××-××	×××
1.7.7	工作周报和风险管理 7	3 工作日	20××-××-××	20××-××-××	×××

4. 功能测试

4.1 Bug 级别及状态定义

Bug 级别定义		
级别	名称	描述
一级	致命性	具有严重破坏性，使系统功能遗漏、引起系统崩溃、数据丢失
二级	严重性	规定的内容没有实现或者实现与设计不符
三级	告警性	与需求不符合，但是不影响业务正常运行
四级	建议性	满足需求，但存在设计或者实现上的不合理之处，不影响业务正常运行
新建	测试人员	当测试人员新发现 Bug 时，将其置为“新建”
打开	开发人员	开发人员确认的 Bug，将其置为“打开”
已关闭	测试人员	测试人员确认 Bug 已经修改，将其置为已“关闭”
Bug 状态定义		
名称	操作者	描述
待验证	开发人员	开发人员确认已经修改的 Bug，将其置为“待验证”
待复现	测试人员	由测试人员提出但无法再现的 Bug，将其置为“待复现”
重开	测试人员	开发人员确认已经修改的 Bug，经测试人员回归测试 Bug 仍然存在，将其置为“重开”
拒绝	开发人员	由测试人员提出，但开发人员认为不是 Bug 的问题，经测试人员、开发人员和客户方共同商讨确认后，将其置为“拒绝”
延期	测试人员	测试人员和开发人员、客户方共同商讨，综合考虑后在该阶段不处理需要延期的 Bug，将其置为“延期”

4.2 Bug 整体情况统计

功能模块	Bug 状态					有效 Bug			
	打开	拒绝	延期	已关闭	重开	致命性	严重性	告警性	建议性
用户管理	0	0	1	17	0	0	14	12	9
……	……	……	……	……	……	……	……	……	……
……	……	……	……	……	……	……	……	……	……
……	……	……	……	……	……	……	……	……	……
总计	×	×	×	××	××	××	××	××	××

注：

（1）上表中数值单位为个。

（2）有效 Bug 是指除“拒绝”外的 Bug，遗留问题包括“打开”“重开”“延期”3 个状态。

有效 Bug 问题级别分布图如下。

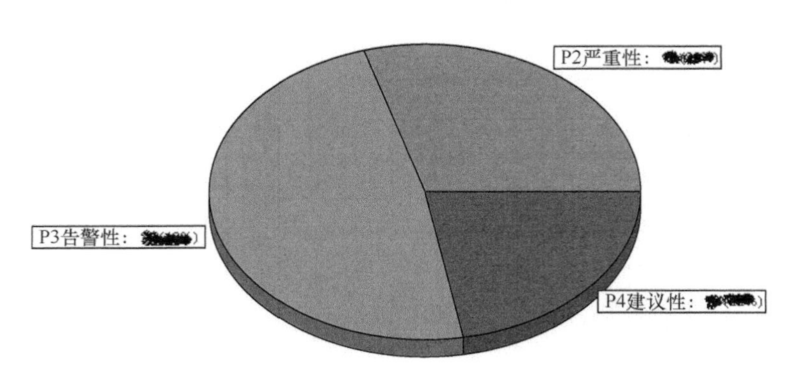

4.3 遗留 Bug 情况说明

某单位某系统验收测试结束后遗留 bug 总数是 X，其状态全部是延期，表格如下。

ID	测试类别	功 能 模 块	摘 要	处 理 方 式
1	功能测试	……	……	……
2	性能测试	……	……	……
3	文档测试	……	……	……

遗留 Bug 最终确定的处理方式：目前共有 X 个 Bug 状态为“延期”，且“延期”状态的 Bug 多为第三方依赖产品问题，对于由第三方的产品问题，导致一些缺陷的产生，应及时关注第三方相应产品的补丁，建议在测试环境经过严格测试后（保证能够解决前期遗留缺陷并且不影响正常功能的使用），再对生产环境打补丁。

【重要提示】

很多时候，为了加快产品上市，系统有可能带着问题发布。作者建议对于遗留的缺陷必须进行评审，而且这部分遗留的缺陷要在测试总结报告中逐一描述最终的处理方式，同时专门有一份评审人员签字确认的文档。

在发布之前对遗留的 Bug 要进行多方评审。例如，甲方单位、乙方单位、产品开发方、监理方等对遗留缺陷对最终用户使用系统造成的影响进行综合评定，如果最终达成一致，可以参见上表将 Bug 和相应处理方式描述清楚，相关人员进行签字确认后归档，以备后续使用。

5. 性能测试

5.1 场景执行情况

- 登录首页

场景设计：

序号	场 景 名 称	用户总数	执行时间	用户递增策略	
				递增数量	递增间隔
1	CJ_01_XN_DLSY_30Vu_5Min	30	5min	5	15s
2	CJ_02_XN_DLSY_50 Vu_5Min	50	5min	5	15s
3	CJ_06_FZ_DLSY _80 Vu_5Min	80	5min	5	15s
4	CJ_07_FZ_DLSY_100Vu_10Min	100	10min	5	15s

执行结果：

场景名称	事务名称	最小响应时间（s）	平均响应时间（s）	最大响应时间（s）	95%事务的平均响应时间（s）	TPS(每秒事务数，笔/s）
CJ_01_XN_DLSY_30Vu_5Min	登录首页	0.108	0.932	24.221	2.872	20.112
CJ_02_XN_DLSY_50 Vu_5Min	登录首页	0.121	3.863	25.342	3.142	18.392
CJ_06_FZ_DLSY_80 Vu_5Min	登录首页	0.132	3.876	24.497	3.513	14.105
CJ_07_FZ_DLSY_100Vu_10Min	登录首页	0.142	3.986	30.501	4.198	13.896

5.2 业务平均响应时间

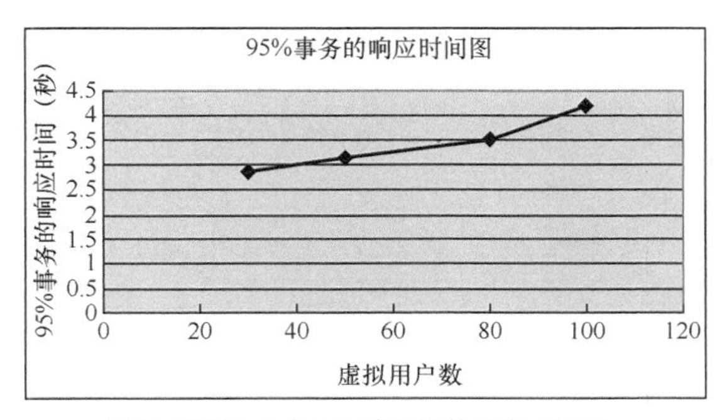

“登录首页”业务 95%事务平均响应时间图

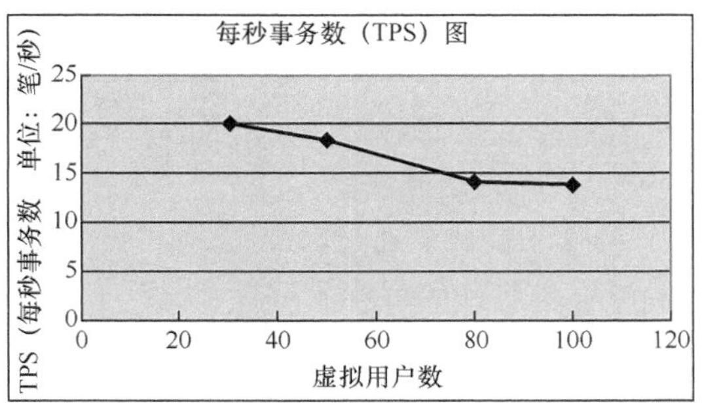

“登录首页”业务每秒事务数（TPS）图

从 95%事务平均响应时间、TPS（每秒事务数）情况来看，该系统能够满足 100 个用户并发登录的需求。按照并发用户数占实际用户数的 10%计算，满足未来 3～5 年注册用户数 10000 人的需求。

……

6. 文档测试

6.1 文档测试基本定义

文档测试基本定义				
阶　　段	1 级	2 级	3 级	4 级
需求说明书	需求遗漏	需求描述错误；存在二义性	文档字面错误	冗述或过于简单
设计文档	遗漏需求	逻辑错误，或描述不清，存在二义性	文档字面错误	冗述或过于简单
用户手册	功能遗漏	操作描述方法错误或描述不清	文档字面错误	冗述或过于简单
安装配置手册	主要安装步骤或配置遗漏	操作描述方法错误或描述不清	文档字面错误	冗述或过于简单

文档测试检查点

- 文档完备性
- 文档内容充分性
- 文字明确性
- 文档描述的正确性，联机帮助文档中链接的正确性
- 易读性
- 检查文档和文档的一致性
- 检查程序和文档的一致性
- 检查文档间的可追溯性
- 检查文档是否符合指定的相应模板和规范

6.2 文档测试结果

文档测试共进行了 2 轮，测试后共发现 105 个 Bug，分布情况如下。

文档名称	1 级	2 级	3 级	4 级	小计
需求规格说明书	0	1	2	1	4
程序设计说明书	0	0	3	2	5
普通用户和信息发布人员使用手册	1	1	3	1	6
……	……	……	……	……	……
……	……	……	……	……	……
合计	××	××	××	××	×××

经相关人员修改后，测试人员进行了回归测试，回归测试后，Bug 均已关闭。

7. 测试通过标准

7.1 功能测试通过标准

- 软件功能与业务需求一致。
- 没有致命性错误与严重性错误，且告警性问题和建议性问题数量不高于测试方与用户的预先协商值。

7.2 文档审查通过标准

文档测试通过标准为，文档测试关闭时不存在 1 级、2 级问题，3 级、4 级问题的出现频率为平均每 6 页 3 个以内。

7.3 性能测试通过标准

- 在生产环境下，软件性能等与业务需求基本一致。
- 没有严重影响系统运行的性能问题。

8. 建议

功能测试
根据某单位某系统的验收测试结果，建议增强用户管理模块相应功能的处理效率；对于由第三方的产品问题，导致一些缺陷的产生，应及时关注第三方相应产品的补丁，建议在测试环境经过严格测试后（保证能够解决前期遗留缺陷并且不影响正常功能的使用），再对生产环境打补丁；增强系统内容与用户权限等相关的控制以及对特殊字符的处理，提高系统的安全性；增强系统的易用性以及良好的本地化交互界面
性能测试
通过针对典型业务的性能测试，系统性能指标基本可满足目前系统的使用，但新闻下载部分业务处理能力非常低，需要对该模块进行性能调优。 针对性能测试执行过程中，对系统资源的监控，存在大量的“睡眠”进程，建议研发人员能够定位产生该问题的原因。通常“睡眠”进程是因为等待其执行时需要的资源没有得到而转入“睡眠”状态…… 建议在有条件的情况下，做长时间的可靠性测试，检测系统是否存在潜在的内存泄露等问题，从前期的短时间性能测试来看，内存存在少量的泄露，希望开发及其相关人员能够关注该问题并处理
文档测试
建议从用户角度出发，更注重文档内容描述的完整性和内在的逻辑性；统一控制文档版本，并与软件配置版本一致；安装配置手册应更注重图文结合描述；安装配置手册和使用手册中需要用户重点关注的内容应着重解释说明

9. 测试结论

功能测试
经过 x 个轮次的功能测试，共发现系统功能中的有效 bug xx 个，其中，无致命性 bug，严重性 bug 共 x 个。经过开发人员的修改，“已关闭”的 bug 为 xx 个，占有效 bug 总数的 xx%，这部分 bug 的修改使系统功能得到了进一步的完善。目前共有 x 个 bug 状态为“延期”，且“延期”状态的 bug 多为第三方产品问题。 验收测试结果表明：系统的功能、易用性、健壮性、安全等方面均有一定程度的提高，系统可满足目前的基本业务需求。 结论：根据功能测试通过标准的约定，功能测试通过。
性能测试
本次生产环境测试针对“登录首页”“新闻下载”两个业务进行性能测试，并对被测服务器的资源情况进行全程监控，通过测试，结合“登录首页”业务的测试执行结果，在 100 个用户并发访问门户网络时，平均响应时间指标可以满足用户需求，事务的处理能力也基本能满足用户需求…… 结论：根据性能测试通过标准的约定，性能测试不通过。
文档测试
经过 2 个轮次的文档测试，共发现系统功能中的有效 bug 为 xxx 个，其中，存在内容遗漏现象（即 1 级）bug 共 xx 个，占有效 bug 总数的 x.x%，描述错误（即：2 级）bug 共 xx 个，占有效 bug 总数的近 x.x%，文档文字错误（即 3 级）bug 共 xx 个，占有效 bug 总数的近 xx.xx%，文档描述过于简单或者冗余描述（即 4 级）bug 共 xx 个，占有效 bug 总数的近 xx.xx%。经过开发人员的修改，bug 已全部关闭。 验收测试结果表明：系统的功能描述与文档的一致性、文档完备性、文档内容充分性、文字表达明确性、文档描述的正确性、文档间的可追溯性等方面均有一定程度的提高，可满足目前的基本业务需求。 结论：根据文档测试通过标准的约定，文档测试通过。

10.8.4 某单位某系统验收测试性能测试报告

验收测试性能测试报告是对性能测试的总结，也是提供给甲方验收测试是否通过的重要参考性文档。因本书以性能测试相关内容讲解为主，所以对于功能、文档等方面的总结报告不做赘述，下面是该项目的性能测试报告内容。

目录

3.2.4　测试内容
4. 局限性
5. 测试环境
5.1　网络拓扑图
5.2　软硬件环境
6. 测试交付工作产品
7. 场景设计及执行结果
7.1　登录首页
7.1.1　场景设计
7.1.2　测试结果
7.1.3　结果分析
7.2　新闻文件下载
7.2.1　场景设计
7.2.2　测试结果
7.2.3　结果分析
8. 总体结论与建议

以下为某单位某系统验收测试性能测试报告的具体内容。

1. 简介

1.1　编写目的

某单位某系统“性能测试报告”文档有助于实现以下目标。

- 明确性能测试的内容、方法、环境和工具。
- 明确性能测试的执行结果和分析。
- 明确性能测试的结论和建议。

1.2　预期读者

- 某单位某系统项目管理人员。
- 某单位某系统项目实施人员。
- 本公司项目督导人员。
- 本公司项目实施人员。

1.3　项目背景

某单位某系统（以下简称“某单位某系统”）是在本单位局域网内运行，目前该系统处于上线运行前验收阶段，本次性能测试是对系统进行性能测试。由于某单位某系统的主要业务是登录首页面，所以本次测试重点选取登录到某单位某系统页面进行性能测试，另外操作比较频繁的业务是新闻下载，我单位结合这两个主要业务进行了性能测试。

1.4　参考资料

序　号	文 档 名 称	版本/发行日期	作　者
1	《某单位某系统需求分析说明书》	20xx-02-22	张三
2	……	……	……
3	……	……	……

1.5　术语定义

- 虚拟用户：通过执行测试脚本模仿真实用户与被测系统进行通信的进程或线程。

- 测试脚本：通过执行特定业务流程来模拟真实用户操作行为的脚本代码。
- 场景：通过组织若干类型、若干数量的虚拟用户来模拟真实生产环境中的负载场景。
- 集合点：用来确定某一步操作由多少虚拟用户同时执行。
- 事务点：设置事务是为了明确某一个或多个业务或某一个按钮操作的响应时间。
- 响应时间：是指对请求做出的响应所需要的时间（具体就是说从客户端开始发出请求，到服务器端响应请求的时间）。
- TPS：每秒事务数，是指每秒内，每个事务通过、失败以及停止的次数，可确定系统在任何给定时刻的实际事务负载。
- 系统资源利用：是指在对被测系统执行性能测试时，系统部署的相关应用服务器、数据库等系统资源的利用，如 CPU、内存、磁盘 I/O、网络等。

2. 测试业务及性能需求（见表 10-29）

表 10-29　测试业务及性能需求

业务名称	性能参考指标
登录首页	预期注册用户 10000 人，每天大约有 1000 人使用该系统，并发用户数取实际用户数的 5%～10%，取实际用户数为 1000 人（考虑到该功能的使用频率较登录首页较低的因素，在这里取 10%），则并发用户数为 1000×10%=100
	系统日页面访问总量为 2500～100000 次，根据 80/20 原则并按照最大访问量计算，一天工作 8 小时，则 TPS=（2500×80%）/（8×60×60×20%）=2000/5760=0.3472 至 TPS=（100000×80%）/（8×60×60×20%）=13.888 笔/s
	以非 SSL 连接方式访问门户时，95%的平均响应时间上限小于 5s
……	……
	……

3. 测试策略

3.1 测试整体流程（见图 10-32）

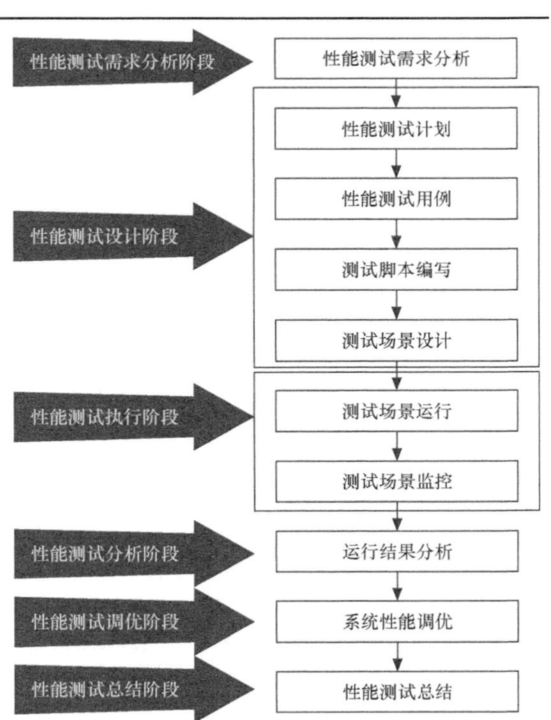

图 10-32　性能测试整体流程图

3.2 性能测试

3.2.1 测试目的

- 检查系统处于压力情况下，应用系统的表现，重点检测系统有无出错信息产生，系统的响应时间、TPS、资源状况等。
- 通过压力测试，获得系统可能存在的性能瓶颈，发现系统中可能存在的性能缺陷。
- 验证系统是否满足客户方提出的性能需求。

3.2.2 测试准备

- 功能测试已经结束。
- 性能测试环境已经准备完毕。
- 已将模拟数据提前准备完毕（被测试系统需要的测试数据）。
- 相关技术支持人员到场。

3.2.3　测试方法

- 利用 LoadRunner 性能测试工具中的 Virtual User Generator 应用，录制性能测试执行脚本。
- 对性能测试脚本进行修改、调试、完善并保存测试脚本。
- 利用 LoadRunner 性能测试工具中的 Controller 应用，按性能测试用例设计并保存场景。
- 利用 Nmon 性能监控工具监控被测环境下服务器 CPU、内存、磁盘、网络带宽等系统资源的使用情况。
- 利用 LoadRunner 性能测试工具监控 Oracle 数据库的进程和会话，利用 Spotlight 监控工具实时监控 Oracle 数据库的资源。
- 利用 LoadRunner 性能测试工具中的 Analysis 应用，分析场景执行后的结果。
- 根据监控结果对系统性能进行分析。
- 根据测试执行结果，分析结果是否满足用户需求并生成性能测试报告。

3.2.4　测试内容

针对“测试业务及性能需求”的内容，对“登录首页”及“新闻文件下载”业务按照客户关心的性能指标进行性能测试。

4. 局限性

- 本次性能测试的结果依据目前被测系统的软/硬件环境。
- 本次性能测试的结果依据目前被测系统的网络环境。
- 本次性能测试的结果依据目前被测系统的测试数据量。
- 本次性能测试的结果依据目前被测系统的系统架构设计。

5. 测试环境

5.1　网络拓扑图（见图 10-33）

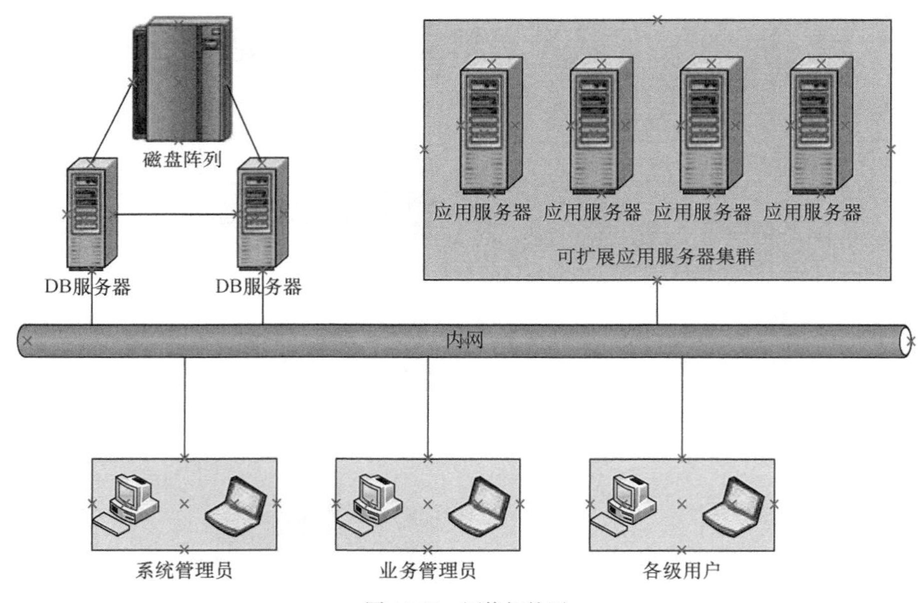

图 10-33　网络拓扑图

5.2　软硬件环境

服务器软硬件资源如表 10-30 所示。

表 10-30 服务器软硬件配置列表

服务器	硬件配置			是否独立机器	IP 地址	操作系统
	CPU	内存	硬盘			
应用服务器	双 CPU	8GB	40GB 空闲磁盘空间，RAID	是	192.168.1.113	Linux 5.1
……	……	……	……	……	……	……

测试工具软硬件资源如表 10-31 所示。

表 10-31 测试工具软硬件配置列表

序号	设备名称	硬件配置	软件环境	IP 地址
1	性能压力机	CPU：双 CPU， Intel Core2，3.0GHz 内存：2GB 硬盘：280GB	操作系统：Windows XP SP3 测试工具：LoadRunner8.0	192.168.1.196
2	监控工具	CPU：双 CPU， Intel Core2，3.0GHz 内存：2GB 硬盘：280GB	操作系统：Windows XP SP3 Spotlight on Oracle	192.168.1.198
3	辅助监控	CPU：双 CPU， Intel Core2，3.0GHz 内存：2GB 硬盘：280GB	操作系统：Windows XP SP3	192.168.1.197

6. 测试交付工作产品

- 《某单位某系统性能测试报告》。
- 《某单位某系统性能测试脚本》。
- 《某单位某系统性能测试场景结果》。

7. 场景设计及执行结果

7.1 登录首页

7.1.1 场景设计（见表 10-32）

表 10-32 "登录首页"业务场景设计表

序号	场景名称	执行脚本	用户总数	执行时间	用户递增策略	
					递增数量	递增间隔
1	CJ_01_XN_DLSY_30Vu_5Min	登录首页	30	5min	5	5s
2	CJ_02_XN_DLSY_50 Vu_5Min	登录首页	50	5min	5	5s
3	……	……	……	……	……	……
4	……	……	……	……	……	……
5	……	……	……	……	……	……

7.1.2 测试结果（见表 10-33、图 10-34 和图 10-35）

表 10-33 "登录首页"事务执行情况汇总表

场景名称	事务名称	最小响应时间（s）	平均响应时间（s）	最大响应时间（s）	95%事务的平均响应时间（s）	TPS（每秒事务数，笔/s）
CJ_01_XN_DLSY_30Vu_5Min	登录首页	0.108	0.932	24.221	2.872	20.112
CJ_02_XN_DLSY_50 Vu_5Min	登录首页	0.121	3.863	25.342	3.142	18.392
……	……	……	……	……	……	……
……	……	……	……	……	……	……
……	……	……	……	……	……	……

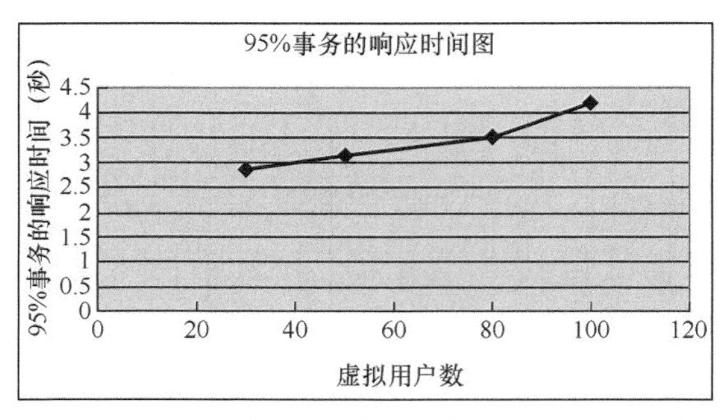

图 10-34 "登录首页"业务 95%事务平均响应时间图

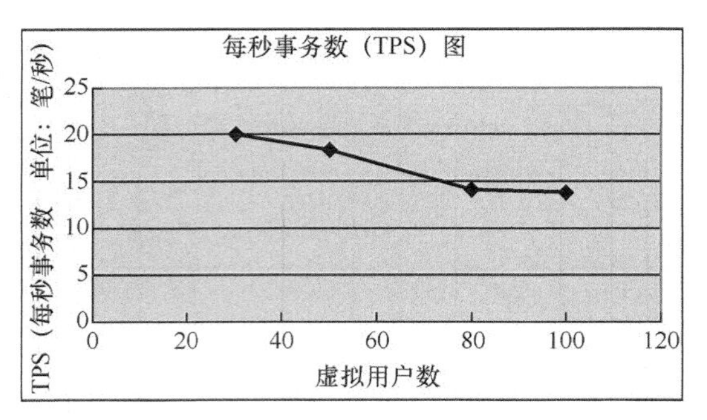

图 10-35 "登录首页"业务每秒事务数（TPS）图

（1）服务器资源监控情况汇总（见表 10-34 和表 10-35）。

表 10-34 应用服务器资源监控汇总表

场景名称	系统资源指标											
	CPU				Free Memory（MB）				Disk（I/O）		Network（I/O）	
	Sys%	User%	Wait%	Idle%	Total（MB）	Cached/buffers（MB）	Used（MB）	Free（MB）	Read KB/s	Write KB/s	Receive KB/s	Send KB/s
CJ_01_XN_DLSY_30Vu_5Min	9.6	19.7	0	86.7	15364	5646.8/263.3	1882	7579.9	3.7	114.4	24618	43426
CJ_02_XN_DLSY_50 Vu_5Min	9.3	10.3	0	88.4	15364	5643.7/232.6	1707.3	7780.4	3.9	96.1	21905	38583
……	……	……	……	……	……	……	……	……	……	……	……	……
……	……	……	……	……	……	……	……	……	……	……	……	……
……	……	……	……	……	……	……	……	……	……	……	……	……

表 10-35 数据库服务器资源监控汇总表

场景名称	系统资源指标							
	CPU			Disk（I/O）			Network（I/O）	
	Sys%	User%	Wait%	Idle%	Read KB/s	Write KB/s	Receive KB/s	Send KB/s
CJ_01_XN_DLSY_30Vu_5Min	1	9.9	0	97	566.7	137	170	198
CJ_02_XN_DLSY_50 Vu_5Min	9.1	2.0	9.3	95.5	733.7	619	188	211
……	……	……	……	……	……	……	……	……
……	……	……	……	……	……	……	……	……
……	……	……	……	……	……	……	……	……

（2）100 个用户的执行结果。

由此可以看出，在 100 个用户并发时，95%事务的平均响应时间为 4.198s，TPS 为 13.896 笔/s，本节给出“登录首页”业务在 100 个虚拟用户并发时的执行结果。

① 响应时间（百分比）如图 10-36 所示。

② 每秒事务数（TPS）如图 10-37 所示。

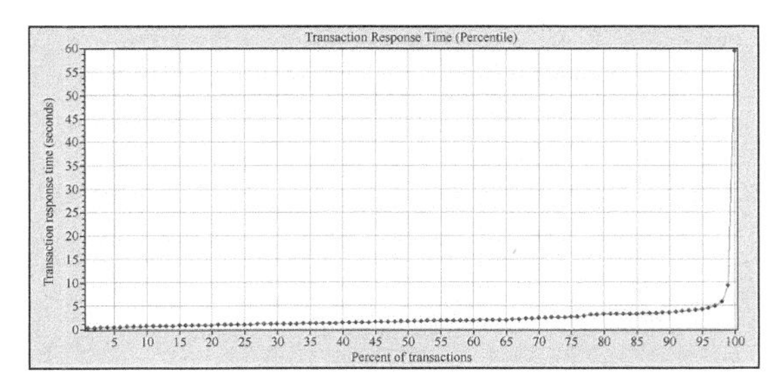

图 10-36　100 个用户“登录首页”响应时间（百分比）

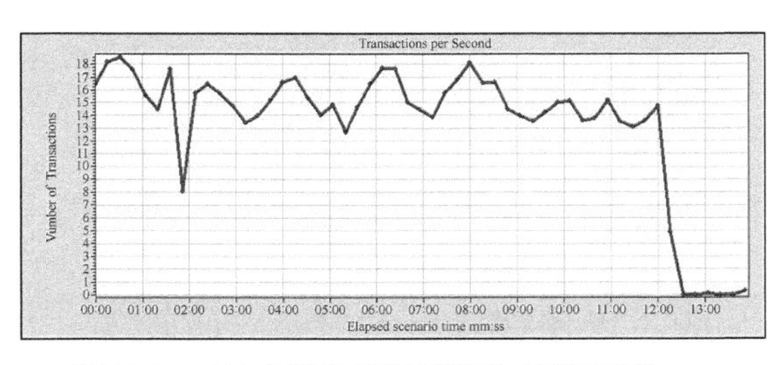

图 10-37　100 个用户“登录首页”每秒事务数

（3）失败事务及警告。

在“100 个用户登录首页”场景执行过程中，会产生“登录首页”失败的情况。

报错信息为“Error - 27727: Step download timeout(120 seconds)has expired when downloading resource（s）”。

从日志中查看错误原因可知：在多用户并发访问时，存在下载页面资源超时（超过 120s）问题，从而导致报错情况。

……

7.1.3　结果分析

（1）响应时间分析。

由“图 10-34”可知，“登录首页”事务在 30、50、80、100 个用户并发访问时，事务中 95%的平均响应时间依次为 2.872s、3.142s、3.513s、4.198s，满足 5s 的性能需求。

（2）TPS（每秒事务数）分析。

由“图 10-35”可知，登录首页”事务在 30 个用户、50 个用户、80 个用户、100 个用户并发访问时，“登录首页”事务的 TPS 分别为 20.112 笔/s、18.392 笔/s、14.105 笔/s、13.896 笔/s，虽然 80 和 100 个用户并发访问的 TPS 稍低于 13.888 笔/s（按日最大访问量 100000 次计算），系统的实际日访问量小于 100000 次/天，所以认为 TPS 值能够满足实际需要。

（3）总体分析。

由 95%事务平均响应时间、TPS（每秒事务数）来看，该系统能够满足 100 个用户并发登录的需求。按照并发用户数占实际用户数的 10%计算，满足未来 3～5 年注册用户数 10000 人的需求。

……

8. 总体结论与建议

根据性能需求，结合本次所选 X 个典型业务的测试结果，给出表 10-36 所示的参考值。

表 10-36　　“登录首页”需求项明细表

考察项名称	需求要求值	测 试 结 果
并发用户数	并发登录用户大于等于 100	符合
95%事务平均响应时间	<5s	符合
每秒事务数	……	基本符合

……

（1）总体结论。

结合“登录首页”业务的测试执行结果，在 100 个用户并发访问门户时，平均响应时间指标可以满足用户需求，事务的处理能力也基本能满足用户需求。

……

（2）总体建议。

针对性能测试执行过程中，对系统资源的监控，存在大量的“睡眠”进程，建议研发人员能够定位产生该问题的原因。通常“睡眠”进程是因为等待其执行时需要的资源没有得到而转入“睡眠”状态。

……

10.8.5　功能/性能测试缺陷遗留评审确认表格

验收测试执行工作完成后，要将遗留的功能、性能缺陷进行汇总，对每一个遗留的缺陷进行评审，记录评审相关意见等信息，评审完成后，对每一个缺陷逐一确认签字，评审签字包括甲、乙和研发方等相关负责人签字。

性能测试缺陷遗留评审确认表格如图 10-38 所示。功能测试的模板不再进行过多表述。这部分内容在后续提交给甲方单位进行验收产品质量评估有一定的参考作用，是非常重要的文档内容。

缺陷 ID：		缺陷等级：		缺陷状态：	
提出日期：		缺陷提出者：		缺陷修复者：	
性能分类：		影响范围：			
执行脚本存放路径：					
执行场景存放路径：					
执行结果存放路径：					
缺陷描述：					
研发说明：					
评审意见：					
评审签字：					

图 10-38　性能测试缺陷遗留评审确认表格

10.8.6　项目管理相关表格

毋庸置疑，项目经理都希望自己的项目能够获得成功，但事实上有很多外包项目都不赚钱甚至赔钱，个人觉得除了公司相关的一些管理、运作体制以及协作单位的多方面因素影响以外和项目经理自身的综合素质也是有着密切关系的。作为一名项目经理，除了要具备一定的管理能力、沟通表达能力以外，还需要有比较扎实的专业技能和业务能力，同时要能够把握好项目执行过程中的大方向把握好，保证项目能够向正确的方向前进，合理分配工作任务，使得团队有一个和谐、向上的团队气氛，只有这样项目才有可能成功，否则项目失败通常是最终的宿命。

下面向大家介绍一些我在项目管理时应用的一些文档模板，供大家参考（见图 10-39）。

表格名称	项目工作日志						
项目名称	某单位某系统用户验收测试项目	项目编号	XM-JR10087223		审核人	于涌	
人员姓名	于涌	项目起始日期			周数	第6周	
本周工作							
日期	星期	阶段/管理活动类型	测试类型	活动描述	工作量（小时）	完成百分比（100%）	是否按计划
	周一	项目监控	全部	项目进度了解与监控	2	100%	是
		测试执行	功能测试	安排提交第一轮功能、文档缺陷到缺陷管理工具	1.5	100%	是
		测试执行	功能测试	针对性能测试方案多方评审内容修改性能测试方案	3.5	100%	是
		测试执行	性能测试	测试环境尝试录制脚本	1	100%	是
	周二	测试执行	功能测试	生产环境脚本录制	3	100%	是
		测试执行	功能测试	测试终端申请	1	100%	是
		测试执行	功能测试	针对性能测试要求研发准备数据讨论	1	100%	是
		质量保证	功能测试	前期功能缺陷讨论会	3	100%	是
	周三	测试执行	性能测试	性能测试机测试工具安装	4	100%	是
		测试执行	功能测试	与研发沟通性能测试数据准备问题	1	100%	是
		测试执行	功能测试	与研发沟通功能测试缺陷问题	1	100%	是
	周四	测试执行	性能测试	生产环境监控软件安装	2	100%	是
		测试执行	性能测试	处理终端连接不到网络问题	2	100%	是
		测试执行	性能测试	已安装测试工具和监控软件试用	4	100%	是
	周五	测试执行	性能测试	生产环境脚本录制、完善、调试	4	100%	是
		测试执行	性能测试	场景设计	1.5	100%	是
		测试执行	性能测试	少量用户场景试运行	2	100%	是
		测试执行	性能测试	周六性能测试任务安排	0.5	100%	是
合计					38		
次日工作计划（当日填写次日）							
次日	星期	次日计划工作任务内容			工作量（小时）	备注	
	周六	执行性能测试场景，收集监控数据，场景结果相关信息			10	周六加班进行性能测试执行	
下周工作计划（本周末填写下周）							
下周	星期	下周计划工作任务内容			工作量（小时）	备注	
	周一	性能测试结果分析			8		

版本记录 / 第1周 / 第2周 / 第3周 / 第4周 / 第5周 / 第6周 / 第7周 / 第8周 / 第9周 / 第10周 / 第11周 / 第12周 / 第13周 /

图 10-39 项目工作日志

经常会听到很多同行会说：“这周真忙啊！”，有人在旁边问这位同事：“你都忙什么了啊？”，这位同事回答却是：“我也不知道忙什么了。”，也许你听到这个对话就已经笑了。一个疑问就产生了“怎么自己一周做了哪些工作都不知道呢？”，其实这是一个普遍现象，测试工作本身是一项繁杂的工作，它涉及面很广泛，不仅是产品的测试工作，有时还需要协调资源、部署测试环境，与需求分析、前端程序、后台程序、数据库管理员、系统管理员等沟通协调，有时还需要帮助研发人员复现一些缺陷，工作中经常会被各类事件打断，所以在平时的工作中也就会出现了前面描述的场景。记得我刚参加工作时，也会出现类似的问题，这个问题也困扰我很久，后来去了一个做教育行业软件的公司，领导们在管理方面具备很多优秀的经验，逐渐学会了如何合理分配工作时间，改进工作方法。而填写“项目工作日志”对于有效管理时间则提供了很大的帮助。“项目工作日志”是平时我们记录本周工作内容和预期下周工作计划的一项工作，它记录了每一天的重要工作内容、花费的时间、工作完成度等信息，如图 10-39 所示。在这里我只想分享一个经验，就是不要认为项目工作日志只是领导为了监督你工作的一个手段。其实，你可以将每天做的事情和花费的时间如实记录下来，坚持一周，然后根据你记录的这些日常工作内容，来进行归类，找出事件发生的先后关系和事件之间的联系，再结合分析的内容，合理安排下一周的工作，不断地去尝试、去改进，你就会发现每一周的工作经过改进工作方法后变得清晰、明确且高效率，这对于提升自身和团队整体综合能力都是大有裨益的事。

项目组经常会同甲方、研发方或者项目组内部开一些会议。需要在会议过程中记录相关会议的主要内容，针对会议中相关的主要内容达成一致，如任务完成时间点、责任人、相关资源等。会后将会议的相关内容进行整理，形成文档，发送给相关干系人，如图 10-40 所示。

项目周报是项目经理每周应该发送给甲方负责人和乙方领导的一份总结性文档，相关人员能够根据这份文档了解项目的进度及其项目工作中遇到的问题，如图 10-41 所示。文档可以邮件形式发送，发送完成后，最好告知对方邮件已发出，请其查收等。若邮件中反馈的问题没有得到上级领导的关注，同时经过多方努力又无法得到解决时，应上报给领导寻求更多的资源和帮助。

表格名称	会议记录				
项目名称	某单位某系统用户验收测试项目			项目编号	XM-JR10087223
会议类型	评审会议	会议时间		会议地点	
参加人员	甲　方：王甬元 乙　方：于涌、郭靖 开发方：周伯通				
会议主题	某单位某系统性能测试方案评审会				
详细内容					
1	针对性能测试方案环境确定在生产环境进行性能测试（性能）				
2	性能测试时对服务器的监控，需要事先提出申请，在指定时段开发端口等（性能）				
3	用户管理部分应作为测试的一项重点内容（主要是用户的增删改查，如：删除用户后，重建该用户，是否同步问题等）（功能）				
4	辅助考虑备份问题（其他）				

图 10-40　项目会议记录

某单位某系统用户验收测试项目周报（第6周）

日期：2008-06-23至2008-06-27

1. 本周工作总结

工作分类	工作内容	进度
沟通协调	1. 关于生产测试环境搭建相关协调工作	50%
测试工作	1. 性能测试数据整理	100%
	2. 性能相关数据分析	100%
	3. 性能测试报告编写	100%
	4. 功能测试第二轮冒烟测试	100%
	5. 功能测试第二轮测试	30%
	6. 第一轮功能测试缺陷确认	100%
	7. 第一轮功能测试总结提交	100%
	8. 第一轮文档测试总结提交	100%
管理工作	1. 项目进度监控	持续工作

2. 项目执行偏差

1. 由于测试环境搭建延时，导致测试执行延时7个工作日；
2. 开发方修改缺陷进度慢，对测试进度有影响；

3. 下周工作计划

工作分类	工作内容
沟通协调	1. 关于测试环境及其测试过程中会出现的突发情况处理
测试工作	1. 测试进度监控
	2. 测试文档内容修改
	3. 第二轮功能测试执行

4. 问题与建议

1. 开发方修改缺陷进度慢，对测试进度有影响；
2. 请开发方关注功能缺陷和文档方面的缺陷，及时进行缺陷的处理；

图 10-41　项目周报

还可以将缺陷的趋势图（见图 10-42）、不同缺陷遗留情况（见图 10-43）等相关内容发送给甲方负责人、研发方负责人等，以便其敦促研发人员及时修复相关缺陷。

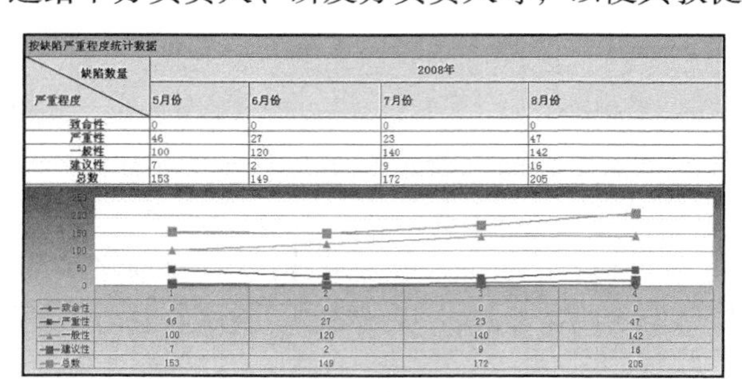

按缺陷严重程度统计数据

严重程度 \ 缺陷数量	2008年			
	5月份	6月份	7月份	8月份
致命性	0	0	0	0
严重性	46	27	23	47
一般性	100	120	140	142
建议性	7	2	9	16
总数	153	149	172	205

图 10-42　按缺陷严重程度和月份统计的缺陷趋势图

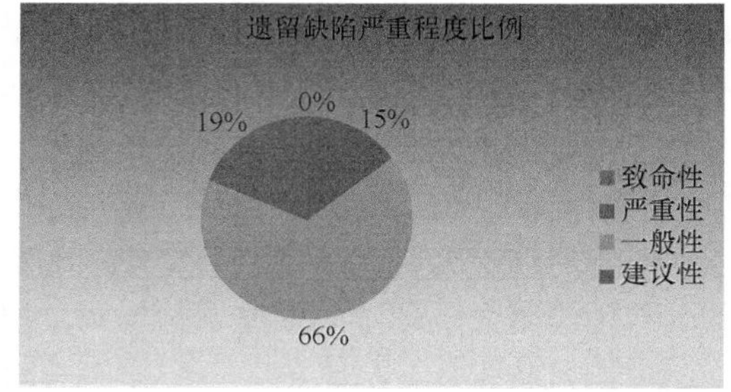

图 10-43　按缺陷严重程度统计的遗留缺陷图

关于项目管理方面的内容，笔者只是凭借个人的心得简单进行了描述，如果读者对这部分内容感兴趣，请阅读专业项目管理和质量控制类图书，这里不再赘述。

10.9　项目验收相关文档编写

项目验收测试完成后，需要进行项目的验收。通常先写一份项目验收申请，请参见“10.9.1 验收申请”样本。在做实际项目时要依据甲方单位的实际要求和具体情况调整，以邮件的形式提交给甲方相关负责人。甲方单位收到验收申请后，结合其单位自身的情况，协调质控验收部门、上层领导和本部门的负责人组成验收小组对验收测试项目安排时间，召开项目验收会议，当然乙方相关领导、销售人员、项目经理及项目组核心成员也要参加该会议。

乙方应在会议前，准备幻灯片，对项目的实施背景、资源投入、项目实施过程和验收测试结论、遗留的缺陷、验收测试提交物等进行陈述。在会议过程中乙方应依据与甲方的关注重点适当调整内容描述的详略，做到有问必答，使甲方相关验收人员满意是乙方的最终目标。

项目验收通过后，还需要提交“验收测试项目人工统计表”签字确认，相关表格的样式请参见 10.9.2 节，在做实际项目时应根据实际情况相应调整。

10.9.1 验收申请

验收申请

某公司某系统验收项目于××××年××月××日启动到××××年××月××日，在某公司（即甲方单位）领导和某公司（即乙方单位）领导的高度重视下，经过某公司（即甲方单位）和某公司（乙方单位）项目组的共同努力，目前验收测试工作已经完成，特申请某公司（甲方单位）对项目进行验收。

申请单位：某公司（即乙方单位全称）

××××年××月××日

10.9.2 工作量确认

测试工作量统计如表 10-37 所示。

表 10-37 验收测试项目人工统计表

验收测试	任　务	时间（天）	项目经理 1 人（人日）	测试工程师 10 人（人日）	高　级 测试工程师 3 人（人日）	工作量 小计 （人日）
测试计划阶段	制定测试计划					
测试需求阶段	分析测试需求					
测试设计阶段	设计测试用例					
	制定测试执行计划					
测试执行阶段	执行测试用例					
测试总结阶段	总结测试，编写文档，项目验收					
合　计						

10.10 本章小结

性能测试文档的写作几乎涉及性能测试的各个过程，从规划性能测试、执行性能测试、分析性能测试结果，到最后给出测试结论和建议，都需要在不同阶段提供相应的文档，这些文档一方面是应客户和自身组织要求、规范性能测试过程必需的，另一方面也是项目自身管理的总结。

本章从项目的完整实施过程出发，逐一明确各阶段的工作内容、需要提交的文档内容以及注意事项等。

10.11 本章习题及经典面试试题

一、章节习题

1. 通常将软件企业自身进行性能测试叫____。
2. 通常将企业聘请第三方做性能测试叫____。

3. 通常在进行预算时需要填写以下信息：____、____、____、____。

4. 目前，广泛应用的性能分析方法是____方法。____方法是一种利用性能计数器曲线图上的____进行性能分析的方法。

5. 性能测试的局限性通常包括如下几点。

____；

____；

____；

____。

6. 系统业务处理能力性能指标主要包括：____、____和____等。在事务中应用了思考时间，其可能会____相应 TPS、HPS 等性能指标数值，建议在做压力测试时，尽量不使用____。

二、经典面试试题

简述系统调优由易到难的先后顺序。

10.12 本章习题及经典面试试题答案

一、章节习题

1. 通常将软件企业自身进行性能测试叫内部性能测试。

2. 通常将企业聘请第三方做性能测试叫外包性能测试。

3. 通常在进行预算时需要填写以下信息：项目基本信息、技术售前预算信息、技术实施预算信息、技术售后预算信息。

4. 目前，广泛应用的性能分析方法是拐点分析方法。拐点分析方法是一种利用性能计数器曲线图上的拐点进行性能分析的方法。

5. 性能测试的局限性通常包括如下几点。

本次性能测试的结果依据目前被测系统的软/硬件环境；

本次性能测试的结果依据目前被测系统的网络环境；

本次性能测试的结果依据目前被测系统的测试数据量；

本次性能测试的结果依据目前被测系统的系统架构设计。

6. 系统业务处理能力性能指标主要包括：TPS（每秒事务数）、HPS（每秒单击数）和 Throughput（吞吐量）等。在事务中应用了思考时间，其可能会降低相应 TPS、HPS 等性能指标数值，建议在做压力测试时，尽量不使用思考时间。

二、经典面试试题

简述系统调优由易到难的先后顺序。

答：

系统调优由易到难的顺序如下。

① 硬件问题。

② 网络问题。

③ 应用服务器、数据库等配置问题。

④ 源代码、数据库脚本问题。

⑤ 系统构架问题。

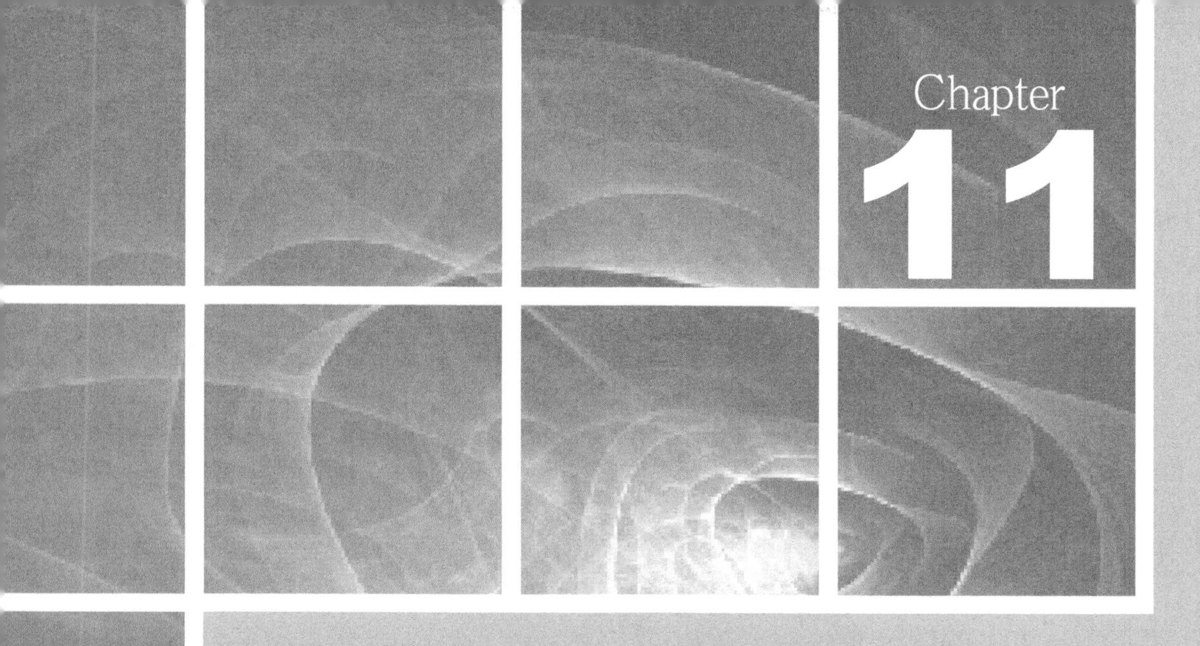

第 11 章

性能测试经典面试试题及面试技巧

11.1 软件性能测试综合模拟试题

一、填空题（每空 1 分，共计 20 分）

1. 系统的性能是一个很大的概念，覆盖面非常广泛，对一个软件系统而言，包括：________________、________________、________________、________________、________________、________________、可扩展性等。________________是为描述测试对象与性能相关的特征并对其进行评价，而实施和执行的一类测试。它主要通过自动化的测试工具模拟多种________________、________________以及异常负载条件来对系统的各项________________进行测试。

2. 根据性能指标的计算公式，补充相关公式元素的含义。

（1）已知，吞吐量可以采用 $F=\dfrac{N_{\mathrm{PU}}\times R}{T}$ 公式计算，其中，F 表示吞吐量，N_{PU} 表示________________，R 表示________________，T 表示________________。

（2）在公式 $C=\dfrac{nL}{T}$ 中，C 是平均的并发用户数，n 是________________，L 是________________，T 是________________。

（3）在公式 $C^{\mu}=C+3\sqrt{C}$ 中，C^{μ} 是________________，C 是平均的并发用户数。

3. 根据________________原则，通常系统用户经常使用的功能模块大概占系统整个功能模块数目的 20%，“参数设置”等类似的功能模块，通常仅需要在应用系统时由管理员一次性设置，对这类设置进行性能测试是没有任何意义的。

4. 在系统的调优过程中好的策略是按照________________的顺序对系统性能进行调优，其调优顺序如下。

（1）硬件问题。

（2）网络问题。

（3）应用服务器、数据库等配置问题。

（4）源代码、数据库脚本问题。

（5）系统构架问题。

5. 目前，广泛应用的性能分析方法是________________方法，它是一种利用性能计数器曲线图上的拐点进行性能分析的方法。

二、判断题（每题 1 分，共计 10 分）

1. LoadRunner 主要由 4 部分构成，即 VuGen、Agent、Controller 和 Analysis。（　　）

2. LoadRunner 是一款自动化功能测试工具，它主要采用对象库和 Excel 文件数据驱动来识别界面上的对象并完成相关数据的输入，通过设置检查点来验证系统功能是否正确实现。（　　）

3. LoadRunner 有 3 种方式来完成关联操作，即手动关联、自动关联和关联规则。（　　）

4. 失败测试是指通过给系统加载一定的业务压力（如 CPU 资源在 70%～90%时的使用率）的情况下，运行一段时间，检查系统是否稳定。因为运行时间较长，通常可以测试出系统是否有内存泄露等问题。（　　）

5. 在 LoadRunner 中，VuGen 是用于录制和完善脚本的一个重要应用。(　　)

6. 在 LoadRunner 中只支持单协议，对于多个协议的应用，如 HTTP 和 AMF 协议，其无法完成性能测试工作。(　　)

7. LoadRunner 仅能实现对基于 B/S 架构的系统应用进行性能测试，对于 C/S 架构的应用，其无法完成性能测试工作。(　　)

8. 在不输入 LoadRunner 许可的情况下，VuGen 是无法使用的，即不能进行脚本的录制、参数化及其他脚本内容的修改、完善工作。(　　)

9. 在 LoadRunner 中，事务用来衡量系统特定条件、特定业务的响应时间，事务可以相互嵌套，事务不一定是成对出现的。(　　)

10. 用 LoadRunner 可以测试单机应用程序的性能，如 Windows 的记事本（Notepad.exe）的性能。(　　)

三、简答题（每题 6 分，共计 30 分）

1. 性能测试包括哪几类？

2. 简述功能测试与性能测试的关系。

3. 简述响应时间、吞吐量、并发、点击数、性能计数器这几个性能指标相关概念。

4. 在项目中，服务器返回的数据经常是动态变化的，通常使用关联的方法来解决，实现脚本关联有哪几种方式？在 web_reg_save_param_ex (const char *_ParamName_, [const char *_LB_,][const char *_RB_,] <_List of Attributes_>, <_SEARCH FILTERS_>,LAST) 函数中，LB 和 RB 参数代表什么？

5. 在创建和录制脚本时，脚本的 vuser_init、Action、vuser_end 这 3 个部分中都会有一条“return 0;”语句，那么平时在编写脚本时如何应用 return 语句，“return 0;”表示什么？“return -1;”又表示什么呢？

四、编程题（每题 10 分，共计 20 分）

1. 自定义一个计算正方形面积的函数，函数名称为 jisuanmianji（float bian），要求：

（1）函数的返回值为浮点数；

（2）init 部分的脚本代码如下，请根据执行结果信息，将该脚本信息补充完整。

```
vuser_init()
{
    float bian;
    char *wb="10.5 is the side length of the square.";

    return 0;
}
```

输出结果如下。

```
边长为 10.50 的正方形，面积为 110.25。
```

2. 已知在某系统中，每次创建一个销售单，服务器都会动态返回一个 OrderNo 号码，该号码由 8 位数字构成，服务器响应的结果信息形式如“<input type="hidden" name="OrderNo" value="83523465">”，请用“web_reg_save_param_ex(const char *ParamName, [const char *LB,][const char *RB,] <List of Attributes>, <SEARCH FILTERS>,LAST);”函数对动态变化的数据进行关联，并用“lr_output_message(const char *_format_, exp_1, exp_2,...exp_n.);”函数将这个 8

位数字输出。

五、应用题（每题 10 分，共计 20 分）

1. 假设一个 OA 系统有 5000 个用户，平均每天大约有 800 个用户要访问该系统，对于一个典型用户来说，一天之内从登录到退出系统的平均时间为 4 小时，用户只在一天的 8 小时内使用该系统。平均的并发用户数和并发用户峰值各为多少？

2. 已知图 11-1 中的曲线为系统运行前后可用内存的变化，说明由该图基本可以确定的问题，以及哪些原因有可能会导致该问题。

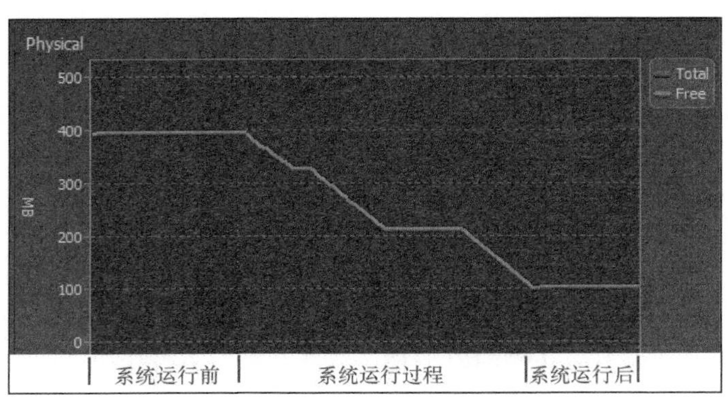

图 11-1 应用服务器内存监控图

11.2 LoadRunner 英文性能测试的面试题

1. Explain the Load testing process?

The first step is Planning the test. We must develop a clearly defined testplan to ensure the test scenarios we develop to accomplish load-testing objectives.

The second step is Creating Vusers. We create Vuser scripts that contain tasks performed by each Vuser, by Vusers as a whole, and measured as transactions.

The third step is Creating the scenario. A scenario describes the events that occur during a testing session. It includes a list of machines, scripts, and Vusers that run during the scenario. We create scenarios by means of LoadRunner Controller. We can create manual scenarios as well as goal-oriented scenarios. In manual scenarios, we define the number of Vusers, the load generator machines,and percentage of Vusers to be assigned to each script. For web tests, we may create a goal-oriented scenario where we define the goal that our test has to achieve.

The fourth step is running the scenario.We emulate load on the server by instructing multiple Vusers to perform tasks simultaneously. Before the testing, we set the scenario configuration and scheduling. We can run the entire scenario, Vuser groups, or individual Vusers.

The fifth step is monitoring the scenario.We monitor scenario execution using the LoadRunner online runtime, transaction, system resource, Web resource, Web server resource, network delay,ect.

The sixth step is analyzing test results. During scenario execution, LoadRunner records the performance of the application under different loads. We use LoadRunner’s graphs and reports to analyze the application performance.

The seventh step is positioning the bottlenecks of system resource, web resource, Web server resource, network ,ect.

The eighth step is making the system better against the bottlenecks, then starting the new run of performance test until the results expected.

2. What Component of LoadRunner would you use to record a Script?

The Virtual User Generator (VuGen) component is used to record a script. It enables you to develop Vuser scripts for a variety of application types and communication protocols.

3. What is a rendezvous point?

You insert rendezvous points into Vuser scripts to emulate heavy user load on the server. Rendezvous points instruct Vusers to wait during test execution for multiple Vusers to arrive at a certain point, in order that they may simultaneously perform a task.

4. What is think time?

Think time is the time that a real user waits between actions. This delay is known as the think time.

5. What is a scenario?

A scenario defines the events that occur during each testing session. For example, a scenario defines and controls the number of users to emulate, the actions to be performed, and the machines on which the virtual users run their emulations.

6. What is Ramp up? How do you set this?

This option is used to gradually increase the amount of Vusers/load on the server. An initial value is set and a value to wait between intervals can be specified. To set Ramp Up, go to 'Scenario Scheduling Options' .

7. How do you identify the performance bottlenecks?

Performance Bottlenecks can be detected by using monitors. These monitors might be application server monitors, web server monitors, database server monitors and network monitors. They help in finding out the troubled area in our scenario which causes increased response time. The measurements made are usually performance response time, throughput, hits/sec, network delay graphs, etc.

8. Explain all the web recording options?

The HTML-based option, which is the default recording level, instructs VuGen to record HTML actions in the context of the current Web page. It does not record all resources during the recording session, but downloads them during replay.

The URL-based mode option instructs VuGen to record all requests and resources from the server. It automatically records every HTTP resource as URL steps (web_url statements), or in the case of forms, as web_submit_data. It does not generate the web_link, web_image, and web_submit_form functions, nor does it record frames.

9. What does vuser_init action contain?

Vuser_init action contains procedures to login to a server.

10. What does vuser_end action contain?

Vuser_end section contains logout procedures.

11.3　经常被问道的智力面试题目

11.3.1　百枚金币问题

1. 问题

两名海盗共劫获了 100 枚金币，其中有一枚金币比较轻。为了不将这枚轻的金币分到自己手中，分金币的海盗用 4 次天平就找出了那枚较轻的金币，请问他是怎么做的?

2. 答案

分金币的海盗第一次将金币分为 33、33、34 共 3 堆，比较 33 的两堆，如果相同，那么在 34 中，如果不同，那么在轻的那堆中。第二次，如果是 33，那么再分为 11 的 3 堆，比较两堆，可以找出轻币所在的堆。将 11 个分为 4、4、3，比较 4 的两堆。接下来不管得到的是 4，还是 3，都可以两次找出轻币。如果第一次得到的是 34，那么分为 11、11、12，比较 11 的两堆，如果相同，那么在 12 中，如果不同，那么在 11 的一堆中，对于 11 的情况，与上面分堆办法相同，如果是 12 的那堆，那么均分为 3 堆，可以找出轻的那堆，4 个用两次也能确定。

11.3.2　污染药丸问题

1. 问题

小虎患了重感冒，寻找药品，在家中发现有 4 个一模一样装感冒药丸的瓶子。妈妈告诉小虎，4 个瓶子中有一个瓶子的药丸被污染。每个药丸都有一定的重量，被污染的药丸是没被污染的重量+1。小虎只称一次就判断出哪个瓶子装的是被污染的药丸，请问他是如何做的?

2. 答案

小虎先把药罐编上号，1 号药瓶拿 1 个，2 号药瓶拿 2 个，3 号药瓶拿 3 个，4 号药瓶拿 4 个。然后，计算标准的 10 颗药丸重量，与现在的 10 颗药丸比较。如果重量多 1，就是 1 号药瓶被污染；如果重量多 2，就是 2 号药瓶被污染；如果重量多 3，就是 3 号药瓶被污染；如果重量多 4，就是 4 号药瓶被污染。

11.3.3　三人住宿问题

1. 问题

张三、李四、王五 3 个人去旅馆住宿，住 3 间房，每一间房$10，于是他们一共付给老板$30，第二天，老板觉得 3 间房只需要$25 就够了，于是叫店员赵六退回$5 给 3 位客人，谁知店员贪心，只退回每人$1，自己偷偷拿了$2，这样一来等于那 3 位客人每人各花了$9，于是 3 个人一共花了$27，再加上店员独吞了$2，总共是$29。可是当初他们三个人一共付出$30，那么还有$1 去哪了呢?

2. 答案

这是一道典型的混淆视听题目，3 位客人先拿出$30，后又得到返还的$3，实付店钱$27，老板先得到$30，后又返还$5，老板实得$25，店员私扣返还$5 中的$2。简单地说，客人实际拿出$27，老板得到$25，店员得到$2。$30（客人先拿出的钱）= $ 25（老板得到的钱）+ $ 2（店员得到的钱）+$3（返还客人的钱）；最后 3 位客人并没有付$30，而是$27，老板得到$25，店员贪污了$2，所以不存在$1 去哪的问题。

11.3.4 小鸟飞行距离问题

1. 问题

有一辆慢速列车以 15 公里/小时的速度离开北京直奔长春，另一辆火车以 20 公里/小时的速度从长春开往北京。如果有一只小鸟，以 30 公里/小时的速度和两辆火车同时启动，从北京出发，碰到另一辆车后返回，依次在两辆火车间来回飞行，直到两辆火车相遇，请问，这只小鸟的飞行距离为多少？

2. 答案

假设两地的距离为 L，则小鸟飞行的距离为 $L*[30/(20+15)]= 6L/7$。

11.3.5 烧香问题

1. 问题

有两根不均匀分布的香，香烧完的时间是一个小时，能用什么方法来确定一段 15 分钟的时间？

2. 答案

第一步：将一支香的两端同时点燃，同时点燃另一支香的一端。

第二步：在两端同时燃烧的香燃尽的那一刻（即 30 分钟后），点燃另一支香的另一端，此时开始计时，此香燃尽时间即为 15 分钟，即（60−30）/2。

11.3.6 分金条问题

1. 问题

小明需要装修房子，让装修公司工人为其工作 7 天，给工人的回报是一根金条。金条平分成相连的 7 段，小明必须在每天结束时给他们一段金条，如果只许小明把金条弄断两次，小明如何给工人付费？

2. 答案

两次弄断就应分成 3 份，把金条分成 1/7、2/7 和 4/7 3 份。这样，第 1 天可以给工人 1/7；第 2 天给工人 2/7，让工人找回 1/7；第 3 天再给工人 1/7，加上原先的 2/7 就是 3/7；第 4 天给工人那块 4/7，让工人找回那两块 1/7 和 2/7 的金条；第 5 天再给工人 1/7；第 6 天给工人 2/7，让工人找回 1/7；第 7 天给工人找回的那个 1/7。

11.3.7　过桥问题

1. 问题

小刚一家人过一座小桥，过桥时是黑夜，所以必须有灯。现在小刚过桥要 1 秒，小刚的弟弟要 3 秒，小刚的爸爸要 6 秒，小刚的妈妈要 8 秒，小刚的爷爷要 12 秒。每次此桥最多可过两人，而过桥的速度依过桥最慢者而定，而且灯在点燃后 30 秒就会熄灭。问小刚一家如何过桥？

2. 答案

这类智力题目，其实是考察应聘者在限制条件下解决问题的能力。具体到这道题目来说，很多人往往认为应该由小刚持灯来来去去，这样最节省时间，但最后却怎么也凑不出解决方案。但是换个思路，根据具体情况来决定谁持灯来去，只要稍稍做些变动即可。第一步，小刚与弟弟过桥，小刚回来，耗时 4 秒；第二步，小刚与爸爸过河，弟弟回来，耗时 9 秒；第三步，妈妈与爷爷过河，小刚回来，耗时 13 秒；最后，小刚与弟弟过河，耗时 3 秒，总共耗时 29 秒，这样小刚一家人就可以在灯熄灭前全部过桥了。

11.3.8　三个灯泡问题

1. 问题

门外 3 个开关分别对应室内的 3 个灯泡，线路良好，在门外控制开关时不能看到室内灯的情况，现在只允许进门一次，如何确定开关和灯的对应关系？

2. 答案

如果有两个灯泡，只需打开一个灯，即可确定开关和灯的对应关系。现在有 3 个灯泡，必然要想其他办法。众所周知，灯泡打开一会儿会发热，从此入手即可解决问题。打开第一个开关 10 分钟，再关上，打开第二个开关，进屋。亮的灯由第二个开关控制，摸摸不亮的灯，热的由第一个开关控制，另一个由第三个开关控制。

11.4　找测试工作的策略

无论是刚刚毕业的大学生，还是已经有工作经验的同行，都不可避免地面临找工作或者换工作的问题。怎样做才能找到一份适合自己的，有广阔发展前景的，自己各方面都满意的工作呢？笔者将自己多年的面试经验和应聘经验与读者分享。这里主要从找工作前需要做些什么，面试时该做些什么和面试后该做些什么 3 方面和大家进行交流。

11.4.1　找工作前需要做些什么

1. 职业定位

找工作之前最重要的事情就是要有明确的职业定位，考虑自己将来的发展方向，专业情况。很多人在这点做得很不好，今天看到做程序员很好，就想去做程序员，花 1 万、2 万元参加 Java 工程师就业培训，培训完了以后又觉得编写程序太累了，不愿意做。后来又觉得做软件测试挺好，又花 1 万、2 万元参加软件测试工程师就业培训，培训完了之后又觉得测试工作太乏味了，没有意思，又想转行。这样的例子相信在你我身边很多人的身上都发生过，这就是典型的没有进行职业规划的例子，其结果也必将是事事无成。职业规划很重要，首先，要认真思考自己以后要做什么工作，要对自己以后从事的工作有兴趣，如果让你做一件很反感的工作，我觉得不会在工作上取得太大的成就。其次，既然已经明确了自己的职业规划，就要付诸行动，做任何事情想取得好的成就都要付出辛勤的汗水，不肯学习，在工作中投机取巧的是不可能把事情做好的。

2. 准备简历

明确自己要选择的行业和职位以后，接下来需要准备一份优秀的简历。简历的好坏直接决定是否有机会参加公司的面试。那么如何才能把简历写好呢?

编写一份好的简历不是一件容易的事情，它可能花费几天甚至几周的时间，好的简历不要求一气呵成，而是需要持续地完善它。

通常，在招聘期间我的邮箱每天都会收到几十份到几百份简历，如果求职者的简历格式混乱，内容层次不清晰，很有可能负责招聘的人在浏览简历时会失去耐心，因为他们要提高工作效率，没有时间为简历整理格式或者无法从混乱、冗长繁杂的内容中获取他们想要的信息。通常页面混乱，层次不清的简历会被直接淘汰。如果能将一些信息层次化、条理化、简单化，通常会吸引浏览简历相关负责人的眼球。通常一份简历需要将如下信息层次化，如个人信息（包括姓名、毕业院校、联系电话、邮箱地址、性别、年龄等，关键的个人信息应该放在简历的最前面，方便相关负责人及时与应聘者联系）、择业目标（主要是求职者想应聘的职位，测试相关的职位主要包括：初级测试工程师、测试工程师、高级测试工程师、测试主管、测试经理等职位）、专业技能（主要包括擅长的软件测试、软件研发、软件应用以及沟通能力、表达能力）等。软件测试工作对求职者的要求比较高，它需要求职者技术全面，善于与人沟通、交流，所以尽量精简地表现出来具备的综合素质。当然也可以把接受的一些相关培训经历和专业证书名称体现出来，也可以单独归为一类内容）。主要工作经历和业绩，这部分内容通常是企业比较关心的，刚刚毕业的大学生，可以写一些在学校取得的成绩，如毕业设计的内容、以前做过的项目等；有工作经验的可以挑一些从事过的具有代表性的项目进行简单介绍，以及在这个项目里担当的职位、责任和最后项目完成的结果等。自我评价主要是对自己真实能力和情况的一个总结，不要夸夸其谈，更不要弄虚作假）。教育经历主要包括学历教育和专业技能方面的培训经历，以及获得的学位、职称、外语等相关证书，外语的综合能力是成功进入外企的一项重要因素。为了使简历更具有竞争力，最好准备一份对应中文的英文简历，外企很重视英文读写能力，简历无疑是体现你英文能力非常好的途径。简历样式模板如图 11-2 所示。

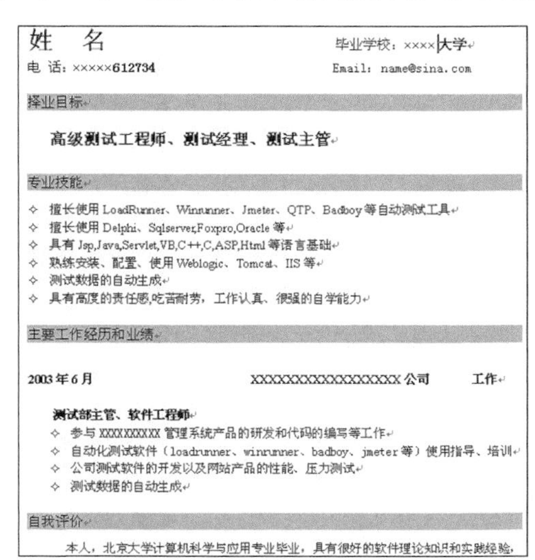
姓　名　　毕业学校：××××大学

电 话：×××××612734　　Email: name@sina.com

择业目标

高级测试工程师、测试经理、测试主管

专业技能

- 擅长使用 LoadRunner、Winrunner、Jmeter、QTP、Badboy 等自动测试工具
- 擅长使用 Delphi、Sqlserver,Foxpro,Oracle 等
- 具有 Jsp,Java,Servlet,VB,C++,C,ASP,Html 等语言基础
- 熟练安装、配置、使用 Weblogic、Tomcat、IIS 等
- 测试数据的自动生成
- 具有高度的责任感,吃苦耐劳，工作认真、很强的自学能力

主要工作经历和业绩

2003 年 6 月　　XXXXXXXXXXXXXXXXXX 公司　　工作

测试部主管、软件工程师

- 参与 XXXXXXXXXX 管理系统产品的研发和代码的编写等工作
- 自动化测试软件（loadrunner、winrunner、badboy、jmeter 等）使用指导、培训
- 公司测试软件的开发以及网站产品的性能、压力测试
- 测试数据的自动生成

自我评价

本人，北京大学计算机科学与应用专业毕业，具有很好的软件理论知识和实践经验，

图 11-2　简历样式模板

3. 搜索职位

写好简历以后，接下来需要找到理想的单位，

把写好的简历投递给这些单位。如何才能找到理想的单位呢？可以选择一些知名的招聘网站，如前程无忧、中华英才等，还可以到一些知名的专业性测试网站，如 51testing 软件测试网、测试时代的招聘板块中查找相应的信息。针对招聘单位提出的需求，如果自己各方面都满足或稍有欠缺，不妨将这两类企业的招聘信息记录到两个文本文件中。搜集完信息以后，访问招聘单位网站，了解招聘单位公司的性质、规模，经营范围、主要客户群、相关产品、各方面的综合实力，以及薪资待遇等方面内容，尽可能地从网上获得前期面试或者该单位相关工作人员的评价信息，这些信息会为成功通过面试提供有利条件，并将这些内容简明扼要地记录到先前的文本中，并留出一些空白，防止与下一个招聘单位信息混淆。接下来，从这些单位中选择规模大的、管理正规的、福利待遇好的。通常满足这些条件的单位会给个人的发展供较大的空间。

4. *准备求职信*

一封准备充分的求职信，不仅可以吸引招聘单位的目光，还可以提高求职的成功率。下面介绍如何编求职信。一封完整的求职信应该包括以下几方面内容。

（1）引题。

引题部分主要是要开门见山地写明你对公司有兴趣并想担任他们空缺的职位，以及你是如何得知该职位的招聘信息的。

（2）简明推荐信息。

简明推荐信息主要是简短地叙述自己所学的专业以及才能，特别是这些才能将满足公司的需要。此外，推销时要适度，不能夸大其词，更不能弄虚作假。

（3）联系方式和联系时间。

如果是在职找工作，平时工作比较繁忙，就可以在求职信中给出方便的时间，让招聘单位清楚你在某个时间范围方便接听电话或者通过邮件、MSN 等方式联系，同时表明你希望迅速得到回音。

（4）感谢内容。

在招聘期间，相关招聘负责人会花大量的时间浏览简历，如果在浏览简历时发现你的简历中有一段感谢他们阅读的内容，无疑会让他们感到一些安慰，会给他人以好感，当然也就会增强优先与你联系，约面试时间了。

5. *准备面试*

接下来招聘单位相关负责人可能会与你约具体的面试时间，你可以将面试的具体日期和时间信息记录到先前的文本文件中，防止以后面试的单位多了自己也忘记了去过哪些单位。在约面试时间时，选择一个好的时间段也是非常重要的，以下几点请大家注意一下。

（1）在条件允许的情况下，不要选择节假日面试。

原因很简单，不能因为节假日休息，就要求招聘单位的相关人员加班，这是不公平的。

（2）不要选择中午吃饭时间和下班时间面试。

通常情况下，在中午吃饭时间和下班时间面试，时间非常紧张，面试你的人很有可能失去耐心听你讲话，面试草草结束，这同样失去了面试的意义，所以请大家不要选择这样的面试时间。

（3）不要毫无准备地去面试。

毫无准备地去面试就像是一名战士没有带枪去打仗一样，其结果必将是以失败而告终，所以为了取得更好的面试效果你最好做一些充分的应试准备。

6. *材料准备*

通常，招聘单位都会让求职人员做一下过去学习、工作经历的介绍，有很多求职者可能认为“我简历上不是已经写了吗？还问我干什么？多此一举吗!”，回答当然是否定的，作为一名合格的测试人员，不仅仅要求你有专业方面的技能，同时还应该具有良好的表达能力、沟通能力、概括能力、随机应变能力等。所以，在面试之前你应该准备一份简短的自我介绍材料，认真地组织一下内容。在组织内容时，应注意以下几点：首先，要突出个人的优点和特长，并要有相当的可信度，特别是具有实际工作经验的要突出自己的特长、优势等内容；其次，要展示个性，使个人形象鲜明，可以适当引用别人的言论，如老师、朋友等的评论来支持自己的描述；再次，不可夸张，坚持以事实说话，少用虚词、感叹词之类；最后，要符合常规，介绍的内容和层次应合理、有序地展开。同时，要符合逻辑，介绍时应层次分明、重点突出，使自己的优势很自然地逐步显露，不要一上来就急于罗列自己的优点，介绍的内容不要过多，最好控制在5分钟以内，如果你面试的是一家外企需要准备英文的介绍资料，准备好以后多演练几次，可以录音，看看自己的表达、节奏、时间控制的是否得当。有很多公司要求你在面试前准备简历、学历、学位、外语、相关专业等方面的证书，这就需要你把自己获得的相关证书准备全了。现在多数公司都有笔试，所以，在去招聘单位参加面试之前，防止面试人员太多，造成招聘单位前台忙碌，笔和纸等资源紧张情况的发生，我们应该事先准备两支笔和几张白纸。

相关材料准备好以后，在参见面试的前一天晚上，要将这些材料和物品放到书包中指定位置，不要乱放，更不要将自己简历等弄得皱皱巴巴的。

11.4.2 面试时该做些什么

在整个应聘过程中，面试无疑是最具有决定性意义的重要环节，关系到你是否能够成功地找到合适的雇主，关系到你以后个人发展的前途等。面试也是求职者全面展示自身素质、能力、品质的最好时机，面试发挥出色，可以在一定程度上弥补先前笔试或是其他条件如学历、专业上的一些不足。在应聘的几个环节中，面试也是难度最大、最重要的一个环节。

面试的目的就是招聘单位能够在短时间内比较全面而准确地了解应聘者的优、缺点，从而根据笔试结果以及这些特点，来考虑是否能够胜任应聘职位，并把工作做好。成功通过面试是每一位应聘者梦寐以求的结果。“怎样做才能够顺利通过面试呢？”这无疑是读者最关心的一个问题，下面笔者就这个问题发表一下自己的看法。

面试的当天首先要保证不迟到，所以事先你需要结合路程以及交通情况，提前一些出发，给自己留出大概10分钟左右的富余时间，在这10分钟，我们可以做以下内容。

1. *信息回顾*

如果你的记忆力不太好，请花费大概2、3分钟的时间对招聘信息，招聘单位情况以及自我介绍材料等进行一下简单回顾，加深印象。

2. *放松心情*

在应聘时，每个人其实都或多或少地有紧张、焦虑、恐惧等情绪，不要给自己太多的压力。大家在不高兴时，常常会长吁短叹。其实，长吁短叹就是一种无意的深呼吸，它无意中部分地排解了焦虑和紧张。面试前，你不妨花 2、3 分钟主动做做深呼吸来缓解一下自己的紧张情绪。开怀大笑也是放松心情的一个好办法，开怀大笑可令你紧绷的躯体迅速放松，在开心地笑过之后，肌肉不再紧张，血压、心跳缓和，你会感觉全身轻松许多。

3. 光彩照人

也许在来的路途中，身上和脸上附上了薄薄的一层尘土，也带来了一丝疲惫，所以在进入应聘单位门槛前你需要到洗手间洗把脸，整理一下自己的衣服，相信这时你是信心十足的。

4. 帅气应战

有一项研究要求应聘者分别用 3 种不同的步子走路：正常的步伐、摆动双臂昂首阔步、低头懒散行走。结果发现，前两种姿势能使人心情更加愉快。对此，心理学家分析说，摆动双臂时，可产生一种机械运动，使因焦虑而紧张的肩膀、颈部和背部肌肉得以放松。一切准备妥当后，你就可以昂首挺胸的大步走进应聘单位，展现在前台和面试考官面前的就是帅气、自信的你了。

进入招聘单位之前，通常前台人员会通知面试考官或者人事来面试你，面试考官通常会先让你做一份应聘职位相关的试题。做试题时一定要认真、细心、沉着做题。多数招聘单位的题目还是挑选一些比较基础的内容，主要考查应聘人员的基础和实际工作能力。结合我们测试人员来说，测试工作需要你具有高度的责任心、细心、耐心等。但是在参加我公司面试数百名应聘者却都被这样一道试题所难倒，多数都答错或者放弃，只有寥寥几人能够一次性把题目做正确，下面就让我们来看看这道题目。

题目：

请列出对下面的程序进行单元测试的测试用例（不要求编写代码，直接写用例即可）。

```
public void getMessage(String date, String time) {
if  ((date == "2014-01-01") && (time > "00:00:00")) {
System.out.println( "Happy New Year!");
}
System.out.println(date + " " + time);
}
```

这是一个简单的 Java 函数，getMessage()函数有两个参数，日期（date）和时间（time），有很多应聘者觉得这道题目很简单，事实上也确实很简单，但是最后却答错了，这是为什么呢？

一个很大的原因就是粗心和基础薄弱，答错题目的应聘者有一类是具有开发基础的测试人员，他们犯错误的主要原因也主要包括两个方面：第一，不细心，想当然思想严重；第二，没有考虑测试的用例设计方法。下面我们详细地解释一下为什么会出现这两种情况，应聘者答错题目以后，我会问他们答错的原因，有很多人就说自己想当然地认为有 if 肯定存在 else 了，所以就导致答题不正确。还有就是有很多人只考虑如何去覆盖路径了，在挑选数据时没有将等价类、边界值等用例设计方法考虑进去，很明显这些问题是作为一名合格的测试人员最忌讳的问题。所以在你做题时一定要细心。

在做题的过程中，应聘者应该先做自己比较擅长的题目，而把自己不擅长、甚至不会做的题目放到最后来做，这样做的原因是一方面可以节省答题时间，另外一方面也可以保持你轻松愉快的心情，保持好的心态是做好笔试和面试的一个重要因素。

答完题以后，你需要通知前台让其考官知道，然后面试工作就要开始了。面试你的人可能是一个人也有多个人，所以你在面试时，一定要沉着、冷静，要克服紧张、不安的情绪，那么如何做才能够缓解紧张的心情呢？在前面我们已经介绍了一些方法，在这里再介绍一些面试经验给大家。

第一，礼貌的话大声地说。一般情况是，当人在紧张时大声说上几句话，会缓解一下紧张情绪。当应聘者走进考试室，一进门，就强迫自己向在座的考官响亮地打声招呼："大家好，我叫某某，今天非常高兴有机会来贵公司参加面试"。这既表现你的礼貌，又可稳定自己的情绪，这样心情会轻松很多。

第二，放慢讲话速度。不管是谁，在紧张时，常常说话就会像打机关枪一样，速度极快；而且，说得越快，就越紧张，造成恶性循环。如果发现自己的语速变快，应该适当控制自己说话的速度，让字清楚的从口中吐出来，速度放慢，紧张的情绪就会得到有效的控制也就不会感到十分紧张了。

第三，每句话说得清楚明白。紧张时，容易使语尾含糊，给人一种有气无力的感觉，如果你反其道而行之，加重语尾发音，说得缓慢响亮，有助于消除紧张。

第四，如实说出自己心情紧张。如果太紧张不妨直接对考官说："对不起，我有点紧张。"真诚地说出来，你的紧张情绪也会逐渐消失，有经验的面试官也会找一些话题来缓解你的紧张情绪，也会考虑你紧张因素，在答题方面会适当地考虑这方面原因，不会因此而多扣你的分。

第五，面试时目光的停放位置很重要。两眼盯着考官的双眼，自然会感到紧张，低着头或东张西望，又给人一种不沉着的感觉。最好的办法是：面对考官坐下后，脸对着考官的眼睛，但目光却落在考官的额头上，这样既可以给人一种专心听讲的良好印象，又会使自己的紧张情绪得以缓解和消除。

在面试时如果你没有听清楚或者没有听明白考官表达的意思时，不要盲目作答，这时你可以礼貌地说："您的意思是……"或"对不起，我没听懂您的意思，请您把刚才的问题再讲一遍好吗？"，但你绝不能用命令的口气，否则会让考官感觉到很不爽，影响面试效果。

在面试过程中，你也有可能会被考官的问题难倒，不知道怎样回答，这时如果你硬着头皮去回答，肯定是语无伦次，缺乏逻辑性。此时你最好坦白地说："我对这个问题不太清楚。"或者"这个问题我不会"，这比胡乱回答要好得多。

正所谓"人无完人"，每个人的精力都是有限的，也各有优缺点，不可能保证各种问题都样样精通，所以如果你坦然说出自己的真实情况，我相信大多数考官不会因为几个问题你不会就放弃你的，相反如果你乱答一气，不懂装懂，就会起到相反的作用，你很有可能会给考官留下夸夸其谈，爱撒谎，品质不太好等印象。前一段时间面试一个应聘者时就出现了这样的一个问题，这名求职者简历上写了很多在国内外知名大型企业的工作经历，非常吸引我的眼球，正是我单位招聘的人才，我很快与他取得了联系，约来面试。经过笔试后，看答题的结果非常让我失望，为了不埋没人才，我还是给了他一次面试机会，可在面试时同样让我很失望，甚至是很气愤，原因就是他遇到不会的问题，总是不懂装懂。有时对此，你不必感到不妥，因为面试不同于笔试，有的问题本来就无固定的答案，再说面试主要是考查应聘者的能力、性格和品德等。你重点回答那些应考动机、经历和自己的优缺点等问题。另外，人无完人，每个人精力都是有限，不可能样样都精通，你坦然承认自己不会，反而会使对方产生好印象。否则，不懂装懂，往往会适得其反。有时考官也可能故意设一些本来就无答案的陷阱，此时，你盲目应答反而为错。但有些问题你又无法回避，不能不回答，这时你可来个缓兵之计，尽可能多地争取时间来理清思路。例如，你可以说这个问题我从来没有认真想过，或者说这个问题还是比较有趣的，也可以说这个问题不太好回答，并在说话的同时你的头脑要飞速的转动，迅速的构思，理顺条理，然后按头脑里构思的顺序把你的想法讲出来。应聘者不要急于回答问题，说话时要三思然后行，可以先考虑 5～10s 后再作回答。回答问题时，要自信，明确表达自己的观点，不要说话时含含糊糊，更不要像机关枪似地说话，通常说话越快你就越容易出错，如果你一旦意识到这些情况，就会更紧张，结果导致面试难以取得好的效果。所以，在面试时从头到尾应该做到讲话不紧不慢，张弛有度，逻辑严密，条理清楚，凡事做到三思然后行。

经过短则 10 分钟，长则几小时的面试后，此次面试终于结束了，此时你应该礼貌地和考官道别，并表达对考官面试自己花费很多时间和精力表示感谢，还可以询问一下什么时候可以得到通知。很多大公司或者外企通常都有很多次针对不同内容面试，有可能是针对技术能力、外语能力等，也有可能进行薪资等方面谈判，相信你一定会越做越好，越战越勇，既是失败了也无所谓，因为“失败是成功之母”，我们可以在失败的经历中不断积累面试经验，这也是你宝贵的财富。面试结束后，你就静等招聘单位的通知吧！

11.4.3 面试后该做的事情

许多求职者只留意面试时的礼仪，忽略了应聘后的善后工作，事实上，面试结束并不意味着求职过程的完结。求职者不应该袖手以待聘用通知的到来，有些事情你还必须加以注意。

写信表示感谢，为了加深招聘人员对你的印象，增加求职成功的可能性，面试后的两三天内，你最好给招聘人员打个电话或写信表示感谢。感谢电话要简短，最好不要超过 3 分钟；感谢信要简洁，最好不超过一页纸。感谢信的开头应提及你的姓名及简单情况，以及面试的时间，并对招聘人员表示感谢。感谢信的中间部分要重申你对该公司、该职位的兴趣，增加一些对求职成功有用的新内容。感谢信的结尾可以表示你对自己的信心，以及为公司的发展壮大做贡献的决心。

不要过于急切的打听面试结果，在一般情况下，每次面试结束后，招聘主管人员都要进行讨论和投票，然后送人事部门汇总，最后确定录用人选，这个阶段可能多则需要几周、几个月，少则需要三五天的时间。求职者在这段时间内一定要耐心等候消息。

如果你同时向几家公司求职，在一次面试结束后，则要注意调整自己的心情，准备全身心投入到第二家面试的考验当中。因为，在没有接到聘用通知之前，面试结果还是个未知数，你不应该放弃其他机会，即使同时获得几家招聘单位的录用通知，你在有所准备的情况下，也可以从优选择。

一般来说，如果你在面试的两周后，或主考官许诺的时间之后还没有收到对方的答复时，就应该写信或打电话给招聘单位，询问面试结果。

谁也无法保证应聘时每次都会成功，如果你在应聘时失败了，也不要气馁，这一次失败了，还有下一次，有时还存在因为你要工资高于企业所能够接受的范围，企业不得不忍痛舍弃选择你，这种情况你就更不能灰心失望了，就业机会不止一个。关键是必须总结经验教训，找出失败的真正原因，并针对这些不足重新做准备，以谋求下一次面试成功。

最后，还是祝愿每一位读者能够通过努力找到自己理想的单位，认真做好自己的工作，保证产品的质量，将我们的国产软件做得更好。

11.5 软件性能测试综合模拟试题答案

一、填空题（每空 1 分，共计 20 分）

1. 系统的性能是一个很大的概念，覆盖面非常广泛，对一个软件系统而言，包括：*执行效率*、*资源占用*、*系统稳定性*、*安全性*、*兼容性*、*可靠性*、可扩展性等。*性能测试*是为描述测试对象与性能相关的特征并对其进行评价，而实施和执行的一类测试。它主要通过自动化的测试工具模拟多种*正常*、*峰值*以及异常负载条件来对系统的各项*性能指标*进行测试。

2. 根据性能指标的计算公式，补充相关公式元素的含义。

（1）已知，吞吐量可以采用 $F=\frac{N_{\mathrm{PU}}\times R}{T}$ 公式计算，其中，F 表示吞吐量，N_{PU} 表示*并发虚拟用户个数*，R 表示*每个 VU 发出的请求数量*，T 表示*性能测试所用的时间*。

（2）在公式 $C=\frac{nL}{T}$ 中，C 是平均的并发用户数，n 是 *login session 的数量*，L 是 *login session 的平均长度*，T 指*考察的时间段长度*。

（3）在公式 $C^{\mu}=C+3\sqrt{C}$ 中，C^{μ} 指*并发用户数的峰值*，C 是平均的并发用户数。

3. 根据 *80-20* 原则，通常系统用户经常使用的功能模块大概占用系统整个功能模块数目的 20%，像“参数设置”等类似的功能模块，通常仅需要在应用系统时管理员进行一次性设置，针对这类设置进行性能测试也是没有任何意义的。

4. 在进行系统的调优过程中好的策略是按照*先易后难*的顺序对系统性能进行调优，其调优顺序如下。

（1）硬件问题。

（2）网络问题。

（3）应用服务器、数据库等配置问题。

（4）源代码、数据库脚本问题。

（5）系统构架问题。

5. 目前，广泛应用的性能分析方法是*拐点分析*方法，它是一种利用性能计数器曲线图上的拐点进行性能分析的方法。

二、判断题（请用√、×作答，每题 1 分，共计 10 分）

1. LoadRunner 主要由 4 部分构成，即 VuGen、Agent、Controller 和 Analysis。（×）

2. LoadRunner 是一款自动化功能测试工具，它主要采用对象库和 Excel 文件数据驱动来识别界面上的对象并完成相关数据的输入，通过设置检查点来验证系统功能是否正确实现。（×）

3. LoadRunner 有 3 种方式来完成关联操作，即手动关联、自动关联和关联规则。（√）

4. 失败测试是指通过给系统加载一定的业务压力（如 CPU 资源在 70%～90%的使用率）的情况下，运行一段时间，检查系统是否稳定。因为运行时间较长，通常可以测试出系统是否有内存泄露等问题。（×）

5. 在 LoadRunner 中，VuGen 是用于录制和完善脚本的一个重要应用。（ √ ）

6. 在 LoadRunner 中只支持单协议，对于多个协议的应用，如 HTTP 和 AMF 协议，其无法完成性能测试工作。（ × ）

7. LoadRunner 仅能实现对基于 B/S 架构的系统应用进行性能测试，对于 C/S 架构的应用，其无法完成性能测试工作。（ × ）

8. 在不输入 LoadRunner 许可的情况下，VuGen 是无法使用的，即不能进行脚本的录制、参数化及其他脚本内容的修改、完善工作。（ × ）

9. 在 LoadRunner 中，事务用来衡量系统特定条件、特定业务的响应时间，事务可以相互嵌套，事务不一定是成对出现的。（ × ）

10. 用 LoadRunner 可以测试单机应用程序的性能，如 Windows 的记事本（Notepad.exe）的性能。（ × ）

三、简答题（每题 6 分，共计 30 分）

1. 性能测试包括哪几类?

答：性能测试、负载测试、压力测试、配置测试、并发测试、容量测试、可靠性测试和失败测试。

2. 请简述功能测试与性能测试的关系。

答：功能测试和性能测试是相辅相成的，对于一款优秀的软件产品来讲，它们是不可缺的两个重要测试环节，但依据于不同目标的性能测试情况，测试时要因地制宜，结合实际需求，选择合适的时间点进行，减少不必要的人力、物力浪费，才能实现利益最大化。

3. 请简述响应时间、吞吐量、并发、点击数、性能计数器这几个性能指标相关概念。

答：

响应时间：指用户从客户端发起一个请求开始，到客户端接收到从服务器端返回结果的响应结束，结果信息展现在客户端，整个过程所耗费的时间。响应时间是我们考察的一个重要指标，结合 LoadRunner 工具的使用来讲，如果你要考察某一个业务或一系列业务的响应时间，则需要定义事务。

吞吐量：指的是单位时间内处理的客户端请求数量，直接体现软件系统的性能承载能力。通常情况下，吞吐量用“请求数/秒”或者“页面数/秒”来衡量。从业务角度来看，吞吐量也可以用“业务数/小时”“业务数/天”“访问人数/天”“页面访问量/天”来衡量。从网络角度来看，还可以用“字节数/小时”“字节数/天”等来衡量网络的流量。

并发：它最简单的描述就是指多个同时发生的业务操作。例如，100 个用户同时单击登录页面的“登录”按钮操作。通常，应用系统会随着用户同时应用某个具体的模块，而导致资源的争用问题，例如，50 个用户同时执行统计分析的操作，由于统计业务涉及很多数据提取以及科学计算问题，所以，这个时候内存和 CPU 可能会出现瓶颈。并发性测试描述的是多个客户端同时向服务器发出请求，考察服务器端承受能力的一种性能测试方式。

点击数：是衡量 Web 服务器处理能力的一个重要指标。它的统计是客户端向 Web 服务器发了多少次 HTTP 请求计算的。这里需要说明的是，点击数不是通常一般人认为的访问一个页面就是 1 次点击数，点击数是该页面包含的元素（如图片、链接、框架等）向 Web 服务器发出的请求数数量。通常我们也用每秒点击次数（Hits per Second）指标来衡量 Web 服务器的处理能力。

性能计数器：是描述相关服务器（如数据库服务器、应用服务器等）或操作系统、中间件等性能的一些数据指标。例如，对 Windows 系统来说，使用内存数（Memory In Usage）、进程时间（Total Process Time）等都是常见的计数器。

4. 在项目中服务器返回的数据经常是动态变化的，通常使用关联的方法来解决，实现脚本关联有哪几种方式？在 web_reg_save_param_ex(const char *ParamName, [const char *LB,] [const char *RB,] <List of Attributes>, <SEARCH FILTERS>,LAST)函数中，请说明 LB 和 RB 参数代表什么？

答：有 3 种方式实现脚本的关联，即：自动关联、手动关联和关联规则。LB 代表动态数据的左边界，RB 代表动态数据的右边界。

5. 在创建和录制脚本时，脚本的 vuser_init、Action、vuser_end 这 3 部分中都会有一条“return 0;”语句，那么平时在编写脚本时如何应用 return 语句，“return 0;”表示什么意思？“return -1;”又表示什么呢？

答：return 表示一个过程的结束，在 LoadRunner 中用 return 根据脚本不同的返回值，表示脚本的成功或者失败。“return +大于等于零的数字;”表示成功，反之，则表示失败。“retrun 0;”表示成功；“return -1;”表示失败。

四、编程题（2 小题，每题 10 分，共计 20 分）

1. 请自定义一个计算正方形面积的函数，函数名称为 jisuanmianji（float bian），要求：

a）函数的返回值为浮点数；

b）init 的部分脚本代码如下，请根据执行结果信息，将该脚本信息补充完整。

```
vuser_init()
{
float bian;
    char *wb="10.5 is the side length of the square.";

return 0;
}
```

输出结果为：

边长为 10.50 的正方形，面积为 110.25。

答：

```
double atof( const char *string);

float jisuanmianji(float bian)
{
    return bian*bian;
}

vuser_init()
{
    float bian;
    char *wb="10.5 is the side length of the square.";
    bian=atof(wb);
    lr_output_message("边长为%.2f 的正方形，面积为%.2f。",bian,jisuanmianji(bian));
    return 0;
}
```

2. 已知在某系统中，每次创建一个销售单，服务器都会动态地返回一个 OrderNo 号码，该号码由 8 位数字构成，服务器响应的结果信息形式如“<input type="hidden" name="OrderNo" value="83523465">”，请你用“web_reg_save_param_ex(const char *ParamName, [const char *LB,][const char *RB,] <List of Attributes>, <SEARCH FILTERS>,LAST); ”函数对动态变化的数据进行关联，并用“lr_output_message(const char **format*, exp_1, exp_2,...exp_n.);”函数将这个 8 位数字输出。

答：

```
web_reg_save_param_ex(
    "ParamName=OrderNo",
    "LB=<input type=\"hidden\" name=\"OrderNo\" value=\"",
    "RB=\">",
    SEARCH_FILTERS,
    LAST);
......
lr_output_message("OrderNo=%s",lr_eval_string("{OrderNo}"));
```

五、应用题（2 小题，每题 10 分，共计 20 分）

1. 假设有一个 OA 系统有 5000 个用户，平均每天大约有 800 个用户要访问该系统，对于一个典型用户来说，一天之内用户从登录到退出系统的平均时间为 4 小时，用户只在一天的 8 小时内使用该系统。平均的并发用户数和并发用户峰值数各为多少？

答：依据前面章节的公式 $C=\frac{nL}{T}$ 和 $C^{\mu}=C+3\sqrt{C}$ 计算，平均并发用户数=800 × 4/8=400，并发用户峰值数=400+3 × 20=460。

2. 已知图 11-1 中的曲线为系统运行前后可用内存的变化，说明由该图基本可以确定的问题，以及哪些原因有可能会出现该问题。

答：系统运行前可用内存大概在 400MB，系统运行过程中发现可用内存在逐渐减少，系统运行后可用内存减少到 100MB，从该图我们可以判断出，系统存在内存泄露的问题，使得系统可用内存减少。通常申请内存后，不进行释放、打开文件不关闭、建立连接不释放等情况都会产生内存泄露问题，请检查是否存在类似情况。